NCS 기반 최근 출제기준 완벽 반영

에너지관리기사

Engineer Energy Management 

허원회 지음

"이 책을 선택한 당신, 당신은 이미 위너입니다!"

독자 여러분께 알려드립니다

에너지관리기사 [필기]시험을 본 후 그 문제 가운데 10여 문제를 재구성해서 성안당 출판사로 보내주시면, 채택된 문제에 대해서 성안당 기계분야 도서 중 희망하시는 도서를 1부 증정해 드립니다. 독자 여러분이 보내주시는 기출문제는 더 나은 책을 만드는 데 큰 도움이 됩니다. 감사합니다.

e-mail coh@cyber.co.kr (최옥현)

★ 메일을 보내주실 때 성명, 연락처, 주소를 기재해 주시기 바랍니다.
★ 보내주신 기출문제는 집필자가 검토한 후에 도서를 증정해 드립니다.

도서 A/S 안내

성안당에서 발행하는 모든 도서는 저자와 출판사, 그리고 독자가 함께 만들어 나갑니다.

좋은 책을 펴내기 위해 많은 노력을 기울이고 있습니다. 혹시라도 내용상의 오류나 오탈자 등이 발견되면 "좋은 책은 나라의 보배"로서 우리 모두가 함께 만들어 간다는 마음으로 연락주시기 바랍니다. 수정 보완하여 더 나은 책이 되도록 최선을 다하겠습니다.

성안당은 늘 독자 여러분들의 소중한 의견을 기다리고 있습니다. 좋은 의견을 보내주시는 분께는 성안당 쇼핑몰의 포인트(3,000포인트)를 적립해 드립니다.

잘못 만들어진 책이나 부록 등이 파손된 경우에는 교환해 드립니다.

저자 문의 e-mail : drhwh@hanmail.net(허원회)

본서 기획자 e-mail : coh@cyber.co.kr(최옥현)

홈페이지 : http://www.cyber.co.kr 전화 : 031) 950-6300

3회독 플래너

SMART

에너지관리기사 필기

스스로 마스터하는 트렌디한 수험서

<table>
<tr><th>PART</th><th>CHAPTER</th><th>1회독</th><th>2회독</th><th>3회독</th></tr>
<tr><td rowspan="4">제1편
연소공학</td><td>제1장 연료 및 연소장치</td><td rowspan="2">1일</td><td rowspan="4">1일</td><td rowspan="4">1일</td></tr>
<tr><td>제2장 연소계산 및 열정산</td></tr>
<tr><td>제3장 연소장치, 통풍장치, 집진장치</td><td rowspan="2">2일</td></tr>
<tr><td>제4장 열전달과 열교환 방식</td></tr>
<tr><td rowspan="10">제2편
열역학</td><td>제1장 열역학의 기초 사항</td><td>3일</td><td rowspan="2">2일</td><td rowspan="4">2일</td></tr>
<tr><td>제2장 열역학 제1법칙(에너지 보존의 법칙)</td><td>4일</td></tr>
<tr><td>제3장 완전가스=이상기체</td><td>5일</td><td rowspan="2">3일</td></tr>
<tr><td>제4장 열역학 제2법칙(엔트로피 증가법칙)</td><td>6일</td></tr>
<tr><td>제5장 증기</td><td>7일</td><td rowspan="2">4일</td><td rowspan="3">3일</td></tr>
<tr><td>제6장 공기 압축기 사이클</td><td>8일</td></tr>
<tr><td>제7장 가스 동력 사이클</td><td>9일</td><td rowspan="2">5일</td></tr>
<tr><td>제8장 증기 원동소 사이클</td><td>10일</td><td rowspan="3">4일</td></tr>
<tr><td>제9장 냉동 사이클</td><td rowspan="2">11일</td><td rowspan="2">6일</td></tr>
<tr><td>제10장 가스 및 증기의 흐름</td></tr>
<tr><td rowspan="4">제3편
계측방법</td><td>제1장 계측방법</td><td>12일</td><td rowspan="2">7일</td><td rowspan="3">5일</td></tr>
<tr><td>제2장 압력계측</td><td>13일</td></tr>
<tr><td>제3장 액면계측</td><td rowspan="2">14일</td><td rowspan="2">8일</td></tr>
<tr><td>제4장 가스의 분석 및 측정</td><td rowspan="3">6일</td></tr>
<tr><td rowspan="5">제4편
열설비 재료 및 관계 법규</td><td>제1장 가마 & 노</td><td rowspan="2">15일</td><td rowspan="2">9일</td></tr>
<tr><td>제2장 내화재</td></tr>
<tr><td>제3장 배관공작 및 시공(보온 및 단열재)</td><td>16일</td><td rowspan="3">10일</td><td rowspan="4">7일</td></tr>
<tr><td>제4장 에너지 관계 법규</td><td rowspan="2">17일</td></tr>
<tr><td>제5장 신·재생에너지</td></tr>
<tr><td rowspan="7">제5편
열설비 설계</td><td>제1장 보일러의 종류 및 특징</td><td>18일</td><td rowspan="2">11일</td></tr>
<tr><td>제2장 보일러의 부속장치 및 부속품</td><td>19일</td><td rowspan="5">8일</td></tr>
<tr><td>제3장 보일러의 용량 및 성능</td><td>20일</td><td rowspan="2">12일</td></tr>
<tr><td>제4장 보일러의 열정산 및 효율</td><td>21일</td></tr>
<tr><td>제5장 연소</td><td>22일</td><td rowspan="3">13일</td></tr>
<tr><td>제6장 전열(열전달)</td><td>23일</td></tr>
<tr><td>제7장 보일러 자동운전제어</td><td>24일</td><td rowspan="4">9일</td></tr>
<tr><td rowspan="5">부록 I
과년도 출제문제</td><td>2018년 과년도 출제문제</td><td>25일</td><td rowspan="3">14일</td></tr>
<tr><td>2019년 과년도 출제문제</td><td>26일</td></tr>
<tr><td>2020년 과년도 출제문제</td><td>27일</td></tr>
<tr><td>2021년 과년도 출제문제</td><td>28일</td><td rowspan="3">15일</td><td rowspan="3">10일</td></tr>
<tr><td>2022년 과년도 출제문제</td><td>29일</td></tr>
<tr><td>부록 II
CBT 실전 모의고사</td><td>CBT 실전 모의고사 1~6회</td><td>30일</td></tr>
<tr><td></td><td></td><td>30일 완성!</td><td>15일 완성!</td><td>10일 완성!</td></tr>
</table>

"수험생 여러분을 성안당이 응원합니다!"

스스로 체크하는 3회독 플래너

SMART

스스로 마스터하는 트렌디한 수험서

PART	CHAPTER	1회독	2회독	3회독
제1편 연소공학	제1장 연료 및 연소장치			
	제2장 연소계산 및 열정산			
	제3장 연소장치, 통풍장치, 집진장치			
	제4장 열전달과 열교환 방식			
제2편 열역학	제1장 열역학의 기초 사항			
	제2장 열역학 제1법칙(에너지 보존의 법칙)			
	제3장 완전가스=이상기체			
	제4장 열역학 제2법칙(엔트로피 증가법칙)			
	제5장 증기			
	제6장 공기 압축기 사이클			
	제7장 가스 동력 사이클			
	제8장 증기 원동소 사이클			
	제9장 냉동 사이클			
	제10장 가스 및 증기의 흐름			
제3편 계측방법	제1장 계측방법			
	제2장 압력계측			
	제3장 액면계측			
	제4장 가스의 분석 및 측정			
제4편 열설비 재료 및 관계 법규	제1장 가마 & 노			
	제2장 내화재			
	제3장 배관공작 및 시공(보온 및 단열재)			
	제4장 에너지 관계 법규			
	제5장 신·재생에너지			
제5편 열설비 설계	제1장 보일러의 종류 및 특징			
	제2장 보일러의 부속장치 및 부속품			
	제3장 보일러의 용량 및 성능			
	제4장 보일러의 열정산 및 효율			
	제5장 연소			
	제6장 전열(열전달)			
	제7장 보일러 자동운전제어			
부록 I 과년도 출제문제	2018년 과년도 출제문제			
	2019년 과년도 출제문제			
	2020년 과년도 출제문제			
	2021년 과년도 출제문제			
	2022년 과년도 출제문제			
부록 II CBT 실전 모의고사	CBT 실전 모의고사 1~6회			
		일	일	일

“ 수험생 여러분을 성안당이 응원합니다! ”

PREFACE

머리말

우리나라는 70년대에 에너지 수입의존도가 50% 정도였는데 지금은 에너지원의 95% 이상을 수입하는 대표적인 에너지 빈국인 동시에 에너지 다소비 국가이다. 인류가 사용하고 있는 석탄, 석유, LNG, 원자력 에너지 등은 부존자원이 점점 줄어들고 있으며, 환경오염, 환경파괴(오존층 파괴), CO_2 배출로 인한 지구온난화 등 심각한 사회문제를 야기시키고 있다.

이에 향후 경제구조는 친환경적이고 저탄소 녹색성장과 신재생에너지의 기본 틀에서 환경을 생각하고 고효율 에너지를 생산 · 개발하고 보급함은 물론, 그에 적합한 설비시스템을 구축하고 자동화하여 에너지를 관리하는 기술자들이 많이 필요하게 될 것이다.

본 교재는 '에너지관리기사'를 취득하려는 수험생들이 단기간에 합격할 수 있도록 체계적이고 쉽게 구성하였다.

이 책의 특징

① 에너지관리기사 시험에 출제되는 내용을 과목별(1. 연소공학, 2. 열역학, 3. 계측방법, 4. 열설비 재료 및 관계 법규, 5. 열설비 설계)로 핵심을 요약 정리하였다.

② 이론 뒤에 예상문제를 수록하여 실력을 다지고, 점검할 수 있도록 하였다.

③ 실전모의고사를 수록하여 수험자가 문제의 출제유형을 정확히 파악하고 실제 시험에 대비할 수 있도록 하였다.

④ 과년도 출제문제를 수록하여 출제경향을 파악할 수 있도록 하였으며, 계산문제는 쉽게 풀어 해설하였다.

끝으로 본 교재로 공부하는 수험생은 누구나 합격할 수 있도록 최신 경향의 문제와 출제빈도가 높은 문제를 반복 학습하여 자신감을 갖도록 하였다. 내용에 충실하려고 노력하였으나 부족한 부분이 있을 것이다. 지속적으로 수정 보완할 것을 약속드리며, 수험생 여러분의 노력의 결실이 합격으로 이어지기를 진심으로 기원한다. 아울러 본 교재가 출판되도록 도와주신 성안당출판사에 감사의 마음을 전한다.

저자 허원회

NCS 안내

1 국가직무능력표준(NCS)이란?

국가직무능력표준(NCS, National Competency Standards)은 산업현장에서 직무를 수행하기 위해 요구되는 지식·기술·태도 등의 내용을 국가가 산업부문별, 수준별로 체계화한 것이다.

(1) 국가직무능력표준(NCS) 개념도

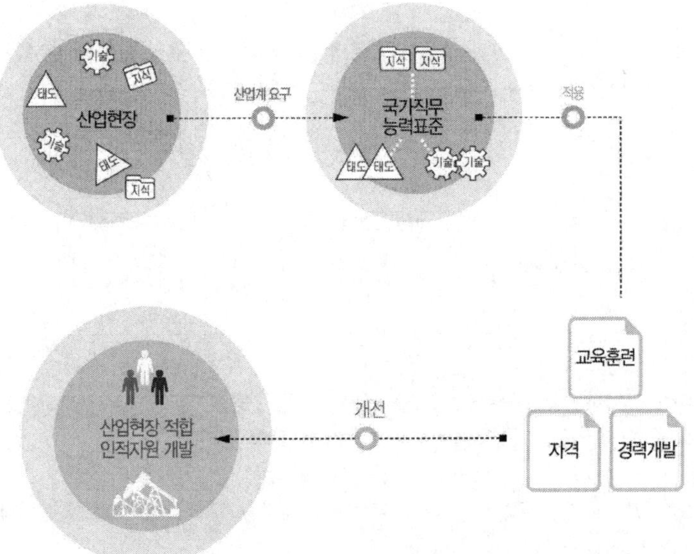

직무능력 : 일을 할 수 있는 On – spec인 능력

① 직업인으로서 기본적으로 갖추어야 할 공통 능력 → 직업기초능력
② 해당 직무를 수행하는 데 필요한 역량(지식, 기술, 태도) → 직무수행능력

보다 효율적이고 현실적인 대안 마련

① 실무 중심의 교육·훈련 과정 개편
② 국가자격의 종목 신설 및 재설계
③ 산업현장 직무에 맞게 자격시험 전면 개편
④ NCS 채용을 통한 기업의 능력 중심 인사관리 및 근로자의 평생경력 개발 관리 지원

(2) 국가직무능력표준(NCS) 학습모듈

국가직무능력표준(NCS)이 현장의 '**직무요구서**'라고 한다면, **NCS 학습모듈**은 **NCS 능력단위를 교육훈련에서 학습할 수 있도록 구성한 '교수·학습자료**'이다. NCS 학습모듈은 구체적 직무를 학습할 수 있도록 이론 및 실습과 관련된 내용을 상세하게 제시하고 있다.

2 국가직무능력표준(NCS)이 왜 필요한가?

능력 있는 인재를 개발해 핵심 인프라를 구축하고, 나아가 국가경쟁력을 향상시키기 위해 국가직무능력표준이 필요하다.

(1) 국가직무능력표준(NCS) 적용 전/후

지금은

- 직업 교육 · 훈련 및 자격제도가 산업현장과 불일치
- 인적자원의 비효율적 관리 운용

국가직무 능력표준

이렇게 바뀝니다.

- 각각 따로 운영되었던 교육 · 훈련, 국가직무능력표준 중심 시스템으로 전환 (일-교육 · 훈련-자격 연계)
- 산업현장 직무 중심의 인적자원 개발
- 능력중심사회 구현을 위한 핵심 인프라 구축
- 고용과 평생직업능력개발 연계를 통한 국가경쟁력 향상

(2) 국가직무능력표준(NCS) 활용범위

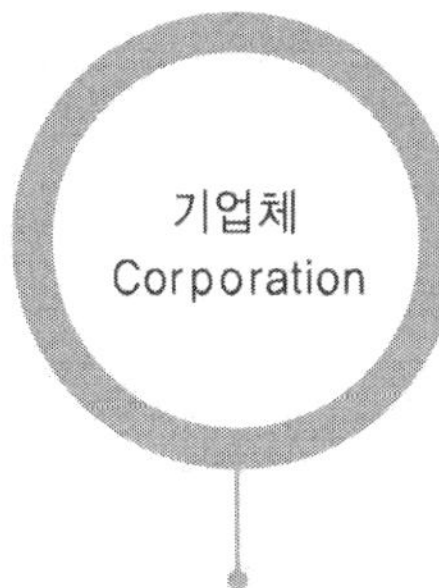

교육훈련기관
Education and training

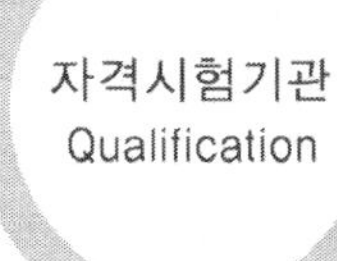

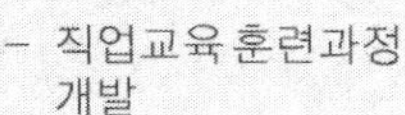

기업체	교육훈련기관	자격시험기관
- 현장 수요 기반의 인력채용 및 인사관리 기준 - 근로자 경력개발 - 직무기술서	- 직업교육훈련과정 개발 - 교수계획 및 매체, 교재 개발 - 훈련기준 개발	- 자격종목의 신설 · 통합 · 폐지 - 출제기준 개발 및 개정 - 시험문항 및 평가방법

3 과정평가형 자격취득

(1) 개념

과정평가형 자격은 국가직무능력표준(NCS)으로 설계된 교육·훈련과정을 체계적으로 이수하고 내·외부평가를 거쳐 취득하는 국가기술자격이다.

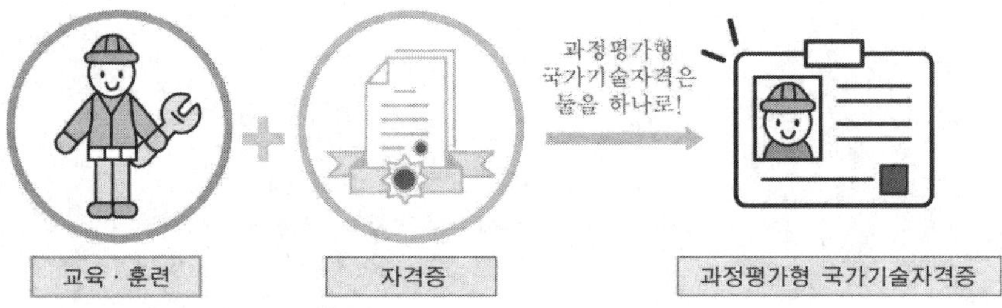

(2) 기존 자격제도와 차이점

구분	검정형	과정형
응시자격	학력, 경력요건 등 응시요건을 충족한 자	해당 과정을 이수한 누구나
평가방법	지필평가, 실무평가	내부평가, 외부평가
합격기준	• 필기 : 평균 60점 이상 • 실기 : 60점 이상	내부평가와 외부평가의 결과를 1:1로 반영하여 평균 80점 이상
자격증 기재내용	자격종목, 인적사항	자격종목, 인적사항, 교육·훈련기관명, 교육·훈련기간 및 이수시간, NCS 능력단위명

(3) 취득방법

① 산업계의 의견수렴절차를 거쳐 한국산업인력공단은 다음연도의 과정평가형 국가기술자격 시행종목을 선정한다.

② 한국산업인력공단은 종목별 편성기준(시설·장비, 교육·훈련기관, NCS 능력단위 등)을 공고하고, 엄격한 심사를 거쳐 과정평가형 국가기술자격을 운영할 교육·훈련기관을 선정한다.

③ 교육·훈련생은 각 교육·훈련기관에서 600시간 이상의 교육·훈련을 받고 능력단위별 내부평가에 참여한다.

④ 이수기준(출석률 75%, 모든 내부평가 응시)을 충족한 교육·훈련생은 외부평가에 참여한다.

⑤ 교육 · 훈련생은 80점 이상(내부평가 50+외부평가 50)의 점수를 받으면 해당 자격을 취득하게 된다.

(4) 교육 · 훈련생의 평가방법

① 내부평가(지정 교육 · 훈련기관)

㉠ 과정평가형 자격 지정 교육 · 훈련기관에서 능력단위별 75% 이상 출석 시 내부평가 시행

㉡ 내부평가

시행시기	NCS 능력단위별 교육 · 훈련 종료 후 실시(교육 · 훈련시간에 포함됨)
출제 · 평가	지필평가, 실무평가
성적관리	능력단위별 100점 만점으로 환산
이수자 결정	능력단위별 출석률 75% 이상, 모든 내부평가에 참여
출석관리	교육 · 훈련기관 자체 규정 적용(다만, 훈련기관의 경우 근로자직업능력개발법 적용)

㉢ 모니터링

시행시기	내부평가 시
확인사항	과정 지정 시 인정받은 필수기준 및 세부평가기준 충족 여부, 내부평가의 적정성, 출석관리 및 시설장비의 보유 및 활용사항 등
시행횟수	분기별 1회 이상(교육 · 훈련기관의 부적절한 운영상황에 대한 문제제기 등 필요 시 수시확인)
시행방법	종목별 외부전문가의 서류 또는 현장조사
위반사항 적발	주무부처 장관에게 통보, 국가기술자격법에 따라 위반내용 및 횟수에 따라 시정명령, 지정취소 등 행정처분(국가기술자격법 제24조의5)

② 외부평가(한국산업인력공단)

내부평가 이수자에 대한 외부평가 실시

시행시기	해당 교육 · 훈련과정 종료 후 외부평가 실시
출제 · 평가	과정 지정 시 인정받은 필수기준 및 세부평가기준 충족 여부, 내부평가의 적정성, 출석관리 및 시설장비의 보유 및 활용사항 등 ※ 외부평가 응시 시 발생되는 응시수수료 한시적으로 면제

★ NCS에 대한 자세한 사항은 N 국가직무능력표준 National Competency Standards 홈페이지(www.ncs.go.kr)에서 확인해주시기 바랍니다.★

★ 과정평가형 자격에 대한 자세한 사항은 CQ-Net 홈페이지(c.q-net.or.kr)에서 확인해주시기 바랍니다. ★

출제기준

직무 분야	환경 · 에너지	중직무 분야	에너지 · 기상	적용 기간	2024.1.1.~2027.12.31.
직무내용 : 각종 산업, 건물 등에 생산공정이나 냉 · 난방을 위한 열을 공급하기 위하여 보일러 등 열사용 기자재의 설계, 제작, 설치, 시공, 감독을 하고, 보일러 및 관련 장비를 안전하고 효율적으로 운전할 수 있도록 지도, 점검, 진단, 보수 등의 업무를 수행하는 직무					
필기검정방법	객관식	**문제수**	100	**시험시간**	2시간 30분

과목명	문제수	주요 항목	세부항목	세세항목
연소공학	20	1. 연소이론	(1) 연소기초	① 연소의 정의 ② 연료의 종류 및 특성 ③ 연소의 종류와 상태 ④ 연소 속도 등
			(2) 연소계산	① 연소현상 이론 ② 이론 및 실제 공기량, 배기가스량 ③ 공기비 및 완전연소 조건 ④ 발열량 및 연소효율 ⑤ 화염온도 ⑥ 화염전파이론 등
		2. 연소설비	(1) 연소 장치의 개요	① 연료별 연소장치 ② 연소 방법 ③ 연소기의 부품 ④ 연료 저장 및 공급장치
			(2) 연소 장치 설계	① 고부하 연소기술 ② 저공해 연소기술 ③ 연소부하산출
			(3) 통풍장치	① 통풍방법 ② 통풍장치 ③ 송풍기의 종류 및 특징
			(4) 대기오염방지장치	① 대기오염 물질의 종류 ② 대기오염 물질의 농도측정 ③ 대기오염방지장치의 종류 및 특징

과목명	문제수	주요 항목	세부항목	세세항목
		3. 연소안전 및 안전장치	(1) 연소안전장치	① 점화장치 ② 화염검출장치 ③ 연소제어장치 ④ 연료차단장치 ⑤ 경보장치
			(2) 연료누설	① 외부누설 ② 내부누설
			(3) 화재 및 폭발	① 화재 및 폭발 이론 ② 가스폭발 ③ 유증기폭발 ④ 분진폭발 ⑤ 자연발화
열역학	20	1. 열역학의 기초사항	(1) 열역학적 상태량	① 온도 ② 비체적, 비중량, 밀도 ③ 압력
			(2) 일 및 열에너지	① 일 ② 열에너지 ③ 동력
		2. 열역학 법칙	(1) 열역학 제1법칙	① 내부에너지 ② 엔탈피 ③ 에너지식
			(2) 열역학 제2법칙	① 엔트로피 ② 유효에너지와 무효에너지
		3. 이상기체 및 관련사이클	(1) 기체의 상태변화	① 정압 및 정적 변화 ② 등온 및 단열변화 ③ 폴리트로픽 변화
			(2) 기체동력기관의 기본 사이클	① 기체사이클의 특성 ② 기체사이클의 비교
		4. 증기 및 증기동력사이클	(1) 증기의 성질	① 증기의 열적상태량 ② 증기의 상태변화
			(2) 증기동력사이클	① 증기 동력사이클의 종류 ② 증기 동력사이클의 특성 및 비교 ③ 열효율, 증기소비율, 열소비율 ④ 증기표와 증기선도

과목명	문제수	주요 항목	세부항목	세세항목
		5. 냉동사이클	(1) 냉매	① 냉매의 종류 ② 냉매의 열역학적 특성
			(2) 냉동사이클	① 냉동사이클의 종류 ② 냉동사이클의 특성 ③ 냉동능력, 냉동률, 성능계수(COP) ④ 습공기선도
계측방법	20	1. 계측의 원리	(1) 단위계와 표준	① 단위 및 단위계 ② SI 기본단위 ③ 차원 및 차원식
			(2) 측정의 종류와 방식	① 측정의 종류 ② 측정의 방식과 특성
			(3) 측정의 오차	① 오차의 종류 ② 측정의 정도(精度)
		2. 계측계의 구성 및 제어	(1) 계측계의 구성	① 계측계의 구성 요소 ② 계측의 변환
			(2) 측정의 제어회로 및 장치	① 자동제어의 종류 및 특성 ② 제어동작의 특성 ③ 보일러의 자동 제어
		3. 유체 측정	(1) 압력	① 압력 측정방법 ② 압력계의 종류 및 특징
			(2) 유량	① 유량 측정방법 ② 유량계의 종류 및 특징
			(3) 액면	① 액면 측정방법 ② 액면계의 종류 및 특징
			(4) 가스	① 가스의 분석 방법 ② 가스분석계의 종류 및 특징
		4. 열 측정	(1) 온도	① 온도 측정방법 ② 온도계의 종류 및 특징
			(2) 열량	① 열량 측정방법 ② 열량계의 종류 및 특징
			(3) 습도	① 습도 측정방법 ② 습도계의 종류 및 특징

GUIDE

과목명	문제수	주요 항목	세부항목	세세항목
열설비 재료 및 관계 법규	20	1. 요로	(1) 요로의 개요	① 요로의 정의 ② 요로의 분류 ③ 요로일반
			(2) 요로의 종류 및 특징	① 철강용로의 구조 및 특징 ② 제강로의 구조 및 특징 ③ 주물용해로의 구조 및 특징 ④ 금속가열열처리로의 구조 및 특징 ⑤ 축요의 구조 및 특징
		2. 내화물, 단열재, 보온재	(1) 내화물	① 내화물의 일반 ② 내화물의 종류 및 특성
			(2) 단열재	① 단열재의 일반 ② 단열재의 종류 및 특성
			(3) 보온재	① 보온(냉)재의 일반 ② 보온(냉)재의 종류 및 특성
		3. 배관 및 밸브	(1) 배관	① 배관자재 및 용도 ② 신축이음 ③ 관 지지구 ④ 패킹
			(2) 밸브	① 밸브의 종류 및 용도
		4. 에너지관계법규	(1) 에너지 이용 및 신재생에너지 관련 법령에 관한 사항	① 에너지법, 시행령, 시행규칙 ② 에너지이용 합리화법, 시행령, 시행규칙 ③ 신에너지 및 재생에너지 개발·이용·보급 촉진법, 시행령, 시행규칙 ④ 기계설비법, 시행령, 시행규칙

과목명	문제수	주요 항목	세부항목	세세항목
열설비 설계	20	1. 열설비	(1) 열설비 일반	① 보일러의 종류 및 특징 ② 보일러 부속장치의 역할 및 종류 ③ 열교환기의 종류 및 특징 ④ 기타 열사용 기자재의 종류 및 특징
			(2) 열설비 설계	① 열사용 기자재의 용량 ② 열설비 ③ 관의 설계 및 규정 ④ 용접 설계
			(3) 열전달	① 열전달 이론 ② 열관류율 ③ 열교환기의 전열량
			(4) 열정산	① 입열, 출열 ② 손실열 ③ 열효율
		2. 수질관리	(1) 급수의 성질	① 수질의 기준 ② 불순물의 형태 ③ 불순물에 의한 장애
			(2) 급수 처리	① 보일러 외처리법 ② 보일러 내처리법 ③ 보일러수의 분출 및 배출기준
		3. 안전관리	(1) 보일러 정비	① 보일러의 분해 및 정비 ② 보일러의 보존
			(2) 사고 예방 및 진단	① 보일러 및 압력용기 사고원인 및 대책 ② 보일러 및 압력용기 취급 요령

차례

CONTENTS

■ 핵심 요점노트

제1편 연소공학

제1장 연료 및 연소장치

1. 연료(fuel) ··· 3
2. 연소 ··· 9
3. 고체 및 미분탄 연소방식과 연소장치 ··· 12

❖ 예상문제 ··· 13

제2장 연소계산 및 열정산

1. 연소계산 ··· 29
2. 열정산(heat balance)의 정의 ··· 38

❖ 예상문제 ··· 42

제3장 연소장치, 통풍장치, 집진장치

1. 액체연료의 연소방식과 연소장치 ··· 58
2. 기체연료의 연소방식과 연소장치 ··· 68
3. 보염장치(착화와 화염안전장치) ··· 75
4. 통풍장치 ··· 77
5. 환기방식 ··· 79
6. 댐퍼(damper: 공기댐퍼와 연도댐퍼) ··· 81
7. 매연 ··· 81
8. 폐가스의 오염방지 ··· 84
9. 집진장치 ··· 86
10. 연소계산 ··· 91
11. 연소배기가스의 분석 목적 ··· 92
12. 보일러 연료로 인해 발생한 연소실 부착물 ··· 96

❖ 예상문제 ··· 97

제4장 열전달(heat transformation)과 열교환 방식

1. 열전달(열이동), 전도(고체열전달), 대류(convection), 복사(radiation) ··· 128
2. 열교환방식(평행류, 대향류, 직교류) & 전열 ··· 130

❖ 예상문제 ··· 131

제2편 열역학

제1장 열역학의 기초 사항

1. 계(system) ······ 143
2. 상태와 성질 ······ 143
3. 비열, 열량, 동력, 열효율 ······ 144

❖ 예상문제 ······ 147

제2장 열역학 제1법칙(에너지 보존의 법칙)

1. 일(work)과 열(heat) ······ 149

❖ 예상문제 ······ 152

제3장 완전가스(perfect gas)=이상기체(ideal gas)

1. 완전가스와 반완전가스 ······ 159
2. 이상기체의 상태 방정식 ······ 160
3. 완전가스의 상태변화 ······ 160
4. 이상기체에서의 교축(throttling)과정 ······ 163
5. 혼합 가스 ······ 164
6. 공기 ······ 164

❖ 예상문제 ······ 166

제4장 열역학 제2법칙(엔트로피 증가법칙)

1. 열역학 제2법칙(엔트로피 증가법칙=비가역법칙: 방향성을 제시한 법칙) ··· 172
2. 열기관의 열효율 및 냉동기 성적계수 ······ 172
3. 카르노 사이클(carnot cycle) ······ 172
4. 클라우지우스(clausius)의 패적분(순환적분)값 ······ 173
5. 엔트로피(entropy) ······ 173
6. 완전가스의 비엔트로피(ds) ······ 174
7. 유효 에너지와 무효 에너지 ······ 174

❖ 예상문제 ······ 175

제5장 증기(vapour)

1. 증기의 일반적 성질 ······ 182
2. 증기의 열적 상태량 ······ 183

❖ 예상문제 ······ 185

제6장 공기 압축기 사이클

1. 공기 압축기(air compressor) ······ 191
2. 압축기 단열 효율(η_{ad}) ······ 191
3. 정의 ······ 191
4. 압축기의 소요 동력 ······ 192
5. 제 효율 ······ 192

❖ 예상문제 ······ 194

제7장 가스 동력 사이클

1. 내연 기관 사이클 ······ 197
2. 가스 터빈 사이클 ······ 199
3. 기타 사이클 ······ 199

❖ 예상문제 ······ 201

제8장 증기 원동소 사이클

1. 랭킨 사이클(Rankine cycle) ······ 204
2. 재열 사이클(reheating cycle) ······ 205
3. 재생 사이클(regeneration cycle) ······ 205
4. 실제 사이클 ······ 206

❖ 예상문제 ······ 207

제9장 냉동 사이클

1. 역카르노 사이클(=냉동기 이상 사이클) ······ 212
2. 공기냉동(역브레이턴) 사이클 ······ 212
3. 공기 압축 냉동 사이클 ······ 213
4. 냉동능력의 표시방법 ······ 213
5. 냉매(refrigerant) ······ 214

❖ 예상문제 ······ 215

제10장 가스 및 증기의 흐름

1. 가스 및 증기의 1차원 흐름 ······ 221
2. 노즐 속의 흐름 ······ 222
3. 노즐 속의 마찰 손실 ······ 222

제3편 계측방법

제1장 계측방법

1. 계측기의 구비조건 ········ 225
2. 온도계의 종류 및 특징 ········ 227
3. 유체계측(측정) ········ 230
4. 송풍기 및 펌프의 성능특성 ········ 232
5. 유량계측 ········ 233
6. 압력계측 ········ 235
7. 온·습도 측정 ········ 236
8. 논리대수 ········ 241

❖ 예상문제 ········ 246

제2장 압력계측

1. 압력측정방법 ········ 265
2. 액주식 압력계 ········ 265
3. 탄성식 압력계 ········ 268
4. 전기식 압력계 ········ 269
5. 표준 분동식 압력계(피스톤 압력계) ········ 270
6. 아네로이드식 압력계(빈통압력계) ········ 271
7. 진공압력계 ········ 271

❖ 예상문제 ········ 272

제3장 액면계측

1. 액면측정방법 ········ 278
2. 액면계의 종류 및 특징 ········ 278

❖ 예상문제 ········ 282

제4장 가스의 분석 및 측정

1. 가스분석방법 ········ 285
2. 가스분석계의 종류 및 특징 ········ 286
3. 매연농도 측정 ········ 291
4. 온·습도 측정 ········ 291

❖ 예상문제 ········ 294

CONTENTS

제4편 열설비 재료 및 관계 법규

제1장 가마(kiln) & 노(furnace)

1. 가마(kiln) & 노(furnace) 일반 ······ 301
2. 가마(kiln)의 구조 및 특징 ······ 302
3. 노(furnace)의 구조 및 특징 ······ 306
4. 축요(가마) ······ 309

❖ 예상문제 ······ 311

제2장 내화재

1. 내화물 일반 ······ 320
2. 내화물 특성 ······ 322

❖ 예상문제 ······ 329

제3장 배관공작 및 시공(보온 및 단열재)

1. 배관의 구비조건 ······ 336
2. 배관의 재질에 따른 분류 ······ 336
3. 배관의 종류 ······ 336
4. 배관 이음 ······ 344
5. 비철금속관 이음 ······ 348
6. 비금속관 이음 ······ 350
7. 신축 이음(expansion joint) ······ 351
8. 플렉시블 이음(flexible joint) ······ 353
9. 배관 부속장치 ······ 353
10. 패킹 및 단열재료(보온재)와 도료 ······ 358
11. 배관지지 ······ 362
12. 배관 공작 ······ 363
13. 배관 도시법 ······ 369

❖ 예상문제 ······ 375

제4장 에너지 관계 법규

1. 에너지법 ······ 392
2. 에너지이용 및 합리화법 ······ 395
3. 신에너지 및 재생에너지 개발·이용·보급 촉진법 ······ 416
4. 기계설비법 ······ 418

❖ 예상문제 ······ 435

제5장 신·재생에너지

1. 신·재생에너지 ········ 448
2. 태양광 발전 ········ 450
3. 태양열 시스템 ········ 457
4. 연료전지 시스템(fuel-cell system) ········ 460
5. 지열 시스템 ········ 463
6. 풍력 발전 시스템 ········ 465

❖ 예상문제 ········ 470

제5편 열설비 설계

제1장 보일러의 종류 및 특징

1. 보일러의 개요 ········ 481
2. 원통(둥근)형 보일러 ········ 485
3. 수관식 보일러(water tube boiler) ········ 491
4. 관류 보일러 ········ 493
5. 주철제 보일러(섹션 보일러: section boiler) ········ 494
6. 특수 열매체 보일러(특수유체 보일러) ········ 495

제2장 보일러의 부속장치 및 부속품

1. 안전장치 ········ 496
2. 급수장치 ········ 506
3. 보일러 계측장치 ········ 518
4. 열교환기(heat exchanger) ········ 526
5. 매연분출장치(수트 블로어) ········ 527
6. 분출장치 ········ 528
7. 폐열회수장치 ········ 531
8. 송기장치 ········ 536
9. 급수관리 ········ 549

❖ 예상문제 ········ 554

CONTENTS

제3장 보일러의 용량 및 성능

1. 보일러의 용량계산 ······ 566
2. 보일러의 성능계산 ······ 566

❖ 예상문제 ······ 570

제4장 보일러의 열정산 및 효율

1. 열정산(열수지) ······ 573
2. 보일러 효율(η_B) ······ 575
3. 열효율 향상대책 ······ 576
4. 에너지를 절약하는 방안 ······ 576

❖ 예상문제 ······ 577

제5장 연소(combustion)

1. 연소의 기초식(반응식) ······ 579

제6장 전열(열전달: heat transfer) ······ 581

제7장 보일러 자동운전제어

1. 보일러 자동운전제어 ······ 583
2. 제어방법에 의한 분류 ······ 584
3. 제어동작에 의한 분류 ······ 585
4. 신호전송방식(조절계, 조절기)과 제어기기 ······ 586
5. 인터록(inter lock) 장치 ······ 587
6. 보일러의 자동제어(ABC: automatic boiler control) ······ 588
7. 증기압력조절기 ······ 589
8. 기름용 온수 보일러의 제어장치 ······ 590

부록 I 과년도 출제문제

- 과년도 출제문제(2018년 1회) ········· 18-1
- 과년도 출제문제(2018년 2회) ········· 18-16
- 과년도 출제문제(2018년 4회) ········· 18-32
- 과년도 출제문제(2019년 1회) ········· 19-1
- 과년도 출제문제(2019년 2회) ········· 19-15
- 과년도 출제문제(2019년 4회) ········· 19-29
- 과년도 출제문제(2020년 1·2회 통합) ········· 20-1
- 과년도 출제문제(2020년 3회) ········· 20-15
- 과년도 출제문제(2020년 4회) ········· 20-28
- 과년도 출제문제(2021년 1회) ········· 21-1
- 과년도 출제문제(2021년 2회) ········· 21-16
- 과년도 출제문제(2021년 4회) ········· 21-31
- 과년도 출제문제(2022년 1회) ········· 22-1
- 과년도 출제문제(2022년 2회) ········· 22-17

부록 II CBT 실전 모의고사

- 제1회 CBT 실전 모의고사 ········· 2
- 제2회 CBT 실전 모의고사 ········· 18
- 제3회 CBT 실전 모의고사 ········· 34
- 제4회 CBT 실전 모의고사 ········· 52
- 제5회 CBT 실전 모의고사 ········· 70
- 제6회 CBT 실전 모의고사 ········· 88

Engineer Energy Management

Part 1. 연소공학
Part 2. 열역학
Part 3. 계측방법
Part 4. 열설비 재료 및 관계 법규
Part 5. 열설비 설계

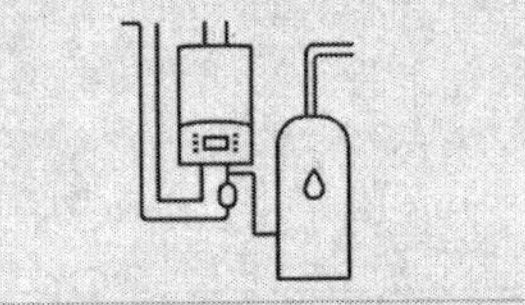
Engineer Energy Management

Part 01 연소공학

01 CHAPTER 연료 및 연소장치

01 | 연료(fuel)

1) 연료의 구비조건

① 연소 시 회분(ash) 등이 적을 것
② 구입이 용이하고(양이 풍부), 가격이 저렴할 것
③ 운반 및 저장, 취급이 용이할 것
④ 단위중량당 발열량이 클 것
⑤ 공기 중에서 쉽게 연소할 수 있을 것
⑥ 사용상 위험성이 적을 것
⑦ 인체에 유해하지 않을 것(공해 요인이 적을 것)

2) 연료의 3대 가연성분

① 탄소(C)
② 수소(H)
③ 황(S)

3) 연료의 특징

① 고체연료의 특징

장점	단점
㉠ 연소장치가 간단하고, 가격이 저렴하다. ㉡ 노천야적이 가능하다. ㉢ 인화폭발의 위험성이 적다. ㉣ 고체연료비 $\left(=\dfrac{\text{고정탄소}(\%)}{\text{휘발분}(\%)}\right)$가 클수록 발열량이 크다. 고정탄소(%) =100−(휘발유+수분+회분)	㉠ 연소효율이 낮고 연소 시 과잉공기가 많이 필요하다. ㉡ 완전연소가 어렵다. ㉢ 착화 및 소화가 어렵다. ㉣ 연소조절이 어렵다. ㉤ 운반 및 취급이 어렵다. ㉥ 연소 시 매연발생이 많고 회분이 많다.

② 액체연료의 특징

장점	단점
㉠ 완전연소가 잘 되어 그을음이 적다. ㉡ 재의 처리가 필요 없고, 연소의 조작에 필요한 인력을 줄일 수 있다. ㉢ 품질이 일정하며, 단위중량당 발열량이 높다. ㉣ 점화와 소화 및 연소조절이 용이하다. ㉤ 계량이나 기록이 용이하다. ㉥ 수송과 저장 및 취급이 용이하며 변질이 적다. ㉦ 적은 공기로 완전연소가 용이하다.	㉠ 취급에 인화 및 역화의 위험성이 크다. ㉡ 가격이 비싸다.

③ 기체연료의 특징

장점	단점
㉠ 연소의 자동제어에 적합하다(연소가 균일하다). ㉡ 연소실 용적이 작아도 된다. ㉢ 매연발생이 적고(회분의 생성이 없고), 대기오염이 적다. ㉣ 저부하 및 고부하 연소가 가능하다. ㉤ 연료 중 가장 적은 공기비(m)로 완전연소할 수 있다(가장 이론공기에 가깝게 연소시킬 수 있다). ㉥ 연소조절 및 점화, 소화가 용이하다. ㉦ 연소효율(=연소열÷발열량)이 높다.	㉠ 수송이나 저장이 불편하다(연료의 저장, 수송에 큰 시설을 요한다). ㉡ 설비비 및 가격이 비싸다. ㉢ 누출되기 쉽고 폭발의 위험이 크므로 취급에 위험성이 크다. ㉣ 단위용적당 발열량은 고체·액체에 비해 극히 적다.

4) 액체연료

① **중유의 첨가제(조연제)**: 중유에 첨가하여 중유의 질을 개선시키는 것. 유동점강하제, 연소촉진제, 슬러지 분산제(안정제), 회분개질제, 탈수제

② **탄화수소비(C/H)가 큰 순서**

고체연료 > 액체연료 > 기체연료

- 질이 나쁜 연료일수록 C/H비가 크다.

중유 > 경유 > 등유 > 가솔린

- 탄화수소비가 낮을수록(탄소가 적을수록) 연소가 잘된다.

③ **점도(viscosity)**: 점성이 있는 정도(끈끈한 정도)

- 점도가 너무 크면 송유가 곤란하고, 무화가 어렵고, 버너선단에 카본이 부착되며, 연소상태가 불량하게 된다.
- 점도가 너무 낮으면 연료소비가 과다해지고, 역화의 원인이 되며, 연소상태가 불안정하게 된다.

④ **유동점**: 액체가 흐를 수 있는 최저온도이다.

- 유동점 = 응고점 + 2.5℃
- 즉, 유동점은 응고점보다 2.5℃ 높다.

⑤ **인화점, 착화점, 연소점**

- 착화점(ignition point): 가연물이 불씨 접촉(점화원) 없이 열의 축적에 의해 그 산화열로 인해 스스로 불이 붙는 최저온도(발화점)

착화온도(착화점)가 낮아지는 조건

㉠ 증기압 및 습도가 낮을 때
㉡ 압력이 높을수록
㉢ 분자구조가 복잡할수록
㉣ 발열량이 높을수록
㉤ 산소농도가 클수록
㉥ 온도가 상승할수록

- 인화점(flash point): 가연물이 불씨 접촉(점화원)에 의해 불이 붙는 최저의 온도
- 연소점(fire point): 인화한 후 연소를 계속하기에 충분한 양의 증기를 발생시키는 온도

5) 기체연료

석유계 기체연료	석탄계 기체연료	혼합계 기체연료
㉠ 천연가스(유전) ㉡ 액화석유가스(LPG) ㉢ 오일가스	㉠ 천연가스(탄전) ㉡ 석탄가스 ㉢ 수성가스 ㉣ 발생로 가스	㉠ 증열 수성가스

① **액화석유가스(LNG)의 특징**

- 기화잠열이 크다(90~100kcal/kg).
- 가스의 비중(무게)이 공기보다 무거워 누설 시 바닥에 체류하여 폭발의 위험이 크다(1비중: 1.5~2.0).
- 연소속도가 완만하여 완전연소 시 많은 과잉공기가 필요하다(도시가스의 5~6배).

② **취급상 주의사항**

- 용기의 전락 또는 충격을 피한다.
- 직사광선을 피하고, 용기의 온도가 40℃ 이상이 되지 않게 한다.
- 찬 곳에 저장하고, 공기의 유통을 좋게 한다.
- 주위 2m 이내에는 인화성 및 발화성 물질을 두지 않는다.

02 | 연소

1) 연소(Combustion)의 정의

연소란 가연물이 공기 중의 산소와 급격한 산화반응을 일으켜 빛과 열을 수반하는 발열반응 현상이다.

2) 연소의 3대 구비조건

가연물, 산소공급원, 점화원

① **가연물이 되기 위한 조건**

- 발열량이 클 것
- 산소와의 결합이 쉬울 것
- 열전도율(W/m · K)이 작을 것
- 활성화 에너지가 작을 것
- 연소율이 클 것

② 가연물이 될 수 없는 물질
- 흡열반응 물질(질소 및 질소산화물: NO_x)
- 포화산화물(이미 연소가 종료된 물질: CO_2, H_2O, SO_2 등)
- 불활성기체(헬륨, 네온, 아르곤, 크립톤, 크세논, 라돈)

3) 고체연료 연소방법
① 화격자 연소
② 미분탄 연소
③ 유동층 연소

4) 연소범위(폭발범위)
가연물질이 공기(산소)와 혼합하여 연소할 때 필요한 혼합가스의 농도범위를 말한다. 연소범위는 하한치가 낮고, 범위가 넓을수록 위험하다.

5) 연소실 내 연소온도를 높이는 방법
① 연료를 완전연소시킨다.
② 발생량이 높은 연료를 사용한다.
③ 연소속도를 크게 하기 위해 연료와 공기를 예열 공급한다.
④ 공급공기는 이론공기에 가깝게 하여 연소시킨다(과잉공기를 적게 하여 완전연소시킨다).
⑤ 노벽을 통한 복사 열손실을 줄인다.

6) 완전연소의 구비조건
① 연소에 필요한 충분한 공기를 공급하고 연료와 잘 혼합시킨다.
② 연소실 내의 온도를 되도록 높게 유지한다.
③ 연소실의 용적은 연료가 완전연소하는 데 필요한 충분한 용적 이상이어야 한다.
④ 연료와 공기를 예열 공급한다(연료는 인화점 가까이 예열하여 공급한다).
⑤ 연료가 연소하는 데 충분한 시간을 주어야 한다.

7) 연소의 종류(형태)
[가연물의 상태에 따른 분류]

고체연료	액체연료	기체연료
㉠ 증발연소 ㉡ 분해연소 ㉢ 표면연소 ㉣ 자기연소(내부연소)	㉠ 증발연소 ㉡ 분무연소 ㉢ 액면연소 ㉣ 등심연소(심화연소)	㉠ 확산연소 ㉡ 예혼합연소 ㉢ 부분예혼합연소

03 | 고체 및 미분탄 연소방식과 연소장치

고체연료(화격자연소)		미분탄연료(버너연소)
고정화격자연소	기계화격자(스토커)연소	
㉠ 화격자 소각로 ㉡ 로터리 킬른 소각로 ㉢ 유동층 소각로 ㉣ 다단식 소각로	㉠ 산포식 스토커 ㉡ 체인 스토커 ㉢ 하급식 스토커 ㉣ 계단식 스토커	㉠ 선회식 버너 ㉡ 교차식 버너

02 연소계산 및 열정산
CHAPTER

01 | 연소계산

1) 기체연료의 연소반응식

[연료별 연소반응식]

연료	연소반응	고발열량(H_2) [kJ/Nm³]	산소량(O_o) [Nm³/Nm³]	공기량(A_o) [Nm³/Nm³]
수소(H_2)	$H_2+\frac{1}{2}O_2=H_2O$	12,768	0.5	2.38
일산화탄소(CO)	$CO+\frac{1}{2}O_2=CO_2$	12,705	0.5	2.38
메탄(CH_4)	$CH_4+2O_2=CO_2+2H_2O$	39,893	2	9.52
아세틸렌(C_2H_2)	$C_2H_2+\frac{5}{2}O_2=2CO_2+H_2O$	58,939	2.5	11.9
에틸렌(C_2H_4)	$C_2H_4+3O_2=2CO_2+2H_2O$	63,962	3	14.29
에탄(C_2H_6)	$C_2H_6+\frac{7}{2}O_2=2CO_2+3H_2O$	70,367	3.5	16.67
프로필렌(C_3H_6)	$C_3H_6+\frac{9}{2}O_2=3CO_2+3H_2O$	93,683	4.5	21.44
프로판(C_3H_8)	$C_3H_8+5O_2=3CO_2+4H_2O$	102,013	5.0	23.81
부틸렌(C_4H_8)	$C_4H_8+6O_2=4CO_2+4H_2O$	125,915	6.0	28.57
부탄(C_4H_{10})	$C_4H_{10}+\frac{13}{2}O_2=4CO_2+5H_2O$	133,994	6.5	30.95
반응식	$C_mH_n+\left(m+\frac{n}{4}\right)O_2=mCO_2+\frac{n}{2}H_2O$		$m+\frac{n}{4}$	$O_o\times\frac{1}{0.21}$

- 열량의 단위환산
  1kcal=4.2kJ=3.968Btu=2.25Chu
  (1kWh=860kcal=3,600kJ)

2) 산소량 및 공기량 계산식

① **이론산소량(O_o)**: 연료를 산화하기 위한 이론적 최소산소량

- 질량(kg′/kg) 계산식

$$O_o=2.67C+8\left(H-\frac{O}{8}\right)+S[kg'/kg]$$

- 체적(Nm³/kg) 계산식

$$O_o=1.867C+5.6\left(H-\frac{O}{8}\right)+0.7S[Nm^3/kg]$$

② **이론공기량(A_o)**: 연료(fuel)를 완전연소시키는 데 이론상으로 필요한 최소의 공기량

- 질량(kg′/kg) 계산식

$$A_o=\frac{O_o}{0.232}$$
$$=\frac{1}{0.232}\left\{2.56C+8\left(H-\frac{O}{8}\right)+S\right\}$$
$$=11.49C+34.49\left(H-\frac{O}{8}\right)+4.31S[kg'/kg]$$

• 이론공기량(A_0, Nm^3/kg) 계산식

$$A_o = \frac{O_o}{0.21}$$
$$= \frac{1}{0.21}\left\{1.87C + 5.6\left(H - \frac{O}{8}\right) + 0.7S\right\}$$
$$= 8.89C + 26.7\left(H - \frac{O}{8}\right) + 3.33S[Nm^3/kg]$$

③ 실제공기량(A_a)

A_a = 이론공기량(A_o) × 과잉공기량(m)

= mA_o(공기비 × 이론공기량)

④ 공기비(m, 과잉공기계수): 이론공기량에 대한 실제공기량의 비

$$m = \frac{\text{실제공기량}(A_a)}{\text{이론공기량}(A_o)}$$
$$= \frac{A_o + (A_a - A_o)}{A_o} = 1 + \frac{A_a - A_o}{A_o}$$

여기서, $A_a - A_o$을 과잉공기량이라 하며 완전연소과정에서 공기비(m)는 항상 1보다 크다.

• 과잉공기량

$A_a - A_o = (m-1)A_o[Nm^3/kg,\ Nm^3/Nm^3]$

• 과잉공기율 $= (m-1) \times 100\%$

3) 배기가스와 공기비(m) 계산식

배기가스 분석성분에 따라 공기비를 계산

① 완전연소 시(H_2, CO 성분이 없거나 아주 적은 경우) 공기비(m) 계산

$$m = \frac{21}{21 - O_2} = \frac{\frac{N_2}{0.79}}{\frac{N_2}{0.79} - \frac{3.76O_2}{0.79}}$$
$$= \frac{N_2}{N_2 - 3.76O_2}$$

② 불완전연소 시(배기가스 중에 CO 성분이 포함) 공기비(m) 계산

$$m = \frac{N_2}{N_2 - 3.76(O_2 - 0.5CO)}$$

③ 탄산가스 최대치(CO_{2max})에 의한 공기비(m) 계산

$$m = \frac{CO_{2max}}{CO_2}$$

4) 최대 탄산가스율(CO_{2max})

① 완전연소 시

$$CO_{2max} = \frac{21 \times CO_2(\%)}{21 - O_2(\%)}$$

② 불완전연소 시

$$CO_{2max} = \frac{21[CO_2(\%) + CO(\%)]}{21 - O_2(\%) + 0.395CO(\%)}$$

5) 연소가스량

① 이론 습연소가스량(G_{ow})

= 이론 건연소가스량(G_{od}) + 연소생성 수증기량

• $G_{ow}[kg/kg]$

= 이론 건연소가스량(G_{od}) + $(9H + W)$

$= (1 - 0.232)A_0 + 3.67C + 2S + N + (9H + W)$

• $G_{ow}[Nm^3/kg]$

= 이론 건연소가스량(G_{od}) + $1.244(9H + W)$

$= (1 - 0.21)A_0 + 1.867C + 0.7S + 0.8N$
$+ 1.244(9H + W)$

② 이론 건연소가스량(G_{od})

= 이론 습연소가스량(G_{ow}) − 연소생성 수증기량

• $G_{od}[kg/kg] = (1 - 0.232)A_0 + 3.67C + 2S + N$

• $G_{od}[Nm^3/kg] = (1 - 0.21)A_0 + 1.867C + 0.7S$
$+ 0.8N$

③ 실제 습연소가스량(G_W)

= 이론 습연소가스량(G_{ow})
+ 과잉공기량$[(m-1)A_0]$

• $G_W[kg/kg] = (m - 0.232)A_0 + 3.67C + 2S$
$+ N + (9H + W)$

• $G_W[Nm^3/kg] = (m - 0.21)A_0 + 1.867C + 0.7S$
$+ 0.8N + 1.244(9H + W)$

④ 실제 건연소가스량(G_d)

= 이론 건연소가스량(G_{od})
+ 과잉공기량$(m-1)A_0$

• $G_d[kg/kg]$

$= (m - 0.232)A_0 + 3.67C + 2S + N$

• $G_d[Nm^3/kg]$

$= (m - 0.21)A_0 + 1.867C + 0.7S + 0.8N$

6) 발열량

연료의 단위 질량(1kg) 또는 단위 체적($1Nm^3$)의 연료가 완전연소 시 발생하는 전열량(kJ)

① 단위

- 고체 및 액체연료: kJ/kg
- 기체연료: kJ/Nm^3

② 종류

- 고위발열량(H_h)
  $=33{,}907C+142{,}324\left(H-\frac{O}{8}\right)+10{,}465S$ [kJ/kg]
- 고체 및 액체연료의 저위발열량(H_L)
  $=$고위발열량$(H_h)-2{,}512(9H+W)$[kJ/kg]
- 기체연료의 저위발열량(H_L)
  $=$고위발열량$(H_h)-2{,}010(H_2O$몰수$)[kcal/Nm^3]$
  → 기체연료

※ 1kcal=4.186kJ≒4.2kJ

02 | 열정산(heat balance)의 정의

1) 열정산의 목적

① 장치 내 열의 행방을 파악
② 조업(작업)방법을 개선
③ 열설비의 신축 및 개축 시 기초자료로 활용
④ 열설비 성능 파악

2) 열정산의 결과 표시(입열, 출열, 순환열)

① 입열 항목(피열물이 가지고 들어오는 열량)

- 연료의 저위발열량(연료의 연소열): 입열 항목 중 가장 큼
- 연료의 현열
- 공기의 현열
- 노내분입증기 보유열

② 출열 항목

- 미연소분에 의한 열손실
- 불완전연소에 의한 열손실
- 노벽 방사 전도 손실
- 배기가스 손실(열손실 항목 중 배기에 의한 손실이 가장 큼)
- 과잉공기에 의한 열손실

③ 순환열: 설비 내에서 순환하는 열로서 공기예열기 흡수열량, 축열기흡수열량, 과열기흡수열량 등이 있다.

3) 습포화증기(습증기)의 비엔탈피

$h_x=h'+x(h''-h')=h'+x\gamma$ [kJ/kg]

여기서, x : 건조도
γ : 물의 증발열=539kcal/kgf=2,257kJ/kg
h' : 포화수 비엔탈피(kJ/kg)
h'' : 건포화증기 비엔탈피(kJ/kg)

4) 상당증발량(m_e)

$$m_e=\frac{m_a(h_2-h_1)}{2{,}257}\ [\text{kg/h}]$$

여기서, m_a : 실제증발량(kg/h)
h_1 : 급수(물)의 비엔탈피(kJ/kg)
h_2 : 발생증기 비엔탈피(kJ/kg)

5) 보일러마력

① 보일러 1마력의 정의: 표준대기압(760mmHg) 상태하에서 포화수(100℃ 물) 15.65kg을 1시간 동안에(100℃) 건포화증기로 만드는(증발시킬 수 있는) 능력

② 보일러마력

$$\text{BPS}=\frac{m_e}{15.65}=\frac{m_a(h_2-h_1)}{2{,}257\times15.65}=\frac{m_a(h_2-h_1)}{35{,}322.05}\ [\text{BPS}]$$

③ 보일러 효율(η_B)

$$\eta_B=\frac{m_a(h_2-h_1)}{H_\ell\times m_f}\times100\%=\frac{m_e\times2{,}257}{H_\ell\times m_f}\times100\%$$

④ 온수보일러 효율

$$\eta=\frac{mC(t_2-t_1)}{H_\ell\times m_f}\times100\%$$

여기서, W: 시간당 온수발생량(kg/h)
C: 온수의 비열(4.186kJ/kgK)
t_2: 출탕온도(℃)
t_1: 급수온도(℃)

6) 연소효율과 전열면 효율

① 연소효율(η_C) $= \dfrac{\text{실제 연소열량}}{\text{연료의 발열량}} \times 100\%$

② 전열효율(η_r) $= \dfrac{\text{유효열량}(Q_a)}{\text{실제 연소열량}} \times 100\%$

③ 열효율(η) $= \dfrac{\text{유효열량}}{\text{공급열}} \times 100\%$

7) 증발계수

증발계수 $\left(\dfrac{m_e}{m_a}\right) = \dfrac{h_2 - h_1}{2{,}257}$

8) 증발배수

① 실제 증발배수 $= \dfrac{\text{실제증기발생량}(m_a)}{\text{연료소비량}(m_f)}$

② 환산(상당) 증발배수 $= \dfrac{\text{상당증발량}(m_e)}{\text{연료소비량}(m_f)}$

03 CHAPTER 연소장치, 통풍장치, 집진장치

01 | 액체연료의 연소방식과 연소장치

1) 오일버너의 종류

① 압력분무식 버너(유압분무식 버너): 연료 자체의 압력에 의해 노즐에서 고속으로 분출하여 미립화시키는 버너(비환류형, 환류형으로 분류)
② 고압기류식 버너[고압공기(증기)분무식 버너]: 분무매체인 공기나 증기를 0.2~0.7MPa(2~7kgf/cm^2) 정도로 가하여 무화하는 형식의 버너(내부혼합식, 외부혼합식, 중간혼합식으로 분류)
③ 저압기류식 버너

2) 유량조절범위가 큰 순서

고압기류식 > 저압기류식 > 회전분무식 > 압력분무식

3) 분무각도가 큰 순서

압력분무식 > 회전분무식 > 저압기류식 > 고압기류식

4) 가열온도

① 가열온도가 너무 높은 경우(점도가 너무 낮다)
- 탄화물의 생성원인이 된다(버너화구에 탄화물이 축적됨).
- 관 내에서 기름이 분해를 일으킨다(연료소비량 증대, 맥동연소의 원인, 역화의 원인).
- 분무(사)각도가 흐트러진다.
- 분무상태가 불균일해진다.

② 가열온도가 너무 낮을 경우(점도가 너무 높다)
- 화염의 편류현상이 발생한다(불길이 한쪽으로 치우침).
- 카본 생성의 원인이 된다.
- 무화가 불량해진다.
- 그을음 및 분진 등이 발생한다.

02 | 기체연료의 연소방식과 연소장치

1) 확산연소방식의 특징

① 부하에 따른 조절범위가 넓다.
② 가스와 공기의 예열공급이 가능하다.
③ 화염이 길다.
④ 역화의 위험성이 적다.
⑤ 탄화수소가 적은 가스에 적합하다(고로가스, 발생로가스).

2) 확산연소방식의 연소장치

① 포트형: 평로나 대형 가마에 적합
② 버너형: 선회형 버너, 방사형 버너

3) 가스버너의 분류

① 운전방식별 분류: 자동 및 반자동 버너
② 연소용 공기의 공급 및 혼합방식에 따른 분류
- 유도혼합식: 적화식, 분젠식(세미분젠식, 분젠식, 전1차공기식)
- 강제혼합식: 내부혼합식, 외부혼합식, 부분혼합식

03 | 통풍장치

1) 통풍방식의 분류

구분		내용
자연통풍		배기가스와 외기의 온도차(비중차, 비중량차, 밀도차)에 의해 이루어지는 통풍방식으로 굴뚝 높이와 연소가스의 온도에 따라 일정한 한도를 갖는다.
강제통풍	압입통풍	연소실 입구측에 송풍기를 설치하여, 연소실 내로 공기를 강제적으로 밀어 넣는 방식이다.
	흡입통풍	연도 내에 배풍기를 설치하여, 연소가스를 송풍기로 흡입하여 빨아내는 방식이다.
	평형통풍	압입통풍방식과 흡입통풍방식을 병행하는 통풍방식이다. 즉, 연소실 입구에 송풍기, 굴뚝에 배풍기를 각각 설치한 형태이다.

강제통풍방식 중 풍압 및 유속이 큰 순서는 평형통풍 > 흡입통풍 > 압입통풍이다.

2) 통풍력의 영향

통풍력이 너무 크면	통풍력이 너무 작으면
㉠ 보일러의 증기발생이 빨라진다. ㉡ 보일러 열효율이 낮아진다. ㉢ 연소율이 증가한다. ㉣ 연소실 열부하가 커진다. ㉤ 연료소비가 증가한다. ㉥ 배기가스온도가 높아진다.	㉠ 배기가스온도가 낮아져 저온부식의 원인이 된다. ㉡ 보일러 열효율이 낮아진다. ㉢ 통풍이 불량해진다. ㉣ 연소율이 낮아진다. ㉤ 연소실 열부하가 작아진다. ㉥ 역화의 위험이 커진다. ㉦ 완전연소가 어렵다.

3) 이론통풍력 계산공식

이론통풍력(Z)

$$= 273H \times \left[\frac{r_a}{t_a + 273} - \frac{r_g}{t_g + 273} \right] [\text{mmH}_2\text{O}]$$

$$= 355H \times \left[\frac{1}{T_a} - \frac{1}{T_g} \right] [\text{mmH}_2\text{O}]$$

여기서, Z: 이론통풍력(mmH_2O)
H: 연돌의 높이(m)
r_a: 외기의 비중량(N/m^3)
t_a: 외기온도(℃)
T_a: 외기의 절대온도(K)
r_g: 배기가스의 비중량(N/m^3)
t_g: 배기가스 온도(℃)
T_g: 배기가스의 절대온도(K)

04 | 환기방식

1) 송풍기 효율 및 풍압이 큰 순서

터보형 > 플레이트형 > 다익형

2) 송풍기의 소요동력(kW) 및 소요마력(PS) 계산공식

① 소요동력 $= \dfrac{P_t Q}{102 \times 60\eta} = \dfrac{P_t Q}{6{,}120\eta}$ [kW]

→ 송풍량 $Q = \dfrac{102 \times 60\text{kW} \times \eta}{P_t}$ [m^3/min]

② 소요마력 $= \dfrac{P_t Q}{75 \times 60\eta} = \dfrac{P_t Q}{4{,}500\eta}$ [PS]

→ 송풍량 $Q = \dfrac{75 \times 60\text{PS} \times \eta}{P_t}$ [m^3/min]

여기서, Q: 풍량(m^3/min)
P_t: 풍압($\text{kg/m}^2 = \text{mmH}_2\text{O} = \text{mmAq}$)
η: 송풍기의 효율(%)

3) 송풍기의 비례법칙(성능변화, 상사법칙)

① 풍량 $Q_2 = Q_1 \left(\dfrac{N_2}{N_1} \right)^1 \left(\dfrac{D_2}{D_1} \right)^3$

② 풍압 $H_2 = H_1 \left(\dfrac{N_2}{N_1} \right)^2 \left(\dfrac{D_2}{D_1} \right)^2$

③ 축동력(마력) $P_2 = P_1 \left(\dfrac{N_2}{N_1} \right)^3 \left(\dfrac{D_2}{D_1} \right)^5$

④ 효율 $\eta_1 = \eta_2$

여기서, Q: 송풍량(m^3/min)
H: 풍압(mmH_2O)
P: 축동력(PS, kW)
η: 효율(%)
D: 날개의 지름(mm)
N: 회전수(rpm)

05 | 매연

1) 정의

연료가 연소된 이후 발생되는 유해성분으로는 유황산화물, 질소산화물, 일산화탄소, 그을음 및 분진(검댕 및 먼지) 등이 있다.

2) 매연농도계의 종류

① **링겔만 농도표**: 매연농도의 규격표(0~5도)와 배기가스를 비교

② **매연 포집 중량제**: 연소가스의 일부를 뽑아내어 석면이나 암면의 광물질 섬유 등의 여과지에 포집시켜 여과지의 중량을 전기출력으로 변환하여 측정

③ **광전관식 매연농도계**: 연소가스에 복사광선을 통과시켜 광선의 투과율을 산정하여 측정

④ **바카라치(Bacharach) 스모그 테스터**: 일정면적의 표준 거름종이에 일정량의 연소가스를 통과시켜서 거름종이 표면에 부착된 부유 탄소입자들의 색농도를 표준번호가 있는 색농도와 육안 비교하여 매연농도번호(smoke No)로서 표시하는 방법

3) 링겔만 농도표

① **매연농도의 규격표**: 가로, 세로 10cm의 격자모양의 흑선으로 0도에서 5도까지 6종이 있다. 1도 증가에 따라 매연 농도는 20% 증가하며, 번호가 클수록 농도표는 검은 부분이 많이 차지하게 되어 매연이 많이 발생됨을 의미한다.

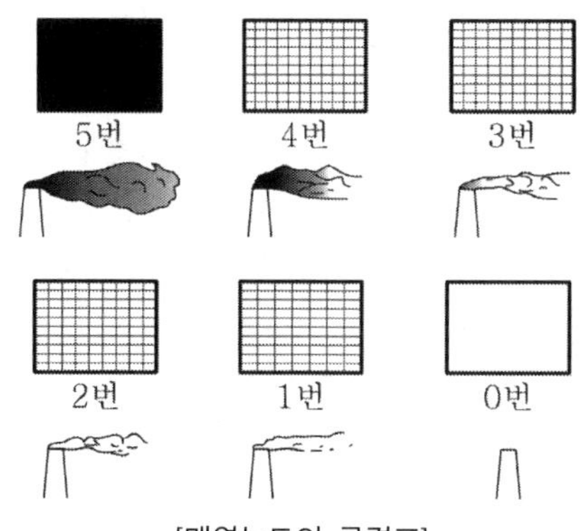

[매연농도의 규격표]

② **측정방법**
- 연기의 농도 측정거리: 연돌 상부에서 30~45cm
- 관측자와 링겔만 농도표와의 거리: 16m
- 관측자와 연돌과의 거리: 30~39m 떨어진 거리

06 | 폐가스의 오염방지

1) 질소산화물(NO_x)

① **발생원인**: 연소 시 공기 중의 질소와 산소가 반응하여 생성된다. 연소온도가 높고, 과잉공기량이 많으면 발생량이 증가한다.

② **유해점**: 자극성 취기가 있고 호흡기, 뇌, 심장기능 장애를 일으키고 광학적 스모그(smog)를 발생시킨다.

③ **방지대책**
- 질소산화물 제거(습식법, 건식법)
- 연소온도 저하(혼합기 연소형태 단시간 내 연소, 신속한 연소가스온도 저하)
- 질소함량이 적은 연료 사용
- 연소가스가 고온으로 유지되는 시간을 줄임(약간의 과잉공기와 연료를 급속히 혼합하여 연소)
- 연소가스 중의 산소농도 낮춤

2) 황산화물(SO_x)

① **발생원인과 유해점**: 연료 중의 황분이 산화하여 생성되며 보일러 등을 부식시키는 외에 대기오염 및 인체에 해를 유발한다.

② **방지대책**
- 아황산가스 제거(습식법, 건식법).
- 굴뚝을 높임(대기 중으로 확산 용이)
- 황분이 적은 연료 사용(액체연료는 정유 과정에서 접촉수소화 탈황법으로 탈황)

3) 일산화탄소(CO)

탄소의 불완전연소에 의하여 생성되며, 인체에 흡입되면 혈액 속의 헤모글로빈과 결합하여 산소의 운반을 방해하여 산소결핍을 초래한다. 방지대책은 다음과 같다.

① 연소실의 용적을 크게 하여, 반응에 충분한 체류시간을 주어 완전연소시킨다.

② 연소가스 중의 일산화탄소를 제거한다(연소법, 세정법).

③ 충분한 양의 공기를 공급하여 완전연소시킨다.

④ 연소실의 온도를 적당히 높여 완전연소시킨다.

4) 매진(그을음 = 검댕)

매진은 배기가스 중에 함유된 분진으로 그 주성분은 비산회와 그을음인데 비산회는 연료 중의 회분이 미분이 되어 배기가스 중에 함유되고, 그을음은 불완전연소 결과 생성되는 미연소탄소(유리탄소)의 덩어리이다. 방지대책은 다음과 같다.

① 완전연소시켜 그을음 발생을 억제시킨다.

② 회분이 적은 연료를 사용한다.

③ 연소가스 중의 매진(분진)을 제거한다(건식 집진장치, 습식 집진장치, 전기식 집진장치).

07 | 집진장치

1) 집진장치의 역할

배기가스 중의 분진 및 매연 등의 유해물질을 제거하여 대기오염을 방지하기 위해 연도 등에 설치하는 장치이다.

2) 집진장치의 종류

① 건식 집진장치

- 원심력식: 사이클론식, 멀티 사이클론식
- 중력식: 중력 침강식, 다단 침강식
- 관성력식: 충돌식, 반전식
- 여과식(백필터: bag filter): 원통식, 평판식, 역기류 분사형

② 습식(세정식) 집진장치

- 회전식: 타이젠 워셔식, 임펄스(impulse: 충격식) 스크루버
- 유수식: 전류형 스크루버(scrubber), 로터리 스크루버, 피이보디 스크루버
- 가압수식: 벤투리 스크루버, 사이클론 스크루버, 제트 스크루버, 충전탑, 포종탑, 분무탑

③ 전기식 집진장치: 코트렐 집진기(건식, 습식)

08 | 연소계산

1) 이론산소량 및 이론공기량 계산

① 이론산소량(O_o)

- 이론산소량(O_o)

$$=2.67C+8\left(H-\frac{O}{8}\right)+S\,[kg'/kg]$$

- 이론산소량(O_o)

$$=1.867C+5.6\left(H-\frac{O}{8}\right)+0.7S\,[Nm^3/kg]$$

여기서, C: 탄소(%), H: 수소(%), O: 산소(%), S: 황(%)의 연료 중 성분비, 대입할 때는 주어진 %를 100으로 나누어 대입(80%=0.8), $\left(H-\frac{O}{8}\right)$: 유효수소(실제로 연소할 수 있는 수소량)

[완전연소반응식]

구분	중량(kg) 계산	체적(Nm^3) 계산
탄소 (C)	$C+O_2 \rightarrow CO_2$ 12kg 32kg 1kg → 2.67kg	$C+O_2 \rightarrow CO_2$ 12kg $22.4Nm^3$ 1kg → $1.867Nm^3$
수소 (H)	$H_2+\frac{1}{2}O_2 \rightarrow H_2O$ 2kg 16kg 1kg → 8kg	$H_2+\frac{1}{2}O_2 \rightarrow H_2O$ 2kg $11.2Nm^3$ 1kg → $5.6Nm^3$

② 이론공기량(A_o)

- 이론공기량(A_o: kg/kg')

$$=\frac{\text{이론산소량(kg)}}{0.232}=\frac{O_{th}}{0.232}$$

- 이론공기량(A_o: Nm^3/kg)

$$=\frac{\text{이론산소량}(Nm^3)}{0.21}=\frac{A_{th}}{0.21}$$

2) 탄화수소(C_mH_n)계 연료 완전연소반응식

C_mH_n + ① O_2 → ② CO_2 + ③ H_2O

여기서, ① $=\left(m+\frac{n}{4}\right)$, ② $=m$, ③ $=\frac{n}{2}$ 이다.

①, ②, ③은 몰수를 의미하며, 표준상태에서 기체 1몰이 갖는 체적은 모두 22.4L이다. C_mH_n의 분자식을 가지는 기체연료가 완전연소하면 모두 CO_2와 H_2O가 생성된다.

09 | 연소배기가스의 분석 목적

1) 연소배기가스의 분석 목적

① 연소가스의 조정 파악

② 연소상태 파악

③ 공기비 파악

2) 화학적 가스분석계(장치)

① 체적감소에 의해 측정하는 방법: 햄펠식 가스분석계(장치), 오르자트 가스분석장치

② 연속적정에 의해 측정하는 방법: 자동화학식 CO_2계

③ 연소열법에 의해 측정하는 방법: 연소식 O_2계, 미연소가스계(H_2+CO계)

3) 물리적 가스분석계(장치)

① 열전도율형 CO_2계: 열전도율을 이용
② 밀도식 CO_2계: 가스의 밀도(비중)차를 이용
③ 자기식 O_2계: 가스의 자성을 이용
④ 적외선 가스분석계: 측정가스의 더스트(dust)나 습기의 방지에 주의가 필요하고, 선택성이 뛰어나다. 대상범위가 넓고 저농도의 분석에 적합하다. 적외선 가스분석계에서 분석할 수 없는 가스는 다음과 같다.
- 단원자 분자(불활성 기체): He, Ne, Ar, Xe, Kr, Rn
- 2원자 분자: O_2, H_2, N_2, Cl_2

⑤ 세라믹 O_2계: 고체의 전해질의 전지 반응을 이용
⑥ 가스 크로마토그래피법
⑦ 도전율식 가스분석계: 흡수제의 도전율의 차를 이용
⑧ 갈바니전지식 O_2계: 액체의 전해질의 전지반응을 이용

10 | 보일러 연료로 인해 발생하는 연소실 부착물

① 클링커(Klinker): 재가 용융되어 덩어리로 된 것
② 버드 네스트(Bird nest): 스토커 연소나 미분탄 연소에 있어서 석탄재의 용융이 낮은 경우, 또는 화로 출구의 연소가스 온도가 높은 경우에는 재가 용융상태 그대로 과열기나 재열기 등의 전열면에 부착, 성장하여 흡사 새의 둥지처럼 된 것
③ 신더(Cinder): 석탄 등이 타고 남은 재
- 주의: 스케일(scale) 보일러 연료로 인해 발생한 연소실 부착물이 아님을 주의한다.

04 CHAPTER 열전달과 열교환 방식

01 | 열전달(열이동)

전도(고체열전달), 대류(convection), 복사(radiation)

1) 대류열전달(convection heat transfer)

유체－고체－유체 열전달(뉴튼의 냉각법칙)

$$q=\frac{Q}{A}=h(t_w-t_f)\,[\text{W/m}^2]$$

여기서, h: 대류전달계수($\text{W/m}^2\text{K}$)
A: 대류전열면적(m^2)
t_w: 고체벽면의 온도(℃)
t_f: 유체온도(℃)

2) 평판의 열전도(heat conduction)

푸리에(Fourier) 열전도법칙

$$q_c=\frac{Q_c}{A}=\lambda\frac{t_1-t_2}{\ell}\,[\text{W/m}^2]$$

여기서, λ: 열전도계수(율)(W/mK)
A: 전열면적(m^2)
ℓ: 길이(두께)(m)
t_1-t_2: 온도차(℃)

3) 원형관(pipe)의 열전도

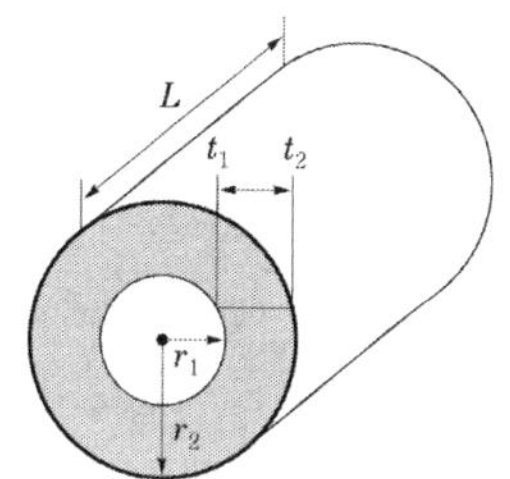

$$Q_c=\frac{2\pi L(t_1-t_2)}{\frac{1}{\lambda}\ln\left(\frac{r_2}{r_1}\right)}=\frac{2\pi L\lambda(t_1-t_2)}{\ln\left(\frac{r_2}{r_1}\right)}\,[\text{W}]$$

여기서, λ: 열전도율(W/mK)
L: 관의 길이(m)
r_1: 내벽의 반경(m)
r_2: 외벽의 반경(m)
Q_c: 열전도 손실열량(W)

4) 열복사(thermal radiation)

중간 매개체가 없는 열전달(스테판－볼츠만 법칙)

$$q_R=\frac{Q_R}{A}=\varepsilon\sigma T^4\,[\text{W/m}^2]$$

여기서, σ: 스테판－볼츠만 상수
($\sigma=4.88\times10^{-8}\text{kcal/m}^2\text{hK}^4$
$=5.67\times10^{-8}\text{W/m}^2\text{K}^4$)
A: 복사전열면적(m^2)
ε: 복사율($0<\varepsilon<1$)
T: 흑체표면 절대온도(K)

5) 열관류(통과)계수(K)

$$K = \frac{1}{R} = \frac{1}{\dfrac{1}{a_1} + \dfrac{L}{\lambda} + \dfrac{1}{a_2}} \ [\mathrm{W/m^2K}]$$

여기서, L: 재료의 두께(m)

λ: 열전도율(W/mK)

a_1 : 내측 유체 열전달률(W/m^{2}K)

a_2: 외측 유체 열전달률(W/m^{2}K)

K: 열관류율(W/m2K)

6) 열관류에 의한 손실열량(Q)

$Q = KF(t_1 - t_2)$ [W]

여기서, K : 열관류(통과)계수(W/m^{2}K)

F : 전열면적(m^2)

Part 02 열역학

01 CHAPTER 열역학의 기초

01 | 계(system)

1) 정의

① 계의 종류(밀폐계, 개방계, 고립계, 단열계)

- 밀폐계(비유동계): 검사질량 일정
  - 물질유동(×), 에너지전달(○)
  - 계의 경계면이 닫혀있어 계의 경계를 통한 물질(질량)의 유동이 없는 계로, 에너지(일 또는 열)의 전달은 있는 계
  - 즉 계 내의 물질(질량)은 일정 불변
- 개방계(유동계): 검사체적 일정
  - 물질유동(○), 에너지전달(○)
  - 계의 경계면이 열려있어 계의 경계를 통한 외부(주위)와의 물질의 유동이 있고, 에너지의 전달도 있는 계
- 고립계(절연계)
  - 물질유동(×), 에너지전달(×)
  - 계의 경계를 통한 외부와의 물질이나 에너지의 전달이 전혀 없다고 가정한 계
- 단열계: $\delta Q = 0$
  - 열의 전달(×)
  - 계의 경계를 통한 외부와의 열의 출입이 전혀 없다고 가정한 계
  - 등엔트로피 $S = C$(일정)

② 열역학적 성질=상태량

- 종량적(용량성) 성질(상태량)
  - 물질의 양에 비례하는 상태량
  - 체적(V), 엔탈피(H), 엔트로피(S), 내부에너지(U), 질량(m) 등
- 강성적(강도성) 성질(상태량)
  - 물질의 양에 무관한 상태량
  - 압력(p), 온도(t), 점도(μ), 속도(V) 및 비상태량(비체적(v), 비엔탈피(h), 비엔트로피(s), 비내부에너지(u)) 등

  ※ 비상태량: 단위질량당 종량성(용량성) 상태량

③ 절대온도(T)

- 켈빈(Kelvine)의 절대온도=섭씨온도를 기준으로 한 절대온도=열역학적 절대온도

  $T = t_C + 273.15 \fallingdotseq t_C + 273[\text{K}]$
- 랭킨(Rankine)의 절대온도=화씨온도를 기준으로 한 절대온도

  $T_R = t_F + 459.67 \fallingdotseq t_F + 460[°\text{R}]$

2) 비열(C)

① 물의 비열 $C = 1\text{kcal/kgf}\cdot℃$
$= 4.186\text{kJ/kg}\cdot\text{K}$

② 열량 $_1Q_2 = mC(t_2 - t_1)[\text{kJ}]$

③ 비열이 온도(t)만의 함수인 경우 평균비열

$Q = mC_m(t_2 - t_1)[\text{kJ}]$

3) 물리적 성질(비중량, 밀도, 비체적, 비중)

① 비중량 $\gamma = \dfrac{G}{V}[\text{N/m}^3]$

② 밀도=비질량

$$\rho = \frac{m}{V} = \frac{G}{Vg} = \frac{\gamma}{g}[\text{kg/m}^3,\ \text{N}\cdot\text{s}^2/\text{m}^4]$$

$\therefore \gamma = \rho g$ (밀도와 비중량 사이의 관계식)

③ 비체적(v 또는 v_s) $v_s = \dfrac{V}{m} = \dfrac{1}{\rho}[\text{m}^3/\text{kg}]$

$\therefore \rho = \dfrac{1}{v_s}[\text{kg/m}^3]$

④ 비중 =상대밀도 S(무차원 양(수))= $\frac{\rho}{\rho_w} = \frac{\gamma}{\gamma_w}$

4) 압력

$p = \frac{F}{A}$[N/m^2=Pa]

① 대기압(p_o)

- 대기가 누르는 압력
- 표준대기압(1atm)
  =1.0332kgf/cm^2
  =10,332kgf/m^2=760mmHg
  =10.33mH$_2$O=14.7psi(=lb/in^2)
  =1.01325bar=1013.25mbar(=mmbar)
  =101,325Pa(=N/m^2)=101.325kPa
- 1bar=105Pa=100kPa

② 게이지압력(계기압력, p_g[atg])

- 국소대기압을 기준면으로 해서 측정된 압력
- 정(+)압: 대기압보다 높은 압력(일반적인 계기 압력)
- 부(−)압: 대기압보다 낮은 압력(=진공압력 =진공게이지로 측정한 압력(mmHg))

③ 절대압력($p_a = p_{abs}$[ata])=대기압± 게이지압

5) 동력=단위시간당 행한 일량=일률=공률

$P = \frac{W}{t}$[N·m/s = J/s = W]

1kW=1kJ/s=1,000W=1,000J/s
=1,000N · m/s=3,600kJ/h
=102kgf · m/s=860kcal/h=1.36PS

6) 열역학 제0법칙(=열평형의 법칙)

온도계의 원리를 적용한 법칙이다. 온도가 서로 다른 두 물체를 혼합할 때 열손실이 없다고 가정하면 온도가 높은 물체는 열량을 방출(−)하고, 온도가 낮은 물체는 열량을 흡수(+)하여 두 물체 사이에 온도차가 없이 열평형상태에 도달하게 된다(방출열량=흡입열량).

7) 열의 전달(전도, 대류, 복사)

대류열전달 시 중요시되는 무차원수

- 누셀수(Nu) = $\frac{\alpha D}{\lambda}$
- 프란틀수(Pr) = $\frac{\mu C_p}{\lambda}$
- 그라스호프수(Gr) = $\frac{g\beta L^3 \Delta T}{\nu^2}$
- 레이놀즈수(Re) = $\frac{VL}{\nu} = \frac{\rho VD}{\mu}$

여기서, α: 열전달계수(W/m^2 · K)
λ: 열전도계수(W/m · K)
μ: 점성계수(Pa · s)

8) 열효율

$$\eta = \frac{3{,}600 H_{\text{kW}}}{H_l m_f} = \frac{3{,}600 \times 0.735 H_{\text{PS}}}{H_l m_f} \times 100\%$$

여기서, H: 정미출력(kW, PS)
H_l: 연료의 저위발열량(kJ/kg)
m_f: 시간당 연료소비량(kg/h)

02 CHAPTER 열역학 제1법칙

01 | 열역학 제1법칙

1) 정의

① 에너지보존법칙
② 가역법칙($Q = W$), 양적법칙
③ 제1종 영구운동기관을 부정하는 법칙

열량(Q)=일량(W)[J 또는 kJ]

2) 제1종 영구운동기관

외부로부터 일이나 열을 전혀 공급받지 않고(=에너지의 소비 없이) 연속적으로 계속해서 일을 할 수 있다고(=동력을 발생시킨다고) 생각되는 기관

02 | 정지계에 대한 에너지식(= 밀폐계비유동계)

$_1Q_2 = (U_2 - U_1) + {}_1W_2$[kJ]

※ $\delta Q = dU + \delta W$[kJ], $dU = \delta Q - \delta W$[kJ],
$\delta W = \delta Q - dU$[kJ]

일량(W)과 열량(Q)의 부호규약

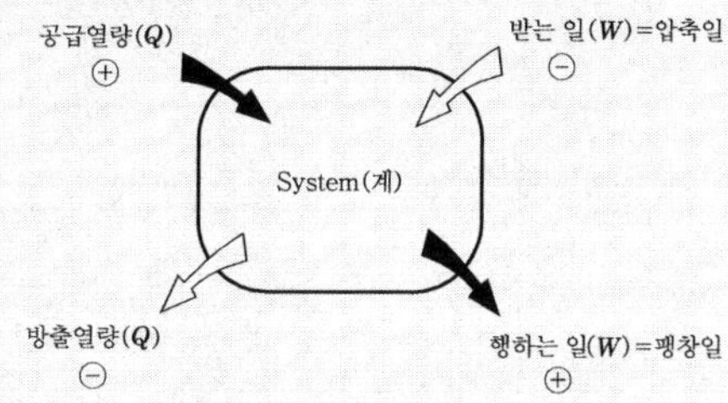

※ 단위질량(m)당 가(공급)열량(Q)
$= 비열량(q) = \frac{Q}{m}$[kJ/kg]

$$_1q_2 = \frac{_1Q_2}{m} = \frac{(U_2 - U_1) + {}_1W_2}{m} = (u_2 - u_1) + {}_1w_2 \text{ [kJ/kg]}$$

03 | 엔탈피(상태함수 = 점함수)

① 엔탈피 $H = U + PV$[kJ]

② 비엔탈피(h or i): 단위질량(m)당 엔탈피(H, 강도성 상태량)

$$h = \frac{H}{m} = \frac{U + PV}{m} = u + Pv = u + \frac{P}{\rho}\text{[kJ/kg]}$$

04 | 밀폐계 일과 개방계 일(절대일과 공업일)

① 절대일량 $_1W_2 = \int_1^2 PdV$[N · m=J]

② 공업일량 $W_t = -\int_1^2 VdP$[N · m=J]

③ 절대일($_1W_2$)과 공업일(W_t)의 관계식

$W_t = P_1V_1 + {}_1W_2 - P_2V_2$

03 CHAPTER 이상기체(완전기체)

01 | 보일과 샤를의 법칙

① 보일(Boyle)의 법칙=등온법칙($T = C$, $T_1 = T_2$)
=마리오테(Mariotte law)의 법칙

$Pv = C$

$P_1v_1 = P_2v_2$

$$\frac{v_2}{v_1} = \frac{P_1}{P_2}\left(\ln\frac{v_2}{v_1} = \ln\frac{P_1}{P_2}\right)$$

② 샤를(Charle)의 법칙=등압법칙($P = C$)
=게이뤼삭(Gay−Lussac)의 법칙

$\frac{v}{T} = C$

$$\frac{v_1}{T_1} = \frac{v_2}{T_2}\left(\frac{v_2}{v_1} = \frac{T_2}{T_1}\right)$$

③ 보일과 샤를의 법칙 $\frac{Pv}{T} = C$

④ 이상기체의 상태방정식

$Pv = RT$ 또는 $P\frac{V}{m} = RT$

$\therefore PV = mRT$

실제 기체(가스)가 이상기체(=완전기체)의 특성을 근사적으로 만족시킬 조건
- 온도(T), 비체적(v)이 클수록
- 압력(P), 분자량(M), 밀도(ρ)가 작을수록

02 | 아보가드로(Avogadro)의 법칙

① 분자량(=몰질량)

$M = \frac{m}{n}$[kg/kmol]

② 일반(=공통)기체상수(R_u 또는 $\overline{R}$)

$MR = \overline{R} = C$ 증명

$M_1R_1 = M_2R_2$=Constant

$MR = C = \overline{R}$=8.314kJ/kmol · K

03 | 비열 간의 관계식

1) 이상기체의 비열

① 정적(등적)비열(C_v[kJ/kg·K]), 내부에너지변화량

$du = C_v dT$[kJ/kg]

$dU = m C_v dT$[kJ]

② 정압(등압)비열(C_p[kJ/kg·K]), 엔탈피변화량

$dh = C_p dT$[kJ/kg]

$dH = m C_p dT$[kJ]

2) 비열비

단열지수 $k = \dfrac{C_p}{C_v} > 1$

3) 비열 간의 관계식

$C_p - C_v = R$

① 정적비열 $C_v = \dfrac{R}{k-1}$[kJ/kg · K]

② 정압비열 $C_p = kC_v = k\left(\dfrac{R}{k-1}\right)$[kJ/kg · K]

4) 줄(Joule)의 법칙

완전기체인 경우 내부에너지는 온도만의 함수이다.

$du = C_v dT$

04 | 이상기체의 상태변화

1) 가역변화 = 이론적 가상변화

① 폴리트로픽지수(n)값에 따른 각 상태변화와의 관계

$Pv^n = C$에서

- $n = 0$이면 $Pv^0 = C$
  $\therefore P = C$(등압변화)
- $n = 1$이면 $Pv^1 = C$(등온변화)
- $n = k$이면 $Pv^k = C$(가역단열변화)
- $n = \infty$이면 $Pv^\infty = C$
  $\therefore v = C$(등적변화)

※ $C_n = \infty$이면 $T = C$(등온변화)

② 각 상태변화의 과정 선도(팽창)

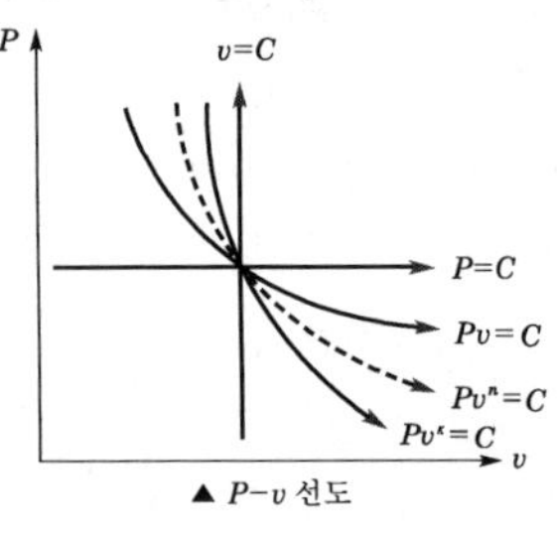

▲ $P-v$ 선도

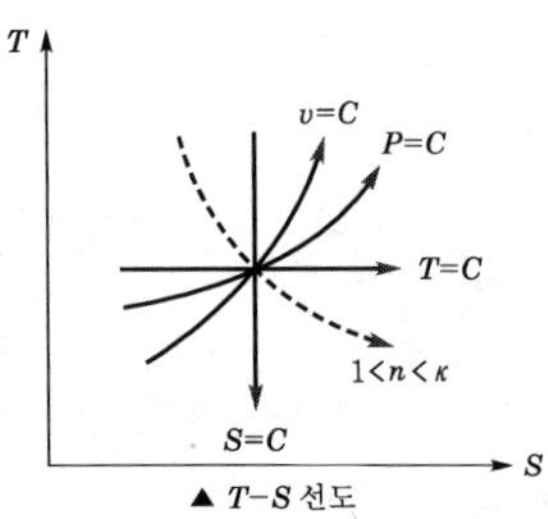

▲ $T-S$ 선도

2) 비가역변화 = 실제적인 변화(가역변화가 아닌 변화)

교축과정(throttling process) = 조름팽창과정 = 등엔탈피과정

> **줄-톰슨효과**
>
> - 실제 가스(수증기, 냉매)인 경우 교축팽창 시 압력강하($P_1 > P_2$)와 동시에 온도도 강하($T_1 > T_2$)한다는 사실이다.
> - 줄-톰슨계수(μ) $= \left(\dfrac{\partial T}{\partial P}\right)_{h=c}$
> - 이상기체인 경우는 교축팽창 시 $P_1 > P_2$, $T_1 = T_2$이므로 $\mu = 0$(항상 0)이다.

04 CHAPTER 열역학 제2법칙과 엔트로피

01 | 열역학 제2법칙

과정의 방향성을 제시한 비가역법칙으로 실제적인 법칙이다. 엔트로피라는 열량적 상태량을 적용한 법칙으로 제2종 영구운동기관을 부정한 법칙이다[엔트로피 증가법칙($\Delta S > 0$)].

제2종 영구운동기관

단일 열원저장소가 외부에서 열을 받아(온도변화 없이) 전부 일로 변환시키고 영구적으로 계속해서 운전할 수 있다고 생각되는 기관[열역학 제2법칙(엔트로피 증가법칙)에 위배]

02 | 열기관의 열효율

$$\eta = \frac{\text{정미일량}(W_{net})}{\text{공급열량}(Q_1)} = \frac{Q_1 - Q_2}{Q_1} = 1 - \frac{Q_2}{Q_1}$$

(모든 열기관의 열효율을 구하는 일반식)

03 | 카르노사이클

① 구성: 등온팽창(1 → 2) → 가역단열팽창(2 → 3) → 등온압축(3 → 4) → 가역단열압축(4 → 1)

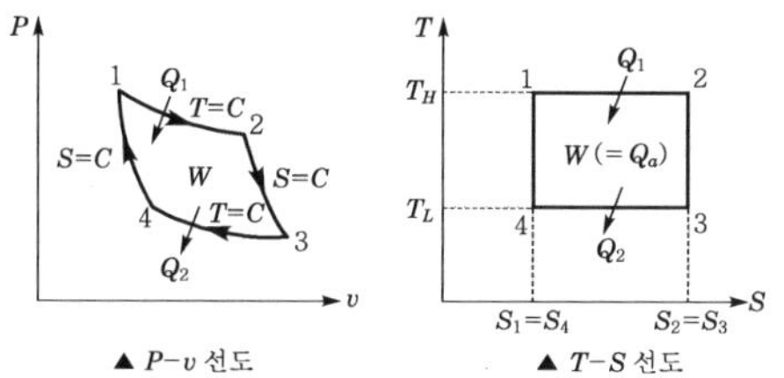

▲ $P-v$ 선도 ▲ $T-S$ 선도

② 열효율 $\eta_c = \frac{W_{net}}{Q_1} = 1 - \frac{Q_2}{Q_1}$

$$= 1 - \frac{T_L}{T_H} = 1 - \frac{T_2}{T_1}$$

04 | 엔트로피

① 열량적 상태량, 종량적 상태량, 상태(점)함수

$$dS = \frac{\delta Q}{T}\,[\text{kJ/K}]$$

② 단위질량당 엔트로피 =비엔트로피(ds)(강성적 상태량)

$$ds = \frac{dS}{m} = \frac{\delta q}{T}\,[\text{kJ/kg}\cdot\text{K}]$$

05 | 열역학 제3법칙(Nernst의 열 정리, 엔트로피의 절대값을 정의한 법칙)

자연계의 어떠한 방법으로도 저온체의 온도를 절대 0도(0K)에 이르게 할 수 없다(순수물질인 경우 절대 0도 부근에서 엔트로피는 0에 접근한다).

06 | 엔트로피변화량

① 열역학 제1기초식(밀폐계)에 대한 엔트로피변화량 (T와 V의 함수)

$$S_2 - S_1 = m C_v \ln\frac{T_2}{T_1} + mR\ln\frac{V_2}{V_1}\,[\text{kJ/K}]$$

② 열역학 제2기초식(개방계)에 대한 엔트로피변화량 (T와 P의 함수)

$$S_2 - S_1 = m C_p \ln\frac{T_2}{T_1} - mR\ln\frac{P_2}{P_1}$$

$$= m C_p \ln\frac{T_2}{T_1} + mR\ln\frac{P_1}{P_2}\,[\text{kJ/K}]$$

③ 이상기체의 상태변화에 따른 엔트로피변화량

- 등적변화($v = C$)

$$S_2 - S_1 = m C_v \ln\frac{T_2}{T_1} = m C_v \ln\frac{P_2}{P_1}\,[\text{kJ/K}]$$

- 등압변화($P = C$)

$$S_2 - S_1 = m C_p \ln\frac{T_2}{T_1} = m C_p \ln\frac{V_2}{V_1}\,[\text{kJ/K}]$$

- 등온변화($T = C$)

$$S_2 - S_1 = mR\ln\frac{V_2}{V_1} = mR\ln\frac{P_1}{P_2}$$

$$= m(C_p - C_v)\ln\frac{V_2}{V_1}\,[\text{kJ/K}]$$

- 가역단열변화($\delta Q = 0$)=등엔트로피변화 ($S = C$) ⇐ isentropic change

$$dS = \frac{\delta Q}{T} = 0,\ S_2 - S_1 = 0,\ S_1 = S_2$$

∴ S=Constant

만일 비가역단열변화인 경우 엔트로피가 증가한다($\Delta S > 0$).

- polytropic변화

$$S_2 - S_1 = m C_v \left(\frac{n-k}{n-1}\right)\ln\frac{T_2}{T_1}$$

$$= m C_v (n-k)\ln\frac{V_1}{V_2}$$

$$= m C_v \left(\frac{n-k}{n}\right)\ln\frac{P_2}{P_1}$$

$$= m C_n \ln\frac{T_2}{T_1}$$

07 | 유효에너지와 무효에너지

① 유효에너지

$$Q_a = W = \eta_c Q_1 = \left(1 - \frac{T_2}{T_1}\right) Q_1$$

$$= Q_1 - \frac{Q_1}{T_1} T_2 = Q_1 - T_2 \Delta S[\text{kJ}]$$

② 무효에너지

$$Q_2 = (1 - \eta_c) Q_1 = \frac{T_2}{T_1} Q_1 = T_2 \Delta S[\text{kJ}]$$

증기

01 | 순수물질의 상변화(H_2O, 물)

등압가열($P = C$)상태이다.

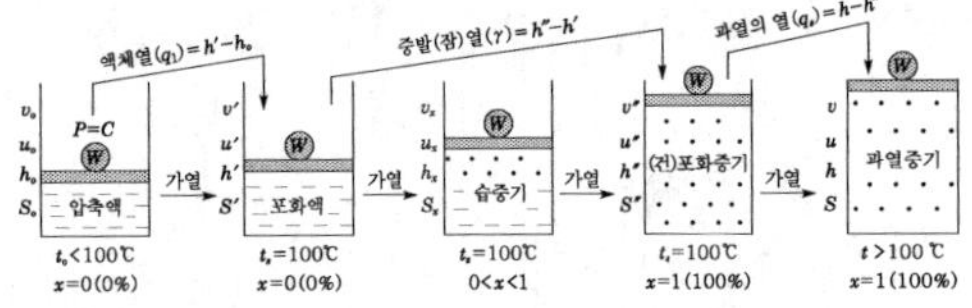

① 압축액(수)(=과냉액): 쉽게 증발하지 않는 액체 (100℃ 이하의 물)

② 포화액(수): 쉽게 증발하려고 하는 액체(액체로서는 최대의 부피를 갖는 경우의 물)(포화온도 t_s=100℃)

③ 습증기: 포화액-증기혼합물(포화온도 t_s=100℃)

④ (건)포화증기: 쉽게 응축되려고 하는 증기(포화온도 t_s=100℃)

⑤ 과열증기: 잘 응축하지 않는 증기(100℃ 이상)

⑥ 건(조)도 $x = \dfrac{\text{증기의 질량}(m_{\text{vapor}})}{\text{습증기 총질량}(m_{\text{total}})}$

02 | 증기의 열적상태량

① 액체열

$$q_l = h' - h_o = (u' - u_o) + P(v' - v_o)[\text{kJ/kg}]$$

② 증발(잠)열

$$\gamma = h'' - h' = (u'' - u') + P(v'' - v')$$

$$= \rho + \psi = \text{내부증발열} + \text{외부증발열}[\text{kJ/kg}]$$

여기서, γ=539kcal/kgf=2,257kJ/kg

03 | 습증기의 상태량

① 건조도가 x인 습증기의 비체적

$$v_x = v' + x(v'' - v')[\text{m}^3/\text{kg}]$$

② 습증기의 비내부에너지

$$u_x = u' + x(u'' - u') = u' + x\rho[\text{kJ/kg}]$$

③ 습증기의 비엔탈피

$$h_x = h' + x(h'' - h') = h' + x\gamma[\text{kJ/kg}]$$

④ 습증기의 비엔트로피

$$s_x = s' + x(s'' - s') = s' + x\frac{\gamma}{T_s}[\text{kJ/kg}\cdot\text{K}]$$

06
CHAPTER

증기원동소사이클

01 | 랭킨사이클: 증기원동소의 기본(이상)사이클

랭킨사이클의 열효율

$$\eta_R = \frac{w_{net}}{q_1} = \frac{w_T - w_P}{q_1} = \frac{(h_2 - h_3) - (h_1 - h_4)}{h_2 - h_1}$$

※ 랭킨사이클의 열효율은 초온, 초압(터빈 입구)을 높이거나 응축기(복수기) 압력(터빈 출구)을 낮게 할수록 증가한다.

02 | 재열사이클

재열사이클의 열효율

$$\eta_{Reh} = \frac{w_{net}}{q_1}$$

$$= \frac{(w_{T1} + w_{T2}) - w_P}{q_b + q_R}$$

$$= \frac{(h_2 - h_{2'}) + (h_3 - h_{3'}) - (h_1 - h_4)}{(h_2 - h_1) + (h_3 - h_{2'})}$$

03 | 재생사이클

재생사이클의 열효율

$$\eta_{Reg} = \frac{w_{net}}{q_1}$$

$$= \frac{(h_2 - h_5) - \{m_1(h_3 - h_5) + m_2(h_4 - h_5)\}}{h_2 - h_1}$$

07 가스동력사이클
CHAPTER

01 | 오토사이클: 가솔린기관의 기본사이클 = 정적사이클

① 구성 : 단열압축(1 → 2) → 등적연소(2 → 3) → 단열팽창(3 → 4) → 등적배기(방열)(4 → 1)

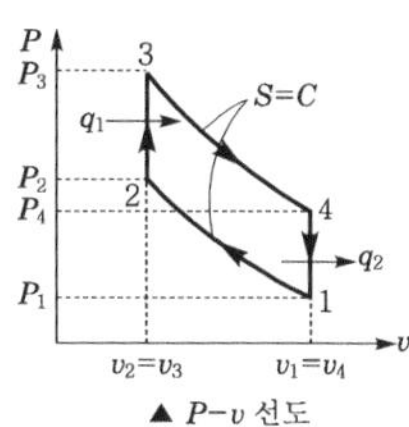

▲ P−v 선도

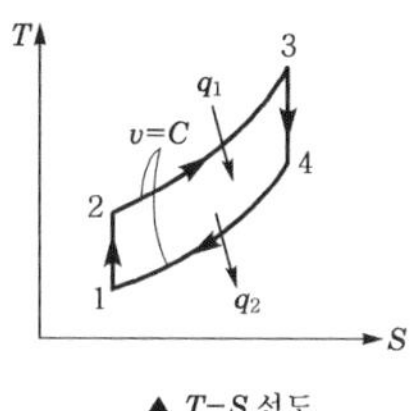

▲ T−S 선도

② 이론열효율 $\eta_{tho} = 1 - \left(\frac{1}{\varepsilon}\right)^{k-1}$

③ 압축비 $\varepsilon = \sqrt[k-1]{\frac{1}{1-\eta_{tho}}} = \left(\frac{1}{1-\eta_{tho}}\right)^{\frac{1}{k-1}}$

④ 평균유효압력

$$P_{meo} = P_1 \frac{(\alpha - 1)(\varepsilon^k - \varepsilon)}{(k-1)(\varepsilon - 1)} [\mathrm{Pa=N/m^2}]$$

02 | 디젤사이클: 정압사이클 = 저속디젤기관의 기본사이클

① 구성 : 단열압축(1 → 2) → 등압연소(2 → 3) → 단열팽창(3 → 4) → 등적배기(방열)(4 → 1)

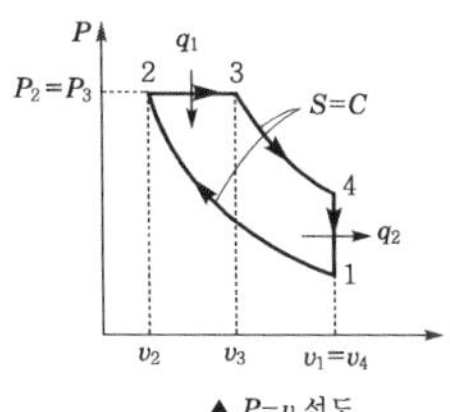

▲ P−v 선도

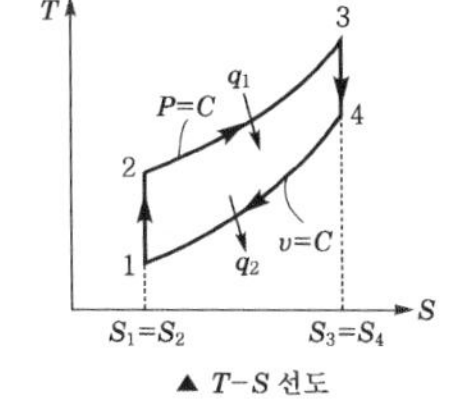

▲ T−S 선도

② 이론열효율 $\eta_{thd} = 1 - \left(\frac{1}{\varepsilon}\right)^{k-1} \frac{\sigma^k - 1}{k(\sigma - 1)}$

※ 디젤사이클은 비열비(k)가 일정할 때 압축비(ε)와 단절비(σ)만의 함수로, 압축비를 크게 하고 단절비를 작게 할수록 열효율은 증가한다.

03 | 사바테사이클: 합성(복합)사이클

① 구성

등열압축 (1 → 2) → [등적연소 (2 → 2′) / 등압연소 (2′ → 3)] → 단열팽창 (3 → 4) → 등적배기(방열) (4 → 1)

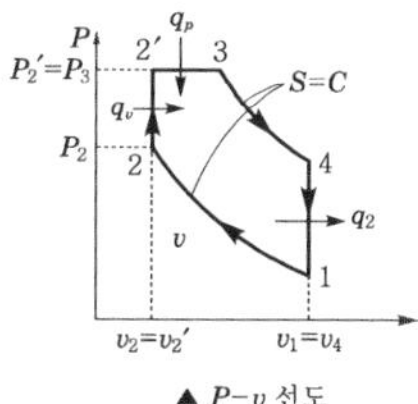

▲ P−v 선도

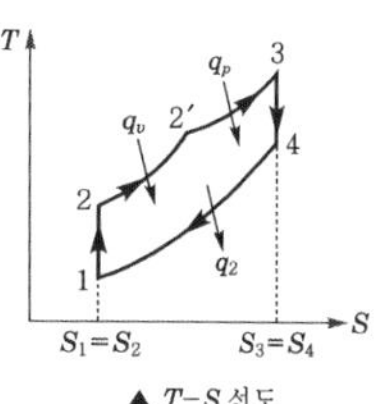

▲ T−S 선도

② 이론열효율

$$\eta_{ths} = 1 - \left(\frac{1}{\varepsilon}\right)^{k-1} \frac{\rho\sigma^k - 1}{(\rho - 1) + k\rho(\sigma - 1)}$$

> 각 기본이론사이클의 열효율 비교
> - 초온, 초압, 가열량 및 압축비를 일정하게 하면 $\eta_{tho} > \eta_{ths} > \eta_{thd}$
> - 초온, 초압, 가열량 및 최고압력를 일정하게 하면 $\eta_{thd} > \eta_{ths} > \eta_{tho}$

04 | 가스터빈사이클: 브레이턴사이클

① 이론열효율

$$\eta_{thB} = 1 - \left(\frac{1}{\gamma}\right)^{\frac{k-1}{ka}}$$

② 압력비

$$\gamma = \left(\frac{1}{1-\eta_{thB}}\right)^{\frac{k}{k-1}} = \sqrt[\frac{k}{k-1}]{\frac{1}{1-\eta_{thB}}}$$

※ 브레이턴사이클은 압력비(γ)만의 함수로 압력비를 크게 할수록 열효율은 증가한다.

05 | 기타 사이클의 구성

① 에릭슨사이클: 등압변화 2, 등온변화 2

② 스털링사이클: 등적변화 2, 등온변화 2

③ 아트킨슨사이클: 등적변화 1, 등압변화 1, 가역단열변화 2

④ 르누아르사이클
- 등적변화 1, 가역단열변화 1, 등압변화 1
- 압축과정이 없는 것이 특징이며 펄스제트기관과 유사한 사이클

노즐유동

01 | 연속방정식

$$\dot{m} = \frac{Q}{v} = \frac{AV}{v} = \rho AV[\text{kg/s}]$$

02 | 단열유동인 경우 노즐 출구속도

$$V_2 = \sqrt{2(h_1 - h_2)} = 44.72\sqrt{h_1 - h_2}[\text{m/s}]$$

03 | 노즐의 임계(한계)속도, 임계압력, 임계비체적, 임계온도

① 임계속도

$$V_c = V_{\max} = \sqrt{kRT_c} = \sqrt{kP_c v_c}[\text{m/s}]$$

② 임계온도 $T_c = T_1\left(\frac{2}{k+1}\right)[\text{K}]$

③ 임계비체적 $v_c = v_1\left(\frac{k+1}{2}\right)^{\frac{1}{k-1}}[\text{m}^3/\text{kg}]$

④ 임계압력 $P_c = P_1\left(\frac{2}{k+1}\right)^{\frac{k}{k-1}}[\text{N/m}^2]$

- $\phi^2 = \frac{h_1 - h_2'}{h_1 - h_2} = \eta_n = 1 - S$

  $\left(\phi = \sqrt{\frac{h_1 - h_2'}{h_1 - h_2}} = \sqrt{\eta_n} = \sqrt{1-S}\right)$

  노즐효율(η_n)은 속도계수(ϕ)의 제곱과 같다.
- 실제(정미) 열낙차 $h_1 - h_2' = \phi^2(h_1 - h_2)$
  $=$(속도계수)^2×가역단열열낙차[kJ/kg]

- 초킹: 노즐 출구압력을 감소시키면 질량유량이 증가하다가 어느 한계압력 이상 감소하면 질량유량이 더 이상 증가하지 않는 현상

04 | 축소-확대노즐에서의 아음속흐름과 초음속흐름

축소노즐 입구에서 아음속($Ma < 1$)흐름이 나타나고, 노즐의 목에서는 음속($Ma = 1$) 또는 아음속($Ma < 1$)흐름을 얻을 수 있으며, 확대노즐 출구에서 초음속($Ma > 1$)흐름을 얻을 수 있다. 즉 아음속유동을 가속시켜 초음속유동을 얻으려면 축소-확대노즐(라발노즐)을 사용하여 얻을 수 있다.

09 CHAPTER

냉동사이클

01 | 냉동

① 냉동기의 성능(성적)계수

$$(COP)_R = \frac{\text{냉동능력}(Q_L)}{\text{압축기 소비일}(W_c)} = \frac{Q_2}{Q_1 - Q_2} = \frac{T_2}{T_1 - T_2}$$

② 열펌프의 성능(성적)계수

$$(COP)_{HP} = \frac{Q_1}{W_c} = \frac{Q_1}{Q_1 - Q_2} = \frac{T_1}{T_1 - T_2}$$

성능계수

$$\varepsilon_{HP} = \frac{Q_1}{W_c} = \frac{W_c + Q_2}{W_c} = 1 + \frac{Q_2}{W_c} = 1 + \varepsilon_R$$

$$\therefore \varepsilon_R = \varepsilon_{HP} - 1$$

열펌프의 성능계수(ε_{HP})는 냉동기의 성능계수(ε_R)보다 1만큼 더 크다(열펌프의 성능계수는 항상 1보다 크다).

02 | 증기압축냉동사이클(건압축냉동사이클)

① 구성

증발기	→	압축기	→	응축기	→	팽창밸브
(1→2)		(2→3)		(3→4)		(4→1)
등압(등온)흡열		단열압축		등압방열		교축팽창

② 성적계수 $\varepsilon_R = \frac{q_2}{w_c} = \frac{h_2 - h_1}{h_3 - h_2}$

03 | 냉동톤, 냉매순환량

1) 냉동톤

1RT ≒ 13,900kJ/hr ≒ 3.86kW

물의 융해잠열(γ)=79.68kcal/kgf
≒ 334kJ/kg(SI단위인 경우)

$$1RT = \frac{1{,}000kgf \times 79.68kcal/kgf}{24hr} ≒ 3{,}320kcal/hr$$

2) 냉매순환량

$$\dot{G} = \frac{RT(\text{냉동톤})}{q_2(\text{냉동효과})}[kg/h]$$

$$W_c = \frac{Q_2}{\varepsilon_R} = \frac{3.86RT}{\varepsilon_R}[kW]$$

3) 냉매의 구비조건

① 물리적 조건

- 응축기 압력은 너무 높지 않을 것
- 증발기 압력은 너무 낮지 않을 것
- 임계온도는 상온보다 높을 것
- 응고점이 낮을 것
- 증발열이 클 것(액체는 비열이 적을 것)
- 증기의 비체적은 작을 것
- 터보냉동기일 때 비중이 클 것
- 비열비(단열지수)가 적을 것
- 표면장력이 적을 것

② 화학적 조건

- 부식성이 없을 것
- 무해, 무독일 것
- 인화성 및 폭발성이 없을 것
- 윤활유에 녹지 않을 것
- 증기 및 액체의 점성이 적을 것
- 전기저항 및 전열계수는 클 것

③ 기타

- 구입이 용이할 것
- 누설이 적을 것
- 값이 쌀 것

04 | 흡수식 냉동사이클

냉매	흡수제
물(H_2O)	리튬브로마이드(LiBr)
암모니아(NH_3)	물(H_2O)

※ 흡수식 냉동사이클은 압축기가 없어서 소음 · 진동은 없으나 성능계수(ε_R)는 증기압축식보다 더 작다.

CHAPTER 10 연소

01 | 완전연소

① 탄소(C)의 연소

$C + O_2 = CO_2 + 393{,}522kJ/kmol$
(반응물) (생성물)

② 수소(H_2)의 연소

- 물이 수증기일 때

$H_2 + \frac{1}{2}O_2 = H_2O[g] + 241{,}820kJ/kmol$
(반응물) (생성물)

- 물이 액체일 때

$H_2 + \frac{1}{2}O_2 = H_2O[L] + 285{,}830kJ/kmol$
(반응물) (생성물)

③ 황(S)의 연소

$S + O_2 = SO_2 + 297{,}000kJ/kmol$
(반응물) (생성물)

02 | 저위발열량, 고위발열량

① 저위발열량(진발열량)

$$H_l = 32{,}800C + 120{,}910\left(H - \frac{O}{8}\right) + 9{,}280S - 2{,}500W$$
$$= H_h - 2{,}500(9H + W)[kJ/kg]$$

② 고위발열량(총발열량)

$$H_h = 32{,}800C + 142{,}915\left(H - \frac{O}{8}\right) + 9{,}280S[kJ/kg]$$

※ 이론공기량(A_0)

$$= \frac{O_0}{021} = \frac{1.867C + 5.6H + 0.7S}{0.21}[Nm^3/kg]$$

- C_mH_n(탄화수소)연료계 연소반응식

  $C_mH_n + \left(m + \frac{n}{4}\right)O_2 \rightarrow mCO_2 + \frac{n}{2}H_2O$

  - LNG(액화천연가스)의 주성분은 메탄(CH_4)이다(공기보다 가볍다. 비중(s)=0.55).
  - LPG(액화석유가스)의 주성분은 프로판(C_3H_8)과 부탄(C_4H_{10})이다(공기보다 무겁다).
- 옥탄(C_8H_{18})의 연소반응식

  $C_8H_{18} + \left(8 + \frac{18}{4}\right)O_2 \rightarrow 8CO_2 + 9H_2O$

  $C_8H_{18} + 12.5O_2 \rightarrow 8CO_2 + 9H_2O$

CHAPTER 11 전열(열전달)

01 | 전도(Conduction)

① 푸리에의 열전도법칙 $q_{con} = KA\frac{dT}{dx}$[W]

② 원통에서의 열전도(반경방향)

$$q_{con} = \frac{2\pi Lk}{\ln\left(\frac{r_2}{r_1}\right)}(t_1 - t_2) = \frac{2\pi L}{\frac{1}{k}\ln\left(\frac{r_2}{r_1}\right)}(t_1 - t_2)\text{[W]}$$

02 | 대류(Convection)

뉴턴의 냉각법칙 $q_{con} = hA(t_w - t_\infty)$[W]

여기서, h: 대류열전달계수(W/m^2·K)

03 | 열관류(고온측 유체 → 금속벽 내부 → 저온측 유체의 열전달)

$q = KA(t_1 - t_2)$[W]

열관류율(열통과율)

$$K = \frac{1}{R} = \frac{1}{\frac{1}{\alpha_1} + \Sigma\frac{l}{\lambda} + \frac{1}{\alpha_2}}\text{[W/m}^2\cdot\text{K]}$$

04 | 복사(Radiation)

스테판-볼츠만(Stefan-Boltzmann)의 법칙

$q = \varepsilon\sigma AT^4$[W]

여기서, ε: 복사율($0 < \varepsilon < 1$)

σz: 스테판-볼츠만상수($=5.67\times10^{-8}$W/m^2·K^4)

A: 전열면적(m^2)

T: 흑체표면의 절대온도(K)

Part 03 계측방법

01 CHAPTER 계측방법

01 | 계측기

1) 계측기의 구비조건

① 구조가 간단하고 취급이 용이할 것
② 견고하고 신뢰성이 있을 것
③ 보수가 용이할 것
④ 구입이 용이하고 값이 쌀 것(경제적일 것)
⑤ 원격제어(remote control)가 가능하고 연속측정이 가능할 것

2) 측정의 종류

① 직접측정
② 간접측정
③ 비교측정
④ 절대측정

3) 측정의 오차

① **계통오차:** 일정한 원인에 의해 발생하는 오차(이론오차, 측정오차, 개인오차)
② **과실오차:** 측정자 부주의로 인한 오차
③ **우연오차:** 예측할 수 없는 원인에 의한 오차, 측정자에 의한 오차

㉠ 절대오차 = 측정값 − 참값

㉡ $\text{백분율오차} = \dfrac{\text{측정값} - \text{참값}}{\text{참값}} \times 100$

㉢ 교정 = 참값 − 측정값

㉣ $\text{백분율교정} = \dfrac{\text{참값} - \text{측정값}}{\text{측정값}} \times 100$

4) 정확도와 정밀도

① **정확도:** 오차가 작은 정도, 즉 참값에 대한 한쪽으로 치우침이 작은 정도
② **정밀도:** 측정값의 흩어짐의 정도로 여러 번 반복하여 처음과 비슷한 값이 어느 정도 나오는가 하는 것

02 | 온도계

1) 접촉식 온도계

온도계의 감온부를 측정하고자 하는 대상에 직접 접촉

① **접촉식 온도계의 특징**
- 측정범위가 넓고 정밀측정이 가능하다(측정오차가 비교적 적다).
- 피측정체의 내부온도만을 측정한다.
- 이동물체의 온도측정이 곤란하다.
- 측정시간의 지연이 작다(온도변화에 대한 반응이 늦다).
- 1,000℃ 이하의 저온 측정용이다.

② **접촉식 온도계의 종류:** 유리온도계(수은, 알코올, 베크만온도계), 바이메탈온도계, 기체봉입식 온도계, 저항식 온도계(백금, 구리, 니켈온도계), 열전온도계(백금−백금로듐, 크로멜−알루멜, 철−콘스탄탄, 구리−콘스탄탄)

2) 비접촉식 온도계(광고온도계/방사온도계/광전관온도계/색(color)온도계)

비접촉식 온도계는 측정량의 변화가 없고, 이동물체의 온도측정이 가능하다. 측정시간의 지연이 크며, 고온 측정용으로 사용한다.

① 광고온도계
- 비접촉식 온도계 중 가장 정도가 높다.
- 구조가 간단하고 휴대가 편리하지만 측정인력이 필요하다.
- 측정온도 범위는 700~3,000℃이며 900℃ 이하의 경우 오차가 발생한다.
- 측정에 시간 지연이 있으며 연속측정이나 자동제어에 응용할 수 없다.
- 광학계의 먼지 흡입 등을 점검한다.
- 개인차가 있으므로 여러 사람이 모여서 측정한다.
- 측정체와의 사이에 먼지, 스모그(연기) 등이 적도록 주의한다.

② 방사온도계(radiation pyrometer)

③ 광전관온도계(photoelectric pyrometer)
- 응답속도가 빠르고 온도의 연속측정 및 기록이 가능하며 자동제어가 가능하다.
- 이동물체의 온도측정이 가능하다.
- 개인오차가 없으나 구조가 복잡하다.
- 온도측정범위 700~3,000℃이다.
- 700℃ 이하 측정 시에는 오차가 발생한다.
- 정도는 ±10~15deg로서 광고온도계와 같다.

④ 색(color)온도계
- 방사율이 영향이 적다.
- 광흡수에 영향이 적으며 응답이 빠르다.
- 구조가 복잡하며 주위로부터 빛 반사의 영향을 받는다.
- 750℃ 정도부터 측정이 가능하며 기록조절용으로 사용된다.

03 | 유체계측(측정)

1) 비중량(밀도: 비질량) 계측

비중량(밀도 측정)은 비중병, 아르키메데스의 원리(부력), 비중계, U자관 등을 이용하여 측정한다.

2) 점성계수(viscosity coefficient)의 계측

점성계수를 측정하는 점도계로는 스토크스법칙(stokes law)을 기초로 한 '낙구식 점도계', 하겐-포아젤의 법칙을 기초로 한 'Ostwald 점도계'와 '세이볼트(saybolt) 점도계', 뉴턴의 점성법칙(Newtonian viscosity law)을 기초로 한 'MacMichael(맥미첼) 점도계'와 'Stomer(스토머) 점도계' 등이 있다.

3) 정압(static pressure) 측정

유동하는 유체에서 교란되지 않은 유체의 압력, 즉 정압을 측정하는 계측기기로는 피에조미터, 정압관 등이 있다.

4) 유속 측정

① 피토관(pitot in tube)

② 시차액주계

③ 피토-정압관(pitot-static tube)

④ 열선속도계(hot-wire anemometer)

5) 유량 측정

유량을 측정하는 장치로는 벤츄리미터, 노즐, 오리피스, 로터미터, 위어 등이 있다.

① 벤츄리미터

② 유동노즐(flow nozzle)

③ 오리피스(orifice)

④ 위어(weir)
- 전폭 위어(suppressed weir): 대유량 측정에 사용

$$유량(Q) = \frac{2}{3} CB\sqrt{2g}\,H^{\frac{3}{2}}\ [\text{m}^3/\text{min}]$$

- 사각 위어(rectangular weir):

$$유량(Q) = KbH^{\frac{3}{2}}\ [\text{m}^3/\text{min}]$$

- 삼각 위어(triangular weir): 소유량 측정에 사용

$$유량(Q) = KH^{\frac{5}{2}}\ [\text{m}^3/\text{min}]$$

$$Q_a = \frac{8}{15} C\tan\frac{\theta}{2}\sqrt{2g}\,H^{\frac{5}{2}}\ [\text{m}^3/\text{min}]$$

04 | 송풍기 및 펌프의 성능특성

구분	송풍기	펌프
소요동력 (축동력)	$L_s = \frac{P_t \times Q}{60 \times \eta_f}$[kW] $L_s = \frac{P_s \times Q}{102 \times 60 \times \eta_s}$ 여기서, 송풍기 전압: P_t[kPa] 정압: P_s[kPa] 송풍량: Q[m^3/min] 전압효율: η_f 정압효율: η_s	$L_s = \frac{\gamma QH}{\eta_P} = \frac{9.8QH}{\eta_P}$[kW] 여기서, 물의 비중량: γ=1,000kg/m^3 =9,800N/m^3 =9.8kN/m^3 전수두(전양정): H[m] 유량: Q[m^3/h] 펌프효율: η_P ※ 동력을 구하는 경우 체적유량(Q)의 단위(kW)는 항상 m^3/s로 환산하여 대입한다.
상사법칙	㉠ 풍량(Q) $Q_2 = Q_1\left(\frac{N_2}{N_1}\right) = Q_1\left(\frac{D_2}{D_1}\right)^3$ ㉡ 정압(P) $P_2 = P_1\left(\frac{N_2}{N_1}\right)^2 = P_1\left(\frac{D_2}{D_1}\right)^2$ ㉢ 동력(L) $L_2 = L_1\left(\frac{N_2}{N_1}\right)^3 = L_1\left(\frac{D_2}{D_1}\right)^5$ 여기서, 회전수: N[rpm] 임펠러 직경: D[mm]	㉠ 유량(Q) $Q_2 = Q_1\left(\frac{N_2}{N_1}\right) = Q_1\left(\frac{D_2}{D_1}\right)^3$ ㉡ 양정(H) $H_2 = N_1\left(\frac{N_2}{N_1}\right)^2 = H_1\left(\frac{D_2}{D_1}\right)^2$ ㉢ 동력(L) $L_2 = H_1\left(\frac{N_2}{N_1}\right)^3 = L_1\left(\frac{D_2}{D_1}\right)^5$ 여기서, 회전수: N[rpm] 임펠러 직경: D[mm]
비속도 (n_s)	$n_s = \frac{N\sqrt{Q}}{P^{\frac{3}{4}}}$ 여기서, 회전수: N[rpm] 풍량: Q[m^3/min] 풍압: P[mmAq]	$n_s = \frac{N\sqrt{Q}}{H^{\frac{3}{4}}}$ 여기서, 회전수: N[rpm] 토출량: Q[m^3/min] 전양정: H[m]
용량제어	• 토출댐퍼에 의한 제어 • 흡입댐퍼에 의한 제어 • 흡입베인에 의한 제어 • 회전수에 의한 제어 • 가변피치 제어	• 정속－정풍량 제어 • 정속－가변유량 제어 • 가변속－가변유량 제어

05 | 유량계측

1) 유량측정방법

용적(체적)유량 측정, 중량유량 측정, 질량유량 측정, 적산유량 측정, 순간유량 측정

2) 유량계 측정방법 및 원리

측정방법	측정원리	종류
속도수두	전압과 정압의 차에 의한 유속측정	피토관(pitot in tube)
유속식	프로펠러나 터빈의 회전수 측정	바람개비형, 터빈형
차압식	교축기구 전후의 차압 측정	오리피스, 벤츄리관(venturi in tube), 플로우-노즐(flow-nozzle)
용적식	일정한 용기에 유체를 도입시켜 측정	오벌식, 가스미터, 루츠, 로터리팬, 로터리 피스톤
면적식	차압을 일정하게 하고 교축기구의 면적을 변화	플로트형(로터미터), 게이트형, 피스톤형
와류식	와류의 생성속도 검출	카르먼식, 델타, 스와르미터
전자식	도전성 유체에 자장을 형성시켜 기전력 측정	전자유량계
열선식	유체에 의한 가열선의 흡수열량 측정	미풍계, thermal 유량계, 토마스 미터
초음파식	도플러 효과 이용	초음파 유량계

06 | 압력계측

1) 전기식 압력계

압력을 전기적 양으로 변환하여 측정하는 계기

① 종류
- 저항선식
- 자기 스트레인식
- 압전식

② 특징
- 원격측정이 용이하며 반응속도가 빠르다.
- 지시, 기록, 자동제어와 결속이 용이하다.
- 정밀도가 높고 측정이 안정적이다.
- 구조가 간단하며 소형이다.
- 가스폭발 등 급속한 압력변화 측정에 유리하다.

07 | 온 · 습도 측정

1) 온도(temperature)

① 건구온도(Dry Bulb temperature: DB)

② 습구온도(Wet Bulb temperature: WB)

③ 노점온도(Dewpoint Temperature: DT)

2) 습도(humidity)

① 절대습도(specific humidity: x)

$$x = 0.622 \times \frac{P_w}{P - P_w}$$

$$= 0.622 \times \frac{\phi P_s}{P - \phi P_s} [\text{kg}'/\text{kg}]$$

② 상대습도(relative humidity)

$$\phi = \frac{P_w}{P_s} \times 100\%$$

③ 포화도(비교습도)

$$\psi = \frac{x_w}{x_s} \times 100\%$$

CHAPTER 02 압력계측

01 | 압력측정방법

1) 기계식(mechanical type)

① 액체식(1차 압력계): 링밸런스(환상천평), 침종식, 피스톤식, 유자관식, 경사관식

② 탄성식(2차 압력계): 부르동관식, 벨로스식, 다이어프램식(금속, 비금속)

2) 전기식(2차 압력계)

저항선식, 압전식, 자기변형식

3) 압력의 단위

N/m^2(Pa), mmHg, mmH_2O(mmAq), kgf/cm^2, bar, psi(Lb/in^2) 등 사용

02 | 액주식 압력계

액주관 내에 물이나 수은(Hg)을 봉입, 압력차에 의한 액주의 높이로 압력을 측정하는 방식으로 액의 비중량과 높이에 의하여 계산 가능하다.

$P=\gamma h=\gamma_w sh=9{,}800sh\,[\text{Pa}=\text{N/m}^2]$

여기서, P: 압력(N/m^2)

γ: 비중량(N/m^3)

h: 높이(m)

s: 비중$\left(=\dfrac{\gamma}{\gamma_w}=\dfrac{\gamma}{9{,}800\text{N/m}^3}\right)$

03 | 탄성식 압력계

1) 부르동관식(bourdon type) 압력계

단면이 편평형인 관을 원호상으로 구부린 가장 보편화되어 있는 압력계로 부르동관 내 압력이 대기압보다 클 경우 곡률 반경이 커지면서 지시계 지침을 회전시킨다. 부르동관 형식으로는 C형, 와선형, 나선형이 있다.

2) 벨로스식(bellows type) 압력계(진공압 및 차압 측정용)

주름형상의 원형 금속을 벨로스라 하며 벨로스와 히스테리시스를 방지하기 위하여 스프링을 조합한 구조로 자동제어장치의 압력 검출용으로 사용된다. 압력에 의한 벨로스의 변위를 링크기구로 확대 지시하도록 되어 있고 측정범위는 $0.01\sim10\text{kg/cm}^2$ ($0.1\sim1{,}000$kPa)로 재질은 인청동, 스테인리스이다.

3) 다이어프램식(diaphragm type) 압력계

얇은 고무 또는 금속막을 이용하여 격실을 만들고 압력변화에 따른 다이어프램의 변위를 링크, 섹터, 피니언에 의하여 지침에 전달하여 지시계로 나타내는 방식이다.

① 감도가 좋으며 정확성이 높다.

② 재료: 금속막(베릴륨, 구리, 인청동, 양은, 스테인리스 등), 비금속막(고무, 가죽)

③ 측정범위는 20~5,000mmAq이다.

④ 부식성 액체에도 사용이 가능하고 먼지 등을 함유한 액체도 측정이 가능하다.

⑤ 점도가 높은 액체에도 사용이 가능하고 연소로의 통풍계로도 널리 사용된다.

CHAPTER 03 액면계측

01 | 액면측정방법

1) 직접측정

액면의 위치를 직접 관측에 의하여 측정하는 방법으로 직관식(유리관식), 검척식, 플로트식(부자식)이 있다.

2) 간접측정

압력이나 기타 방법에 의하여 액면위치와 일정 관계가 있는 양을 측정하는 것으로 차압식, 저항 전극식, 초음파식, 방사선식, 음향식 등의 액면계가 있다.

3) 액면계의 구비조건

① 연속 측정 및 원격측정이 가능할 것

② 가격이 싸고 보수가 용이할 것

③ 고온 및 고압에 견딜 것

④ 자동제어장치에 적용이 가능할 것

⑤ 구조가 간단하며 내식성이 있고 정도가 높을 것

02 | 액면계의 종류

1) 직접측정식

① 유리관식(직관식) 액면계

② 검척식 액면계

③ 부자식(float) 액면계

2) 간접식 액면측정

① 압력검출식 액면계

② 차압식 액면계

③ 편위식 액면계

④ 정전용량식 액면계

⑤ 전극식

⑥ 초음파식

⑦ 기포식 액면계(purge type 액면계)

⑧ γ선 액면계

04 가스의 분석 및 측정
CHAPTER

01 | 가스분석방법

1) 연소가스 분석목적

① 연료의 연소상태를 파악

② 연소가스의 조성파악

③ 공기비 파악 및 열손실 방지

④ 열정산 시 참고자료

2) 연소가스의 조성

CO_2, CO, SO_2, NH_3, H_2O, N_2 등

02 | 가스분석계의 종류 및 특징

1) 화학적 가스분석계(장치)

① 측정방법에 따른 구분

- 체적감소에 의한 방법(흡수분석법): 오르사트법, 헴펠법, 게겔법
- 화학분석법: 적정법, 중량법, 분별연소법
- 연소분석법: 폭발법, 완만연소법, 분별연소법
- 기기분석법: 가스 크로마토그래피(캐리어가스: H_2, Ar, He, Ne): 질량분석법, 적외선분광분석법
- 시험지분석법: 암모니아(NH_3, 적색리트머스－청변), 아세틸렌(C_2H_2, 염화 제1동 착염지－적변), 포스겐($COCl_2$, 해리슨 시험지－심등색), 일산화탄소(CO, 염화파라듐지－흑변), 황화수소(연당지－황갈색(흑색)), 시안화수소(초산벤젠지－청변)

② 오르사트(Orzat)식 연소가스분석계: 시료가스를 흡수제에 흡수시켜 흡수 전후의 체적변화를 측정하여 조성을 정량하는 방법(분석순서: $CO_2 \rightarrow O_2 \rightarrow CO$)

- 구조가 간단하며 취급이 용이하다.
- 숙련되면 고정도를 얻는다.
- 수분은 분석할 수 없다.
- 분석순서를 달리하면 오차가 발생한다.

2) 물리적 가스분석계

① 가스 크로마토그래피(gas chromatograph)법

- 여러 종류의 가스분석이 가능하다.
- 선택성이 좋고 고감도 측정이 가능하다.
- 시료가스의 경우 수 cc로 충분하다.
- 캐리어가스가 필요하다.
- 동일가스의 연속 측정이 불가능하다.
- 적외선 가스분석계에 비하여 응답속도가 느리다.
- SO_2 및 NO_2 가스는 분석이 불가능하다.

② 적외선 가스분석계: 적외선 스펙트럼의 차이를 이용하여 분석하며 N_2, O_2, H_2 이원자 분자가스 및 단원자분자의 경우를 제외한 대부분의 가스를 분석할 수 있다.

- 선택성이 우수하다.
- 측정농도 범위가 넓고 저농도 분석에 적합하다.
- 연속분석이 가능하다.
- 측정가스의 먼지나 습기의 방지에 주의가 필요하다.

③ 세라믹식 O_2계

- 측정범위가 넓고 응답이 신속하다.
- 지르코니아 온도를 850℃ 이상 유지한다(전기히터 필요).
- 시료가스의 유량이나 설치장소, 온도변화에 대한 영향이 없다.
- 자동제어 장치와 결속이 가능하다.
- 가연성 가스 혼입은 오차를 발생시킨다.
- 연속측정이 가능하다.

03 | 매연농도 측정

1) 링겔만 농도표

링겔만 농도표는 백치에 10mm 간격의 굵은 흑선을 바둑판 모양으로 그린 것으로 농도비율에 따라 0~5번까지 6종으로 구분한다. 관측자는 링겔만 농도표와 연돌상부 30~45cm 지점의 배기가스와 비교하여 매연 농도율을 계산할 수 있다.

2) 로버트 농도표

링겔만 농도표와 비슷하지만 4종으로 되어 있다.

3) 자동매연 측정장치

광전관을 사용한다.

Part 04 열설비 재료 및 관계 법규

01 CHAPTER 가마와 노

01 | 가마와 노 일반

1) 요로 분류

① 가열방법에 의한 분류: 직접가열(강재 가열로), 간접가열(강재 소둔로)

② 가열열원에 의한 분류: 연료의 발열반응, 환원반응, 전열을 이용

③ 조업(작업)방법에 의한 분류
- 연속식 가마(요): 터널식 요, 윤요, 견요, 회전요
- 반연속식 가마(요): 셔틀요, 등요
- 불연속식 요: 승염식 요(오름불꽃), 횡염식 요(옆불꽃), 도염식 요(꺾임불꽃)

④ 제품 종에 의한 분류
- 시멘트 소성용: 회전요, 윤요, 선요
- 도자기 제조용: 터널요, 셔틀요, 머플요, 등요
- 유리용융용: 탱크로, 도가니로
- 석회소성용: 입식요, 유동요, 평상원형요

02 | 가마(kiln)의 구조 및 특징

1) 불연속식 요(가마)

① 횡염식 요(horizontal draft kiln, 옆불꽃가마)
- 가마 내 온도분포가 고르지 못하다.
- 가마 내 입출구 온도차가 크다.
- 소성온도에 적당한 피소성품을 배열한다.
- 토관류 및 도자기 제조에 적합하다.

② 승염식 요(up draft kiln, 오름불꽃가마)
- 구조가 간단하나 설비비 및 보수비가 비싸다.
- 가마 내 온도가 불균일하다.
- 고온소성에 부적합하다.
- 1층 가마, 2층 가마가 있고 용도는 도자기 제조이다.

③ 도염식 요(down draft kiln, 꺾임불꽃가마)
- 가마 내 온도분포가 균일하다.
- 연료소비가 적다.
- 흡입공기구멍 화교(fire bridge) 등이 있다.
- 가마내기 재임이 편리하다.
- 도자기, 내화벽돌 등, 연삭지석, 소성에 적합하다.

2) 반연속식 요(가마)

등요, 셔틀요(shuttle kiln)

3) 연속식 요(가마)

① 윤요(ring kiln) = 고리가마

② 견요(샤프트 로)

③ 터널요(tunnel kiln)

장점	단점
㉠ 소성이 균일하며 제품의 품질이 좋다.	㉠ 능력에 비하여 건설비가 비싸다.
㉡ 소성시간이 짧으며 대량 생산이 가능하다.	㉡ 제품을 연속처리해야 한다(생산조정이 곤란하다).
㉢ 열효율이 높고 인건비가 절약된다.	㉢ 제품의 품질, 크기, 형상에 제한을 받는다.
㉣ 자동온도제어가 쉽다.	㉣ 작업자의 기술이 요망된다.
㉤ 능력이 비하여 설치면적이 적다.	
㉥ 배기가스의 현열을 이용하여 제품을 예열시킨다.	

- 용도: 산화염 소성인 위생도기, 건축용 도기 및 벽돌
- 구성: 예열대, 소성대, 냉각대, 대차, 푸셔

④ 회전요(로터리 가마)

03 | 노(furnace)의 구조 및 특징

1) 제강로

① 전로

- 베세머 전로: 산성전로
- 토마스 전로: 염기성 전로
- LD 전로: 순산소 전로
- 칼도 전로: 베세머 전로와 비슷

② 전기로: 전기로, 아크로, 유도로

02 CHAPTER 내화재

01 | 내화물 일반

1) 내화물의 기능

① 요로 내의 고열을 차단

② 열 방산을 막아 효율적 열 이용

③ 요로의 안정성 유지

2) 내화물의 구비조건

① 사용온도에 연화 및 변형이 적을 것

② 팽창수축이 적을 것

③ 사용온도에 충분한 압축강도를 가질 것

④ 내마멸성, 내침식성이 클 것

⑤ 고온에서 수축팽창이 적을 것

⑥ 사용온도에 적합한 열전도율을 가질 것

⑦ 내스폴링성이 크고 온도 급변화에 충분히 견딜 것

3) 내화물의 분류

① 화학조성에 의한 분류

- 산성 내화물(RO_2): 규산질(SiO_2)이 주원료
- 중성 내화물(R_2O_3): 크롬질(Cr_2O_3), 알루미나질(Al_2O_3)이 주원료
- 염기성 내화물(RO): 고토질(MgO), 석회질(CaO)과 같은 물질이 주원료

② 열처리에 의한 분류

- 소성 내화물: 내화벽돌
- 불소성 내화물: 열처리를 하지 않은 내화물
- 용융내화물: 원료를 전기로에서 용해하여 주조한 내화물

4) 내화물의 시험항목

① 내화도

② 열적 성질(내화물의 재료적 평가기준)

- 열적 팽창
- 하중 연화점
- 박락현상(spalling)

③ 슬래킹(slaking) 현상

④ 버스팅(bursting) 현상

02 | 내화물 특성

1) 산성 내화물

규석질 내화물, 납석질 내화물, 샤모트질 내화물

2) 염기성 내화물

마그네시아 내화물, 크롬마그네시아 내화물, 돌로마이트 내화물, 폴스테라이트 내화물

3) 중성 내화물

고알루미나질 내화물(고알루미나질 샤모트벽돌, 전기 용융 고알루미나질 벽돌), 크롬질 내화물, 탄화규소질 내화물, 탄화규소질 내화물

4) 부정형 내화물

캐스터블 내화물, 플라스틱 내화물

5) 특수내화물

지르콘 내화물, 지르코니아질 내화물, 베릴리아질 내화물, 토리아질 내화물

03 CHAPTER 배관공작 및 시공(보온 및 단열재)

01 | 배관의 구비조건

① 관내 흐르는 유체의 화학적 성질

② 관내 유체의 사용압력에 따른 허용압력한계

③ 관의 외압에 따른 영향 및 외부 환경조건

④ 유체의 온도에 따른 열영향

⑤ 유체의 부식성에 따른 내식성

⑥ 열팽창에 따른 신축흡수

⑦ 관의 중량과 수송조건 등

02 | 배관의 재질에 따른 분류

① 철금속관: 강관, 주철관, 스테인리스강관
② 비철금속관: 동관, 연(납), 알루미늄관
③ 비금속관: PVC관, PB관, PE관, PPC관, 원심력 철근콘크리트관(흄관), 석면시멘트관(에터니트관), 도관 등

03 | 배관의 종류

1) 강관(steel pipe)

① 강관의 특징
- 연관, 주철관에 비해 가볍고 인장강도가 크다.
- 관의 접합방법이 용이하다.
- 내충격성 및 굴요성이 크다.
- 주철관에 비해 내압성이 양호하다.

② 강관의 종류와 사용용도
p.33 표 [강관의 종류와 사용용도] 참조

③ 스케줄 번호(schedule No)

$$\text{Sch. No} = \frac{P}{S} \times 1{,}000$$

여기서, P: 최고사용압력(MPa)
S: 허용응력(=인장강도/안전율)(N/mm^2)

2) 주철관(cast iron pipe)

① 압력에 따른 분류
- 고압관: 정수두 100mH_2O 이하
- 보통압관: 정수두 75mH_2O 이하
- 저압관: 정수두 45mH_2O 이하

② 특징
- 내구력이 크다.
- 내식성이 커 지하 매설배관에 적합하다.
- 다른 배관에 비해 압축강도가 크나 인장에 약하다(취성이 크다).
- 충격에 약해 크랙(creak)의 우려가 있다.
- 압력이 낮은 저압(7~10kg/cm^2 정도)에 사용한다.

3) 스테인리스 강관(stainless steel pipe)

① 내식성이 우수하고 위생적이다.
② 강관에 비해 기계적 성질이 우수하다.
③ 두께가 얇고 가벼워서 운반 및 시공이 용이하다.
④ 저온에 대한 충격성이 크고, 한랭지 배관이 가능하다.
⑤ 나사식, 용접식, 몰코식, 플랜지이음 등 시공이 용이하다.

4) 동관(copper pipe)

① 두께별 분류
- K-type: 가장 두껍다.
- L-type: 두껍다.
- M-type: 보통
- N-type: 얇은 두께(KS 규격은 없음)

② 특징
- 전기 및 열전도율이 좋아 열교환용으로 우수하다.
- 전 · 연성 풍부하여 가공이 용이하고 동파의 우려가 적다.
- 내식성 및 알칼리에 강하고 산성에는 약하다.
- 무게가 가볍고 마찰저항이 적다.
- 외부충격에 약하고 가격이 비싸다.
- 아세톤, 에테르, 프레온가스, 휘발유 등 유기약품에 강하다.

5) 연관(lead pipe)

일명 납(Pb)관이라 하며, 용도에 따라 1종(화학공업용), 2종(일반용), 3종(가스용)으로 나눈다.

6) 경질염화비닐관(PVC관: poly-vinyl chloride)

① 장점
- 내식성이 크고 산 · 알칼리, 해수(염류) 등의 부식에도 강하다.
- 가볍고 운반 및 취급이 용이하며 기계적 강도가 높다.
- 전기절연성이 크고 마찰저항이 적다.
- 가격이 싸고 가공 및 시공이 용이하다.

② 단점
- 열가소성수지이므로 열에 약하고 180℃ 정도에서 연화된다.
- 저온에서 특히 약하다(저온취성이 크다).
- 용제 및 아세톤 등에 약하다.
- 충격강도가 크고 열팽창치가 커 신축에 유의한다.

[강관의 종류와 사용용도]

종류	KS명칭	KS규격	사용온도	사용압력	용도 및 기타사항
배관용	(일반) 배관용 탄소강관	SPP	350℃ 이하	1MPa 이하	사용압력이 낮은 증기(1MPa 이하), 물, 기름, 가스 및 공기 등의 배관용으로 일명 가스관이라 하며 아연(Zn) 도금 여부에 따라 흑강관과 백강관으로 구분되며, 25kg/cm^{2}의 수압시험에 결함이 없어야 하고 인장강도는 30kg/mm^2 이상이어야 한다. 1본의 길이는 6m이며 호칭지름 6~500A까지 24종이 있다.
	압력배관용 탄소강관	SPPS	350℃ 이하	1~10MPa 이하	증기관, 유압관, 수압관 등의 압력배관에 사용, 호칭은 관두께(스케줄번호)에 의하여, 호칭지름 6~500A(25종)
	고압배관용 탄소강관	SPPH	350℃ 이하	10MPa 이상	화학공업 등의 고압배관용으로 사용, 호칭은 관두께(스케줄번호)에 의하며, 호칭지름 6~500A(25종)
	고온배관용 탄소강관	SPHT	350℃ 이상	–	과열증기를 사용하는 고온배관용으로 호칭은 호칭지름과 관두께(스케줄번호)에 의함
	저온배관용 탄소강관	SPLT	0℃ 이하	–	물의 빙정 이하의 석유화학공업 및 LPG, LNG, 저장탱크배관 등 저온배관용으로 두께는 스케줄번호에 의함
	배관용 아크용접 탄소강관	SPW	350℃ 이하	1MPa 이하	SPP와 같이 사용압력이 비교적 낮은 증기, 물, 기름, 가스 및 공기 등의 대구경 배관용으로 호칭지름 350~2,400A(22종), 외경×두께
	배관용 스테인리스강관	STS	−350~350℃	–	내식성, 내열성 및 고온배관용, 저온배관용에 사용하며, 두께는 스케줄번호에 의하며, 호칭지름 6~300A
	배관용 합금강관	SPA	350℃ 이상	–	주로 고온도의 배관용으로 두께는 스케줄번호에 의하며 호칭지름 6~500A
수도용	수도용 아연도금강관	SPPW	–	정수두 100m 이하	SPP에 아연도금(550g/m^2)을 한 것으로 급수용으로 사용하나 음용수배관에는 부적당하며 호칭지름 6~500A
	수도용 도복장강관	STPW	–	정수두 100m 이하	SPP 또는 아크용접 탄소강관에 아스팔트나 콜타르, 에나멜을 피복한 것으로 수동용으로 사용하며 호칭지름 80~1,500A(20종)
열전달용	보일러 열교환기용 탄소강관	STH	–	–	관의 내외에서 열교환을 목적으로 보일러의 수관, 연관, 과열관, 공기 예열관, 화학공업이나 석유공업의 열교환기, 콘덴서관, 촉매관, 가열로관 등에 사용, 두께 1.2~12.5mm, 관지름 15.9~139.8mm
	보일러 열교환기용 합금강 강관	STHB (A)	–	–	
	보일러 열교환기용 스테인리스강관	STS×TB	–	–	
	저온 열교환기용 강관	STS×TB	−350~0℃	15.9~139.8mm	빙점 이하의 특히 낮은 온도에 있어서 관의 내외에서 열교환을 목적으로 열교환기관, 콘덴서관에 사용
구조용	일반구조용 탄소강관	SPS	–	21.7~1,016mm	토목, 건축, 철탑, 발판, 지주, 비계, 말뚝, 기타의 구조물에 사용, 관두께 1.9~16.0mm
	기계구조용 탄소강관	SM	–	–	기계, 항공기, 자동차, 자전거, 가구, 기구 등의 기계부품에 사용
	구조용 합금강 강관	STA	–	–	자동차, 항공기, 기타의 구조물에 사용

04 | 배관 이음

1) 사용목적에 따른 분류

① 관의 방향을 바꿀 때: 엘보, 벤드 등

② 관을 도중에 분기할 때: 티, 와이 크로스 등

③ 동일 지름의 관을 직선연결할 때: 소켓, 유니온, 플랜지, 니플(부속연결) 등

④ 지름이 다른 관을 연결할 때: 레듀셔(이경소켓), 이경엘보, 이경티, 부싱(부속연결) 등

⑤ 관의 끝을 막을 때: 캡, 막힘(맹)플랜지, 플러그 등

⑥ 관의 분해, 수리, 교체를 하고자 할 때: 유니온, 플랜지 등

2) 강관 이음

나사 이음, 용접 이음, 플랜지 이음

3) 주철관 이음쇠

소켓 이음, 노허브 이음, 플랜지 이음, 기계식 이음, 타이톤 이음, 빅토릭 이음

05 | 비철금속관 이음

1) 동관 이음(납땜 이음, 플레어 이음, 플랜지 이음)

납땜 이음, 플레어 이음(압축 이음), 플랜지 이음

2) 스테인리스 강관 이음

나사 이음, 용접 이음, 플랜지 이음, 몰코 이음, MR 조인트 이음, 기타 이음(원조인트 등)

06 | 신축 이음(expansion joint)

1) 선팽창길이

$\Delta l = l\alpha\Delta t$

여기서, α : 선팽창계수(m/m · ℃)

l : 관의 길이(m)

Δt : 온도차(=관내유체온도−실내온도)(℃)

2) 신축허용길이가 큰 순서

루프형 > 슬리브형 > 벨로즈형 > 스위블형

3) 루프형(만곡관, Loop) 신축 이음

① 고온 고압의 옥외 배관에 설치한다.

② 설치장소를 많이 차지한다.

③ 신축에 따른 자체 응력이 발생한다.

④ 곡률반경은 관지름의 6배 이상으로 한다.

4) 미끄럼형(sleeve type) 신축 이음

5) 벨로즈형(주름통형, 파상형, bellows type) 신축 이음

① 설치공간을 많이 차지하지 않는다.

② 고압배관에는 부적당하다.

③ 신축에 따른 자체 응력 및 누설이 없다.

④ 주름의 하부에 이물질이 쌓이면 부식의 우려가 있다.

6) 스위블형(swivle type) 신축 이음

7) 볼조인트형(ball joint type) 신축 이음

07 | 플렉시블 이음(flexible joint)

굴곡이 많은 곳이나 기기의 진동이 배관에 전달되지 않도록 하여 배관이나 기기의 파손을 방지하는 목적으로 사용된다.

08 | 배관 부속장치

1) 밸브(valve)

① 게이트 밸브(gate valve), 슬루스 밸브(sluice valve, 사절변)

② 글로브 밸브(glove valve, stop valve, 옥형변)

③ 니들 밸브(neddle valve, 침변)

④ 앵글 밸브(angle valve)

⑤ 체크 밸브(check valve, 역지변): 스윙형, 리프트형, 풋형

⑥ 콕(cock)

2) 여과기(strainer)

3) 바이패스장치

09 | 단열재료(보온재)

1) 보온재의 구비조건

① 열전도율이 적을 것(불량할 것)

② 안전사용온도 범위 내에 있을 것

③ 비중이 작을 것
④ 불연성이고 흡습성 및 흡수성이 없을 것
⑤ 다공질이며 기공이 균일할 것
⑥ 기계적 강도가 크고 시공이 용이할 것
⑦ 구입이 쉽고 장시간 사용해도 변질이 없을 것

2) 보온재의 분류

① **유기질 보온재**: 펠트, 코르크, 텍스류, 기포성 수지
② **무기질 보온재**: 석면, 암면, 규조토, 탄산마그네슘, 규산칼슘, 유리섬유, 폼그라스(발포초자), 펄라이트, 실리카화이버, 세라믹화이버
③ 금속질 보온재

[배관 내 유체의 용도에 따른 보온재의 표면색]

종류	식별색	종류	식별색
급수관	청색	증기관	백색(적색)
급탕, 환탕관	황색	소화관	적색
온수난방관	연적색		

10 | 배관지지

① **행거(hanger)**: 리지드 행거, 스프링 행거, 콘스탄트 행거
② **서포트(support)**: 파이프 슈, 리지드 서포트, 스프링 서포트, 롤러 서포트
③ 리스트레인트(restraint): 앵커, 스톱, 가이드
④ 브레이스(brace)

11 | 배관 공작

1) 곡관(벤딩)부의 길이

$$l = 2\pi r\frac{\theta}{360} = \pi D\frac{\theta}{360} = r\frac{\theta°}{57.3°}\ [\mathrm{mm}]$$

여기서, r: 곡률반지름
θ: 벤딩각도(°)
D: 곡률지름

2) 배관용 공구

① 파이프 리머(pipe reamer)
② **수동식 나사절삭기(pipe threader)**: 오스터형(oster type), 리드형(reed type), 기타 나사절삭기(베이비 리드형)
③ **동력용 나사절삭기**: 다이헤드식, 오스터식, 호브식

3) 동관용 공구

토치램프, 튜브벤더, 플레어링 툴, 사이징 툴, 튜브커터, 익스팬더(확관기), 리머, 티뽑기

4) 주철관용 공구

납 용해용 공구 세트, 클립(clip), 코킹 정, 링크형 파이프 커터

5) 연관용 공구

연관톱, 봄볼, 드레서, 벤드벤, 턴핀, 말렛(mallet), 토치램프, 맬릿

12 | 배관 도시법

1) 치수 기입법

① **치수표시**: 치수는 mm를 단위로 하되 치수선에는 숫자만 기입한다.
② **높이표시**
- GL(Ground Level): 지면의 높이를 기준으로 하여 높이를 표시한 것
- FL(Floor Level): 층의 바닥면을 기준으로 하여 높이를 표시한 것
- EL(Elevation Line): 관의 중심을 기준으로 배관의 높이를 표시한 것
- TOP(Top Of Pipe): 관의 윗면까지의 높이를 표시한 것
- BOP(Bottom Of Pipe): 관의 아래면까지의 높이를 표시한 것

2) 배관도면의 표시법

① **유체의 종류, 상태 표시**

[유체의 종류와 문자기호]

종류	공기	가스	유류	수증기	증기	물
문자 기호	A	G	O	S	V	W

[유체의 종류에 따른 배관 도색]

종류	도색	종류	도색
공기	백색	물	청색
가스	황색	증기	–
유류	암황적색	전기	미황적색
수증기	암적색	산알칼리	회자색

04 에너지 관련 법규
CHAPTER

01 | 에너지법

1) 정의

① 에너지란 연료 · 열 및 전기를 말한다.

② 연료란 석유 · 가스 · 석탄, 그 밖에 열을 발생하는 열원을 말한다. 다만, 제품의 원료로 사용되는 것은 제외한다.

③ 신 · 재생에너지란 신에너지 및 재생에너지 개발 · 이용 · 보급 촉진법 제2조 제1호 및 제2호에 따른 에너지를 말한다.

④ 에너지사용시설이란 에너지를 사용하는 공장 · 사업장 등의 시설이나 에너지를 전환하여 사용하는 시설을 말한다.

⑤ 에너지사용자란 에너지사용시설의 소유자 또는 관리자를 말한다.

⑥ 에너지공급설비란 에너지를 생산 · 전환 · 수송 또는 저장하기 위하여 설치하는 설비를 말한다.

⑦ 에너지공급자란 에너지를 생산 · 수입 · 전환 · 수송 · 저장 또는 판매하는 사업자를 말한다.

⑧ 에너지이용권이란 저소득층 등 에너지 이용에서 소외되기 쉬운 계층의 사람이 에너지공급자에게 제시하여 냉방 및 난방 등에 필요한 에너지를 공급받을 수 있도록 일정한 금액이 기재(전자적 또는 자기적 방법에 의한 기록을 포함한다)된 증표를 말한다.

⑨ 에너지사용기자재란 열사용기자재나 그 밖에 에너지를 사용하는 기자재를 말한다.

⑩ 열사용기자재란 연료 및 열을 사용하는 기기, 축열식 전기기기와 단열성 자재로서 산업통상자원부령으로 정하는 것을 말한다.

⑪ 온실가스란 기후위기 대응을 위한 탄소중립 · 녹색성장 기본법 제2조 제5호에 따른 온실가스를 말한다.

2) 에너지기술개발계획

① 정부는 에너지 관련 기술의 개발과 보급을 촉진하기 위하여 10년 이상을 계획기간으로 하는 에너지기술개발계획(에너지기술개발계획)을 5년마다 수립하고, 이에 따른 연차별 실행계획을 수립 · 시행하여야 한다.

② 에너지기술개발계획은 대통령령으로 정하는 바에 따라 관계 중앙행정기관의 장의 협의와 국가과학기술자문회의법에 따른 국가과학기술자문회의의 심의를 거쳐서 수립된다. 이 경우 위원회의 심의를 거친 것으로 본다.

③ 에너지기술개발계획에는 다음 각 호의 사항이 포함되어야 한다.

㉠ 에너지의 효율적 사용을 위한 기술개발에 관한 사항

㉡ 신 · 재생에너지 등 환경친화적 에너지에 관련된 기술개발에 관한 사항

㉢ 에너지 사용에 따른 환경오염을 줄이기 위한 기술개발에 관한 사항

㉣ 온실가스 배출을 줄이기 위한 기술개발에 관한 사항

㉤ 개발된 에너지기술의 실용화의 촉진에 관한 사항

㉥ 국제 에너지기술 협력의 촉진에 관한 사항

㉦ 에너지기술에 관련된 인력 · 정보 · 시설 등 기술개발자원의 확대 및 효율적 활용에 관한 사항

3) 벌칙

다음 각 호의 어느 하나에 해당하는 자는 1년 이하의 징역 또는 1천만원 이하의 벌금에 처한다.

① 거짓 또는 그 밖의 부정한 방법으로 에너지이용권을 발급받거나 다른 사람으로 하여금 에너지이용권을 발급받게 한 자

② 제16조의4 제3항을 위반하여 에너지이용권을 판매 · 대여하거나 부정한 방법으로 사용한 자(해당 에너지이용권을 발급받은 이용자는 제외한다)

4) 과태료

① 정당한 사유 없이 제21조에 따른 질문에 대하여 진술 거부 또는 거짓 진술을 하거나 조사를 거부 · 방해 또는 기피한 에너지공급자에게는 500만원 이하의 과태료를 부과한다.

② 정당한 사유 없이 제19조 제4항에 따른 자료 제출 요구에 따르지 아니하거나 거짓으로 자료를 제출한 자에게는 100만원 이하의 과태료를 부과한다.

③ 제1항 및 제2항에 따른 과태료는 대통령령으로 정하는 바에 따라 산업통상자원부장관이 부과 · 징수한다.

02 | 에너지이용 합리화법

1) 목적

에너지의 수급(需給)을 안정시키고 에너지의 합리적이고 효율적인 이용을 증진하며 에너지소비로 인한 환경피해를 줄임으로써 국민경제의 건전한 발전 및 국민복지의 증진과 지구온난화의 최소화에 이바지함을 목적으로 한다.

2) 정의

① 에너지경영시스템이란 에너지사용자 또는 에너지공급자가 에너지이용효율을 개선할 수 있는 경영목표를 설정하고, 이를 달성하기 위하여 인적 · 물적 자원을 일정한 절차와 방법에 따라 체계적이고 지속적으로 관리하는 경영활동체제를 말한다.

② 에너지관리시스템이란 에너지사용을 효율적으로 관리하기 위하여 센서 · 계측장비, 분석 소프트웨어 등을 설치하고 에너지사용현황을 실시간으로 모니터링하여 필요시 에너지사용을 제어할 수 있는 통합관리시스템을 말한다.

③ 에너지진단이란 에너지를 사용하거나 공급하는 시설에 대한 에너지 이용실태와 손실요인 등을 파악하여 에너지이용효율의 개선 방안을 제시하는 모든 행위를 말한다.

3) 에너지이용 합리화 기본계획 등

① 산업통상자원부장관은 5년마다 법 제4조 제1항에 따른 에너지이용 합리화에 관한 기본계획(기본계획)을 수립하여야 한다.

② 관계 행정기관의 장과 특별시장 · 광역시장 · 도지사 또는 특별자치도지사(시 · 도지사)는 매년 법 제6조 제1항에 따른 실시계획(실시계획)을 수립하고 그 계획을 해당 연도 1월 31일까지, 그 시행 결과를 다음 연도 2월 말일까지 각각 산업통상자원부장관에게 제출하여야 한다.

③ 산업통상자원부장관은 제2항에 따라 받은 시행 결과를 평가하고, 해당 관계 행정기관의 장과 시 · 도지사에게 그 평가 내용을 통보하여야 한다.

4) 에너지절약전문기업의 등록취소 등

산업통상자원부장관은 에너지절약전문기업이 다음 각 호의 어느 하나에 해당하면 그 등록을 취소하거나 이 법에 따른 지원을 중단할 수 있다. 다만, 제1호에 해당하는 경우에는 그 등록을 취소하여야 한다.

① 거짓이나 그 밖의 부정한 방법으로 에너지절약전문기업의 등록을 한 경우

② 거짓이나 그 밖의 부정한 방법으로 금융 · 세제상의 지원을 받거나 지원받은 자금을 다른 용도로 사용한 경우

③ 에너지절약전문기업으로 등록한 업체가 그 등록의 취소를 신청한 경우

④ 타인에게 자기의 성명이나 상호를 사용하여 제25조 제1항 각 호의 어느 하나에 해당하는 사업을 수행하게 하거나 산업통상자원부장관이 에너지절약전문기업에 내준 등록증을 대여한 경우

⑤ 제25조 제2항에 따른 등록기준에 미달하게 된 경우

⑥ 제66조 제1항에 따른 보고를 하지 아니하거나 거짓으로 보고한 경우 또는 같은 항에 따른 검사를 거부 · 방해 또는 기피한 경우

⑦ 정당한 사유 없이 등록한 후 3년 이내에 사업을 시작하지 아니하거나 3년 이상 계속하여 사업수행실적이 없는 경우

5) 에너지다소비사업자의 신고 등

① 에너지사용량이 대통령령으로 정하는 기준량 이상인 자(에너지다소비사업자)는 다음 각 호의 사항을 산업통상자원부령으로 정하는 바에 따라 매년 1월 31일까지 그 에너지사용시설이 있는 지역을 관할하는 시 · 도지사에게 신고하여야 한다.
   - ㉠ 전년도의 분기별 에너지사용량 · 제품생산량
   - ㉡ 해당 연도의 분기별 에너지사용예정량 · 제품생산예정량
   - ㉢ 에너지사용기자재의 현황
   - ㉣ 전년도의 분기별 에너지이용 합리화 실적 및 해당 연도의 분기별 계획
   - ㉤ 제1호부터 제4호까지의 사항에 관한 업무를 담당하는 자(에너지관리자)의 현황

② 시 · 도지사는 제1항에 따른 신고를 받으면 이를 매년 2월 말일까지 산업통상자원부장관에게 보고하여야 한다.

③ 산업통상자원부장관 및 시 · 도지사는 에너지다소비사업자가 신고한 제1항 각 호의 사항을 확인하기 위하여 필요한 경우 다음 각 호의 어느 하나에 해당하는 자에 대하여 에너지다소비사업자에게 공급한 에너지의 공급량 자료를 제출하도록 요구할 수 있다.
㉠ 한국전력공사
㉡ 한국가스공사
㉢ 도시가스사업법 제2조 제2호에 따른 도시가스사업자
㉣ 한국지역난방공사
㉤ 그 밖에 대통령령으로 정하는 에너지공급기관 또는 관리기관

6) 에너지진단 등

① 산업통상자원부장관은 관계 행정기관의 장과 협의하여 에너지다소비사업자가 에너지를 효율적으로 관리하기 위하여 필요한 기준(에너지관리기준)을 부문별로 정하여 고시하여야 한다.

② 에너지다소비사업자는 산업통상자원부장관이 지정하는 에너지진단전문기관(진단기관)으로부터 3년 이상의 범위에서 대통령령으로 정하는 기간마다 그 사업장에 대하여 에너지진단을 받아야 한다. 다만, 물리적 또는 기술적으로 에너지진단을 실시할 수 없거나 에너지진단의 효과가 적은 아파트 · 발전소 등 산업통상자원부령으로 정하는 범위에 해당하는 사업장은 그러하지 아니하다.

③ 산업통상자원부장관은 대통령령으로 정하는 바에 따라 에너지진단업무에 관한 자료제출을 요구하는 등 진단기관을 관리 · 감독한다.

④ 산업통상자원부장관은 자체에너지절감실적이 우수하다고 인정되는 에너지다소비사업자에 대하여는 산업통상자원부령으로 정하는 바에 따라 에너지진단을 면제하거나 에너지진단주기를 연장할 수 있다.

⑤ 산업통상자원부장관은 에너지진단 결과 에너지다소비사업자가 에너지관리기준을 지키고 있지 아니한 경우에는 에너지관리기준의 이행을 위한 지도(이하 "에너지관리지도"라 한다)를 할 수 있다.

⑥ 산업통상자원부장관은 에너지다소비사업자가 에너지진단을 받기 위하여 드는 비용의 전부 또는 일부를 지원할 수 있다. 이 경우 지원 대상 · 규모 및 절차는 대통령령으로 정한다.

⑦ 산업통상자원부장관은 진단기관에 대하여 평가하고 그 결과를 공개할 수 있다. 이 경우 평가의 기준 · 방법 및 결과의 공개에 필요한 사항은 산업통상자원부령으로 정한다.

⑧ 진단기관의 지정기준은 대통령령으로 정하고, 진단기관의 지정절차와 그 밖에 필요한 사항은 산업통상자원부령으로 정한다.

⑨ 에너지진단의 범위와 방법, 그 밖에 필요한 사항은 산업통상자원부장관이 정하여 고시한다.

7) 열사용기자재

① 법 제2조에 따른 열사용기자재

구분	품목명	적용범위
보일러	강철제 보일러, 주철제 보일러	다음 각 호의 어느 하나에 해당하는 것을 말한다. ㉠ 1종 관류보일러: 강철제 보일러 중 헤더(여러 관이 붙어 있는 용기)의 안지름이 150mm 이하이고, 전열면적이 $5m^2$ 초과 $10m^2$ 이하이며, 최고사용압력이 1MPa 이하인 관류보일러(기수분리기를 장치한 경우에는 기수분리기의 안지름이 300mm 이하이고, 그 내부 부피가 $0.07m^3$ 이하인 것만 해당한다) ㉡ 2종 관류보일러: 강철제 보일러 중 헤더의 안지름이 150mm 이하이고, 전열면적이 $5m^2$ 이하이며, 최고사용압력이 1MPa 이하인 관류보일러(기수분리기를 장치한 경우에는 기수분리기의 안지름이 200mm 이하이고, 그 내부 부피가 $0.02m^3$ 이하인 것에 한정한다) ㉢ 제1호 및 제2호 외의 금속(주철을 포함한다)으로 만든 것. 다만, 소형 온수보일러 · 구멍탄용 온수보일러 · 축열식 전기보일러 및 가정용 화목보일러는 제외한다.

구분	품목명	적용범위
보일러	소형 온수 보일러	전열면적이 $14m^2$ 이하이고, 최고사용압력이 0.35MPa 이하의 온수를 발생하는 것. 다만, 구멍탄용 온수보일러, 축열식 전기보일러, 가정용 화목보일러 및 가스사용량이 17kg/h(도시가스는 232.6kW) 이하인 가스용 온수보일러는 제외한다.
	구멍탄용 온수 보일러	연탄을 연료로 사용하여 온수를 발생시키는 것으로서 금속제만 해당한다.
	축열식 전기 보일러	심야전력을 사용하여 온수를 발생시켜 축열조에 저장한 후 난방에 이용하는 것으로서 정격(기기의 사용조건 및 성능의 범위)소비전력이 30kW 이하이고, 최고사용압력이 0.35MPa 이하인 것
	캐스케이드 보일러	한국산업표준에 적합함을 인증받거나 가스용품의 검사에 합격한 제품으로서, 최고사용압력이 대기압을 초과하는 온수보일러 또는 온수기 2대 이상이 단일 연통으로 연결되어 서로 연동되도록 설치되며, 최대 가스사용량의 합이 17kg/h(도시가스는 232.6kW)를 초과하는 것
	가정용 화목 보일러	화목 등 목재연료를 사용하여 90℃ 이하의 난방수 또는 65℃ 이하의 온수를 발생하는 것으로서 표시 난방출력이 70kW 이하로서 옥외에 설치하는 것
태양열 집열기	태양열 집열기	
압력용기	1종 압력용기	최고사용압력(MPa)과 내부 부피(m^3)를 곱한 수치가 0.004를 초과하는 다음 각 호의 어느 하나에 해당하는 것 ㉠ 증기 그 밖의 열매체를 받아들이거나 증기를 발생시켜 고체 또는 액체를 가열하는 기기로서 용기 안의 압력이 대기압을 넘는 것 ㉡ 용기 안의 화학반응에 따라 증기를 발생시키는 용기로서 용기 안의 압력이 대기압을 넘는 것 ㉢ 용기 안의 액체의 성분을 분리하기 위하여 해당 액체를 가열하거나 증기를 발생시키는 용기로서 용기 안의 압력이 대기압을 넘는 것 ㉣ 용기 안의 액체의 온도가 대기압에서의 끓는 점을 넘는 것
압력용기	2종 압력용기	최고사용압력이 0.2MPa를 초과하는 기체를 그 안에 보유하는 용기로서 다음 각 호의 어느 하나에 해당하는 것 ㉠ 내부 부피가 $0.04m^3$ 이상인 것 ㉡ 동체의 안지름이 200mm 이상(증기헤더의 경우에는 동체의 안지름이 300mm 초과)이고, 그 길이가 1,000mm 이상인 것
요로(窯爐 : 고온 가열 장치)	요업요로	연속식유리용융가마, 불연속식유리용융가마, 유리용융도가니가마, 터널가마, 도염식가마, 셔틀가마, 회전가마 및 석회용선가마
	금속요로	용선로, 비철금속용융로, 금속소둔로, 철금속가열로 및 금속균열로

② 다음 각 호의 어느 하나에 해당하는 열사용기자재는 제외한다.

㉠ 전기사업법 제2조 제2호에 따른 전기사업자가 설치하는 발전소의 발전전용 보일러 및 압력용기. 다만, 집단에너지사업법의 적용을 받는 발전전용 보일러 및 압력용기는 열사용기자재에 포함된다.

㉡ 철도사업법에 따른 철도사업을 하기 위하여 설치하는 기관차 및 철도차량용 보일러

㉢ 고압가스 안전관리법 및 액화석유가스의 안전관리 및 사업법에 따라 검사를 받는 보일러(캐스케이드 보일러는 제외한다) 및 압력용기

㉣ 선박안전법에 따라 검사를 받는 선박용 보일러 및 압력용기

㉤ 전기용품 및 생활용품 안전관리법 및 의료기기법의 적용을 받는 2종 압력용기

㉥ 이 규칙에 따라 관리하는 것이 부적합하다고 산업통상자원부장관이 인정하는 수출용 열사용기자재

8) 특정열사용기자재

열사용기자재 중 제조, 설치·시공 및 사용에서의 안전관리, 위해방지 또는 에너지이용의 효율관리가 특히 필요하다고 인정되는 것으로서 산업통상자원부령으로 정하는 열사용기자재(특정열사용기자재)의 설치·시공이나 세관(물이 흐르는 관 속에 낀 물때나 녹 따위를 벗겨 냄)을 업(시공업)으로 하는 자는 건설산업기본법 제9조 제1항에 따라 시·도지사에게 등록하여야 한다.

[특정열사용기자재 및 설치·시공범위]

구분	품목명	설치·시공범위
보일러	① 강철제 보일러 ② 주철제 보일러 ③ 온수보일러 ④ 구멍탄용 온수보일러 ⑤ 축열식 전기보일러 ⑥ 캐스케이드 보일러 ⑦ 가정용 화목보일러	해당 기기의 설치·배관 및 세관
태양열 집열기	태양열 집열기	해당 기기의 설치·배관 및 세관
압력용기	① 1종 압력용기 ② 2종 압력용기	해당 기기의 설치·배관 및 세관
요업요로	① 연속식유리용융가마 ② 불연속식유리용융가마 ③ 유리용융도가니가마 ④ 터널가마 ⑤ 도염식각가마 ⑥ 셔틀가마 ⑦ 회전가마 ⑧ 석회용선가마	해당 기기의 설치를 위한 시공
금속요로	① 용선로 ② 비철금속용융로 ③ 금속소둔로 ④ 철금속가열로 ⑤ 금속균열로	해당 기기의 설치를 위한 시공

9) 효율관리기자재

① 법 제15조 제1항에 따른 효율관리기자재
- ㉠ 전기냉장고
- ㉡ 전기냉방기
- ㉢ 전기세탁기
- ㉣ 조명기기
- ㉤ 삼상유도전동기(三相誘導電動機)
- ㉥ 자동차
- ㉦ 그 밖에 산업통상자원부장관이 그 효율의 향상이 특히 필요하다고 인정하여 고시하는 기자재 및 설비

② 제1항 각 호의 효율관리기자재의 구체적인 범위는 산업통상자원부장관이 정하여 고시한다.

③ 법 제15조 제1항 제6호에서 산업통상자원부령으로 정하는 사항이란 다음 각 호와 같다.
- ㉠ 법 제15조 제2항에 따른 효율관리시험기관 또는 자체측정의 승인을 받은 자가 측정할 수 있는 효율관리기자재의 종류, 측정 결과에 관한 시험 성적서의 기재 사항 및 기재 방법과 측정 결과의 기록 유지에 관한 사항
- ㉡ 이산화탄소 배출량의 표시
- ㉢ 에너지비용(일정기간 동안 효율관리기자재를 사용함으로써 발생할 수 있는 예상 전기요금이나 그 밖의 에너지요금을 말한다)

10) 평균효율관리기자재

① 법 제17조 제1항에서 자동차관리법 제3조 제1항에 따른 승용자동차 등 산업통상자원부령으로 정하는 기자재란 다음 각 호의 어느 하나에 해당하는 자동차를 말한다.
- ㉠ 자동차관리법 제3조 제1항 제1호에 따른 승용자동차로서 총중량이 3.5톤 미만인 자동차
- ㉡ 자동차관리법 제3조 제1항 제2호에 따른 승합자동차로서 승차인원이 15인승 이하이고 총중량이 3.5톤 미만인 자동차
- ㉢ 자동차관리법 제3조 제1항 제3호에 따른 화물자동차로서 총중량이 3.5톤 미만인 자동차

② 제1항에도 불구하고 다음 각 호의 어느 하나에 해당하는 자동차는 제1항에 따른 자동차에서 제외한다.
- ㉠ 환자의 치료 및 수송 등 의료목적으로 제작된 자동차
- ㉡ 군용자동차
- ㉢ 방송·통신 등의 목적으로 제작된 자동차
- ㉣ 2012년 1월 1일 이후 제작되지 아니하는 자동차
- ㉤ 자동차관리법 시행규칙 별표1 제2호에 따른 특수형 승합자동차 및 특수용도형 화물자동차

11) 고효율에너지인증대상기자재

① 법 제22조 제1항에 따른 고효율에너지인증대상기자재는 다음 각 호와 같다.
- ㉠ 펌프
- ㉡ 산업건물용 보일러

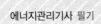

ⓒ 무정전전원장치
ⓡ 폐열회수형 환기장치
ⓜ 발광다이오드(LED) 등 조명기기
ⓑ 그 밖에 산업통상자원부장관이 특히 에너지이용의 효율성이 높아 보급을 촉진할 필요가 있다고 인정하여 고시하는 기자재 및 설비

② 법 제22조 제1항 제5호에서 산업통상자원부령으로 정하는 사항이란 법 제22조 제2항에 따른 고효율시험기관이 측정할 수 있는 고효율에너지인증대상기자재의 종류, 측정 결과에 관한 시험성적서의 기재사항 및 기재 방법과 측정 결과의 기록 유지에 관한 사항을 말한다.

12) 검사대상기기

구분	검사대상기기	적용범위
보일러	강철제 보일러, 주철제 보일러	다음 각 호의 어느 하나에 해당하는 것은 제외한다. ① 최고사용압력이 0.1MPa 이하이고, 동체의 안지름이 300mm 이하이며, 길이가 600mm 이하인 것 ② 최고사용압력이 0.1MPa 이하이고, 전열면적이 5m^2 이하인 것 ③ 2종 관류보일러 ④ 온수를 발생시키는 보일러로서 대기개방형인 것
	소형 온수보일러	가스를 사용하는 것으로서 가스사용량이 17kg/h(도시가스는 232.6kW)를 초과하는 것
	캐스케이드 보일러	산업표준화법 제12조 제1항에 따른 한국산업표준에 적합함을 인증받거나 액화석유가스의 안전관리 및 사업법 제39조 제1항에 따라 가스용품의 검사에 합격한 제품으로서, 최고사용압력이 대기압을 초과하는 온수보일러 또는 온수기 2대 이상이 단일 연통으로 연결되어 서로 연동되도록 설치되며, 최대 가스사용량의 합이 17kg/h(도시가스는 232.6kW)를 초과하는 것
압력용기	1종 압력용기	최고사용압력(MPa)과 내부 부피(m^3)를 곱한 수치가 0.004를 초과하는 다음 각 호의 어느 하나에 해당하는 것 ① 증기, 그 밖의 열매체를 받아들이거나 증기를 발생시켜 고체 또는 액체를 가열하는 기기로서 용기 안의 압력이 대기압을 넘는 것 ② 용기 안의 화학반응에 따라 증기를 발생시키는 용기로서 용기 안의 압력이 대기압을 넘는 것 ③ 용기 안의 액체의 성분을 분리하기 위하여 해당 액체를 가열하거나 증기를 발생시키는 용기로서 용기 안의 압력이 대기압을 넘는 것 ④ 용기 안의 액체의 온도가 대기압에서의 끓는 점을 넘는 것
	2종 압력용기	최고사용압력이 0.2MPa을 초과하는 기체를 그 안에 보유하는 용기로서 다음 각 호의 어느 하나에 해당하는 것 ① 내부 부피가 0.04m^3 이상인 것 ② 동체의 안지름이 200mm 이상(증기헤더의 경우에는 동체의 안지름이 300mm 초과)이고, 그 길이가 1,000mm 이상인 것
요로	철금속가열로	정격용량이 0.58MW를 초과하는 것

13) 검사대상기기관리자의 자격 및 조종범위

관리자의 자격	관리범위
에너지관리기능장 또는 에너지관리기사	용량이 30t/h를 초과하는 보일러
에너지관리기능장, 에너지관리기사 또는 에너지관리산업기사	용량이 10t/h를 초과하고 30t/h 이하인 보일러
에너지관리기능장, 에너지관리기사, 에너지관리산업기사 또는 에너지관리기능사	용량이 10t/h 이하인 보일러

관리자의 자격	관리범위
에너지관리기능장, 에너지관리기사, 에너지관리산업기사, 에너지관리기능사 또는 인정검사대상기기관리자의 교육을 이수한 자	① 증기보일러로서 최고사용압력이 1MPa 이하이고, 전열면적이 $10m^2$ 이하인 것 ② 온수발생 및 열매체를 가열하는 보일러로서 용량이 581.5kW 이하인 것 ③ 압력용기

14) 교육

① 산업통상자원부장관은 에너지관리의 효율적인 수행과 특정열사용기자재의 안전관리를 위하여 에너지관리자, 시공업의 기술인력 및 검사대상기기관리자에 대하여 교육을 실시하여야 한다.

② 에너지관리자, 시공업의 기술인력 및 검사대상기기관리자는 제1항에 따라 실시하는 교육을 받아야 한다.

③ 에너지다소비사업자, 시공업자 및 검사대상기기설치자는 그가 선임 또는 채용하고 있는 에너지관리자, 시공업의 기술인력 또는 검사대상기기관리자로 하여금 제1항에 따라 실시하는 교육을 받게 하여야 한다.

④ 제1항에 따른 교육담당기관 · 교육기간 및 교육과정, 그 밖에 교육에 관하여 필요한 사항은 산업통상자원부령으로 정한다.

[에너지관리자에 대한 교육]

교육과정	교육기간	교육대상자	교육기관
에너지관리자 기본교육과정	1일	법 제31조 제1항 제1호부터 제4호까지의 사항에 관한 업무를 담당하는 사람(에너지관리자)으로 신고된 사람	한국에너지공단

[시공업의 기술인력 및 검사대상기기관리자에 대한 교육]

구분	교육과정	교육기간	교육대상자	교육기관
시공업의 기술인력	난방시공업 제1종 기술자 과정	1일	난방시공업 제1종의 기술자로 등록된 사람	한국열관리시공협회 및 전국보일러설비협회
	난방시공업 제2종, 제3종 기술자 과정	1일	난방시공업 제2종 또는 난방시공업 제3종의 기술자로 등록된 사람	
검사대상기기관리자	중 · 대형 보일러 관리자 과정	1일	검사대상기기관리자로 선임된 사람으로서 용량이 1t/h(난방용의 경우에는 5t/h)를 초과하는 강철제 보일러 및 주철제 보일러의 관리자	에너지관리공단 및 한국에너지기술인협회
	소형 보일러 · 압력용기 관리자 과정	1일	검사대상기기관리자로 선임된 사람으로서 제1호의 보일러 관리자과정의 대상이 되는 보일러 외의 보일러 및 압력용기의 관리자	

15) 벌칙

① 2년 이하의 징역 또는 2천만원 이하의 벌금
  ㉠ 에너지저장시설의 보유 또는 저장의무의 부과 시 정당한 이유 없이 이를 거부하거나 이행하지 아니한 자
  ㉡ 제7조 제2항 제1호부터 제8호까지 또는 제10호에 따른 조정 · 명령 등의 조치를 위반한 자
  ㉢ 직무상 알게 된 비밀을 누설하거나 도용한 자

② 1년 이하의 징역 또는 1천만원 이하의 벌금
  ㉠ 검사대상기기의 검사를 받지 아니한 자
  ㉡ 제39조 제5항을 위반하여 검사대상기기를 사용한 자
  ㉢ 제39조의2 제3항을 위반하여 검사대상기기를 수입한 자

③ 생산 또는 판매 금지명령을 위반한 자는 2천만원 이하의 벌금에 처한다.

④ 검사대상기기관리자를 선임하지 아니한 자는 1천만원 이하의 벌금에 처한다.

⑤ 500만원 이하의 벌금
  ㉠ 효율관리기자재에 대한 에너지사용량의 측정결과를 신고하지 아니한 자
  ㉡ 대기전력경고표지대상제품에 대한 측정결과를 신고하지 아니한 자

㉢ 대기전력경고표지를 하지 아니한 자
㉣ 대기전력저감우수제품임을 표시하거나 거짓 표시를 한 자
㉤ 시정명령을 정당한 사유 없이 이행하지 아니한 자
㉥ 제22조 제5항을 위반하여 인증 표시를 한 자

16) 과태료

① 2천만원 이하의 과태료
- 효율관리기자재에 대한 에너지소비효율등급 또는 에너지소비효율을 표시하지 아니하거나 거짓으로 표시를 한 자
- 에너지진단을 받지 아니한 에너지다소비사업자
- 한국에너지공단에 사고의 일시 · 내용 등을 통보하지 아니하거나 거짓으로 통보한 자

② 1천만원 이하의 과태료
- 에너지사용계획을 제출하지 아니하거나 변경하여 제출하지 아니한 자. 다만, 국가 또는 지방자치단체인 사업주관자는 제외한다.
- 개선명령을 정당한 사유 없이 이행하지 아니한 자
- 제66조 제1항에 따른 검사를 거부 · 방해 또는 기피한 자

③ 500만원 이하의 과태료: 제15조 제4항에 따른 광고내용이 포함되지 아니한 광고를 한 자

④ 300만원 이하의 과태료(다만, 제1호, 제4호부터 제6호까지, 제8호, 제9호 및 제9호의2부터 제9호의4까지의 경우에는 국가 또는 지방자치단체를 제외한다.)
- 에너지사용의 제한 또는 금지에 관한 조정 · 명령, 그 밖에 필요한 조치를 위반한 자
- 정당한 이유 없이 수요관리투자계획과 시행결과를 제출하지 아니한 자
- 수요관리투자계획을 수정 · 보완하여 시행하지 아니한 자
- 필요한 조치의 요청을 정당한 이유 없이 거부하거나 이행하지 아니한 공공사업주관자
- 관련 자료의 제출요청을 정당한 이유 없이 거부한 사업주관자
- 이행 여부에 대한 점검이나 실태 파악을 정당한 이유 없이 거부 · 방해 또는 기피한 사업주관자
- 자료를 제출하지 아니하거나 거짓으로 자료를 제출한 자
- 정당한 이유 없이 대기전력저감우수제품 또는 고효율에너지기자재를 우선적으로 구매하지 아니한 자
- 제31조 제1항에 따른 신고를 하지 아니하거나 거짓으로 신고를 한 자
- 냉난방온도의 유지 · 관리 여부에 대한 점검 및 실태 파악을 정당한 사유 없이 거부 · 방해 또는 기피한 자
- 시정조치명령을 정당한 사유 없이 이행하지 아니한 자
- 제39조 제7항 또는 제40조 제3항에 따른 신고를 하지 아니하거나 거짓으로 신고를 한 자
- 한국에너지공단 또는 이와 유사한 명칭을 사용한 자
- 제65조 제2항을 위반하여 교육을 받지 아니한 자 또는 같은 조 제3항을 위반하여 교육을 받게 하지 아니한 자
- 제66조 제1항에 따른 보고를 하지 아니하거나 거짓으로 보고를 한 자

⑤ 제1항부터 제4항까지의 규정에 따른 과태료는 대통령령으로 정하는 바에 따라 산업통상자원부장관이나 시 · 도지사가 부과 · 징수한다.

03 | 신에너지 및 재생에너지 개발 · 이용 · 보급 촉진법

1) 목적

이 법은 신에너지 및 재생에너지의 기술개발 및 이용 · 보급 촉진과 신에너지 및 재생에너지 산업의 활성화를 통하여 에너지원을 다양화하고, 에너지의 안정적인 공급, 에너지 구조의 환경친화적 전환 및 온실가스 배출의 감소를 추진함으로써 환경의 보전, 국가경제의 건전하고 지속적인 발전 및 국민복지의 증진에 이바지함을 목적으로 한다.

2) 정의

① 신에너지란 기존의 화석연료를 변환시켜 이용하거나 수소 · 산소 등의 화학반응을 통하여 전기 또는 열을 이용하는 에너지로서 다음 각 목의 어느 하나에 해당하는 것을 말한다.

㉠ 수소에너지

㉡ 연료전지

㉢ 석탄을 액화 · 가스화한 에너지 및 중질잔사유(重質殘渣油)를 가스화한 에너지로서 대통령령으로 정하는 기준 및 범위에 해당하는 에너지

㉣ 그 밖에 석유 · 석탄 · 원자력 또는 천연가스가 아닌 에너지로서 대통령령으로 정하는 에너지

② 재생에너지란 햇빛 · 물 · 지열 · 강수 · 생물유기체 등을 포함하는 재생 가능한 에너지를 변환시켜 이용하는 에너지로서 다음 각 목의 어느 하나에 해당하는 것을 말한다.

㉠ 태양에너지

㉡ 풍력

㉢ 수력

㉣ 해양에너지

㉤ 지열에너지

㉥ 생물자원을 변환시켜 이용하는 바이오에너지로서 대통령령으로 정하는 기준 및 범위에 해당하는 에너지

㉦ 폐기물에너지(비재생폐기물로부터 생산된 것은 제외한다)로서 대통령령으로 정하는 기준 및 범위에 해당하는 에너지

㉧ 그 밖에 석유 · 석탄 · 원자력 또는 천연가스가 아닌 에너지로서 대통령령으로 정하는 에너지

③ 신에너지 및 재생에너지 설비(신 · 재생에너지 설비)란 신에너지 및 재생에너지(신 · 재생에너지)를 생산 또는 이용하거나 신 · 재생에너지의 전력계통 연계조건을 개선하기 위한 설비로서 산업통상자원부령으로 정하는 것을 말한다(시행규칙 제2조).

㉠ 수소에너지 설비: 물이나 그 밖에 연료를 변환시켜 수소를 생산하거나 이용하는 설비

㉡ 연료전지 설비: 수소와 산소의 전기화학 반응을 통하여 전기 또는 열을 생산하는 설비

㉢ 석탄을 액화 · 가스화한 에너지 및 중질잔사유(重質殘渣油)를 가스화한 에너지 설비: 석탄 및 중질잔사유의 저급 연료를 액화 또는 가스화시켜 전기 또는 열을 생산하는 설비

㉣ 태양에너지 설비

가. 태양열 설비: 태양의 열에너지를 변환시켜 전기를 생산하거나 에너지원으로 이용하는 설비

나. 태양광 설비: 태양의 빛에너지를 변환시켜 전기를 생산하거나 채광에 이용하는 설비

㉤ 풍력 설비: 바람의 에너지를 변환시켜 전기를 생산하는 설비

㉥ 수력 설비: 물의 유동 에너지를 변환시켜 전기를 생산하는 설비

㉦ 해양에너지 설비: 해양의 조수, 파도, 해류, 온도차 등을 변환시켜 전기 또는 열을 생산하는 설비

㉧ 지열에너지 설비: 물, 지하수 및 지하의 열 등의 온도차를 변환시켜 에너지를 생산하는 설비

㉨ 바이오에너지 설비: 바이오에너지를 생산하거나 이를 에너지원으로 이용하는 설비

㉩ 폐기물에너지 설비: 폐기물을 변환시켜 연료 및 에너지를 생산하는 설비

㉪ 수열에너지 설비: 물의 열을 변환시켜 에너지를 생산하는 설비

㉫ 전력저장 설비: 신 · 재생에너지를 이용하여 전기를 생산하는 설비와 연계된 전력저장 설비

④ 신 · 재생에너지 발전이란 신 · 재생에너지를 이용하여 전기를 생산하는 것을 말한다.

⑤ 신 · 재생에너지 발전사업자란 전기사업법 제2조 제4호에 따른 발전사업자 또는 같은 조 제19호에 따른 자가용전기설비를 설치한 자로서 신 · 재생에너지 발전을 하는 사업자를 말한다.

3) 기본계획의 수립

① 산업통상자원부장관은 관계 중앙행정기관의 장과 협의를 한 후 제8조에 따른 신 · 재생에너지정책심의회의 심의를 거쳐 신 · 재생에너지의 기술개발 및 이용 · 보급을 촉진하기 위한 기본계획을 5년마다 수립하여야 한다.

② 기본계획의 계획기간은 10년 이상으로 하며, 기본계획에는 다음 각 호의 사항이 포함되어야 한다.
  ㉠ 기본계획의 목표 및 기간
  ㉡ 신 · 재생에너지원별 기술개발 및 이용 · 보급의 목표
  ㉢ 총전력생산량 중 신 · 재생에너지 발전량이 차지하는 비율의 목표
  ㉣ 에너지법 제2조 제10호에 따른 온실가스의 배출 감소 목표
  ㉤ 기본계획의 추진방법
  ㉥ 신 · 재생에너지 기술수준의 평가와 보급전망 및 기대효과
  ㉦ 신 · 재생에너지 기술개발 및 이용 · 보급에 관한 지원 방안
  ㉧ 신 · 재생에너지 분야 전문인력 양성계획
  ㉨ 직전 기본계획에 대한 평가
  ㉩ 그 밖에 기본계획의 목표달성을 위하여 산업통상자원부장관이 필요하다고 인정하는 사항
③ 산업통상자원부장관은 신 · 재생에너지의 기술개발 동향, 에너지 수요 · 공급 동향의 변화, 그 밖의 사정으로 인하여 수립된 기본계획을 변경할 필요가 있다고 인정하면 관계 중앙행정기관의 장과 협의를 한 후 제8조에 따른 신 · 재생에너지정책심의회의 심의를 거쳐 그 기본계획을 변경할 수 있다.

04 | 기계설비법

1) 목적

이 법은 기계설비산업의 발전을 위한 기반을 조성하고 기계설비의 안전하고 효율적인 유지관리를 위하여 필요한 사항을 정함으로써 국가경제의 발전과 국민의 안전 및 공공복리 증진에 이바지함을 목적으로 한다.

2) 정의

① 기계설비란 건축물, 시설물 등(건축물등)에 설치된 기계 · 기구 · 배관 및 그 밖에 건축물등의 성능을 유지하기 위한 설비로서 대통령령으로 정하는 설비를 말한다.
② 기계설비산업이란 기계설비 관련 연구개발, 계획, 설계, 시공, 감리, 유지관리, 기술진단, 안전관리 등의 경제활동을 하는 산업을 말한다.
③ 기계설비사업이란 기계설비 관련 활동을 수행하는 사업을 말한다.
④ 기계설비사업자란 기계설비사업을 경영하는 자를 말한다.
⑤ 기계설비기술자란 국가기술자격법, 건설기술 진흥법 또는 대통령령으로 정하는 법령에 따라 기계설비 관련 분야의 기술자격을 취득하거나 기계설비에 관한 기술 또는 기능을 인정받은 사람을 말한다.
⑥ 기계설비유지관리자란 기계설비 유지관리(기계설비의 점검 및 관리를 실시하고 운전 · 운용하는 모든 행위를 말한다)를 수행하는 자를 말한다.

3) 기계설비의 착공 전 확인과 사용 전 검사

① 대통령령으로 정하는 기계설비공사를 발주한 자는 해당 공사를 시작하기 전에 전체 설계도서 중 기계설비에 해당하는 설계도서를 특별자치시장 · 특별자치도지사 · 시장 · 군수 · 구청장(자치구의 구청장을 말한다. 이하 같다)에게 제출하여 기술기준에 적합한지를 확인받아야 하며, 그 공사를 끝냈을 때에는 특별자치시장 · 특별자치도지사 · 시장 · 군수 · 구청장의 사용 전 검사를 받고 기계설비를 사용하여야 한다. 다만, 건축법 제21조 및 제22조에 따른 착공신고 및 사용승인 과정에서 기술기준에 적합한지 여부를 확인받은 경우에는 이 법에 따른 착공 전 확인 및 사용 전 검사를 받은 것으로 본다.
② 특별자치시장 · 특별자치도지사 · 시장 · 군수 · 구청장은 필요한 경우 기계설비공사를 발주한 자에게 제1항에 따른 착공 전 확인과 사용 전 검사에 관한 자료의 제출을 요구할 수 있다. 이 경우 기계설비공사를 발주한 자는 특별한 사유가 없으면 자료를 제출하여야 한다.
③ 제1항에 따른 착공 전 확인과 사용 전 검사의 절차, 방법 등은 대통령령으로 정한다.

4) 기계설비의 착공 전 확인과 사용 전 검사 대상 공사

법 제15조 제1항 본문에서 대통령령으로 정하는 기계설비공사란 다음에 해당하는 건축물(건축법 제11조에 따른 건축허가를 받으려거나 같은 법 제14조에 따른 건축신고를 하려는 건축물로 한정하며, 다른 법령에 따라

건축허가 또는 건축신고가 의제되는 행정처분을 받으려는 건축물을 포함한다) 또는 시설물에 대한 기계설비공사를 말한다.

① 용도별 건축물 중 연면적 $10,000m^2$ 이상인 건축물(건축법에 따른 창고시설은 제외한다)
② 에너지를 대량으로 소비하는 다음 각 목의 어느 하나에 해당하는 건축물
  ㉠ 냉동 · 냉장, 항온 · 항습 또는 특수청정을 위한 특수설비가 설치된 건축물로서 해당 용도에 사용되는 바닥면적의 합계가 $500m^2$ 이상인 건축물
  ㉡ 건축법 시행령에 따른 아파트 및 연립주택
  ㉢ 다음의 어느 하나에 해당하는 건축물로서 해당 용도에 사용되는 바닥면적의 합계가 $500m^2$ 이상인 건축물
   • 건축법 시행령에 따른 목욕장
   • 건축법 시행령에 따른 놀이형시설(물놀이를 위하여 실내에 설치된 경우로 한정한다) 및 운동장(실내에 설치된 수영장과 이에 딸린 건축물로 한정한다)
  ㉣ 다음의 어느 하나에 해당하는 건축물로서 해당 용도에 사용되는 바닥면적의 합계가 $2,000m^2$ 이상인 건축물
   • 건축법 시행령에 따른 기숙사
   • 건축법 시행령에 따른 의료시설
   • 건축법 시행령에 따른 유스호스텔
   • 건축법 시행령에 따른 숙박시설
  ㉤ 다음의 어느 하나에 해당하는 건축물로서 해당 용도에 사용되는 바닥면적의 합계가 $3,000m^2$ 이상인 건축물
   • 건축법 시행령에 따른 판매시설
   • 건축법 시행령에 따른 연구소
   • 건축법 시행령에 따른 업무시설
③ 지하역사 및 연면적 $2,000m^2$ 이상인 지하도상가(연속되어 있는 둘 이상의 지하도상가의 연면적 합계가 $2,000m^2$ 이상인 경우를 포함한다)

5) 기계설비의 착공 전 확인

① 법 제15조 제1항 본문에 따라 기계설비에 해당하는 설계도서가 법 제14조 제1항에 따른 기술기준에 적합한지를 확인받으려는 자는 국토교통부령으로 정하는 기계설비공사 착공 전 확인신청서를 해당 기계설비공사를 시작하기 전에 특별자치시장 · 특별자치도지사 · 시장 · 군수 · 구청장(시장 · 군수 · 구청장)에게 제출해야 한다.
② 시장 · 군수 · 구청장은 제1항에 따른 기계설비공사 착공 전 확인신청서를 받은 경우에는 해당 설계도서의 내용이 기술기준에 적합한지를 확인해야 한다.
③ 시장 · 군수 · 구청장은 제2항에 따른 확인을 마친 경우에는 국토교통부령으로 정하는 기계설비공사 착공 전 확인 결과 통보서에 검토의견 등을 적어 해당 신청인에게 통보해야 하며, 해당 설계도서의 내용이 기술기준에 미달하는 등 시공에 부적합하다고 인정하는 경우에는 보완이 필요한 사항을 함께 적어 통보해야 한다.
④ 시장 · 군수 · 구청장은 제3항에 따라 기계설비공사 착공 전 확인 결과를 통보한 경우에는 그 내용을 기록하고 관리해야 한다.

6) 착공 전 확인 등

① 영 제12조 제1항에 따른 기계설비공사 착공 전 확인신청서는 별지 제4호 서식에 따르며, 신청인은 이를 제출할 때에는 다음 각 호의 서류를 첨부해야 한다.
  ㉠ 기계설비공사 설계도서 사본
  ㉡ 기계설비설계자 등록증 사본
  ㉢ 건축법 등 관계 법령에 따라 기계설비에 대한 감리업무를 수행하는 자가 확인한 기계설비 착공 적합 확인서
② 영 제12조 제3항에 따른 기계설비공사 착공 전 확인 결과 통보서는 별지 제5호 서식에 따른다.
③ 특별자치시장 · 특별자치도지사 · 시장 · 군수 · 구청장은 영 제12조 제4항에 따라 기계설비공사 착공 전 확인 결과의 내용을 기록하고 관리하는 경우에는 별지 제6호서식의 기계설비공사 착공 전 확인 업무 관리대장에 일련번호 순으로 기록해야 한다.

7) 기계설비의 사용 전 검사

① 법 제15조 제1항 본문에 따라 사용 전 검사를 받으려는 자는 국토교통부령으로 정하는 기계설비 사용 전 검사신청서를 시장 · 군수 · 구청장에게 제출해야 한다. 이 경우 해당 기계설비가 다음 각 호의 어느 하나에 해당하는 경우에는 그 검사 결과를 함께 제출할 수 있다.

㉠ 에너지이용 합리화법에 따른 검사대상기기 검사에 합격한 경우
㉡ 고압가스 안전관리법에 따른 완성검사에 합격한 경우(같은 항 단서에 따라 감리적합판정을 받은 경우를 포함한다)

② 시장 · 군수 · 구청장은 제1항 각 호 외의 부분 전단에 따른 기계설비 사용 전 검사신청서를 받은 경우에는 해당 기계설비가 기술기준에 적합한지를 검사해야 한다. 이 경우 검사 대상 기계설비 중 제1항 각 호 외의 부분 후단에 따라 합격한 검사 결과가 제출된 기계설비 부분에 대해서는 기술기준에 적합한 것으로 검사해야 한다.

③ 시장 · 군수 · 구청장은 제2항에 따른 검사 결과 해당 기계설비가 기술기준에 적합하다고 인정하는 경우에는 국토교통부령으로 정하는 기계설비 사용 전 검사 확인증을 해당 신청인에게 발급해야 한다.

④ 시장 · 군수 · 구청장은 제2항에 따른 검사 결과 해당 기계설비가 기술기준에 미달하는 등 사용에 부적합하다고 인정하는 경우에는 그 사유와 보완기한을 명시하여 보완을 지시해야 한다.

⑤ 시장 · 군수 · 구청장은 제4항에 따른 보완 지시를 받은 자가 보완기한까지 보완을 완료한 경우에는 제1항에 따른 신청 절차를 다시 거치지 않고 제2항 및 제3항에 따라 사용 전 검사를 다시 실시하여 기계설비 사용 전 검사 확인증을 발급할 수 있다.

8) 사용 전 검사 등

① 영 제13조제1항 각 호 외의 부분 전단에 따른 기계설비 사용 전 검사신청서는 별지 제7호 서식에 따르며, 신청인은 이를 제출할 때에는 다음 각 호의 서류를 첨부해야 한다.
㉠ 기계설비공사 준공설계도서 사본
㉡ 건축법 등 관계 법령에 따라 기계설비에 대한 감리업무를 수행한 자가 확인한 기계설비 사용 적합 확인서
㉢ 영 제13조 제1항 각 호에 대한 검사 결과서(해당하는 검사 결과가 있는 경우로 한정한다)

② 영 제13조 제3항에 따른 기계설비 사용 전 검사 확인증은 별지 제8호 서식에 따른다.

③ 시장 · 군수 · 구청장은 영 제13조 제3항에 따라 기계설비 사용 전 검사 확인증을 발급한 경우에는 별지 제9호서식의 기계설비 사용 전 검사 확인증 발급대장에 일련번호 순으로 기록해야 한다.

9) 기계설비유지관리자 선임 등

① 관리주체는 국토교통부령으로 정하는 바에 따라 기계설비유지관리자를 선임하여야 한다. 다만, 제18조에 따라 기계설비유지관리업무를 위탁한 경우 기계설비유지관리자를 선임한 것으로 본다.

② 제1항에 따라 기계설비유지관리자를 선임한 관리주체는 정당한 사유 없이 대통령령으로 정하는 일정 횟수 이상 제20조제1항에 따른 유지관리교육을 받지 아니한 기계설비유지관리자를 해임하여야 한다.

③ 관리주체가 기계설비유지관리자를 선임 또는 해임한 경우 국토교통부령으로 정하는 바에 따라 지체 없이 그 사실을 특별자치시장 · 특별자치도지사 · 시장 · 군수 · 구청장에게 신고하여야 한다. 신고된 사항 중 국토교통부령으로 정하는 사항이 변경된 경우에도 또한 같다.

④ 제3항에 따라 기계설비유지관리자의 선임신고를 한 자가 선임신고증명서의 발급을 요구하는 경우에는 특별자치시장 · 특별자치도지사 · 시장 · 군수 · 구청장은 국토교통부령으로 정하는 바에 따라 선임신고증명서를 발급하여야 한다.

⑤ 제3항에 따라 기계설비유지관리자의 해임신고를 한 자는 해임한 날부터 30일 이내에 기계설비유지관리자를 새로 선임하여야 한다.

⑥ 특별자치시장 · 특별자치도지사 · 시장 · 군수 · 구청장은 제3항에 따른 신고를 받은 경우에는 그 사실을 국토교통부장관에게 통보하여야 한다.

⑦ 기계설비유지관리자의 자격과 등급은 대통령령으로 정한다.

⑧ 기계설비유지관리자는 근무처 · 경력 · 학력 및 자격 등(근무처 및 경력등)의 관리에 필요한 사항을 국토교통부장관에게 신고하여야 한다. 신고사항이 변경된 경우에도 같다.

⑨ 국토교통부장관은 제8항에 따른 신고를 받은 경우에는 근무처 및 경력등에 관한 기록을 유지 · 관리하여야 하고, 신고내용을 토대로 기계설비유지관리자의 등급을 확인하여야 하며, 기계설비유지관리자가 신청하면 기계설비유지관리자의 근무처 및 경력등에 관한 증명서를 발급할 수 있다.

⑩ 국토교통부장관은 제8항에 따라 신고받은 내용을 확인하기 위하여 필요한 경우에는 중앙행정기관, 지방자치단체, 초 · 중등교육법 제2조 및 고등교육법 제2조에 따른 학교 등 관계 기관 · 단체의 장과 관리주체 및 신고한 기계설비유지관리자가 소속된 기계설비 관련 업체 등에 관련 자료를 제출하여 줄 것을 요청할 수 있다. 이 경우 요청을 받은 기관 · 단체의 장 등은 특별한 사유가 없으면 요청에 따라야 한다.

⑪ 국토교통부장관은 대통령령으로 정하는 바에 따라 기계설비유지관리자의 근무처 및 경력등과 제20조에 따른 유지관리교육 결과를 평가하여 제7항에 따른 등급을 조정할 수 있다.

⑫ 국토교통부장관은 제8항부터 제11항까지의 업무를 대통령령으로 정하는 바에 따라 관계 기관 및 단체에 위탁할 수 있다.

⑬ 제8항부터 제10항까지의 규정에 따른 기계설비유지관리자의 신고, 등급 확인, 증명서의 발급 · 관리 등에 필요한 사항은 국토교통부령으로 정한다.

10) 기계설비 유지관리에 대한 점검 및 확인 등

① 법 제17조 제1항에서 대통령령으로 정하는 일정 규모 이상의 건축물등이란 다음 각 호의 건축물, 시설물 등(건축물등)을 말한다.

㉠ 건축법 제2조 제2항에 따라 구분된 용도별 건축물 중 연면적 1만제곱미터 이상의 건축물(같은 항 제2호 및 제18호에 따른 공동주택 및 창고시설은 제외한다)

㉡ 건축법 제2조 제2항 제2호에 따른 공동주택 중 다음 각 목의 어느 하나에 해당하는 공동주택

가. 500세대 이상의 공동주택

나. 300세대 이상으로서 중앙집중식 난방방식(지역난방방식을 포함한다)의 공동주택

㉢ 다음 각 목의 건축물등 중 해당 건축물등의 규모를 고려하여 국토교통부장관이 정하여 고시하는 건축물등

가. 시설물의 안전 및 유지관리에 관한 특별법에 따른 시설물

나. 학교시설사업 촉진법에 따른 학교시설

다. 실내공기질 관리법에 따른 지하역사 및 지하도상가

라. 중앙행정기관의 장, 지방자치단체의 장 및 그 밖에 국토교통부장관이 정하는 자가 소유하거나 관리하는 건축물등

② 법 제17조 제3항에서 대통령령으로 정하는 기간이란 10년을 말한다.

11) 기계설비유지관리자의 선임

① 법 제17조 제1항에 따른 관리주체가 법 제19조 제1항 본문에 따라 기계설비유지관리자를 선임하는 경우 그 선임기준은 다음과 같다.

구분	선임대상	선임자격	선임인원
1. 영 제14조 제1항 제1호에 해당하는 용도별 건축물	가. 연면적 60,000m² 이상	특급 책임기계설비유지관리자	1
		보조기계설비유지관리자	1
	나. 연면적 30,000m² 이상 연면적 60,000m² 미만	고급 책임기계설비유지관리자	1
		보조기계설비유지관리자	1
	다. 연면적 15,000m² 이상 연면적 30,000m² 미만	중급 책임기계설비유지관리자	1
	라. 연면적 10,000m² 이상 연면적 15,000m² 미만	초급 책임기계설비유지관리자	1
2. 영 제14조 제1항 제2호에 해당하는 공동주택	가. 3,000세대 이상	특급 책임기계설비유지관리자	1
		보조기계설비유지관리자	1
	나. 2,000세대 이상 3,000세대 미만	고급 책임기계설비유지관리자	1
		보조기계설비유지관리자	1
	다. 1,000세대 이상 2,000세대 미만	중급 책임기계설비유지관리자	1

구분	선임대상	선임자격	선임 인원
2. 영 제14조 제1항 제2호에 해당하는 공동주택	라. 500세대 이상 1,000세대 미만	초급 책임기계설비 유지관리자	1
	마. 300세대 이상 500세대 미만으로서 중앙집중식 난방방식(지역난방방식을 포함한다)의 공동주택	초급 책임기계설비 유지관리자	1
3. 영 제14조 제1항 제3호에 해당하는 건축물등(같은 항 제1호 및 제2호에 해당하는 건축물은 제외한다)	영 제14조 제1항 제3호에 해당하는 건축물등(같은 항 제1호 및 제2호에 해당하는 건축물은 제외한다)	건축물의 용도, 면적, 특성 등을 고려하여 국토교통부장관이 정하여 고시하는 기준에 해당하는 초급 책임기계설비유지관리자 또는 보조기계설비 유지관리자	1

② 관리주체는 제1항에 따라 기계설비유지관리자를 선임하는 경우 다음 각 호의 구분에 따른 날부터 30일 이내에 선임해야 한다.
   ㉠ 신축 · 증축 · 개축 · 재축 및 대수선으로 기계설비유지관리자를 선임해야 하는 경우: 해당 건축물 · 시설물 등(건축물등)의 완공일(건축법 등 관계 법령에 따라 사용승인 및 준공인가 등을 받은 날을 말한다)
   ㉡ 용도변경으로 기계설비유지관리자를 선임해야 하는 경우: 용도변경 사실이 건축물관리대장에 기재된 날
   ㉢ 법 제19조 제1항 단서에 따라 기계설비유지관리업무를 위탁한 경우로서 그 위탁 계약이 해지 또는 종료된 경우: 기계설비 유지관리업무의 위탁이 끝난 날

12) 기계설비유지관리자의 교육 등

① 영 제16조 제2항에 따라 법 제20조 제1항에 따른 기계설비 유지관리에 관한 교육(유지관리교육)에 관한 업무를 위탁받은 자(유지관리교육 수탁기관)는 교육의 종류별 · 대상자별 및 지역별로 다음 연도의 교육 실시계획을 수립하여 매년 12월 31일까지 국토교통부장관에게 보고해야 한다.

② 법 제20조 제1항에 따라 유지관리교육을 받으려는 기계설비유지관리자는 별지 제10호 서식의 유지관리교육 신청서를 유지관리교육 수탁기관에 제출해야 한다.

③ 유지관리교육 수탁기관은 제2항에 따라 유지관리교육 신청서를 받은 경우 교육 실시 10일 전까지 해당 신청인에게 교육장소와 교육날짜를 통보해야 한다.

④ 유지관리교육 수탁기관은 유지관리교육을 이수한 사람에게 별지 제11호 서식의 유지관리교육 수료증을 발급하고, 별지 제12호 서식의 유지관리교육 수료증 발급대장에 그 사실을 적고 관리해야 한다.

13) 기계설비성능점검업자의 지위승계

① 다음 각 호의 어느 하나에 해당하는 자는 기계설비성능점검업자의 지위를 승계한다. 다만, 제2호 및 제3호에 해당하는 자가 제22조 제1항 각 호의 어느 하나에 해당하는 경우에는 그러하지 아니하다.
   ㉠ 기계설비성능점검업자가 사망한 경우 그 상속인
   ㉡ 기계설비성능점검업자가 그 영업을 양도하는 경우 그 양수인
   ㉢ 법인인 기계설비성능점검업자가 합병하는 경우 합병 후 존속하는 법인이나 합병에 따라 설립되는 법인

② 제1항에 따라 기계설비성능점검업자의 지위를 승계한 자는 국토교통부령으로 정하는 바에 따라 30일 이내에 시 · 도지사에게 신고하여야 한다.

③ 시 · 도지사는 제2항에 따른 신고를 받은 날부터 10일 이내에 신고 수리 여부 또는 민원 처리 관련 법령에 따른 처리기간의 연장을 통지하여야 한다.

④ 시 · 도지사가 제3항에서 정한 기간 내에 신고수리 여부 또는 민원 처리 관련 법령에 따른 처리기간의 연장을 신고인에게 통지하지 아니하면 그 기간(민원처리 관련 법령에 따라 처리기간이 연장 또는 재연장된 경우에는 해당 처리기간을 말한다)이 끝난 날의 다음 날에 신고를 수리한 것으로 본다.

⑤ 제1항에 따라 기계설비성능점검업자의 지위를 승계한 상속인이 제22조 제1항 각 호의 어느 하나에 해당하는 경우에는 상속받은 날부터 6개월 이내에 다른 사람에게 그 기계설비성능점검업자의 지위를 양도하여야 한다.

14) 기계설비성능점검업의 변경등록 사항

법 제21조 제2항에서 대통령령으로 정하는 사항이란 다음 각 호의 어느 하나에 해당하는 사항을 말한다.

㉠ 상호
㉡ 대표자
㉢ 영업소 소재지
㉣ 기술인력

15) 기계설비성능점검업의 휴업 · 폐업 등

① 법 제21조 제1항에 따라 기계설비성능점검업을 등록한 자(기계설비성능점검업자)는 같은 조 제5항 전단에 따라 휴업 또는 폐업의 신고를 하려는 경우에는 그 휴업 또는 폐업한 날부터 30일 이내에 국토교통부령으로 정하는 휴업 · 폐업신고서를 시 · 도지사에게 제출해야 한다.

② 시 · 도지사는 법 제21조 제5항 후단에 따라 기계설비성능점검업 등록을 말소한 경우에는 다음 각 호의 사항을 해당 특별시 · 광역시 · 특별자치시 · 도 또는 특별자치도의 인터넷 홈페이지에 게시해야 한다.

㉠ 등록말소 연월일
㉡ 상호
㉢ 주된 영업소의 소재지
㉣ 말소 사유

16) 기계설비성능점검업의 휴업 · 폐업 신고

① 영 제19조 제1항에 따른 휴업 · 폐업신고서는 별지 제19호 서식에 따르며, 신고인은 이를 제출할 때에는 기계설비성능점검업 등록증 및 등록수첩을 첨부해야 한다.

② 시 · 도지사는 제1항에 따라 휴업 또는 폐업 신고를 받은 때에는 전자정부법 제36조 제1항에 따른 행정정보의 공동이용을 통하여 부가가치세법에 따라 관할 세무서에 신고한 폐업사실증명 또는 사업자등록증명을 확인해야 한다. 다만, 신고인이 확인에 동의하지 않은 경우에는 해당 서류를 첨부하도록 해야 한다.

17) 기계설비성능점검업의 지위승계신고 등

① 기계설비성능점검업자의 지위를 승계한 자(지위승계자)는 법 제21조의2 제2항에 따라 별지 제20호서식의 기계설비성능점검업 지위승계신고서에 다음 각 호의 서류를 첨부하여 시 · 도지사에게 제출해야 한다.

㉠ 지위승계 사실을 증명하는 서류
㉡ 피상속인, 양도인 또는 합병 전 법인의 기계설비성능점검업 등록증 및 등록수첩

② 시 · 도지사는 제1항에 따른 신고서를 받은 때에는 전자정부법 제36조 제1항에 따라 행정정보의 공동이용을 통하여 다음 각 호의 서류를 확인해야 한다. 다만, 신고인이 해당 서류의 확인에 동의하지 않은 경우에는 해당 서류를 첨부하게 해야 한다.

㉠ 사업자등록증명
㉡ 출입국관리법 제88조 제2항에 따른 외국인등록 사실증명[지위승계자(법인인 경우에는 대표자를 포함한 임원을 말한다)가 외국인인 경우만 해당한다]
㉢ 기술인력의 국민연금가입 증명서 또는 건강보험자격취득 확인서
㉣ 양도인의 국세 및 지방세납세증명서(양도 · 양수의 경우만 해당한다)

③ 시 · 도지사는 법 제21조의2 제3항에 따라 신고를 수리한 때에는(법 제21조의2 제4항에 따라 신고가 수리된 것으로 보는 경우를 포함한다) 지위승계자에게 별지 제15호 서식의 기계설비성능점검업 등록증 및 별지 제16호서식의 기계설비성능점검업 등록수첩을 새로 발급하고, 별지 제17호 서식의 기계설비성능점검업 등록대장에 지위승계에 관한 사항을 적고 관리해야 한다.

18) 전문인력 양성 및 교육훈련

① 전문인력 양성기관의 장은 법 제9조 제4항 전단에 따라 다음 연도의 전문인력 양성 및 교육훈련에 관한 계획을 수립하여 매년 11월 30일까지 국토교통부장관에게 제출해야 한다.

② 제1항에 따른 전문인력 양성 및 교육훈련에 관한 계획에는 다음 각 호의 사항이 포함되어야 한다.

㉠ 교육훈련의 기본방향
㉡ 교육훈련 추진계획에 관한 사항
㉢ 교육훈련의 재원 조달 방안에 관한 사항
㉣ 그 밖에 교육훈련을 위하여 필요한 사항

③ 국토교통부장관 또는 전문인력 양성기관의 장은 전문인력 교육훈련을 이수한 사람에게 교육수료증을 발급해야 한다.

19) 등록의 결격사유 및 취소 등

① 다음 각 호의 어느 하나에 해당하는 자는 제21조 제1항에 따른 등록을 할 수 없다.
㉠ 피성년후견인
㉡ 파산선고를 받고 복권되지 아니한 사람
㉢ 이 법을 위반하여 징역 이상의 실형을 선고받고 그 집행이 종료(집행이 종료된 것으로 보는 경우를 포함한다)되거나 집행이 면제된 날부터 2년이 지나지 아니한 사람
㉣ 이 법을 위반하여 징역 이상의 형의 집행유예를 선고받고 그 유예기간 중에 있는 사람
㉤ 제2항에 따라 등록이 취소(제1호 또는 제2호의 결격사유에 해당하여 등록이 취소된 경우는 제외한다)된 날부터 2년이 지나지 아니한 자(법인인 경우 그 등록취소의 원인이 된 행위를 한 사람과 대표자를 포함한다)
㉥ 대표자가 제1호부터 제5호까지의 어느 하나에 해당하는 법인

② 시 · 도지사는 기계설비성능점검업자가 다음 각 호의 어느 하나에 해당하는 경우에는 그 등록을 취소하거나 대통령령으로 정하는 바에 따라 1년 이내의 기간을 정하여 영업의 전부 또는 일부의 정지를 명할 수 있다. 다만, 제1호부터 제5호까지의 어느 하나에 해당하는 경우에는 그 등록을 취소하여야 한다.
㉠ 거짓이나 그 밖의 부정한 방법으로 등록한 경우
㉡ 최근 5년간 3회 이상 업무정지 처분을 받은 경우
㉢ 업무정지기간에 기계설비성능점검 업무를 수행한 경우. 다만, 등록취소 또는 업무정지의 처분을 받기 전에 체결한 용역계약에 따른 업무를 계속한 경우는 제외한다.
㉣ 기계설비성능점검업자로 등록한 후 제1항에 따른 결격사유에 해당하게 된 경우(제1항 제6호에 해당하게 된 법인이 그 대표자를 6개월 이내에 결격사유가 없는 다른 대표자로 바꾸어 임명하는 경우는 제외한다)
㉤ 제21조 제1항에 따른 대통령령으로 정하는 요건에 미달한 날부터 1개월이 지난 경우
㉥ 제21조 제2항에 따른 변경등록을 하지 아니한 경우
㉦ 제21조 제3항에 따라 발급받은 등록증을 다른 사람에게 빌려 준 경우

20) 벌칙

다음 각 호의 어느 하나에 해당하는 자는 1년 이하의 징역 또는 1천만원 이하의 벌금에 처한다.

① 착공 전 확인을 받지 아니하고 기계설비공사를 발주한 자 또는 사용 전 검사를 받지 아니하고 기계설비를 사용한 자
② 등록을 하지 아니하거나 변경등록을 하지 아니하고 기계설비성능점검 업무를 수행한 자
③ 거짓이나 그 밖의 부정한 방법으로 등록을 하거나 변경등록을 한 자
④ 기계설비성능점검업 등록증을 다른 사람에게 빌려주거나, 빌리거나, 이러한 행위를 알선한 자

21) 과태료

① 500만원 이하의 과태료
㉠ 유지관리기준을 준수하지 아니한 자
㉡ 점검기록을 작성하지 아니하거나 거짓으로 작성한 자
㉢ 점검기록을 보존하지 아니한 자
㉣ 기계설비유지관리자를 선임하지 아니한 자

② 100만원 이하의 과태료
㉠ 착공 전 확인과 사용 전 검사에 관한 자료를 특별자치시장 · 특별자치도지사 · 시장 · 군수 · 구청장에게 제출하지 아니한 자
㉡ 점검기록을 특별자치시장 · 특별자치도지사 · 시장 · 군수 · 구청장에게 제출하지 아니한 자

㉢ 유지관리교육을 받지 아니한 사람을 해임하지 아니한 자
㉣ 제19조 제3항에 따른 신고를 하지 아니하거나 거짓으로 신고한 자
㉤ 유지관리교육을 받지 아니한 사람
㉥ 제21조의2 제2항에 따른 신고를 하지 아니하거나 거짓으로 신고한 자
㉦ 제22조의2 제2항에 따른 서류를 거짓으로 제출한 자

③ 과태료는 대통령령으로 정하는 바에 따라 국토교통부장관 또는 관할 지방자치단체의 장이 부과 · 징수한다.

05 CHAPTER 신 · 재생에너지

01 | 신 · 재생에너지

우리나라는 "신에너지 및 재생에너지 개발 · 이용 · 보급촉진법" 제2조의 규정에 의거 "기존의 화석연료를 변환시켜 이용하거나 햇빛 · 물 · 지열 · 강수 · 생물유기체 등을 포함하여 재생 가능한 에너지를 변환시켜 이용하는 에너지"로 정의하고 11개 분야로 구분하고 있다.

[신·재생에너지원의 종류(11개 분야)]

분류	종류
신에너지 (3개 분야)	연료전지, 수소에너지, 석탄액화가스화(중질잔사유가스화)
재생에너지 (8개 분야)	태양광, 태양열, 풍력, 지열, 소수력, 해양에너지, 바이오에너지, 폐기물에너지

02 | 태양광 발전

1) 태양에너지의 장점

① 태양에너지는 무한하다.
② 태양에너지는 무공해자원이다.
③ 지역적인 편재성이 없다.
④ 유지보수가 용이, 무인화가 가능하다.
⑤ 수명이 길다(약 20년 이상).

2) 태양에너지의 단점

① 에너지의 밀도가 낮다.
② 태양에너지는 간헐적이다.
③ 전력생산량이 지역별 일사량에 의존한다.
④ 설치장소가 한정적이고, 시스템 비용이 고가이다.
⑤ 초기 투자비와 발전단가가 높다.

3) 태양광 발전시스템의 에너지 평가 시 주요 확인사항

① 발전효율
② 설비용량
③ 시스템의 종류
④ 태양전지 설치 면적

4) 지붕에 태양광 발전설비를 설치할 경우 고려해야 할 사항

① 하루 평균 전력사용량
② 지붕의 방향(방위각)
③ 지붕의 음영상태
④ 구조하중

03 | 태양열 시스템

1) 태양열 에너지

태양열 에너지는 에너지밀도가 낮고 계절별, 시간별 변화가 심한 에너지이므로 집열과 축열기술이 가장 기본이 되는 기술이다.

2) 집열부

태양열 집열이 이루어지는 부분으로 집열 온도는 집열기의 열손실률과 집광장치의 유무에 따라 결정된다.

① 자연 순환형
- 동력의 사용 없이 비중차에 의한 자연대류를 이용하여 열매체나 물을 순환
- 저유형, 자연대류형, 상변화형

② 강제 순환형(설비형)
- 열매체나 물을 동력을 사용하여 순환
- 밀폐식, 개폐식, 배수식, 공기식

구분	자연형	설비형		
	저온용	중온용	고온용	
활용 온도	60℃	100℃ 이하	300℃ 이하	300℃ 이상
집열부	자연형 시스템 공기식 집열기	평판형 집열기	PTC형 집열기, CPC형 집열기, 진공관형 집열기	Dish형 집열기, Power Tower
축열부	Tromb Wall (자갈, 현열)	저온축열 (현열, 잠열)	중온축열 (잠열, 화학)	고온축열 (화학)
이용 분야	건물공간 난방	냉난방, 급탕, 농수산(건조, 난방)	건물 및 농수산 분야 냉난방, 담수화, 산업공정열, 열발전	산업공정열, 열발전, 우주용, 광촉매폐수처리

※ PTC(Parabolic Through Solar Collector)

※ CPC(Compound Parabolic Collector)

※ 이용분야를 중심으로 분류하면 태양열 온수급탕시스템, 태양열 냉난방 시스템, 태양열 산업공정열 시스템, 태양열 발전 시스템 등이 있다.

04 | 연료전지 시스템(fuel-cell system)

1) 특징

① 장점

- 에너지 변환효율이 높다.
- 부하 추종성이 양호하다.
- 모듈 형태의 구성이므로 Plant 구성 및 고장 시 수리가 용이하다.
- CO_2, NO_x 등 유해가스 배출량이 적고, 소음이 적다.
- 배열의 이용이 가능하여 연료전지 복합 발전을 구성할 수 있다(종합효율은 80%에 달한다).
- 연료로는 천연가스, 메탄올부터 석탄가스까지 사용가능하므로 석유 대체 효과가 기대된다.

② 단점

- 반응가스 중에 포함된 불순물에 민감하여 불순물을 완전히 제거해야 한다.
- 가격이 높고, 내구성이 충분하지 않다.

③ **신·재생에너지 인증대상 품목(연료전지 1종)**: 고분자 연료전지시스템(5kW 이하: 계통연계형, 독립형)

2) 연료전지의 종류

구분	알칼리 (AFC)	인산형 (PAFC)	용융탄산염 (MCFC)	고체산화물 (SOFC)	고분자전해질 (PEMFC)	직접메탄올 (DMFC)
전해질	알칼리	인산염	탄산염	세라믹	이온교환막	이온교환막
동작온도(℃)	100 이하	220 이하	650 이하	1,000 이하	100 이하	90 이하
효율(%)	85	70	80	85	75	40
용도	우주발사체	중형건물 (200kW)	중·대형 발전시스템 (100kW)	소·중·대용량 발전시스템 (1kW~MW)	가정용, 자동차 (1~10kW)	소형이동 핸드폰, 노트북 (1kW 이하)

Part 05 열설비 설계

01 CHAPTER 보일러의 종류 및 특징

01 | 보일러의 개요

1) 보일러의 구성요소

① 보일러 본체(boiler proper)

② 연소장치(heating equipment)

③ 부속장치

2) 수관식 보일러와 원통형 보일러의 비교

구분	수관식 보일러	원통형 보일러
보유수량	적다	많다
파열 시 피해	작다	크다
용도	고압, 대용량	저압, 소용량
압력변화	크다	작다
부하변동에 대한 대응	어렵다	쉽다
급수처리	복잡하다	간단하다
급수조절	어렵다	쉽다
전열면적	크다	작다
증기발생시간	짧다	길다
효율	높다	낮다
구조	복잡하다	간단하다
제작(가격)	어렵다(고가)	용이하다(저렴)
취급	어렵다(기술요함)	쉽다

3) 보일러 수위

① **안전저수위**: 보일러 운전 중 안전상(보안상) 유지해야 할 최저수위를 말한다.

- 보일러 운전 중 수위가 안전저수위 이하로 내려가면, 저수위에 의한 과열사고의 원인이 되므로 어떤 경우라도 수위는 안전저수위 이하가 되면 안 된다.
- 수면계 설치 시 수면계의 유리하단부는 안전저수위와 일치하도록 설치한다.
- 보일러 운전 중 수위가 안전저수위 이하로 내려가면, 가장 먼저 연료를 차단하여 보일러를 정지시켜야 한다.

② **상용수위**: 보일러 운전 중 유지해야 할 적정수위를 말한다.

- 보일러 운전 중 수위는 항상 일정하게 유지해야 하는데, 이 수위를 상용수위라 한다.
- 보일러의 상용수위는 수면계의 중심(1/2), 동의 2/3~4/5 정도로 한다.
- 발생증기량은 원칙적으로 급수량에서 산정할 수 있다.

4) 외분식 보일러와 내분식 보일러의 비교

외분식	내분식
㉠ 연소실의 용적이 크다. ㉡ 완전연소가 용이하다. ㉢ 연소율이 높아 연소실의 온도가 높다. ㉣ 연료의 선택범위가 넓다(저질연료 및 휘발분이 많은 연료의 연소에 적당하다). ㉤ 연소실개조가 용이하다. ㉥ 설치 장소를 많이 차지한다. ㉦ 복사열의 흡수가 적다(노벽을 통한 열손실이 많다).	㉠ 연소실의 용적이 작다(동의 크기에 제한을 받는다). ㉡ 완전연소가 어렵다. ㉢ 설치장소를 적게 차지한다. ㉣ 역화의 위험이 크다. ㉤ 복사(방사)열의 흡수가 많다.

5) 보일러의 종류

대분류	중분류	소분류	종류
원통형 보일러	입형 보일러		㉠ 입형횡관 보일러 ㉡ 코크란 보일러 ㉢ 입형연관 보일러
	횡형 보일러	노통 보일러	㉠ 코르니시 보일러(노통이 1개 설치된 보일러) ㉡ 랭커셔 보일러(노통이 2개 설치된 보일러)
		연관 보일러	㉠ 횡연관 보일러(외분식) ㉡ 기관차 보일러 ㉢ 케와니 보일러
		노통 연관 보일러	㉠ 스코치 보일러 ㉡ 브로든카프스 ㉢ 하우덴 존슨 보일러(선박용) ㉣ 노통연관 패키지형 보일러(육용)
수관식 보일러	자연 순환식		㉠ 바브코크(경사각 15°) ㉡ 스네기찌(경사각 30°) ㉢ 다쿠마(경사각 45°) ㉣ 야로우 ㉤ 가르베(경사각 90°) ㉥ 방사 4관 ㉦ 스터링(곡관형) ㉧ 2동 D형, 3동 A형(곡관형)
	강제 순환식		㉠ 라몽트(라몽) ㉡ 베록스
	관류 보일러		㉠ 슐져 ㉡ 벤숀 ㉢ 람진 ㉣ 엣모스 ㉤ 소형 관류 보일러
특수 보일러	특수 열매체		㉠ 다우섬 ㉡ 모발섬 ㉢ 수은 ㉣ 세큐리티 ㉤ 카네크롤
	간접 가열		㉠ 슈미트 ㉡ 레플러
	폐열		㉠ 하이네 ㉡ 리히
	특수 연료		㉠ 바아크 ㉡ 바케스 보일러(사탕수수찌꺼기) ▸ 산업 폐기물을 연료로 사용
주철제 보일러			주철제 섹션(section) 보일러: 증기, 온수 보일러
기타			원자로, 전기 보일러

6) 보일러 효율 크기 순서

관류식 > 수관식 > 노통연관 > 연관 > 입형(vertical)

02 | 원통(둥근)형 보일러

1) 원통형 보일러

장점	단점
㉠ 구조가 간단하고 취급이 용이하다(가격이 저렴하다). ㉡ 보유수량이 많아(수부가 커서) 부하변동에 대응하기 쉽다. ㉢ 내부 청소, 수리 · 보수가 쉽다. ㉣ 증발속도가 느려 스케일에 대한 영향이 적고 급수처리가 쉽다. ㉤ 전열면의 대부분이 수부 중에 설치되어 있어, 물의 대류가 쉽다.	㉠ 보일러 효율이 낮다(수관식 보일러에 비하여). ㉡ 보일러 가동 후 증기발생 소요시간이 길다. ㉢ 파열 시 피해가 크므로 구조상 고압 대용량에 부적합하다. ㉣ 내분식 보일러로 동의 크기에 연소실의 크기가 제한을 받으므로 전열면적이 작다. ㉤ 보유수량이 많아 파열 시 피해가 크다.

2) 횡형 보일러

① 노통 보일러

- 부하변동에 비하여 압력변화가 적다.
- 구조가 간단하고 취급이 쉽다(제작이 용이).
- 급수처리가 간단하고 내부청소가 쉽고 고장이 적어 수명이 길다.
- 보유수량이 많아 파열 시 피해가 크다.
- 구조상 고압 대용량에 부적합하다.
- 내분식 보일러이다(연소실 크기가 제한을 받는다).
- 전열면적이 적어 증발량이 적다(효율이 낮다).
- 연소시작 때 많은 연료가 소모된다(증기 발생시간이 길다).
- 노통(연소실)은 금속으로 되어 있다.

※ 노통식 보일러에서 파형부의 길이가 230mm 미만인 파형노통의 최소두께(t)$=\dfrac{PD}{C}$[mm]

여기서, P: 사용압력(kg/cm^2)

D: 두께 및 지름(mm)

만약 P의 단위가 MPa이라면 1MPa$=$10kg/cm^{2}이므로 $t=\dfrac{10PD}{C}$[mm]이다.

② 코르니시 보일러(노통이 1개 설치된 보일러)와 랭커셔 보일러(노통이 2개 설치된 보일러)

③ 평형 노통과 파형 노통의 장단점

구분	평형 노통	파형 노통
장점	㉠ 제작이 쉽고 가격이 저렴하다. ㉡ 노통 내부의 청소가 용이하다. ㉢ 연소가스의 마찰저항이 적다(통풍이 양호하다).	㉠ 외압에 대한 강도가 크다. ㉡ 열에 대한 신축성이 좋다. ㉢ 전열면적이 크다.
단점	㉠ 열에 의한 신축성이 나쁘다. ㉡ 외압에 대한 강도가 작다(고압용으로 부적합하다). ㉢ 전열면적이 작다.	㉠ 내부청소가 어렵다. ㉡ 제작이 어려워 비싸다. ㉢ 연소가스의 마찰저항이 크다(평형 노통에 비해 통풍저항이 크다).

④ 코르니시 보일러의 노통을 한쪽으로 편심시켜 부착하는 이유 : 물의 순환을 원활하게 하기 위해서 편심시켜 노통을 설치한다.

[바른 설치(편심)]

[잘못된 설치(중앙)]

⑤ 경판의 두께에 따른 브리징 스페이스

경판의 두께	브리징 스페이스
13mm 이하	230mm 이상
15mm 이하	260mm 이상
17mm 이하	280mm 이상
19mm 이하	300mm 이상
19mm 초과	320mm 이상

※ 브리징 스페이스는 최소한 225mm 이상이어야 한다.

3) 연관 보일러

① 증기발생 시간이 빠르다.
② 전열면이 크고, 효율은 보통 보일러보다 좋다.
③ 연료선택의 범위가 넓다.
④ 연료의 연소상태가 양호하다.

4) 노통연관 보일러의 안전저수위 설정

① 노통이 위에 있는 경우: 노통 최고부 위 100mm
② 연관이 위에 있는 경우: 연관 최고부 위 75mm

03 | 수관식 보일러

장점	단점
㉠ 외분식 보일러로 연소실의 형상이 다양하며, 전열면적이 크다. ㉡ 전열면적이 많아 원통형에 비해 효율이 좋다. ㉢ 보유수량이 적어 파열 시 피해가 적다. ㉣ 파열 시 피해가 적어 구조상 고압·대용량에 적합하다. ㉤ 보일러수의 순환이 좋아 증기발생시간이 빠르다(급수요에 응하기 쉽다). ㉥ 용량에 비해 경량이며, 효율이 좋고 운반, 설치가 용이하다. ㉦ 과열기 및 공기예열기 등의 설치가 용이하다.	㉠ 부하변동에 따른 압력변화 및 수위변동이 크다(부하변동에 대응하기 어렵다). ㉡ 증발속도가 빨라 스케일이 부착되기 쉽다. ㉢ 구조가 복잡하여 제작 및 청소, 검사 수리가 어렵다(가격도 비싸다). ㉣ 급수조절이 어렵다(연속적인 급수를 요한다). ㉤ 취급에 기술을 요한다. ㉥ 급수를 철저히 처리하여 사용해야 한다.

04 | 관류 보일러

1) 장단점

장점	단점
㉠ 관을 자유로이 배치할 수 있어 콤팩트한 구조로 할 수 있다. ㉡ 순환비가 1이므로 증기의 드럼이 필요 없다. ㉢ 연소실의 구조를 임의대로 할 수 있어 보일러 연소효율을 높일 수 있다. ㉣ 초고압 보일러에 이상적이다. ㉤ 보일러 효율이 매우 높다. ㉥ 증발속도가 매우 빠르다(3~5분). ㉦ 증기의 가동시간이 매우 짧다.	㉠ 지름이 작은 튜브가 사용되므로 중량이 가볍고, 내압 강도가 크나 압력손실이 증대되어 급수펌프의 동력손실이 많다. ㉡ 부하변동에 따라 압력이 크게 변하므로 급수량 및 연료량의 자동제어장치를 필요로 한다. ㉢ 철저한 급수처리를 하지 않으면 스케일의 생성에 의한 영향이 크다.

2) 순환비

$$순환비 = \frac{순환수량}{발생증기량} = \frac{급수량}{증발량}$$

05 | 주철제 보일러(섹션 보일러)

1) 최고사용압력

① 주철제 증기 보일러: 최고사용압력 0.1MPa 이하

② 주철제 온수 보일러: 수두압으로 50m 이하, 온수온도 393K(120℃) 이하

※ 이 기준 이상이 되는 경우에는 주철 대신 강철제 보일러를 사용해야 한다.

2) 장단점

장점	단점
㉠ 주조이므로 복잡한 구조로 제작이 가능하다. ㉡ 분해, 조립, 운반이 편리하여, 지하실과 같은 좁은 장소에 반입이 용이하다. ㉢ 주조이므로 복잡한 구조로 제작이 가능하다. ㉣ 저압이므로 파열 시 피해가 적다. ㉤ 강철제에 비해 내식성이 크다. ㉥ 섹션의 증감으로 용량 조절이 가능하다.	㉠ 열에 의한 부동팽창으로 균열이 발생하기 쉽다. ㉡ 구조상 고압, 대용량에 부적합하다. ㉢ 구조가 복잡하여 내부 청소 및 검사가 어렵다.

※ 주철제 보일러에서 보일러 표면 온도는 보일러 주위온도와의 차가 30℃ 이하이어야 한다.

06 | 특수 열매체 보일러(특수유체 보일러)

급수내관은 안전수위 50mm 하단에 설치한다.

① 부동팽창 방지

② 열응력 발생 방지

③ 수격작용(워터해머) 방지

CHAPTER 02 보일러의 부속장치 및 부속품

01 | 안전장치

1) 안전밸브의 분출양정에 따른 분류

종류	밸브의 양정	분출용량(kg/h)
저양정식	밸브의 양정이 변좌구경의 1/40 이상 ~1.15 미만	$\frac{(1.03P+1)SC}{22}$
고양정식	밸브의 양정이 변좌구경의 1/15 이상 ~1.7 미만	$\frac{(1.03P+1)SC}{10}$
전양정식	밸브의 양정이 변좌구경의 1/7 이상	$\frac{(1.03P+1)SC}{5}$
전량식	변좌지름이 목부지름의 1.15배 이상	$\frac{(1.03P+1)AC}{2.5}$

여기서, P: 분출압력(최고사용압력)(kg/cm^2)

S: 안전밸브시트 단면적(mm^2)

C: 상수(증기온도 280℃ 이하, 최고사용압력 120kg/cm^2) 이하인 경우는 1로 한다

A: 목부최소증기 단면적(mm^2)

※ 분출용량이 큰 순서: 전량식 > 전양정식 > 고양정식 > 저양정식

2) 방출관의 크기

전열면적(m^2)	크기(mm)
10 미만	25 이상
10 이상~15 미만	30 이상
15 이상~20 미만	40 이상
20 이상	50 이상

3) 화염검출기의 종류 및 작동원리

① 플레임 아이: 화염의 발광체(방사선, 적외선, 자외선)를 이용 검출

② 플레임 로드: 가스의 이온화(전기전도성)를 이용 검출

③ 스택 스위치: 화염의 발열체를 이용 검출

02 | 급수장치

1) 급수펌프

① 터빈 펌프와 벌류트 펌프의 구분

터빈 펌프(turbine pump)	벌류트 펌프(volute pump)
㉠ 안내날개(guide vane)가 있다. ㉡ 고양정(20mm 이상) 고압 보일러에 사용된다. ㉢ 단수조정하여 토출압력을 조정할 수 있다. ㉣ 효율이 높고, 안정된 성능을 얻을 수 있다. ㉤ 구조가 간단하고, 취급이 용이하여 보수관리가 편리하다. ㉥ 토출흐름이 고르고, 운전상태가 조용하다. ㉦ 고속회전에 적합하며 소형, 경량이다.	㉠ 안내날개(guide vane)가 없다. ㉡ 저양정(20m 미만) 저압 보일러에 사용된다.

② 펌프의 소요동력

- 소요동력 $= \dfrac{\gamma QH}{102 \times 60 \times \eta} = \dfrac{\gamma QH}{6{,}120\eta}$ [kW]
- 소요마력 $= \dfrac{\gamma QH}{75 \times 60 \times \eta} = \dfrac{\gamma QH}{4{,}500\eta}$ [PS]
- 축동력$(L_s) = \dfrac{9.8QH}{\text{펌프 효율}(\eta_p)}$ [kW]

③ 펌프의 상사법칙

- 토출량(양수량): $Q_2 = Q_1\left(\dfrac{N_2}{N_1}\right)^1\left(\dfrac{D_2}{D_1}\right)^3$
- 양정: $H_2 = H_1\left(\dfrac{N_2}{N_1}\right)^2\left(\dfrac{D_2}{D_1}\right)^2$
- 축동력(마력): $P_2 = P_1\left(\dfrac{N_2}{N_1}\right)^3\left(\dfrac{D_2}{D_1}\right)^5$
- 효율: $\eta_1 = \eta_2$

④ 펌프운전 중 발생되는 이상현상

- 캐비테이션 현상(공동현상)
- 서징 현상(맥동)
- 수격작용

03 | 보일러 종류별 수면계 부착위치

종류	부착위치
직립 보일러	연소실 천장판 최고부(플랜지부 제외) 위 75mm
직립연관 보일러	연소실 천장판 최고부 위 연관길이의 1/3
수평연관 보일러	연관의 최고부 위 75mm
노통연관 보일러	연관의 최고부 위 75mm, 다만 연관 최고부 위보다 노통 윗면이 높은 것으로서는 노통 최고부(플랜지부를 제외) 위 100mm
노통 보일러	노통 최고부(플랜지부를 제외) 위 100mm

04 | 매연분출장치(수트 블로어)

수트 블로어(soot blower)는 증기분사에 의한 것과 압축공기에 의한 것이 널리 사용되고 있는데, 구조상 회전식과 리트랙터블형(retractable type)으로 구분된다. 용도에 따라 디슬래거(deslagger), 건타입(gun type) 수트 블로어, 에어 히터 크리너 등이 있다.

05 | 분출장치

1) 분출(blow down)

① 보일러수의 농축을 방지하고 신진대사를 꾀하기 위해 보일러 내의 불순물을 배출하여 불순물의 농도를 한계치 이하로 하는 작업이다.

② 분출장치는 스케일 및 슬러지 등으로 인해 막히는 일이 있으므로 1일 1회는 필히 분출하고 그 기능을 유지하여야 한다.

2) 분출의 목적

① 보일러수 중의 불순물의 농도를 한계치 이하로 유지하기 위해

② 슬러지분을 배출하여 스케일 생성방지

③ 프라이밍 및 포밍 발생방지

④ 부식발생 방지

⑤ 보일러수의 pH 조절 및 고수위 방지

3) 분출의 종류

① **수면분출(연속분출)**: 보일러수보다 가벼운 불순물(부유물)을 수면상에서 연속적으로 배출시킨다.

② **수저분출(단속분출)**: 보일러수보다 무거운 불순물(침전물)을 동저부에서 필요시 단속적으로 배출시킨다.

4) 분출 시 주의사항

① 코크와 밸브가 다 같이 설치되어 있을 때는 열 때는 코크부터 열고, 닫을 때는 밸브 먼저 닫는다.

② 2인이 1조가 되어 실시한다.

③ 2대 이상 동시분출을 금지한다.

④ 개폐는 신속하게 한다.

⑤ 분출량 조절은 분출밸브로 한다(분출 코크가 아님).

⑥ 안전저수위 이하가 되지 않도록 한다(분출작업 중 가장 주의할 사항).

5) 분출밸브의 크기

① 분출밸브의 크기는 호칭 25mm 이상으로 한다.

② 다만, 전열면적이 $10m^2$ 이하인 경우에는 20mm 이상으로 할 수 있다.

06 | 폐열회수장치

① **폐열회수장치**: 보일러의 배기가스의 여열을 회수하여 보일러 효율을 향상시키기 위한 장치로 일종의 열교환기이다(배기가스에 의한 열손실: 16~20%).

② **폐열회수장치의 종류 및 연소가스와 접하는 순서**: 증발관(연소실) → 과열기 → 재열기 → 절탄기 → 공기예열기 → 집진기 → 연돌

③ 설치순서를 잘 알고 있어야 한다.

④ 연돌에서 가장 가까이에 설치되는 폐열회수장치는 공기예열기이다.

⑤ 증발관 다음에 설치되는 폐열회수장치는 과열기이다.

07 | 송기장치

1) 송기 시 발생되는 이상 현상

① 비수(프라이밍)현상 발생 원인

- 증기압력을 급격히 강하시킨 경우
- 보일러 수위에 심한 약동이 있는 경우
- 주증기 밸브를 급개할 때(부하의 급변)
- 증기발생 속도가 빠를 때
- 고수위 운전 시(증기부가 작은 경우 = 수부가 클 경우)
- 보일러의 증발능력에 비하여 보일러수의 표면적이 작을수록
- 증기를 갑자기 발생시킨 경우(급격히 연소량이 증대하는 경우)
- 증기의 소비량(수요량)이 급격히 증가한 경우
- 증기발생이 과다할 때(증기부하가 과대한 경우)

② 포밍(물거품 솟음 현상) 발생 원인

- 보일러수가 농축된 경우
- 청관제 사용이 부적당할 경우
- 보일러수 중에 유지분 부유물 및 가스분 등 불순물이 다량 함유되었을 때
- 증기부하가 과대할 때

③ 프라이밍 및 포밍 발생 시 장해

- 수위판단 곤란
- 계기류의 연락관 막힘
- 송기되는 증기 불순
- 증기의 열량 감소(연료비 낭비)
- 증기배관 내 수격작용 발생 원인
- 배관 및 장치의 부식 원인

④ 프라이밍 및 포밍 발생 시 조치사항

- 연소율을 낮추면서, 보일러를 정지시킨다.
- 주증기 밸브를 닫고, 수위를 안정시킨다.
- 급수 및 분출을 반복 불순물 농도를 낮춘다.
- 계기류의 막힘 상태 등을 점검한다.

⑤ 기수공발(캐리오버) 현상으로 인하여 나타날 수 있는 현상

- 수격작용 발생
- 증기배관 부식
- 증기의 열손실로 인한 열효율 저하

⑥ 수격작용(워터해머) 발생 원인
- 주증기 밸브를 급개 시
- 증기관을 보온하지 않았을 경우
- 증기관의 구배선정이 잘못된 경우
- 증기트랩 고장 시
- 증기관 내 응축수 체류 시 송기하는 경우
- 프라이밍 및 캐리오버 발생 시
- 관지름이 작을수록
- 증기관이 냉각되어 있는 경우 송기 시

⑦ 수격작용 방지법
- 송기 시에는 응축수 배출 후 배관 예열 후 주증기 밸브를 서서히 전개한다.
- 배관을 보온하여 증기 열손실로 인한 응축수의 생성을 방지한다.
- 증기배관의 구배선정을 잘해 응축수가 고이지 않도록 한다. 증기관은 증기가 흐르는 방향으로 경사가 지도록 한다(증기관 속에 드레인이 고이게 되는 배관방법은 피한다).
- 응축수가 고이기 쉬운 곳에 증기트랩을 설치한다.
- 증기관 말단에 관말트랩을 설치한다.
- 비수방지관, 기수분리기를 설치한다.
- 배관의 관지름을 크게 하고, 굴곡부를 적게 한다.
- 증기관에는 중간을 낮게 하는 배관방법은 드레인이 고이기 쉬우므로 피한다.
- 대형밸브나 증기헤더에도 충분한 드레인 배출장치를 설치한다.

2) 신축장치(expansion joints)

① 신축량$(\lambda) = L\alpha\Delta t$

여기서, λ: 신축량(mm)
α: 선팽창계수(1/℃)
L: 관의 길이(mm)
Δt: 온도차(℃)

② **종류**: 루프형, 슬리브형, 벨로즈형, 스위블형, 볼조인트

3) 감압밸브의 설치목적

① 고압을 저압으로 바꾸어 사용하기 위해
② 고압측의 압력변동에 관계없이 저압측의 압력을 항상 일정하게 유지시키기 위해
③ 고 · 저압을 동시에 사용하기 위해
④ 부하변동에 따른 증기의 소비량을 줄이기 위해

4) 증기트랩(steam trap)

① 역할
- 증기사용 설비배관 내의 응축수를 자동적으로 배출하여 수격작용을 방지한다.
- 증기트랩은 단지 밸브의 개폐 기능만을 가지고 있으며 응축수의 배출은 증기트랩 앞의(증기압력)과 뒤의 압력(배압)과의 차이, 즉 차압에 의해 배출된다. 배압이 과도하게 되면 설비 내에 응축수가 정체될 수 있다.

② 종류
- 열역학적 트랩: 응축수와 증기의 열역학적 특성차를 이용하여 분리한다. 오리피스형, 디스크형
- 기계식 트랩: 응축수와 증기의 비중차를 이용하여 분리한다. 버킷형(상향, 하향), 플로트형(레버, 프리)
- 온도조절식 트랩: 응축수와 증기의 온도차를 이용하여 분리한다. 바이메탈형, 벨로즈형, 다이어프램형

③ 고장 원인

뜨거워지는 이유	차가워지는 이유
㉠ 배압이 높을 경우 ㉡ 밸브에 이물질 혼입 ㉢ 용량이 부족 ㉣ 벨로즈 마모 및 손상	㉠ 배압이 낮을 경우 ㉡ 기계식 트랩 중 압력이 높을 경우 ㉢ 여과기가 막힌 경우 ㉣ 밸브가 막힐 경우

5) 증기축열기(steam accumulator)

① **역할**: 보일러 저부하 시 잉여의 증기를 일시 저장하였다가 과부하 또는 응급 시 증기를 방출하는 장치이다.

② 종류
- 정압식: 급수계통에 연결(보일러 입구 급수측에 설치)하고, 매체는 변압식 · 정압식 모두 물을 이용한다.
- 변압식: 송기계통에 연결(보일러 출구 증기측에 설치)한다.

③ 설치 시 장점
- 부하변동에 따른 압력변화가 적다.
- 연료소비량이 감소한다.
- 보일러 용량이 부족해도 된다.

08 | 급수관리

보일러용 급수에는 5대 불순물인 염류, 유지분, 알칼리분, 가스분, 산분이 있다.

1) 부유물질(SS)

부유상태의 부유물질(SS)은 직경이 0.1μm 이상의 입자들을 말하며 침전이 가능한 물질과 침전이 불가능한 물질로 구분되어 탁도를 유발시킨다.

2) 수질의 판정기준(측정 단위)

① **ppm(parts per million)**: 미량의 함유물질의 농도를 표시할 때 사용하는데 1g의 시료 중에 100만분의 1g, 즉 물 1ton 중에 1g. 공기 $1m^3$ 중에 1cc가 1ppm이다(즉 100만분의 1만큼의 오염물질이 포함된 것을 말함). ppm 단위를 사용하는 예로 물의 세기를 나타낼 때 미국식으로는 1L 속에 포함되어 있는 칼슘 이온과 마그네슘 이온의 양을 ppm으로 나타낸다.

② 불순물 제거방법
- 부유물질과 클로라이드 입자제거
- 용해성 물질제거
- 세균제거
- 생물제거

③ **탁도(turbidity, 혼탁도)**: 증류수 1L 중에 정제카올린($Al_2O_3+2SiO_3+2H_2O$) 1mg이 함유되었을 때의 색과 동일한 색의 물을 탁도 1도라 한다(증류수 1L 가운데 백토 1mg이 섞여 있을 때를 1도라고 한다). 단위는 백만분율인 ppm을 사용한다.

3) 부식(corrosion)

① **가성취화**: 수중의 알칼리성 용액인 수산화나트륨(NaOH)에 의하여 응력이 큰 금속표면에서 생기는 미세균열을 말한다.

② **알칼리부식**: 수중에 OH^-이 증가하여 수산화 제1철이 용해하면서 부식되는 현상으로 pH 12 이상에서 발생한다.

③ **염화마그네슘에 의한 부식**: 수중의 염화마그네슘($MgCl_2$)이 180℃ 이상에서 가수분해되면서 염소성분이 수중의 수소와 결합하여 강한 염산(2HCl)이 되어 전열면을 부식시킨다.

CHAPTER 03 보일러의 용량 및 성능

01 | 보일러의 용량

1) 표시단위

① **증기 보일러**: ton/h 또는 kg/h

② **온수 보일러**: kJ/h

2) 계산

① **정격용량(kg/h)**: 증기 보일러의 정격용량은 보일러의 최고사용압력 상태에서 발생하는 최대연속증발량을 말한다.

② 정격출력(kcal/h)
=정격용량×2,257 ≒ 명판에 기록된 증발량×2,257

※ 경제용량
=상당증발량(m_e)×2,257(정격용량의 80% 정도)

02 | 보일러의 성능

1) 상당증발량 = 환산증발량

$$상당증발량(m_e) = \frac{m_a(h_2 - h_1)}{2{,}257} [kg/h]$$

2) 보일러 마력

① 1보일러 마력이란 15.65kg의 상당증발량을 갖는 능력이다.

② 1보일러 마력을 열량으로 환산하면 8,435kcal/h이다(15.65×539=8,435kcal/h=35322.05kJ/h).

③ 보일러 마력을 기준으로 하는 전열면적
- 노통 보일러: 0.465m^2
- 수관식 보일러: 0.929m^2

$$보일러\ 마력(정격출력) = \frac{m_e}{15.65} = \frac{m_a(h_2 - h_1)}{2{,}257 \times 15.65} [BPS]$$

3) 전열면 증발률(량)

$$\text{전열면 증발률} = \frac{m_a}{A}\,[\text{kg/m}^2 \cdot \text{h}]$$

여기서, m_a : 실제 증발량(=발생증기량(=급수량))(kg/h)

A : 전열면적(m^2)

4) 전열면 상당증발량

$$\text{전열면 상당증발량} = \frac{m_e\,[\text{kg/h}]}{A\,[\text{m}^2]} = \frac{m_a(h_2-h_1)}{2{,}257A}\,[\text{kg/m}^2 \cdot \text{h}]$$

여기서, m_e : 상당증발량(kg/h)

m_a : 실제 증발량(=발생증기량 =급수량)(kg/h)

h_2 : 발생증기의 비엔탈피(kJ/kg)

h_1 : 급수의 비엔탈피(kJ/kg)

A : 전열면적(m^2)

5) 전열면 열부하(열발생률)

$$\text{전열면 열부하} = \frac{m_a(h_2-h_1)}{A}\,[\text{kg/m}^2 \cdot \text{h}]$$

여기서, m_a : 실제 증발량(=급수량)(kg/h)

h_2 : 발생증기 비엔탈피(kJ/kg)

h_1 : 급수 비엔탈피(kJ/kg)

A : 전열면적(m^2)

6) 증발배수

$$\text{증발배수} = \frac{m_a}{m_f}$$

여기서, m_a : 실제 증발량(kg/h)

m_f : 연료사용량(kg/h)

7) 상당증발배수

$$\text{상당증발배수} = \frac{m_e}{m_f} = \frac{m_a(h_2-h_1)}{2{,}257G_f}$$

여기서, m_e : 상당증발량(=급수량)(kg/h)

m_f : 연료사용량(kg/h)

h_1 : 급수 비엔탈피(kJ/kg)

h_2 : 발생증기 비엔탈피(kJ/kg)

8) 보일러 부하율

$$\text{보일러 부하율} = \frac{\text{실제 증발량(kg/h)}}{\text{최대연속증발량(kg/h)}} \times 100\%$$

① 보일러운전 중 가장 이상적인 부하율(이하 경제부하)은 60~80% 정도이며, 어떤 경우라도 30% 이하가 되어서는 안 된다.

② 수트 블로어 작업 시 보일러 부하율은 50% 이상에서 해야 한다.

9) 화격자 연소율

$$\text{화격자 연소율} = \frac{\text{연료의 사용량(kg/h)}}{\text{화격자면적}(\text{m}^2)}\,[\text{kg/m}^2 \cdot \text{h}]$$

- **보일러 운전 중 사고원인**

  ① 제작상 원인: 재료 · 구조 · 설계 불량, 강도 부족, 용접불량, 부속장치 미비

  ② 취급상 원인: 저수위 사고, 압력 초과, 급수처리 불량, 부식, 과열, 가스폭발, 부속장치 정비불량

- 보일러를 과부화 운전하게 되면 프라이밍(비수현상, priming)이나 포밍(물거품)이 발생하며 캐리오버(기수공발, carry over) 현상이 일어난다.

- **프라이밍(비수현상)의 발생원인**

  ① 과부하 운전

  ② 보일러수 농축

  ③ 보일러수 내 불순물(부유물) 함유

  ④ 고수위 운전

  ⑤ 주증기 밸브 급개방

  ⑥ 비수방지관 미설치 및 불량

제1편
연소공학

CHAPTER 01 연료 및 연소장치

CHAPTER 02 연소계산 및 열정산

CHAPTER 03 연소장치, 통풍장치, 집진장치

CHAPTER 04 열전달(heat transformation)과 열교환 방식

Engineer Energy Management

Chapter 01

연료 및 연소장치

1 연료(fuel)

1) 연료의 구비조건

① 연소 시 회분(ash: 재) 등이 적을 것
② 구입이 용이하고(양이 풍부하고), 가격이 저렴할 것
③ 운반 및 저장, 취급이 용이할 것
④ 단위질량당 발열량이 클 것
⑤ 공기 중에서 쉽게 연소할 수 있을 것
⑥ 사용상 위험성이 적을 것
⑦ 인체에 유해하지 않을 것(공해 요인이 적을 것)

2) 연료의 성분에 따른 영향

① 휘발분이 많은 연료는 긴 화염을 내며, 검은 연기 및 그을음이 나오기 쉽다.
② 고정탄소가 많은 연료는 휘발분이 적어 화염이 짧다.
③ 수분이 많은 연료는 기화열을 소비하고, 열손실을 가져오며, 착화성이 나빠진다.
④ 회분이 많은 연료는 연소효과를 나쁘게 하고, 발열량이 낮아진다.

3) 연료의 3대 가연성분

① 탄소(C): 연료의 고유성분으로 발열량 증가, 연료의 가치 판정에 영향을 미친다.
② 수소(H): 고위발열량과 저위발열량의 판정요소, 발열량 증가, 기체연료에 많다.
③ 황(S): 발열량 증가, 대기오염의 원인, 저온부식원인, 연료의 질을 저하시키는 성분이다.

4) 연료의 특징

(1) 고체연료의 특징

장점	단점
① 연소장치가 간단하고, 가격이 저렴하다. ② 노천야적이 가능하다. ③ 인화폭발의 위험성이 적다.	① 연소효율이 낮고 연소 시 과잉공기가 많이 필요하다. ② 완전연소가 어렵다. ③ 착화 및 소화가 어렵다. ④ 연소조절이 어렵다. ⑤ 운반 및 취급이 어렵다. ⑥ 연소 시 매연발생이 많고 회분이 많다.

(2) 미분탄 연료의 특징(고체연료와 비교)

미분탄이란 무연탄이나 갈탄을 괴탄(500mm), 중괴탄(25mm) 상태에서 파쇄기로 파쇄한 후 자기분리기로 철분을 제거한 후 건조기에서 120℃ 정도에서 건조시킨 다음 분탄화된 것을 미분기에서 미분(150mesh)한 것으로, 버너에 유입 연소시키든지 중유와 혼합하여 연소시키는 방법이 있다.

장점

① 연료의 선택범위가 넓다(저질탄도 연소가 용이하다).
② 대규모 보일러에 적합하다.
③ 적은 과잉공기(20~40%)로 완전연소 가능하다.
④ 연소조절이 용이하다.
⑤ 기체연료, 액체연료와의 혼합연소가 쉽다.
⑥ 자동제어 기술을 유효하게 이용할 수 있다.

단점

① 연소실이 고온이므로 노재가 상하기 쉽다.
② 소규모 보일러에는 부적합하다.
③ 연소실 용적이 커야 한다.
④ 재, 회분 등의 비산(fly ash: 플라이 애시)이 심하여 반드시 집진기가 필요하다.
⑤ 취급 부주의로 역화의 위험성이 크다.
⑥ 설비비 및 유지비가 많다.

(3) 액체연료의 특징(고체연료와 비교)

장점

① 완전연소가 잘 되어 그을음이 적다.
② 재의 처리가 필요 없고, 연소의 조작에 필요한 인력을 줄일 수 있다.

③ 품질이 일정하며, 단위질량당 발열량이 높다.
④ 점화와 소화 및 연소조절이 용이하다.
⑤ 계량이나 기록이 용이하다.
⑥ 수송과 저장 및 취급이 용이하며 변질이 적다.
⑦ 적은 공기로 완전연소가 용이하다.

단점

① 취급에 인화 및 역화의 위험성이 크다.
② 가격이 비싸다.

(4) 기체연료의 특징

장점

① 연소의 자동제어에 적합하다.
② 연소실 용적이 작아도 된다.
③ 매연발생이 적고(회분의 생성이 없고), 대기오염이 적다.
④ 저부하 및 고부하 연소가 가능하다.
⑤ 연료 중 가장 적은 과잉공기(10~30%)로 완전연소할 수 있다.
즉, 가장 이론공기에 가깝게 연소 시킬 수 있다.
⑥ 연소조절 및 점화, 소화가 용이하다.

단점

① 수송이나 저장이 불편하다(연료의 저장, 수송에 큰 시설을 요한다).
② 설비비 및 가격이 비싸다.
③ 누출되기 쉽고 폭발의 위험이 크므로 취급에 위험성이 크다.

5) 액체연료의 종류

(1) 석유계 액체연료

① 정제과정 중에 분리되는 순서: 가솔린 → 등유 → 경유 → 중유
② 인화점이 낮은 순서: 가솔린(−20℃) > 등유(30~60℃) > 경유(50~70℃) > 중유(60~150℃)

(2) 중유의 분류

① 중유는 점도에 따라 A급, B급, C급으로 분류한다.
- A급 중유는 비교적 점도가 낮아 사용할 때 예열이 필요 없고, 소형 보일러 등의 연료로 사용되며 비중이 작다.
- B급 및 C급 중유는 점도가 높아 사용시 반드시 예열이 필요하다.

② 중유 중에 보일러유로 많이 사용되는 것은 C급 중유이다.

- C급 중유가 갖추어야 할 성질
  - 발열량이 클 것
  - 점도가 낮을 것
  - 유동성이 클 것
  - 황성분이 적을 것
  - 저장이 간편하고, 연소 후 재처리가 좋을 것

③ 중유의 주요성상: 인화점, 점도, 비중, 비열

(3) 타르계 중유(석탄계 액체연료)의 특징

① 탄화수소비(C/H)가 14 정도로 높아 화염의 방사율이 크다.
② 석유계의 것과 혼합하여 사용하면 슬러지(침전물, 찌꺼기)가 생성된다.
③ 황성분에 의한 영향이 적다.
④ 점도 및 인화점이 높다.

(4) 중유의 첨가제(조연제)

중유에 첨가하여 중유의 질을 개선시키는 것이다.

① 유동점강하제: 저온에서 연료의 유동성을 좋게 하기 위해 사용한다.
② 연소촉진제: 연료의 분무를 순조롭게 하기 위해 사용한다.
③ 슬러지 분산제(안정제): 슬러지의 생성을 방지하기 위해 사용한다.
④ 회분개질제: 회분의 융점을 높여 고온부식을 방지하기 위해 사용한다.
⑤ 탈수제: 수분을 분리시키기 위해 사용한다.

(5) 석유제품의 비중

비중이 크면 나타나는 현상

① 발열량이 감소한다.
② 인화 및 착화온도가 높아진다.
③ 탄화수소비(C/H)가 커진다.
④ 화염의 방사율이 커진다.
⑤ 화염의 휘도가 커진다.
⑥ 점도가 증가한다(무화가 곤란해진다).

(6) 탄화수소비(C/H)가 큰 순서

고체연료 > 액체연료 > 기체연료

- 질이 나쁜 연료일수록 C/H비가 크다.

중유 > 경유 > 등유 > 가솔린

- 탄화수소비가 낮을수록(탄소가 적을수록) 연소가 잘된다.

(7) 비중표시법

① API(American Petroleum Institute): 미국석유협회(미국표시)

$$\mathrm{API} = \left[\frac{141.5}{\text{비중}} - 131.5\right]$$

② 보메도: 유럽표시

$$\text{보메도} = \left[\frac{140}{\text{비중}} - 130\right]$$

③ 온도변화에 때한 중유비중(S_t)

$$S_t = S_{15} + 0.00065(t - 15)$$

(8) 점도(viscosity)

점성이 있는 정도로서 점도가 너무 크면 ① 송유가 곤란하고, ② 무화가 어렵고, ③ 버너선단에 카본이 부착하며, ④ 연소상태가 불량하게 되며, 점도가 너무 낮으면 ① 연료소비가 과다해지고, ② 역화의 원인이 되며, ③ 연소상태가 불안정하게 된다.

(9) 유동점

액체가 흐를 수 있는 최저온도이다.

- 유동점 = [응고점 + 2.5℃]
- 즉, 유동점은 응고점보다 2.5℃ 높다.

(10) 인화점(flash point), 착화점(ignition point), 연소점(fire point)

① 착화점: 가연물이 불씨 접촉(점화원) 없이 열의 축적에 의해 그 산화열로 인해 스스로 불이 붙는 최저온도로 발화점이라고도 한다.

② 인화점: 가연물이 불씨 접촉(점화원)에 의해 불이 붙는 최저의 온도이며 화기에 대한 위험도를 표시하는 수치이다(인화점이 낮을수록 점화가 잘 되기 때문에 위험하다).

③ 연소점: 인화한 후 연소를 계속하기에 충분한 양의 증기를 발생시키는 온도로 점화원의 제거 후에도 지속적으로 연소할 수 있는 최저온도이다. 인화점보다 5~10℃ 정도 높다.

착화온도(착화점)가 낮아지는 조건

① 증기압 및 습도가 낮을 때
② 압력이 높을수록
③ 분자구조가 복잡할수록
④ 발열량이 높을수록
⑤ 산소농도가 클수록
⑥ 온도가 상승할수록

(11) 세탄가

액체연료에서 착화성의 양부를 수치로 나타낸 것이다.

6) 기체연료의 종류

석유계 기체연료	석탄계 기체연료	혼합계 기체연료
① 천연가스(유전) ② 액화석유가스(LPG) ③ 오일가스	① 천연가스(탄전) ② 석탄가스 ③ 수성가스 ④ 발생로 가스	① 증열 수성가스

(1) 액화천연가스(LNG)

① 약호: LNG(liquefied natural gas)
② 주성분: 메탄(CH_4)
③ 액화조건: 천연가스를 상압하에서 −162℃로 냉각시켜 액화시킨다.
④ 공기보다 가볍다.
⑤ 최근 도시가스로 전망이 가장 밝은 가스이다.

(2) 액화석유가스(LPG)

① 액화조건: 상온에서 0.6~0.8MPa 정도로 가압하여 액화시킨다.
② 약호: LPG(liquefied petroleum gas)
③ 주성분: 저급 탄화수소계로서 탄소수가 3~4개이며, 프로판(C_3H_8)과 부탄(C_4H_{10})이 주성분이고, 그 외에 프로필렌(C_3H_6), 부틸렌(C_4H_8), 부타디엔(C_4H_6) 등이 있다.
→ 가장 주된 성분은 프로판(C_3H_8)이다.

특징

① 기화잠열이 크다(378~420kJ/kg).

② 가스의 비중(무게)이 공기보다 무거워 누설시 바닥에 체류하여 폭발의 위험이 크다(1비중: 1.5~2.0).
③ 연소속도가 완만하여 완전연소 시 많은 과잉공기가 필요하다(도시가스의 5~6배).

취급상 주의사항

① 용기의 전락 또는 충격을 피한다.
② 직사광선을 피하고, 용기의 온도가 40℃ 이상이 되지 않게 한다.
③ 찬 곳에 저장하고, 공기의 유통을 좋게 한다.
④ 주위 2m 이내에는 인화성 및 발화성 물질을 두지 않는다.

(3) 발생로 가스

코크스, 석탄 등을 적열상태로 가열하여 공기 또는 산소를 보내 불완전연소시켜 얻은 기체연료이다.

① 발생로 가스의 주성분: 일산화탄소(CO)
② 기타 사항: 연료가 불완전연소 또는 완전연소가 되는지는 연소 후 배기가스 중에 일산화탄소의 성분에 의해 알 수 있는데, 일산화탄소 성분이 많으면 불완전연소가 심하다는 증거다. 일산화탄소(CO)는 다시 산소와 반응하여 탄산가스를 만드는 가연성분이다.

(4) 도시가스

인구가 밀집된 도시에서 사용하기 위해 가스를 배관을 통해 집단으로 공급하는 가스를 말한다.

2 연소

1) 연소(Combustion)의 정의

연소란 가연물이 공기 중의 산소와 급격한 산화반응을 일으켜 빛과 열을 수반하는 발열반응현상이다.

2) 연소의 3대 구비조건: 가연물, 산소공급원, 점화원

(1) 가연물이 되기 위한 조건

① 발열량이 클 것
② 산소와의 결합이 쉬울 것
③ 열전도율(W/m·K)이 작을 것
④ 활성화 에너지가 작을 것
⑤ 연소율이 클 것

(2) 가연물이 될 수 없는 물질

① 흡열반응 물질(질소 및 질소산화물: NO_x)
② 포화산화물(이미 연소가 종료된 물질: CO_2, H_2O, SO_2 .....)
③ 불활성기체(헬륨, 네온, 아르곤, 크립톤, 크세논, 라돈)

3) 연소속도

산화(반응)속도라고도 한다. → 화염의 화학적 성상

① **산화염**: 연료의 연소 시 공기비가 너무 클 경우 화염 중에 과잉산소를 함유하는 화염이다.
② **환원염**: 연료의 연소 시 산소가 부족하여 화염 중 일산화탄소(CO) 등의 미연분을 함유하는 화염이다.

4) 연소범위(폭발범위)

가연물질이 공기(산소)와 혼합하여 연소할 때 필요한 혼합가스의 농도범위를 말한다.

- 연소범위는 하한치가 낮고, 범위가 넓을수록 위험하다.

5) 연소온도

연료가 연소하여 발생하는 화염의 온도를 말한다.

(1) 연소실 내 연소온도를 높이는 방법

① 연료를 완전연소시킨다.
② 발생량이 높은 연료를 사용한다.
③ 연소속도를 크게 하기 위해 연료와 공기를 예열 공급한다.
④ 공급공기는 이론공기에 가깝게 하여 연소시킨다(과잉공기를 적게 하여 완전연소시킨다).
⑤ 노벽을 통한 복사 열손실을 줄인다.

(2) 완전연소의 구비조건

① 연소에 필요한 충분한 공기를 공급하고 연료와 혼합을 잘 시킨다.
② 연소실 내의 온도를 되도록 높게 유지한다.
③ 연소실의 용적은 연료가 완전연소하는 데 필요한 충분한 용적 이상이어야 한다.
④ 연료와 공기를 예열 공급한다(연료는 인화점 가까이 예열하여 공급한다).
⑤ 연료가 연소하는 데 충분한 시간을 주어야 한다.

6) 연소의 종류(형태)

〈가연물의 상태에 따른 분류〉

고체연료	액체연료	기체연료
① 증발연소 ② 분해연소 ③ 표면연소 ④ 자기연소(내부연소)	① 증발연소 ② 분무연소 ③ 액면연소 ④ 등심연소(심화연소)	① 확산연소 ② 예혼합연소 ③ 부분예혼합연소

(1) 표면연소

연료의 표면에서 새파란 단염을 내면서 연소하는 형태로 휘발분이 없는 연료가 주로 표면연소를 한다.

- 표면연소를 하는 물질: 코크스(cokes) 및 목탄(숯)

(2) 분해연소

연료의 연소 시 긴 화염을 발생하면서 연소하는 현상으로 휘발분이 많은 고체연료 및 액체연료에는 중질유(중유)연료가 연소하는 형태이다.

- 분해연소를 하는 물질: 목재, 석탄, 중유

(3) 증발연소

액체연료의 표면에서 발생된 가연성 증기와 공기가 혼합기체가 되어 연소하는 형태이다.

- 증발연소를 하는 물질: 액체연료의 가솔린, 등유, 경유와 고체연료의 파라핀(양초)

7) 연소공기의 공급방식

(1) 1차 공기

연료의 무화 및 산화에 필요한 공기이다.

- 무화란 연료의 입자를 마치 안개와 같이 분무시키는 것을 말한다.
- 액체연료는 버너로 직접 공급되는 공기이다.

(2) 2차 공기

연료를 완전연소시키기 위해 필요한 공기이다.

- 통풍장치(송풍기)에 의해 공급되는 공기이다.

3 고체 및 미분탄 연소방식과 연소장치

고체연료(화격자연소)		미분탄연료(버너연소)
고정화격자연소	기계화격자(스토커)연소	
① 화격자 소각로 ② 로터리 킬른 소각로 ③ 유동층 소각로 ④ 다단식 소각로	① 산포식 스토커 ② 체인 스토커 ③ 하급식 스토커 ④ 계단식 스토커	① 선회식 버너 ② 교차식 버너

1) 고체연료의 연소방법

화격자연소와 미분탄연소가 있으며, 연료의 공급방식에 따라 수분식과 기계분식으로 나누기도 한다.

2) 미분탄연소장치의 구조

① **수송장치**: 분쇄기에서 버너로 또는 저장실로 미분탄을 운반하는 장치로 공기수송과 콘베이어 방식 등이 있다.

② **건조기**: 분쇄성을 좋게 하기 위해서 젖은 석탄을 미리 건조기에서 건조시킨다.

③ **자기분리기**: 석탄 내의 금속분이나 딱딱한 물체가 있으면 분쇄기가 마모되므로 이를 분리하는 장치이다.

④ **분쇄기**: 입자가 큰 석탄을 미립자로 만드는 장치이다. 중력을 이용하는 것과 원심력을 이용하는 것이 있다.

Chapter 01

예상문제

01 다음은 연료의 구비조건을 열거한 것이다. 아닌 것은?

① 수소를 많이 함유할 것
② 양이 풍부하고 가격이 저렴할 것
③ 인체에 유해하지 않을 것
④ 발열량이 클 것

해설 연료구비조건
㉠ 양이 풍부하고 가격이 저렴할 것(구입이 용이할 것)
㉡ 발열량이 클 것
㉢ 인체에 유해하지 않을 것
㉣ 운반 및 취급이 용이할 것
㉤ 연소 시 회분이 적을 것

02 연료의 가연성분이 아닌 것은?

① C ② H
③ S ④ O

해설 연료 3대 가연성분은 C, H, S다.

03 연료의 성질을 옳게 설명한 것은?

① 수분이 많은 연료는 기화열을 소비하고 열손실을 가져온다.
② 회분이 많은 연료는 연소효과를 좋게 한다.
③ 휘발분이 많은 연료는 짧은 화염을 낸다.
④ 고정탄소가 많은 연료는 화염이 길다.

해설 연료성분 중 수분이 많은 연료는 기화열을 소비하고 열손실을 가져오며 착화성이 나빠진다.

04 고정탄소가 많은 연료의 특성으로 옳은 것은?

① 착화성이 나쁘다.
② 화염이 짧다.
③ 연소효과를 나쁘게 한다.
④ 발열량이 감소한다.

해설 고정탄소가 많은 연료는 휘발분이 적어 화염이 짧다.

05 고체연료의 공업분석 중에서 매연을 발생시키기 쉬운 성분은 어느 것인가?

① 휘발분 ② 고정탄소
③ 수분 ④ 회분

해설 휘발분이 많은 연료는 진화열을 내며 검은 연기 및 그을음이 나오기 쉽다.

06 연료의 고위발열량의 차이가 생기는 이유는 어느 성분 때문인가?

① 탄소 ② 수소
③ 질소 ④ 인

해설 수소(H)는 고위발열량과 저위발열량의 판정 요소로 발열량증가 기체연료에 많다.

07 보일러 연료의 구비조건으로 틀린 것은?

① 공기 중에 쉽게 연소할 것
② 단위 중량당 발열량이 클 것
③ 연소 시 회분 등 배출물이 많을 것
④ 저장이나 운반, 취급이 용이할 것

해설 연소 시 회분 등의 배출물이 적어야 한다.

08 연료의 구비조건으로 틀린 것은?

① 단위 중량 또는 체적당 발열량이 클 것
② 매연의 발생량이 적을 것
③ 저장이나 운반취급이 용이할 것
④ 연소 시 회분 등이 많을 것

해설 연소 시 회분 등의 배출물이 적어야 할 것

09 다음 중 가연성 가스가 아닌 것은?

① 수소 ② 아세틸렌
③ 산소 ④ 프로판

정답 01 ① 02 ④ 03 ① 04 ② 05 ① 06 ② 07 ③ 08 ④ 09 ③

해설
질소는 불연성, 산소는 조연성분으로 3대 가연성분에 해당되지 않는다.

10 화격자연소와 비교하여 미분탄연소의 장점을 잘못 설명한 것은?

① 적은 과잉공기로 완전연소시킬 수 있다.
② 고온의 예열공기를 사용할 수 있다.
③ 점화 및 소화 시 연료의 손실이 적다.
④ 완전연소로 집진장치를 설치할 필요가 없다.

해설
미분탄연소는 적은 과잉공기(20~40%)로 완전연소가 가능하나 재, 회분 등의 비산(fly ash)이 심하여 반드시 집진장치가 필요하다.

11 미분탄연소에서의 이점은?

① 연재의 처분에 특별한 장치가 필요하지 않다.
② 과잉공기가 적어도 좋다.
③ 시설비가 적어도 된다.
④ 연소실을 크게 잡을 필요가 없다.

해설
미분탄연소는 석탄을 분쇄한 미분탄을 버너로 연소하는 것으로 과잉공기가 적어도 좋다.

12 보일러에서 중유를 연료로 할 때 석탄에 비해 좋은 점이 아닌 것은?

① 연소효율이 좋고 발열량이 크다.
② 연소장치가 필요 없고 인화의 위험성이 적다.
③ 그을음이 적고 재의 처리가 간단하다.
④ 운반과 저장이 편리하다.

13 중유의 종류에는 A급, B급, C급 중유가 있다. 무엇을 기준으로 분류하는가?

① 비중　② 발열량
③ 점도　④ 인화점

해설
중유는 점도에 따라 A급, B급, C급으로 분류한다.

14 소형 보일러나 소형 디젤기관의 열기관에 주로 사용되며, 사용할 때 연료를 예열할 필요가 없는 중유는?

① 타르계 중유　② B중유
③ A중유　④ C중유

15 다음 액체연료 중 탄소수소비(C/H)가 가장 큰 것은?

① 휘발유　② 등유
③ 경유　④ 중유

해설
액체연료 중 탄소수소비(C/H)가 큰 값일수록 저질연료다(발열량이 낮다).
• 탄소수소비(C/H) 크기 순서
중유 > 경유 > 등유 > 휘발유

16 비중(60°F/60°F) 0.95인 액체연료의 API 도는?

① 16.55　② 15.55
③ 13.45　④ 17.45

해설
비중표시법(API)

$$=\frac{141.5}{\text{비중}}-131.5=\frac{141.5}{0.95}-131.5=17.45$$

17 중유의 연소상태를 개선하기 위한 첨가제의 종류가 아닌 것은?

① 연소촉진제　② 회분개질제
③ 탈수제　④ 슬러지 생성제

18 중유의 첨가제 중 슬러지의 생성방지제 역할을 하는 것은?

① 회분개질제　② 탈수제
③ 연소촉진제　④ 안정제

해설
중유첨가제(조연제)
㉠ 유동점 강하제
㉡ 연소촉진제
㉢ 슬러지분산제(안정제)
㉣ 회분개질제
㉤ 탈수제

정답 10 ④ 11 ② 12 ② 13 ③ 14 ③ 15 ④ 16 ④ 17 ④ 18 ④

19 기체연료 연소의 특징 설명 중 틀린 것은?

① 연소조절이 용이하다.
② 연료의 저장·수송에 큰 시설을 요한다.
③ 회분의 생성이 없고, 대기오염의 발생이 적다.
④ 연소실 용적이 커야 한다.

해설 기체연료의 연소 특징은 연소실 용적이 작아도 된다.

20 기체연료의 특징 설명으로 잘못된 것은?

① 매연발생이 적고 대기오염도가 적다.
② 연소의 자동제어에 적합하다.
③ 이론공기량에 가까운 공기로 완전연소가 가능하다.
④ 경제적이고 수송 및 저장이 편리하다.

해설 기체연료는 수송이나 저장이 불편하다(큰 시설을 요한다).

21 기체연료의 특징 설명으로 틀린 것은?

① 10~30%의 과잉공기로 완전연소가 된다.
② 자동제어 적용이 어렵다.
③ 연소효율이 높고 안정된 연소가 된다.
④ 연료의 예열이 쉽다.

해설 기체연료 연소는 자동제어에 적합하다.

22 액화석유가스(LPG)의 일반적인 성질에 대한 설명으로 틀린 것은?

① 기화시 체적이 증가된다.
② 액화시 적은 용기에 충진이 가능하다.
③ 기체 상태에서 비중이 도시가스보다 가볍다.
④ 압력이나 온도의 변화에 따라 쉽게 액화, 기화시킬 수 있다.

해설 액화석유가스(LPG)는 비중이 도시가스보다 크다(공기보다 무거워 누설 시 바닥에 체류하므로 폭발 위험이 크다).

23 기체연료 연소장치의 특징 설명으로 틀린 것은?

① 연소조절이 용이하다.
② 연소의 조절범위가 넓다.
③ 속도가 느려 자동제어 연소에 부적합하다.
④ 회분 성분이 없고, 대기오염의 발생이 적다.

해설 기체연료는 연소의 자동제어가 적합하다.

24 다음 중 연소 시에 매연 등의 공해물질이 가장 적게 발생되는 연료는?

① 액화석유가스 ② 무연탄
③ 중유 ④ 경유

해설 LPG(액화석유가스)는 매연 등 공해물질이 적고 대기오염이 적다.

25 보일러 연료로 사용되는 LNG의 성분 중 함유량이 가장 많은 것은?

① CH_4 ② C_2H_6
③ C_3H_6 ④ C_4H_{10}

해설 LNG(액화천연가스)의 주성분은 메탄(CH_4)이다.

26 LNG에 관한 설명으로 옳은 것은?

① 프로판가스를 기화한 것이다.
② 부탄 및 에탄이 주성분인 천연가스이다.
③ 수송 및 취급이 어렵고 독성이 있다.
④ 공기보다 가볍다.

해설 액화천연가스(LNG)는 공기보다 가볍다.

27 연소의 3대 조건이 아닌 것은?

① 발화점 ② 가연성물질
③ 산소공급원 ④ 점화원

해설 연소의 3대 조건은 가연물, 산소공급원, 점화원이다.

정답 19 ④ 20 ④ 21 ② 22 ③ 23 ③ 24 ① 25 ① 26 ④ 27 ①

28 연료의 연소속도란?

① 환원속도 ② 산화속도
③ 열의 발생속도 ④ 착화속도

해설 연료의 연소속도란 산화(반응)속도를 말한다.

29 연소에 있어서 환원염이란?

① 과잉산소가 많이 포함되어 있는 화염
② 공기비가 커서 완전연소된 상태의 화염
③ 과잉공기가 많아 연소가스가 많은 상태의 화염
④ 산소부족으로 불완전연소하여 미연분이 포함된 화염

해설 환원염이란 산소부족으로 불완전연소하여 미분탄이 포함된 화염이다.

30 연소의 온도를 높이는 방법이 아닌 것은?

① 이론공기에 가깝게 공기를 공급한다.
② 연료를 완전연소시킨다.
③ 과잉공기량을 되도록 많게 한다.
④ 연료 및 공기를 예열 공급한다.

해설 공급공기는 이론공기에 가깝게 연소시킨다(과잉공기량을 적게 하여 완전연소시킨다).

31 연료의 완전연소 구비조건이 아닌 것은?

① 연소실 고온유지
② 연소용 공기예열
③ 급수의 예열
④ 공기비의 조절 및 통풍력 조절

해설 연료와 공기를 예열공급한다.

32 액체연료에서 착화성의 양부를 수치로 나타낸 것은?

① 옥탄가 ② 탄화도
③ 세탄가 ④ 점결도

해설 액체연료(디젤기관)에서 착화성의 양부를 나타낸 것은 세탄가(cethane number)이다.

33 상당증발량 1,000kg/h의 보일러에 21,349 kJ/kg의 무연탄을 태우고자 한다. 보일러 효율 70%일 때 필요한 화상면적은 얼마인가? (단, 무연탄의 화상 연소율은 75kg/m²h로 한다.)

① $3m^2$ ② $4m^2$
③ $2m^2$ ④ $1.5m^2$

해설

$$\eta_B = \frac{m_e \times 2{,}257}{H_L \times m_f} \times 100\%$$

$$m_f = \frac{m_e \times 2{,}257}{H_L \times \eta_B} = \frac{1{,}000 \times 2{,}257}{21{,}349 \times 0.7}$$

$$\fallingdotseq 151\text{kg/h}$$

$$\text{화상면적}(A) = \frac{m_f}{\text{화격자 연소율}} = \frac{151}{75} = 2\text{m}^2$$

34 대기 중에서 수소를 연소시킬 때 생기는 연소가스와 소요된 산소와 수소의 kmole비는 대략 얼마인가?

① 2 : 1 : 2 ② 2 : 1 : 5.8
③ 2 : 1 : 3.8 ④ 2 : 1 : 4.8

해설

$$H_2 + \frac{1}{2}O_2 \rightarrow H_2O$$

$$1 : \frac{1}{2} : 1$$

$$\therefore 2 : 1 : 2$$

35 착화열을 적절하게 표현한 것은 어느 것인가?

① 연료가 착화해서 발생하는 전 열량
② 외부로부터 열을 받지 않아도 스스로 연소하여 발생하는 열량
③ 연료 1kg이 착화하여 연소해서 나오는 총 발열량
④ 연료를 최초의 온도로부터 착화온도까지 가열하는 데 드는 열량

해설 착화열이란 연료를 최초의 온도로부터 착화온도까지 가열하는 데 드는 열량이다.

정답 28 ② 29 ④ 30 ③ 31 ③ 32 ③ 33 ③ 34 ① 35 ④

36 연소생성물(CO_2, N_2) 등의 농도가 높아지면 연소 속도에 미치는 영향은?

① 연소 속도가 빨라진다.
② 연소 속도가 저하된다.
③ 연소 속도가 변화없다.
④ 처음에는 저하, 후에는 빨라진다.

해설

탄산가스(CO_2)나 질소(N_2) 등의 농도가 높아지면 가연물질의 산화작용을 방해하고 질식효과에 의해 연소속도가 저하된다.

37 지름 20cm인 피스톤이 10기압의 압력에 대항하여 20cm 움직였을 때 한 일은 몇 L·atm인가?

① 251.2　② 125.6
③ 62.8　④ 31.4

해설

$$W = FS = (PA)S = 10 \times \frac{\pi}{4}(20)^2 \times 20$$
$$= 62{,}800\text{cm}^3 \cdot \text{atm} = 62.8\text{L} \cdot \text{atm}$$
$$\left[1\text{cm}^3 = \frac{1}{1{,}000}\text{L}\right]$$

38 기준 증발량 5,000kg/h의 보일러가 있다. 보일러 효율 88%일 때에 벙커C유의 연소량은 다음 중 어느 것에 가장 가까운가? (단, 벙커C유의 저발열량은 4,060kJ/kg, 비중은 0.96으로 한다.)

① 450L/h　② 400L/h
③ 380L/h　④ 330L/h

해설

$$\text{벙커C유연소량(L/h)} = \frac{m_e \times 2{,}257}{H_L \times \eta_B \times \text{비중}(S)}$$
$$= \frac{5{,}000 \times 2{,}257}{40{,}604 \times 0.88 \times 0.96} \fallingdotseq 330\text{L/h}$$

39 증발식(기화식) 버너에 적합한 연료는?

① 경유　② 중유
③ 벙커C유　④ 타알유

해설

증발식(기화식) 버너에 적합한 연료는 경질유인 경유가 적합하다.

40 미분탄연소의 장단점에 관한 다음 설명 중 잘못된 것은?

① 부하변동에 대한 적응성이 없으며 연소의 조절이 어렵다.
② 소량의 과잉공기로 단시간에 완전연소가 되므로 연소효율이 좋다.
③ 큰 연소실을 필요로 하며 또 노벽냉각의 특별장치가 필요하다.
④ 미분탄의 자연발화나 점화시의 노내 탄진 폭발 등의 위험이 있다.

해설

미분탄연소는 부하변동에 대한 적응성 및 연소의 조절이 용이하다.

41 다음 중 열역학 제2법칙과 관계없는 것은?

① 열은 그 자체만으로 저온체로 흐르지 않는다.
② 제2종의 영구기관은 만들 수 없다.
③ 자발적인 변화는 비가역적이다.
④ 모든 일반적인 화학적, 물리적 변화에서 에너지는 창조되지도 소멸되지도 않는다.

해설

열역학 제1법칙(에너지 보존의 법칙) = 양적법칙으로 열량과 일량은 본질적으로 동일한 에너지로 화학적, 물리적 변화에서 에너지는 창조되지도 소멸되지도 않는다.

42 단위질량 1kg의 유체가 평균유속 V[m/s]로 이동하고 있을 때 그 운동에너지를 절대단위로 표시하면 어떻게 되는가?

① $\dfrac{V^2}{2g}$
② $\dfrac{1}{2}V^2$
③ $\dfrac{V^2}{g}$
④ mgh

해설

운동에너지(KE)$=\dfrac{m}{2}V^2$[N·m]에서 단위질량당 운동에너지는 KE$=\dfrac{V^2}{2}$(N·m/kg=J/kg)

정답 36 ② 37 ③ 38 ④ 39 ① 40 ① 41 ④ 42 ②

43 1BTU/Lb℉는 몇 kcal/kgf℃인가?

① 0.5　② 1.0
③ 2.5　④ 5.0

해설
1BTU = 0.252kcal, 1Lb = 0.4536kgf
1BTU/Lb℉ = 0.252kcal/0.4536kgf × 0.556℃
= 1kcal/kgf℃

44 공기는 질소 79vol%와 산소 21vol%로 되어 있다고 가정하고 표준상태 때의 밀도 g/L를 계산한 값은?

① 1.287　② 1.336
③ 1.405　④ 1.525

해설
$$\text{밀도}(\rho) = \frac{m}{V} = \frac{28 \times 0.79 + 32 \times 0.21}{22.4} = 1.287\text{g/L}$$

45 프로판 1kg의 발열량을 계산하면 몇 kJ인가?

$C + O_2 = CO_2 + 406\text{kJ/mol}$
$H_2 + 1/2O_2 = H_2O + 241\text{kJ/mol}$

① 약 39,725.25　② 약 45,593.91
③ 약 49,590.91　④ 약 59,450.91

해설
프로판(C_3H_8)의 분자량은 44이므로
$C = \frac{36}{44}$, $H = \frac{8}{44}$ 만큼 들어있다.
∴ C_3H_8의 발열량
$$= \left(\frac{406 \times 10^3}{12} \times \frac{36}{44}\right) + \left(\frac{241 \times 10^3}{2} \times \frac{8}{44}\right)$$
≒ 49,590.91kJ/kg

46 엔트로피에 대한 정의가 내려진 법칙은?

① 열역학 제0법칙　② 열역학 제1법칙
③ 열역학 제2법칙　④ 열역학 제3법칙

해설
① 열역학 제0법칙(열평형의 법칙)
② 열역학 제1법칙(에너지 보존의 법칙)
③ 열역학 제2법칙(엔트로피 정의 = 엔트로피 증가법칙 = 비가역법칙)
④ 열역학 제3법칙(엔트로피 절댓값을 정의한 법칙)

47 최소의 동력으로 가스를 실제 압축할 때 가능하면 압축기에서 다음 중 어느 것에 가깝게 변화를 시켜야 하는가?

① 정압압축
② 등온압축
③ 단열압축
④ 정용압축

해설
압축기 일은 소비 일로 작은 것이 좋다.
(단열압축 > 폴리트로픽 압축 > 등온압축)

48 전압은 분압의 합과 같다는 법칙은?

① Amagat의 법칙
② Leduc의 법칙
③ Dalton의 법칙
④ Lennard-Jones의 법칙

해설
달톤(Dalton)의 분압법칙은 두 가지 이상의 서로 다른 가스를 혼합시 화학반응이 일어나지 않는다면 혼합 후 기체의 전압(P)은 혼합 전 각 성분기체의 분압의 합과 같다는 법칙이다.

49 다음 연료 중 저위발열량이 가장 큰 것은? (단, 질량당 발열량)

① 중유　② 프로판가스
③ 석탄　④ 코크스

해설
LPG(프로판가스) 50,232kJ/kg > 중유 41,441kJ/kg > 코크스 27,209kJ/kg > 석탄 18,837kJ/kg

50 기체연료의 연소에서는 다른 연료보다 과잉공기가 적게 드는 이유가 무엇인가?

① 확산으로 혼합이 용이하다.
② 열전도도가 크다.
③ 착화온도가 낮다.
④ 착화가 용이하다.

해설
기체연료가 타 연료에 비하여 과잉공기가 적게 드는 이유는 확산연소를 하기 때문에 연료와 공기의 혼합이 잘 이루어지기 때문이다.

정답 43 ② 44 ① 45 ③ 46 ③ 47 ② 48 ③ 49 ② 50 ①

51 연소실에 공급하는 연료유의 적정가열 온도는 다음 중 어느 것에 따라 결정되는가?

① 기름의 점도 ② 기름의 착화점
③ 기름의 비중 ④ 기름의 압력

해설 연소실에 공급하는 연료유(중유)의 적정가열 온도는 기름의 점도와 관계 있다(적정한 점도를 가지는 기름이 무화성이 좋다).

52 LPG 연료의 주성분은 어느 것인가?

① CH_4, C_2H_6 ② C_3H_8, C_4H_{10}
③ C_5H_{12}, C_6H_{14} ④ C_7H_{16}, C_6H_{18}

해설 LPG(액화석유가스)의 주성분은 프로판(C_3H_8)과 부탄(C_4H_{10})이다.

53 코크스를 사용할 때의 화학변화는 다음과 같다.

$C+O_2$ = CO_2+408,553.6kJ/kmol : 연소성
$C+CO_2$ = 2CO−164,924.2kJ/kmol : 반응성

반응성은 연료의 물리적 구조에 따라 지배되는 것으로서 회분 중 함유된 다음의 물질 중 반응성과 관계없는 것은?

① 환원성의 철화합물
② 탄산소다
③ 석회
④ 질소화합물

해설 코크스 연소 시 반응성은 회분 중에 함유된
㉠ 환원성 철화합물
㉡ 탄산나트륨(소다)
㉢ 석회
등과 관계 있다.

54 중유가 석탄보다 발열량이 큰 근본 이유는?

① 회분이 적다.
② 수분이 적다.
③ 연소속도가 크다.
④ 수소분이 많다.

해설 탄화수소비(C/H)가 작을수록 발열량이 크다(수소분이 많으면 발열량이 크다).

55 다음은 기체연료의 장점을 기술한 것이다. 이 중 틀린 것은?

① 점화가 용이하다.
② 연소장치가 간단하다.
③ 연소의 조절이 용이하다.
④ 연소가 안정되므로 가스폭발의 염려가 없다.

해설 기체연료는 가스의 누설로 인한 가스폭발의 염려가 있다. 또한 연소효율이 높고 점화 및 소화가 용이하고 연소장치가 간단하며 연소의 조절이 용이하다(주성분 C, H).

56 다음은 공기가 연료의 예열효과를 설명한 글이다. 잘못된 것은?

① 착화열을 감소시켜 연료를 절약
② 연소실 온도를 높게 유지
③ 연소효율 향상과 연소상태의 안정
④ 더 적은 이론공기량으로 연소 가능

해설 공기(air)나 연료의 예열효과
㉠ 착화열을 감소시켜 연료의 절약
㉡ 연소실의 온도를 높게 유지
㉢ 연소효율 향상 및 연소상태의 안정
㉣ 이론공기량보다 적은 공기는 일산화탄소(CO)가 발생

57 출력 12,500kW의 화력발전소에서 사용되는 석탄의 발열량이 25,116kJ/kg이다. 매시간당 소비되는 석탄의 양은? (단, 열효율은 37%이다.)

① 4,842.4 ② 4,962.4
③ 5,045.4 ④ 5,662.4

해설

$$\eta = \frac{3,600 \times kW}{H_L \times m_f} \times 100\%$$

$$m_f = \frac{3,600 \times kW}{H_L \times \eta} = \frac{3,600 \times 12,500}{25,116 \times 0.37} \fallingdotseq 4842.4\text{kg/h}$$

정답 51 ① 52 ② 53 ④ 54 ④ 55 ④ 56 ④ 57 ①

58 저탄 중 자연발화 방지를 위한 다음 조치 중 옳지 못한 것은?

① 통기를 좋게 하기 위해 저탄 중간단 정도의 길이에 중공 철관을 설치한다.
② 탄층 중의 온도가 30℃를 초과하면 다시 쌓아 올린다.
③ 공기와의 접촉을 막기 위해서 표층을 견고하게 한다.
④ 평적을 원칙으로 하고 저탄층의 높이를 2m 내외로 한다.

해설 자연발화를 막기 위해서 정기적으로 탄층 중의 온도 측정을 행하여 60℃를 초과하면 다시 쌓는 등의 방법으로 냉각할 필요가 있다.

59 총(고위)발열량과 진(저위)발열량이 같은 경우는?

① 중유 연소 ② 프로판 연소
③ 석탄가스 ④ 순탄소 연소

해설 고위발열량과 저위발열량의 차는 연소의 연소 시 발생되는 연소가스 중의 수증기가 가지는 잠열의 차이이므로 순탄소 연소의 경우에는 이 두 발열량은 같다(순탄소에는 수증기 발생이 없기 때문에).
$C+O_2 \rightarrow CO_2+406,879.2kJ/kmol$
탄소 1g당 발열량 $\left(\frac{406,879.2}{C}=33,906.6kJ/kg\right)$

60 석탄을 완전연소시키는 데 필요한 조건 중에서 틀린 것은?

① 공기 공급을 적당히 하고 가연가스와 잘 혼합시킨다.
② 연료를 착화온도 이하의 온도로 유지시킨다.
③ 공기를 예열하고 통풍력을 좋게 한다.
④ 가연가스는 완전연소하기 이전으로 냉각시키지 않는다.

해설 석탄(연료)을 완전연소시키려면 착화온도 이상으로 온도를 유지시킨다.

61 다음 회(灰)의 부착으로 인하여 고온부식이 잘 생기는 것은?

① 절탄기 ② 과열기
③ 보일러 본체 ④ 공기예열기

해설 폐열회수장치 중 고온부식을 일으키는 기기는 과열기나, 재열기이며 절탄기(이코노마이저)나 공기예열기는 저온부식을 일으킨다.

62 다음 설명 중 연료의 구비조건이 아닌 것은?

① 조달이 용이하고 풍부하여야 한다.
② 저장과 운반이 편리하다.
③ 과잉공기량이 커야 한다.
④ 취급이 용이하고 안전하며 무해하여야 한다.

해설 연료구비조건
㉠ 조달이 쉽고, 풍부할 것
㉡ 저장과 운반이 편리할 것
㉢ 취급이 용이하고 안전하며 공해요인이 없을 것
㉣ 발열량이 클 것
㉤ 과잉공기량이 적어도 점화가 쉽고 완전연소가 이루어질 것

63 연료 중 단위중량당 발열량이 가장 적은 것은 다음 중 어느 것에 해당되는가?

① 석탄 ② 중유
③ 등유 ④ 연탄

해설
① 석탄 4,000~8,000kcal/kg
② 중유 10,000~10,800kcal/kg
③등유 10,800~11,200kcal/kg
④ 연탄 4,000~5,000kcal/kg

64 고로가스의 주요 가연분(可燃分)은 어느 것인가?

① 탄화수소 ② 일산화탄소
③ 수소 ④ 탄소

해설 고로가스(용광로 가스)는 제철소에서 뿜어 나오는 질소, 이산화탄소, 일산화탄소로, 일산화탄소(CO)는 가연분이다.

정답 58 ② 59 ④ 60 ② 61 ② 62 ③ 63 ④ 64 ②

65 발열량 4,000kcal/kg의 저질 무연탄을 땔 수 있는 가장 적합한 연소장치는 다음 중 어느 것인가?

① 산포식 스토커로 패키지형 수관식 보일러에 땐다.
② 수평식 고정 화격자로 입형 보일러에 땐다.
③ 체인그레이트 스토커로 발전용 입형 보일러에 땐다.
④ 미분탄 장치로 시멘트 킬른에 땐다.

해설 발열량이 적은 저질무연탄은 시멘트를 소성하는 시멘트 킬른에 미분탄으로 사용하면 좋다. 시멘트 소성로에는 선 가마와 회전식 가마가 있다.

66 중유연료의 연소 시 무화에 수증기를 사용하는 경우 잘못된 것은?

① 고압 무화가 가능하므로 무화의 효율이 좋다.
② 고압 무화를 할수록 무화 매체량이 적어도 되므로 큰 용량 보일러에 사용된다.
③ 높은 점도의 기름에 유리하다.
④ 소형 보일러 및 중소요로(窯爐)용에는 공기 무화보다 유리하다.

해설 수증기를 사용하는 경우 분무 입도가 미세하고 고점도의 기름도 쉽게 무화시킬 수 있으나 설비가 복잡하고 증기를 사용해야 하므로 소형 보일러 등에 사용하는 것은 적합하지 못하다. 그러므로 중대형 보일러에 무화용으로 수증기(기류식)를 사용하는 것이 좋다.

67 비례식 자동제어를 할 때에 보일러 효율이 높아지는 가장 큰 이유는 다음 중 어느 것인가?

① 보일러의 수위가 합리적인 선에 유지되기 때문
② 증기압에 큰 변동이 없기 때문
③ 급수의 시간 격차가 작아지기 때문
④ 연료량과 공기량이 일정한 비율로 자동제어되기 때문

해설 비례식 자동제어(p제어)는 연료량과 공기량이 일정한 비율로 자동제어되므로 보일러 효율이 높아진다.

68 외력과 중력만이 작용하는 경우 비압축성이고, 비점성의 이상유체의 정상류에 있어서 베르누이(Bernoulli)의 정리는 다음 중 어느 것인가? (단, 여기서 P : 압력(Pa), V : 유속(m/sec), Z : 높이(m), γ : 비중량(N/m^3), g : 중력가속도(9.8m/s^2), C : 정수)

① $\frac{P}{\gamma}+\frac{V^2}{2g}+Z=\mathrm{C}$
② $\frac{P}{\gamma}+\frac{V}{2g}+Z=\mathrm{C}$
③ $\frac{1}{P}+\frac{V}{2g}+Z=\mathrm{C}$
④ $\frac{\gamma}{P}+\frac{V}{2g}+\mathrm{C}=Z$

해설 베르누이 방정식은 오일러의 운동방정식을 비압축성 유체($\gamma=\mathrm{C}$)로 가정하고 적분한 방정식으로 에너지 보존의 법칙을 적용한 식이다.

$$\frac{P}{\gamma}+\frac{V^2}{2g}+Z=\mathrm{C}$$

69 "열은 본질상 일과 같은 에너지의 일종으로서 일을 열로 바꾸는 것도, 이것의 역(逆)도 가능하다."는 것은 다음 중 어떤 법칙인가?

① 열역학 제1법칙
② 열역학 제2법칙
③ 줄(Joule)의 법칙
④ 푸리에(Fourier)의 법칙

해설 열역학 제1법칙
에너지 보존의 법칙을 적용한 식으로 열량과 일량은 본질적으로 동일한 에너지임을 밝힌 법칙이다.

70 정압비열과 정적비열을 비교하면?

① 정적비열이 더 크다.
② 정압비열이 더 크다.
③ 정적비열과 정압비열은 같다.
④ 알 수가 없다.

해설 비열비$(k)=\frac{\text{정압비열}(C_P)}{\text{정적비열}(C_V)}$

기체인 경우 $C_P > C_V$이므로 $k>1$(비열비는 항상 1보다 크다.)

정답 65 ④ 66 ④ 67 ④ 68 ① 69 ① 70 ②

71 다음은 공기나 연료의 예열효과를 설명한 글이다. 잘못된 것은 어느 것인가?

① 착화열을 감소시켜 연료를 절약
② 연소실 온도를 높게 유지
③ 연소효율 향상과 연소상태의 안정
④ 더 적은 이론공기량으로도 연소 가능

해설 이론공기량은 연료가 연소 시 필요로 하는 최소량의 공기량으로 이보다 적은 공기량으로는 연소 불가능하다.

72 "일을 열로 바꾸는 것은 용이하고 완전히 되는 것에 반하여 열을 일로 바꿈에 있어서는 그 효율이 절대로 100%가 될 수 없다."는 말은 어떤 법칙에 해당되는가?

① 열역학 제1법칙
② 열역학 제2법칙
③ 줄(Joule)의 법칙
④ 푸리에(Fourier)의 법칙

해설 열역학 제2법칙 = 비가역법칙 = 엔트로피 증가법칙 (무효에너지의 증가로 열효율이 100%인 기관은 있을 수 없다).

73 다음 가스연료 중에서 발열량(kcal/Nm^3)이 가장 큰 것은 어떤 것인가?

① 발생로가스 ② 수성가스
③ 메탄가스 ④ 프로판가스

해설 ① 발생로가스 : 4,065kJ/Nm^3
② 수성가스 : 11,093kJ/Nm^3
③ 메탄가스 : 37,674~51,069kJ/Nm^3
④ 프로판가스 : 97,115kJ/Nm^3

74 벙커유의 착화온도는 일반적으로 어느 정도인가?

① 150~230℃ ② 250~400℃
③ 470~580℃ ④ 600~650℃

해설 중유(벙커유)의 착화온도는 일반적으로 470~580℃ 정도다.

75 석탄을 저온 건류했을 때 얻어지는 잔유물로서 착화온도가 400℃ 이하에서 불붙기 쉽고 무연으로 연소되기 때문에 가정용으로 많이 사용된다. 가정용 연료로 사용되는 코크스는 어떤 코크스인가?

① 재사 코크스
② 가스 코크스
③ 정련용 코크스
④ 반성 코크스

해설 반성 코크스
석탄을 저온 건류했을 때 얻어지는 잔유물로 건류온도가 낮기 때문에 8~12% 정도의 휘발분을 남겨놓는다. 착화온도는 400℃ 이하에서 불붙기 쉽고 반응성이 높으며, 무연으로 연소되기 때문에 가정용 연료로 사용된다. 또, 반응성이 높기 때문에 가스화 연료로서도 좋다. 저온건류 온도는 500~600℃이다.

76 포화증기를 단열적으로 압축하면?

① 압력과 온도가 올라가며 과열증기가 된다.
② 압력은 올라가고 온도는 떨어져서 압축액체가 된다.
③ 온도는 변하지 않고 증기의 일부가 액화한다.
④ 엔트로피가 증가한다.

해설 습포화증기(습증기)를 단열압축(등엔트로피과정)하면 압력과 온도가 상승하여 과열증기가 된다.

77 C중유를 연소시킬 때 제일 작게 생기는 반응은 다음 중 어느 것인가?

① $H_2 + \frac{1}{2}O_2 = H_2O$
② $C + O_2 = CO_2$
③ $S + O_2 = SO_2$
④ $C + H_2O = CO + H_2$

해설 $C + H_2O = CO + H_2$
생성물질이 일산화탄소(CO)가 생성되면 불완전연소 반응이다.

정답 71 ④ 72 ② 73 ④ 74 ③ 75 ④ 76 ① 77 ④

78 연료의 성분이 어떠한 경우에 총(고위)발열량과 진(저위)발열량이 같아지는가?

① 수소만인 경우
② 수소와 일산화탄소인 경우
③ 일산화탄소와 메탄인 경우
④ 일산화탄소와 질소인 경우

해설 연료의 성분이 고위발열량과 저위발열량이 같아지는 경우는 물(H_2O)이 생성되지 않는 경우다.

79 전기식 제어방식의 장점은 다음 중 어느 것인가?

① 배관이 용이하다.
② 보수가 비교적 쉽다.
③ 조작력이 강하다.
④ 신호의 전달이 빠르다.

해설 전기식 제어방식의 장점
㉠ 신호의 전달이 빠르다.
㉡ 배선이 용이하다.

80 200kg의 물체가 100m의 높이에서 지면에 떨어졌다. 최초의 위치에너지가 모두 열로 변했다면 몇 kJ의 열이 발생하겠는가?

① 176 ② 186
③ 196 ④ 205

해설 $Q = mgZ = 200 \times 9.8 \times 100 = 196{,}000\text{Nm(J)}$
$= 196\text{kJ}$

81 기체연료의 연소는 다음 중 어느 것에 속하는가?

① 분해연소 ② 증발연소
③ 확산연소 ④ 표면연소

해설 ① 분해연소 : 고체연료, 중유 등
② 증발연소 : 등유, 경유
③ 확산연소 : 기체연료
④ 표면연소 : 코크스, 숯, 목탄

82 현장에서 보일러 열효율을 간이식으로 계산할 때 사용되는 항목은?

① 급수온도와 연료의 발열량
② CO_2의 분석치와 배기온도
③ 배기온도와 연료의 발열량
④ 증기온도와 연료사용량

해설 현장에서 보일러 열효율을 간이식으로부터 계산이 가능한 것은 CO_2의 분석치와 배기가스온도이다.

83 보일러 열효율의 계산식은 다음의 어느 것이 옳은가? (단, $h_s \cdot h_w$는 각각 발생증기와 급수의 비엔탈피이고, $m_a \cdot m_f$는 각각 발생증기량과 연료소비량, 그리고 H_ℓ는 연료의 저발열량이다.)

① $\eta_B = \dfrac{(h_s + h_w)m_a}{H_\ell \times m_f}$

② $\eta_B = \dfrac{(h_s + h_w)m_f}{H_\ell \times m_a}$

③ $\eta_B = \dfrac{(h_s - h_w)m_a}{H_\ell \times m_f}$

④ $\eta_B = \dfrac{(h_s - h_w)m_f}{H_\ell \times m_f}$

해설 보일러 효율(η_B)$= \dfrac{m_a(h_s - h_w)}{H_\ell \times m_f} \times 100\%$

$= \dfrac{m_e \times 2{,}257}{H_\ell \times m_f} \times 100\%$

84 연소자동제어에서 점화 전에 연소실가스를 몰아내는 환기를 무엇이라 하는가?

① 프리퍼지(Prepurge)
② 로터리킬른(Rotary Kiln)
③ 벤투리 스크러버(Venturi scrubber)
④ 멀티클론(Multiclone)

해설 연소자동제어에서 점화 전에 연소실가스를 몰아내는 환기를 프리퍼지(Pre-Purge)라고 한다.

정답 78 ④ 79 ④ 80 ③ 81 ③ 82 ② 83 ③ 84 ①

85 보일러의 급수 및 발생증기의 비엔탈피를 각각 628kJ/kg, 2,805kJ/kg이라고 할 때 20,000kg/h의 증기를 얻으려면 공급열량은 얼마인가?

① 42.53×10^6kJ/h ② 43.54×10^6kJ/h
③ 53.54×10^6kJ/h ④ 63.54×10^6kJ/h

해설
공급열량$(Q_1)=m\Delta h$
$=m(h_2-h_1)=20,000(2,805-628)$
$=43.54\times10^6$kJ/h

86 액체연료의 장점이 아닌 것은?

① 화재, 역화 등의 위험이 작다.
② 과잉공기량이 적다.
③ 연소효율 및 열효율이 크다.
④ 저장운반이 용이하다.

해설
액체연료는 화재나 역화의 위험이 크다(액체연료 단점).
• 액체연료 장점
㉠ 발열량이 크다.
㉡ 거의 품질이 균일하다.
㉢ 연소효율 및 열효율이 높다.
㉣ 회분이 거의 없으며 점화, 소화 등 연소조절이 용이하다.
㉤ 운반, 저장 및 취급이 간편하다.
㉥ 계량 및 기록이 수월하다.

87 다음은 각종 연소장치의 적합한 CO_2%와 공기비를 설명한 도표이다. A, B, C가 바르게 설명된 것은?

연소장치	CO_2%	공기비
A	11~15	1.2~1.4
B	11~14	1.1~1.3
C	8~20	1.1~1.2

① A는 미분탄 버너, B는 가스 버너
② A는 오일 버너, C는 미분탄 버너
③ B는 오일 버너, C는 가스 버너
④ B는 가스 버너, C는 오일 버너

해설
㉠ A연소장치 : 고체연료(공기비 1.2~1.4)
㉡ B연소장치 : 액체연료(공기비 1.1~1.3)
㉢ C연소장치 : 기체연료(공기비 1.1~1.2)

88 S(황)가 75%가 함유된 액체연료 30kg을 완전연소시켰다. 이때 S가 연소함에 따라 발생된 열량은?

① 235,463kJ ② 254,325kJ
③ 276,235kJ ④ 323,254kJ

해설
$S+O_2 \rightarrow SO_2$+334,880kJ/kmol
황 1kg이 완전연소 시 발열량 10,465kJ/kg
∴ 10,465×0.75×30≒235,463kJ

89 탄소의 발열량(kJ/kg)은 얼마인가?

$C + O_2 \rightarrow CO_2$ + 406,880kJ/kmol

① 24,562 ② 29,583
③ 32,908 ④ 33,907

해설
탄소(C) 1kg당 발열량
$\frac{406,880}{C}=\frac{406,880}{12}\fallingdotseq 33,907$kJ/kg

90 오르사트 가스분석계(Olzad gas analyser)와 관계가 가장 깊은 것은 어떤 것인가?

① 비중을 이용한 것
② 중량감소를 이용한 것
③ 흡수제를 이용한 것
④ 열전도율을 이용한 것

해설
오르사트 가스분석계는 흡수제를 이용한 화학적 가스분석계다.

91 고체연료의 공업분석에서 고정탄소를 산출하는 식은?

① 고정탄소(%) = 100−[수분(%)+회분(%)+황분(%)]
② 고정탄소(%) = 100−[수분(%)+회분(%)+질소(%)]
③ 고정탄소(%) = 100−[수분(%)+회분(%)+휘발분(%)]
④ 고정탄소(%) = 100−[수분(%)+황분(%)+휘발분(%)]

정답 85 ② 86 ① 87 ③ 88 ① 89 ④ 90 ③ 91 ③

해설 고체연료의 공업분석에서
고정탄소(%) = 100−(수분+회분+휘발분[%])

92 다음 용어의 해설 중 틀린 것은?

① 1센티푸아즈(CP)는 3.6kg/m·h와 같은 양이다.
② Reynolds수란, 유체가 직관을 흐를 때 난류인지, 층류인지를 추정하는 무차원수이다.
③ 층류란 유체의 흐름이 완만하며, 유체의 각 입자가 흐름의 방향과 평행하게 진행하는 것을 말한다.
④ 난류란 유체의 흐름이 빠르며, 유체의 각 입자가 흐름의 방향과 수직으로 진행하는 것을 말한다.

해설 난류(turbulent flow)란 유체 흐름이 빠르며 유체입자가 불규칙하게 난동하면서 흐르는 흐름으로 원관흐름인 경우(Re > 4,000)이다.

93 점도(점성계수)에 대한 설명이다. 부적당한 것은?

① 고점도유는 수송이 곤란하며, 예열온도를 높여서 연소 시켜야 한다.
② 15.5℃에서의 물의 절대점도를 C.G.S 단위로 나타낸 것을 1센티푸아즈라고 한다.
③ 동점도란 일정온도하에서, 절대점도를 밀도로 나눈 값이다.
④ 동점도의 측정은 일정량의 시료유가 일정길이의 세관(細管)을 일정온도하에 통과하는 초수(秒數)를 측정하여 산출한다.

해설 점성계수의 유도단위 (CGS계)
1poise(푸아즈) = 1dyne sec/cm^2 = 1g/cm·sec

• 1CP(Centi Poise)$=\dfrac{1}{100}$Poise

94 K탄광의 석탄의 분석결과 수분 5%, 전유황분 0.98%, 불연성 유황분 0.35%이었고 나머지는 회분, 휘발분, 탄소분이었다고 한다. 연소성 유황분은 약 몇 %인가?

① 1.33　　② 2.8
③ 0.63　　④ 0.68

해설 연소성 유황분

$=$ 전유황분$\times\dfrac{100}{100-\text{수분}(w)}-$불연성 유황분

95 어떤 발생가스의 부피조성은 다음과 같다. 완전연소에 필요한 양보다 20% 과잉공기로 이 가스를 연소한다. 반응완결도를 98%라고 할 때 이 가스 100kg을 연소해서 생기는 생성가스의 무게(kg)는? (단, 질소의 분자량은 28.2로 한다.)

CO : 28.0%	CO_2 : 3.5%
O_2 : 0.5%	N_2 : 68.0%

① 178　　② 156
③ 243　　④ 205

해설 발생가스의 평균분자량(m)을 계산하면
m = 28×0.28+44×0.035+32×0.005+28.2×0.680
= 7.84+1.54+0.16+19.18 = 28.716 ≒ 28.72
성분가스 중의 연소성분은 CO뿐이므로

$CO+\dfrac{1}{2}\times1.2\left(O_2+\dfrac{79}{21}N_2\right)$

$\rightarrow 0.98CO_2+0.02CO+0.22O_2+2.856N_2$

따라서 반응완결도가 0.98일 때 CO 1kg이 연소해서 생성되는 연소가스량은

$\dfrac{1}{28}\times(0.98\times44+0.02\times28+0.22\times32+2.856\times28.2)$

≒ 4.7kg

그러므로 이 가스 100kg이 연소할 때 생기는 연소가스량 G는 발생가스의 중량비로부터 계산된다.

$\therefore\ G=100\left(\dfrac{7.84}{28.72}\times4.7+\dfrac{1.54}{28.72}+\dfrac{0.16}{28.72}+\dfrac{19.18}{28.72}\right)$

≒ 201kg

정답 92 ④ 93 ② 94 ④ 95 ④

96 석탄의 분석결과 아래의 결과를 얻었다면 고정탄소분은 약 몇 %인가? (단, 수분을 측정하였을 때의 시료량은 2.0030g이고, 감량은 0.0432g, 회분을 측정하였을 때의 시료량은 2.0070g이고, 감량은 0.8872g, 휘발분을 측정하였을 때의 시료량은 1.9998g이고, 감량은 0.5432g이다.)

① 28.64% ② 21.16%
③ 17.04% ④ 44.21%

해설

㉠ 수분 $= \frac{\text{건조감량}}{\text{시료량}} \times 100\%$

$= \frac{0.0432}{2.0030} \times 100\% \fallingdotseq 2.16\%$

㉡ 회분 $= \frac{\text{회분량}}{\text{시료량}} \times 100\%$

$= \frac{0.8872}{2.0070} \times 100\% \fallingdotseq 44.2\%$

㉢ 휘발분 $= \frac{\text{가열감량}}{\text{시료량}} \times 100\% - \text{수분}(\%)$

$= \frac{0.5432}{1.9998} \times 100\% - 2.16\%$

$= 27.16 - 2.16 = 25\%$

∴ 고정탄소(%) = 100 − (수분 + 회분 + 휘발분)

= 100 − (2.16 + 44.2 + 25) = 28.64%

97 순수한 CH_4을 건조공기로 태우고 난 기체혼합물은 응축기로 보내져 수증기를 제거시키고 나머지 기체를 Orsat법으로 분석하였더니 부피비로 CO_2 : 8.21%, CO : 0.91%, O_2 : 5.02%, N_2 : 85.86%를 함유함을 알았다. CH_4, 1kg−mole당 몇 kg−mole의 건조공기가 필요한가?

① 8.47 ② 7.25
③ 11.92 ④ 10.58

해설

$CH_4 + 2O_2 \rightarrow CO_2 + 2H_2O$에서

1kg/mole : 2kg/mole

$A_o = \frac{1}{0.21} \times \frac{2}{1} = 9.52$ kg−mol/kg−mol(이론공기량)

그런데, 공기비 m은

$$m = \frac{N_2}{N_2 - 3.76(O_2 - 0.5CO)}$$

$$= \frac{85.86}{85.86 - 3.76(5.02 - 0.5 \times 0.91)} = 1.25$$

∴ $A = mA_o = 1.25 \times 9.52$

= 11.92kg−mol/kg−mol(실제공기량)

98 벤젠(C_6H_6)과 염화에틸렌($C_2H_4Cl_2$)의 혼합물을 이상용액이라고 할 때 50℃에서 같은 무게로 혼합되어 있는 용액의 전증기압은 얼마인가? (단, 50℃에서의 벤젠과 염화에틸렌의 증기압은 각각 268, 236mmHg이다.)

① 760mmHg ② 504mmHg
③ 254mmHg ④ 127mmHg

해설

용액의 전증기압 $= \frac{268}{2} + \frac{236}{2} = 252$ mmHg

99 석탄에서 수분과 회분을 제거한 나머지는?

① 휘발분과 고정탄소라 한다.
② 고정탄소라 한다.
③ 휘발분이라 한다.
④ 고정탄소와 코크스라 한다.

해설

석탄의 공업분석 시 수분과 회분을 제거하면 휘발분과 고정탄소만 고려한다.

100 0℃, 760mmHg에 있어서 건조공기의 비중량이 12.61N/m³이다. 20℃, 710mmHg 때의 비중량(N/m³)을 구하라. 옳은 답은? (단, 공기는 질소 79, 산소 21의 비율이다.)

① 10.25 ② 10.98
③ 11.25 ④ 12.98

해설

$\frac{P_1V_1}{T_1} = \frac{P_2V_2}{T_2}$이므로

$P_1V_1T_2 = P_2V_2T_1 (P_1\gamma_2T_2 = P_2\gamma_1T_1)$

∴ $\gamma_2 = \gamma_1\left(\frac{P_2}{P_1}\right)\left(\frac{T_1}{T_2}\right)$

$= 12.61 \times \left(\frac{710}{760}\right) \times \left(\frac{273}{20+273}\right) \fallingdotseq 10.98\text{N/m}^3$

101 기체연료의 관리상 검량 시 꼭 측정하여야 할 사항은?

① 온도와 압력 ② 부피와 온도
③ 압력과 부피 ④ 부피와 습도

해설

기체연료는 관리상 검량 시 부피(체적)와 온도는 반드시 측정하여야 한다.

정답 96 ① 97 ③ 98 ③ 99 ① 100 ② 101 ②

102 올자트 분석장치 중에 암모니아성 염화제1동 용액이 들어 있는 흡수펫트가 있는데 이 것은 어느 것을 측정할 수 있는가?

① O_2 ② CO
③ CO_2 ④ N_2

해설
㉠ CO : 암모니아성 염화제1동 용액
㉡ O_2 : 알칼리성 피로카롤용액
㉢ CO_2 : 수산화 칼륨용액 30%
㉣ $N_2 = 100-(CO_2+O_2+CO)[\%]$
• 가스분석법
1) 흡수분석법 : 헴펠법, 오르사트법, 게겔법
2) 연소분석법 : 폭발법, 완만연소법, 분별연소법
3) 화학분석법 : 적정법, 중량법, 흡광광도법
4) 기기분석법 : 가스크로마토그래피법, 질량분석법, 적외선 분광 분석법, 전량적정법, 저온정밀증류법

103 다음의 무게조성을 가진 중유의 저위발열량(kJ/kg)을 구하시오.

C : 84%	H : 13%	O : 0.5%
S : 2%	N : 0.5%	

① 35,246 ② 44,397
③ 45,253 ④ 47,258

해설
중유의 저위발열량(H_ℓ)

$$= 33{,}907C + 121{,}394\left(H - \frac{O}{8}\right) + 10{,}465S - 2{,}512w$$

$$= 33{,}907 \times 0.84 + 121{,}394\left(0.13 - \frac{0.005}{8}\right)$$

$$+ 10{,}465 \times 0.02 - 2{,}512 \times 0$$

$$\fallingdotseq 44{,}397\text{kJ/kg}$$

104 노 내 상태가 산성인가, 환원성인가를 확인하는 방법 중 가장 확실한 것은 다음 중 어느 것인가?

① 연소가스 중의 CO_2함량을 분석한다.
② 화염의 색깔을 본다.
③ 노 내 온도분포를 체크한다.
④ 연소가스 중의 CO 함량을 분석한다.

해설
노(furnace) 내 상태가 산성인가 환원성인가를 확인하는 방법 중 가장 확실한 것은 연소가스 중 일산화탄소(CO) 함량을 분석하는 방법이다.

105 연료의 이론적 공기량은 어느 것에 따라 변하는가?

① 연료 조성 ② 과잉공기 계수
③ 연소장치 종류 ④ 연소 온도

해설
연료의 이론적 공기량은 연료의 조성(비) (C, H, S, O, N, P)에 따라 결정된다.

106 다음 성분 중에서 매연을 발생시키기 쉬운 성분은?

① 회분 ② 수분
③ 휘발분 ④ 고정탄소

해설
고체연료의 공업분석
㉠ 고정탄소
㉡ 수분
㉢ 회분
㉣ 휘발분(매연을 일으키기 쉬운 성분이다.)

107 연료비(Fuel Ratio)를 나타내는 것은 다음 중 어느 것인가?

① 휘발분/고정탄소 ② 고정탄소/휘발분
③ 탄소/수소 ④ 수소/탄소

해설
연료비(Fuel Ratio) = 고정탄소/휘발분(연료비가 커야 좋다. 즉 12 이상이면 무연탄에 속한다).

108 가스의 저장에 사용되지 않는 홀더는 어느 것인가?

① 유수식 홀더 ② 무수식 홀더
③ 고압 홀더 ④ 저압 홀더

해설
가스홀더(Gas Holder)
㉠ 저압용 홀더 : 유수식, 무수식
㉡ 고압식 홀더(서지탱크)

정답 102 ② 103 ② 104 ④ 105 ① 106 ③ 107 ② 108 ④

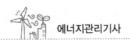

109 연소가스 중의 SO_2를 무수황산으로 변화시키는 촉매제는?

① 산화 마그네슘
② 회분 중의 산화칼륨
③ 불완전연소된 탄소 미립자
④ 오산화 바나듐

해설
$S+O_2 \rightarrow SO_2$+334,880kJ/kmol
$SO_2+O \rightarrow SO_3$(무수황산)
$SO_3+H_2O \rightarrow H_2SO_4$(황산가스) → 저온부식원인
오산화 바나듐(V_2O_5)은 SO_2를 무수황산으로 변화시키는 촉매제(고온부식의 원인)

110 인화점이 50℃ 이상의 원유, 경유, 중유 등에 사용되는 인화점 시험방법은 어느 것인가?

① 타그 밀폐식
② 에펠펜스키 밀폐식
③ 클리브랜드 개방식
④ 펜스키마텐스 밀폐식

해설
펜스키마텐스(Penskimartens)식은 인화점이 50℃ 이상의 원유, 경유, 중유 등에 사용되는 인화점 시험방법이다.

111 석탄을 분석한 결과 탄소 60%, 수소 9.18%, 전체 유황 0.72%, 불연성 유황 0.21%, 회분 22.31%, 수분 2.45%일 때 연소성 유황은 몇 %인가?

① 0.62 ② 0.58
③ 0.47 ④ 0.53

해설
연소성 유황(%)

$$= \text{전체황분} \times \frac{100}{100-\text{수분}} - \text{불연소성 황분}$$

$$= 0.72 \times \frac{100}{100-2.45} - 0.21 = 0.53$$

정답 109 ④ 110 ④ 111 ④

Engineer Energy Management

Chapter 02

연소계산 및 열정산

1 연소계산

1) 연소(combustion)

연소란 가연성 물질이 산화반응에 의하여 빛과 열을 동시에 수반하는 현상을 말한다(넓은 의미로는 열과 빛을 수반하지 않는 산화반응과 원자로 안에서 이루어지는 연쇄핵분열 반응을 포함한다).

2) 연소계산

연소계산은 화학방정식에 의하여 계산할 수 있으며 가연성분에 필요한 산소량 및 공기량, 연소 생성물 등을 알 수 있다.

(1) 연소의 3대 조건

① 가연성분: 탄소(C), 수소(H), 황(S)
② 산소공급원
③ 점화원(불씨)

(2) 연소계산에 필요한 원소의 원자량 및 분자량

원소명	원소기호	원자량	분자식	분자량(kg/kmol)
① 수소	H	1	H_2	2
② 탄소	C	12	C	12
③ 질소	N	14	N_2	28
④ 산소	O	16	O_2	32
⑤ 공기	혼합물			29
⑥ 황	S	32	S	32
⑦ 아황산가스			SO_2	64
⑧ 물			H_2O	18
⑨ 탄산가스			CO_2	44
⑩ 일산화탄소			CO	28
⑪ 메탄			CH_4	16

원소명	원소기호	원자량	분자식	분자량(kg/kmol)
⑫ 에탄			C_2H_6	30
⑬ 프로판			C_3H_8	44
⑭ 부탄			C_4H_{10}	58

(3) 아보가드로의 법칙(Avogadro's law)

온도와 압력이 일정 시(T = C, P = C) 서로 다른 기체라 해도 부피가 같으면 같은 수의 분자를 포함한다는 법칙으로 "0℃ 1기압하에서 모든 기체 1몰(mol)이 차지하는 부피는 22.4L이고, 아보가드로의 분자수(N) = 6.023×10^{23}개이다(1mol = 22.4L, 1kmol = 22.4Nm^3).

(4) 공기의 조성

구분	산소(O_2)	질소(N_2)
질량비(1kg 기준)	0.232	0.768
체적비(1Nm^3 기준)	0.21	0.79

3) 고체 및 액체 연료의 연소반응식

(1) 탄소(C)의 완전연소반응식

	C	+	O_2	=	CO_2	+	406,879.2kJ/kmol
① 분자량	12		32		44		
② 몰수	1		1		1		
③ Nm^3	22.4		22.4		22.4		
④ 탄소 1kg당 발열량	1		2.67		3.67	+	33,906.6kJ/kg(탄소)

(2) 수소(H)의 완전연소반응식

	H_2	+	$\frac{1}{2}O_2$	=	H_2O(물)	+	286,322.4kJ/kmol
① 분자량	2		16		18		
② 몰수	1		0.5		1		
③ Nm^3	22.4		11.2		22.4		
④ 수소 1kg당 발열량	1		8		9	+	143,161.2kJ/kg(수소)

(3) 황(S)의 완전연소반응식

	S	+	O_2	=	SO_2	+	334,880kJ/kmol
① 분자량	32		32		64		
② 몰수	1		1		1		
③ Nm^3	22.4		22.4		22.4		
④ 황(S) 1kg당 발열량	1		1		2	+	10,465kJ/kg(황)

4) 기체연료의 연소반응식

기체연료의 경우 고체 및 액체연료와는 달리 분자량에 대한 체적에 대하여 계산한다.

(1) 수소(H_2)의 연소

	H_2	+	$\frac{1}{2}O_2$	=	H_2O(수증기)	+	241,114kJ/kmol
① kmol	1		0.5		1		
② Nm^3	22.4		11.2		22.4		
③ 수소(H_2) 1kg당 발열량	1		8		9	+	120,557kJ/kg

(2) 일산화탄소(CO)의 연소

	CO	+	$\frac{1}{2}O_2$	=	CO_2	+	284,648kJ/kmol
① kmol	1		0.5		1		
② Nm^3	22.4		11.2		22.4		
③ 일산화탄소(CO) 1Nm^3 발열량	1		0.5		1	+	12,708kJ/Nm^3

〈연료별 연소반응식〉

연료	연소반응	고발열량(H_h) [kJ/Nm^3]	산소량(O_o) [Nm^3/Nm^3]	공기량(A_o) [Nm^3/Nm^3]
수소(H_2)	$H_2 + \frac{1}{2}O_2 = H_2O$	12,768	0.5	2.38
일산화탄소(CO)	$CO + \frac{1}{2}O_2 = CO_2$	12,708	0.5	2.38
메탄(CH_4)	$CH_4 + 2O_2 = CO_2 + 2H_2O$	39,893	2	9.52

연료	연소반응	고발열량(H_2) [kJ/Nm³]	산소량(O_o) [Nm³/Nm³]	공기량(A_o) [Nm³/Nm³]
아세틸렌(C_2H_2)	$C_2H_2 + \frac{5}{2}O_2 = 2CO_2 + H_2O$	58,939	2.5	11.9
에틸렌(C_2H_4)	$C_2H_4 + 3O_2 = 2CO_2 + 2H_2O$	63,962	3	14.29
에탄(C_2H_6)	$C_2H_6 + \frac{7}{2}O_2 = 2CO_2 + 3H_2O$	70,367	3.5	16.67
프로필렌(C_3H_6)	$C_3H_6 + \frac{9}{2}O_2 = 3CO_2 + 3H_2O$	93,683	4.5	21.44
프로판(C_3H_8)	$C_3H_8 + 5O_2 = 3CO_2 + 4H_2O$	102,013	5.0	23.81
부틸렌(C_4H_8)	$C_4H_8 + 6O_2 = 4CO_2 + 4H_2O$	125,915	6.0	28.57
부탄(C_4H_{10})	$C_4H_{10} + \frac{13}{2}O_2 = 4CO_2 + 5H_2O$	133,994	6.5	30.95
반응식	$C_mH_n + \left(m + \frac{n}{4}\right)O_2 = mCO_2 + \frac{n}{2}H_2O$		$m + \frac{n}{4}$	$O_o \times \frac{1}{0.21}$

- 열량의 단위환산

  1kcal = 4.2kJ = 3.968Btu = 2.25Chu(1kWh = 860kcal = 3,600kJ)

5) 산소량 및 공기량 계산식

가연성분에 공기를 충분히 공급하고 연소하면 완전연소가 되지만 소요공기 부족 시에는 불완전연소로 인한 매연발생 및 연료손실이 증가한다.

(1) 이론산소량(O_o) 계산

연료를 산화하기 위한 이론적 최소산소량

① 고체 및 액체연료

㉠ 질량(kg′/kg) 계산식

$$O_o = 2.67C + 8\left(H - \frac{O}{8}\right) + S(kg'/kg)$$

㉡ 체적(Nm³/kg) 계산식

$$O_o = 1.867C + 5.6\left(H - \frac{O}{8}\right) + 0.7S(Nm^3/kg)$$

$\left(H - \frac{O}{8}\right)$을 유효수소수라 하며 연료 중에 포함된 산소가 연소 전에 수소와 반응하여 실제연소에 영향을 주는 가연성분인 수소는 감소하게 된다. 따라서 실제연소 가능한 수소를 유효수소라고 한다.

② 기체연료(Nm^3/Nm^3)

$$O_o = 0.5(H_2 + CO) + 2CH_4 + 2.5C_2H_2 + 3C_2H_4 + 3.5C_2H_6 + \cdots - O_2$$

(2) 이론공기량(A_o)

연료(fuel)를 완전연소시키는 데 이론상으로 필요한 최소의 공기량으로 공기 중 산소의 질량 조성과 용적 조성으로 구할 수 있다.

① 고체 및 액체연료의 경우

㉠ 질량(kg/kg') 계산식

$$A_o = \frac{O_o}{0.232} = \frac{1}{0.232}\left\{2.67C + 8\left(H - \frac{O}{8}\right) + S\right\}$$

$$= 11.49C + 34.49\left(H - \frac{O}{8}\right) + 4.31S\,[kg/kg']$$

㉡ 체적(Nm^3/kg) 계산식

$$A_o = \frac{O_o}{0.21} = \frac{1}{0.21}\left\{1.867C + 5.6\left(H - \frac{O}{8}\right) + 0.7S\right\}$$

$$= 8.89C + 26.7\left(H - \frac{O}{8}\right) + 3.33S\,[Nm^3/kg]$$

② 기체연료의 경우(Nm^3/Nm^3)

$$A_o = 0.5(H_2 + CO) + 2CH_4 + 2.5C_2H_2 + 3C_2H_4 + 3.5C_2H_6 + \cdots - O_2\} \times \frac{1}{0.21}\,[Nm^3/Nm^3]$$

(3) 실제공기량(A)

이론산소량에 의해 산출된 이론공기량을 연료와 혼합하여 실제 연소할 경우 이론공기량으로 완전연소가 불가능하기 때문에 실제 이론공기량 이상의 공기를 공급하게 된다.

- 실제공기량(A_a) = 이론공기량(A_o) + 과잉공기량(A_s) = $m \cdot A_o$(공기비×이론공기량)

(4) 공기비(m): 과잉공기계수

이론공기량에 대한 실제공기량의 비로 공기비에 따라 연소에 미치는 영향이 다르다.

$$m = \frac{\text{실제공기량}(A_a)}{\text{이론공기량}(A_o)} = \frac{A_o + (A_a - A_o)}{A_o} = 1 + \frac{A_a - A_o}{A_o}$$

여기서, $A_a - A_o$을 과잉공기량이라 하며 완전연소과정에서 공기비(m)는 항상 1보다 크다.

- 과잉공기량($A_a - A_o$) = $(m-1)A_o$[Nm^3/kg, Nm^3/Nm^3]
- 과잉공기율 = $(m-1) \times 100(\%)$

6) 배기가스와 공기비(m) 계산식

(1) 배기가스 분석성분에 따라 공기비를 계산

① 완전연소 시(H_2, CO 성분이 없거나 아주 적은 경우) 공기비(m) 계산

$$m = \frac{21}{21 - O_2} = \frac{\frac{N_2}{0.79}}{\left(\frac{N_2}{0.79}\right) - \left(\frac{3.76O_2}{0.79}\right)} = \frac{N_2}{N_2 - 3.76O_2}$$

② 불완전연소 시(배기가스 중에 CO 성분이 포함) 공기비(m) 계산

$$m = \frac{N_2}{N_2 - 3.76(O_2 - 0.5CO)}$$

③ 탄산가스 최대치(CO_{2max})에 의한 공기비(m) 계산

$$m = \frac{CO_{2max}}{CO_2}$$

(2) 공기비가 클 때(과잉공기량 증가) 나타나는 현상

① 연소실 내 연소온도가 낮아진다.

② 배기가스에 의한 열손실 증대

③ SO_3(무수황산)량의 증가로 저온부식 원인

④ 고온에서 NO_2 발생이 심하여 대기오염 유발

(3) 공기비가 작을 때 나타나는 현상

① 미연소연료에 의한 열손실 증가

② 불완전연소에 의한 매연발생 증가

③ 연소효율 감소

④ 미연가스에 의한 폭발사고의 위험성 증가

7) 최대 탄산가스율(CO_{2max})

(1) 완전연소 시

$$CO_{2max} = \frac{21 \times CO_2(\%)}{21 - O_2(\%)}$$

(2) 불완전연소 시

$$CO_{2max} = \frac{21[CO_2(\%) + CO(\%)]}{21 - O_2(\%) + 0.395CO(\%)}$$

8) 연소가스량

① 이론 습연소가스량(G_{ow}) = 이론 건연소가스량(G_{od}) + 연소생성 수증기량

- G_{ow}[kg/kg] = 이론 건연소가스량(G_{od}) + $(9H + W)$
  $= (1-0.232)A_0 + 3.67C + 2S + N + (9H + W)$
- G_{ow}[Nm^3/kg] = 이론 건연소가스량(G_{od}) + $1.244(9H + W)$
  $= (1-0.21)A_0 + 1.867C + 0.7S + 0.8N + 1.244(9H + W)$

② 이론 건연소가스량(G_{od}) = 이론 습연소가스량(G_{ow})−연소생성 수증기량

- G_{od}[kg/kg] = $(1-0.232)A_0 + 3.67C + 2S + N$
- G_{od}[Nm^3/kg] = $(1-0.21)A_0 + 1.867C + 0.7S + 0.8N$

③ 실제 습연소가스량(G_W) = 이론 습연소가스량(G_{ow}) + 과잉공기량[$(m-1)A_0$]

- G_W[kg/kg] = $(m-0.232)A_0 + 3.67C + 2S + N + (9H + W)$
- G_W[Nm^3/kg] = $(m-0.21)A_0 + 1.867C + 0.7S + 0.8N + 1.244(9H + W)$

④ 실제 건연소가스량(G_d) = 이론 건연소가스량(G_{od}) + 과잉공기량$(m-1)A_0$

- G_d[kg/kg] = $(m-0.232)A_0 + 3.67C + 2S + N$
- G_d[Nm^3/kg] = $(m-0.21)A_0 + 1.867C + 0.7S + 0.8N$

9) 발열량

(1) 발열량의 정의

연료의 단위 질량(1kg) 또는 단위 체적(1Nm^3)의 연료가 완전연소 시 발생하는 전열량(kJ)이다.

(2) 발열량의 단위

① 고체 및 기체연료: kJ/kg

② 기체연료: kJ/Nm^3

(3) 발열량의 종류

① 고위발열량(H_h): 수증기의 증발잠열을 포함한 연소열량이다.

- 고위발열량(kJ/kg) = $33,906.6C + 142,324\left(H - \frac{O}{8}\right) + 10,465S$

② 저위발열량(H_L): 수증기의 증발잠열을 제외한 연소열량이다.

- 고체 및 액체연료의 저위발열량(kJ/kg) = 고위발열량(H_h)$-2,512(9H + W)$
- 기체연료의 저위발열량(kJ/Nm^3) = 고위발열량(H_h)$-2,010$(H_2O몰수)

〈완전연소 반응식〉

탄소(C)	$C + O_2 \rightarrow CO_2 + 406,879.2kJ/kmol$ 12kg → 406,879.2kJ/kmol 1kg → 33,906.6kJ/kg(탄소 1kg당 발열량)
수소(H)	$H_2 + \frac{1}{2}O_2 \rightarrow H_2O$(물) + 267,904kJ/kmol 2kg → 267,904kJ/kmol 1kg → 133,952kJ/kg(수소 1kg당 발열량)
황(S)	$S + O_2 \rightarrow SO_2 + 334,880kJ/kmol$ 32kg → 334,880kJ/kmol 1kg → 10,465kJ/kg(유황 1kg당 발열량)

기체연료의 발열량[kJ/Nm³] 비교

연료	액화석유가스(LPG)	천연가스(LNG)	오일가스	증열수성가스
발열량	933,478	43,953~46,046	12,558~41,860	21,349
연료	석탄가스	발생로가스	수성가스	고로가스
발열량	20,930	4,605	11,721	3,768

10) 연도

(1) 정의

노(연소실)에서 발생한 고온·고압의 연소가스를 굴뚝에 유입시킬 때까지의 통로를 말한다.

① 연도의 길이는 짧을수록 통풍력이 좋아지므로 연도의 길이는 짧을수록 좋다.

② 연도는 고온이므로 연도의 보온재로 규산칼슘, 암면, 규조토 등과 같이 고온에 견디는 무기질 보온재를 사용해야 한다.

(2) 연도의 설치

① 연도에 부착되는 댐퍼 및 계측기는 조작 및 계측이 용이하도록 하고, 조작대와 사다리를 설치한다.

② 연소가스 또는 배기가스가 통과하는 연도는 가스의 누출, 지하수의 침입 등을 방지하기 위해 기밀구조로 한다.

③ 연도는 미연가스가 정체하기 쉬운 부분이 없는 구조이어야 한다.

④ 연도에는 배기가스를 분석하기 위해 그 직선부분에 가스 채취구멍을 설치한다.

⑤ 보일러 출구에는 출구가스온도를 지시하는 온도계를 부착한다.

⑥ 연도는 열팽창으로 인한 기기의 손상을 방지할 수 있도록 익스팬션 조인트(expansion joint)를 필요개소에 부착하여야 한다.

⑦ 연도에는 유량을 조절할 수 있는 댐퍼를 필요개소에 부착하며, 내부청소 및 검사가 용이하도록 맨홀 및 청소구를 설치한다.
⑧ 연도는 운전 및 휴지 시 진동이나 소음이 발생하지 않도록 충분히 보강하고 연도의 자중으로 인한 처짐 등을 방지할 수 있도록 적절한 개소에 받침 및 행거(hanger)를 설치한다.

(3) 연도의 점검

보일러에 설치되어 있는 송풍기의 용량은 여유를 가지고 있는 것이 보통이지만 연도의 통풍력이 대폭으로 저하하면 정격부하 때 통풍량이 부족한 경우가 있다. 이 때문에 연도의 점검에서는 주로 다음에 대해서 조사한다.

① 내면의 단열재 및 외면의 보온재 파손이나 탈락의 유무
② 강판제 연도의 과열에 의한 변색 유무
③ 연도의 균열이나 파손의 유무
④ 청소구 및 점검구의 틈 유무
⑤ 연도가 지하에 설치되어 있는 경우에는 지하수의 침입 유무

11) 연돌(굴뚝)

① 연돌의 높이가 높을수록 자연통풍력이 증가한다.
② 연돌의 상부단면적이 클수록 통풍력이 증가한다.
③ 매연 등을 멀리 확산시켜 대기오염을 줄인다.
④ 연돌을 보온처리하면 배기가스와 외기의 온도차가 커져 통풍력이 증가한다.

연돌의 상부단면적 계산공식

$$\text{연돌의 상부단면적}(A) = \frac{G(1+0.0037\times t_g)\dfrac{P_g}{760}}{3{,}600\,V}\ [\mathrm{m^2}]$$

여기서, G : 연소가스량($\mathrm{Nm^3/h}$)
= [연료 1kg당 실제 연소가스량($\mathrm{Nm^3/kg}$)×시간당 연료사용량(kg/h)]
t_g : 배기가스온도(℃)
P_g : 배기가스압력(mmHg)
V : 배기가스유속(m/s)

12) 연소온도

연소과정에서 가연물질이 완전연소되어 연소실 벽면이나 방사에 의한 손실이 일절 없다고 가정할 때의 연소실 내 가스온도를 이론 연소온도라 하며 공기 및 연료의 현열 등을 고려한 경우에는 실제 연소온도로 구분된다.

(1) 이론 연소온도(t_o)

$$t_o = \frac{H_L}{G_v C} + t[℃]$$

(2) 연소실의 실제 연소온도(t_τ)

$$t_\tau = \frac{H_L + Q_a + Q_f}{G_v C} + t[℃]$$

여기서, H_L: 저위발열량(kJ/kg)
G_v: 연소가스량(Nm^3/kg)
C: 연소가스 정압 비열(kJ/Nm^3℃)
Q_a: 공기의 현열(kJ/kg)
Q_f: 연료의 현열(kJ/kg)
t: 기준온도(℃)

연소온도에 미치는 인자

① 연료의 단위 질량당 발열량
② 연소용 공기 중 산소의 농도
③ 공급 공기의 온도
④ 공기비(과잉공기 계수)가 클수록 과잉된 질소(흡열반응)에 의한 연소가스량이 많아지므로 연소온도는 낮아진다(가장 큰 영향을 주는 요인).
⑤ 연소 시 반응물질 주위의 온도

연소온도를 높이려면

① 발열량이 높은 연료를 사용
② 연료와 공기를 예열하여 공급
③ 과잉공기를 적게 공급(이론공기량에 가깝게 공급)
④ 방사 열손실을 방지
⑤ 완전연소

2 열정산(heat balance)의 정의

열정산이라 함은 연소장치에 의하여 공급되는 입열과 출열과의 관계를 파악하는 것으로 열감정 또는 열수지라고도 한다.

열정산의 목적

① 장치 내의 열의 행방을 파악
② 조업(작업)방법을 개선

③ 열설비의 신축 및 개축시 기초자료 활용
④ 열설비 성능 파악

1) 열정산의 결과 표시(입열, 출열, 순환열)

(1) 입열 항목(피열물이 가지고 들어오는 열량)

① 연료의 저위발열량(연료의 연소열)
② 연료의 현열
③ 공기의 현열
④ 노내분입증기 보유열

- 입열항목 중 가장 큰 항목은 연료의 저위발열량이다.

(2) 출열 항목

① 미연소분에 의한 열손실
② 불완전연소에 의한 열손실
③ 노벽 방사 전도 손실
④ 배기가스 손실(열손실 항목 중 배기에 의한 손실이 가장 크다)
⑤ 과잉공기에 의한 열손실

(3) 순환열

설비 내에서 순환하는 열로서 공기예열기흡수열량, 축열기흡수열량, 과열기흡수열량 등이 있다.

2) 습포화증기(습증기)의 비엔탈피

$$h_x = h' + x(h'' - h') = h' + x\gamma\,[\mathrm{kJ/kg}]$$

여기서, 건조도(x)
물의 증발열(γ) = 539kcal/kgf = 2,257kJ/kg
h': 포화수 비엔탈피(kJ/kg)
h'': 건포화증기 비엔탈피(kJ/kg)

3) 상당증발량(m_e)

(1) 상당증발량(m_e)

$$m_e = \frac{m_a(h_2 - h_1)}{2,257}\,[\mathrm{kg/h}]$$

여기서, m_a: 실제증발량(kg/h)　　h_2: 발생증기 비엔탈피(kJ/kg)
h_1: 급수(물)의 비엔탈피(kJ/kg)

4) 보일러마력

(1) 보일러 1마력의 정의

표준대기압(760mmHg) 상태하에서 포화수(100℃ 물) 15.65kg을 1시간 동안에(100℃) 건포화증기로 만드는(증발시킬 수 있는) 능력

(2) 보일러마력

$$BPS = \frac{m_e}{15.65} = \frac{m_a(h_2 - h_1)}{2,257 \times 15.65} = \frac{m_a(h_2 - h_1)}{35,322.05} \text{[BPS]}$$

(3) 보일러 효율(η_B)

$$\eta_B = \frac{m_a(h_2 - h_1)}{H_\ell \times m_f} \times 100\% = \frac{m_e \times 2,257}{H_\ell \times m_f} \times 100\%$$

(4) 온수보일러 효율

$$\eta = \frac{WC(t_2 - t_1)}{H_\ell \times m_f} \times 100\%$$

여기서, W: 시간당 온수발생량(kg/h)
C: 온수의 비열(kJ/kgK)
t_2: 출탕온도(K)
t_1: 급수온도(K)

5) 연소효율과 전열면 효율

① 연소효율(η_C)$= \dfrac{\text{실제 연소열량}}{\text{연료의 발열량}} \times 100\%$

② 전열효율(η_r)$= \dfrac{\text{유효열량}(Q_a)}{\text{실제 연소열량}} \times 100\%$

③ 열효율(η)$= \dfrac{\text{유효열량}}{\text{공급열}} \times 100(\%)$

6) 증발계수

$$\text{증발계수}\left(\frac{m_e}{m_a}\right) = \frac{h_2 - h_1}{2,257}$$

7) 증발배수

① 실제 증발배수$=\dfrac{\text{실제증기발생량}(m_a)}{\text{연료소비량}(m_f)}$

② 환산(상당) 증발배수$=\dfrac{\text{상당증발량}(m_e)}{\text{연료소비량}(m_f)}$

8) 전열면 증발률

$$\text{전열면 증발률}=\frac{\text{시간당 증기발생량}(m)}{\text{전열면적}(A)}[\text{kg/m}^2\text{h}]$$

9) 보일러부하율

$$\text{보일러부하율}=\frac{\text{시간당 증기발생량}(m)}{\text{시간당 최대증발량}(m_{\max})}\times 100(\%)$$

Chapter 02 예상문제

01 프로판(C_3H_8) $10Nm^3$를 이론산소량으로 완전연소시켰을 때에 건연소가스량(Nm^3)은?

① 10　② 20
③ 30　④ 40

해설
$C_3H_8 + 5O_2 \rightarrow 3CO_2 + 4H_2O$

$22.4Nm^3$: $3 \times 22.4Nm^3$
$10Nm^3$　G_d(건연소가스량)

$\therefore 22.4 : 3 \times 22.4 = 10 : G_d$

$G_d = \dfrac{3 \times 22.4 \times 10}{22.4} = 30Nm^3$

(질소값을 제외한 CO_2에 의한 건연소가스량)

02 유효수소를 옳게 표시한 것은 어느 것인가?

① $(H-O)$　② $\left(H-\dfrac{O}{8}\right)$
③ $\left(\dfrac{H}{8}-O\right)$　④ $\left(\dfrac{H}{2}-\dfrac{O}{8}\right)$

해설
$$H_L = 33{,}907C + 120{,}577\left(H-\frac{O}{8}\right) + 10{,}465S - 2{,}512\left(W+\frac{9}{8}O\right)[kJ/kg]$$

여기서, $\left(H-\dfrac{O}{8}\right)$는 유효수소(자유수소)라고 한다.

03 다음과 같은 부피조성의 연소가스가 있다. 산소의 mole분율은 얼마인가?

CO_2(13.1%), O_2(7.7%), N_2(79.2%)

① 7.7　② 0.77
③ 0.077　④ 0.792

해설
가스의 체적(부피)비와 몰수비는 비례하므로 산소(O_2)의 몰(mole)분율 = 7.7%(0.077)이다.

04 H_2 = 50%, CO = 50%인 기체연료의 연소에 필요한 이론공기량(Nm^3/Nm^3)은 얼마인가?

① 0.50　② 100
③ 2.38　④ 3.30

해설
이론공기량(A_o)
$= 2.38(CO+H_2) - 4.76O_2 + 9.52CH_4 + 14.3C_2H_4$
$= 2.38(0.5+0.5) = 2.38Nm^3/Nm^3$(연료)

[별해]
$H_2 + \dfrac{1}{2}O_2 \rightarrow H_2O$

$\dfrac{1}{2} = 0.5Nm^3/Nm^3$(연료)

$CO + \dfrac{1}{2}O_2 \rightarrow CO_2$

또는 $[(0.5/0.21) \times 0.5] \times 2 = 2.38Nm^3/Nm^3$

05 황(S) 1kg을 이론공기량으로 완전연소시켰을 때, 발생하는 연소가스량(Nm^3)은?

① 0.70　② 2.00
③ 2.63　④ 3.33

해설
$S + O_2 = SO_2 + 334{,}880kJ/kmol$

이론공기량(A_o) $= \dfrac{1}{0.21} \times \dfrac{22.4}{32} = 3.33Nm^3/kg$

06 공기 10kg의 부피 $10m^3$의 용기 속에 27℃의 상태로 있을 때의 용기의 벽에 작용하는 압력은 얼마인가? (단, 공기의 기체정수는 287N·m/kg·K이다.)

① 56.1kPa　② 66.3kPa
③ 75.7kPa　④ 86.1kPa

해설
$PV = mRT$에서

$P = \dfrac{mRT}{V} = \dfrac{10 \times 0.287 \times (27+273)}{10}$

$= 86.1kPa$

정답 01 ③ 02 ② 03 ③ 04 ③ 05 ④ 06 ④

07 다음 조성의 수성가스를 건조공기를 써서 연소시킬 때의 공기량(Nm^3/Nm^3)은 얼마인가? (단, 여기서 공기과잉률은 1.30이다.)

CO_2(4.5%)	O_2(0.2%)
CO(38.0%)	H_2(52.0%)

① 1.95 ② 2.77
③ 3.67 ④ 4.09

해설
이론공기량(A_o)
$= 2.38(CO+H_2)-4.76O_2+9.52CH_4+14.3C_2H_4$
$= 2.38(0.38+0.52)-4.76\times0.002 = 2.13Nm^3/Nm^3$
∴ 실제공기량(A_a) $= mA_o = 1.30\times2.13$
$= 2.77Nm^3/Nm^3$

08 연료 1kg에 대한 이론공기량(Nm^3)을 구하는 식은 어느 것인가?

① $\frac{1}{0.21}(1.867C+5.60H-0.7O+0.7S)$

② $\frac{1}{0.21}(1.767C+5.60H-0.7O+0.7S)$

③ $\frac{1}{0.21}(1.867C+5.80H-0.7O+0.7S)$

④ $\frac{1}{0.21}(1.867C+5.60H-0.7O+0.8S)$

해설
$$A_o=\frac{1}{0.21}\left[1.867C+5.6\left(H-\frac{O}{8}\right)+0.7S\right]$$
$$=\frac{1}{0.21}(1.867C+5.6H-0.7O+0.7S)[Nm^3/kg]$$

09 다음의 연소가스 분석값을 가지고 공기 과잉률을 계산한 값은? (단, 연소가스의 분석값은 CO_2 = 11.5%, O_2 = 7.5%, N_2 = 81.0%이다.)

① 1.1 ② 1.3
③ 1.5 ④ 1.7

해설
완전연소식 공기비$(m)=\frac{21N_2}{21N_2-79O_2}$
$$=\frac{N_2}{N_2-3.76O_2}=\frac{0.81}{0.81-3.76\times0.075}=1.53$$

10 연소가스의 분석결과가 CO_2 = 12.6%, O_2 = 6.4%일 때 $(CO_2)_{max}$는?

① 17.1% ② 18.1%
③ 19.1% ④ 20.1%

해설
$m=\frac{(CO_2)_{max}}{(CO_2)}=\frac{21}{21-O_2}$ 이므로
$$(CO_2)_{max}=(CO_2)\times\frac{21}{21-O_2}$$
$$=12.6\times\frac{21}{21-6.4}=18.1\%$$

11 다음과 같은 조성을 가진 연탄 3kg의 완전연소 시 필요한 이론공기량은 약 몇 kg인가? (단, 연료 1kg에 대한 조성은 다음과 같다. 탄소 = 0.35kg, 수소 = 0.025kg, 황 = 0.01kg, 회분 = 0.05kg, 수분 = 0.515kg, 산소 = 0.05kg)

① 3.62 ② 4.31
③ 10.86 ④ 14.13

해설
이론공기량$(A_o)=11.49C+34.5\left(H-\frac{O}{8}\right)+4.33S$
$=11.49\times0.35+34.5\left(0.025-\frac{0.05}{8}\right)+4.33\times0.01$
$=4.714kg'/kg$
∴ 연탄 3kg 완전연소 시 이론공기량(A_o)
$=3\times4.714=14.1kg$

12 중유 1kg 속에는 수소 15%, 수분 0.3%가 들어 있다고 한다. 이 중유의 고발열량이 41,860kJ/kg일 때, 이 중유 2kg의 총 저위발열량은 대략 몇 kJ인가?

① 12,562.53 ② 16,257.53
③ 76,922.53 ④ 77,125.53

해설
연료 1kg의 저위발열량(H_ℓ)
$=H_h-2,512(W+9H)$
$=41,860-2,512(0.003+9\times0.15)$
$=38,461.264kJ/kg$
∴ 중유 2kg의 총 저위발열량$=2\times38,461.264$
≒ 76,922.53kJ

정답 07 ② 08 ① 09 ③ 10 ② 11 ④ 12 ③

13 $(CO_2)_{max}$ = 19.0%, (CO_2) = 13.0%, (O_2) = 3.0%일 때 공기과잉계수(m)는 얼마인가?

① 1.25 ② 1.35
③ 1.45 ④ 5.43

해설

공기과잉계수$(m) = \frac{(CO_2)_{max}}{CO_2} = \frac{19}{13} = 1.46$

14 이론습윤 연소가스량 G의 이론 건연소가스량 G'의 관계를 옳게 나타낸 식은?

① $G' = G + 1.25(9H + W)$
② $G = G' + 1.25(9H + W)$
③ $G' = G + (9H + W)$
④ $G = G' + (9H + W)$

해설

이론 습윤연소가스량$(G) = G' + 1.25(9H + W)$

15 고위발열량 6,000kcal/kg의 석탄을 연소시킬 때 필요한 이론공기량은 어느 정도인가?

① 약 $0.06Nm^3$ ② 약 $0.6Nm^3$
③ 약 $6.22Nm^3$ ④ 약 $60Nm^3$

해설

고체이론공기량$(A_o) = 1.07 \times \frac{H_h}{1,000} - 0.2$

$= 1.07 \times \frac{6,000}{1,000} - 0.2 = 6.22Nm^3$

16 체적 500ℓ 인 탱크가 300℃로 보온되었고, 이 탱크 속에는 25kg의 습증기가 들어 있다. 이 증기의 건도를 구한 값은? (단, 증기표의 값은 300℃인 온도 기준일 때 v' = $0.0014036m^3/kg$, v'' = $0.02163m^3/kg$)

① 62% ② 72%
③ 82% ④ 92%

해설

$v_x = v' + x(v'' - v')[m^3/kgf]$

$\frac{V}{m} = v' + x(v'' - v')$

$x = \frac{\frac{V}{m} - v'}{(v'' - v')} = \frac{\left(\frac{0.5}{25}\right) - 0.0014036}{0.02163 - 0.0014036} = 0.92(92\%)$

17 CO_2 1kg을 20L 용적의 봄베(용기)에 압입한다. 이상기체의 법칙이 적용된다고 가정하여 30℃에서 필요한 압력은 몇 kPa인가?

① 195.27 ② 213.27
③ 216.27 ④ 286.27

해설

$PV = mRT$

$P = \frac{mRT}{V} = \frac{1 \times \left(\frac{8.314}{44}\right) \times (30 + 273)}{0.2}$

$= 286.27kPa$

18 기체연료의 연소장치에서 가스 포트에 해당되는 사항은 어느 것인가?

① 가스와 공기를 고온으로 예열할 수 있다.
② 공기는 고온으로 예열할 수 있으나 가스는 예열이 안 된다.
③ 가스와 공기를 고온으로 예열하기가 곤란하다.
④ 가스는 고온으로 예열할 수 있으나 공기는 예열이 안 된다.

해설

기체연료의 버너

㉠ 확산연소방식 : 포트형(port type), 버너형(방사형, 선회형)
㉡ 예혼합연소방식 : 저압식, 고압식, 송풍식
㉢ 포트형(port type)은 가스연료와 공기를 고온으로 예열하여 연소가 가능하다.

19 압력 $30kg/cm^2$하에서도 건조도 88%인 습증기의 엔탈피(kcal/kg)를 구한 값은? (단, 이 상태에서 물의 정압비열은 1kcal/kg℃, 포화수의 온도는 273.61℃, 기준온도는 0.01℃, 증발열은 433.2kcal/kg으로 할 것)

① 639.0 ② 654.8
③ 706.2 ④ 833.0

해설

건조도가 x인 습증기 비엔탈피(h_x)

$= h' + x(h'' - h') = h; + x\gamma$

$= 273.61 + 0.88 \times 433.2$

$= 654.8kcal/kg$

정답 13 ③ 14 ② 15 ③ 16 ④ 17 ④ 18 ① 19 ②

20 목재공장에서 파목이 매시간 600kg씩 나온다. 이것을 연료로 사용할 경우 보일러의 용량은 대략 다음 중 어느 것에 해당하겠는가? (단, 파목의 저발열량은 10,465kJ/kg, 보일러 효율은 75%로 한다.)

① 상당증발량 1,200kg/h
② 상당증발량 1,500kg/h
③ 상당증발량 1,800kg/h
④ 상당증발량 2,087kg/h

해설
$\eta_B = \dfrac{m_e \times 2,257}{H_\ell \times m_f} \times 100\%$에서

$m_e = \dfrac{H_\ell \times m_f \times \eta_B}{2,257} = \dfrac{10,465 \times 600 \times 0.75}{2,257}$

$\fallingdotseq 2,086.51\text{kg/h}$

21 다음과 같은 부피조성을 가진 이론공기량으로 완전연소시킬 때 생성되는 건연소가스 중 탄산가스의 최대 함유량은 약 몇 %인가? (단, H_2 = 38%, CO = 21%, CH_4 = 41%)

① 2.24 ② 5.60
③ 8.89 ④ 12.90

해설
우선 건연소 가스량을 구하고 이론공기량(A_o)을 구한 다음

$A_o{}' = 2.38(H_2+CO)-4.76O_2+9.52CH_4$
$= 2.38(0.38+0.21)+9.52\times0.41$
$= 5.3\text{Nm}^3/\text{Nm}^3$(이론공기량)

$G_d{}' = (1-0.21)\times5.3+1\times0.21+1\times0.41$
$= 4.81\text{Nm}^3/\text{Nm}^3$

(공기비가 없어서 이론 건연소가스량이다).

$\therefore (CO_2)_{max} = \dfrac{100(CO+CO_2+CH_4+2C_2H_4)}{G_d{}'}$

$= \dfrac{100\times(0.21+0.41)}{4.812} \fallingdotseq 12.9\%$

• 탄산가스 최대량(CO_{2max}) 계산 시 H_2는 H_2O만 배출되므로 제외된다.

22 상당증발량 50kg/min의 보일러에 24,278 kJ/kg의 석탄을 태우고자 한다. 보일러의 효율이 87%라고 할 때 필요한 화상 면적은 약 몇 m^2인가? (단, 무연탄의 화상 연소율은 $73kg/m^2h$이다.)

① 2.0 ② 4.4
③ 6.7 ④ 10.9

해설
$\eta_B = \dfrac{m_e \times 2,257}{H_\ell \times m_f} \times 100\%$

시간당 연료소비량(m_f) $= \dfrac{m_e \times 2,257}{H_\ell \times \eta_B}$

$= \dfrac{(50\times60)\times2,257}{24,278\times0.87} = 320.57\text{kg/h}$

화격자 화상면적(A)$= \dfrac{m_f}{b} = \dfrac{320.57}{73} \fallingdotseq 4.4\text{m}^2$

23 다음 조성의 수성가스 연소 시 필요한 공기량은 약 몇 Nm^3/Nm^3인가? (단, 공기율은 1.25이고 사용공기는 건조하다.)

> [조성비]
> CO_2 = 4.5%, CO = 45%, N_2 = 11.7%,
> O_2 = 0.8%, H_2 = 38%

① 0.21 ② 0.97
③ 2.42 ④ 3.07

해설
이론공기량(A_o)
$= 2.38(H_2+CO)-4.76O_2+9.52CH_4$
$= 2.38(0.38+0.45)-4.76\times0.008=1.937\text{Nm}^3/\text{Nm}^3$
실제공기량(A)=공기비(m)×이론공기량(A_o)
$= 1.25\times1.937 = 2.42\text{Nm}^3/\text{Nm}^3$(실제공기량)

24 아래와 같은 조성을 가진 액체연료의 연소 시 생성되는 이론 건연소가스량은 약 몇 Nm^3인가?

> 탄소 = 1.20kg, 산소 = 0.2kg,
> 질소 = 0.17kg, 수소 = 0.31kg, 황 = 0.2kg

① 13.5 ② 17.0
③ 21.4 ④ 29.8

해설
$G_{od}{}' = 8.89C+21.1H-2.63O+3.33S+0.8N$
$= 8.89\times1.2+21.1\times0.31-2.63\times0.2+3.33\times0.2+0.8\times0.17$
$= 17.0\text{Nm}^3$(이론 건연소가스량)

정답 20 ④ 21 ④ 22 ② 23 ③ 24 ②

25 연도 배가스의 분석 결과 CO_2의 함량이 13.4%였다. 벙커C유 550ℓ/h 연소에 필요한 공기량은 대략 몇 Nm^3/min인가? (단, 벙커C유의 이론공기량은 12.5Nm^3/kg, 밀도는 0.93g/cm^3이며, CO_{2max}는 15.5%로 한다.)

① 123.1 ② 490.3
③ 631.2 ④ 7,396.0

해설

$$공기비(m) = \frac{15.5}{13.4} = 1.15671$$

550L/h×0.93kg/L = 511.5kg/h

실제공기량(A) = 1.15671×12.5 = 14.45Nm^3/kg

전체공기량(A_{total}) = 511.5×14.45 = 7,391.175Nm^3/h

$$= \frac{7,391.175}{60} = 123.1Nm^3/min$$

26 반응기에서 NH_3 8.0kg이 충전되어 있다. 반응기의 압력은 115kPa이고, 온도도 120℃이다. 압축인자 Z는 0.963이라고 하고 반응기의 부피를 계산하면?

① 11.877m^3 ② 12.877m^3
③ 13.877m^3 ④ 14.877m^3

해설

$PV = ZmRT$

$$V = \frac{ZmRT}{P} = \frac{0.963 \times 8 \times \left(\frac{8.3145}{17}\right) \times (120+273)}{115}$$

$≒ 12.877m^3$

27 아르곤 1몰을 일정한 체적하에서 300K에서 500K로 가열하였다. C_V = 13J/deg mol로 놓고 상태변화에 대한 엔트로피를 계산하면 몇 eu/mol인가? (단, eu는 엔트로피 단위이다.)

① 6.64 ② 12.52
③ 65.4 ④ 82.32

해설

등적(정적) 변화 시(V=C)

$$ds = C_V \ln\frac{T_2}{T_1} = 13\ln\left(\frac{500}{300}\right) ≒ 6.64eu/mol$$

• eu = entropy unit

28 무게로 수소 11.1%를 함유하는 수소와 산소의 혼합물의 29in Hg, 30℃에서의 밀도를 lb/ft^3의 단위로 계산하여라.

① 0.03 ② 0.25
③ 0.55 ④ 1.00

해설

H_2 : 1mol = 2kg = 4.41(lb)

O_2 : 1mol = 32kg = 70.56(lb)

따라서 혼합물의 표준상태에서의 부피는

$$V = \left(\frac{11.1}{4.41} + \frac{88.9}{70.56}\right) \times 791 = 2,988ft^3$$

(22.4m^3 = 791ft^3이다).

29in Hg 30℃에서의 부피는

$$V = 2,988 \times \frac{29.92}{29} \times \frac{(273+30)}{273} = 3,421.6ft^3$$

$$∴ 밀도(\rho) = \frac{m}{V} = \frac{11.1+88.9}{3,422} = 0.031b/ft^3$$

29 메탄가스를 과잉공기를 사용하여 연소시켰다. 생성된 H_2O는 흡수탑에서 흡수 제거시키고 나온 가스를 분석하였더니 그 조성(용적)은 다음과 같았다. 사용된 공기의 과잉률은? (단, CO_2 : 9.6%, O_2 : 3.8%, N_2 : 86.6%)

① 10% ② 20%
③ 30% ④ 40%

해설

$$공기비(m) = \frac{21N_2}{21N_2 - 79O_2} = \frac{N_2}{N_2 - 3.76O_2}$$

$$= \frac{86.6}{86.6 - 3.76 \times 3.8} = 1.2$$

공기과잉률(%) = $(m-1) \times 100\%$

$= (1.2-1) \times 100\% = 20\%$

30 C(s)+O_2(g) = CO_2(g), $\Delta H°$ = 406,879.2kJ/kmol의 열화학 방정식을 잘못 설명한 것은?

① 이 방정식은 올바르게 표시되어 있다.
② $\Delta H°$값의 부호는 발열반응임을 표시한다.
③ $\Delta H°$값은 1기압, 0℃ 때의 값이다.
④ $\Delta H°$값은 표준상태의 원소의 생성열을 영으로 가정해서 구한다.

해설

열역학 방정식은 1기압 25℃를 기준으로 하여 계산하고 그 표시는 $\Delta H°_{298}$로서 한다.

정답 25 ① 26 ② 27 ① 28 ① 29 ② 30 ③

31 과잉공기계수가 1.2일 때 224Nm^3의 공기로 탄소 약 몇 kg을 완전연소시킬 수 있는가?

① 4.8 ② 9.6
③ 10.5 ④ 21.0

해설
탄소 1kg을 완전연소시키는 데 필요한 공기량은

이론공기량$(A_o)=\frac{22.4}{12}\times\frac{1}{0.21}=8.89Nm^3/kg$

∴ 실제 공기량$(A_o)=1.2A_o=1.2\times8.89$
$=10.67Nm^3/kg$

따라서 완전연소시킬 수 있는 탄소의 양은

$\frac{224}{10.67}=21.0kg$

32 표준상태에서 $H_2+\frac{1}{2}O_2\rightarrow H_2O$이고 고위발열량과 저위발열량의 차이는 얼마인가?

① 9,600kJ/kmol ② 40,426kJ/kmol
③ 334kJ/kmol ④ 2,257kJ/kmol

해설
저위발열량$(H_\ell)=H_h-2{,}512(9H+W)$[kJ/kg]

$H_2+\frac{1}{2}O_2\rightarrow H_2O$

∴ 수분증발잠열 = 고위발열량(H_h)×저위발열량(H_ℓ)
$=2{,}257\times18=40{,}426kJ/kmol$

33 $(CO_2)_{max}=19.0\%$, $(CO_2)=13.0\%$, $(O_2)=3.0\%$일 때 공기 과잉계수 m은 얼마인가?

① 1.46 ② 1.55
③ 1.35 ④ 1.25

해설
과잉공기계수$(m)=\frac{(CO_2)_{max}}{CO_2}=\frac{19.0}{13.0}=1.46$

34 건연소가스 중에 탄산가스량이 15%라면 수분 10%인 습연소가스 중에서 탄산가스 함유율은?

① 6.7% ② 9.0%
③ 13.5% ④ 16.5%

해설
건연소가스 중의 CO_2 = 15%이므로 습연소가스 중 (CO_2)함유율 = $CO_2\times(1-w)=15\times(1-0.1)=13.5\%$

35 A공장의 연도가스를 분석해 본 결과 아래와 같은 용적조성을 얻었다. 이 연도가스의 평균분자량은? (단, CO_2 : 18.4%, N_2 : 79.0%, O_2 : 2.6%)

① 80.96 ② 83.2
③ 22.12 ④ 31.048

해설
평균분자량(m)은 각 성분가스의 체적비에 성분분자량을 곱한 총합과 같다.

∴ 평균분자량(m)
$=CO_2\times0.184+N_2\times0.79+O_2\times0.026$
$=44\times0.184+28\times0.79+32\times0.026$
$=31.048kg/kmol$

36 아래와 같은 중량조성을 가진 석탄의 연소 시 발생되는 이론 습연소가스량은 얼마인가?

H_2 : 26.5%, CH_4 : 18.2%, CO_2 : 5.2%
N_2 : 26.2%, C_2H_4 : 13.1%, O_2 : 6%
CO : 4.8%

① 0.89Nm^3/Nm^3 ② 3.016Nm^3/Nm^3
③ 4.907Nm^3/Nm^3 ④ 680Nm^3/Nm^3

해설
이론 습연소가스량(G_{ow})
$=CO_2+N_2+2.88(CO+H_2)+10.5CH_4+15.3C_2H_4-3.76O_2+W$
$=0.052+0.262+2.88\times(0.048+0.265)+10.5\times0.182+15.3\times0.131-3.76\times0.06$
$=4.907Nm^3/Nm^3$

- $G_{ow}=(1-0.21)A_0+1.867C+11.2H+0.7S+0.8N+1.244W$ (고체, 액체연료)

37 85kJ의 열을 공급하여 5kg 공기를 10℃에서 30℃로 온도를 올렸다. 이 온도 범위에서 공기의 평균비열을 구하라.

① 0.15kJ/kgK ② 0.85kJ/kgK
③ 0.35kJ/kgK ④ 0.45kJ/kgK

해설
$Q=mC_m(t_2-t_1)$[kJ]

∴ $C_m=\frac{Q}{m(t_2-t_1)}=\frac{85}{5(30-10)}=0.85kJ/kgK$

정답 31 ④ 32 ② 33 ① 34 ③ 35 ④ 36 ③ 37 ②

38 황분 3.5%의 중유 1t을 연소시키면 SO_2는 몇 kg이 발생하는가? (단, 황의 원자량은 32이다.)

① 35kg ② 64kg
③ 70kg ④ 105kg

해설
중유 1ton(1,000kg) 연소 시
황(S)의 양은 = 1,000×0.035 = 35kg
S + O_2 → SO_2
32kg 32kg 64kg
• 황 1kg 연소 시 이산화황(SO_2)은 2kg이 생성되므로
∴ (1,000×0.035)×2 = 70kg

39 열정산을 행할 때 출열 부분으로 취급할 수 없는 항목은 어느 것인가?

① 발생증기 보유열
② 연소용 공기의 현열
③ 연소배기가스가 가져가는 열량
④ 방사손실 및 불완전 열손실

해설
열정산 시 출열 항목
㉠ 방사손실
㉡ 배기가스손실
㉢ 발생증기 보유열
㉣ 불완전 열손실
㉤ 기타 손실

40 어떤 중유 연소 가열로의 발생가스를 분석했을 때 체적비로서 CO_2가 12.0%, O_2가 8.0% N_2가 80%인 결과를 얻었다. 이 경우의 공기비는 다음 중 어느 것인가? (단, 연료 중에는 질소가 포함되어 있지 않은 것으로 한다.)

① 1.8 ② 1.6
③ 1.4 ④ 1.2

해설
$$공기비(m) = \frac{21N_2}{21N_2 - 79O_2}$$
$$= \frac{21 \times 0.8}{21 \times 0.80 - 79 \times 0.08} = 1.6$$

41 다음 조성비를 가진 연탄 1kg을 완전연소시킬 때 필요한 이론공기량은 약 몇 Nm^3인가? (조성비, 탄소 43.2%, 수소 8.41%, 수분 15.74%, 산소 16.0%, 회분 16.65%)

① 2.88 ② 3.45
③ 5.55 ④ 5.97

해설
$$이론공기량(A_o) = 8.89C + 26.7\left(H - \frac{O}{8}\right) + 3.33$$
$$= 8.89 \times 0.432 + 26.7\left(0.0841 - \frac{0.16}{8}\right)$$
$$= 5.55 Nm^3/kg$$

42 CO_2, 20kg을 20L 용적의 용기 속에 압입한다. 30℃에서 필요한 압력은 몇 kPa인가?

① 47.3 ② 49.3
③ 53.3 ④ 57.3

해설
$$PV = mRT$$
$$P = \frac{mRT}{V} = \frac{20 \times \left(\frac{8.314}{44}\right) \times (30 + 273)}{0.02}$$
$$\fallingdotseq 57.3 kPa$$

43 다음 중 보일러의 자동제어와 관련이 없는 것은?

① 온도제어 ② 급수제어
③ 연소제어 ④ 위치제어

해설

제어장치	제어량	조작량
연소제어(ACC)	증기압	연료량
		공기량
	노내압	연소가스량
급수제어(FWC)	보일러수위	급수량
증기온도제어(STC)	증기온도	전열량

44 프로판(C_3H_8) $1Nm^3$의 연소에 필요한 이론공기량은 몇 Nm^3인가?

① 13.9 ② 15.6
③ 19.8 ④ 23.8

정답 38 ③ 39 ② 40 ② 41 ③ 42 ④ 43 ④ 44 ④

해설
$C_3H_8+5O_2 \rightarrow 3CO_2+4H_2O$

이론공기량$(A_o)=\frac{O_o}{0.21}=\frac{5}{0.21}=23.8\text{Nm}^3/\text{Nm}^3$

45 C_3H_8 1Nm³를 연소했을 때의 습연소가스량(m³)은 얼마인가? (단, 공기 중의 산소는 21%이다.)

① 21.8 ② 24.8
③ 25.8 ④ 27.8

해설
$C_3H_8+5O_2+(N_2) \rightarrow 3CO_2+4H_2O+(N_2)$

$G_{ow}=3+4+\frac{79}{21}\times5=25.8\text{Nm}^3$

[별해]
$(1-0.21)\times\frac{5}{0.21}+3+4=25.81\text{Nm}^3/\text{Nm}^3$

46 어떤 연료를 연소함에 이론공기량은 3.034 Nm³/kg였고 굴뚝 가스의 분석결과는 CO_2 = 12.6%, O_2 = 6.4%, CO = 0.0%이었다. 실제 공기량은 얼마인가?

① 3.3Nm³/kg ② 4.4Nm³/kg
③ 4.6Nm³/kg ④ 5.6Nm³/kg

해설
공기비$(m)=\frac{21}{21-(O_2)}=\frac{21}{21-6.4}=1.483$

- (O_2 성분은 있으나 CO 성분이 없을 때 공기비 계산)

∴ 실제공기량$(A)=mA_o=1.438\times3.034$
$=4.364\text{Nm}^3/\text{kg}$

47 건연소가스 중에 탄산가스량이 15%라면 수분 10%인 습연소가스 중에서 탄산가스 함유율은?

① 6.7% ② 10%
③ 13.5% ④ 15%

해설
습연소가스 중에서 탄산가스(CO_2) 함유율
= 15×0.9 = 13.5%

48 어느 보일러에서 발열량이 25,116kJ/kg인 연료를 1.2ton 연소시켰다. 이 사이에 발생한 증기량으로부터 이 보일러에 흡수된 열량을 계산하였더니 24,111,360kJ이다. 이 보일러의 효율은 얼마인가?

① 70% ② 75%
③ 80% ④ 85%

해설
$\eta_B=\frac{\text{유효열량}}{\text{공급열량}}\times100\%$

$=\frac{24,111,360}{25,116\times1,200}\times100\%=80\%$

49 메탄가스에 과잉공기를 사용하여 연소시켰다. 생성된 H_2O는 흡수탑에서 흡수 제거되고 나온 가스를 분석하였더니 그 조성(용적)은 다음과 같았다. 사용된 공기의 과잉률은?

CO_2 : 9.6%, O_2 : 3.8%, N_2 : 86.6%

① 10% ② 20%
③ 30% ④ 40%

해설
공기비$(m)=\frac{21(N_2)}{21(N_2)-79(O_2)}$

$=\frac{21\times86.6}{21\times86.6-79\times3.8}=\frac{1,818.6}{1,818.6-300.2}=1.20$

공기과잉률 = (m−1)×100% = (1.2−1)×100%
= 20%

50 이론공기량에 관한 옳은 설명은?

① 완전연소에 필요한 1차 공기량
② 완전연소에 필요한 2차 공기량
③ 완전연소에 필요한 최대공기량
④ 완전연소에 필요한 최소공기량

해설
㉠ 이론공기량(A_o)은 완전연소에 필요한 최소공기량이다.
㉡ 이론산소량(O_o)은 완전연소에 필요한 최소량의 이론산소량이다.
㉢ 실제공기량(A_a) = 공기비(m)×이론공기량

정답 45 ③ 46 ② 47 ③ 48 ③ 49 ② 50 ④

51 다음과 같은 용적조성을 가지고 있는 연소가스의 평균분자량을 구하라.

CO_2 : 15%, O_2 : 10%, N_2 : 75%

① 24.8 ② 28.8
③ 30.8 ④ 32.8

해설
평균분자량(M)
= CO_2분자량×0.15+O_2분자량×0.1+N_2분자량×0.75 = 44×0.15+32×0.1+28×0.75
= 308kg/kmol

52 어떤 연료를 분석하니 수소 10%, 탄소 80%, 회분 10%이었다. 이 연료 100kg을 완전연소시키기 위하여 필요한 공기는 표준상태에서 몇 m^3이겠는가?

① $200m^3$ ② $412m^3$
③ $490m^3$ ④ $980m^3$

해설
이론공기량(A_o) $= 8.89C + 26.67\left(H - \frac{O}{8}\right) + 3.33S$
$= 8.89 \times 0.8 + 26.67 \times 0.1 = 9.78Nm^3/kg$
∴ 필요공기량 = 100×9.78 = $978Nm^3$

53 프로판가스 $1Nm^3$을 공기과잉률 1.1로 완전연소시켰을 때의 건연소가스량은 몇 Nm^3가 되겠는가?

① 14.9 ② 18.6
③ 24.2 ④ 29.4

해설
$C_3H_8 = 1.1 \times 5\left(\frac{79}{21}N_2 + O_2\right)$
$\rightarrow 3CO_2 + 4H_2O + 20.69N_2 + 1.1O_2$
∴ 건연소가스량(G_d) = 3+20.69+1.1 = 24.79
• 실제 건연소가스량(G_d)
= (공기비−0.21)×이론공기량+CO_2

54 H_2 : 40%, CO : 10%, CH_4 : 50%의 부피조성을 가진 가스를 연소할 때 건연소가스 중의 탄산가스의 최대 함유량은 부피로 몇 %에 해당되는가?

① 11% ② 12%
③ 13% ④ 14%

해설
$G_{od} = CO_2 + N_2 + 1.88H_2 + 2.88CO + 8.52CH_4$
$= 1.88 \times 0.4 + 2.88 \times 0.1 + 8.52 \times 0.5$
$= 5.3Nm^3/Nm^3$(이론 건배기가스량)
∴ $CO_2 = \frac{100(CO + CO_2 + CH_4 + 2C_2H_4)}{G_{od}}$
$= \frac{100 \times (0.1 + 0.5)}{5.3} = 11.3(\%)$

55 내용적 $100m^3$ 밀폐된 상온, 상압의 실내에서 프로판 1kg을 완전연소시키면 실내의 O_2 농도는 약 몇 % 정도에 해당되는가?

① 15.5% ② 16.5%
③ 17.5% ④ 18.5%

해설
$C_3H_8 + 5O_2 \rightarrow 3CO_2 + 4H_2O$
프로판 1kg이 차지하는 부피는 $\frac{1 \times 22.4}{44} = 0.51Nm^3/kg$
∴ O_2
$= \frac{100 \times 0.21 - 5 \times 0.51}{3 \times 0.51 + 4 \times 0.51 + (100 - 5 \times 0.51)} \times 100$
≒ 18.5%

56 중량비로 탄소가 0.86, 수소가 0.14로 구성된 액체연료를 매시간 100kg 연소할 때 연소배기가스의 분석결과가 용적 %로 다음과 같았다.

CO_2 = 12.5%, O_2 = 3.7%, N_2 = 83.8%

이때 연소에 소요되는 공기량은 몇 Nm^3/hr인가?

① $1,815Nm^3/hr$ ② $1,513Nm^3/hr$
③ $950Nm^3/hr$ ④ $1,365Nm^3/hr$

해설
이론공기량(A_o)
$= 8.89 \times 0.86 + 26.67 \times 0.14 = 11.38Nm^3/kg$
공기비(m) $= \frac{21N_2}{21N_2 - 79O_2}$
$= \frac{21 \times 0.838}{21 \times 0.838 - 79 \times 0.037} = 1.2$(공기비)
∴ 실제 공기량(A) = 100×1.2×11.38 = $1,365Nm^3/hr$
(실제 연료 100kg의 연소 시 실제 공기량)

정답 51 ③ 52 ④ 53 ③ 54 ① 55 ④ 56 ④

57 다음의 연소반응식 중 틀린 것은 어느 것인가?

① $CH_4 + 2O_2 \rightarrow CO_2 + 2H_2O$
② $C_2H_6 + 3.5O_2 \rightarrow 2CO_2 + 3H_2O$
③ $C_3H_8 + 5O_2 \rightarrow 3CO_2 + 4H_2O$
④ $C_4H_{10} + 6O_2 \rightarrow 4CO_2 + 5H_2O$

해설
$C_mH_n + \left(m + \frac{n}{4}\right)O_2 \rightarrow mCO_2 + \frac{n}{2}H_2O$이므로,
부탄(C_4H_{10})의 완전연소 반응식은
$C_4H_{10} + 6.5O_2 \rightarrow 4CO_2 + 5H_2O$가 된다.

58 메탄가스 $1Nm^3$를 공기과잉률 1.1로 연소시킨다면 공기량은 몇 Nm^3인가? (단, 연소반응식 : $CH_4 + 2O_2 \rightarrow CO_2 + 2H_2O$)

① 약 7　② 약 9
③ 약 11　④ 약 15

해설
$CH_4 + 2O_2 \rightarrow CO_2 + 2H_2O$
실제공기량$(A) = mA_o = 1.1 \times \frac{2}{0.21}$
$\fallingdotseq 11Nm^3/Nm^3$(메탄)

59 달톤의 법칙(Dalton's law)을 맞게 설명한 것은?

① 혼합기체의 압력은 각 성분의 분압의 합과 같다.
② 혼합기체의 온도는 일정하다.
③ 혼합기체의 체적은 각 성분의 체적의 합과 같다.
④ 혼합기체의 기체상수는 각 성분의 상수의 합과 같다.

해설
달톤의 법칙(Dalton's law)
두 가지 이상 서로 다른 이상기체를 하나의 용기 속에 혼합시킬 경우 기체 상호간에 화학반응이 일어나지 않는다면 혼합기체의 압력은 각 성분기체의 분압의 합과 같다는 법칙이다. 즉,
$P = P_1 + P_2 + P_3 + ... + P_n = \Sigma P_t$
여기서, P : 전압(total pressure)
P_1, P_2, P_3 : 분압(partial pressure)
= 각 성분기체의 압력

60 CO_2와 연료 중의 탄소분을 알고 건연소가스량(G_1)을 구하는 식은?

① $G_1 = \frac{1,867C}{(CO_2)} \times 100\%$
② $G_1 = \frac{(CO_2)}{1,867C} \times 100\%$
③ $G_1 = \frac{1,867C}{21(CO_2)} \times 100\%$
④ $G_1 = \frac{21(CO_2)}{1,867C} \times 100\%$

해설
배기가스 조성(%)에서
$CO_2 = \frac{1.867C}{건연소가스량(G_1)} \times 100\%$
$\therefore G_1 = \frac{1,867C}{(CO_2)} \times 100\%$

61 CH_4, $1Nm^3$를 완전연소시키는 데 필요한 공기량은?

① $9.52Nm^3$　② $11.52Nm^3$
③ $13.52Nm^3$　④ $15.52Nm^3$

해설
$CH_4 + 2O_2 \rightarrow CO_2 + 2H_2O$
이론공기량$(A_o) = \frac{2}{0.21} = 9.52Nm^3/Nm^3$

62 다음 중에서 프로판가스(C_3H_8) $1Nm^3$을 연소 시킬 경우 건조연소가스량은? [단, 공기 중의 산소는 21%(체적)이다.]

① 약 $12Nm^3$　② 약 $22Nm^3$
③ 약 $32Nm^3$　④ 약 $42Nm^3$

해설
프로판 완전연소반응식
$C_3H_8 + \left(3 + \frac{8}{2}\right)O_2 \rightarrow 3CO_2 + 4H_2O$
이론 건연소가스량(G_{od})
$= (1 - 0.21)A_o + 2(CO_2)V$
$= (1 - 0.21) \times \frac{5}{0.21} + 3 \fallingdotseq 22Nm^3/Nm^3$

정답 57 ④ 58 ③ 59 ① 60 ① 61 ① 62 ②

63 이상기체가 등온변화를 할 때 다음에서 적당한 항은?

① 일을 하지 않는다.
② 엔트로피는 일정하다.
③ 일의 이동이 없다.
④ 내부에너지는 일정하다.

해설
이상기체인 경우 내부에너지(u)는 온도(T)만의 함수다.
∴ 등온변화($dT=0$)인 경우 내부에너지 변화량은 0이다.

64 CO_2의 정압비열은 0.446kcal/Nm^3이다. kmol 단위의 정압비열(kcal/kmol℃)은 얼마인가?

① 5 ② 8
③ 10 ④ 12

해설
$1\text{kmol} = 22.4\text{Nm}^3$
$C_p = 0.446 \times 22.4 ≒ 10\text{kcal/kmol} \cdot ℃$

65 보일러에 공급되는 연료의 조성과 질량비는 다음과 같다. 150%의 공기 과잉률로 연소시킨다면 연료 1kg당의 공급되는 공기량은 얼마인가?

C : 78%, H_2 : 6%, O_2 : 9%, ash : 7%

① 16.67kg/kg 연료
② 14.73kg/kg 연료
③ 11.56kg/kg 연료
④ 15.97kg/kg 연료

해설
단위질량당 실제공기량(A) = 공기비(m) $\times \dfrac{A_o}{0.232}$

$$= 1.5 \times \frac{2.67 \times 0.78 + 8\left(0.06 - \frac{0.09}{8}\right)}{0.232}$$

$= 15.97\text{kg}'/\text{kg}$(연료)

66 탄소 1kg을 이론공기량으로 완전연소시켰을 때 나오는 연소가스량(Nm^3)은 얼마인가?

① 8.89Nm^3 ② 1.867Nm^3
③ 106.667Nm^3 ④ 22.4Nm^3

해설
이론 건연소가스량(G_{od}) $= 0.79A_o + (CO_2)V$

$$G_{od} = (1-0.21)A_o + 1.867\text{C}$$
$$= (1-0.21) \times \frac{1.867}{0.21} + 1.867 \times 1$$
$$= 8.89\text{Nm}^3/\text{kg}$$

67 수소 1kg을 공기 중에서 연소시켰을 때 생성된 건폐가스(혹은 건연소가스)량은 약 몇 m^3인가? (단, 공기 중의 산소와 질소의 체적 함유비는 각 21%와 79%이다.)

① 15.07 ② 17.07
③ 19.07 ④ 21.07

해설
$H_2 + \frac{1}{2}O_2 \rightarrow H_2O = \frac{11.2}{2} = 5.6\text{Nm}^3/\text{kg}$(이론산소량)
이론 건연소가스량(G_{od}) $= (1-0.21)A_o$
$= (1-0.21) \times \frac{5.6}{0.21} = 21.07\text{Nm}^3/\text{kg}$
[수소 1kg의 연소 시 건폐가스량은 연소용 공기 중 (N_2)의 값만 계산된다.]

68 어떤 고체연료 5kg을 공기비 1.1을 써서 완전연소시켰다면 그때의 총 사용공기량은 약 몇 Nm^3인가? (단, 연료의 질량조성비는 탄소 : 60%, 질소 : 13%, 황 : 0.8%, 수분 : 5%, 수소 : 8.6%, 산소 : 5%, 회분 : 7.6%이다.)

① 9.6 ② 41.2
③ 48 ④ 75.5

해설
총사용공기량 [Nm^3]
= 이론공기량(A_o) × 공기비(m) × 연료질량

$$A_o = 8.89\text{C} + 26.67\left(\text{H} - \frac{\text{O}}{8}\right) + 3.33\text{S}\,[\text{Nm}^3/\text{kg}]$$

총 사용공기량 $= [8.89 \times 0.6 + 26.67\left(0.086 - \frac{0.05}{8}\right) + 3.33 \times 0.008] \times 1.1 \times 5 = 41.2\text{Nm}^3$(실제공기량)

정답 63 ④ 64 ③ 65 ④ 66 ① 67 ④ 68 ②

69 열정산에 있어서 입열의 항에 들어가지 않는 것은?

① 연료의 연소열
② 연소가스가 갖는 열량
③ 연료의 현열
④ 공기의 현열

해설
열정산(수지) 시 입열 항목
㉠ 연료의 연소열
㉡ 연료 및 공기의 현열
㉢ 노 내 분입증기에 의한 입열
㉣ ①항의 연소가스의 열량은 열정산 시 출열에 해당된다.

70 건조 공기를 사용하여 수성가스를 연소 시킬 때 공기량은 얼마이겠는가? (단, 공기과잉률 : 1.30, CO_2 : 4.5%, O_2 : 0.2%, W : 38%, H_2 : 52.0%, N_2 : 5.3%)

① 3.95　　② 4.67
③ 1.90　　④ 2.58

해설
실제 공기량$(A) = mA_o$

$$= 1.3\times\frac{1}{0.21}\{0.5\times0.52-0.002\}\times\frac{100}{100-38}$$

$$= 2.58\text{Nm}^3/\text{Nm}^3$$

71 공기비(m)란 다음 중 어느 것인가?

① 실제 공기량과 이론공기량의 차이
② 실제 공기량에서 이론공기량을 뺀 값을 이론공기량으로 나눈 것
③ 이론공기량에 대한 실제 공기량의 비
④ 실제 공기량에 대한 이론공기량의 비

해설
㉠ 공기비(m) = 실제 공기량/이론공기량
㉡ 과잉공기량 = 실제 공기량−이론공기량
㉢ 실제 공기량(A_a) = 이론공기량(A_o) × 공기비(m)
㉣ 실제 공기량(A_a) = 연료가 완전연소하는 데 필요한 공기량

72 750mmHg, 25℃ 때의 산소 1kg의 부피(m^3)는 얼마인가?

① 0.774　　② 0.896
③ 0.997　　④ 1.065

해설
㉠ $760 : 101.325 = 750 : P$

$$\therefore P = \frac{750}{760}\times101.325 \fallingdotseq 100\text{kPa}$$

㉡ $PV = mRT$ (이때 $mR = \overline{R} = 8.314$)

$$\therefore V = \frac{mRT}{P} = \frac{1\times\left(\frac{8.314}{32}\right)\times(25+273)}{100}$$

$$= 0.774\text{m}^3$$

73 메탄(CH_4)과 수소의 혼합가스를 공기로써 완전연소시켰더니 산소 4.1%, 탄산가스 4.1%, 질소 91.8%의 조성(건식)을 얻었다. 이때 연료가스의 조성은? (단, 백분율은 모두 체적비이다.)

① 수소 65%, 메탄 35%
② 수소 70%, 메탄 30%
③ 수소 75%, 메탄 25%
④ 수소 85%, 메탄 15%

해설
메탄(CH_4)과 수소(H_2)의 완전연소반응식
㉠ $CH_4+2O_2 \rightarrow CO_2+2H_2O$
㉡ $H_2+\frac{1}{2}O_2 \rightarrow H_2O$
㉢ 메탄 이론공기량$(A_o) = \frac{1}{0.21}\times\frac{2}{1} = 9.52$
㉣ 수소 이론공기량$(A_o) = \frac{1}{0.21}\times\frac{1}{2} = 2.38$

$$\text{공기비}(m) = \frac{91.8}{91.8-3.76\times4.1} = 1.20$$

$$\text{혼합이론공기량} = \frac{2\times0.5+0.5\times0.5}{0.21} = 5.95$$

실제 공기량$(A_a) = 1.20\times5.95 = 7.14\text{Nm}^3/\text{Nm}^3$

과잉공기량 $= 9.52-2.38 = 7.14$

$$\therefore \text{수소} = \frac{7.14}{9.52}\times100\% = 75\%$$

$$\text{메탄} = \frac{2.38}{9.52}\times100\% = 25\%$$

정답 69 ② 70 ④ 71 ③ 72 ① 73 ③

74 다음 식에서 옳은 것을 고르시오.

① $(CO_2)_{max} = \dfrac{21(O_2)}{(CO_2)-21}$

② $(CO_2)_{max} = \dfrac{21(O_2)}{21(CO_2)}$

③ $(CO_2)_{max} = \dfrac{21(CO_2)}{(O_2)-21}$

④ $(CO_2)_{max} = \dfrac{21(CO_2)}{21-(O_2)}$

해설
완전연소 시의 탄산가스 최대율

$(CO_2)_{max} = \dfrac{21(CO_2)}{21-(O_2)}(\%)$

75 프로판가스는 다음과 같이 연소반응을 한다. 이 반응으로부터 프로판 $1Nm^3$의 연소에 필요한 이론산소량을 계산하시오. (단, 아래 반응은 계수보정을 생략한 것임)

$C_3H_8+O_2 \rightarrow CO_2+H_2O$

① $1Nm^3$　② $2Nm^3$
③ $4Nm^3$　④ $5Nm^3$

해설
프로판 완전연소반응식

$C_3H_8+\left(3+\dfrac{8}{2}\right)O_2 \rightarrow 3CO_2+4H_2O$

$C_3H_8+5O_2 \rightarrow 3CO_2+4H_2O$

$\therefore$ $5Nm^3/Nm^3$(연료)

76 메탄 $1Nm^3$를 이론산소량으로 완전연소시켰을 때 습연소가스의 부피는 몇 Nm^3인가?

① 1　② 2
③ 3　④ 4

해설
$CH_4+2O_2 \rightarrow CO_2+2H_2O$

$(1-0.21)A_o+CO_2+2H_2O$

㉠ 이론 연소가스량 $= 0.79\times\dfrac{2}{0.21}+3 = 10.52Nm^3$

㉡ 연소생성물 CO_2 1Nm+H_2O $2Nm^3$
= $3Nm^3$(습연소가스량)

㉢ 건연소가스량 : CO_2 $1Nm^3$

77 프로판(C_3H_8) 11kg을 이론산소량으로 완전연소시켰을 때의 습연소가스의 부피(Nm^3)를 계산하시오. (단, 탄소와 수소의 원자량은 각각 12와 1로 계산한다.)

① 135.8　② 137.9
③ 39.2　④ 144.5

해설
$C_3H_8+5O_2 \rightarrow 3CO_2+4H_2O$

이론 습연소가스량(G_{ow})

$= (1-0.21)A_o+CO_2+H_2O$

$= \left\{(1-0.21)\times\dfrac{5}{0.21}+3+4\right\}\times\dfrac{22.4}{44}\times 11$

$= 144.53Nm^3$

78 1,000℃의 연소가스(비열 1.13kJ/kgK)와 25℃의 공기(비열 1.08kJ/kgK)를 혼합하여 500℃의 건조용 기체를 만들 때 연소가스 1kg과 혼합한 공기의 양(kg)은?

① 약 1.0　② 약 1.1
③ 약 1.2　④ 약 1.3

해설
열역학 제0법칙(열평형의 법칙)

$m_1C_1(t_1-t_m) = m_2C_2(t_m-t_2)$

$m_2 = \dfrac{m_1C_1(t_1-t_m)}{C_2(t_m-t_2)} = \dfrac{1\times 1.13(1{,}000-500)}{1.08(500-25)}$

$\fallingdotseq 1.1kg$

79 어떤 연소를 분석하니 수소 10%, 탄소 80%, 회분 10%이다. 이 연료 10kg을 완전연소시키기 위하여 필요한 이론공기는 표준상태에서 몇 m^3인가?

① $406m^3$　② $412m^3$
③ $490m^3$　④ $98m^3$

해설
$A_o = 8.89C+26.67\left(H-\dfrac{O}{8}\right)+3.33S$

$= (8.89\times 0.8+26.67\times 0.1)\times 10 = 98Nm^3$

황(S)의 성분이 없으므로 이론공기량(A_o) 계산식은 고체나 액체연료에서 또한 연료 중 산소성분이 없기 때문에 $\dfrac{O}{8}$가 빠지므로 $A_o = 8.89C+26.67H$가 계산식이 된다.

정답 74 ④ 75 ④ 76 ③ 77 ④ 78 ② 79 ④

80 메탄의 총(고위) 발열량(kJ/Nm^3)은? (단, $CH_4 + 2O_2 = CO_2 + 2H_2O$(액체) + 893,711 kJ/kmol)

① 57,256.8　② 39,897.8
③ 12,365.8　④ 47,825.8

해설
1kmol = 22.4Nm^3
고위발열량$(H_h) = \frac{893,711}{22.4} = 39,897.8$kJ/Nm^3

81 프로판가스를 연소시킬 때 필요한 이론공기량은?

① 10.2Nm^3/kg　② 11.3Nm^3/kg
③ 12.1Nm^3/kg　④ 13.2Nm^3/kg

해설
이론공기량$(A_o) = \frac{O_o}{0.21}$
$C_3H_8 + 5O_2 \rightarrow 3CO_2 + 4H_2O$
이론공기량$(A_o) = \frac{5}{0.21} = 23.81$Nm^3/Nm^3
$\therefore 23.81 \times \frac{22.4}{44} = 12.12$Nm^3/kg
프로판(C_3H_8)의 분자량$(M) = 12 \times 3 + 1 \times 8$
= 44kg/kmol

82 과잉공기가 지나칠 때 나타나는 현상 중 틀린 것은?

① 연소실 온도가 저하되고 완전연소 곤란
② 배기가스에 의한 열손실 증가
③ 배기가스 온도가 높아지고 매연이 증가
④ 열효율이 감소되고 연료소비량이 증가

해설
과잉공기가 지나치면 연소실 온도저하, 완전연소 가능 및 배기가스 열손실 증가, 열효율의 감소 등에 의하여 연료소비량의 증가가 일어난다.

83 $(CO_2)_{max}$는 어느 때의 값인가?

① 실제공기량으로 연소시킬 때
② 이론공기량으로 연소시킬 때
③ 과잉공기량으로 연소시킬 때
④ 부족공기량으로 연소시킬 때

해설
$(CO_2)_{max}$는 이론공기량(A_o)에 가깝게 연소시키면 가장 많이 발생된다.

84 저발열량 6,000kcal/kg의 석탄을 300kg/h의 비율로 정상적으로 연소하고 있는 노가 있다. 연소는 상온의 공기를 사용하고 공기 과잉계수(공기비)는 1.50이다. 연소에는 매시 몇 Nm^{3}의 실제공기가 소요되며 또한 습연소배기가스량은 매시 몇 Nm^{3}인가?

① 2,952Nm^3/h, 3,018Nm^3/h
② 2,925Nm^3/h, 3,081Nm^3/h
③ 2,902Nm^3/h, 3,088Nm^3/h
④ 2,592Nm^3/h, 3,810Nm^3/h

해설
1) 석탄 실제공기량(A_a) = 이론공기량(A_o) × 공기비(m)
㉠ 이론공기량(A_o)
$= 1.09 \times \frac{6,000}{1,000} - 0.09 = 6.45$Nm^3/kg
㉡ 실제공기량(A)
$= \left(1.09 \times \frac{6,000}{1,000} - 0.09\right) \times 1.50 \times 300$
$= 2,902$Nm^3/h
㉢ 고체연료의 이론공기량(A_o)
$= 1.09 \times \left(\frac{\text{저위발열량}}{1,000}\right) - 0.09$
2) 석탄 이론연소가스량(G_o)
$1.17 \times \frac{H_\ell}{1,000} + 0.05 = 1.17 \times \frac{6,000}{1,000} + 0.05$
$= 7.07$Nm^3/kg
3) 과잉공기량 = (공기비−1) × 이론공기량
$A_o = (1.5 - 1) \times 6.45 = 3.225$Nm^3/kg
∴ 습연소가스량$(G_w) = (7.07 + 3.225) \times 300$
$= 3,088$Nm^3/h

85 습윤증기 1kg 중에 물방울 150g이 포함되어 있다. 이 증기의 백분율은?

① 15　② 25
③ 55　④ 85

해설
증기의 백분율(%) $= 1 - \frac{\text{물방울}}{\text{습윤증기}} \times 100\%$
$= \left(1 - \frac{0.15}{1}\right) \times 100\% = 85\%$

정답 80 ② 81 ③ 82 ① 83 ② 84 ③ 85 ④

86 C(84%), H(12%) 및 S(4%)의 조성으로 되어 있는 중유를 공기비 1.1로 연소할 때 건(乾)연소가스량(Nm^3/kg)은 다음 수치 중 어느 것에 가장 가까운가?

① 8.1 ② 9.1
③ 10.2 ④ 11.2

$G_d = (m-0.21)A_o + 1.867C + 0.7S + 0.8N$
(실제 건연소가스량)

$A_o = 8.89C + 26.67\left(H - \frac{O}{8}\right) + 3.33S$ (이론공기량)

이론공기량(A_o)
$= 8.89 \times 0.84 + 26.67 \times 0.12 + 3.33 \times 0.04$
$= 10.8012 Nm^3/kg$
$\therefore (1.1-0.21) \times 10.8012 + 1.867 \times 0.84 + 0.7 \times 0.04$
$= 11.209 Nm^3/kg$

공기비(m), 즉 과잉공기계수가 주어진 경우 실제 건연소가스(G_d)량으로 구한다.

87 다음과 같은 조성의 액체연료에 대한 이론공기량(Nm^3/kg)은 얼마인가?

C = 0.70kg, H = 0.10kg, O = 0.05kg,
S = 0.05kg, N = 0.09kg, b = 0.01kg(회분)

① 8.890 ② 11.496
③ 15.734 ④ 18.890

해설

이론공기량(A_o) $= 8.89C + 26.67\left(H - \frac{O}{8}\right) + 3.33S$

$= 8.89 \times 0.7 + 26.67\left(0.10 - \frac{0.05}{8}\right) + 3.33 \times 0.05$

$= 8.890 Nm^3/kg$

88 수소와 연소용 산소 및 연소가스(몰)의 kmol 관계 중 옳은 것은?

① 1 : 1 : 1 ② 2 : 1 : 2
③ 1 : 2 : 1 ④ 2 : 1 : 3

해설

$H_2 + \frac{1}{2}O_2 \rightarrow H_2O$

$1 : \frac{1}{2} : 1 = 2 : 1 : 2$

89 다음은 어떤 가열로의 열정산도이다. 발열량이 2,000kcal/Nm^3인 연료를 이 가열로에서 연소시켰을 때 추출강재가 함유하는 열량은 얼마인가?

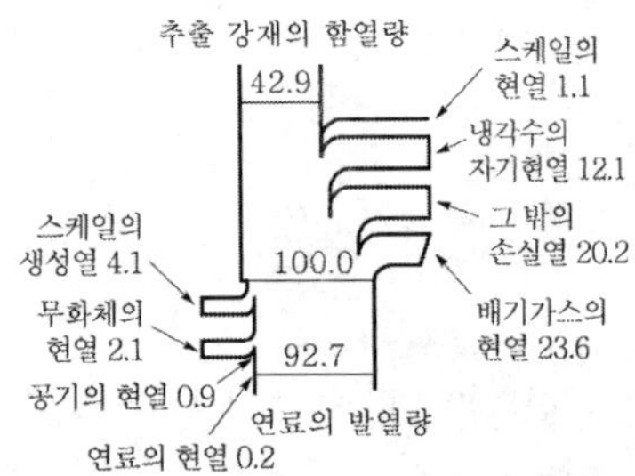

① 259.75kcal/Nm^3 ② 592.25kcal/Nm^3
③ 867.43kcal/Nm^3 ④ 925.57kcal/Nm^3

해설

추출강재함열량 42.9%
연료의 발열량 92.7%
2,000 : 92.7 = 함유열량 : 42.9

$\therefore$ 함유열량 $= 2{,}000 \times \frac{42.9}{92.7} = 925.57 kcal/Nm^3$

90 수소 $1Nm^3$를 공기 중에서 연소시키는 데 따라 생성되는 연소가스량(Nm^3)은?

① 1.00 ② 1.88
③ 2.88 ④ 42.13

해설

$H_2 + \frac{1}{2}O_2 \rightarrow H_2O$

이론연소가스(G_{ow}) $= (1-0.21)A_o + H_2$

$= (1-0.21) \times \frac{0.5}{0.21} + 1 = 2.88 Nm^3/kg$

91 탄소 1kg을 공기 중에서 연소시켰을 때 생성된 폐(廢)가스량은 약 몇 m^3인가?

① 6.90 ② 7.90
③ 8.90 ④ 9.90

해설

$C + O_2 \rightarrow CO_2$

이론 건연소가스량(G_{od}) $= (1-0.21)A_o + 1.867C$

$= (1-0.21) \times 8.89 + 1.867 \times 1 = 8.89 Nm^3/kg$

C 12kg의 연소 시 산소 $22.4m^3$가 소요

$\frac{22.4}{12} \times \frac{100}{21} = 8.89 Nm^3/kg$연료(이론공기량 소요)

정답 86 ④ 87 ① 88 ② 89 ④ 90 ③ 91 ③

92 어떤 연료의 성분은 다음과 같다. 이론공기량(Nm^3/kg)을 구하여라.

C = 0.85, H = 0.13, O = 0.02

① $8.224Nm^3/kg$ ② $9.32Nm^3/kg$
③ $10.96Nm^3/kg$ ④ $11.98Nm^3/kg$

해설

이론공기량$(A_o) = 8.89C + 26.67\left(H - \frac{O}{8}\right) + 3.33S$

$= 8.89 \times 0.85 + 26.67\left(0.13 - \frac{0.02}{8}\right)$

$= 10.956925Nm^3/kg$

93 어떤 고체연료 5kg을 공기비 1.1을 써서 완전연소시켰다면 그때의 총 사용공기량은 약 몇 Nm^3인가? (단, 연료의 질량 조성비는 아래와 같다.)

탄소 : 60%, 질소 : 13%, 황 : 0.8%, 수분 : 5%, 수소 : 8.6%, 산소 : 5%, 회분 : 7.6%

① 9.6 ② 41.2
③ 48 ④ 75.5

해설

총 사용공기량(Nm^3)

= 이론공기량(A_o)×공기비(m)

×연료소비량(G)(고체, 액체연료)

$= \left[8.89 \times 0.6 + 26.67\left(0.086 - \frac{0.05}{8}\right) + 3.33 \times 0.008\right]$

$\times 1.1 \times 5 = 41.18Nm^3$

$A_o = 8.89C + 26.67\left(H - \frac{O}{8}\right) + 3.33S\ Nm^3/kg$

여기서, 가연성성분은 탄소, 수소, 황이며 O는 연료 중의 산소량이다.

$\left(H - \frac{O}{8}\right)$: 유효수소(자유수소)값이다.

94 연소 배가스의 분석결과 CO_2의 함량이 13.4%이었다. 벙커C유 550L/h연소에 필요한 공기량은 대략 몇 Nm^3/min인가? (단, 벙커C유의 이론공기량은 $12.5Nm^3/kg$이고, 밀도는 $0.93g/cm^3$이며, CO_{2max}는 15.5%로 한다.)

① 123.3 ② 490.3
③ 631.2 ④ 7,399.0

해설

벙커C유량$(Q) = 550L/h \times 0.93kg/L = 512kg/h$

$= 8.533kg/min$

공기비$(m) = \frac{15.5}{13.4} = 1.157$

∴ 실제공기량(A_a)

= 이론공기량(A_o)×공기비(m)×벙커C유량

$= 12.5 \times 1.157 \times 8.533$

$= 123.37Nm^3/min$

95 $CO_{2max} = 18.0\%$, $(CO_2) = 14.2\%$, $(CO) = 3.0\%$에서 연소가스 중의 (O_2)는 몇 (%)인가?

① 2.13 ② 3.23
③ 4.33 ④ 5.43

해설

1) 일산화탄소가 있을 때 계산식

$CO_{2max} = \frac{21(CO_2 + CO)}{21 - (O_2) + 0.395(CO)}$

$18.0 = \frac{21(14.2 + 3.0)}{21 - (O_2) + 0.395 \times 3}$

$21 - (O_2) = \left(\frac{21(14.2 + 3.0)}{18.0} - 0.395 \times 3\right)$

$= 18.88\%$

∴ $O_2 = 21 - 18.88 = 2.12\%$

2) CO가스가 없을 때 계산식

$CO_{2max} = \frac{21 \times (CO_2)}{21 - (O_2)}(\%)$

정답 92 ③ 93 ② 94 ① 95 ①

Engineer Energy Management

Chapter 03

연소장치, 통풍장치, 집진장치

1 액체연료의 연소방식과 연소장치

1) 액체연료의 연소방식

(1) 기화연소방식

연료를 고온의 물체에 접촉 또는 충돌을 주어 액체를 기체의 가연성 증기로 바꾸어 연소시키는 연소방식으로 경질유인 가솔린, 등유, 경유 등이 기화연소를 한다.

① 기화연소방식의 종류: 심지식, 증발식, 포트식 등이 있다.
② 기화연소방식에서 연료의 기화속도는 가열물체의 온도와 유속에 관계가 있다.

(2) 무화(분무)연소방식

액체연료 입경을 적게 하기 위해 마치 안개와 같이 분사하여 연소시키는 방식으로 중질유인 중유는 무화연소를 한다.

- 무화할 때 입경이 고르지 못하면 부분적 기화현상이 발생하여 역화 또는 폭발의 우려가 있으므로 입경이 50μ 이하가 85% 이상 되는 무화입경이 바람직한 무화상태이다.

(3) 액체연료의 무화방식

① 진동무화방식: 초음파에 의하여 연료를 진동분열시켜 무화하는 방식
② 정전기무화방식: 연료에 고압 정전기를 통과시켜 무화하는 방식
③ 유압무화방식: 연료자체에 압력을 주어 노즐에서 고속 분출시켜 무화하는 방식
④ 이류체무화방식: 증기 혹은 공기를 무화매체로 하여 무화시키는 방식
⑤ 회전이류체무화방식: 고속 회전하는 분무컵의 원심력을 이용 비산되는 연료가 공기와 마찰을 일으켜 무화하는 방식
⑥ 충돌무화방식: 연료끼리 또는 금속판에 연료를 고속으로 충돌시켜 무화하는 방식

(4) 무화의 목적

① 연료의 단위 중량당 표면적을 크게 한다(연료와 공기의 접촉면적을 많게 한다).
② 공기와의 혼합을 좋게 한다(완전연소가 가능하다).
③ 연소효율 및 연소실 열부하를 높게 한다.

2) 액체연료의 연소장치

(1) 오일버너의 선정기준

① 부하변동에 따른 유량조절범위를 고려하여야 한다.

② 가열조건과 노의 구조에 적합하여야 한다.

③ 자동제어의 경우 버너형식과의 관계를 고려해야 한다.

④ 버너용량이 가열용량에 알맞아야 한다.

(2) 오일버너의 종류

① 압력분무식 버너(유압분무식 버너)

연료 자체의 압력에 의해 노즐에서 고속으로 분출하여 미립화시키는 버너이다. 노즐에 공급된 연료가 전부 분사되는 비환류형과 연료 중 일부가 환류되는 환류형 버너의 2종류가 있다.

- 유압: 0.4~2MPa
- 유량조절범위: 환류식(1:3), 비환류식(1:2)
- 유량조절범위가 가장 좁아 부하변동이 큰 보일러에는 부적합하다.
  → 유량조절범위가 클수록 부하변동에 대응하기 쉽다.
- 분무각도는 40~90°로 가장 넓어 화염의 길이가 짧다.
  → 분무각도가 넓을수록 화염의 길이가 짧아진다.
- 분사유량은 유압의 평방근(제곱근)에 비례한다.
- 유압이 0.5MPa 이하이면 무화가 불량하다.
- 연료의 점도가 크거나 중질유일수록 무화가 곤란하다.

유량조절방법

① 버너수를 가감(증감)하는 방법

② 버너팁을 교체하는 방법

③ 환류형(return) 압력분무식 버너를 사용하는 방법

④ 플런저(plunger)식 압력분무식 버너를 사용하는 방법

② 고압기류식 버너(고압공기(증기)분무식 버너)

분무매체인 공기나 증기를 0.2~0.7MPa 정도로 가하여 무화하는 형식의 버너로 2유체 버너라고 한다.

→ 혼합방식에 따라 내부혼합식, 외부혼합식, 중간혼합식으로 분류한다.

- 연료유압: 0.01~0.05MPa
- 점도가 높은 연료도 비교적 무화가 잘된다.
- 분무각도는 30°로 가장 작아 화염의 길이가 가장 길다.

- 유량조절범위가 1:10으로 가장 넓은 버너로 부하변동이 큰 보일러에 가장 적합하다.
- 점도가 높은 연료도 비교적 무화가 잘된다.
- 무화용 증기는 과열증기가 좋다(습하면 연소상태가 불량해진다).

③ 저압기류식 버너

- 무화매체의 압력: 0.001~0.02MPa
- 유량조절범위: 연동식(1:6), 비연동식(1:5)
- 유압: 0.03~0.05MPa
- 분무각도: 30~60°

④ 회전분무식 버너

고속으로 회전하는 회전컵에 연료가 공급되면 회전컵의 원심력에 의해 회전컵 내면에 액막을 형성하면, 회전컵 선단에서 연료가 얇은 액막상태로 반지름 방향으로 분출된다. 이때 회전컵 외부에서 무화용 공기가 고속으로 분출되어 연료의 액막이 충돌하여 무화가 이루어진다.

→ 회전식 버너는 시설비가 적고, 연료의 점도변화에 따른 성능변화가 비교적 적기 때문에 중소형 보일러에 가장 보편적으로 사용되고 있다.

→ 회전컵의 원심력과 무화용 1차공기의 운동에너지를 이용하여 무화를 시키기 때문에 연료를 무화시키기 위한 유압을 거의 필요하지 않다.

- 분사량이 적으면 무화 특성이 나빠진다(분무량을 줄이면 무화가 나빠진다).
- 분무각도는 주로 에어노즐의 안내 날개각도에 따라 다르다.
- 유압: 0.03~0.05MPa
  → 유압이 가장 작은 버너는 회전분무식 버너이다.
- 분무각도: 40~80°
- 분무컵의 회전속도: 직접식(3,000~3,500rpm), 간접식(7,000~10,000rpm)
- 버너의 구조가 간단하고, 자동화에 적용이 용이한 버너이다.
- 유량조절범위: 1:5
- 기름의 점도가 크면 무화가 곤란하다.

⑤ 건타입 버너(유압식과 기류식을 병합한 버너)

송풍기와 압력분무식 버너를 합쳐서 버너 각 부분의 기기가 기능적으로 조합된 형식의 버너로 전자동에 적용이 용이하다.

- 유압: 0.7MPa 이상이어야 가능하다.
- 버너 자체에 송풍기(실리코형)가 설치되어 있다.

⑥ 증발식 버너

기화성이 양호한 경질유 액체연료에 사용하는 버너로 가정용의 난방용이나 온수가열용으로 사용된다.

- 사용연료: 등유, 경유

- 유량조절범위: 1:4
- 공업용으로는 부적합하며 가정용으로 주로 사용되는 버너이다.

(3) 오일버너의 화염이 불안정한 원인

① 분무유압이 비교적 낮을 경우
② 연료 중에 슬러지 등의 협잡물이 들어 있을 경우
③ 무화용 공기량이 적절치 않을 경우
④ 연료용 공기의 과다로 노내(연소실 내)온도가 저하될 경우 연소 시

보일러의 버너용량

$$Q = \frac{2,257D}{H_L S\eta} [\mathrm{L/h}]$$

여기서, Q: 버너용량(L/h)
D: 보일러상당증발량(kg/h)
H_L: 연료저위발열량(kJ/kg)
S: 연료비중(kg/L)
η: 보일러효율

유량조절범위가 큰 순서

고압기류식 > 저압기류식 > 회전분무식 > 압력분무식

분무각도가 큰 순서

압력분무식 > 회전분무식 > 저압기류식 > 고압기류식

- 버너의 구조가 간단하고, 자동화에 적용이 용이한 회전분무식 버너이다.
- 유압이 가장 작은 버너는 회전분무식 버너이다.

유류 연소장치의 구조

① 연소장치는 연소가 정지한 후에 연료유가 연소실 내에 유입하지 않는 구조이어야 한다.
② 분무용 매체를 사용하는 주버너에서는 분무용 매체의 배관 내에 연료유가 역류하거나 또는 유배관 내에 분무용 매체가 역류하지 않는 구조로 하여야 한다.
③ 연소장치는 점검 및 보수가 용이한 구조로 하여야 한다.
④ 동일 연소실에 2개 이상의 주버너를 설치하고 병렬로 연소 시킬 경우는 주버너는 그 특성을 고려해서, 서로 연소를 방해하는 일이 없도록 설치하여야 한다.
⑤ 연소량이 348.9kW(1,256,040kJ/h)를 초과하는 연소장치는 저연소량 위치에서 점화할 수 있는 구조로 하여야 한다.
⑥ 연소장치의 연료유배관 및 그 부속장치인 분무펌프는 공구를 사용하지 않으면 떼어낼

수 없는 것으로 하여야 한다.

⑦ 주버너의 연료분사부가 연소실 외부로 떼어내게 하는 구조의 주버너에는 공구를 사용하지 않으면 그것을 떼어낼 수 없고, 또는 주버너가 연소실 내의 정상적인 위치가 아니면, 주버너가 연소할 수 없는 구조로 하여야 한다.

(4) 통기관의 설치기준

① 통기관 안지름의 크기는 최소 40mm 이상이어야 한다.
② 통기관에는 일체의 밸브를 사용해서는 안 된다.
③ 개구부는 40° 이상의 굽힘을 주고 인화방지를 위해서 금속제의 망을 씌운다.
④ 개구부의 높이는 지상에서 5m 이상이어야 하며 반드시 옥외에 있어야 한다.

(5) 송유관

벙커C유는 보온을 철저히 하거나 이중배관(이중 재킷 배관)을 사용하여 온도저하에 의한 점도 증대로 송유가 안 되는 것을 방지한다.

(6) 서비스 탱크(service tank)

중유저장탱크 이상시 원활한 운전을 하기 위해 중유탱크에서 보일러에 필요한 기름을 받아 저장하는 탱크로 보조탱크에 해당된다.

① 서비스 탱크의 가열온도

40~60℃ 정도로 예열한다(이유: 기름의 이송을 좋게 하기 위해).

- 가열온도가 너무 높으면 에너지의 낭비가 크며, 국부과열이 일어나 슬러지를 발생하기도 하며, 기름 속의 수분이 증발하여 연료펌프의 흡입작용을 저해하는 경우가 있다.

② 서비스 탱크의 설치위치

자연낙차를 최대한 이용하기 위해서 버너 하단부에서 1.5m 이상 높이로 설치하며, 화기에 대한 위험을 방지하기 위하여 보일러에서 2m 이상 떨어진 거리에 설치한다.

③ 플로트 스위치(자동유면 조절장치)의 역할

서비스 탱크 내 기름의 양을 일정하게 유지하여 이상 감유 및 넘침 등을 방지하기 위해 설치하는 장치이다[오버플로관(over flow tube)은 송유관 단면적의 2배 이상으로 한다].

자동온도조절밸브

① 역할: 서비스 탱크 내의 온도를 일정하게 유지하기 위해 증기량을 조절하는 밸브이다.
② 작동원리: 탱크 내의 온도 변화에 따라 밸브의 개폐량이 조절되어 온도를 조절하는 것으로 온도가 상승하면 밸브가 닫혀 증기 유입량이 줄고, 온도가 낮아지면 밸브가 열려 증기 유입량이 늘어나는 원리를 이용한다.

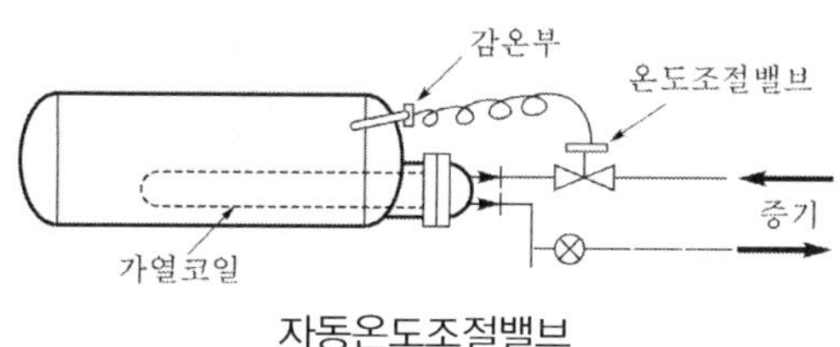

자동온도조절밸브

③ 청소 시 주의사항: 서비스 탱크 및 연료저장탱크는 1년에 1회 이상 청소한다.

주의사항

2인 1조로 하여 탱크 내의 잔류가스를 모두 배출하고, 주변에는 반드시 소화기를 비치하며, 작업 중에 절대로 담배를 피우거나 화기를 다루어서는 안 된다.

작업순서

2인조로 하여 작업하며, 연료펌프의 전원이 차단되어 있는지 확인한 후 연료탱크에 들어 있는 미량의 연료를 드레인 밸브를 통하여 모두 수거하고, 맨홀 뚜껑을 열어 탱크 내에 차 있는 잔류가스를 모두 대기 중에 방출시킨 다음, 기름걸레 등으로 탱크 내부를 깨끗하게 닦아낸 후 맨홀 뚜껑을 조립하고, 드레인 밸브를 닫고, 기어 펌프를 기동하여 연료를 탱크 내에 저장한다.

(7) 오일여과기(oil strainer)

연료 중에 포함된 불순물 및 이물질을 분리하여 기름을 양호하게 하기 위해서 사용된다.

오일여과기의 기능

연료유 중의 슬러지, 협잡물 등을 제거하여 다음과 같은 효과를 얻는다.

① 연료노즐 및 연료유 조절밸브를 보호한다.

② 분무효과를 높여 연소를 양호하게 하고 연소생성물을 억제한다.

③ 펌프를 보호한다.

④ 유량계를 보호한다.

오일여과기의 종류

단식과 복식이 있으며, 복식은 보일러 운전 중 여과기를 바꿔 끼우고 청소를 할 수 있다.

① 단식여과기: 유량계, 밸브 등의 입구에 설치하는 것으로 내압강도가 크고 여과면적이 작으며 여과눈금이 작은 것이 특징이다.

- 펌프 흡입 측에 통형 단식여과기를 병렬로 설치할 수도 있다.
- 적층판형 여과기는 손잡이를 회전시켜 여과기를 청소할 수 있으므로 사용에 편리하여 버너 전에 많이 사용되고 있다.

② 복식여과기: 보통 내압이 0.1MPa 이하이기 때문에 펌프의 흡입 측에 설치되는 경우가 많다. 이 여과기는 복식이기 때문에 운전 중 교체할 수 있는 장점이 있다. 펌프 흡입 측은 토출부보다 자주 막히므로 이와 같은 복식여과기를 사용하는 것이 좋다(복식여과기는 펌프의 흡입저항이나 캐비테이션 현상을 방지하기 위해서 유동저항이 적게 걸려야 하므로 여과면적은 접속구 지름의 10~30배를 취하고 있다).

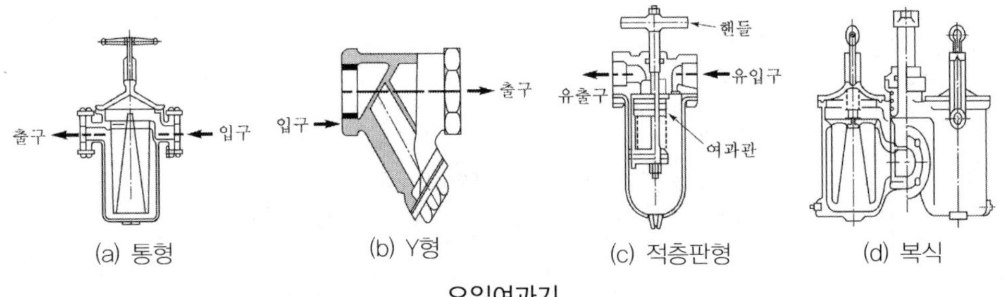

오일여과기

오일여과기의 일반사항

① 여과기 출입구의 압력차가 0.02MPa 이상일 때는 여과기를 청소해 주어야 한다.
② 오일여과기 전, 후에는 압력계를 설치한다. 다만, 펌프 흡입측에는 콤파운드 게이지(복식압력계)를 설치할 수 있다.
③ 여과망의 유효관로 면적은 연결관 단면적의 2배 이상이어야 한다.
④ 압력계의 눈금은 0.02MPa 이하의 압력을 판별할 수 있는 것이어야 한다.
⑤ 여과기는 사용압력의 1.5배 이상의 압력에 견딜 수 있는 것이어야 한다.
⑥ 여과기는 청소가 손쉬운 것이어야 한다.
⑦ 오일여과망: 일반적으로 철망으로 만들어진 것, 박판에 구멍을 뚫고 둥글게 만든 것, 얇은 판을 겹친 적층한 연결금속 등이 이용되고 있다.
- 연료펌프의 흡입 및 토출(방출) 쪽에는 일반적으로 오일여과기(스트레이너)가 설치된다. 흡입 쪽 여과기는 펌프의 보호를 토출 쪽의 여과기는 유통계 및 버너 등의 보호를 각각 목적으로 하고 있다. 따라서 토출 쪽의 망은 흡입 쪽보다 촘촘한 것이 사용된다.
- 중유에 사용되는 망의 눈 크기는 버너의 종류에 따라 다소 차이가 있으나 일반적으로 다음의 것이 채용되고 있다.

〈연료펌프 여과망의 눈금 크기〉

구분	흡입측	토출측
중유용	20~60메시(mesh)	60~120메시(mesh)
경유 및 등유용	80~120메시(mesh)	100~250메시(mesh)

※토출쪽의 여과망이 흡입쪽보다 촘촘한 것이 사용된다.

- 저장탱크에서 버너까지 3단으로 설치하고, 각 단마다 20메시(mesh) 정도 차이를 두는 것이 좋다. 또 송유펌프의 흡입측은 일반적으로 10~40메시(mesh)의 것을 설치한다. 저장탱크에서 버너까지 여과기의 설치 일례를 살펴보면 송유펌프의 흡입측 40메시(mesh), 공급펌프 흡입측 60메시(mesh), 버너 전 80메시(mesh)로 할 수 있다.
- 여과망의 유효관로 면적은 연결관 단면적의 2배 이상이어야 한다.
- 유량계 전에 설치하는 여과기의 여과망은 유량계의 정도에 따른다.

오일여과기의 점검

① 여과기를 청소할 경우에 가솔린 등의 휘발성 액체를 사용하면 철그물의 오일막이 녹아서 부식의 원인이 되기 때문에 등유를 사용하도록 하여야 한다.

② 복구할 때는 철망 설치부에 틈이 없는 것을 확인하고 공기빼기를 실시한다.

③ 오일여과기의 청소는 정기적으로 자주 실시해야 한다. 특히 새로운 연료유를 넣은 직후는 슬러지가 생기기 쉽기 때문에 주의를 요한다.

④ 여과기의 출입구에 유압 차압계가 준비된 경우는 그 차압의 크기로서 망의 눈이 막힌 것을 추정할 수 있고, 여과기 출입구의 압력차가 0.02MPa 이상일 때는 여과기를 청소해주어야 한다.

⑤ 청소할 때는 오래된 눈의 막힘 상태 및 철망의 파손 유무를 조사한다. 밑 부분 플러그를 열어 기름을 빼고 케이싱 내부도 청소한다.

(8) 연료펌프(오일펌프)

연료펌프는 기능면에서 저장탱크에서 서비스 탱크까지 연료유를 공급하는 송유펌프의 서비스 탱크에서 버너까지 연료유를 공급하는 급유펌프(분연펌프)로 대별된다.

① 송유펌프는 저장탱크에서 서비스 탱크까지 연료의 공급만을 위해 사용되기 때문에 높은 압력이 필요 없으나 용량은 비교적 크게 선정한다. 송유펌프의 용량은 급유탱크의 용량과도 관계가 있으며, 서비스 탱크의 용량을 30~60분 사이에 급유할 수 있는 용량으로 한다.

② 부속장치는 펌프 전후에 배치되는 여과기, 압력을 일정하게 유지하기 위한 릴리프밸브가 있다.

③ 급유펌프의 용량은 자체 케이싱의 마찰손실에 의한 효율 저하, 부하변동에 의해 일어나는 유압의 변동에 대비하여 버너용량의 1.2~1.5배로 한다.

(9) 연료펌프의 종류

연료펌프의 종류에는 기어(내접식, 외접식)펌프, 플런저(plunger) 펌프, 스크류(screw) 펌프 등이 있으며, 외접식 기어(치차)펌프는 저압, 대용량이므로 송유펌프로 많이 사용되고, 내접식 기어(치차)펌프는 급유펌프로, 스크류(나사) 펌프는 고압기류식 버너에 많이 사용되고 있다.

- 급유펌프는 일반적으로 소용량 저압용에는 치차펌프가, 대용량 고압용에는 스크류 펌프가 각각 사용된다. 치차펌프에는 내치식과 외치식이 있다. 내치 치차펌프는 주로 주철재 보일러나 소용량 보일러의 급유펌프로 이용되고 있다.

급유펌프의 토출압력이 정규값으로 상승하지 않는 원인

① 압력계의 부르동관이 파손한 경우
② 급유배관의 누설
③ 펌프 전 스톱밸브의 막힘
④ 펌프의 회전방향이 반대방향인 것
⑤ 회전체와 케이싱과의 틈 사이가 너무 큰 경우
⑥ 리턴밸브의 방출압력조정이 불량인 경우
⑦ 압력조절밸브의 설정압력이 낮은 경우
⑧ 흡입 스트레이너(여과기)의 막힘 또는 공기의 흡입이 생기는 경우
⑨ 오일온도가 부당히 높아 증기가 발생하고 있는 경우
⑩ 치차(기어) 또는 나사가 마모된 경우

(10) 릴리프 밸브(relief valve)

연료유가 급속하게 차단되었을 때 또는 압력이 급상승하였을 때 펌프 자체를 보호하기 위해서 펌프 자체에 부착된 것과 연료유 공급압력을 일정하게 유지할 목적으로 사용되는 것이 있다. 자체에 부착된 릴리프밸브는 안정성 유지가 주목적으로 높은 정밀도를 요구하지 않는다.

(11) 급유펌프의 윤활유가 베어링에 눌어붙기 쉬운 경우

① 고점도용 펌프를 경질유에 사용한 경우
② 오일 속에 수분함량이 너무 많거나 오일이 없는 상태에서 일정기간 가동한 경우
③ 펌프유입 전의 오일의 온도가 너무 높은 경우
④ 오일 속의 이물질로 인해 오일 구멍이 막힌 경우

(12) 유량계, 유압계, 온도계

① 유량계: 기름의 사용량을 측정하기 위해 사용되는 것으로 오벌기어식이나, 로터리피스톤식이 주로 사용되며, 입구측에는 여과기를 설치하고, 유량계 고장 시를 대비하여 주위에는 바이패스 라인을 설치한다.
② 온도계: 버너 입구의 급유온도를 측정하기 위해 설치한다(주로 유리온도계를 사용한다).
- 설치장소: 서비스 탱크, 버너 입구, 오일프리히터

③ 유압계: 압송펌프출구에 설치하여 무화에 필요한 기름의 압력을 측정하며, 부르동관식 압력계가 사용된다.

(13) 오일프리히터(기름예열기: oil pre heater)

① 오일프리히터의 역할: 기름을 예열하여 점도를 낮추어 유동성 및 무화(분무상태)를 좋게 하여 완전연소에 도움을 주기 위해 설치한다.

오일프리히터의 가열원: 증기식, 온수식, 전기식

- 가장 많이 사용되는 가열원은 전기식이다.
- 전기식을 많이 사용하는 이유: 온도조절이 거의 정확하고 사용하기에 편리하기 때문이다.

② 오일프리히터의 예열온도: 인화점보다 5℃ 낮게 한다.
- A중유: 323~333K(50~60℃)
- B중유: 323~333K(50~60℃)
- C중유: 353~378K(80~105℃)

③ 설치위치: 버너 전에 가능한 버너에 가깝게 설치한다.

④ 오일프리히터의 용량(kWh)
- 히터의 용량은 가열용량 이상이어야 한다.

오일프리히터의 용량(kWh)

$$Q = \frac{m_f C \Delta t}{3,600\eta} [\text{kg/h}]$$

여기서, m_f: 연료사용량(kg/h)
→ 질량유량(kg/h) = [체적유량(L/h) × 비중(kg/L)]이기 때문이다.
C: 연료의 비열(kJ/kg℃)
Δt: 히터 입구 및 출구의 온도차(℃)
η: 히터의 효율(%)

⊙ 1kW = 1kJ/s = 60kJ/min = 3,600kJ/h

가열온도가 너무 높은 경우 미치는 영향(점도가 너무 낮다)

① 탄화물의 생성원인이 된다(버너화구에 탄화물이 축적된다).
② 관 내에서 기름이 분해를 일으킨다(연료소비량이 증대, 맥동연소의 원인, 역화의 원인).
③ 분무(사)각도가 흐트러진다.
④ 분무상태가 불균일해진다.

가열온도가 너무 낮을 경우 미치는 영향(점도가 너무 높다)

① 화염의 편류현상이 발생한다(불길이 한쪽으로 치우친다).
② 카본 생성원인이 된다.
③ 무화가 불량해진다.
④ 그을음 및 분진 등이 발생한다.

2 기체연료의 연소방식과 연소장치

1) 확산연소방식과 연소장치

(1) 확산연소방식

버너의 연료노즐에서는 연료만을 분출하고, 그 주위에서 공기를 별도로 연소실로 분출하여 연료가스와 공기가 혼합되면서 연소하는 방식이다.

- 가스와 공기를 따로 연소실 내로 분사 혼합하여 연소하는 외부 혼합연소방식이다.
- 산업용 보일러의 대부분은 이 연소방식을 채용하고 있다.

(2) 확산연소방식의 특징

① 부하에 따른 조절범위가 넓다.
② 가스와 공기를 예열공급 가능하다.
③ 화염이 길다.
④ 역화의 위험성이 적다.
⑤ 탄화수소가 적은 가스에 적합하다(고로가스, 발생로가스).

(3) 확산연소방식의 연소장치

① 포트형: 평로나 대형 가마에 적합
② 버너형
- 선회형 버너(고로가스와 같은 저질가스 연소에 사용)
- 방사형 버너(천연가스와 같은 양질가스에 사용)

2) 예혼합 연소방식과 연소장치

(1) 예혼합 연소방식

버너의 노즐 이전에 연료가스와 공기를 미리 혼합하여 이 혼합가스를 버너에서 연소실로 분출하여 연소하는 방식이다. 소형 보일러에 주로 이용되고 있다.

- 가스와 공기를 버너 내에서 혼합시켜 연소실로 분사하는 내부혼합 연소방식이다.
- 예혼합 연소방식을 채용하는 연소 시스템에는 역화방지기능이 있어야만 한다.

(2) 예혼합 연소방식의 특징

① 부하에 따른 조절범위가 좁다.
② 화염이 짧다.
③ 가스와 공기를 예열공급하기 불가능하다.

④ 탄화수소가 많은 가스에 적합하다(도시가스, LPG).

⑤ 역화의 위험성이 크다.

(3) 예혼합 연소방식의 연소장치

① 송풍버너: 송풍기를 사용하여 연소용 공기를 가압하여 연소실 내로 송입하여 연소

② 저압버너: 송풍기를 사용하지 않고 연소실 내를 부압(-)으로 연소

③ 고압버너: 연소실 내를 정압(+)으로 하여 연소

3) 부분예혼합 연소방식과 연소장치

확산연소와 예혼합연소의 중간방식으로 연소용 공기의 일부만을 버너 이전에서 혼합하고 나머지 공기를 연소실에 공급하여 연소하는 방식이다. 소형 보일러에 주로 이용되고 있다.

(1) 가스버너의 분류

① 운전방식별 가스버너: 자동 및 반자동 버너

② 연소용 공기의 공급 및 혼합방식에 따른 가스버너의 분류

- 유도혼합식: 적화식, 분젠식(세미분젠식, 분젠식, 전1차공기식)
- 강제혼합식: 내부혼합식, 외부혼합식, 부분혼합식

〈가스버너의 종류〉

버너형식			1차 공기량(%)	버너 종류
유도혼합식	적화식		0	파이프(pipe)버너, 어미식 버너, 충염버너
	분젠식	세미분젠식	40	
		분젠식	50~60	링(ring)버너, 슬리트(slit)버너
		전1차공기식	100	적외선버너, 중압분젠버너
강제혼합식	내부혼합식		90~120	고압버너, 표면연소버너, 리본(ribbon)버너
	외부혼합식		0	고속버너, 라디언트 튜브(radiant tube)버너, 액중연소버너, 휘염버너, 혼소버너, 산업용 보일러버너
	부분혼합식			내부, 외부혼합식 혼용

(2) 가스연소장치의 구성

가스연료는 스트레이너를 거쳐 안전차단밸브를 지나서 압력조정기에서 압력이 조정된 후 적정유량이 흐르도록 조절된 후에 버너에 공급되도록 되어 있다.

(3) 가스압력 조정기

① 가스압력 조정기는 사용가스의 공급압력에 따라서 설치하여야 하며, 가스압력조정이 가능한 것이어야 한다. 또한 가스압력 조정기는 원칙적으로 자동연료차단장치의 하류측에 설치하여야 하며, 파일럿 버너용 가스압력 조정기는 메인버너용 가스압력 조정기와 별도로 설치하여야 한다.

② 가스압력 조정기에는 메인의 가스압력과 가스압력 조정기의 작동압력을 감시할 수 있는 압력계를 설치하여야 하며, 또한 압력계를 부착할 수 있는 노즐이 설치되어야 한다.

③ 가스압력 조정기는 최대통과유량에서 차압 등 필요한 제어특성에 적합하며, 사용유량범위에서 압력변동이 작은 것이어야 한다. 다만, 도시가스를 사용하는 버너로서 공급가스압력이 2.5kPa(250mmH_2O) 이하이고, 그 공급가스압력의 변동범위 내에서 완전연소가 가능한 경우에는 가스압력 조정기를 설치하지 아니할 수 있다.

④ 가스압력 조정기는 스프링에 의한 방식의 것을 사용하고, 스프링에는 커버를 설치하여야 한다.

⑤ 가스압력 조정기는 가스공급 압력변동에 대하여 버너가 안정연소할 수 있도록 2차 압력이 일정하게 유지되는 기능이 있어야 한다.

⑥ 가스압력 조정기는 버너의 연소범위 전역에 걸쳐서 압력변동이 적어야 하며, 또 안정연소가 유지되는 것을 사용하여야 한다.

⑦ 가스압력 조정기의 몸체에 가스흐름 방향을 나타내는 표시가 되어 있어야 한다.

⑧ 가스압력 조정기의 상류측에는 하류측 기기의 기능을 보호하기 위하여 점검보수가 용이한 스트레이너를 설치하여야 한다.

(4) 안전차단밸브

최대가스소비량이 348.9kW(1,256,040kJ/h)를 초과하는 강제혼합식 버너로서 파일럿 버너가 있는 버너의 경우에는 파일럿 버너에 대한 가스의 공급관을 메인버너용 안전차단밸브의 상류층에서 분기하여, 메인버너용 안전차단밸브와는 독립적으로 2개의 안전차단밸브를 직렬로 설치하고, 2개의 메인버너용 안전차단밸브 사이에서 분기하는 경우에는 1개의 안전차단밸브를 설치할 수 있다.

- 안전차단밸브는 아래와 같은 경우에는 폭발방지, 어떠한 위험사태 방지를 위하여 신속하게 연료를 차단하여야 한다.
  ㉠ 이상소화의 경우
  ㉡ 전력공급이 중단되었을 경우
  ㉢ 보일러 수위가 안전저수위 이하가 되었을 경우
  ㉣ 증기압력이나 온도가 과도하게 높아졌을 경우
- 안전차단밸브는 전원 또는 공기압력 등이 단절된 경우, 스프링의 힘에 의해 자동적으로 가스를 차단하는 페일세이프(fail safe) 구조의 것이어야 한다.

- 가스연료는 보일러 운전이나 기타에 사용되는 전기, 증기, 기름압 등이 정지되었을 경우에 연료가 계속적으로 연소되면 위험하므로, 안전차단밸브는 전원 등이 중단되었을 경우에도 작동되어 신속하게 연료를 차단하여야 한다. 이 경우 단시간 정전 등에서도 안전차단밸브가 일단 닫힌 이상은 프리퍼지 등의 순서에 따라 보일러를 가동시켜야 하며, 정전 등의 경우에 수동적으로 장치가 열릴 경우에 연료가 공급되어지면 위험하므로, 이 경우에 리셋 버튼(reset button) 등을 조작하여도 장치가 열리지 않는 구조라야 한다.
- 차단밸브는 1초 이내에 가스의 공급을 차단할 수 있는 것이어야 한다.
- 최대가스소비량이 348.9kW(1,256,040kJ/h)를 초과하는 강제혼합식 버너의 경우에는 메인버너에 대한 가스의 공급관에 2개의 안전차단밸브를 직렬로 설치해야 한다. 이 경우 2개 중 1개는 슬로 오픈(slow open) 방식이어야 한다.

(5) 가스 스트레이너(gas strainer)

가스 스트레인에 속하는 가스압력 조정기나 안전차단밸브와 같은 정밀기기를 보호하기 위하여 설치한다.

① 스트레이너는 압력손실이 적고, 점검 보수가 용이한 것을 사용한다.
② 안전차단밸브 및 가스압력 조정기 앞에 설치하여야 한다.

(6) 가스압력 감시장치(가스압력 스위치)

압력조정기의 고장 및 기타에 의해 사용가스 압력이 이상변동을 감시할 수 있는 가스압력 감시장치(가스압력 스위치)를 설치하여, 가스압력이 이상 상승 또는 이상 저하한 경우에는 즉시 연료를 차단할 수 있도록 하여야 한다.

① 가스압력 측정장치
최대가스소비량이 348.9kW(1,256,040kJ/h)를 초과하는 버너에는 스톱밸브가 부착된 가스압력 측정장치(압력계)를 설치하여야 한다.

② 내부누설 자동감시장치
안전차단밸브가 차단된 상태에서도 안전차단밸브에 이물질이 끼거나 고장 시에는 가스가 안전차단밸브를 통과해서 배관 내부로 흐를 수가 있다. 이와 같이 안전차단밸브가 차단된 상태에서 가스가 배관 중으로 흐르는 것을 내부누설 또는 밸브누설이라고 한다.

③ 최대가스소비량이 348.9kW(300,000kcal/h)를 초과하는 버너에는 안전차단밸브의 내부누설(밸브누설)에 대비하여 내부누설 자동감시장치를 장착하여야 한다.

④ 가스누설 차단장치
가스용 보일러에는 누설되는 가스를 검지하여 경보하며, 자동으로 가스의 공급을 차단하는 장치 또는 가스누설 자동차단기를 설치하여야 한다.

⑤ 긴급차단장치(emergency shut-off valve)

긴급차단장치란 가스사용 시설의 이상 시에 가스 누설검지기로 누설하는 가스를 검지하여 자동 또는 수동에 의한 원격조작으로 가스의 공급을 신속히 차단하는 장치로서 수요가 부지 내로 인입한 주배관에 설치하는 것을 의미한다.

- 가스누설 자동차단장치(ASV)를 설치한 주배관에 대하여는 가스누설 자동차단장치를 긴급차단장치의 대신으로 할 수 있다.

긴급차단장치를 설치하여야 하는 수요가는 다음과 같다.

① 중압을 직접 사용하는 수요가
② 전용정압기 설치 수요가
③ 냉난방 수요가
④ 5층 이상의 고층건물 수요가로서 공급 관지름 80A 이상의 수요가
⑤ 가스의 사용처가 동일건물의 동일층 내에 3곳 이상인 수요가로서 공급 관지름이 80A 이상 수요가

가스누설 자동차단밸브(automatic shut-off valve)

도시가스사업법에 의한 특정가스 사용시설 및 특정가스 사용시설 외의 가스사용 시설(가정용 시설은 제외)에 가스누설경보기로 누설되는 가스를 점검하여 자동으로 가스의 공급을 차단하는 장치를 의미한다.

- 가스누설 자동차단장치의 차단부는 검지부 또는 제어부로부터 신호를 받아 가스의 흐름(공급)을 차단하는 기능을 가진 것을 의미한다.
- 가스누설 자동차단장치의 검지부는 누설된 가스를 검지하여 제어부 및 차단부의 신호를 전달하는 기능을 가진 것을 의미한다.
  → 구성: 검지부, 제어부, 차단부
  → 작동하는 경우: 가스누설 시, 규정된 유량보다 많이 통과 시, 가스누설 경보기 작동 시

가스누설 경보기

① 가스의 누설을 검지하여 그 농도를 지시함과 동시에 경보를 울리는 것을 의미한다.
② 미리 설정된 가스농도(폭발하한계의 1/4 이하)에서 정확하게 작동하는 것이어야 하며, 폭발하한계의 1/200 이하에서는 작동하지 아니하는 것이어야 한다.
③ 경보가 울린 후에는 주위의 가스농도가 변화되어도 계속 경보를 울리며, 그 확인 또는 대책을 강구함에 따라 경보정지가 되어야 한다.
④ 담배연기 등 잡가스에 의하여 경보가 울리지 아니하여야 한다.

구조(가스누설 경보기)

① 충분한 강도를 가지며 취급과 정비(특히 엘리먼트의 교체)가 용이할 것
② 경보부와 검지부는 분리하여 설치할 수 있는 것일 것
③ 검지부가 다점식인 경우에는 경보가 울릴 때 경보부에서 가스의 검지장소를 알 수 있는 구조이어야 할 것
④ 경보는 램프의 점등 또는 점멸과 동시에 경보를 울리는 것일 것

(7) 설치장소

① 누설된 가스가 체류하기 쉬운 배관이 통과하는 공조기실 등과 가스배관의 전용 피트 또는 덕트에는 반드시 경보기의 검지부를 설치하여야 한다.
② 경보기의 경보부 설치장소는 관계자가 상주하거나 경보를 식별할 수 있는 장소로서 경보가 울린 후 각종 조치를 취하기에 적절한 방재센터 또는 중앙감시실에 설치한다.
③ 경보기의 검지부는 보일러 설치실이 별실로 구분되어 있는 경우에는 각 실마다 설치하고, 천연가스나 연료가스의 비중이 1.0보다 작은 LNG를 사용하는 경우에는 검지부의 설치 위치를 검지부 하단이 천장으로부터 30cm 이내의 위치로 하고, 비중이 1.0보다 큰 LPG를 사용하는 경우에는 검지부의 설치 위치를 검지부 상단이 바닥으로부터 30cm 이내의 위치로 한다.
④ 경보기의 검지부는 공급시설 및 사용시설 중 가스가 누설되기 쉬운 설비가 설치되어 있는 장소의 주위로서 누설된 가스가 체류하기 쉬운 장소에 설치해야 한다. 다만, 연소기 전체가 소화안전장치를 갖추고 있는 경우와 버너 등으로서 파리로트 버너 등에 의한 인터록기구를 갖추어 가스누설의 우려가 없는 사용시설이 2개 이상인 경우에는 최소한 1개소 이상은 설치하여야 한다.

- 경보기의 검지부를 설치하는 위치는 가스의 성질, 주위상황, 각 설비의 구조 등의 조건에 따라 정한 다음 각 호에 해당하는 장소에는 설치하지 아니한다.
  ㉠ 주위온도 또는 복사열에 의한 온도가 313K(40℃) 이상 되는 곳
  ㉡ 설비 등에 가려져 누설가스의 유통이 원활하지 않는 곳
  ㉢ 차량 그 밖의 작업 등으로 인하여 경보기가 파손될 우려가 있는 곳
  ㉣ 출입구의 부근 등 외부의 기류가 유동하는 장소
  ㉤ 환기구 등 공기가 들어오는 곳으로부터 1.5m 이내의 장소
  ㉥ 연소기의 폐가스에 접촉하기 쉬운 장소
  ㉦ 증기, 물방울, 기름기가 섞인 연기 등이 직접 접촉될 우려가 있는 장소
- 누설된 가스가 체류하기 쉬운 배관이 통과하는 공조기실 등과 가스배관의 전용 피트 또는 덕트에는 반드시 경보기의 검지부를 설치하여야 한다.
- 경보기의 경보부 설치장소는 관계자가 상주하거나 경보를 식별할 수 있는 장소로서 경보가 울린 후 각종 조치를 취하기에 적절한 방재센터 또는 중앙감시실에 설치한다.

(8) 가스연소장치의 일반사항

가스용 보일러에 부착하는 가스버너는 액화석유가스의 안전 및 사업관리법 제21조의 규정에 의하여 검사를 받은 것이어야 하며 다음 사항을 만족하여야 한다.

① 연소장치는 저연소에서 고연소에 이르는 모든 범위에서 안정한 연소를 할 수 있고 화염의 길이 폭이 연소실의 형태에 적합한 것이어야 한다.
② 연소장치는 착화를 확실하게 할 수 있고 공연비 조절이 용이하게 사용할 수 있는 것이어야 한다.
③ 연소장치는 사용하는 연료가스의 특성에 적합한 것이어야 한다.
④ 주버너 직전의 가스배관에는 수동정지밸브를 설치한다.
⑤ 주버너 또는 그 직전의 가스배관에는 필요에 따라 연료가스의 온도계 및 압력계를 설치한다.
⑥ 버너의 소음은 85dB 이하로 한다.

(9) 가스연소장치의 구조

연소장치는 점검 및 보수가 용이하게 할 수 있는 구조인 것이어야 한다.

① 연소량이 348.9kW(300,000kcal/h)를 초과하는 연소장치는 전연소장치에 의해 점화할 수 있는 구조인 것이어야 한다.
② 연소장치의 가스배관 및 그 부속장치는 공구를 사용하지 않으면 떼어 낼 수 없는 것으로 하여야 한다.

가스버너의 점검

① 점화소화 시에 점화음, 소화음이 없는지 점검한다.
② 파일럿 화염의 크기는 적정한가 점검하고 주버너로의 불 옮김은 양호한지 관찰한다.
③ 점화버너를 본체로부터 떼어내어 점화부에 수트(soot)의 부착, 전극의 마모, 스파크간격, 애자의 파손유무를 점검하고, 이상이 있는 경우는 신품으로 교체한다.
④ 3위치제어는 저연소, 고연소마다 점검하고, 비례제어는 최저연소, 중간연소, 최고연소마다 점검한다.
⑤ 링크의 이상유무, 기동성, 느슨함을 점검한다.
⑥ 댐퍼의 개폐가 최소부하 위치로부터 최대부하 위치까지 무리 없이 원활하게 움직이는지를 확인한다. 퍼지 중의 댐퍼 열림 및 저연소 위치의 보조 스위치 동작을 확인한다.

4) 보일러용 외부혼합식 가스버너의 종류

(1) 통형(center-fire형: 센터-파이어형) 가스버너

일명 건(gun)형 가스버너라고도 하며 가스는 버너 중심에 설치한 노즐(nozzle)에서 분출한다. 이 버너는 노즐의 중심부에 유류버너를 내장할 수 있도록 이중관 구조로 하여 기름버너에서 분사되는 유류 연료분무 외측에 가스가 분출되기 때문에 기름의 분무가 가스분류에 영향을 받는다. 주로 액체연료와 가스연료를 교체하여 사용하는 혼소연소버너에 적합한 버너이다.

① 노즐의 면적이 적어서 가스의 공급압력이 높아야 한다.
② 버너의 구조가 간단하다.
③ 가스의 종류에 관계없이 가스를 다양하게 사용한다.

(2) 저압 센터-파이어형 가스버너

① 가스와 공기의 혼합촉진을 위하여 노즐부를 여러 개의 소실로 분할 분출하고 공기와 가스를 이곳을 통해 교대로 분출시키는 구조로 되어 있다.
② 센터-파이어형과 유사하게 이중관 구조로 하여 중심부에 유류버너를 설치할 수 있다.
③ 가스의 공급압력이 낮은 경우에 사용된다.
④ 노즐의 면적을 크게 하여 낮은 압력에서도 사용이 가능하게 제작된다.

(3) 링(ring)형 가스버너

버너타일(tile)과 비슷한 지름의 링(ring)에 다수의 노즐을 설치한 것으로 노즐수가 많기 때문에 보염효과가 크고, 버너타일 전부에 걸쳐 연료가 균일하게 분사되기 때문에 매우 안정된 화염을 형성한다. 그러나 노즐부분에 수열면적이 커서 LPG와 같은 고탄화수소 가스에는 좋지 않다.

(4) 다분기관(multi-spot: 멀티-스폿)형 가스버너

링형 가스버너와 유사하나 노즐부의 수열면적을 작게 하여서 열분해로 인한 연료의 탄화를 방지하고, 동시에 노즐에 불순물 등의 청소가 용이하여 LPG용 가스버너로 적당한 버너이다.
→ 멀티-스폿(Multi-Spot) = 멀티-스패터(Multi-Spatter)

(5) 스크롤(scroll)형 가스버너

일명 소용돌이형 가스버너라 하며 노즐의 면적을 아주 크게 할 수 있기 때문에 가스의 공급압력이 낮은 경우나 열량이 적은 저칼로리의 대용량 가스버너에 적당한 가스버너이다.

3 보염장치(착화와 화염안전장치)

1) 정의

연료와 공기의 혼합을 좋게 하고, 연소를 촉진시키기 위해 사용되는 장치이다.

(1) 보염장치의 설치목적

① 연소용 공기의 흐름을 조절하여 준다.
② 확실한 착화가 되도록 한다.

③ 화염의 안정을 도모한다.
④ 화염의 형상을 조정한다.
⑤ 연료의 공기의 혼합을 좋게 한다.
⑥ 국부과열을 방지하고 화염의 편류현상을 막아준다.

2) 보염장치의 종류

버너타일(burner tile), 보염기(스태빌라이저), 윈드박스(wind box: 바람상자), 콤퍼스터

(1) 버너타일(burner tile)

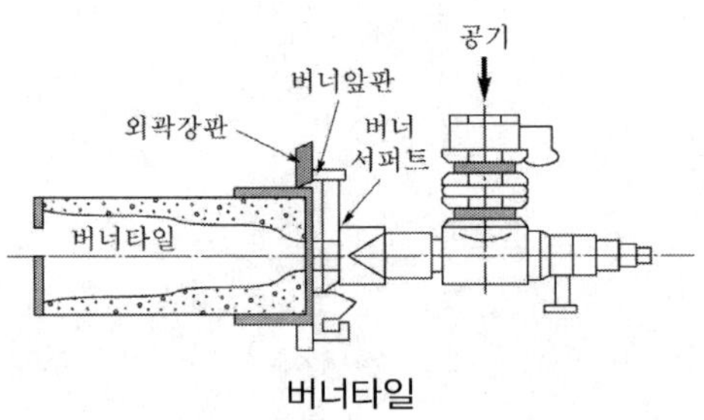

버너타일

그림과 같이 버너의 앞쪽에 부착된 것으로 연소용 공기를 분출시키는 부분의 내화물(타일)이다. 버너타일의 역할은 분무류와 타일벽과의 사이에 와류 또는 저속부가 형성되어 화염 소멸을 방지함으로써 화염을 안정시킴과 동시에 오일의 분무 입자와 연소용 공기의 혼합 및 미립자의 기화를 촉진하고, 화염 형상을 조절하여 노 내의 복사열로부터 버너의 선단부를 보호한다.

(2) 보염기(보염판: flame stabilizer: 스태빌라이저)

버너에서 착화를 확실히 하고, 또 화염이 꺼지지 않도록 화염의 안전을 꾀하는 장치이다. 화염안정화를 위해서는 보염기로 증기 흐름을 차단하여 보염기의 하류부에 착화가 가능한 저속의 고온 순환구역을 형성시킬 필요가 있다. 선회기 형식과 보염판 형식으로 구분된다.

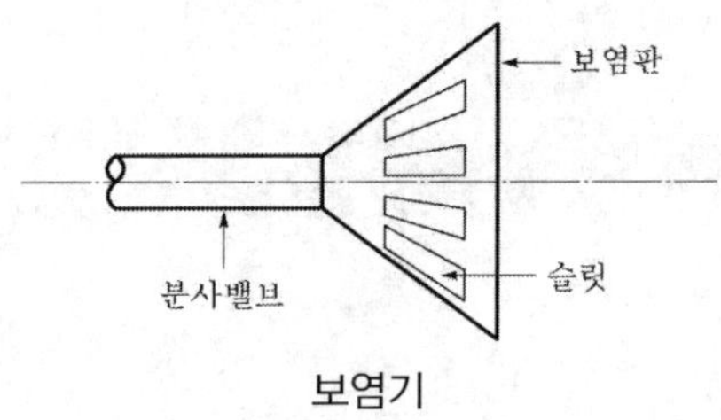

보염기

그림과 같이 공기의 흐름을 차단하는 배플판 형식의 보염기이다.
보염판은 반지름 방향으로 몇 개의 슬릿(Slit)을 뚫어 고량의 공기를 보염판의 내면에 접하도록 유입시켜 작은 와류를 만듦으로써 보염의 역할과 보염판의 냉각, 카본 디포짓(carbon deposit)의 부착을 방지한다.

4 통풍장치

1) 정의

① 통풍: 연소에 필요한 공기 및 연소가스가 연속적으로 흐르는 흐름을 말한다.

② 통풍력: 연소에 필요한 공기 및 연소가스가 연속적으로 흐르는 흐름의 세기를 말한다.

〈통풍방식의 분류〉

자연통풍	• 배기가스와 외기의 온도차(비중차, 비중량차, 밀도차)에 의해 이루어지는 통풍방식으로 굴뚝 높이와 연소가스의 온도에 따라 일정한 한도를 갖는다.	
강제통풍	압입통풍	• 연소실 입구측에 송풍기를 설치하여, 연소실 내로 공기를 강제적으로 밀어 넣는 방식이다.
	흡입통풍	• 연도 내에 배풍기를 설치하여, 연소가스를 송풍기로 흡입하여 빨아내는 방식이다.
	평형통풍	• 압입통풍방식과 흡입통풍방식을 병행하는 통풍방식이다. 즉, 연소실 입구에 송풍기, 굴뚝에 배풍기를 각각 설치한 형태이다.

*강제통풍방식 중 풍압 및 유속이 큰 순서: 평형통풍 > 흡입통풍 > 압입통풍

2) 자연통풍방식의 특징

① 배기가스와 외기의 온도차(비중차, 밀도차)에 의해 이루어지는 통풍방식이다.

② 연돌(굴뚝)에 의해 이루어지는 통풍방식이다.

③ 가스의 유속은 3~5m/s 정도이다.

④ 통풍저항이 작은 소규모 보일러에 사용된다.

⑤ 시설비가 적고, 동력소비가 없다.

⑥ 노내압이 부압(−)이 되어 외기 침입의 우려가 있다.

⑦ 외기의 온도 및 습도 등의 영향을 많이 받는다.

⑧ 강한 통풍력을 얻기 힘들고, 통풍력 조절이 어렵다.

3) 강제통풍방식(송풍기를 이용한 통풍방식)

(1) 압입통풍방식의 특징(흡입통풍방식과 비교)

① 송풍기의 고장이 적고, 점검 및 보수가 용이하다.

② 가스의 유속: 8m/s 정도까지 취할 수 있다.

③ 연소실 내 압력이 정압(+)이 되어 완전연소가 용이하다.

④ 송풍기의 동력소비가 적다(흡입에 비해).

⑤ 연소용 공기를 예열하여 사용이 가능하다.

(2) 흡입통풍방식의 특징

① 송풍기가 고온의 연소가스와 직접 접촉하므로 마모의 우려가 있다.
② 가스의 유속: 10m/s 정도까지 취할 수 있다.
③ 노내압이 부압(-)이 되어, 냉공기의 침입의 우려가 있어 연소상태가 나빠진다.
④ 예열공기 사용이 불가능하다.

(3) 평형통풍방식의 특징

① 동력소비 및 설비비가 많이 든다.
② 유속: 10m/s 이상이다.
③ 강한 통풍력을 얻을 수 있으며 노내압 및 통풍력 조절이 가능하다.
(통풍저항이 큰 대형 보일러나 고성능 보일러에 널리 사용되고 있다).
→ 노내압을 정, 부압으로 조절이 가능하다.

〈통풍력의 영향〉

통풍력이 너무 크면	통풍력이 너무 작으면
① 보일러의 증기발생이 빨라진다. ② 보일러 열효율이 낮아진다. ③ 연소율이 증가한다. ④ 연소실 열부하가 커진다. ⑤ 연료소비가 증가한다. ⑥ 배기가스온도가 높아진다.	① 배기가스온도가 낮아져 저온부식의 원인이 된다. ② 보일러 열효율이 낮아진다. ③ 통풍이 불량해진다. ④ 연소율이 낮아진다. ⑤ 연소실 열부하가 작아진다. ⑥ 역화의 위험이 커진다. ⑦ 완전연소가 어렵다.

이론통풍력 계산공식

① 이론통풍력$(Z) = 273H \times \left[\frac{r_a}{t_a + 273} - \frac{r_g}{t_g + 273}\right]$ [mmH_2O]

② 이론통풍력$(Z) = 355H \times \left[\frac{1}{T_a} - \frac{1}{T_g}\right]$ [mmH_2O]

여기서, Z: 이론통풍력(mmH_2O)
H: 연돌의 높이(m)
r_a: 외기의 비중량(N/m^3)
t_a: 외기온도(℃)
r_g: 배기가스의 비중량(N/m^3)
t_g: 배기가스 온도(℃)
T_a: 외기의 절대온도(K)
T_g: 배기가스의 절대온도(K)

5 환기방식

1) 환기방식의 분류

자연환기와 기계환기로 구분된다.

(1) 자연환기

실내, 실외 온도차에 의한 환기와 실내·외의 압력차에 의한 환기가 있으며 동력은 필요하지 않으나 일정한 환기량을 확보할 수가 없다.

(2) 기계환기

급기팬과 배기팬을 이용하여 동력에 의한 에너지는 많이 소요되나 실의 용도와 목적에 따라 환기량과 실내압을 조정할 수 있다.

2) 송풍기의 종류(원심식과 축류식)

(1) 원심식

① 터보형(후향 날개구조를 가짐)
- ㉠ 풍압변동에 대해 풍량변화는 비교적 적고, 병렬운전에도 적합하다.
- ㉡ 보일러용으로(주로 압입통풍방식) 가장 많이 사용된다.
- ㉢ 성능 및 효율이 좋다.
- ㉣ 구조도 간단하며, 적은 동력으로 큰 풍량을 얻을 수 있다.
- ㉤ 고온, 고압 및 대용량에 적합하다.

② 플레이트형[방사형(경향) 날개구조를 가짐]
- ㉠ 구조가 견고하며, 부식에 잘 견디므로 주로 회진이 많은 흡입(흡출)송풍기나 미분탄 장치의 배탄기 등에 사용된다.
- ㉡ 플레이트 교체가 쉽다.

③ 다익[실리코]형(전향 날개구조를 가짐)
- ㉠ 구조상 고온, 고압 및 고속, 대용량에 부적합하다.
- ㉡ 효율 및 풍량에 비해 동력소비가 크다.
- ㉢ 회전차의 지름이 작고, 소형·경량으로 제작비가 싸다.

(2) 축류식(프로펠러형)

① 풍압은 풍량이 0일 때 최대이고, 풍량의 증가와 함께 감소한다.
② 주로 지하실의 환기 및 배기용으로 사용된다.
③ 저압 및 대풍량을 요하는 경우에 사용된다.

효율 및 풍압이 큰 순서

터보형 > 플레이트형 > 다익형

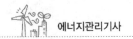

3) 송풍기의 소요동력(kW) 및 소요마력(PS) 계산공식

$$\text{소요동력(kW)} = \frac{P_t Q}{60\eta} \rightarrow \text{송풍량}(Q) = \frac{60\text{kW} \times \eta}{P_t}[\text{m}^3/\text{min}]$$

여기서, Q: 풍량(m^3/min)
P_t: 풍압(kPa)
η: 송풍기의 효율(%)

4) 송풍기의 비례법칙(성능변화, 상사법칙)

① 풍량 $Q_2 = Q_1\left(\frac{N_2}{N_1}\right)^1\left(\frac{D_2}{D_1}\right)^3$

② 풍압 $H_2 = H_1\left(\frac{N_2}{N_1}\right)^2\left(\frac{D_2}{D_1}\right)^2$

③ 축동력(마력) $P_2 = P_1\left(\frac{N_2}{N_1}\right)^3\left(\frac{D_2}{D_1}\right)^5$

④ 효율 $\eta_1 = \eta_2$

여기서, Q: 송풍량(m^3/min)
H: 풍압(mmH_2O)
P: 축동력(PS, kW)
η: 효율(%)
D: 날개의 지름(mm)
N: 회전수(rpm)

5) 송풍기에 의한 통풍력 조절방법

(1) 원심식 송풍기

① 흡입구 댐퍼(damper)의 개도에 의한 조절
② 토출구 댐퍼(damper)의 개도에 의한 조절
③ 송풍기(전동기)의 회전수를 변화시키는 방법
④ 흡입(석션)베인 컨트롤(suction vane control)에 의한 조절

(2) 축류식 송풍기

익차 날개의 피치(pitch)를 가변식으로 조절하는 방법

6 댐퍼(damper: 공기댐퍼와 연도댐퍼)

1) 공기댐퍼(회전식 댐퍼)

① 1차 공기댐퍼: 연료의 무화에 필요한 공기를 조절하는 댐퍼이다(버너 입구에 설치).

② 2차 공기댐퍼: 연료의 완전연소에 필요한 공기를 조절하는 댐퍼이다(송풍기 덕트에 설치).

2) 연도댐퍼: 연도 내에 설치

(1) 작동방법에 의한 분류

① 승강식: 중·대형 보일러에 사용한다.

② 회전식: 소형 보일러에 사용한다.

(2) 형상에 의한 분류

① 스필리티형(분기시에 사용)

② 다익형(대형 덕트에 사용)

③ 버터플라이(소형 덕트에 사용)

7 매연

1) 정의

연료가 연소 이후 발생되는 유해성분으로는 유황산화물, 질소산화물, 일산화탄소, 그을음 및 분진(검댕 및 먼지) 등이 있다.

2) 매연농도계의 종류

① 링겔만 농도표: 매연농도의 규격표(0~5도)와 배기가스를 비교하여 측정하는 방법이다.

② 매연 포집 중량제: 연소가스의 일부를 뽑아내어 석면이나 암면의 광물질 섬유 등의 여과지에 포집시켜 여과지의 중량을 전기출력으로 변환하여 측정하는 방법이다.

③ 광전관식 매연농도계: 연소가스에 복사광선을 통과시켜 광선의 투과율을 산정하여 측정하는 방법이다.

④ 바카라치(Bacharach) 스모그 테스터: 일정면적의 표준 거름종이에 일정량의 연소가스를 통과시켜서 거름종이 표면에 부착된 부유 탄소입자들의 색농도를 표준번호가 있는 색농도와 육안 비교하여 매연농도번호(smoke No)로서 표시하는 방법이다.

3) 링겔만 농도표

(1) 매연농도의 규격표

가로, 세로 10cm의 격자모양의 흑선으로 0도에서 5도까지 6종이 있다. 1도 증가에 따라 매연농도는 20% 증가하며, 번호가 클수록 농도표는 검은 부분이 많이 차지하게 되어 매연이 많이 발생됨을 의미한다.

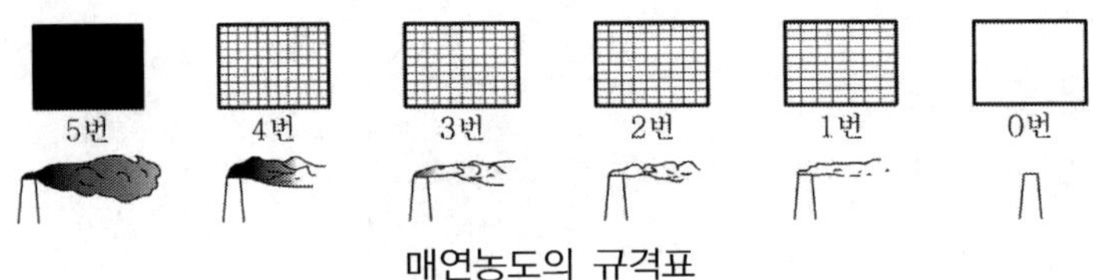

매연농도의 규격표

(2) 측정방법

① 연기의 농도 측정거리: 연돌 상부에서 30~45cm

② 관측자와 링겔만 농도표와의 거리: 16m

③ 관측자와 연돌과의 거리: 30~39m 떨어진 거리

(3) 측정방법(관측요령)

① 개인차가 있으므로 여러 사람이 여러 번 측정한다.

② 주위 배경은 밝은 위치에서 관측한다.

③ 매연농도 측정시 태양을 정면으로 받지 않는다.

(4) 보일러 운전 중 연기색

① 흑색 또는 암흑색: 공기의 공급이 부족한 상태이다.
(화염은 암적색, 온도는 600~700℃ 정도이다.)

② 백색 또는 무색: 공기가 과잉공급된 상태이다.
(화염은 회백색, 온도는 1,500℃ 정도이다.)

③ 엷은 회색: 공기의 공급량이 알맞다.
(화염의 색은 오렌지색, 온도는 1,000℃ 정도이다.)

(5) 가장 양호한 연소상태

연기의 색은 엷은 회색, 화염의 색은 오렌지색, 온도는 1,000℃ 정도이다.

(6) 보일러 운전 중의 매연농도 한계치

링겔만 농도표는 보일러 운전중 매연농도가 2도 이하(매연농도 40%)로 유지되게 해야 한다.

4) 바카라치(Bacharach) 매연농도 측정

(1) 측정기구

수동식은 채집관, 거름종이 삽입부, 거름종이 고정부, 펌프, 핸들 등으로 구성되어 있다.

(2) 표준매연 스케일

백색에서 흑색까지(0~9) 등간격으로 10종으로 나타낸다.

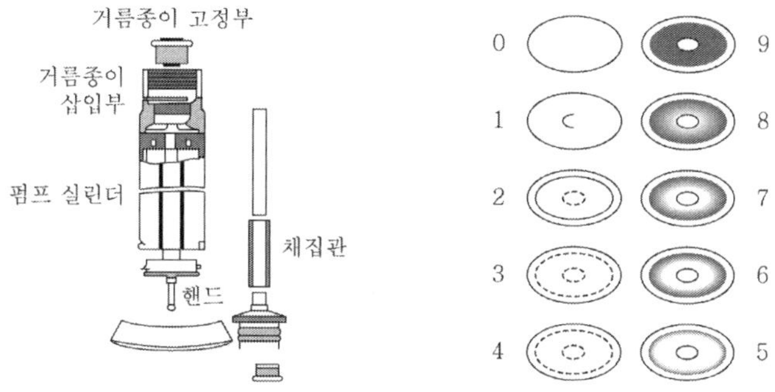

매연농도 채집기구와 표준매연 스케일

(3) 측정방법

채집기구를 거름종이 등에서 결로를 방지하기 위해 실온 이상으로 따뜻하게 한 후 거름종이를 끼우고, 거름종이 고정나사를 조인 후 다음의 순서로 측정한다.

① 채집관의 앞 끝을 시험로 출구로부터 300mm 미만의 연도로 삽입한다.
② 가스흐름 방향에 대해서 직각으로 하여 되도록 연도의 중심에 넣는다.
③ 채집기구가 수동식일 때는 펌프의 조작을 10회로 2~3초 간격으로 시행한다.
④ 채집 후 거름종이를 주의해서 뽑아내어 백지 위에 놓고 채집된 부착물의 색농도를 각 표준 스케일과 지름 6mm의 구멍을 통해 육안이나 광도계를 사용하여 비교하고, 가장 가까운 매연농도번호를 기록한다. 단, 2개의 번호 사이로 판명이 될 때는 2.5, 4.5 등으로 0.5 단위로 기입한다. 그러나 9번 이상으로 색이 짙을 경우는 No.9 이상으로 기록한다.

5) 매연발생의 원인

① 보일러의 구조나 연소장치에 맞지 않는 연료를 사용하는 경우
② 연료와 공기의 혼합이 잘 되지 않는 경우
   ㉠ 중유의 분무구와 공기분출구와의 위치관계 불량

㉡ 버너의 중유 분사각도나 공기분사 각도의 편심
㉢ 공급공기압력의 저하나 공기공급량의 부족

③ 연소용 공기가 부족한 경우(실제공기량이 이론공기량보다 적은 경우)
㉠ 공기공급용 통풍 닥트나 댐퍼의 변형 및 고장
㉡ 보일러 연도의 결함이나 파손으로 인한 공기의 누출
㉢ 공기공급량의 조절불량
㉣ 통풍기의 성능저하

④ 연소장치가 불안전하거나 고장인 경우
⑤ 취급자의 지식과 기술이 미숙한 경우
⑥ 연소실의 용적이 작을 경우
⑦ 무화불량(분무입자가 큼)
⑧ 통풍력의 부족 및 과다
⑨ 연소실 온도가 낮을 때(연소실이 과냉각된 경우)
⑩ 연료의 질이 좋지 않을 때(수분에 함유된 유류가 유입되는 경우)

8 폐가스의 오염방지

대기환경 규제대상 물질
유황산화물, 질소산화물, 일산화탄소, 그을음, 분진(검댕, 먼지)

1) 질소산화물(NO_x)

일산화질소(NO), 이산화질소(NO_2) 등

(1) 발생원인

연소 시 공기 중의 질소와 산소가 반응하여 생성되는데 연소온도가 높고, 과잉공기량이 많으면 발생량이 증가한다.

(2) 유해점

자극성 취기가 있고 호흡기, 뇌, 심장기능 장애를 일으키고 광학적 스모그(smog)를 발생시킨다.

(3) 방지대책[질소산화물(NO_x)의 함량을 줄이는 방법]

① 연소가스 중의 질소산화물을 제거한다(습식법, 건식법).
② 연소온도를 낮게 한다(혼합기 연소형태로 해서 단시간 내 연소시키고 신속히 연소가스온도를 저하시킨다).

③ 질소함량이 적은 연료를 사용한다.
④ 연소가스가 고온으로 유지되는 시간을 짧게 한다(약간의 과잉공기와 연료를 급속히 혼합하여 연소시킨다).
⑤ 연소가스중의 산소농도를 낮게 한다.
㉠ 배기 순환연소: 연소용 공기에 배기가스 혼합
㉡ 2단 연소: 약간 공기부족 상태로 연소시키고, 공기를 가하여 2차 연소
㉢ 될수록 작은 과잉공기로 연소

2) 황산화물(SO_x)

아황산가스(SO_2), 무수황산(SO_3)을 총괄하여 일컫는 말이다.

(1) 발생원인과 유해점

연료 중의 황분이 산화하여 생성되며 보일러 등을 부식시키는 외에 대기오염 및 인체에 해를 유발한다.

(2) 방지대책

① 연소가스 중의 아황산가스를 제거한다(습식법, 건식법).
② 굴뚝을 높게 하여 대기 중으로 확산이 용이하게 한다.
③ 황분이 적은 연료를 사용한다[액체연료는 정유과정에서 접촉수소화 탈황법(직접탈황법, 간접탈황법, 중간탈황법)으로 탈황한다].

3) 일산화탄소(CO)

탄소의 불완전연소에 의하여 생성되며, 인체에 흡입되면 혈액 속의 헤모글로빈과 결합하여 산소의 운반을 방해하여 산소결핍을 초래한다.

일산화탄소 방지대책

① 연소실의 용적을 크게 하여, 반응에 충분한 체류시간을 주어 완전연소시킨다.
② 연소가스 중의 일산화탄소를 제거한다(연소법, 세정법).
③ 충분한 양의 공기를 공급하여 완전연소시킨다.
④ 연소실의 온도를 적당히 높여 완전연소시킨다.

4) 매진(그을음 = 검댕)

매진은 배기가스 중에 함유된 분진으로 그 주성분은 비산회와 그을음인데 비산회는 연료 중의 회분이 미분이 되어 배기가스 중에 함유되고, 그을음은 불완전연소 결과 생성되는 미연소탄소(유리탄소)의 덩어리이다.

매진(그을음) 방지대책

① 완전연소시켜 그을음 발생을 억제시킨다.
② 회분이 적은 연료를 사용한다.
③ 연소가스 중의 매진(분진)을 제거한다(건식 집진장치, 습식 집진장치, 전기식 집진장치).

9 집진장치

1) 집진장치의 역할

배기가스 중의 분진 및 매연 등의 유해물질을 제거하여 대기오염을 방지하기 위해 연도 등에 설치하는 장치이다.

〈집진장치의 종류〉

건식 집진장치	습식(세정식) 집진장치	전기식 집진장치
① 중력식 ② 관성력식 ③ 원심력식(사이클론식) ④ 여과식(백필터) ⑤ 음파 집진장치	① 유수식 ② 가압수식 ③ 회전식	① 코트렐 집진기(건식, 습식)

2) 집진장치의 종류

(1) 건식 집진장치

① 원심력식: 사이클론식, 멀티 사이클론식
② 중력식: 중력 침강식, 다단 침강식
③ 관성력식: 충돌식, 반전식
④ 여과식(백필터: bag filter): 원통식, 평판식, 역기류 분사형

(2) 습식(세정식) 집진장치

① 회전식: 타이젠 워셔식, 임펄스(impulse: 충격식) 스크루버
② 유수식: 전류형 스크루버(scrubber), 로터리 스크루버, 피이보디 스크루버
③ 가압수식: 벤투리 스크루버, 사이클론 스크루버, 제트 스크루버, 충전탑, 포종탑, 분무탑

(3) 전기식 집진장치: 코트렐 집진기(건식, 습식)

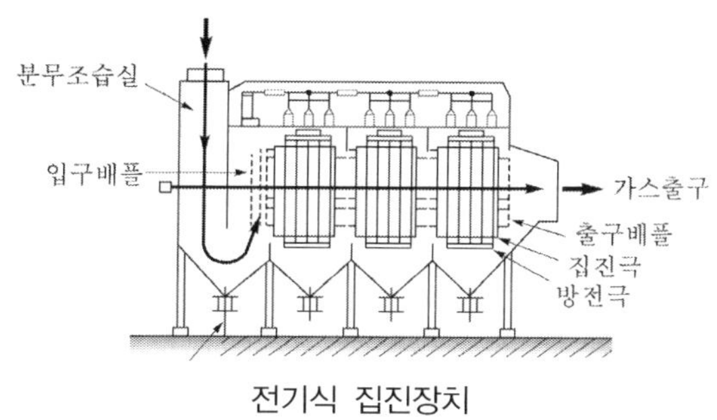

전기식 집진장치

3) 각 집진기의 집진원리 및 특성

(1) 중력식

집진실 내에 함진가스를 도입하고 특별한 장치 없이 분진 자체의 중력에 의해 호퍼(hopper)로 자연 침강시켜 분진을 포집하는 방식이다.

- 공기 중에서 분진이 분리, 하강되는 속도는 주로 입자의 크기와 비중에 관계가 있기 때문에 입자가 크고, 비중이 클수록 빠르다. 이 때 속도가 빠르면 분진의 분리는 용이하나 효율은 떨어진다.

중력식 집진기 특징

① 침강실 내의 가스 유동이 균일한 것이 효율이 향상된다.

② 먼지부하변동 및 유량변화에 대한 적응성이 낮고, 시설규모가 크다.

③ 구조가 간단하다(설비유지비가 저렴하다).

④ 집진실 내에 들어오는 함진 가스의 유속을 1~2m/s 정도로 감소시켜 관성력을 잃게 하여 침강하도록 한다.

⑤ 압력손실은 대략 5~10mmAq 정도로 적다.

⑥ 집진효율은 40~60% 정도이다(미세먼지의 포집효율이 낮다).

⑦ 함진량이 많은 배기가스의 1차 집진장치로 많이 이용된다(먼지부하가 높고 고온가스의 처리에 용이하다).

(2) 관성력식

함진가스를 방해판(장애물) 등에 충돌시키거나 기류의 방향을 전환하여(반전시켜) 분진에 관성력을 주어 기류에서 떨어져 나가는 현상을 이용하여 분리하는 방식이다.

- 집진방식에 따라 충돌식과 반전식으로, 방해판(baffle)의 수에 따라 일단형과 다단형으로, 형식에 따라 곡관형, 루버(louver)형, 포켓(pocket)형 등으로 분류하기도 한다.

관성력식 집진기 특징

① 함진가스의 방향 전환횟수는 많을수록 압력손실이 커지고 집진율은 높아진다.

② 먼지 포집호퍼(dust hopper)는 분리한 먼지가 쉽게 가스의 흐름에 의해서 동반되지 않는 적당한 형상(모양)과 재(ash)제거장치의 고장을 고려하여 충분한 용적(크기)을 갖고 있어야 한다.
③ 반전식에는 방향전환을 하는 가스의 곡률반지름이 작을수록 미세한 먼지를 분리 포집할 수 있다.
④ 구조가 간단하다.
⑤ 일반적으로 고온가스의 처리가 가능하므로 굴뚝 또는 배관 내에 장착하여 이용될 때가 많다(1차 집진장치로 많이 이용된다).
⑥ 지름 100μm인 입자의 집진에 이용되며, 집진효율은 50~70% 정도이다.
⑦ 압력손실은 10~100mmAq 정도로 크며, 형식에 따라 많은 차이가 있다.
⑧ 액체입자의 포집 시에는 멀티 배플형(multi baffle: 다단형)이 많이 이용되며, 분진의 포집을 완전하게 하기 위하여 처리가스 출구에 충전층을 설치하기도 한다.
⑨ 함진가스의 속도는 충돌 전에 입자의 성상에 따라 적당한 속도로 한다.
⑩ 충돌식은 일반적으로 충돌 직전의 각속도가 크고 장치 출구의 가스속도가 작을수록 분리된 먼지의 동반이 작고 높은 집진율이 얻어진다.

(3) 원심력식

함진가스에 선회운동을 주어 분진입자에 작용하는 원심력에 의하여 입자를 분리하는 방식으로 사이클론(cyclone)법이라고도 한다.

- 내통경을 적게 하고, 처리가스 속도를 크게 하면 분리속도도 크게 되고, 미세한 입자를 분리할 수 있다.
- 함진가스를 도입하는 방식에 따라서 접선유입식과 축류식으로 구분한다.

원심력식 집진기 특징

① 사이클론이 소형일수록 성능이 향상된다.
② 처리가스량이 많아질수록 내통지름(배기관지름)이 커져서 미세한 입자의 분리가 어렵게 되므로 집진율을 증대시키기 위하여 소구경의 사이클론을 다수 병렬로 설치하여 내·외통 간에 가스 통로에 가이드 베인(guide vane)을 마련하고 원심력을 주어 미세한 먼지도 포집이 가능한 멀티사이클론(multi cyclone)을 사용한다.
③ 분진의 포집입경은 30~60μm 정도로서 효율도 85~95% 정도로 여러 종류의 공장용 집진에 이용된다.
④ 사이클론 입구의 함진가스 속도는 압력손실의 증가 및 집진율 향상 등을 서로 비교 검토하여 경제성을 고려한 7~15m/s의 범위가 알맞다.

(4) 여과식

함진가스를 목면, 양모, 유리섬유, 테프론, 비닐, 나일론 등의 여과재(filter)에 통과시켜 분진 입자를 분리·포착시키는 집진장치로서 내면여과와 표면여과 방식으로 구분한다.

- 작동식에 따라 간헐식과 연속식으로 분류하는데 간헐식은 고집진율을, 연속식은 고농도의 함진가스 처리용으로 적합하다.
- 여과용 재료는 내열성, 내산성, 내알칼리성, 흡수성, 기계적 강도 등을 고려하여 잘 선택하여야 한다.
- 형식은 여과재의 모양에 따라 원통식(tube type), 평판식(flats screen type) 및 완전자동형인 역기류 분사식(pulse sir collector)이 있다.

여과속도(V)의 계산

$$\text{여과속도}(V) = \frac{Q}{A} \,[\text{m/s}]$$

여기서, Q: 처리가스량(m^3/s)
A: 유효 여과재의 총면적(m^2)

여과식 집진기 특징

① 100℃ 이상의 고온가스, 습가스, 부착성가스에는 백(bag)의 마모가 쉬워 부적합하다.
② 집진효율은 좋으나 보수유지비용이 많이 든다.
③ 압력손실은 100~200mmAq로 비교적 크기 때문에 운전비가 많이 든다.
④ 외형상의 여과속도가 느릴수록 미세한 입자를 포집할 수 있다.

(5) 세정식

함진가스를 세정액 또는 액막 등에 충돌시키거나 충분히 접촉시켜 액에 의해 포집하는 습식집진장치이다.

세정장치의 입자포집원리

① 분진입자를 핵으로 한 증기의 응결에 따라 응집성을 촉진시킨다.
② 액막, 기포에 입자가 접촉하여 부착된다.
③ 액방울, 액막 등에 입자가 충돌하여 부착된다.
④ 분진의 미립자(dust)가 확산하여 입자가 서로 응집된다.
⑤ 배기가스의 습도 증가로 입자의 응집성이 증대되고 그 응집성의 증대로 분진입자가 부착된다.

- 세정집진장치는 충돌 → 확산 → 증습 → 응집 → 누설 등의 순서로 작동된다.

세정식 집진기 특징

① 물에 잘 녹고, 부착성이 높은 분진으로 인해 세정장치가 막히는 등 장애가 발생할 수 있다.

② 한랭 시 세정수의 동결방지 대책이 필요하다.
③ 구조가 대체적으로 간단하고, 처리가스량에 비해 장치의 고정면적도 적다.
④ 미립자에 대하여도 집진효율이 좋고, 먼지의 재비산이 없다.
⑤ 가동부분이 적고, 조작이 간단하다.
⑥ 포집 분진의 취출이 용이하고, 작동 시 큰 동력이 필요하지 않는다.
⑦ 연속운전이 가능하며 분지의 입도, 습도 및 가스의 종류 등에 의한 영향을 많이 받지 않는다.
- 고온가스, 가연성, 폭발성, 유해가스의 처리가 가능하다.

⑧ 부식성가스와 먼지를 중화시킬 수 있다.
⑨ 비교적 큰 압력손실에 견딜 수 있다.
⑩ 세정용수가 매우 많이 필요하므로 따로 급수배관을 설비하여야 하며, 오수 처리설비도 갖추어야 한다.
⑪ 집진물을 회수할 때에는 탈수, 여과, 건조 등을 하여야 하므로 별도의 장치가 필요하다(운전비용이 많이 든다).

(6) 전기식

분진을 코로나(corona) 방전에 의하여 하전시키고, 쿨롱(Coulomb)힘을 이용하여 집진하는 방식이다.

① 현재까지 가장 많이 사용하고 있는 집진장치로서 집진효율도 대단히 높아 분진 배출량은 0.1~0.03g/Nm^3 정도이며, 최근에는 0.02g/Nm^3 이하까지도 성능이 향상되었다.
② 형식의 분류: 하전형식 및 건식, 습식으로 분류된다.
③ 습식은 건식에 비해 집진극 면이 깨끗하여 항상 강전계를 이루며 처리가스의 속도도 건식의 경우보다 2배 이상 높일 수 있으나 다량의 폐기물(slurry)을 생성하는 문제가 있다.

전기식 집진기 특징

① 배기가스 온도는 500℃ 전후이며, 그 밖의 폭발성가스까지도 처리된다.
② 각종 공기조화장치나 제약회사, 병원의 수술실 등에서 많이 이용된다.
③ 집진효율이 99.9% 이상으로 대단히 높으며, 0.01μm 정도의 미세한 입자의 포집도 가능하다.
④ 압력손실이 적어(건식 10mmAq 정도) 송풍기에 따른 동력비가 적게 든다.
⑤ 처리가스량이 많아 경제적이어서 대용량의 고성능 집진장치로서 많이 이용된다.
⑥ 전기집진기를 통과할 때 다이옥신(dioxin)이 생성되는 것으로 조사되었다.
⑦ 처리가스의 속도가 크면 재비산이 발생하므로 보통 건식에서는 1~2m/s 이하로 정한다. 이 속도 범위에서는 하전시간이 많을수록 더욱 집진효율이 높아진다.
⑧ 집진극은 열부식에 대한 기계적 강도, 포집분진의 재비산방지 또는 털어서 떨어뜨리는 효과 등에 유의하여 시설하여야 한다.
⑨ 고전압 장치 및 정전설비를 갖추어야 하는 등의 시설비가 매우 많이 든다.

10 연소계산

1) 이론산소량 및 이론공기량 계산

(1) 이론산소량[O_o]

- 이론산소량[O_o]$= 2.67C + 8\left(H - \frac{O}{8}\right) + S$ [kg′/kg]
- 이론산소량[O_o]$= 1.867C + 5.6\left(H - \frac{O}{8}\right) + 0.7S$ [Nm^3/kg]

공식에서 C: 탄소(%), H: 수소(%), O: 산소(%), S: 황(%)은 연료 중의 성분비로 대입할 때는 주어진 %를 100으로 나누어 대입한다(80% = 0.8).

$\left(H - \frac{O}{8}\right)$: 유효수소라 하며, 유효수소란 실제로 연소할 수 있는 수소량을 의미한다.

〈완전연소반응식〉

구분	중량(kg) 계산	체적(Nm^3) 계산
탄소(C)	$C + O_2 \rightarrow CO_2$ 12kg 32kg 1kg → 2.67kg	$C + O_2 \rightarrow CO_2$ 12kg 22.4Nm^3 1kg → 1.867Nm^3
수소(H)	$H_2 + \frac{1}{2}O_2 \rightarrow H_2O$ 2kg 16kg 1kg → 8kg	$H_2 + \frac{1}{2}O_2 \rightarrow H_2O$ 2kg 11.2Nm^3 1kg → 5.6Nm^3

(2) 이론공기량[A_o]

이론공기량을 질량(kg)으로 구할 때는 이론산소량(kg)을 0.232로 나누면 되고, 이론공기량을 체적(Nm^3)으로 구할 때는 이론산소량(Nm^3)을 0.21로 나누면 된다. 이유는 공기 1kg 중에는 산소가 0.232kg, 질소가 0.768kg 함유되어 있고, 공기 1Nm^3, 질소가 0.79Nm^3 함유되어 있기 때문이다.

- 이론공기량[A_o: kg′/kg]$= \frac{\text{이론산소량(kg)}}{0.232} = \frac{O_{th}}{0.232}$
- 이론공기량[A_o: Nm^3/kg]$= \frac{\text{이론산소량}(Nm^3)}{0.21} = \frac{A_{th}}{0.21}$

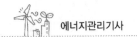

2) 탄화수소(C_mH_n)계 연료 완전연소반응식

$$C_mH_n + ① \ O_2 \rightarrow ② \ CO_2 + ③ \ H_2O$$

여기서, $① = \left(m + \frac{n}{4}\right)$, $② = m$, $③ = \frac{n}{2}$ 이다.

①, ②, ③은 몰수를 의미하며, 표준상태에서 기체 1몰이 갖는 체적은 모두 22.4L이다. C_mH_n의 분자식을 가지는 기체연료가 완전연소하면 모두 CO_2와 H_2O가 생성된다.

3) 공기비(과잉공기계수: m)

(1) 정의

이론공기량(A_o)에 대한 실제공기량(A)과의 비를 의미한다.

(2) 공기비 계산공식

- 공기비$(m) = \dfrac{\text{실제공기량}(A)}{\text{이론공기량}(A_o)} = \dfrac{\text{이론공기량} + \text{과잉공기량}}{\text{이론공기량}}$
- 실제공기량$(A) =$ 공기비$(m) \times$ 이론공기량$(A_o) = m \times A_o$
- 이론공기량$(A_o) = \dfrac{\text{실제공기량}(A)}{\text{공기비}(m)}$

11 연소배기가스의 분석 목적

연소가스는 이산화탄소, 질소, 산소, 수증기 등이 주성분이고, 이외에 일산화탄소, 질소, 산화물, 이산화유황, 미연소 탄화수소 등이 있다. 주로 공기비의 추정에서 연소가스량의 파악, 열계정에 있어서의 배출가스 손실의 산정과 유관한 목적으로 행해지는 데 있으며, 화학적 분석과 물리적 분석으로 대별할 수가 있다.

- 연소배기가스를 분석하는 직접적인 목적은 공기비를 계산하여 최적의 연소효율을 도모하기 위함
  연소배기가스의 분석 목적
  ① 연소가스의 조정 파악
  ② 연소상태 파악
  ③ 공기비 파악

가스분석계의 종류

화학적 가스분석계

① 용액 흡수제를 이용하는 것

② 고체 흡수제를 이용하는 것

물리적 가스분석계

① 가스의 반응성을 이용하는 것
② 적외선의 흡수를 이용하는 것
③ 가스의 열전도율을 이용하는 것
④ 가스의 밀도 및 점도를 이용하는 것
⑤ 빛(광)의 간섭을 이용하는 것
⑥ 흡수용액의 전기전도도를 이용하는 것
⑦ 가스의 자기적 성질을 이용하는 것

1) 화학적 가스분석계(장치)

물리적 분석법에 비해 신뢰성, 신속성이 뒤진다.

(1) 햄펠식 가스분석장치

각 시료가스를 규정의 흡수액에 차례로 흡수, 분리시켜 흡수 전후의 체적변화(감소)량으로 각 성분의 조성을 구하는 방식이다.

(2) 오르잣트 가스분석장치

원리는 햄펠식과 같으며, 시료가스는 피펫 내의 흡수제에 흡수시켜 흡수 전후의 체적변화를 이용한다. 연소가스의 주성분인 이산화탄소, 산소, 일산화탄소의 분석에 사용된다.

(3) 자동화학식 CO_2계

CO_2를 흡수액에 흡수, 이에 따른 시료가스의 체적감소를 측정하여 CO_2의 농도를 측정한다. 오르잣트와 측정원리가 같고 자동화되어 있으며 선택성이 좋다.

(4) 연소식 O_2계

일정량의 시료가스에 H_2 등의 가연성 가스를 혼합하여 촉매를 넣고 연소시켰을 때 반응열에 의해 온도상승이 생기는데, 이 반응열이 측정가스의 O_2 농도에 비례한다는 것을 이용한다.

(5) 미연소가스계($H_2 + CO$계)

시료 중 미연소가스에 O_2를 공급하고 백금(Pt) 촉매로 연소시켜서 온도상승에 의한 휘스톤 브리지(wheatstone bridge)회로의 측정 셀(cell)저항선의 저항변화로부터 H_2와 CO를 측정한다. 산소를 별도로 준비하여야 하며, 측정실과 비교실의 온도는 동일하게 유지한다.

① **체적감소에 의해 측정하는 방법**: 햄펠식, 오르잣트식
② **연속적정에 의해 측정하는 방법**: 자동화학식 CO_2계
③ **연소열법에 의해 측정하는 방법**: 연소식 O_2계, 미연소계($H_2 + CO$계)

2) 물리적 가스분석계(장치)

가스 상태로 그대로 분석하는 방법은 열전도율, 자성, 연소열, 점성, 적외선 또는 자외선의 흡수, 화학 발광량, 이온전류 등의 물리적 성질을 계측하여 측정대상 가스성분의 물리적 성질이 변화하는 것을 이용하고 있다.

(1) 열전도율형 CO_2계(열전도율을 이용한 방법)

탄산가스의 열전도율(0.349)이 공기(0.556)보다 매우 적다는 것을 이용한다.

① 열전도율이 큰 수소(3.965)가 혼입되면 측정오차의 영향이 크다.

② 수소의 영향을 가장 많이 받는 가스분석계이다.

(2) 밀도식 CO_2계[가스의 밀도(비중)차를 이용하는 방법]

CO_2의 밀도(1.977)가 공기의 밀도(1.293)보다 크다는 것을 이용한다.

- 측정가스와 공기의 온도와 압력이 같으면 오차가 생기지 않는다.

(3) 자기식 O_2계(가스의 자성을 이용하는 방법)

산소가 다른 가스에 비하여 강한 상자성체에 있어서 자장에 대해 흡입되는 성질을 이용한 것과 흡입력을 자기풍이나 계면압력을 이용한 것이 있다.
(산소의 자화율은 절대온도에 반비례하고, 자기풍의 속도는 측정가스 중의 O_2의 농도에 비례한다).

(4) 적외선 가스분석계

단원자나 2원자 분자를 제외한 대부분의 가스가 적외선에 대하여 각각 고유한 스펙트럼을 가지는데, 이와 같이 고유한 파장의 흡수 에너지만큼 측정 장치의 실내에 차이가 생겨 압력차로부터 금속박판의 변위, 전기용량의 변화로 가스의 농도를 지시한다.

적외선 가스분석계의 특징

① 측정가스의 더스트(dust)나 습기의 방지에 주의가 필요하다.

② 선택성이 뛰어나다.

③ 대상범위가 넓고 저농도의 분석에 적합하다.

적외선 가스분석계에서 분석할 수 없는 가스

① 단원자 분자(불활성 기체): He, Ne, Ar, Xe, Kr, Rn

② 2원자 분자: O_2, H_2, N_2, Cl_2

(5) 세라믹 O_2계(고체의 전해질의 전지 반응을 이용하는 방법)

지르코니아(ZrO_2)를 주원료로 한 세라믹은 온도를 높여주면 산소이온만 통과시키는 성질을 이용하여 세라믹 파이프 내외에 산소농담전지를 형성함으로써 기전력을 측정하여 O_2 농도를 측정한다[세라믹의 주성분: ZrO_2(지르코니아)].

세라믹 O_2계의 특징

① 측정가스 유량, 설치장소 주위의 온도 변화의 영향이 적다.
② 측정부의 온도유지를 위해 온도조절용 전기로가 필요하다.
③ 응답이 신속하다(5~30초).
④ 연속측정이 가능하며 측정범위가 넓다(수 ppm~수%).
⑤ 측정가스 중에 가연성 가스가 있으면 사용할 수 없다.

(6) 가스 크로마토그래피법

흡착제(활성탄, 실리카겔, 활성알루미나 등)를 충전관(칼럼)에 시료를 보내면 흡착제에 각 성분은 일정한 속도로 이동하면서 분리되어 다른 한 끝의 관으로 나오는 시료를 열전도율을 이용하여 측정하는 분석계이다.

(7) 도전율식 가스분석계(흡수제의 도전율의 차를 이용하는 방법)

분석하고자 하는 가스를 흡수용액에 흡수시켜, 전극으로 그 용액에서의 도전율의 변화를 측정하여 SO_2, CO_2, NH_3 등의 가스농도를 측정한다.

도전율식 가스분석계의 특징

① 대기오염관리에 사용된다.
② 연속측정시 가스와 용액의 유량 및 측정부의 온도유지가 필요하다.
③ 저농도의 가스분석에 적합하다.

(8) 갈바니전지식 O_2계(액체의 전해질의 전지반응을 이용하는 방법)

두 종류의 금속봉 전극을 꽂은 수산화칼륨(KOH)용액의 전지에 시료가스를 통과시켜 주면 전해용액에 산소의 일부가 용해되어 전극 사이에 화학반응을 일으켜 흐르는 현상을 이용한다.

12 보일러 연료로 인해 발생한 연소실 부착물

① 클링커(Klinker): 재가 용융되어 덩어리로 된 것

② 버드 네스트(Bird nest): 스토커 연소나 미분탄 연소에 있어서 석탄재의 용융이 낮은 경우, 또는 화로 출구의 연소가스 온도가 높은 경우에는 재가 용융상태 그대로 과열기나 재열기 등의 전열면에 부착, 성장하여 흡사 새의 둥지처럼 된 것

③ 신더(Cinder): 석탄 등이 타고 남은 재

- 주의: 스케일(scale) 보일러 연료로 인해 발생한 연소실 부착물이 아님을 주의한다.

예상문제

01 다음 중 고체의 연소형태가 아닌 것은?

① 폭발연소 ② 분해연소
③ 증발연소 ④ 표면연소

해설
고체의 연소형태(방식)
㉠ 내부연소(자기연소), ㉡ 증발연소
㉢ 분해연소, ㉣ 표면연소
※ 폭발연소는 기체의 연소형태이다.

02 액체연료에 있어서 1차 공기란?

① 연료의 무화에 필요한 공기
② 자연적으로 공급되는 공기
③ 인공적으로 공급되는 공기
④ 평형통풍으로 공급되는 공기

해설
액체연료에서 1차 공기란 연료의 무화 및 산화에 필요한 공기이다. 2차 공기는 연료를 완전연소시키기 위해 필요한 공기로 통풍장치(송풍기)에 공급되는 공기이다.

03 액체연료의 무화방식이 아닌 것은?

① 진동무화식 ② 정전기무화식
③ 이류체 무화식 ④ 낙하무화식

해설
액체연료 무화방식
㉠ 진동, ㉡ 정전기, ㉢ 이류체
㉣ 유압, ㉤ 충돌, ㉥ 회전이류체

04 액체연료를 연소시키는 버너 중 초음파 버너란?

① 진동무화식이다.
② 압력분무식이다.
③ 조연제 첨가식이다.
④ 기류분무식이다.

05 유압식 버너에서 유량과 유압의 관계는?

① 유량은 유압의 2승에 비례한다.
② 유량은 유압에 정비례한다.
③ 유량은 유압의 평방근에 비례한다.
④ 유량은 유압의 4승에 비례한다.

06 중유 연소장치에서 사용되는 버너의 종류에 해당되지 않는 것은?

① 유압분무식 ② 증기분무식
③ 살포식 ④ 회전분무식

해설
오일버너의 종류
㉠ 유압분무식, ㉡ 고압기류식
㉢ 회전분무식, ㉣ 저압기류식
㉤ 증발식 버너
㉥ 건타입 버너(유압식 & 기류식 혼합)

07 압력분무식 버너는 중유를 몇 MPa 정도로 가압하여 버너로 보내는가?

① 0.3~0.4MPa
② 0.5~2MPa
③ 3~4.5MPa
④ 5~6.5MPa

08 다음 중 유량조절범위가 가장 넓은 것은?

① 고압기류식 버너 ② 회전식 버너
③ 유압분무식 버너 ④ 건타입 버너

해설
오일버너의 종류 중 유량조절 범위가 가장 넓은 것은 고압기류식 버너이다.

09 구조가 간단하고, 자동화에 편리하며, 고속으로 회전하는 분무컵으로 연료를 비산·무화시키는 버너는?

① 건타입 버너 ② 압력분무식 버너
③ 기류식 버너 ④ 회전식 버너

10 가정용 기름 보일러에 사용하는 버너로 적절치 못한 것은?

① 압력분무식 ② 증발식
③ 회전무화식 ④ 수평 로터리식

정답 01 ① 02 ① 03 ④ 04 ① 05 ③ 06 ③ 07 ② 08 ① 09 ④ 10 ④

11 로터리 버너에 대한 설명으로 틀린 것은?

① 회전하는 컵 모양의 회전체로 기름을 미립화시켜 무화연소시킨다.
② 화염이 짧고 안정한 연소를 시킬 수 있다.
③ 유량조절 범위는 1 : 5 정도이다.
④ 연료는 점도가 작을수록 무화가 나쁘다.

12 회전분무식 로터리 버너의 특징 설명으로 틀린 것은?

① 설비가 간단하고 자동화에 편리하다.
② 유량이 적을수록 무화가 양호하다.
③ 구조가 간단하고 교환이 용이하다.
④ 유량의 조절범위는 1 : 5 정도이다.

13 오일버너의 화염이 불안정한 원인과 무관한 것은?

① 분무 유압이 비교적 높을 경우
② 연료 중에 슬러지 등의 협잡물이 들어 있을 경우
③ 무화용 공기량이 적절치 않을 경우
④ 연료용 공기의 과다로 노내 온도가 저하될 경우

14 기체연료의 연소형태는?

① 확산연소　② 표면연소
③ 분해연소　④ 증발연소

해설 보일러 기체연료의 연소방식은 확산연소가 적당하다.

15 보일러에서 기체연료의 연소방식으로 다음 중 가장 적당한 것은?

① 화격자연소　② 확산연소
③ 증발연소　④ 분해연소

16 가스버너의 종류를 혼합방식에 따라 세분할 때 강제 혼합식에 해당되지 않는 것은?

① 내부혼합식　② 부분혼합식
③ 외부혼합식　④ 적화혼합식

17 보일러 연소장치의 선정기준에 대한 설명으로 틀린 것은?

① 사용 연료의 종류와 형태를 고려한다.
② 연소효율이 높은 장치를 선택한다.
③ 과잉공기를 많이 사용할 수 있는 장치를 선택한다.
④ 내구성 및 가격 등을 고려한다.

18 가스연료 연소 시 역화(back fire)나 리프팅(lifting)의 설명으로 틀린 것은?

① 역화는 버너가 과열된 경우에 발생된다.
② 리프팅은 가스압이 너무 낮은 경우에 발생된다.
③ 역화는 불꽃이 염공을 따라 거꾸로 들어가는 것이다.
④ 리프팅은 1차 공기 과다로 분출속도가 높은 경우에 발생된다.

19 보일러의 부속설비 중 연료공급 계통에 해당되는 것은?

① 기수분리기　② 버너타일
③ 수트 블로어　④ 오일프리히터

20 중유를 연소시킬 때 기름 탱크와 버너 사이에 설치되는 것이 아닌 것은?

① 스트레이너　② 펌프
③ 어큐뮬레이터　④ 가열기

21 급유배관에 여과기(strainer)를 설치하는 주된 이유는?

① 기름의 열량을 증가시키기 위해서이다.
② 기름의 점도를 조절하기 위해서이다.
③ 기름배관중의 공기를 빼기 위해서이다.
④ 급유중의 이물질을 제거하기 위해서이다.

정답 11 ④ 12 ② 13 ① 14 ① 15 ② 16 ④ 17 ③ 18 ② 19 ④ 20 ③ 21 ④

22 여과기에 포함되어 있는 여과망의 역할은?

① 연소를 잘 시키게 한다.
② 기름의 양을 적게 한다.
③ 기름의 송유를 원활하게 한다.
④ 기름을 양호하게 한다.

23 스트레이너(여과기)를 모양에 따라 분류한 것이 아닌 것은?

① Y자형 ② U자형
③ X자형 ④ V자형

해설 여과기의 분류는 Y자형, U자형, V자형 등이 있다.

24 유류 보일러에서 오일프리히터가 사용되는 목적은?

① 기름 중에 수분을 증발시킨다.
② 기름 중에 이물질을 분리한다.
③ 점도를 낮추어 무화를 좋게 한다.
④ 기름의 온도상승을 방지한다.

25 오일예열기의 역할과 특징 설명으로 잘못된 것은?

① 연료를 예열하여 과잉공기율을 높인다.
② 기름의 점도를 낮추어 준다.
③ 전기나 증기 등의 열매체를 이용한다.
④ 분무상태를 양호하게 한다.

26 중유의 가열온도가 너무 높을 때 생기는 현상은?

① 무화불량
② 검댕, 분진발생
③ 불길이 한 곳으로 쏠림
④ 분무상태가 고르지 못함

27 보일러에 사용하는 중유의 예열온도가 너무 높을 때 해당되지 않는 것은?

① 탄화물의 분해 ② 분사불량
③ 기름의 분해 ④ 연료소비량 증대

28 보일러 공기조절장치인 보염장치의 목적을 설명한 것으로 틀린 것은?

① 연소용 공기의 흐름을 조절하여 준다.
② 화염의 형상을 조절한다.
③ 확실한 착화가 되도록 한다.
④ 화염의 불안정을 도모한다.

29 보일러 연소 안전장치의 종류에 속하지 않는 것은?

① 윈드박스 ② 보염기
③ 버너타일 ④ 수트 블로어

30 배기가스와 외기의 밀도차에 의한 통풍방식은?

① 압입통풍 ② 평형통풍
③ 자연통풍 ④ 흡인통풍

해설 배기가스와 외기의 온도차(밀도차)에 의한 통풍방식은 자연통풍(대류)방식이다.

31 보일러 배기가스의 자연통풍력을 증가시키는 방법과 무관한 것은?

① 배기가스 온도를 낮춘다.
② 연돌 높이를 증가시킨다.
③ 연돌을 보온처리한다.
④ 연돌의 단면적을 크게 한다.

32 통풍불량의 원인으로서 옳지 않은 것은?

① 공기가 많이 누입될 때
② 연도가 너무 길 때
③ 연도의 단면적이 좁을 때
④ 굴뚝의 높이가 너무 높을 때

33 연소용 공기를 노의 앞에서 불어넣으므로 공기가 차고 깨끗하며 송풍기의 고장이 적고 점검 수리가 용이한 보일러의 강제통풍 방식은?

① 압입통풍 ② 흡입통풍
③ 자연통풍 ④ 수직통풍

정답 22 ④ 23 ③ 24 ③ 25 ① 26 ④ 27 ① 28 ④ 29 ④ 30 ③ 31 ① 32 ④ 33 ①

34 보일러 연통과 통풍력에 대한 설명으로 틀린 것은?

① 연통의 높이에 따라 통풍력은 증감된다.
② 연통은 통풍장치에 속한다.
③ 연통이 높을수록 통풍력은 감소된다.
④ 연통 내부의 배기가스의 외기의 온도 차이가 클수록 통풍력이 크다.

35 보일러의 통풍에 대한 설명으로 틀린 것은?

① 자연통풍 → 굴뚝의 압력차를 이용
② 강제통풍 → 송풍기를 이용
③ 압입통풍 → 굴뚝 밑에 흡출 송풍기를 사용
④ 평형통풍 → 압입 및 흡입 송풍기를 겸용

36 보일러 연소실 내 부압이 걸리는 통풍방식은?

① 흡입통풍 ② 압입통풍
③ 댐퍼통풍 ④ 평형통풍

해설
흡입통풍은 연도내 배풍기를 설치하여 연소실 내 부압(진공압)이 걸리는 통풍방식이다.

37 통풍장치에서 통풍저항이 큰 대형 보일러나 고성능 보일러에 널리 사용되고 있는 통풍방식은?

① 자연통풍방식
② 평형통풍방식
③ 직접흡입 통풍방식
④ 간접흡입 통풍방식

38 보일러 통풍방식에서 연소용 공기를 송풍기로 노입구에서 대기압보다 높은 압력으로 밀어 넣고 굴뚝의 통풍작용과 같이 통풍을 유지하는 방식은?

① 자연통풍 ② 노출통풍
③ 흡입통풍 ④ 압입통풍

39 고온, 고압 대용량에 적합하며, 값이 싸고, 작은 동력으로도 운전할 수 있는 송풍기는?

① 다익형 송풍기
② 축류형 송풍기
③ 플레이트형 송풍기
④ 터보형 송풍기

40 송풍기에서 전향날개의 대표적인 형태로 시로코형 송풍기라고도 하며, 원심송풍기로서 회전차의 지름이 작고, 소형 경량인 송풍기는?

① 다익송풍기 ② 터보송풍기
③ 플레이트송풍기 ④ 축류송풍기

해설
송풍기에서 전향날개의 대표적인 형태로 시로코형(sirocco type)은 다익송풍기로 회전차 지름이 작고 소형 경량의 원심식 송풍기다.

41 후향 날개 형식으로 된 송풍기로 효율이 60~75% 정도로 좋으며, 고압 대용량에 적합하고, 작은 동력으로도 운전할 수 있는 송풍기는?

① 다익형 송풍기
② 축류형 송풍기
③ 터보형 송풍기
④ 플레이트형 송풍기

42 송풍기의 동력을 구하는 식으로 옳은 것은? (단, Q : 풍량(m^3/min), P_t : 풍압(mmAq), η : 효율)

① $N=\dfrac{P_t \times Q}{60 \times 102 \times \eta}$[kW]
② $N=\dfrac{Q}{P_t(60 \times 75)\eta}$[PS]
③ $N=\dfrac{P_t}{Q(60 \times 75)\eta}$[kW]
④ $N=\dfrac{Q(60 \times 75)}{P_t \times \eta}$[PS]

정답 34 ③ 35 ③ 36 ① 37 ② 38 ④ 39 ④ 40 ① 41 ③ 42 ①

43 풍량이 120m³/min, 풍압 35mmAq, 송풍기의 소요동력은 약 얼마인가? (단, 효율은 60%이다.)

① 1.14kW ② 2.27kW
③ 3.21kW ④ 4.42kW

해설
$$\text{소요동력(kW)} = \frac{P_t Q}{102 \times 60 \times \eta} = \frac{35 \times 120}{102 \times 60 \times 0.6} = 1.14\text{kW}$$

44 보일러 연도에 설치하는 댐퍼(damper)의 설치목적과 관계없는 것은?

① 매연 및 그을음의 차단
② 통풍력의 조절
③ 연소가스 흐름의 차단
④ 주연도와 부연도가 있을 때 가스 흐름 교체

45 링겔만 농도표는 무엇을 계측하는 데 사용되는가?

① 배출가스의 매연농도
② 중유 중의 유황농도
③ 미분탄의 입도
④ 보일러수의 고형물 농도

해설
링겔만 농도표는 매연농도의 규격표(0~5도)와 배기가스를 비교하여 측정하는 방법이다.

46 유류를 사용하는 강철제 보일러의 배기가스 매연농도는 바카라치 스모그 테스트에 의한 스모그 스케일이 얼마 이하이어야 하는가?

① 2 ② 3
③ 4 ④ 5

47 보일러 연소 시 매연발생 방지와 무관한 것은?

① 연소실 내의 온도를 높인다.
② 공기를 예열한다.
③ 연료를 예열한다.
④ 배기가스 온도를 낮춘다.

48 다음 중 매연발생의 원인이 아닌 것은?

① 공기량이 부족할 때
② 연료와 연소장치가 맞지 않을 때
③ 연소실의 온도가 낮을 때
④ 연소실의 용적이 클 때

해설
매연발생 원인은 연소실 용적이 작을 때, 통풍력의 부족 및 과다 시, 연료의 질이 좋지 않을 때(수분이 함유된 유류가 유입 시 발생된다).

49 보일러 연소에 있어서 매연의 발생 원인으로 잘못된 것은?

① 통풍력이 부족할 경우
② 연소실의 용적이 너무 클 경우
③ 연료가 불량할 경우
④ 연소장치가 불량할 경우

50 다음 연소조건 중 열효율이 가장 옳은 상태는?

① 연돌에 연기가 전혀 보이지 않을 때
② 연기가 약간 나올 때
③ 연기가 많이 나올 때
④ 공기비가 1.5 이상일 때

51 굴뚝에서 나오는 연기에서 무엇의 함유량이 적어야 완전연소라 하는가?

① CO_2 ② N_2
③ H_2O ④ CO

해설
연돌(굴뚝)에서 나오는 연기는 일산화탄소(CO)의 함유량이 적어야 완전연소라 한다.

52 보일러 운전자는 대기환경 규제물질을 최소화시켜 배출시켜야 한다. 규제대상 물질이 아닌 것은?

① 황산화물(SO_x)
② 질소산화물(NO_x)
③ 산소(O_2)
④ 검댕, 먼지

정답 43 ① 44 ① 45 ① 46 ③ 47 ④ 48 ④ 49 ② 50 ② 51 ④ 52 ③

53 보일러 배기가스의 성분을 연속적으로 기록하며 연소상황을 알 수 있는 것은?

① 링겔만 비탁표 ② 전기식 CO_2계
③ 오르자트 분석법 ④ 햄펠 분석법

54 배기가스 중에 함유되어 있는 CO_2, O_2, CO 3가지 성분을 순서대로 측정하는 가스분석계는?

① 전기식 CO_2계
② 햄펠식 가스분석계
③ 오르자트 가스분석계
④ 가스크로마토그래픽 가스분석계

55 전기식 집진장치에 해당되는 것은?

① 스크루버 집진기 ② 백필터 집진기
③ 사이클론 집진기 ④ 코트렐 집진기

해설
전기식 집진장치는 코트렐 집진기(건식/습식)다.

56 보일러 집진장치의 형식과 종류를 서로 짝지은 것으로 틀린 것은?

① 가압수식 – 벤추리 스크루버
② 여과식 – 타이젠 와셔
③ 원심력식 – 사이클론
④ 전기식 – 코트렐

57 다음 중 세정식 집진장치를 나타내는 것은?

① 백필터 ② 스크루버
③ 코트렐 ④ 사이클론

58 보일러의 집진장치 중 집진효율이 가장 높은 것은?

① 관성력 집진기 ② 중력식 집진기
③ 원심력식 집진기 ④ 전기식 집진기

해설
보일러 집진장치 중 배기가스의 압력손실이 낮고 집진효율이 가장 좋은 집진기는 전기식(코트렐식) 집진기이다.

59 배기가스의 압력손실이 낮고, 집진효율이 가장 좋은 집진기는?

① 원심력 집진기 ② 세정 집진기
③ 여과 집진기 ④ 전기 집진기

60 다음 중 입자의 농도가 낮은 연소가스를 고도로 청정하고자 할 때 가장 적합한 집진장치는?

① 세정탑 ② 사이클론
③ 중력식 집진장치 ④ 관성력 집진장치

61 관성력식 집진법과 관계가 있는 것은?

① 송풍기의 회전을 이용하여 물방울, 수막, 기포 등을 형성시킨다.
② 함진가스를 방해판 등에 충돌시키거나 기류의 방향 전환을 시킨다.
③ 크기가 다른 집진기에 비하여 작고 펌프의 마모도 적다.
④ 집진실 내에 들어온 함진가스의 유속을 감소시켜 관성력을 작게 한다.

62 탄소 12kg을 완전연소시키는 데 필요한 산소량은 약 얼마인가?

① 8kg ② 6kg
③ 32kg ④ 44kg

해설
탄소 1kg을 완전연소시키는 데 필요한 산소량은 $2.67\text{kg}\left(\frac{32}{12}\right)$이다.

$C(12kg)+O_2(32kg) \rightarrow CO_2(44kg)$

$\therefore\ 12\times2.67 = 32kg$

63 탄소 2kg을 완전연소시키는 데 필요한 산소량은 몇 kg인가?

① 2.32 ② 2.47
③ 5.33 ④ 7.95

해설
산소량(O_2) = 2×2.67 = 5.33kg

정답 53 ② 54 ③ 55 ④ 56 ② 57 ② 58 ④ 59 ④ 60 ① 61 ② 62 ③ 63 ③

64 탄소 1kg을 완전연소시키는 데 필요한 이론 공기량은?

① $7.55Nm^3$ ② $8.89Nm^3$
③ $8.35Nm^3$ ④ $9.95Nm^3$

해설
$C(12kg)+O_2(22.4Nm^3) \rightarrow CO_2$
탄소 1kg을 완전연소시키는
이론산소량은 $1.867Nm^3\left(\frac{22.4}{12}\right)$이므로

$$\therefore \text{이론공기량}(A_o) = \frac{\text{이론산소량}(Nm^3)}{0.21} = \frac{1.867}{0.21} = 8.89Nm^3$$

65 프로판가스 1kg을 완전연소시킬 때 필요한 이론산소량은 몇 Nm^3인가? (단, 프로판가스 연소식은 $C_3H_8 + 5O_2 \rightarrow 3CO_2 + 4H_2O$이다.)

① 2.55 ② 12.1
③ 44 ④ 112

해설
$$\text{이론산소량}(O_o) = \frac{5\times22.5}{44} = 2.55Nm^3$$

66 일산화탄소가 완전연소될 때 일산화탄소, 산소, 연소가스(이산화탄소)의 이론상 kmole의 비는?

① 1 : 2 : 1 ② 1 : 1 : 1
③ 2 : 1 : 1 ④ 2 : 1 : 2

67 프로판가스의 연소식은 다음과 같다. 프로판가스 10kg을 완전연소시키는 데 필요한 이론산소량은?

$C_3H_8 + 5O_2 \rightarrow 3CO_2 + 4H_2O$

① 약 $11.6Nm^3$ ② 약 $25.5Nm^3$
③ 약 $13.8Nm^3$ ④ 약 $22.4Nm^3$

해설
$1 : 2.55 = 10 : O_o$
$\therefore O_o = 2.55\times10 = 25.5Nm^3$

68 실제공기량의 내용으로 옳은 것은?

① 연소가스량과 이론공기량과의 비
② 이론공기량과 과잉공기계수의 곱한 수치
③ 배기가스량과 사용공기량과의 비
④ 이론공기량과 실제 배기가스량과의 비

해설
실제공기량(A_a)=공기비(m)×이론공기량(A_o)

69 과잉공기계수(공기비)로 옳은 것은?

① 실제 사용공기량과 이론공기량과의 비
② 연소가스량과 이론공기량과의 비
③ 배기가스량과 사용공기량과의 비
④ 이론공기량과 실제 배기가스량과의 비

해설
공기비(과잉공기계수) m = 실제 사용공기량(A)과 이론공기량(A_t)의 비를 말한다.
• 실제공기량(A) = 공기비(m)×이론공기량(A_t)

70 과잉공기를 맞게 설명한 것은?

① 연료에 공급하는 공기량보다도 과잉의 공기
② 1차공기로 부족할 때 추가하는 공기
③ 완전연소에 필요한 공기보다 과잉공기
④ 연료가 완전연소하는 데 필요한 실제공기량과 이론공기량의 차

71 연료의 연소 시 이론공기량에 의한 실제공기량의 비, 즉 공기비의 일반적인 값으로 옳은 것은?

① $m = 1$ ② $m < 1$
③ $m > 0$ ④ $m > 1$

72 보일러 연소에서 공기비가 적정 공기비보다 적을 때 나타나는 현상은?

① 연소실 내 연소온도 상승
② 보일러 열효율 증대
③ 불완전연소에 의한 매연발생량 증가
④ 배기가스 중 O_2 및 NO_2량 증대

73 다음은 과잉공기량일 때의 연소가스 함량을 설명한 것이다. 틀린 것은?

① CO_2 함량이 낮아진다.
② SO_2 함량이 낮아진다.
③ O_2 함량이 낮아진다.
④ CO 함량이 낮아진다.

정답 64 ② 65 ① 66 ④ 67 ② 68 ② 69 ① 70 ④ 71 ④ 72 ③ 73 ③

74 보일러의 연소배기가스를 분석하는 궁극적인 목적으로 가장 알맞은 것은?

① 노내압 조정 ② 연소열량 계산
③ 매연농도 산출 ④ 최적 연소효율 도모

75 연료의 단위질량(1kg)당 완전연소할 때 발생하는 열량을 무엇이라 하는가?

① 엔탈피 ② 발열량
③ 잠열 ④ 현열

해설
연료의 단위질량(1kg)당 완전연소 시 발열량은 저위발열량이다.

76 연료의 고위발열량으로부터 저위발열량을 계산할 때 가장 관계가 있는 성분은?

① 산소 ② 수소
③ 유황 ④ 탄소

77 연료의 고위발열량에서 저위발열량을 뺀 값은?

① 연소가스 중의 물(수증기)의 응축잠열
② 연소가스 중의 황(S)의 열량
③ 연료 중의 일산화탄소(CO)의 열량
④ 연료 중의 휘발분의 열량

78 탄소 1kg이 완전연소했을 때의 열량은 몇 kJ인가?

$$C+O_2 \rightarrow CO_2 + 406,879.2(kJ/kmol)$$

① 90,831 ② 80,531
③ 33,907 ④ 44,208

해설
탄소(C) 1kg이 완전연소 시 발열량

$$=\frac{406,879.2}{C}=\frac{406,879.2}{12}\fallingdotseq 33,907\text{kJ/kg}$$

79 다음 기체연료 중 단위 체적당 고위발열량이 가장 큰 것은?

① 천연가스 ② 프로판가스
③ 고로가스 ④ 발생로 가스

80 어떤 액체연료의 성분이 C = 72%, H = 5%, O = 9%, S = 0.9%, H_2O = 6%일 때 이 연료의 저위발열량(kJ/kg)은?

① 24,080 ② 25,080
③ 27,080 ④ 28,080

해설
저위발열량(H_L)

$$=33,907C+121,394\left(H-\frac{O}{8}\right)+10,465S-2,512(w+9H)$$

$$=33,907\times0.72+121,394\left(0.05-\frac{0.09}{8}\right)+10,465\times0.009-2,512(9\times0.05)$$

$$\fallingdotseq 28,080\text{kJ/kg}$$

81 프로판(C_3H_8)의 고위발열량이 100,464kJ/Nm^3이다. 연소반응식이 다음과 같을 때, 저위발열량은 몇 kJ/Nm^3인가?

반응식 : $C_3H_8 + 5O_2 \rightarrow 3CO_2 + 4H_2O$

① 93,450 ② 92,427
③ 84,275 ④ 82,826

82 유체분무식 버너에 있어서 분무압이 높아질수록 일반적으로 불꽃의 길이는 어떻게 변하는가?

① 길어진다. ② 짧아진다.
③ 무관하다. ④ 일정하다.

해설
유체분무식 버너에 있어서 분무압이 높아질수록 일반적으로 불꽃의 길이는 짧아진다.

83 고체연료의 연소장치가 아닌 것은?

① 경사화격자로 ② 확산화격자로
③ 계단화격자로 ④ 수동화격자로

해설
고체연료수분식 화격자
경사화격자, 고정수평화격자, 요동수평화격자, 중공화격자 등은 수동화격자이다(확산화격자로는 기체연료의 연소장치다).

정답 74 ④ 75 ② 76 ② 77 ① 78 ③ 79 ② 80 ④ 81 ② 82 ② 83 ②

84 온도가 높고 압력이 커질수록 연소속도는 어떻게 변하는가?

① 커진다. ② 작아진다.
③ 불변이다. ④ 상관없다.

해설 온도가 높고 압력이 커질수록 연소속도가 커진다.

85 C중유용 버너로서 분무상태는 좋으나 유량의 범위가 좁고, 노즐이 막히기 쉬워서 소용량에 적합하지 않은 것은?

① 로터리식 ② 유압분무식
③ 저압기류식 ④ 고압기류식

해설
㉠ 유압분무식의 유량범위 = 1 : 2
㉡ 로터리식의 유량범위 = 1 : 5
㉢ 저압기류식의 유량범위 = 1 : 5
㉣ 고압기류식의 유량범위 = 1 : 10

86 회전식 버너의 특징을 설명한 것이다. 틀리게 기술된 것은?

① 유량의 조절범위가 비교적 넓고, 유량이 적을수록 무화가 나빠진다.
② 분무각도는 유속이나 안내깃의 각도를 바꾸어 40~80°의 범위로 할 수 있어, 넓은 각이 된다.
③ 기름은 보통 0.03MPa 정도 가압하여 공급한다.
④ 기름의 점도가 커지면 무화가 곤란하므로 보통 C중유를 쓴다.

해설 C중유는 점도가 너무 커서 반드시 예열하여 사용하여야 하는 불편이 따른다.

87 분젠 버너의 가스유속을 빠르게 했을 때 불꽃이 짧아지는 이유는 다음 중 어느 것인가?

① 유속이 빨라서 미처 연소하지 못하기 때문에
② 층류현상이 생기기 때문에
③ 난류현상으로 연소가 빨라지기 때문에
④ 가스와 공기의 혼합이 잘 안되기 때문에

해설 분젠 버너는 난류현상으로 연소가 빨라지기 때문에 유속을 빠르게 했을 때 불꽃이 짧아진다.

88 연소손실 L_c(kJ/kg)를 바르게 나타낸 식은? (단, 회분을 a, 연소 중의 탄소분을 u라 한다.)

① $L_c = \frac{a \cdot u}{1-a} \times 33,907$

② $L_c = \frac{a}{1-u} \times 33,907$

③ $L_c = \frac{u}{1-a} \times 33,907$

④ $L_c = \frac{a \cdot u}{1-u} \times 33,907$

해설
연소손실(L_c)
$= \frac{\text{회분}(a) \times \text{연소 중의 탄소분}(u)}{1 - \text{연소 중의 탄소분}(u)} \times 33,907\text{kJ/kg}$

89 연소효율(E_c)을 표시한 것은 어느 것인가? (단, H_ℓ = 진발열량, L_c = 연사손실, L_i = 불완전연소에 따른 손실열)

① $E_c = \frac{H_\ell - L_c - L_i}{H_\ell}$

② $E_c = \frac{H_\ell}{H_\ell + L_c + L_i}$

③ $E_c = \frac{H_\ell + L_c + L_i}{H_\ell}$

④ $E_c = \frac{H_\ell}{H_\ell - L_c - L_i}$

해설
연소효율$(E_c) = \frac{H_\ell - (L_c + L_i)}{H_\ell} \times 100\%$

90 유량조절범위가 1 : 10으로 가장 크고 화염의 형상이 가장 좁은 각에서 긴 불꽃이 되며 내부 혼합식이 유순한 불길이 되는 버너의 형식은 어느 것인가?

① 유압식 ② 회전식
③ 저압공기식 ④ 고압기류식

정답 84 ① 85 ② 86 ④ 87 ③ 88 ④ 89 ① 90 ④

해설 고압기류식 버너는 유량조절범위가 1 : 10으로 매우 크며 화염의 형상이 가장 좁은 각에서 긴 불꽃이 되며 내부혼합식·외부혼합식이 있다.

91 건식집진장치가 아닌 것은?

① 사이클론
② 백필터
③ 사이클론 스크러버
④ 멀티클론

해설
㉠ 사이클론 스크러버는 습식집진장치이다(세정식 집진장치이다).
㉡ 건식 : 백필터, 사이클론, 중력식, 음파식 등이 있다.
• 건식집진장치의 종류
ⓐ 사이클론
ⓑ 백필터
ⓒ 멀티클론

92 노에서 나가는 1,200℃의 연소가스의 온도가 연통의 입구에서 250℃까지 내려가는 경우에 가스의 유동속도를 같게 하려면 그 통로 면적의 비를 어떻게 할 것인가?

① 1.98 ② 2.82
③ 3.77 ④ 4.89

해설
$F=\frac{G(1+0.0037t)}{3,600W}$ 로부터

$$\frac{F_2}{F_1}=\frac{1+0.0037\times1,200}{1+0.0037\times250}=2.82$$

$$\left(\frac{T_2}{T_1}=\frac{\frac{(273+1,200)}{273}}{\frac{(273+250)}{273}}=2.82\right)$$

93 다음은 유인통풍에 대하여 설명한 것이다. 적합하지 않은 것은?

① 노 안은 항시 부압(-)으로 유지된다.
② 연소가스는 송풍기로 빨아들이며, 배기가스는 연돌하부로 방출한다.
③ 고온가스에 의한 송풍기의 재질이 견딜 수 있어야 한다.
④ 가열연소용 공기를 사용하며 경제적이다.

해설 유인통풍은 연도에서 배풍기로 연소가스를 빨아들이며 배기가스는 연돌상부로 방출한다. ①, ③, ④는 유인통풍의 설명이다.

94 배기가스의 평균온도 200℃, 외기온도 20℃, 대기의 비중량 $\gamma_a=1.29\text{kg/m}^3$, 가스의 비중량 $\gamma_g=1.354\text{kg/m}^3$일 때 연돌의 통풍력이 $Z=53.73\text{mmH}_2\text{O}$이라고 한다면 이때 연돌의 높이는 대략 몇 m인가?

① 60 ② 130
③ 250 ④ 281

해설
통풍력$(Z)=273H\left[\frac{\gamma_a}{t_a+273}-\frac{\gamma_g}{t_g+273}\right]$에서

$$H=\frac{Z}{273}\bigg/\left[\frac{1.29}{20+273}-\frac{1.354}{200+273}\right]$$
$$=\frac{53.73}{273}\bigg/\left[\frac{1.29}{293}-\frac{1.354}{473}\right]$$
$$=127.79\text{m}(\fallingdotseq 130\text{m})$$

95 화격자 연소장치를 화격자의 경사에 따라 분류한 것이 아닌 것은?

① 고정화격자 ② 수평고정화격자
③ 단(段)화격자 ④ 경사화격자

해설 화격자의 경사에 따른 분류
㉠ 수평고정화격자(경사도 $\frac{1}{20}$°)
㉡ 계단화격자(단화격자)(경사도 30~40°)
㉢ 경사화격자(경사도 30~40°)

96 석탄, 목재 같은 연료가 연소 초기에 화염을 내면서 연소하는 과정을 무엇이라 하는가?

① 표면연소 ② 증발연소
③ 분해연소 ④ 혼합연소

해설
㉠ 고체연료가 화염을 내면서 연소하는 과정은 분해연소의 내용설명이다.
㉡ 표면연소 : 숯, 목탄, 코크스
㉢ 증발연소 : 등유, 경유, C경질유
㉣ 혼합연소 : LNG, LPG, 도시가스 등 기체연료
㉤ 분해연소 : 목재, 석탄, 중유 등의 중질유

정답 91 ③ 92 ② 93 ② 94 ② 95 ① 96 ③

97 이상기체의 법칙이 적용된다고 가정하여 질소 5kg을 $1m^3$의 용기에서 압력이 1013.25 kPa이 넘지 않게 가열할 때에 도달하는 최고온도는 약 얼마인가?

① 540℃ ② 560℃
③ 410℃ ④ 860℃

해설
$PV = mRT$

$T = \frac{PV}{mR} = \frac{1013.25 \times 1}{5 \times \left(\frac{8.314}{28}\right)} = 682.5K$

$\therefore t = T - 273 = 682.5 - 273 \fallingdotseq 410℃$

98 로터리 버너(Rotary burner)로 벙커C유를 낼 때에 분무가 잘되게 하기 위하여 다음과 같은 조치를 했다. 그중 옳지 않은 것은?

① 점도를 낮추기 위하여 중유를 예열한다.
② 중유 중의 수분을 분리제거한다.
③ 버너 입구 배관부에 스트레이너를 붙인다.
④ 버너 입구의 오일의 압력을 $0.5kg/cm^2$ 이상으로 한다.

해설
로터리 버너의 오일 유압은 0.03~0.05MPa 미만에서 공급된다.

99 기체연료의 연소장치에서 가스 포트에 해당되는 사항은 어느 것인가?

① 가스와 공기를 고온으로 예열할 수 있다.
② 공기는 고온으로 예열할 수 있으나 가스는 예열이 안 된다.
③ 가스와 공기를 고온으로 예열하기가 곤란하다.
④ 가스는 고온으로 예열할 수 있으나 공기는 예열이 안 된다.

해설
기체연료의 버너
㉠ 확산연소방식 : 포트형, 버너형(방사형, 선회형)
㉡ 예혼합연소방식 : 저압식, 고압식, 송풍식
㉢ 포트형은 가스연료와 공기를 고온으로 예열하여 연소가 가능하다.

100 질량 30kg의 물체를 15m 높이에 들어올리는 데 필요한 열량은?

① 3.25 ② 4.41
③ 5.72 ④ 8.81

해설
열량$(Q) = mgZ = (30 \times 9.8) \times 15$
$= 4{,}410Nm(J)$
$= 4.41kJ$

101 다음 버너 중 사용 용량(L/hr)이 가장 큰 것은?

① 저압공기식 버너 ② 유압식 버너
③ 건타입 버너 ④ 고압기류식 버너

해설

	연료량(ℓ/hr)	유압(MPa)
저압공기	1.5~180	0.03~0.05
고압기류식	10~5,000	0.2~0.8
유압식	50~10,000	0.3~3
건타입	3.8~120	0.5~2
회전식	10~300	0.05~0.3

유압식 버너는 유량조절범위가 적어서 대용량 보일러나 유량조절이 불필요한 연소설비용 버너이다.

102 지름 50mm인 관내를 0.8MPa, 250℃인 공기가 관의 길이 250m를 등온 유동하고 있다. 공기의 처음 속도가 25m/s이고 마찰계수 λ = 0.02일 때 압력강하는 몇 kPa인가?

① 151.5 ② 160.4
③ 170.4 ④ 180.3

해설
공기밀도$(\rho) = \frac{P}{RT} = \frac{0.8 \times 10^3}{0.287 \times (210 + 273)}$
$= 5.77kg/m^3$

$\therefore$ 압력강하$(\Delta P) = \lambda \frac{L}{d} \frac{\rho V^2}{2}$

$= 0.02 \times \frac{250}{0.05} \times \frac{5.77 \times 25^2}{2}$
$\fallingdotseq 180{,}313Pa$
$= 180.3kPa$

정답 97 ③ 98 ④ 99 ① 100 ② 101 ② 102 ④

103 밀폐된 그릇 중에 20℃ 5kg의 공기가 들어 있다. 이것을 100℃까지 가열하는 데 필요한 열량은 몇 kJ인가? (단, 공기의 정적 비열은 0.72kJ/kgK이다.)

① 278　② 288
③ 388　④ 488

해설
$Q = mC_V(t_2 - t_1) = 5 \times 0.72(100-20) = 288\text{kJ}$

104 유속 250m/s로 유동하는 공기의 온도가 15℃라 하면 마하수는 얼마인가? (단, 공기의 k = 1.4이고, 기체상수(R) = 287J/kgK이다.)

① 0.525　② 0.635
③ 0.735　④ 0.785

해설
$$\text{마하수}(M_a) = \frac{\text{물체속도}(V)}{\text{음속}(C)} = \frac{V}{\sqrt{kRT}}$$
$$= \frac{250}{\sqrt{1.4 \times 287 \times (15+273)}} = 0.735$$

105 과잉공기계수 1.2일 때 224Nm^{3}의 공기로 탄소 약 몇 kg을 완전연소시킬 수 있는가?

① 4.8　② 9.6
③ 10.5　④ 21.0

해설
탄소(C) 1kg을 완전연소시키는 데
필요한 공기량은(A_o)$= \frac{22.4}{12} \times \frac{1}{0.21} = 8.89\text{Nm}^3/\text{kg}$
∴ 실제공기량(A) = 공기비(m)×이론공기량(A_o)
= 1.2×8.89 = 10.67Nm^3/kg
따라서 완전연소시킬 수 있는 탄소의 양은
$\frac{224}{10.67} = 21.0\text{kg}$

106 연소 관리에서 과잉공기량은 배기가스에 의한 열손실량(L_s), 불완전연소에 의한 열손실량(L_i) 연사에 의한 열손실량(L_c) 및 열복사에 의한 열손실량(L_r) 중에서 최소가 되게 조절하여야 할 것은?

① L_i　② $L_s + L_r$
③ $L_s + L_i$　④ $L_i + L_c$

해설
연소관리에서는 손실열이 가장 많은 배기가스에 의한 손실열량을 적게 하여야 열효율이 높아진다. 또한 불완전 열손실량이 적을수록 더욱 좋은 연소상태이다.

107 다음 중에서 직류식 미분탄 버너에 해당하는 것은?

① 로디 버너(Lodi burner)
② 로펄코 버너(Lopulco burner)
③ 칼루메트 버너(Calumet burner)
④ 틸팅 버너(Tilting burner)

해설
① 로디 버너(Lodi burner) : 선회류형 미분탄 버너
② 로펄코 버너(Lopulco burner) : 직류식 미분탄 버너
③ 칼루메트 버너(Calumet burner) : 교류형 미분탄 버너

108 폐유소각로에 가장 알맞은 버너는?

① 로터리 버너
② 증기분사식 버너
③ 공기분사식 버너
④ 유압식 버너

해설
공기분사식 버너(burner)는 폐유소각로에 가장 적절한 버너다.

109 저압공기 분무식 버너의 장점을 틀리게 설명한 것은 어느 것인가?

① 구조가 간단하여 취급이 간편하다.
② 분무용 공기가 많이 필요하므로 소음이 크다.
③ 점도가 낮은 중유도 연소할 수 있다.
④ 연소 때 버너의 화염은 가늘고 길다.

해설
저압공기(저압기류식 버너)의 특징
㉠ 구조가 간단하고 취급이 간편하다.
㉡ 분무용 공기가 많이 필요하며 소음이 크다(공기압은 0.05~0.2kg/cm^2 정도).
㉢ 점도가 높은 중유의 연소에 무화특성 불량(비교적 고점도도 사용)
㉣ 유량조절범위가 1 : 5로 크다.
㉤ 공기와 연료의 공급에 따라 연동형과 비연동형으로 구분된다(기름 분사량은 200ℓ/h 정도).

정답 103 ② 104 ③ 105 ④ 106 ③ 107 ② 108 ③ 109 ④

110 중유를 버너로 연소시킬 때 연소상태에서 가장 적게 영향을 미치는 성질은 다음의 어느 것인가?

① 유황분 ② 점도
③ 인화점 ④ 유동점

해설 중유의 연소성상에서는 점도, 인화점, 유동점 비중 등이 많은 영향을 미치고 유황분은 저온부식이나 매연의 원인이 된다.

111 아래에 도시한 3층으로 되어 있는 평면벽의 평균열전도율을 구하면 약 얼마인가? (단, 열전도율은 $\lambda_A = 0.93$W/mK, $\lambda_B = 2.32$ W/mK, $\lambda_C = 0.93$W/mK이다.)

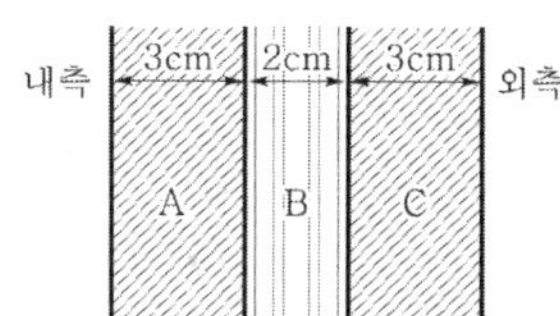

① 1.2W/mK ② 1.25W/mK
③ 2.5W/mK ④ 1.14W/mK

해설

$$\lambda = \frac{\delta}{\frac{\delta_A}{\lambda_A}+\frac{\delta_B}{\lambda_B}+\frac{\delta_C}{\lambda_C}} = \frac{0.03+0.02+0.03}{\frac{0.03}{0.93}+\frac{0.02}{2.32}+\frac{0.03}{0.93}}$$

$= 1.14$W/mK

112 물체 K는 균질의 재질로 만들어진 물체의 그 표면은 넓은 평면으로 구성되어 있다. 이 물체의 표면에서 두께 7cm인 곳의 온도가 210℃이고 두께 2cm인 곳의 온도는 60℃라고 할 때 정상상태의 경우 표면 2m^{2}에서 한 시간 동안의 발열량이 20,160kJ일 때 열전도율은 약 얼마인가?

① 0.93W/mK ② 0.5W/mK
③ 2.1W/mK ④ 1.5W/mK

해설

$$q_c = \lambda F\left(\frac{t_1 - t_2}{L}\right)[\text{kJ/h}]$$

$$\therefore \lambda = \frac{q_c L}{F(t_1 - t_2)} = \frac{20,160\times 0.05}{2(210-60)}$$

$= 3.36$kJ/mhK$= 0.93$W/mK

113 연료의 저발열량이 43,953kJ/kg의 중유를 사용하여 연료소비율은 230g/kWh로서 운전하는 디젤 엔진의 열효율은 몇 %인가?

① 35.61 ② 39.71
③ 28.55 ④ 46.51

해설

$$\eta = \frac{3,600\text{kW}}{H_\ell \times f_e}\times 100\%$$

$$= \frac{3,600\times 1}{43,953\times 0.23}\times 100\% = 35.61\%$$

114 두께 240mm의 내화벽돌이 100mm의 단열벽돌 및 100mm의 적벽돌이 되어 있는 노벽이 있다. 이들의 열전도율은 각각 1.20, 0.06, 0.6W/mK이다. 노벽 벽면의 온도가 1,000℃이고, 외벽면의 온도가 100℃일 때 매시 벽면 1m^{2}의 손실 열량을 구하면 약 얼마인가?

① 502W/m^2
② 443W/m^2
③ 289W/m^2
④ 204W/m^2

해설

$$R = \frac{\delta}{\lambda_m} = \frac{\delta_1}{\lambda_1}+\frac{\delta_2}{\lambda_2}+\frac{\delta_3}{\lambda_3}$$

$$= \frac{0.240}{1.20}+\frac{0.100}{0.06}+\frac{0.100}{0.6}$$

$= 2.033$m^{2}K/W

$$\therefore q_c = \frac{Q}{A} = \frac{t_1 - t_2}{R} = \frac{1,000-100}{2.033} \fallingdotseq 443\text{W/m}^2$$

115 100℃의 공기 4kg이 어떤 탱크 속에 들어 있다. 공기는 이 조건에서 420kJ/kg의 내부에너지를 갖는다. 내부에너지가 630kJ/kg으로 될 때까지 가열하였다면 몇 kJ의 열이 공기에 이동되었는가?

① 840 ② 740
③ 640 ④ 540

해설

$$Q = U_2 - U_1 = m(u_2 - u_1) = 4(630-420)$$

$= 840$kJ

정답 110 ① 111 ④ 112 ① 113 ① 114 ② 115 ①

116 혼합가스의 연소범위(L)를 구하는 식은 어느 것인가? (단, p : 가연가스량, n : 각 가스의 연소범위)

① $L=\dfrac{100}{\dfrac{n_1}{p_1}+\dfrac{n_2}{p_2}+\dfrac{n_3}{p_3}+\dots}$

② $L=\dfrac{100}{\dfrac{p_1}{n_1}+\dfrac{p_2}{n_2}+\dfrac{p_3}{n_3}+\dots}$

③ $L=\dfrac{p_1}{n_1}+\dfrac{p_2}{n_2}+\dfrac{p_3}{n_3}+\dots$

④ $L=\dfrac{n_1}{p_1}+\dfrac{n_2}{p_2}+\dfrac{n_3}{p_3}+\dots$

해설

르-샤틀리에의 식 $\left(\dfrac{L}{100}=\dfrac{p_1}{n_1}+\dfrac{p_2}{n_2}+\dfrac{p_3}{n_3}+\dots\right)$

$\therefore\ L=\dfrac{100}{\dfrac{p_1}{n_1}+\dfrac{p_2}{n_2}+\dfrac{p_3}{n_3}+\dots}$

L : 혼합가스 연소범위

$p_1,\ p_2,\ p_3$: 가연가스 성분(%)

$n_1,\ n_2,\ n_3$: 각 가스의 폭발한계(하한계 및 상한계)

117 900kg의 물체가 120m의 높이에서 지상에 떨어졌을 때 발생하는 열량은 몇 kJ인가?

① 985 ② 9,180
③ 1,050.4 ④ 1,058.4

해설

$Q=mgZ=900\times9.8\times120$
$=1{,}058{,}400\text{N}\cdot\text{m(J)}$
$=1{,}058.4\text{kJ}$

118 수평가열관 내에 20℃, 1atm의 공기를 일정 질량 속도로 보내서 90℃로 가열한다. 관의 입구에서의 공기의 평균유속은 8m/sec이며, 관의 출구압력은 관의 입구보다 30mmHg만큼 낮다. 공기의 평균 비열이 1.0kJ/kgK라고 할 때 수평가열관에서 공기가 받는 열량은 약 몇 kJ/kg인가?

① 50.75 ② 55.25
③ 81.25 ④ 91.05

해설

$m=\dfrac{F_1w_1}{v_1}=\dfrac{F_2w_2}{v_2}\,[\text{kg/sec}]$

$v_1=\dfrac{RT_1}{P_1}=\dfrac{287\times(20+273)}{101{,}325}=0.83\text{m}^3/\text{kg}$

$v_2=\dfrac{RT_2}{P_2}=\dfrac{287(90+273)}{97{,}325.33}=1.07\text{m}^3/\text{kg}$

$\therefore w_2=w_1\left(\dfrac{v_2}{v_1}\right)=8\left(\dfrac{1.07}{0.83}\right)=10.32\text{m/s}$

$q=(h_2-h_1)+\dfrac{1}{2}(w_2^2-w_1^2)$

$=c_p(t_2-t_1)+\dfrac{1}{2}(w_2^2-w_1^2)$

$=1(90-20)+\dfrac{1}{2}(10.3^2-8^2)$

$=91.05\text{kJ/kg}$

119 공기는 부피비로 질소 79%, 산소 21%로 되어 있다고 가정하고 70℉, 741mmHg에서의 공기밀도(g/ℓ)는?

① 1.162 ② 1.286
③ 0.974 ④ 1.095

해설

70℉, 741mmHg에서 공기 1mol이 차지하는 부피 V를 계산하면

$V_2=V_1\times\dfrac{P_1}{P_2}\times\dfrac{T_2}{T_1}=22.4\times\dfrac{760}{741}\times\dfrac{294.1}{273}=24.75\text{L}$

따라서 공기의 밀도(ρ)

$\rho=0.79\times\dfrac{28}{24.75}+0.21\times\dfrac{32}{24.75}=1.162\text{g/L}$

$t_c=\dfrac{5}{9}(t_F-32)=\dfrac{5}{9}(70-32)=21.11℃$

$T=t_c+273=21.11+273=294.11\text{K}$

120 공기 30kg을 일정 압력하에 100℃에서 900℃까지 가열할 때 공기의 정압비열 $C_p=1.01\text{kJ/kgK}$, 정용비열 $C_V=0.72\text{kJ/kgK}$라고 하면 엔탈피량(kJ)은 얼마인가?

① 23,425 ② 24,240
③ 34,250 ④ 43,245

해설

$p=c$(등압변화)인 경우

가열량은 엔탈피 변화량(ΔH)과 같다.

$\therefore\ (H_2-H_1)=mC_p(t_2-t_1)$
$=30\times1.01(900-100)=24{,}240\text{kJkcal}$

정답 116 ② 117 ④ 118 ④ 119 ① 120 ②

121 다음 설명 중 옳은 것은?

① 안전 간격이 0.8mm 이상인 가스의 폭발등급은 1이다.
② 안전 간격이 0.8~0.4mm인 가스의 폭발등급은 2이다.
③ 안전 간격이 0.4mm 미만인 가스의 폭발등급은 3이다.
④ 안전 간격이 0.2mm 이하인 가스의 폭발등급은 4이다.

해설
㉠ 1등급 : 0.6mm 이상 가스(2등급, 3등급을 제외한 모든 가스)
㉡ 2등급 : 0.4mm 이상~0.6mm 미만(석탄가스, 에틸렌가스)
㉢ 3등급 : 0.4mm 미만(수성가스, 수소, 아세틸렌, 이황화탄소)

122 공기 1ℓ의 중량은 표준상태에서 1.293g이다. 압력 710mmHg에서 공기 1ℓ의 중량이 1g이었다면 이때의 온도는 몇 K인가? (단, 기체상수 $R = 62.4$ℓmmHg/gmolK이며, 공기는 이상기체이다.)

① 430.2K ② 237K
③ 329.8K ④ 60K

해설
표준상태(760mmHg, 0℃)에서 공기 1ℓ의 질량은 1.293g이므로 압력 710mmHg, 온도 t ℃에서의 공기 1.293g의 부피가 1.293ℓ이다.

$$\frac{P_1V_1}{T_1}=\frac{P_2V_2}{T_2}$$

$$T_2 = T_1\left(\frac{P_2}{P_1}\right)\left(\frac{\gamma_1}{\gamma_2}\right)=273\left(\frac{710}{760}\right)\left(\frac{1.293}{1}\right)=329.8\text{K}$$

123 0.2~0.7MPa 정도의 공기 또는 증기의 고속류에 따라 기름을 무화시키는 형식으로 기름과 분무용 유체와의 혼합장소의 차이에 따라 외부혼합과 내부혼합의 구별이 있는 버너는 다음 중 어느 종류에 속하는가?

① 유압식 버너 ② 회전식 버너
③ 기류분무식 버너 ④ 증발식 버너

해설
기류분무식 버너는 0.2~0.7MPa 정도의 고압으로 기름을 무화시키는 형식이며 외부혼합식과 내부혼합식 두 종류가 있는 고압기류식 버너이다.

124 열교환기에서 대수평균온도차(LMTD)를 표시하는 식은 다음 중 어느 것인가?

① $\dfrac{(\Delta t_1+\Delta t_2)}{\ln\left(\dfrac{\Delta t_2}{\Delta t_1}\right)}$ ② $\dfrac{(\Delta t_1-\Delta t_2)}{\ln\left(\dfrac{\Delta t_2}{\Delta t_1}\right)}$

③ $\dfrac{(\Delta t_2-\Delta t_1)}{\ln\left(\dfrac{\Delta t_1}{\Delta t_2}\right)}$ ④ $\dfrac{(\Delta t_1-\Delta t_2)}{\ln\left(\dfrac{\Delta t_1}{\Delta t_2}\right)}$

해설
대수평균온도차(LMTD) $= \dfrac{(\Delta t_1-\Delta t_2)}{\ln\left(\dfrac{\Delta t_1}{\Delta t_2}\right)}$ [℃]

125 가장 일반적인 화격자로서 주철제의 화격자 봉을 일정간격으로 배열하고 이들의 표면을 수평 또는 약간 경사지도록 고정한 화격자는?

① 계단화격자 ② 가동화격자
③ 중공화격자 ④ 고정수평화격자

해설
고정수평화격자
가장 일반적인 화격자로서 주철제의 화격자 봉을 일정간격으로 배열하고 이들의 표면을 수평 또는 약간 경사$\left(\dfrac{1}{20}\right)$지도록 고정한 화격자이다(단, 계단화격자는 경사도가 30~40°이다).

126 액체연료에 해당되는 가장 적당한 연소방법은?

① 화격자 연소 ② 스토커 연소
③ 버너 연소 ④ 확산 연소

해설
①, ②는 고체연료의 연소, ③은 액체연료의 연소, ④는 기체연료의 연소
㉠ 확산연소(기체연료)
㉡ 버너연소(액체연료)
㉢ 화격자연소, 스토커연소(고체연료)

정답 121 ③ 122 ③ 123 ③ 124 ④ 125 ④ 126 ③

127 다음 유압식 버너의 설명 중 잘못된 것은 어느 것인가?

① 기름의 점도가 높을수록 무화상태가 좋아진다.
② 유압을 $16kg/cm^2$에서 $4kg/cm^2$로 내리면 기름 분사량은 1/2이 된다.
③ 환유형은 유량조절범위가 개선된다.
④ 일반적으로 기어펌프에 의해 $5kg/cm^2$ 이상의 유압을 형성한다.

해설
유압식 버너(burner)에서는 기름의 점도가 높으면 무화상태가 나빠진다. 또한 유량은 유압의 평방근에 비례한다. 버너는 환유식과 비환유식이 있다.

128 가솔린 엔진이 매시간 20kg의 가솔린을 소모한다. 이 엔진의 전효율이 30%일 때의 출력 kW은? (단, 가솔린의 저위발열량은 41,860kJ/kg, 1kW = 3,600kJ/h이다.)

① 약 65　② 약 70
③ 약 85　④ 약 95

해설
$$\eta = \frac{3,600\text{kW}}{H_\ell \times m_f} \times 100\%$$
$$\text{kW} = \frac{\eta \times H_\ell \times m_f}{3,600} = \frac{0.3 \times 41,860 \times 20}{3,600} \fallingdotseq 70$$

129 다음은 공기식 제어방식의 장점을 열거한 것이다. 틀린 것은?

① 배관이 용이하다.
② 위험성이 없다.
③ 보수가 비교적 쉽다.
④ 신호의 전달이 빠르다.

해설
공기식 제어의 특징
㉠ 배관이 용이하며 위험성이 없다.
㉡ 보수가 비교적 쉽다.
㉢ 위험하지 않다.
㉣ 신호의 전달과 조작이 늦다.

130 과잉공기의 설명으로 맞는 것은?

① 불완전연소의 공기량과 완전연소의 공기량의 차
② 연소를 위하여 필요로 하는 이론공기량보다 과잉된 공기
③ 완전연소를 위한 공기
④ 1차 공기가 부족하였을 때 더 공급해 주는 공기

해설
연료의 연소 시 과잉공기란 연소를 위하여 필요로 하는 이론공기량보다 과잉된 공기이다.

131 분자량이 18인 수증기를 완전가스로 보고 표준상태에서의 비체적을 구하여라.

① $0.5m^3/kg$　② $1.24m^3/kg$
③ $1.75m^3/kg$　④ $2.0m^3/kg$

해설
$$v = \frac{V}{m} = \frac{22.4}{18} = 1.24\text{m}^3/\text{kg}$$
$$H_2 + \frac{1}{2}O_2 \rightarrow H_2O$$
2kg+16kg → 18kg
표준상태(760mmHg, 0℃)에서 모든 gas 1kmol이 차지하는 체적은 $22.4Nm^3$이다.

132 일반적인 정상연소에 있어서 연소속도를 지배하는 요인은?

① 화학반응의 속도
② 공기(산소)의 확산속도
③ 연료의 산화온도
④ 배기가스 중의 CO_2의 농도

해설
정상적인 정상연소에서 연소속도를 지배하는 요인은 산소의 확산속도이다.

133 다음 연소 중에서 연소속도가 가장 낮은 경우는 어떤 때인가?

① 확산연소　② 증발연소
③ 분해연소　④ 표면연소

정답 127 ① 128 ② 129 ④ 130 ② 131 ② 132 ② 133 ④

해설 숯, 코크스, 목탄 등은 건류된 연료로서 연소속도가 완만하여 특수한 곳에서 사용이 가능하다(연소속도 : 확산연소 > 증발연소 > 분해연소 > 표면연소).

134 다음 중 중유연소 방식이 아닌 것은?

① 압력분무식 ② 공기분무식
③ 산포식 스토커 ④ 버너

해설 산포식 스토커는 기계식 화격자에서 쇄상식, 계단식, 하입식 등과 같이 사용되는 고체연료용 스토커이다.

135 다음은 회전식 버너(rotary burner)의 특징을 기술한 것이다. 잘못 설명된 것은?

① 유량 조정범위는 1 : 5 정도로 비교적 넓다.
② 무화통(atomizing cup)을 부착하여 원심력을 이용한다.
③ 무화용 공기의 압력은 0.1~0.2MPa 정도로 공급한다.
④ 오일은 보통 0.03MPa 정도의 압력으로 공급한다.

해설 회전식 버너(rotary burner)에서 무화용 공기의 공급압력은 대기압 정도로 공급한다(101.325kPa).

136 가스버너로 연료가스를 연소시키면서 가스의 유출속도를 점차 빠르게 했다. 어떤 현상이 발생하겠는가?

① 불꽃이 엉클어지면서 짧아진다.
② 불꽃이 엉클어지면서 길어진다.
③ 불꽃형태는 변함없으나 밝아진다.
④ 별다른 변화를 찾기 힘들다.

해설 가스의 유출속도가 빨라지면 난류현상이 생겨 완전연소가 잘 되며 불꽃이 엉클어지면서 화염이 짧아진다.

137 일반적으로 백금~백금로듐 열전대온도계의 최고 사용온도는 몇 도인가?

① 1,600℃ ② 1,200℃
③ 900℃ ④ 600℃

해설 백금-백금로듐(Pt-Pt.Rh) 열전대의 사용온도 범위는 0~1,600℃이다(최고사용온도 1,600℃).

138 유압식 오일버너의 특징이 아닌 것은?

① 연료유가 선회하면서 무화되는 형식이 많다.
② 연소유량은 대략 유압의 제곱근에 비례한다.
③ 유압은 적어도 $5kg/cm^2$ 이상이어야 한다.
④ 증발량의 변동이 큰 보일러에 적합하다.

해설 유압식 오일버너
유량조절범위가 좁아서 부하변동이 심한 보일러에는 사용이 부적당하다(연료소비량이 많은 보일러에 사용된다).

139 송풍기를 연도의 종단에 설치하여 연도가스를 흡인 배출하는 통풍양식은 다음 중 어느 것인가?

① 자연식 ② 유인식
③ 압입식 ④ 평형식

해설 유인식(흡인통풍기)은 송풍기를 연도의 종단에 설치하여 연도가스를 흡인 배출하는 통풍방식이며 인공통풍방식에서 사용된다.

140 압력계가 2기압을 가리킬 때에 절대압력은 몇 mmHg인가? (단, 이때 대기압은 730 mmHg이었다.)

① 1,520 ② 2,190
③ 2,250 ④ 2,280

해설 절대압력(P_a) = 대기압(P_o)+게이지압력(P_g)
= 730+2×760 = 2,250mmHg

141 연소가스량 및 배출온도를 일정하게 할 경우 굴뚝의 크기를 일정하게 하고 그 높이를 높일수록 통풍력은 어떻게 되겠는가? (단, 경제적인 사정은 생각할 필요가 없다.)

정답 134 ③ 135 ③ 136 ① 137 ① 138 ④ 139 ② 140 ③ 141 ③

① 감소하다가 증가한다.
② 증가하다가 감소한다.
③ 일정하게 증가한다.
④ 일정하게 감소한다.

해설 연소가스량과 배기온도 굴뚝의 크기가 일정한 가운데 굴뚝의 높이를 높이면 통풍력은 일정하게 증가한다.

142 스토커를 이용하여 무연탄을 연소시키고자 할 때의 고려할 사항으로서 잘못된 것은?

① 미분탄 상태로 하고 공기는 예열한다.
② 스토커 후부에 착화아치를 설치한다.
③ 연소장치는 산포식 스토커가 적합하다.
④ 충분한 연소가 되도록 2차 공기를 넣어준다.

해설 스토커를 이용하여 무연탄을 연소시키고자 할 때 스토커 전부(앞부분)에 착화아치를 설치한다.

143 연소가스의 노점은 다음 중 어느 것에 영향을 가장 많이 받는가?

① 연소가스 중의 수분함량
② 연료의 연소온도
③ 과잉공기 계수
④ 배기가스의 열회수율

해설 노점(dew point)
습공기가 냉각될 때 포화곡선(상대습도 100%)에 다다르면 공기 중에 포함되어 있던 수증기가 작은 물방울로 변화한다(이슬이 맺히는 현상을 결로라고 하고 이 점의 온도를 노점온도라 한다).

144 밀폐된 그릇 중에 20℃, 10kg의 공기가 들어 있다. 이것을 100℃까지 가열하는 데 필요한 열량은 몇 kcal인가? (단, 공기의 평균 비열은 0.84kJ/kgK)

① 482 ② 572
③ 672 ④ 772

해설
$$Q = mC_m(t_2 - t_1)$$
$$= 10 \times 0.84(100 - 20) = 672\text{kJ}$$

145 중유 버너의 무화방법으로 적당하지 못한 것은?

① 압력공기나 증기를 사용
② 버너의 회전에 의한 원심력 이용
③ 가열시켜 가스화
④ 펌프로 중유의 압력을 이용

해설 중유 버너의 무화방법
㉠ 유압식, ㉡ 회전식, ㉢ 기류식
㉣ 정전기식, ㉤ 초음파식
• 경질유인 경우 가열시켜 가스화(증발기화)시킨다.

146 다음은 버너의 점화 시 주의사항을 열거한 것들이다. 잘못된 것은?

① 점화 전에는 아궁이문, 연도댐퍼를 전개하여 노내, 연도에 체류되어 있는 가연가스를 몰아낸다.
② 점화 시에는 우선 불씨를 버너 앞쪽에 밀어 넣은 다음에 연료를 분무한다.
③ 버너 점화 직후 점화봉을 꺼낸 다음 연소량 및 공기량을 조절하여 충분히 연소되고 있는지를 확인한다.
④ 점화 직후로 노내가 차가워서 불이 꺼지는 경우가 있으므로 소화되면 가연가스를 완전히 몰아낸 다음 다시 점화한다.

해설 점화 시에는 우선 불씨를 버너에 투입하지 말고 공기와 연료를 분무한 다음 불씨를 밀어넣는다.

147 100℃의 공기 4kg이 어떤 탱크 속에 들어 있다. 공기는 이 조건에서 420kJ/kg의 비내부에너지를 갖는다. 비내부에너지가 546 kJ/kg으로 될 때까지 가열하였다면 몇 kJ의 열이 공기로 이동되었는가?

① 404 ② 504
③ 604 ④ 704

해설 등적상태($V = C$)인 경우
가열량(Q)과 내부에너지 변화량($U_2 - U_1$)은 크기가 같다.
$$Q = m(u_2 - u_1) = 4(546 - 420) = 504\text{kJ}$$

정답 142 ② 143 ① 144 ③ 145 ③ 146 ② 147 ②

148 연소에 관한 용어, 단위 및 수식을 표시한 것 중 알맞은 것은?

① 연소실 열발생률 : W/m^2K
② 화격자 연소율 : $kg/m^2h℃$
③ 공기비(m)
$= \frac{A_o(\text{이론공기량})}{A(\text{실제 공기량})}(m > 1.0)$
④ 고체연료의 저발열량(H_ℓ)과 고발열량(H_h)의 관계식 :
$H_\ell = H_h - 2{,}512(9H + W)[kJ/kg]$

해설
㉠ 공기비(m)$= \frac{\text{실제 공기량}(A)}{\text{이론공기량}(A_o)}$
㉡ 연료저위발열량(H_ℓ)
$= H_h - 2{,}512(9H + W)[kJ/kg]$
㉢ 화격자 연소율
$= \frac{\text{고체연료소비량(kg)}}{\text{화격자면적}(m^2) \times \text{가동시간}}(kg/m^2h)$
㉣ 연소실 발생률
$= \frac{\text{연료소비량} \times \text{연료의 저위발열량}}{\text{연소실용적}(m^3)}(W/m^3)$

149 열전대 온도계는 어떤 현상을 이용하는 온도계인가?

① 치수의 증대 ② 전기저항의 변화
③ 기전력의 발생 ④ 압력의 발생

해설
열전대 온도계는 제벡효과를 이용한 기전력을 발생시켜 온도를 측정하는 접촉식 온도계로서 가장 고온용이다.

150 완전흑체의 복사능 E_b와 그의 절대온도 T와의 관계는 다음 어느 것이 옳은가?

① $E_b \propto T$ ② $E_b \propto T^2$
③ $E_b \propto T^3$ ④ $E_b \propto T^4$

해설
스테판-볼츠만(Stefan-Boltzman)법칙
완전흑체의 복사능(E_b)은 절대온도(T)의 4승에 비례한다($E_b \propto T^4$).
$E_b = \varepsilon \sigma A T^4 [W]$

151 가스연료와 공기의 흐름이 난류일 때의 연소상태로서 옳은 것은?

① 화염의 윤곽이 명확하게 된다.
② 층류일 때보다 완전연소가 안 된다.
③ 층류일 때보다 연소가 잘되며 화염이 짧아진다.
④ 난류일 때는 연소효율이 저하된다.

해설
난류일 때는 난류확산화염을 형성하여 연소속도가 빨라지고 화염이 짧아진다. 층류는 난류에 비하여 연소상태가 완만하지 못하다.

152 출력이 50kW인 가솔린 엔진이 매시간 10kg의 가솔린을 소비한다. 이 엔진의 열효율은 몇 %인가? (여기서, 가솔린의 저위발열량은 46,046kJ/kg이고, 1kWh = 3,600kJ이다.)

① 39.1 ② 45.2
③ 61.9 ④ 85.1

해설
$\eta = \frac{3{,}600kW}{H_\ell \times m_f} \times 100\% = \frac{3{,}600 \times 50}{46{,}046 \times 10} \times 100\%$
$≒ 39.1\%$

153 석탄 연소 시에 많이 발생하는 버드네스트(Birdnest) 현상은 어느 전열면에서 가장 많은 피해를 일으키는가?

① 과열기 ② 공기예열기
③ 급수예열기 ④ 화격자

해설
버드네스트(Birdnest)
연료의 연소 시 회가 융해하여 클링커가 된 후 과열기(superheater)에 장기간 부착한 후 그 성질이 알칼리화된 것이다.

154 열전달계수(Heat transfer coefficient)의 단위는 다음의 어느 것이 옳은가?

① W/mK ② W/m^2K
③ $W/mh^2℃$ ④ $W/mh℃^2$

해설
열전달계수(열통과계수)의 단위는 W/m^2K이고, 열전도계수의 단위는 W/mK(kcal/mh℃)이다.

정답 148 ④ 149 ③ 150 ④ 151 ③ 152 ① 153 ① 154 ②

155 연료가 연소실에서 연소하여 그 가스가 1,400℃에서 가열실로 들어가고 가열실을 나오는 온도가 600℃였다. 이때 가열실의 열효율은? (단, 가열실로부터 방산열은 피열체에 주는 20%에 상당한다고 한다.)

① 42.9% ② 34.3%
③ 57.1% ④ 45.7%

해설
$$\eta = \frac{1,400-600}{1,400} \times (1-0.2) = 0.457(=45.7\%)$$

156 링겔만농도는 무엇을 알고자 하는 것인가?

① 연소속도
② 연료의 발열량
③ 매연농도
④ 연소가스 중의 유황분

해설 링겔만농도는 매연농도 측정방법이다.

157 노내 상태가 산화성인가 환원성인가를 확인하는 방법 중 가장 확실한 것은 다음 중 어느 것인가?

① 연소가스 중의 CO_2 함량을 분석한다.
② 노내 온도 분포를 체크한다.
③ 화염의 색깔을 본다.
④ 연소가스 중의 CO 함량을 분석한다.

해설 노내(furnace) 상태가 CO가 많으면 환원성 분위기, 과잉공기가 많아서 O_2가 많으면 산화성 분위기

158 보일러에 비엔탈피 630kJ/kg인 물이 들어가고 비엔탈피 2,810kJ/kg인 수증기가 나온다. 속도와 높이를 무시하고 수증기 발생량이 30,000kg/h일 때 보일러에 도입되는 열량은 몇 kJ/h인가?

① 57.7×10^4 ② 20×10^5
③ 65.4×10^6 ④ 20×10^6

해설
$$Q = m(h_2 - h_1) = 30,000(2,810-630)$$
$$= 65.4\times10^6 \text{kJ/h}$$

159 보일러 송풍기 입구의 공기가 15℃, 1기압으로 매분 1,000m^3가 공기예열기로 들어가면, 같은 압력으로 200℃로 예열된 공기는 매분 얼마만한 양(m^3)으로 나오겠는가?

① 1,153 ② 1,399
③ 1,642 ④ 1,912

해설
$P = C$

$\frac{V}{T} = C$

$\frac{V_2}{V_1} = \frac{T_2}{T_1}$ 이므로

$$V_2 = V_1\left(\frac{T_2}{T_1}\right) = 1,000\left(\frac{200+273}{15+273}\right) = 1,642\text{m}^3/\text{min}$$

160 일반강관에 칼로라이징(Calorizing) 처리를 하는 데 필요한 재료는?

① Ti ② Sn
③ Zn ④ Al

해설 금속침투법(Cementation)에서 칼로라이징은 알루미늄(Al)을 금속표면에 침투시켜 표면을 경화시키는 방법이다.

161 수평 파이프에 의한 자연대류 열전달계수는 $hc = \frac{0.27}{D_o^{0.25}} \times (\Delta t)^{0.25}$로 표시되는데 이때의 단위는 hc : Btu/hft²℉, D_o : ft, Δt : ℃로 할 때의 열전달계수를 옳게 나타낸 식은?

① $hc = 1.32\left(\frac{\Delta t}{D_o}\right)^{0.25}$

② $hc = 1.1\left(\frac{\Delta t}{D_o}\right)^{0.25}$

③ $hc = 1.5\left(\frac{\Delta t}{D_o}\right)^{0.25}$

④ $hc = 1.7\left(\frac{\Delta t}{D_o}\right)^{0.25}$

해설 자연대류(natural convection)

열전달계수 $(hc) \propto (\Delta t)^{\frac{1}{4}}$

정답 155 ④ 156 ③ 157 ④ 158 ③ 159 ③ 160 ④ 161 ①

162 주어진 연소장치의 연소효율(E_c)은 다음과 같은 식으로 표시될 수 있다.

$E_c = \dfrac{H_\ell - H_1 - H_2}{H_\ell}$, 이 식에서 H_ℓ는 연료의 저위발열량, H_1은 연소손실을 의미하는데 H_2는 무엇을 뜻하는가?

① 연료의 저발열량
② 전열손실
③ 불완전 연소손실
④ 현열손실

해설

연소효율$(E_c) = \dfrac{H_\ell - (H_1 + H_2)}{H_\ell} \times 100\%$

여기서, H_ℓ : 연료의 저위발열량(진발열량)
H_1 : 연소손실
H_2 : 불완전 연소손실

163 연소에 관한 다음 설명 중 틀린 것은?

① 탄소는 불완전연소하면 일산화탄소로 되고, 탄소 1에 대해 산소 1의 화합물로 된다. 그러나 완전연소하면 탄소 1에 대해서 산소 2의 비율로 화합한다. 이 때문에 불완전연소하면 열은 절반밖에 발생하지 않으므로 손해다.
② 가연물질이 산소와 화합하면서 빛과 열을 내는 현상을 말한다.
③ 불꽃심이라는 것은 직접 공기의 접촉이 불충분한 곳이므로 잘 타고 있지는 않다.
④ 풍화도 일종의 연소다. 그리고 이때에 역시 열을 발생한다.

해설

㉠ $C+O_2 \rightarrow CO_2$
㉡ $C+\frac{1}{2}O_2 \rightarrow CO$(열이 절반 정도밖에 발생하지 않아서 손해다.)
㉢ 풍화작용이란 석탄저장 시 60일 이상 저장하면 석탄의 질이 나빠지는 현상이다.
㉣ 풍화(weathering)는 물리적·화학적·생물학적 과정을 포함하며 개별적 또는 복합적으로 암석을 분해붕괴시킨다.

164 연돌에 의한 통풍력은 다음 설명 중 어느 것인가?

① 연돌 높이의 평방근에 비례한다.
② 연돌 높이의 자승에 비례한다.
③ 연돌 높이에 반비례한다.
④ 연돌 높이에 비례한다.

해설

$$통풍력(Z) = 273H\left(\frac{\gamma_a}{t_a+273} - \frac{\gamma_g}{t_g+273}\right) = 273H\left(\frac{\gamma_a}{T_a} - \frac{\gamma_g}{T_g}\right)[mmH_2O]$$

연돌에 의한 통풍력(Z)은 굴뚝(연돌)의 높이(H)에 비례한다.

165 연소장치에 따른 공기과잉계수의 대소를 옳게 표시한 식은?

① 산포식 스토커 < 수동수평화격자 < 이동화격자 스토커
② 수동수평화격자 < 이동화격자스토커 < 산포식 스토커
③ 이동화격자 스토커 < 산포식 스토커 < 수동수평화격자
④ 산포식 스토커 < 이동화격자 스토커 < 수도수평화격자

해설

고체연료의 연소장치
수동식(수분식)일수록 과잉공기가 많이 필요하고 기계식(자동식)일수록 과잉공기가 적게 든다. 산포식은 기계식이다.

166 다음 중 댐퍼(Damper)를 설치하는 목적에 대해서 설명한 것 중 틀린 것은?

① 통풍력을 조절한다.
② 가스의 흐름을 교체한다.
③ 가스의 흐름을 차단한다.
④ 가스가 새어나가는 것을 방지한다.

해설

댐퍼(damper)의 설치 목적
㉠ 통풍력을 조절한다.
㉡ 가스의 흐름을 교체한다(주연도&부연도에서).
㉢ 가스의 흐름을 차단한다.

정답 162 ③ 163 ④ 164 ④ 165 ③ 166 ④

167 그림과 같이 두께가 각각 1cm, 2cm, 3cm, 4cm인 A, B, C, D를 결합하여 물체 E를 만들었을 때 상당 열관류율을 구하면 얼마인가? (단, 그들의 열전도율은 각각 1, 2, 3, 4W/mK이다.)

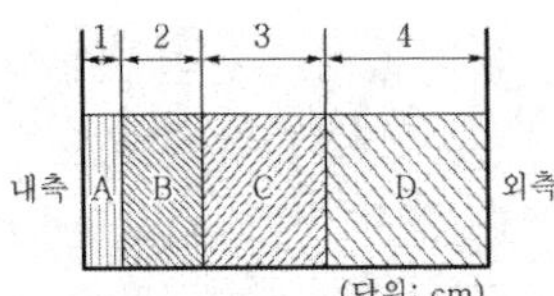

① 0.25W/m²K ② 2.5W/m²K
③ 25W/m²K ④ 250W/m²K

해설

$$K=\frac{1}{R}=\frac{1}{\frac{\ell_1}{\lambda_1}+\frac{\ell_2}{\lambda_2}+\frac{\ell_3}{\lambda_3}+\frac{\ell_4}{\lambda_4}}$$

$$=\frac{1}{\frac{0.01}{1}+\frac{0.02}{2}+\frac{0.03}{3}+\frac{0.04}{4}}=25\text{W/m}^2\text{K}$$

168 다음 버너 중 사용 용량(L/hr)이 가장 큰 것은?

① 저압공기식 버너 ② 유압식 버너
③ 건타입 버너 ④ 고압기류식 버너

해설
유압식(50~1,000L/h) > 고압기류식(10~5,000L/h) > 건타입 버너(3.8~120L/h) > 저압공기식 버너(1.5~180L/h)

169 1기압 256°K의 공기(h_1 = 492kJ/kg)를 1기압 278°K(h_2 = 510kJ/kg)까지 압축한다. 압축기로부터 공기의 유출속도는 60m/s이다. 만약 200kg/hr의 공기를 처리한다면 압축기에 필요한 동력(kW)은? (단, 압축기의 효율은 60%이다.)

① 1.3 ② 1.54
③ 1.83 ④ 2.47

해설

$$\text{kW}=\frac{m_a\left[(h_2-h_1)+\frac{V^2}{2}\times10^{-3}\right]}{3{,}600\times\eta_c}$$

$$=\frac{200\left[(510-492)+\frac{60^2}{2}\times10^{-3}\right]}{3{,}600\times0.6}=1.83$$

170 고압공기분무식 버너를 설명한 것 중 잘못된 것은?

① 기름의 점도가 커도 비교적 좋은 무화상태가 된다.
② 일반적으로 2~7kg/cm² 정도의 분무압력을 형성한다.
③ 내부혼합식은 분무매체와 기름을 비슷한 압력으로 가압한다.
④ 유량조절범위는 유압버너보다 좁다.

해설
㉠ 고압공기분무식 버너 유량조절범위는 1 : 10
㉡ 유압식 버너의 유량조절범위는 1 : 3~1 : 2
㉢ 고압공기분무식 버너는 2~7kg/cm² 압력의 공기로서 연료(중유)를 무화하여 연료와 분무용 유체와의 혼합통에 따라 외부혼합식과 내부혼합식으로 나눈다.

171 비례식 자동제어를 할 때에 보일러 효율이 높아지는 가장 큰 이유는?

① 보일러 수위가 합리적인 선에 유지되기 때문
② 증기압에 큰 변동이 없기 때문
③ 급수의 시간 격차가 작아지기 때문
④ 연료량과 공기량이 일정한 비율로 자동제어되기 때문

해설
비례식 자동제어는 연료량과 공기량이 일정한 비율로 자동제어되기 때문에 보일러 효율이 높아진다.

172 연소온도(t)를 구하는 식으로 옳은 것은? (단, H_ℓ : 저발열량, Q : 보유열, G : 연소가스량, C_{pm} : 가스 비열, η_c : 연소효율)

① $\frac{H_\ell+\eta_c Q}{GC_{pm}}$ ② $\frac{H_\ell-Q}{GC_{pm}}$
③ $\frac{H_\ell\times\eta_c Q}{GC_{pm}}$ ④ $\frac{H_\ell-\eta_c Q}{GC_{pm}}$

해설
연소가스온도$(t)=\frac{H_\ell+\eta_c Q}{GC_{pm}}$[℃]

정답 167 ③ 168 ② 169 ③ 170 ④ 171 ④ 172 ①

173 오일연소장치에 버너 타일을 붙였을 때의 효과는 다음 중 어느 것이 크겠는가?

① 무화상태가 개선된다.
② 화염의 각도가 조절된다.
③ 방사열이 집중되어 연소가 촉진된다.
④ 무화 기류가 난류로 된다.

해설 보염장치인 버너 타일을 설치하면 화염의 각도가 조절되고 불꽃을 안정시키며 노내에 분사되는 연료와 공기의 분포속도와 흐름의 방향을 최종적으로 조정하는 것이다. 즉 방사열이 집중되어 연소가 촉진된다.

174 중유 연소과정에서 발생하는 그을음은 그 원인이 무엇으로 추측되는가?

① 연료 중의 불순물의 연소
② 연료 중의 미립탄소가 불완전연소
③ 연료 중의 회분과 수분이 중합
④ 중유 중의 파라핀 성분

해설 중유 연소과정에서 그을음의 발생원인은 연료 중의 미립탄소가 불완전연소를 일으켜서 생성된다.

175 $C+CO_2=2CO$의 반응은?

① 흡열반응이다.
② 발열반응이다.
③ 흡열도 발열도 아닌 반응이다.
④ 연소반응이다.

해설 $C+CO_2=2CO$의 반응은 흡열반응이다.

176 과열실의 전열면적 F (m^2)와 전열량 Q(kJ/h) 사이에는 어떠한 관계가 있는가? (단, V는 총괄 전열계수이며 Δt_m은 평균온도차)

① $Q=VF\Delta t_m$
② $F=Q\Delta t_m$
③ $V=QFV\Delta t_m$
④ $Q=F\Delta t_m$

해설 전열량$[Q]=VF\Delta t_m$(kJ/h)

177 다음 설명은 액체연료의 미립화 방법 중 대표적인 것을 설명한 것이다. 틀린 항목은 어느 것인가?

① 액을 가압하여 노즐로부터 고속 분출시키는 유압분무형
② 공기 또는 증기 등의 분류에 의해 액체를 미립화하는 충동 노즐형
③ 고속원판에 액을 공급하여 분무시키는 회전형
④ 액체에 고압정전기를 주어 미립화시키는 정전기형

해설 무화방법
㉠ 유압무화식
㉡ 이류체 무화식
㉢ 회전 이류체 무화식
㉣ 충돌무화식
㉤ 정전기 무화식
㉥ 진동무화식

178 공기는 부피로 21%의 산소와 79%의 질소로 되어 있다. 공기가 표준대기압하에 있을 때 질소의 분압(mmHg)은?

① 400 ② 500
③ 600 ④ 700

해설 질소$(P_{N_2})=760\times0.79=600$mmHg
산소$(P_{O_2})=760\times0.21=160$mmHg

179 석탄의 연소방식은 석탄을 분쇄하지 않고, 연소시키는 화격자 연소방식과 석탄을 미분탄으로 분쇄하여 공기 중에 부유시켜 연소시키는 미분탄 연소방식으로 크게 나눌 수 있다. 미분탄 연소방식의 특징인 것은?

① 연소온도가 낮다.
② 연소효율이 낮다.
③ 연소조절이 용이하지 않다.
④ 화염의 분사율이 크다.

해설 석탄의 연소방식에서 미분탄 연소방식은 화염의 분사율이 크다.

정답 173 ③ 174 ② 175 ① 176 ① 177 ③ 178 ③ 179 ④

180 연소장치로부터 배출되는 배기가스의 성분 중에서 광화학 스모그의 주원인이 되는 것은?

① 질소산화물 ② 이산화탄소
③ 유황산화물 ④ 분진

해설
배기가스 성분 중 광화학 스모그의 주원인이 되는 물질은 질소산화물(NO_x)이다.

181 액체연료에 해당되는 가장 적당한 연소방법은?

① 화격자연소 ② 스토커연소
③ 버너연소 ④ 확산연소

해설
㉠ 액체연료에 가장 적당한 연소방법은 버너(burner) 연소다(증발연소).
㉡ 고체연료 : 화격자연소, 스토커연소
㉢ 기체연료 : 확산연소, 예혼합연소

182 연소관리에 있어 연소배기가스를 분석하는 가장 직접적인 목적은?

① 노내 압력 조절 ② 공기비 계산
③ 연소열량 계산 ④ 매연농도산출

해설
연소관리에 있어 연소배기가스를 분석하는 가장 직접적인 목적은 공기비 계산이다.

183 액체연료용 버너에서 노즐이 막히기 쉬운 순서로 나열된 것은?

① 회전형 버너 – 내부혼합식 버너 – 유압형 버너 – 외부혼합식 버너
② 내부혼합식 버너 – 유압형 버너 – 외부혼합식 버너 – 회전형 버너
③ 유압형 버너 – 외부혼합식 버너 – 회전형 버너 – 내부혼합식 버너
④ 외부혼합식 버너 – 회전형 버너 – 내부혼합식 버너 – 유압형 버너

해설
액체연료용 버너에서 노즐(Nozzle)이 막히기 쉬운 순서 : 유압형 버너 – 외부혼합식 버너 – 회전형 버너 – 내부혼합식 버너

184 2차 연소란 어떤 것을 말하는가?

① 공기보다 먼저 연료를 공급했을 경우 1차 2차 반응에 의해서 연소하는 것
② 불완전연소에 의해 발생한 미연가스가 연도 내에서 다시 연소하는 것
③ 완전연소에 의한 연소가스가 2차 공기에 의해서 폭발되는 현상
④ 점화할 때 착화가 늦어졌을 경우 재점화에 의해서 연소하는 것

해설
2차 연소란 불완전연소에 의해 발생한 미연가스가 연도 내에서 다시 연소하는 것

185 $C+O_2=CO_2$의 반응속도에 대한 다음 설명 중 틀린 것은 어느 것인가?

① 반응속도는 온도에 영향이 크다.
② 300℃ 이하에서는 거의 생기지 않는다.
③ 1,000℃ 이상에서는 순간적으로 이루어진다.
④ 공기 및 생성가스의 확산속도의 영향은 받지 않는다.

해설
탄소(C)가 산소(O_2)와 반응시 CO_2를 생성한다. 이때 공기 및 생성가스의 확산속도의 영향을 받는다.

186 어떤 공해 배출업소에서 배출되는 연기의 농도를 측정하였더니 아래와 같았을 때 농도율은?

농도 0도 : 10분, 농도 1도 : 10분, 농도 2도 : 20분, 농도 3도 : 5분, 농도 4도 : 10분, 농도 5도 : 5분

① 2.16% ② 43.3%
③ 12.0% ④ 52.4%

해설
$$\text{농도율}(R)=\frac{\text{총매연값}}{\text{측정시간(분)}}\times 20(\%)$$
$$=\frac{0\times1+1\times10+2\times20+3\times5+4\times10+5\times5}{10+10+20+5+10+5}\times 20(\%)$$
$$=43.3\%$$

정답 180 ① 181 ③ 182 ② 183 ③ 184 ② 185 ④ 186 ②

187 연소온도는 다음 중 어느 것의 영향이 가장 큰가?

① 1차 공기와 2차 공기의 비율
② 공기비
③ 공급되는 연료의 현열
④ 연료의 발열량

해설 연소온도는 공기비(과잉공기계수)의 영향이 가장 크다.

188 어떤 집진장치의 입구와 출구의 함진농도를 측정한 결과 각각 20.8g/Nm^3, 0.1g/Nm^{3}인 경우의 집진율은 얼마인가?

① 0.5%　　② 49.8%
③ 99.5%　　④ 99.9%

해설 집진율

$$= \frac{\text{집진장치 입구함진농도} - \text{출구함진농도}}{\text{집진장치 입구함진농도}} \times 100\%$$

$$= \frac{20.8 - 0.1}{20.8} \times 100\% = 99.9\%$$

189 다음과 같은 용적조성을 가지고 있는 연소가스의 평균 분자량을 구하시오.

CO_2 : 15%, O_2 : 10%, N_2 : 75%

① 24.3　　② 28.3
③ 30.8　　④ 32.3

해설 연소가스의 평균 분자량
= CO_2분자량×0.15+O_2분자량×0.1+N_2분자량×0.75
= 44×0.15+32×0.1+28×0.75 = 30.8kg/kmol

190 다음 중 연소의 하한과 상한 범위가 가장 큰 것은?

① 에틸렌　　② 암모니아
③ 프로필렌　　④ 메탄

해설
① 에틸렌(C_2H_4) : 2.7~36%
② 암모니아(NH_3) : 15~28%
③ 프로필렌(C_3H_6) : 2~11.1%
④ 메탄(CH_4) : 5~15%

191 등심연소의 화염의 높이에 대해 옳게 설명한 것은?

① 공기 유속이 낮을수록 화염의 높이는 커진다.
② 공기 유속이 낮을수록 화염의 높이는 낮아진다.
③ 공기 온도가 낮을수록 화염의 높이는 커진다.
④ 공기 유속이 높고 공기 온도가 높을수록 화염의 높이는 커진다.

해설 등심연소(심화연소)는 모세관 현상에 의해 심지라고 불리는 헝겊으로부터 액체연료를 빨아 올려서 전달되어 거기서 연소열을 받아 증발된 증기가 확산연소하는 상태이다(등심(심지)연소는 공기유속이 낮을수록 화염의 높이는 커진다).

192 수소, 산소, 혼합기가 다음과 같은 반응을 할 때 이 혼합기를 무엇이라 하는가?

$2H_2+O_2 \rightarrow 2H_2O$

① 희박 혼합기　　② 희석 혼합기
③ 양론 혼합기　　④ 과농 혼합기

해설 $2H_2+O_2 \rightarrow 2H_2O$
(양론 혼합기 완전연소조성비)

193 상온, 상압하에서 가연성가스의 폭발에 대한 일반적인 설명 중 틀린 것은?

① 폭발범위가 클수록 위험하다.
② 인화점이 높을수록 위험하다.
③ 연소속도가 클수록 위험하다.
④ 착화점이 높을수록 안전하다.

해설 가연성가스는 인화점이 낮을수록 위험하다(가연성가스의 폭발범위는 압력이 높을수록 넓어진다).

194 다음 가연성 가스 중 연소범위(한계)가 가장 넓은 가스는 어느 것인가?

① C_2H_2　　② CH_4
③ C_3H_8　　④ C_2H_6

정답 187 ② 188 ④ 189 ③ 190 ① 191 ① 192 ③ 193 ② 194 ①

해설

아세틸렌(C_2H_2) > 에탄(C_2H_6) > 메탄(CH_4) > 프로판(C_3H_8)

- C_2H_2(2.5~81%), C_2H_6(3~12.5%), CH_4(5~15%), C_3H_8(2.1~9.5%)

195 다음 중 폭발범위가 제일 높은 하한값을 갖는 것은 어느 것인가?

① 도시가스 ② 발생로가스
③ 천연가스 ④ 일산화탄소

해설

일산화탄소(CO)(12.5~74%)로 하한값이 매우 높다.

196 가스폭발의 용어 DID의 정의에 대하여 가장 옳게 설명한 것은?

① 어느 온도에서 가열하기 시작하여 발화에 이르기까지의 시간
② 폭발 등급을 나타내는 것으로서 가연성 물질의 위험성의 척도
③ 최초의 완만한 연소로부터 격렬한 폭굉으로 발산할 때까지의 거리
④ 격렬한 폭발이 완만한 연소로 넘어갈 때까지의 거리

해설

DID(폭굉유도거리)는 최초의 완만한 연소로부터 격렬한 폭굉으로 발산할 때까지의 거리이다(짧을수록 위험하다).

- 폭굉(디토네이션) : 가스 중의 음속보다도 화염전파거리가 큰 경우이다.

197 다음 중 분해폭발을 일으키는 물질은 어느 것인가?

① 액체산소 ② 압축산소
③ 과산화수소 ④ 아세틸렌

해설

분해폭발을 일으키는 물질(가압하에서)
㉠ 아세틸렌(C_2H_2)
㉡ 산화에틸렌(C_2H_4O)
㉢ 히드라진(N_2H_4)

198 다음의 가스 중에서 공기 중에 압력을 증가시키면 폭발범위가 좁아지다가 보다 고압으로 되면 반대로 넓어지는 것은?

① 수소 ② 일산화탄소
③ 메탄 ④ 에틸렌

해설

수소(H_2)는 폭발범위 4~75%로 압력이 높을수록 1기압까지는 폭발범위가 좁아지나 고압으로 되면 2 이상 되면 폭발범위가 넓어진다.

199 부피 조성비가 프로판 70%, 부탄 25%, 프로필렌 5%인 혼합가스에 대한 다음의 설명 중에서 맞는 것은? (단, 공기 중에서 가스의 폭발범위는 표에서와 같다.)

가스의 종류	폭발범위(부피 %)
C_4H_{10}	1.5~8.5
C_3H_6	2.0~11.0
C_3H_8	2.0~9.5

① 폭발하한계는 약 1.62(vol%)이다.
② 폭발하한계는 약 1.97(vol%)이다.
③ 폭발상한계는 약 9.29(vol%)이다.
④ 폭발상한계는 약 9.78(vol%)이다.

해설

$$\text{폭발하한계}(L)=\frac{100}{\frac{25}{1.5}+\frac{70}{2.0}+\frac{5}{2.0}}=1.846\%$$

$$\text{폭발상한계}(L)=\frac{100}{\frac{25}{8.5}+\frac{70}{9.5}+\frac{5}{11.0}}=9.293\%$$

$$\frac{100}{L}=\frac{V_1}{L_1}+\frac{V_2}{L_2}+\frac{V_3}{L_3}\text{(르 샤틀리에 공식)}$$

200 가스폭발 사고의 근본적인 원인이 아닌 것은?

① 화학반응열 또는 잠열의 축적
② 내용물의 누출 및 확산
③ 착화원 또는 고온물의 생성
④ 경보장치의 미비

해설

화학반응열 또는 잠열의 축적 등은 가스폭발 사고의 간접적(잠재적)인 원인이다.

정답 195 ④ 196 ③ 197 ④ 198 ① 199 ③ 200 ①

201 폭발에 관한 가스의 성질을 틀리게 설명한 것은?

① 안전간격이 클수록 위험하다.
② 폭발범위가 넓은 것이 위험하다.
③ 연소속도가 클수록 위험하다.
④ 압력이 높아지면 일반적으로 폭발범위가 넓어진다.

해설
안전간격(MESG)
㉠ 1등급 : 0.6mm 초과
㉡ 2등급 : 0.4 초과~0.6mm 이하
㉢ 3등급 : 0.4mm 이하
안전간격이 짧은 가스일수록 위험하다.
(H_2, C_2H_2, $CO+H_2$, CS_2)

202 다음 중 기상폭발의 발화원에 해당되지 않는 것은?

① 성냥 ② 열선
③ 화염 ④ 충격파

해설
기상폭발의 발화원
㉠ 열선
㉡ 화염(flame)
㉢ 충격파(shock wave)

203 다음 중 폭발방호(explosion production) 대책과 관계가 가장 적은 것은?

① explosion venting
② adiabatic compression
③ containment
④ explosion supression

해설
폭발방호대책(explosion production)
㉠ explosion venting
㉡ containment
㉢ explosion supression
※ 단열압축(adiabatic compression)은 폭발방호와 관계 없다.

204 관속의 폭굉(Detonation) 유도거리가 짧아질 수 있는 조건으로 적당하지 않은 것은?

① 관경이 굵을수록
② 관속에 방해물이 있을수록
③ 압력이 높을수록
④ 발화원의 에너지가 클수록

해설
관경이 가늘수록 관속의 폭굉(디토네이션)의 유도거리(DID)가 짧아진다.

205 내압방폭구조의 가연성 가스 폭발 등급과 최대안전틈새에 대한 연결이 틀린 것은?

① A급 : 최대안전틈새가 0.9mm 이상
② B급 : 최대안전틈새가 0.9mm 미만 0.5mm 초과
③ C급 : 최대안전틈새가 0.5mm 이하
④ D급 : 최대안전틈새가 0.4mm 미만

해설
내압방폭구조의 폭발등급에 의한 가연성 가스 폭발등급 최대안전틈새(mm)
① A급 : 0.9mm 이상
② B급 : 0.5mm 초과~0.9mm 미만
③ C급 : 0.5mm 이하

206 본질안전방폭구조의 폭발등급에 관한 설명 중 옳은 것은?

① 안전 간격이 0.6mm 초과인 가스의 폭발등급은 A이다.
② 안전 간격이 0.4mm 미만인 가스의 폭발등급은 C이다.
③ 안전 간격이 0.2mm 이하인 가스의 폭발등급은 D이다.
④ 안전 간격이 0.6~0.4mm 이상인 가스의 폭발등급은 B이다.

해설
㉠ 본질안전에서 가스의 안전 간격이 0.8mm 초과인 가스는 폭발등급 A등급이다.
㉡ 가스의 안전 간격이 0.45mm 미만이면 가스는 폭발등급 C급이다.
㉢ 가스의 안전 간격이 0.45mm 이상 0.8mm 이하는 폭발등급 B급이다.

정답 201 ① 202 ① 203 ② 204 ① 205 ④ 206 ②

207 다음은 가연성 기체의 최소발화 에너지에 대한 설명이다. 이 중 맞는 것은?

① 가연성 기체의 연소온도가 높을수록 최소발화에너지는 낮아진다.
② 가연성 기체의 연소속도가 느릴수록 최소발화에너지는 낮아진다.
③ 가연성 기체의 열전도율이 적을수록 최소발화에너지는 낮아진다.
④ 가연성 기체의 압력이 낮을수록 최소발화에너지는 낮아진다.

해설 최소착화에너지(MIE)란 가연성 혼합가스에 전기적 스파크로 점화시 착화하기 위해 필요한 최소한의 에너지이다(가연성 기체의 열전도율이 적을수록 최소발화에너지는 낮아진다).

$E=\frac{1}{2}C\cdot V^2$[Joule]

여기서, E : 착화에너지(Joule)
C : 전기콘덴서사용량(Farad)
V : 방전전압(Volt)

208 일반적으로 연소범위가 넓어지는 경우가 아닌 것은?

① 가스의 온도가 높아질 때
② 가스압이 높아질 때
③ 압력이 상압보다 낮아질 때
④ 산소의 농도가 높은 곳에 있을 때

해설 일반적으로 가스의 압력이 높아지면 연소(폭발)범위가 넓어진다.

209 아래의 가스폭발 위험성 평가기법 설명은 어느 기법인가?

> ㉠ 사상의 안전도를 사용하여 시스템의 안전도를 나타내는 모델이다.
> ㉡ 귀납적이기는 하나 정량적 분석기법이다.
> ㉢ 재해의 확대요인의 분석에 적합하다.

① FAN(Fault Hazard Analysis)
② JSA(Job Safety Analysis)
③ EVP(Extreme Value Projection)
④ ETA(Event Tree Analysis)

해설 ETA(사건수 분석)란 운전 중 초기사건으로 알려진 특정한 장치의 이상이나 기계 운전자의 실수로부터 발생되는 잠재적인 사고 결과를 평가하는 정량적인 안전평가기법을 약칭 ETA(Event Tree Analysis)라 한다.

210 가연성 가스의 연소범위(폭발범위)의 설명으로 틀린 것은?

① 일반적으로 압력이 높을수록 폭발범위는 넓어진다.
② 가연성 혼합가스의 폭발범위는 고압에 있어서 상압에 비해 훨씬 넓어진다.
③ 프로판과 공기의 혼합가스에 질소를 첨가하는 경우 폭발범위는 넓어진다.
④ 수소와 공기의 혼합가스는 고온에 있어서 폭발범위가 상온에 비해 훨씬 넓어진다.

해설 질소(N_2)가스는 불연성 가스이기 때문에 첨가하면 폭발범위는 좁아진다.

211 가연성 가스의 폭발범위의 설명으로 틀린 것은?

① 일반적으로 압력이 높을수록 폭발범위는 넓어진다.
② 가연성 혼합가스의 폭발범위는 고압에 있어서 상압에 비해 훨씬 넓어진다.
③ 프로판과 공기의 혼합가스에 불연성가스를 첨가하는 경우 폭발범위는 넓어진다.
④ 수소와 공기의 혼합가스는 고온에 있어서 폭발범위가 상온에 비해 훨씬 넓어진다.

해설 프로판(C_3H_8)과 공기의 혼합가스에 불연성가스를 첨가하면 폭발범위는 좁아진다.

212 공정에 존재하는 위험요소들과 공정의 효율을 떨어뜨릴 수 있는 운전상의 문제점을 찾아낼 수 있는 정성적인 위험평가 기법으로 산업체(화학공장)에서 가장 일반적으로 사용되는 것은?

① Check List법 ② FTA법
③ ETA법 ④ HAZOP법

정답 207 ③ 208 ③ 209 ④ 210 ③ 211 ③ 212 ④

해설
① Check List법 : 위험성 평가에서 체크리스트법
② ETA법(Event Tree Analysis) : 사건수 분석기법
③ FTA법(Fault Tree Analysis) : 시스템 공학에서 결함(실패) 원인 분석법
④ HAZOP법(HAZard and OPerability analysis) : 위험성 및 가동성 분석

213 1종 장소와 2종 장소에 적합한 구조로 전기기기를 전폐구조의 용기 또는 외피 속에 넣고 그 내부에 불활성 가스를 압입하여 내부압력을 유지함으로써 가연성 가스가 용기내부로 유입되지 않도록 한 방폭구조는?

① 안전증방폭구조(Increased Safety "e")
② 내압방폭구조(Flame Proof Enclosure "d")
③ 유입방폭구조(Oil Immersion "o")
④ 압력방폭구조(Pressurized Apparatus "f")

해설
압력방폭구조(P) : 용기 내에 불활성 가스를 압입하여 내부압력을 유지함으로써 가연성 가스가 내부로 침입하지 못하게 한다.

214 가연성 가스의 연소범위(폭발범위)의 설명으로 옳지 않은 것은?

① 일반적으로 압력이 높을수록 폭발범위는 넓어진다.
② 가연성 혼합가스의 폭발범위는 고압에 있어서 상압에 비해 훨씬 넓어진다.
③ 수소와 공기의 혼합가스는 고온에 있어서 폭발범위가 상온에 비해 훨씬 넓어진다.
④ 프로판과 공기의 혼합가스에 질소를 첨가하는 경우 폭발범위는 넓어진다.

해설
불연성 가스인 질소가스가 첨가되면 폭발범위는 매우 좁아진다(폭발범위는 하한값과 상한값이 있고 연소는 폭발범위 내에서 가능하다).

215 기체의 연소과정에서 폭발(Explosion)과 폭굉(Detonation)현상이 나타나는데 이를 비교한 것이다. 맞는 것은?

① 폭발한계는 폭굉한계보다 그 범위가 좁다.
② 폭발한계는 폭굉한계보다 그 범위가 넓다.
③ 폭발이나 폭굉한계는 그 범위가 같다.
④ 폭발한계와 폭굉한계는 서로 구별할 수 없다.

해설
연소과정에서 폭발한계는 폭굉한계보다 그 범위가 넓다. 아세틸렌의 폭발범위 2.5~81%, 아세틸렌의 공기 중 폭굉범위 4.2~50%(폭발은 격렬한 연소의 한 형태로 급격한 압력 발생 해방의 결과로서 격렬한 음향과 폭풍을 수반하는 팽창현상이다).

216 폭발원인에 따른 분류에서 물리적 폭발에 관한 설명으로 옳은 것은?

① 산화, 분해, 중합반응 등의 화학반응에 의하여 일어나는 폭발로 촉매폭발이 이에 속한다.
② 물리적 폭발에는 열폭발, 중합폭발, 연쇄폭발 순으로 폭발력이 증가한다.
③ 발열속도가 방열속도보다 커서 반응열에 의해 반응속도가 증대되어 일어나는 폭발로 분해폭발이 이에 속한다.
④ 액상 또는 고상에서 기상으로의 상변화, 온도상승이나 충격에 의해 압력이 이상적으로 상승하여 일어나는 폭발로 증기폭발이 이에 속한다.

해설
증기폭발은 액상 또는 고상에서 기상으로의 상변화(phase change), 온도상승이나 충격에 의해 압력이 이상적으로 상승하여 일어나는 폭발(explosion)을 말한다.

217 폭굉(Detonation)에 대한 설명 중 맞는 것은?

① 긴관에서 연소파가 갑자기 전해지는 현상이다.
② 관내에서 연소파가 일정거리 진행 후 급격히 연소속도가 증가하는 현상이다.
③ 연소에 따라 공급된 에너지에 의해 불규칙한 온도범위에서 연소파가 진행되는 현상이다.
④ 충격파가 면(面)에 저온이 발생해 혼합기체가 급격히 연소하는 현상이다.

정답 213 ④ 214 ④ 215 ② 216 ④ 217 ②

해설 폭굉(Detonation; 디토네이션)이란 관내에서 연소파가 일정거리 진행 후 급격히 연소속도(1,000~3,500m/s)가 증가하여 압력과 충격파가 일어나는 현상이다(정상연소속도는 0.03~10m/s). Operability Studies)은 위험과 운전분석이다.

218 다음 중 가연성 가스와 공기가 혼합되었을 때 폭굉범위는 어떻게 되는가?

① 일반적으로 폭발범위의 값과 동일하다.
② 일반적으로 가연성 가스의 폭발상한계 값보다 크다.
③ 일반적으로 가연성 가스의 폭발하한계 값보다 작아진다.
④ 일반적으로 가연성 가스의 폭발하한계와 상한계 값 사이에 존재한다.

해설 폭굉범위는 일반적으로 가연성 가스의 폭발하한계와 상한계 값 사이에 존재한다.

219 다음은 가연성 기체의 최소발화에너지에 관한 설명이다. 맞는 것은?

① 가연성 기체의 온도가 높아질수록 최소발화에너지는 높아진다.
② 가연성 기체의 연소속도가 느릴수록 최소발화에너지는 낮아진다.
③ 가연성 기체의 열전도율이 적을수록 최소발화에너지는 낮아진다.
④ 가연성 기체의 압력이 낮을수록 최소발화에너지는 낮아진다.

해설 가연성 기체의 열전도율이 적을수록 최소발화에너지는 낮아진다.

220 가스발화의 주된 원인이 되는 외부 점화원이 아닌 것은?

① 산화물　② 단열압축
③ 정전기　④ 충격파

해설 외부점화 에너지(점화물)
화염, 전기불꽃, 충격, 마찰, 단열압축, 충격파, 열복사, 정전기, 방전, 자외선 등

221 다음 반응 중에서 폭굉(Detonation) 속도가 가장 빠른 것은?

① $2H_2+O_2$　② CH_4+2O_2
③ $C_3H_8+3O_2$　④ $C_3H_8+6O_2$

해설 $2H_2+O_2 \rightarrow 2H_2O$ 수소와 산소혼합물 반응에 당량비가 공급된 상태의 연소에서 폭굉속도가 빠르다. 수소가 공기 중에서 18.3%, 산소 중에서 15.0%가 폭굉하한계 값이다(압력이 높으면 폭굉속도가 빠르다).

222 CH_4 50%, C_3H_8 30%, C_4H_{10} 20%인 혼합가스가 있다. 이 혼합가스의 폭발범위(한계)를 구하면? (단, CH_4 : 5~15, C_3H_8 : 2~9, C_4H_{10} : 1~8의 연소범위(한계)를 갖는다.)

① 2.2~10.9%
② 2.0~15.0%
③ 5.0~15.0%
④ 4.7~13.7%

해설 혼합가스의 폭발한계산출식(르샤틀리에 공식)

$$\frac{100}{L}=\frac{V_1}{L_1}+\frac{V_2}{L_2}+\frac{V_3}{L_3}+\cdots\frac{V_n}{L_n}$$

여기서, L : 혼합기체 폭발한계값
L_1, L_2, $L_3\cdots L_n$: 성분가스 폭발한계값
V_1, V_2, $V_3\cdots V_n$: 성분가스 용량(%)

$$\text{하한값}(L)=\frac{100}{\frac{50}{5}+\frac{30}{2}+\frac{20}{1}}=2.2\%$$

$$\text{상한값}(L)=\frac{100}{\frac{50}{15}+\frac{30}{9}+\frac{20}{8}}=10.9\%$$

223 가연성 물질의 폭굉유도거리(DID)가 짧아지는 요인에 해당되지 않는 경우는?

① 관속에 방해물이 있거나 관경이 가늘수록
② 주위의 압력이 낮을수록
③ 점화원의 에너지가 클수록
④ 정상 연소속도가 큰 혼합가스일수록

해설 폭굉유도거리(DID)란 최초의 완만한 연소에서 폭굉까지의 유도되는 거리이다. 주위의 압력이 높을수록 짧아진다.

정답 218 ④　219 ③　220 ①　221 ①　222 ①　223 ②

224 가연성 가스의 위험도를 H라 할 때 H에 대한 계산식으로 올바른 것은? (단, U = 폭발상한, L = 폭발하한이다.)

① $H=U-L$ ② $H=(U-L)/L$
③ $H=(U-L)/U$ ④ $H=U/L$

해설 위험도(H)가 클수록 위험하며 하한계가 낮고 상한과 하한의 차이가 클수록 커진다.

위험도(H)= $\dfrac{U-L}{L}$

225 가연성 기체를 공기와 같은 지연성 기체 중에 분출시켜 연소시키므로 불완전연소에 의한 그을음을 형성하는 기체연소 형태를 무엇이라고 하는가?

① 혼합연소 ② 예혼연소
③ 혼기연소 ④ 확산연소

해설 확산연소는 예혼합연소에 비해 연소선단에 옐로우팁(적황색) 등 황색염이 많고 CO 등에 그을음을 형성하는 기체연료의 연소이다.

정답 224 ② 225 ④

Chapter 04 열전달(heat transformation)과 열교환 방식

1 열전달(열이동), 전도(고체열전달), 대류(convection), 복사(radiation)

1) 대류열전달(convection heat transfer)

- 유체-고체-유체 열전달(뉴튼의 냉각법칙)

$$q = \frac{Q}{A} = h(t_w - t_f)[\mathrm{W/m^2}]$$

여기서, h: 대류전달계수($\mathrm{W/m^2K}$)
A: 대류전열면적($\mathrm{m^2}$)
t_w: 고체벽면의 온도(℃)
t_f: 유체온도(℃)

2) 평판의 열전도(heat conduction)

- 푸리에(fourier) 열전도법칙

$$q_c = \frac{Q_c}{A} = \lambda \frac{t_1 - t_2}{\ell}[\mathrm{W/m^2}]$$

여기서, λ: 열전도계수(율)(W/mK)
A: 전열면적($\mathrm{m^2}$)
ℓ: 길이(두께)(m)
$t_1 - t_2$: 온도차(℃)

3) 원형관(pipe)의 열전도

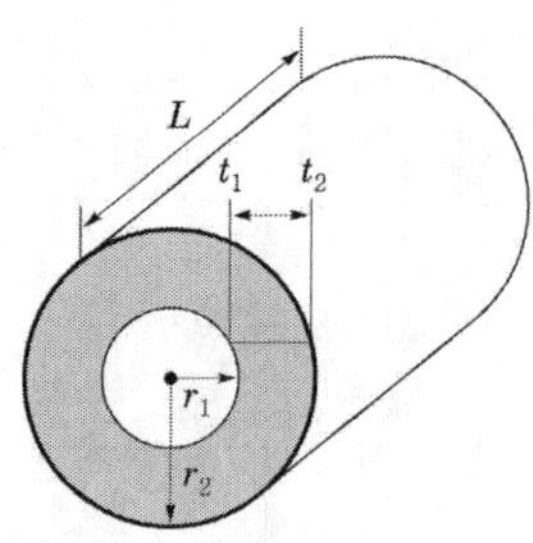

$$Q_c = \frac{2\pi L(t_1 - t_2)}{\frac{1}{\lambda}\ln\left(\frac{r_2}{r_1}\right)} = \frac{2\pi L\lambda(t_1 - t_2)}{\ln\left(\frac{r_2}{r_1}\right)}[\mathrm{W}]$$

여기서, λ: 열전도율(W/mK)

L: 관의 길이(m)

r_1: 내벽의 반경(m)

r_2: 외벽의 반경(m)

Q_c: 열전도 손실열량(W)

4) 열복사(thermal radiation)

- 중간 매개체가 없는 열전달(스테판-볼츠만 법칙)

$$q_R = \frac{Q_R}{A} = \varepsilon \sigma T^4 [\text{W/m}^2]$$

여기서, σ: 스테판-볼츠만 상수

(σ = 4.88×10^{-8}kcal/m^{2}hK^4 = 5.67×10^{-8}W/m^{2}K^4)

A: 복사전열면적(m^2)

ε: 복사율($0 < \varepsilon < 1$)

T: 흑체표면 절대온도(K)

5) 열관류(통과)계수(K)

$$K = \frac{1}{R} = \frac{1}{\frac{1}{a_1} + \frac{L}{\lambda} + \frac{1}{a_2}} [\text{W/m}^2\text{K}]$$

여기서, L: 재료의 두께(m)

λ: 열전도율(W/mK)

a_1: 내측 유체 열전달률(W/m^{2}K)

a_2: 외측 유체 열전달률(W/m^{2}K)

K: 열관류율(W/m^{2}K)

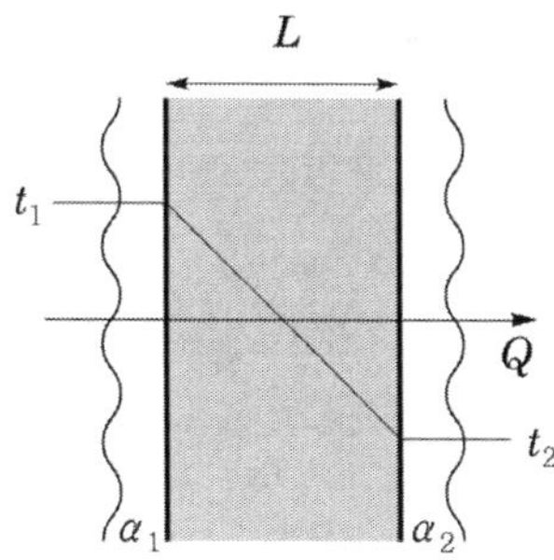

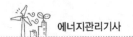

6) 열관류에 의한 손실열량(Q)

$$Q = KF(t_1 - t_2)[\mathrm{W}]$$

여기서, K: 열관류(통과)계수($\mathrm{W/m^2K}$)
F: 전열면적($\mathrm{m^2}$)

2 열교환방식(평행류, 대향류, 직교류) & 전열

- 평행류(parallel flow)

$$\Delta_1 = t_1 - t_{w_1}$$

$$\Delta_2 = t_2 - t_{w_2}$$

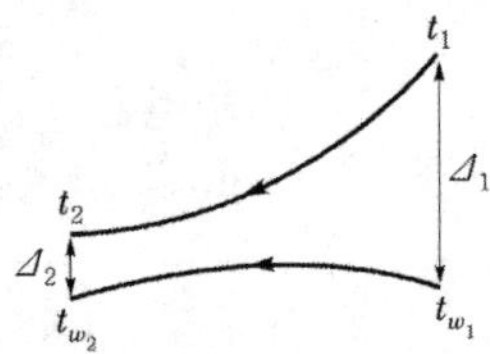

- 대향류(counter flow)

$$\Delta_1 = t_1 - t_{w_2}$$

$$\Delta_2 = t_2 - t_{w_1}$$

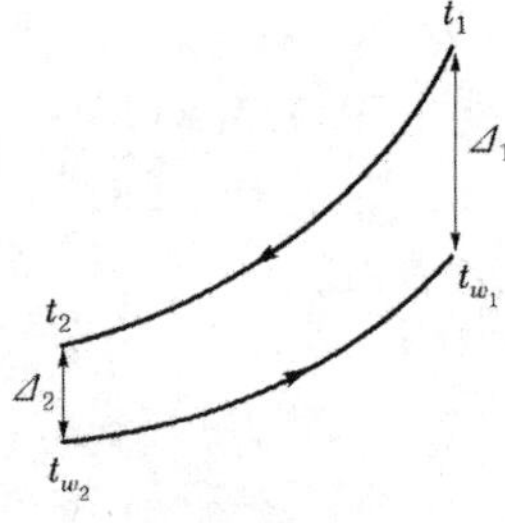

$$\text{대수평균온도차(LMTD)} = \frac{\Delta_1 - \Delta_2}{\ln\left(\frac{\Delta_1}{\Delta_2}\right)}[℃]$$

여기서, K: 열통과율($\mathrm{W/m^2K}$)
F: 전열면적($\mathrm{m^2}$)

$$\text{전열량}(Q) = KF(\mathrm{LMTD})[\mathrm{W}]$$

예상문제

01 노(爐) 내의 온도가 600℃에 달했을 때 반사로 있는 0.5m×0.5m의 문을 여는 것으로 손실되는 열량은 몇 kW인가? (단, 노재의 방사율은 0.38, 실온은 30℃로 한다.)

① 1.654　② 1.854
③ 3.083　④ 2.654

해설
Stefan-Boltzman's law

$Q_R = \varepsilon A\sigma(T_1^4 - T_2^4)$

$= 0.38(0.5\times0.5)\times5.67\times10^{-8}(873^4 - 303^4)$

$= 3{,}083.3\text{W} \fallingdotseq 3.083\text{kW}$

02 다음은 이중 열교환기의 대수평균 온도차이다. 옳은 것은 어느 것인가? (단, Δ_1은 고온 유체 입구 측의 유체온도차, Δ_2는 출구 측의 온도차이다.)

① $\dfrac{\Delta_1 - \Delta_2}{\ln\dfrac{\Delta_1}{\Delta_2}}$　② $\dfrac{\Delta_1 - \Delta_2}{\ln\dfrac{\Delta_2}{\Delta_1}}$

③ $\dfrac{\Delta_1 + \Delta_2}{\ln\dfrac{\Delta_2}{\Delta_1}}$　④ $\dfrac{\Delta_1 + \Delta_2}{\ln\dfrac{\Delta_1}{\Delta_2}}$

해설

대수평균 온도차(LMTD)$= \dfrac{\Delta_1 - \Delta_2}{\ln\dfrac{\Delta_1}{\Delta_2}}$[℃]

03 노내 가스의 온도는 1,000℃, 외기온도는 15℃, 노벽의 두께는 200mm, 열전도율은 0.58W/mK이다. 가스와 노벽, 외벽과 공기와의 열전달계수는 각각 1.4W/m^{2}K, 0.12W/m^{2}K일 때 노벽 5m^{2}에서 1시간 동안 전달되는 열량은 몇 kJ인가?

① 1,789.38　② 1,879.38
③ 1,956.82　④ 2,256.38

해설

$Q = KF\Delta t_m \times 24$

$= 0.106\times5(1{,}000-15) = 522.05\text{W}$

$= 522.05\times3.6 = 1{,}879.38\text{kJ/h}$

$K = \dfrac{1}{R} = \dfrac{1}{\dfrac{1}{a_1}+\dfrac{\ell}{\lambda}+\dfrac{1}{a_o}} = \dfrac{1}{\dfrac{1}{1.4}+\dfrac{0.2}{0.5}+\dfrac{1}{0.12}}$

$\fallingdotseq 0.106\text{W/m}^2\text{K}$

04 다음은 열교환기의 능률을 상승시키기 위한 방법이다. 옳지 않은 것은 어느 것인가?

① 유체의 유속을 빠르게 한다.
② 유체의 흐르는 방향을 향류로 한다.
③ 열교환기 입구와 출구의 높이차를 크게 한다.
④ 열전도율이 높은 재료를 사용한다.

해설
열교환기의 입구와 출구의 높이 차는 수압에는 영향을 미치나 열교환기의 능률에는 영향이 거의 없다. 즉 평균온도차(대수평균 온도차)를 크게 하여야 한다.

05 열교환기 설계에 있어서 열교환 유체의 압력강하는 중요한 설계인자이다. 이 압력강하는 관내경, 길이 및 유속(평균)을 각각 D_i, ℓ, V로 표기하면 강하량 ΔP와 이들 사이의 관계는 다음에서 어느 것이 옳은가?

① $\Delta P \propto \ell D_i / \dfrac{\gamma}{2g} V^2$

② $\Delta P \propto \dfrac{\ell}{D_i}\cdot\dfrac{\gamma}{2g}V^2$

③ $\Delta P \propto \dfrac{D_i}{\ell}\cdot\dfrac{1}{2g}V^2$

④ $\Delta P \propto \dfrac{1}{2g}V^2\cdot\ell\cdot D_i$

해설

압력강하$(\Delta P) = \gamma h_L = f\dfrac{\ell}{D_i}\dfrac{\gamma V^2}{2g}$[kPa]

$\propto \dfrac{\ell}{D_i}\dfrac{\gamma V^2}{2g}$[kPa]

정답 01 ③ 02 ① 03 ② 04 ③ 05 ②

06 방열유체의 유량, 비열, 온도차는 각각 6,000kg/h, 2.25kJ/kgK, 100℃이고 저온유체와의 사이의 전열에 있어서 열관류율 및 보정 대수 평균 온도차는 각각 262W/m^{2}K, 30.4℃이었다. 전열면적은 얼마인가? (단, 전열에 있어서 손실은 없는 것으로 생각한다.)

① 72.3m^2 ② 15.6m^2
③ 47.08m^2 ④ 38.09m^2

해설
$Q = KF(\text{LMTD})[\text{W}]$

$F = \dfrac{Q}{K(\text{LMTD})} = \dfrac{mC\Delta t}{K(\text{LMTD})} = \dfrac{6,000 \times 2.25 \times 100}{262 \times 30.4 \times 3.6}$
$\fallingdotseq 47.08\text{m}^2$

⊙ $1\text{kJ/h} = \dfrac{1}{3.6}\text{W}$
1W=3.6kJ/h

07 수열 유체기준 몰당량비가 10인 대향류 열교환기에서 수열유체의 온도상승을 10℃, 방열유체의 입구온도는 180℃이었다. 출구에서의 방열유체의 온도는 얼마인가? (단, 전열효율은 1로 한다.)

① 50℃ ② 30℃
③ 40℃ ④ 80℃

해설
$Q = mC\Delta t_m = n$
$10 \times 1 \times 10 = (180 - t_o)$
$t_o = 180 - 100 = 80℃$

08 수열 유체기준 전열유닛수 NTUc는 0.33이고, 대수평균온도차가 30℃인 열교환기에서 수열유체의 온도상승은 얼마인가? (단, 전열손실은 없는 것으로 한다.)

① 8.5℃ ② 9.9℃
③ 7.6℃ ④ 6.9℃

해설
NTUc = 0.33, $\Delta t_m = 30℃$ 이므로 $\Delta t = \text{NTU}_c$
※ 즉 $Q = KF(\text{LMTD}) = WC\Delta t$
온도상승$(\Delta t) = \dfrac{FC}{WC}(\text{LMTD}) = 0.33 \times 30 = 9.9℃$
NTU(전열유닛수) = $\dfrac{KF}{WC}$

09 방열유체기준 전열유닛수는 $\text{NTU}_h = 3.3$, 방열유체의 온도강하는 100℃이었다. 전열효율을 1로 할 때, 이 열교환에서의 대수 평균온도차는 얼마인가?

① 35.6℃ ② 30.3℃
③ 49.5℃ ④ 42.7℃

해설
방열유체의 유량을 G, 비열을 C, 온도강하를 Δt라 하고, 열관류계수를 K, 전열면적을 F, 대수평균온도차를 Δt_m이라 하면,
$Q = GC\Delta t = KF\Delta t_m$
$\therefore \dfrac{KF}{GC} = \dfrac{\Delta t}{\Delta t_m}$
여기서, $\dfrac{KF}{GC}$를 NTU(전열유닛수)라고 한다.
$\Delta t = (\text{NTU}) \cdot \Delta t_m$
$\therefore \Delta t_m = \dfrac{100}{3.3} = 30.3℃$ (대수평균온도차)

10 온도 100℃, 비열 0.8kcal/kg℃의 액체 16t/hr를 40℃까지 냉각시키는 향류열교환기가 있다. 냉각에는 온도 15℃, 냉각수 12t/hr를 사용한다. 대수평균온도차는 약 몇 도인가? (단, 외부로의 열손실은 없다.)

① 21℃ ② 22℃
③ 23℃ ④ 24℃

해설
$W_1C_1(t_2 - t_1) = W_2C_2(t_2 - t_1)$
$12 \times 1(t_2 - 15) = 16 \times 0.8(100 - 40)$
$t_2 = 15 + \dfrac{12.8 \times 60}{12} = 79℃$
$\text{LMTD} = \dfrac{\Delta_1 - \Delta_2}{\ln\left(\dfrac{\Delta_1}{\Delta_2}\right)} = \dfrac{25 - 21}{\ln\left(\dfrac{25}{21}\right)} \fallingdotseq 23℃$
대향류이므로 $\Delta_2 = 100 - 79 = 21℃$,
$\Delta_1 = 40 - 15 = 25℃$

11 이중열교환기의 총괄전열계수가 80W/m^{2}K이고 더운 액체와 찬 액체를 향류로 접속시켰더니 더운 면의 온도가 65℃에서 25℃로 내려가고 찬 면의 온도가 20℃에서 53℃로 올라갔다. 단위면적당의 열교환량(W/m^2)은?

정답 06 ③ 07 ④ 08 ② 09 ② 10 ③ 11 ③

① 450　　② 540
③ 640　　④ 740

해설

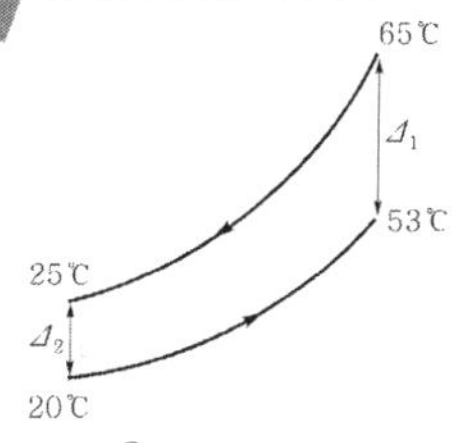

$q = \frac{Q}{A} = K(\text{LMTD}) = 80 \times 8 = 640\text{W/m}^2$

$\text{LMTD} = \frac{\Delta_1 - \Delta_2}{\ln\left(\frac{\Delta_1}{\Delta_2}\right)} = \frac{12-5}{\ln\left(\frac{12}{5}\right)} \fallingdotseq 8℃$

12 어느 대향류 열교환기에서 가열유체는 80℃로 들어가서 30℃로 나오고 수열유체는 20℃로 들어가서 30℃로 나온다. 이 열교환기의 대수평균온도차는?

① 30℃　　② 15℃
③ 50℃　　④ 25℃

해설 대향류(counter flow type)

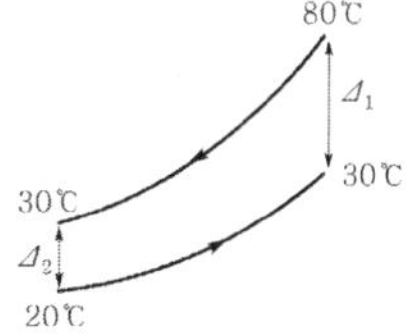

$\Delta_1 = 80 - 30 = 50℃$

$\Delta_2 = 30 - 20 = 10℃$

대수평균온도차

$\text{LMTD} = \frac{\Delta_1 - \Delta_2}{\ln\left(\frac{\Delta_1}{\Delta_2}\right)} = \frac{50-10}{\ln\left(\frac{50}{10}\right)} = 24.85℃ \fallingdotseq 25℃$

13 대류 열전달률 $\alpha(\text{W/m}^2\text{K})$를 구하기 위하여 무차원수 Nusselt 수를 계산하여 이것으로 α를 구한다. Nusselt 수의 정의를 다음에서 골라라(단, C_p, μ, λ, ρ는 그 유체의 정압비열, 점성계수, 열전도율, 밀도이며, D_e는 유체의 유로의 상당지름이다).

① $\frac{\lambda D_e}{C_p}$　　② $\frac{\lambda D_e}{\mu}$
③ $\frac{\alpha D_e}{\lambda}$　　④ $\frac{\lambda D_e}{\rho}$

해설

㉠ 프란틀 수(Prandtl Number): $Pr = \frac{\mu C_p}{\lambda}$

㉡ 누셀트 수(Nusselt Number): $Nu = \frac{\alpha D_e}{\lambda}$

㉢ 레이놀즈 수(Reynolds Number):

$Re = \frac{\rho v d}{\mu} = \frac{vd}{\nu} = \frac{4Q}{\pi d \nu}$

14 3가지 서로 다른 고체물질 A, B, C의 평판들이 서로 밀착되어 복합체를 이루고 있다. 정상상태에서의 온도 분포가 그림과 같다면 A, B, C 중 어느 물질의 열전도도가 가장 작은가?

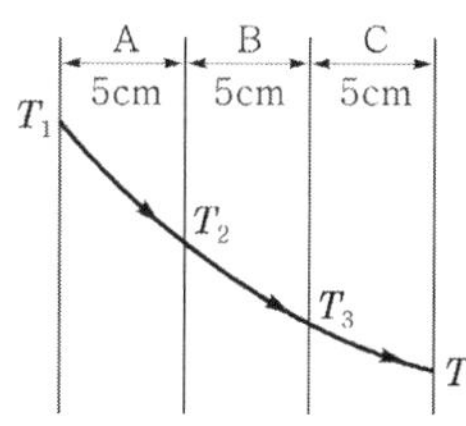

① A　　② B
③ C　　④ 판별이 곤란하다.

해설 $q_c = \lambda A \frac{\Delta T}{L}$[W]

두께(L) 및 전열면적(A)이 일정 시 열전도계수(λ)는 온도차(ΔT)에 반비례한다.
온도차(ΔT)가 클수록 열전도계수(λ)는 작아진다.

15 판형 공기예열기에서 연소가스로부터 공기에 전달되는 열량은 약 $6{,}300\text{kJ/m}^2\text{h}$이다. 매시간 2,000kg의 연료를 연소하는 데 필요한 공기를 25℃부터 200℃까지 예열하기 위한 예열기의 면적은 몇 m^2인가? (단, 공기의 정압비열은 1.01kJ/kgK인 연료 1kg의 연소에 필요한 공기량은 20kg이다.)

① 2,518.3　　② 4,713.3
③ 1,122.2　　④ 5,715.3

정답 12 ④　13 ③　14 ①　15 ③

해설

연소용 공기량(m) = 2,000×20 = 40,000kg/h

$mC_p\Delta t = 6{,}300A$

$$\text{전열면적}(A) = \frac{mC_p\Delta t}{6{,}300} = \frac{40{,}000\times1.01\times175}{6{,}300} = 1{,}122.2\text{m}^2$$

16 과열기를 설계할 때 고려해야 할 사항으로서 관련이 없는 사항은?

① 연료의 종류 및 연소방법
② 과열기로 공급되는 과열증기의 과열도
③ 증기와 연소가스의 온도차
④ 드레인의 빼기 쉬운 정도

해설

과열기(superheater) 설계 시 고려할 사항

㉠ 연료의 종류 및 연소방법
㉡ 과열도 = 과열증기온도 - 포화온도
㉢ 증기와 연소가스의 온도차

17 내부온도가 1,500℃이고 길이가 1m, 안지름이 68mm, 바깥지름이 76mm, 열전도율이 0.47W/mK인 관으로부터 공기에 배출되는 열량은 몇 W/m²인가? (단, 대기의 온도는 25℃로 한다.)

① 47,200　② 59,000
③ 39,162　④ 10,800

해설

$$Q = \frac{2\pi\lambda L}{\ln\left(\frac{r_2}{r_1}\right)}(t_1 - t_2) = \frac{2\pi\times0.47\times1}{\ln\left(\frac{38}{34}\right)}(1{,}500-25) \fallingdotseq 39{,}162\text{W/m}^2$$

18 노벽의 두께 24cm의 내화벽돌, 두께 10cm의 열절연 벽돌 및 두께 15cm의 적색벽돌로 만들어질 때 벽안쪽과 바깥쪽 표면 온도가 각각 900℃, 90℃라고 하면 근사적 열손실은 몇 W/m²인가? (단, 내화벽돌, 열절연 벽돌 및 적색벽돌의 열전도율은 각각 1.4W/mK, 0.17W/mK, 1.16W/mK이다.)

① 472.5W/m²　② 1,500W/m²
③ 907.2W/m²　④ 350.2W/m²

해설

$$K = \frac{1}{R} = \frac{1}{\frac{0.24}{1.4}+\frac{0.1}{0.17}+\frac{0.15}{1.16}} \fallingdotseq 1.12\text{W/m}^2\text{K}$$

$$q = \frac{Q}{A} = \frac{(t_2-t_1)}{R} = K(t_2-t_1) = 1.12(900-90) = 907.2\text{W/m}^2$$

19 자연대류 열전달과 관계가 없는 것은 다음 중 어느 것인가?

① Nusselt 수　② Reynolds 수
③ Grashof 수　④ Prandtl 수

해설

자연대류인 경우: Nu = f(Pr, Gr)
강제대류인 경우: Nu = f(Re, Pr)

20 벙커C유 연소 보일러의 연소배가스 온도를 측정한 결과 300℃였다. 여기에 공기 예열기를 설치하여 배가스온도를 150℃까지 내리면 연료절감률은 몇 %인가? (단, B/C유의 발열량 40,814kJ/kg, 배가스량 13.6 Nm³/kg, 배가스의 비열 1.38kJ/Nm³℃, 공기예열기의 효율은 0.75로 한다.)

① 4.17　② 5.17
③ 6.17　④ 7.17

해설

$$\text{연료절감률}(\phi) = \frac{QC\eta(t_2-t_1)}{H_L}\times100\%$$

$$= \frac{13.6\times1.38\times0.75(300-150)}{40{,}814}\times100\% = 5.17\%$$

21 단면이 1m² 절연물체를 통해서 3kW의 열이 전도되고 있다. 이 물체의 두께는 2.5cm이고 열전도계수는 0.2W/mK이다. 이 물체의 양면 사이의 온도차는 몇 ℃인가?

① 355℃　② 365℃
③ 375℃　④ 385℃

해설

$$q_c = \lambda F\frac{\Delta t}{L}\text{(W)}$$

$$\Delta t = \frac{q_c L}{\lambda F} = \frac{3{,}000\times0.025}{0.2\times1} = 375℃$$

정답 16 ④ 17 ③ 18 ③ 19 ② 20 ② 21 ③

22 다음 내화물 중 주요 결정 성분으로 페리클레이스(Periclase)를 갖는 주원료는?

① 마그네시아 클링커(Magnesia clinker)
② 보크사이트(Bauxite)
③ 크로마이트(Chromite)
④ 실리카(Silica)

해설 내화물 중 주요 결정 성분으로 페리클레이스(Periclase)를 갖는 주원료는 마그네시아 클링커다.

23 (Mg, Fe)$_3$ (Si, Al, Fe)$_4$O$_{10}$ (OH)$_2$ 4H$_2$O의 화학식으로 표시되고 운모와 같은 층상 구조를 갖고 있는 광물로서 급열처리에 의하여 겉비중이 작고 열전도율이 낮아 단열재로 많이 쓰이는 이 광물을 무엇이라 하는가?

① 질석 ② 펄라이트
③ 팽창혈암 ④ 팽창점토

해설 Vermiculite(질석)는 운모(mica)와 같은 층상의 구조를 가지며 그 층 사이에 수분이 들어 있다. 급열처리에 의해 겉비중이 작고 열전도율이 낮아 단열재로 사용된다.

24 점토질 내화물에서 주요화학 성분 중 SiO_2(규산질) 다음으로 많이 함유된 성분은?

① Cr_2O_3 ② MgO
③ Al_2O_3 ④ CaO

해설 점토질(주성분은 Al_2O_3, SiO_2, $2H_2O$)은 카올린이 주성분이다.

25 다음 불연속 요(kiln)에서 화염 진행방식 중 열효율이 가장 낮은 것은?

① 윗불꽃식 ② 횡염식
③ 도염식 ④ 승염식

해설 횡염식요(옆불꽃 가마)
도염식요(꺾임불꽃 가마)
승염식요(오름불꽃 가마)

26 마그네시아 내화물은 어느 것에 속하는가?

① 산성 내화물
② 염기성 내화물
③ 중성 내화물
④ 양성 내화물

해설 마그네시아, 돌로마이트, 크롬마그네시아, 포스테라이트질 내화물은 염기성(알칼리성) 내화물이다.

27 보일러(Boiler) 전열면에서 연소가스가 1,300℃로 유입하여, 300℃로 나가고, 보일러의 수의 온도는 210℃로 일정하며, 열관류율은 175W/m^{2}K이다. 이때 단위면적당의 열교환량은 몇 W/m^{2}인가? (단, ln 12.1 = 2.5)

① 40,000
② 50,000
③ 60,000
④ 60,000

해설 $\Delta_1 = 1{,}300℃ - 210℃ = 1{,}090℃$

$\Delta_2 = 300℃ - 210℃ = 90℃$

$$\text{LMTD} = \frac{\Delta_1 - \Delta_2}{\ln\left(\frac{\Delta_1}{\Delta_2}\right)} = \frac{1{,}090 - 90}{2.5} = 400℃$$

$$q = \frac{Q}{A} = K\,(\text{LMTD})$$

$$= 175 \times 400 = 70{,}000\text{W/m}^2$$

28 열교환기의 오물대책은 성능유지상 중요한 과제이다. 다음 중 오물제거와 관계없는 것은?

① 스펀지 볼(Sponge ball)
② 아스베스토스(Asbestos)
③ 수트 블로어(Soot blower)
④ 약품(염소이온 등)

해설 아스베스토스(Asbestos)는 석면으로 무기질 보온재이다(최고안전사용온도 450℃).

정답 22 ① 23 ① 24 ③ 25 ① 26 ② 27 ④ 28 ②

29 염기성 슬래그와 접촉하여도 침식을 가장 받기 어려운 것은 다음 중 어느 것인가?

① 샤모트질 내화로재
② 마그네시아질 내화로재
③ 고알루미나질 내화로재
④ 납석질 내화로재

해설
염기성 슬래그와 접촉하여도 침식을 받지 않는 것은 마그네시아질 내화물이다. 즉 염기성 내화물이 좋다.

30 단열재의 기본적인 필요 요건은?

① 소성에 의하여 생긴 큰 기포를 가진 것이어야 한다.
② 소성이나 유효 열전도율과는 무관하다.
③ 유효 열전도율이 커야 한다.
④ 유효 열전도율이 작아야 한다.

해설
단열재
단열재란 공업요로에서 발생되는 복사열 및 고온에서의 손실을 적게 하기 위하여 사용되는 자재로서 열전도율이 작고 다공질 또는 세포조직을 가져야 하는 재료이다(열전도율이 불량(작아야)해야 한다).

31 외기의 온도가 13℃이고 표면온도가 69℃ 흑체관의 표면에서 방사에 의한 열전달률은 대략 얼마인가? (단, 관의 방사율은 0.7로 할 것)

① 4.95W/m^{2}K
② 4.36W/m^{2}K
③ 1.66W/m^{2}K
④ 0.166W/m^{2}K

해설

$$K=\frac{\varepsilon\sigma\left(T_1^{\,4}-T_2^{\,4}\right)}{A\Delta t}=\frac{0.7\times5.67\times10^{-8}(342^4-286^4)}{1\times(69-13)}\fallingdotseq 4.95\text{W/m}^2\text{K}$$

32 두께 25mm인 철판이 넓이 1m^{2}마다의 전열량이 매시간 4,186kJ가 되려면 양면의 온도차는 몇 ℃인가? (단, K = 58W/mK이다.)

① 0.5 ② 0.8
③ 1.0 ④ 1.5

해설

$$Q_c=\lambda A\frac{\Delta t}{L}\text{[W]}$$

$$\Delta t=\frac{Q_cL}{\lambda A}=\frac{\left(\dfrac{4,186\times10^3}{3,600}\right)\times0.025}{58\times1}=0.5℃$$

33 다음 그림과 같은 병행류형 열교환기에서 적용되는 대수평균온도차(LMTD)에 관한 식은? (단, 하첨자 h : 고온측, 1 : 입구, c : 저온측, 2 : 출구)

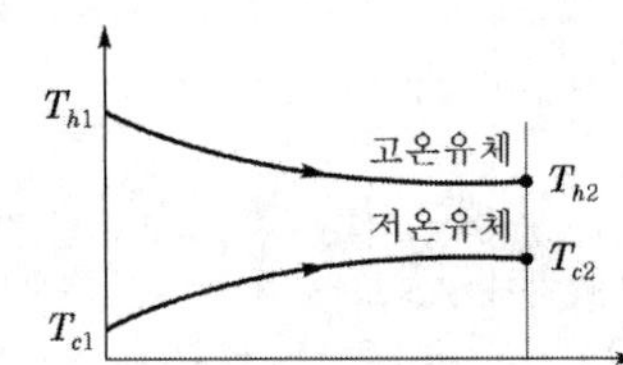

① $\dfrac{(T_{h1}-T_{c1})-(T_{h2}-T_{c2})}{\ln\dfrac{T_{h2}-T_{c2}}{T_{h1}-T_{c1}}}$

② $\dfrac{(T_{h2}-T_{c2})-(T_{h1}-T_{c1})}{\ln\dfrac{T_{h2}-T_{c1}}{T_{h1}-T_{c1}}}$

③ $\dfrac{(T_{h1}-T_{c1})-(T_{h2}-T_{c2})}{\ln\dfrac{T_{h1}-T_{c1}}{T_{h2}-T_{c2}}}$

④ $\dfrac{(T_{h2}-T_{c2})-(T_{h1}-T_{c1})}{\ln\dfrac{T_{h1}-T_{c1}}{T_{h2}-T_{c2}}}$

해설
병류형(평행류; parallel flow type)인 경우

$$\text{LMTD}=\frac{\Delta_1-\Delta_2}{\ln\left(\dfrac{\Delta_1}{\Delta_2}\right)}=\frac{(T_{h1}-T_{c1})-(T_{h2}-T_{c2})}{\ln\dfrac{T_{h1}-T_{c1}}{T_{h2}-T_{c2}}}\text{[℃]}$$

정답 29 ② 30 ④ 31 ① 32 ① 33 ③

34 2중관 열교환기에 있어서의 열관류율의 근사식은? (단, K : 열관류율, α_1 : 내관내면과 유체 사이의 경막계수, α_0 : 내관외면과 유체 사이의 경막계수, F_1 : 내관내면적, F_0 : 내관의 면적이며 전열계산은 내관외면 기준일 때이다.)

① $\frac{1}{K}=\frac{1}{\alpha_1 F_1}+\frac{1}{\alpha_0 F_0}$

② $\frac{1}{K}=\frac{1}{\alpha_1 \frac{F_1}{F_0}}+\frac{1}{\alpha_0}$

③ $\frac{1}{K}=\frac{1}{\alpha_0 \frac{F_1}{F_0}}+\frac{1}{\alpha_1}$

④ $\frac{1}{K}=\frac{1}{\alpha_0 F_1}+\frac{1}{\alpha_1 F_0}$

해설

$$K=\frac{1}{R}=\frac{1}{\frac{1}{a_1 F_1}+\frac{1}{a_0 F_0}}\ (\text{W/m}^2\text{K})$$

$$R=\frac{1}{K}=\frac{1}{\alpha_1 F_1}+\frac{1}{\alpha_0 F_0}\ (\text{m}^2\text{K/W})$$

35 그림과 같은 온도 분포를 갖는 열교환장치에서 보일러 수의 온도 t_w = 183℃, 가스의 입구 온도 t_i =700℃, 출구 온도 t_o = 500℃일 때 대수평균 온도차(LMTD)의 값은?

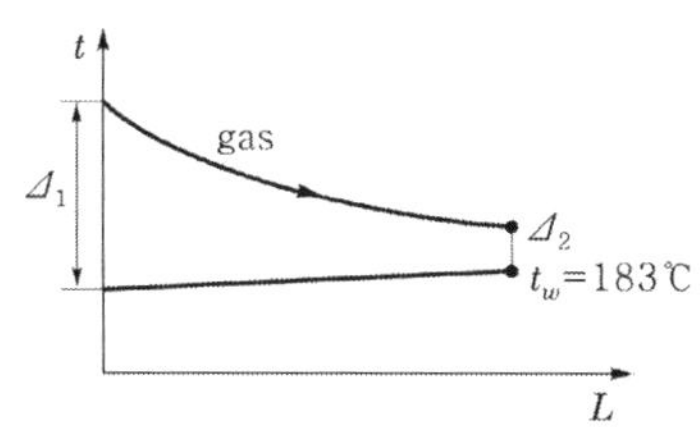

① 409℃ ② −405℃
③ 305℃ ④ 326℃

해설

$\Delta_1=t_i-t_w=700-183=517$℃

$\Delta_2=t_o-t_w=500-183=317$℃

$$\text{LMTD}=\frac{\Delta_1-\Delta_2}{\ln\left(\frac{\Delta_1}{\Delta_2}\right)}=\frac{517-317}{\ln\left(\frac{517}{317}\right)}=409℃$$

36 내측 반지름 5cm 온도 300℃, 외측 반지름 15cm, 온도 30℃인 중공원관의 길이 1m에서 전열량은 몇 W인가? (단, 열전도율은 0.04W/mK이다.)

① 61 ② 76
③ 84 ④ 106

해설

$$Q=\frac{2\pi L\lambda(t_1-t_2)}{\ln\left(\frac{r_2}{r_1}\right)}=\frac{2\pi L}{\frac{1}{\lambda}\ln\left(\frac{r_2}{r_1}\right)}(t_1-t_2)$$

$$=\frac{2\pi\times 1(300-30)}{\frac{1}{0.04}\ln\left(\frac{15}{5}\right)}=61\text{W}$$

37 중공원관의 내측반지름이 50mm, 온도 300℃, 외측의 반지름이 150mm, 온도 30℃에서 열전도율이 0.04W/mK, 길이가 1m 원관의 중간지점의 온도는 몇 K인가?

① 73 ② 303
③ 373 ④ 403

해설

$$\frac{(t_1-t_2)}{\ln\left(\frac{r_2}{r_1}\right)}=\frac{(t_1-t)}{\ln\left(\frac{r}{r_1}\right)} \text{에서 } t=t_1-\frac{\ln\left(\frac{r}{r_1}\right)}{\ln\left(\frac{r_2}{r_1}\right)}(t_1-t_2)$$

$$=(300+273)-\frac{\ln\left(\frac{0.10}{0.05}\right)}{\ln\left(\frac{0.15}{0.05}\right)}\times(573-303)=403\text{K}$$

38 금속판의 면적이 6m^{2}에서 전기로 통전가열시켜 발열면에서 10W의 발열이 발생하였다. 이때 발열면의 내외부 온도차가 5℃라면 대류열전달계수는 몇 W/m^{2}K인가?

① 0.1 ② 0.33
③ 0.47 ④ 6.475

해설

$Q=hA\Delta t$

$$h=\frac{Q}{A\Delta t}=\frac{10}{6\times 5}=0.33\text{W/m}^2\text{K}$$

정답 34 ① 35 ① 36 ① 37 ④ 38 ②

39 방열기구의 표면온도가 230℃, 실내온도가 30℃일 때 복사열량은 몇 W/m^2인가? (단, 방열기구의 표면 복사율은 0.9, 스테판-볼츠만의 정수는 $5.669W/m^2K^4$이다.)

① 1,925 ② 2,455
③ 2,835 ④ 4,306

해설
$q_R = \varepsilon\sigma(T_1^4 - T_2^4)$
$= 0.9 \times 5.669 \times 10^{-8}(503^4 - 303^4)$
$= 2,835.98W/m^2$

40 실내온도 30℃, 외부온도 10℃, 창문 두께 0.004m일 때 단위면적당 이동열량은 몇 W/m^2인가? (단, 유리의 열전도율은 0.76 W/mK, 내면의 열전달계수는 $10W/m^2K$, 외면의 열전달계수는 $50W/m^2K$로 한다.)

① 159 ② 195
③ 214 ④ 331

해설
$Q = KA(t_1 - t_2)$[W]에서
$$K = \frac{1}{R} = \frac{1}{\frac{1}{\alpha_i} + \frac{\ell}{\lambda} + \frac{1}{\alpha_o}} = \frac{1}{\frac{1}{10} + \frac{0.004}{0.76} + \frac{1}{50}}$$
$= 7.98W/m^2K$
$$q = \frac{Q}{A} = K(t_1 - t_2)$$
$= 7.98(30 - 10) = 159W/m^2$

41 강판의 두께가 0.004m이고 고온측 면의 온도가 100℃, 저온측 면의 온도가 80℃일 때 단위면적(m^2)당 매분 500kW의 열을 전열하는 경우 이 강판의 열전도율은 얼마인가?

① 20W/mK ② 35W/mK
③ 47W/mK ④ 100W/mK

해설
$$q = \frac{Q}{A} = \frac{\lambda}{\ell}(t_1 - t_2)[W/m^2]$$
$$\text{열전도계수}(\lambda) = \frac{q\ell}{(t_1 - t_2)} = \frac{500 \times 10^3 \times 0.004}{(100 - 80)}$$
$= 100W/mK$

42 내화벽두께 2.5cm, 내화모르타르 두께 0.32cm, 보온재두께 5cm 혼합벽에서 내부의 온도가 570℃, 외부온도가 10℃일 때 이 벽의 단위면적당 열유동량은 몇 W/m^2인가? (단, 벽의 열전도율은 각 86, 0.17, 0.038W/mK이다.)

① 269 ② 373
③ 394 ④ 436

해설
$$K = \frac{1}{R} = \frac{1}{\frac{\ell_1}{\lambda_1} + \frac{\ell_2}{\lambda_2} + \frac{\ell_3}{\lambda_3}}$$
$$= \frac{1}{\frac{0.025}{86} + \frac{0.032}{0.17} + \frac{0.05}{0.038}} = 0.665W/m^2K$$
$$q = \frac{Q}{A} = K(t_1 - t_2) = 0.665(570 - 10)$$
$= 372.26 ≒ 373W/m^2$

43 고체표면의 온도가 60℃ 상태에서 20℃의 외부공기로 대류열전달에 의해 냉각시키고자 한다. 이 경우 고체표면의 열유속을 구하시오. (단, 열전달계수 $20W/m^2K$로 한다.)

① $700W/m^2$ ② $800W/m^2$
③ $1,200W/m^2$ ④ $1,450W/m^2$

해설
$$q = \frac{Q}{A} = h(t_1 - t_2) = 20(60 - 20) = 800W/m^2$$

44 급탕온수탱크의 표면적이 $24m^2$이고 이 탱크의 표면에 8cm의 석면보온재를 감아서 보온한다. 이 탱크의 내부온도가 100℃, 외부온도가 10℃라면 손실열량은 몇 kJ/h인가? (단, 열전도율은 0.1162W/mK이다.)

① 61,000 ② 62,000
③ 64,800 ④ 84,000

해설
$$Q = \lambda F\frac{(t_1 - t_2)}{L} = 0.1162 \times 24 \times \frac{(100 - 10)}{0.08}$$
$= 3137.4W$
$≒ 3.14kW$
$= 3.14 \times 3,600 = 11,304kJ/h$
⊙ 1kW = 3,600kJ/h

정답 39 ③ 40 ① 41 ④ 42 ② 43 ② 44 ③

45 구형 고압용기의 안쪽 반지름이 55cm, 바깥 반지름이 90cm인 내부 외부의 표면온도가 각각 551K, 543K의 경우라면 열손실은 몇 W인가? (단, 이 용기의 열전도율은 41.87W/mK로 한다.)

① 5,953　　② 6,403
③ 6,753　　④ 7,003

해설

$$Q=\frac{4\pi\lambda(t_1-t_2)}{\frac{1}{r_1}-\frac{1}{r_2}}=\frac{4\pi\times41.87(551-543)}{\frac{1}{0.55}-\frac{1}{0.9}}$$

$=5,953\text{W}$

46 내화벽의 두께가 20cm, 단열재의 두께가 10cm, 내화벽의 열전도율이 1.3W/mK, 단열재의 열전도율이 0.5W/mK일 때 이 벽의 접촉면의 온도는 몇 K인가? (단, 내화벽쪽의 온도가 500℃, 단열체의 온도가 100℃이다.)

① 226　　② 600
③ 701　　④ 1,200

해설

$$q=\frac{Q}{A}=\frac{t_1-t_2}{R}=\frac{t_1-t_2}{\frac{\ell_1}{\lambda_1}+\frac{\ell_2}{\lambda_2}}=\frac{(500-100)}{\frac{0.2}{1.3}+\frac{0.1}{0.5}}$$

$=1130.43\text{W/m}^2$

$$t_2=t_1-\frac{\ell_1}{\lambda_1}q=500-\frac{0.2}{1.3}\times1,130.43=326.09℃$$

$\therefore T_2=t_2+273.15=326.09+273=599.24 \fallingdotseq 600\text{K}$

47 원통의 안지름을 D, 내부의 압력을 P, 재료의 허용응력을 σ라고 하면 재료두께를 산출하는 식은?

① $t=\frac{PD}{4\sigma}$　　② $t=\frac{PD}{2\sigma}$
③ $t=2PD$　　④ $t=\frac{4P}{D\sigma}$

해설

Hoop Stress(후프 응력) = 원주응력(σ)$=\frac{PD}{2t}$에서

$t=\frac{PD}{2\sigma}$[mm]

48 보일러 구성의 3대 요소 중 부속장치에 속하지 않는 장치는?

① 연소용 공기를 공급하는 통풍장치
② 보일러 내부의 증기압이 일정압력을 초과할 때 외부로 증기압을 방출하는 장치
③ 보일러에 물을 급수하는 장치
④ 연도로 나아가는 배기가스 열을 이용하여 급수를 예열하는 장치

해설

보일러 구성의 3대 요소는 본체, 연소장치, 부속장치 등이다.

49 돌기부가 있는 노통 연관 보일러의 노통과 연관 사이의 틈은 얼마 이상으로 해야 하는가?

① 30mm 이상　　② 50mm 이상
③ 60mm 이상　　④ 100mm 이상

해설

노통 연관 보일러에서 노통과 연관의 틈
노통 연관 보일러의 노통의 바깥면과 이에 가까운 연관 사이는 50mm 이상(노통에 돌기부가 있으면 틈은 30mm 이상)으로 한다.

50 보일러 전열면 환산증발률을 구하는 공식은? (단, m_e = 보일러 전열면 환산증발률, m = 매시 발생증기량, h_x = 발생포화 증기 비엔탈피, h_e = 보일러 몸체 입구에 있어서 급수의 비엔탈피, S = 보일러 증발전열면적)

① $m_e=\frac{m(h_x-h_e)}{2,257S}$[kg/m²h]

② $m_e=\frac{m(h_x-h_e)\cdot S}{2,257}$[kg/m²h]

③ $m_e=\frac{m(h_x-h_e)}{639S}$[kg/m²h]

④ $m_e=\frac{S(h_x-h_e)}{639m}$[kg/h]

해설

전열면의 환산증발량(m_e)$=\frac{m(h_x-h_e)}{2,257S}$[kg/m²h]

정답 45 ① 46 ② 47 ② 48 ① 49 ① 50 ①

51 나사식 파이프 조인트에 대한 다음 글 중 맞는 것은?

① 소구경이고 저압의 파이프에 사용한다.
② 관로의 방향을 일정하게 할 때 사용한다.
③ 저압, 대구경의 파이프에 사용한다.
④ 파이프의 분기점에 사용해서는 안 된다.

해설 나사식 파이프의 조인트는 배관이 소구경이고 저압 배관에 사용이 용이하다.

52 내압 600MPa로 작용하는 외경 150mm, 두께 5mm의 파이프에 작용하는 축방향의 인장력은 몇 kN인가?

① 9.950 ② 2.450
③ 9,562 ④ 7,625

해설
축방향응력$(\sigma_2) = \frac{PD}{4t}$[MPa]

원주(후프)응력$(\sigma_1) = \frac{PD}{2t}$[MPa]

축방향인장력$(P_t) = \sigma_2 A = \sigma_2 \frac{\pi\left(d_2{}^2 - d_1{}^2\right)}{4}$

$= \left(\frac{PD_i}{4t}\right) \times \frac{\pi(d_2^2 - d_1^2)}{4}$

$= \frac{600 \times 140}{4 \times 5} \times \frac{\pi(150^2 - 140^2)}{4}$

53 중공원관(中空圓管)에서 내·외경측의 전열면적을 각각 A_i, A_o로 할 때 전열량 계산이 필요한 평균 전열면적(A_m)에 관한 식은?

① $\frac{A_o - A_i}{2}$ ② $\frac{A_o + A_i}{2}$
③ $\frac{A_o - A_i}{\frac{A_o}{A_i}}$ ④ $\frac{A_o - A_i}{\ln\frac{A_o}{A_i}}$

해설 전열면적$(A_m) = \frac{A_o - A_i}{\ln\left(\frac{A_o}{A_i}\right)}$[m^2]

54 열전도계수를 λ, 정압비열을 C_p, 유체의 점성계수를 μ로 할 때 프란틀(Pr) 수는?

① $\frac{C_p\lambda}{\mu}$ ② $\frac{\mu C_p}{\lambda}$
③ $\frac{\mu}{C_p\lambda}$ ④ $\frac{\mu\lambda}{C_p}$

해설 프란틀 수(Pr) $= \frac{\text{점성계수}(\mu) \times \text{정압비열}(C_p)}{\text{열전도계수}(\lambda)}$

정답 51 ① 52 ③ 53 ④ 54 ②

제2편

열역학

CHAPTER 01 열역학의 기초 사항

CHAPTER 02 열역학 제1법칙(에너지 보존의 법칙)

CHAPTER 03 완전가스(perfect gas)=이상기체(ideal gas)

CHAPTER 04 열역학 제2법칙(엔트로피 증가법칙)

CHAPTER 05 증기(vapour)

CHAPTER 06 공기 압축기 사이클

CHAPTER 07 가스 동력 사이클

CHAPTER 08 증기 원동소 사이클

CHAPTER 09 냉동 사이클

CHAPTER 10 가스 및 증기의 흐름

Chapter 01 열역학의 기초 사항

1 계(system)

① 밀폐계(closed system) = 비유동계(nonflow system): 계의 경계를 통하여 물질의 이동이 없는 계를 말한다(계 내 물질은 일정불변).

② 개방계(open system) = 유동계(flow system): 계의 경계를 통하여 질량의 이동이 있는 계를 말한다.

③ 절연계(isolated system): 계의 경계를 통하여 물질이나 에너지의 전달이 전혀 없는 계를 말한다(주위와 아무런 상호 관련이 없는 계를 말한다).

• 동작물질(작업물질)이란
에너지를 저장 또는 이동 운반시키는 유체를 말한다.
예 증기터빈의 증기, 냉동기의 냉매(freon, NH_3 등), 내연기관의 공기와 연료 혼합물

2 상태와 성질

① 강도성 상태량(intensive quantity of state): 계의 질량에 관계없는 성질(온도, 압력, 비체적, 밀도 등)

② 종량성 상태량(extensive quantity of state): 질량에 정비례하는 상태량[성질(property), 체적, 에너지, 질량 등]

③ 비중량(specific weight): $\gamma = \frac{G}{V}[\mathrm{N/m^3}]$: $(G = mg)$

④ 밀도(density): $\rho = \frac{m}{V} = \frac{\gamma}{g}[\mathrm{kg/m^3}]$

⑤ 비체적(specific volume): $v = \frac{V}{m}[\mathrm{m^3/kg}]$, $v = \frac{1}{\rho}$[SI](중력단위 $v = \frac{V}{G} = \frac{1}{\gamma}[\mathrm{m^3/kgf}]$)

⑥ 압력(pressure)

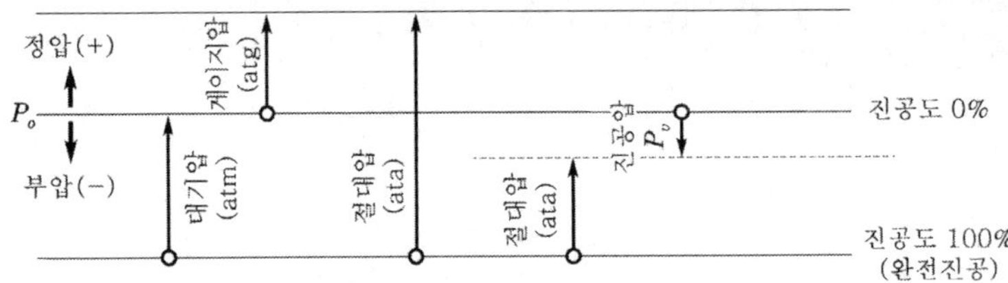

표준대기압[atm]: 1atm = 1.0332kg/cm^2 = 760mmHg = 10.33mAq = 101,325kPa

수주로는 1mmAq = $\frac{1}{10,000}$kgf/cm^2 = 1kgf/m^2

1bar = 10^{3}mbar = 10^{5}N/m^2(= 10^{5}Pa), 1Pa = 1N/m^2 = 1kg/m·s^2

절대압력 = 대기압 ± 게이지압, $P_a = P_o \pm P_g$[ata]

⑦ 온도: 섭씨(celsius)와 화씨(Fahrenheit)

㉠ 섭씨와 화씨: 섭씨온도를 t_c, 화씨온도 t_F라 할 때

$$t_c = \frac{5}{9}(t_F - 32)[℃],\ t_F = \frac{9}{5}t_c + 32[°F]$$

〈섭씨와 화씨의 관계〉

구분	빙점	증기점	등분
섭씨	℃	100℃	100
화씨	32°F	212°F	180

㉡ 절대온도(absolute temperature)

$$T = (t_c + 273.15)[K] \fallingdotseq (t_c + 273)[K]$$

$$T_F = (t_F + 459.67)[°R] \fallingdotseq (t_F + 460)[°R]$$

[참조] K는 Kelvin의 약자, R은 Rankine의 약자

3 비열, 열량, 동력, 열효율

1) 비열(specific heat): 단위 kcal/kgf·℃, kJ/kg·K(kJ/kg·℃)

열이동과정에서 mkg의 물질의 온도를 dt만큼 높이는 데 필요한 열량을 δQ라고 하면,

- $\delta Q = mCdt$[kJ], $Q_2 = mC(t_2 - t_1)$[kJ]
- 물의 비열(C) = 4,186kJ/kgK = 1kcal/kgf·℃

2) 열량(quantity of heat)

① 1kcal 표준 대기압하에서 순수한 물 1kgf 온도를 1℃ 높이는 데 필요한 열량이다.

- 평균 kcal: 표준 대기압하에서 순수한 물 1kgf를 0℃에서 100℃까지 높이는 데 필요한 열량을 100등분한 것이다.

② 1Btu(British thermal unit): 영국 열량 단위이며, 물 1lb의 온도를 32°F에서 212°F까지 높이는 데 필요한 열량의 1/180을 말한다.

③ 1Chu(Centigrade heat unit): 물 1lb를 0℃에서 100℃까지 높이는 데 필요한 열량의 1/100을 말하며, 단위 상호간의 관계는 다음과 같다(kcal와 Btu를 조합한 단위).

〈열량의 단위 비교〉

kcal	Btu	Chu	kJ
1	3.968	2.205	4.186
0.252	1	0.5556	1.0548
0.454	1.800	1	1.9
0.239	0.948	0.524	1

3) 동력(power) = 공률(일률)

동력(power)이란 일의 시간에 대한 비율, 즉 단위 시간당의 일량으로 공률(일률)이라고도 한다.

실용 단위로는 W, kW, PS(마력) 등이 사용된다.

- 1PS = 75kgf·m/s = 632.3kcal/h
- 1HP = 76.04kgf·m/s = 550ft.Lb/s = 641kcal/h
- 1kW = 1,000J/s(w) = 102kgf·m/s = 1kJ/s = 3,600kJ/h = 860kcal/h = 1.36PS

4) 열효율(η)

$$\text{열효율}(\eta) = \frac{\text{정미열량}}{\text{공급연료의 발열량}} = \frac{\text{동력}[\text{kW 또는 PS}]}{\text{연료저위발열량}(H_L) \times \text{시간당 연료소비율(량)}} \times 100[\%]$$

5) 사이클(cycle)

① 가역 사이클(reversible cycle): 가역 과정으로만 구성된 사이클을 말한다.
(이론적 사이클)

② 비가역 사이클(irreversible cycle): 비가역적 인자가 내포된 사이클을 말한다.
(실제 사이클)

6) 열역학 제0법칙

열평형 상태(법칙) = 온도계 원리를 적용한 법칙(흡열량 = 방열량)

- 정미열량 = 공급열량(Q_1) - 방출열량(Q_2)[kJ]
- 고위발열량(H_h) = 연소반응에서 액체인 물(H_2O)이 생성될 때의 발열량
- 저위발열량(H_L) = 고위발열량(H_h)에서 기체인 증기(H_2O)가 생성될 때의 열량을 뺀 발열량 (연료 1kg이 완전연소 시 발열량: kJ/kg).
- $H_L = H_h - 600(9H + w)$[kcal/kgf] 액체&고체연료
- $H_L = H_h - 480$(몰수×H_2O)[kcal/Nm^3] 기체연료

예상문제

01 섭씨 ℃와 화씨 ℉의 양편의 눈금이 같게 되는 온도는 몇 ℃인가?

① 40 ② −30
③ 0 ④ −40

해설

$t_c = \frac{5}{9}(t_F - 32)[℃]$

$t_F = \frac{9}{5}t_c + 32[°F]$

여기서, $t_F = t_c = t(put)$

$t = \frac{9}{5}t + 32$

$-\frac{4}{5}t = 32$

$\therefore t = -\frac{32 \times 5}{4} = -\frac{160}{4} = -40℃$

02 20t의 트럭이 수평면에서 40km/h의 속력으로 달린다. 이 트럭의 운동에너지를 열로 환산하면? [kJ] (단, 노면마찰은 무시한다.)

① 1,234 ② 12,345
③ 1,235 ④ 123.5

해설

운동에너지(KE)

$= \frac{AWV^2}{2g} = \frac{\frac{1}{427} \times 20{,}000 \times \left(\frac{40}{3.6}\right)^2}{2 \times 9.8}$

$= 295\text{kcal}(≒ 1{,}235\text{kJ})$

03 1kWh와 1Psh를 열량으로 환산하여라.

① 860kcal, 632.3kcal
② 102kcal, 75kcal
③ 632.3kcal, 860kcal
④ 75kcal, 102kcal

해설

1kWh(킬로와트시) = 860kcal = 3,600kJ
1Psh(마력) = 632.3kcal

04 복수기의 진공압력계가 0.8atg를 지시할 때 복수기 내의 절대압력[mmHg] 및 진공도[%]를 구하라. (단, 대기압은 700mmHg 이다.)

① 105.54, 78 ② 125.54, 95
③ 111.54, 84 ④ 115.54, 87

해설

1) 절대압력$(P_a) = P_o - P_g$

$= 700 - \frac{0.8 \times 760}{1.0332}$

$= 111.54\text{mmHg}$

2) 진공도(%) $= \frac{\text{진공압}}{\text{대기압}} \times 100\%$

$= \frac{0.8}{\frac{700}{760} \times 1.0332} \times 100\% = 84\%$

05 어떤 기름의 체적이 0.5m^3이고, 무게가 350N일 때 이 기름의 밀도는 몇 kg/m^3인가?

① 7.14 ② 71.4
③ 714 ④ 0.714

해설

비중량$(\gamma) = \frac{W}{V} = \frac{350}{0.5} = 700\text{N/m}^3$

$\gamma = \rho g$에서 $\rho = \frac{\gamma}{g} = \frac{700}{9.8} = 71.43\text{Ns}^2/\text{m}^4(\text{kg/m}^3)$

06 70℃의 물 500kg과 30℃의 물 700kg을 혼합하면 이 혼합된 물의 온도는 몇 ℃가 되는가?

① 56.67℃ ② 50℃
③ 46.67℃ ④ 46℃

해설

고온체방열량 = 저온체흡열량
$m_1 C_1(t_1 - t_m) = m_2 C_2(t_m - t_2)$
동일물질인 경우 비열이 같으므로 $(C_1 = C_2)$

$\therefore$ 평균온도$(t_m) = \frac{m_1 t_1 + m_2 t_2}{m_1 + m_2}$

$= \frac{500 \times 70 + 700 \times 30}{500 + 700} = 46.67℃$

정답 01 ④ 02 ③ 03 ① 04 ③ 05 ② 06 ③

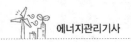

07 완전하게 보온되어 있는 그릇에 7kg의 물을 넣고 온도를 측정하였더니 15℃로 되었다. 그릇의 비열 C = 0.234kJ/kgK, 질량이 0.5kg이다. 그 속에 온도 200℃, 질량 5kg의 금속 조각을 넣고 열평형에 도달한 후의 온도가 25℃이었다면 금속의 비열은 얼마인가? [kJ/kgK]

① 3.36 ② 0.336
③ 0.334 ④ 3.34

해설
금속의 방열량 = 물과 그릇의 흡열량
$m_1 C_1 (t_1 - t_m) = \{m_2 C_2 + m_3 C_3\} \times (t_m - t)$
$5 \times C_1 (200 - 25)$
$= \{7 \times 4.18 + 0.5 \times 0.23\} \times (25 - 15)$
$\therefore C_1 = 0.336 \text{kJ/kgK}$

08 공기가 압력일정의 상태에서 0℃에서 50℃까지 변화할 때, 그 비열이 $C_p = 1.1 + 0.0002t$의 식으로 주어진 평균비열(C_m)은 얼마인가? [kJ/kgK]

① 0.555 ② 5.55
③ 0.115 ④ 1.105

해설
평균비열$(C_m) = \frac{1}{t_2 - t_1} \int_{t_1}^{t_2} C_p dt$
$= \frac{1}{t_2 - t_1} \int_{t_1}^{t_2} (1.1 + 0.0002t) dt$
$= \frac{1}{50} \left[1.1 \times 50 + \frac{0.0002 \times 50^2}{2} \right]$
$= 1.105 \text{kJ/kgK}$

09 0℃일 때 길이 10m, 단면의 지름 3mm인 철선을 100℃로 가열하면 늘어나는 길이는 몇 mm인가? [단, 단면적의 변화는 무시하고 철의 선팽창계수$(\alpha) = 1.2 \times 10^{-5}$1/℃이다.]

① 10 ② 11
③ 12 ④ 13

해설
늘음량$(\lambda) = L\alpha\Delta t = 10 \times 1.2 \times 10^{-5} \times 100$
$= 0.012\text{m} = 12\text{mm}$
여기서, L : 재료(철선)의 길이
α : 선팽창계수(1/℃)
Δt : 온도차(℃)

정답 07 ② 08 ④ 09 ③

Engineer Energy Management

Chapter 02

열역학 제1법칙(에너지 보존의 법칙)

1 일(work)과 열(heat)

1) 절대일(absolute work) = 변위일(팽창일)

밀폐계가 주위와 역학적 평형을 유지하면서 체적의 변화가 일어날 때에는 주위 간에는 일의 수수(주고받는)가 행해지며 이와 같은 일을 변위일(displacement work)이라 한다.

$$_1W_2 = \int_1^2 pdV = p(V_2 - V_1)[\text{kJ}]$$

2) 공업일(technical work) = 압축일(소비일)

$$W_t = -\int_1^2 Vdp[\text{kJ}]$$

P–V 선도에서 절대일과 공업일의 관계식

$$W_t = P_1V_1 + {_1W_2} - P_2V_2[\text{kJ}]$$

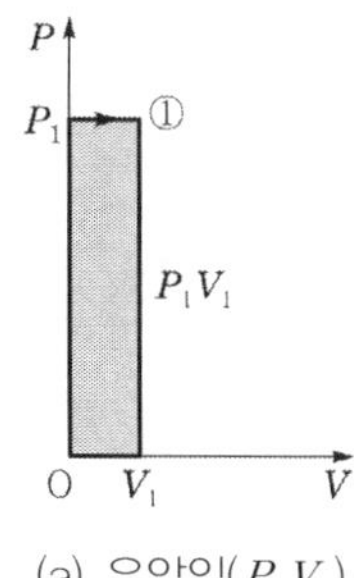

(a) 유압일(P_1V_1)

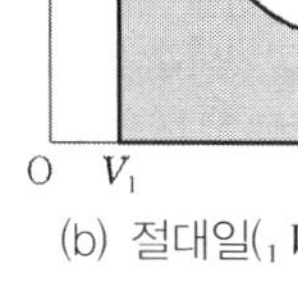

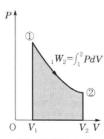

(b) 절대일($_1W_2$)

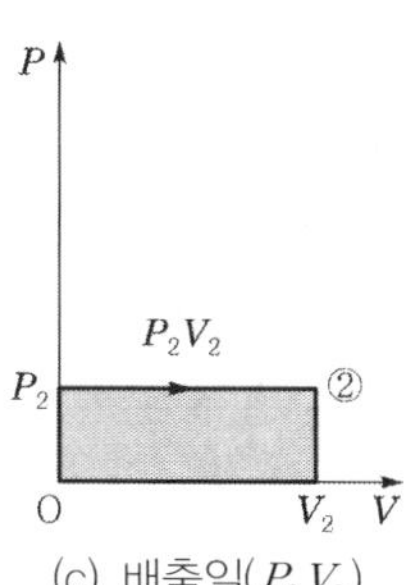

(c) 배출일(P_2V_2)

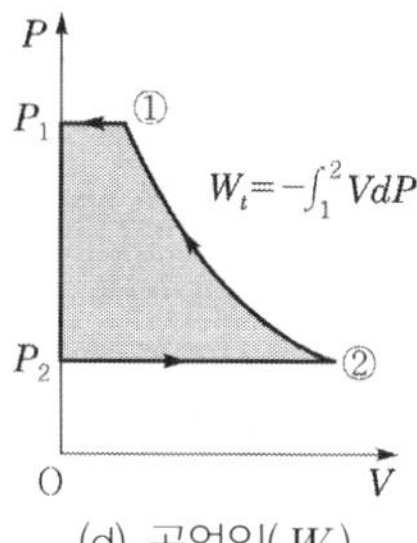

(d) 공업일(W_t)

3) 열역학 제1법칙(= 에너지 보존의 법칙) = 양적 법칙

열량(Q)과 일량(W)은 본질적으로 동일한 에너지로 일량은 열량으로 또한 열량은 일량으로 환산가능하다는 법칙

$$Q = W[\text{J}]$$

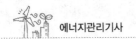

참고

중력(공학단위): $Q = AW$[kcal], $W = \frac{1}{A}Q = JQ$[kgf·m]

여기서, 환산계수$(A) = \frac{1}{427}$kcal/kgf·m: 일의 열상당량

$J = 427$kgf·m/kcal: 열의 일상당량

4) 밀폐계(정지계) 에너지식(에너지 보존의 법칙 적용)

$\delta Q = dU + \delta W$[kJ]

$Q = (U_2 - U_1) + W$[kJ]

가열량 = 내부에너지 변화량 + 절대일[kJ]

열량(Q)과 일량(W)의 부호규약

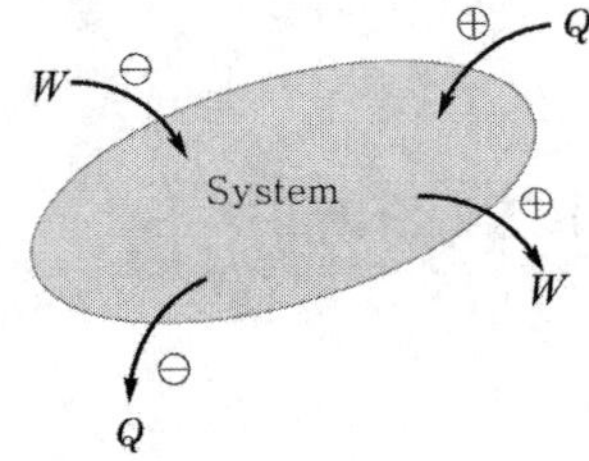

5) 엔탈피(enthalpy) H or I[kJ]

어떤 물질의 전체 에너지로 내부에너지와 유동에너지의 합으로 정의된다(종량성 상태량이다).

$H = U + pV$[kJ]

비엔탈피(specific enthalpy) h or i[kJ/kg]

단위질량당(m)당 엔탈피(H)를 말한다.

$h = u + pv = u + \frac{p}{\rho}$[kJ/kg]

6) 정상유동의 에너지 방정식

정상유동과정(steady flow process)이란: 어떤 임의의 시간 동안에 유로계(flow system)에 들어오는 1단면 에너지의 총합과 2단면 에너지의 총합은 같다$(E_{in} = E_{out})$.
그러므로 계 내에 저장된 에너지는 없다.

$$Q = W_t + m(h_2 - h_1) + \frac{m}{2}(V_2^2 - V_1^2) + mg(Z_2 - Z_1)\text{[kJ/sec=kW]}$$

$$= W_t + \Delta H + \Delta KE + \Delta PE\text{[kJ/sec]}$$

열역학 제1 기초식 미분형

$\delta q = du + pdv$[kJ/kg], $\delta Q = dU + pdV$[kJ]

열역학 제2 기초식 미분형(열량과 엔탈피 간의 식)

$\delta q = dh - vdp$[kJ/kg], $\delta Q = dH - Vdp$[kJ]

Chapter 02 예상문제

01 600W의 전열기로서 3kg의 물을 15℃로부터 90℃까지 가열하는데 요하는 시간을 구하여라. (단, 전열기의 발생열의 70% 온도 상승에 사용되는 것으로 생각한다.)

① 3.73min ② 37.32min
③ 0.05min ④ 300sec

해설
전열기 발생열량$(Q) = 0.6 \times 3{,}600 \times 0.7 = 1{,}512\text{kJ/h}$

$$h = \frac{mC(t_2 - t_1)}{1{,}512} = \frac{3 \times 4.18 \times (90-15)}{1{,}512} = \frac{940.5}{1{,}512}$$
$$= 0.622\text{시간} = 0.622 \times 60 = 37.32\text{분}$$

02 질량 20kg인 물체를 로프와 활차를 써서 수직 30m 아래까지 내리는 데는 손과 로프 사이의 마찰로 에너지를 흡수하면서 일정한 속도로 1분간이 걸린다. 손과 로프 사이에서 1시간에 발생하는 열량은 몇 kJ/h인가?

① 3528 ② 98
③ 352.8 ④ 58.8

해설
$$Q = (mgz) \times 10^{-3} \times 60$$
$$= (20 \times 9.8 \times 30) \times 10^{-3} \times 60 = 352.8\text{kJ/h}$$

03 30℃의 물 1,000kg과 90℃의 물 500kg을 혼합하면 물은 몇 t_F가 되는가?

① 50 ② 122
③ 67.8 ④ 154

해설
열역학 제0법칙(열평형법칙)

$m_1C_1(t_1 - t_m) = m_2C_2(t_m - t_2)$(동일물질 $C_1 = C_2$)

$$\therefore t_m = \frac{m_1t_1 + m_2t_2}{m_1 + m_2} = \frac{1{,}000 \times 30 + 500 \times 90}{1{,}000 + 500}$$
$$= 50℃$$
$$\therefore t_F = \frac{9}{5}t_c + 32 = \frac{9}{5} \times 50 + 32$$
$$= 122°\text{F}$$

04 200m 높이에서 물이 낙하하고 있다. 이 물의 낙하 전 에너지가 손실 없이 모두 열로 바뀌었다면 물의 상승온도는 절대온도로 얼마인가?

① 0.468 ② 4.68
③ 46.8 ④ 273.468

해설
위치에너지(PE) = 가열량

$m_1gz = mC\Delta t\,[\text{kJ}]$

$$\Delta t = \frac{gz}{C} = \frac{9.8 \times 200}{4{,}186} = 0.468℃$$

05 70℃, 50℃, 20℃인 3종류의 액체가 있다. A와 B를 동일 질량씩 혼합하면 55℃가 되고, A, C를 같은 질량으로 혼합하면 30℃가 된다면, B와 C를 동일한 무게로 섞으면 그 온도는 몇 ℃가 되겠는가?

① 0.32857 ② 3.2857
③ 0.032857 ④ 32.857

해설
㉠ $C_A(70-55) = C_B(55-50)$ 여기서, $C_A = \frac{1}{3}C_B$

㉡ $C_A(70-30) = C_C(30-20)$ 여기서, $C_A = \frac{1}{4}C_C$

㉢ $C_B(50-t) = 4C_A(t-20)$ $\therefore \frac{C_B}{C_C} = \frac{t-20}{50-x}$

$3C_A(50-t) = 4C_A(t-20)$

$150 - 3t = 4t - 80$

$$\therefore t = \frac{150-80}{7} = \frac{230}{7} = 32.857℃$$

06 진공도 90%란 몇 ata인가?

① 0.10332 ② 10
③ 10.332 ④ 1.0332

해설
$$P_a = P_o - P_g = 1.0332(1-0.9)$$
$$= 0.10332\text{ata}(\text{kg/cm}^2 \cdot \text{a})$$

정답 01 ② 02 ③ 03 ② 04 ① 05 ④ 06 ①

07 $0.08m^3$의 물속에 500℃의 쇠뭉치 3kg을 넣었더니 그의 평균온도가 20℃로 되었다. 물의 온도 상승을 구하라. (단, 쇠의 비열은 0.61kJ/kgK이고 물과 용기와의 열교환은 없다.)

① 2.61K ② 2.61℃
③ 275.61K ④ 275.61℃

해설
쇠의 고온체 방열량 = 물의 저온체 흡열량

$m_1 C_1 (t_1 - t_m) = m_2 C_2 (t_m - t_2)$[kJ]

$$t_m = \frac{m_1 C_1 t_1 + m_2 C_2 t_2}{m_1 C_1 + m_2 C_2}$$

$$= \frac{3 \times 0.61 \times 500 + 80 \times 4.18 \times 20}{3 \times 0.61 + 80 \times 4.18} = 22.61℃$$

∴ 상승온도 = 22.61 − 20 = 2.61℃ (= 2.61K)

08 100Ps를 발생하는 기관의 1시간 동안의 일을 kcal로 나타냈을 때의 값은 몇 kcal인가?

① 632.3 ② 6,323
③ 63,230 ④ 632,300

해설
1Psh = 632.3kcal

100Psh = 63,230kcal

$$Q = AW = \frac{1}{427} \times 75 \times 3,600 \times 100 = 63,230\text{kcal}$$

09 어느 증기 터빈에서 입구의 평균 게이지 압력이 0.2MPa이고, 터빈 출구의 증기 평균 압력은 진공계로서 700mmHg이었다. 대기압이 760mmHg이라면 터빈 출구의 절대압력은 몇 MPa인가?

① 6.5×10^{-3} ② 7.5×10^{-3}
③ 8.0×10^{-3} ④ 9.5×10^{-3}

해설
터빈 출구 절대압력(P_a)

$$= P_o - P_g = 0.101325 - \frac{700}{760} \times 0.101325$$

$= 7.99 \times 10^{-3}$MPa

$\fallingdotseq 8.0 \times 10^{-3}$MPa

10 공기가 체적 일정하에서 변화할 때 그 비열이 $C_v = 0.717 + 0.00015t$[kJ/kgK]의 식으로 주어진다. 이 경우 3kg의 공기를 0℃에서 200℃까지 가열할 경우 평균비열은 얼마인가? [kJ/kgK] (단, T는 절대온도이다.)

① 0.732 ② 0.773
③ 0.832 ④ 0.873

해설

$$\text{평균비열}(C_m) = \frac{1}{t_2 - t_1} \int_{t_1}^{t_2} C_v dt$$

$$= \frac{1}{t_2 - t_1} \int_{t_1}^{t_2} (0.717 + 0.00015t) dt$$

$$= \frac{1}{t_2 - t_1} \left[0.717(t_2 - t_1) + \frac{t_2^2 - t_1^2}{2} \times 0.00015 \right]$$

$$= 0.717 + \frac{(t_2 + t_1)}{2} \times 0.00015$$

$$= 0.717 + \frac{200 + 0}{2} \times 0.00015 = 0.732\text{kJ/kgK}$$

11 질량이 $m_1$kg이고, 온도가 t_1℃인 금속을 질량이 $m_2$kg이고, t_2℃인 물속에 넣었더니 전체가 균일한 온도 t'로 되었다면, 이 금속의 비열은 어떻게 되겠는가? (단, 외부와의 열교환은 없고, $t_1 > t_2$이다.)

① $C_1 = \dfrac{m_1(t_1 - t')}{m_2 C_2 (t' - t_2)}$[kJ/kgK]

② $C_1 = \dfrac{m_2 C_2 (t_2 - t')}{m_1 (t' - t_1)}$[kJ/kgK]

③ $C_1 = \dfrac{m_1(t' - t_1)}{m_2 C_2 (t_2 - t')}$[kJ/kgK]

④ $C_1 = \dfrac{m_2 C_2 (t' - t_2)}{m_1 (t_1 - t')}$[kJ/kgK]

해설
금속(고온체 방열량) = 물(저온체 흡열량)

$m_1 C_1 (t_1 - t') = m_2 C_2 (t' - t_2)$

$$C_1 = \frac{m_2 C_2 (t' - t_2)}{m_1 (t_1 - t')} = \frac{m_2 \times 4.2 (t' - t_2)}{m_1 (t_1 - t')}\text{[kJ/kgK]}$$

여기서, 물의 비열(C_2) = 1kcal/kgf℃ (= 4.2kJ/kgK)

정답 07 ① 08 ③ 09 ③ 10 ① 11 ④

12 다음 중 옳은 것은?

① 대기압 = 계기압 + 진공압
② 계기압 = 절대압 − 대기압
③ 절대압 = 계기압 − 대기압
④ 진공압 = 계기압 + 대기압

해설
절대압 = 대기압±게이지압
게이지(진공)압 = 대기압−절대압
∴ 게이지(정압)압 = 절대압−대기압

13 대기 중에 있는 직경 10cm의 실린더의 피스톤 위에 50kg의 추를 얹어 놓을 때 실린더 내의 가스체의 절대압력은 몇 MPa인가? (단, 피스톤의 중량은 무시하고, 대기압은 1.01325bar이다.)

① 0.636 ② 1.675
③ 0.164 ④ 164

해설
$P_a = P_o + P_g = 0.101325 + 0.062 = 0.164\text{MPa}$

$P_g = \frac{F}{A} = \frac{F}{\frac{\pi d^2}{4}} = \frac{4F}{\pi d^2}$

$= \frac{4\times(50\times9.8)}{\pi\times(100)^2} 0.062\text{N/mm}^2(\text{MPa})$

14 대기압이 760mmHg일 때 진공 게이지로 720mmHg인 증기의 압력은 절대압력으로 몇 kPa인가?

① 0.0533 ② 0.533
③ 5.33 ④ 53.3

해설
$P_a = P_o - P_g = 101.325 - \frac{720}{760}\times101.325$

$= 5.33\text{kPa}$

15 어떤 알코올 밀도가 74.5kg/m^{3}이다. 이 알코올의 비체적은 얼마인가? [m^3/kg]

① 0.134 ② 1.34×10^{-2}
③ 1.34×10^{-3} ④ 1.34×10^{-4}

해설
비체적$(v) = \frac{1}{\text{밀도}(\rho)} = \frac{1}{74.5} = 1.34\times10^{-2}\text{m}^3/\text{kg}$

16 동작물질에 대한 설명 중 틀린 것은?

① 증기기관의 수증기, 내연기관의 연료와 공기의 혼합가스 등으로 일명 작업유체라 한다.
② 계 내에서 에너지를 저장 또는 운반하는 물질이다.
③ 상변화를 일으키지 않아야 한다.
④ 열에 대하여 압력이나 체적이 쉽게 변하는 물질이다.

해설
동작물질(Working Substance) = 동작유체
증기기관의 수증기, 내연기관의 연료와 공기의 혼합가스 등으로 일명 작업유체라 하며 계(system) 내에서 에너지를 저장 또는 운반하는 물질로 상(phase)의 변화가 용이하다(쉽게 변화한다). 열에 대해 압력이나 체적이 쉽게 변화하는 물질이다.

17 연료의 발열량이 28.5MJ/kg이고, 열효율이 40%인 기관에서 연료소비량이 35kg/hr이라면 발생동력은 몇 kW인가?

① 110.83 ② 238.85
③ 245.83 ④ 256.85

해설
$\eta = \frac{3,600\text{kW}}{H_L\times m_f}\times100\%$

$\text{kW} = \frac{H_L\times m_f\times\eta}{3,600} = \frac{28.5\times10^3\times35\times0.4}{3,600}$

$= 110.83\text{kW}$

18 10인승 정원의 엘리베이터에서 1인당 중량을 60kg으로 하고, 운전속도를 100m/min로 할 경우에 필요한 동력은 몇 kW인가?

① 1.87 ② 9.8
③ 1.33 ④ 13.3

해설
$\text{kW} = \frac{W\times V}{102} = \frac{(60\times10)\times\left(\frac{100}{60}\right)}{102} = 9.8\text{kW}$

정답 12 ② 13 ③ 14 ③ 15 ② 16 ③ 17 ① 18 ②

19 다음 중 동력(공률)의 단위가 아닌 것은?

① kgf·m/sec ② kWh
③ kW ④ PS

해설

동력(공률) = $\frac{일량}{시간}$ = N · m/sec = J/sec(=Watt)

동력의 단위 : kgf · m/sec, PS, kW

1킬로와트시(1kWh) = 860kcal = 3,600kJ은 열량 단위이다.

20 100W의 전등을 매일 7시간 사용할 때 1개월간 사용하는 열량[kJ]을 계산하여라.

① 88 ② 75,600
③ 900 ④ 9,000

해설

열량(Q) = 0.1(7×3,600)×30 = 75,600kJ

21 100PS의 원동기가 2분 동안에 하는 일의 열당량은 몇 kJ인가?

① 900,000 ② 88,200
③ 8,820 ④ 882

해설

1PS = 75kgfm/sec = 0.736kW

100PS×0.736 = 73.6kW

∴ 일의 열상당량(Q) = 73.6×60×2 ≒ 8,832kJ

- 1kW = 1kJ/sec = 60kJ/min = 3,600kJ/h

22 일과 이동열량은?

① 점함수이다.
② 엔탈피와 같이 도정함수이다.
③ 과정에 의존하므로 성질이 아니다.
④ 엔탈피처럼 성질에 속한다.

해설

일과 열량은 경로(과정)함수로 열역학적 성질(property)이 아니다(불완전 미분적분함수).

23 열전달 과정에서 전도되는 열량은?

① 온도차에 반비례한다.
② 두께(길이)에 반비례한다.
③ 단면적에 반비례한다.
④ 열전도율에 반비례한다.

해설

전도(conduction) 열량(고체열전달) 푸리에 열전도 법칙으로부터

전도열량$(q_c) = \lambda A \frac{t_1 - t_2}{L}$ [W]

즉 $q_c \propto \frac{1}{L}$

여기서, λ: 열전도계수(W/mK)
A: 전열면적(m^2)
$t_1 - t_2$: 온도차(℃)
L: 물체의 두께(길이)(m)

24 열 및 일에너지에 대한 설명 중 옳지 않은 것은?

① 어떤 과정에서 열과 일은 모두 그 경로에는 관계없다.
② 열과 일은 서로 변할 수 있는 에너지이며 그 관계는 1kcal = 427kgM이다.
③ 열은 계에 공급된 때, 일은 계에서 나올 때가 +(정)값을 가진다.
④ 열역학 제1법칙은 열과 일에너지의 변환에 대한 수량적 관계를 표시한다.

해설

열과 일은 모두 경로(path)함수로 과정(process)에 따라 값이 변화하는 연속함수로 상태량이 아니다.

25 다음 중에서 점함수가 아닌 것은?

① 일 ② 체적
③ 내부에너지 ④ 압력

해설

체적(V), 내부에너지(U), 압력(p) 등은 점함수(point function) = 상태함수(state function)로 완전미분적분함수다.

- 일량(W)과 열량(Q)은 경로함수(path function), 과정함수(process function)로 불완전미분적분함수이다.

26 저위발열량 42,000kJ/kg인 경유를 사용하여 연료소비율 200g/kWh로 운전하는 디젤기관의 열효율은 얼마인가? (%)

① 15 ② 24
③ 43 ④ 54

정답 19 ② 20 ② 21 ③ 22 ③ 23 ② 24 ① 25 ① 26 ③

해설
$$\eta_d = \frac{3,600\text{kW}}{H_L \times f_e} \times 100\% = \frac{3,600 \times 1}{42,000 \times 0.2} \times 100\% = 43\%$$

27 매시 19.4kg의 가솔린을 소비하는 출력 100kW인 기관의 열효율은? (단, 가솔린 저위발열량은 42,000kJ/kg이다.

① 84 ② 64
③ 54 ④ 44

해설
$$\eta = \frac{3,600 \times \text{kW}}{H_L \times m_f} \times 100\% = \frac{3,600 \times 100}{42,000 \times 19.4} \times 100\%$$
$$= 44\%$$

28 두 개의 물체가 또 다른 물체와 열평형을 이루고 있을 때, 그 두 물체가 서로 열평형 상태에 있다고 정의되는 경우는?

① 열역학 제0법칙 ② 열역학 제1법칙
③ 열역학 제2법칙 ④ 열역학 제3법칙

해설 열역학 제0법칙 = 열평형의 법칙

29 내부에너지 160kJ을 보유하는 물체에 열을 가했더니 내부 에너지가 200kJ 증가하였다. 외부에 0.1kJ의 일을 하였을 때 가해진 열량은 몇 kJ인가?

① 39.9 ② 40.1
③ 40 ④ −39.9

해설 밀폐계 에너지식(정지계 에너지식)
$$Q = (U_2 - U_1) + {}_1W_2 = (200 - 160) + 0.1 = 40.1\text{kJ}$$

30 어느 증기 터빈에 매시 2,000kg의 증기가 공급되어 80kW의 출력을 낸다. 이 터빈의 입구 및 출구에서의 증기의 속도가 각각 800m/s, 150m/s이다. 터빈의 매시간마다의 열손실은 얼마인가? [MJ] (입구 및 출구에서의 엔탈피가 각각 3,200kJ/kg, 2,300 kJ/kg이다.)

① 2,129.5 ② −2,129.5
③ 2,129,500 ④ −2,129,500

해설
$$Q = W_t + m(h_2 - h_1) + \frac{m(V_2^2 - V_1^2)}{2}$$
$$= 80 \times 3,600 + 2,000(2,300 - 3,200)$$
$$+ \frac{2,000(150^2 - 800^2)}{2 \times 1,000} = -2,129,500\text{kJ}$$
$$= -2,129.5\text{MJ}$$

31 어떤 물질의 정압 비열이 다음 식으로 주어졌다.

$$C_P = 0.2 + \frac{5.7}{t + 73} [\text{kJ/kgK}]$$
여기서, t : 온도(℃)

이 물질 1kg이 1atm하에서 0℃, 1m^3으로부터 100℃, 3m^3까지 팽창할 때의 내부에너지를 구하여라.

① 20 ② 24.9
③ 29.3 ④ −178

해설
$$Q = \int_{t_1}^{t_2} mC_p dT = \int_{t_1}^{t_2} \left(0.2 + \frac{5.7}{t + 73}\right) dT$$
$$= 1 \times 0.2 \times 100 + 1 \times 5.7 = 25\text{kJ}$$
$$\therefore (U_2 - U_1) = (H_2 - H_1) - P(V_2 - V_1)$$
$$= Q - P(V_2 - V_1) = 25 - 101.325(3 - 1)$$
$$= -178\text{kJ}$$

32 팽창일에 대한 설명 중 옳은 것은?

① 가역 정상류 과정의 일
② 밀폐계에서 마찰이 있는 과정에서 한 일
③ 가역 비유동 과정의 일
④ 이상기체만의 한 일

해설 절대일(팽창일) = 밀폐계일 = 가역비유동과정일
$${}_1W_2 = \int_1^2 pdV [\text{kJ}]$$

정답 27 ④ 28 ① 29 ② 30 ① 31 ④ 32 ③

33 압력 0.2MPa, 온도 460℃, 엔탈피 $h_1 = 3,700$ [kJ/kg]인 증기가 유입하여서 압력 0.1MPa, 온도 310℃, 엔탈피 $h_2 = 3,400$kJ/kg인 상태로 유출된다. 노즐 내의 유동을 정상유로 보고 증기의 출구속도 V_2를 구하여라. (단, 노즐 내에서의 열손실은 없으며, 초속 V_1은 10m/s이다.)

① 77.5m/s ② 775m/s
③ 8.06m/s ④ 80.6m/s

해설
단열유동정상유동에너지방정식에서

$$h_1 + \frac{V_1^2}{2} = h_2 + \frac{V_2^2}{2}$$

$$(h_1 - h_2) = \frac{(V_2^2 - V_1^2)}{2}$$

$$\therefore V_2 = \sqrt{V_1^2 + 2dh}$$

$$= \sqrt{10^2 + 2(3,700 - 3,400) \times 10^3} = 775\text{m/s}$$

34 열역학 제1법칙을 옳게 설명한 것은?

① 밀폐계의 운동에너지와 위치에너지의 합은 일정하다.
② 밀폐계에 전달된 열량은 내부 에너지 증가와 계가 한 일(Work)의 합과 같다.
③ 밀폐계의 가해준 열량과 내부 에너지의 변화량의 합은 일정하다.
④ 밀폐계가 변화할 때 엔트로피의 증가를 나타낸다.

해설
열역학 제1법칙(에너지 보존의 법칙)
밀폐계(정지계)에너지식 $\delta Q = \Delta U + \delta W$[kJ]

35 에너지 보존의 법칙에 관해 다음 설명 중 옳은 것은?

① 계의 에너지는 일정하다.
② 계의 에너지는 증가한다.
③ 우주의 에너지는 일정하다.
④ 에너지는 변하지 않는다.

36 한 계가 외부로부터 100kJ의 열과 300kJ의 일을 받았다. 계의 내부 에너지의 변화는?

① 400 ② −400
③ 200 ④ −200

해설
$Q = \Delta U + W$[kJ]
$\Delta U = Q - W = 100 - (-300) = 400$kJ

37 계의 내부 에너지가 200kJ씩 감소하여 630kJ의 열이 외부로 전달되었다. 계가 한 일은 몇 kJ인가?

① 830 ② 430
③ −430 ④ −830

해설
$Q = \Delta U + W$[kJ]
$W = Q - \Delta U = -630 - (-200) = -430$kJ

38 내부 에너지를 잘못 나타낸 것은?

① $du = C_V dT$ ② $du = \delta q - vdp$
③ $du = \delta q - pdv$ ④ $\Delta u = mC_V dT$[kJ]

해설
$du = C_V dT$[kJ/kg]
$\delta q = du + pdv$[kJ/kg]
$dq = dh - vdp$[kJ/kg]
$\Delta U = mC_V dT$[kJ]

39 가스 160kJ의 열량을 흡수하여 팽창에 의해 50kJ의 일을 하였을 때 가스의 내부 에너지 증가는?

① 210 ② 110
③ 21 ④ 11

해설
$(U_2 - U_1) = Q - W = 160 - 50 = 110$kJ

40 압력 0.3MPa, 체적 0.5m^{3}의 기체가 일정한 압력하에서 팽창하여 체적이 0.6m^{3}으로 되었고, 또 이때 85kJ의 내부 에너지가 증가되었다면 기체에 의한 열량은 얼마인가?

① 30 ② 85
③ 115 ④ 50

정답 33 ② 34 ② 35 ③ 36 ① 37 ③ 38 ② 39 ② 40 ③

해설
$Q = \Delta U + W = \Delta U + P(V_2 - V_1)$
$= 85 + 0.3 \times 10^3 (0.6 - 0.5) = 115\text{kJ}$

41 질량 20kg인 가스가 0.2MPa, 체적 4.2m^{3}인 상태로부터 압력 1MPa, 체적 0.84m^{3}인 상태로 압축되었다. 이때 내부 에너지의 증가가 없다고 하면 엔탈피의 변화량은 얼마인가? [kJ]

① 0.84 ② 8.4
③ 84 ④ 0

해설
$\Delta H = (H_2 - H_1) = \Delta U + (P_2 V_2 - P_1 V_1)$
$= 0 + (1 \times 0.84 - 0.2 \times 4.2) = 0$

42 압력 1MPa, 용적 0.1m^{3}의 기체가 일정한 압력하에서 팽창하여 용적이 0.2m^{3}로 되었다. 이 기체가 한 일을 kJ로 계산하면 얼마인가?

① 100 ② 10
③ 1 ④ 0.1

해설
$W = \int_1^2 pdV = p(V_2 - V_1)$
$= 1 \times 10^3 (0.2 - 0.1) = 100\text{kJ}$

43 소형 터빈에서 증기가 300m/sec 속도로 분출하면 유속에 의한 증기 1kg당 에너지 손실은 몇 kJ인가?

① 45 ② 450
③ 45.9 ④ 459

해설
운동에너지(KE)$= \dfrac{mV^2}{2} = \dfrac{1 \times (300)^2}{2}$
$= 45{,}000\text{J} = 45\text{kJ}$

44 밀폐된 용기 내에 50℃의 공기 10kg이 들어 있다. 외부로부터 가열하여 120℃까지 온도를 상승시키면 내부 에너지 증가는 얼마인가? [kJ] (단, 증기의 평균 정적비열은 C_v = 0.7kJ/kgK이다.)

① 5.01 ② 501
③ 490 ④ 49

해설
등적변화(V=C)일 경우 가열량은 내부 에너지 변화량과 같다.
$\therefore Q = (U_2 - U_1) = mC_V(t_2 - t_1)$
$= 10 \times 0.7(120 - 50) = 490\text{kJ}$

45 10℃에서 160℃까지의 공기의 평균 정적비열은 0.717kJ/kgK이다. 이 온도 범위에서 공기 1kg의 내부 에너지의 변화는 몇 kJ/kg인가?

① 107.55 ② 10.75
③ 1.0135 ④ 0.1

해설
$du = \dfrac{dU}{m} = C_V dT$ [kJ/kg]
(비내부 에너지; 단위질량당 내부 에너지)
$(u_2 - u_1) = C_V(t_2 - t_1) = 0.717(160 - 10)$
$= 107.55\text{kJ/kg}$

정답 41 ④ 42 ① 43 ① 44 ③ 45 ①

Engineer Energy Management

Chapter 03

완전가스(perfect gas)=이상기체(ideal gas)

1 완전가스와 반완전가스

완전가스란 이상기체 상태 방정식($pv = RT$)을 만족시키는 가스를 말한다.

1) 반완전가스(Semi-Perfect Gas)

비열이 온도만의 함수로 $C = f(t)$된 가스를 말한다.

① 보일의 법칙(Boyle's law): 등온법칙 = 반비례법칙

온도가 일정 시($T = \mathrm{C}$) 이상기체에의 압력(P)은 체적(V)에 반비례한다.

$pV = \mathrm{C}(p_1 V_1 = p_2 V_2)$

② 샤를의 법칙(charle's law): 등압법칙 = 정비례법칙

압력이 일정시($P = \mathrm{C}$) 이상기체의 절대온도(T)는 체적(V)에 비례한다.

$\frac{V}{T} = \mathrm{C}\left(\frac{V_1}{T_1} = \frac{V_2}{T_2}\right)$

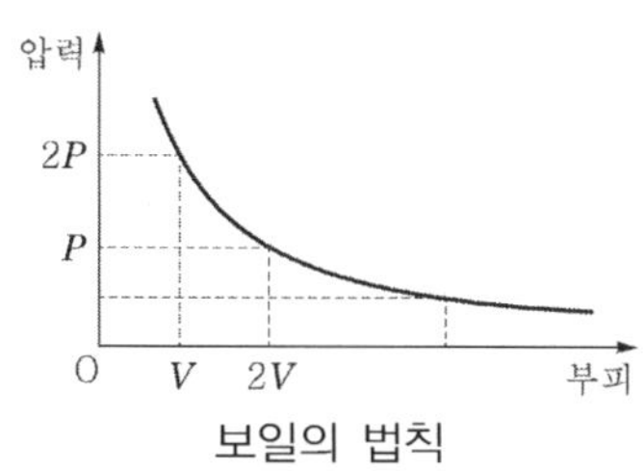

보일의 법칙

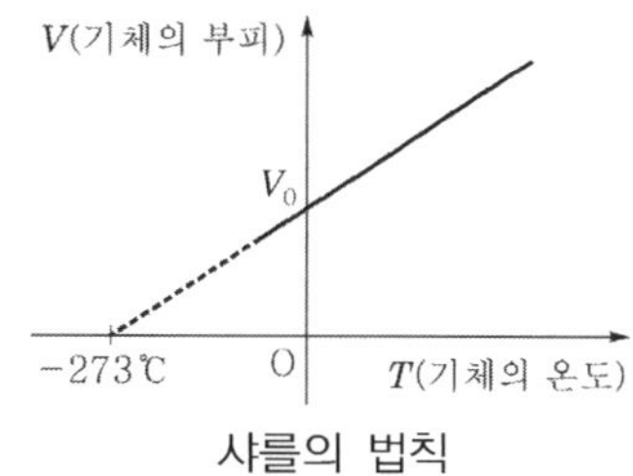

샤를의 법칙

- 실제기체(real gas)는 분자량이 작을수록, 온도가 높을수록, 압력이 낮을수록, 비체적이 클수록, 이상기체 상태 방정식을 근사적으로 만족한다.

2 이상기체의 상태 방정식

① 이상기체의 상태 방정식(보일과 샤를의 법칙)

$$\frac{Pv}{T} = \mathrm{C} = R[\mathrm{kJ/kgK}],\ Pv = RT,\ PV = mRT$$

여기서, R: 기체상수[kJ/kgK]

② 일반(공통) 기체상수: $\overline{R}$ or R_u

$$mR = C(m_1R_1 = m_2R_2)$$

$$\overline{R} = \frac{pV}{nT} = \frac{101.325 \times 22.4}{1 \times 273} = 8.314[\mathrm{kJ/kmol\ K}]$$

③ 비열 간의 관계식

$$\text{정적비열}(C_v) = \left(\frac{\partial q}{\partial T}\right)_{v=c} = \frac{du}{dT}:\ du = C_v dT\,[\mathrm{kJ/kg}]$$

$$\text{정압비열}(C_p) = \left(\frac{\partial q}{\partial T}\right)_{p=c} = \frac{dh}{dT}:\ dh = C_p dT\,[\mathrm{kJ/kg}]$$

- 비열비$(k) = \dfrac{\text{정압비열}(C_p)}{\text{정적비열}(C_v)}$, gas인 경우 $C_p > C_v$이므로

∴ 비열비(k)는 항상 1보다 크다($k > 1$).

· $C_p - C_v = R[\mathrm{kJ/kg\ K}]$

· 정적비열$(C_v) = \dfrac{R}{k-1}[\mathrm{kJ/kg\ K}]$

· 정압비열$(C_p) = kC_v = \dfrac{kR}{k-1}[\mathrm{kJ/kg\ K}]$

3 완전가스의 상태변화

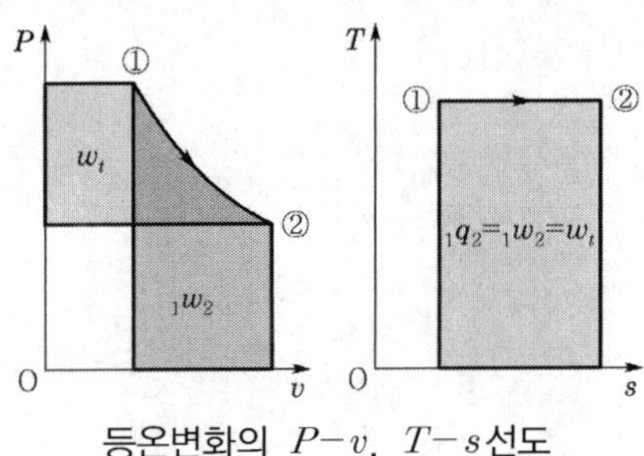

등온변화의 $P-v$, $T-s$선도

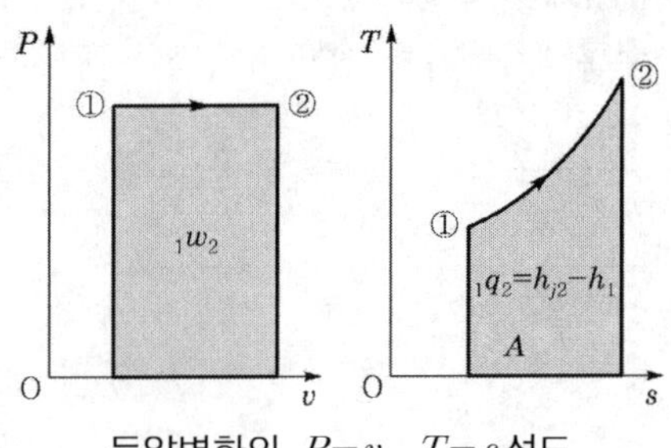

등압변화의 $P-v$, $T-s$선도

〈이상기체의 가역변화에 대한 관계식(비열 일정)〉

변화 →	정적변화	정압변화	정온변화	단열변화	폴리트로프 변화
$P,\ v,\ T$ 관계	$v=C,\ dv=0$ $\frac{P_1}{T_1}=\frac{P_2}{T_2}$	$P=C,\ dP=0$ $\frac{v_1}{T_1}=\frac{v_2}{T_2}$	$T=C,$ $dT=0$ $Pv=P_1v_1$ $=P_2v_2$	$Pv^k=C$ $\frac{T_2}{T_1}=\left(\frac{v_1}{v_2}\right)^{k-1}$ $=\left(\frac{P_2}{P_1}\right)^{\frac{k-1}{k}}$	$Pv^n=C$ $\frac{T_2}{T_1}=\left(\frac{v_1}{v_2}\right)^{n-1}$ $=\left(\frac{P_2}{P_1}\right)^{\frac{n-1}{n}}$
외부에 하는 일(팽창) $_1w_2=\int Pdv$	0	$P(v_2-v_1)$ $=R(T_2-T_1)$	$P_1v_1\ln\frac{v_2}{v_1}$ $=P_1v_1\ln\frac{P_1}{P_2}$ $=RT\ln\frac{v_2}{v_1}$ $=RT\ln\frac{P_1}{P_2}$	$\frac{1}{k-1}(P_1v_1-P_2v_2)$ $=\frac{RT_1}{k-1}\left[1-\frac{T_2}{T_1}\right]$ $=\frac{RT_1}{k-1}\left[1-\left(\frac{v_1}{v_2}\right)^{k-1}\right]$ $=\frac{RT_1}{k-1}\left[1-\left(\frac{P_2}{P_1}\right)^{\frac{k-1}{k}}\right]$ $=\frac{R}{k-1}(T_1-T_2)$ $=\frac{C_V}{A}(T_1-T_2)$	$\frac{1}{n-1}(P_1v_1-P_2v_2)$ $=\frac{P_1v_1}{n-1}\left[1-\left(\frac{T_2}{T_1}\right)\right]$ $=\frac{R}{n-1}(T_1-T_2)$
공업일 (압축일) $w_t=-\int vdp$	$v(P_1-P_2)$ $=R(T_1-T_2)$	0	$_1w_2$	k_1w_1	n_1w_2
비내부 에너지의 변화량 (u_2-u_1)	$C_v(T_2-T_1)$ $=\frac{R}{k-1}(T_2-T_1)$ $=\frac{1}{k-1}v(P_2-P_1)$	$C_v(T_2-T_1)$ $=\frac{1}{k-1}P(v_2-v_1)$	0	$_1W_2=(u_1-u_2)$	$C_v(T_2-T_1)$
비엔탈피의 변화량 (h_2-h_1)	$C_p(T_2-T_1)$ $=\frac{k}{k-1}R(T_2-T_1)$ $=\frac{k}{k-1}v(P_2-P_1)$ $=k(u_2-u_1)$	$C_p(T_2-T_1)$ $=\frac{k}{k-1}P(v_2-v_1)$ $=k(u_2-u_1)$	0	$\overline{W_t}=(h_1-h_2)$	$C_p(T_2-T_1)$
외부에서 얻은 열($_1q_2$)	u_2-u_1	h_2-h_1	$_1w_2=w_t$	0	$C_n(T_2-T_1)$
n	∞	0	1	k	$-\infty\sim+\infty$
비열(C)	C_v	C_p	∞	0	$C_n=C_v\frac{n-k}{n-1}$

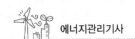

변화 →	정적변화	정압변화	정온변화	단열변화	폴리트로프 변화
엔트로피의 변화량 (S_2-S_1)	$C_v\ln\frac{T_2}{T_1}$ $=C_v\ln\frac{P_2}{P_1}$	$C_p\ln\frac{T_2}{T_1}$ $=C_p\ln\frac{v_2}{v_1}$	$R\ln\frac{v_2}{v_1}$ $=R\ln\frac{P_1}{P_2}$	0	$C_n\ln\frac{T_2}{T_1}$ $=C_v(n-k)\ln\frac{v_1}{v_2}$ $=C_v\frac{n-k}{n}\ln\frac{P_2}{P_1}$

• $Pv=RT$ 항상 성립

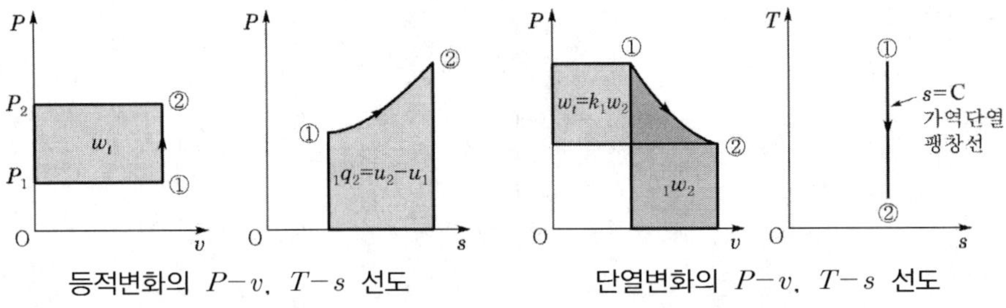

등적변화의 $P-v$, $T-s$ 선도　　　　단열변화의 $P-v$, $T-s$ 선도

1) 폴리트로픽 과정($pv^n=\text{C}$)에서 폴리트로픽 지수(n)값에 따른 상태변화

① $n=0$: 정압변화($P=\text{C}$)

② $n=1$: 등온변화($Pv=\text{C}$)

③ $n=k$: 단열변화($Pv^k=\text{C}$)

④ $n=\infty$: 정적변화($V=\text{C}$)

2) 단열변화(adiabatic change): ($Q=0$)

주위와의 열출입이 없는 변화를 단열 변화라 한다(등엔트로피 변화).
내연 기관이나 공기 기계에서의 가스 압축이나 팽창은 이 변화에 가깝다.

$$\delta q=du+pdv=dh-vdp=0 \quad \cdots\cdots (1)$$

$pv=RT$에서 $d(pv)=d(RT)$

$$pdv+vdp=RdT \quad \cdots\cdots (2)$$

식 (1)에서 $du=-pdv=C_vdT$

$$dT=\frac{-pdv}{C_v} \quad \cdots\cdots (3)$$

식 (3)을 (2)식에 대입하면 $pdv + vdp = \frac{-Rpdv}{C_v}$

$$\therefore\ pdv\left(1 + \frac{R}{C_v}\right) + vdp = 0$$

$$pdv\left(\frac{C_v + R}{C_v}\right) + vdp = 0,\ C_p - C_v = R\text{이므로: } \frac{C_p}{C_v}pdv + vdp = 0$$

$kpdv + vdp = 0$, 양변을 pv로 나누면 $k\frac{dv}{v} + \frac{dp}{p} = 0$ 적분하면

$$k\ln v + \ln p = C$$

$$\therefore\ pv^k = C \quad \cdots\cdots (4)$$

식 (4)를 $pv = RT$에 대입하여 정리하면

$$Tv^{k-1} = C \quad \cdots\cdots (5)$$

$$\frac{P^{\frac{k-1}{k}}}{T} = C \quad \cdots\cdots (6)$$

식 (4), (5), (6)에서 $\frac{T_2}{T_1} = \left(\frac{v_1}{v_2}\right)^{k-1} = \left(\frac{p_2}{p_1}\right)^{\frac{k-1}{k}}$

여기서, k: 단열지수(비열비)

4 이상기체에서의 교축(throttling)과정

단열유동($dq = 0$)의 경우, $h_1 + \frac{w_1^2}{2} = h_2 + \frac{w_2^2}{2}$

일반적인 흐름 상태일 때는 속도 에너지의 변화가 작기 때문에 이 항을 생략하면 위의 식은 다음과 같이 된다.

$$h_1 = h_2$$

즉, 교축에서 엔탈피는 변하지 않는다($P_1 > P_2$, $T_1 = T_2$, $\Delta S > O$).

5 혼합 가스

1) Dalton의 분압 법칙

두 가지 이상의 다른 이상기체를 하나의 용기에 혼합시킬 경우, 혼합기체의 전압력은 각 기체 분압의 합과 같다.

① 혼합 후 정압력(P)과 각 가스의 분압

$$P_1 + P_2 + P_3 + \cdots + P_n = P\frac{V_1}{V} + P\frac{V_2}{V} + P\frac{V_3}{V} + \cdots + P\frac{V_n}{V}$$

$$\therefore\ P_n = P\frac{V_n}{V} = P\frac{n_n}{n}\,[\mathrm{Pa}]$$

6 공기

1) 건공기와 습공기

① 건공기: 산소 21%, 질소 78%, 탄산가스, 아르곤 등의 기체가 혼합된 공기를 말한다.

② 습공기: 대기와 같이 수분을 함유한 공기를 말한다.

습공기의 상태량

① 전압력과 수증기의 분압

$P = P_w + P_a$(전압(대기압) = 수증기분압 + 건공기분압)

② 절대습도: 습공기 중에 함유된 건공기 1kg에 대한 수증기의 중량: x[kg/kg']

절대습도는 공기 $1\mathrm{m}^3$ 속에 포함된 수증기의 g수 단위(g/m^3)

온도와는 무관하지만 부피가 늘어나거나 응결이 일어나면 절대습도는 감소한다.

③ 포화 습공기: 습공기 중의 수증기의 분압 P_w가 그 온도의 포화 증기압 P_s와 같은 습공기를 말한다(포화 습공기보다 적은 양의 수증기를 포함하고 있는 공기를 불포화 습공기라 한다).

④ 상대습도 $\varnothing$ 비교습도 ψ

$$\varnothing = \frac{P_w}{P_s} \times 100\% = \frac{\gamma_w}{\gamma_s} \times 100\%$$

$$\psi = \frac{x}{x_s} \times 100\% = \frac{\text{불포화공기 절대습도}}{\text{포화공기 절대습도}} \times 100[\%]$$

2) 습공기의 상태값

① 절대습도(x)= $\dfrac{m_w}{m_a} = \dfrac{수증기\ 질량}{습공기\ 중\ 건공기질량}$ [kg/kg']

$$G_w = \gamma_w V = \frac{P_w V}{R_w T} = \frac{P_w V}{47.06T} = \frac{\varnothing P_s V}{47.06T}$$

여기서, m_a: 습공기 중의 건공기 질량

m_w: 수증기의 질량

G_w: 수증기의 중량

G_a: 습공기 중의 건공기 중량

$$G_a = \gamma_a V = \frac{P_a V}{R_a T} = \frac{P - \varnothing P_s V}{29.27T}$$

$$x = \frac{G_w}{G_a} \fallingdotseq 0.622 \frac{\varnothing P_s}{P - \varnothing P_s} [\text{kg/kg'}]$$

$$상대습도(\varnothing) = \frac{xP}{(0.622 + x)P_s}$$

$\varnothing = 1$일 때, 포화습공기의 절대습도(x_s)$= 0.622\dfrac{P_s}{P - P_s}$

습공기의 비교습도(ψ)$= \dfrac{x}{x_s} = \varnothing \dfrac{P - P_s}{P - \varnothing P_s}$

습공기 비체적(v)$= \dfrac{T(R_a + xR_w)}{P} = (29.27 + 47.06x)\dfrac{T}{P}$

$$= (0.622 + x) \times 47.06 \frac{T}{P} [\text{m}^3/\text{kgf}]$$

$$h = h_a + xh_w = C_{pa}t + (\gamma_o + C_{pw}t)x [\text{kcal/kg'}]$$

여기서, h_a, h_w, C_{pa}, C_{pw}는 각각 건공기, 수증기의 엔탈피와 정압비열 공기압력 80mmHg 온도 범위 −30℃~ + 150℃에 대하여 다음과 같은 근삿값을 갖는다.

- 건공기 비엔탈피(h_a)$= C_p t = 0.24t$
- 수증기 비엔탈피(h_w)$= (\gamma_o + C_{pw}t)x = (597.5 + 0.44t)x$
- 습공기 비엔탈피(h)$= 0.24t + (597.5 + 0.441t)x$ [kcal/kgf]

  $= 1.005t + (2{,}500 + 1.85t)x$ [kJ/kg]

Chapter 03

예상문제

01 어떤 용기에 온도 20℃, 압력 190kPa의 공기를 $0.1m^3$ 투입하였다. 체적의 변화가 없다면 온도가 50℃로 상승했을 경우 압력은 몇 kPa로 되겠는가? 또 압력을 처음 압력으로 유지하려면 몇 kg의 공기를 뽑아야 하는가?

① 209.45, 0.021
② 200.5, 0.21
③ 172.35, 0.021
④ 172.35, 0.21

해설

㉠ $V=C,\ \dfrac{P_1}{T_1}=\dfrac{P_2}{T_2}$ 에서

$$P_2=P_1\left(\frac{T_2}{T_1}\right)=190\left(\frac{50+273}{20+273}\right)=209.45\text{kPa}$$

㉡ $P_1V_1=m_1RT_1$

$$m_1=\frac{P_1V_1}{RT_1}=\frac{190\times0.1}{0.287\times293}=0.226\text{kg}$$

㉢ $P_2V_2=m_2RT_2$

$$m_2=\frac{P_2V_2}{RT_2}=\frac{209.45\times0.1}{0.287\times323}=0.2049\text{kg}$$

$\therefore\ m_1-m_2=0.021\text{kg}$

02 어느 가스 4kg이 압력 0.3MPa, 온도 40℃에서 $2m^3$의 체적을 점유한다. 이 가스를 정적하에서 온도를 40℃에서 150℃까지 올리는 데 209kJ의 열량이 필요하다. 만일 이 가스를 정압하에서 동일 온도까지 온도를 상승시킨다면 필요한 가열량은 얼마인가? [kJ]

① 209　② 290
③ 420　④ 500

해설

$P=C,\ \dfrac{V}{T}=C,\ \left(\dfrac{V_1}{T_1}=\dfrac{V_2}{T_2}\right)$ 에서

$$V_2=V_1\left(\frac{T_2}{T_1}\right)=2\left(\frac{150+273}{40+273}\right)=2.703\text{m}^3$$

$$Q=(H_2-H_1)=\Delta U+P(V_2-V_1)$$
$$=209+0.3\times10^3(2.703-2)\fallingdotseq420\text{kJ}$$

03 체적 500L인 탱크 속에 초압과 초온이 0.2MPa, 200℃인 공기가 들어 있다. 이 공기로부터 126kJ의 열을 방열시킨다면 압력 MPa은 얼마로 되는가?

① 9.9　② 0.99
③ 0.099　④ 0.0099

해설

$V=C,\ P_1V=mRT_1$ 에서

$$m=\frac{P_1V}{RT_1}=\frac{0.2\times10^3\times0.5}{0.287\times(200+273)}=0.337\text{kg}$$

$$Q=mC_v(T_2-T_1)$$

$$T_2=T_1+\frac{Q}{mC_v}=(200+273)+\frac{-126}{0.737\times0.717}$$
$$=234\text{K}$$

$V=C,\ \dfrac{P}{T}=C,\ \left(\dfrac{P_1}{T_1}=\dfrac{P_2}{T_2}\right)$

$$\therefore\ P_2=P_1\left(\frac{T_2}{T_1}\right)=0.2\left(\frac{234}{473}\right)=0.099\text{MPa}$$

04 어느 압축공기 탱크에 공기가 40루베(m^3) 채워져 있다. 공기밸브를 열었을 때의 압력이 0.7MPa, 얼마 후에 압력이 0.3MPa로 저하했다면 처음의 공기 질량과 최종의 공기 질량은 몇 %로 감소하겠는가? (단, 공기의 온도는 26℃이다.)

① 42.8　② 45.2
③ 55.2　④ 57.1

해설

$$m_1=\frac{P_1V_1}{RT_1}=\frac{0.7\times10^6\times40}{287\times(26+273)}=326.3\text{kg}$$

$$m_2=\frac{P_2V_2}{RT_2}=\frac{0.3\times10^6\times40}{287\times(26+273)}=140\text{kg}$$

• 공기질량감소율(ϕ) $=1-\dfrac{m_2}{m_1}\times100\%$

$$=1-\left(\frac{140}{326.3}\right)\times100\%=57.1\%$$

정답 01 ① 02 ③ 03 ③ 04 ④

05 초온 50℃인 공기 3kg을 등온팽창시킨 다음 다시 처음의 압력까지 가역단열팽창시켰더니 공기의 온도가 95℃로 되었다고 한다. 등온변화 중 공기에 가해진 열량은 얼마인가?

① 1.57　② 15.7
③ 27　④ 127

해설

$$\frac{T_2}{T_1}=\left(\frac{P_2}{P_1}\right)^{\frac{k-1}{k}}$$

$$\frac{P_2}{P_1}=\left(\frac{T_2}{T_1}\right)^{\frac{k}{k-1}}=\left(\frac{95+273}{50+273}\right)^{\frac{1.4}{1.4-1}}=1.579$$

$$Q=P_1V_1\ln\frac{V_2}{V_1}=P_1V_1\ln\left(\frac{P_1}{P_2}\right)$$

$$=mRT_1\ln\left(\frac{P_2}{P_1}\right)=3\times0.287\times(323)\ln(1.579)$$

$$=127\text{kJ}$$

06 어느 가스 10kg을 50℃만큼 온도 상승시키는 데 필요한 열량은 압력 일정인 경우와 체적 일정인 경우에는 837kJ의 차가 있다. 이 가스의 가스상수를 구하라. [kJ/kgK]

① 16.74　② 8.4
③ 1.674　④ 0.84

해설

$$Q_p-Q_v=m(C_p-C_v)\Delta T=837.$$

$$C_p-C_v=\frac{837}{m\Delta T}=\frac{837}{10\times50}=1.674$$

$$C_p-C_v=R=1.674[\text{kJ/kgK}]$$

07 보일-샤를의 법칙을 설명한 것은 다음 중 어느 것인가?

① 일정량의 기체의 체적과 절대온도의 상승적은 압력에 반비례한다.
② 일정량의 기체의 체적과 절대온도의 상승적은 압력에 비례한다.
③ 일정량의 기체의 체적과 압력의 상승적은 절대온도에 비례한다.
④ 일정량의 기체의 체적과 압력의 상승적은 절대온도에 반비례한다.

해설

Boyle & Charle's law$\left(\frac{Pv}{T}=C\right)$

기체의 절대압력과 체적의 상승적(X)은 절대온도(T)에 비례한다.

08 체적 56ℓ인 탱크 속에 압력 0.7MPa, 온도 32℃인 공기가 들어 있고, 다른 쪽 탱크(체적 64ℓ) 속에는 압력 0.35MPa, 온도 15℃인 공기가 들어 있다. 양 탱크 사이에 설치되어 있는 밸브가 열려서 공기가 평행상태로 되었을 때의 공기의 온도가 21℃로 되었다면 압력은 얼마인가? [kPa]

① 5.01　② 50.1
③ 501　④ 5,013

해설

$$m_1=\frac{P_1V_1}{RT_1}=\frac{0.7\times10^3\times56\times10^{-3}}{0.287\times305}m_1$$

$$=0.447\text{kg}$$

$$m_2=\frac{P_2V_2}{RT_2}=\frac{0.35\times10^3\times64\times10^{-3}}{0.287\times288}$$

$$=0.266\text{kg}$$

$$\therefore\ P=\frac{(m_1+m_2)RT}{(V_1+V_2)}$$

$$=\frac{(0.447+0.266)\times0.287\times294}{(56+64)\times10^{-3}}=501\text{kPa}$$

09 실제기체가 이상기체의 상태방정식을 근사하게 만족시키는 경우는?

① 압력과 온도가 높을 때
② 압력이 높고 온도가 낮을 때
③ 압력은 낮고 온도가 높을 때
④ 압력과 온도가 낮을 때

해설

실제기체(real gas)가 이상기체의 상태방정식 ($Pv=RT$)을 만족시키는 조건

㉠ 분자량이 작아야 한다.
㉡ 압력이 낮아야 한다.
㉢ 온도가 높아야 한다.
㉣ 비체적이 커야 한다.

정답 05 ④ 06 ③ 07 ③ 08 ③ 09 ③

10 "같은 온도, 같은 압력의 경우 모든 가스의 1kmol이 차지하는 용적은 같다."라는 법칙은 어느 법칙인가?

① 샤를의 법칙
② 아보가드로의 법칙
③ 달톤의 법칙
④ 보일의 법칙

해설
Avogadro's law
등온 등압(T=C, P=C) 상태하에서 모든 gas 1kmol이 차지하는 체적은 22.4Nm³이다.

11 가스의 비열비($k = C_p/C_v$)의 값은?

① 언제나 1보다 작다.
② 언제나 1보다 크다.
③ 0이다.
④ 0보다 크기도 하고, 1보다 작기도 하다.

해설
$$비열비(k) = \frac{정압비열(C_p)}{정적비열(C_v)}$$
gas인 경우 $C_p > C_v$이므로 $k>1$(항상 1보다 크다)

12 다음 중 기체상수의 단위는?

① kJ/kgK　② Nm/kgK
③ kgm/kmolK　④ kgm/m³K

해설
$Pv = RT$
$$R = \frac{Pv}{T} = \frac{Pam^3/kg}{K} = \frac{N/m^2 \cdot m^3/kg}{K}$$
=Nm/kgK(= J/kgK)

13 다음 가스 중 기체상수가 가장 큰 것은?

① H_2　② N_2
③ Ar　④ 공기

해설
$$기체상수(R) = \frac{\overline{R}}{분자량(m)} = \frac{8.314}{m}\ [kJ/kgK]$$
분자량(m)과 기체상수(R)는 반비례한다.

14 정압비열이 0.92kJ/kgK이고 정적비열이 0.67kJ/kgK인 기체를 압력 0.4MPa, 온도 20℃로 0.25kg을 담은 용기의 체적은 몇 m³인가?

① 0.46　② 46
③ 0.046　④ 4.6

해설
$PV = mRT$에서
$$V = \frac{mRT}{P} = \frac{m(C_P - C_V)T}{P}$$
$$= \frac{0.25(0.92-0.67)293}{0.4\times10^3} = 0.046\,m^3$$

15 $Pv^n = C$에서 n값에 따라 다음과 같이 된다. 다음 중 맞는 것은?

① n = 0이면 등온과정
② n = 1이면 가역단열과정
③ n = k이면 정압과정
④ n = ∞이면 정적과정

해설
폴리트로픽 변화
$Pv^n = C$에서
㉠ $n=0$　p=C (정압변화)
㉡ $n=1$　pv=C (등온변화)
㉢ $n=k$　pv^k=C (가역단열변화)
㉣ $n=\infty$　pv^{∞}=C　$p^{\frac{1}{\infty}}v = C^{\frac{1}{\infty}}$ (정적변화)

16 압력 294kPa, 체적 1.66m³인 상태의 가스를 정압하에서 열을 방출시켜 체적을 1/2로 만들었다. 기체가 한 일은 몇 kJ인가?

① 244　② 488
③ −244　④ −488

해설
$${}_1W_2 = \int_1^2 pdV = p(V_2 - V_1) = 294(0.83-1.66)$$
$= -244$kJ

정답 10 ② 11 ② 12 ② 13 ① 14 ③ 15 ④ 16 ③

17 노즐 내에서 증기가 가역단열과정으로 팽창한다. 팽창 중 열낙차가 33kJ/kg이라면 노즐 입구에서의 증기 속도를 무시할 때 출구의 속도는 몇 m/sec인가?

① 25.7 ② 257
③ 259 ④ 26.4

해설
노즐출구속도(V_2)
$= \sqrt{2(h_1 - h_2)} = \sqrt{2{,}000 \times 33} = 257\text{m/s}$

18 이상기체를 정압하에서 가열하면 체적과 온도의 변화는 어떻게 되는가?

① 체적증가, 온도일정
② 체적일정, 온도일정
③ 체적증가, 온도상승
④ 체적일정, 온도상승

해설
$P = \text{C}, \ \dfrac{V}{T} = \text{C}, \left(\dfrac{V_1}{T_1} = \dfrac{V_2}{T_2}\right)$

$\therefore \dfrac{V_2}{V_1} = \dfrac{T_2}{T_1}$(체적 증가, 온도 증가)

19 비열비 $k = 1.4$인 이상기체를 $PV^{1.2} = C$ 일정한 과정으로 압축하면 온도와 열의 이동은 어떻게 되겠는가?

① 온도 상승, 열방출
② 온도 상승, 열흡수
③ 온도 강하, 열방출
④ 온도 강하, 열흡수

해설
$\dfrac{T_2}{T_1} = \left(\dfrac{P_2}{P_1}\right)^{\frac{n-1}{n}}$

폴리트로픽 압축 시 온도는 상승

$T_2 = T_1\left(\dfrac{P_2}{P_1}\right)^{\frac{n-1}{n}}$ [K]

$Q = mC_n(T_2 - T_1) = mC_V\dfrac{n-k}{n-1}(T_2 - T_1)\text{[kJ]}$

$k > n(1.4 > 1.2)$이므로
C_n 값이 (−)값이 나오므로 열은 방열이다.

20 초기상태가 100℃, 1ata인 이상기체가 일정한 체적의 탱크에 들어 있다. 이 탱크에 열을 가해 온도가 200℃로 되었을 때 탱크 내에 이상기체의 압력은 몇 MPa인가?

① 1.268 ② 0.124
③ 12.68 ④ 124

해설
$V = \text{C}, \ \dfrac{P}{T} = \text{C}$이므로

$\dfrac{P_1}{T_1} = \dfrac{P_2}{T_2}$

$\therefore P_2 = P_1\left(\dfrac{T_2}{T_1}\right) = \dfrac{1 \times 101.325}{1.0332}\left(\dfrac{200+273}{100+273}\right)$
$= 124.36\text{kPa} = 0.12436\text{MPa}$

21 정압하에서 완전가스를 10℃에서 200℃까지 높인다면 비중량은 몇 배가 되겠는가?

① 59.8 ② 5.98
③ 0.598 ④ 0.0598

해설
$Pv = RT(v = \dfrac{1}{\gamma})$

$P = \gamma RT$ 이므로 $\dfrac{\gamma_2}{\gamma_1} = \dfrac{T_1}{T_2} = \dfrac{283}{473} = 0.598$

22 공기 10kg과 수증기 5kg이 혼합되어 10m³의 용기 안에 들어 있다. 이 혼합기체의 온도가 60℃일 때 혼합기체의 압력은 몇 MPa인가? (단, 수증기의 기체상수는 0.46kJ/kgK이다.)

① 172.2 ② 460
③ 17.2 ④ 0.172

해설
$PV = (m_1R_1 + m_2R_2)T$에서

$\therefore P = \dfrac{(m_1R_1 + m_2R_2)T}{V}$
$= \dfrac{(10 \times 0.287 + 5 \times 0.46) \times (60+273)}{10}$
$= 172.2\text{kPa}(= 0.172\text{MPa})$

정답 17 ② 18 ③ 19 ① 20 ② 21 ③ 22 ④

23 이상기체 5kg을 일정한 체적하에서 20℃에서 100℃까지 가열하는 데 필요한 열량(kJ)은? (단, C_v = 0.741kJ/kgK이다.)

① 287 ② 296.4
③ 28.7 ④ 2.87

해설 $Q = mC_v(t_2 - t_1) = 5 \times 0.742(100-20) = 296.4\text{kJ}$

24 공기 3kg을 압력 0.2MPa, 온도 30℃ 상태에서 온도의 변화 없이 압력 1MPa까지 가역적으로 압축하는 데 필요한 일은 몇 kJ인가?

① 42 ② 420
③ 4,200 ④ 42,000

해설 등온변화(T=C)
절대일량과 공업일량의 크기는 같다(${}_1W_2 = W_t$).

$${}_1W_2 = P_1V_1\ln\frac{V_2}{V_1} = P_1V_1\ln\frac{P_1}{P_2}$$
$$= mRT\ln\frac{P_1}{P_2} = 3\times0.287\times(303)\ln\left(\frac{1}{0.2}\right)$$
$$≒ 420\text{kJ}$$

25 온도 10℃, 압력 0.2MPa의 체적 2m³ 공기를 1MPa까지 가역적으로 단열압축하였다. 공업일(W_t)은 몇 kJ인가? (단, 공기비열비(k) = 1.4다)

① 819 ② 585
③ −819 ④ −585

해설
$$\frac{T_2}{T_1} = \left(\frac{V_1}{V_2}\right)^{k-1} = \left(\frac{P_2}{P_1}\right)^{\frac{k-1}{k}}$$
$$\therefore V_2 = V_1\left(\frac{P_1}{P_2}\right)^{\frac{1}{k}} = 2\left(\frac{0.2}{1}\right)^{\frac{1}{1.4}} = 0.634\text{m}^3$$
가역단열 변화 시
$$\text{공업일}(W_t) = \frac{k}{k-1}(P_1V_1 - P_2V_2)$$
$$= \frac{1.4}{1.4-1}(0.2\times2 - 1\times0.634)$$
$$= -0.819\text{MJ} = (-819\text{kJ})$$

26 반완전가스를 설명한 것 중 옳은 것은?

① 비열은 온도, 압력에 관계없이 일정하다.
② 정압비열과 정적비열의 차가 일정하지 않다.
③ 비열은 압력에 관계없이 온도만의 함수이다.
④ 상태식 $PV=RT$를 따르지 않는다.

해설 반완전가스(Semi-perfect Gas)란 이상기체상태 방정식($PV=RT$)을 만족시키며 비열(C) = $f(T)$이 온도만의 함수인 가스를 말한다.

27 이상기체의 내부 에너지에 대한 Joule의 법칙에 맞는 것은?

① 내부 에너지는 체적만의 함수이다.
② 내부 에너지는 엔탈피만의 함수이다.
③ 내부 에너지는 압력만의 함수이다.
④ 내부 에너지는 온도만의 함수이다.

해설 Joule의 법칙: 완전기체(이상기체)의 내부에너지는 온도만의 함수이다. $U=f(T)$

28 10ata, 250℃의 공기 5kg이 $PV^{1.3} = C$에 의해서 체적비가 5배로 될 때까지 팽창하였다. 이때 내부 에너지의 변화는 몇 kJ/kg인가?

① 143.6 ② 718
③ −143.6 ④ −718

해설
$$\frac{T_2}{T_1} = \left(\frac{V_1}{V_2}\right)^{n-1} \text{에서}$$
$$T_2 = T_1\left(\frac{V_1}{V_2}\right)^{n-1} = (250+273)\times\left(\frac{1}{5}\right)^{1.3-1}$$
$$= 322.7\text{K}$$
$$(u_2 - u_1) = \frac{(U_2 - U_1)}{m} = C_v(T_2 - T_1)$$
$$= 0.717(322.7 - 523)$$
$$= -143.6\text{kJ/kg}$$

정답 23 ② 24 ② 25 ① 26 ③ 27 ④ 28 ③

29 열역학 제1법칙에 어긋나는 것은?

① 받은 열량에서 외부에 한 일을 빼면 내부 에너지의 증가량이 된다.
② 열은 고온체에서 저온체로 흐른다.
③ 계가 한 참일은 계가 받은 참열량과 같다.
④ 에너지 보존의 법칙이다.

해설 열은 고온체에서 저온체로 흐른다는 것은 방향성(비가역성) 법칙으로 열역학 제2법칙이다.

30 제1종 영구운동기관이란?

① 열역학 제0법칙에 위반되는 기관
② 열역학 제1법칙에 위반되는 기관
③ 열역학 제2법칙에 위반되는 기관
④ 열역학 제3법칙에 위반되는 기관

해설 제1종 영구운동기관이란 외부로부터 에너지를 공급받지 않고도 영구적으로 일을 할 수 있는 기관으로 열역학 제1법칙(에너지 보존의 법칙)에 위반되는 기관이다.

31 동력의 단위가 아닌 것은?

① PS ② BTU/h
③ kg m/s ④ kWh

해설 1킬로와트시(1kWh) = 3,600kJ = 860kcal 열량단위다.

32 1HP가 1시간 동안에 한 일을 열량으로 환산하면 몇 MJ인가?

① 2.68 ② 26.8
③ 160.8 ④ 1,608

해설 1HP = 550ft-Lb/sec ≒ 76kg m/sec = 641kcal/h
= 0.745kW= $(0.745 \times 3,600) \times 10^{-3}$
= 2.683MJ

33 1kW가 1시간 동안에 한 일을 열량으로 환산하면 몇 MJ인가?

① 3.6 ② 36
③ 35.28 ④ 353

해설 1kWh = 3,600kJ(= 3.6MJ)

정답 29 ② 30 ② 31 ④ 32 ① 33 ①

Chapter 04 열역학 제2법칙(엔트로피 증가법칙)

1 열역학 제2법칙(엔트로피 증가법칙 = 비가역법칙: 방향성을 제시한 법칙)

에너지 변환의 실현 가능성을 밝혀주는 경험(자연)법칙이다.

① **클라지우스(clausius)의 표현**: 열은 그 자신만의 힘으로는 저온체에서 고온체로 흐를 수 없다(클라지우스 표현은 성능계수가 무한대인 냉동기는 제작이 불가능하다는 의미이다).

② **켈빈–플랭크(Kelvin–Plank)의 표현**: 열을 계속적으로 일로 바꾸기 위해서는 그 일부를 저온체에 버리는 것이 필요하다는 것으로서, 효율이 100%인 열기관은 존재할 수 없다는 의미(제2종 영구운동기관을 부정하는 법칙)이다.

2 열기관의 열효율 및 냉동기 성적계수

① 열기관의 열효율$(\eta) = \dfrac{Q_1 - Q_2}{Q_1} = \dfrac{W_{net}}{Q_1} = 1 - \dfrac{Q_2}{Q_1}$

② 냉동기의 성능(성적)계수$(\varepsilon_R) = \dfrac{Q_2}{Q_1 - Q_2} = \dfrac{Q_2}{W_c}$

③ 열펌프의 성능계수$(\varepsilon_H) = \dfrac{Q_1}{Q_1 - Q_2} = \dfrac{Q_1}{W_c} = 1 + \varepsilon_R$

3 카르노 사이클(carnot cycle)

가역 사이클(cycle)이며, 열기관 사이클 중에서 가장 이상적인 사이클이다(등온변화 2개와 가역 단열변화(등엔트로피 변화) 2개로 구성).

1) 카르노 사이클의 열효율

$$\eta_c = \frac{W_{net}}{Q_1} = \frac{Q_1 - Q_2}{Q_1} = 1 - \frac{Q_2}{Q_1} = 1 - \frac{T_2}{T_1}$$

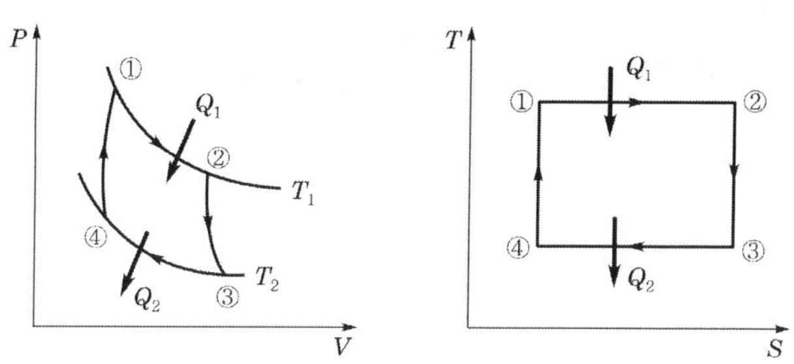

카르노 사이클의 $P-V$ 선도와 $T-S$ 선도

2) 카르노 사이클의 특성

① 열효율은 동작유체의 양에 관계없이 양 열원의 절대온도만의 함수로 구할 수 있다.

② 열기관의 이상 사이클로서 최고의 열효율을 갖는다(가역사이클이다).

③ 실제로 작동이 불가능한 사이클이다.

④ 공급열량(Q_1)과 고열원 온도(T_1), 방출열량(Q_2)과 저열원온도(T_2)는 각각 비례한다.

$$\frac{Q_1}{T_1}=\frac{Q_2}{T_2}\left(\frac{Q_2}{Q_1}=\frac{T_2}{T_1}\right)$$

⑤ $T-S$선도에서 장방형(직사각형)으로 표시된다.

4 클라우지우스(clausius)의 폐적분(순환적분)값

$$\oint \frac{\delta Q}{T} \le 0$$

- 가역사이클이면 등호(=), 비가역사이클이면 부등호(<)이다.

5 엔트로피(entropy)

$$\Delta S=\frac{\delta Q}{T}\,[\mathrm{kJ/K}]$$

엔트로피란 열에너지를 이용하여, 기계적 일을 하는 과정의 불완전도로 환원하면 과정의 비가역성을 표현하는 것으로 열에너지에 변화 과정에 관계되는 양으로 종량적 상태량이다.

- 열역학 제3법칙(nernst 열정리): 엔트로피에 절댓값을 정의한 법칙
  어떠한 이상적인 방법으로도, 어떤 계를 절대 0도(0K)에 이르게 할 수 없다는 법칙(절대 0도 부근에서 엔트로피는 제로에 접근한다).

6 완전가스의 비엔트로피(ds)

완전가스의 비엔트로피$(ds) = \dfrac{\delta q}{T}$[kJ/kgK]

① 정적 변화($v=c$): $s_2 - s_1 = C_p \ln\dfrac{T_2}{T_1} + R\ln\dfrac{P_1}{P_2} = C_v \ln\dfrac{P_2}{P_1}$[kJ/kgK]

② 정압 변화($p=c$): $s_2 - s_1 = C_p \ln\dfrac{T_2}{T_1} = C_p \ln\dfrac{v_2}{v_1}$[kJ/kgK]

③ 등온 변화($T=c$): $s_2 - s_1 = R\ln\dfrac{P_1}{P_2} = C_v \ln\dfrac{P_2}{P_1} + C_p \ln\dfrac{v_2}{v_1}$[kJ/kgK]

④ 가역 단열 변화[$({}_1q_2 = 0,\ ds = 0)$ = 등엔트로피 변화]

$ds = \dfrac{\delta q}{T}$에서 $\delta q = 0$이므로 $ds = 0$, 즉 $s_2 - s_1 = 0(s=c)$

⑤ 폴리트로픽 변화: $s_2 - s_1 = C_n \ln\dfrac{T_2}{T_1} = C_v\dfrac{n-k}{n-1}\ln\dfrac{T_2}{T_1} = C_v(n-k)\ln\dfrac{v_1}{v_2}$

$$= C_v\frac{n-k}{n}\ln\frac{P_2}{P_1}\text{[kJ/kgK]}$$

7 유효 에너지와 무효 에너지

열량 Q_1을 받고 열량 Q_2를 방열하는 열기관에서 기계적 에너지로 전환된 에너지를 유효 에너지 Q_a라 하면, $Q_a = Q_1 - Q_2$ (Q_2: 무효 에너지)

① 유효 에너지$(Q_a) = Q_1\eta_c = Q_1\left(1 - \dfrac{T_2}{T_1}\right) = Q_1 - T_2\Delta S\left(\Delta S = \dfrac{Q_1}{T_1}\right)$

② 무효 에너지$(Q_2) = Q_1(1-\eta_c) - Q_1\dfrac{T_2}{T_1} = T_2\Delta S$

Chapter 04 예상문제

01 어느 발전소가 65,000kW의 전력을 발생한다. 이때 이 발전소의 석탄소모량이 시간당 35ton이라면 이 발전소의 열효율은 얼마인가? (단, 이 석탄의 발열량은 27,209kJ/kg이라 한다.)

① 72 ② 52
③ 25 ④ 15

해설

$$\eta = \frac{3,600\text{kW}}{H_L \times m_f} \times 100\% = \frac{3,600 \times 65,000}{27,209 \times 35,000} \times 100\%$$

$$≒ 25\%$$

02 공기 2kg을 정적과정에서 20℃로부터 150℃까지 가열한 다음에 정압과정에서 150℃로부터 200℃까지 가열했을 경우의 엔트로피 변화와 무용 에너지 및 유용 에너지를 구하라. (단, 주위 온도는 10℃이다.)

① ΔS = 0.75kJ/K, E_u = 21.25kJ
E_a = 72.35kJ
② ΔS = 75kJ/K, E_u = 21.2kJ
E_a = 72.3kJ
③ ΔS = 75kJ/K, E_u = 212.25kJ
E_a = 72.35kJ
④ ΔS = 0.75kJ/K, E_u = 212.25kJ
E_a = 72.35kJ

해설

$$Q = mC_v(T_2 - T_1) + mC_p(T_3 - T_2)$$
$$= 2 \times 0.71 \times (423 - 293) + 2 \times 1 \times (473 - 423)$$
$$= 284.6\text{kJ}$$

$$\Delta S = \Delta S_1 + \Delta S_2 = mC_v \ln\frac{T_2}{T_1} + mC_p \ln\frac{T_3}{T_2}$$
$$= 2 \times 0.71 \times \ln\left(\frac{423}{293}\right) + 2 \times 1 \times \ln\left(\frac{473}{423}\right)$$
$$= 0.75\text{kJ/K}$$
$$E_u = T_0 \Delta S = 283 \times 0.75 = 212.25\text{kJ}$$
$$E_a = Q_A - E_u = 284.6 - 212.25 = 72.35\text{kJ}$$

03 물 5kg을 0℃에서 100℃까지 가열하면 물의 엔트로피 증가(kJ/K)는 얼마인가?

① 6.52 ② 65.2
③ 652 ④ 6,520

해설

$$\Delta S = \frac{\delta Q}{T} = \frac{mCdT}{T} = mC\ln\frac{T_2}{T_1}$$
$$= 5 \times 4.18 \ln\left(\frac{373}{273}\right) = 6.52\text{kJ/K}$$

04 완전가스 5kg이 350℃에서 150℃까지 n = 1.3 상수에 따라 변화하였다. 이때 엔트로피 변화는 몇 kJ/kgK가 되는가? (단, 이 가스의 정적비열은 C_v = 0.67kJ/kg, 단열지수 = 1.4)

① 0.086 ② 0.03
③ 0.02 ④ 0.01

해설

폴리트로픽 변화 시 비엔트로변화량(ds)

$$= \frac{\Delta S}{mT} = \frac{\delta q}{T} = C_n \ln\frac{T_2}{T_1}$$
$$= C_V \frac{n-k}{n-1} \ln\frac{T_2}{T_1}$$
$$= 0.67 \frac{1.3 - 1.4}{1.3} \ln\left(\frac{150 + 273}{350 + 273}\right)$$
$$= 0.086\text{kJ/kgK}$$

05 어느 열기관이 1사이클당 126kJ의 열을 공급받아 50kJ의 열을 유효일로 사용한다면 이 열기관의 열효율은 얼마인가?

① 30 ② 40
③ 50 ④ 60

해설

$$\eta = \frac{W_{net}}{Q_1} \times 100\% = \frac{50}{126} \times 100\% = 40\%$$

정답 01 ③ 02 ④ 03 ① 04 ① 05 ②

06 20℃의 주위 물체로부터 열을 받아서 −10℃의 얼음 50kg이 융해하여 20℃의 물이 되었다고 한다. 비가역 변화에 의한 엔트로피 증가를 구하라. [kJ/K] (단, 얼음의 비열은 2.1kJ/kgK, 융해열은 333.6kJ/kg)

① 79.79 ② 74.78
③ 50.1 ④ 5.01

해설
$Q=m_h C_h (T_2-T_1)+mQ_{융}+m_w C_w (T_3-T_2)$
$=50\times 2.1\times(273-263)+50\times 333.6+50$
$=21{,}910\text{kJ}$

$\Delta S_1 = m_h C_h \ln\frac{T_2}{T_1}+\frac{Q}{T_2}+m_w C_w \ln\frac{T_3}{T_2}$
$=50\times 2.1\ln\left(\frac{273}{263}\right)+\frac{50\times 333.6}{273}+50$
$\times 4.18\times\ln\left(\frac{293}{273}\right)=79.79\text{kJ/K}$

$\Delta S_2=\frac{-21{,}910}{20+273}=-74.78\text{kJ/K}$

$\therefore \Delta S=\Delta S_1-\Delta S_2=79.79-74.78=5.01\text{kJ/K}$

07 열역학 제2법칙을 옳게 표현한 것은?

① 에너지의 변화량을 정의하는 법칙이다.
② 엔트로피의 절댓값을 정의하는 법칙이다.
③ 저온체에서 고온체로 열을 이동하는 것 외에 아무런 효과도 내지 않고 사이클로 작동되는 장치를 만드는 것은 불가능하다.
④ 온도계의 원리를 규정하는 법칙이다.

해설
열역학 제2법칙(엔트로피 증가법칙) = 비가역법칙으로 저온체에서 고온체로의 열이동 시 반드시 외부로부터 일을 필요로 한다.

08 어떤 사람이 자기가 만든 열기관이 100℃와 20℃ 사이에서 419kJ의 열을 받아 167kJ의 유용한 일을 할 수 있다고 주장한다면, 이 주장은?

① 열역학 제1법칙에 어긋난다.
② 열역학 제2법칙에 어긋난다.
③ 실험을 해보아야 판단할 수 있다.
④ 이론적으로는 모순이 없다.

해설
$\eta_c=1-\frac{T_2}{T_1}=1-\frac{20+273}{100+273}=0.21(21\%)$

$\eta=\frac{W_{net}}{Q_1}=\frac{167}{419}\fallingdotseq 0.399(40\%)$

카르노 사이클(η_c)은 이상적 사이클로 열기관 사이클 중 열효율이 최고로 높은 사이클이나 실제 작동이 불가능한 사이클이다. 따라서 카르노 사이클보다 열효율이 높다라고 주장하는 것은 열역학 제2법칙에 위배된다.

09 제2종 영구운동기관이란?

① 영원히 속도변화 없이 운동하는 기관이다.
② 역역학 제2법칙에 위배되는 기관이다.
③ 열역학 제2법칙에 따르는 기관이다.
④ 열역학 제1법칙에 위배되는 기관이다.

해설
제2종 영구운동기관(열효율이 100%인 기관)은 열역학 제2법칙($\eta<1$)에 위배된다.

10 열역학 제2법칙은 다음 중 어떤 구실을 하는가?

① 에너지 보존 원리를 제시한다.
② 어떤 과정이 일어날 수 있는가를 제시해 준다.
③ 절대 0도에서의 엔트로피값을 제공한다.
④ 온도계의 원리를 규정하는 법칙이다.

해설
① 열역학 제1법칙
② 열역학 제2법칙(방향성을 나타낸 법칙)
③ 엔트로피의 절댓값을 정의한 열역학 제3법칙
④ 열역학 제0법칙(열평형의 법칙)

11 열역학 제2법칙을 설명한 것 중 틀린 것은?

① 제2종 영구기관은 동작물질의 종류에 따라 존재할 수 있다.
② 열효율 100%인 열기관은 만들 수 없다.
③ 단일 열저장소와 열교환을 하는 사이클에 의해서 일을 얻는 것은 불가능하다.
④ 열기관에서 동작물질에 일을 하게 하려면 그보다 낮은 열저장소가 필요하다.

해설
제2종 영구운동기관(열효율이 100%인 기관)은 열역학 제2법칙에 위배되는 기관으로 절대로 존재할 수 없다.

정답 06 ④ 07 ③ 08 ② 09 ② 10 ② 11 ①

12 Clausius의 열역학 제2법칙을 설명해주는 것은?

① 열은 그 자신으로서는 저온체에서 고온체로 흐를 수 없다.
② 모든 열교환은 계 내에서만 이루어진다.
③ 자연계의 엔트로피값 결정요소는 온도 강하이다.
④ 엔탈피와 엔트로피의 관계는 항상 밀접하다.

해설
클라우지우스(Clausius)의 표현: 열은 그 자신이(스스로) 저온체에서 고온체로의 이동은 불가능하다(성능계수가 무한대인 냉동기는 제작이 불가능하다는 의미).

13 Carnot 사이클은 어떠한 가역변화로 구성되며, 그 순서는?

① 단열팽창 → 등온팽창 → 단열압축 → 등온압축
② 단열팽창 → 단열압축 → 등온팽창 → 등온압축
③ 등온팽창 → 단열팽창 → 등온압축 → 단열압축
④ 등온팽창 → 등온압축 → 단열팽창 → 단열압축

해설
카르노 사이클의 구성 : 등온변화 2개와 가역단열변화 2개(등엔트로피 변화 2개)로 구성되어 있다.

14 어떤 변화가 가역인지 또는 비가역인지를 알려면?

① 열역학 제1법칙을 적용한다.
② 열역학 제2법칙을 적용한다.
③ 열역학 제3법칙을 적용한다.
④ 열역학 제0법칙을 적용한다.

해설
열역학 제2법칙은 방향성(비가역성)을 제시한 법칙이다.

15 카르노 사이클(carnot cycle)의 열효율을 높이는 방법에 대한 설명 중 틀린 것은?

① 저온쪽의 온도를 낮춘다.
② 고온쪽의 온도를 높인다.
③ 고온과 저온 간의 온도차를 작게 한다.
④ 고온과 저온 간의 온도차를 크게 한다.

해설

$$\eta_c = 1 - \frac{T_2}{T_1} = f(T_1,\ T_2)$$

∴ 효율을 높이려면 고온과 저온 간의 온도차를 크게 한다.

16 고온 열원의 온도 500℃인 카르노 사이클(carnot cycle)에서 1사이클당 1.3kJ의 열량을 공급하여 0.93kJ의 일을 얻는다면 저온열원의 온도는? [℃]

① 53　　② −53
③ 70.264　　④ 73.263

해설

$$\eta_c = 1 - \frac{T_2}{T_1} = \frac{W_{net}}{Q_1} \text{ 에서}$$

$$\frac{T_2}{T_1} = (1 - \eta_c) = (1 - \frac{W_{net}}{Q_1})$$

$$T_2 = T_1(1 - \frac{W_{net}}{Q_1}) = (500 + 273) \times \left(1 - \frac{0.93}{1.3}\right)$$

$$= 220\text{K} - 273\text{K} = -53℃$$

17 카르노 사이클 기관은?

① 가솔린 기관의 이상 사이클이다.
② 열효율은 좋으나 실용적으로 이용되지 않는다.
③ 기계효율은 좋고 크기 때문에 많이 이용된다.
④ 평균유효압력이 다른 기관에 비하여 크기 때문에 많이 이용된다.

해설
카르노 사이클은 열기관 사이클 중 열효율은 최고로 높으나 실용적으로 사용될 수 없는 이상(ideal) 사이클이다.

정답 12 ① 13 ③ 14 ② 15 ③ 16 ② 17 ②

18 증기를 교축(throttling)시킬 때 변화 없는 것은?

① 압력(pressure)
② 엔탈피(enthalpy)
③ 비체적(specific volume)
④ 엔트로피(entropy)

해설
증기(실제기체)를 교축팽창 시 ㉠ 압력 강하, ㉡ 비체적 증가, ㉢ 엔탈피 일정, ㉣ 엔트로피 증가, ㉤ 온도 강하

19 어떤 냉매액을 교축밸브(expansion valve)를 통과하여 분출시킬 경우 교축 후의 상태가 아닌 것은?

① 엔트로피는 감소한다.
② 온도는 강하한다
③ 압력은 강하한다.
④ 엔탈피는 일정 불변이다.

해설
냉매액(실제기체)을 교축팽창 시 팽창밸브에서의 과정은 비가역과정으로 엔트로피는 항상 증가한다 ($\Delta S>0$).

20 카르노 사이클로 작동되는 열기관에 있어서 사이클마다 2.94kJ의 일을 얻기 위해서는 사이클마다 공급열량이 8.4kJ, 저열원의 온도가 27℃이면 고열원의 온도는 몇 도가 되어야 하는가? [℃]

① 350 ② 650
③ 461.5 ④ 188.5

해설
$$\eta_c=\frac{W_{net}}{Q_H}=1-\frac{T_L}{T_H}\text{ 에서}$$
$$\left(\eta_c=\frac{W_{net}}{Q_H}=\frac{2.94}{8.4}=0.35\right)$$
$$\frac{T_L}{T_H}=(1-\eta_c)$$
$$T_H=\frac{T_L}{(1-\eta_c)}=\frac{27+273}{(1-0.35)}$$
$$=461.54\text{K}-273\text{K}=188.5℃$$

21 공기 1kg의 작업물질이 고열원 500℃, 저열원 30℃의 사이에 작용하는 카르노 사이클 엔진의 최고 압력이 0.5MPa이고, 등온팽창하여 체적이 2배로 된다면 단열팽창 후의 압력은 얼마인가? [kPa]

① 19 ② 25
③ 2.5 ④ 9.43

해설
$$T=C,\ P_1V_1=P_2V_2$$
$$P_2=P_1\left(\frac{V_1}{V_2}\right)=0.5\times\frac{1}{2}=0.25\text{MPa}$$
$$\frac{T_2}{T_1}=\left(\frac{P_2}{P_1}\right)^{\frac{k-1}{k}}\quad\text{가역단열팽창 시}$$
$$P_2=P_1\left(\frac{V_1}{V_2}\right)^{\frac{k}{k-1}}=0.25\left(\frac{30+273}{273+500}\right)^{\frac{1.4}{1.4-1}}$$
$$=9.43\text{MPa}$$

22 고열원 300℃와 저열원 30℃ 사이에 작동하는 카르노 사이클의 열효율은 몇 %인가?

① 40.1 ② 43.1
③ 47.1 ④ 50.1

해설
$$\eta_c=1-\frac{T_L}{T_H}=1-\frac{(30+273)}{(300+273)}\times100\%=47.1\%$$

23 우주 간에는 엔트로피가 증가하는 현상도, 감소하는 현상도 있다. 우주의 모든 현상에 대한 엔트로피 변화의 총화에 대하여 가장 타당한 설명은?

① 우주 간의 엔트로피는 차차 감소하는 현상을 나타내고 있다.
② 우주 간의 엔트로피 증감의 총화는 항상 일정하게 유지된다.
③ 우주 간의 엔트로피는 항상 증가하여 언젠가는 무한대가 된다.
④ 산업의 발달로 우주의 엔트로피 감소 경향을 더욱 크게 할 수 있다.

해설
우주 간의 엔트로피는 항상 증가하여 언젠가는 무한대(∞)가 된다.

정답 18 ② 19 ① 20 ④ 21 ④ 22 ③ 23 ③

24 2kg의 공기가 카르노 기관의 실린더 속에서 일정한 온도 70℃에서 열량 126kJ을 공급받아 가역 등온팽창한다고 보면 공기의 수열량의 무효 부분은? (단, 저열원의 온도는 0℃로 한다.) [kJ]

① 100.28　　② 116
③ 126　　④ 200.6

해설
무효에너지(Q_2)

$$= T_o \Delta S = 273\left(\frac{126}{70+273}\right) = 100.28\text{kJ}$$

25 온도-엔트로피 선도가 편리한 점을 설명하는 데 관계가 가장 먼 것은?

① 면적이 열량을 나타내므로 열량을 알기 쉽다.
② 단열변화를 쉽게 표시할 수 있다.
③ 랭킨 사이클을 설명하기에 편리하다.
④ 면적계(Planimeter)를 쓰면 일량을 직접 알 수 있다.

해설
온도-엔트로피 선도($T-S$선도)는 열량선도로 면적은 열량을 나타낸다.

26 비가역 반응에서 계의 엔트로피는?

① 변하지 않는다.
② 항상 변하며 감소한다.
③ 항상 변하며 증가한다.
④ 최소상태와 최종상태에만 관계한다.

해설
비가역 변화인 경우 계의 전체 엔트로피는 항상 증가한다.
$(\Delta S)_{total} > 0$

27 300℃의 증기가 1.674kJ의 열을 받으면서 가역 등온적으로 팽창한다. 엔트로피의 변화는 얼마인가?

① 5.58　　② 3.58
③ 2.92　　④ 1.02

해설

$$\Delta S = \frac{Q}{T} = \frac{1,674}{300+273} = 2.92\text{kJ/K}$$

28 다음은 엔트로피 원리에 대한 설명이다. 틀린 것은?

① 등온등압하에서의 엔트로피의 총합은 0이다.
② 모든 작동유체가 열교환을 할 경우 비가역 변화의 엔트로피 값은 증가한다.
③ 가역 사이클에서 엔트로피의 총합은 0이다.
④ 지구상의 엔트로피는 계속 증가한다.

29 절대온도가 T_1 및 T_2인 두 물체가 있다. T_1에서 T_2에 Q의 열이 전달될 때 이 두 개의 물체가 이루는 체계의 엔트로피의 변화는?

① $\dfrac{Q(T_2-T_1)}{T_1T_2}$　　② $\dfrac{Q(T_1-T_2)}{T_1T_2}$
③ $\dfrac{Q(T_2-T_1)}{T_1}$　　④ $\dfrac{Q(T_1-T_2)}{T_2}$

해설

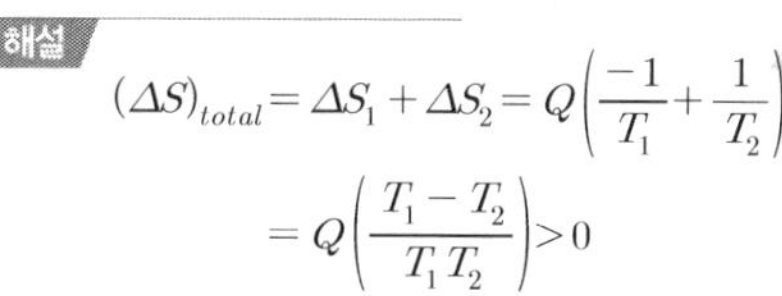

$$(\Delta S)_{total} = \Delta S_1 + \Delta S_2 = Q\left(\frac{-1}{T_1}+\frac{1}{T_2}\right) = Q\left(\frac{T_1-T_2}{T_1T_2}\right) > 0$$

30 10kg의 공기가 압력 P_1 = 0.5MPa로부터 V_1 = 5m^{2}에서 등온팽창하여 931kJ의 일을 하였다. 엔트로피의 증가량은 얼마인가? [kJ/K]

① 0.698　　② 1.07
③ 10.7　　④ 69.8

해설
$P_1V_1 = mRT$에서

$$T = \frac{P_1V_1}{mR} = \frac{0.5\times10^3\times5}{10\times0.287} = 871\text{K}$$

$$\Delta S = \frac{Q}{T} = \frac{931}{871} = 1.07\text{kJ/K}$$

정답 24 ① 25 ④ 26 ③ 27 ③ 28 ① 29 ② 30 ②

31 물 5kg을 0℃로부터 100℃까지 가열하면 물의 엔트로피 증가는?

① 6.52 ② 65.2
③ 96.25 ④ 962

해설

$$\Delta S = mC\ln\frac{T_2}{T_1} = 5\times 4.18\ln\left(\frac{373}{273}\right) = 6.52\text{kJ/K}$$

32 2kg의 산소가 일정 압력 밑에서 체적이 $0.4m^3$에서 $2m^3$으로 변했을 때 산소를 이상기체로 보고 산소의 $C_p = 0.88$[kJ/kgK]이라 할 경우 엔트로피 증가는? [kJ/K]

① 88 ② 8.8
③ 4.8 ④ 2.8

해설

$$\Delta S = \frac{\delta Q}{T} = \frac{mC_p dT}{T} = mC_p\ln\frac{T_2}{T_1}$$

$$= mC_p\ln\frac{V_2}{V_1} = 2\times 0.88\ln\left(\frac{2}{0.4}\right) = 2.8\text{kJ/K}$$

33 1kg의 산소가 체적 일정하에서 온도를 27℃에서 −10℃로 강하시켰을 때 엔트로피의 변화는 얼마인가? (단, 산소의 정적비열은 0.654kJ/kgK이다.) [kJ/K]

① 0.086 ② −0.86
③ 0.86 ④ −0.086

해설

$$\Delta S = \frac{\delta Q}{T} = \frac{mC_V dT}{T} = mC_V\ln\frac{T_2}{T_1}$$

$$= 1\times 0.654\ln\left(\frac{-10+273}{27+273}\right) = -0.086\text{kJ/K}$$

34 100℃의 수증기 5kg이 100℃ 물로 응결되었다. 수증기의 엔트로피 변화량은? (단, 수증기의 잠열은 2,256kJ/kg이다.) [kJ/K]

① 28 ② 30.24
③ −28 ④ −30.24

해설

$$\Delta S = \frac{Q_L}{T} = \frac{m\gamma_o}{100+273} = \frac{-(5\times 2{,}256)}{373}$$

$$= -30.24\text{kJ/K(감소)}$$

35 −5℃의 얼음 100kg이 20℃의 대량의 물에서 녹을 때 전체의 엔트로피의 증가는? [kJ/K] (단, 얼음의 비열 2.11kJ/kgK, 융해잠열은 333.6kJ/kg이다.)

① 146 ② 155.65
③ 14.6 ④ 9.65

해설

$$Q = 100\times 2.11\times 5 + 100\times 333.6 + 100\times 4.18\times 20$$

$$= 42{,}775\text{kJ}$$

$$\Delta S_1 = \frac{-42{,}775}{20+273} = -146\text{kJ/K}$$

$$\Delta S_2 = 100\times 2.11\ln\frac{273}{273-5} + \frac{100\times 333.6}{273} + 100$$

$$\times 4.18\ln\frac{293}{273} = +155.65\text{kJ/K}$$

$$\Delta S = \Delta S_2 + \Delta S_1 = 155.65 - 146 = 9.65\text{kJ/K}$$

36 다음 중 무효 에너지가 아닌 것은?

① 기준온도(절대온도)×엔트로피
② 기준온도(절대온도)×엔트로피의 변화
③ 효율이 낮아지면 커진다.
④ 카르노 사이클에서의 방출열량

해설

무효 에너지(방출열량) = $T_o\Delta S_2$ [kJ]

37 공기 5kg을 정적변화하에 10℃에서 100℃까지 가열하고 다음에 정압하에서 250℃까지 가열한다. 주위 온도를 빙점으로 했을 때 무효 에너지는 몇 kJ인가?

① 2.68 ② 73.1
③ 268 ④ 731

해설

$$\Delta S = mC_v\ln\frac{T_2}{T_1} + mC_p\ln\frac{T_3}{T_2}$$

$$= 5\times 0.717\ln\frac{100+273}{10+273} + 5\times\ln\frac{250+273}{100+273}$$

$$= 2.68\text{kJ/K}$$

$$Q_2 = T_0\Delta S = 273\times 2.68 = 731.64\text{kJ}$$

정답 31 ① 32 ④ 33 ④ 34 ④ 35 ④ 36 ① 37 ④

38 5kg의 물을 일정 압력하에서 25℃에서 90℃까지 가열되었을 때 -10℃를 기준온도로 했다면 공급열량 중에 무효 에너지는?

① 259 ② 1,086
③ 108.6 ④ 210.13

해설
$\Delta S = mC_p \ln\frac{T_2}{T_1} = 5\times4.18\ln\frac{90+273}{25+273}$
$= 4.13\text{kJ/K}$
$\therefore Q_2 = T_0\Delta S = (-10+273)\times4.13 = 1{,}086\text{kJ}$

39 폴리트로프 과정에 대한 다음 사항 중 틀린 것은? (단, T_1은 처음온도, T_2는 나중온도이다.)

① $k>n>1$일 때, $T_1 > T_2$이면 열을 흡수하고 팽창한다.
② $k<n$일 때, $T_1 > T_2$이면 압축일을 하고 방열한다.
③ $k>n>1$일 때, $T_1 < T_2$이면 방열하고 압축일을 계속한다.
④ $k<n$일 때, $T_1 < T_2$이면 방열하고 압축일을 한다.

정답 38 ② 39 ④

Chapter 05 증기(vapour)

1 증기의 일반적 성질

1) 정압하에서의 증발(P=C)

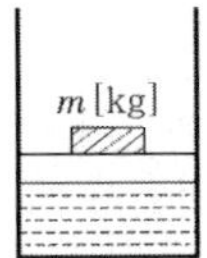

(a) 액체(물)
$x=0$
포화온도 이하
(물은 100℃ 이하)

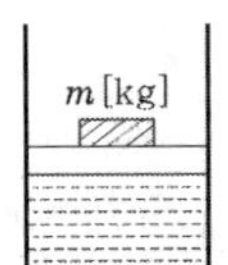

(b) 포화액(포화수)
$x=0$
포화온도
(물은 100℃)

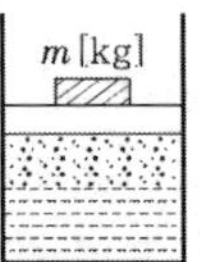

(c) 습증기, 포화증기, 습포화증기
$0<x<1$
포화온도
(물은 100℃)

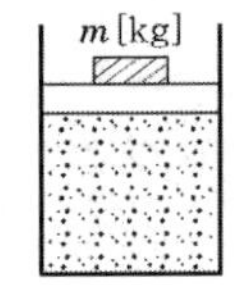

(d) 건포화증기
$x=1$
포화온도
(물은 100℃)

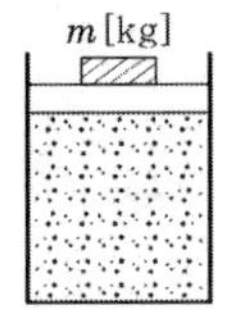

(e) 과열증기
$x=1$
포화온도 이상
(물은 100℃ 이상)

2) 정압하에서 $P-v$ 선도와 $T-s$ 선도

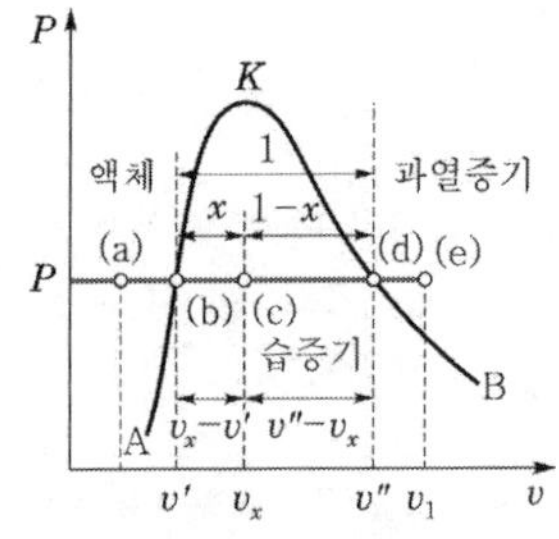

물의 상태 변화를 표시하는 $P-v$ 선도

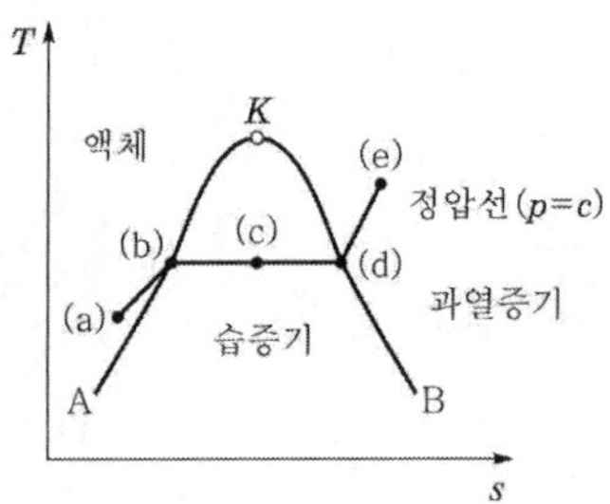

물의 상태를 표시하는 $T-s$ 선도

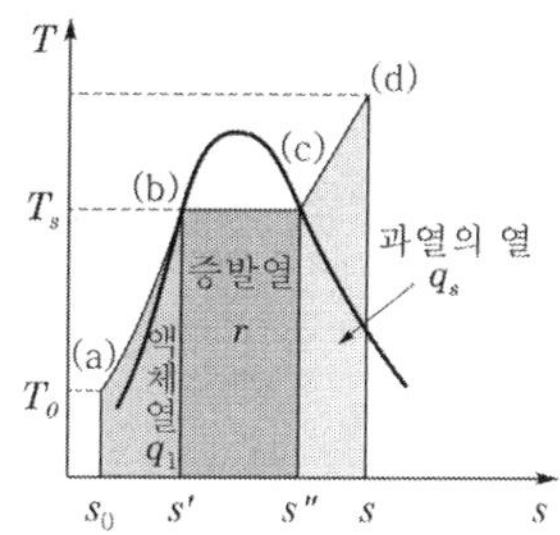

열적 상태량을 표시하는 $T-s$ 선도

2 증기의 열적 상태량

1) 포화액(수)

① 포화수의 엔탈피(h')

$$h' = h_0 + \int_{273}^{T_s} cdt$$

$$\therefore h' - h_0 = \int_{273}^{T_s} cdt = \text{액체열}(q_l) = (u' - u_0) + P(v' - v_0)[\text{kJ/kg}]$$

② 포화수의 엔트로피(s')

$$s' = s_o + \int_{T_S}^{T} \frac{\delta q}{T} = s_o + \int_{T_S}^{T} \frac{C_p dT}{T}[\text{kJ/kgK}]$$

$$\therefore s' - s_o = \int_{273}^{T} \frac{cdT}{T} = c\ln\frac{T}{273}[\text{kJ/kgK}]$$

2) 습포화증기(= 습증기)

① 증발열(γ) $= (h'' - h') = u'' - u' + p(v'' - v') = \rho + \psi[\text{kJ/kg}]$

② 내부 증발열(ρ) $= u'' - u'[\text{kJ/kg}]$

③ 외부 증발열(ψ) $= p(v'' - v')[\text{kJ/kg}]$

$$h_x = h' + x(h'' - h') = h' + x\gamma,\ u_x = u' + x(u'' - u') = u' + x\rho$$

$$s_x = s' + x(s'' - s') = s' + x\frac{\gamma}{T_s},\ \left(ds = \frac{\delta q}{T} = \frac{dh}{T}\right)[\text{kJ/kg K}]$$

3) 과열증기

① 과열증기의 엔탈피(h)

$$h = h'' + \int_{T_s}^{T} C_p dT \qquad \therefore h - h'' = \int_{T_s}^{T} C_p dT [\mathrm{kJ/kg}]$$

② 과열증기의 엔트로피(s)

$$s = s'' + \int_{T_s}^{T} C_p \frac{dT}{T} \qquad \therefore s - s'' = \int_{T_s}^{T} \frac{dT}{T} [\mathrm{kJ/kg \cdot K}]$$

Chapter 05 예상문제

01 증발잠열에 대한 설명 중 옳은 것은?

① 포화압력이 높을수록 증발잠열은 감소한다.
② 포화압력이 높을수록 증발잠열은 증가한다.
③ 증발잠열의 증감은 포화압력과 아무 관계가 없다.
④ 정답이 없다.

해설 증발(잠)열은 포화압력이 높을수록 증발잠열은 감소한다.

02 물의 임계온도는 몇 ℃인가?

① 427.15 ② 374.15
③ 225.15 ④ 100.15

해설 물의 임계온도(t_c) = 374.15℃
물의 임계압력(P_c) = 225.65ata

03 포화증기를 정적하에서 압력을 증가시키면 어떻게 되는가?

① 고상(固相)이 된다.
② 과냉액체가 된다.
③ 습증기가 된다.
④ 과열증기가 된다.

해설 포화증기를 정적하에서(v=c) 압력을 증가시키면 과열증기가 된다.

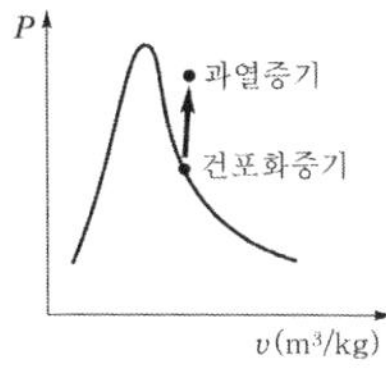

04 수증기에 대한 설명 중 틀린 것은?

① 물보다 증기의 비열이 적다.
② 수증기는 과열도가 증가할수록 이상기체에 가까운 성질을 나타낸다.
③ 포화압력이 높아질수록 증발잠열은 감소된다.
④ 임계압력 이상으로는 압축할 수 없다.

05 증기의 Mollier Chart는 종축과 횡축을 무슨 양으로 표시하는가?

① 엔탈피와 엔트로피
② 압력과 비체적
③ 온도와 엔트로피
④ 온도와 비체적

해설 수증기 몰리에르(Mollier) 선도란 비엔탈피(h)-비엔트로피(S) 선도를 말한다.

06 증발잠열을 설명한 것 중 맞는 것은?

① 증발잠열은 내부잠열과 외부잠열로 이루어진다.
② 증발잠열은 증발에 따르는 내부 에너지의 증가를 뜻한다.
③ 체적의 증가로서 증가하는 일의 열상당량을 뜻한다.
④ 건포화 증기의 엔탈피와 같다.

해설 증발(잠)열(γ)
=내부증발열$(u''-u')$+외부증발열$p(v''-v')$
$=\rho+\psi$[kJ/kg]
$\therefore \gamma=\rho+\psi$[kJ/kg]
물의 증발열(γ) = 539kcal/kgf = 2,256kJ/kg

정답 01 ① 02 ② 03 ④ 04 ④ 05 ① 06 ①

07 증기를 교축시킬 때 변화 없는 것은?

① 압력 ② 엔탈피
③ 비체적 ④ 엔트로피

해설 실제기체(증기)를 교축(throttling)팽창시키면
㉠ $P_1 > P_2$
㉡ $T_1 > T_2$
㉢ $h_1 = h_2$
㉣ 엔트로피 증가($\Delta S > 0$)

08 수증기의 Mollier Chart에서 다음과 같은 두 개의 값을 알아도 습증기의 상태가 결정되지 않는 것은?

① 비체적과 엔탈피
② 온도와 엔탈피
③ 온도와 압력
④ 엔탈피와 엔트로피

해설 습증기 구역($0 < x < 1$)에서 등온선과 등압선은 일치된다(같다).

09 압력 2MPa, 포화온도 211.38℃의 건포화증기는 포화수의 비체적이 0.001749, 건포화증기의 비체적이 0.1016이라면 건도 0.8인 습포화증기의 비체적은?

① 0.00546m³/kg ② 0.08163m³/kg
③ 0.13725m³/kg ④ 0.41379m³/kg

해설 건조도가 x인 습증기의 비체적(v_x)
$= v' + x(v'' - v')$
$= 0.001749 + 0.8(0.1016 - 0.001749)$
$= 0.08163\text{m}^3/\text{kg}$

10 습증기 $h-s$ 선도에서 교축과정은 어떻게 되는가?

① 원점에서 기울기가 45°인 직선이다.
② 직각 쌍곡선이다.
③ 수평선이다.
④ 수직선이다.

해설
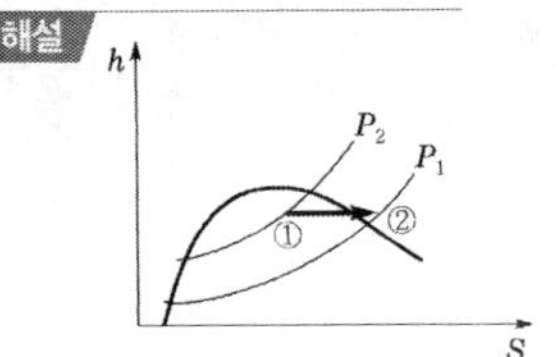

교축과정은 $h_1 = h_2$(수평선)이다.

11 증기의 Mollier Chart에서 잘 알 수 없는 것은?

① 포화수의 엔탈피
② 과열증기의 과열도
③ 과열증기의 단열팽창 후의 습도
④ 포화증기의 엔트로피

12 압력 1.2MPa, 건도 0.6인 습포화증기 10m³의 질량은? (단, 포화액체의 비체적은 0.0011373, 포화증기의 비체적은 0.1662 m³/kg이다.)

① 약 60.5kg ② 약 83.6kg
③ 약 73.1kg ④ 약 99.8kg

해설 $v_x = v' + x(v'' - v')$
$= 0.0011373 + 0.6(0.1662 - 0.0011373)$
$= 0.10017492(\text{m}^3/\text{kg})$
$m = \dfrac{V}{v_x} = \dfrac{10}{0.10017492} ≒ 99.8\text{kg}$

13 2MPa, 211.38℃인 포화수의 엔탈피가 905 kJ/kgK, 건포화증기의 엔탈피가 2,798kJ/kgK, 건도 0.8인 습증기의 엔탈피는?

① 241.94 ② 2,419.4
③ 189.3 ④ 1,893

해설 $h_x = h' + x(h'' - h')$
$= 905 + 0.8(2,798 - 905) = 2,419.4\text{kJ/kg}$

정답 07 ② 08 ③ 09 ② 10 ③ 11 ① 12 ④ 13 ②

14 압력 0.2MPa하에서 단위 kg의 물이 증발하면서 체적이 $0.9m^3$로 증가할 때 증발열이 2,177kJ이면 증발에 의한 엔트로피 변화는? [kJ/kgK] (단, 0.2MPa일 때, 포화온도는 약 120℃이다.)

① 0.18 ② 1.8
③ 5.54 ④ 18.14

해설
$$(s''-s')=\frac{\gamma}{T_S}=\frac{2,177}{(120+273)}=5.54\text{kJ/kgK}$$

15 일정압력 1MPa하에서 포화수를 증발시켜서 건포화증기를 만들 때 증기 1kg당 내부에너지의 증가는? [kJ/kg] (단, 증발열은 2,018kJ/kg, 비체적은 $v'=0.001126$, $v''=0.1981m^3/kg$)

① 2,018 ② 1,821
③ 2×10^6 ④ 2.07×10^6

해설
$$\begin{aligned}(u''-u')&=(h''-h')-p(v''-v')\\&=\gamma-p(v''-v')\\&=2,018-1\times10^3(0.1981-0.001126)\\&=1,821\text{kJ/kg}\end{aligned}$$

16 온도 300℃, 체적 $0.01m^3$의 증기 1kg이 등온하에서 팽창하여 체적이 $0.02m^3$가 되었다. 이 증기에 공급된 열량은? [kJ] (단, $x_1=0.425$, $x_2=0.919$, $s'=3.252$, $s''=5.7$이다.)

① 573 ② 1,402.7
③ 693 ④ 14,027

해설
$$\begin{aligned}q&=T_S(s''-s')(x_2-x_1)\\&=(300+273)\times(5.7-3.252)(0.919-0.425)\\&=693\text{kJ/kg}\end{aligned}$$

17 압력 1MPa, 건도 90%인 습증기의 엔트로피는 얼마인가? [kJ/kgK] (단, 포화수의 엔트로피는 2.129kJ/kgK, 건포화 증기의 엔트로피는 6.591kJ/kgK이다.)

① 6.591 ② 7.462
③ 6.7158 ④ 6.1448

해설
$$\begin{aligned}s_x&=s'+x(s''-s')\\&=2.129+0.9(6.591-2.129)=6.1448\text{kJ/kgK}\end{aligned}$$

18 건도가 x인 습증기의 비체적(v_x)을 구하는 식이다. 맞는 것은? (단, v' : 건포화 증기의 비체적, v'' : 포화액의 비체적)

① $v_x=v''+x(v''-v')$
② $v_x=v'+x(v''-v')$
③ $v_x=v'+x(v'-v'')$
④ $v_x=v''+x(v'-v'')$

해설
건도가 x인 습증기의 비체적(v_x)
$=v'+x(v''-v')(m^3/kg)$

19 교축열량계는 다음 중 어느 것을 측정하는 것인가?

① 열량 ② 엔탈피
③ 건도 ④ 비체적

해설
교축열량계(throttling calorimeter)는 증기의 건도(x)측정용 계기다.

20 대기압하에서 얼음에 열을 가했을 때 맞는 것은?

① −5℃의 얼음 1kg이 열을 받으면 0℃까지는 체적이 증가한다.
② 0℃에 도달하면 열을 가해도 온도는 일정하고 체적만 증가한다.
③ 0℃에 도달했을 때 계속 열을 가하면 얼음상태에서 온도가 올라가며 체적이 감소한다.
④ 0℃에 도달했을 때 계속 열을 가하면 얼음상태에서 온도가 올라가며 체적이 증가한다.

정답 14 ③ 15 ② 16 ③ 17 ④ 18 ② 19 ③ 20 ②

21 건도를 x라 하면 $0 < x < 1$일 때는 어느 상태인가?

① 포화수　② 습증기
③ 건포화증기　④ 과열증기

해설 습포화증기(습증기)의 건조도 범위($0 < x < 1$)

22 포화액의 건도는 몇 %인가?

① 0　② 30
③ 60　④ 100

해설 포화액(수)의 건도(x) = 0 (발생증기가 0임을 의미한다.)

23 과열도를 맞게 설명한 것은?

① 포화온도-과열증기온도
② 포화온도-압축수온도
③ 과열증기온도-포화온도
④ 과열증기온도-압축수온도

해설 과열도(degree of superheat) = 과열증기온도(T)-포화온도(T_s)

24 체적 400ℓ 의 탱크 속에 습증기 64kg이 들어 있다. 온도 350℃인 증기의 건도는 얼마인가? (단, 증기표에서 $V' = 0.0017468\text{m}^3/\text{kg}$, $V'' = 0.008811\text{m}^3/\text{kg}$이다.)

① 0.9　② 0.8
③ 0.074　④ 0.64

해설 $v_x = v' + x(v'' - v')[\text{m}^3/\text{kg}]$

$$건도(x) = \frac{v_x - v'}{v'' - v'} = \frac{\left(\frac{V}{m}\right) - v'}{v'' - v'}$$

$$= \frac{\left(\frac{0.4}{64}\right) - 0.00176468}{0.008811 - 0.00171468} = 0.64$$

25 임계점(critical point)을 맞게 설명한 것은?

① 고체, 액체, 기체가 평형으로 존재하는 점
② 가열해도 포화온도 이상 올라가지 않는 점
③ 그 이상의 온도에서는 증기와 액체가 평형으로 존재할 수 없는 상태
④ 어떤 압력에서 증발을 시작하는 점과 끝나는 점이 일치하는 점

해설 임계점(critical point)이란 주어진 온도 압력 이상에서 습증기가 존재하지 않는 점으로 물의 임계온도(t_c) = 374.15℃, 물의 임계압력(P_c) = 225.65ata이다.

26 등압하에서 액체 1kg을 0℃에서 포화온도까지 가열하는 데 필요한 열량은?

① 과열의 열　② 증발열
③ 잠열　④ 액체열

해설 등압하에서(p = c) 압축수(과냉액체)를 포화온도까지 높이는 데 필요한 열량은 액체열(q_l)이다.

27 습증기 범위에서 등온변화와 일치하는 것은?

① 등압변화　② 등적변화
③ 교축변화　④ 단열변화

해설 습증기($0 < x < 1$)구역에서는 온도선과 압력선이 일치된다.

28 수증기 몰리에르 선도에서 종축과 횡축은 무슨 양인가?

① 엔탈피와 엔트로피
② 압력과 비체적
③ 온도와 엔트로피
④ 온도와 비체적

해설 수증기 몰리에르 선도란 종축(y)에 비엔탈피-횡축(x)에 비엔트로피를 나타낸 선도이다.

정답 21 ② 22 ① 23 ③ 24 ④ 25 ④ 26 ④ 27 ① 28 ①

29 Van der Waals의 식은?

① $\left(P+\frac{a}{v^2}\right)(v-b)=RT$

② $\left(P-\frac{a}{v^2}\right)(v-b)=RT$

③ $\left(P+\frac{v^2}{a}\right)(v-b)=RT$

④ $\left(P-\frac{v^2}{a}\right)(v-b)=RT$

해설

반데르발스식(실제기체 방정식)

$\left(P+\frac{a}{v^2}\right)(v-b)=RT$

30 반데르발스의 식에서 a와 b는 무엇을 뜻하는가?

① a : 분자의 크기, b : 분자 사이의 인력

② a : 임계점 온도, b : 임계점의 비체적

③ a : 임계점의 비체적, b : 임계점의 온도

④ a : 분자 사이의 인력, b : 분자의 크기

31 건포화증기를 등적하에 압력을 낮추면 건도는 어떻게 되는가?

① 증가 ② 감소

③ 불변 ④ 증가 또는 감소

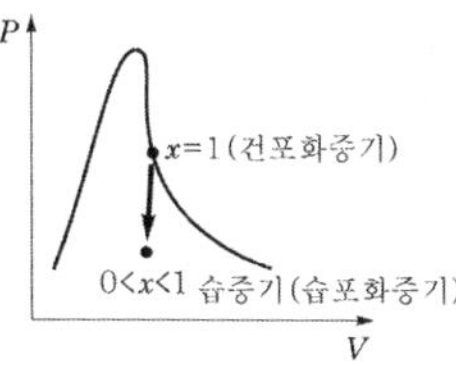

32 건도 x_1인 습증기가 등온하에 건도 x_2로 변할 때 가열량을 맞게 표시한 것은? (단, r은 증발열)

① $(x_1+x_2)r$ ② $(x_2-x_1)r$

③ x_1r ④ x_2r

해설

가열량$(q)=(x_2-x_1)r$[kJ/kg]

33 압력 3MPa인 물의 포화온도는 232.75℃인데 이 포화수를 등압하에 300℃의 증기로 가열하면 과열도는 몇 ℃인가?

① 43.17 ② 52.67

③ 62.75 ④ 67.25

해설

과열도 = 과열증기온도(T)−포화온도(T_s)

$=300-232.75=67.25$℃

34 압력 0.2MPa, 건도 0.2인 포화수증기 10kg을 가열하여 건도를 0.75 되게 하려면 가열에 필요한 열량은 얼마인가? [kJ] (단, 압력 2MPa일 때 증발열은 1,895kJ/kg이다.)

① 10,422.5 ② 18,905

③ 14,212.5 ④ 94,750

해설

$Q=m(x_2-x_1)r=10(0.75-0.2)\times 1{,}895$

$Q=mq=m(x_2-x_1)r$

$=10(0.75-0.2)\times 1{,}895=10{,}422.5\text{kJ}$

35 압력 2MPa, 포화온도 212.42℃인 포화수 엔탈피가 908.79kJ/kg, 포화증기의 엔탈피가 2,799.5kJ/kg, 건도 0.8인 습증기의 엔탈피는 얼마인가?

① 908.79 ② 2,239.6

③ 1,136 ④ 2,493

해설

$h_x=h'+x(h''-h')$

$=908.79+0.8(2{,}799.5-908.79)=2{,}493\text{kJ/kg}$

36 압력 1.2MPa, 건도 0.6인 습증기 10m³의 질량은 얼마인가? (단, 포화액체의 비체적은 0.0011373m³/kg, 건포화증기의 비체적은 0.662m³/kg이다.)

① 98 ② 49

③ 25 ④ 10

해설

$v_x=v'+x(v''-v')$

$=0.0011373+0.6\times(0.662-0.0011373)$

$=0.4\text{m}^3/\text{kg}$

$m=\frac{V}{v_x}=\frac{10}{0.4}=25\text{kg}$

정답 29 ① 30 ④ 31 ② 32 ② 33 ④ 34 ① 35 ④ 36 ③

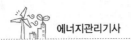

37 물 1kg이 압력 0.2MPa하에 증발하여 0.9m^{3}로 체적이 증가했다. 증발열이 2,177kJ/kg이면 내부증발열은 얼마인가?

① 2,100　② 180
③ 1,997.2　④ 199.7

해설
$(h''-h')=r=(u''-u')+p(v''-v')$[kJ/kg]
내부증발열$(u''-u')$
$=r-p(v''-v')=2{,}177-0.2\times10^3\times0.9$
$=1997.2$kJ/kg

38 압력 1MPa, 건도 0.4인 습증기 1kg의 가열에 의하여 건도가 0.8로 되었다. 외부에 대한 팽창일은 얼마인가? (단, 포화액체의 비체적은 0.0011262m^3/kg, 포화증기의 비체적은 0.1981m^3/kg이다.)

① 0.4　② 0.8
③ 0.078　④ 78,789

해설
외부팽창일$(\psi)=p(v''-v')(x_2-x_1)$
$=1\times10^3(0.1981-0.0011262)\times(0.8-0.4)$
$=78.789$kgm/kg

정답 37 ③　38 ④

Engineer Energy Management

Chapter 06

공기 압축기 사이클

1 공기 압축기(air compressor)

작용유체가 공기로서 외부에서 일을 공급받아 저압의 유체를 압축하여 고압으로 송출하는 기계이다.

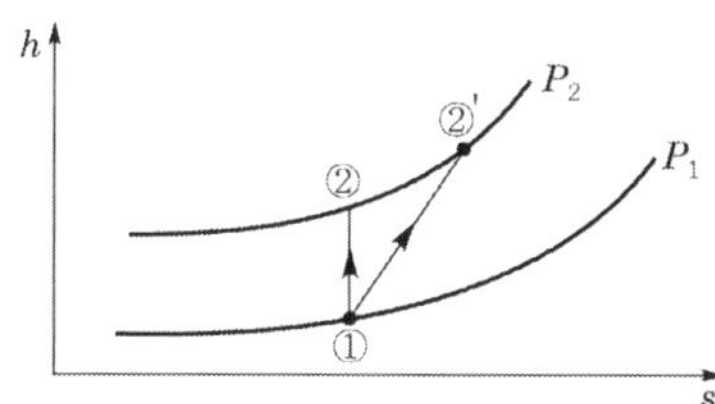

2 압축기 단열 효율(η_{ad})

$$\eta_{ad} = \frac{\text{단열압축시 이론일}}{\text{단열압축시 실제소요일}} = \frac{h_2 - h_1}{h_2' - h_1}$$

3 정의

① 통경(D): 실린더의 지름을 말한다.

② 행정(S): 실린더 내에서 피스톤이 이동하는 거리를 말한다.

③ 상사점: 실린더 체적이 최소일 때 피스톤의 위치를 말한다.

④ 하사점: 실린더 체적이 최대일 때 피스톤의 위치를 말한다.

⑤ 통극체적(clearance volume): 피스톤이 상사점에 있을 때 가스가 차지하는 체적(실린더의 최소 체적)으로, 보통 행정체적의 백분율로 표시하며 기호 λ로 표시한다.

$$\lambda = \frac{\text{통극체적}}{\text{행정체적}} = \frac{V_c}{V_D}$$

⑥ 행정체적: 피스톤이 배제하는 체적을 말한다.

$$V_D = \frac{\pi}{4} D^2 S^2$$

⑦ 압축비: 압축비는 왕복 내연기관의 성능을 좌우하는 중요한 변수로서, 기통체적과 통극체적의 비로서 정의된다.

$$\varepsilon = \frac{V_D + V_c}{V_c} = \frac{1+\lambda}{\lambda}$$

4 압축기의 소요 동력

초압과 종압을 P_1, P_2, 초온과 최종 온도를 T_1, T_2,
흡입체적과 행정체적을 V_1 및 V_D, 흡입량을 G라 하면,

① 등온압축마력(kW)

$$N_{is} = \frac{P_1 V_1}{60 \times 1{,}000} \ln \frac{P_2}{P_1} = \frac{mRT}{60 \times 1{,}000} \ln \frac{P_2}{P_1} \text{[kW]}$$

② 단열압축마력(kW)

$$N_{ad} = \frac{k}{k-1} \frac{mRT_1}{60 \times 1{,}000} \left[\left(\frac{P_2}{P_1} \right)^{\frac{k-1}{k}} - 1 \right] = \frac{k}{k-1} \frac{mRT_1}{60 \times 1{,}000} \left[\left(\frac{P_2}{P_1} \right)^{\frac{k-1}{k}} - 1 \right] \text{[kW]}$$

③ m단 압축의 단열압축마력(kW)

$$N_{ad} = \frac{mk}{k-1} \frac{P_1 V_1}{600 \times 1{,}000} \left[\left(\frac{P_2}{P_1} \right)^{\frac{k-1}{mk}} - 1 \right] = \frac{mk}{k-1} \frac{mRT_1}{60 \times 1{,}000} \left[(\frac{P_2}{P_1})^{\frac{k-1}{mk}} - 1 \right] \text{[kW]}$$

5 제 효율

1) 일반적인 체적 효율(η_v)

압축기에서 행정체적에 대한 압축기의 용량(흡입되는 기계체적)의 비율을 말한다.

$$\eta_v = \frac{V_{s'}}{V_s} = \frac{V_1 - V_4}{V_s}$$

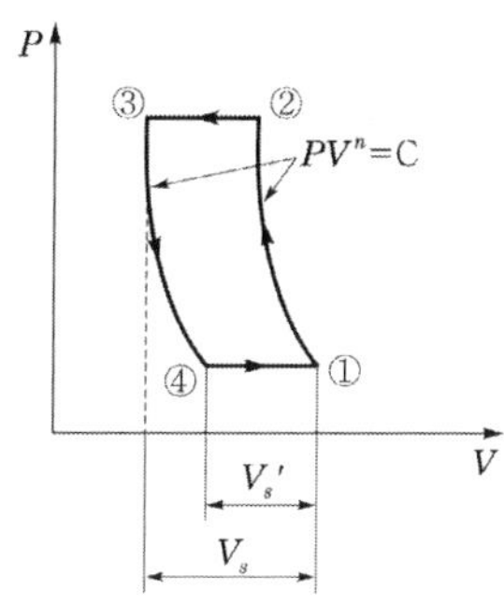

③~④가 폴리트로프 과정이므로,

$$V_4 = V_3\left(\frac{P_3}{P_4}\right)^{\frac{1}{n}}$$

그런데 $V_3 = \lambda V_s$, $V_1 = V_s + \lambda V_s$, $P_2 = P_3$, $P_4 = P_1$이므로,

$$\eta_v = \frac{V_1 - V_4}{V_s} = \frac{V_s(1+\lambda) - \lambda V_s\left(\frac{P_2}{P_1}\right)^{\frac{1}{n}}}{V_s} = 1 + \lambda - \lambda\left(\frac{P_2}{P_1}\right)^{\frac{1}{n}}$$

다단 압축기

압력비가 클 때(3~5 이상) 일을 작게 하고 *체적 비율(volumetric efficiency)을 크게 하기 위하여 압축을 여러 단으로 나누어 단과 단 사이에 중간 냉각기를 두고 냉각하면 필요한 일을 감소시킬 수 있다.

그림은 2단 압축 사이클을 나타낸 것이다.

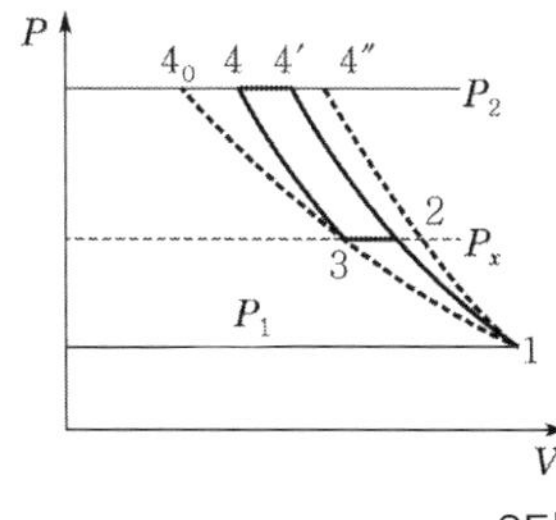

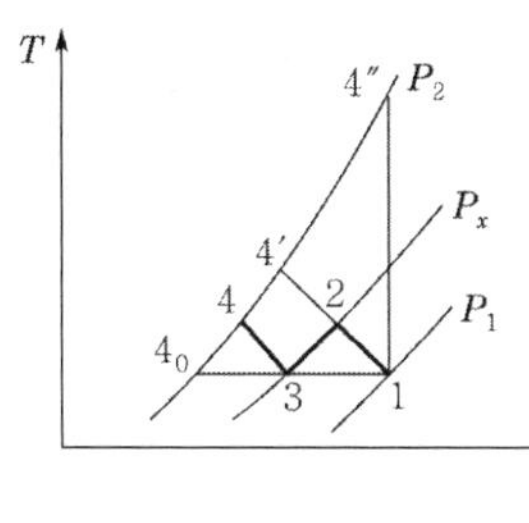

1 → 2 : 1단 폴리트로우프 압축
2 → 3: 중간 냉각기에 의한 냉각
3 → 4: 2단 폴리트로우프 압축
1 → 4": 1단 단열 압축
1 → 4: 1단 등온 압축

2단 압축 사이클

압축하는 데 필요한 일을 구하기 위하여 다음과 같이 가정을 한다.

① 제1단에서 P_1에서는 P_x까지 압축하는 것으로 한다.

② 중간 냉각기에서 가스는 압축 전의 온도까지 냉각한다($P_1 V_1 = P_x V_x$).

③ 간극은 생각하지 않는다.

$$\frac{P_x}{P_1} = \frac{P_2}{P_x} \qquad P_x^2 = P_1 P_2 \qquad \therefore\ P_x = \sqrt{P_1 P_2}$$

즉, 1단과 2단의 압축비를 같게 하면 된다.

예상문제

01 피스톤의 행정체적 20,000cc, 간극비 0.05인 1단 공기압축기에서 1ata, 20℃의 공기를 8ata까지 압축한다. 압축과 팽창과정은 모두 $PV^{1.3}=C$에 따라 변화한다면 체적효율은 얼마인가? 또, 사이클당 압축기의 소요일은 얼마인가?

① 82.5%, 8.25kJ
② 42.8%, 82.5kJ
③ 80%, 80kJ
④ 80.25%, 4.2kJ

해설

$$\eta_c = 1+\lambda-\lambda\left(\frac{P_2}{P_1}\right)^{\frac{1}{n}}$$

$$=1+0.05-0.05\left(\frac{8}{1}\right)^{\frac{1}{1.3}}\times 100[\%]$$

$$=80.25\%$$

$$W_t=\frac{n}{n-1}P_1V_1\left\{\left(\frac{P_2}{P_1}\right)^{\frac{n-1}{n}}-1\right\}\times\eta_v$$

$$=\frac{1.3}{1.3-1}\frac{101.325\times 1}{1.0332}\times 0.02\left\{\left(\frac{8}{1}\right)^{\frac{1.3-1}{1.3}}-1\right\}\times 0.8025$$

$$=4.2\text{kJ}$$

02 20℃인 공기 3kg을 0.1MPa에서 0.5MPa까지 가역적으로 압축할 때 등온과정의 압축일 및 압축 후의 온도를 구하여라(단, $n=1.3$이다.)

① 406kJ, 293K ② 581.96kJ, 191K
③ 58.2kJ, 293K ④ 40.6kJ, 210K

해설

$$W_t=mRT\ln\frac{P_2}{P_1}=3\times 0.287\times 293\ln\left(\frac{0.5}{0.1}\right)=406\text{kJ}$$

등온변화이므로

$(T_2=T_1)=t_c+273=20+273=293K$

03 통극체적에 대한 설명 중 옳은 것은 다음 중 어느 것인가?

① 실린더의 전 체적
② 피스톤이 하사점에 있을 때 가스가 차지하는 체적
③ 상사점과 하사점 사이의 체적
④ 피스톤이 상사점에 있을 때 가스가 차지하는 체적

해설

통극체적 = 간극체적(clearance volume)
피스톤이 상사점(TDC)에 있을 때 가스가 차지하는 체적(연소실체적이라고도 한다.)

04 압력 1.033ata, 온도 30℃의 공기를 10ata까지 압축하는 경우 2단 압축을 하면 1단 압축에 비하여 압축에 필요로 하는 일을 얼마만큼 절약할 수 있는가? (단, 공기의 상태는 $PV^{1.3}=C$을 따른다고 한다.)

① 61% ② 71%
③ 81% ④ 91%

해설

㉠ 1단 압축의 경우 압축일(공업일)

$$W_t=\frac{n}{n-1}RT\left[\left(\frac{P_2}{P_1}\right)^{\frac{n-1}{n}}-1\right]$$

$$=\frac{1.3}{1.3-1}\times 0.287\times 303\times\left[\left(\frac{10}{1.0332}\right)^{\frac{1.3-1}{1.3}}-1\right]$$

$$=259.5\text{kJ}$$

㉡ 2단 압축의 경우 압축일(공업일)

$$W_2=\frac{nN}{n-1}RT\left[\left(\frac{P_2}{P_1}\right)^{\frac{n-1}{Nn}}-1\right]$$

$$=\frac{1.3\times 2}{1.3-1}\times 0.287\times 303\times\left[\left(\frac{10}{1.0332}\right)^{\frac{1.2-1}{2\times 1.3}}-1\right]$$

$$=1{,}359\text{kJ}$$

• 압축일의 절약률(%) $=1-\frac{W_1}{W_2}$

$$=1-\frac{259.5}{1{,}359}\times 100\%=81\%$$

정답 01 ④ 02 ① 03 ④ 04 ③

05 통극비(λ)는 다음 중 어느 것인가? (단, V_c : 통극체적, V_s : 행정체적)

① $\lambda = \frac{V_c}{V_s}$　　② $\lambda = \frac{V_s}{V_c}$

③ $\lambda = \frac{V_c + V_s}{V_3}$　　④ $\lambda = \frac{V_c}{V_s} - 1$

해설

$$통극비(\lambda) = \frac{통극체적(V_c)}{행정체적(V_s)}$$

06 왕복식 압축기의 체적효율은 어느 것인가?

① 행정체적에 대한 간극체적의 비
② 단위체적당의 일
③ 실제의 토출량과 입구상태로 행정체적을 차지하는 기체의 무게와의 비
④ 행정체적에 대한 정미흡입체적의 비

해설

$$체적효율(\eta_v) = \frac{정미흡입체적(V_s')}{행정체적(V_s)} \times 100\%$$

07 다음 중 정상류의 압축이 최소인 것은?

① 등온 과정　　② 폴리트로프 과정
③ 등엔트로피 과정　④ 단열 과정

해설

압축일의 크기 순서
가역단열(등엔트로피)압축일 > 폴리트로픽 압축일 > 축 밑 등온압

08 압축기가 폴리트로프 압축을 할 때 폴리트로프 지수 n이 커지면 압축일은 어떻게 되는가?

① 작아진다.
② 커진다.
③ 클 수도 있고 작을 수도 있다.
④ 마찬가지이다.

해설

폴리트로픽 과정 시 압축일($\overline{W_t}$)

$$= \frac{n}{n-1} RT \left\{ \left(\frac{P_2}{P_1} \right)^{\frac{n-1}{n}} - 1 \right\} [kJ]$$

09 공기를 같은 압력까지 압축할 때 비가역 단열압축 후의 온도는 가열 단열압축 후의 온도에 비하여 어떠한가?

① 낮다.
② 높다.
③ 같다.
④ 높을 수도 있고 낮을 수도 있다.

해설

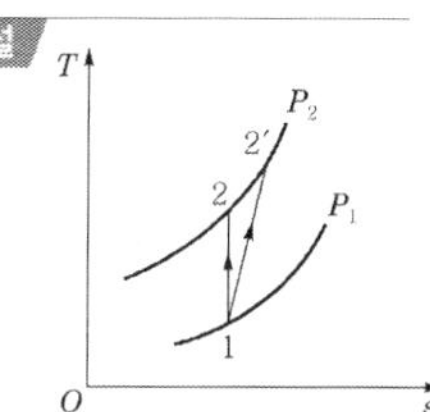

1-2 : 가역단열 과정(S=C)
1-2' : 비가역단열 과정(엔트로피 증가($S_2' > S_2$))
$\therefore T_{2'} > T_2$

10 행정체적 20ℓ, 극간비 5%인 1단 압축기에 의하여 0.1MPa, 20℃인 공기를 0.7MPa로 압축할 때 체적효율은 몇 %인가? (단, n = 1.3이다.)

① 75.2%　　② 82.66%
③ 88.24%　　④ 90.21%

해설

$$\eta_V = 1 - \lambda \left\{ \left(\frac{P_2}{P_1} \right)^{\frac{1}{n}} - 1 \right\} \times 100\%$$

$$= 1 - 0.05 \left\{ \left(\frac{0.7}{0.1} \right)^{\frac{1}{1.3}} - 1 \right\} \times 100\%$$

$$= 82.66\%$$

11 극간비가 증가하면 체적효율은?

① 증가 또는 감소
② 불변
③ 감소
④ 증가

해설

$$\eta_V = 1 - \lambda \left\{ \left(\frac{P_2}{P_1} \right)^{\frac{1}{n}} - 1 \right\} \times 100\%$$

극간비(λ)가 증가하면 체적효율(η_V)은 감소한다.

정답 05 ① 06 ④ 07 ① 08 ② 09 ② 10 ② 11 ③

12 1ata, 25℃의 공기를 8ata까지 2단 압축할 경우 중간압력 P_m은 얼마인가? (단, n = 1.3 폴리트로프 변화를 간주한다.)

① 1.18ata ② 2.83ata
③ 3.13ata ④ 4.58ata

해설

$$\frac{P_m}{P_1}=\frac{P_2}{P_m}$$

$$P_m=\sqrt{P_1P_2}=\sqrt{1\times8}=2.83\text{ata}$$

13 27℃, 0.1MPa의 공기 $10\text{m}^3/\text{min}$을 5MPa까지 압축하는 데 필요한 구동마력이 50Ps일 때 전효율을 구하면?

① 50.45% ② 73%
③ 82.14% ④ 90%

해설 등온도 시 마력(N_i)

$$=P_1V_1\ln\left(\frac{P_2}{P_1}\right)=0.1\times10^3\left(\frac{10}{60}\right)\ln\left(\frac{5}{0.1}\right)$$

$=26.82\text{kW(kJ/S)}$

1PS = 75kg·m/s = 0.735kJ/s

전효율(η)

$$=\frac{\text{등온도 시 마력}(Ni)}{\text{정미마력}(Ne)}=\frac{26.82}{50\times0.735}\times100\%=73\%$$

14 극간체적을 맞게 설명한 것은?

① 실린더 체적
② 상사점과 하사점 사이의 체적
③ 피스톤이 하사점에 있을 때 체적
④ 피스톤이 상사점에 있을 때 체적

해설 극간체적(V_c)은 피스톤(piston)이 상사점(TDC)에 있을 때 체적을 의미한다.

15 극간체적을 맞게 설명한 것은?

① 실린더 체적에 압축비를 곱한 것
② 행정체적에 압축비를 곱한 것
③ 행정체적을 압축비로 나눈 것
④ 실린더 체적을 압축비로 나눈 것

해설

$$\text{극간체적}(V_c)=\frac{\text{실린더 체적}(V)}{\text{압축비}(\varepsilon)}[\text{cm}^3]$$

16 2단 압축할 때 압축일이 최소가 되는 중간압력(P_m)은?

① $(P_1P_2)^2$ ② $(P_1P_2)^3$
③ $(P_1P_2)^{\frac{1}{2}}$ ④ $(P_1P_2)^{\frac{1}{3}}$

해설 1단, 2단 압축비를 같게 한다.

$$\left(\frac{P_m}{P_1}=\frac{P_2}{P_m}\right)$$

$$P_m=\sqrt{P_1P_2}=(P_1P_2)^{\frac{1}{2}}[\text{kPa}]$$

17 압력비가 일정할 때 극간비가 증가하면 체적효율은?

① 극간비와 관계없다.
② 불변
③ 증가
④ 감소

해설

$$\text{등온압축 시 체적효율}(\eta_V)=1-\lambda\left\{\left(\frac{P_2}{P_1}\right)-1\right\}$$

압력비$\left(\frac{P_2}{P_1}\right)$ 일정 시 통극비(λ)가 증가하면 체적효율(η_V)은 감소한다.

18 기체를 같은 압력까지 압축할 때, 비가역단열압축했을 때, 온도가 가역단열압축했을 때 온도에 비하여 맞는 것은?

① 서로 같다.
② 높을 때도 낮을 때도 있다.
③ 더 높아진다.
④ 더 낮아진다.

해설 가역단열압축(S=C) 시보다 비가역단열압축 시 압축 후 온도는 더 높아진다.

정답 12 ② 13 ② 14 ④ 15 ④ 16 ③ 17 ④ 18 ③

Chapter 07

Engineer Energy Management

가스 동력 사이클

1 내연 기관 사이클

1) 오토 사이클(Otto cycle = 동력사이클 = 가솔린 기관의 기본 사이클)

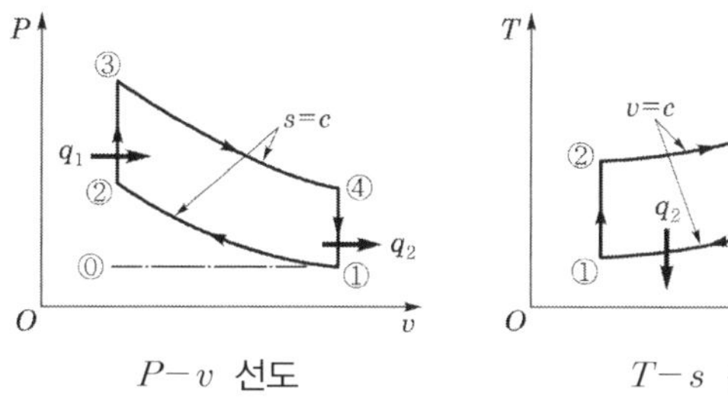

$P-v$ 선도　　　$T-s$ 선도

① 이론 열효율$(\eta_{tho}) = \dfrac{W_{net}}{q_1} = \dfrac{q_1 - q_2}{q_1} = 1 - \dfrac{T_4 - T_1}{T_3 - T_2} = 1 - \left(\dfrac{v_2}{v_1}\right)^{k-1} = 1 - \left(\dfrac{1}{\varepsilon}\right)^{k-1}$

오토 사이클의 열효율은 비열비($k-1.4$) 일정 시 압축비만의 함수이다. 압축비를 높이면 열효율은 증가한다.

② 평균 유효 압력$(P_m) = \dfrac{W_{net}}{v_1 - v_2} = \dfrac{\eta q_1}{(v_1 - v_2)} = \dfrac{P_1 q_1}{RT_1}\dfrac{\varepsilon}{\varepsilon - 1}\left[1 - \left(\dfrac{1}{\varepsilon}\right)^{k-1}\right]$

$$= P_1 \frac{(\alpha - 1)(\varepsilon^k - \varepsilon)}{(k-1)(\varepsilon - 1)} \text{[kPa]}$$

2) 디젤 사이클(diesel cycle = 등압사이클 = 저속 디젤 기관의 기본 사이클)

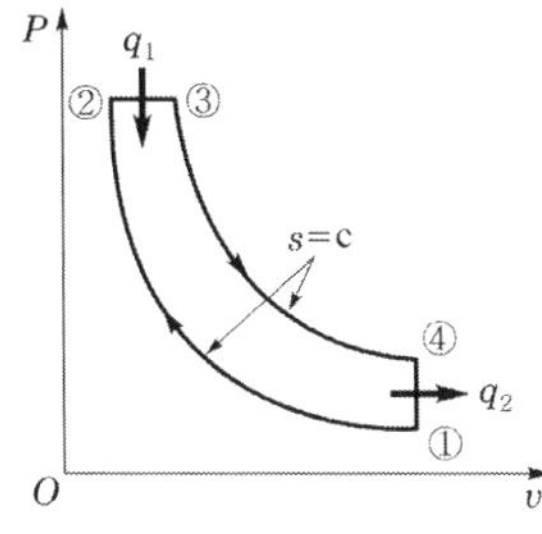

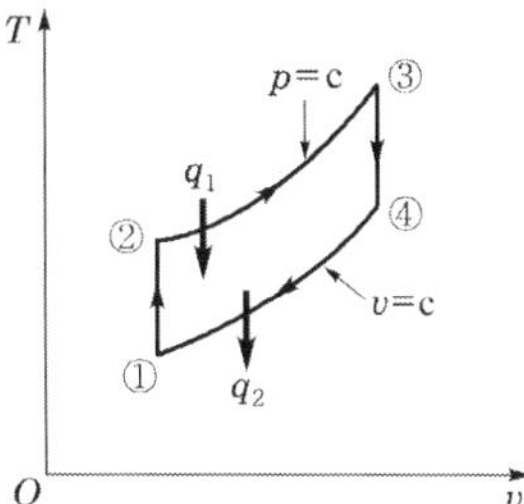

- 열효율$(\eta_{thd}) = 1 - \dfrac{q_2}{q_1} = 1 - \dfrac{C_v(T_4 - T_1)}{C_p(T_3 - T_2)} = 1 - \dfrac{(T_4 - T_1)}{k(T_3 - T_2)} = 1 - \left(\dfrac{1}{\varepsilon}\right)^{k-1}\dfrac{\sigma^k - 1}{k(\sigma - 1)}$

디젤 사이클(diesel cycle)의 이론적 열효율은 압축비(ε)가 증가하고 차단비(σ)가 감소할수록 이론열효율은 증가된다.

3) 복합 사이클(사바테 사이클 = 고속 디젤 기관의 기본사이클 = 이중연소 사이클)

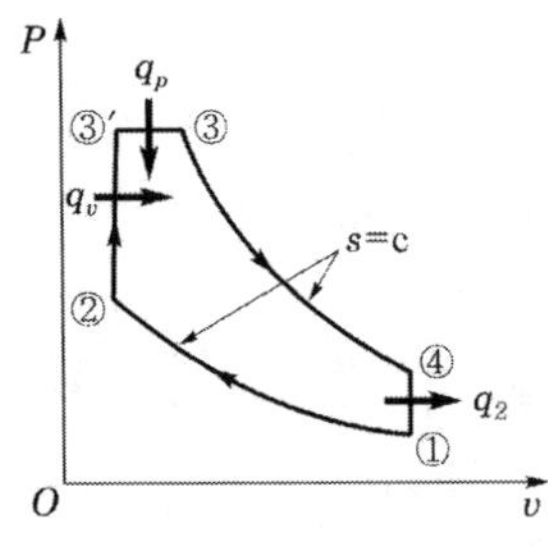

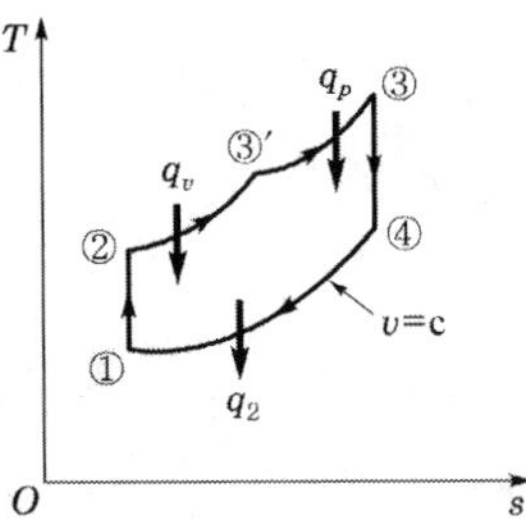

- 열효율(η_{ths})$= 1 - \dfrac{C_v(T_4 - T_1)}{C_v(T_{3'} - T_2) + C_p(T_3 - T_{3'})}$

$$= 1 - \left(\frac{1}{\varepsilon}\right)^{k-1} \frac{\rho\sigma^k - 1}{(\rho - 1) + k\rho(\sigma - 1)}$$

- 각 사이클의 비교
  ① 가열량 및 압축비가 일정할 경우: $\eta_{tho}(Otto) > \eta_{ths}(Sabathe) > \eta_{thd}(Diesel)$
  ② 가열량 및 최대 압력을 일정하게 할 경우: $\eta_{tho}(Otto) < \eta_{ths}(Sabathe) < \eta_{thd}(Diesel)$

4) 내연기관의 실제효율 및 출력

① 도시 열효율(선도효율)$(\eta_i) = \dfrac{w_i(\text{도시일})}{q_1(\text{공급일량})}$

② 기관효율$(\eta_g) = \dfrac{\eta_i(\text{도시열효율})}{\eta_{th}(\text{이론열효율})} = \dfrac{w_i(\text{도시일})}{w_{th}(\text{이론일})}$

③ 정미 열효율$(\eta_e) = \dfrac{w_e(\text{정미일})}{q_1(\text{공급일량})} = \eta_i\eta_m = \eta_{th}\eta_m$

④ 기계효율$(\eta_m) = \dfrac{w_e(\text{정미일})}{\eta_{th}(\text{도시일})} = \dfrac{\eta_e}{\eta_i}$

⑤ 정미 또는 제동 평균 유효압력$(P_{me}) = \dfrac{w_e}{V_s} = \dfrac{w_i\eta_m}{V_s} = P_{mi}\eta_m = P_{mth}\eta_g\eta_m$

⑥ 정미마력$(N_e) = \dfrac{P_{me}V_s nz}{75 \times 60} = \dfrac{H_e B\eta_e}{632.3}$

2 가스 터빈 사이클

1) 브레이턴 사이클(Brayton Cycle = 가스 터빈의 기본 사이클)

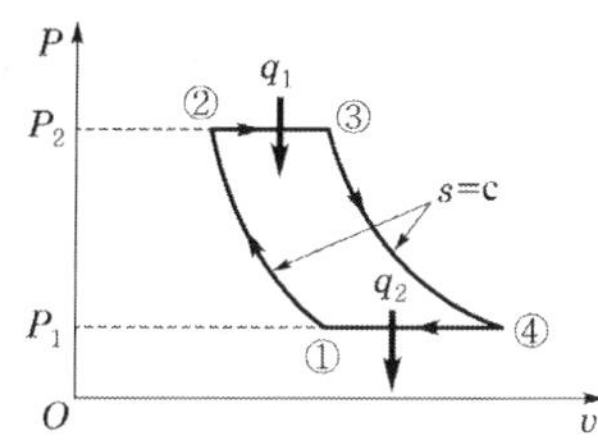

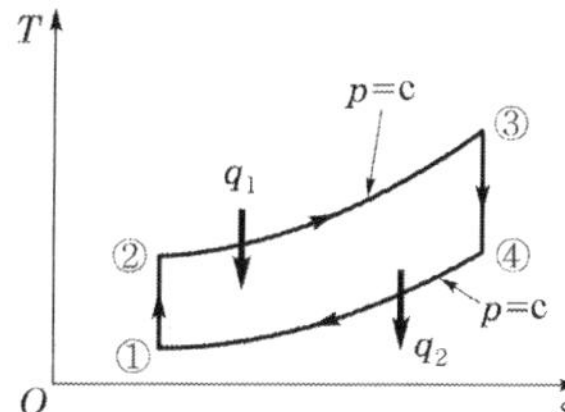

- 열효율$(\eta_B) = \dfrac{q_1 - q_2}{q_1} = 1 - \dfrac{T_4 - T_1}{T_3 - T_2} = 1 - \dfrac{1}{\left(\dfrac{P_2}{P_1}\right)^{\frac{k-1}{k}}} = 1 - \left(\dfrac{1}{\gamma}\right)^{\frac{k-1}{k}}$

  · 터빈의 단열효율$(\eta_t) = \dfrac{h_3 - h_{4'}}{h_3 - h_4} = \dfrac{T_3 - T_{4'}}{T_3 - T_4}$

  · 압축기의 단열효율$(\eta_c) = \dfrac{h_2 - h_1}{h_{2'} - h_1} = \dfrac{T_2 - T_1}{T_{2'} - T_1}$

  · 실제 사이클의 열효율

$$\eta_{actual} = \frac{w'}{q_{1'}} = \frac{(h_3 - h_4) - (h_{2'} - h_1)}{h_3 - h_{2'}} = \frac{(T_3 - T_{4'}) - (T_{2'} - T_1)}{T_3 - T_2}$$

3 기타 사이클

① 에릭슨 사이클(ericsson cycle): 브레이턴 사이클의 단열압축, 단열팽창을 각각 등온압축, 등온팽창으로 바꾸어 놓은 사이클로서 구체적으로는 실현이 곤란한 이론적인 사이클이다.

② 스털링 사이클(stirling cycle): 동작 물질과 주위와의 열교환은 카르노 사이클에서와 마찬가지로 2개의 등온 과정에서 이루어진다. 열교환에 의하여 압력이 변화하고 에릭슨 사이클에서와 마찬가지로 2개의 등온 과정에서 이루어진다. 열교환에 의하여 압력이 변화하고 에릭슨 사이클과 같이 흡입 열량과 방출 열량이 같고, 방출 열량을 완전히 이용할 수 있으면 열효율은 카르노 사이클과 같아진다.

③ 아트킨슨 사이클(atkinson cycle): 아트킨슨 사이클은 오토 사이클과 등압 방열 과정만이 다르며, 오토 사이클의 배기로 운전되는 가스 터빈의 이상 사이클로서 등적 가스 터빈 사이클이라고도 한다. 이 사이클은 오토 사이클로부터 팽창비를 압축비보다 크게 함으로써 더 많은 일을 할 수 있도록 수정한 것으로 볼 수 있다.

④ 르누아르 사이클(lenoir cycle): 이 사이클은 동작 물질의 압축 과정이 없으며, 정적하에서 가열되어 압력이 상승한 후 기체가 팽창하면서 일을 하고 정압하에 배열된다. 이 사이클은 펄스 제트(pulse jet)추진 계통의 사이클과 비슷하다.

Chapter 07 예상문제

01 압축비 8인 가솔린 기관이 압축 초의 압력 1ata, 온도 280℃의 오토 사이클을 행할 경우 열효율과 평균 유효압력을 구하여라. (단, 공급열량은 3,767kJ/kg이다.)

① 56.47%, 15.32kg/cm²
② 56.47%, 18.27kg/cm²
③ 72.12%, 20.02kg/cm²
④ 72.12%, 25.11kg/cm²

해설

$$\eta_{tho} = 1 - \left(\frac{1}{\varepsilon}\right)^{k-1} = 1 - \left(\frac{1}{8}\right)^{1.4-1} = 0.5647(56.47\%)$$

$$P_{meo} = P_1 \frac{(\alpha - 1)(\varepsilon^k - \varepsilon)}{(k-1)(\varepsilon - 1)} = 1 \times \frac{(8.97 - 1)(8^{1.4} - 8)}{(1.4-1)(8-1)} = 15.32\text{kg/cm}^2(\text{ata})$$

02 사이클의 효율을 높이는 방법으로 유효한 방법이 아닌 것은?

① 급열온도를 높게 한다.
② 방열온도를 낮게 한다.
③ 동작유체의 양을 많게 한다.
④ 카르노 사이클에 가깝게 한다.

03 다음은 오토 사이클에 대한 설명이다. 가장 타당성이 없는 표현은?

① 연소가 일정한 체적하에서 일어난다.
② 열효율이 디젤 사이클보다 좋다.
③ 불꽃착화 내연기관의 이상 사이클이다.
④ 압축비가 커지면 열효율도 증가한다.

해설

디젤 사이클은 오토 사이클보다 압축비를 크게 할 수 있으므로 이론 열효율이 더 높다.

04 브레이턴 사이클에서 최고온도가 700K, 팽창말의 온도가 500K인 가스터빈의 터빈 단열 효율을 η_t가 80%일 때 터빈의 출구에서의 공기의 온도는 몇 K인가?

① 700
② 500
③ 240
④ 540

해설

$$\eta_t = \frac{\text{비가역단열팽창 시 터빈일}}{\text{가역단열팽창 시 터빈일}} = \frac{(h_3 - h_{4'})}{(h_3 - h_4)} = \frac{T_3 - T_{4'}}{T_3 - T_4}$$

$$T_{4'} = T_3 + \eta_t(T_3 - T_4) = 700 + 0.8(700 - 500) = 540\text{K}$$

05 디젤 사이클의 효율에 대한 설명 중 옳은 것은?

① 분사단절비가 클수록 효율이 증가한다.
② 압축비가 적으면 효율은 증가한다.
③ 부분부하 운전을 할 때는 열효율이 나빠진다.
④ 분사단절비와 압축비만으로 나타낼 수 있다.

해설

$$\eta_{thd} = 1 - \left(\frac{1}{\varepsilon}\right)^{k-1} \frac{\sigma^k - 1}{k(\sigma - 1)} = f(\varepsilon \cdot \sigma)$$

디젤 사이클 이론 열효율(η_{thd})은 압축비(ε)가 크고, 분사 단절비(cut off ratio) σ가 적을수록 열효율은 증가한다.

06 가솔린 기관의 기본과정은 다음 중 어느 것인가?

① 정압정온 과정
② 정적정압 과정
③ 정적정온 과정
④ 정적단열 과정

해설

오토(otto) 사이클은 정적 사이클로 가솔린기관의 기본사이클이다. 오토 사이클은 2개의 정적과정과 2개의 단열과정으로 구성되어 있다.

정답 01 ① 02 ③ 03 ② 04 ④ 05 ④ 06 ④

07 오토 사이클의 열효율에 대한 설명 중 맞는 것은?

① 단절비가 증가할수록 감소한다.
② 압력상승비가 증가할수록 감소한다.
③ 압축비가 증가할수록 증가한다.
④ 압축비가 증가하고 체절비가 증가할수록 증가한다.

해설

$$\eta_{tho} = 1 - \left(\frac{1}{\varepsilon}\right)^{k-1} = f(\varepsilon)$$

오토 사이클은 비열비($k=1.4$) 일정 시 압축비(ε)만의 함수로 압축비를 증가시키면 열효율은 증가한다.

08 다음 열기관 사이클(cycle)이 2개인 정적과정, 2개의 단열과정으로 이루어진다. 이 사이클은 다음 중 어느 것인가?

① 카르노 사이클 ② 오토 사이클
③ 디젤 사이클 ④ 브레이턴 사이클

해설

오토 사이클(Otto cycle)은 2개의 정적(등적)과정과 2개의 가역단열과정($S=C$)으로 구성되어 있다.

09 디젤 사이클의 열효율은 압축비(ε)와 단절비(σ)라 할 때 어떻게 되겠는가?

① ε, σ이 클수록 증가된다.
② ε, σ이 작을수록 증가된다.
③ ε이 크고, σ가 작을수록 증가한다.
④ ε이 작고, σ가 클수록 증가한다.

해설

$$\eta_{thd} = 1 - \left(\frac{1}{\varepsilon}\right)^{k-1} \frac{\sigma^k - 1}{k(\sigma - 1)} = f(\varepsilon.\sigma)$$

디젤 사이클 이론 열효율(η_{thd})은 압축비를 크게 하고, 단절비(체절비)를 작게 할수록 열효율은 증가된다.

10 압력비가 8인 브레이턴 사이클의 열효율은 몇 %인가? (단, $k=1.4$이다.)

① 45 ② 50
③ 55 ④ 60

해설

$$\eta_{thB} = 1 - \left(\frac{1}{\gamma}\right)^{\frac{k-1}{k}} = 1 - \left(\frac{1}{8}\right)^{\frac{1.4-1}{1.4}} = 0.45(45\%)$$

11 공기 1kg으로 작동하는 500℃와 30℃ 사이의 카르노 사이클에서 최고압력이 0.7MPa으로 등온팽창하여 부피가 2배로 되었다면 등온팽창을 시작할 때의 부피는 몇 m^3인가?

① 0.12 ② 0.24
③ 0.32 ④ 0.42

해설

$$P_1 V_1 = mRT_1$$

$$V_1 = \frac{mRT_1}{P_1} = \frac{1 \times 0.287 \times (500+273)}{0.7 \times 10^3}$$

$$= 0.32\text{m}^3$$

12 디젤 사이클에서 열효율이 48%이고, 단절비 1.5, 단열지수 $k=1.4$일 때 압축비는 얼마인가?

① 4.348 ② 8.364
③ 6.384 ④ 5.348

해설

$$\text{압축비}(\varepsilon) = \left(\frac{1}{1-\eta_{thd}} \frac{\sigma^k - 1}{k(\sigma-1)}\right)^{\frac{1}{k-1}}$$

$$= \left(\frac{1}{1-0.48} \frac{1.5^{1.4} - 1}{1.4(1.5-1)}\right)^{\frac{1}{1.4-1}}$$

$$= 6.384$$

13 디젤 사이클의 구성요소로서 그 과정이 맞는 것은?

① 단열압축 → 정압가열 → 단열팽창 → 정압방열
② 단열압축 → 정적가열 → 단열팽창 → 정압방열
③ 단열압축 → 정적가열 → 단열팽창 → 정적방열
④ 단열압축 → 정압가열 → 단열팽창 → 정적방열

해설

디젤 사이클은 단열압축($s=c$) → 정압가열($p=c$) → 단열팽창($s=c$) → 정적방열($v=c$)

정답 07 ③ 08 ② 09 ③ 10 ① 11 ③ 12 ③ 13 ④

14 디젤 사이클에서 압축이 끝났을 때의 온도를 500℃, 연소최고일 때의 온도를 1,300℃라 하면 연료단절비는?

① 1.03　　② 2.03
③ 3.01　　④ 4.01

해설
연료차단비(fuel cut off ratio)

$$\sigma = \frac{T_3}{T_2} = \frac{1,300+273}{500+273} = 2.03$$

15 디젤 기관에서 압축비가 16일 때 압축 전 공기의 온도가 90℃라면 압축 후 공기의 온도는? (단, $k=1.4$이다.)

① 427.1　　② 671.41
③ 827.41　　④ 724.27

해설

$$\text{단열압축 후 온도}(T_2) = T_1\left(\frac{V_1}{V_2}\right)^{k-1} = T_1\varepsilon^{k-1}$$

$$= (90+273)\times 16^{1.4-1}$$

$$= 1,100.41\text{K} - 273\text{K} = 827.41℃$$

16 정적 사이클에서 동작가스의 가열 전후의 온도가 300℃, 1,200℃이고 방열 전후의 온도가 500℃, 60℃일 때 이론열효율은 몇 %인가?

① 20.5%　　② 40.1%
③ 45.4%　　④ 51.1%

해설

$$\eta_{tho} = 1 - \frac{q_2}{q_1} = 1 - \frac{C_V(T_4 - T_1)}{C_V(T_3 - T_2)}$$

$$= 1 - \frac{(T_4 - T_1)}{(T_3 - T_2)} = 1 - \frac{500-60}{1,200-300}$$

$$= 0.511(51.1\%)$$

17 내연기관에서 실린더의 극간체적(Clearance Volume)을 증가시키면 효율은 어떻게 되겠는가?

① 증가한다.
② 감소한다.
③ 변화가 없다.
④ 출력은 증가하나 효율은 감소한다.

해설

$$\text{압축비}(\varepsilon) = \frac{\text{실린더체적}(V)}{\text{극간체적}(V_c)}$$

$$= \frac{\text{극간체적}(V_c) + \text{행정체적}(V_s)}{\text{극간체적}(V_c)}$$

$$= 1 + \frac{V_s}{V_c}$$

18 다음 중 2개의 정압과정과 2개의 등온과정으로 구성된 사이클은?

① 브레이턴 사이클(Brayton Cycle)
② 에릭슨 사이클(Ericsson Cycle)
③ 스털링 사이클(Stirling Cycle)
④ 디젤 사이클(Diesel Cycle)

해설
에릭슨 사이클(Ericsson Cycle)은 정압과정 2개와 등온과정 2개로 구성된 사이클이다.

19 통극체적(Clearance Volume)이란 피스톤이 상사점에 있을 때 기통의 최소 체적을 말한다. 만약, 통극이 5%라면 이 기관의 압축비는 얼마인가?

① 16　　② 19
③ 21　　④ 24

해설
압축비(ε)

$$= \frac{\text{통극체적}(V_c) + \text{행정체적}(V_s)}{\text{통극체적}(V_c)}$$

$$= 1 + \frac{\text{행청체적}(V_s)}{\text{통극체적}(V_c)} = 1 + \frac{1}{0.05} = 21$$

20 브레이턴 사이클(Brayton Cycle)의 급열과정은?

① 등온과정　　② 정압과정
③ 단열과정　　④ 정적과정

해설
브레이턴 사이클(Brayton Cycle)의 급열과정, 방열과정은 등압과정($p=c$)이다(압축과 팽창과정은 등엔트로피($s=c$)과정이다).

정답 14 ② 15 ③ 16 ④ 17 ② 18 ② 19 ③ 20 ②

Chapter 08 증기 원동소 사이클

1 랭킨 사이클(Rankine cycle)

증기 원동소의 기본 사이클로서 2개의 단열 과정과 2개의 등압 과정으로 구성되어 있다.

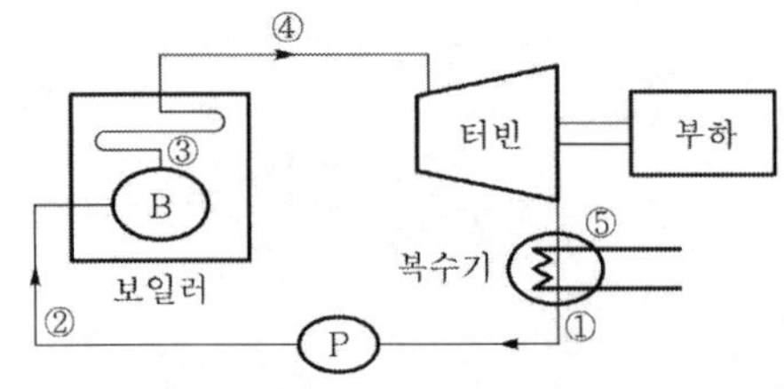

증기 원동소의 구성

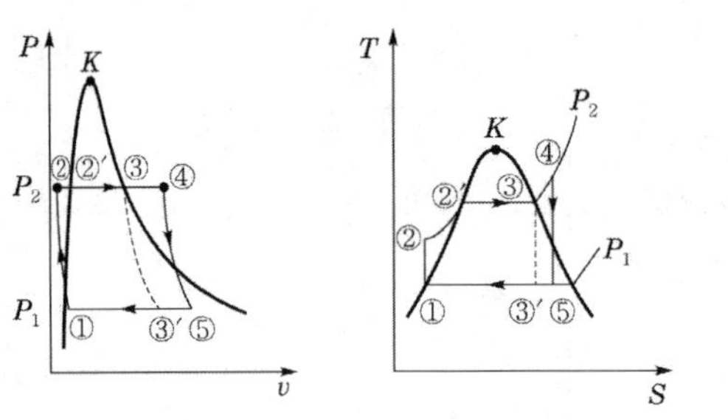

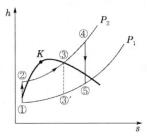

Rankine 사이클

사이클의 열효율 η_R은

$$\eta_R = 1 - \frac{q_2}{q_1} = 1 - \frac{h_5 - h_1}{h_4 - h_2} = \frac{(h_4 - h_5) - (h_2 - h_1)}{h_4 - h_2} \times 100\%$$

펌프 일 w_p을 무시할 경우($h_2 \fallingdotseq h_1$) 이론 열효율 η_R은

$$\eta_R = \frac{w_t}{q_1} = \frac{h_4 - h_5}{h_4 - h_1} \times 100\%$$

랭킨 사이클의 이론 열효율은 초온, 초압이 높을수록, 배압(복수기 압력)이 낮을수록 커진다.

2 재열 사이클(reheating cycle)

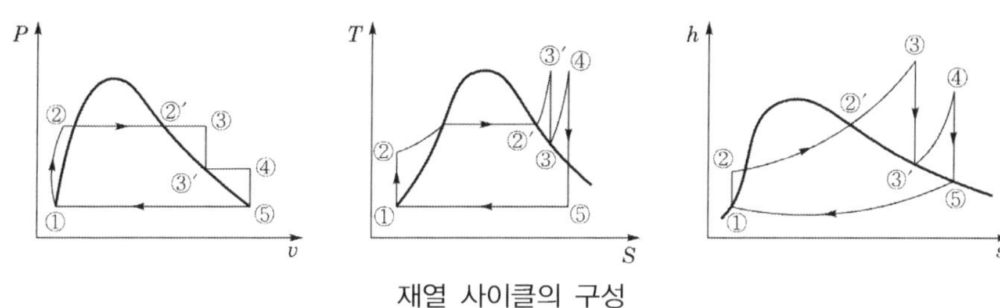

재열 사이클의 구성

터빈 날개의 부식을 방지하고 팽창일을 증대시키는 데 주로 사용된다.

1단 재열 사이클의 열효율(η_{RH})은

$$\eta_{Reh} = 1 - \frac{q_2}{q_1} = 1 - \frac{q_2}{q_b + q_R} = 1 - \frac{(h_5 - h_1)}{(h_3 - h_2) + (h_4 - h_3{}')}$$

$$= \frac{(h_3 - h_3{}') + (h_4 - h_5) - (h_2 - h_1)}{(h_2 - h_2) + (h_4 - h_3{}')} \times 100\%$$

펌프 일(w_p)을 무시하면[$h_2 \fallingdotseq h_1(put)$]

$$\eta_{Reh} = \frac{(h_3 - h_3{}') + (h_4 - h_5)}{(h_3 - h_1) + (h_4 - h_3{}')} \times 100\%$$

3 재생 사이클(regeneration cycle)

증기 원동소에서는 복수기에서 방출되는 열량이 많아 열손실이 크므로, 방출 열량을 회수하여 공급 열량을 가능한 한 감소시켜 열효율을 향상시키는 사이클이다.

$$w_t = (h_4 - h_7) - \{m_1(h_5 - h_7) + m_2(h_6 - h_7)\}$$

여기서, $m_1(h_5 - h_7)$: m_1kg 추기로 인한 터빈 일 감소량

$m_2(h_6 - h_7)$: m_2kg 추기로 인한 터빈 일 감소량

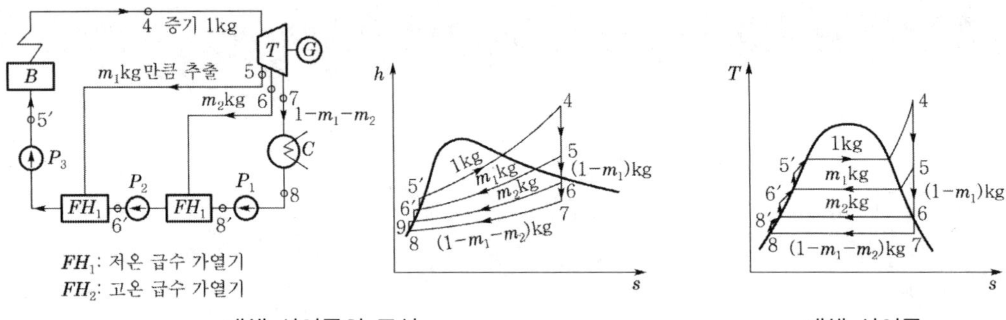

재생 사이클의 구성

재생 사이클

공급 열량 $q_1 = h_4 - h_5{}'$

펌프 일을 무시할 경우 이론 열효율(η_{RG})은

$$\eta_{RG} = \frac{w_t}{q_1} = \frac{(h_4 - h_7) - \{m_1(h_5 - h_7) + m_2(h_6 - h_7)\}}{h_4 - h_5{}'} \times 100\%$$

4 실제 사이클

① 배관 손실: 열전달이 터빈에 들어갈 때까지 $(h_a - h_1)$[kJ/kg]만큼의 배관 손실이 있게 된다 .

② 터빈 손실: $\eta_g = \dfrac{h_1 - h_2{}'}{h_1 - h_2} = \dfrac{w_t(\text{실제})}{w_t(\text{이상})}$

③ 펌프효율: $\eta_p = \dfrac{h_B - h_3}{h_B{}' - h_3} = \dfrac{w_p(\text{이상})}{w_p(\text{실제})}$

④ 복수기 또는 응축기 손실

Chapter 08

예상문제

01 랭킨 사이클의 각 과정은 다음과 같다. 부적당한 것은?

① 터빈에서 가역 단열팽창 과정
② 응축기에서 정압방열 과정
③ 펌프에서 단열압축 과정
④ 보일러에서 등온가열 과정

해설 보일러에서 급열과정은 등압과정이다.

02 다음은 랭킨 사이클에 관한 표현이다. 부적당한 것은?

① 응축기(복수기)의 압력이 낮아지면 배출열량이 적어진다.
② 응축기(복수기)의 압력이 낮아지면 열효율이 증가한다.
③ 터빈의 배기온도를 낮추면 터빈효율은 증가한다.
④ 터빈의 배기온도를 낮추면 터빈날개가 부식한다.

해설 터빈 배기온도를 낮추면 이론열효율은 증가하나 터빈효율은 감소한다.

03 다음은 2유체 사이클에 관한 표현이다. 부적당한 것은?

① 수은이 응축하는 잠열로써 수증기를 증발시킨다.
② 고온부에서는 수증기를 사용하면 터빈에서 나오는 증기의 습도가 증가한다.
③ 고온에서는 포화압력이 높은 수은 같은 것을 사용한다.
④ 수은의 응축기가 수증기의 보일러 역할을 한다.

해설 고온에서는 포화압력이 낮은 수은(Hg)을 사용한다.

04 다음은 랭킨 사이클에 관한 표현이다. 부적당한 것은?

① 보일러 압력이 높아지면 배출열량이 감소한다.
② 주어진 압력에서 과열도가 높으면 열효율이 증가한다.
③ 보일러 압력이 높아지면 열효율이 증가한다.
④ 보일러 압력이 높아지면 터빈에서 나오는 증기의 습도도 감소한다.

해설 랭킨 사이클에서 보일러 압력이 높아지면 터빈 출구에서 증기의 건조도는 감소하고 습도는 증가한다.

05 다음은 재생 사이클을 사용하는 목적을 들고 있다. 가장 적당한 것은?

① 배열을 감소시켜 열효율 개선
② 공급 열량을 적게 하여 열효율 개선
③ 압력을 높여 열효율 개선
④ 터빈을 나오는 증기의 습도를 감소시켜 날개의 부식방지

해설 복수기에서 방출열량을 사이클 내로 회수하여(폐열을 사용하므로) 가능한 공급열량을 적게 하여 열효율을 개선시킨 사이클이 재생 사이클이다.

06 재열 사이클은 다음과 같은 것을 목적으로 한 것이다. 부적당한 것은?

① 터빈이 증가
② 공급 열량을 감소시켜 열효율 개선
③ 높은 압력으로 열효율 증가
④ 저압축에서 습도를 감소

해설 공급열량을 감소시켜 열효율을 개선시킨 사이클은 재생사이클이다.

정답 01 ④ 02 ③ 03 ③ 04 ④ 05 ② 06 ②

07 랭킨 사이클에서 열효율이 25%이고 터빈일이 418.6kJ/kg이라고 하면 공급되어야 할 열량(kJ/kg)은? (단, 펌프일은 무시한다.)

① 104.65 ② 313.95
③ 860 ④ 1,674.4

해설

$\eta_R = \frac{w_{net}}{q_1} \times 100\%$에서

$q_1 = \frac{w_{net}}{\eta_R} = \frac{418.6}{0.25} = 1,674.4\text{kJ/kg}$

08 랭킨 사이클에 있어서 터빈에서 0.7MPa, 엔탈피 3,530kJ/kg로부터 복수기압력 0.004 MPa까지 등엔트로피 팽창한다. 펌프일을 고려하여 이론열효율을 구하여라. (단, 복수기압력하의 포화수의 엔탈피는 120kJ /kg, 비체적은 0.001m^3/kg이고, 터빈출구에서의 증기의 엔탈피는 2,096kJ/kg이다.)

① 41.2% ② 42%
③ 42.8% ④ 43.9%

해설

$w_p = -\int_1^2 vdp = v(p_1 - p_2)$

$= 0.001(0.7 - 0.004) = 0.696\text{kJ/kg}$

$\eta_R = \frac{w_{net}}{q_1} = \frac{(3,530 - 2,096) - 0.696}{3,530 - 120} \times 100\% = 42\%$

09 랭킨 사이클에서 등적이면서 동시에 단열변화인 과정은 어느 것인가?

① 보일러 ② 터빈
③ 복수기 ④ 펌프

해설

랭킨 사이클에서 급수 펌프(pump)는 단열압축과정($s = c$)이며 등적과정($v = c$)으로 취급한다.

$w_p = -\int_1^2 vdp[\text{kJ/kg}]$

10 증기 사이클에서 보일러의 초온과 초압이 일정할 때 복수기 압력이 낮을수록 다음 어느 것과 관계있는가?

① 열효율 증가 ② 열효율 감소
③ 터빈출력 감소 ④ 펌프일 감소

해설

초온, 초압이 일정 시 복수기 압력이 낮을수록 열효율은 증가한다.

11 $T-S$ 선도에서의 보일러와 과열기에서 가열하는 과정은?

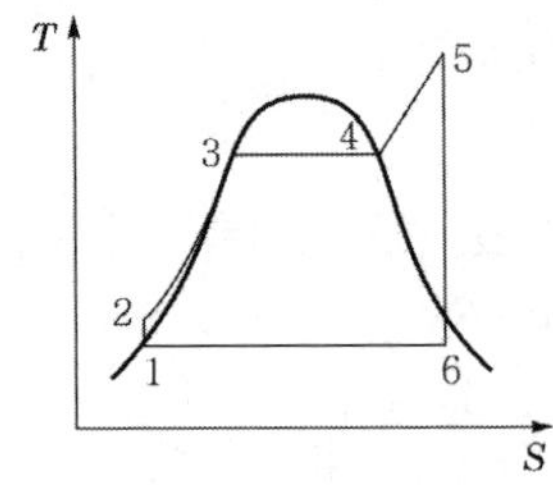

① 6 → 1 → 2
② 1 → 2 → 3 → 4
③ 2 → 3 → 4 → 5
④ 3 → 4 → 5 → 6

해설

랭킨 사이클 $T-S$(열량선도)에서
1 → 2(feed water pump) 급수펌프과정
2 → 3 → 4(보일러 급열과정)
4 → 5(과열기 가열과정)
5 → 6 터빈(단열팽창과정)
6 → 1 복수기(condencer)방열과정이다.

12 랭킨 사이클은 다음 어느 사이클인가?

① 가스터빈의 이상사이클
② 디젤 엔진의 이상사이클
③ 가솔린의 이상사이클
④ 증기원동소의 이상사이클

해설

랭킨 사이클(Rankine cycle)은 증기원동소(steam plant)의 이상사이클이다.

정답 07 ④ 08 ② 09 ④ 10 ① 11 ③ 12 ④

13 $h-s$ 선도에서 응축과정은?

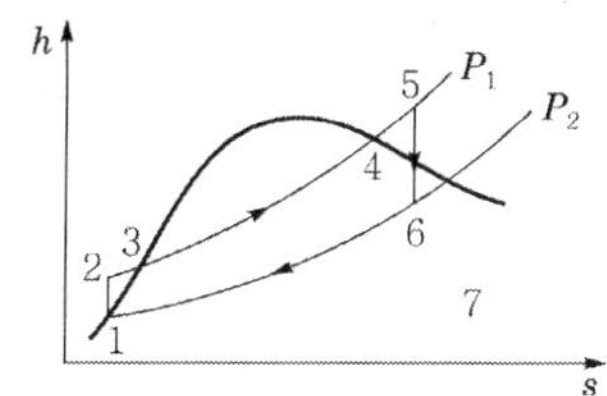

① 1-2　　② 5-6
③ 6-1　　④ 2-5

해설
복수(응축)과정은 6-1 과정이다(복수기 과정).

14 재열 사이클을 시키는 주목적은?

① 펌프일을 줄이기 위하여
② 터빈출구의 증기건도를 상승시키기 위하여
③ 보일러의 효율을 높이기 위하여
④ 펌프의 효율을 높이기 위하여

해설
터빈출구의 증기건도 상승(습도로 인한 터빈날개 부식방지) 및 열효율을 향상시키기 위하여

15 재생 사이클을 시키는 주목적은?

① 펌프일을 감소시키기 위하여
② 터빈출구의 증기의 건도를 상승시키기 위하여
③ 보일러용 공기를 예열하기 위하여
④ 추기를 이용하여 급수를 가열하기 위하여

해설
재생 사이클은 복수기에서 방출되는 열량을 사이클 내로 회수하고 터빈에서 팽창 도중의 증기를 일부 또는 전부를 추기하여 보일러급수를 예열시킴으로 사이클의 열효율을 향상시킨 사이클이다.

16 증기터빈에서 터빈효율이 커지면 맞는 것은?

① 터빈출구의 건도가 커진다.
② 터빈출구의 건도가 작아진다.
③ 터빈출구의 온도가 올라간다.
④ 터빈출구의 압력이 올라간다.

해설
터빈효율(η_t)

$$= \frac{\text{비가역단열팽창 시 비엔탈피 감소량}}{\text{가역단열팽창 시 비엔탈피 감소량}}$$

17 사이클의 고온측에 이상적인 특징을 갖는 작업물질을 사용하여 작동압력을 높이지 않고 작동 유효 온도범위를 증가시키는 사이클은?

① 카르노 사이클　　② 재생 사이클
③ 재열 사이클　　④ 2유체 사이클

해설
2유체 사이클(수증기와 수은(Hg))은 유효온도 범위를 증가시킨 증기원동소 사이클이다.

18 증기 사이클에서 터빈 출구의 건도를 증가시키기 위하여 개선한 사이클은?

① 재생 사이클　　② 재열 사이클
③ 2유체 사이클　　④ 개방 사이클

해설
재열 사이클은 습도로 인한 터빈 날개의 부식방지 및 랭킨 사이클을 개선시킨 사이클로 열효율도 향상시킨 사이클이다.

19 증기 사이클에 대한 설명 중에서 틀린 것은?

① 랭킨 사이클의 열효율은 초온과 초압이 높을수록 커진다.
② 재열 사이클은 증기의 초온을 높여 열효율을 상승시킨 것이다.
③ 재생 사이클은 터빈에서 팽창 도중의 증기를 추출하여 급수를 가열한다.
④ 팽창 과정의 습증기를 줄이고 저압부에서 증기의 용량을 줄이도록 한 것이 재열·재생 사이클이다.

정답 13 ③ 14 ② 15 ④ 16 ② 17 ④ 18 ② 19 ②

20 증기원동소의 열효율을 맞게 쓴 것은?

① $\eta = \dfrac{\text{연료소비량} \times 4{,}539}{\text{연료의 저발열량}}$

② $\eta = \dfrac{539 \times \text{연료저위발열량}}{\text{정미발생전력량} \times \text{연료소비율}}$

③ $\eta = \dfrac{\text{정비발생전력량} \times 860}{\text{연료소비량} \times \text{기계효율}}$

④ $\eta = \dfrac{860 \times \text{정미발생전력량}}{\text{연료저위발생량} \times \text{연료소비율}}$

21 랭킨 사이클의 이론효율식은? (펌프일은 무시한다.)

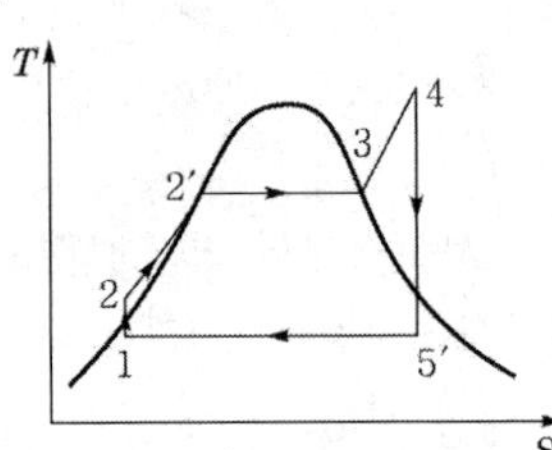

① $\eta = \dfrac{h_4 - h_1}{h_4 - h_5}$ ② $\eta = \dfrac{h_4 - h_5}{h_4 - h_1}$

③ $\eta = \dfrac{h_4 - h_3}{h_4 - h_5}$ ④ $\eta = \dfrac{h_3 - h_5}{h_4 - h_2}$

22 $T-S$ 선도는 무슨 사이클인가?

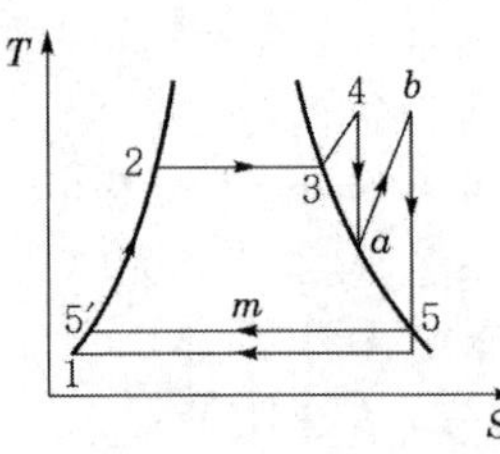

① 1단 재열 1단 재생 사이클
② 1단 재열 2단 재생 사이클
③ 2단 재열 1단 재생 사이클
④ 2단 재열 2단 재생 사이클

해설
도시된 $T-S$ 선도는 1단 재열 1단추기(출) 재생 사이클이다.

23 랭킨 사이클의 각 점에서 증기의 엔탈피는 다음과 같다.

- 보일러 입구 : 290kJ/kg
- 터빈 출구 : 2,622kJ/kg
- 보일러 출구 : 3,480kJ/kg
- 복수기 출구 : 287kJ/kg

사이클의 열효율은 얼마인가?

① 26.8% ② 30.6%
③ 35.7% ④ 40.6%

해설
$$\eta = \frac{h_2 - h_3}{h_2 - h_4} \times 100\% = \frac{3{,}480 - 2{,}622}{3{,}480 - 287} \times 100\% = 26.8\%$$

24 20ata (484.39K)의 건포화 증기를 배기압 0.5ata (353.81K)까지 팽창시키는 랭킨 사이클의 이론 열효율과 이것과 같은 온도 범위에서 작동하는 카르노 사이클의 열효율과의 비는 몇 %인가?

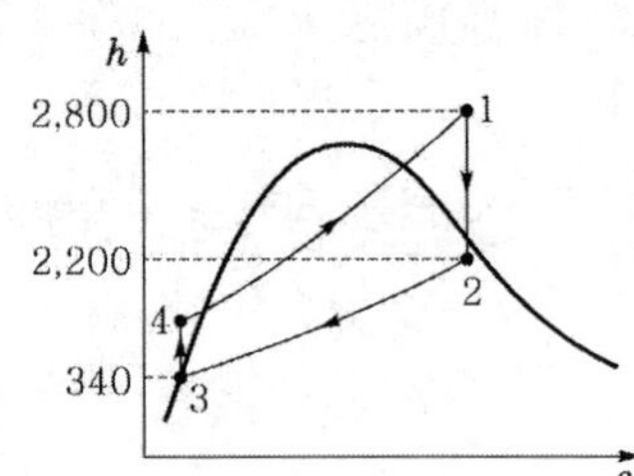

① 90 ② 85
③ 80 ④ 70

해설
㉠ 펌프일(W_P) 무시 랭킨 사이클 열효율

$$\eta_R = \frac{(h_1 - h_2)}{(h_1 - h_3)} \times 100\% = \frac{2{,}800 - 2{,}200}{2{,}800 - 340} \times 100\% = 24.4\%$$

㉡ $\eta_c = 1 - \dfrac{q_L}{q_H} \times 100\% = 1 - \dfrac{T_L}{T_H} \times 100\%$

$$= 1 - \frac{353.81}{484.39} \times 100\% \fallingdotseq 27\%$$

• 열효율비 $= \dfrac{\eta_R}{\eta_C} \times 100\% = 90\%$

정답 20 ④ 21 ② 22 ① 23 ① 24 ①

25 보일러에서 201ata, 540℃의 증기를 발생하여 터빈에서 25ata까지 단열팽창한 곳에서 초온까지 재열하여 복수기 압력 0.05ata까지 팽창시키는 증기원동소의 $h-s$ 선도이다. 이 원동소의 이론열효율은 얼마인가? (펌프일은 무시한다.)

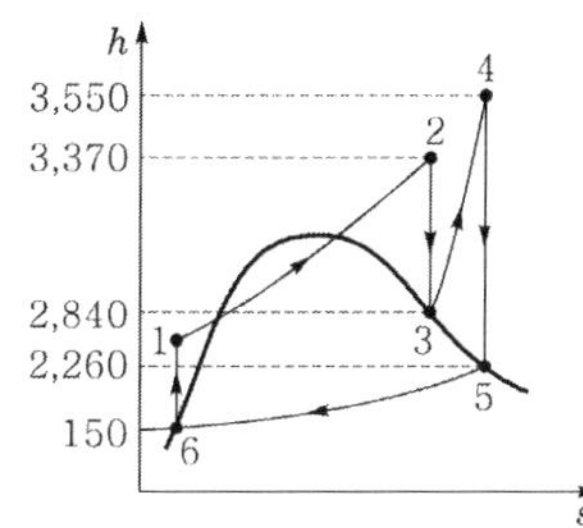

① 30.3% ② 35.3%
③ 40.3% ④ 46.3%

해설

$$\eta_{Reh} = \frac{W_{t_1} + W_{t_2}}{(q_B + q_R)} = \frac{(h_2 - h_3) + (h_4 - h_5)}{(h_2 - h_6) + (h_4 - h_3)} \times 100\%$$

$$= \frac{(3,370 - 2,840) + (3,550 - 2,260)}{(3,370 - 150) + (3,550 - 2,840)} \times 100\%$$

$$= 46.3\%$$

정답 25 ④

Engineer Energy Management

Chapter 09 냉동 사이클

1 역카르노 사이클(= 냉동기 이상 사이클)

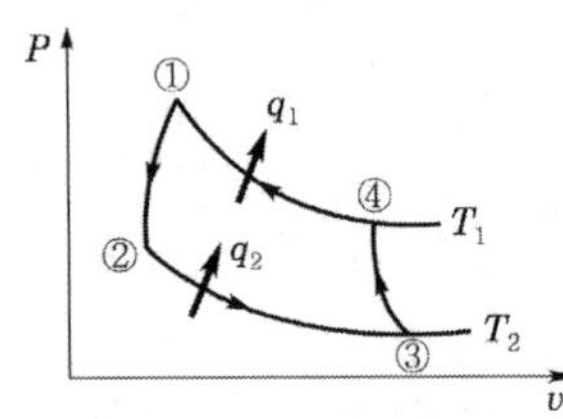

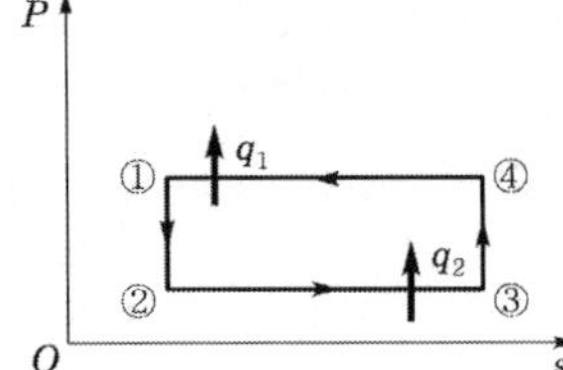

① 방열량(등온압축, ④ → ①)

$$-q_1 = RT_1 \ln\frac{v_1}{v_4} \qquad \therefore q_1 = RT_1 \ln\frac{v_4}{v_1}$$

② 흡입열량(등온팽창, ② → ③)

$$q_2 = RT_2 \ln\frac{v_3}{v_2}$$

③ 냉동기의 성능계수

$$\varepsilon_R = \frac{q_2}{w_c} = \frac{\text{저온체에서의 흡수열량(냉동효과)}}{\text{공급일}} = \frac{T_2}{T_1 - T_2}$$

④ 열펌프의 성능계수

$$\varepsilon_H = \frac{q_1}{w_c} = \frac{\text{고온체에 공급한 열량}}{\text{공급일}} = \frac{T_1}{T_1 - T_2}$$

2 공기냉동(역브레이턴) 사이클

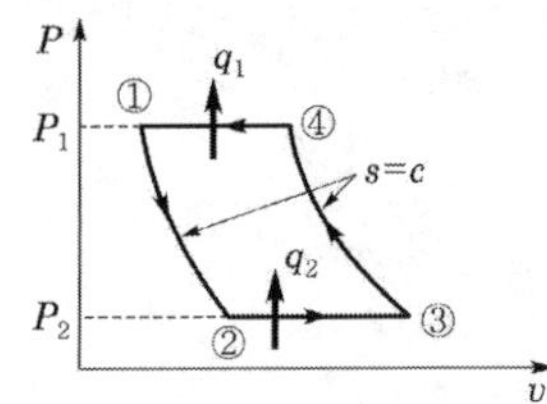

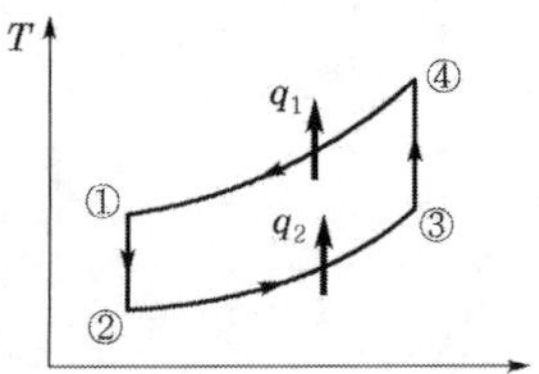

① 방열량(등압)

$$-q_1 = C_p(T_1 - T_4)$$

② 흡열량(등압) 또는 냉동효과

$$q_2 = C_p(T_3 - T_2)$$

③ 성적계수$(\varepsilon_R) = \dfrac{q_2}{q_1 - q_2} = \dfrac{T_2}{T_1 - T_2}$

3 공기 압축 냉동 사이클

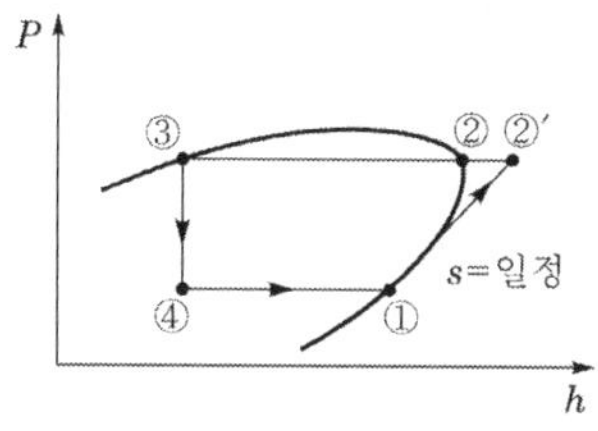

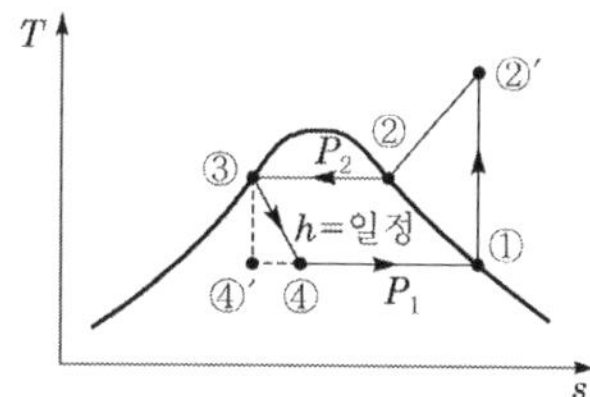

① 흡입열량(냉동효과)$(q_2) = h_1 - h_4 = h_1 - h_3$

② 방열량$(q_1) = h_2 - h_3$

③ 압축기의 일$(w_c) = h_2 - h_1$

④ 성적계수$(\varepsilon_R) = \dfrac{q_2}{w_c} = \dfrac{h_1 - h_4}{h_2 - h_1} = \dfrac{h_1 - h_3}{h_2 - h_1}$

4 냉동능력의 표시방법

① 냉동능력: 1시간에 냉동기가 흡수하는 열량(kJ/h)

② 냉동효과: 냉매 1kg이 흡수하는 열량(kJ/kg)

③ 체적냉동효과: 압축기 입구에서의 증가(건포화 증기)의 체적당 흡열량(kcal/m^3)

④ 냉동톤(ton of refrigeration): 1냉동톤은 0℃의 물 1톤(1,000kg)을 1일간(24시간)에 0℃의 얼음으로 냉동시키는 능력으로 정의된다.

1냉동톤 = 79.68×1,000/24 = 3,320kcal/h, 1RT = 3,320kcal/h = 3.86kW

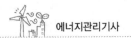

5 냉매(refrigerant)

- 냉매의 종류

  암모니아(NH_3), 탄산가스(CO_2), 아황산가스, 할로겐화탄화수소, 프레온-12(F-12, CF_2Cl_2), 프레온-11(F-11, $CFCl_3$), 프레온-22(F-22, CHF_2Cl) 등이 있다.

〈냉매의 일반적인 구비 조건〉

구분	조건
물리적 성질	① 응고점이 낮아야 한다. ② 증발열이 커야 한다. ③ 증기의 비체적은 작아야 한다. ④ 임계온도는 상온보다 높아야 한다. ⑤ 증발압력이 너무 낮지 않아야 한다. ⑥ 응축압력이 너무 높지 않아야 한다. ⑦ 증기의 비열은 크고 액체의 비열은 작아야 한다. ⑧ 단위 냉동량당 소요 동력이 작아야 한다.
화학적 성질	① 안정성이 있어야 한다. ② 부식성이 없어야 한다. ③ 무독 무해하여야 한다. ④ 인화 폭발의 위험성이 없어야 한다. ⑤ 전기저항이 커야 한다. ⑥ 증기 및 액체의 점성이 작아야 한다. ⑦ 전열계수가 커야 한다. ⑧ 윤활유에 되도록 녹지 않아야 한다.
기타	① 누설이 적어야 한다. ② 가격이 저렴해야 한다.

Chapter 09 예상문제

01 어떤 냉동기가 2kW의 동력을 사용하여 매 시간 저열원에서 21,000kJ의 열을 흡수한다. 이 냉동기의 성능계수는 얼마인가? 또, 고열원에서 방출하는 열량은 얼마인가?

① 3.96, 6,270kJ
② 4.96, 6,270kJ
③ 2.92, 28,224kJ
④ 3.92, 32,320kJ

해설
㉠ $(Cop)_R = \frac{Q_e}{W_c} = \frac{21,000}{2 \times 3,600} = 2.92$
㉡ 고온체 방열량(응축부하)(Q_H)
$= W_c \times (Cop)_H = (2 \times 3,600) \times 3.92 = 28,224\text{kJ}$

02 이상적인 냉동 사이클의 기본 사이클인 것은?

① 카르노 사이클
② 역카르노 사이클
③ 랭킨 사이클
④ 역브레이턴 사이클

해설
역카르노 사이클은 냉동기의 이상 사이클이다.

03 성능계수가 3.2인 냉동기가 20RT 냉동을 하기 위하여 공급해야 할 동력은 몇 kW인가?

① 14.13　② 18.13
③ 20.13　④ 24.13

해설
1RT = 3,320kcal/h = 3.86kW
$(Cop)_R = \frac{Q_e}{W_c}$ 에서
W_c(압축기소비동력)
$= \frac{\text{냉동능력}(Q_e)}{(Cop)_R} = \frac{20 \times 3.86}{3.2} = 24.13\text{kW}$

04 압축 냉동 사이클에서 다음 기기 중 냉매의 엔탈피가 일정치를 유지하는 것은?

① 컴프레서　② 응축기
③ 팽창밸브　④ 증발기

해설
팽창밸브과정(교축과정): 실제기체(냉매)인 경우
㉠ $P_1 > P_2$
㉡ $T_1 > T_2$
㉢ $h_1 = h_2$(등엔탈피)
㉣ $\Delta S > 0$

05 어떤 냉매액을 팽창밸브를 통과하여 분출시킬 경우 교축 후의 상태가 아닌 것은?

① 엔트로피가 감소한다.
② 압력은 강하한다.
③ 온도가 강하한다.
④ 엔탈피는 일정불변이다.

해설
실제기체(냉매액)을 팽창밸브에서 교축팽창시키면
㉠ 압력강하
㉡ 온도강하
㉢ 엔탈피 일정
㉣ 엔트로피 증가($\Delta S > 0$)

06 냉동기의 성능계수$(Cop)_R$는?

① 온도만의 함수이다.
② 고온체에서 흡수한 열량과 공급된 일과의 비이다.
③ 저온체에서 흡수한 열량과 공급된 일과의 비이다.
④ 열기관의 열효율 역수이다.

해설
$(Cop)_R = \frac{q_e}{W_c} = \frac{\text{저온체흡수열량}}{\text{압축기소비일(동력)}}$

정답 01 ③　02 ②　03 ④　04 ③　05 ①　06 ③

07 이상냉동 사이클에서 응축기 온도가 40℃, 증발기 온도가 -20℃인 이상 냉동사이클의 성능계수는?

① 5.22　② 4.22
③ 3.22　④ 2.22

해설

$$(Cop)_R = \frac{T_L}{T_H - T_L} = \frac{253}{(40+273)-253} = 4.22$$

08 역카르노 사이클은 어떠한 과정으로 이루어졌는가?

① 등온팽창 → 단열팽창 → 등온압축 → 단열압축
② 등온팽창 → 단열압축 → 등온압축 → 단열팽창
③ 등온팽창 → 등온압축 → 단열압축 → 단열팽창
④ 단열팽창 → 등온압축 → 단열팽창 → 등압팽창

해설

냉동기의 이상 사이클(역카르노 사이클)
등온팽창 → 단열압축 → 등온압축 → 단열팽창

09 냉장고가 저온체에서 1,255kJ/h의 율로 열을 흡수하여 고온체에 1,700kJ/h의 율로 열을 방출하면 냉장고의 성능계수는 얼마인가?

① 1.82　② 2.82
③ 3.82　④ 8.82

해설

$$(Cop)_R = \frac{Q_L}{Q_H - Q_L} = \frac{1,255}{1,700-1,255} = 2.82$$

10 표준 공기 냉동 사이클에서 냉동효과가 일어나는 과정은?

① 등온과정　② 정압과정
③ 단열과정　④ 정적과정

해설

공기 표준 냉동 사이클(역브레이턴 사이클)
냉동효과(q_e) = $C_p(T_3 - T_2)$(kJ/kg)(등압흡열과정)

11 성적계수가 4.8, 압축기일의 열상당량이 235kJ/kg인 냉동기의 냉동톤당 냉매순환량은 얼마인가?

① 0.8kg/h　② 8.4kg/h
③ 12.32kg/h　④ 16.26kg/h

해설

1RT = 3,320kcal/h = 3.86kW

$$(Cop)_R = \frac{냉동효과(q_e)}{W_c}$$

냉동효과(q_e) = 4.8×235 = 1,128kJ/kg

$$냉매순환량(m) = \frac{냉동능력(Q_e)}{냉동효과(q_e)} = \frac{3.86\times3,600}{1,128} = 12.32\text{kg/h}$$

12 20℃의 물로 0℃의 얼음을 매시간 30kg 만드는 냉동기의 능력은 몇 냉동톤인가? (단, 물의 잠열은 335kJ/kg, 물의 비열은 4.18 kJ/kg이다.)

① 0.9RT　② 1.2RT
③ 3.15RT　④ 3.35RT

해설

$$냉동능력(Q_e) = m[C(t_2 - t_1) + \gamma_o]$$
$$= 30[4.18(20-0)+335] = 12,558\text{kJ/h} = 3.49\text{kW}$$
$$냉동톤(RT) = \frac{Q_e}{3.86} = \frac{3.49}{3.86} = 0.9\text{RT}$$

13 냉동 용량 5냉동톤인 냉동기의 성능계수가 3이다. 이 냉동기를 작동하는 데 필요한 동력은 얼마인가?

① 3.87　② 4.78
③ 3.49　④ 6.43

해설

$$압축기소비동력(kW) = \frac{Q_e}{(Cop)_R} = \frac{5\times3.86}{3} = 6.43\text{kW}$$

14 냉동톤(1RT)이란?

① 1kW　② 3.86kW
③ 3,330kcal/h　④ 1,000kcal/h

해설

1냉동톤(1RT) = 3,320kcal/h = 3.86kW

정답 07 ② 08 ② 09 ② 10 ① 11 ③ 12 ① 13 ④ 14 ②

15 증기압축식 냉동기의 냉매순환 순서로 맞는 것은?

① 증발기 → 압축기 → 응축기 → 팽창밸브
② 증발기 → 응축기 → 팽창밸브 → 압축기
③ 압축기 → 응축기 → 증발기 → 팽창밸브
④ 압축기 → 증발기 → 팽창밸브 → 응축기

해설
증기압축식 냉동기의 냉매순환경로(과정)
증발기 → 압축기 → 응축기 → 팽창밸브

16 냉매의 압력이 감소되면 증발온도는?

① 불변 ② 올라간다.
③ 내려간다. ④ 알 수 없다.

해설
증발기에서의 과정은 등온($T=C$) 등압($P=C$)과정이므로 압력이 감소되면 증발온도도 내려간다.

17 냉동장치 중 가장 압력이 낮은 곳은?

① 팽창밸브 직후 ② 수액기
③ 토출밸브 직후 ④ 응축기

해설
냉동장치 중 팽창밸브(교축팽창) 직후에서 압력과 온도가 가장 낮다.

18 냉동능력 표시방법 중 틀린 것은?

① 1냉동톤의 능력을 내는 냉매의 순환량
② 냉매 1kg이 흡수하는 열량
③ 압축기 입구증기의 체적당 흡수량
④ 1시간에 냉동기가 흡수하는 열량

해설
냉동능력(Q_e)은 증발기에서 단위시간당 흡수한 열량을 말한다(kcal/h).

19 프레온이 포함하는 공통된 원소는?

① 질소 ② 산소
③ 불소 ④ 유황

해설
프레온 냉매에 공통적으로 포함된 원소는 불소(F)다

20 공기 냉동 사이클은 어느 사이클의 역사이클인가?

① 오토 사이클 ② 카르노 사이클
③ 디젤 사이클 ④ 브레이턴 사이클

해설
공기 표준 냉동 사이클은 역브레이턴 사이클(reverse brayton cycle)이다.

21 증기압축 냉동 사이클에서 틀린 것은?

① 증발기에서 증발과정은 등압·등온과정이다.
② 압축과정은 단열과정이다.
③ 응축과정은 등압·등적과정이다.
④ 팽창밸브는 교축과정이다.

해설
증기압축 냉동 사이클에서 응축과정은 등압과정($P=C$)이다.

22 냉동기의 압축기의 역할은?

① 냉매를 강제 순환시킨다.
② 냉매가스의 열을 제거한다.
③ 냉매를 쉽게 응축할 수 있게 해준다.
④ 냉매액의 온도를 높인다.

해설
압축기는 단열압축($S=C$)과정 온도와 압력을 높여서 냉매의 응축을 용이하게 해준다.

23 다음 중 엔탈피가 일정한 곳은?

① 팽창밸브 ② 압축기
③ 증발기 ④ 응축기

해설
팽창밸브에서의 과정(교축팽창과정): 실제기체(냉매)인 경우
㉠ 압력강하
㉡ 온도강하
㉢ 엔탈피 일정
㉣ 비가역 과정
㉤ 엔트로피 증가($\Delta S>0$)

정답 15 ① 16 ③ 17 ① 18 ① 19 ③ 20 ④ 21 ③ 22 ③ 23 ①

24 다음 중 엔트로피가 일정한 곳은?

① 팽창밸브 ② 응축기
③ 증발기 ④ 압축기

해설
압축기 과정[가역단열압축과정 = 등엔트로피 과정 (S=C)이다.]

25 증발기와 응축기의 열출입량은?

① 같다.
② 응축기가 크다.
③ 증발기가 크다.
④ 경우에 따라 다르다.

해설
응축부하 > 냉동능력
응축부하(Q_c) = 냉동능력(Q_e)+압축기 소비일(W_c)

26 냉동장치 내에서 순환되는 냉매의 상태는?

① 기체상태로 순환
② 액체상태로 순환
③ 액체와 기체로 순환
④ 기체와 액체, 때로는 고체로 순환

해설
냉동장치 내를 순환하는 냉매는 액체에서 기체로 기체에서 액체로 순환된다.

27 압력이 상승하면 냉매의 증발 잠열과 비체적은?

① 증가, 감소 ② 감소, 증가
③ 감소, 감소 ④ 증가, 증가

해설
압력이 상승하면 냉매의 증발 잠열과 비체적은 감소된다.

28 방에 냉장고를 가동시켜 놓고 냉장고 문을 열어 놓으면 방의 온도는 어떻게 되는가?

① 올라간다. ② 내려간다.
③ 알 수 없다. ④ 불변

해설
응축기에서의 방출열량이 증발기에서 흡입열량보다 크므로 방의 온도는 올라간다.

29 열펌프(heat pump)란?

① 열에너지를 이용하여 물을 퍼 올리는 장치
② 열을 공급하여 저온을 유지하는 장치
③ 동력을 이용하여 저온을 유지하는 장치
④ 동력을 이용하여 고온체에 열을 공급하는 장치

해설
열펌프(heat pump)란 동력을 이용하여 고온체에 열을 공급하는 장치이다.

30 냉동기에서 응축온도가 일정할 때 증발온도가 높을수록 냉동기 성적계수는 어떻게 되는가?

① 증가 ② 감소
③ 불변 ④ 알 수 없다.

해설
냉동기에서 응축온도가 일정할 시 증발온도(증발압력)이 높을수록 냉동기 성적계수는 증가한다(압축비 감소).

31 냉매가 팽창밸브를 통과한 후의 상태가 아닌 것은?

① 엔탈피 일정 ② 엔트로피 일정
③ 온도 강하 ④ 압력 강하

해설
실제기체(냉매)가 팽창밸브 통과상태(교축팽창)
㉠ 압력 강하
㉡ 온도 강하
㉢ 엔탈피 일정
㉣ 엔트로피 증가($\Delta S>0$)

32 온도 T_2인 저온체에서 흡수한 열량 q_2, 온도 T_1인 고온체에 버린 열량 q_1, 냉동기 성적계수는?

① $\frac{q_1-q_2}{q_1}$ ② $\frac{T_1-T_2}{T_1}$
③ $\frac{q_2}{q_1-q_2}$ ④ $\frac{T_1}{T_2-T_1}$

해설
$$(Cop)_R=\frac{T_1}{T_1-T_2}=\frac{q_2}{q_1-q_2}$$

정답 24 ④ 25 ② 26 ③ 27 ③ 28 ① 29 ④ 30 ① 31 ② 32 ③

33 응축기(condenser)의 역할은?

① 고압증기의 열을 제거, 액화시킨다.
② 배출압력을 증가시킨다.
③ 압축기의 동력을 절약시킨다.
④ 냉매를 압축기에서 수액기로 순환시킨다.

해설 응축기의 역할은 고압증기의 열을 제거, 액화시킨다.

34 이상적인 냉매 식별방법은?

① 불꽃으로 판별한다.
② 냄새를 맡아본다.
③ 암모니아 걸레를 쓴다.
④ 계기 및 온도계를 비교해본다.

해설 냉매 식별방법은 계기 및 온도계를 비교해보는 것이 이상적이다.

35 냉매의 구비조건이 아닌 것은?

① 증발잠열이 커야 한다.
② 열전도율이 좋을 것
③ 비체적이 클 것
④ 비가연성일 것

해설 냉매의 구비조건
㉠ 증발열(잠열)이 클 것
㉡ 열전도율이 좋을 것
㉢ 비체적이 작을 것
㉣ 비가연성일 것
㉤ 응축압력이 낮을 것
㉥ 증발압력이 높을 것(적당할 것)

36 역카르노 사이클로 동작되는 냉동기에서 응축기 온도가 40℃, 증발기 온도가 −20℃이면 냉동기 성적계수는 얼마인가?

① 6.76　　② 5.36
③ 4.22　　④ 3.65

해설 냉동기 성적계수$(Cop)_R$

$$=\frac{T_L}{T_H-T_L}=\frac{(-20+273)}{40+273-(-20+273)}=4.22$$

37 냉장고가 저온체에서 1,255kJ/h의 율로 열을 흡수하여 고열원에 1,675kJ/h의 율로 열을 방출하면 냉동기 성적계수는 얼마인가?

① 3　　② 3.5
③ 4　　④ 4.5

해설 냉동기 성적계수$(Cop)_R$

$$=\frac{Q_L}{Q_H-Q_L}=\frac{1,255}{1,675-1,255}\fallingdotseq 3$$

38 암모니아 냉동기의 응축기 입구의 엔탈피가 1,885kJ/kg이면 이 냉동기의 냉동효과는 얼마인가? (단, 압축기 입구의 엔탈피는 1,675kJ/kg이고, 증발기 입구에서의 엔탈피는 400kJ/kg이다.)

① 4　　② 6,070
③ 1,275　　④ 6.07

해설

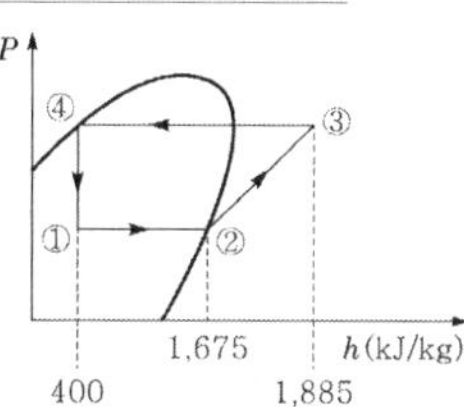

냉동효과(q_e) : 증발기에서 냉매 1kg당 흡열량을 말한다.

$q_e=(h_2-h_1)=(h_2-h_4)=1,675-400$
$=1,275\text{kJ/kg}$

39 냉장고에 R−12가 80kg/h의 율로 순환되는데 증발기에 들어갈 때 엔탈피가 71kJ/kg이고 나올 때 엔탈피가 150kJ/kg이라면 이 냉장고의 용량은 얼마인가?

① 1,450kcal/H　　② 1,930kJ/S
③ 0.725냉동톤　　④ 0.456냉동톤

$Q_e=mq_e=80(150-71)=6,320\text{kJ/h}$

$=\frac{6,320}{3,600}=1.76\text{kW}$

냉동톤(RT)$=\frac{Q_e}{3.86}=\frac{1.76}{3.86}=0.456\text{RT}$

정답 33 ① 34 ④ 35 ③ 36 ③ 37 ① 38 ③ 39 ④

40 동작계수가 3.2인 냉동기가 20냉동톤의 냉동을 막기 위하여 공급해야 할 동력은 얼마인가?

① 24kW ② 27kW
③ 32kW ④ 35kW

해설
압축기 소비동력(kW)
$$= \frac{Q_e}{(Cop)_R} = \frac{20 \times 3.86}{3.2} = 24\text{kW}$$

41 5RT인 냉동기의 동작계수가 4이다. 이 냉동기를 동작시키는 데 필요한 동력은 얼마인가?

① 4.83kW ② 8.43kW
③ 10.53kW ④ 15.53kW

해설
• 1RT = 3,320kcal/h = 3.86kW
압축기 소비동력(kW)
$$= \frac{Q_e}{(Cop)_R} = \frac{5 \times 3.86}{4} = 4.83\text{kW}$$

42 브라인의 순환량이 10kg/min이고, 증발기 입구온도와 출구온도의 차가 20℃이다. 압축기의 실제 소요마력이 3PS일 때 이 냉동기의 성능계수는 얼마인가? (단, 브라인의 비열은 3.4kJ/kgK이다.)

① 3.26 ② 4.63
③ 5.13 ④ 5.27

해설
$$Q_e = mC_b\Delta t = \left(\frac{10}{60}\right) \times 3.4 \times 20$$
$$= 11.33\text{kW(kJ/s)} = 15.41\text{PS}$$
1kW = 1.36PS
$$(Cop)_R = \frac{Q_e}{W_c} = \frac{15.41}{3} = 5.13$$

43 압축기 실린더와 팽창기 실린더에서 냉매인 공기의 상태변화가 가역 단열변화를 하는 공기 냉동 사이클에서 저압이 0.2MPa이고, 고압이 1MPa일 때 이 사이클의 동작계수는 얼마인가? (단, $k = 1.4$)

① 1.71 ② 2.53
③ 3.62 ④ 4.91

해설
$$\frac{T_1}{T_2} = \frac{P_1}{P_2} = \left(\frac{1}{0.2}\right)^{\frac{k-1}{k}} = \left(\frac{1}{0.2}\right)^{\frac{1.4-1}{1.4}} = 1.584$$
공기 표준 냉동 사이클(역브레이턴 사이클)
$$(Cop)_R = \frac{T_1}{T_1 - T_2} = \frac{1}{\frac{T_1}{T_2} - 1} = \frac{1}{\left(\frac{P_1}{P_2}\right)^{\frac{k-1}{k}} - 1}$$
$$= \frac{1}{1.584 - 1} = 1.71$$

44 15℃의 물로 0℃의 얼음을 매시간 50kg 만드는 냉동기의 능력은 몇 냉동톤인가? (단, 물의 융해잠열은 335kJ/kg이다.)

① 1.43RT ② 2.52RT
③ 3.26RT ④ 4.27RT

해설
냉동능력$(Q_e) = m[C(t_2 - t_1) + \gamma_o]/3{,}600$
$= 50[4.18 \times (15 - 0) + 335]/3{,}600$
$= 5.52\text{kW}$
냉동톤(RT) $= \frac{5.52}{3.86} = 1.43\text{RT}$

정답 40 ① 41 ① 42 ③ 43 ① 44 ①

Engineer Energy Management

Chapter 10

가스 및 증기의 흐름

1 가스 및 증기의 1차원 흐름

1) 연속 방정식(= 질량보존의 법칙)

관로에서 단면 ①에서 ②로 흐르는 유체의 흐름은 각 단면에 대하여 직각이다. 이 단면을 거쳐 나가는 흐름은 연속적이며 층류라 하고, 각 단면에서의 압력, 면적, 비체적을 각각 P_1, F_1, v_1, P_2, F_2, v_2라 하면 유량 m는 다음과 같이 표시된다.

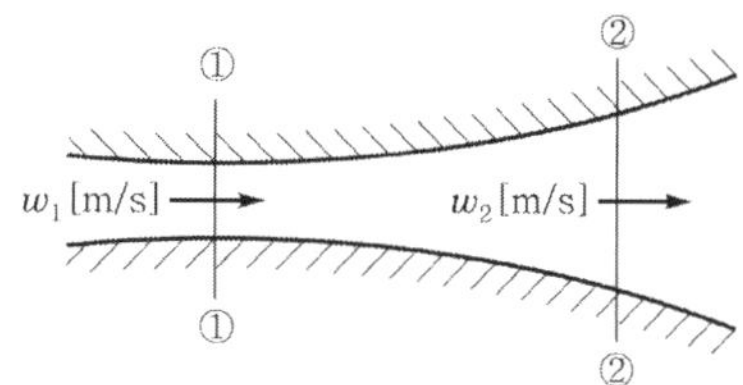

- $m = \dfrac{F_1 w_1}{v_1} = \dfrac{F_2 w_2}{v_2}$[kg/s]

이 관계식을 기체(gas)의 연속 방정식이라 한다.

2) 정상유동의 에너지 방정식

가열량 q[kJ/s]와 외부에 대한 공업일(또는 유동일) w_t[kJ/s]를 생각하면,

$$q = (h_2 - h_1) + \frac{1}{2}\left(w_2^2 - w_1^2\right) + g(z_2 - z_1) + w_1 \text{[kJ/kg]}$$

$$Q = W_t + m(h_2 - h_1) + \frac{m}{2}(w_2^2 - w_1^2) + mg(z_2 - z_1) \text{[kJ/sec=kW]}$$

3) 단열 정상류 일반 에너지식(단열유동 시 노즐출구속도(w_2))

$$h_1 - h_2 = \frac{1}{2}(w_2^2 - w_1^2) + w_t$$

$w_1 < w_2$이면 $w_1 \fallingdotseq 0$으로 취급, $w_t = 0$

$$w_2 = \sqrt{2(h_2 - h_2)} = 44.72\sqrt{(h_1 - h_2)} \text{ [m/s]}$$

여기서, $h_1 - h_2$: 단열 열낙차 또는 단열 열강하(heat drop)[kJ/kg]

2 노즐 속의 흐름

① 임계 압력비$(\frac{P_c}{P_1}) = (\frac{2}{k+1})^{\frac{k}{k-1}}$

$$P_2 = P_c$$

㉠ 공기의 경우(k = 1.4): $P_c = 0.528282P_1$

㉡ 과열 증기의 경우(k = 1.3): $P_c = 0.545727P_1$

㉢ 건포화 증기의 경우(k = 1.135): $P_c = 0.57743P_1$

② 최대 유량($G_{\max}$)

$$G_{\max} = \frac{F_c w_c}{v_c} = F_c\sqrt{k.g\frac{P_c}{v_c}}\ [\text{kgf/sec}]$$

$$M_{\max} = \frac{F_c w_c}{v_c} = F_c\sqrt{k\frac{P_c}{V_c}}\ [\text{kgf/sec}]$$

③ 최대 속도 또는 한계 속도

$$w_{\max}(w_c) = \sqrt{kP_c v_c} = \sqrt{kRT_c}\ [\text{m/s}]$$

3 노즐 속의 마찰 손실

① 노즐 효율(η_n)

$$\eta_n = \frac{\text{실제(비가역)단열열낙차}}{\text{가역단열열낙차}} = \frac{h_A - h_C}{h_A - h_B} = \frac{h_A - h_D}{h_A - h_B}$$

② 노즐의 손실계수(S)

$$S = \frac{\text{에너지손실열낙차}}{\text{가역단열열낙차}} = \frac{h_D - h_B}{h_A - h_B} = 1 - \eta_n$$

③ 속도계수($\varnothing$)

$$\varnothing = \frac{w_{2'}}{w_2} = \sqrt{\frac{h_A - h_c}{h_A - h_B}} = \sqrt{\eta_n} = \sqrt{1-s}\,,$$

$$\varnothing^2 = \eta_n = 1 - S$$

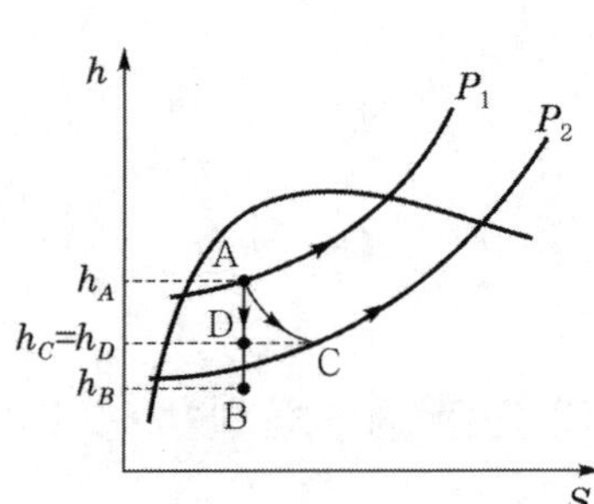

제3편
계측방법

CHAPTER 01 계측방법

CHAPTER 02 압력계측

CHAPTER 03 액면계측

CHAPTER 04 가스의 분석 및 측정

Engineer Energy Management

Chapter 01

계측방법

1 계측기의 구비조건

① 구조가 간단하고 취급이 용이할 것
② 견고하고 신뢰성이 있을 것
③ 보수가 용이할 것
④ 구입이 용이하고 값이 쌀 것(경제적일 것)
⑤ 원격제어(remote control)가 가능하고 연속측정이 가능할 것

1) 계측(측정)의 개요

① 측정: 기계, 기구, 장치 등을 이용하여 물질의 양 또는 상태를 결정하기 위한 조작
② 측정량: 측정의 대상이 되는 양
③ 측정치: 측정에 의해 얻어지는 수치
④ 측정기(계측기): 측정에 사용되는 기계 또는 기기

계측과 제어의 목적

① 열설비의 고효율화
② 조업조건의 안정화
③ 안전위생관리
④ 작업인원절감(자동제어)

2) 측정의 종류

① 직접측정
② 간접측정
③ 비교측정
④ 절대측정

3) 측정의 오차

어떤 양의 측정 결과값과 그 참값과의 차를 오차(error)라 하며, 오차는 계통오차, 과실오차, 우연오차로 분류할 수 있다.

(1) 계통오차

일정한 원인에 의해 발생하는 오차(측정값에 어떤 영향을 주는 원인에 의해서 생기는 오차)

① 이론오차: 이론식 또는 관계식 중에 가정을 설정하거나 생략 시 발생할 수 있는 오차
② 측정오차: 계측기 자신이 가지는 고유 오차
③ 개인오차: 측정자 습관에 의한 오차

(2) 과실오차

측정자 부주의로 인한 오차(지시된 측정치를 잘못 읽거나 기록하는 경우의 오차)

(3) 우연오차

예측할 수 없는 원인에 의한 오차(계측상태의 미소변화에 따른 오차)
측정자에 의한 오차(측정환경에 의한 오차)

핵심체크

① 절대오차 = 측정값 − 참값

② 백분율오차 $= \frac{\text{측정값} - \text{참값}}{\text{참값}} \times 100\%$

③ 교정 = 참값 − 측정값

④ 백분율교정 $= \frac{\text{참값} - \text{측정값}}{\text{측정값}} \times 100\%$

4) 정확도와 정밀도

① 정확도: 오차가 작은 정도, 즉 참값에 대한 한쪽으로 치우침이 작은 정도
② 정밀도: 측정값의 흩어짐의 정도로 여러 번 반복하여 처음과 비슷한 값이 어느 정도 나오는가 하는 것

5) 계급

계측기가 가지고 있는 오차의 정도로 0.2~2.5급의 범위에서 다섯 가지 계급으로 분류

6) 계측단위

〈기본단위(국제단위)〉

기본량	이름	단위	기본량	이름	단위
길이	meter	m	온도	Kelvin	K
질량	kilogram	kg	물질량	mole	mol
시간	second	s	광도	candela	cd
전류	Ampere	A			

2 온도계의 종류 및 특징

1) 접촉식 온도계

온도를 측정하고자 하는 피측정 물체에 측온부를 접촉하여 감온부의 물리적 변화량, 즉 전기적인 신호를 측정하여 온도를 감지하는 방식으로 유리체 온도계, 압력식 온도계, 열전 온도계, 바이메탈 온도계, 저항식 온도계 등이 있다.

접촉식 온도계의 특징

① 측정범위가 넓고 정밀측정이 가능하다(측정오차가 비교적 적다).
② 피측정체의 내부온도만을 측정한다.
③ 이동물체의 온도측정이 곤란하다.
④ 측정시간의 지연이 작다(온도변화에 대한 반응이 늦다).
⑤ 1,000℃ 이하의 저온 측정용이다.

(1) 접촉식 온도계(온도계의 감온부를 측정하고자 하는 대상에 직접접촉)

구분	저항온도계	열전대 온도계
원리	온도에 따른 금속 저항 변화량	두 접점의 온도차에 의해 열 기전력(제백효과)
측정재료	백금, 니켈, 동, 서미스터	백금, 크로멜, 알루멜, 콘스탄탄, 철, 구리 등
표시계기	휘트스톤 브리지	전위차계
장점	상온의 평균 온도계	좁은 장소의 온도 계측
단점	전원장치 필요	기준 접점장치 필요

(2) 열전대 온도계의 종류

기호	사용금속		상용온도[℃]	특징
	(+)	(−)		
B	로듐(30%)백금	로듐(60%)백금	600~1,700	상온에서 열전능력이 약함
R	로듐(13%)백금	백금	0~1,600	안정성이 양호하여 표준용으로 사용 전기저항이 작고, 내열성이 좋고, 산화분위기에 강하다.
S	로듐(10%)백금	백금	0~1,600	
K (CA)	크로멜 (Ni90, Cr10)	알루멜 (Ni94, Mn2.5)	−200~1,200	안정성이 양호하고 R 다음으로 내열성과 정확도가 높아 공업용에 많이 사용
E (CRC)	크로멜 (Ni90, Cr10)	콘스탄탄 (Cu55, Ni45)	−200~800	감도가 가장 우수 저항이 크고, 열전능력이 우수

기호	사용금속		상용온도[℃]	특징
	(+)	(-)		
J (IC)	순철	콘스탄탄 (Cu55, Ni45)	0~750	기전력, 직선성, 환원성이 양호하여 중간 온도용으로 좋다.
T (OC)	순동	콘스탄탄 (Cu55, Ni45)	-200~350	극저온 측정이 가능하여 저온용으로 사용 열전도 오차가 크다.

2) 비접촉식 온도계(광고온도계/방사온도계/광전관온도계/색(color)온도계)

고온의 피측정 물체로부터 방사하는 방사에너지(빛 또는 열)를 감지하여 감지온도와 방사에너지와의 일정한 관계를 이용하여 온도를 감지하는 측정방식으로 방사온도계, 광고온도계, 광전관온도계, 색(color)온도계 등이 있다.

비접촉식 온도계의 특징

① 측정량의 변화가 없다.
② 이동물체의 온도측정이 가능하다.
③ 측정시간의 지연이 크다.
④ 고온 측정용

(1) 광고온도계(optical pyrometer)

고온물체로부터 방사되는 특정파장(0.65μ)을 온도계 속으로 통과시켜 온도계 내의 전구 필라멘트의 휘도를 육안(가스광선)으로 직접 비교하여 온도를 측정한다(방사온도계에 비해 방사율에 대한 보정량이 적다).

측정 시 주의사항

① 비접촉식 온도계 중 가장 정도가 높다.
② 구조가 간단하고 휴대가 편리하지만 측정인력이 필요하다.
③ 측정온도 범위는 700~3,000℃이며 900℃ 이하의 경우 오차가 발생한다.
④ 측정에 시간 지연이 있으며 연속측정이나 자동제어에 응용할 수 없다.
⑤ 광학계의 먼지 흡입 등을 점검한다.
⑥ 개인차가 있으므로 여러 사람이 모여서 측정한다.
⑦ 측정체와의 사이에 먼지, 스모그(연기) 등이 적도록 주의한다.

(2) 방사온도계(radiation pyrometer)

물체로부터 방사되는 모든 파장의 전방사 에너지를 측정하여 온도를 계측하는 것으로 이동물체의 온도측정이나 비교적 높은 온도의 측정에 사용된다. 렌즈는 석영 등을 사용하고 석영은 3μ 정도까지 적외선 방사를 잘 투과시킨다.

방사온도계의 특징

① 구조가 간단하고 견고하다.
② 피측정물과 접촉하지 않기 때문에 측정조건이 까다롭지 않다.
③ 방사율에 의한 보정량이 크지만 연속측정이 가능하고 기록이나 제어가 가능하다.
④ 1,000℃ 이상의 고온에 사용하며 이동물체의 온도측정이 가능하다(50~3,000℃ 측정).
⑤ 발신기를 이용하여 기록 및 제어가 가능하다.
⑥ 측온체와의 사이에 수증기나 연기 등의 영향을 받는다.
⑦ 방사 발신기 자체에 의한 오차가 발생하기 쉽다.
⑧ 방사에너지(E_R) = $\sigma \varepsilon T^4$

= 스테판볼츠만상수(σ)×방사율(ε)×흑체표면온도(T)^4[W/m^2]

$\sigma = 4.88 \times 10^{-8}\text{kcal/m}^2\text{hK}^4 = 5.67 \times 10^{-8}\text{W/m}^2\text{K}^4$

(3) 광전관온도계(photoelectric pyrometer)

광고온도계의 수동측정이라는 결점을 보완한 자동화한 온도계로 2개의 광전관을 배열한 구조이다.

광전관 온도계의 특징

① 응답속도가 빠르고 온도의 연속측정 및 기록이 가능하며 자동제어가 가능하다.
② 이동물체의 온도측정이 가능하다.
③ 개인오차가 없으나 구조가 복잡하다.
④ 온도측정범위 700~3,000℃이다.
⑤ 700℃ 이하 측정 시에는 오차가 발생한다.
⑥ 정도는 ±10~15deg로서 광고온도계와 같다.

(4) 색(color)온도계

색온도계는 일반적으로 물체는 600℃ 이상 되면 발광하기 시작하므로 고온체를 보면서 필터를 조절하여 고온체의 색을 시야에 있는 다른 기준색과 합치시켜 온도를 알아내는 방법이다.

색(컬러)온도계의 특징

① 방사율이 영향이 적다.
② 광흡수에 영향이 적으며 응답이 빠르다.
③ 구조가 복잡하며 주위로부터 빛 반사의 영향을 받는다.
④ 750℃ 정도부터 측정이 가능하며 기록조절용으로 사용된다.

〈온도와 색의 관계〉

온도[℃]	색	온도[℃]	색
600	어두운 색	1,500	눈부식 황백색
800	붉은색	2,000	매우 눈부신 흰색
1,000	오렌지색	2,500	푸른기가 있는 흰백색
1,200	노란색		

3 유체계측(측정)

1) 비중량(밀도: 비질량) 계측

비중량(밀도 측정)은 비중병, 아르키메데스의 원리(부력), 비중계, U자관 등을 이용하여 측정한다.

2) 점성계수(viscosity coefficient)의 계측

점성계수를 측정하는 점도계로는 스토크스법칙(stokes law)을 기초로 한 '낙구식 점도계', 하겐-포아젤의 법칙을 기초로 한 'Ostwald 점도계'와 '세이볼트(saybolt) 점도계', 뉴턴의 점성법칙(Newtonian viscosity law)을 기초로 한 'MacMichael(맥미첼) 점도계'와 'Stomer(스토머) 점도계' 등이 있다.

3) 정압(static pressure) 측정

유동하는 유체에서 교란되지 않은 유체의 압력, 즉 정압을 측정하는 계측기기로는 피에조미터, 정압관 등이 있다.

4) 유속 측정

① 피토관(pitot in tube)

피토관은 그 직각으로 굽은 관으로 선단에 있는 구멍을 이용하여 유속을 측정한다.

$V_0 = \sqrt{2g\Delta h}$ [m/s]

② 시차액주계

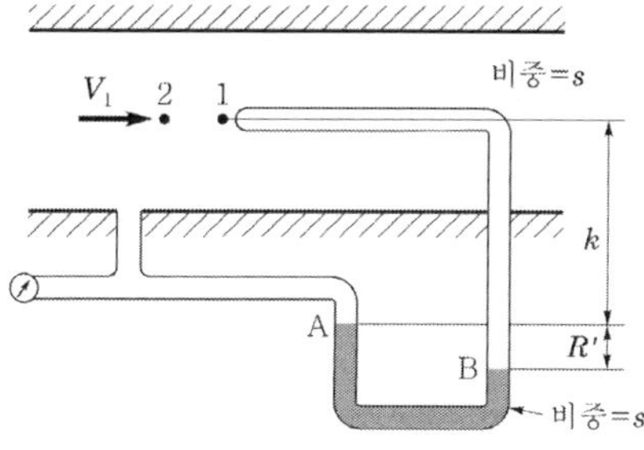

$$V_1 = \sqrt{2gR'\left(\frac{s_0}{s} - 1\right)}\ [\text{m/s}]$$

③ 피토-정압관(pitot-static tube)

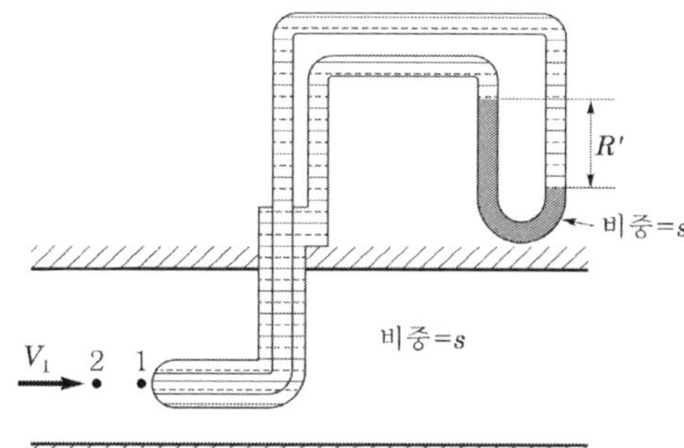

$$V_1 = C\sqrt{2gR'\left(\frac{s_0}{s} - 1\right)}\ [\text{m/s}]$$

④ 열선속도계(hot-wire anemometer)

두 개의 작은 지지대 사이에 연결된 가는 선(지름 0.1mm 이하, 길이 1mm 정도)을 유동장에 넣고 전기적으로 가열하여 난류유동과 같은 매우 빠르게 변하는 유체의 속도를 측정할 수 있다.

5) 유량 측정

유량을 측정하는 장치로는 벤튜리미터, 노즐, 오리피스, 로터미터, 위어 등이 있다.

① 벤튜리미터

$$Q = \frac{C_v A_2}{\sqrt{1 - \left(\frac{A_2}{A_1}\right)^2}} \sqrt{\frac{2g}{\gamma}(p_1 - p_2)} = \frac{C_v A_2}{\sqrt{1 - \left(\frac{A_2}{A_1}\right)^2}} \sqrt{2gR'\left(\frac{S_0}{S} - 1\right)}\ [\text{m}^3/\text{sec}]$$

② 유동노즐(flow nozzle)

$$Q = CA_2\sqrt{\frac{2g}{\gamma}(p_1 - p_2)}\ [\text{m}^3/\text{s}]$$

③ 오리피스(orifice)

$$Q = CA_0\sqrt{\frac{2g}{\gamma}(p_1 - p_2)} = CA_0\sqrt{2gR'\left(\frac{S_0}{S} - 1\right)}\ [\text{m}^3/\text{s}]$$

④ 위어(weir)

개수로의 유량을 측정하기 위하여 수로에 설치한 장애물로서, 위어 상단에서 수면까지의 높이 H를 측정하여 유량을 구한다.

㉠ 전폭 위어(suppressed weir): 대유량 측정에 사용

$$유량(Q) = \frac{2}{3}CB\sqrt{2g}\,H^{\frac{3}{2}}\,[\mathrm{m^3/min}]$$

㉡ 사각 위어(rectangular weir): 유량$(Q) = KbH^{\frac{3}{2}}\,[\mathrm{m^3/min}]$

㉢ 삼각 위어(triangular weir): 소유량 측정에 사용

$$유량(Q) = KH^{\frac{5}{2}}\,[\mathrm{m^3/min}]$$

$$Q_a = \frac{8}{15}C\tan\frac{\theta}{2}\sqrt{2g}\,H^{\frac{5}{2}}\,[\mathrm{m^3/min}]$$

4 송풍기 및 펌프의 성능특성

구분	송풍기	펌프
소요동력 (축동력)	$L_s = \frac{P_t \times Q}{102 \times 60 \times \eta_f}[\mathrm{kW}]$, $L_s = \frac{P_s \times Q}{102 \times 60 \times \eta_s}$ 송풍기 전압: $P_t[\mathrm{kg/m^2}]$, 정압$(\mathrm{kg/m^2})$ 송풍량: $Q[\mathrm{m^3/min}]$ 전압효율: η_f, 정압효율: η_s	$L_s = \frac{\gamma HQ}{102 \times 3{,}600 \times \eta_P}[\mathrm{kW}]$ 물의 비중량: $\gamma = 1{,}000[\mathrm{kg/m^3}]$ $= 9{,}800\mathrm{N/m^3}$ $= 9.8\mathrm{kN/m^3}$ 전수두(전양정): $H\,[\mathrm{m}]$ 유량: $Q[\mathrm{m^3/h}]$ 펌프효율: η_P
상사법칙	㉠ 풍량(Q) $Q_2 = Q_1\left(\frac{N_2}{N_1}\right) = Q_1\left(\frac{D_2}{D_1}\right)^3$ ㉡ 정압(P) $P_2 = P_1\left(\frac{N_2}{N_1}\right)^2 = P_1\left(\frac{D_2}{D_1}\right)^2$ ㉢ 동력(L) $L_2 = L_1\left(\frac{N_2}{N_1}\right)^3 = L_1\left(\frac{D_2}{D_1}\right)^5$ 여기서, 회전수: $N[\mathrm{rpm}]$ 임펠러 직경: $D[\mathrm{mm}]$	㉠ 유량(Q) $Q_2 = Q_1\left(\frac{N_2}{N_1}\right) = Q_1\left(\frac{D_2}{D_1}\right)^3$ ㉡ 양정(H) $H_2 = N_1\left(\frac{N_2}{N_1}\right)^2 = H_1\left(\frac{D_2}{D_1}\right)^2$ ㉢ 동력(L) $L_2 = H_1\left(\frac{N_2}{N_1}\right)^3 = L_1\left(\frac{D_2}{D_1}\right)^5$ 여기서, 회전수: $N[\mathrm{rpm}]$ 임펠러 직경: $D[\mathrm{mm}]$

구분	송풍기	펌프
비속도 (n_s)	$n_s = \frac{N\sqrt{Q}}{P^{\frac{3}{4}}}$ 여기서, 회전수: N[rpm] 풍량: Q[m^3/min] 풍압: P[mmAq]	$n_s = \frac{N\sqrt{Q}}{H^{\frac{3}{4}}}$ 여기서, 회전수: N[rpm] 토출량: Q[m^3/min] 전양정: H[m]
용량제어	토출댐퍼에 의한 제어 흡입댐퍼에 의한 제어 흡입베인에 의한 제어 회전수에 의한 제어 가변피치 제어	정속–정풍량 제어 정속–가변유량 제어 가변속–가변유량 제어

5 유량계측

1) 유량측정방법

용적(체적)유량 측정, 중량유량 측정, 질량유량 측정, 적산유량 측정, 순간유량 측정

2) 유량계 측정방법 및 원리

측정방법	측정원리	종류
속도수두	전압과 정압의 차에 의한 유속측정	피토관(pitot in tube)
유속식	프로펠러나 터빈의 회전수 측정	바람개비형, 터빈형
차압식	교축기구 전후의 차압 측정	오리피스, 벤튜리(venturi in tube)관, 플로우–노즐(flow–nozzle)
용적식	일정한 용기에 유체를 도입시켜 측정	오벌식, 가스미터, 루츠, 로터리팬, 로터리 피스톤
면적식	차압을 일정하게 하고 교축기구의 면적을 변화	플로트형(로터미터), 게이트형, 피스톤형
와류식	와류의 생성속도 검출	카르먼식, 델타, 스와르미터
전자식	도전성 유체에 자장을 형성시켜 기전력 측정	전자유량계
열선식	유체에 의한 가열선의 흡수열량 측정	미풍계, thermal 유량계, 토마스 미터
초음파식	도플러 효과 이용	초음파 유량계

3) 구조로 분류한 유량계의 종류

<table>
<tr><th colspan="3">구조에 의한 분류</th><th>유량계의 종류</th><th>특징</th></tr>
<tr><td rowspan="3">접액형</td><td colspan="2">가동부 있음</td><td>용적 유량계
turbine 유량계
면적 유량계</td><td>① 고정부(용적, turbine)
② 직관부 불필요(용적, 면적)
③ 가격이 저렴(면적)
④ 측정 유체에 제약이 없음
⑤ 대유량일 때에는 고가
⑥ 유지 보수에 시간이 걸림
⑦ 압력 손실이 있음
⑧ 슬러리액에는 불가</td></tr>
<tr><td rowspan="2">가동부 없음</td><td>장애물 있음</td><td>차압 유량계(orifice)
와류 유량계
weir 유량계</td><td>① 측정 대상이 넓음
② 비교적 가격이 저렴
③ 압력 손실이 있음
④ 슬러리액에는 불가</td></tr>
<tr><td>장애물 없음</td><td>차압 유량계(venturi)
전자 유량계
초음파 유량계(접액형)</td><td>① 압력 손실이 적음
② 슬러리액도 측정 가능
③ 비교적 고가</td></tr>
<tr><td colspan="3">비접액형</td><td>초음파 유량계(clamp-on형)
열유량계</td><td>① 압력 손실이 없음
② 측정 대상이 넓음
③ 배관의 영향을 쉽게 받음</td></tr>
</table>

4) 측정량에 의한 분류

측정량	유량계의 종류
유속	열선유속계, pitot tube, 전자유량계, 와유량계, 터빈유량계, 초음파유량계
부피유량	차압유량계, 전자유량계, 초음파유량계, flume 유량계, weir 유량계, 면적유량계
질량유량	열량질량유량계, coriolis 질량유량계
적산부피유량	거의 모든 유량계

• 초음파(ultrasonic) 유량계

도플러 효과(doppler effect)를 이용한 것으로 초음파가 유체 속을 진행할 때 유속의 변화에 따라 주파수변화를 계측하는 음향식 유량계이다.

[특징]

- 비접촉식이므로 관 외부에서 측정할 수 있고 광범위하게 사용할 수 있다.
- 압력손실이 없다.
- 유체에 따라 선정에 주의한다.
- 직관거리가 많이 필요하다.
- 가격이 고가이다.
- 배관의 종류 및 상황에 따라 측정할 수 없는 것이 있다.

- 검출기 부착에 따른 오차, 배관재질, 두께 등의 영향이 없다.
- 대형 관로(1,000m 이상)에서 주로 사용한다.
- 액체 중 기포가 포함되어 있으면 오차가 발생한다.

6 압력계측

1) 압력측정방법

(1) 기계식

① 액체식: U자관식, 단관식, 경사관식, 환상천평식, 침종식
② 탄성식: 부르동관식, 벨로즈식, 다이어프램식(금속, 비금속)

(2) 전기식

저항선식, 정전용량식, 스트레인 게이지식, 압전식

2) 압력계의 종류

(1) 액주식 압력계(U자관식)

U자형의 유리관에 물, 기름, 수은 등을 넣어 한쪽 관에 측정하고자 하는 대상 압력을 도입, U자관의 양쪽 액의 높이차에 의해 압력을 측정하는 방식으로 10~2,000mmHg 범위에서 사용

(2) 탄성식 압력계

탄성체에 힘을 가할 때 변형량을 계측하는 것으로 힘은 압력과 면적에 비례하고 힘의 변화는 탄성체의 변위에 비례하는 것을 이용한 계측

① **부르동관식(bourdon) 압력계**: 가장 보편화되어 있는 압력계로 부르동관 내 압력이 대기압보다 클 경우 곡률반경이 커지면서 지시계 지침을 회전시켜 측정하는 방식
㉠ 측정범위
ⓐ 압력계: 0~3,000kg/cm^{2}이며, 보편적으로 2.5~1,000kg/cm^{2}에 사용
ⓑ 진공계: 0~760mmHg
㉡ 재료
ⓐ 저압용: 황동, 인청동, 알루미늄 등
ⓑ 고압용: 스테인리스강, 합금강 등

② **벨로즈식(bellows) 압력계**: 주름형상의 원형 금속을 벨로즈라 하며 벨로즈와 히스테리시스를 방지하기 위하여 스프링을 조합한 구조로 자동제어 장치의 압력 검출용으로 사용

③ 다이어프램(diaphragm)식 압력계: 얇은 고무 또는 금속막을 이용하여 격실을 만들고 압력변화에 따른 다이어프램의 변위를 지시계로 나타내는 방식으로 측정범위는 20~5,000 mmAq이고 감도가 좋으며 정확성이 높다.

(3) 전기식 압력계

압력을 전기적 양으로 변환하여 측정하는 계기

① 저항선식: 저항선(구리-니켈)에 압력을 가하면 선의 단면적이 감소하여 저항이 증가하는 현상을 이용한 게이지로 검출부가 소형이며 응답속도가 빠르고 0.01~100kg/cm^{2}의 압력에 사용

② 자기 스트레인식: 강자성체에 기계적 힘을 가하면 자화상태가 변화하는 자기변형을 이용한 압력계로 수백기압의 초고압용 압력계로 이용된다.

③ 압전식: 수정이나 티탄산바륨 등은 외력을 받을 때 기전력이 발생하는 압전현상을 이용한 것으로 피에조(piezo)식 압력계라 한다.

특징

① 원격측정이 용이하며 반응속도가 빠르다.
② 지시, 기록, 자동제어와 결속이 용이하다.
③ 정밀도가 높고 측정이 안정적이다.
④ 구조가 간단하며 소형이다.
⑤ 가스폭발 등 급속한 압력변화 측정에 유리하다.

7 온·습도 측정

1) 온도(temperature)

① 건구온도(dry bulb temperature: DB): 일반적인 온도계로 측정한 온도

② 습구온도(wet bulb temperature: WB): 온도계 감온부를 젖은 헝겊으로 감싸고 측정한 온도(증발잠열에 의한 온도)

③ 노점온도(dewpoint temperature: DT): 습공기 수증기 분압이 일정한 상태에서 수분의 증감없이 냉각할 때 수증기가 응축하기 시작하여 이슬이 맺는 온도

2) 습도(humidity)

① 절대습도(specific humidity: x): 건조공기 1kg에 대한 수증기 중량비

$$x = 0.622 \times \frac{P_w}{P - P_w} = 0.622 \times \frac{\phi P_s}{P - \phi P_s} [\mathrm{kg'/kg}]$$

② 상대습도(relative humidity): 습공기 수증기 분압(P_w)과 동일온도의 포화 습공기 수증기 분압(P_s)과의 비

$$\phi = \frac{P_w}{P_s} \times 100\%$$

③ 포화도(비교습도): 습공기 절대습도(x_w)와 포화 습공기 절대습도(x_s)와의 비

$$\psi = \frac{x_w}{x_s} \times 100\%$$

3) 습도계 및 노점계 종류

① 전기식 건습구 습도계: 실내온도를 측정하는 데 주로 사용되나 습구를 항상 적셔 놓아야 하는 단점이 있다.

② 전기저항식 습도계: 구조 및 측정회로가 간단하여 저습도 측정에 적합하고 기체의 압력 및 풍속에 의한 오차가 없다. 또한 응답이 빠르고 온도계수가 크다.

③ 듀셀 전기 노점계: 저습도의 측정에 적합하며 구조가 간단하여 고장이 적다.

④ 광전관식 노점 습도계: 저습도의 측정이 가능하며 경년변화가 적고 기체의 온도에 영향을 받지 않는다.

⑤ 모발 습도계: 습도의 증감에 따라 규칙적으로 신축하는 모발의 성질을 이용한 습도계로 사용이 간편하지만 안정성이 좋지 않고 응답시간이 길다. 실내 습도 조절용으로 사용된다.

⑥ 건습구 습도계: 건구와 습구온도계로 구성되어 있으며 상대습도표에 의해 구한다. 자연통풍에 의한 간이 건습구 습도계와 온도계의 감온부에 풍속 3~5m/s 통풍을 행하는 통풍건습구 습도계가 있다.

(1) 논리적 회로(AND gate) = 직렬회로

AND 회로는 AND 게이트라고도 하고, 2개의 입력 A와(AND) B가 모두 "1"인 때에만 출력이 "1"이 되는 회로로서 등가적으로는 [그림 1]과 같다. (a)는 유접점 회로이고 (b)는 다이오드를 사용한 무접점 회로이다.

AND 회로의 논리식은 $X = A \cdot B$, $A \times B$, $A \cap B$로 나타내며, [그림 2] (a)가 AND 회로의 논리기호를 표시한 것이다. 그리고 논리기호는 여러 가지의 것이 쓰여 통일되어 있지 않으나, 여기서는 MIL 규격에 의한 기호법을 사용하였다.

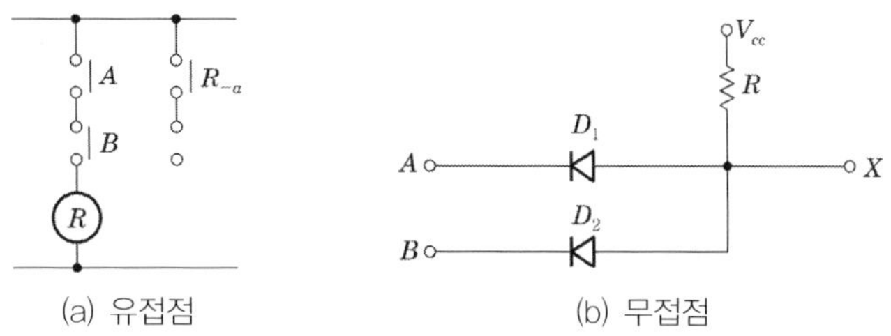

(a) 유접점　　(b) 무접점

[그림 1] AND 회로

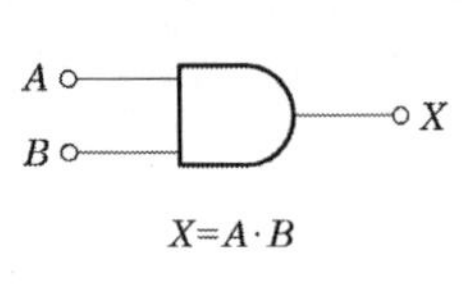

A	B	X
0	0	0
0	1	0
1	0	0
1	1	1

(a) 논리기호　　　　(b) 진리표

[그림 2] AND 회로의 논리기호와 진리표

입력 A, B의 조합에 대한 출력 X의 상태를 [그림 2] (b)에 보이거니와 이와 같이 복수 개의 입력의 조합에 대하여 그 출력이 어떻게 되는가를 나타내는 표를 진리표(truth table)라 한다.

(2) 논리합 회로(OR gate) = 병렬회로

입력 A 또는(OR) B의 어느 한쪽이나 양자가 "1"인 때 출력이 "1"이 되는 회로이다. 유접점에서는 [그림 3] (a)와 같은 병렬 회로가 되고 무접점에서는 [그림 3] (b)와 같이 다이오드 방향은 입력 신호에 대해 순방향이다. OR 회로의 논리식은 $X = A + B$, $A \cup B$로 나타내며, OR 회로의 기능을 나타내는 논리기호 및 진리표를 [그림 4] (b)에 표시하였다.

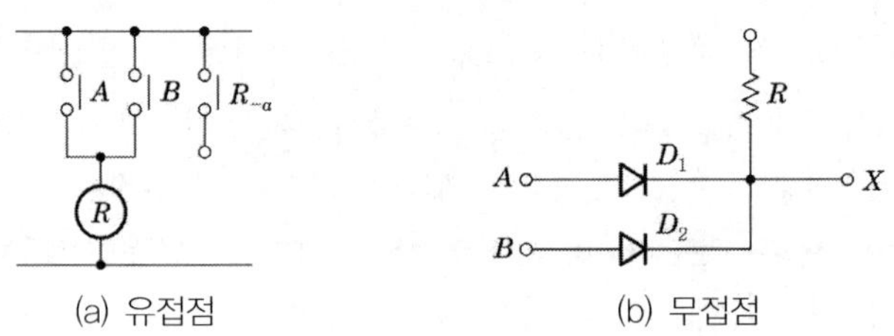

(a) 유접점　　　　(b) 무접점

[그림 3] OR 회로

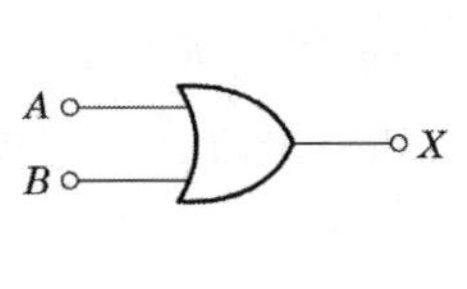

A	B	X
0	0	0
0	1	1
1	0	1
1	1	1

(a) 논리기호　　　　(b) 진리표

[그림 4] OR 회로의 논리기호와 진리표

(3) 논리 부정 회로(NOT gate)

입력이 "0"일 때 출력은 "1", 입력이 "1"일 때 출력은 "0"이 되는 회로인데, 입력 신호에 대해서 부정(NOT)의 출력이 나오는 것이다. [그림 5] (a)는 NOT 회로를 나타낸 것이며, 특히 (b)는 트랜지스터에 의한 NOT 회로이다.

NOT 회로의 논리식은 $X = \overline{A}$로 나타내며 "A가 아니다"라는 뜻을 의미한다.

NOT 회로의 논리기호 및 진리표는 [그림 6]에 표시하였다.

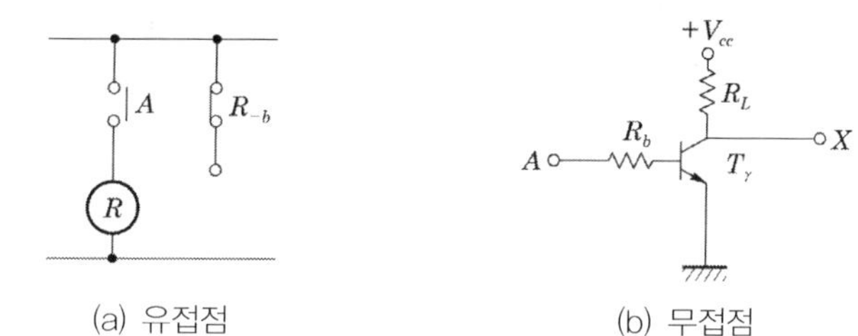

(a) 유접점　　　　(b) 무접점

[그림 5] NOT 회로

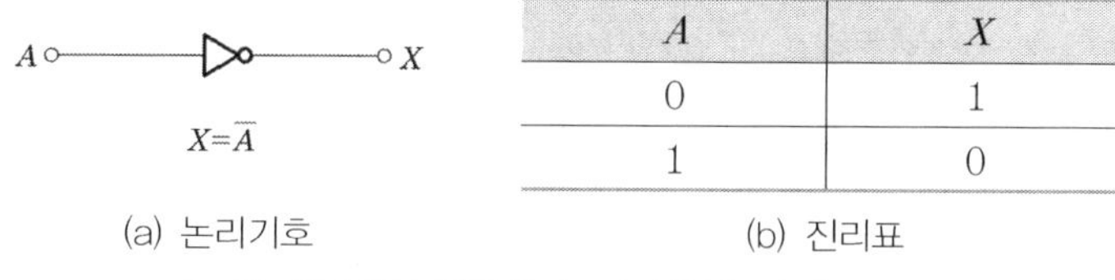

A	X
0	1
1	0

(a) 논리기호　　　　(b) 진리표

[그림 6] NOT 회로의 논리기호와 진리표

(4) NAND 회로(NAND gate)

AND 회로에 NOT 회로를 접속한 AND-NOT 회로로서 논리식은 $X = \overline{AB}$가 된다. [그림 7]은 NAND 회로를 표시한 것이고, [그림 8]은 NAND 회로의 논리기호와 진리표를 표시한 것이다.

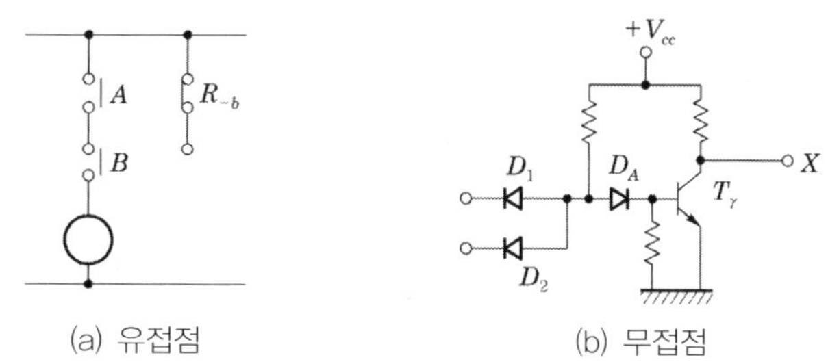

(a) 유접점　　　　(b) 무접점

[그림 7] NAND 회로

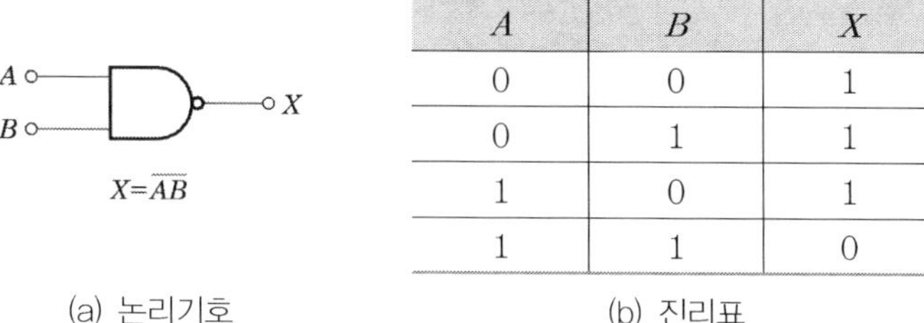

A	B	X
0	0	1
0	1	1
1	0	1
1	1	0

(a) 논리기호　　　　(b) 진리표

[그림 8] NAND 회로의 논리기호와 진리표

(5) NOR 회로(NOR gate)

OR 회로에 NOT 회로를 접속한 OR-NOT 회로인데 논리식은 $X=\overline{A+B}$가 된다. [그림 9]는 NOR 회로를 표시한 것이고, [그림 10]은 NOR 회로의 논리기호와 진리표를 표시한 것이다. 이와 같은 NAND, NOR 회로는 트랜지스터나 IC를 구성하기 쉽다는 이유로 많이 사용되고 있다.

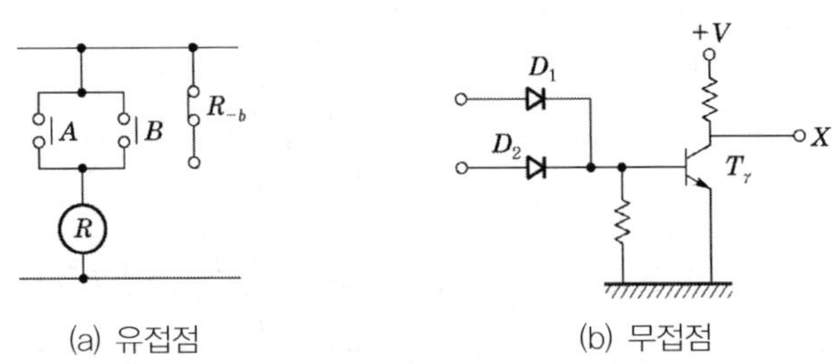

(a) 유접점　　(b) 무접점

[그림 9] NOR 회로

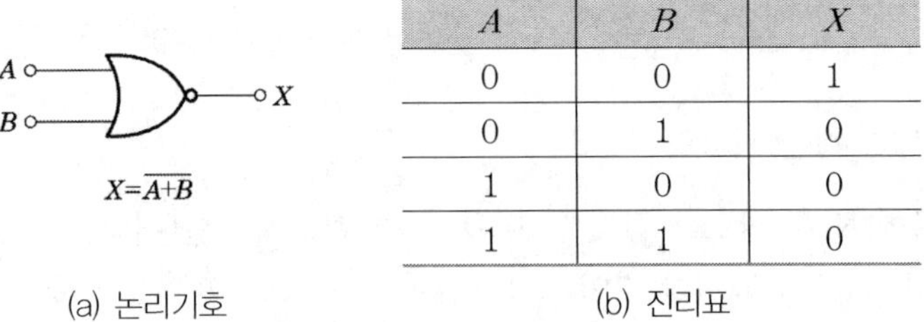

A	B	X
0	0	1
0	1	0
1	0	0
1	1	0

(a) 논리기호　　(b) 진리표

[그림 10] NOR 회로의 논리기호와 진리표

(6) 배타적 논리합 회로(EXCLUSIVE OR gate)

입력 A, B가 서로 같지 않을 때만 출력이 "1"이 되는 회로인데, A, B가 모두 "0"이거나 모두 "1"이어서는 안 된다는 의미가 있다. [그림 11]에 그 일례를 나타냈고, 논리식은 $X=\overline{A}\cdot B+A\cdot\overline{B}=A\oplus B$로 표시된다. 기호 $\oplus$는 EXCLUSIVE OR 회로를 의미하는 기호이다.

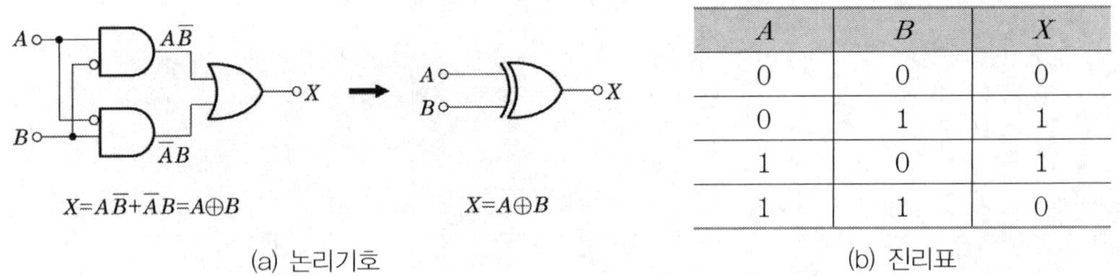

A	B	X
0	0	0
0	1	1
1	0	1
1	1	0

(a) 논리기호　　(b) 진리표

[그림 11] EXCLUSIVE OR 회로의 논리기호와 진리표

예제

01 [그림 12]와 같은 계전기 접점 회로의 논리식을 구하여라.

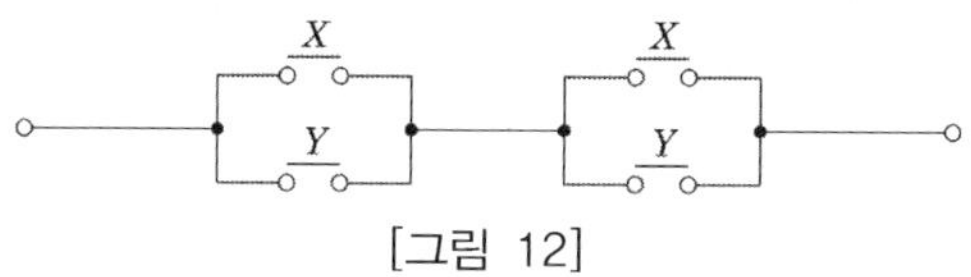

[그림 12]

해설 X, Y의 2개의 병렬회로가 한 개의 직렬회로로 되어 있다. 즉, 계전기 접점 회로의 병렬회로는 OR 회로이고 직렬회로는 AND 회로이므로 $(X+Y)\cdot(X+Y)$이다.

8 논리대수

논리대수는 1847년에 영국의 수학자 George boole이 논리의 수학적 해석을 창시한 사실에서, 불 대수(boolean algebra)라고도 한다.

논리대수에서 취급하는 변수는 보통의 대수와 달리 2진법의 "0"과 "1"만으로 된다.

논리대수는 기본 연산의 정의에서 다음 3가지 공리와 그것으로부터 도출되는 정리가 있고, 어느 것이나 취급하는 값은 "1"과 "0" 2가지뿐이다. 가령 변수 A는 "1" 아니면 "0" 어느 쪽인가를 취하는 것으로 한다.

[공리 1] 부정(NOT)

A가 "1"이 아니면 A는 "0"이고, A가 "0"이 아니면 A는 "1"이다.

[공리 2] 논리합(OR)

$0+0=0$

$0+1=1+0=1$

$1+1=1$

이 공리는 2개의 변수의 논리합은 2개의 변수 가운데 1개라도 "1"이 있으면 "1"이라는 것을 의미하고 있다.

[공리 3] 논리적 (AND)

$0\cdot 0=0$

$0\cdot 1=1\cdot 0=0$

$1\cdot 1=1$

이 공리는 2개의 변수의 논리적은 2개의 변수의 양쪽이 모두 “1”인 때에 한하여 “1”이 된다는 것을 의미한다.
또한 논리대수는 반드시 필요 불가결한 지식은 아니지만, 복잡한 논리회로의 동작을 이해한다든가, 또는 각종의 정리를 사용하여 논리식을 간단히 하여, 회로를 간소화하는 데에 유효하다.
그래서 여기에 실용적인 기본 정리를 제시한다.

1) 교환의 정리

2가지 변수 A, B에 대해서

- $A + B = B + A$
- $AB = BA$

가 논리합, 논리적인 양 논리식에 있어서 성립한다.

2) 결합의 정리

변수 A, B, C에 대해서

- $(A + B) + C = A + (B + C)$

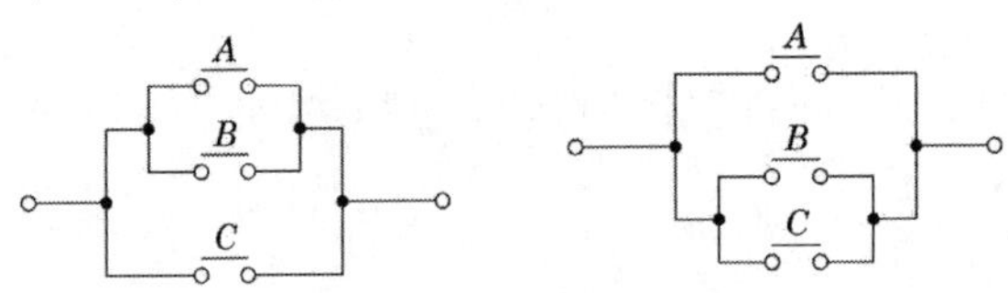

- $(AB)C = A(BC)$

가 성립한다.

3) 분배의 정리

- $A(B + C) = AB + AC$

- $A + (BC) = (A + B)(A + C)$

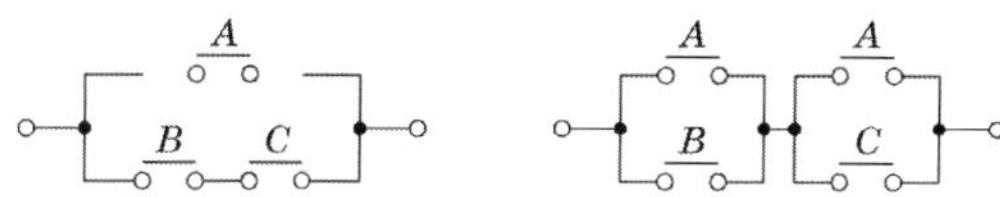

가 성립한다. 특히 윗식은 통상의 대수학과는 달리 논리대수 특유의 것으로, 논리식을 간단히 하는 데 자주 쓰이는 정리이다.

4) 동일의 정리

변수 A에 대해서

- $A + A + A + \cdots + A = A$

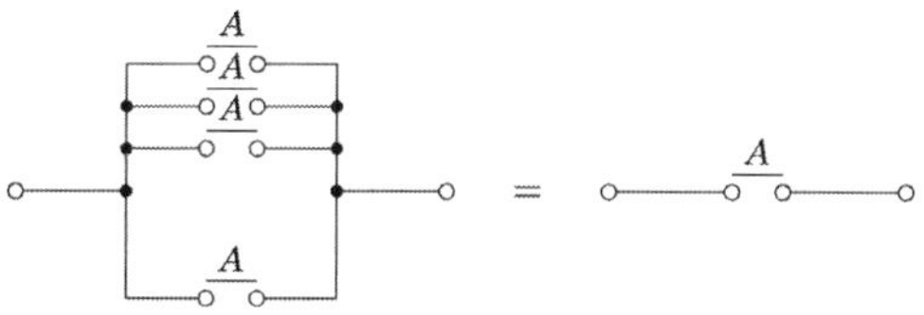

- $AAAA \cdots A = A$

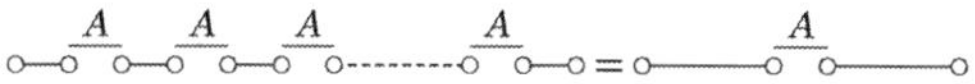

가 성립한다. 이 사실은 A에 "0"과 "1"을 넣어 보면 쉽게 알 수 있다.

5) 흡수의 정리

- $A + 0 = A$

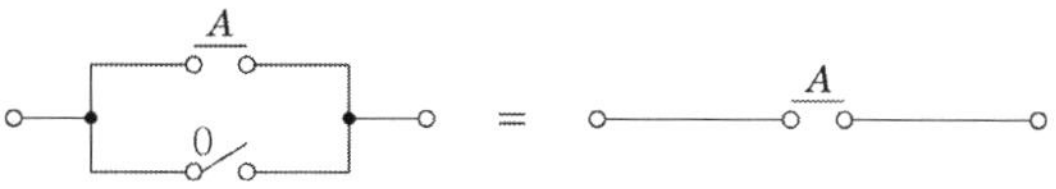

- $A \cdot 1 = A$

- $A + 1 = 1$

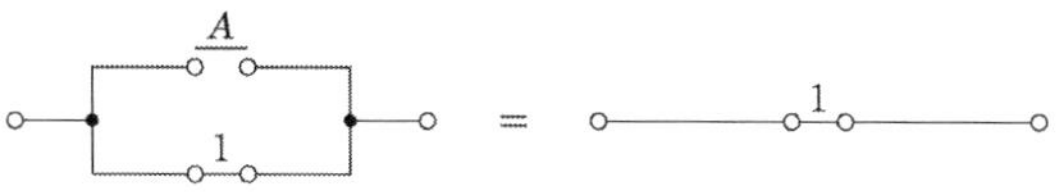

- $A \cdot 0 = 0$

- $A + A \cdot B = A \cdot (1 + B) = A$

- $A \cdot (A + B) = A \cdot A + A \cdot B = A + A \cdot B = A$

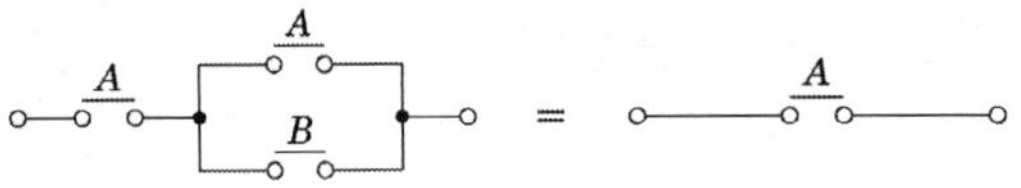

6) 부정에 대한 정리

- $A + \overline{A} = 1$

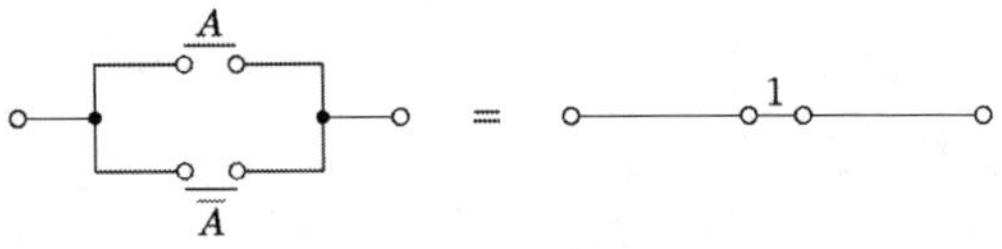

- $A \cdot \overline{A} = 0$

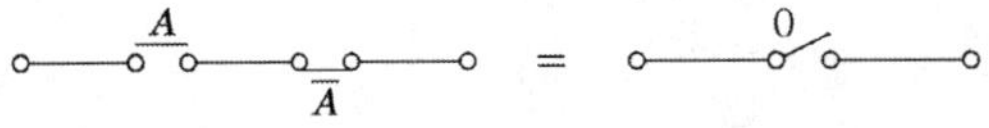

- $A = \overline{\overline{A}}$

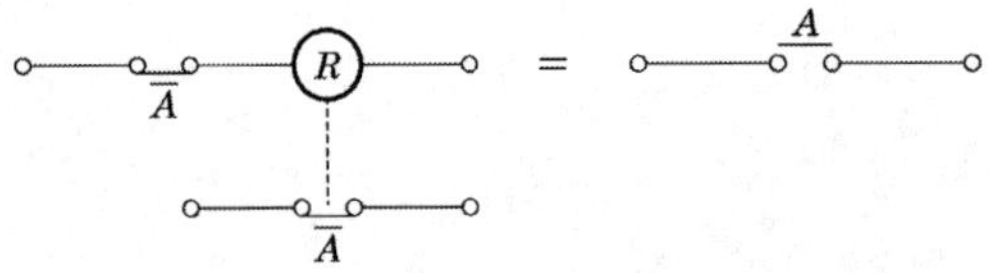

윗식은 다중 부정의 환원성을 의미하고 있다.

7) 드모르간(De Morgan)의 정리

- $\overline{A + B} = \overline{A}\,\overline{B}$

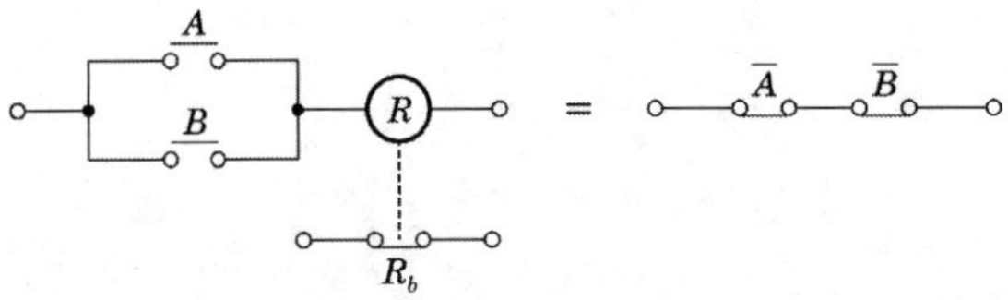

- $\overline{A \cdot B} = \overline{A} + \overline{B}$

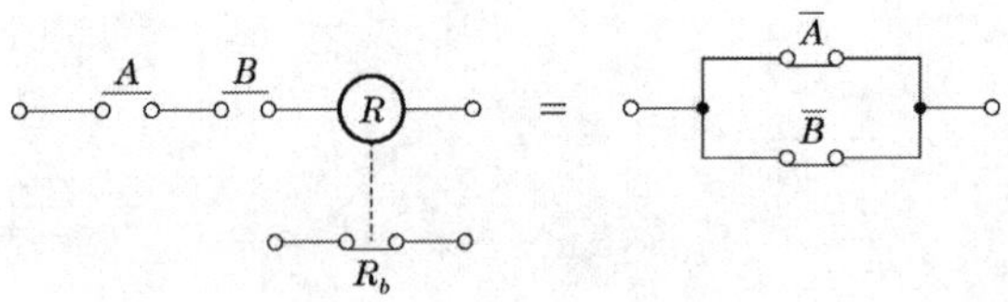

가 되며, 이것은 논리합과 논리적이 완전히 독립이 아니고, 부정을 조합하면 상호 교환이 가능하며, 부정과 논리합 또는 부정과 논리적의 그 어느 조합만으로, 모든 논리를 구성할 수 있다는 것을 의미하고 있다.

예제

02 논리식 $L=\bar{x}y+\bar{x}\bar{y}$를 간단히 하여라.

해설 변수 x, y에 대하여 분배의 정리를 사용하면 $L=\bar{x}y+\bar{x}\bar{y}=\bar{x}(y+\bar{y})=\bar{x}1=\bar{x}$가 된다.

Chapter 01

예상문제

01 전기저항 온도계의 측온 저항계의 공칭 저항치라고 말하는 것은 온도 몇 도 때의 저항소자의 저항을 말하는가?

① 20℃　② 15℃
③ 10℃　④ 0℃

해설
전기저항온도계는 보통 0℃를 측온저항계의 공칭저항치 온도로 한다(25Ω, 50Ω, 100Ω, 200Ω 기준).

02 400~500℃의 온도를 저항온도계로 측정하기 위해서 사용해야 할 저항소자는?

① 서미스터(thermistor)
② 백금선
③ Ni선(Nickel선)
④ 구리선

해설
㉠ 백금선 400~500℃(−200~500℃)
㉡ 서미스터(thermistor) −100~300℃
㉢ 니켈선 −50~150℃
㉣ 구리선 0~120℃

03 온도 측정방법에는 피측정물에 온도계의 검출부를 접촉시키는 접촉방법을 접촉시키지 않는 비접촉 방법이 있다. 비접촉 방법에 해당되는 것은?

① 유리제온도계
② 압력식 온도계
③ 전기저항식 온도계
④ 광고온도계

해설
비접촉식 온도계의 종류
㉠ 광고온도계(700~3,000℃)
㉡ 광전관식 온도계
㉢ 방사온도계
㉣ 색온도계

04 다음 보호관 중 상용사용 온도가 1,100℃인 것으로 가장 적합한 것은?

① 연강관　② 석영관
③ 자기관　④ 카보랜덤관

해설
각 보호관의 상용온도
㉠ 카보랜덤관(1,600℃)
㉡ 자기관(1,300℃)
㉢ 석영관(1,100℃)

05 다음의 온도계 중에서 가장 높은 온도를 측정할 수 있는 온도계는?

① 열전온도계
② 압력식 온도계
③ 수은식 유리온도계
④ 광고온도계

해설
㉠ 광고온도계(700~3,000℃)
㉡ 열전온도계(1,600℃)
㉢ 수은식 유리온도계(650℃)
㉣ 압력온도계(600℃)

06 다음 열전온도계에서 가장 높은 온도를 측정할 수 있는 것은?

① CA열전온도계
② PR열전온도계
③ IC열전온도계
④ CC열전온도계

해설
PR(1600℃) > CA(1200℃) > IC(800℃) > CC(350℃)
여기서, PR(백금−로듐), CA(크로멜−알루멜), IC(철−콘스탄탄), CC(콘스탄탄) : 구리 55%−니켈 45% 합금

정답 01 ④ 02 ② 03 ④ 04 ② 05 ④ 06 ②

07 광고온도계를 써서 용융철의 온도를 측정하는 경우 꼭 주의하여야 할 사항은?

① 거리계수
② 개인측정오차
③ CO_2 및 H_2O에 의한 가스 흡수의 영향
④ 원격지시

해설

광고온도계의 사용 시 주의점
㉠ 광학계의 먼지 상처 등을 점검한다.
㉡ 개인차가 있어서 정밀측정을 위하여 여러 사람이 측정한다(측정에 시간을 요하며 개인에 따라 오차가 크다).
㉢ 측정위치, 각도 같은 것을 같은 조건으로 하여 시야의 중앙에 목표점을 맞춘다.
㉣ 측정체와의 사이에 먼지, 연기(smoke) 등이 적도록 한다.

08 피측정물의 방사가시광선 중의 파장이 0.65μ의 단색광의 휘도와 표준운동 물체의 휘도를 비교하여 수동으로 온도를 구하는 온도계는 어느 것인가?

① 광전온도계　② 광고온도계
③ 열전대온도계　④ 방사온도계

해설

광고온도계는 고온의 피측정물에서 나오는 방사 가시광선 중에서 특정파장(0.65μ)의 단색광의 휘도와 표준운동 물체의 휘도를 비교하여 온도를 측정한다 (광고온도계 측정 범위 700~3,000℃).

09 열전대를 보호하기 위해 사용되는 보호관 중에서 상용 사용 온도가 제일 높으며 급냉·급열에 강하고 방사고온계의 외관보호관으로 사용되는 것은 어느 것인가?

① 카보랜덤관　② 자기관
③ 내열강관　④ 석영관

해설

카보랜덤(carborandum)관은 상용 사용 온도가 1,600℃로 보호관 중에서 가장 높으며 급열·급냉에 강하고 방사고온계의 탄망관, 2중 보호관의 외관으로 사용된다. 최고 사용 온도는 1,700℃이다.

10 섭씨(℃)와 화씨(℉)의 온도눈금 수치가 일치하는 경우의 절대온도(K)는 얼마인가?

① 233　② 273
③ 373　④ 501

해설

$$t_F = \frac{9}{5}t_C + 32[°F]$$

$$t_F = t_C = x(put)$$

$$x = \frac{9}{5}x + 32$$

$$-\frac{4}{5}x = 32$$

$$x = -\frac{5\times 32}{4} = -40℃$$

$$\therefore T = t_C + 273 = -40 + 273 = 233K$$

11 습도 측정시 가열이 필요한 단점이 있지만 상온이나 고온에서 정도가 좋으며, 자동제어에도 이용 가능한 습도계는 어느 것인가?

① 전기식 건습 습도계
② 듀셀 노점계
③ 전기저항식 습도계
④ 모발 습도계

해설

듀셀 노점계는 자동제어에도 이용 가능한 습도계로 염화리튬 노점계라고도 하며 감온부에 염화리튬의 포화 수용액의 증기압과 수증기의 압력을 평형시켜 이때의 염화리튬의 온도에 의해 노점을 측정하는데 검출부에는 측온 저항체를 삽입한 금속관의 외면에 전열도장을 하고 유리섬유로 감은 듀셀(dew cell)을 사용한다.

12 서미스터(thermistor)에 대한 설명 중 옳지 못한 것은?

① 상온 온도계수는 백금보다 현저히 크다.
② 응답이 느리다.
③ 온도 상승에 따라 저항률이 감소하는 것을 이용하여 온도를 측정한다.
④ 흡습 등으로 열화되기 쉽다.

해설

서미스터(thermistor)는 소형이고 응답이 빠르다(전기저항온도계로 측정온도 범위는 100~300℃이다).

정답 07 ② 08 ② 09 ① 10 ① 11 ② 12 ②

13 물의 3중점을 옳게 표시한 것은? (단, 단위 : ℃)

① 373.15 ② 273.16
③ 100 ④ 0.01

해설
삼중점이란 고상, 액상, 기상이 함께 존재하는 점으로서 물의 삼중점은 1기압에서 0.01℃이다.

14 다음 계량기 중에서 법정검정 계량기가 아닌 것은?

① 탱크로리
② 적산식 가솔린미터
③ 수동 맞저울
④ 유량계

해설
계량기 중 법정검정 계량기
탱크로리, 적산식 가솔린미터, 오일미터, 가스미터, 수도미터는 부피계이고, 수도맞저울(대저울, 접시저울), 분동식 저울, 자동(지시)저울 등은 질량계 계량기다.

15 저항온도계의 0℃에서의 저항 소자의 저항값으로 주로 사용되는 것이 아닌 것은?

① 25(Ω) ② 50(Ω)
③ 100(Ω) ④ 150(Ω)

해설
저항온도계에서 0℃의 저항 소자의 저항값으로 주로 사용되는 것은 25Ω, 50Ω, 100Ω, 200Ω이 있다.

16 공업 계기의 특징에 대하여 열거한 것 중 제일 타당성이 적은 것은?

① 설치 장소의 주위 조건에 대하여 내구성이 있을 것
② 견고하고 신뢰성이 높을 것
③ 보수가 쉽고 경제적일 것
④ 측정 범위가 넓고 다목적이어야 할 것

해설
공업계기는 측정범위가 넓고 보수가 용이하며 원거리 지시 및 기록이 가능하고 연속적이며 설치장소의 주위조건에 대한 내구성이 있을 것. 또한 구조가 간단하고 사용이 편리할 것

17 좁은 장소에서의 온도 측정이 가능하고 지연을 적게 할 수 있으며 극히 고감도이며 도선저항에 의한 오차를 적게 할 수 있으나 특성을 고르게 얻기가 어려우며 충격에 대한 기계적 강도가 떨어지는 측온체를 다음에서 고른다면 어느 것인가?

① 서미스터 측온 저항체
② 열전대
③ 금속측온 저항체
④ 광고온체

해설
서미스터(thermistor) 측온 저항체
충격에 대한 기계적 강도가 떨어지는 측온체이며 극히 고감도이고 오차는 적으나 온도계가 백금 측온체보다 10배 정도 크지만 동일 특성을 얻기가 어렵다.

18 개방형 마노미터로 측정한 공기의 압력은 150mmH₂O였다. 다음 중 가장 정확한 공기의 절대압력은?

① 150kg/m^2 ② 150kg/cm^2
③ 151.033kg/cm^2 ④ 1.0482kg/cm^2

해설

$$P_a = P_o + P_g = 10{,}332 + 150$$
$$= 10{,}482\text{kg/m}^2$$
$$= 1.0482\text{kg/cm}^2 (1\text{mmH}_2\text{O} = 1\text{kg/m}^2)$$

19 아네로이드형 온도계에 대한 설명으로 맞는 것은?

① 외기온도에 의한 영향이 있으면 지시가 빠르다.
② 원격지시가 불가능하며 지시오차는 1/2 눈금이다.
③ 진동이나 충격에 비교적 약하다.
④ 고온용에 부적당하다.

해설
아네로이드형 온도계
㉠ 순수한 기체만을 봉입한 기체식 온도계이다.
㉡ 500℃ 이하 측정용으로 고온용은 부적당하다.
㉢ 외기 온도의 영향을 받으면 지시가 느리다.
㉣ 진동 충격에도 비교적 강하고 원격전송이 가능하다.

정답 13 ④ 14 ④ 15 ④ 16 ④ 17 ① 18 ④ 19 ④

20 급열, 급랭에 강하며 이중 보호관 외관에 사용되는 비금속 보호관은 어느 것인가? (단 상용온도는 1,300℃이다.)

① 유리 ② 내열성 점토
③ 내열강 ④ 석영관

해설 내열성 점토로 만든 관은 급열·급냉에 강하고 상용온도가 1,300℃이며 이중보호관의 외관으로 사용된다(석영관도 급열·급랭에는 강하다. 그러나 알칼리에는 약하고 산에는 강하다. 환원성 가스에는 다소 기밀성이 떨어진다). 최고 사용온도 내열성 점토는 1,460℃이다.

21 바이메탈식 온도계에 대한 설명으로 옳지 않은 것은?

① 바이메탈은 온도의 측정보다는 온도의 자동조절이나 여러 가지 계기의 온도보상장치에 많이 쓰인다.
② 압력용기 내의 온도측정이 곤란하고 지시값의 직독이 곤란하다.
③ 구조가 간단하고 보수가 용이하며 경년변화가 적다.
④ 100℃ 이하의 것은 황동과 3%Ni 강이 사용된다.

해설 100℃ 이하에서는 7-3황동(Cu 70%+Zn 30%)과 인바아(Ni 36%, Fe 64% 등)가 사용된다(바이메탈 온도계 측정범위 -50~500℃).

22 다음 그림은 열전대의 결선방법과 냉접점을 나타낸 그림이다. 냉접점을 표시하는 기호는 어느 것인가?

① C ② D
③ A ④ B

해설 AB가 열전대, BC가 보상도선, C점은 기준접점 혹은 냉접점이며, D점은 측정단자이다(열전온도계의 냉접점은 듀워병에 얼음이나 증류수 등의 혼합물로서 0℃를 유지하는 곳이다).

23 산화에는 강하나 환원에 약한 열전대는 어느 것인가?

① CC ② IA
③ IC ④ CA

해설 철-콘스탄탄(IC) 열전대는 환원성에 강하지만 산화성 분위기에 약하고 백금-로듐(PR), 크로멜-알루멜(CA) 열전대는 산화에는 강하나 환원에는 약하다. 구리-콘스탄탄(CC)은 수분에 의한 부식에 강하며 주로 저온의 실험용이고 백금-로듐(PR)은 고온에서 내열성이나 정도가 높다.

24 방사 고온계는 다음 어느 이론을 응용한 것인가?

① 제베크 효과
② 펠티어 효과
③ 스테판-볼츠만 법칙
④ 윈-프랑크 법칙

해설 방사 고온계는 물체로부터 방사되는 전방사 에너지는 전방사율과 절대온도의 4제곱에 비례하며 스테판-볼츠만의 법칙(stefan-boltzman's law)을 응용한 것이다.
$q_R = \varepsilon \sigma A T^4$ [W]

25 어느 가열로에 물체를 가열하고 있다. 노벽의 온도가 피열물보다 높을 때 광고온도계로 피열물을 측정하면 지시값은 실제물체의 온도보다 높아진다. 그 이유는?

① 광고온도계의 작동에 이상이 생김으로서 오차가 크기 때문이다.
② 피열물이 노에 의해서 국부적으로 과열되기 때문이다.
③ 노벽의 고온으로 인하여 지시온도가 높아진다.
④ 노벽의 고온복사열이 피열물에 반사하기 때문이다.

해설 노(furnace)벽의 온도가 피열물보다 높을 때 피열물의 온도측정 시 온도계의 지시값은 실제 물체의 온도보다 높아지는 이유는 노벽의 고온복사열이 피열물에 반사하기 때문이다.

정답 20 ② 21 ④ 22 ① 23 ④ 24 ③ 25 ④

26 비접촉식 온도계는 어느 것인가?

① 색온도계 ② 저항온도계
③ 압력식 온도계 ④ 유리온도계

해설
㉠ 비접촉식 온도계 : 색(color)온도계, 광고온도계, 방사온도계, 광전관 온도계
㉡ 접촉식 온도계 : 유리제 온도계, 저항온도계, 압력식 온도계, 열전대온도계, 바이메탈온도계

27 바이메탈 온도계에서 자유단의 변위거리 δ의 값을 구하는 식은? (단, K는 정수, t는 온도변화, a는 선팽창 계수이다.)

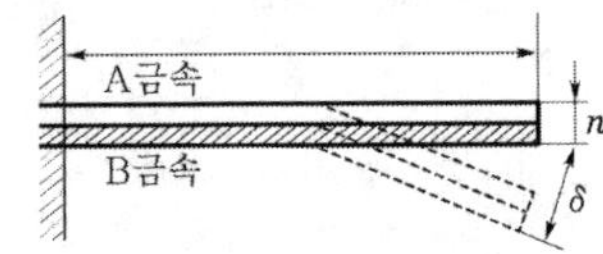

① $\delta = \dfrac{K(a_A - a_B)L^2t^2}{h}$

② $\delta = \dfrac{K(a_A - a_B)L^2t}{h}$

③ $\delta = \dfrac{(a_A - a_B)L^2t^2}{Kh}$

④ $\delta = \dfrac{(a_A - a_B)L^2t}{Kh}$

해설
각 금속의 두께비와 영률의 비가 모두 1이면 처짐은 다음과 같다.
자유단의 처짐량 $(\delta) = \dfrac{0.75(a_A - a_B)L^2t}{h}$

28 다음 온도계 중에서 가장 낮은 온도를 측정할 수 있는 것은?

① 유리제 온도계
② 증기팽창식 온도계
③ 저항온도계
④ 색온도계

해설
㉠ 저항온도계(-200~500℃)
㉡ 유리제 온도계(-100~650℃)
㉢ 증기팽창식 온도계(-20~200℃)
㉣ 색온도계(700~3,000℃)

29 보호관으로 사용되는 재료의 최고 사용 온도는?

① 석영관 > 자성관 > 동관
② 석영관 > 동관 > 자성관
③ 자성관 > 석영관 > 동관
④ 동관 > 자성관 > 석영관

해설
보호관의 최고 사용 온도
자성관(1,400℃) > 석영관(1,200℃) > 동관(650℃)

30 방사온도계의 흑체가 아닌 피측정체의 진정한 온도 "T"를 구하는 식은? (단, S : 계기의 지시온도, Et : 전방사율)

① $T = \dfrac{S}{\sqrt[4]{Et}}$ ② $\dfrac{S}{\sqrt[3]{Et}}$

③ $T = \dfrac{S}{\sqrt[2]{Et}}$ ④ $\dfrac{S}{\sqrt{Et}}$

해설
방사온도계는 물체로부터 방사되는 전방사 에너지 S는 전방사율 Et와 절대온도 T의 4제곱에 비례하므로 절대온도 T는 전방사율의 4제곱근에 반비례한다 $(T = \dfrac{S}{\sqrt[4]{Et}})$.

31 다공질로 되어 있고, 급랭·급열에 강한 열전대 비금속 보호관은 다음 중 어느 것인가?

① 카보랜덤관 ② 도기관
③ 자기관 ④ 석영관

해설
카보랜덤관 보호관은 다공질로서 급열·급냉에 강하나 2중 보호관의 외관 방사 온도계의 외관용으로 사용된다.

32 고체비열을 측정하는 방법으로 사용되는 열량계는 어느 것인가?

① Trautz 열량계 ② Bunsen 열량계
③ Junker 열량계 ④ Heuse 열량계

해설
고체비열을 측정하는 데 사용되는 열량계는 분젠(bunsen) 열량계이다.

정답 26 ① 27 ② 28 ③ 29 ③ 30 ① 31 ① 32 ②

33 기준 유리제 온도계의 검정유효기간은?

① 2년 ② 3년
③ 4년 ④ 5년

해설 기준 유리제 온도계의 검정유효기간은 3년이다.

34 온도계의 동작지연에 있어서 온도계의 최초 지시치 T_0(℃), 측정한 온도가 X(℃)일 때 온도계 지시치 T(℃)와 시간 τ와의 관계식은? (단 λ = 시정수이다.)

① $\frac{dT}{d\tau}=\frac{(X-T_o)}{\lambda}$ ② $\frac{d\tau}{dT}=\frac{(X-T_o)}{\lambda}$
③ $\frac{dT}{d\tau}=\frac{(T_o-X)}{\lambda}$ ④ $\frac{dT}{d\tau}=\frac{\lambda}{(T_o-X)}$

해설 $X=T_o+\lambda\frac{dT}{d\tau}$ 이므로 $\frac{dT}{d\tau}=\frac{(X-T_o)}{\lambda}$

35 다음 중 비접촉식 온도계에 속하는 것은?

① 열전대 온도계 ② 저항온도계
③ 바이메탈온도계 ④ 복사온도계

해설 비접촉식 온도계
㉠ 복사온도계(방사온도계)
㉡ 광고온도계
㉢ 색온도계
㉣ 광전관온도계

36 다음은 바이메탈온도계의 특징을 열거한 것이다. 틀린 것은?

① 정도가 높다.
② 온도변화에 대하여 응답이 빠르다.
③ 기구가 간단하다.
④ 온도 자동조절이나 온도보정 장치에 이용된다.

해설 바이메탈(bimetal)온도계는 구조가 간단하고 보수가 용이하며 온도변화에 대하여 응답이 빨라서 온도 자동조절이나 온도보정장치 등으로 이용된다(히스테리시스(hysteresis)가 있기 때문에 정도가 낮으나 기계적 출력이 강하기 때문에 on-off 제어기로 현장 지시용으로 많이 사용한다).

37 열전대 보호관 중 상용 사용온도가 1,000℃이며 내열성이 우수하나 환원성 가스에 기밀성이 약간 떨어지는 것은 어느 것인가?

① 카보랜덤관 ② 자기관
③ 석영관 ④ 황동관

해설 상용 사용온도
㉠ 카보랜덤관(1,600℃)
㉡ 자기관(1,450℃)
㉢ 석영관(1,000℃)
㉣ 황동관(400℃)

38 다음 중 정도가 가장 좋은 온도계는?

① 기체팽창온도계 ② 저항온도계
③ 광전온도계 ④ 색온도계

해설
㉠ 저항온도계는 정도가 0.001℃로 가장 좋다.
㉡ 색온도계 : 정도가 ±10℃
㉢ 광전관식 : 정도가 ±5℃
㉣ 팽창온도계 : 정도가 ±2℃

39 PR(백금, 백금로듐) 열전대의 설명 중 옳은 것은?

① 측정 최고온도는 CA(크로멜, 알루멜) 열전대보다 낮다.
② 다른 열전대에 비하여 정밀 측정용에 사용된다.
③ 열기전력이 다른 열전대에 비하여 가장 높다.
④ 200℃ 이하의 온도 측정에 적당하다.

해설 백금-로듐(Pt-Rh) 열전온도계는 정밀측정용과 고온용 온도 측정에 사용되며 열기전력은 크로멜-알루멜(CA) 온도계보다는 못하지만 산화성 분위기에 강하고 환원성 분위기에는 약하다.

40 봄브 열량계는 주로 어디에 사용되는가?

① 고체의 비열 측정
② 고체, 액체 발열량
③ 고체연료의 연소열 측정
④ 액체연료의 발열량 측정

정답 33 ② 34 ① 35 ④ 36 ① 37 ③ 38 ② 39 ② 40 ②

41 가스온도를 열전대온도계로 측정할 때 구비해야 할 사항 중 틀린 것은?

① 열전대는 측정하고자 하는 곳에 정확히 삽입하여 삽입된 구멍에 냉기가 들어가지 않게 한다.
② 주위의 고온체로부터의 복사열의 영향으로 인한 오차가 생기지 않도록 주의해야 한다.
③ 감온부(減溫部)의 열팽창에 의한 오차가 생기지 않도록 한다.
④ 보호관의 선택에 주의한다.

해설 감온부가 특별히 필요한 온도계는 압력식 온도계이다.

42 열전온도계로 사용되는 금속이 구비하여야 할 조건이 아닌 것은?

① 열기전력이 커야 한다.
② 열적으로 안정해야 한다.
③ 열에 의한 팽창이 커야 한다.
④ 온도와의 관계가 직선적이어야 한다.

해설 열전대의 구비조건
㉠ 열기전력이 커야 한다.
㉡ 열에 의한 팽창이 작아야 한다.
㉢ 열적으로 안정해야 한다.
㉣ 온도와의 관계가 직선적이어야 한다.
㉤ 고온에서 기계적 강도가 유지되어야 한다.

43 열전대용 보호관인 석영보호관의 사용 최고 온도는?

① 1,100℃ ② 1,300℃
③ 1,500℃ ④ 1,400℃

해설 보호관의 온도범위

종류	최고 사용온도	상용온도
① 석영관	1,300℃	1,100℃ 이하
② 자성관	1,400℃	1,200℃ 이하
③ 동관	800℃	500℃ 이하
④ 카로라이즈강관	1,200℃	1,000℃ 이하

44 다음 재료는 유리온도계에 사용되는 감온액이다. 온도 −150℃까지 측정할 수 있는 감온액은?

① 수은 ② 알코올
③ 가솔린 ④ 아말감

해설 유리온도계에 사용되는 감온액 중 온도가 −150℃까지 측정할 수 있는 것은 알코올이다(−150~100℃).

45 수질을 나타내는 ppm 단위는?

① 1만분의 1 단위
② 1,000분의 1 단위
③ 100만분의 1 단위
④ 10억분의 1 단위

해설 ppm(parts per million)이란 100만분의 1을 의미한다.

46 400~500℃의 온도 측정용 저항체로 일반적으로 가장 많이 쓰이는 금속은?

① Cu ② Fe
③ Ni ④ Pt

해설 백금(Pt)측온 저항체의 온도측정범위는 −200~500℃로서 400~500℃의 온도 측정용 저항체로 많이 사용된다.

47 측온 저항체의 설치방법 중 틀린 것은?

① 삽입길이는 관 지름의 10~15배이어야 한다.
② 유속이 가장 빠른 곳에 설치하는 것이 좋다.
③ 가능한 한 파이프 중앙부의 온도를 측정할 수 있게 한다.
④ 파이프의 길이가 아주 짧을 때에는 유체의 방향으로 굴곡부에 설치한다.

정답 41 ③ 42 ③ 43 ② 44 ② 45 ③ 46 ④ 47 ②

48 다음의 접촉식 온도계 중 가장 높은 온도를 측정할 수 있는 것은?

① PR 열전대 온도계
② IC 열전대 온도계
③ Pt 측온 저항체 온도계
④ Ni 측온 저항체 온도계

해설
접촉식 온도계 중 PR(백금-백금로듐) 열전대 온도계는 가장 높은 온도 측정이 가능하다(600~1,600℃).

49 광고온도계의 발신부를 설치할 때 다음 중 어떠한 식이 성립하여야 하는가? (단 l : 렌즈로부터 수열판까지의 거리, d : 수열판의 지름, L : 렌즈로부터 물체까지의 거리, D : 물체의 지름)

① $L/D > l/d$　② $L/D < l/d$
③ $L/D = l/d$　④ $L/l < D/d$

해설
광고온도계의 발신부를 설치 시 $L/D < l/d$가 되도록 설치하여야 한다.

50 열전대 재료가 지녀야 할 특성은 다음과 같은 구비조건이 있다. 잘못된 것은?

① 열기전력이 크고 온도의 상승에 따라 연속적으로 상승할 것
② 온도상승에 따라서 열팽창이 커야 함
③ 재생도가 높고 특성이 일정한 것 얻기 쉽고 가공이 쉬워야 함
④ 기전력 특성이 안정하고 장시간 사용에도 변화가 없고 이력현상이 없을 것

해설
㉠ 열전대 재료는 내열성이 크고 고온에서도 기계적 강도가 유지되어야 한다.
㉡ 온도상승에 따라 열기전력이 커야 한다.
㉢ 열전대는 전기저항 저항온도계수 및 열전도율이 작을 것
㉣ 열전대 재료는 온도 상승에 따른 열팽창이 작아야 한다.

51 액체 봉입식 온도계의 장점이 아닌 것은?

① 구조가 간단하고 설치가 용이하다.
② 계기 자체에 다른 보조전원이 필요 없다.
③ 전기식 온도계에 비해 미세한 변화를 검출하는 데 적합하다.
④ 출력이 충분히 커서 지시계나 기록계를 움직일 수 있다.

52 열전대 온도계 보호관의 일종인 내열강 SEH-5에 대한 설명 중 틀린 것은?

① 내식성, 내열성 및 강도가 좋다.
② 상용온도는 800℃이고 최고 사용온도는 950℃까지 가능하다.
③ 유황가스 및 산화염에도 사용이 가능하다.
④ 비금속관에 비해 비교적 저온 측정에 사용된다.

해설
㉠ 내열강 SEH-5는 상용온도가 1,050℃, 최고 사용온도가 1,200℃이며 내식성, 내열성, 기계적 강도가 크고 황을 함유한 산화환원염에도 사용할 수 있다. 그 재질은 Cr(크롬 25%), Ni(니켈 20%)이다.
㉡ 금속보호관 중에서 SEH-5는 가장 고온용이다(비. 금속과 비교해서는 저온용).

53 주위 온도의 영향을 고려하지 않아도 좋은 온도계는 어느 것인가?

① 열전대식 온도계
② 저항식 온도계
③ 액체 팽창압력식 온도계
④ 기체 팽창 압력식 온도계

해설
저항식 온도계는 온도상승에 따른 금속의 전기저항 증가현상을 이용하므로 주위 온도의 영향을 고려하지 않아도 좋다.

- 저항식 온도계
  - ㉠ 백금(Pt)측온 저항체
  - ㉡ 니켈(Ni)측온 저항체
  - ㉢ 구리(Cu)측온 저항체
  - ㉣ 서미스터(thermistor) 저항체

정답 48 ① 49 ② 50 ② 51 ④ 52 ② 53 ②

54 복사 온도계에서 전복사 에너지 Q는 절대온도 T의 몇 승에 비례하는가?

① 2승 ② 3승
③ 4승 ④ 5승

해설
복사(방사)온도계는 스테판-볼츠만의 법칙을 응용한 것으로 전복사에너지(Q)는 흑체표면의 절대온도 4승에 비례한다.
$Q=\varepsilon\sigma A T^4$[W]

55 온도계 중 이동물체의 온도측정이 가능하며, 응답시간이 매우 빠르고 700~3,000℃까지 온도측정이 가능하며, 비교 증폭기가 부착되어 있다. 또한 온도의 연속기록 및 자동제어가 용이한 온도계는 다음 중 어느 것인가?

① 광전관고온계 ② 광고온도계
③ 색온도계 ④ 제겔콘온도계

해설
광고온도계는 연속측정이 되지 않으나 광전관고온계는 700~3,000℃까지 자동제어가 용이한 온도계로서 광고온도계가 수동인 점을 자동화로 보충한 고온계이다(고온측정에 적합하며 구조가 간단하고 비교적 정도를 좋게 측정할 수 있다).

56 광고온도계(optical pyrometer)의 특징에 대한 설명 중 틀린 것은?

① 방사온도계보다 방사보정량이 크다.
② 측정시 사람의 손이 필요하다.
③ 비접촉법으로는 가장 정확하다.
④ 외삽법으로 3,000℃까지 측정이 가능하다.

해설
광고온도계(optical pyrometer)는 방사온도계보다 방사보정량이 작다.

57 다음 금속 중 측온저항체로 쓰이지 않는 것은 어느 것인가?

① Cu(구리) ② Fe(철)
③ Ni(니켈) ④ Pt(백금)

해설
측온저항체금속(전기저항식) : 구리, 니켈, 백금

58 다음 중 접촉식 온도계 중 가장 높은 온도를 측정할 수 있는 것은?

① 백금-로듐 열전대 온도계
② 철-콘스탄탄 열전대 온도계
③ Pt 저항체 온도계
④ Ni 저항체 온도계

해설
㉠ PR(백금-백금로듐) : 1,600℃
㉡ IC(철-콘스탄탄) : -20~800℃
㉢ Pt(백금) : -200~500℃
㉣ Ni(니켈) : -50~300℃

59 다음 색온도계에서 온도와 색과의 관계로서 맞는 것은?

① 600℃ - 붉은색
② 800℃ - 오렌지색
③ 1,200℃ - 노란색
④ 2,000℃ - 푸른기가 있는 흰백색

해설
㉠ 600℃ : 어두운 색(암적색)
㉡ 800℃ : 적색(붉은색)
㉢ 1,000℃ : 오렌지색
㉣ 1,200℃ : 노란색
㉤ 2,000℃ : 매우 눈부신 흰색

60 다음은 알코올 온도계의 장점을 열거한 것인데 틀린 것은?

① 값이 싸다.
② 수온보다 저온측정이 가능하다.
③ 감온액의 착색이 용이하다.
④ 정밀측정에 적당하다.

해설
정밀측정은 액주식 온도계에서는 수은 온도계에 해당한다.

61 다음 계량단위 중 유도단위가 아닌 것은?

① 비중 ② 유량
③ 속도 ④ 점도

해설
유도(조립)단위
유량(m^3/s), 속도(m/s), 점도(Pa·S(N·S/m^2))
비중(상대밀도)은 단위가 없는 무차원수다.

정답 54 ③ 55 ① 56 ① 57 ② 58 ① 59 ③ 60 ④ 61 ①

62 고온물체가 발산한 특성파장(보통 0.65μ)이 휘도와 비교용 표준전구의 필라멘트 휘도가 같을 때 수동이라는 단점을 보완한 필라멘트에 흐른 전류에서 온도가 구해지는 것은?

① 열전온도계 ② 광전관식 온도계
③ 색온도계 ④ 방사온도계

해설 광전관 고온계는 광고온도계가 수동이라는 단점을 보완한 온도계로서, 고온의 물체 방사 에너지 중에서 특정한 파장 0.65μ의 휘도와 비교용 표준 전구의 필라멘트 휘도가 같을 때 전류에서 온도가 측정되는 고온계이다(700℃~3,000℃).

63 액체연료와 관련된 다음 계측기 중에서 매년 실시하는 계량기 정기검사를 받아야 하는 것은?

① 오일미터 ② 가솔린미터
③ 탱크로리 ④ 액면계

해설 탱크로리, 길이계, 저울, 지시온도계, 부피계, 혈압계 등은 검정계량기이다.

64 열전대식 온도계에서 주위온도에 의한 오차를 전기적으로 보상할 때 주로 사용되는 저항선은?

① 서미스터(thermistor)
② 동(Cu)저항선
③ 백금(Pt)저항선
④ 알루미늄(Al)저항선

해설 열전대 온도계의 주위온도에 의한 오차를 전기적으로 보상할 때 주로 사용되는 저항선은 구리, 니켈 등이 사용된다.

65 원격측정 온도계 중에서 가장 부정확한 것은 어느 것인가?

① 저항온도계
② 방사온도계
③ 가스압력식 온도계
④ 열전대식 온도계

해설 방사온도계는 원격측정온도계 중 정확도가 가장 떨어진다(부정확하다).

66 광온도계는 복사온도계에 비하여 다음과 같은 점이 다르다. 이 중에서 틀린 것은?

① 정도(精度)가 높다.
② 낮은 온도가 측정된다.
③ 자동기록 및 자동제어의 목적에 쓸 수 없다.
④ 측정거리에 따라 측정치의 영향이 적다.

해설
㉠ 광고온도계는 700~3,000℃까지 고온의 측정이 가능하다.
㉡ 방사온도계는 50~3,000℃까지 측정
㉢ 광고온도계는 구조가 간단하고 휴대가 편하다. 비교적 점도가 좋고 연속측정이나 자동제어에는 이용이 불가능하다. 측정에 시간을 요하며 개인에 따라 오차가 크다.

67 다음은 열전대 온도계를 설명한 것이다. 맞는 것은?

① 온도에 대한 열기전력이 크며 내구성 재현성이 좋다.
② 흡습 등으로 열화된다.
③ 자기가열에 주의해야 한다.
④ 밀도차를 이용한 것이다.

해설 열전온도계는 온도에 대한 열기전력이 크며 내구성이나 재현성이 좋다(측온저항체의 온도계는 저항체에 큰 전류가 흐르면 줄(Joule)열에 의해 측정하는 온도보다 높아지는 자기가열에 주의하여야 한다).

68 다음 온도계 중 측정범위가 가장 높은 것은?

① 저항온도계 ② P-R 온도계
③ 광고온도계 ④ 압력온도계

해설
㉠ 저항온도계 : -200~600℃
㉡ 열전온도계 : -180~1,600℃
㉢ 광고온도계 : 700~3,000℃
㉣ 압력온도계 : -100~600℃

정답 62 ② 63 ③ 64 ② 65 ② 66 ② 67 ① 68 ③

69 비접촉식 온도계 중 색온도계에 대한 장점으로 잘못된 것은?

① 방사율의 영향이 작다.
② 휴대와 취급이 간편하다.
③ 고온측정이 가능하며 기록 조절용으로 사용된다.
④ 주위로부터 빛의 반사의 영향을 받지 않는다.

해설
비접촉식 온도계 중 색(color)온도계의 단점은 주위로부터 빛의 반사에 영향을 받는 것이다.

70 열전대의 냉접점에 관한 설명 중 틀린 것은?

① 냉접점의 온도가 0℃가 아닐 때는 온도 보정이 필요하다.
② 냉접점의 온도는 0℃로 유지한다.
③ 냉접점과 계기 사이에는 동선(Cu)을 사용한다.
④ 자동평형 계기에서의 냉접점은 0℃ 이하로 유지한다.

해설
기준접점(냉접점)은 표준용으로 물탱크에 넣어 0℃로 유지하며 0℃가 아니면 전기적 보정이 필요하다.

71 PR(백금-백금로듐)열전대의 설명 중 옳은 것은?

① 측정 최소온도는 CA(크로멜-알루멜)열전대보다 낮다.
② 다른 열전대에 비하여 정밀측정용에 사용된다.
③ 열기전력이 다른 열전대에 비하여 가장 높다.
④ 2,000℃ 이상의 온도측정에 적당하다.

해설
P-R(백금-백금로듐)열전대는 다른 열전대에 비해 정밀측정에 사용되며, 최고 사용온도가 1,600℃로 최고로 높다. CA(크로멜-알루멜)의 최고 사용온도는 1,200℃이다. 열기전력이 큰 열전대는 IC(철-콘스탄탄)이다.

72 가정용 수도미터에 사용되는 유량계의 형태는?

① 임펠러식　② 용적식
③ 순간식　④ 면적식

해설
가정용 수도미터는 차압에 의해서 날개가 회전하여 적산유량을 구하는 임펠러식 유량계이다(유속식 유량계이며 측정정도가 ±0.5%이다).

73 광고온도계의 사용상의 주의점이 아닌 것은?

① 광학계의 먼지, 상처 등을 수시로 점검한다.
② 정밀한 측정을 위하여 시야의 중앙에 목표점을 두고, 측정하는 위치, 각도를 변경하며 여러 번 측정한다.
③ 피측정체와의 사이에 연기나 먼지 등이 적게 주의한다.
④ 1,000℃ 이하에서는 필라멘트에 지연 시간이 있으므로 미리 그 온도 부근의 전류를 흘려보내면 좋다.

해설
광고온도계 사용상의 주의점
㉠ 광학계의 먼지 상처 등을 수시로 점검한다(피측정체와의 사이에 연기나 먼지 등에 주의한다).
㉡ 정밀한 측정을 위하여 시야의 중앙에 목표점을 두고, 측정하는 위치와 각도를 같은 조건으로 하여 여러 번 측정한다.
㉢ 1,000℃ 이하에서는 필라멘트에 지연 시간이 있으므로 미리 그 온도 부근의 전류를 흘려보내면 좋다.
㉣ 측정범위는 700~3,000℃까지이다.

74 다음 유량계 중에서 습식 가스미터의 표준기로 사용되는 유량계의 형태는?

① venturi type
② oval type
③ rotary piston type
④ drum type

해설
습식 가스미터는 반은 물로 채워진 수평원통 내에서 방으로 구분된 회전 드럼이 가스가 밀려들어옴에 따라 드럼이 회전하여 회전수로부터 유량을 측정하는 방식으로 드럼형(drum type) 유량계이다.

정답 69 ④ 70 ④ 71 ② 72 ① 73 ② 74 ④

75 다음 유량계 중에서 가장 정도가 높은 것은?

① 로터리 피스톤식 유량계
② 터빈형 임펠러식 유량계
③ 노즐 벤투리식 유량계
④ 오리피스식 유량계

해설
로터리 피스톤식 유량계의 특징
㉠ 정도가 ±0.2~0.5%로 매우 높다.
㉡ 맥동의 영향이 적다.
㉢ 점도가 높아도 유체측정이 적합하다.
㉣ 여과기가 필요하다.
㉤ 설치는 간단하나 구조는 복잡하다.

76 다음은 용적식 유량계의 종류이다. 틀린 것은 어느 것인가?

① 습식 가스미터
② 회전 원판식 유량계
③ 월트만식 유량계
④ 오발식 유량계

해설
용적식 유량계는 오벌기어식, 가스미터, 로터리팬, 로터리 피스톤, 루트식 등이 있다.
- 월트만식과 워싱턴식은 유속식 유량계의 터빈형 유량계이다.

77 차압식 유량계에 대한 설명 중 틀린 것은?

① 관로에 오리피스, 플로우-노즐 등을 설치한다.
② 정도가 좋으나 온도, 압력, 범위가 좁다.
③ 유량은 압력차의 평방근에 비례한다.
④ 레이놀즈수가 10^5 이상에서 유량계수가 유지된다.

해설
차압식 유량계 중 벤투리관은 압력손실이 가장 적고 측정정도가 높지만 오리피스(Orifice)나 플로우 노즐 등은 정도가 낮으며 온도, 압력, 측정범위는 넓다.
- 압력손실의 크기순서
  오리피스(orifice) > 플로우 노즐(flow nozzle) > 벤투리미터(venturi meter)

78 어느 연도(Duct) 내를 가스가 흐르고 있다. 피토관으로 측정했던 동압은 10mmH$_2$O, 유속은 15m/sec이었으며, 연도의 밸브를 열고 동압을 측정한 결과 20mmH$_2$O가 되었다면, 이때의 유속은 약 몇 m/sec인가? (단 중력가속도 g = 9.8m/sec^{2}이다.)

① 14.21　② 21.21
③ 38.91　④ 40.41

해설
피토(pitot)관에서 유속(V)은 수두(head)의 제곱근에 비례하므로

$$\left(\frac{V_2}{V_1} = \sqrt{\frac{H_2}{H_1}}\right)$$

$$V_2 = V_1\sqrt{\frac{H_2}{H_1}} = 15\sqrt{\frac{20}{10}} = 21.21\,\text{m/s}$$

79 안지름 14cm인 관에 물이 가득히 흐를 때 피토관으로 측정한 유속은 7m/sec이었다면 이때의 질량유량은 약 몇 kg/sec인가?

① 39　② 108
③ 33　④ 1,077.2

해설
질량유량$(m) = \rho A V$

$$= 1{,}000 \times \frac{\pi}{4}(0.14)^2 \times 7 \fallingdotseq 108\text{kg/sec}$$

80 차압식 유량계에서 교축 상류 및 하류에서의 압력이 P_1, P_2일 때 체적 유량이 Q_1이라고 한다. 압력이 각각 처음보다 2배만큼씩 증가했을 때의 유량 Q_2는 얼마인가?

① $Q_2 = \sqrt{2} \cdot Q_1$　② $Q_2 = 2Q_1$
③ $Q_2 = \frac{1}{2}Q_1$　④ $Q_2 = \sqrt{\frac{1}{2}}\,Q_1$

해설
차압식(ΔP) 유량계는 체적유량이 차압의 제곱근(평방근)에 비례하므로

$$\frac{Q_2}{Q_1} = \sqrt{\frac{2\Delta P_1}{\Delta P_1}} = \sqrt{2}$$

$$\therefore\ Q_2 = \sqrt{2} \cdot Q_1\,[\text{m}^3/\text{s}]$$

정답 75 ① 76 ③ 77 ② 78 ② 79 ② 80 ①

81 다음 mesh(메시) 중에서 가장 작은 구멍으로 된 mesh는?

① 20mesh ② 40mesh
③ 80mesh ④ 100mesh

해설
mesh(메시)는 1인치(25.4mm)당 체눈금의 수로서 값이 클수록 체의 눈금(구멍)이 작음을 의미한다.

82 차압식 유량계에 관한 설명 중 옳은 것은?

① 유량은 교축기구 전후의 차압에 비례한다.
② 유량은 교축기구 전후의 차압의 평방근에 비례한다.
③ 유량은 교축기구 전후의 차압의 근삿값이다.
④ 유량은 교축기구 전후의 차압에 반비례한다.

해설
차압식 유량계는 유량은 교축기구 압력차의 평방근에 비례한다($Q \propto \sqrt{\Delta P}$).

83 다음 중 도시가스미터의 형태는 어느 것인가?

① Drum type flow meter
② Oval type flow meter
③ Piston type flow meter
④ Diaphragm type flow meter

해설
도시가스미터는 용적식 유량계의 하나로서 드럼회전에 따라 그 회전수로부터 적산유량을 측정하는 다이어프램(diaphragm)식 유량계(flow meter)이다.

84 습식 가스미터의 원리는 어떤 형태에 속하나?

① 피스톤 로터리(piston rotary)
② 다이어프램(diaphragm)형
③ 오발(oval)형
④ 드럼(drum)형

해설
용적식 유량계 드럼형(drum type)은 습식가스미터(가정용 가스미터기)와 건식 가스미터(자동차 배기가스 분석용)가 있다.

85 용적식 유량계에 대한 설명으로 타당한 것은?

① 유입 측에 스트레이너나 필터가 필요하다.
② 점도가 높은 유량은 측정이 곤란하다.
③ 유량은 회전자의 회전수 제곱에 비례한다.
④ 드럼식은 주로 액체측정용이다.

해설
용적식 유량계는 물, 기름과 같은 액체의 체적 유량 측정에 사용되며, 차압에 의해 회전하는 회전자의 회전수로부터 적산치를 측정한다. 고형물의 혼입을 막기 위해서 입구 측에 스트레이너나 필터(strainer & filter)를 설치해야 하며 드럼식은 주로 가스유량 측정에 사용된다(습식 가스미터는 정밀한 가스측정용 용적식 유량계이다).

86 고속의 유체측정이나 고압유체의 유량측정에 가장 적합한 교축기구는 어느 것인가?

① 플로우노즐 ② 벤투리
③ 피토관 ④ 오리피스

해설
플로우노즐(flow nozzle)은 고속 고압(50~300kg/cm^2)의 유량측정용 계기로 레이놀즈수가 클 때 사용하며 레이놀즈수가 작아지면 유량계수도 작아진다.

87 차압식 유량계에서 압력차가 처음보다 2배 커지고 관의 지름이 1/2배로 되었다면 나중 유량(Q_2)과 처음유량(Q_1)의 관계로 옳은 것은? (단, 나머지 조건은 모두 동일하다.)

① $Q_2 = 1.4142Q_1$ ② $Q_2 = 0.707Q_1$
③ $Q_2 = 0.3535Q_1$ ④ $Q_2 = \frac{1}{4}Q_1$

해설
유량(Q)$= AV = A\sqrt{2g\frac{\Delta P}{\gamma}}$ [m^3/s]
차압식 유량계에서 유량(Q)은 단면적(관의 직경제곱)에 비례하고 압력차의 제곱근에 비례한다.
$$\frac{Q_2}{Q_1} = \left(\frac{d_2}{d_1}\right)^2\sqrt{\frac{\Delta P_2}{\Delta P_1}} = \left(\frac{1}{2}\right)^2 \times \sqrt{\frac{2\Delta P_1}{\Delta P_1}} = 0.3535$$
$\therefore Q_2 = 0.3535Q_1$ [m^3/s]

정답 81 ④ 82 ② 83 ④ 84 ④ 85 ① 86 ① 87 ③

88 유량측정에 쓰이는 tap방식이 아닌 것은?

① corner tap
② flange tap
③ pressure tap
④ vena tap

해설
차압식 유량계의 오리피스 유량계 탭(tap) 방식
㉠ 코너(corner) 탭
㉡ 플랜지(flange) 탭
㉢ 베나(vena) 탭

89 상온, 상압의 공기유속을 피토관으로 측정하였더니 그 동압(P)은 100mmAq이었다. 유속은 아래 중 어느 것인가? (단 비중량(γ) $= 1.3\text{kg/m}^3$)

① 3.2m/sec ② 12.3m/sec
③ 38.8m/sec ④ 50.5m/sec

해설

$$\Delta P = \frac{\gamma V^2}{2g} (\text{kg/m}^2)$$

$$V = \sqrt{2g\frac{\Delta P}{\gamma}} = \sqrt{2 \times 9.8 \times \frac{100}{1.3}} = 38.8\text{m/s}$$

90 교축기구식 유량계에서 증기유량 보정계수에 실측치를 곱해서 보정을 하고자 할 때에 맞는 식은?

① $K_s = \sqrt{\rho_2/\rho_1}$ ② $K_\ell = \sqrt{r_1/r_2}$
③ $K_s = \sqrt{\rho_1/\rho_2}$ ④ $K_g = \sqrt{\dfrac{P_2 T_1 r_1}{P_1 T_2 r_2}}$

해설
교축기구식 유량계에서 측정된 유량은 측정시의 조건에 따라 달라지므로 보정이 필요하다. 증기밀도를 ρ, 비중량을 r, 온도를 T, 압력을 P라 할 때 보정계수는 다음과 같다(단 첨자 1은 설계 시, 2는 측정 시의 측정값이다).
㉠ 증기유량의 경우 $K_s = \sqrt{\rho_2/\rho_1}$
㉡ 액체유량의 경우 $K_\ell = \sqrt{r_2/r_1}$
㉢ 기체유량의 경우 $K_g = \sqrt{\dfrac{P_2 T_1 r_1}{P_1 T_2 r_2}}$

91 다음은 대류에 의한 열전달에 있어서의 경막계수를 결정하기 위한 무차원 함수들이다. 유체의 흐름 상태나 난류, 층류를 구별하는 것은 어느 것인가?

① Grashoff수
② Prandtl수
③ Nusselt수
④ Reynolds수

해설
Reynolds number(레이놀즈수)는 층류와 난류를 구별하는 무차원수로서 원관유동인 경우
층류(Re) $< 2,100$
천이구역 ($2,100 < Re < 4,000$)
난류(Re) $> 4,000$

$$\text{레이놀즈 수}(Re) = \frac{\text{관성력}}{\text{점성력}} = \frac{\rho V d}{\mu} = \frac{V d}{\gamma} = \frac{4Q}{\pi d \gamma}$$

92 유체의 와류에 의한 유량측정방법인 유량계는 어느 것인가?

① 오발 유량계
② 델타 유량계
③ 로터리 피스톤 유량계
④ 로터미터

해설
유량측정방법 중 델타유량계, 칼만식 유량계, 스와르메타 등은 유체의 와류(소용돌이)로 인한 발생수를 측정하여 유량을 측정하는 유량계다.

93 다음 유량계 중 유속을 측정하므로 간접적으로 유량을 구하는 계기에 속하지 않는 것은?

① 초음파 유량계
② 전자 유량계
③ 휨날개형 유량계
④ 회전날개형 유량계

해설
회전날개형(impeller) 유량계는 급수량계로 많이 사용하며 날개의 회전량에 따라서 유량을 측정하는 용적식 유량계이다(초음파유량계, 전자유량계, 휨날개형).

정답 88 ③ 89 ③ 90 ① 91 ④ 92 ② 93 ④

94 관로에 설치된 오리피스(orifice) 전후의 압력차는?

① 유량의 자승에 비례한다.
② 유량의 평방근에 비례한다.
③ 유량의 자승에 반비례한다.
④ 유량의 평방근에 반비례한다.

해설
오리피스(orifice) 토출유량(Q) $= K\sqrt{\Delta P}$ [m^3/sec]
∴ 압력차(ΔP)$\propto Q^2$
(압력차는 유량(Q)의 자승에 비례한다.)

95 전자 유량계의 설명 중 틀린 것은?

① 압력손실이 없다.
② 고점도유체 및 슬러리의 유량측정이 가능하다.
③ 쿨롱의 전자유도 법칙을 이용한 것이다.
④ 증폭기가 필요하고 값이 비싸다.

해설
전자 유량계는 패러데이(Faraday)의 전자유도 법칙을 이용한 것이다.

• 전자유량계의 특징
㉠ 압력손실이 없다.
㉡ 고점도유체 및 슬러리의 유량측정이 가능하다.
㉢ 미소한 특정 전압에 대하여 고성능 증폭기가 필요하다.
㉣ 기전력이 발생한다는 패러데이의 법칙을 이용한 유량계이다.

96 피토관 유속 V(m/sec)를 구하는 식은? (단 P_t : 전압(Pa), P_s : 정압(Pa), 유체비중량 : γ (N/m^3))

① $V=\sqrt{2g(P_s+P_t)/\gamma}$
② $V=\sqrt{2g(P_t+P_s)/\gamma}$
③ $V=\sqrt{2g(P_s-P_t)/\gamma}$
④ $V=\sqrt{2g(P_t-P_s)/\gamma}$

해설
피토관(pitot in tube)에서의 유속(V)
$=\sqrt{2g(P_t-P_s)/\gamma}$ [m/s]

97 직접적인 유량의 측정과 관계가 없는 것은?

① 벤투리 미터 ② 전자 유량계
③ 로터미터 ④ 열전대

해설
열전대(thermo couple)는 서로 다른 종류의 금속을 접속한 것으로 열전효과를 일으키는 금속선이다.

98 피토관(pitot in tube)의 장점이 아닌 것은?

① 제작비가 싸다.
② 정도가 높다.
③ 구조가 간단하다.
④ 부착이 용이하다.

해설
피토관은 구조가 간단하며 제작비가 싸게 들고 부착이 용이하지만 부착 방법을 틀리게 하면 오차가 커진다(정도가 높은 유량계는 용적식 유량계이다).

99 용선로의 송풍량 측정에 사용되지 않는 계기는?

① 수주 마노미터
② 피토관(pitot in tube)
③ 경사 마노미터
④ 노즐(nozzle)

해설
피토관 유속식 유량계는 유체의 압력차를 측정하여 유속을 알고서 유량을 측정하는 방식이다. 5m/s 이하의 기체나 더스트나 미스트 등이 많은 유체에는 사용이 부적당하다. 유속식 유량계이며 임펠러식 유량계와 원리가 같은 유속식이다.

100 연도와 같은 불리한 조건에서 유량측정이 비교적 용이한 유량계는?

① thermal 유량계
② rotary piston 유량계
③ oval 유량계
④ delta 유량계

해설
연도와 같은 불리한 조건에서 유량측정이 비교적 용이한 유량계에는 아뉴바유량계, thermal 유량계, 퍼지식 등 유량계가 사용된다(회전식 피스톤 유량계, 오발 유량계는 용적식 유량계이며, 델타(delta) 유량계는 와류식 유량계다).

정답 94 ① 95 ③ 96 ④ 97 ④ 98 ② 99 ② 100 ①

101 전자유량계로 유량을 구하기 위해서 직접 계측하는 것은?

① 유체 내에 생기는 자속
② 유체에 생기는 과전류에 의한 온도 상승
③ 유체에 생기는 압력상승
④ 유체에 생기는 기전력

해설
전자유량계(magnetic flow meter)의 측정원리 : 패러데이(Faraday)법칙, 유체에 유도되는 전압(기전력)은 자속의 밀도와 유속에 비례한다.

102 유로 단면의 평균속도를 간접 측정할 수 없는 것은?

① 벤투리미터 ② 오리피스미터
③ 로터미터 ④ 오벌기어식

해설
용적식 유량계는 직접유량을 측정하는 실측식이므로 정확도가 상당히 높다.

103 유속 5m/sec의 물속에 피토관을 세울 때 수주의 높이는?

① 12.7m ② 1.27m
③ 127m ④ 2.54m

해설
속도수두$(h)=\frac{V^2}{2g}=\frac{5^2}{2\times 9.8}=1.27\text{m}$

104 보일러 송수관의 유속을 측정하기 위해 아래와 같이 피토관을 설치하였다. 이때의 유속은 얼마인가?

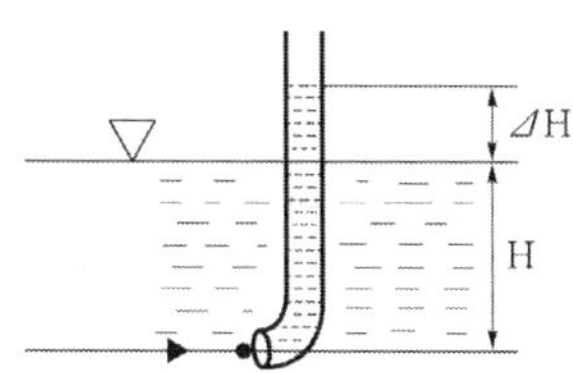

① $V=\sqrt{g\Delta h}$ ② $V=\sqrt{2g\Delta h}$
③ $V=\sqrt{2g\Delta H}$ ④ $V=\sqrt{2g\Delta h^2}$

해설
피토관의 유속$(V)=\sqrt{2g\Delta H}$ [m/s]

105 터빈형 유량계의 출력이 펄스로 나올 때 펄스의 총 수효는?

① 유량에 반비례한다.
② 유량에 비례한다.
③ 유량의 제곱근에 비례한다.
④ 유량의 제곱에 비례한다.

해설
터빈형 유량계는 회전날개의 회전수가 유량에 비례한다(고온·저온·고압조건에서 검출이 용이하나 저유속에서는 정밀도가 저하한다).

106 물탱크에서 $h=10\text{m}$, 오리피스의 지름이 10cm일 때 오리피스의 유출속도(V)와 유량(Q)은 어느 것인가?

① $V=14\text{m/sec}$, $Q=0.11\text{m}^3/\text{sec}$
② $V=9.9\text{m/sec}$, $Q=0.15\text{m}^3/\text{sec}$
③ $V=15.4\text{m/sec}$, $Q=0.52\text{m}^3/\text{sec}$
④ $V=20.3\text{m/sec}$, $Q=0.24\text{m}^3/\text{sec}$

해설
유출속도$(V)=\sqrt{2gh}$
$=\sqrt{2\times 9.8\times 10}=14\text{m/s}$
유량$(Q)=AV=\frac{\pi d^2}{4}V$
$=\frac{\pi(0.1)^2}{4}\times 14=0.11\text{m}^3/\text{s}$

107 먼지 등이 많은 굴뚝가스 등의 유량계측은 곤란한 요소가 많다. 따라서 다음과 같은 연속측정기를 사용한다. 틀린 것은?

① 아뉴바 유량계 ② 퍼지식 유량계
③ 열선식 유량계 ④ 습식 가스미터

해설
먼지 등이 많은 굴뚝가스 등의 유량계측에 사용하는 연속측정기에는
㉠ 아뉴바 유량계
㉡ 퍼지식 유량계
㉢ 열선식 유량계
등이 있다.

정답 101 ④ 102 ④ 103 ② 104 ③ 105 ② 106 ① 107 ④

108 피토관으로 유속을 측정할 경우 가장 관계가 깊은 것은?

① 전압과 동압의 합
② 정압과 동압의 합
③ 전압과 정압의 차
④ 동압과 정압의 차

해설 피토관(pitot in tube)에서의 유속(V)은 전압과 정압의 차와 관계 있다.

$$V=\sqrt{2g\Delta H}=\sqrt{2g\frac{(P_t-P_s)}{\gamma}}\ [\text{m/s}]$$

109 다음 유량계 중 속도수두식 유량계에 속하는 것은?

① annulvar 유량계
② thermal 유량계
③ rotameter 유량계
④ oval 유량계

해설 속도유량계에는 에널바(annulvar) 유량계, 피토관식 유량계가 있다.

110 지름이 10cm 되는 관속을 흐르는 유속이 16m/sec이었다면 유량은 얼마인가?

① $0.13\text{m}^3/\text{sec}$ ② $0.52\text{m}^3/\text{sec}$
③ $1.60\text{m}^3/\text{sec}$ ④ $1.72\text{m}^3/\text{sec}$

해설 $Q=AV=\frac{\pi d^2}{4}V=\frac{\pi(0.1)^2}{4}\times16=0.13\text{m}^3/\text{sec}$

111 유로의 중심부속도를 측정하고 유로단면에서의 평균속도를 구하려면 관계수(U/U_{max})를 알아야 한다. 이런 순서를 거쳐야 하는 유량계는?

① 오리피스미터 ② 로터미터
③ 피토관 ④ 습식가스미터

해설 피토관은 유로의 중심부속도를 측정하고 유로단면에서의 평균속도를 구하려면 관계수를 알아야 유량이 측정되는 속도수두식 유량계다.

112 다음 중 질량유량 $\dot{m}$(kg/sec)의 올바른 표현식은? [단 $Q(\text{m}^3/\text{sec})$는 부피유량, $\rho(\text{kg/m}^3)$는 유체의 밀도]

① $\dot{m}=\rho Q$ ② $\dot{m}=\frac{Q}{\rho}$
③ $\dot{m}=\frac{\rho}{Q}$ ④ $\dot{m}=\frac{\rho V}{Q}$

해설 질량유량(mass flow rate) $\dot{m}=\rho AV=\rho Q$[kg/sec]

113 부자식(float) 면적 유량계에 대한 설명 중 틀린 것은?

① 고점도 유체에 사용할 수 있다.
② 유체의 밀도를 미리 알고 있어야 한다.
③ 부식성 액체의 측정이 가능하다.
④ 정밀측정에 사용된다.

해설 부자식(float)은 면적식 유량계로 압력손실은 적으나 정밀측정용으로는 부적당하다.

114 벤투리관 유량계의 특징 중 맞지 않는 것은?

① 압력손실이 적고 측정정도도 높다.
② 구조가 복잡하고 대형이다.
③ 레이놀즈수가 10^5 정도 이하에서는 유량계수가 변화한다.
④ 점도가 큰 액체의 측정에서도 오차가 발생하지 않는다.

해설 벤투리관 유량계는 맥동유체나 점도가 큰 액체의 측정은 오차가 발생한다.

115 다음 유량계의 종류 중에서 가장 유체압력 손실이 적은 것은?

① 유속식(impeller식) 유량계
② 용적식 유량계
③ 전자식 유량계
④ 차압식 유량계

해설 전자식 유량계는 패러데이의 전자유도법칙에 의해 기전력(전압)이 발생한다. 이것을 이용하여 유량을 측정하며 압력손실이 전혀 없고 유량은 기전력에 비례한다.

정답 108 ③ 109 ① 110 ① 111 ③ 112 ① 113 ④ 114 ④ 115 ③

116 관속을 흐르는 유체가 층류로 되려면?

① 레이놀즈 수가 400보다 많아야 한다.
② 레이놀즈 수가 2,100보다 적어야 한다.
③ 레이놀즈 수가 4,000이어야 한다.
④ 레이놀즈 수와는 관계가 없다.

해설
㉠ 층류 : $Re < 2,100$
㉡ 천이구역 : $2,100 < Re < 4,000$
㉢ 난류 : $Re > 4,000$

117 안지름 300mm의 원관의 도중에서 구멍의 지름 150mm의 오리피스를 설치하여 상온의 물이 흐르고 있다. 수은 마노미터의 읽음이 376mm일 때 오리피스를 통하는 유량은? (단 오리피스 유량계수 C는 0.6241이다.)

① $6.2m^3/hr$ ② $90.2m^3/hr$
③ $214m^3/hr$ ④ $395m^3/hr$

해설

$$Q = CA_2V_2 = CA_2\frac{1}{\sqrt{1-\left(\frac{d_2}{d_1}\right)^4}}\sqrt{2gh\left(\frac{S_{Hg}}{S_w}-1\right)}$$

$$= 0.6241\times\frac{\pi(0.15)^2}{4}\times\frac{1}{\sqrt{1-\left(\frac{1}{2}\right)^4}}$$

$$\sqrt{2\times9.8\times0.376\left(\frac{13.6}{1}-1\right)}\times3,600$$

$$= 395m^3/h$$

118 용적식 유량계 설명 중 바르게 설명된 것은?

① 일정한 용적의 용기에 유체를 도입시켜 유량을 측정하는 방법이다.
② 일반적으로 많이 사용되지 않고 있다.
③ 종류에는 부유식과 면적식이 있다.
④ 유체를 관에 흐르게 하고 각 측정공에서 발생하는 용적과 압력의 차를 측정하는 방법이다.

해설
용적식 유량계는 일정한 용적의 용기에 유체를 도입시켜 유량을 측정한다. 그 종류는 오벌(oval) 유량계, 루트식 유량계, 가스미터계, 로터리(rotary)피스톤식 등이 있다.

119 패러데이 전자유도법칙을 이용하여 유량을 측정하는 유량계는?

① 방사선식 유량계 ② 면적식 유량계
③ 용적식 유량계 ④ 전자식 유량계

해설
전자식 유량계는 유체관 내에 유체가 흐르는 방향과 직각으로 자장을 형성시키고 자장과 유체가 흐르는 방향과 직각방향으로 전극을 설치하면 패러데이의 유도전자법칙에 의해 기전력(전압)이 발생한다.

120 다음 중 면적식 유량계는 어느 것인가?

① 오리피스(orifice)미터
② 로터미터(rotameter)
③ 벤투리(veturi)미터
④ 플로노즐(flow-nozzle)

해설
로터미터(rotameter)는 면적식 유량계의 일종으로 하부가 뾰족하고 상부가 넓은 유리관 속에 float(부자)가 장치되어 유량의 대소에 따라 액체통 속에 부자가 정지하는 위치가 달라지는 성질을 이용하여 유량을 측정하는 유량계다.

121 고속의 유체측정이나 고압유체의 유량 측정에 가장 적합한 교축식 유량기구는?

① 벤투리 ② 플로노즐
③ 오리피스 ④ 피토관

해설
플로노즐 차압식 유량계는 고속의 유체측정이나 고압의 유체 유량측정에 가장 적합한 교축식 유량계이다. 레이놀즈수가 클 때 사용되며 특히 5~30MPa의 고압유체측정에도 용이하며 내구성이 있다.

122 유로단면의 교축면적을 이용하여 순간유량을 측정하는 것은?

① 벤투리미터 ② 오리피스미터
③ 로터미터 ④ 피토관

해설
로터미터(rotameter) 면적식 유량계는 균등유량눈금을 얻으며 슬러지 유체나 부식성 액체의 측정에 사용된다. 차압을 일정하게 하고 교축면적을 변화시켜 유량을 얻는다.

정답 116 ② 117 ④ 118 ① 119 ④ 120 ② 121 ② 122 ③

123 피토관의 장점이 아닌 것은?

① 제작비가 싸다.
② 구조가 간단하다.
③ 정도가 높다.
④ 부착이 용이하다.

해설 피토관(pitot in tube)은 속도수두를 측정하여 유량을 구하는 유량계로서 정도가 그다지 좋지 못하다.

124 스로틀(throttle)기구에 의하여 유량을 측정하지 않는 유량계는?

① 오리피스 ② 벤투리관
③ 가스미터 ④ 노즐

해설 스로틀(throttle)기구에 의하여 유량을 측정하는 유량계는 차압식 유량계로 orifice, 노즐, 벤투리관 등이 있다.

125 다음은 유량계의 교정방법을 나열하였다. 이 중에서 기체 유량계의 교정에만 사용되는 것은?

① 밸런스를 사용하여 교정한다.
② 기준탱크를 사용하여 교정한다.
③ 기준유량계를 사용하여 교정한다.
④ 기준체적관을 사용하여 교정한다.

해설 기체유량계의 교정방법은 기준체적관을 사용하여 교정한다.

126 다음 그림 중에서 정압(static pressure)을 측정하는 데 가장 좋은 방법은 어느 것인가?

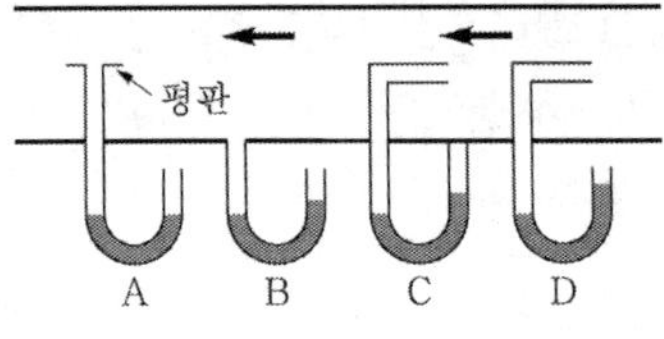

① A ② B
③ C ④ D

해설 A : 압력일정, B : 정압, C : 동압, D : 전압 = 정압+동압

127 유량계 중에서 오리피스(orifice)는 파이프 속에 조리개를 삽입하여 발생하는 압력차를 측정하는 것으로 어떤 원리를 응용한 것인가?

① 피타고라스 정리
② 베르누이 방정식
③ 후크의 법칙
④ 융기의 법칙

해설 오리피스(orifice)는 차압식 유량계로 베르누이 방정식을 응용한 유량계다.

128 다음 유량계 중에서 압력손실이 가장 큰 것은?

① float형 면적식 유량계
② 열선식 유량계
③ rotary piston형 용적식 유량계
④ 전자식 유량계

해설 부자형(float) 면적식 유량계가 압력손실이 가장 크다.

정답 123 ③ 124 ③ 125 ④ 126 ② 127 ② 128 ①

Chapter 02 Engineer Energy Management

압력계측

1 압력측정방법

1) 기계식(mechanical type)

① 액체식(1차 압력계): 링밸런스(환상천평), 침종식, 피스톤식, 유자관식, 경사관식
② 탄성식(2차 압력계): 부르동관식, 벨로스식, 다이어프램식(금속, 비금속)

2) 전기식(2차 압력계)

저항선식, 압전식, 자기변형식

3) 압력의 단위

N/m^2(Pa), mmHg, mmH_2O(mmAq), kgf/cm^2, bar, psi(Lb/in^2) 등 사용

2 액주식 압력계

액주관 내 물이나 수은(Hg)을 봉입, 압력차에 의한 액주의 높이로 압력을 측정하는 방식으로 액의 비중량과 높이에 의하여 계산 가능하다.

$$P = \gamma h \,(\mathrm{Pa} = \mathrm{N/m^2})$$

여기서, P: 압력(N/m^2)
γ: 비중량(N/m^3)
h: 높이(m)

1) 액주식 압력계 액의 구비조건

① 온도변화에 의한 밀도 변화가 적을 것
② 점성이나 팽창계수가 적을 것
③ 화학적으로 안정하고 휘발성, 흡수성이 적을 것
④ 모세관 현상이 작을 것
⑤ 항상 액면은 수평을 만들고 액주의 높이를 정확히 읽을 수 있을 것

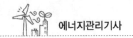

(1) U자식 압력계

U자형의 유리관에 물, 기름, 수은 등을 넣어 한쪽 관에 측정하고자 하는 대상 압력을 도입 U자관 양쪽 액의 높이차에 의해 압력을 측정(10~2,000mmAq 사이 압력측정)한다. U자관의 크기는 특수 용도의 것을 제외하고는 보통 2m 정도이다.

$$P_1 - P_2 = \gamma h$$

여기서, γ: 액의 비중량(N/m^3)
h: 액의 높이차(m)

(2) 경사관식 압력계(경사미압계)

U자관을 변형한 것으로서 측정관을 경사시켜 눈금을 확대하므로 미세압을 정밀측정하며 U자관보다 정밀한 측정이 가능하다.

$$P_1 - P_2 = \gamma h,\ h = l\sin\theta$$

$$P_1 - P_2 = \gamma l \sin\theta$$

$$P_1 = P_2 + \gamma h = P_2 + \gamma l \sin\theta$$

여기서, P_1: 측정하려는 압력
P_2: 경사관의 압력
γ: 액의 비중량(N/m^3)
θ: 유리관의 경사각(°)
l: 유리관의 길이(m)

(3) 마노미터(manometer) 압력계

압력계의 감도를 크게 하고 미소압력을 측정하기 위하여 비중이 다른 2액을 사용[물(1) + 클로로포름(1.47)]하여 압력을 측정한다.

(4) 플로트(float) 액주형 압력계

액의 변화를 플로트로 기계적 또는 전기적으로 변환하여 압력을 측정한다.

(5) 환상천평식 압력계

링 밸런스 압력계라고도 하며 원형관 내에 수은 또는 기름을 넣고 상부에 격벽을 두면 경계로 발생하는 압력차에 의하여 회전하며 추의 복원력과 회전력이 평형을 이룰 때 환상체는 정지한다. 원환의 내부에는 바로 위에 격벽이 있어서 액체와의 사이에 2실로 되어 있고 개개의 압력에 하나는 대기압, 또 하나는 측정하고자 하는 압력에 연결된다.

특징

① 원격전송이 가능하고 회전력이 크므로 기록이 쉽다.

② 평형추의 증감이나 취부장치의 이동에 의하여 측정범위를 변경할 수 있다.

③ 측정범위는 25~3,000mmAq이다.

④ 저압가스의 압력측정에 사용된다

설치 및 취급상 주의사항

① 진동 및 충격이 없는 장소에 수평 또는 수직으로 설치

② 온도변화(0~40℃)가 적은 장소일 것

③ 부식성 가스나 습기가 적은 장소에 설치

④ 압력원과 가까운 장소에 설치(도압관은 굵고 짧게 한다).

⑤ 보수점검이 원활한 장소에 설치

(6) 침종식 압력계

종 모양의 플로트를 액중에 담근 것으로 압력에 의한 플로트의 편위가 그 내부 압력에 비례하는 것을 이용한 것으로 금속제의 침종을 띄워 스프링을 지시하는 단종식과 복종식이 있다.

특징

① 진동 및 충격의 영향이 적다.

② 미소 차압의 측정과 저압가스의 유량측정이 가능

③ 측정범위: 단종(100mmAq 이하), 복종(5~30mmAq)

설치 및 취급상 주의사항

① 봉입액(수은, 기름, 물)을 청정하게 유지하여야 한다.

② 봉입액의 양을 일정하게 한다.

③ 계기는 수평으로 설치한다.

④ 과대 압력 또는 큰 차압측정은 피해야 한다.

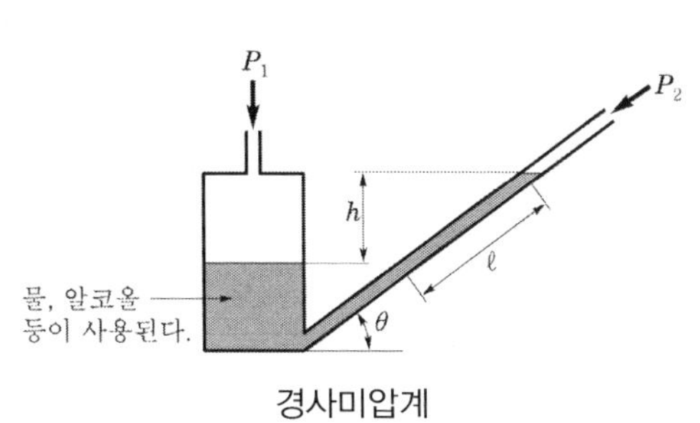

경사미압계
(inclined micromanometer)

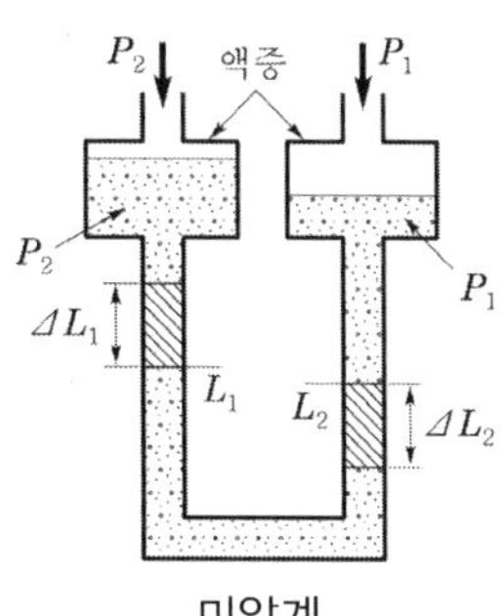

미압계

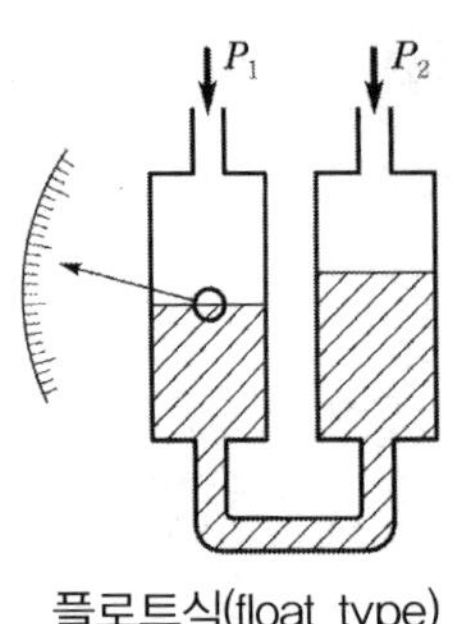

플로트식(float type)

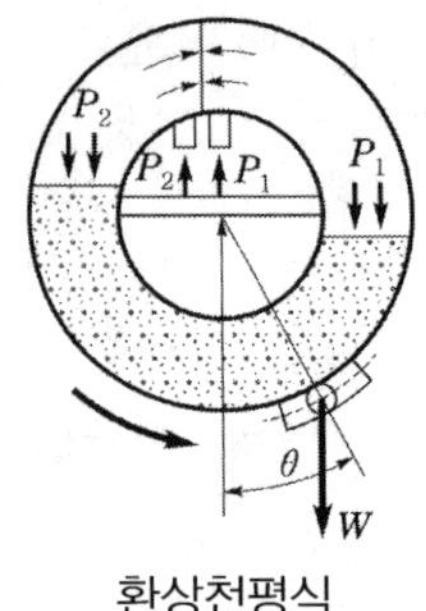

환상천평식

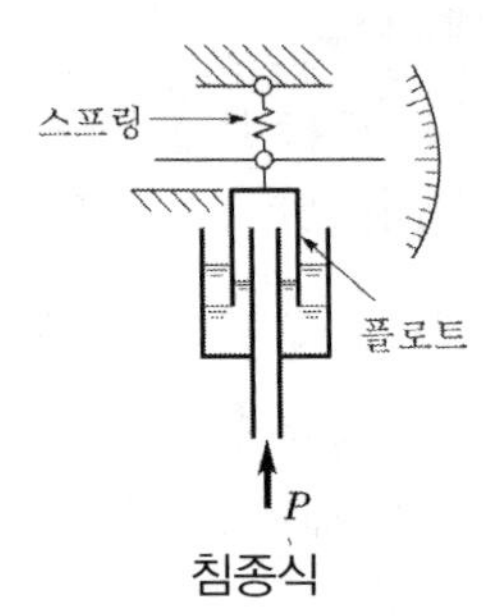

침종식

3 탄성식 압력계

탄성체에 힘을 가할 때 변형량을 계측하는 것으로, 힘은 압력과 면적에 비례하고 힘의 변화는 탄성체의 변위에 비례하는 것을 이용한 계측 압력계로서 후크법칙에 의한 원리를 이용한다.

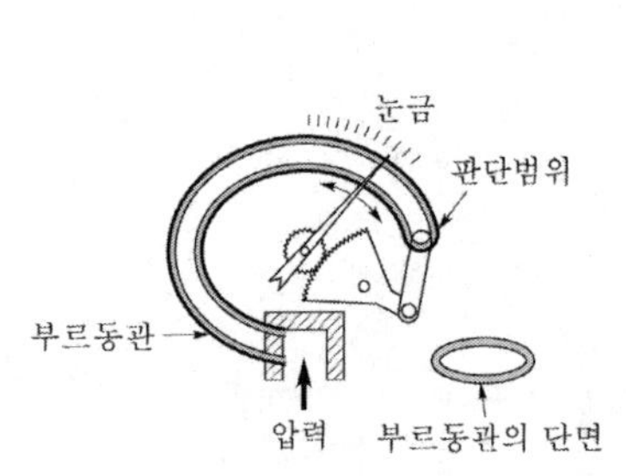

부르동관식(bourdon type)

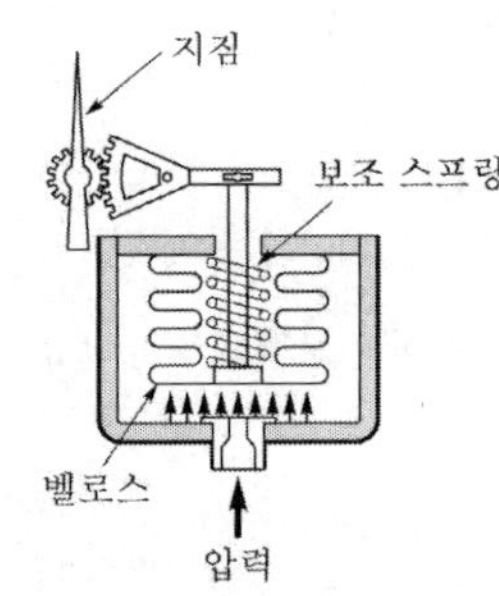

벨로스식(bellows type)

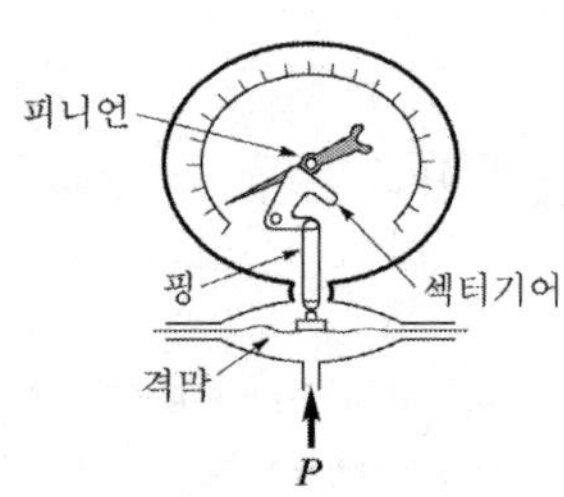

다이어프램식(diaphragm type)

1) 부르동관식(bourdon type) 압력계

단면이 편평형인 관을 원호상으로 구부린 가장 보편화되어 있는 압력계로 부르동관 내 압력이 대기압보다 클 경우 곡률 반경이 커지면서 지시계 지침을 회전시킨다. 부르동관 형식으로는 C형, 와선형, 나선형이 있다.

(1) 측정범위

① 압력계: 0~3,000kgf/cm^{2}이며, 보편적으로 2.5~1,000kgf/cm^{2}에 사용

② 진공계: 0~760mmHg

(2) 재료

① 저압용: 황동, 인청동, 알루미늄 등

② 고압용: 스테인리스강, 합금강 등

(3) 취급상 주의사항

① 급격한 온도변화 및 충격을 피한다.
② 동결되지 않도록 한다.
③ 사이폰관 내 물의 온도가 80℃ 이상 되지 않도록 한다.

2) 벨로스식(bellows type) 압력계(진공압 및 차압 측정용)

주름형상의 원형 금속을 벨로스라 하며 벨로스와 히스테리시스를 방지하기 위하여 스프링을 조합한 구조로 자동제어장치의 압력 검출용으로 사용된다.

압력에 의한 벨로스의 변위를 링크기구로 확대 지시하도록 되어 있고 측정범위는 0.01~10kg/cm^2(0.1~1,000kPa)로 재질은 인청동, 스테인리스이다.

3) 다이어프램식(diaphragm type) 압력계

얇은 고무 또는 금속막을 이용하여 격실을 만들고 압력변화에 따른 다이어프램의 변위를 링크, 섹터, 피니언에 의하여 지침에 전달하여 지시계로 나타내는 방식이다.

특징

① 감도가 좋으며 정확성이 높다.
② 재료: 금속막(베릴륨, 구리, 인청동, 양은, 스테인리스 등), 비금속막(고무, 가죽)
③ 측정범위는 20~5,000mmAq이다.
④ 부식성 액체에도 사용이 가능하고 먼지 등을 함유한 액체도 측정이 가능하다.
⑤ 점도가 높은 액체에도 사용이 가능하고 연소로의 통풍계로도 널리 사용된다.

4 전기식 압력계

압력을 직접 측정하지 않고 압력 자체를 전기저항, 전압 등의 전기적 양으로 변환하여 측정하는 계기이다.

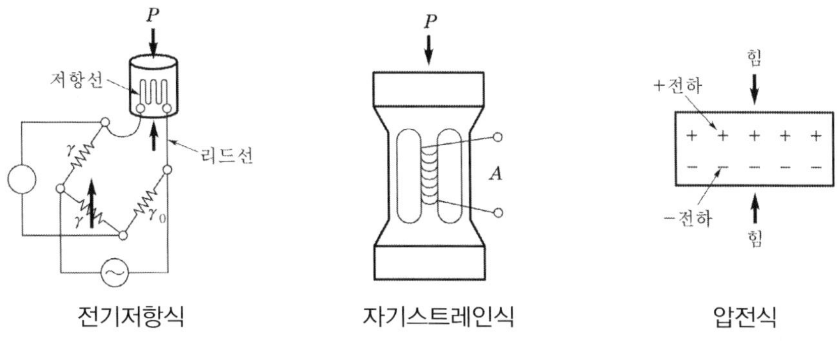

전기저항식　　자기스트레인식　　압전식

1) 저항선식

저항선(구리-니켈)에 압력을 가하면 선의 단면적이 감소하여 저항이 증가하는 현상을 이용한 게이지로 검출부가 소형이며 응답속도가 빠르며 0.01~100kgf/cm^{2}의 압력에 사용한다.

2) 자기 스트레인게이지(strain gauge) 압력계

강자성체에 기계적 힘을 가하면 자화상태가 변화하는 자기변형을 이용한 압력계로 수백기압의 초고압용 압력계로 이용된다.

3) 압전식(piezo) 압력계

수정이나 티탄산 바륨 등은 외력을 받을 때 기전력이 발생하는 압전현상을 이용한 것으로 피에조(piezo)식 압력계라 한다.

특징

① 원격측정이 용이하며 반응속도가 빠르다.
② 지시, 기록, 자동제어와 결속이 용이하다.
③ 정밀도가 높고 측정이 안정적이다.
④ 구조가 간단하며 소형이다.
⑤ 가스폭발 등 급속한 압력변화 측정에 유리하다.
⑥ 응답이 빨라서 백만분의 1초 정도이며 급격한 압력 변화를 측정한다.

5 표준 분동식 압력계(피스톤 압력계)

분동에 의하여 압력을 측정하는 형식으로 다른 탄성압력계의 기준, 교정 또는 검정용 표준지로 사용된다. 측정범위는 500MPa이며 사용기름에 따라 달라진다.

$$\text{압력}(P) = \frac{\text{램의 중량} + \text{분동 중량}}{\text{램의 단면적}}$$

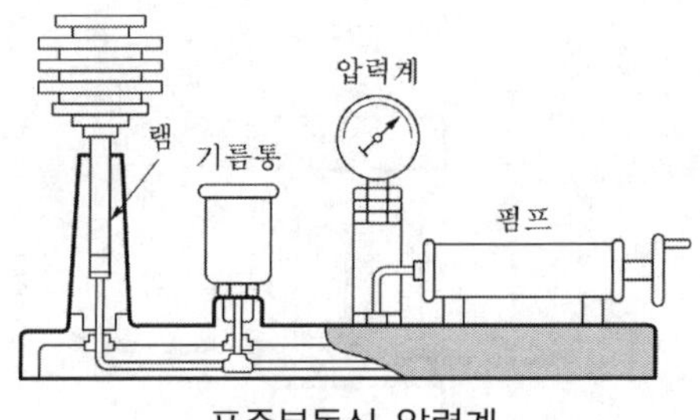

표준분동식 압력계

6 아네로이드식 압력계(빈통압력계)

동심원 파상원판을 2장 겹쳐서 외주의 합친 것을 납땜하여 기밀하게 만든 것으로서 양은과 그 밖의 박판으로 만든 것을 체임버라 한다. 주로 기압측정에 사용된다. 휴대가 간편하고 내부의 바이메탈 온도를 보정한다. 측정범위는 약 10~3,000mmH_2O이다.

7 진공압력계

대기압 이하의 압력을 측정하는 계기이다.
저진공에는 U자관이나 탄성식이 사용되지만 고진공에는 기체의 성질을 이용한 진공계가 사용된다.

1) 맥클라우드(MacLeod) 진공계

1torr = 1mmHg
10^{-4}torr까지 측정

2) 열전도형 진공계

① 피라니 진공계: 10~10^{-5}torr(mmHg)까지 측정
② 서미스터 진공계
③ 열전대 진공계: 1~10^{-5}torr(mmHg)까지 측정

3) 전리 진공계

10^{-3}~10^{-10}torr(mmHg)까지 측정

4) 방전전리를 이용한 진공계

① 가이슬러관: 10^{-3}mmHg까지, 어두운 암실에서는 10^{-4}mmHg까지 측정
② 열전자 전기진공계: 10^{-11}mmHg 정도까지 측정
③ a선 전리진공계: 10^{-3}mmHg 정도까지 측정

Chapter 02 예상문제

01 다음 압력계 중에서 가장 정도가 높은 것은?

① 경사관 압력계
② 부르동관식 압력계
③ 분동식 압력계
④ 링밸런스식 압력계

해설
경사관 압력계(경사미압계)가 가장 정도가 높다(정도 ±0.05mmAq).
$\Delta P(P_1 - P_2) = \gamma \ell \sin\theta (\text{kPa})$

02 압력측정 범위가 10~1,500mmAq인 탄성식 압력계는 어느 것인가?

① 캡슐 압력계
② 부르동관식 압력계
③ 링밸런스식 압력계
④ 다이어프램식 압력계

해설
탄성식 압력계 종류 및 압력측정 범위

종류	압력측정 범위
캡슐식	10~1,500mmAq
다이어프램식	20~5,000mmAq
벨로스식	100~10^5mmAq
부르동관식	25,000~10^7mmAq

03 탄성식 압력계로서 제일 높은 압력의 측정에 적당한 것은?

① 링밸런스식 ② 벨로스식
③ 부르동관식 ④ 다이어프램식

해설
㉠ 부르동관식 압력계는 25,000~10^7mmAq 사이의 압력측정에 사용하는 데 고압측정용이다.
㉡ 링밸런스식 : 25~3,000mmAq
㉢ 벨로스식 : 100~10^5mmAq
㉣ 다이어프램식 : 20~5,000mmAq

04 링밸런스식(ring balance type) 압력계에 대한 설명 중 옳은 것은?

① 도압관은 될 수 있는 한 가늘고 긴 것이 좋다.
② 측정 대상 유체는 주로 액체이다.
③ 압력원에 가깝도록 계기를 설치해야 한다.
④ 부식성 가스나 습기가 많은 곳에서는 타 압력계보다 정도가 높다.

해설
링밸런스식 압력계는 환상 천평식 압력계라고도 하며 기체나 액체의 압력측정에 사용되는데, 도압관에서의 압력의 손실을 줄여 오차를 줄이기 위해 되도록 압력원에 가깝게 설치해야 한다.
링밸런스식의 측정범위는 25~3,000mmAq이다(정도는 1~2%이다).

05 침종식 압력계에 대한 설명으로 틀린 것은?

① 계기 설치는 똑바로 수평으로 해야 한다.
② 액체 측정에는 부적당하고 기체의 압력 측정에 적합하다.
③ 봉입액은 자주 세정 혹은 교환하여 청정하도록 유지한다.
④ 측정범위는 복종식이 단종식보다 넓다.

해설
침종식 압력계는 기체의 압력측정에 사용하며 수평으로 설치하며 봉입액을 자주 세정하여야 하고 측정범위는 단종식이 복종식보다 넓다.

06 연돌 가스(gas) 압력측정에 가장 적당한 것은?

① 압전식 압력계
② 부르동관식 압력계
③ 환상천평식 압력계(링밸런스식)
④ 분동식 압력계

해설
환상천평식 압력계(Ring balance type)
측정범위는 25~3,000mmAq 정도로서 주로 드래프트계(통풍력)에 사용되며 정도는 1~2%이다.

정답 01 ① 02 ① 03 ③ 04 ③ 05 ④ 06 ③

07 대기압 750mmHg하에서 계기압력이 320 kPa이었다. 이때의 절대압력은?

① 512kPa ② 420kPa
③ 225kPa ④ 328kPa

해설

$$P_a = P_o + P_g = \frac{750}{760} \times 101.325 + 320$$
$$= 100 + 320 = 420\text{kPa}$$

08 압력 측정에 사용하는 액체에 필요한 특성으로서 옳지 않은 것은?

① 모세관 현상이 클 것
② 점성이 작을 것
③ 열팽창계수가 작을 것
④ 일정한 화학성분을 가질 것

해설

액주식 압력계의 액체의 특성조건
㉠ 모세관 현상이 작을 것
㉡ 점성이 작을 것
㉢ 열팽창계수가 작을 것
㉣ 일정한 화학성분을 가질 것

09 부르동관 압력계에 대한 설명 중 틀린 것은?

① 구조가 간단하고 사용이 간편하다.
② 최고측정 가능압력이 1,000atm까지 되어 측정범위가 넓다.
③ 증기를 응축시키지 않고 직접 측정할 수 있다.
④ 전송장치로 원격지지, 기록이 가능하다.

해설

부르동관 압력계의 특성조건
㉠ 구조가 간단하고 사용이 간편하다.
㉡ 보통 25,000~10^7mmAq까지 측정이 가능하다.
㉢ 증기를 응축시키지 않고는 직접 측정은 불가능하다(사이펀관 내 80℃ 이하 물 사용).

10 다음 중 탄성압력계에 속하지 않는 것은?

① 부자식 압력계
② 다이어프램 압력계
③ 벨로스식 압력계
④ 부르동관식 압력계

해설

부자식(Float type)은 침종식 압력계다.

11 노 내압을 제어하는 데 필요치 않은 조작은?

① 공기량 조작
② 연소가스 배출량 조작
③ F.W.C의 제어
④ 댐퍼의 조작

해설

노(furnace) 내압을 제어하려면 연소가스 배출량을 조작해야 하며 공기량조작, 댐퍼(damper) 조작이 필요하다.

12 다음 압력계 중 고압용은?

① 다이어프램식 압력계
② 벨로즈식 압력계
③ 피스톤식 압력계
④ 부르동관식 압력계

해설

측정압력의 크기 순서
부르동관식 > 피스톤식 > 벨로즈식 > 다이어프램식

13 복종식 압력계기에 대한 설명으로 틀린 것은?

① 봉액은 자주 세정 혹은 교환하여 청정하도록 유지한다.
② 측정범위는 복종식이 단종식보다 넓다.
③ 계기설치는 똑바로 수평으로 해야 한다.
④ 액체측정에는 부적당하고 기체의 압력측정에 적합하다.

해설

복종식 침종 압력계의 취급 시 특성
㉠ 봉액은 자주 세정 혹은 교환하여 청정하도록 유지한다.
㉡ 측정범위는 단종식이 복종식보다 넓다.
㉢ 계기설치는 똑바로 수평으로 해야 한다.
㉣ 기체의 압력측정에 적합하다.

정답 07 ② 08 ① 09 ③ 10 ① 11 ③ 12 ④ 13 ②

14 다음 그림에서 유도되는 공식은?

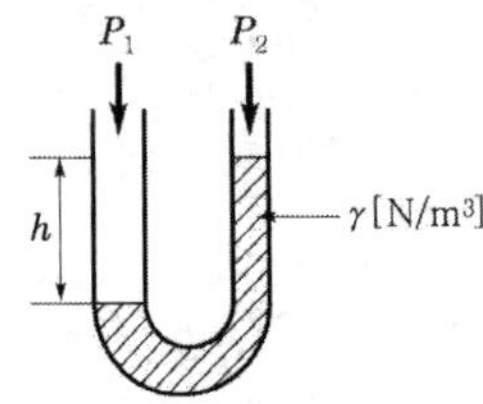

① $P_1 = P_2 + h$ ② $h = \gamma(P_1 - P_2)$
③ $P_1 + P_2 = \gamma h$ ④ $h = \dfrac{P_1 - P_2}{\gamma}$

해설 동일수평면상에서 압력의 세기는 동일하므로
$P_1 = P_2 + \gamma h$
$\therefore\ h = \dfrac{P_1 - P_2}{\gamma}$ [m]

15 개방형 마노미터로 측정한 용기의 압력은 150mmAq였다. 용기의 절대압력은 얼마인가?

① 205.8kPa ② 141.85kPa
③ 151.8kPa ④ 102.80kPa

해설 $P_a = P_o + \gamma h = 101.325 + 9.8 \times 0.15 \fallingdotseq 102.80\text{kPa}$

16 압력측정에 사용되는 액체의 필요한 특성이다. 틀린 것은?

① 일정한 화학성분을 가질 것
② 모세관 현상이 작을 것
③ 점성이 클 것
④ 열팽창계수가 작을 것

해설 액주식 압력계 액체의 구비조건
㉠ 압력에 사용되는 액주식 압력계 액체는 점성이 작아야 한다.
㉡ 모세관 현상이 작을 것
㉢ 열팽창계수가 작을 것
㉣ 일정한 화학성분을 가질 것
㉤ 온도변화에 의한 밀도변화가 적을 것(점성계수가 클 것)
㉥ 휘발성이나 흡수성이 적을 것

17 부르동관식 압력계에 대해 아래와 같이 정압시험을 하였다. 이 중 옳은 시험법과 합격의 기준을 기술한 것은?

① 최대 압력에서 30분간 지속할 때 기차는 $\pm\frac{1}{2}$눈금 이하가 되어야 한다.
② 최대 압력의 $\frac{2}{3}$압력으로 30분간 방치했을 때 왕복의 차가 $\frac{1}{2}$눈금 이하가 되어야 한다.
③ 최대 압력에서 12시간 방치 후 시도시험을 행해야 한다.
④ 최대 압력으로 72시간 지속할 때 크리프 현상은 $\frac{1}{2}$눈금 이하가 되어야 한다.

해설 부르동관식 압력계의 정압시험은 최대 압력으로 72시간 지속할 때 크리프 현상은 $\frac{1}{2}$눈금 이하가 되어야 한다(후크의 법칙 = 정비례법칙을 이용한 압력계이다).

18 탄성체의 변형을 이용하여 압력을 측정하는 압력계는 어느 것인가?

① U자관형 압력계이다.
② 토리첼리(torricelli)관형 압력계이다.
③ 환상천칭형 압력계(ring manometer)이다.
④ 부르동(bourdon)관 압력계이다.

해설 탄성체의 변형을 이용한(탄성압력계) 압력계는
㉠ 부르동(bourdon)관 압력계
㉡ 벨로스식 압력계
㉢ 다이어프램식(diaphragm type) 압력계
㉣ 아네로이드식 압력계 등이 있다.

19 벨로스식 압력계에서 벨로스의 재질로 사용되는 것은 다음 중 어느 것인가?

① 스프링강
② 인청동 및 스테인리스강
③ 고무
④ 양은

정답 14 ④ 15 ④ 16 ③ 17 ④ 18 ④ 19 ②

해설 벨로스식(bellows type) 압력계
㉠ 재질은 인청동, 스테인리스가 사용된다.
㉡ 측정압력은 100~10^5mmAq 정도이다.
㉢ 정도는 ±1~2%이다.

20 분동식 표준압력계의 기름 종류에 따른 압력측정 범위로 가장 적당한 것은?

① 경유 : 100~300kg/cm^2
② 스핀들유 : 500~2,000kg/cm^2
③ 머신유 : 100~1,000kg/cm^2
④ 모빌유 : 2,000kg/cm^2

해설
㉠ 경유(40~100kg/cm^2)
㉡ 스핀들유(100~1,000kg/cm^2)
㉢ 피마자유(100~1,000kg/cm^2)와 머신유
㉣ 모빌유(300~3,000kg/cm^2 이상)

21 진공계는 어느 것인가?

① 피라니 게이지(pirani gauge)
② 바로미터(barometer)
③ 마노미터(manometer)
④ 스트레인 게이지(strain gauge)

해설 진공계(연성계)는 피라니 게이지, 탄성식, 맥클라우드, 크누드센, 열전대 진공계, 서미스터(thermistor) 진공계

22 다음 압력계 중 측정범위가 가장 넓은 것은?

① 플로트식 압력계
② U자관 압력계
③ 단관식 압력계
④ 침종식 압력계

해설
① 플로트식 압력계 : 500~6,000mmAq 이하
② U자관 압력계 : 10~2,000mmAq 이하
③ 단관식 압력계 : 500~2,000mmAq 이하
④ 침종식 압력계 : 5~20mmAq 이하

23 다음 중에서 다이어프램 압력계의 박판 재료로 쓰이지 않는 것은?

① 양은 고무
② 고무, 스테인리스
③ 황동강판
④ 인청동, 스테인리스

해설 다이어프램 압력계의 박판재료
㉠ 양은, ㉡ 고무, ㉢ 스테인리스, ㉣ 인청동

24 다음 중 가장 높은 진공도를 측정할 수 있는 계기는?

① Macleod 진공계 ② Pirani 진공계
③ 열전대 진공계 ④ 전리 진공계

해설
㉠ Macleiod(맥클라우드 진공계) : 10^{-4}torr(mmHg)까지 정도 3%의 측정(표준진공계)
㉡ pirani(피라니 진공계) : 10~10^{-4}torr(mmHg)까지 측정
㉢ 전리진공계 : 관구의 종류에 따라 10^{-10}torr(mmHg) 고진공에서 10^{-3}torr(mmHg) 정도의 진공측정
㉣ 열전도형 진공계(피라니, 서미스터, 열전대)
㉤ 열전대진공계 : 1~10^{-3}torr(mmHg)까지 진공측정
㉦ 방전을 이용한 진공계 : 10^{-5}torr(mmHg)까지 진공측정

25 진동충격의 영향이 작고 미소차압의 측정이 가능하며 저압가스의 유량을 측정하는 데 많이 쓰이는 것은?

① 압전식 압력계
② 부르동관식 압력계
③ 침종식 압력계
④ 분동식 압력계

해설 침종식 압력계는 단종식과 복종식이 있고 진동이나 충격의 영향이 작으며 미소차압의 측정 및 저압가스의 압력을 측정한다(사용액은 수은, 실리콘유 등이 사용된다. 측정 범위는 100mmH_2O 이하, 정도는 ±1~2%, 용도는 기체압력을 측정한다).

정답 20 ③ 21 ① 22 ① 23 ③ 24 ④ 25 ③

26 압력식 온도계 측정범위가 틀린 것은?

① 액체압력식 온도계(수은) : −30~600℃
② 기체압력식 온도계(불활성기체)
: −130~500℃
③ 증기압력식 온도계 : −45~320℃
④ 고체팽창식 온도계 : −20~460℃

해설
㉠ 수온액체압력식 온도계 : −30~600℃
㉡ 기체압력식 온도계 : −130~420℃ 이하(불활성기체는 −130~500℃)
㉢ 증기압력식 온도계 : −40~300℃
㉣ 고체팽창식 온도계(바이메탈) : −50~500℃

27 산소(O_2)를 측정하기 위한 가스분석기 양극에서 산소분압이 0.5kg/cm², 음극에서 1.0 kg/cm²로 각각 측정되었을 때 양극 사이의 기전력은 몇 mV인가?

① 13.5 ② 14.6
③ 15.7 ④ 16.8

해설
$$기전력(E) = 55.7\log\left(\frac{P_C}{P_A}\right) = 55.7\log\left(\frac{1}{0.5}\right) = 16.8\text{mV}$$
여기서, P_A : 양극에서 산소분압(kg/cm²)
P_C : 음극에서 산소분압(kg/cm²)

28 다음 경사관식 압력계에서 $P_2 = 50\text{kg/m}^2$일 때 측정압력 P_1은 얼마인가? (단 액체의 비중은 1이다.)

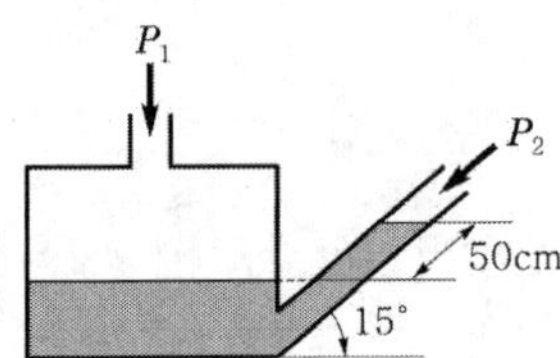

① 130kg/m² ② 180kg/m²
③ 320kg/m² ④ 530kg/m²

$P_1 = P_2 + \gamma \ell \sin\theta = 50 + 1{,}000 \times 0.5\sin 15°$
$\fallingdotseq 180\text{kg/m}^2$

29 그림에서 수직관 속에 비중이 0.9인 기름이 흐르고 있다. 여기에 그림에서와 같이 액주계를 설치하였을 때 압력계의 지시값은 얼마인가?

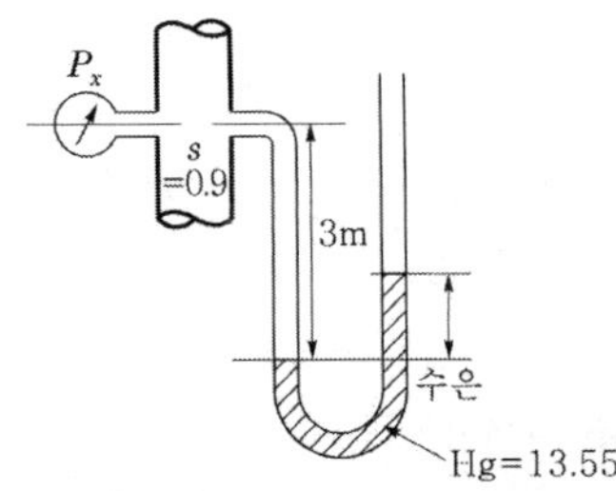

① 0.01kg/cm² ② 0.1kg/cm²
③ 0.001kg/cm² ④ 1.0kg/cm²

해설
$P_x + \gamma_w sh = \gamma_{Hg} h_1$
$\therefore P_x = \gamma_{Hg} h_1 - \gamma_w sh$
$= 13{,}550 \times 0.2 - 1{,}000 \times 0.9 \times 3$
$= 10\text{kg/m}^2 (= 0.001\text{kg/cm}^2)$

30 다음 중 다이어프램 압력계를 설명한 것으로 틀린 것은?

① 측정이 가능한 범위는 공업용이 10~30mmAq이다.
② 연소용의 드래프트(draft)계로서 보통 사용한다.
③ 다이어프램으로는 고무, 양은, 인청동 등의 박판이 사용된다.
④ 이 압력계의 형태에는 다이어프램의 변화를 측정하는 다이어프램 캡슐형의 것도 있다.

해설
다이어프램(diaphragm) 탄성 압력계의 측정범위는 20~5,000mmAq이다.

31 대기압하에서 보일러의 계기에 나타난 압력이 6kg/cm²이다. 이를 절대압력으로 표시할 때 가장 가까운 값은?

① 3kg/cm² ② 5kg/cm²
③ 6kg/cm² ④ 7kg/cm²

해설
$P_a = P_o + P_g = 1.0332 + 6 = 7.0332\text{kg/cm}^2$

정답 26 ④ 27 ④ 28 ② 29 ③ 30 ① 31 ④

32 다음 압력계 중 고압력 측정용 압력계는?

① 다이어프램 압력계
② 벨로스 압력계
③ 침종식 압력계
④ 경사관식 압력계

해설
㉠ 다이어프램 압력계 : 20~5,000mmAq 압력측정 (0.002~0.5kg/cm^2)
㉡ 벨로스 압력계 : 0.01~10kg/cm^2 압력측정
㉢ 침종식 압력계 : 100mmH_2O 이하 측정
㉣ 부르동관 압력계 : 0.5~3,000kg/cm^2 고압측정
㉤ 경사관식 압력계 : 10~50mmH_2O(미압계)

33 계기의 정도보다 자동제어를 용이하게 하고자 한다. 자동제어의 원격조정이 용이한 압력계는 어느 것인가?

① 분동식 압력계
② 액주형 압력계
③ 스트레인게이지 압력계
④ 부르동관식 압력계

해설
압력측정용 중 부르동관식 압력계는 전자식 반도체 공기압식 검출발신 기구를 이용한다.

34 탄성식 압력계의 일반교정에 쓰이는 시험기는?

① 액주식 압력계
② 정밀급 탄성압력계
③ 전기식 압력계
④ 분동식 표준압력계

해설
분동식 표준압력계는 탄성식 압력계의 일반교정에 쓰이는 시험기다.

35 다음 그림은 압력을 측정하는 계기이다. 용기 안에 들어 있는 물질은 무엇인가?

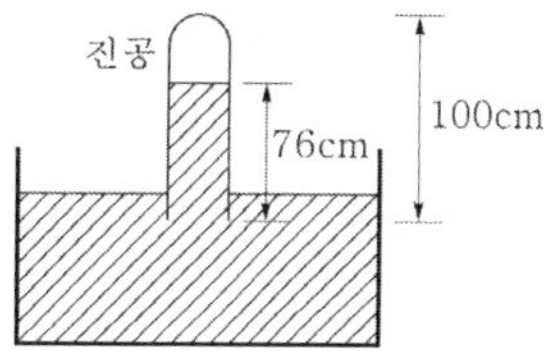

① 물 ② 수은
③ 알코올 ④ 공기

해설
1표준대기압(1atm) = 760mmHg(수은주)

36 압력계가 아닌 것은 어느 것인가?

① 마노미터
② 로터미터
③ 바로미터
④ 맥클라우드 게이지

해설
로터미터(rotameter)는 부자(float)가 설치되어 있는 면적식 유량계이다(관로에 흐르는 유체의 압력을 일정하게 하고 float(부자) 변위를 이용하여 유량을 측정하는 계기이다).

37 금속식 다이어프램식 압력계의 최고 측정범위는?

① 0.5kg/cm^2 ② 6kg/cm^2
③ 10kg/cm^2 ④ 20kg/cm^2

해설
금속식 다이어프램식(diaphragm type) 압력계의 최고측정범위는 20kg/cm^{2}이다(0.01~20kg/cm^2).

정답 32 ② 33 ④ 34 ④ 35 ② 36 ② 37 ④

Chapter 03 액면계측

1 액면측정방법

1) 직접측정

액면의 위치를 직접 관측에 의하여 측정하는 방법으로 직관식(유리관식), 검척식, 플로트식(부자식)이 있다.

2) 간접측정

압력이나 기타 방법에 의하여 액면위치와 일정 관계가 있는 양을 측정하는 것으로 차압식, 저항 전극식, 초음파식, 방사선식, 음향식 등의 액면계가 있다.

3) 액면계의 구비조건

① 연속 측정 및 원격측정이 가능할 것
② 가격이 싸고 보수가 용이할 것
③ 고온 및 고압에 견딜 것
④ 자동제어장치에 적용이 가능할 것
⑤ 구조가 간단하며 내식성이 있고 정도가 높을 것

2 액면계의 종류 및 특징

1) 직접측정식

(1) 유리관식(직관식) 액면계

유리관 또는 플라스틱의 투명한 세관을 측정 탱크에 설치하여 탱크 내 액면변화를 계측

(2) 검척식 액면계

개방형 탱크나 저수조의 액면을 자로 직접 계측

(3) 부자식(float) 액면계

밀폐탱크나 개방탱크 겸용으로서 액면에 플로트를 띄워 액면의 상·하 움직임을 플로트의 변위로 나타내는 형식으로 공기압 또는 전기량으로 전송이 가능하다.
wire나 chain을 사용하는 방법과 lever를 사용하는 방법이 있다. 액면 위의 변동폭이 25~50cm 정도까지 사용되며 구조가 간단하고 고압, 고온밀폐탱크(500℃, 1,000psi)의 압력까지 측정 사용이 가능하고 조작력이 크기 때문에 자력조절에도 사용된다.

2) 간접식 액면측정

(1) 압력검출식 액면계

탱크 내에 압력계를 설치하여 액면을 측정하는 장치로 저점도의 액체 측정용으로 기포식과 다이어프램식이 있다.

(2) 차압식 액면계

기준 수위에서 압력과 측정액면에서의 압력차를 비교하여 액위를 측정하는 것으로 고압밀폐탱크에 사용된다. 종류로는 다이어프램식과 U자관식이 있고 정압을 측정함으로써 액위를 구할 수 있다.

(3) 편위식 액면계

디스플레이스먼트 액면계라 하며 액중에 잠겨 있는 플로트의 깊이에 의한 부력으로부터 토크튜브(torque tube)의 회전각이 변화하여 액면을 지시하며 일명 아르키메데스의 원리를 이용하여 액면을 측정하고 있는 방식이다(고압밀폐탱크의 액면제어용).

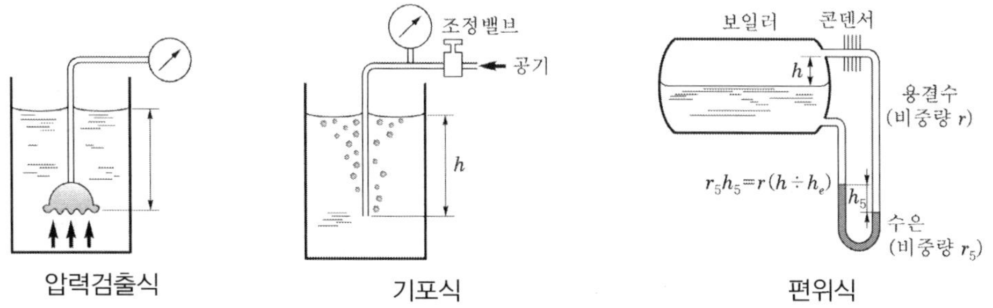

압력검출식 기포식 편위식

(4) 정전용량식 액면계

동심원통형의 전극인 검출소자(probe)를 액 중에 넣어 이때 액 위에 따른 정전용량의 변화를 측정하여 액면의 높이를 측정한다(유전율의 변화가 없는 유체의 액면측정용).

(5) 전극식

전도성 액체 내부에 전극을 설치하여 낮은 전압을 이용, 액면을 검지하여 자동 급·배수 제어 장치에 이용한다.

특징
- 고유저항이 큰 액체에는 사용이 어렵다.
- 내식성 재료의 전극봉이 필요하다.
- 저압변동이 큰 곳에서 사용해서는 안 된다.

(6) 초음파식

측정에 시간을 요하지 않는 관계로 여러 소의 액면을 한 장치로 측정할 수 있고 완전히 밀폐된 고압탱크와 부식성 액체에 대해서도 측정이 가능하고 측정범위가 매우 넓고 정도가 높은 액면계이다. 그러나 긴 거리는 통과할 수 없고 초음파는 수정이나 티탄산, 바륨 등에 발진회로를 써서 10kc~15Mc 진동을 주어서 얻는다.

① 초음파진동식

기체 또는 액체에 초음파를 사용하여 진동막의 진동변화를 측정

특징
- 형상이 단순하며 용기 내 삽입되는 부분이 적다.
- 가동부가 없으며 용도가 다양하다.
- 진동막에 액체나 거품의 부착은 오차발생의 원인이 된다.

② 초음파 레벨식

가청주파수 이상의 음파를 액면에 발사시켜 반사되는 시간을 측정

특징
- 액체가 직접 접촉하지 않고 측정이 가능하다.
- 이물질에 대한 영향이 적다.
- 청량음료나 유유(대형기름)탱크의 레벨제어에 사용된다.
- 부식성 액체(산, 알칼리)나 고점성 액체의 레벨 계측이 가능하다.

(7) 기포식 액면계(purge type 액면계)

액조 속에 관을 삽입하고 이 관을 통해 압축공기를 보낸다. 압력을 조절해서 공기가 관 끝에서 기포를 일으키게 하면 압축공기의 압력은 액압력과 동등하다고 생각되므로 압축공기를 압력을 측정하여 액면을 측정한다.

(8) γ선 액면계

γ선(gamma ray) 액면계는 동위원소에서 나오는 γ선은 액면상 또는 탱크 밑바닥에서 방사시켜 그것을 측정함으로써 액위를 측정한다.

그 종류는 플로트식, 투과식, 추종식이 있으며 밀폐된 고압탱크나 부식성 액체의 탱크 등에서도 액면 측정이 가능하며 방사선으로는 Co-60 등의 γ선이 사용된다.

Chapter 03

예상문제

01 다음 액면계 중에서 직접적으로 자동제어가 어려운 것은?

① 유리관식 액면계
② 부력검출식 액면계
③ 부자식 액면계
④ 압력검출식 액면계

해설 ㉠ 자동제어를 하려면 변위 등과 같이 물리적으로 측정할 수 있는 양으로 액면을 검출할 수 있어야 한다.
㉡ 유리관식 액면계는 눈금을 육안으로 직접 읽어서 측정하기 때문에 직접적인 자동제어가 곤란하다.

02 그릇바닥의 압력을 측정하여 액면의 높이를 측정하는 기구를 압력식 액면계라고 한다. 다음 중에서 압력식 액면계라고 볼 수 없는 것은?

① 다이어프램식 액면계
② 기포식 액면계
③ 부자식 액면계
④ 플랜지형 액면계

해설 부자식 액면계는 부자(float)의 변위에 따라 액면을 측정하므로 압력식 액면계라고 볼 수 없다. 부자식은 직접식 액면계이고 압력식은 간접식 액면계이다.

03 고압 밀폐탱크의 압력 측정용으로 가장 많이 이용되는 액면계는 어느 것인가?

① 편위식 액면계
② 차압식 액면계
③ 부자식 액면계
④ 기포식 액면계

해설 부자식 액면계는 직접식 액면계로서 오일탱크 등에 사용되며 고압밀폐탱크의 압력 측정용으로 사용되는 액면계이다.

04 보일러 액면의 위치를 육안으로 직접 판별할 수 있는 계측기는?

① 파아지식 ② 부자식
③ 차압식 ④ 평형반사식

해설 ㉠ 평형반사식, 평형투시식, 2색, 원방, 원형유리제 수면계로 된 액면계는 육안으로 판별 가능
㉡ ①, ②, ③은 간접식 액면계이다.

05 초대형 지하탱크의 액면을 측정하기 적합한 액면계의 종류명은?

① 게이지글라스식 액면계
② 부자형 액면계
③ 전기량 검출형 액면계
④ 초음파형 액면계

해설 초음파 액면계는 현재 석유탱크의 유면을 주로 측정한다. 탱크 밑바닥에 송파기와 수파기를 놓는다.
㉠ 부자식 액면계 : 밀폐 또는 개방용 탱크에 사용, 구조가 간단하며 고온(500℃), 고압(1,000psi)에서도 사용이 가능하다. 그러나 침전물이 부자에 부착되는 것에는 사용이 불가능하나 조작력이 크기 때문에 자력조절에도 사용된다.
㉡ 편위식 액면계 : 측정액 중에 잠겨 있는 플로트의 깊이에 의한 부력으로부터 액면을 측정하는 방식으로 일명 디스플레이스먼트(displacement) 액면계라 한다. 아르키메데스의 부력의 원리에 의해 액면을 측정한다.
㉢ 차압식 액면계 : 정압을 측정함으로써 액위를 구할 수 있다. 정압 P는 액면의 밀도가 ρ이고 깊이가 h일 때 $P=\rho gh$의 관계를 이용한다. 차압식은 다이어프램식과 U자관식이 있다.
㉣ 기포식 액면계 : 액조 속에 관을 삽입하고 이 관을 통해 압축공기를 보낸다. 압력을 조절해서 공기가 관 끝에서 기포를 일으키게 하면 압축공기의 압력은 액의 압력과 동등하다고 생각하여 압축공기의 압력으로 액면을 측정한다. 일명 퍼지식이라 한다.

정답 01 ① 02 ③ 03 ③ 04 ④ 05 ④

06 경보 및 액면 제어용으로 널리 사용되는 액면계는?

① 유리관식 압력계 ② 차압식 액면계
③ 부자식 액면계 ④ 퍼지식 액면계

해설
부자식 액면계(Float 식)
고압밀폐탱크의 액면제어나 경보나 액면, 제어용으로 널리 사용되고 측정범위로 0.35~4.5m 정도는 1~2%이다.

07 그림과 같은 액면계에서 가장 정확한 표현식은? (단 ρ는 액의 밀도, g는 중력가속도, g_c : 중력환산계수)

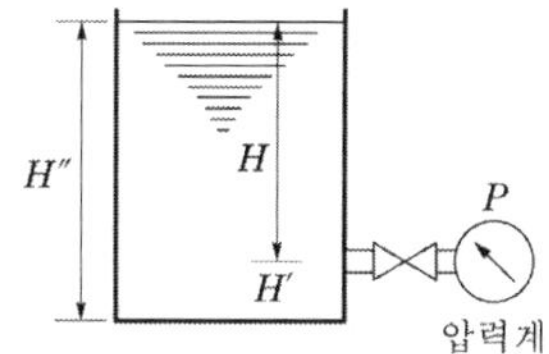

① $P=H'\rho\frac{c}{g_c}$ ② $P=H\rho\frac{g}{g_c}$

③ $P=H''\rho\frac{g}{g_c}$ ④ $P=(H-H')\rho\frac{g}{g_c}$

해설
㉠ 압력계에 나타난 압력은 중력에 대해 보정해주면 $P=\rho Hg/g_c$이다.
㉡ 비중량 $r=\rho g$
$P=rH=\rho gh$
㉢ 보정은 중력의 환산계수 g_c로 나누어 주면
$P=H\rho g/g_c$

08 물이나 기름의 유리관식 액면계에서 정확히 읽을 액면계의 위치는?

① 메니스커스의 하단부
② 적당한 부분
③ 메니스커스의 상단부
④ 메니스커스의 중간부

해설
물이나 기름이 유리관에는 오목하게 되는데 액면의 위치는 메니스커스(meniscus)의 하단을 읽어야 한다.

09 아르키메데스의 부력의 원리를 이용한 액면 측정방정식은?

① 차압식 액면계
② 부자식 액면계
③ 기포식 액면계
④ 편위식 액면계

해설
편위식 액면계는 측정액 중에 잠겨 있는 플로트의 깊이에 따른 부력으로부터 액면을 측정하는 방식으로 아르키메데스의 부력의 원리를 이용하고 있다(일명 디스플레이스먼트 액면계라고도 한다).

10 액면계가 달린 탱크를 나열하였다. 이 중 검정을 받지 않아도 되는 것은? (즉, 비검정계량기)

① 게이지 그라스새김 탱크
② 내면 눈새김 탱크
③ 기체용 눈새김 탱크
④ 플로트식 탱크

해설
순간식 측정계기는 비검정계량기이다.

11 액면의 계측에 사용되는 계측기의 종류가 아닌 것은?

① 유리관식 액면계
② float식 액면계
③ isotope를 이용한 액면계(동위원소 액면계)
④ 박막식 액면계

해설
㉠ 직접식 유량계 : 유리관식 액면계, 부자식 액면계, 검척식 액면계
㉡ 간접식 유량계 : 기포식 액면계, 다이어프램식 액면계, 차압식 액면계, 편위식 액면계, 방사선식 액면계, 정전용량식 액면계, 음파식 액면계
㉢ γ선 액면계는 동위원소에서 나오는 γ선을 액면상 또는 탱크 밑바닥에서 방사시켜 그것을 측정함으로써 액위를 아는 방식이다.
㉣ 박막식은 압력계로 많이 사용한다.

정답 06 ③ 07 ② 08 ① 09 ④ 10 ① 11 ④

12 고압밀폐탱크의 액면측정에 사용되는 액면계는 다음 중 어느 측정법을 사용하는가?

① float, rope, 활차, 중추를 사용하는 직접 측정법
② 액 내의 압력에 의한 측정법
③ 차압에 의하는 측정법
④ 부피자에 의한 측정법

해설 고압밀폐탱크의 액면측정에 사용되는 액면계는 간접측정식인 차압식 액면계가 적합하다. 개방형 탱크에서도 사용이 가능하고 기준 액면에서의 압력과 측정 액면에서의 압력의 차이로 액위를 측정한다.

13 정전용량식 액면계의 특징 중 틀린 것은?

① 구조가 간단하고 보수가 용이하다.
② 측정범위가 넓다.
③ 유전율이 온도에 따라 변화되는 곳에 사용할 수 있다.
④ 습기가 있거나 전극에 피측정체를 부착하는 곳에는 부적당하다.

해설 ①, ②, ④항은 정전용량식 액면계의 특징이다. 정전용량식은 온도변화가 적은 측정물의 유전율을 이용하여 정전용량의 변화로써 액면을 이용한다(전극이용).

정답 12 ③ 13 ③

Engineer Energy Management

Chapter 04

가스의 분석 및 측정

1 가스분석방법

가스분석은 계측이 간접적이며 정성적인 선택성이 나쁜 것이 많다.
가스는 온도나 압력에 의해 영향을 받기 때문에 항상 조건을 일정하게 한 후 검사가 이루어져야 한다.

1) 연소가스 분석목적

① 연료의 연소상태를 파악
② 연소가스의 조성파악
③ 공기비 파악 및 열손실 방지
④ 열정산 시 참고자료

2) 연소가스의 조성

CO_2, CO, SO_2, NH_3, H_2O, N_2 등

3) 시료채취 시 주의사항

① 연소가스 채취 시 흐르는 가스의 중심에서 채취한다.
② 시료 채취 시 공기의 침입이 없어야 한다.
③ 가스성분과 화학적 반응을 일으키는 재료는 사용하지 않는다(600℃ 이상에서는 철판 사용 금지).
④ 채취 배관을 짧게 하여 시간지연을 최소로 한다.
⑤ 드레인 배출장치를 설치한다.
⑥ 시료가스 채취는 연도의 중심부에서 실시한다.
⑦ 채취구의 위치는 연소실 출구의 연도에서 하고 연도 굴곡 부분이나 가스가 교차되는 부분 및 유속변화가 급격한 부분은 피한다.

- 가스 채취관의 재료
  - 고온가스: 석영관
  - 저온가스: 철금속관

• 시료가스의 흐름
1차 필터(아람담) → 가스냉각기(냉각수) → 2차 필터(석면, 솜)

2 가스분석계의 종류 및 특징

1) 화학적 가스분석계(장치)

화학반응을 이용한 성분분석

(1) 측정방법에 따른 구분

① 체적감소에 의한 방법(흡수분석법): 오르사트법, 헴펠법, 게겔법
② 화학분석법: 적정법, 중량법, 분별연소법
③ 연소분석법: 폭발법, 완만연소법, 분별연소법
④ 기기분석법: 가스 크로마토그래피(캐리어가스; H_2, Ar, He, Ne): 질량분석법, 적외선분광분석법
⑤ 시험지분석법
㉠ 암모니아(NH_3): 적색리트머스 – 청변
㉡ 아세틸렌(C_2H_2): 염화 제1동 착염지 – 적변
㉢ 포스겐($COCl_2$): 해리슨 시험지 – 심등색
㉣ 일산화탄소(CO): 염화파라듐지 – 흑변
㉤ 황화수소: 연당지 – 황갈색(흑색)
㉥ 시안화수소: 초산벤젠지 – 청변

(2) 오르사트(Orzat)식 연소가스분석계

시료가스를 흡수제에 흡수시켜 흡수 전후의 체적변화를 측정하여 조성을 정량하는 방법이며 100cc 체적의 뷰렛과 수준병, 고무관, 흡수병, 연결관으로 구성되어 있다.

① 분석순서 및 흡수제의 종류
㉠ 분석순서: CO_2 → O_2 → CO
㉡ 흡수제의 종류
· CO_2: KOH 30% 수용액(순수한 물 70cc + KOH 30g 용해)
· O_2: 알칼리성 피롤카롤(용액 200cc + 15~20g의 피롤카롤 용해)
· CO: 암모니아성 염화 제1동 용액(암모니아 100cc 중 + 7g의 염화 제1동 용해)
· $N_2 = 100-(CO_2 + O_2 + CO)$

특징

① 구조가 간단하며 취급이 용이하다.
② 숙련되면 고정도를 얻는다.
③ 수분은 분석할 수 없다.
④ 분석순서를 달리하면 오차가 발생한다.

(3) 자동화학식 CO_2계

오르사트 가스분석법과 원리는 같으나 유리실린더를 이용, 연속적으로 가스를 흡수시켜 가스의 용적변화로 측정하며 KOH 30% 수용액에 CO_2를 흡수시켜 시료가스의 용적의 감소를 측정하여 CO_2 농도를 측정한다.

특징

① 선택성이 좋다.
② 흡수제 선택으로 O_2와 CO 분석이 가능하다.
③ 측정치를 연속적으로 얻는다.
④ 조성가스가 많아도 높게 측정되며, 유리부분이 많아 파손되기 쉽다.

(4) 연소열식 O_2계(연소식 O_2계)

측정해야 할 가스와 H_2 등의 가연성 가스를 혼합하고 촉매에 의한 연소를 시켜 반응열이 산소 농도에 따라 비례하는 것을 이용한다.

특징

① 가연성 H_2가 필요하다.
② 원리가 간단하고 취급이 용이하다.
③ 측정가스의 유량변화는 오차의 원인이다.
④ 선택성이 있다.
⑤ 오리피스나 마노미터 및 열전대가 필요하다.

(5) 미연소가스계(CO + H_2 가스 분석)

시료 중 미연소가스에 O_2를 공급하고 백금을 촉매로 연소시켜 온도상승에 의한 휘스톤브리지 회로의 측정 셀 저항선의 저항변화로부터 측정한다.

특징

① 측정실과 비교실의 온도를 동일하게 유지한다.
② 산소를 별도로 준비하여야 한다.
③ 휘스톤브리지회로를 사용한다.

2) 물리적 가스분석계

가스의 비중, 열전도율, 자성 등에 의하여 측정하는 방법

(1) 열전도율형 CO_2계

전기식 CO_2계라 하며 CO_2의 열전도율이 공기보다 매우 적다는 것을 이용한 것으로 CO_2 분석에 많이 사용된다. 측정가스를 도입하는 셀과 공기를 채운 비교셀 속에 백금선을 치고 약 100℃의 정전류를 가열하여 전기저항치를 증가시키므로 CO_2 농도로 지시한다.

특징

① 원리나 장치가 비교적 간단하다.
② 열전도율이 큰 수소가 혼입되면 측정오차의 영향이 크다.
③ N_2, O_2, CO의 농도가 변해도 CO_2 측정오차는 거의 없다.

- 취급 시 주의사항
  ㉠ 1차 여과기 막힘에 주의할 것
  ㉡ 계기 내 온도상승을 방지할 것
  ㉢ 가스 유속을 일정하게 유지할 것
  ㉣ 브리지의 전류 공급을 점검할 것
  ㉤ H_2 가스의 혼입을 막아야 할 것
  ㉥ 가스압력 변동은 지시에 영향을 주므로 압력 변동이 없어야 할 것

(2) 밀도식 CO_2계

CO_2의 밀도가 공기보다 1.5배 크다는 것을 이용하여 가스의 밀도차에 의해 수동 임펠러의 회전토크가 달라져 레버와 링크에 의해 평형을 이루어 CO_2 농도를 지시하도록 되어 있다.

① 보수와 취급이 용이하고 구조적으로 견고하다.
② 측정가스와 공기의 압력과 온도가 같으면 오차를 일으키지 않는다.
③ CO_2 이외의 가스조성이 달라지면 측정오차에 영향을 준다.

(3) 가스 크로마토그래피(gas chromatograph)법

흡착제를 충전한 통 한쪽에 시료를 이동시킬 때 친화력이 각 가스마다 다르기 때문에 이동속도 차이로 분리되어 측정실 내로 들어오면서 측정하는 것으로 O_2와 NO_2를 제외한 다른 성분가스를 모두 분석할 수 있다. 분석 시에는 고체 충전제를 넣어 놓고 캐리어가스인 H_2, N_2, He 등의 혼합된 시료가스를 컬럼 속에 통하게 하여 측정한다.

특징

① 여러 종류의 가스분석이 가능하다.
② 선택성이 좋고 고감도 측정이 가능하다.
③ 시료가스의 경우 수 cc로 충분하다.
④ 캐리어가스가 필요하다.
⑤ 동일가스의 연속 측정이 불가능하다.
⑥ 적외선 가스분석계에 비하여 응답속도가 느리다.
⑦ SO_2 및 NO_2 가스는 분석이 불가능하다.

(4) 적외선 가스분석계

적외선 스펙트럼의 차이를 이용하여 분석하며 N_2, O_2, H_2 이원자 분자가스 및 단원자분자의 경우를 제외한 대부분의 가스를 분석할 수 있다.

특징

① 선택성이 우수하다.
② 측정농도 범위가 넓고 저농도 분석에 적합하다.
③ 연속분석이 가능하다.
④ 측정가스의 먼지나 습기의 방지에 주의가 필요하다.

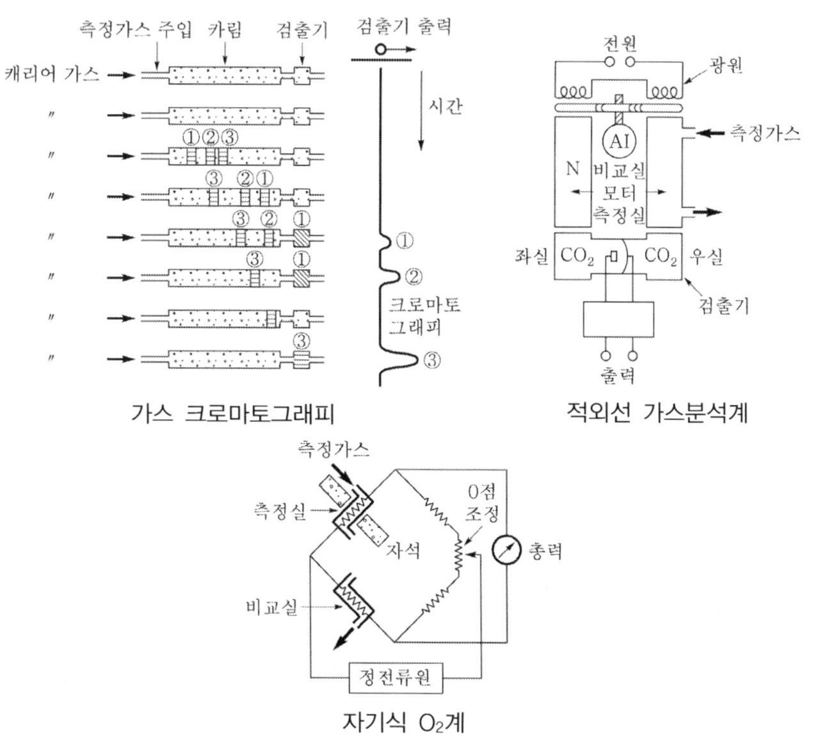

가스 크로마토그래피

적외선 가스분석계

자기식 O_2계

(5) 자기식 산소(O_2)계(산화농도 측정용)

산소의 경우 강자성체에 속하기 때문에 산소(O_2)가 자장에 대해 흡인되는 성질을 이용한 것이다.

특징

① 가동부분이 없어 구조가 간단하고 취급이 용이하다.
② 시료가스의 유량, 점성, 압력 변화에 대하여 측정오차가 생기지 않는다.
③ 유리로 피복된 열선은 촉매작용을 방지한다.
④ 감도가 크고 정도는 1% 내외이다.

(6) 세라믹식 O_2계

지르코니아(ZrO_2)를 원료로 한 세라믹 파이프를 850℃ 이상 유지하면서 가스를 통과시키면 산소이온만 통과하여 산소농담전자가 만들어진다. 이때 농담전기의 기전력을 측정하여 O_2 농도를 분석한다.

특징

① 측정범위가 넓고 응답이 신속하다.
② 지르코니아 온도를 850℃ 이상 유지한다(전기히터 필요).
③ 시료가스의 유량이나 설치장소, 온도변화에 대한 영향이 없다.
④ 자동제어 장치와 결속이 가능하다.
⑤ 가연성 가스 혼입은 오차를 발생시킨다.
⑥ 연속측정이 가능하다.

(7) 갈바니아 전기식 O_2계

수산화칼륨(KOH)에 이종 금속을 설치한 후 시료가스를 통과시키면 시료가스 중 산소가 전해액에 녹아 각각의 전극에서 산화 및 환원반응이 일어나 전류가 흐르는 현상을 이용한 것

특징

① 응답속도가 빠르다.
② 고농도의 산소분석은 곤란하며 저농도의 산소분석에 적합하다.
③ 휴대용으로 적당하다.
④ 자동제어장치와 결합이 쉽다.

(8) 용액 도전율식 가스분석계

시료가스를 흡수용액에 흡수시켜 용액의 도전율 변화를 이용하여 가스농도를 측정한다.

3 매연농도 측정

1) 링겔만 농도표

링겔만 농도표는 백치에 10mm 간격의 굵은 흑선을 바둑판 모양으로 그린 것으로 농도비율에 따라 0~5번까지 6종으로 구분한다. 관측자는 링겔만 농도표와 연돌상부 30~45cm 지점의 배기가스와 비교하여 매연 농도율을 계산할 수 있다.

농도 1도당 매연 농도율은 20%이다.

2) 로버트 농도표

링겔만 농도표와 비슷하지만 4종으로 되어 있다.

3) 자동매연 측정장치

광전관을 사용한다.

4 온·습도 측정

1) 온도

(1) 건구온도(dry bulb temperature : DB)

보통 온도계로 지시하는 온도

(2) 습구온도(wet bulb temperature : WB)

온도계 감온부를 젖은 헝겊으로 감싸고 측정한 온도(증발잠열에 의한 온도)

(3) 노점온도(dewpoint temperature : DT)

습공기 수증기 분압이 일정한 상태에서 수분의 증감 없이 냉각할 때 수증기가 응축하기 시작하여 이슬이 맺는 온도

2) 습도

(1) 절대습도(specific humidity) x

건조공기 1kg에 대한 수증기 질량비(중량비)

$$\text{절대습도}(x) = \left(\frac{\text{습가스 중의 수분}}{\text{습가스 중의 건가스}}\right) \times 100(\%)$$

(2) 상대습도(relative humidity) ϕ(RH)

습공기 수증기 분압(P_w)과 동일온도의 포화습공기 수증기 분압(P_s)과의 비

$$\phi = \frac{P_w}{P_s} \times 100(\%)$$

(3) 포화도(비교습도): 습공기 절대습도(x)와 포화습공기 절대습도(x_s)와의 비

즉 포화습도에 대한 습가스의 절대습도의 비가 포화도이다.

$$\psi = \frac{x}{x_s} \times 100(\%)$$

3) 습도계 및 노점계 종류

(1) 전기식 건습구 습도계

① 습구를 항상 적셔 놓아야 하는 단점이 있다.
② 저온측정은 곤란하다.
③ 실내온도를 측정하는 데 많이 사용된다.

(2) 전기저항식 습도계

① 기체의 압력, 풍속에 의한 오차가 없다.
② 구조 및 측정회로가 간단하며 저습도 측정에 적합하다.
③ 응답이 빠르고 온도계수가 크다.
④ 경년 변화가 있는 결점이 있다.

(3) 듀셀 전기 노점계

① 저습도의 측정에 적당하다.
② 구조가 간단하고 고장이 적다.
③ 고압하에서는 사용이 가능하나 응답이 늦은 결점이 있다.

(4) 광전관식 노점 습도계

① 경년 변화가 적고 기체의 온도에 영향을 받지 않는다.
② 저습도의 측정이 가능하다.
③ 점도가 높다.

(5) 모발습도계

① 습도의 증감에 따라 규칙적으로 신축하는 모발의 성질을 이용한다.
② 안정성이 좋지 않고 응답시간이 길다.
③ 사용은 간편하다.
④ 실내 습도조절용, 제어용으로 많이 사용한다.
⑤ 보통 10~20개 정도의 머리카락을 묶어서 사용, 수명은 2년 정도이다.

(6) 건습구 습도계

① 건구와 습구온도계로 이루어진다.
② 상대습도의 표에 의해 구한다.
③ 자연통풍에 의한 간이 건습구 습도계와 온도계의 감온부에 풍속 3~5m/sec 통풍을 행하는 통풍건습구 습도계(assmann형, 기상대형, 저항온도계식)가 있다.

Chapter 04 예상문제

01 대칭성 이원자 분자 및 Ar 등의 단원자 분자를 제외하고는 거의 대부분 가스를 분석할 수 있으며 선택성이 우수하고 연속 분석이 가능한 가스분석법은 어느 것인가?

① 적외선법 ② 음향법
③ 열전도율법 ④ 도전율법

해설 적외선 가스 분석법은 H_2, N_2, O_2 등의 대칭 2원자분자 및 Ar 등의 단원자분자를 제외한 CO, CO_2, CH_4 등의 대부분의 분자가 각각 특유한 적외선 흡수 스펙트럼을 가지는 것을 이용한 것으로 선택성이 우수하고, 대상 범위가 넓으며 연속 분석이 가능하다(선택성이 뛰어나다. 대상범위가 넓고, 저농도분석에 적합하다. 측정가스의 더스트(dust)나 습기의 방지에 주의가 필요하다).

02 가스의 상자성을 이용하여 만든 가스 분석계는 어느 것인가?

① 가스크로마토그래피
② 자기식 O_2가스계
③ CO_2가스계
④ SO_2가스계

해설 자기식 O_2계는 O_2가 비교적 강한 상자성체이기 때문에 자장에 대하여 흡인되는 특성을 가지는 것을 이용한 가스분석방법이다.

03 다음 중 산성용액을 설명하는 내용이 아닌 것은?

① pH가 6이다.
② 리트머스 시험지가 붉은색 변화를 일으킨다.
③ 페놀프탈레인 용액을 넣었더니 붉은색 반응을 보였다.
④ 메틸 오렌지 액을 넣었더니 붉은색 반응을 일으켰다.

해설 산성 용액에서는 pH가 7 이하이고 푸른색 리트머스 시험지를 붉은색으로 변화시키며, 또한 메틸 오렌지 액이 붉은색 반응을 일으켰다.

04 기체 및 비점 300℃ 이하의 액체를 측정하는 물리적 가스 분석계로 선택성이 우수한 가스분석계는 어느 것인가?

① 밀도법
② 가스크로마토그래피법
③ 시래믹법
④ 오르사트법

해설 가스크로마토그래피법은 기체 및 300℃ 이하의 비점을 가진 액체를 분석하는 가스분석방법으로 시료가스의 세관 내에서의 이동 속도의 차를 이용하여 분리해내는데, 분리능력이 매우 우수하고 선택성이 뛰어나며 여러 가지 성분을 모두 1대의 장치로 분석할 수 있다. H_2, N_2, He 등의 캐리어 가스가 필요하다(SO_2, NO_2의 가스는 분석이 불가능하다).

05 0.002N의 수산화나트륨의 「OH^-」는 약 2×10^{-3}(그램이온/L)이다. 이 용액을 증류수로 약 5,000배 묽게 하면 pH값은 어느 정도인가?

① 7 ② 7.6
③ 8 ④ 8.4

해설 5,000배 묽게 했으므로 수산화나트륨 중의 OH 농도는

$[OH^-]=\frac{1}{5,000}\times2\times10^{-3}=4\times10^{-7}$g이온/L

그런데, 물의 이온적은 10^{-14}g이온/L이므로,

$[H^+][OH^-]=10^{-14}$g이온/L

$\therefore [H^+]=\frac{10^{-14}}{[OH^-]}=\frac{10^{-14}}{4\times10^{-7}}=2.5\times10^{-8}$g이온/L

따라서 $pH=-\log[H^+]=-\log(2.5\times10^{-8})=7.6$

정답 01 ① 02 ② 03 ③ 04 ② 05 ②

06 용액 농도의 단위 중에는 규정도(N)라는 것이 있다. 규정도의 정의로 맞는 것은?

① 용액의 질량과 그 속에 녹아 있는 용질의 질량비 100배를 말함
② 용액의 체적과 그곳에 녹아 있는 용질의 체적비 100배를 말함
③ 용액 1,000cc 중에 녹아 있는 물질의 그램 당량수를 말함
④ 용액 1L 중에 녹아 있는 물질의 그램 분자량 수를 말함

해설
규정농도(normal 농도)
용액 1L(1,000cc) 중에 녹아 있는 물질의 그램 당량수를 말한다.

07 Lingerman 매연 농도표에 대한 설명 중 잘못된 것은?

① 0도에서 5도까지의 매연 농도표로 되어 있다.
② 관측자로부터 20m 떨어진 위치에 이 표를 두고 관찰한다.
③ 관측자는 연돌에서 30~39m 떨어진 위치에서 관측한다.
④ 햇볕을 정면으로 받지 않고, 배경이 밝은 위치에서 관측한다.

해설
관측자로부터 16m 떨어진 위치에 링게르만(Lingerman) 매연 농도표를 두고 연돌의 연기색과 비교하여 농도를 결정한다.

08 연소가스 중의 CO와 H_2분석에 사용되는 것은?

① 과잉공기계 ② 질소가스계
③ 미연 연소가스계 ④ 탄산가스계

해설
미연 연소가스계는 CO, H_2의 미연가스를 백금선을 촉매로 하여 연소시켜 생긴 연소열에 의한 백금선의 저항변화를 휘스톤브리지(Wheatstone Bridge)를 이용하여 측정하여 H_2+CO의 농도를 측정하는데, H_2+CO계라고도 한다.

09 가스분석계의 측정법 중 전기식 성질을 이용한 것은?

① 세라믹법
② 자율화법
③ 자동오르사트법
④ 가스크로마토그래피법

해설
㉠ 세라믹법은 세라믹(ZrO_2)이 온도가 높아지면 산소 이온만을 통과시키는 성질을 이용한 것인데 전기적 성질을 이용한 분석법에는 세라믹법, 도전율법이 있다. 이외에도 자율화법은 자기적 성질을, 적외선 흡수법은 광학적 성질을(밀도법, 열전도율법, 가스크로마토그래피법은 물성정수를) 자동오르사트 분석법, 연소열법은 화학반응을 이용한다.
㉡ 세라믹법은 세라믹파이프 내외에 산소농담전지를 형성함으로써 기전력을 측정하여 O_2 농도를 측정한다.

10 열전도율형 CO_2 분석계 사용시 주의사항 중 틀린 것은?

① 브리지의 공급 전류의 점검을 확실하게 행한다.
② 셀의 주위 온도와 측정가스 온도를 거의 일정하게 유지시키고 과도한 상승은 피한다.
③ H_2의 혼입은 지시를 높여준다.
④ 가스 유속을 거의 일정하게 한다.

해설
열전도율형 CO_2계는 공기보다 열전도율이 매우 적어서 열전도율이 큰 H_2의 혼입이 있으면 측정오차의 영향이 크기 때문에 H_2의 혼입을 막아서 지시치를 낮춰준다.

11 기체연료의 발열량을 측정하는 열량계는 어느 것인가?

① Thomson 열량계
② Junker 열량계
③ Scheel 열량계
④ Richter 열량계

해설
정커(junker) 열량계는 기체연료의 발열량을 측정하는 열량계다.

정답 06 ③ 07 ② 08 ③ 09 ① 10 ③ 11 ②

12 다음 중 화학적 가스분석계에 사용되는 방법은 어느 것인가?

① 열전도율법 ② 도전율법
③ 적외선흡수법 ④ 연소열법

해설
㉠ 연소열법(연소식 O_2계)은 화학적 가스분석계이다.
㉡ 특징
ⓐ 원리가 간단하고 취급이 용이하다.
ⓑ 측정가스의 유량변동은 오차가 발생한다.
ⓒ H_2 등의 연료가스가 필요하다.
ⓓ 선택성이 양호하다.

13 가스의 상자성을 이용하여 만든 가스분석계는 어느 것인가?

① CO_2가스계
② SO_2가스계
③ 가스크로마토그래피
④ O_2가스계

해설
자기식 O_2가스계는 다른 가스에 비하여 강한 상자성체에 있어서 자장에 대해 흡인되는 성질을 이용한 가스분석계이다.
즉, 산소는 상대적 자화율이 100%이나 수소 등은 상대성 자화율이 0.123 정도밖에 되지 않는다.

14 보일러 연소에 쓰이고 있는 연료의 비중을 측정하기 위해 비중계를 띄워본 결과 물에 띄웠을 때보다 60mm만큼 더 가라앉았다. 액체의 비중은 얼마인가? (단, 비중계의 무게는 20g, 관의 지름은 6mm이다.)

① 0.882 ② 0.872
③ 0.822 ④ 0.922

해설
비중계의 무게와 유체에서의 비중계의 부력이 같다. 따라서 물에 띄웠을 때 잠긴 부피는 $20cm^3$, 더 잠긴 부피 V는 $V=Ah=\frac{\pi d^2}{4}h=\frac{\pi}{4}\times 0.6^2\times 6=1.696cm^3$

$d\times(20+1.696)=20$

$\therefore\ d=\frac{20}{21.696}=0.922$

※ 6mm = 0.6cm이다.

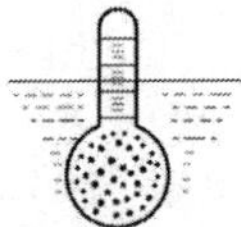

15 습식 가스미터를 사용하여 배출가스 중의 수분량의 체적 액분율을 구하고자 한다. 조건이 아래와 같은 경우 약 몇 %인가?

- m(흡수수분량) : 100g
- P_m(가스미터에 있어서 가스의 계기압) : 380mmHg
- V(흡입된 습가스량) : 1,000ℓ
- P_v(Q_m에서의 포화증기압) : 300mmHg
- Q_m(가스미터에 흡입된 가스온도) : 150℃
- P_a(대기압) : 760mmHg

① 0.15% ② 0.38%
③ 0.73% ④ 0.83%

해설

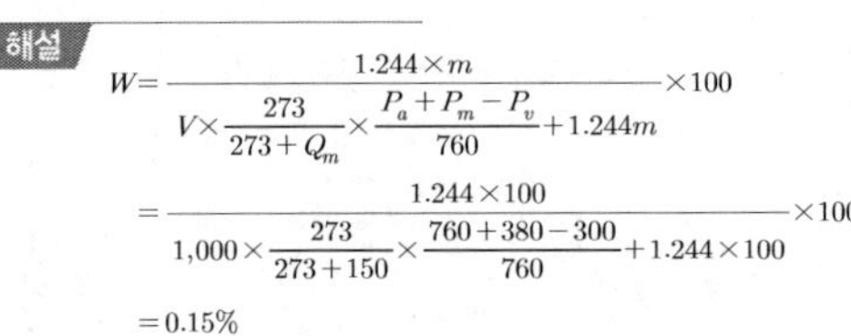

$$W=\frac{1.244\times m}{V\times\frac{273}{273+Q_m}\times\frac{P_a+P_m-P_v}{760}+1.244m}\times 100$$

$$=\frac{1.244\times 100}{1{,}000\times\frac{273}{273+150}\times\frac{760+380-300}{760}+1.244\times 100}\times 100$$

$=0.15\%$

16 링겔만 농도표에 대한 설명 중 틀린 것은?

① 백지에 검은 선을 그은 것이다.
② 0도에서 5도로 구분된다.
③ 측정부 주위의 명암 풍향에 따라 오차가 발생한다.
④ 연소상태가 불량하면 2도 이하로 나타난다.

해설
㉠ 링겔만 농도표는 연도 끝에서 30~40km 되는 곳의 연기색깔과 0~5도로 구분된 농도표를 비교하여 농도를 측정하는데 연소상태가 나쁠수록 도수가 높아진다.
㉡ 링겔만 농도표는 연소상태가 좋으면 2도 이하로 나타난다.

17 다음 가스분석법 중 흡수식인 것은?

① 오르사트식 ② 적외선법
③ 자기법 ④ 음향법

해설
오르사트식 가스분석법은 화학적 가스분석계로서 고체흡수제와 액체흡수제를 이용한 흡수식이다.

정답 12 ④ 13 ④ 14 ④ 15 ① 16 ④ 17 ①

18 오르사트(orsat) 분석기에서 CO_2의 흡수액은?

① 산성염화제 1구리용액
② 알칼리성 염화제 1구리용액
③ 피로카롤 용액
④ KOH

해설
오르사트(orsat) 분석기에서 CO_2의 흡수액은 수산화칼륨(KOH) 30% 용액(물 70cc에 KOH 30g 용해)

19 다음은 가스채취 시 주의하여야 할 사항을 설명한 것이다. 틀린 것은?

① 가스의 구성성분의 비중을 고려하여 적정 위치에서 측정하여야 한다.
② 가스채취구는 외부에서 공기가 잘 유통할 수 있도록 하여야 한다.
③ 채취된 가스의 온도, 압력의 변화로 측정오차가 생기지 않도록 한다.
④ 가스성분과 화학반응을 일으키지 않는 관을 이용하여 채취한다.

해설
가스채취 시 채취구의 위치에 주의하고 외부에서 공기 침입이 없도록 주의해야 한다(가스에 공기가 스며들면 순수가 희석되어 가스의 성분측정에 오차 발생).

20 가스분석 방법 중 CO_2의 농도를 측정할 수 없는 방법은 다음 중 어느 것인가?

① 열전도율법 ② 적외선법
③ 자기법 ④ 도전율법

해설
자기법은 O_2 측정에 사용된다.
자계의 세기(H) = 자화의 세기(I)+대자율(K)

21 헴펠식(Hempel) 가스분석기의 각 성분 흡수순서로 가장 적당한 것은 어느 것인가?

① $C_mH_n \rightarrow O_2 \rightarrow CO \rightarrow CO_2$
② $CO_2 \rightarrow C_mH_n \rightarrow O_2 \rightarrow CO$
③ $CO \rightarrow CO_2 \rightarrow C_mH_n \rightarrow O_2$
④ $O_2 \rightarrow CO \rightarrow CO_2 \rightarrow C_mH_n$

해설
헴펠식 가스분석기의 성분 흡수순서
$CO_2 \rightarrow C_mH_n \rightarrow O_2 \rightarrow CO$ (탄산가스 → 중탄화수소 → 산소 → 일산화탄소)

22 중유연소 보일러의 배기가스를 오르사트 가스분석기의 가스뷰렛에 시료 가스량을 50mℓ 채취하였다. CO_2 흡수 피펫을 통과한 후 가스 뷰렛에 남은 시료는 44mℓ이었고 O_2 흡수 피펫을 통과한 후에는 41.8mℓ, CO 흡수 피펫에 통과한 후 남은 시료량은 41.4mℓ이었다. 배기가스 중의 CO_2, O_2, CO는 각각 몇 %인가?

① 6%, 2.2%, 0.4%
② 12%, 4.4%, 0.8%
③ 15%, 5.5%, 1%
④ 18%, 6.6%, 1.2%

해설
㉠ $CO_2 = \frac{50-44}{50} \times 100 = 12\%$

㉡ $O_2 = \frac{44-41.8}{50} \times 100 = 4.4\%$

㉢ $CO = \frac{41.8-41.4}{50} \times 100 = 0.8\%$

• 화학적 가스분석계
㉠ 오르사트법(선택성이 좋다.)
㉡ 연소열법(선택성이 좋다.)
㉢ 자동화학식 CO_2계(선택성이 좋다.)
㉣ 미연소가스분석계(선택성이 좋다.)
㉤ 연소식 O_2계(선택성이 좋다.)

23 다음 중 가스분석 측정법이 아닌 것은?

① 자동오르사트법
② 적외선흡수법
③ 플로노즐법
④ 가스크로마토그래피법

해설
차압식 $\Delta P(P_1 - P_2)$ 유량계의 종류
㉠ 오리피스(orifice)
㉡ 벤투리(venturi) 미터(meter)
㉢ 플로노즐(flow nozzle)

정답 18 ④ 19 ② 20 ③ 21 ② 22 ② 23 ③

24 연료가스의 분석방법으로서 시료가스 중 C_2 이상의 탄화수소가 많이 함유되어 있을 때는 정확한 분석결과를 얻을 수 없으나 가스 중의 CO_2, 탄화수소, 산소, CO, 메탄계 탄화수소 및 질소성분을 분석할 수 있는 방법으로서 흡수법 및 연소법의 조합인 것은 어떠한 분석 방법인가?

① 분젠-씨링법
② 헴펠식(Hempel) 분석방법
③ Junkers식 분석방법
④ 오르사트(orsat)식 분석방법

해설 헴펠식 가스분석계는 기체 및 기체연료의 성분분석계이다.

25 가스크로마토그래피는 기체의 어떤 특성을 이용하여 분석하는 장치인가?

① 분자량 ② 확산속도
③ 분압 ④ 부피

해설 가스크로마토그래피는 기체의 확산속도 특성을 이용하여 가스의 성분을 분리하는 물리적인 가스분석계

26 가스크로마토그래피법에서 검출기 중 수소염 이온화 검출기는?

① ECD ② FID
③ HCD ④ FTD

해설 ECD : 전자포획 이온화 검출기
TCD : 열전도형 검출기
FID : 수소이온화 검출기

27 가스크로마토그래피에 사용할 수 없는 캐리어 가스가 아닌 것은?

① N_2 ② CO
③ H_2 ④ Ar

해설 캐리어가스(carrier gas)
H_2, N_2, Ar 등이 사용된다. He(헬륨)도 사용된다(가스크로마토분석법에서는 가스 사이의 이동에 사용되는 가스를 말한다).

28 일정한 충전물질(packing material)과 carrier 가스를 이용한 가스크로마토그래피(gas chromatography)를 사용하여 주어진 혼합가스를 보다 정확하게 분석하기 위해서는 여러 가지 사항을 고려해야 하는데 다음 중 일반적으로 옳지 않은 것은 무엇인가?

① 충전컬럼(packed column)의 길이
② 충전컬럼의 온도
③ carrier 가스의 속도
④ carrier 가스의 압력

해설 가스크로마토그래피
㉠ 캐리어가스 : 수소, 질소, 헬륨 등
㉡ 분석이 안 되는 가스 : SO_2, NO_2 등
• 특징
ⓐ 적외선 가스분석계에 비하여 응답속도가 느리다.
ⓑ 여러 가지 가스성분이 섞여 있는 시료가스에 분석이 적당하다.
ⓒ 분리능력과 선택성이 우수하다.
㉢ 충전제 : 활성탄, 알루미나, 실리카겔

29 다음 중 산소를 분석할 수 없는 것은?

① 연소식 ② 자기식
③ 적외선식 ④ 지르코니아식

해설 적외선 가스분석계란 질소, 수소, 산소 등의 2원자분자의 가스분석은 허용되지 않는다.

30 다음 가스 중 열전도율이 가장 큰 것은?

① O_2 ② N_2
③ CO_2 ④ H_2

해설 ㉠ 수소(H_2)는 열전도율이 크다(180.5W/m·K).
㉡ 질소(N_2)의 열전도율은 25.83W/m·K이다.
㉢ 산소(O_2)의 열전도율은 26.58W/m·K이다.
㉣ 이산화탄소(CO_2)의 열전도율은 0.015W/m·K이다.

정답 24 ② 25 ② 26 ② 27 ② 28 ④ 29 ③ 30 ④

제4편

열설비 재료 및 관계 법규

CHAPTER 01 가마(kiln) & 노(furnace)

CHAPTER 02 내화재

CHAPTER 03 배관공작 및 시공(보온 및 단열재)

CHAPTER 04 에너지 이용 합리화법

CHAPTER 05 신 · 재생에너지

Chapter 01 가마(kiln) & 노(furnace)

1 가마(kiln) & 노(furnace) 일반

가마(kiln)란 요업분야에서 높은 열을 내게 하는 시설물로 일반적으로 도자기, 기와를 굽는 시설을 말한다(승염식, 과도염식이 있다). 노(furnace)는 물체를 가열 용융하며 연소실(연소로 & 소각로)로 불리운다.

1) 요로 분류

(1) 가열방법에 의한 분류

① 직접가열: 강재 가열로(가공을 위한 가열)
② 간접가열: 강재 소둔로(강재의 내부조직 변화 및 변형의 제거)

(2) 가열열원에 의한 분류

① 연료의 발열반응을 이용
② 연료의 환원반응을 이용
③ 전열을 이용

(3) 조업방법에 의한 분류

① 연속식 가마(요)
　㉠ 터널식 요: 도자기 제조용
　㉡ 윤요: 시멘트, 벽돌제조
② 반연속식 가마(요)
　㉠ 셔틀요: 도자기 제조용
　㉡ 등요: 옹기, 석기제품 제조
③ 불연속식 요
　㉠ 승염식 요(오름 불꽃): 석회석 제조
　㉡ 횡염식 요(옆 불꽃): 토관류 제조
　㉢ 도염식 요(꺾임 불꽃): 내화벽돌, 도자기 제조

(4) 제품 종에 의한 분류

① 시멘트 소성용: 회전요, 윤요, 선요
② 도자기 제조용: 터널요, 셔틀요, 머플요, 등요
③ 유리용융용: 탱크로, 도가니로
④ 석회소성용: 입식요, 유동요, 평상원형요

2 가마(kiln)의 구조 및 특징

1) 불연속 요(가마)

가마내기를 하기 위해서는 불을 끄고 가마를 냉각한 후 작업한다(단속적).

(1) 횡염식 요(horizontal draft kiln): 옆 불꽃가마

아궁이에서 발생한 불꽃이 소성실 내에 들어가 수평방향으로 진행하면서 피가열체를 가열하는 방식으로 중국의 경덕전가마, 뉴캐슬가마, 자주가마 등이 있다.

특징

① 가마 내 온도분포가 고르지 못하다.
② 가마 내 입출구 온도차가 크다.
③ 소성온도에 적당한 피소성품을 배열한다.
④ 토관류 및 도자기 제조에 적합하다.

(2) 승염식 요(up draft kiln): 오름불꽃가마

아궁이에서 발생한 불꽃이 소성실 내를 상승하면서 피가열체를 가열하는 방식

특징

① 구조가 간단하나 설비비 및 보수비가 비싸다.
② 가마 내 온도가 불균일하다.
③ 고온소성에 부적합하다.
④ 1층 가마, 2층 가마가 있고 용도는 도자기 제조이다.

(3) 도염식 요(down draft kiln): 꺾임 불꽃가마

연소불꽃이 천장에 부딪친 다음 바닥의 흡입구멍을 통하여 배출되는 구조로서 원료와 각요가 있다.

특징

① 가마 내 온도분포가 균일하다.
② 연료소비가 적다.
③ 흡입공기구멍 화교(fire bridge) 등이 있다.
④ 가마내기 재임이 편리하다.
⑤ 도자기, 내화벽돌 등, 연삭지석, 소성에 적합하다.

2) 반연속식 요(가마)

요업제품을 넣어 소성실에서 한정된 구간까지는 연속적인 소성작업이 가능하지만 이후 소성작업이 끝나면 불을 끄고 냉각 이후 가마내기, 재임을 하는 가마이다.

(1) 등요(오름가마)

언덕의 경사도가 $\frac{3}{10} \sim \frac{5}{10}$ 정도인 소성실을 4~5개 인접시켜 설치된 구조로 앞의 소성실의 폐가스와 냉각공기가 보유한 열을 뒷 소성실에서 이용하도록 한 가마로 반연속요의 대표적이다.

특징

① 가마의 경사도에 따라 통풍력의 영향을 받는다.
② 내화 점토로만 축요한다.
③ 벽 두께가 얇다.
④ 소성실 내 온도분포가 균일하다.
⑤ 토기, 옹기 소성용이다.

(2) 셔틀요(shuttle kiln)

단가마의 단점을 줄이기 위하여 대차식으로 된 셔틀요를 사용하는 형식으로 1개의 가마에 2개의 대차를 사용한다.

특징

① 작업이 간편하고 조업주기 단축
② 요체의 보유열을 이용할 수 있어 경제적
③ 일종의 불연속요

3) 연속식 요

가마내기 및 게임을 연속적으로 할 수 있도록 만든 가마로서 여러 개의 단가마를 연도로서 연결한 형태의 가마이고 3~4개의 소성실을 거쳐서 폐가스가 배출된다.

특징

① 대량제품생산이 가능
② 작업능률 향상
③ 열효율이 높고 연료비가 절약

(1) 윤요(ring kiln)

고리모양의 가마로서 12~18개의 소성실에 설치한 구조로 종이 칸막이를 옮겨가며 연속적으로 가마내기 및 재임이 가능한 요이다.

① 종류
해리슨형, 호프만형, 복스형, 지그재그형

특징

① 소성실모양은 원형과 타원형 구조로 두 가지가 있다.
② 배기가스 현열을 이용하여 제품을 예열시킨다.
③ 가마의 길이는 보통 80m 정도이다.
④ 벽돌, 기와, 타일 등 건축자재의 소성가마로 이용한다.
⑤ 제품의 현열을 이용하여 연소성 2차 공기를 예열시킨다.

(2) 연속실 가마

윤요의 개량형으로 여러 개의 도염식 가마를 설치한다.

특징

① 각 소성실이 벽으로 칸막이 되어 있다.
② 윤요보다 고온소성이 가능하다.
③ 소성실마다 온도조절이 가능하다.
④ 꺾임 불꽃 소성이다.
⑤ 내화벽돌 소성용 가마이다.

(3) 터널요(tunnel kiln)

가늘고 긴 터널형의 가마로 피열물을 실은 레일 위의 대차는 연소가스 진행의 레일 위를 진행하면서 예열 → 소성 → 냉각과정을 통하여 제품이 완성된다.

① 터널요의 특징
㉠ 장점
ⓐ 소성이 균일하며 제품의 품질이 좋다.
ⓑ 소성시간이 짧으며 대량생산이 가능하다.

ⓒ 열효율이 높고 인건비가 절약된다.
ⓓ 자동온도제어가 쉽다.
ⓔ 능력이 비하여 설치면적이 적다.
ⓕ 배기가스의 현열을 이용하여 제품을 예열시킨다.

㉡ 단점

ⓐ 능력에 비하여 건설비가 비싸다.
ⓑ 제품을 연속처리해야 한다(생산조정이 곤란하다).
ⓒ 제품의 품질, 크기, 형상에 제한을 받는다.
ⓓ 작업자의 기술이 요망된다.

② 용도

산화염 소성인 위생도기, 건축용 도기 및 벽돌

③ 터널요의 구성

㉠ 예열대: 대차입구부터 소성대 입구까지
㉡ 소성대: 가마의 중앙부 아궁이
㉢ 냉각대: 소성대 출구부터 대차출구까지
㉣ 대차: 운반차(피소성 운반차)
㉤ 푸셔: 대차를 밀어넣는 장치

(4) 반터널요

터널을 3~5개 방으로 구분하고 각 소성실의 온도범위를 정하고 대차를 단속적으로 이동하여 제품을 소성하며 대표적으로 도자기, 건축용 도기소성, 건축용 벽돌소성 용도로 사용한다.

4) 시멘트 제조용 요

시멘트 제조용 가마는 회전가마와 선가마가 있고 회전가마는 선가마보다 노 내 온도의 분포가 균일하다.

(1) 회전요(rotary kiln)

회전요는 건조, 가소, 소성, 용융작업 등을 연속적으로 할 수 있어 시멘트 클링커의 소성은 물론 석회소성 및 화학공업까지 광범위하게 사용된다.

특징

① 건식법, 습식법, 반건식법이 있다.
② 열효율이 비교적 불량하다.
③ 기계적 고장을 일으킬 수 있다.
④ 기계적 응력에 저항성이 있어야 한다.

⑤ 원료와 연소가스의 방향이 반대이다.
⑥ 경사도가 5% 정도이다.
⑦ 외부는 20mm 정도의 강판과 내부는 내화재로 구성된다.

5) 머플가마

단가마의 일종이며 직화식이 아닌 간접 가열식 가마를 말한다. 주로 꺾임 불꽃가마이다.

3 노(furnace)의 구조 및 특징

1) 철강용로

(1) 배소로

광석이 용해되지 않을 정도로 가열하여 제련상 유리한 상태로 변화시키는 것이다.

(2) 괴상화용로(소결로)

분상의 철광석을 괴상화시켜 용광로의 능률을 향상시키기 위하여 사용한다.

(3) 용광로(고로)

제련에 가장 중요한 노의 하나로 제철공장에서 선철을 제조하는 데 사용하는 노로서 크기 용량은 1일 동안 출선량을 톤으로 표시한다.

① 용광로의 종류
 ㉠ 철피식: 노흉부를 철피로 보강하고 하중을 6~8개 지주로 지탱한다.
 ㉡ 철대식: 노 상층부의 하중을 철탑으로 지지한다. 노의 흉부는 철대를 두르고 6~8개 지주로 지탱한다.
 ㉢ 절충식: 노 상층부 하중을 철탑으로 지지하고 노흉부 하중은 철피로 지지한다.

② 열풍로
고로의 입구에 병렬로 설치되어 있으며 용광로 1기당 3~4기 정도로 설치하며 고로가스를 사용하여 공기를 800~1,300℃ 정도로 예열 후 용광로로 송풍하는 기능으로 전열식과 축열식 등의 열풍로가 있다.
- 종류: 환열식, 마클아식, 축열식, 카우버식

(4) 혼선로

고로와 제철공장 사이의 중간에서 용융선철을 일시 저장하는 노로 보조버너를 설치하여 출선 시 일정온도를 유지한다(황분이 제거된다).

2) 제강로

용광로에서 나온 신철 중의 불순물을 제거하고 탄소량을 감소시켜 강을 만드는 것으로 평로, 전로, 전기로로 구분된다.

(1) 평로

연소열로 선철과 고철을 용융시켜 강을 제조하는 것으로 일종의 반사형 형태이며 노의 양쪽에 축열실을 가지고 있으며 일종의 반사로로서 그 크기용량은 1회 출강량을 톤으로 표시한다.

① 평로의 종류 및 특성

㉠ 염기성 평로

ⓐ 염기성 내화재 사용

ⓑ 양질의 강을 얻는다(순철제조용).

㉡ 산성 평로(탈황, 탈인이 힘든 제강로)

ⓐ 규석질 내화물 사용

ⓑ 석회를 함유한 슬래그 생성

② 축열실

배기가스의 현열을 흡수하여 공기의 연료 예열에 이용할 수 있도록 한 장치로 연소온도를 높이고 연료소비량을 줄일 수 있다.

수직식과 수평식이 있으며 축열식 벽돌은 샤모트벽돌, 고알루미나질 벽돌이 사용된다.

(2) 전로

용융선철을 강철로 만들기 위하여 고압의 공기나 순수 산소를 취입시켜 산화열에 의해 선철 중의 불순물을 산화시켜 제련하는 (용량 표시는 1회 출탕량을 톤으로 표시하는) 노로서 노체가 270° 이상 기울어진다.

① 베세머 전로: 산성전로(Si 제거, 고규소 저인선제강, 고탄소강 제조)

② 토마스 전로: 염기성 전로(인, 황 제거, 저규소 고인선제강, 연강제조용)

③ LD 전로: 순산소 전로(산소를 1MPa 정도로 공급)

④ 칼도 전로: 베세머 전로와 비슷(노가 15~20° 경사지며 순산소를 0.3MPa로 공급하여 수랭 파이프를 통해 제강하고 노체의 회전속도는 30rpm 정도)

(3) 전기로

전기로는 고온을 얻을 수 있을 뿐만 아니라 온도제어가 자유롭고 취급이 편리하다.

① 전기로
② 아크로
③ 유도로

3) 주물용해로

(1) 큐폴라(용선로)

주물 용해로이며 노 내에 코크스를 넣고 그 위에 지금(소재금속), 코크스, 석회석, 선철을 넣은 후 송풍하여 연소시켜 주철을 용해한다. 이 용선로는 대량의 쇳물을 얻고 다른 용해로보다 효율이 좋고 용해시간이 빠르며 용량표시는 1시간당 용해량을 톤으로 표시한다.

(2) 반사로

낮은 천장을 가열하여 천장 복사열에 의하여 구리, 납, 알루미늄, 은 등을 제련한다.

(3) 도가니로

동합금, 경합금 등의 비철금속 용해로로 사용하며 흑연도가니와 주철제 도가니가 있다.

① 용량: 1회 용해할 수 있는 구리의 중량(kg)으로 표시한다.

4) 금속가열 및 열처리로

(1) 균열로

강괴를 균일 가열하기 위하여 사용하는 노

(2) 연속가열로

강편을 압연 온도까지 가열하기 위하여 사용되는 노

(3) 단조용 가열로

금속의 단조를 위한 가열로

(4) 열처리로

금속재료의 내부응력을 제거하여 기계적 성질을 변화시키는 노

① 풀림로: 열경화된 재료를 가열한 후 서서히 냉각하여 강의 입도를 미세화하여 내부응력을 제거하는 것

② **불림로**: 단조, 압연, 소성가공으로 거칠어진 조직을 미세화하고 내부응력을 제거하는 것
③ **담금질로**: 재료를 일정온도로 가열한 후 물, 기름 등에 급랭시켜 재료의 경도를 높이는 것
④ **뜨임로**: 담금질 재료는 취성이 증가하기 때문에 적정온도로 가열하여 응력을 제거
⑤ **침탄로**: 침탄재(숯)를 침탄로에 넣어 재료 표면에 탄소를 침투시켜 표면의 경도를 높이고 담금질한 재료를 재가열하여 강인성을 부여하는 것
⑥ **질화로**: 500~550℃ 암모니아 가스 기류 속에 넣고 50~100시간 가열 후 150℃ 이하까지 서랭

(5) 연소식 열처리로

가스, 경유, 중유 등의 연료를 연소하여 열처리하는 방법으로 직화식 또는 레이디언튜브를 사용하는 방법이 있다.

4 축요(가마)

1) 지반의 선택 및 설계순서

(1) 지반의 선택

① 지반이 튼튼한 곳
② 지하수가 생기지 않는 곳
③ 배수 및 하수처리가 잘 되는 곳
④ 가마의 제조 및 조립이 편리한 곳
- 지반의 적부시험, 지하탐사, 토질시험, 지내력 시험

(2) 가마의 설계순서

① 피열물의 성질을 결정한다.
② 피열물의 양을 결정한다.
③ 이론적으로 소요될 열량을 결정한다.
④ 사용연료량을 결정한다.
⑤ 경제적 인자를 결정한다.
⑥ 부속설비를 설계한다.

2) 축요(가마)

(1) 기초공사

가마의 하중에 견딜 수 있는 충분한 두께의 석재지반 및 콘크리트 지반을 시공한다.

(2) 벽돌쌓기

길이쌓기, 넓이쌓기, 영국식, 네덜란드식, 프랑스식 등이 있으며 측벽의 경우 강도를 고려하여 붉은 벽돌이나 철강재로 보강한다(한 장 쌓기, 한 장 반 쌓기, 두 장 쌓기로 벽돌을 쌓는다).

(3) 천장

노의 천장은 편평형과 아치형으로 있으나 아치형이 강도상 유리하다.

(4) 가마의 보강

강철재료를 이용하여 가마조임을 한다.

(5) 굴뚝시공

자연통풍 시 굴뚝의 높이는 중요시하며 강제통풍 시는 적당히 한다.

Chapter 01 예상문제

01 구리 합금 용해용 도가니로에서 사용될 도가니의 재료로서 가장 적합한 것은?

① 흑연질 ② 점토질
③ 구리 ④ 크롬질

해설 도가니로에는 흑연도가니를 사용하나 경합금용으로는 내면에 보호 라이닝(lining)을 한 철제 도가니가 사용되기도 한다.

02 다음 중 평로의 조업을 바르게 설명한 것은?

① 철광석의 환원
② 용선의 저류 및 일시보온
③ 선철과 고철을 혼합용융하여 주철을 생산
④ 선철과 고철을 혼합하여 강철을 생산

해설 선철(pig iron)에 고철(파쇠) 등을 혼합하여 고온으로 가열하여 탄소 등 불순물을 제거하여 필요한 강철을 생산하는 것이 평로이다(내화물의 종류에 따라 염기성법과 산성법이 있다).

03 다음 중 큐폴라, 반사로 또는 회전로를 쓸 수 있는 것은?

① 주물용해 ② 제강
③ 제철 ④ 분광괴상화

해설 주물용해로 쓸 수 있는 것은 큐폴라(용선로), 반사로, 회전로가 있다.

04 단조(鍛造)용 가열로에서 재료에 산화 스케일이 가장 많이 생기는 가열방식은?

① 반간접식 ② 직화식
③ 무산화가열방식 ④ 급속가열방식

해설 단조용 가열로에서 직화식은 가열실 내에서 연소가 행해져서 가열이 빨리 되지만 직접 화염과 접촉하므로 산화 스케일(scale)이 가장 많이 생긴다.

05 큐폴라(cupola)의 설명 중 잘못된 것은?

① Cupola는 다른 용해로에 비해 열효율이 좋고, 용해시간이 빠르며 경제적이다.
② 쇳물이 코크스 속을 지나므로, 탄소나 황 등의 불순물이 이 들어가 재질을 나쁘게 하는 결점이 있다.
③ 노 내에서 온도가 가장 높은 곳이 용해대이다.
④ 전로는 쇳물의 양이 많을 때 괴어 놓는 필요한 곳이지만 불순물이 섞일 위험이 있다.

해설 쇳물의 양이 많을 때 괴어 놓는 필요한 곳은 혼선로이다.

06 분상 원료의 소성에 적합한 가마는?

① 터널가마 ② 회전가마
③ 고리가마 ④ 반사로

해설 시멘트 클링커 등 분상원료의 소성로로는 회전가마(회전요)가 적당하다(1873년 영국인 랜슨(R. Ranson)이 발명).

07 철광석의 하소 및 배소의 직접 목적이 아닌 것은?

① 자철광의 결합수 제거와 탄산염의 분해
② 유해성분인 황의 산화 및 비소의 제거
③ 분상광석의 괴상으로의 소결
④ 자철광의 치밀성을 완화시키며 환원을 쉽게 한다.

해설
㉠ 분사광석을 괴상화시키는 것은 괴상화 용로의 역할이다.
㉡ 철광석을 괴상화하는 것은 분상의 철광석을 괴상화시켜 통풍이 잘 되고 용광로의 능률을 향상시킨다.
㉢ 철광석의 배소 목적은 광석을 용해하지 않을 정도로 가열하여 유해성분을 제거시킨다.

정답 01 ① 02 ④ 03 ① 04 ② 05 ④ 06 ② 07 ③

08 용광로에서 코크스가 사용되는 이유에 합당하지 않은 것은?

① 열량을 공급한다.
② 철광석을 녹이는 융제역할을 한다.
③ 환원성 가스를 생성시킨다.
④ 일부의 탄소는 선철 중에 흡수된다.

09 중유소성을 하는 평로에서 축열실의 역할은?

① 연소용 공기를 예열한다.
② 연소용 중유를 예열한다.
③ 원료를 예열한다.
④ 제품을 가열한다.

해설 평로에서 축열실은 내부에 격자상으로 벽돌이 조합되어 있어 연소용 공기와 배가스 사이에 열교환이 이루어진다.

10 전로법에 의한 제강작업에서 노 내 온도 유지는?

① 가스의 연소열
② 중유의 연소열
③ 코크스의 연소열
④ 선철 중의 불순물 산화열

해설 전로에서 노 내 온도는 선철 중에 포함된 Si, P, Mn 등의 불순물의 산화열에 의해 노 내 온도가 유지된다.

11 염기성 제강에 쓰이는 것은?

① 도염식 각 가마 ② 균열로
③ LD전로 ④ 큐폴라

해설
㉠ LD전로는 염기성 제강에 사용된다.
㉡ 도염식 각 가마는 요업요로이다.
㉢ 큐폴라(용해로)
㉣ 전로의 형식 : 베세머전로, 토마스전로, LD전로, 칼도전로 등이 있다.

12 가마 내의 온도가 균일하게 유지되는 가마는?

① 직염식 가마 ② 회전 가마
③ 횡염식 가마 ④ 도염식 가마

해설
㉠ 가마 내의 온도가 균일하게 유지되는 것은 도염식 요이다.
㉡ 도염식 가마는 불연속 가마이다.

13 LD전로의 조업에서 용강의 온도가 알맞게 유지되는 것은?

① 버너로 공급된 연료의 연소열
② 석회석, 고철에 부착된 불순물 및 내화물 간의 반응열
③ 용선 중의 탄소, 규소, 망간 및 인 등의 산화열
④ 용선에 발생한 줄(joule)열

해설
㉠ 용융 선철 중 C, Si, Mn, P 등의 불순물 산화에 의해 용강의 온도가 유지된다.
㉡ 전로는 제강로이다.

14 혼선로의 용선이 접촉되는 부분에 사용된 내화물은?

① 마그네시아질 ② 규석질
③ 크롬질 ④ 탄화규소질

해설
㉠ 마그네시아질 내화물은 염기성 슬랙이나 용융금속에 대한 내침식성이 크기 때문에 제강용로재로서 혼선로의 내장이나 염기성 제강로의 노상, 노벽 등에 사용된다.
㉡ 마그네시아질은 염기성 내화물이다.

15 불다리(火橋)의 역할 설명이 되지 않는 것은?

① 불꽃이 직접 가열실 안으로 들어가지 않도록 하기 위해서
② 열원과 가열물 사이의 거리를 길게 하여 가능한 한 천천히 가열하고자 할 때
③ 가연가스와 공기와의 혼합을 좋게 하기 위해서
④ 가연가스 유통을 천천히 하기 위해서

해설 불다리(화교)는 가연가스와 공기의 혼합이 잘 되게 하고 가연가스의 유통을 천천히 하며 불꽃이 직접 가열실 안으로 들어가지 않게 하여 균일한 가열을 시키기 위함이다.

정답 08 ② 09 ① 10 ④ 11 ③ 12 ④ 13 ③ 14 ① 15 ②

16 도자기, 벽돌 및 연마숫돌 등을 소성하는 데 적합하지 않은 것은?

① 도염식 각 가마 ② 회전 가마
③ 셔틀 가마 ④ 터널 가마

해설
회전요는 시멘트 클링커, 내화물 등을 소성하는 데 사용된다.

17 중유연소식 제강용 평로에서 고온을 얻기 위하여 일반적으로 쓰는 기법은?

① 발열량이 큰 중유의 사용
② 질소가 함유되지 않은 순산소의 사용
③ 연소가스의 여열로 연소용 공기의 예열
④ 철, 탄소의 산화열 이용

해설
㉠ 탈탄이나 불순물의 산화를 촉진하기 위해서 질소가 없는 순산소를 사용한다.
㉡ 평로는 대량생산용이며 염기성법, 산성법이 있다.

18 푸셔형 3대식 연속강재 가열로에서 강재가 가열되는 구간(대)으로서 생각할 수 없는 것은?

① 냉각대 ② 예열대
③ 가열대 ④ 균열대

해설
푸셔(Pusher)식 연속강재 가열로
장입 측에서 강편을 푸셔에 의해 압입시켜 가열식에서 예열대 → 가열대 → 균열대를 거침에 따라 가열되면서 출구로 이동하는 방식이다.
예열대와 가열대에서 가열된 강편은 내화재료로 구성된 균열로상에서 균열되어 수랭 스키드에 의해 생긴 국부적 저온부가 제거된다. 연속강재 가열로는 푸셔식, 워킹 하스식, 워킹빔식 가열로가 있다.

19 가마 내를 부압으로 하였을 때, 피열물이 받은 영향은?

① 산화수 변동이 없다.
② 중성이 유지된다.
③ 산화되기 쉽다.
④ 환원되기 쉽다.

해설
노 내가 부압이 되면 통풍력이 증가하고 공기투입이 증가하여 산화되기 수월하다.

20 다음 중 연속식 가마에 속하는 것은?

① 도염식 각 가마 ② 호프만윤요
③ 벨 가마 ④ 셔틀 가마

해설
㉠ 연속식 가마는 윤요와 터널요가 있다.
㉡ 윤요는 호프만식이 대표적이다.

21 일정한 하중을 내화물에 가했을 때의 하중연화온도 표시에는 T_2은 시험체의 최초 높이에서 어느 정도 수축됐을 때의 온도인가?

① 10% ② 20%
③ 0% ④ 2%

해설
㉠ 하중연화점의 시험은 일정한 하중을 가했을 때 시험체 최초 높이에서 2% 수축되었을 때의 온도 T_2을 결정하여 이를 하중연화온도라고 한다.
㉡ $T_2(2kg/cm^2)$

22 다음 중 가마 내의 부력을 바로 나타낸 것은? (단, 공기 및 가스의 비중량(N/m³) : γ, 가마의 높이(m) : H, 외기의 온도(K) : T_g, 가스의 평균온도(K) : T_c)

① $273\gamma H\left(\frac{1}{T_o}-\frac{1}{T_g}\right)$mmHg

② $273H\left(\frac{1}{T_o}-\frac{1}{T_g}\right)$mmHg

③ $355\gamma H\left(\frac{1}{T_o}-\frac{1}{T_g}\right)$mmHg

④ $355\gamma\left(\frac{1}{T_o}-\frac{1}{T_g}\right)$mmHg

해설
$$통풍력(Z)=273\gamma H\left(\frac{1}{T_o}-\frac{1}{T_g}\right)[mmHg]$$
$$=355H\left(\frac{1}{T_o}-\frac{1}{T_g}\right)[mmHg]$$

23 성형물을 1,300℃ 정도의 고온으로 소성하고자 할 때 일반적으로 가장 열효율이 좋을 것으로 인정되는 가마는?

① 터널가마 ② 도염식 가마
③ 도염식 둥근 가마 ④ 승염식 가마

정답 16 ② 17 ② 18 ① 19 ③ 20 ② 21 ④ 22 ① 23 ①

해설 터널가마는 열효율이 좋고 열손실이 적다.
터널가마는 예열대, 소성대, 냉각대의 3부분으로 나눈다.

24 배소로(Roaster)의 목적으로 적당하지 못한 것은?

① 화합수와 탄산염의 분해
② 산화도의 변화
③ S, As와 같은 유해성분의 제거
④ 광석의 용융

해설 ㉠ 광석을 제련상 유리한 상태로 변화시키는 역할을 한다.
㉡ 배소로는 광석을 용융시키는 데 그 목적이 있지 않고 광석을 제련상 유리한 상태로 변화시키는 데 있다.

25 LD전로법을 평로법에 비교한 것이다. 옳지 못한 것은?

① 평로법보다 공장건설비가 싸다.
② 평로법보다 생산능률이 높다.
③ 평로법보다 작업비, 관리비가 싸다.
④ 평로법보다 고철의 배합량이 많다.

해설 LD전로는 고순도의 산소를 용선에 취입시켜 선철 중의 불순물을 산화시키고 노 내의 내용물을 용융상태로 유지시키면서 강을 제조하는데, 취련시간이 15~20분 정도이고, 평로법에 비해 공장건설비가 싸고 생산능률이 좋으며, 작업비, 관리비가 싸다.

26 고로의 노흉부에 사용된 내화물로 적합한 것은?

① 규석질
② 포르스테라이트질
③ 경질 내화점토질
④ 돌로마이트질

해설 돌로마이트는 가마의 노상제, 시멘트 소성가마, 염기성 제강로, 베세머 전기로에 사용된다.

27 시멘트 제조에 쓰이는 선가마(shaft kiln)를 회전가마(rotary kiln)와 비교한 것이다. 옳지 못한 것은?

① 회전가마에 비하여 건설비가 적다.
② 회전가마에 비하여 균일한 소성이 용이하다.
③ 회전가마에 비하여 클링커의 급랭이 곤란하다.
④ 회전가마에 비하여 소성용량이 적고, 유지비도 적게 든다.

해설 선가마는 회전가마에 비해 설비비, 유지비가 적게 들고 소성용량이 적으며, 균일한 클링커를 소성해내기 어렵고, 클링커의 냉각이 불충분해서 시멘트 품질이 다소 떨어진다. 특히 선가마는 석회석 소성용에 사용하는 것이 좋다. 회전가마나 선가마는 연속요이다.

28 가마 내에서 마찰저항에 의한 압력손실 산출식은? (단, ΔP : 마찰저항에 의한 압력손실(mmH_2O), L : 통로의 길이(m), M : 통로의 반지름(m), ρ : 가스의 밀도(kg/m^3), u : 가스의 유속(m/sec), g : 중력의 가속도($9.8m/sec^2$))

① $\Delta P=\phi\cdot\frac{M}{L}\cdot\frac{u^2}{2g}$
② $\Delta P=\phi\cdot\frac{L}{M}\cdot\rho\frac{u^2}{2g}$
③ $\Delta P=\phi\cdot\frac{M}{L}\cdot\rho\frac{u^2}{2g}$
④ $\Delta P=\phi\cdot\frac{L}{M}\cdot\frac{u^2}{2g\rho}$

해설 마찰저항에 의한 압력손실은 가스의 밀도, 유속의 제곱 및 통로의 길이에 비례하고 통로의 직경에 반비례한다.
$\Delta P=\phi\cdot\frac{L}{M}\cdot\rho\frac{u^2}{2g}$

29 산소를 취입하여 고급강철을 제조하는 데 사용되는 노는?

① 고로 ② 전로
③ 반사로 ④ 큐폴라

정답 24 ④ 25 ④ 26 ④ 27 ② 28 ② 29 ②

해설

전로

제강로로서 노의 하부, 측면, 상부 등에서 산소를 흡입시켜 선철 중의 C, Si, Mn, P 등의 불순물을 산화시켜 불순물의 산화에 의한 발열로 노 내의 온도를 유지시켜 용강을 얻는 방법이다.

30 내부 온도가 1,300℃ 정도인 가마의 온도를 측정하고자 한다. 다음 고온계 중에서 쓸 수 없다고 인정되는 것은?

① 광고온계
② 백금-백금로듐 열전고온계
③ 복사온도계
④ 알루멜-크로멜 열전고온계

해설

알루멜-크로멜(CA) 열전온도계는 사용온도 범위가 -20~1,200℃ 정도이므로 1,300℃ 정도의 가마의 온도 측정에는 부적당하다.

31 전기저항로에서 발열체의 저항이 R(ohm), 여기에 1암페어(A)의 전류를 흘렸을 때 발생하는 이론열량은 시간당 얼마인가?

① $864IR$cal ② $846IR$cal
③ $864I^2R$cal ④ $846I^2R$cal

해설

$Q=0.24I^2Rt\,(\text{cal})=0.24\times3{,}600I^2R(\text{cal})$
$=864I^2R(\text{cal})$

• 주울의 발생열량$(H)=I^2Rt$[Joule]
(1J ≒ 0.24cal)

32 고리가마에 대한 설명이다. 옳은 것은?

① 터널가마를 둥글게 한 가마로 피열물이 이동된다.
② 도염식의 각 가마나 둥근가마가 연결되어 있는 가마이다.
③ 연속실로 구성되어 있고, 피열물은 정지된 상태로 있으며 소성대의 위치가 이동된다.
④ 도염식의 둥근가마의 별명이며 피열물과 소성실이 고정되어 있다.

해설

윤요(ring kiln)

고리 가마라고 불리는데 건축자재의 소성에 널리 사용되며, 정지상태에 있는 피열물이 소성대의 여러 개의 소성실을 거치면서 소성되는 연속요의 일종이다. 호프만식 요가 대표적이다.

33 터널가마에서 샌드실 장치가 마련되어 있는 이유는?

① 내화벽돌 조각이 아래로 떨어지는 것을 막기 위해서
② 열절연의 역할을 하기 위해서
③ 찬바람이 가마 내로 들어가지 않도록 하기 위해서
④ 요차를 잘 움직이게 하기 위해서

해설

터널요

연속요의 대표적인 예로서 가마의 입구로부터 예열대, 소성대, 냉각대로 나뉘어져 대차에 쌓여 있는 피가열물이 가마 내를 이동하는 동안 예열, 소성, 냉각 등의 조작이 연속적으로 이루어지며 대차진행방향과 연소가스의 진행방향이 서로 반대이다.
차체의 측면에 있는 샌드실(sand seal)은 고온부와 차축부분과의 열절연의 역할을 한다. 터널요와 윤요는 연속요의 대표적인 요이다.

34 다음 중에서 유리 용해용으로 사용되는 것은?

① 회전가마 ② 터널가마
③ 선가마 ④ 탱크가마

해설

유리 용해용 가마에는 탱크가마(tank furnace)와 도가니 가마(pot furnace)가 있다.

35 머플가마의 설명으로 옳은 것은?

① 직화식이 아닌 간접 전열방식의 가마이다.
② 불꽃의 진행방향이 도염식인 가마이다.
③ 석탄을 연료로 하는 직화식 가마이다.
④ 광석을 용융하는 가마이며 축열식을 갖춘 가마이다.

해설

머플요(muffle kiln)는 피열물에 직접 연소 가스가 접촉하지 않는 간접가열 방식의 가마로서 금속의 가열이나 박판 등의 열처리에 사용된다.

정답 30 ④ 31 ③ 32 ③ 33 ② 34 ④ 35 ①

36 요로의 열효율을 높이는 데 관계가 없는 것은?

① 연료의 발열량
② 단열보온재의 사용
③ 배가스의 회수장치사용
④ 적정 노압의 유지

해설
요로의 열효율을 높이는 방법으로는 열손실을 줄이기 위해 단열보온재를 사용하는 방법, 배가스의 폐열을 회수 사용하는 방법, 적정한 연료 및 연소장치의 선택 적정 노압을 유지시켜 완전연소가 되도록 하는 방법 등이 있다. 연료의 발열량은 요로의 열효율과는 그다지 관련이 없다.

37 화학공업에서 액체의 가열(열분해 반응 포함)에 가장 널리 사용되는 것은?

① 유동층형 가열로
② 푸셔이송식 연속 가열로
③ 관식 가열로
④ 보호 분위기식 가열로

38 가마 바닥에 여러 개의 흡입공이 마련되어 있는 가마는?

① 승염식 가마 ② 횡염식 가마
③ 도염식 가마 ④ 고리 가마

해설
도염식 요
불꽃 및 연소가스가 소성실 위로부터 아래로 진행하여 요의 바닥 흡입공을 통하여 배출된다. 그 종류는 둥근 가마와 각 가마가 있으며 횡염식 요와 승염식 요의 결점인 온도분포나 열효율이 나쁜 점을 개선시킨 불연속요이다.

39 다음 중 유효한 가열방식이 아닌 것은?

① 화염 또는 연소가스를 고온으로 한다.
② 연소가스량을 많이 한다.
③ 화염의 방사율을 크게 한다.
④ 연소용 공기를 예열한다.

해설
연소가스량을 많이 하면 배기가스의 연손실이 많아진다.

40 천장높이에 비하여 가마의 너비가 비교적 넓고 안정하나 치수가 약간씩 다른 벽돌로 구축되는 둥근 천장은?

① 캐터너리아치 ② 스프링아치
③ 서스펜션아치 ④ 잭아치

41 중유 연소식 평로에서 연소용 2차 공기가 주로 취입되는 곳은?

① 버너 ② 용량 배출구
③ 원료장 입구 ④ 포트

해설
평로에서 기름을 연료로 사용하는 노에서는 2차 공기가 원료가 들어가는 입구에서 투입시키고 1차 공기는 버너로 공급된다.

42 공기예열기를 설치할 때의 장점이 아닌 것은?

① 배기가스의 열손실을 적게 하여 보일러 효율을 높인다(5~10%).
② 연료의 연소효율을 높인다.
③ 연소속도가 증대하여 연소실 열발생률이 커져서 연소실 체적을 작게 할 수 있다.
④ 통풍저항이 증가하여 과잉공기가 적다.

해설
공기예열기는 설치 시에는 저온부식이 발생되고 설비비가 추가되며 통풍력이 감소되는 단점이 있다.

43 다음 중 용해로가 아닌 것은?

① 고로 ② 평로
③ 전로 ④ 수직로

해설
고로(용광로)는 선철제조용이다. 용광로의 크기는 24시간 생산되는 선철의 무게(ton)로 나타낸다. 수직로는 용해로가 아니다(선가마로서 시멘트 소성요).

44 다음 중 붉은 벽돌을 소성하는 데 주로 사용되는 가마는?

① 고리 가마 ② 회전 가마
③ 선가마 ④ 탱크 가마

정답 36 ① 37 ③ 38 ③ 39 ② 40 ① 41 ③ 42 ④ 43 ④ 44 ①

해설 붉은 벽돌 등과 같은 건축 재료의 소성에는 윤요(고리가마)가 주로 사용된다.
윤요는 연속식 가마로서 특히 건축재료를 소성하며 소성실 주연도 연돌로 구성되어 있다. 호프만식 윤요가 대표적이다.

45 로터리 버너로 벙커C유를 때고 있는데 연소가스 중의 CO_2 함량이 적어지는 가장 큰 원인은?

① 1차 공기 댐퍼를 너무 많이 열어 놓았다.
② 압입 송풍기의 풍압이 높다.
③ 노 내압이 플러스이기 때문이다.
④ 2차 공기가 너무 많이 들어가고 있다.

해설 2차 공기가 많아지면 상대적으로 연소가스 중의 CO_2 함량은 작아지며 노 내 온도가 저하되고 열손실이 많아진다.

46 노 내 분위기의 환원성 유지가 가열온도의 세밀한 조절이 요구되는 금속열처리로 전기로 열에너지를 쓰고 있는데, 값이 싼 열원으로 바꾸고자 한다. 다음 중 어느 것을 선택하는 것이 좋겠는가?

① 부탄가스 ② 역청탄
③ 경유 ④ 프로판가스

해설 가격이 싼 열에너지는 역청탄(유연탄)이 이용된다.

47 다음 중 그을음(soot)에 대한 설명 중 잘못된 것은?

① 그을음은 열손실의 원인이 된다.
② 그을음을 연소시키기 위한 공기량은 무게로 따져 11배가 넘는다.
③ 그을음 1kg을 연소시키기 위해서는 약 $9Nm^3$의 공기가 필요하다.
④ 열분해로 생긴 미세한 그을음은 연소성이 좋다.

해설 그을음이란 미연 탄소 알갱이들이므로 이것을 연소시키려면 1kg당 공기 11.59kg($9Nm^3$)이 필요하다.

48 시멘트 클링커 제조요로서 적당하지 않은 것은?

① 견요 ② 탱크로
③ 윤요 ④ 회전요

해설 시멘트 클링커의 제조는 선가마(견요), 윤요, 회전요가 적당하고 탱크로(tank furnace)는 유리용융로로 사용된다.

49 황분이 많은 벙커C유를 때고 있는데 습식 집진장치를 설치했을 때에는?

① SO_2가 잘 제거된다.
② 가스 중의 수증기가 제거된다.
③ 집진된 물질의 2차 공해가 없다.
④ 금속부분의 부식이 심하다.

해설 연소가스 중의 SO_2, SO_3 등의 수증기와 반응산을 형성하여 금속표면의 부식을 가져온다.
($S+O_2 \rightarrow SO_2$, $SO_2+O \rightarrow SO_3$)
$SO_3+H_2O \rightarrow H_2SO_4$(진한 황산 발생)

50 연료원 단위계산 방식으로서 옳은 것은?

① 난방용 에너지는 생산용이 아니므로 제외했다.
② 전력은 연료가 아니므로 제외했다.
③ 공장 종업원의 후생용으로 쓴 것은 제외했다.
④ 일반용수 소비량은 에너지로 환산하지 않았다.

51 연소용 공기비가 표준보다 커지면 어떤 현상이 일어나는가?

① 연소실온도가 높아져 전열효과가 커진다.
② 화염온도가 높아져 버너를 상하게 한다.
③ 매연발생량이 적어진다.
④ 배가스량이 많아지고 열효율이 저하된다.

해설 공기비가 표준보다 커지면 연소가스량이 많아지고 연소실 온도가 저하되어 연손실이 증대하고 열효율은 감소한다.

정답 45 ④ 46 ② 47 ④ 48 ② 49 ④ 50 ④ 51 ④

52 금속가열로의 열원단위를 낮추기 위한 일련의 노력 중 잘못된 것은?

① 노의 길이가 짧으므로 연장한다.
② 노벽의 보온을 더 두껍게 한다.
③ 스키드 냉각수관의 단열을 강화한다.
④ 강제의 가열온도를 더 높게 한다.

53 다음 중 가장 작은 분진까지 포집할 수 있는 집진기는?

① 관성 집진장치 ② 사이클론 집진기
③ 중력 집진장치 ④ 전기 집진장치

해설
포집입자
㉠ 관성식(20μ 이상)
㉡ 사이클론식(10~20μ)
㉢ 중력식(20μ)
㉣ 전기식(0.05~20μ)

54 중유에서 연소전 예열온도는 몇 ℃가 적당한가?

① 30~60 ② 60~90
③ 90~120 ④ 120~150

해설
중유(벙커C유)는 연소전 예열온도가 60~90℃이 적당하다.

55 다음 중 셔틀요와 관계가 없는 것은?

① 가마의 보유열보다 대차의 보유열이 열절약의 요인이 된다.
② 급냉파가 안 생길 정도의 고온에서 제품을 꺼낸다.
③ 가마 1개당 2대 이상의 대차가 있어야 한다.
④ 가마의 보유열이 제품의 예열에 쓰인다.

해설
셔틀요는 반연속 요로서 가마의 보유열보다 대차보유열이 사용된다.

56 다음 중 강관의 소둔에 쓰이는 열처리로에 해당되지 않는 것은?

① 레이디언트 튜브형로
② 푸셔형 연속가열로
③ 직화식 벨형로
④ 연속식 소둔로

해설
㉠ 소둔(어닐링) 열처리는 금속재료를 적당한 온도로 가열하고 그 후에 서서히 냉각하여 상온으로 되돌리는 조작이다. 일명 풀림 열처리라 한다(터널가마는 위생도기, 건축용 도기, 자기, 건축용 벽돌제조).
㉡ 푸셔란 물품을 소성하기 위하여 대기하는 대차를 밀어넣는 장치이며 터널요에 많이 사용한다. 단, 압연 공장의 가열로에도 푸셔형 연속가열로가 사용된다.
㉢ 소둔은 내부응력 및 변형을 제거하는 열처리이며 직화식 벨형로, radiant tube 형로, 연속식 소둔로가 있다.

57 노 내에서 NH_3와 같은 질소를 포함한 기체 분위기에서 강의 표면을 질화시키기 위한 가열 온도는?

① 550~750℃ ② 650~850℃
③ 750~950℃ ④ 850~1,050℃

해설
노(furnace) 내에서 암모니아(NH_3)와 같은 질소를 포함한 기체분위기에서 강의 표면을 질화시키기 위한 가열온도는 650~850℃이다(20~100시간 가열 후 서냉한다).

58 산화탈염을 방지하는 공구류의 담금질에 가장 적합한 노는?

① 용융염류 가열로 ② 간접아크 가열로
③ 직접저항 가열로 ④ 간접저항 가열로

해설
용융염류 가열로는 산화방지, 탈탄소방지에 사용하고 직접저항 가열로는 흑연화, 카바이트, 탄화규소 합금철, Al의 용해에 사용한다.

정답 52 ④ 53 ④ 54 ② 55 ④ 56 ② 57 ② 58 ①

59 도염식 요(가마)의 화구수를 결정하는 것으로 틀린 것은?

① 소성물 및 연료의 종류
② 요의 경사각도
③ 소성온도
④ 요의 크기

해설
도염식 요(가마)의 화구수는 소성온도, 요(가마)의 경사각도, 소성물 및 연료의 종류에 따라 결정된다.

60 다음 중 요로 내에서 생성된 연소가스의 흐름에 관한 설명으로 틀린 것은?

① 피열물의 주변에 저온가스가 체류하는 것이 좋다.
② 가연성 가스를 포함하는 연소가스는 흐르면서 연소가 진행된다.
③ 연소가스는 일반적으로 가열실 내에 충만되어 흐르는 것이 좋다.
④ 같은 흡입조건하에서 고온가스는 천장 쪽으로 흐른다.

해설
피열물의 주변에는 고온의 가스가 체류하여 열전달을 좋게 한다.

61 등요는 다음 중 어디에 속하는가?

① 불연속 가마 ② 반연속 가마
③ 연속 가마 ④ 회전 가마

해설
① 불연속 가마 : 횡염식 요, 도염식 요, 승염식 요
② 반연속 가마 : 등요, 셔틀요
③ 연속 가마 : 시멘트소성요, 터널요, 윤요

62 터널가마에서 샌드실(Sand seal) 장치가 마련되어 있는 이유는?

① 내화벽돌 조각이 아래로 떨어지는 것을 막기 위해서
② 열 절연의 역할을 하기 위해서
③ 찬바람이 가마 내로 들어가지 않도록 하기 위해서
④ 요차를 잘 움직이게 하기 위해서

해설
샌드실의 설치 이유는 열 절연의 역할을 하기 위함이다(고온부와 차축부분과의 열 절연). 즉, 고온부의 열이 레일위치부인 저온부로 이동하지 않게 설치하는 역할이다.

63 셔틀가마(Shuttle kiln)는 다음 중 어디에 속하는가?

① 연속 가마 ② 반연속 가마
③ 불연속 가마 ④ 승염식 가마

해설
반연속요(가마)
등요, 셔틀요(셔틀 가마는 불연속요인 단가마의 단점을 줄이기 위하여 1개의 가마에 2대의 대기하는 차대차를 이용하는 요(가마)이다.

64 다음 중 요로의 사용 목적에 의한 분류에 속하는 것은?

① 윤요 ② 등요
③ 터널요 ④ 용해로

해설
요로의 사용목적에 의한 분류
㉠ 가열로, ㉡ 용해로, ㉢ 소결로, ㉣ 서냉로
㉤ 분해로, ㉥ 용광로, ㉦ 가스발생로, ㉧ 균열로

65 소성장치에 있어서 예열, 소성, 냉각을 계속적으로 행할 수 있어 열효율이 좋고 가마 내의 온도 분포를 균일하게 조절할 수 있을 뿐만 아니라 일정한 가열곡선에 부합되도록 조절할 수 있는 가마는 어떠한 가마인가?

① 고리 가마 ② 도염식 가마
③ 각 가마 ④ 터널 가마

해설
터널가마의 구조(연속식 가마)
㉠ 예열대, ㉡ 소성대, ㉢ 냉각대

정답 59 ④ 60 ① 61 ② 62 ② 63 ② 64 ④ 65 ④

Chapter 02 내화재

1 내화물 일반

내화물이란 비금속 무기재료로 고온에서 불연성, 난연성 재료로서 SK26(1,580℃) 이상의 내화도를 가지며 공업 또는 요업요로 등의 고온 내화벽에 사용되는 것을 말한다.

1) 내화물의 기능

① 요로 내의 고열을 차단
② 열 방산을 막아 효율적 열 이용
③ 요로의 안정성 유지

2) 내화물의 구비조건

① 사용온도에 연화 및 변형이 적을 것
② 팽창수축이 적을 것
③ 사용온도에 충분한 압축강도를 가질 것
④ 내마멸성, 내침식성이 클 것
⑤ 고온에서 수축팽창이 적을 것
⑥ 사용온도에 적합한 열전도율을 가질 것
⑦ 내스폴링성이 크고 온도 급변화에 충분히 견딜 것

3) 내화물의 분류

(1) 화학조성에 의한 분류

① 산성내화물[RO_2]: 규산질(SiO_2)이 주원료이다.
② 중성내화물[R_2O_3]: 크롬질(Cr_2O_3), 알루미나질(Al_2O_3)이 주원료이다.
③ 염기성 내화물[RO]: 고토질(MgO), 석회질(CaO)과 같은 물질이 주원료이다.

(2) 열처리에 의한 분류

① 소성 내화물: 내화벽돌(소성에 의하여 소결시킨 내화물)
② 불소성 내화물: 열처리를 하지 않은 내화물(화학적 결합제를 사용하여 결합시킨 것)
③ 용융내화물: 원료를 전기로에서 용해하여 주조한 내화물

4) 내화물의 시험항목

(1) 내화도

열반응 온도의 정도로 시편을 만들어 노 중에서 가열하여 굴곡 연화되는 정도를 제게르콘 (seger cone) 표준시편과 비교하여 측정한다.

① 제게르콘(seger cone) 번호를 내화도로 표시하며 SK 26의 용융온도는 1,580℃이다. 제게르콘 추는 SK 022~01, SK 1~20, SK 26~42번까지 59종이 있다.

(2) 내화물의 비중

$$참비중 = \frac{무게}{참부피},\quad 겉보기\,비중 = \frac{무게}{참부피 \times 밀봉기공}$$

- 비중(상대밀도)이 크면 기공률이 작고 압축강도가 크며 열전도율이 크다.

(3) 열적 성질(내화물의 재료적 평가기준)

① 열적 팽창

내화물의 열에 대한 팽창과 수축

- 열간 선팽창: 일시적 열팽창으로 온도변화에 따라 신축
- 잔존 선팽창: 영구적 열팽창으로 팽창 후 원상태로 되지 않는 현상

② 하중 연화점

축요 후 하중을 받는 내화재를 가열하였을 때 평소보다 더 낮은 온도에서 변형하는 온도

③ 박락현상(spalling: 스폴링)

불균일한 가열 또는 냉각 등으로 발생하는 열팽창의 차에 의하여 내화재의 변형과 균열이 생기는 현상으로 ① 열적(열팽창) 스폴링, ② 조직적(화학적) 스폴링, ③ 기계적(축요불량) 스폴링으로 구분

(4) 슬래킹(slaking) 현상

마그네시아 또는 돌로마이트를 포함한 내화벽돌은 수증기의 작용을 받는 경우 체적변화로 분화가 되어 떨어져 나가는 노벽의 균열과 붕괴하는 현상으로 소화성이다.

(5) 버스팅(bursting) 현상

크롬철광을 원료로 하는 내화물은 1,600℃ 이상에서 산화철을 흡수한 후 표면이 부풀어 오르고 떨어져 나가는 현상이다.

5) 내화물 제조공정

(1) 분쇄

미 분쇄기에 의해 0.1mm 이하의 크기로 분쇄

(2) 혼련

분쇄원료에 물이나 첨가제를 사용하여 혼합하는 과정

(3) 성형

혼련 후 배포한 원료를 일정한 형상으로 만드는 과정

(4) 건조

성형내화물의 수분을 제거하는 과정으로 터널식 건조장치를 주로 사용

(5) 소성

원료에 열화학적 변화를 일으켜서 내화물로서의 강도를 가지게 하는 과정

(6) 소결

소지를 소성할 때 짙어지는 현상

2 내화물 특성

1) 산성 내화물

(1) 규석질 내화물

이산화규소, 규석 및 석영을 870℃ 이상 가열하여 안정화시키고 분쇄 후 결합제를 가하여 성형한다(평로용, 전기로용, 코크스로용, 유리공업로용).

특징

① 내화도(SK 31~34)와 하중연화점온도(1,750℃)가 높다.
② 고온강도가 매우 크다.
③ 고온에서 팽창계수가 적고 안정하다.
④ 열전도율이 비교적 높다.
⑤ 용도는 가마 천장용, 산성 제강로 등에 사용된다.
⑥ 비중이 작다.

(2) 반규석질 내화물

규석과 샤모트로 만든 벽돌로서 SiO_2를 50~80% 함유하고 있다.

특징

① 규석내화물과 점토질 내화물의 혼합형이다.
② 내화도 SK 28~30이다.
③ 저온에서 강도가 크며 가격이 싸다.
④ 수축 팽창이 작으며 내스폴링성이 크다.
⑤ 용도는 야금로, 배소로, 저온용 벽돌 등이다.

(3) 납석질 내화물

납석을 주원료로 한다($Al_2O_2 + 4SiO_2 + H_2O$).

특징

① 내화도 SK 26~34이며 하중연화점온도가 낮다.
② 흡수율이 작고 압축 및 고온강도가 크다.
③ 슬래그 등의 침입에 의하여 내식성이 우수하다.
④ 가열에 의한 잔존 수축이 작고 열전전도도가 작다.
⑤ 용도는 일반요로, 큐폴라의 내장형, 금속공업 등이다.
⑥ 일산화탄소에 대한 안정도가 크다.
⑦ 압축강도가 크다.

(4) 샤모트질 내화물

내화점토를 SK 10~13 정도로 하소하여 분쇄하여 만든 벽돌을 샤모트 벽돌이라 한다(소성 시에 균열을 방지하기 위해 샤모트한다).

특징

① 내화도 SK 28~34이다.
② 성분범위가 넓고 제작이 쉽다.
③ 가소성이 없어 10~30% 생점토를 첨가한다.
④ 고온강도가 낮으며 가격이 싸다.
⑤ 열팽창, 열전도가 작다.
⑥ 보일러 등 일반 가마에 많이 사용된다.

2) 염기성 내화물

(1) 마그네시아 내화물

원료는 해수 마그네시아 마그네사이트 수활성 등이며 마그네시아를 주원료로 하며 소성마그네시아 내화물과 성형과정 후 소성과정을 거치지 않고 건조하는 불소성 마그네시아(메탈케이스, 스틸클라드) 내화물로 구분한다.

소성 마그네시아의 특징

① 내화도 SK 36 이상으로 높다.
② 용도는 염기성 제강로, 전기제강로, 비철금속제강로, 시멘트 소성가마 등에 이용된다.
③ 슬래킹 현상이 발생한다.
④ 하중연화점이 높고 비중 및 열전도도는 크다.
⑤ 열팽창이 크나 내스폴링성이 작다.

(2) 크롬마그네시아 내화물

크롬철강과 마그네시아를 주원료로 한다. 즉 마그네시아 클링커에 클롬철광을 혼합성형하여 SK 17~20 정도로 소성한 것이다.

특징

① 내화도(SK 42)와 하중연화점이 높다.
② 용융온도가 2,000℃ 이상이다.
③ 연기성 슬래그에 대한 저항이 크다.
④ 사용온도는 염기성 평로, 전기로, 시멘트회전로 등에 이용된다.
⑤ 내스폴링성이 크고 조직이 치밀하고 무겁다.
⑥ 버스팅 현상이 발생하나 슬랙에 대한 저항성은 크다.

(3) 돌로마이트 내화물

백운석을 주원료로 하여 1,600℃ 정도로 소성하여 제조하며 돌로마이트는 탄산칼슘($CaCO_3$)과 탄산마그네슘($MgCO_3$)을 주원료로 염기성 제강로에 사용된다.

특징

① 내화도가 SK 36~39이며 하중연화점이 높다.
② 염기성 슬래그에 대한 저항이 크다(단, 산화분위기에는 약하다).
③ 내스폴링성이 크다(내침식성은 있으나 내슬래킹성이 약하다).
④ 염기성 제강로, 시멘트소성가공, 전기로 등에 사용된다.

(4) 폴스테라이트 내화물

감람석, 사문암 등에 마그네시아 클링커를 배합하여 만든 벽돌이며 주물사로 이용하기도 한다.

특징

① 내화도(SK 36 이상)와 하중연화점이 높다.
② 내식성이 좋고 기공률이 크다.
③ 사용용도는 반사로, 저주파 유도전기로, 염기성 평로 등에 사용된다.
④ 소화성이 없고 소성온도는 1,500℃ 내외이다.
⑤ 고온에서 용적변화가 작고 열전도율이 낮다.

3) 중성 내화물

(1) 고알루미나질 내화물(고알루미나질 샤모트벽돌, 전기 용융 고알루미나질 벽돌)

50% 이상의 알루미나를 함유한 내화물이다($Al_2O_3 + SiO_2$계 내화물).

특징

① 내화도 SK 35~38이다.
② 내식성 내마모성이 매우 크다.
③ 고온에서 부피변화가 작다.
④ 급열 또는 급랭에 대한 저항이 작다.
⑤ 사용용도는 유리가마, 화학공업용로, 회전가마, 터널가마 등에 사용된다.

(2) 크롬질 내화물

크롬철강($Cr_2O_3 + FeO$)을 분쇄하여 점결제를 혼합하여 성형 및 건조한 내화물이다.

특징

① 내화도(SK 38)가 높다.
② 마모에 대한 저항성이 크다.
③ 하중연화점이 낮고 스폴링이 쉽게 발생한다.
④ 산성 노재와 염기성 노재의 접촉부에 사용하여 서로 침식을 방지한다.
⑤ 고온에서 버스팅 현상이 발생한다.

(3) 탄화규소질 내화물

탄화규소(SiC)를 주원료로 사용한다(규소 65% + 탄소 30%).

특징

① 내화도와 하중연화점이 상당히 높다.

② 고온에서 산화되기 쉽다.
③ 전기 및 열전도율이 높다.
④ 내스폴링성이 크고 열팽창계수가 작다.
⑤ 사용용도는 전기저항 발열체, 열교환실의 내화재 등에 사용된다.

(4) 탄소질 내화물

탄소 및 흑연, 코크스, 무연탄을 주원료로 사용되며 타르 또는 피치 같은 탄소질이나 점토류를 점결제로 사용하여 소성한 내화물이다(무정형탄소, 결정형 흑연이 있다).

특징

① 내화도와 전기 및 열전도율이 높다.
② 화학적 침식에 잘 견디며 수축이 작다.
③ 내스폴링성이 강하다.
④ 큐폴라의 내장, 도가니 등에 사용된다.
⑤ 공기 중에서 온도가 상승되면 산화한다.
⑥ 재가열 시 수축이 작다.

4) 부정형 내화물

일정한 모양 없이 시공현장에서 원료에 물을 가하여 필요한 모양으로 만든 성형물이다.

(1) 캐스터블 내화물

알루미나 시멘트를 배합한 내화콘크리트(소결시킨 내화성 골재 + 수경성 알루미나 시멘트)이다.

특징

① 접합부 없이 축요한다.
② 잔존수축이 크고 열팽창이 작다.
③ 내스폴링성이 크고 열전도율이 작다.
④ 사용용도는 보일러로, 연도 및 소둔로의 천장 등에 사용된다.
⑤ 소성이 불필요하고 가마의 열손실이 적다.
⑥ 시공 후 24시간 만에 사용온도로 상승하여 사용이 가능하다.

(2) 플라스틱 내화물

내화골재에 시공성 및 고온에서의 강도를 가지게 하기 위하여 가소성 점토 및 물유리(규산소다)와 유기질 결합제를 첨가하여 시공한다.

특징

① 캐스터블보다 고온에 사용된다.
② 소결력이 좋고 내식성이 크다.
③ 팽창 및 수축이 작으며 내스폴링성이 크다.
④ 하중 연화온도가 높다.
⑤ 내식성, 내마모성이 크다.
⑥ 내화도가 SK 35~37이다.
⑦ 해머로 두들겨 사용한다.
⑧ 사용용도는 보일러 수관벽, 버너 입구, 가마의 응급보수 등에 사용된다.

(3) 내화 모르타르

내화 시멘트라 하며 내화벽돌의 접합용이나 노벽 손상 시 보수용으로 사용되며 경화방법에 따라 열경화성, 기경성, 수경성 모르타르로 구분된다.
슬랙이 침식하기 쉬운 부분에 보호하고 냉공기의 유입을 방지하며 내화벽돌 결합용이다.

5) 특수내화물

(1) 지르콘 내화물

$ZrSiO_4$(지르콘) 원광을 1,800℃ 정도에서 SiO_2를 휘발시키고 정제시켜 강하게 굽고 물, 유리 등의 결합제를 혼합하여 성형 소성한 내화물이다.

특징

① 이상 팽창 및 수축이 없고 열팽창계수가 작다.
② 내스폴링성이 크고 산화용재에 강하다.
③ 사용용도는 실험용 도가니, 대형 가마, 연소관 등에 사용된다.

(2) 지르코니아질 내화물

천연광석인 지르코니아를 화학적으로 정제한 후 산화마그네슘(MgO)을 소량 배합하여 강한 열에 구어 분쇄한 후 결합제를 섞어 소성한 것으로 2,400℃ 이상의 고온에 사용된다. 열팽창계수가 작고 열전도율이 작으며 용융점이 2,700℃로 높다. 또한 내스폴링성이 크고 염기성이나 산성 광재에 견딘다.

(3) 베릴리아질 내화물

BeO인 베릴리아를 원료로 하며 용융점이 2,500℃로 높기 때문에 원자로의 감속제, 로켓연소실의 내장제로 사용된다.
열의 양도체이며 온도급변화 시에는 강하지만 산성에는 약하고 염기성에는 강하다.

(4) 토리아질 내화물

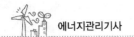

ThO_2인 토리아를 원료로 하며 용융점이 3,000℃로 높다. 사용온도는 원자로, 특수금속용융내화물, 가스터빈용 초순도금속의 용융내화물에 사용된다.
백금이나 토륨 등의 용융에 사용하며 열팽창계수가 크고 염기성에는 강하나 내스폴링성이 적고 탄소와 고온에서 탄화물을 만든다.

Chapter 02 예상문제

01 외기의 온도가 10℃이고, 표면온도 50℃의 관의 표면에서 방사에 의한 열전달률은 대략 몇 $kcal/m^2h℃$인가? (단, 관의 방사율 0.8 완전 흑체로 간주할 것)

① 0.24 ② 1.43
③ 4.26 ④ 4.36

해설

$$q_R = KA\Delta t = \sigma A\varepsilon(T_s^4 - T_o^4)$$

$$\therefore K = \frac{\sigma\varepsilon(T_s^4 - T_o^4)}{\Delta t}$$

$$= \frac{4.88\times10^{-8}\times0.8(323^4 - 283^4)}{40}$$

$$= 4.36\text{kcal/m}^2\text{h℃}$$

02 저위발열량 10,000kcal/kg인 연료를 쓰고 있는 실제증발량 4t/h의 보일러는 효율 85%, 급수온도는 40℃, 발생증기의 엔탈피 651kcal/kg이다. 연료소비량 kg/h는 얼마인가?

① 360 ② 287
③ 250 ④ 390

해설

$$\eta_B = \frac{G_a(h_2 - h_1)}{H_L\times G_f}\times100\%$$

$$G_f = \frac{G_a(h_2 - h_1)}{H_L\times\eta_B} = \frac{4{,}000(651-40)}{10{,}000\times0.85} = 287\text{kg/h}$$

03 고온에서 염기성 슬랙과 접촉되는 곳에 사용할 수 있는 내화물은?

① 규석질 내화물
② 크롬질 내화물
③ 마그네시아질 내화물
④ 샤모트질 내화물

해설 염기성 슬랙과 접촉되는 곳에는 염기성 내화물을 사용하는데 여기서는 마그네시아질 내화물이다.

04 실리카의 전이(轉移) 특성을 잘 나타낸 것은?

① 규석은 가장 안정된 광물로 온도 변화에 영향을 받지 않는다.
② 가열온도가 높아질수록 비중이 커진다.
③ 내화물에서 중요한 것은 실리카의 고온형 변태이다.
④ 실리카의 전이는 오랜 시간을 요해서만 이루어진다.

해설 실리카는 저온에서는 안전하나 고온이 되면 전이가 일어난다.

05 내화점토질 벽돌의 주된 화학성분은?

① MgO, Al_2O_4 ② FeO, Cr_2O_3
③ MgO, SiO_2 ④ Al_2O_3, SiO_2

해설 내화점토는 산성내화물의 점토질 벽돌 중 샤모트질 벽돌의 주원료이며 주요 화학성분은 알루미나(Al_2O_3), 규사(SiO_2)이다.

06 마그네시아 및 돌로마이트 노재의 성분인 MgO, CaO는 대기 중의 수분 등과 결합하여, 변태 시 열팽창의 차이로 가로모양이 되는 현상을 나타내는데 이를 무엇이라고 하는가?

① Thermal spalling
② Slaking
③ Structural spalling
④ Bursting

해설 슬래킹(Slaking)이란 마그네시아나 돌로마이트질 내화물의 성분인 MgO, CaO가 공기 중의 수분을 흡수하여 변태를 일으켜 열팽창 차이로 가로모양과 균열이 생겨 떨어져 나가는 현상을 말한다. 버스팅(Bursting) 현상은 크롬-마그네시아 벽돌이 1,600℃ 이상의 고온에서 산화철을 흡수하여 부풀어 오르고 떨어져 나가는 현상을 말한다.

정답 01 ④ 02 ② 03 ③ 04 ③ 05 ④ 06 ②

07 내화골재에 주로 알루미나 시멘트를 섞어 만든 부정형 내화물은 어느 것인가?

① 캐스터블 내화물
② 내화 모르타르
③ 플라스틱 내화물
④ 돌로마이트 내화물

해설 내화골재에 주로 알루미나 시멘트를 섞어 만든 부정형 내화물은 캐스터블 내화물이다.

08 다음은 여러 용도에 쓰이는 물질과 그 물질을 구분하는 기준온도에 대한 것이다. 다음 중 틀린 것은?

① 내화물이란 SK 26 이상 물질을 말한다.
② 단열재는 800~1,200℃ 및 단열효과가 있는 재료를 말함
③ 무기질 보온재는 500~800℃에 견디며 보온하는 재료를 말함
④ 내화 단열재는 SK 20 이상 및 단열효과가 있는 재료를 말함

해설 내화단열재는 내화물과 단열재의 중간에 속하는 것으로 대체적으로 1,300℃(SK 10) 이상의 온도에 견딘다.

09 규석 벽돌을 전기로용으로 사용하는 이유가 아닌 것은?

① 내스폴링성 및 내침식성이 크다.
② 열전도율이 적다.
③ 영구수축이 없다.
④ 열팽창계수가 작다.

10 Dolomite 내화물에 대한 설명 중 틀린 것은?

① 염기성 슬랙에 대한 저항이 크다.
② 소화성이 크다.
③ 내화도는 SK 26~39이다.
④ 산소제강 전로의 내장에 쓰인다.

해설 돌로마이트(Dolomite) 내화도는 SK 36~39이다.

11 수분율(습윤기준) 23%인 물질의 함수율은 약 몇 %인가?

① 23 ② 25
③ 30 ④ 46

해설

$$함수율(w) = \frac{1}{1-수분율} \times 100\%$$
$$= \frac{1}{1-0.23} \times 100\% = 300\%$$

12 크롬이나 크롬마그네시아 벽돌이 고온에서 산화철을 흡수하여 표면이 부풀어 오르고, 떨어져 나가는 현상은?

① 버스팅(Bursting) ② 스폴링(Spalling)
③ 슬래킹(Slaking) ④ 큐어링(Curing)

해설 크롬이나 크롬마그네시아 벽돌은 염기성 슬랙에 대한 저항성이 크지만 1,600℃ 이상에서는 산화철을 흡수하여 표면이 부풀어 오르고 떨어져 나가는 버스팅 현상이 생긴다.

13 겉보기 비중의 정확한 표현은? (단. W_1 = 건조무게, W_2 = 수중무게, W_3 = 포수무게)

① $\frac{W_1 - W_2}{W_3}$ ② $\frac{W_1}{W_1 - W_2}$
③ $\frac{W_1}{W_3 - W_2}$ ④ $\frac{W_3 - W_2}{W_1}$

해설

㉠ 겉보기 비중$= \frac{W_1}{W_1 - W_2}$

㉡ 부피비중$= \frac{W_1}{W_3 - W_2}$

14 부정형 내화물이 아닌 것은?

① 플라스틱 내화물
② 규석 벽돌
③ 람밍믹스
④ 캐스터블 내화물

해설 규석벽돌은 실리카(SiO_2; 이산화규소)를 주성분으로 한 산성 내화물이다.

정답 07 ① 08 ④ 09 ③ 10 ③ 11 ③ 12 ① 13 ② 14 ②

15 산성내화물에 속한 것은?

① 고알루미나질
② 크롬-마그네시아질
③ 마그네시아질
④ 내화 점토질

해설 고알루미나질, 마그네시아질, 크롬-마그네시아질은 염기성 내화물이다.
내화 점토질은 샤모트, 납석 등의 벽돌이 있다(산성 내화물).

16 1,200℃ 이상으로 처리하는 가열로의 벽을 쌓을 때 흔히 쓰이는 재료의 종류 및 배열순서(내부에서 외부로)는?

① 내화벽돌, 보통벽돌, 단열벽돌
② 내화벽돌, 내화단열벽돌, 보통벽돌
③ 단열벽돌, 내화벽돌, 보통벽돌
④ 내화벽돌, 보통벽돌

해설 가열로의 벽은 노 안에서부터 내화벽돌, 내화단열벽돌, 보통벽돌, 위장철판의 순서로 쌓는다. 그 이유는 안전사용온도 때문이다.

17 중성원료와 염기성 원료를 주성분으로 한 염기성 내화물은?

① 마그네시아-크롬질 내화물
② 규산염질합-탄화규소 내화물
③ 물라이트질 내화물
④ 지르콘질 내화물

해설 마그네시아($MgCO_3$)는 염기성, 크롬질(FeO, Cr_2O_3)은 중성이다.

18 시멘트 소성용 회전가마의 소성대 안벽에 적합한 내화물은?

① 고알루미나질 ② 규석질
③ 내화점토질 ④ 마그크로질

해설 고알루미나질은 내식성 내화도가 점토질보다 큰 것이 요구될 때 사용되는데 시멘트소성용 소성대 안벽에 적합하다(고알루미나질은 중성내화물이며 $Al_2O_3-SiO_3$계 벽돌로서 내화도가 SK 35~38 정도이다).

19 내화물에 대하여 겉보기 비중을 좌우하는 공격으로 가장 적당한 것은?

① 폐구공격과 개구공격
② 연결공격
③ 폐구공격만
④ 개구공격만

해설 겉보기 비중은 건조중량과 함수시 중량에 따라 변화되므로 함수시 중량에 영향을 미치는 폐구공격이 겉보기 비중을 좌우한다.

㉠ 겉보기 비중 $= \dfrac{W_1}{W_1 - W_2}$

㉡ 부피비중 $= \dfrac{W_1}{W_3 - W_2}$

여기서, W_1 : 시료의 건조중량(kg)
W_2 : 함수시료의 수중중량(kg)
W_3 : 함수시료의 중량

20 표준형 내화 벽돌로써 스프링 아치(spring arch)를 쌓으려고 한다. 아치곡면의 벽돌 두께를 벽돌 1장 두께로 하려면 다음 중 어떤 모양이 적당한가?

① 세로형(wedge) ② 반장(soap)
③ 보통형(straight) ④ 가로형(arch)

해설 ㉠ 보통형 벽돌 : 가마의 평면벽에 사용
㉡ 가로형 벽돌 : 가마의 아치(arch) 쌓기에 사용
㉢ 세로형 : 가마의 천장 쌓기에 사용
㉣ 쐐기형 : 가마의 부분 쌓기 사용

21 내화벽돌을 분석하였더니 다음과 같았다. 어느 것이 가장 내화도가 높은 것으로 인정되는가?

① Al_2O_3 75%, SiO_2 25%
② Al_2O_3 50%, SiO_2 50%
③ Al_2O_3 40%, SiO_2 60%
④ Al_2O_3 10%, SiO_2 90%

해설 ㉠ Al_2O_3가 많을수록 내화도는 높아진다.
㉡ SiO_2가 많으면 산성 내화물이다.
㉢ Al_2O_3가 50% 이상이면 중성 내화물이다.

정답 15 ④ 16 ② 17 ① 18 ① 19 ③ 20 ④ 21 ①

22 KSL 3114에 따라서 측정된 내화벽돌의 기공률(%)에 해당한 것은?

① 내화벽돌의 전 부피(bulk volume) 100cc에 존재한 개방 기공의 부피(cc)
② 내화벽돌의 겉보기 부피(apparent volume) 100cc에 존재한 모든 기공의 부피(cc)
③ 내화벽돌의 전 부피 100cc에 존재한 모든 기공의 부피(cc)
④ 내화벽돌의 겉보기 부피 100cc에 존재한 개방 기공의 부피(cc)

해설
겉보기 기공률

$$= \frac{\text{개방기공의 부피}}{\text{외형부피}} \times 100\% = \frac{W_3 - W_1}{W_3 - W_2} \times 100\%$$

23 산성내화물 주성분의 형은? (단, R은 금속원소, O는 산소원소)

① R_2O ② RO
③ R_2O_3 ④ RO_2

해설
㉠ 산성 내화물의 주성분은 SiO_2이다.
㉡ 산성 내화물(RO_2)
㉢ 중성 내화물(R_2O_3)
㉣ 염기성 내화물(RO)

24 염기성 슬랙과 접촉하여도 침식을 받기 어려운 것은 다음 중 어느 것인가?

① 샤모트질 내화제
② 마그네시아질 내화재
③ 고알루미나질 내화제
④ 납석질 내화재

해설
마그네시아질 내화제는 염기성이므로 염기성 슬랙에 강하며 내화도가 높다.

25 산성이 가장 큰 산성 내화물은?

① 샤모트 벽돌
② 돌로마이트 벽돌
③ 크로마그 벽돌
④ 규석 벽돌

해설
산성이 크다는 것은 성분 중의 SiO_2 성분이 큰 것을 의미하므로 규석 벽돌(92~93% 이상)이 가장 산성이 크다(산성내화물은 샤모트질, 규석질, 반규석질, 납석질 등이다).

26 소성수축을 감소시키고 사용상 안정성을 크게 하기 위하여 점토를 미리 하소한 것은?

① 클링커 ② 샤모트
③ 용융 카올린 ④ 용융 알루미나

해설
점토는 카올린(kaolin)을 주성분으로 하는데 가열하면 50℃ 부근에서 탈수되고 1,000℃ 이상에서 안전한 조직을 가지므로 팽창수축을 적게 하고 사용상의 안전성을 크게 하기 위하여 SK 10~14 정도로 소성하여 분쇄한 것을 샤모트라 한다(샤모트는 산성내화물이다).

27 조괴용 내화물로서 가장 널리 사용되는 것은?

① 규석질 내화물
② 마그네시아질 내화물
③ 납석질 내화물
④ 크로마그질 내화물

해설
납석질 벽돌은 조괴용 벽돌로서 레들 큐폴라, 슬라이브 등에 많이 쓰이며 크로마그질 벽돌은 염기성 평로, 전기로, 반사로 등의 천장측벽, 시멘트 소성요의 소성대 등에 사용되거나 규석 벽돌 대용으로 사용되기도 한다. 마그네시아 벽돌은 제강로용로재로서 혼선로의 내강과 염기성 제강로의 노상, 노벽 등에 쓰인다(납석질 벽돌은 산성 내화물로서 내화도가 SK 26~34 정도이다).

28 일반적으로 가장 내화도가 높다고 인정되는 것은?

① 마그네시아 벽돌 ② 규석 벽돌
③ 납석 벽돌 ④ 샤모트 벽돌

해설
① 마그네시아 SK 38 이상
② 규석 벽돌 SK 31~33
③ 납석 벽돌 SK 26~34
④ 샤모트 SK 30~35

정답 22 ① 23 ④ 24 ② 25 ④ 26 ② 27 ③ 28 ①

29 표준형 내화벽돌의 치수는?

① 150×114×23mm
② 150×65×13mm
③ 230×114×65mm
④ 230×23×13mm

해설 표준형 내화벽돌의 치수는 230×114×65mm이다.

30 캐스터블 내화물의 주원료로 적당한 것은?

① 합성 뮬라이트와 점토
② 고령토 샤모트와 납석
③ 하소 복사이트와 카올린
④ 합성 뮬라이트와 알루미나 시멘트

해설 캐스터블 내화물은 골재인 점토질 샤모트와 경화제인 알루미나 시멘트를 주원료로 하여 만들어졌다. 알루미나 시멘트는 골재에 15~25% 배합한다(시공 후 24시간 지나면 사용이 가능하다).

31 한국공업규격에서 규정하고 있는 「내화물」의 내화도 하한치는?

① SK 16 ② SK 18
③ SK 26 ④ SK 28

해설 KS규격에서는 SK 26 이상을 내화물로 규정하고 있다. 그 온도는 1,580℃가 SK 26이다.

32 가장 치밀한 내화물의 조직은?

① 결합조직 ② 응고조직
③ 복합조직 ④ 다공조직

해설 내화물의 조직은 치밀한 응고조직이어야 한다.

33 내화 노재의 잔존선팽창 수축률이 크면 가마에 균열이 생기기 쉽다. 잔존선팽창 수축률이 큰 것은 어떠한 이유 때문인가?

① 소결이 잘 되어서
② 소결이 잘 되지 않아서
③ 용융이 일어나서
④ 기화가 일어나서

해설 노재의 잔존선 팽창 수축률이란 요로의 내용성을 좌우하는 성질로서 다음 식으로 표시된다.

잔존선 팽창 수축률 $= \dfrac{\ell' - \ell}{\ell}$

여기서, ℓ : 시험체 표점 간의 처음길이(mm)
ℓ' : 가열 후의 시험체 표점 간의 평균길이(mm)

34 마그네시아($MgCO_3$) 내화물은 어느 것에 속하는가?

① 산성 내화물 ② 염기성 내화물
③ 중성 내화물 ④ 양성 내화물

해설 마그네시아($MgCO_3$) 내화물 특징
㉠ 염기성 내화물이다.
㉡ 스폴링에 약하다.
㉢ 압축강도 및 하중연화온도가 낮다.
㉣ 비중과 열전도율이 크다.
㉤ 내화도가 높다.

35 내화물과 그의 용도를 짝지은 것 중 틀린 것은?

① 마그네시아 벽돌 – 염기성 제강로의 노벽
② 지르콘 내화물 – 실험용 도가니
③ 돌로마이트노재 – 전기로 내장
④ 베릴리아 내화물 – 고주파로 도가니

해설 베릴리아(BeO) 내화재
열전도성, 전기절연성, 내스폴링성이 우수하나 고온에서 휘발하기 쉬우며 금속도가니, 원자로 등에 사용된다(베릴리아는 천연산출과 공업적으로는 대부분 녹주석에서 BeO만 분리시켜 사용한다).

36 실리카를 주성분으로 하는 내화벽돌은?

① 샤모트 벽돌 ② 반규석질 벽돌
③ 규석 벽돌 ④ 탄화규소 벽돌

해설 실리카를 주성분으로 하는 벽돌에는 규석 벽돌과 석영질 벽돌이 있다. 샤모트 벽돌, 반규석 벽돌, 규석 벽돌은 산성 내화물이고 탄화규소 벽돌은 중성벽돌이다. 규석 벽돌(Silica rock brick)은 실리카+소석회+펄프폐액 등으로 만들고 그중 실리카가 92~96% 정도이다.

정답 29 ③ 30 ④ 31 ③ 32 ② 33 ③ 34 ② 35 ④ 36 ③

37 내화단열벽돌을 선택할 때 접촉되는 온도는 단열벽돌의 재가열 수축률이 2%를 넘지 않는 온도보다 어떠해야 되는가?

① 높아야 한다.
② 높아도 안 되고 낮아도 안 된다.
③ 150~200℃ 낮은 것이 좋다.
④ 150~200℃ 높은 것이 좋다.

해설 내화단열벽돌
직접 노 내에 접촉하는 벽돌을 말하며 이것이 접촉하는 단열벽돌의 재가열수축률이 2%를 넘지 않는 온도, 즉 안전사용온도보다 높은 온도의 것을 선정하여야 한다. 고로 ①번이 정답이 된다.

38 고알루미나질 내화물의 특성에 합당하지 않은 것은?

① 중성 내화물이다.
② 알루미나 함량이 많은 원소는 가소성이 작다.
③ 알루미나 함량이 많은 원료는 고온에서 용적이 수축하여 비중이 커진다.
④ 알루미나 함량이 많을수록 내화도가 높아진다.

해설 고알루미나질 내화물은 중성 내화물로서 알루미나 함량이 많을수록 내화도가 증가하고 비중이 작아지며 가소성이 작다. Al_2O_3-SiO_2계에서 Al_2O_3가 50% 이상을 고알루미나질이라 한다.

39 규석 벽돌을 전기로용으로 사용하는 이유가 아닌 것은?

① 내스폴링성 및 내침식성이 크다.
② 영구수축이 없다.
③ 열전도율이 작다.
④ 열팽창계수가 작다.

해설 규석 벽돌을 전기로용으로 사용하는 이유는 고온에 잘 견디고 열전도율 및 열팽창계수가 작으며 내침식성이 우수하기 때문이다. 또한 내화도가 SK 31~34이며 열적 성질이 좋다(하중 연화점이 1,700℃로 높다).

40 내화벽돌을 사용할 때 합리적인 내용이 아닌 것은?

① 피열물질의 화학적인 성질을 고려해야 한다.
② 몰탈의 성질이 적합해야 한다.
③ 내화도는 높을수록 좋다.
④ 내스폴링성이 클수록 좋다.

해설 사용처에 적절한 내화도를 가져야 한다. 무조건 사용처에 관계없이 내화도가 높은 것은 좋지 않다.

41 다음 중 내화물의 원료를 샤모트화하는 이유에 대해 설명한 것과 관계없는 것은?

① 잔존 팽창수축성을 작게 하기 위하여
② 내화도를 높이기 위하여
③ 내스폴링성을 높이기 위하여
④ 가소성을 높이기 위하여

해설 내화물의 원료를 샤모트화하는 이유는 ①, ②, ③항이다.

42 다음 중에서 플라스틱 내화물의 설명 중 틀린 것은?

① 소결력이 좋고 내식성이 크다.
② 캐스터블 소재보다 고온에 적합하다.
③ 내화도가 높고 하중 연화점이 낮다.
④ 잔존수축률이 1~2%, 열팽창률이 1% 정도이다.

해설 플라스틱 내화물(부정형 내화물)은 내화도가 SK 35~37(1,770~1,825℃)로 높으나 또한 하중연화점이 높다. 하중연화점이란 벽돌로 축요 시 벽돌은 많은 하중을 받고 있다. 하중을 받는 벽도은 연화 변형하는 온도가 하중을 받지 않을 때보다 온도가 낮은 온도에서 일어난다. 이 온도가 하중연화점이다.

정답 37 ① 38 ③ 39 ② 40 ③ 41 ④ 42 ③

43 다음 중 내화물의 원료를 샤모트화하는 이유를 설명한 것으로 관계없는 것은?

① 잔존 팽창수축성을 작게 하기 위하여
② 내화도를 높이기 위하여
③ 내스폴링성을 높이기 위하여
④ 접착력을 높이기 위하여

해설 내화물을 샤모트화하는 이유
㉠ 잔존 팽창수축성을 작게 하기 위하여
㉡ 내화도를 높이기 위하여
㉢ 내스폴링성을 높이기 위하여

44 다음 중 염기성 내화물에 속하지 않는 것은?

① 규석질
② 포스 테라이트 및 마그크로질
③ 돌로마이트질
④ 마그네시아

해설 납석, 규석질(산성), 알루미나(Al_2O_3)(중성), 마그네시아($MgCO_3$), 돌로마이트질, 포스 테라이트 및 마그크로질은 염기성 내화물이다.

정답 43 ④ 44 ①

Chapter 03 Engineer Energy Management

배관공작 및 시공(보온 및 단열재)

1 배관의 구비조건

① 관내 흐르는 유체의 화학적 성질
② 관내 유체의 사용압력에 따른 허용압력한계
③ 관의 외압에 따른 영향 및 외부 환경조건
④ 유체의 온도에 따른 열영향
⑤ 유체의 부식성에 따른 내식성
⑥ 열팽창에 따른 신축흡수
⑦ 관의 중량과 수송조건 등

2 배관의 재질에 따른 분류

① 철금속관: 강관, 주철관, 스테인레스강관
② 비철금속관: 동관, 연(납), 알루미늄관
③ 비금속관: PVC관, PB관, PE관, PPC관, 원심력 철근콘크리트관(흄관), 석면시멘트관(에터니트관), 도관 등

3 배관의 종류

1) 강관(steel pipe)

강관은 일반적으로 건축물, 공장, 선박 등의 급수, 급탕, 냉난방, 증기, 가스배관 외에 산업설비에서의 압축 공기관, 유압배관 등 각종 수송관으로 또는 일반 배관용으로 광범위하게 사용된다.

(1) 제조방법에 의한 분류

① 이음매 없는 강관(seamless pipe)
② 단접관
③ 전기저항 용접관
④ 아크용접관

(2) 재질상 분류

① 탄소강 강관
② 합금강 강관
③ 스테인리스 강관

(3) 강관의 특징

① 연관, 주철관에 비해 가볍고 인장강도가 크다.
② 관의 접합방법이 용이하다.
③ 내충격성 및 굴요성이 크다.
④ 주철관에 비해 내압성이 양호하다.

(4) 강관의 종류와 사용용도

종류	KS명칭	KS규격	사용온도	사용압력	용도 및 기타사항
배관용	(일반) 배관용 탄소강관	SPP	350℃ 이하	1MPa 이하	사용압력이 낮은 증기, 물, 기름, 가스 및 공기 등의 배관용으로 일명 가스관이라 하며 아연(Zn)도금 여부에 따라 흑강관과 백강관으로 구분되며, 2.5MPa의 수압시험에 결함이 없어야 하고 인장강도는 300N/mm^2 이상이어야 한다. 1본의 길이는 6m이며 호칭지름 6~ 500A까지 24종이 있다.
	압력배관용 탄소강관	SPPS	350℃ 이하	1~10MPa 이하	증기관, 유압관, 수압관 등의 압력배관에 사용, 호칭은 관두께(스케줄번호)에 의하여, 호칭지름 6~500A(25종)
	고압배관용 탄소강관	SPPH	350℃ 이하	10MPa 이상	화학공업 등의 고압배관용으로 사용, 호칭은 관두께(스케줄번호)에 의하며, 호칭지름 6~500A(25종)
	고온배관용 탄소강관	SPHT	350℃ 이상	–	과열증기를 사용하는 고온배관용으로 호칭은 호칭지름과 관두께(스케줄번호)에 의함

종류	KS명칭	KS규격	사용온도	사용압력	용도 및 기타사항
배관용	저온배관용 탄소강관	SPLT	0℃ 이하	–	물의 빙정 이하의 석유화학공업 및 LPG, LNG, 저장탱크배관 등 저온배관용으로 두께는 스케줄번호에 의함
	배관용 아크용접 탄소강관	SPW	350℃ 이하	1MPa 이하	SPP와 같이 사용압력이 비교적 낮은 증기, 물, 기름, 가스및 공기 등의 대구경 배관용으로 호칭지름 350~2,400A(22종), 외경×두께
	배관용 스테인레스강관	STS	−350~350℃	–	내식성, 내열성 및 고온배관용, 저온배관용에 사용하며, 두께는 스케줄 번호에 의하며, 호칭지름 6~300A
	배관용 합금강관	SPA	350℃ 이상	–	주로 고온도의 배관용으로 두께는 스케줄번호에 의하며 호칭지름 6~500A
수도용	수동용 아연도금강관	SPPW	–	정수두 100m 이하	SPP에 아연도금을 한 것으로 급수용으로 사용하나 음용수배관에는 부적당하며 호칭지름 6~ 500A
	수도용 도복장강관	STPW	–	정수두 100m 이하	SPP 또는 아크용접 탄소강관에 아스팔트나 콜타르, 에나멜을 피복한 것으로 수동용으로 사용하며 호칭지름 80~1,500A(20종)
열 전달용	보일러 열교환기용 탄소강관	STH	–	–	관의 내외에서 열교환을 목적으로 보일러의 수관, 연관, 과열관, 공기 예열관, 화학공업이나 석유공업의 열교환기, 콘덴서관, 촉매관, 가열로관 등에 사용, 두께 1.2~12.5mm, 관지름 15.9~139.8mm
	보일러 열교환기용 합금강 강관	STHB(A)	–	–	
	보일러 열교환기용 스테인레스강관	STS×TB	–	–	
	저온 열교환기용강관	STS×TB	−350~0℃	15.9~139.8mm	빙점 이하의 특히 낮은 온도에 있어서 관의 내외에서 열교환을 목적으로 열교환기관, 콘덴서관에 사용
구조용	일반구조용 탄소강관	SPS	–	21.7~1,016mm	토목, 건축, 철탑, 발판, 지주, 비계, 말뚝, 기타의 구조물에 사용, 관두께 1.9~16.0mm

종류	KS명칭	KS규격	사용온도	사용압력	용도 및 기타사항
구조용	기계구조용 탄소강관	SM	–	–	기계, 항공기, 자동차, 자전거, 가구 기구 등의 기계부품에 사용
	구조용 합금강 강관	STA	–	–	자동차, 항공기, 기타의 구조물에 사용

(5) 스케줄 번호(schedule No): 관의 두께를 표시

$$\text{Sch}-\text{No} = \frac{P}{S} \times 1{,}000$$

여기서, P: 최고사용압력[MPa]

S: 허용응력[N/mm^2] = 인장강도/안전율(S)

- 스케줄 번호(Sch-No)는 5S, 10S, 20S, 40S, 80S, 120S, 160S 등이 있다.

(6) 강관의 표시방법은 아래와 같고 관끝면의 형상은 300A 이하는 PE(plain end)로 하고, 350 이상에서는 PE를 표준으로 하고 있으나, 주문자의 요구에 의해 BE(beveled end)로 할 수 있다.

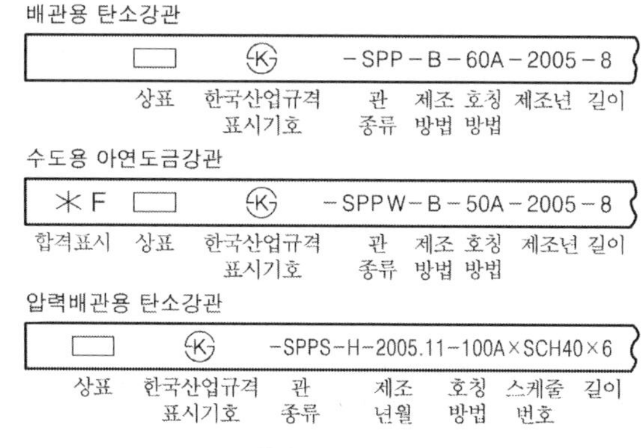

관의 표시 방법

〈제조방법에 따른 기호〉

기호	용도	기호	용도
E	전기저항 용접관	E-C	냉간완성 전기저항 용접관
B	단접관	B-C	냉간완성 단접관
A	아크용접관	A-C	냉간완성 아크 용접관
S-H	열간가공 이음매 없는 관	S-C	냉간완성 이음매 없는 관

2) 주철관(cast Iron pipe: CIP관)

주철관은 순철에 탄소가 일부 함유되어 있는 것으로 내압성, 내마모성이 우수하고 특히 강관에 비하여 내식성, 내구성이 뛰어나므로 수도용 급수관(수도본관), 가스 공급관, 광산용 양수관, 화학공업용 배관, 통신용 지하매설관, 건축설비 오배수배관 등에 광범위하게 사용한다.

(1) 제조방법에 의한 분류

① 수직법: 주형을 관의 소켓 쪽 아래로 하여 수직으로 세우고 용선을 부어 제조

② 원심력법: 금형을 회전시키면서 쇳물을 부어 제조

(2) 재질상 분류

① 보통 주철관: 내구성과 내마모성은 고급주철관과 같으나 외압이나 충격에 약하고 무름

② 고급 주철관: 주철 중의 흑연함량을 적게하고 강성을 첨가하여 금속조직을 개선한 것으로 기계적 성질이 좋고 강도가 크다.

③ 구상흑연(덕타일) 주철관: 양질의 선철에 강을 배합한 것이며 주철 중의 흑연을 구상화시켜서 질이 균일하고 치밀하며 강도가 크다.

(3) 압력에 따른 분류

① 고압관: 정수두 $100mH_2O$ 이하

② 보통압관: 정수두 $75mH_2O$ 이하

③ 저압관: 정수두 $45mH_2O$ 이하

(4) 주철관의 특징

① 내구력이 크다.

② 내식성이 커 지하 매설배관에 적합하다.

③ 다른 배관에 비해 압축강도가 크나 인장에 약하다(취성이 크다).

④ 충격에 약해 크랙(creak)의 우려가 있다.

⑤ 압력이 낮은 저압(0.7~1MPa 정도)에 사용한다.

3) 스테인레스 강관(stainless steel pipe)

상수도의 오염으로 배관의 수명이 짧아지고 부식의 우려가 있어 스테인레스 강관의 이용도가 증대하고 있다.

(1) 스테인레스 강관의 종류

① 배관용 스테인레스 강관

② 보일러 열교환기용 스테인레스 강관

③ 위생용 스테인레스 강관

④ 배관용 아크용접 대구경 스테인레스 강관
⑤ 일반배관용 스테인레스 강관
⑥ 구조 장식용 스테인레스 강관

(2) 스테인레스 강관의 특징

① 내식성이 우수하고 위생적이다.
② 강관에 비해 기계적 성질이 우수하다.
③ 두께가 얇아 가벼워서 운반 및 시공이 용이하다.
④ 저온에 대한 충격성이 크고, 한랭지 배관이 가능하다.
⑤ 나사식, 용접식, 몰코식, 플랜지이음 등 시공이 용이하다.

4) 동관(copper pipe)

동은 전기 및 열전도율이 좋고 내식성이 뛰어나며 전연성이 풍부하고 가공도 용이하여 판, 봉, 관 등으로 제조되어 전기재료, 열교환기, 급수관, 급탕관, 냉매관, 연료관 등 널리 사용되고 있다.

(1) 동관의 분류

구분	종류	비고
사용된 소재에 따른 분류	인탈산 동관 터프피치 동관 무산소 동관 동합금관	일반 배관재료 사용 순도 99.9% 이상으로 전기기기 재료 순도 99.96% 이상 용도 다양
질별 분류	연질(O) 반연질(OL) 반경질(1/2H) 경질(H)	가장 연하다 연질에 약간의 경도강도 부여 경질에 약간의 연성부여 가장 강하다
두께별 분류	K-type L-type M-type N-type	가장 두껍다 두껍다 보통 얇은 두께(KS 규격은 없음)
용도별 분류	워터 튜브(순동제품) ACR 튜브(순동제품) 콘덴서 튜브(동합금 제품)	일반적인 배관용(물에 사용) 열교환용 코일(에어컨, 냉동기) 열교환기류의 열교환용 코일
형태별 분류	직관(15~150A = 6m, 200A 이상 = 3m) 코일(L/W: 300mm, B/C: 50,70,100m, P/C = 15,30mm) PMC-808	일반배관용 상수도, 가스 등 장거리 배관 온돌난방 전용

(2) 동관의 특징

① 전기 및 열전도율이 좋아 열교환용으로 우수하다.
② 전·연성 풍부하여 가공이 용이하고 동파의 우려가 적다.
③ 내식성 및 알카리에 강하고 산성에는 약하다.
④ 무게가 가볍고 마찰저항이 적다.
⑤ 외부충격에 약하고 가격이 비싸다.
⑥ 아세톤, 에테르, 프레온가스, 휘발유 등 유기약품에 강하다.

5) 연관(lead pipe)

일명 납(Pb)관이라 하며, 연관은 용도에 따라 1종(화학공업용), 2종(일반용), 3종(가스용)으로 나눈다.

6) 알루미늄관(Al관)

은백색을 띠는 관으로 구리 다음으로 전기 및 열전도성이 양호하며 전연성이 풍부하여 가공이 용이하며 건축재료 및 화학공업용 재료로 널리 사용된다. 알루미늄은 알칼리에는 약하고 특히 해수, 염산, 황산, 가성소다 등에 약하다.

7) 플라스틱관(plastic pipe: 합성수지관)

합성수지관은 석유, 석탄, 천연가스 등으로부터 얻어지는 에틸렌, 프로필렌, 아세틸렌, 벤젠 등을 원료로 만들어진 관이다.

(1) 경질염화비닐관(PVC관: poly-vinyl chloride)

염화비닐을 주원료로 압축가공하여 제조한 관이다.

장점

① 내식성이 크고 산·알카리, 해수(염류) 등의 부식에도 강하다.
② 가볍고 운반 및 취급이 용이하며 기계적 강도가 높다.
③ 전기절연성이 크고 마찰저항이 적다.
④ 가격이 싸고 가공 및 시공이 용이하다.

단점

① 열가소성수지이므로 열에 약하고 180℃ 정도에서 연화된다.
② 저온에서 특히 약하다(저온취성이 크다).
③ 용제 및 아세톤 등에 약하다.
④ 충격강도가 크고 열팽창치가 커 신축이 유의한다.

(2) 폴리에틸렌관(PE관: poly-ethylene pipe)

에틸렌에 중합체, 안전체를 첨가하여 압출 성형한 관으로 화학적, 전기적 절연 성질이 염화비닐관보다 우수하고 내충격성이 크고 내한성이 좋아 -60℃에서도 취성이 나타나지 않아 한냉지 배관으로 적합하나 인장강도가 작다.

(3) 폴리부틸렌관(PB관: poly-buthylene pipe)

폴리부틸렌관은 강하고 가벼우며, 내구성 및 자외선에 대한 저항성, 화학작용에 대한 저항 등이 우수하여 온수온돌의 난방배관, 음용수 및 온수배관, 농업 및 원예용배관, 화학배관 등에 사용되며 나사 및 용접배관을 하지 않고 관을 연결구에 삽입하여 그래프링(grapring)과 O-링에 의해 쉽게 접합 수 있다.

(4) 가교화 폴리에틸렌관(XL관: cross-linked polyethylene pipe)

폴리에틸렌 중합체를 주체로 하여 적당히 가열한 압출성형기에 의하여 제조되며 일명 엑셀파이프라고도 하며 온수, 온돌 난방코일용으로 가장 많이 사용되며 특징은 다음과 같다.

① 동파, 녹발생 및 부식이 없고 스케일 발생이 없다.
② 기계적 성질 및 내열성, 내한성 및 내화학성이 우수하다.
③ 가볍고 신축성이 좋으며, 배관시공이 용이하다.
④ 관이 롤(roll)로 생산되고 가격이 싸고 운반이 용이하다.

(5) PPC관(poly-propylen copolymer)

폴리프로필렌 공중합체를 원료로 하여 열변형 온도가 높아 폴리에틸렌파이프(X-L)의 경우처럼 가교화처리가 필요가 없으며 시멘트 등의 외부자재와 화학작용 및 습기 등으로 인한 부식이 없고 굴곡가공으로 시공이 편리하며 녹이나 부식으로 인한 독성이 없어 많이 사용된다.

8) 원심력 철근 콘크리트관(흄관)

원통으로 조립된 철근형틀에 콘크리트를 주입하여 고속으로 회전시켜 균일한 두께의 관으로 성형시킨 것으로 상하수도, 배수관에 사용된다.

9) 석면 시멘트관(에터니트관)

석면과 시멘트를 1: 5~1: 6 정도의 중량비로 배합하고 물을 혼합하여 롤러로 압력을 가해 성형시킨 관으로 금속관에 비해 내식성이 크며 특히 내알카리성에 우수하고 수도용, 가스관, 배수관, 공업용수관 등의 매설관에 사용되며 재질이 치밀하여 강도가 강하다.

10) 도관(陶管)

점토를 주원료로 하여 반죽한 재료를 성형 소성한 것으로 소성 시 내흡수성을 위해 유약을 발라 표면을 매끄럽게 한다.

4 배관 이음

1) 철금속관 이음

(1) 강관 이음

강관의 이음방법에는 나사에 의한 방법, 용접에 의한 방법, 플랜지에 의한 방법 등이 있다.

① 나사 이음

배관에 숫나사를 내어 부속 등과 같은 암나사와 결합하는 것으로 이 때 테이퍼 나사는 1/16의 테이퍼(나사산의 각도는 55°)를 가진 원뿔나사로 누수를 방지하고 기밀을 유지한다.

사용목적에 따른 분류

- 관의 방향을 바꿀 때: 엘보, 벤드 등
- 관을 도중에 분기할 때: 티, 와이 크로스 등
- 동일 지름의 관을 직선연결할 때: 소켓, 유니온, 플랜지, 니플(부속연결) 등
- 지름이 다른 관을 연결할 때: 레듀셔(이경소켓), 이경엘보, 이경티, 부싱(부속연결) 등
- 관의 끝을 막을 때: 캡, 막힘(맹)플랜지, 플러그 등
- 관의 분해, 수리, 교체를 하고자 할 때: 유니온, 플랜지 등

이음쇠의 크기 표시

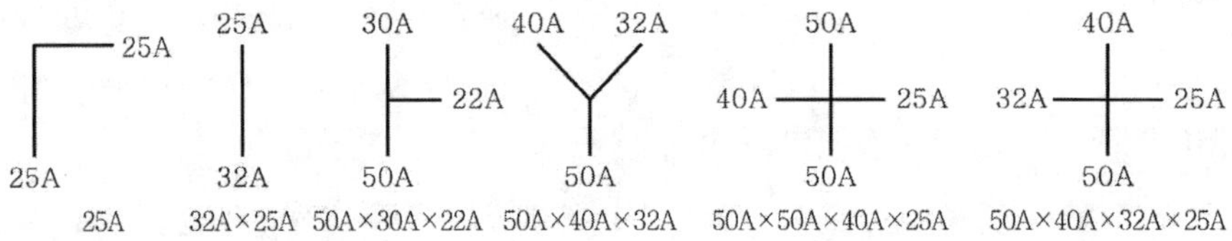

배관 길이 계산

- 직선배관 길이 산출: 배관 도면에서의 치수는 관의 중심에서 중심까지를 mm 나타내는 것을 원칙으로 하며, 특히 정확한 치수를 내기 위해서는 부속의 중심에서 단면까지의 중심 길이와 파이프의 유효나사길이, 또는 삽입길이를 정확히 알고 있어야 정확한 치수를 구할 수 있다.

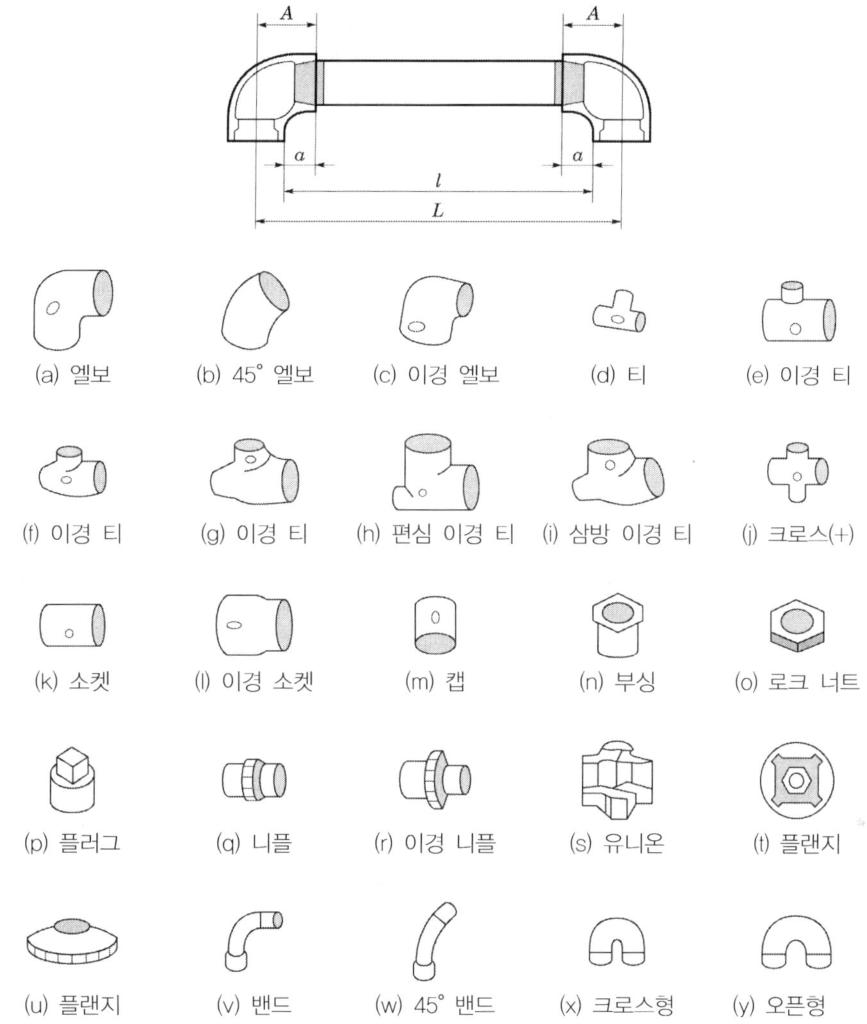

· 파이프의 실제(절단)길이

부속이 동일한 경우 $l = L - 2(A - a)$

부속이 다를 경우 $l = L - [(A - a) + (B - b)]$

여기서, L: 파이프의 전체길이
l: 파이프의 실제길이
A: 부속의 중심길이
a: 나사 삽입길이

- 45° 관에서의 길이 산출방법

파이프의 실제(절단)길이(45° 파이프 전체길이) $L' = \sqrt{2}\,L = 1.414\,L$

파이프 실제길이(동일부속) $l = L' - 2(A-a)$

파이프 실제길이(부속이 다를 때) $l = L - [(A-a)+(B-b)]$

② 용접 이음

전기용접과 가스용접 두 가지가 있으며 가스용접은 용접속도가 전기용접보다 느리고 변형이 심하다. 전기용접은 지름이 큰 관을 맞대기 용접, 슬리브용접 등을 사용하며 모재와 용접봉을 전극으로 하고 아크를 발생시켜 그 열(약 6,000℃)로 순간에 모재와 용접봉을 녹여 용접하는 야금적 접합법이다.

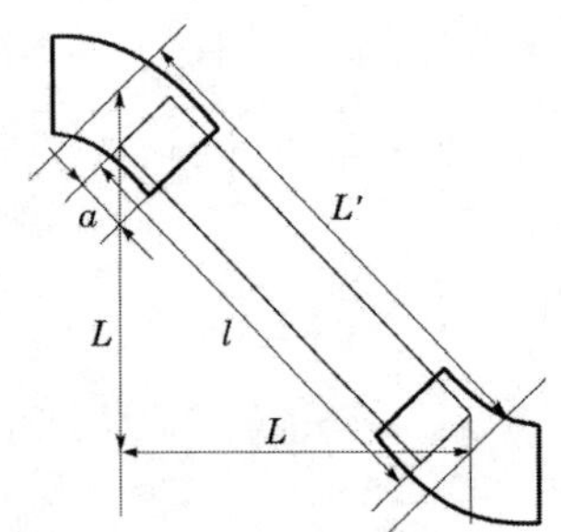

㉠ 맞대기 용접: 관 끝을 아래 그림과 같이 베벨가공한 다음 관을 롤러작업대 또는 V블록 위에 올려 놓고 양쪽 관 끝의 루트간격을 정확히 잡은 후 이음 개소의 관의 안지름과 관축이 일치되게 조정하여 검사한 후 3~4개 부위를 가접한 다음 관을 회전시키면서 아래 보기(flat position)자세로 용접한다.

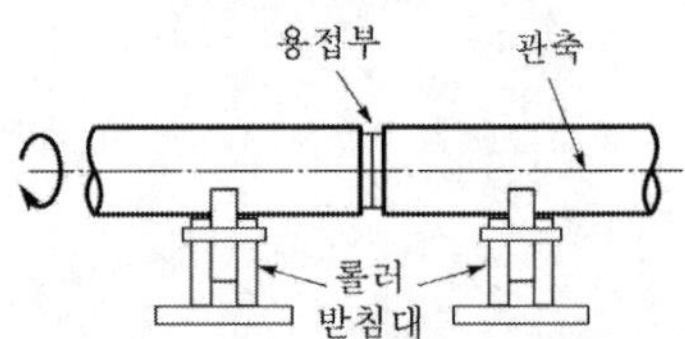

㉡ 슬리브 용접: 주로 특수 배관용 삽입 용접 시 이음쇠를 사용하여 이음하는 방법이다. 압력배관, 고압배관, 고온 및 저온배관, 합금강배관, 스테인레스강 배관의 용접이음에 채택되며 누수의 염려가 없고 관지름의 변화가 없는 것이 특징이다.

· 슬리브의 길이는 관경의 1.2~1.7배 정도이다.

③ 플랜지 이음

㉠ 관의 보수, 점검을 위하여 관의 해체 및 교환을 필요로 하는 곳에 사용한다.

㉡ 관 끝에 용접 이음 또는 나사 이음을 하고, 양 플랜지 사이에 패킹(packing)을 넣어 볼트로 결합한다.

㉢ 플랜지를 결합할 때에는 볼트를 대칭으로 균일하게 조인다.

㉣ 배관의 중간이나 밸브, 펌프, 열교환기 등의 각종 기기의 접속을 위해 많이 사용한다.

㉤ 플랜지에 따른 볼트수는 15~40A: 4개, 50~125A: 8개, 150~250A: 12개, 300~400A: 16개가 소요된다.

㉥ 플랜지면의 모양에 따른 종류 및 용도

플랜지 종류	호칭압력(kg/cm^2)	용도
전면 시트	16 이하	주철재 및 구리합금재
대평면 시트	63 이하	부드러운 패킹을 사용 시
소평면 시트	16 이상	경질의 패킹을 사용 시
삽입형 시트	16 이상	기밀을 요하는 경우
홈꼴형 시트	16 이상	위험성 있는 배관 및 매우 기밀을 요구 시

용접 이음의 장점

- 나사 이음보다 이음부의 강도가 크고 누수의 우려가 적다.
- 두께의 불균일한 부분이 없어 유체의 압력손실이 적다.
- 부속사용으로 인한 돌기부가 없어 피복(보온)공사가 용이하다.
- 중량이 감소되고 재료비 및 유지비, 보수비가 절약된다.
- 작업이 공정수가 감소하고 배관상의 공간효율이 좋다.

2) 주철관 이음쇠

① 소켓 이음(socket joint, hub-type)

연납(lead joint)이라고도 하며 주로 건축물의 배수배관의 지름이 작은 관에 많이 사용된다. 주철관의 소켓(hub)쪽에 삽입구(spigot)를 넣어 맞춘 다음 마(yarn)를 단단히 꼬아감고 정으로 다져 넣은 후 충분히 가열되어 표면의 산화물이 완전히 제거된 용융된 납(연)을 한번에 충분히 부어 넣은 후 정을 이용하여 충분히 틈새를 코킹한다.

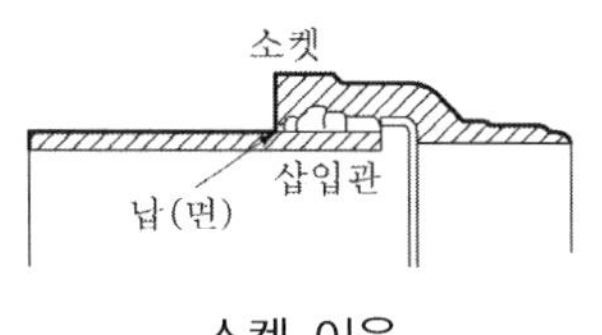

소켓 이음

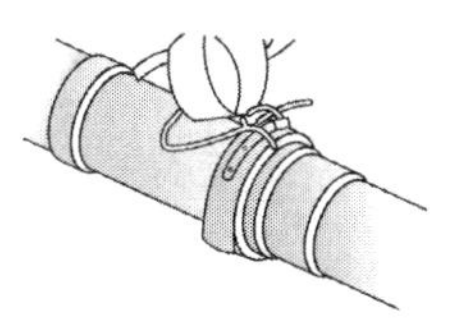
납주입 작업

② 노허브 이음(no hub-joint)

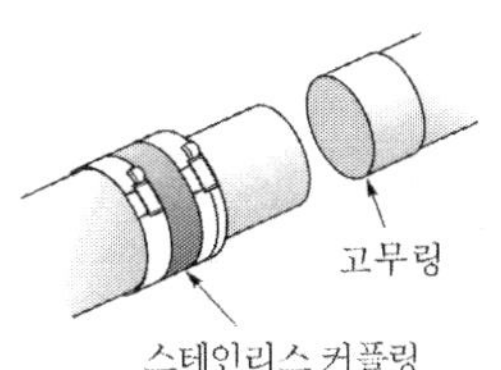

최근 소켓(허브) 이음의 단점을 개량한 것으로 스테인레스 커플링과 고무링만으로 쉽게 이음할 수 있는 방법으로 시공이 간편하고 경제성이 커 현재 오배수관에 많이 사용하고 있다.

③ 플랜지 이음(flange joint)

플랜지가 달린 주철관을 플랜지끼리 맞대고 그 사이에 패킹을 넣어 볼트와 너트로 이음한다.

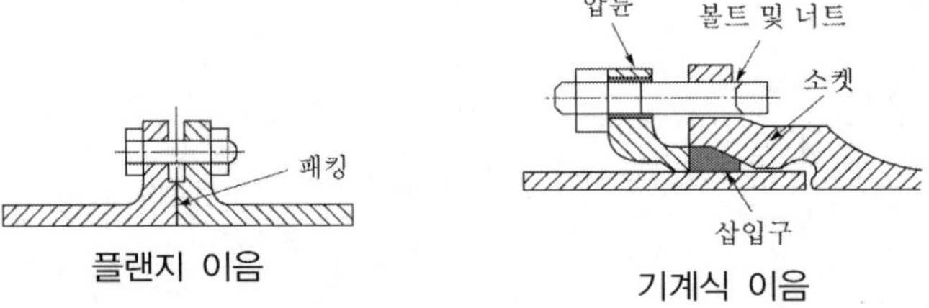

플랜지 이음 기계식 이음

④ 기계식 이음(mechanical joint)

고무링을 압륜으로 죄어 볼트로 체결한 것으로 소켓 이음과 플랜지 이음의 특징을 채택한 것이다.

기계식 이음(미케니컬 조인트)의 특징

- 수중 작업이 가능하다.
- 고압에 잘 견디고 기밀성이 좋다.
- 간단한 공구로 신속하게 이음이 되며 숙련공을 요하지 않는다.
- 지진 기타 외압에 대하여 굽힘성이 풍부하므로 누수되지 않는다.

⑤ 타이톤 이음(tyton joint)

고무링 하나만으로 이음이 되고 소켓 내부에 홈은 고무링을 고정시키고 돌기부는 고무링이 있는 홈속에 들어 맞게 되어 있으며 삽입구 끝은 테이퍼로 되어 있다.

⑥ 빅토릭 이음(victoric joint)

특수모양으로 된 주철관의 끝에 고무링과 가단 주철제의 칼라(collar)를 죄어 이음하는 방법으로 배관 내의 압력이 높아지면 더욱 밀착되어 누설을 방지한다.

5 비철금속관 이음

1) 동관 이음(납땜 이음, 플레어 이음, 플랜지 이음)

(1) 납땜 이음(soldering joint)

확장된 관이나 부속 또는 스웨이징 작업을 한 동관을 끼워 모세관 현상에 의해 흡인되어 틈새 깊숙히 빨려드는 일종의 겹침이음이다.

(2) 플레어 이음(압축 이음, flare joint)

동관 끝부분을 플레어 공구(flaring tool)에 의해 나팔 모양으로 넓히고 압축이음쇠를 사용하여 체결하는 이음 방법으로 지름 20mm 이하의 동관을 이음할 때, 기계의 점검 및 보수 등을 위해 분해가 필요한 장소나 기기를 연결하고자 할 때 이용된다.

(3) 플랜지 이음(flange joint)

관 끝이 미리 꺾어진 동관을 용접하여 끼우고 플랜지를 양쪽을 맞대어 패킹을 삽입 후 볼트로 체결하는 방법으로서 재질이 다른 관을 연결할 때에는 동절연플랜지를 사용하여 이음을 하는데 이는 이종금속 간의 부식을 방지하기 위하여 사용된다.

2) 연관(Lead Pipe) 이음

연관의 이음 방법으로는 플라스턴 이음, 살올림 납땜이음, 용접이음 등이 있다.

3) 스테인리스 강관 이음

(1) 나사 이음

일반적으로 강관의 나사 이음과 동일하다.

(2) 용접 이음

용접방법에는 전기용접과 불활성가스 아크(TIG)용접법이 있다.

(3) 플랜지 이음

배관의 끝에 플랜지를 맞대어 볼트와 너트로 조립한다.

(4) 몰코 이음(molco joint)

스테인레스 강관 13SU에서 60SU를 이음쇠에 삽입하고 전용 압착공구를 사용하여 접합하는 이음 방법으로 급수, 급탕, 냉난방 등의 분야에서 나사 이음, 용접 이음 대신 단시간에 배관할 수 있는 배관 이음이다.

(5) MR조인트 이음쇠

관을 나사가공이나 압착(프레스)가공, 용접가공을 하지 않고 청동 주물제 이음쇠 본체에 관을 삽입하고 동합금제 링(ring)을 캡너트(cap nut)로 죄어 고정시켜 접속하는 방법이다.

(6) 기타 이음(원조인트 등)

6 비금속관 이음

1) 경질염화비닐관(PVC관)

(1) 냉간 이음

냉간이음은 관 또는 이음관의 어느 부분도 가열하지 않고 접착제를 발라 관 및 이음관의 표면을 녹여 붙여 이음하는 방법으로 TS식 조인트(taper sized fitting)를 이용하며 가열이 필요 없으며 시공 작업이 간단하여 시간이 절약된다. 또한 특별한 숙련이 필요없고 경제적 이음방법으로 좁은 장소 또는 화기를 사용할 수 없는 장소에서 작업할 수 있다.

(2) 열간 이음

열간 접합을 할 때에는 열가소성, 복원성 및 융착성을 이용해서 접합하는 방법이다.

(3) 용접 이음

염화비닐관을 용접으로 연결할 때에는 열풍용접기(hot jet gun)를 사용하며 주로 대구경관의 분기접합, T접합 등에 사용한다.

2) 폴리에틸렌관(PE관)

폴리에틸관은 용제에 잘 녹지 않으므로 염화 비닐관에서와 같은 방법으로는 이음이 불가능하며 테이퍼조인트 이음, 인서트 이음, 플랜지 이음, 테이퍼코어 플랜지 이음, 융착슬리브 이음, 나사 이음 등이 있으나 융착 슬리브 이음은 관 끝의 바깥쪽과 이음부속의 안쪽을 동시에 가열, 용융하여 이음하는 방법으로 이음부의 접합강도가 가장 확실하고 안전한 방법으로 가장 많이 사용된다.

철근콘크리트관(흄관)

① 모르타르 접합(mortar joint)
② 칼라 이음(collar joint)

석면 시멘트관(에터니트관)

① 기볼트 이음(gibolt joint)
② 칼라 이음(collar joint)
③ 심플렉스 이음(simplex joint)

7 신축 이음(expansion joint)

철의 선팽창계수 α는 1.2×10^{-5}m/m℃로 강관의 경우 온도차 1℃일 때 1m당 0.012mm만큼 신축이 발생하므로 직선거리가 긴 배관의 있어서 관 접합부나 기기의 접속부가 파손될 우려가 있어 이를 미연에 방지하기 위하여 신축 이음을 배관의 도중에 설치하는 것이다.
일반적으로 신축 이음은 강관의 경우 직선길이 30m당, 동관은 20m마다 1개 정도 설치한다.

해설: 선팽창길이(Δl)

$$\Delta l = l\alpha\Delta t$$

여기서, α: 선팽창계수(m/m ℃)
l: 관의 길이(m)
Δt: 온도차(관내유체온도 − 실내온도: ℃)

1) 루프형(만곡관, Loop) 신축 이음

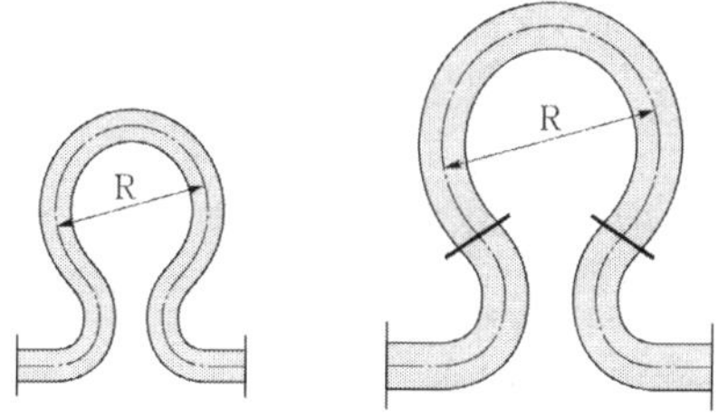

신축곡관이라고도 하며 강관 또는 동관 등을 루프(loop) 모양으로 구부려서 그 휨에 의하여 신축을 흡수하는 것으로 특징은 다음과 같다.

특징

① 고온 고압의 옥외 배관에 설치한다.
② 설치장소를 많이 차지한다.
③ 신축에 따른 자체 응력이 발생한다.
④ 곡률반경은 관지름의 6배 이상으로 한다.

2) 미끄럼형(sleeve type) 신축 이음

본체와 슬리브 파이프로 되어 있으며 관의 신축은 본체 속의 미끄럼하는 슬리브관에 의해 흡수되며 슬리브와 본체 사이에 패킹을 넣어 누설을 방지하고 단식과 복식의 두 가지 형태가 있다.

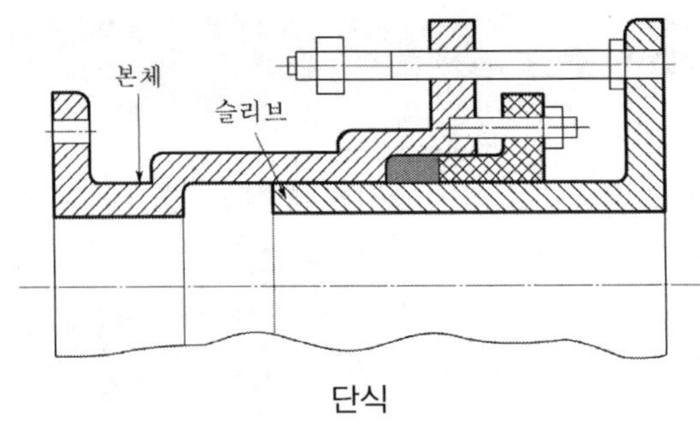

단식

3) 벨로우즈형(주름통형, 파상형, bellows type) 신축 이음

일반적으로 급수, 냉난방배관에서 많이 사용되는 신축 이음으로서 일명 팩레스(packless) 신축 이음이라고도 하며 인청동제 또는 스테인레스제의 벨로우즈를 주름잡아 신축을 흡수하는 형태의 신축 이음이다.

특징

① 설치공간을 많이 차지하지 않는다.
② 고압배관에는 부적당하다.
③ 신축에 따른 자체 응력 및 누설이 없다.
④ 주름의 하부에 이물질이 쌓이면 부식의 우려가 있다.

4) 스위블형(swivle type) 신축 이음

회전 이음, 지블 이음, 지웰 이음 등이라 하며 2개 이상의 나사엘보를 사용하여 이음부 나사의 회전을 이용하여 배관의 신축을 흡수하는 것으로 주로 온수 또는 저압의 증기난방 등의 방열기 주위배관용으로 사용된다.

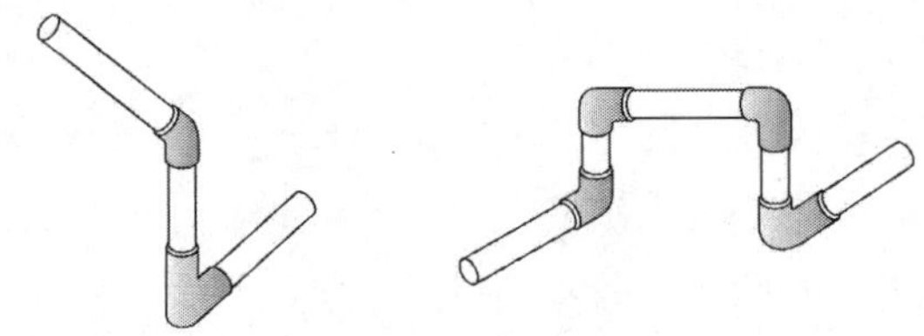

해설

신축허용길이가 큰 순서
루프형 > 슬리브형 > 벨로우즈형 > 스위블형

5) 볼조인트형(ball joint type) 신축 이음

볼조인트는 평면상의 변위뿐만 아니라 입체적인 변위까지 흡수하므로 어떠한 신축에도 배관이 안전하며 설치공간이 적다.

8 플렉시블 이음(flexible joint)

굴곡이 많은 곳이나 기기의 진동이 배관에 전달되지 않도록 하여 배관이나 기기의 파손을 방지하는 목적으로 사용된다.

9 배관 부속장치

1) 밸브

유체의 유량조절, 흐름의 단속, 방향전환, 압력 등을 조절하는 데 사용한다.

(1) 정지밸브

밸브(valve, 변)는 유체의 유량을 조절, 흐름을 단속, 방향을 전환, 압력 등을 조절하는 데 사용하는 것으로 재료, 압력범위, 접속방법 및 구조에 따라 여러 종류로 나눈다.

① 게이트 밸브, 슬루스 밸브(gate valve, sluice valve, 사절변)
일반적으로 가장 많이 사용하는 밸브로서 유체의 흐름을 차단(개폐)하는 대표적인 밸브로서 가장 많이 사용하며 개폐시간이 길다.

② 글로브 밸브(glove valve, stop valve, 옥형변)
디스크의 모양이 구형이며 유체가 밸브시트 아래에서 위로 평행하게 흐르므로 유체의 흐름방향이 바뀌게 되어 유체의 마찰저항이 크게 된다. 글로브 밸브는 유량조절이 용이하고 마찰저항은 크다.

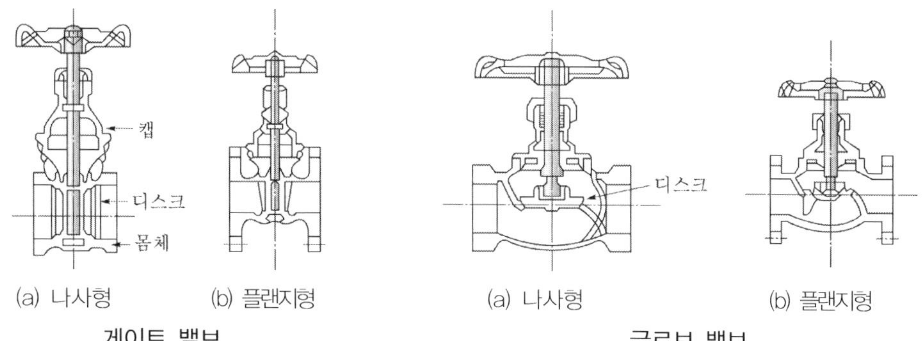

(a) 나사형 (b) 플랜지형
게이트 밸브
(a) 나사형 (b) 플랜지형
글로브 밸브

니들 밸브(neddle valve, 침변)
디스크의 형상이 원뿔모양으로 유체가 통과하는 단면적이 극히 작아 고압 소유량의 조절에 적합하다.

③ 앵글 밸브(angle valve)

글로브 밸브의 일종으로 유체의 입구와 출구의 각이 90° 로 되어 있는 것으로 유량의 조절 및 방향을 전환시켜 주며 주로 방열기의 입구 연결밸브나 보일러 주증기 밸브로 사용한다.

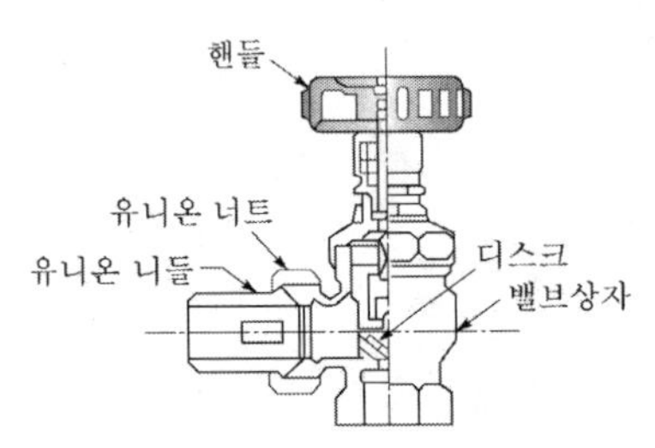

④ 체크 밸브(check valve, 역지변)

유체를 흐름방향을 한쪽으로만 흐르게 하여 역류를 방지하는 역류방지 밸브로서 밸브의 구조에 따라 다음과 같이 구분할 수 있다.

체크 밸브의 종류

① 스윙형(swing type): 수직, 수평배관에 사용한다.

② 리프트형(lift type): 수평배관에만 사용한다.

③ 풋형(foot type): 펌프 흡입관 선단의 여과기(strainer)와 역지변(check valve)을 조합한 기능역할을 한다.

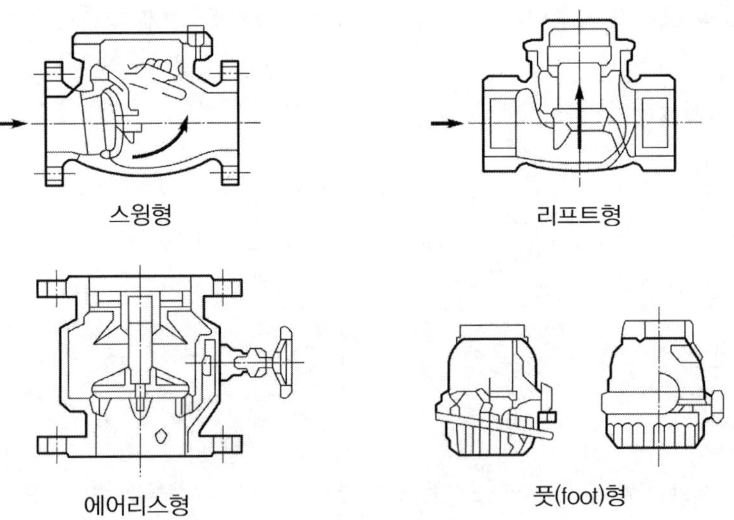

⑤ 볼 밸브(ball valve)

구의 형상을 가진 볼에 구멍이 뚫려 있어 구멍의 방향에 따라 개폐 조작이 되는 밸브이며 90° 회전으로 개폐 및 조작도 용이하여 게이트 밸브(슬루스 밸브) 대신 많이 사용된다.

⑥ 버터플라이 밸브(butterfly valve)

일명 나비 밸브라 하며 원통형의 몸체 속에 밸브봉을 축으로 하여 원형 평판이 회전함으로써 밸브가 개폐된다. 밸브의 개도를 알 수 있고 조작이 간편하며 경량이고 설치공간을 작게 차지하므로 설치가 용이하다. 작동방법에 따라 레버식, 기어식 등이 있다.

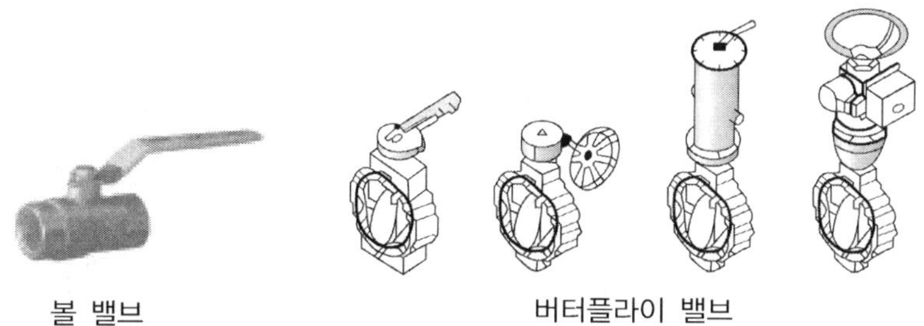

볼 밸브 버터플라이 밸브

⑦ 콕(cock)

콕은 로타리(rotary) 밸브의 일종으로 원통 또는 원뿔에 구멍을 뚫고 축을 회전으로 개폐하는 것으로 프러그 밸브라고도 하며 1/4 (90°) 회전으로 급속한 개폐가 가능하나 기밀성이 좋지 않아 고압 대유량에는 적당하지 않다.

(2) 조정 밸브

조정 밸브는 배관계통에서 장치의 냉온열원의 부하증감 시 자동으로 밸브의 개도를 조절하여 주는 밸브류를 말하는 것으로 다음과 같은 종류가 있다.

① 감압 밸브(pressure reducing valve: PRV)

감압 밸브는 고압의 압력을 저압으로 유지하여 주는 밸브로서 사용유체에 따라 물과 증기용으로 분류되며 감압 밸브는 입구압력에 관계없이 항상 출구의 압력을 일정하게 유지시켜 준다.

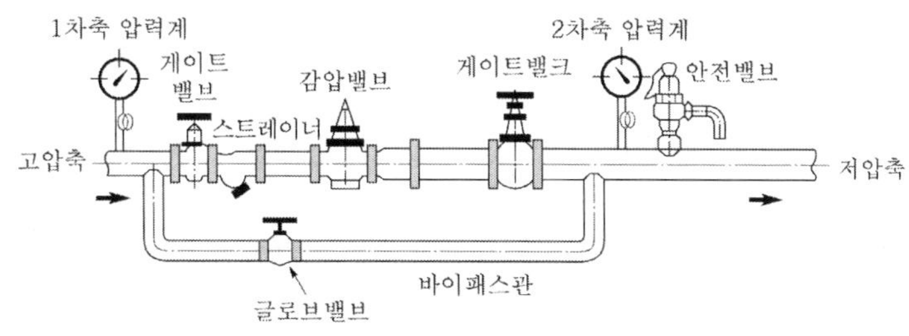

감압 밸브 주위 배관

② 안전 밸브(safety valve)

고압의 유체를 취급하는 고압용기나 보일러, 배관 등에 설치하여 압력이 규정한도 이상으로 되면 자동적으로 밸브가 열려 장치나 배관의 파손을 방지하는 밸브로서 스프링식과 중추식, 지렛대식이 있으며 일반적으로 스프링식 안전 밸브를 가장 많이 사용한다.

③ 전자 밸브(solenoid valve)

전자코일에 전류를 흘려서 전자력에 의한 플런저가 들어 올려지는 전자석의 원리를 이하여 밸브를 개폐시키는 것으로 일반적으로 15A 이하는 솔레노이드의 추력으로 직접 밸브를 개폐하는 방식의 작동형 전자 밸브가 사용되지만 유체의 차압이 큰 관로에는 차압을 이용하여 밸브를 개폐하는 파일롯트식이 사용되며 단순히 밸브를 ON-OFF 시킬 수 있다.

④ 전동 밸브

㉠ 이방 밸브(2-way valve): 기기의 부하에 따른 유량을 제어하기 위한 밸브로서 밸브의 개도조절이 가능하여 유량을 제어할 수 있다.

㉡ 삼방 밸브(3-way valve): 3개의 배관에 접속하는 밸브로서 유입관에서 유출관의 방향이 2개 이상이 될 때 유량을 한 방향으로 차단하거나 분배하고자 할 때 사용한다.

⑤ 공기빼기 밸브(air vent valve: AVV)

배관이나 기기 중의 공기를 제거할 목적으로 사용되며, 유체의 순환을 양호하게 하기 위하여 기기나 배관의 최상단에 설치한다.

⑥ 온도조절 밸브(temperature control valve: TCV)

열교환기나 급탕탱크, 가열기기 등의 내부온도를 감지하여 일정한 온도로 유지시키기 위하여 증기나 온수공급량을 자동적으로 조절하여 주는 자동 밸브이다.

⑦ 정유량 조절 밸브

휀코일 유니트나 방열기 등에서 방열기에 온수를 공급하면 복잡한 배관계에서는 각 방열기기의 위치에 따라 압력이 변하므로 공급되는 유량이 다르게 되므로 방열량이 불균형이 일어나 난방의 불균형이 일어난다. 이 때 각 배관계통이나 기기로 일정량의 유량이 공급되도록 하는 자동 밸브이다.

⑧ 차압조절 밸브(differential pressure control valve)

공급배관과 환수배관 사이에 설치하여 공급관과 환수관의 압력차을 일정하게 유지시켜 주는 밸브이다. 과도한 차압발생으로 인한 펌프의 과부하나 고장을 방지하기 위하여 차압에 따라 일정한 순환유량이 확보되도록 유지시킨다.

⑨ 차압유량조절 밸브(differential pressure & flow control valve)

지역난방이나 대규모 주거단지의 난방 시스템에서 부하변동에 따라 차압이 증가하면 관내 소음발생의 원인이 되고 과소가 되면 유량이 감소하면 난방이 부족하게 되므로 공급관과 환수관의 차압을 감지하여 압력변화에 따른 유량변동을 일정하게 하는 자동 밸브이다.

(3) 냉매용 밸브

냉매 스톱 밸브는 글로브 밸브와 같은 밸브 몸체와 밸브시트를 가진 것으로서 암모니아용과 프레온용이 있다.

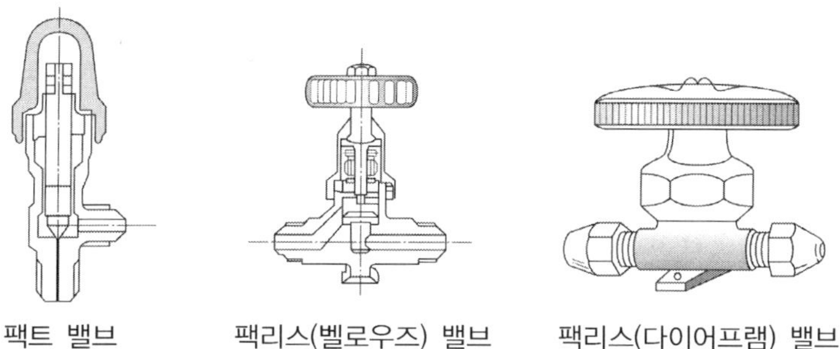

① 팩트 밸브(packed valve)

밸브스템(봉)의 둘레에 석면, 흑연패킹 또는 합성고무 등을 채워 글랜드로 죔으로써 냉매가 누설되는 것을 방지하며, 안전을 위하여 밸브에 뚜껑을 씌워져 있고 밸브를 조작할 때에는 이 뚜껑을 열고 조작한다.

② 팩리스 밸브(packless valve)

팩리스 밸브는 글랜드패킹을 사용하지 않고 벨로우즈(bellows)나 다이어프램(diaphram)을 사용하여 외부와 완전히 격리하여 누설을 방지하게 되어 있다.

③ 서비스 밸브(service valve)

냉매, 충전, 방전(퍼지)용 밸브이다.

2) 여과기(strainer)

배관에 설치하는 자동조절 밸브, 증기트랩, 펌프 등의 앞에 설치하여 유체 속에 섞여 있는 이물질을 제거하여 밸브 및 기기의 파손을 방지하는 기구로서 모양에 따라 Y형, U형, V형 등이 있으며 몸통의 내부에는 금속제 여과망(mesh)이 내장되어 있어 주기적으로 청소를 해주어야 한다.

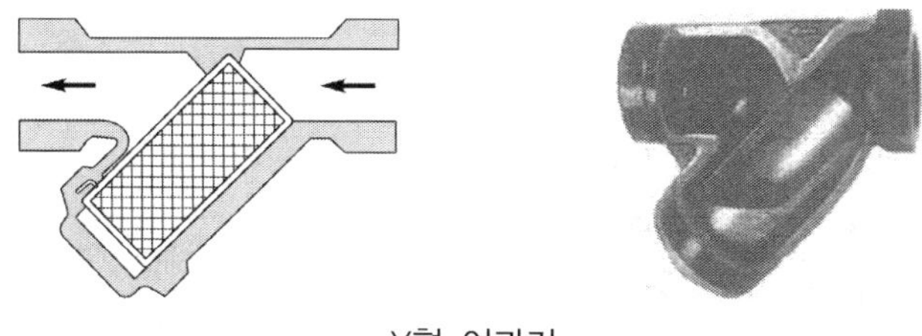

Y형 여과기

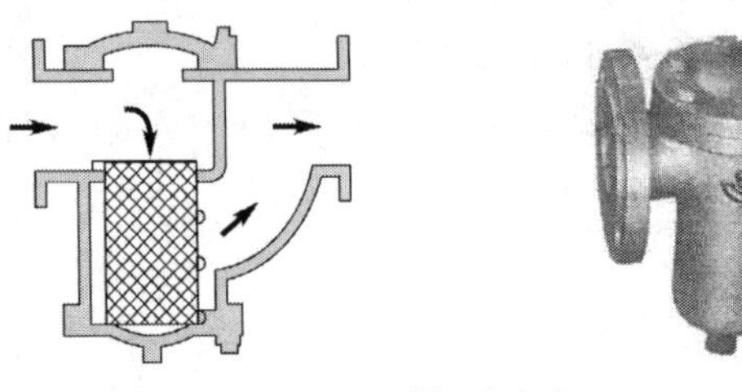

U형 여과기

3) 바이패스장치

바이패스장치는 배관계통 중에서 증기트랩, 전동 밸브, 온도조절 밸브, 감압 밸브, 유량계, 인젝터 등과 같이 비교적 정밀한 기계들이 고장과 일시적인 응급사항에 대비하여 비상용 배관을 구성하는 것을 말한다.

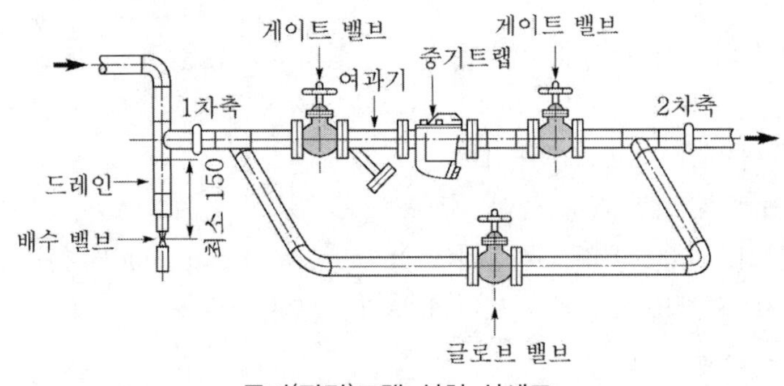

증기(관말)트랩 설치 상세도

10 패킹 및 단열재료(보온재)와 도료

1) 패킹(packing)

패킹은 접합부(운동부분)의 누설을 방지하기 위한 것으로 탄성체로 되어 있으며, 나사용, 플랜지, 패킹 등이 있다.

(1) 나사용 패킹

① 페인트(paint)

페인트와 광명단을 혼합하여 사용하며 고온의 기름배관을 제외하고는 모든 배관에 사용할 수 있다.

② 일산화연

냉매배관에 많이 사용하며 빨리 고화되어 페인트에 일산화연을 조금 섞어서 사용한다.

③ 액상합성수지

화학약품에 강하고 내유성이 크며, 내열범위는 -30~130℃ 정도로 증기, 기름, 약품배관 등에 사용된다.

(2) 플랜지 패킹(flange packing)

① 고무 패킹

㉠ 탄성이 우수하고 흡수성이 없다.

㉡ 산, 알카리에 강하나 열과 기름에 약하다.

㉢ 천연고무는 100℃ 이상의 고온배관에는 사용할 수 없고 주로 급수, 배수, 공기 등의 밀폐용으로 사용할 수 있다.

㉣ 네오프렌(neoprene)은 내열범위가 -46~121℃인 합성고무다(기계적 성질이 우수하다).

② 석면 조인트 시트

광물질의 미세한 섬유로 450℃ 까지의 고온배관에도 사용된다.

③ 합성수지 패킹

테프론은 가장 우수한 패킹 재료로서 약품이나 기름에도 침식되지 않으며 내열 범위는 -260~260℃이지만 탄성이 부족하여 석면, 고무, 금속관 등으로 표면처리하여 사용된다.

④ 금속패킹

납, 구리, 연강, 스테인레스강 등이 있으며 관성이 적어 수축진동 등으로 누설의 우려가 있다.

⑤ 오일실 패킹(oil seal packing)

한지를 일정한 두께로 겹쳐서 내유가공한 것으로 펌프, 기어박스 등에 사용된다(내열도가 작다).

(3) 그랜드 패킹(grand packing)

① 석면 각형 패킹

석면을 각형으로 짜서 흑연과 윤활유를 침투시킨 것으로 내열, 내산성이 좋아 대형밸브에 사용한다.

② 석면 야안 패킹

석면실을 꼬아서 만든 것으로 소형밸브에 사용한다.

③ 아마존 패킹

면포와 내열고무 콤파운드를 가공하여 성형한 것으로 압축기에 사용한다.

④ 몰드 패킹

석면, 흑연, 수지 등을 배합 성형하여 만든 것으로 밸브, 펌프 등에 사용한다.

⑤ 플라스틱 패킹

내수성, 내약품성이 좋으며 테프론, 폴리에틸렌, 페놀수지, 켈F 등이 있다.

2) 단열재료(보온재)

단열(adiabatic)이란 벽을 통한 외부와 열의 출입을 차단(보온효과)시키는 것으로 기기, 관, 덕트 등에 있어서 고온의 유체에서 저온의 유체로 열이 이동되는 것을 차단하여 열손실을 줄이는 것으로 안전사용온도에 따라 보냉재(100℃ 이하) 보온재(100~800℃), 단열재(800~1,200℃), 내화단열재(1,300℃ 이상), 내화재(1,580℃ 이상) 등의 재료가 있다.

(1) 보온재의 구비조건

① 열전도율이 적을 것(불량할 것)
② 안전사용온도 범위 내에 있을 것
③ 비중이 작을 것
④ 불연성이고 흡습성 및 흡수성이 없을 것
⑤ 다공질이며 기공이 균일할 것
⑥ 기계적 강도가 크고 시공이 용이할 것
⑦ 구입이 쉽고 장시간 사용해도 변질이 없을 것

(2) 보온재의 분류

유기질 보온재(보온능력이 우수하고 일반적으로 가격이 저렴하다.)

① 펠트(felt): 양모펠트와 우모펠트가 있으며 아스팔트로 방습한 것은 -60℃ 정도까지 유지할 수 있어 보냉용에 사용하며 곡면 부분의 시공이 가능하다.
② 코르크(cork): 액체, 기체의 침투를 방지하는 작용이 있어 보냉, 보온효과가 좋다. 냉수, 냉매배관, 냉각기, 펌프 등의 보냉용에 사용된다.
③ 텍스류: 톱밥, 목재, 펄프를 원료로 해서 압축판 모양으로 제작한 것으로 실내벽, 천장 등의 보온 및 방음용으로 사용한다.
④ 기포성 수지(plastic foam): 합성수지 또는 고무질 재료를 사용하여 다공질 제품으로 만든 것으로 열전도율이 극히 낮고 가벼우며 흡수성은 좋지 않으나 굽힘성은 풍부하다. 불에 잘 타지 않으며 보온성, 보냉성이 좋다.

무기질 보온재(내열성이 크고 불연성이며 기계적 강도가 크다.)

① 석면: 아스베스토스(asbestos) 섬유로 되어 있으며 450℃ 이하의 파이프, 탱크, 노벽 등의 보온재로 적합하다. 400℃ 이상에는 탈수 분해하고 800℃에서는 강도와 보온성을 잃게 된다. 석면은 사용 중 잘 갈라지지 않으므로 곡관부나 플랜지 등의 진동을 발생하는 장치의 보온재로 많이 사용된다.
② 암면(rock wool): 안산암, 현무암에 석회석을 섞어 용융하여 섬유모양으로 만든 것으로 비교적 값이 싸지만 섬유가 거칠고 꺾어지기 쉽고 보냉용으로 사용할 때는 방습을 위해 아스팔트 가공을 한다(400℃ 이하의 파이프, 덕트, 탱크 등의 보온재로 사용한다).

③ 규조토: 규조토는 광물질의 잔해 퇴적물로서 좋은 것은 순백색이고 부드러우나, 실제 사용되는 것은 불순물이 함유되어 있어 황색이나 회녹색을 띠고 있다. 물반죽하여 시공하며 다른 보온재에 비해 단열효과가 낮으므로 다소 두껍게 시공한다(안전사용 온도 500℃).

④ 탄산마그네슘($MgCO_3$): 염기성 탄산마그네슘 85%와 석면 15%를 배합하여 물에 개어서 사용할 수 있고, 250℃ 이하의 파이프, 탱크의 보냉용으로 사용된다(열전도율 0.058~0.08w/m·K).

⑤ 규산칼슘: 규조토와 석회석을 주원료로 한 것으로 열전도율은 0.04kcal/mh℃로서 보온재 중 가장 낮은 것 중의 하나이며 사용온도 범위는 600℃까지이다.

⑥ 유리섬유(glass wool): 용융상태인 유리에 압축공기 또는 증기를 분사시켜 짧은 섬유 모양으로 만든 것으로 흡수성이 높아 습기에 주의하여야 하며 단열, 내열, 내구성이 좋고 가격도 저렴하여 많이 사용한다. 최고사용온도 250~350℃(사용방법은 암면과 거의 같다)이다.

⑦ 폼그라스(발포초자): 유리분말에 발포제를 가하여 가열용융한 뒤 발포와 동시에 경화시켜 만들며 기계적 강도와 흡수성이 크며 판이나 통으로 사용하고 사용온도는 300℃ 정도이다.

⑧ 펄라이트(pearlite): 진주암, 흑요석(화산암의 일종) 등을 고온가열(1,000℃)하여 팽창시킨 것으로 가볍고 흡수성이 적으며 내화도가 높으며 열전도율은 작고, 안전 사용온도는 650℃이다.

⑨ 실리카화이버: SiO_2를 주성분으로 압축성형한 것으로 안전사용온도는 1,100℃로 고온용이다.

⑩ 세라믹화이버(ceramic fiber): ZrO_2를 주성분으로 압축성형한 것으로 안전사용온도는 1,300℃로 고온용이다(융점이 높고 내약품성이 우수하여 고온용 단열재로 사용된다).

금속질 보온재

금속 특유의 열 반사특성을 이용한 것으로 대표적으로 알루미늄박이 사용된다(안전 사용온도 500℃).

〈배관 내 유체의 용도에 따른 보온재의 표면색〉

종류	식별색	종류	식별색
급수관	청색	증기관	백색(적색)
급탕, 환탕관	황색	소화관	적색
온수 난방관	연적색		

3) 도장재료: 페인트(paint)

(1) 광명단 도료

연단에 아마인유를 혼합한 것으로 밀착력 및 풍화에 강해 녹을 방지하기 위하여 많이 사용하며 페인트 밑칠 및 다른 착색도료의 초벽으로 사용한다.

(2) 산화철 도료

산화 제2철에 보일유나 아마인유를 섞어 만든 도료로서, 도막이 부드럽고 가격은 저렴하나 녹방지 효과는 불량하다.

(3) 알루미늄 도료(은분)

알루미늄 분말에 유성 바니시(oil varnish)를 섞어 만든 도료로서 은분이라고도 하며, 방청 효과가 좋으며 열을 잘 반사한다. 수분 및 습기 방지에 양호하여 내열성이 좋고 주로 백강관이나 난방용 주철제 방열기의 표면 도장용으로 많이 사용한다.

(4) 콜타르 및 아스팔트 도료

콜타르나 아스팔트는 파이프 벽면과 물과의 사이에 내식성의 도막을 형성하여 물과의 접촉을 막아 부식을 방지한다(노출 시 온도변화에 따른 균열(crack)이 발생할 우려가 있다).

(5) 합성수지 도료

프탈산계, 요소밀라민계, 염화비닐계는 내약품성 내유성 내산성이 우수하여 금속의 방식재료에 적합하다.

11 배관지지

1) 행거(hanger)

천장 배관 등의 하중을 위에서 걸어당겨(위에서 달아 매는 것) 받치는 지지구이다.

① 리지드 행거(riged hanger)
I빔에 턴버클을 이용하여 지지한 것으로 상하방향에 변위가 없는 곳에 사용한다.

② 스프링 행거(spring hanger)
턴버클 대신 스프링을 사용한 것이다.

③ 콘스탄트 행거(constant hanger)
배관의 상하이동에 관계없이 관지지력이 일정한 것로 중추식과 스프링식이 있다.

2) 서포트(support)

바닥 배관 등의 하중을 밑에서 위로 떠받쳐 주는 지지구이다.

① 파이프 슈(pipe shoe)
관에 직접 접속하는 지지구로 수평배관과 수직배관의 연결부에 사용된다.

② 리지드 서포트(rigid support)

H빔이나 I빔으로 받침을 만들어 지지한다.

③ 스프링 서포트(spring support)

스프링의 탄성에 의해 상하 이동을 허용한 것이다.

④ 롤러 서포트(roller support)

관의 축 방향의 이동을 허용한 지지구이다.

3) 리스트레인트(restraint)

열팽창에 의한 배관의 상하좌우 이동을 구속 또는 제한하는 것이다.

① 앵커(anchor)

리지드 서포트의 일종으로 관의 이동 및 회전을 방지하기 위해 지지점에 완전히 고정하는 장치이다.

② 스톱(stop)

배관의 일정한 방향과 회전만 구속하고 다른 방향은 자유롭게 이동하게 하는 장치이다.

③ 가이드(guide)

배관의 곡관부분이나 신축 조인트부분에 설치하는 것으로 회전을 제한하거나 축방향의 이동을 허용하며 직각방향으로 구속하는 장치이다.

4) 브레이스(brace)

펌프, 압축기 등에서 발생하는 기계의 진동, 서징, 수격작용 등에 의한 진동, 충격 등을 완화하는 완충기이다.

12 배관 공작

1) 배관용 공구(강관 공작용 공구 & 기계)

(1) 파이프 바이스(pipe vise)

관의 절단, 나사 작업 시 관이 움직이지 않게 고정하는 것(크기는 고정가능한 파이프 지름으로 나타낸다)이다.

(2) 수평(탁상) 바이스

관의 조립 및 열간 벤딩 시 관이 움직이지 않도록 고정하는 것(크기는 조(Jaw)의 폭으로 나타낸다)이다.

(3) 파이프 커터(pipe cutter)

강관의 절단용 공구로 1개의 날과 2개의 롤러의 것과 3개의 날로 되어진 두 종류가 있으며 날의 전진과 커터의 회전에 의해 절단되므로 거스러미(버르, burr)가 생기는 결점이 있다.

(4) 파이프 렌치(pipe wrench): 보통형, 강력형, 체인형

관의 결합 및 해체 시 사용하는 공구로 200mm 이상의 강관은 체인 파이프 렌치(chain pipe wrench)를 사용한다(크기는 입을 최대한 벌린 전장으로 나타낸다).

(5) 파이프 리머(pipe reamer)

수동 파이프커터, 동력용 나사절삭기의 커터로 관을 절단하게 되면 내부에 거스러미(버르, burr)가 생기게 된다. 이러한 거스러미는 관내부의 마찰저항을 증가시키므로 절단 후 거스러미를 제거하는 공구이다.

(6) 수동식 나사절삭기(pipe threader)

관의 끝에 나사를 절삭하는 공구로 오스터형, 리드형의 두 종류가 있다.

① 오스터형(oster type)
4개의 체이서(다이스)가 한 조로 되어 있으며 8~100A까지 나사절삭이 가능하다(3개의 조).

② 리드형(reed type)
2개의 체이서(다이스)에 4개의 조(가이드)로 되어 있으며 8~50A까지 나사절삭이 가능하며 가장 일반적으로 사용하는 수공구이다.

③ 기타 나사절삭기(베이비 리드형)

(7) 동력용 나사절삭기

동력을 이용하는 나사절삭기는 작업능률이 좋아 최근에 많이 사용된다.

① 다이헤드식 나사절삭기
다이헤드에 의해 나사가 절삭되는 것으로 관의 절삭, 절단, 거스러미(burr) 제거 등을 연속적으로 처리할 수 있어 가장 많이 사용된다.

② 오스터식 나사절삭기
수동식의 오스터형 또는 리드형을 이용한 동력용 나사절삭기로 주로 소형의 50A 이하의 관에 사용된다.

③ 호브식 나사절삭기
나사절삭 전용 기계로서 호브(hob)를 저속으로 회전시켜 나사를 절삭하는 것으로 50A 이하, 65~150A, 80~200A의 3종류가 있다.

2) 관절단용 공구

(1) 쇠톱(hack saw)

관 및 공작물의 절단용 공구로서 200mm, 250mm, 300mm의 3종류가 있다(크기: 피팅홀(fitting hole)의 간격).

〈재질별 톱날의 산수〉

톱날의 산수 (inch당)	재질	톱날의 산수 (inch당)	재질
14	탄소강(연강)동합금, 주철, 경합금	24	강관, 합금강, 형강
18	탄소강(경강), 고속도강, 동(구리)	32	박판, 구조용 강관, 소결합금강

(2) 기계톱(hack sawing machine)

활모양의 프레임에 톱날을 끼워서 크랭크 작용에 의한 왕복 절삭운동과 이송운동으로 재료를 절단한다.

(3) 고속 숫돌 절단기(abraxive cut off machine)

두께가 0.5~3mm 정도의 얇은 연삭원판을 고속으로 회전시켜 재료를 절단하는 기계로 강관용과 스테인레스용으로 구분하며 숫돌 그라인더, 연삭절단기, 커터 그라인더라고도 하고 파이프 절단공구로 가장 많이 사용한다.

(4) 띠톱기계(band sawing machine)

모터에 장치된 원동 폴리를 동종 폴리와의 둘레에 띠톱날을 회전시켜 재료를 절단한다.

(5) 가스 절단기

강관의 가스 절단은 산소 절단이라고 하며, 산소와 철과의 화학반응을 이용하는 절단방법으로 산소-아세틸렌 또는 산소-프로판가스의 불꽃을 이용하여 절단 토치로 절단부를 800~900℃로 미리 예열한 다음 팁의 중심에서 고압의 산소를 불어내어 절단한다.

(6) 강관 절단기

강관의 절단만을 하는 전문 절단기계이다. 선반과 같이 강관을 회전시켜 바이트로 절단하는 것이다.

3) 관벤딩용 기계(bending machine)

수동벤딩과 기계벤딩으로 부분하며 수동 벤딩에는 수동 롤러나 수동 벤더에 의한 상온 벤딩을 냉간 벤딩이라 하며, 800~900℃로 가열하여 관 내부에 마른모래를 채운 후 벤딩하는 것을 열간벤딩이라 한다. 그리고 기계 벤딩용 기계에는 다음과 같은 종류가 있다.

열간벤딩 시 가열온도

강관 벤딩 시: 800~900℃, 동관 벤딩 시: 600~700℃ 정도

(1) 램식(ram type, 유압식)

유압을 이용하여 관을 구부리는 것으로 현장용이다. 수동식은 50A, 동력식은 100A 이하의 관을 상온에서 구부릴 수 있다.

(2) 로터리식(rotary type)

관에 심봉을 넣어 구부리는 것으로 공장 등에 설치하여 동일 치수의 모양을 다량생산할 때 편리하며 상온에서도 단면의 변형이 없으며 두께에 관계없이 어느 관이라도 가공할 수 있으며 굽힘반경은 관지름의 2.5배 이상이어야 한다.

(3) 수동 롤러식

32A 이하의 관을 구부릴 때 관의 크기와 곡률반경에 맞는 포머(former)을 설치하고 롤로와 포머 사이에 관을 삽입하고 핸들을 서서히 돌려 180° 까지 자유롭게 구부릴 수 있다.

〈기계 벤더의 의한 굽힘의 결함과 원인〉

결함	원인
관이 미끄러짐	① 관의 고정 불량 ② 클램프 또는 관에 기름이 묻어 있을 때 ③ 압력모형 조정이 너무 꼭 조여 있을 때
관의 파손	① 압력모형 조정이 너무 꼭 조여 저항이 크다. ② 코어가 너무 나와 있을 때(코어: 받침쇠, 심봉) ③ 굽힘반경이 너무 적을 때
주름의 발생	① 관이 미끄러질 때 ② 코어가 너무 내려가 있을 때 ③ 굽힘 모형의 홈이 관의 지름보다 너무 작거나 클 때 ④ 외경에 비해 두께가 얇을 때 ⑤ 굽힘모형이 주축에 대하여 편심되어 있을 때
관이 타원으로 됨	① 코어가 너무 내려가 있을 때 ② 코어와 관의 내경과의 간격이 클 때 ③ 코어의 형상이 나쁠 때 ④ 재질이 무르고 두께가 얇을 때

굽힘 작업 시 주의사항

① 관의 용접선이 위에 오도록 고정 후 벤딩한다.
② 냉간 벤딩 시 스프링백 현상에 유의하여 조금 더 구부린다.

> **참고**
>
> **스프링백(spring back)**
>
> 재료를 구두렸다가 힘을 제거하면 탄성이 작용하여 다시 펴지는 현상

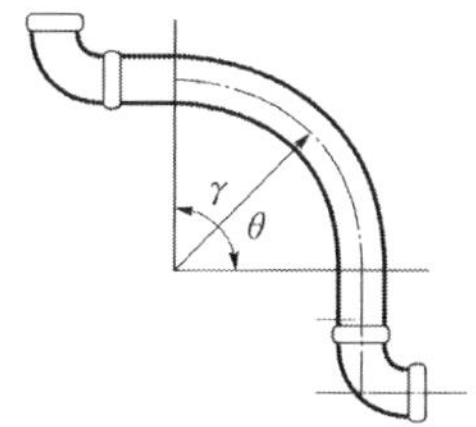

곡관(벤딩)부의 길이산출

$$(l) = 2\pi r \frac{\theta}{360} = \pi D \frac{\theta}{360} = \gamma\left(\frac{\theta°}{57.3°}\right)[\text{mm}]$$

여기서, r: 곡률반지름
θ: 벤딩각도
D: 곡률지름

4) 기타 관용 공구

(1) 동관용 공구

① 토치램프: 납땜, 동관접합, 벤딩 등의 작업을 하기 위한 가열용 공구
② 튜브벤더: 동관 굽힘용 공구
③ 플레어링 툴: 20mm 이하의 동관의 끝을 나팔형(접시모양)으로 만들어 압축 접합 시 사용하는 공구
④ 사이징 툴: 동관의 끝을 원형으로 정형하는 공구
⑤ 튜브커터: 동관 절단용 공구
⑥ 익스팬더(확관기): 동관 끝의 확관용 공구
⑦ 리머: 튜브커터로 동관절단 후 관의 내면에 생긴 거스러미를 제거하는 공구
⑧ 티뽑기: 동관용 공구 중 직관에서 분기관을 성형 시 사용하는 공구

토치램프

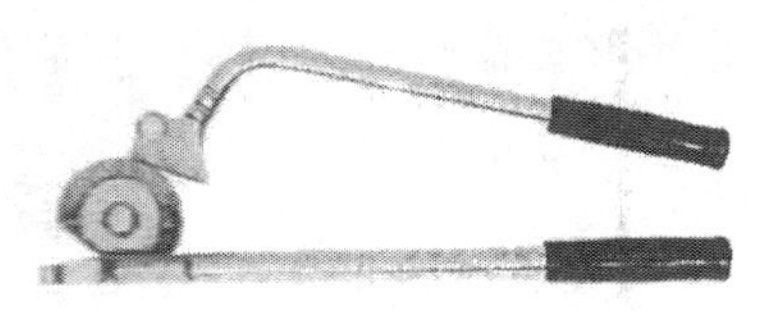

튜브벤더

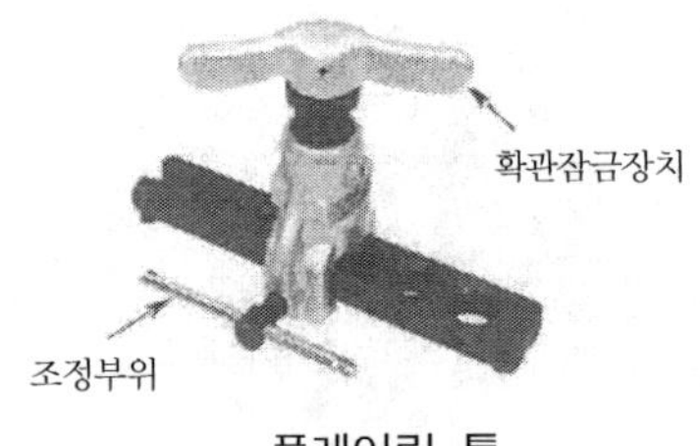

플레어링 툴

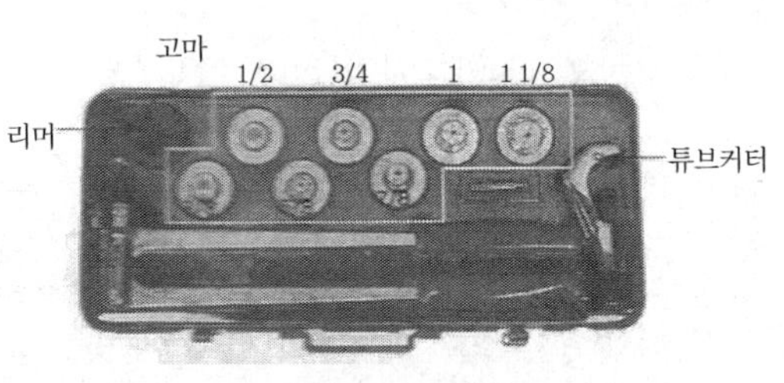

익스팬더 및 튜브커터

(2) 주철관용 공구

① 납 용해용 공구 세트: 냄비, 화이어포트(fire pot), 납물용 국자, 산화납 제거기 등
② 클립(clip): 소켓 접합 시 용해된 납의 주입시 납물의 비산을 방지
③ 코킹 정: 소켓 접합 시 얀(yarn)을 박아 넣거나 납을 다져 코킹하는 정
④ 링크형 파이프 커터: 주철관 전용 절단공구

(3) 연관용 공구

① 연관톱: 연관 절단 공구(일반 쇠톱으로도 가능)
② 봄보올: 주관에 구멍을 뚫을 때 사용(분기관 따내기 작업 시)
③ 드레서: 연관 표면의 산화피막 제거
④ 벤드벤: 연관의 굽힘작업에 이용(굽히거나, 펼 때 사용)
⑤ 턴핀: 관끝을 접합하기 쉽게 관끝 부분에 끼우고 말레트(mallet)로 정형(소정의 관경을 넓힘)
⑥ 말레트(mallet): 나무 해머(망치)
⑦ 토치 램프: 가열용 공구
⑧ 맬릿: 턴핀을 때려 박든가 접합부 주위를 오므리는 데 사용

13 배관 도시법

1) 배관 제도(도면)의 종류

(1) 평면 배관도(plane drawing)

배관장치를 위에서 아래로 내려다보고 그린 그림이다.

(2) 입면 배관도(side view drawing)

배관장치를 측면에서 보고 그린 그림이다(3각법에 의함).

(3) 입체 배관도(Isometric piping drawing)

입체공간을 X축, Y축, Z축으로 나누어 입체적인 형상을 평면에 나타낸 그림으로 일반적으로 Y축에는 수직배관을 수직선으로 그리고, 수평면에 존재하는 X축과 Z축을 120° 로 만나게 선을 그어 그린 그림이다.

(4) 부분조립도(Isometric each drawing)

입체(조립)도에서 발췌하여 상세히 그린 그림으로 각부의 치수와 높이를 기입하며, 플랜트 접속의 기계 및 배관 부품과 플랜지면 사이의 치수도 기입하는 것으로 스풀 드로잉(spool drawing)이라고도 한다.

공업배관 제도

① 계통도(flow diagram): 기기장치 모양의 배관 기호로 도시하고 주요 밸브, 온도, 유량, 압력 등을 기입한 대표적인 도면이다.

② PID(piping and instrument diagram): 가격 산출, 관 장치의 설계, 제작, 시공, 운전, 조작, 공정 수정 등에 큰 도움을 주기 위해서 모든 주 계통의 라인, 계기, 제어기 및 장치 기기 등에서 필요한 모든 자료를 도시한 도면이다.

③ 관장치도(배관도): 실제 공장에서 제작, 설치, 시공할 수 있도록 pid를 기본 도면으로 하여 그린 도면이다.

④ 배치도(plot plan): 건물의 대지 및 도로와의 관계나 건물의 위치나 크기, 방위, 옥외 급배수관 계통 및 장치들의 위치 등을 나타낸다.

2) 치수 기입법

(1) 치수표시

치수는 mm를 단위로 하되 치수선에는 숫자만 기입한다.

〈강관의 호칭지름(A: mm, B: inch)〉

호칭지름		호칭지름		호칭지름	
A(mm)	B(inch)	A(mm)	B(inch)	A(mm)	B(inch)
6A	1/8"	32A	1 1/4"	125A	5"
8A	1/4"	40A	1 1/2"	150A	6"
10A	3/8"	50A	2"	200A	8"
15A	1/2"	65A	2 1/2"	250A	10"
20A	3/4"	80A	3"	300A	12"
25A	1"	100A	4"	350A	14"

(2) 높이표시

① GL(ground level) 표시: 지면의 높이를 기준으로 하여 높이를 표시한 것
② FL(floor level) 표시: 층의 바닥면을 기준으로 하여 높이를 표시한 것
③ EL(elevation line) 표시: 배관의 높이를 관의 중심을 기준으로 표시한 것
④ TOP(top of pipe) 표시: 관의 윗면까지의 높이를 표시한 것
⑤ BOP(bottom of pipe) 표시: 관의 아래면까지의 높이를 표시한 것

3) 배관도면의 표시법

(1) 배관의 도시법

관은 하나의 실선으로 표시하며 동일 도면에서 다른 관을 표시할 때도 같은 굵기선으로 표시함을 원칙으로 한다.

(2) 유체의 종류, 상태 및 목적표시의 도시기호

다음과 같이 인출선을 긋고 그 위에 문자로 표시한다.

① 유체의 종류와 문자 기호

유체의 종류	공기	가스	유류	수증기	증기	물
문자기호	A	G	O	S	V	W

② 유체의 종류에 따른 배관 도색

유체의 종류	도색	유체의 종류	도색
공기	백색	물	청색
가스	황색	증기	–
유류	암황적색	전기	미황적색
수증기	암적색	산알칼리	회자색

(3) 관의 굵기와 재질의 표시

관의 굵기를 표시한 다음, 그 뒤에 종류와 재질을 문자기호로 표시한다.

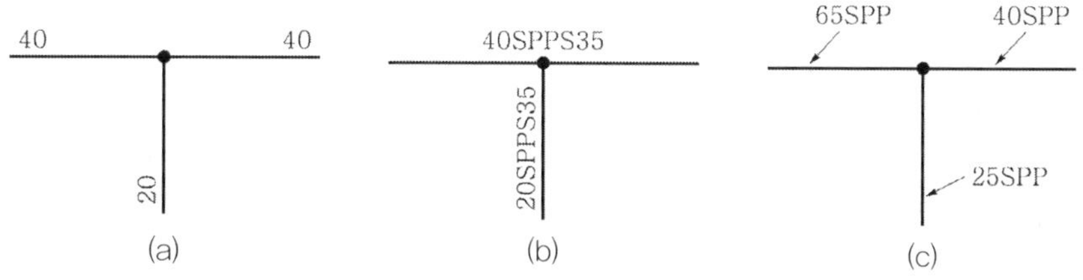

(a) (b) (c)

(4) 관의 접속 및 입체적 상태

접속상태	실제모양	도시기호	굽은 상태	실제모양	도시기호
접속하지 않을 때			파이프 A가 앞쪽 수직으로 구부러질 때 (오는 엘보)		
접속하고 있을 때			파이프 B가 뒤쪽 수직으로 구부러질 때 (가는 엘보)		
분기하고 있을 때			파이프 C가 뒤쪽으로 구부러져서 D에 접속될 때		

(5) 관의 이음방법 표시

이음종류	연결방법	도시기호	예	이음종류	연결방식	도시기호
관이음	나사형			신축 이음	루우프형	
	용접형				슬리브형	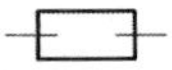
	플랜지형	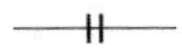			벨로우즈형	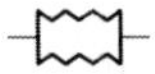
	턱걸이형				스위블형	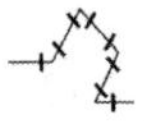
	납땜형	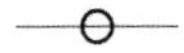	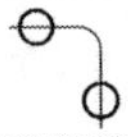			

(6) 밸브 및 계기의 표시방법

종류	기호	종류	기호
글로브(옥형) 밸브		일반조작 밸브	
게이트(슬루우스) 밸브	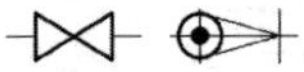	전자 밸브	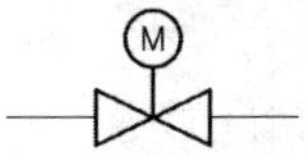 M
체크(역지) 밸브	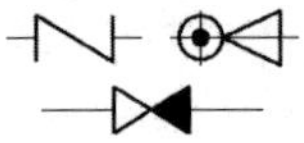	전동 밸브	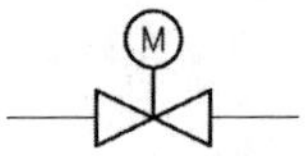 M
Y-여과기 (Y-스트레이너)	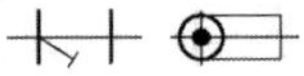	도축 밸브	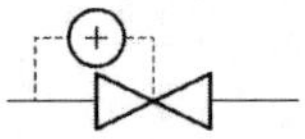 +
앵글 밸브	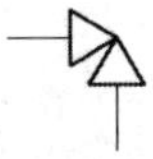	공기빼기 밸브	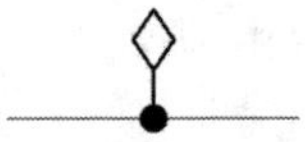
안전 밸브 (스프링식)		닫혀 있는 일반밸브	
안전 밸브 (추식)		닫혀 있는 일반콕크	
일반콕크 (볼 밸브)		온도계·압력계	 T P
버터플라이 밸브 (나비 밸브)	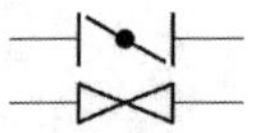	감압 밸브	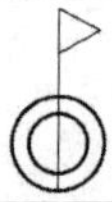
다이어프램 밸브	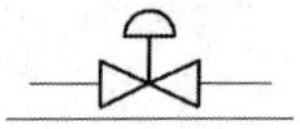	봉함 밸브	

(7) 배관의 말단표시 기호

막힘(맹) 플랜지	——‖	나사캡	——ᆿ|	용접캡	——D|	플러그	——◁|

(8) 관지지 기호 등

명칭		기호	관지지 기호		
			관지지	설치예	기호
자동공기빼기 밸브		A.A.V	앵커		
신축 이음	벨로즈형 단식		가이드		G
	벨로즈형 복식		슈우		
플레시블 조인트			행거		H
맞대기 용접			스프링 행거		SH
소켓용접 (턱걸이)			바닥지지		S
플랜지			스프링지지		SS
나사식					

(9) 도면 표시법

① 복선 표시법

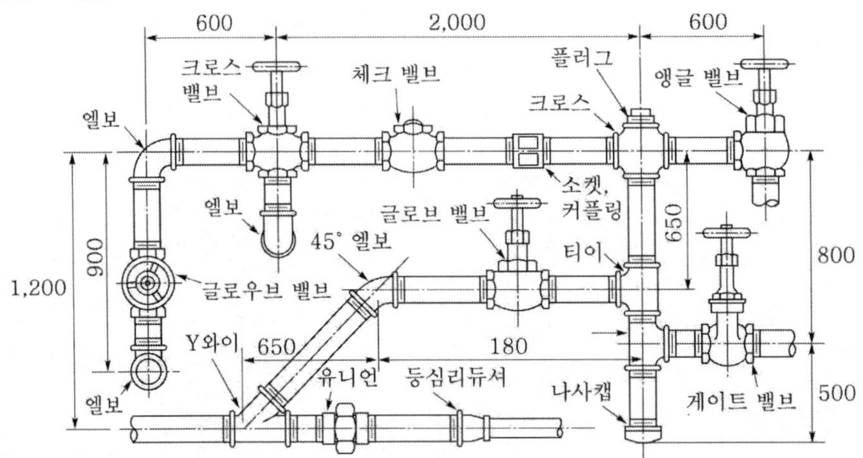

② 단선 표시법

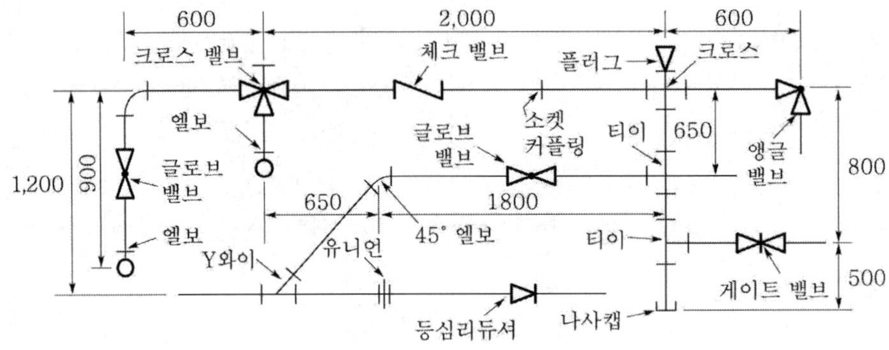

예상문제

01 아래 보온재 중 안전사용 온도가 제일 높은 것은?

① 규산칼슘 보온재 2호
② 암면(미네랄울)
③ 가포스 태크
④ 내열 콤파운드

해설 규산칼슘은 무기질 보온재로, 최고 안전사용 온도는 650℃로 고온용이다.

02 다음 보온재 중 무기질 보온재가 아닌 것은?

① 코르크 ② 석면
③ 탄산마그네슘 ④ 규조토

해설 유기질 보온재
㉠ 코르크, ㉡ 펠트(우모, 양모)
㉢ 기포성 수지, ㉣ 텍스류

03 다음 보온재 중 가장 높은 온도에 적합한 것은?

① 규조토 ② 석면
③ 유리섬유 ④ 규산칼슘

해설 ① 규조토 : 500℃
② 석면(아스베스토스) : 400℃
③ 유리섬유(glass wool) : 300℃
④ 규산칼슘 : 650℃

04 일정한 두께를 가진 재질에 있어서 가장 보냉효율이 우수한 것은?

① 양모
② 석면(asbestos)
③ 기포 시멘트
④ 경질 폴리우레탄 발포체

해설 경질 폴리우레탄 발포체는 안전사용 온도가 100~180℃ 정도로 보냉재로서 보냉효율이 매우 좋다.

05 바깥반지름 30mm의 철판에 15mm의 보온재를 감은 증기관이 있다. 관표면의 온도가 100℃, 보온재의 표면온도가 20℃인 경우, 관의 길이 15m인 관의 표면으로부터의 열손실을 구하시오. (단, 보온재의 열전도율은 0.05kcal/mh℃이다.)

① 544kcal/h ② 444kcal/h
③ 344kcal/h ④ 244kcal/h

해설
$$q_2 = \frac{2\pi Lk}{\ln\left(\frac{r_2}{r_1}\right)}(t_p - t_s)$$
$$= \frac{2\pi \times 15 \times 0.05}{\ln\left(\frac{30}{15}\right)} \times (100-20)$$
$$\fallingdotseq 544\text{kcal/h} \fallingdotseq 632.5\text{W}$$

06 밸브의 몸통은 둥글지만 특히 유체의 압력감소가 크므로 압력을 필요로 하지 않을 경우나, 소형에 많이 사용되는 수증기 밸브는?

① 앵글 밸브 ② 슬루스 밸브
③ 글로브 밸브 ④ 체크 밸브

해설 수증기 밸브에는 앵글 밸브, 글로브 밸브, 슬루스 밸브가 있는데 글로브 밸브는 몸통이 둥글고 유체의 압력손실이 커서 압력을 필요로 하지 않는 경우나 소형에 사용된다.
글로브 밸브는 가볍고 가격이 싸다.

07 보온재의 구비조건에 가장 합당한 것은?

① 내화도가 커야 한다.
② 내화도가 작아야 한다.
③ 열전도도가 커야 한다.
④ 열전도도가 작아야 한다.

해설 보온재의 구비조건에서 보온재는 열전도율이 작고, 즉 보온성이 크고 적당한 내화도를 가져야 한다. 그 외에도 흡수성이 있고, 불연성이어야 한다.

정답 01 ① 02 ① 03 ④ 04 ④ 05 ① 06 ③ 07 ④

08 보온재를 재질에 따라 크게 세 가지로 분류하면 유기질 보온재, 무기질 보온재, 금속질 보온재로 나눌 수 있다. 다음 중 무기질 보온재의 장점이 아닌 것은?

① 내수, 내습성이 양호하다.
② 비교적 강도가 높다.
③ 안전사용 온도범위가 넓다.
④ 일반적으로 안전사용 온도가 높다.

해설 무기질 보온재의 장점은 일반적으로 안전사용 온도가 높고 안전사용 온도범위가 넓으며 비교적 강도가 크다.

09 관로의 마찰손실 수두는 관내유속과 다음 중 어떤 관계가 있는가?

① 손실수두는 속도와 관계가 없다.
② 손실수두는 속도와 직선비례한다.
③ 손실수두는 속도와 미끄럼계수의 상관관계가 있다.
④ 손실수두는 속도의 제곱에 비례한다.

해설 원형관로에서의 손실수두(h_L)

$$h_L = \frac{\Delta P}{\gamma} = f\frac{L}{d}\frac{V^2}{2g}\text{(m)}$$

10 유리섬유 보온재의 최고 사용온도는 얼마인가?

① 100℃ ② 300℃
③ 500℃ ④ 700℃

해설 유리섬유(glass wool)의 열전도율이 0.03~0.05 kcal/mh℃(0.035~0.058W/mK), 최고 사용온도는 판상·통상의 경우 300℃, 면블랭킷의 경우 350℃ 정도이다.

11 다음 보온재 중 밀도가 가장 낮은 것은?

① 글라스울 ② 규조토
③ 석면 ④ 펄라이트

해설 보온재 중 밀도(density)의 크기순서
규조토 > 펄라이트 > 석면(asbestos) > 글라스울(glass wool)

12 파이프를 구부릴 때 파이프 속에 무엇을 넣는 것이 가장 좋은가?

① 코크스 ② 물
③ 공기 ④ 모래

해설 파이프를 굽힐 때 힘이 균일하게 가해지고 찌그러지는 일이 없도록 하기 위해 모래를 집어넣고 구부리는 것이 좋다(단, 건조모래이어야 한다).

13 수증기관에 만곡관을 설치하는 목적은?

① 증기관 속의 응결수를 배제하기 위해서
② 열팽창에 의한 관의 팽창작용을 허용하기 위해서
③ 증기의 통과를 원활히 하고 급수의 양을 조절하기 위해서
④ 강수량의 순환을 좋게 하고 급수량의 조절을 쉽게 하기 위해서

해설 수증기관에 만곡관을 설치하는 목적은 열팽창에 의한 관의 팽창작용을 허용하기 위해서 만곡관(루프형)을 설치한다.

14 상온에서 열전도율이 높은 순서로 옳은 것은?

① 알루미늄 - 구리 - 철 - 공기 - 물
② 알루미늄 - 구리 - 철 - 물 - 공기
③ 구리 - 알루미늄 - 철 - 물 - 공기
④ 구리 - 알루미늄 - 철 - 공기 - 물

해설 상온에서 공기 < 물 < 철 < 니켈 < 알루미늄 < 구리 < 은의 순으로 열전도율이 커진다. 공기는 열전도율이 매우 적다.

15 주철관의 이음은 어느 이음이 좋은가?

① 나사 이음
② 소켓 이음
③ 플랜지 이음
④ 곡형팽창관 이음

해설 주철관(cast iron) 접합은 플랜지 이음이 가장 좋다.

정답 08 ① 09 ④ 10 ② 11 ① 12 ④ 13 ② 14 ③ 15 ③

16 다음 중 보온재의 보온효율을 가장 합리적으로 나타낸 것은? (단, Q_0 = 보온을 하지 않았을 때 표면으로부터의 발열량, Q= 보온을 하였을 때 표면으로부터의 발열량)

① $\frac{Q_0}{Q}$　② $\frac{Q_0 - Q}{Q}$

③ $\frac{Q_0 - Q}{Q_0}$　④ $\frac{Q}{Q_0}$

해설
보온재의 보온효율 $(\eta) = \frac{Q_0 - Q}{Q_0} = 1 - \frac{Q}{Q_0}$ 로 표시되며 보온재 두께가 증가할수록 커지나 직선적으로 비례하지는 않는다(두꺼울수록 경제적 요건이 고려되어야 한다).

17 대부분의 보온재는 열전도율은 온도에 따라 직선적으로 증가하며 $\lambda = \lambda_0 + m\theta$의 형으로 되나 −40℃ 부근에서 그 경향을 크게 벗어난 것이 있다. 다음 중 어느 것인가? (단, λ : 열전도율, λ_0 : 0℃에서의 열전도율, m : 온수계수, θ : 온도)

① 경질우레탄폼　② 탄화폼
③ 다포유리　④ 탄화코르크

해설
대부분의 보온재는 열전도율이 온도에 따라서 직선적으로 증가한다. 그러나 −40℃ 부근에서 그 경향을 크게 벗어나는 보온재는 경질우레탄폼 보온재로 경질우레탄폼은 100℃ 이하의 보냉재로 많이 사용하는 유기질 보온재이다.

18 비교적 점도가 큰 유체나 비점이 낮고 응고하기 쉬운 유체 또는 신속한 밸브의 개폐가 필요할 때 사용되는 밸브는?

① 게이트(gate) 밸브
② 글로브(glove) 밸브
③ 체크(check) 밸브
④ 플러그(plug) 밸브

해설
플러그 밸브는 비교적 점도가 크며 비점이 낮고 응고하기 쉬운 유체 또는 신속한 밸브의 개폐가 필요시 사용하는 밸브다.

19 외경 150mm, 내경 140mm, 길이 10m의 강관에서 400℃의 과열증기를 통하여 관의 늘어남은 몇 mm인가? (단, 선팽창계수는 0.0000111/℃로 하고 상온을 20℃로 한다.)

① 40.2　② 40.7
③ 41.8　④ 43.9

해설
늘음량$(\lambda) = L\alpha\Delta t = 10{,}000 \times 0.000011 \times (400-20)$
$= 41.8\text{mm}$

20 다음 중 유기질 보온재가 아닌 것은?

① 스티로폴
② 폴리우레탄폼
③ 암면
④ 탄화코르크

해설
암면은 무기질 보온재로 최고 안전온도는 400℃ 정도이고 열전도율은(0.045~0.056W/mK)이다.

21 보온시공의 경제적 두께를 결정하는 데 관계 없는 것은?

① 보온면적　② 보온시공비
③ 감가상각비　④ 열량가격

해설
보온시공의 경제적 두께를 결정하는 요인
㉠ 보온면적
㉡ 보온시공비
㉢ 감가상각비
㉣ 열손실에 상당하는 연료비(fuel expenses)

22 다음 중 우모 펠트 보온재의 결점으로 적절한 것은?

① 무기질에 비해 흡수성이 크다.
② 무기질에 비해 시공이 불편하다.
③ 무기질에 비해 가공이 어렵다.
④ 가공 중에 공기층을 갖는다.

해설
펠트(felt) 우모, 양모 등은 유기질 보온재로 일반적으로 최고 안전사용 온도는 낮고, 무기질 보온재보다 흡수성이 큰 것이 단점이다.

정답 16 ③ 17 ① 18 ④ 19 ③ 20 ③ 21 ④ 22 ①

23 현재 우리나라에서 제조하고 있는 보온통 중 최고 안전사용 온도가 가장 높은 것은?

① 석면 보온통
② 암면 보온통
③ 유리면 보온통
④ 규산칼슘 보온통

해설
석면 : 350~650℃, 암면 : 400~600℃
유리면 : 300℃, 규산칼슘 : 650℃

24 다음 중 난방용 저온 가는 관의 배관에 쓰이는 신축 이음에 적합한 것은?

① 신축밴드 이음 ② 소켓 이음
③ 파형관 이음 ④ 플랜지 이음

해설
파형관(벨로스형) 이음은 신축조인트이다.

25 파이프를 구부릴 때 파이프 속에 무엇을 넣는 것이 가장 좋은가?

① 코크스 ② 물
③ 공기 ④ 모래

해설
파이프의 벤딩가공 시 건조모래를 넣고 열간가공의 벤딩(굴곡)가공을 실시한다.

26 다음 보온재 중 고온용이 아닌 것은?

① 펄라이트 ② 세라믹 파이버
③ 폴리우레탄 폼 ④ 규산칼슘

해설
보온재의 최고 안전사용 온도
세라믹 파이버 1,300℃; 펄라이트(pearlite) 650℃; 규산칼슘 650℃; 폴리우레탄폼(foam) 100~180℃

27 다음 중 규산칼슘 보온재의 최고 사용온도는?

① 650℃ ② 800℃
③ 400℃ ④ 500℃

해설
규산칼슘은 무기질보온재로 최고 사용안전 온도는 650℃이다.

28 공기는 하나의 단열, 물질로서 기포성 보온재 속에 존재함으로써 보온효과를 증대시킨다. 공기의 열전도율은 얼마인가? (단, 상온에서의 값이다. 단위는 W/mK이다.)

① 0.075 ② 0.056
③ 0.023 ④ 0.035

해설
공기가 정지하고 있을 때의 열전도율(20℃)
0.0233W/mK(0.02kcal/mh℃)

29 보온을 두껍게 하면 방열열량(Q)은 적게 되지만 보온의 비용(P)이 증대한다. 일반적으로 경제적인 보온두께는 다음 중 어느 것이 최소치인가?

① $Q+P$ ② $Q+P^2$
③ Q^2+P ④ Q^2+P^2

해설
경제적인 보온두께(t) = 방열량(Q)+보온비용(P)

30 냉동 배관 재료로서 갖추어야 할 조건으로 부적당한 것은?

① 가공성이 좋아야 한다.
② 관내 마찰저항이 작아야 한다.
③ 내식성이 작아야 한다.
④ 저온에서 강도가 커야 한다.

해설
냉매 배관은 내식성이 커야 한다.

31 가스배관 재료 선정 시 고려사항이 아닌 것은?

① 유체의 성질
② 유체의 압력
③ 관의 길이
④ 관의 접합방법

해설
냉배관 선정 시 고려사항
㉠ 온도, ㉡ 압력, ㉢ 유체성질
㉣ 관의 접합(이음)방법

정답 23 ④ 24 ③ 25 ④ 26 ③ 27 ① 28 ③ 29 ① 30 ③ 31 ③

32 다음 중 강관의 종류와 KS규격 기호를 짝지은 것으로 알맞은 것은?

① SPHT : 고압배관용 탄소강 강관
② SPPA : 고압배관용 탄소강 강관
③ SPPS : 압력배관용 탄소강 강관
④ STHA : 저온배관용 탄소강 강관

해설
㉠ SPHT : 고온배관용 탄소강 강관
㉡ SPPH : 고압배관용 탄소강 강관
㉢ STHA : 보일러 열교환기용 합금강관

33 350℃ 이하의 온도에서 압력이 10~100kg/cm^{2}까지 작용하는 유압관, 수입관, 보일러 증기관 등에 사용하는 강관은?

① 압력배관용 탄소강 강관
② 고온배관용 탄소강 강관
③ 고압배관용 탄소강 강관
④ 아크 용접 탄소강 강관

해설
온도 350℃ 미만, 압력 10~100kg/cm^{2}까지는 배관용 탄소강관(가스관)
㉠ 배관용 탄소강관(SPP) : 1.2kPa 미만(압력)
㉡ 압력배관용 탄소강관(SPPS) : 1.2kPa 이상(압력)

34 배관용 탄소강관의 사용압력은 몇 kg/cm^2 이하인가?

① 10kg/cm^2　② 15kg/cm^2
③ 20kg/cm^2　④ 25kg/cm^2

해설
SPP(배관용 탄소강관)은 사용 압력이 비교적 낮은(10kg/cm^2 이하) 증기, 물, 가스 및 공기 배관용으로 사용한다(일명 가스관이라고도 한다).

35 압력이 10~100kg/cm^{2}이고 350℃ 이하에서 유압관, 수압관 보일러 증기관에 사용하는 KS배관 기호는?

① SPPH　② SPA
③ SPW　④ SPPS

36 다음 중 고압배관용 탄소강관에 대한 설명이다. 잘못된 것은?

① KS규격 기호로 SPHT라고 표기한다.
② 사용압력은 100kg/cm^2 이상의 고압이다.
③ 이음매 없는 관으로만 제조되며 4종으로 규정되어 있다.
④ 350℃ 이하에서의 내연 기관용 연료분사관, 화학공업의 고압배관용으로 사용된다.

해설
SPHT는 고온배관용 탄소강 강관이다.

37 파이프 호칭법에서 SPPS 38로 표시될 때 아래 설명 중 맞는 것은?

① 호칭지름이 38mm인 배관용 강관
② 최저 인장강도 38kg/mm^{2}인 배관용 강관
③ 최저 인장강도 38kg/mm^{2}인 압력배관용 강관
④ 호칭지름이 38mm인 압력배관용 강관

해설
SPPS 38에서 SPPS는 압력배관용 탄소강관이며, 38은 최저 인장강도(kg/mm^2)이다.

38 다음 중 관의 두께를 표시하는 것은 어느 것인가?

① 지름　② 안지름
③ 곡률 반지름　④ 스케줄 번호

해설
스케줄 번호(Sch)는 관의 두께를 표시한 것이다.

39 다음 중 스케줄 번호를 옳게 나타낸 공식은? (단, 사용압력 P[kg/cm^2], 허용응력 S[kg/mm^2])

① $10\times\frac{S}{P}$　② $100\times\frac{P}{S}$
③ $10\times\frac{P}{S}$　④ $\frac{P}{10}\times S$

해설
공학(중력)단위에서는 SCH-NO= $\frac{P}{S}\times 10$

SI단위에서는 SCH-NO= $\frac{P}{S}\times 1{,}000$

여기서, P : 최고사용압력(MPa), S : 허용응력(N/mm^2)

정답 32 ③ 33 ① 34 ① 35 ④ 36 ① 37 ③ 38 ④ 39 ③

40 강관은 흑관과 백관으로 나뉜다. 백관은 흑관과 같은 재질이지만 관 내외면에 Zn도금을 하였다. 그 이유는?

① 부식 방지를 위해서
② 외관상 좋게 하려고
③ 내마모성의 증대를 위해서
④ 내충격성의 증대를 위해서

해설
관 내외면에 아연(Zn) 도금을 하는 이유는 부식을 방지하기 위함이다(흑관에 아연 도금을 한 것이 백관이다).

41 300A 강관을 B(inch) 호칭으로 지름을 표시하면?

① 4B ② 6B
③ 10B ④ 12B

해설
A는 mm이고 B는 inch이면 300A = 12B

42 동파이프에 대한 KS 규정 중 두께가 가장 두꺼운 형(type)은?

① K ② L형
③ M형 ④ N형

해설
두께별 크기
K(가장 두껍다) > L(두껍다) > M(보통) > N(얇다)

43 다음 중 동관에 관한 설명으로 틀린 것은?

① 전기 및 열전도율이 좋다.
② 전연성이 풍부하고 마찰저항이 적다.
③ 내식성이 뛰어나 산성에 강하다.
④ 가볍고 시공이 용이하며 동파되지 않는다.

44 강관용 이음쇠를 이음방법에 따라 분류한 것이 아닌 것은 어느 것인가?

① 용접식 ② 압축식
③ 플랜지식 ④ 나사식

해설
강관 이음방법
㉠ 나사식, ㉡ 용접식, ㉢ 플랜지식
• 압축식(flare 이음)은 동관이음방법이다.

45 지름 20mm 이하의 동관을 이음할 때 또는 기계의 점검, 동관의 보수, 기타 관을 떼어내기 쉽게 하기 위한 이음 방법은?

① 플레어 이음 ② 슬리브 이음
③ 플랜지 이음 ④ 사이징 이음

46 다음 중 주철관의 이음방법이 아닌 것은?

① 소켓 이음 ② 플랜지 이음
③ 타이톤 이음 ④ 용접이음

47 배관의 끝을 마무리할 때 사용하는 배관 이음쇠는 다음 중 어느 것인가?

① 니플 ② 플러그
③ 소켓 ④ 부싱

48 주철관의 소켓 접합 시 얀을 삽입하는 이유는?

① 납의 이탈 방지 ② 누수 방지
③ 외압 완화 ④ 납의 양 절약

49 주로 구경이 큰 관이나 제수 밸브, 펌프, 열교환기, 각종 기기의 접속 및 해체 교환을 필요로 하는 곳에 많이 사용하는 강관 이음 형식은 어느 것인가?

① 나사 이음 ② 플랜지 이음
③ 용접 이음 ④ 플레어 이음

50 배관 설비에 있어서 유속을 V, 유량을 Q라 고 할 때 관지름 d를 구하는 식은 다음 중 어떤 것인가?

① $d=\sqrt{\frac{\pi V}{Q}}$ ② $d=\sqrt{\frac{4Q}{\pi V}}$
③ $d=\sqrt{\frac{\pi V}{4Q}}$ ④ $d=\sqrt{\frac{Q}{\pi V}}$

해설
$Q=AV=\frac{\pi d^2}{4}V[\mathrm{m^3/sec}]$에서 $d=\sqrt{\frac{4Q}{\pi V}}$

정답 40 ① 41 ④ 42 ① 43 ③ 44 ② 45 ① 46 ④ 47 ② 48 ② 49 ② 50 ②

51 용접은 다음 어느 접합법에 속하는가?

① 기계적 접합법
② 야금적 접합법
③ 화학적 접합법
④ 역학적 접합법

해설 용접이음은 야금적 접합법이다.

52 다음은 관 연결용 부속을 사용처별로 구분하여 나열하였다. 잘못된 것은 어느 것인가?

① 관 끝을 막을 때 : 레듀셔, 부싱, 캡
② 배관의 방향을 바꿀 때 : 엘보, 밴드
③ 관을 도중에 분기할 때 : 티, 와이, 크로스
④ 동경관을 직선 연결할 때 : 소켓, 유니온, 니플

53 가스관의 플랜지접합 시공 시 주의사항으로 맞지 않는 것은?

① 고정 후 나사선이 1~2산 남는 것이 좋다.
② 플랜지 볼트 구멍을 맞추기 위해 먼저 구멍 위치를 정한다.
③ 스패너로 대각선 방향으로 천천히 조인다.
④ 어느 하나를 완전히 조인 후 차례로 조인다.

54 동관을 용접 이음하려고 한다. 다음 용접법 중 가장 적당한 것은?

① 가스 용접 ② 프라즈마 용접
③ 테르밋 용접 ④ 스폿 용접

해설 동관이음으로 가장 적당한 것은 가스 용접이다.

55 다음 중 강관용 연결 부속자재로서 한쪽이 암나사, 다른 한쪽이 숫나사로 되어 있으며 직경이 다른 소켓과 같이 관경을 달리할 때 쓰이는 것은?

① 붓싱 ② 플러그
③ 니플 ④ 캡

56 다음과 같이 25A×25A×25A의 티이에 20A관을 직접 A부에 연결하고자 할 때 필요한 이음쇠는 어느 것인가?

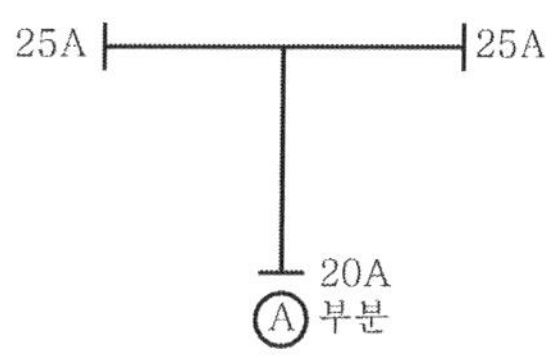

① 유니언 ② 니플
③ 이경부싱 ④ 플러그

57 안지름이 500mm인 관 속을 매초 2m의 속도로 유체가 흐를 때 단위 시간당의 유량은 얼마인가?

① 0.39m³/h ② 23.4m³/h
③ 524.3m³/h ④ 1,404m³/h

해설
$Q = AV = \frac{\pi}{4}(0.5)^2 \times 2 \times 3,600 = 1,404\text{m}^3/\text{h}$

58 원심력 모르타르 라이닝 주철관은 최근 개발된 주철관으로서 주로 원심력 사형 및 금형 주철관의 관 내면에 모르타르를 라이닝한 것이다. 그 이유는?

① 부식 방지 ② 내마모성 증대
③ 내충격성 증대 ④ 접합성 용이

59 배관의 중간이나 밸브 및 각종 기기의 접속 보수점검을 위하여 관의 해체 교환 시 필요한 부속품은?

① 플랜지 ② 소켓
③ 밴드 ④ 바이패스관

60 폴리에틸렌관의 이음법 중에서 이음강도가 가장 확실하고 안전한 방법은?

① 용착 슬리브 이음
② 심플렉스 이음
③ 칼라 접합
④ 기볼트 접합

정답 51 ② 52 ① 53 ④ 54 ① 55 ① 56 ③ 57 ④ 58 ① 59 ① 60 ①

61 급수배관에 슬리브를 이용하는 이유는?

① 관의 신축, 보수를 위하여
② 보온효과를 증대시키기 위하여
③ 도장을 위하여
④ 방식을 위하여

해설 급수배관에서 슬리브(sleeve)를 이용하는 이유는 관의 신축과 보수를 용이하게 위함이다.

62 주철관 접합 시 누수 방지를 위해 접합부를 다지는 작업을 무엇이라 하는가?

① 블래킹 ② 코킹
③ 사상 ④ 태핑

63 루프형 신축 이음의 곡률 반지름은 관지름의 몇 배 이상이 가장 적당한가?

① 1배 ② 2배
③ 4배 ④ 6배

해설 루프형(loop type) 신축이음의 곡률 반지름은 관지름의 6배($R=6D$) 이상으로 하는 것이 적당하다.

64 다음의 신축 이음쇠 중에서 신축량이 가장 작은 것은?

① 슬리브형 ② 스위블형
③ 루프형 ④ 벨로우즈형

65 다음은 신축 이음에 관한 설명이다. 틀린 것은?

① 2개 이상의 엘보를 사용하여 관을 접합하는 이음이 슬리브형 신축 이음이다.
② 루프형은 응력을 수반하나 고압에 잘 견뎌 고압증기의 옥외 배관에 사용된다.
③ 벨로스형은 설치면적이 크지 않고 응력도 생기지 않는다.
④ 슬리브형은 50A 이하의 것은 나사결합식이고, 65A 이상의 것은 플랜지 결합식이다.

66 강관 신축 이음은 직관 몇 m마다 설치해 주는 것이 좋은가?

① 10m ② 20m
③ 30m ④ 40m

해설 신축 이음은 강관인 경우는 30m마다 동관인 경우는 20m마다 1개씩 설치해준다.

67 배관길이 20m의 증기난방 배관에서 통기 전, 통기 후의 관 온도를 각각 10℃, 105℃로 하면 배관길이는 몇 mm 늘어나는가? (단, 선팽창계수는 1.2×10^{-5}으로 한다.)

① 22.8mm ② 6.8mm
③ 7.8mm ④ 12.8mm

해설 늘음량(λ)$= L\sigma\Delta t = 20\times1.2\times10^{-5}\times(105-10)$
$=0.0228\text{m}=22.8\text{mm}$

68 배관 계통에서 펌프나 압축기의 진동을 배관에 연결시키지 않기 위하여 설치하는 부품은?

① 익스펜션 조인트
② 플렉시블 조인트
③ 플랜지 조인트
④ 턱걸이 이음(Saucet joint)

69 밸브를 지나는 유체의 흐름방향을 직각으로 바꿔주는 밸브는?

① 체크 밸브 ② 앵글 밸브
③ 슬루스 밸브 ④ 조정 밸브

해설 유체흐름의 방향을 직각으로 바꿔주는 밸브는 앵글밸브다.

70 증기, 물, 기름배관 등에서 관내의 찌꺼기를 제거하려면 무엇을 장치하는가?

① 증기 트랩 ② 배니 밸브
③ 스트레이너 ④ 신축 이음

정답 61 ① 62 ② 63 ④ 64 ② 65 ① 66 ③ 67 ① 68 ② 69 ② 70 ③

71 다음은 체크 밸브에 관한 설명이다. 잘못된 것은?

① 리프트식은 수직배관에만 쓰인다.
② 스윙식은 수평, 수직배관 어느 곳에나 쓰인다.
③ 체크 밸브는 유체의 역류를 방지한다.
④ 펌프배관에 사용되는 풋 밸브도 체크 밸브에 속한다.

해설 리프트(lift)식 체크 밸브는 수평배관에만 쓰인다.

72 플러시 밸브 또는 급속 개폐식 수전 사용 시 급수의 유속이 불규칙하게 변해 생기는 작용은 무엇인가?

① 수격작용 ② 수밀작용
③ 파동작용 ④ 맥동작용

73 옥상탱크, 물받이탱크, 대변기의 세정탱크 등의 급수구에 장착하며 부력에 의해 자동적으로 밸브가 개폐되는 것은?

① 공기빼기 밸브 ② 볼 탭
③ 지수전 ④ 전자 밸브

74 증기배관 내의 수격작용(water hammering)을 방지하기 위한 기술 중 적당한 것은?

① 감압 밸브를 설치한다.
② 가능한 한 배관에 굴곡부를 많이 둔다.
③ 가능한 한 배관의 관지름을 크게 한다.
④ 배관 내 증기의 유속을 빠르게 한다.

75 온수난방 배관에서 리버스 리턴(reverse retum) 방식을 채택하는 이유는?

① 온수의 유량 분배를 균일하게 하기 위해서
② 배관의 길이를 짧게 하기 위하여
③ 배관의 신축을 흡수하기 위해서
④ 온수가 식지 않도록 하기 위해서

해설 온수난방 배관에서 리버스 리턴(역환수) 방식을 채택하는 이유는 온수의 유량을 균등하게 분배하기 위함이다.

76 다음 배관 재료에서 열응력 요인이 아닌 것은?

① 열팽창에 의한 응력
② 냉간 가공에 의한 응력
③ 안전 밸브의 분출에 의한 응력
④ 용접에 의한 응력

77 리프트 피팅의 흡상 높이는?

① 0.5m ② 1.0m 이내
③ 1.5m 이내 ④ 2.5m 이내

해설 리프트 피팅의 흡상 높이는 1.5m 이내다.

78 유체가 흐르고 있는 배관중에 설치하여 압력을 항상 일정하게 유지하는 밸브는?

① 릴리프 밸브
② 체크 밸브
③ 감압 밸브
④ 온도조절 밸브

79 펌프배관 흡입관 최하부에 장치하는 역지 밸브의 일종은?

① 스모렌스키 체크 밸브
② 전자 밸브
③ 풋 밸브
④ 게이트 밸브

해설 펌프배관 흡입관 최하부에 장치하는 역지 밸브는 풋 밸브(foot valve)로 스트레이너(여과기) 기능도 가지고 있다.

80 수중에서도 접합이 가능하며 이음부가 다소 구부러져도 물이 새지 않는 주철관의 이음법은?

① 소켓이음(socket joint)
② 기계식 이음(mechanical joint)
③ 타이톤 이음(tuton joint)
④ 빅토리 이음(victoric joint)

정답 71 ① 72 ① 73 ② 74 ③ 75 ① 76 ③ 77 ③ 78 ③ 79 ③ 80 ②

81 2개 이상의 엘보우를 사용하여 배관의 신축을 흡수하는 신축 이음은?

① 루프형 이음 ② 벨로우즈형 이음
③ 슬리브형 이음 ④ 스위블형 이음

82 내식성과 내열성이 좋으므로 화학 공장의 특수 배관용이나 저온배관용으로 사용되는 배관은?

① 주철관 ② 납관
③ 스테인리스 강관 ④ 합성수지관

83 유체의 흐름 방향과 평행하게 개폐되며 주로 유량 조정용으로 사용되는 밸브는?

① 글로브 밸브 ② 슬루스 밸브
③ 콕 밸브 ④ 체크 밸브

84 동관 접합의 종류로 적합지 못한 것은?

① 나사 접합 ② 납땜 접합
③ 용접 접합 ④ 플레어 접합

85 다음 중 신축 이음쇠의 종류가 아닌 것은?

① 벨로우즈형 ② 슬리브형
③ 루프형 ④ 턱걸이형

해설 신축 이음의 종류는 루프형, 벨로우즈형(주름통형), 슬리브형(미끄럼형), 스위블형 등이 있다.

86 압력의 증가에 따라서 고무링을 관벽에 더욱더 밀착되어 누수를 방지하는 이음은?

① 소켓이음 ② 플랜지 접합
③ 기계적 접합 ④ 빅토리 접합

87 서로 다른 지름의 관을 이을 때 사용되는 것은?

① 소켓 ② 유니온
③ 플러그 ④ 붓싱

해설 서로 다른 지름(이경관)을 연결 시 사용하는 배관부품은 붓싱이다.

88 스윙(swing)식 체크 밸브에 관한 설명이다. 틀린 것은?

① 일반적으로 많이 사용한다.
② 유체의 저항이 리프트(lift)형보다 적다.
③ 수평배관에만 사용할 수 있다.
④ 핀을 축으로 하여 회전시켜 개폐된다.

89 관 또는 용기 내의 압력이 규정한도를 초과하지 않도록 하기 위해 보일러나 압력용기 등에 설치하는 밸브는?

① 감압 밸브(Pressure Reducing Valve)
② 온도조정 밸브(Temperature Control Valve)
③ 안전 밸브(Safety Valve)
④ 게이트 밸브(Gate Valve)

90 강관의 특징 중 맞지 않는 것은?

① 연관, 주철관에 비해 가볍고 인장강도가 크다.
② 내충격성, 굴요성이 크다.
③ 관의 접합작업이 용이하다.
④ 가스 배관으로 사용이 불가능하다.

91 부력에 의해 밸브를 개폐하여 간접적으로 응축수를 배출하는 구조를 자진 트랩으로 상향식과 하향식으로 구분되는 것은?

① 열동식 트랩 ② 플로트 트랩
③ 버켓 트랩 ④ 충격식 트랩

92 지름이 같은 연질 동관을 이음쇠를 쓰지 않고 확관해 납땜 또는 경납땜하여 접합하는 이음 방식은 다음 중 어느 것인가?

① 스웨이징(swaging)
② 플레어(flare)
③ 플랜지(flange)
④ 용접(welding)

정답 81 ④ 82 ③ 83 ① 84 ① 85 ④ 86 ④ 87 ④ 88 ③ 89 ③ 90 ④ 91 ② 92 ①

93 배관에서 지름이 다른 관을 연결하는 데 사용하는 부속은 다음 중 어느 것인가?

① 엘보 ② 게이트 밸브
③ 소켓 ④ 레듀셔

해설 레듀셔(reducer)는 배관에서 지름이 다른 관을 연결 시 사용하는 부속품이다.

94 다음 동파이프에 대한 설명으로 틀린 것은?

① 가공이 쉽고 얼어도 다른 금속보다 파열이 쉽게 되지 않는다.
② 내식성이 좋으며 수명이 길다.
③ 연관이나 철관보다 운반이 쉽다.
④ 마찰저항이 크다.

95 강관의 접합법에 속하는 것이 아닌 것은?

① 나사 접합 ② 용접 접합
③ 소켓 접합 ④ 플랜지 접합

해설 소켓(socket) 접합은 주철관 접합법에 속한다.

96 석면과 시멘트를 혼합하여 롤러에서 성형하여 가스관 등의 매설관으로 쓰이며 재질이 치밀하며 강도가 강하고 내식성 내 알칼리성이 좋은 관은 다음 중 어느 것인가?

① 에터니트관(Eternit pipe)
② 도관(clay pipe)
③ 연관(lead pipe)
④ 흄관(Hume pipe)

97 배관재료의 KS규격 표시에서 SPLT는 무엇인가?

① 압력배관용 탄소강관
② 저온배관용 강관
③ 배관용 탄소 강관
④ 이음매 없는 동관

98 다음은 배관 상당길이에 대한 설명이다. 맞지 않은 것은?

① 압력저항이 있는 압력손실에서 냉매의 유량은 점도에 따라 달라진다.
② 유동저항을 갖는 동일 치수의 직관길이를 정하여 관상당길이라 한다.
③ 배관상당길이 = 배관길이+밸브이음쇠 등의 상당길이
④ 실제로 배관을 설치할 때에는 사용되는 관 이음쇠, 밸브 등의 저항치를 관상당길이에서 제외한다.

99 배수 트랩의 설치 목적은 무엇인가?

① 악취, 유해가스의 실내 역류방지
② 배수관의 파손방지
③ 배수관 내에 체류된 찌꺼기 제거
④ 통기관의 보호

100 증기난방 배관에서 증기 트랩을 사용하는 목적은?

① 관 내의 공기를 배출하기 위해서
② 관 내의 압력을 조절하기 위해서
③ 관 내의 증기와 응축수를 분리하기 위해서
④ 배관의 신축을 흡수하기 위해서

101 고압 난방의 관끝 트랩 및 기구 트랩 또는 저압난방기구 트랩에 많이 사용되는 것은?

① 실리폰 트랩 ② 버킷 트랩
③ 플로트 트랩 ④ 박스형 트랩

102 개스킷의 재료가 갖추어야 할 조건이 아닌 것은?

① 유체에 의해 변질되지 않을 것
② 열변형이 용이할 것
③ 충분한 강도를 가질 것
④ 유연성을 유지할 수 있을 것

정답 93 ④ 94 ④ 95 ③ 96 ① 97 ② 98 ④ 99 ① 100 ③ 101 ② 102 ②

103 탄성이 크고 약품에 침식되지 않으며 냉매, 온수, 기름, 증기 배관에 사용되는 패킹은?

① 합성수지 패킹
② 석면 조인트 시이트
③ 금속 패킹
④ 고무 패킹

104 보온재의 구비조건이 아닌 것은?

① 보온 능력이 커야 한다.
② 비중이 적어야 한다.
③ 열전도율이 커야 한다.
④ 기계적 강도가 있어야 한다.

해설 열전도율이 불량할 것(작을 것), 내구력이 크고 시공이 용이할 것

105 다음 보온재 구비조건에 들지 않는 것은?

① 내구성이 커야 한다.
② 열전도율이 작아야 한다.
③ 가볍고 기계적 강도가 커야 한다.
④ 흡수성과 흡습성이 있어야 한다.

해설 보온재는 흡습, 흡수성이 적어야 한다.

106 보온재나 보냉재의 단열재는 무엇을 기준으로 구분하는가?

① 사용압력 ② 내화도
③ 열전도율 ④ 안전사용 온도

107 다음 중 유기질 피복재(보온재)가 아닌 것은?

① 펠트 ② 코르크
③ 기포성 수지 ④ 규조토

해설 규조토는 무기질 보온재다.

108 다음 중 무기질 보온재료가 아닌 것은?

① 석면 ② 코르크
③ 규조토 ④ 암면

해설 유기질 보온재는 펠트(felt), 텍스류, 코르크(cork), 기포성수지 등이 있다.

109 아스팔트로 방습한 것은 -60℃까지 유지할 수 있어 보냉용으로 사용되는 보온재는?

① 펠트 ② 석면
③ 규조토 ④ 글래스울

해설 유기질 보온재는 높은 온도에 견딜수 없으므로 증기설비 보온재로 사용하지 않고 보냉재로 이용된다(펠트, 코르크, 합성수지(기포성수지)).

110 다음 중 사용중에 부서지거나 뭉클어지지 않아서 진동이 있는 장치의 보온재로서 적합한 것은?

① 석면 ② 암면
③ 규조토 ④ 탄산마그네슘

해설 석면은 400℃ 이하 탱크 노벽 보온재로 적합하다.

111 불에 잘 타지 않으며 보온성, 보냉성이 좋고, 흡수성은 좋지 않으나 굽힘성이 풍부하여 유기질 보온재로 많이 사용하는 것은?

① 펠트(felt) ② 코르크(cork)
③ 기포성 수지 ④ 탄산마그네슘

112 안산암, 현무암 등에 석회석을 섞어 용해하여 만든 무기질 단열재로서 400℃ 이하의 파이프, 덕트, 탱크 등의 보온재로 사용되는 것은?

① 탄산마그네슘 ② 규조토
③ 석면 ④ 암면

113 강관의 녹을 방지하기 위해 페인트 밑칠에 사용하는 도료는?

① 산화철 도료 ② 알루미늄 도료
③ 광명단 도료 ④ 합성수지 도료

정답 103 ② 104 ③ 105 ④ 106 ④ 107 ④ 108 ② 109 ① 110 ① 111 ③ 112 ④ 113 ③

114 방청도료 종류 중 은색 페인트라고도 하며 수분이나 습기의 방지에 좋고, 내열성도 우수한 방청도료는?

① 광명단 도료　② 산화철 도료
③ 합성수지 도료　④ 알루미늄 도료

115 부식을 방지하기 위해 페인팅을 하는데 다음 중 연단에 아마유를 배합한 것으로 녹스는 것을 방지하기 위하여 사용되는 도료의 막이 굳어서 풍화에 대해 강하고 다른 착색도료의 초벽(under coating)으로 우수한 도료는?

① 알루미늄 도료　② 광명단 도료
③ 합성수지 도료　④ 산화철 도료

116 배관의 중량을 천장이나 기타 위에서 매다는 방법으로 배관을 지지하는 장치는?

① 서포트(support)　② 앵커(anchor)
③ 행거(hanger)　④ 브레이스(brace)

117 펌프, 압축기 등에서 발생하는 배관계 진동을 억제하는 데 사용하는 지지구는?

① 리스트 레인트　② 행거
③ 턴 버클　④ 브레이스

118 앵커, 스톱, 가이드 등과 같이 열팽창에 의한 배관의 측면 이동을 구속 또는 제한하는 역할을 하는 지지구를 무엇이라 하는가?

① 리스트레인트　② 브레이스
③ 행거　④ 서포트

119 다음 중 구리관 이음용 공구와 관계없는 것은?

① 사이징툴　② 익스팬더
③ 오스타　④ 플레어 공구

120 호칭지름이 20A인 강관을 2개의 45° 엘보를 사용해서 그림과 같이 연결하고자 한다. 밑변과 높이가 똑같이 150mm라면 빗변 연결부분의 관의 실제 소요길이는 얼마인가? (단, 엘보우 중심길이는 25mm, 물림 나사부의 길이는 15mm로 한다.)

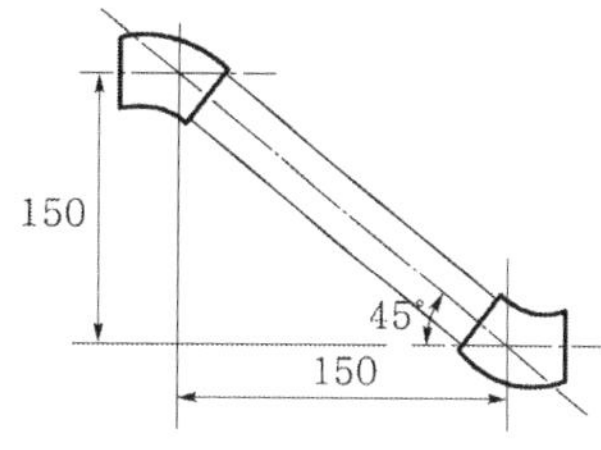

① 178mm　② 180mm
③ 192mm　④ 212mm

해설
$L = 150\sqrt{2} = 212.13$mm(450 배관의 전체중심길이)
$\ell = L - 2(A-a) = 213.13 - 2(25-15) = 192.13$mm

121 호칭지름 20A의 강관을 곡률 반지름 200mm로서 120°의 각도로 구부릴 때 곡선의 길이는?

① 418mm　② 405mm
③ 390mm　④ 363mm

해설
$$l = 2\pi r\frac{\theta}{360} = 2\times3.14\times200\times\frac{120}{360}$$
$= 418.67$mm

[별해]
$$l = R\theta = 200\times\frac{120°}{57.3°} \fallingdotseq 418.85\text{mm}$$

122 동관 굽힘가공에 대한 설명으로 옳지 않은 것은?

① 굽힘부의 진원도가 다른 관에 비해 우수하다.
② 가열굽힘 시 가열온도는 300~400℃로 한다.
③ 가공성이 다른 관에 비해 좋다.
④ 연질관은 핸드벤더를 사용하여 가공한다.

해설
동관 가열굽힘 시 가열온도는 600~700℃로 한다(강관은 800~900℃).

정답 114 ④ 115 ② 116 ③ 117 ④ 118 ① 119 ③ 120 ③ 121 ① 122 ②

123 관의 절단 후 절단부에 생기는 거스러미를 제거하는 공구는?

① 클립 ② 사이징툴
③ 파이프 리머 ④ 쇠톱

해설
파이프 리머(reamer)는 관의 절단 후 절단부에 생기는 거스러미(버르)를 제거하는 공구다.

124 동관 작업용 공구에서 사이징 툴(sizing tool)을 사용하는 작업은?

① 동관 끝을 원형으로 교정한다.
② 관을 구부린다.
③ 동관의 관 끝을 오므린다.
④ 동관의 관 끝을 넓힌다.

125 동관의 가지관 이음에서 본관에는 가지관의 안지름보다 얼마나 큰 구멍을 뚫는가?

① 9~8mm ② 7~6mm
③ 5~3mm ④ 1~2mm

126 배관의 중심선 간의 길이 : L, 관의 길이 : l, 조인트의 중심선에서 단면까지의 치수 : A, 나사의 길이 : a, 다음 그림을 보고 L의 길이를 구하는 공식은?

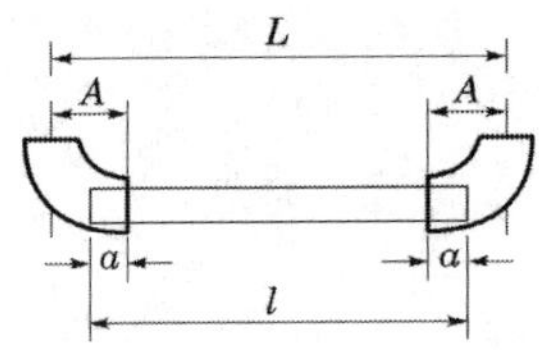

① $L=A+2(l-a)$ ② $L=l+2(A-a)$
③ $L=l+2(a-A)$ ④ $L=a+2(l-A)$

127 다음 중 파이프 렌치의 크기를 표시한 것은?

① 호칭 번호
② 최소로 물릴 수 있는 관의 지름
③ 사용할 수 있는 최대의 관을 물릴 때의 전길이
④ 조우를 맞대었을 때의 전길이

128 강관의 플랜지 접합 시공 시 주의사항으로 틀린 것은?

① 스패너로 조금씩 대각선으로 조인다.
② 플랜지 볼트 구멍을 맞추기 위해 먼저 구멍의 위치를 정한다.
③ 어느 하나를 먼저 완전히 조이고 난 다음 볼트를 조인다.
④ 처음에는 볼트를 손으로 조여주고 고정 후 나사산이 1~2산 남는 것이 좋다.

129 주철관의 소켓 접합 시 납물이 비산하여 몸에 튀면 매우 해롭다. 이 때 비산을 방지하기 위해 암관의 둘레에 끼우는 기구는 무엇인가?

① 드레서 ② 벤드벤
③ 바이스 ④ 클립

130 주철 합금강 파이프 절단 시 사용되는 쇠톱의 1인치당 잇수로 가장 알맞은 것은?

① 11산 ② 12산
③ 13산 ④ 14산

해설
재질별 톱날의 1인치당 산 수
㉠ 14산 : 동합금, 주철, 경합금
㉡ 18산 : 경강, 동, 납, 탄소강
㉢ 24산 : 강관, 합금강, 형강
㉣ 34산 : 박판, 구조용 강관, 소경 합금관

131 호칭지름 20A의 강관을 180°로 반경 200 mm관을 구부릴 때 곡선의 길이는?

① 230mm ② 430mm
③ 630mm ④ 1,030mm

해설
$$\ell=\pi D\times\frac{\theta}{360}=\pi\times400\times\frac{180°}{360°}\fallingdotseq630\text{mm}$$

[별해]
$$\ell=R\left(\frac{\theta°}{57.3°}\right)=20\left(\frac{180°}{57.3°}\right)\fallingdotseq630\text{mm}$$

정답 123 ③ 124 ① 125 ④ 126 ② 127 ③ 128 ① 129 ④ 130 ④ 131 ③

132 강관 25A 나사산 수는 길이 25.4mm에 대하여 몇 산인가?

① 19산 ② 14산
③ 11산 ④ 8산

133 다음은 동관 공작용 작업 공구이다. 해당 사항이 적은 것은 어느 것인가?

① 토치 램프 ② 사이징툴
③ 튜브 벤더 ④ 봄볼

해설 봄볼은 연관용 공구로 주관에 구멍을 뚫을 때 사용하는 공구다.

134 다음은 배관 도시 기호 치수 기입법이다. 높이 표시를 설명한 것 중 잘못된 것은 어느 것인가?

① EL : 배관의 높이를 관의 중심을 기준으로 표시
② GL : 포장된 지표면을 기준으로 하여 배관장치의 높이를 표시
③ FL : 1층의 바닥면을 기준으로 표시
④ TOP : 지름이 다른 관의 높이를 나타낼 때 관 바깥지름의 아랫면까지를 기준으로 표시

135 다음 중 유체문자 기호의 의미가 다른 것은 어느 것인가?

① 공기 - A ② 가스 - G
③ 유류 - O ④ 물 - S

136 오는 엘보를 나사 이음으로 표시하는 것은?

① ②
③ ④

해설 ②는 가는 엘보의 나사 이음, ③는 가는 엘보의 플랜지 이음, ④는 오는 엘보의 용접 이음을 나타낸다.

137 파이프 내에 흐르는 유체의 문자 기호 중에서 V가 뜻하는 것은?

① 물 ② 수증기
③ 기름 ④ 증기

해설 유체문자 기호 중 V(Vapour)는 증기를 뜻한다.

138 아래 도면은 파이프의 굵기 및 종류를 나타낸 것이다. 40A가 뜻하는 것은?

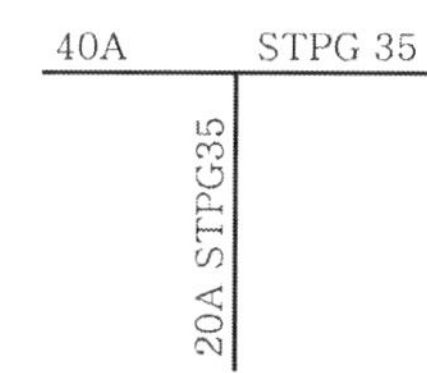

① 파이프의 종류
② 인장강도
③ 파이프의 지름
④ 위쪽에 기입될 때는 종류, 아래쪽일 때는 지름이다.

139 관 끝부분 표시방법 중 용접식 캡을 나타낸 것은?

① ②
③ ④

140 다음 그림 기호는 관의 어떤 결합방식을 표시하는가?

① 용접식 ② 플랜지식
③ 유니언식 ④ 턱걸이식

141 다음 중 관 지지용 앵커(anchor)의 KS의 도시 기호는?

① ②
③ ④ G

정답 132 ③ 133 ④ 134 ④ 135 ④ 136 ① 137 ④ 138 ③ 139 ④ 140 ③ 141 ①

142 다음 그림은 KS배관 도시기호에서 무엇을 표시하는가?

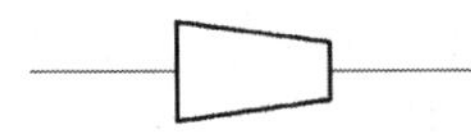

① 붓싱 ② 줄이개
③ 줄임 플랜지 ④ 플러그

해설 KS 배관에서 도시기호는 붓싱(지름이 다른 관의 연결 시 사용)이다.

143 밸브에 대한 도시 기호 중 다음 그림과 같은 것은?

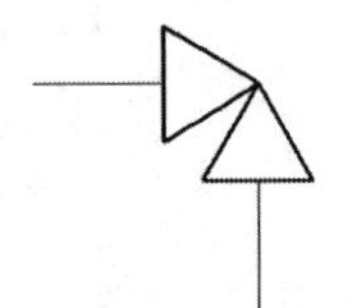

① 앵글 밸브 ② 체크 밸브
③ 일반 콕 ④ 공기빼기 밸브

144 다음 중 플랜지 이음 기호는?

①  ② 
③  ④ 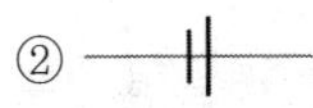

145 다음 배관 이음 중 유니온(union) 이음은?

① 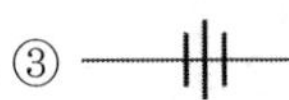 ② 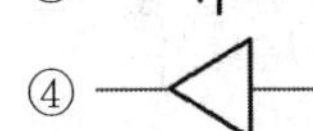
③ ④

146 다음 보기와 같은 도시 기호는 무엇을 나타내는가?

① 체크 밸브
② 게이트 밸브
③ 글로브 밸브
④ 버터플라이 밸브

해설 도시기호는 버터플라이 밸브(나비 밸브)이다.

147 다음 배관도시 기호는 무엇을 나타내는가?

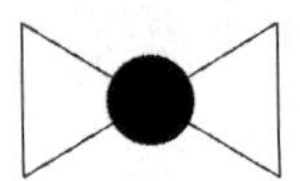

① 글로브 밸브 ② 콕
③ 체크 밸브 ④ 안전 밸브

148 일반 접합의 티(tee)을 나타낸 것은?

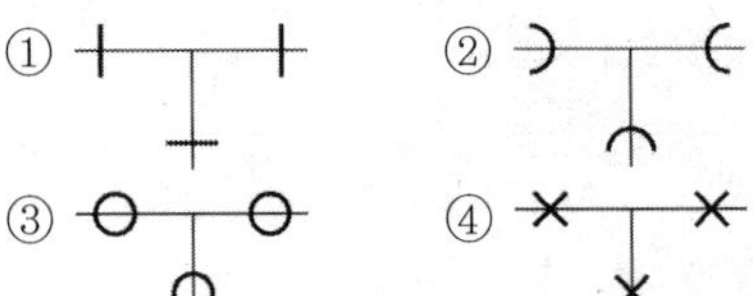

①
②
③
④

149 다음 중 신축 조인트의 도시기호가 맞지 않는 것은?

① 루프형 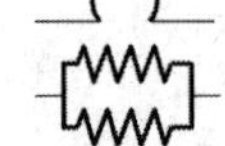
② 벨로우즈형 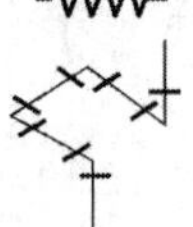
③ 스위블형
④ 슬리브형 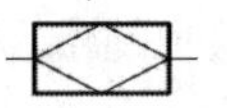

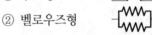

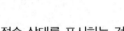

150 다음 기호 중 관의 접속 상태를 표시하는 것은?

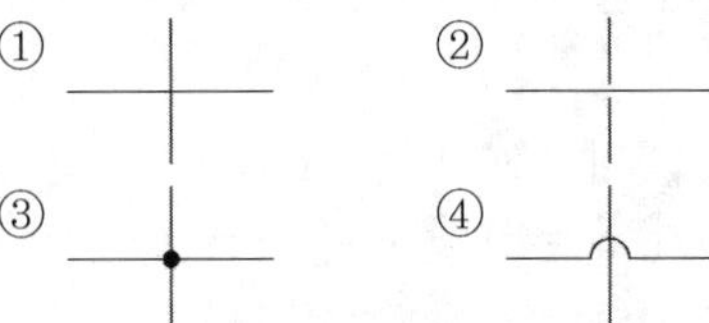

①
②
③
④

151 다음 도시 기호 중 플랜지 이음 티(tee)를 나타내는 것은?

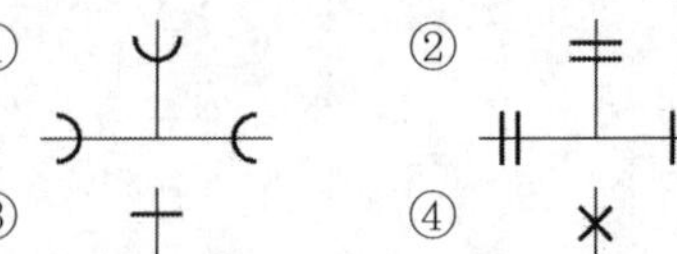
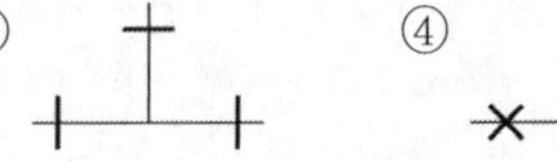

①
②
③
④

정답 142 ① 143 ① 144 ③ 145 ③ 146 ④ 147 ① 148 ① 149 ④ 150 ③ 151 ②

152 다음 그림과 같이 지름이 다른 티를 부르는 방법이 옳은 것은?

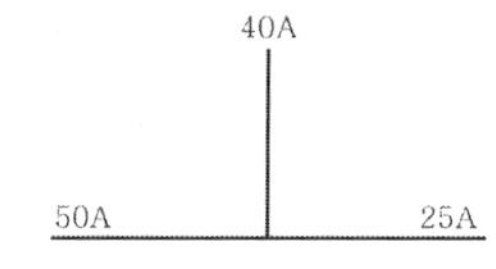

① 50×40×25A ② 50×25×40A
③ 25×50×40A ④ 40×50×25A

153 다음 중 캡(cap)의 도시 기호로 맞는 것은 어느 것인가?

① ② ③ ④

154 역지 밸브(check valve)의 도면 표시 기호는?

① ② ③ ④

155 압력계 표시 방법으로 옳은 것은?

① 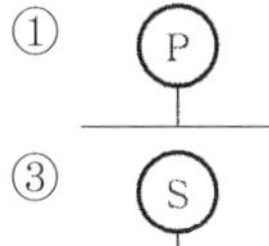

② 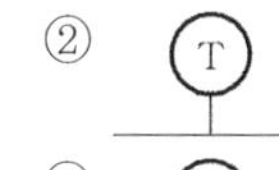

③ ④

해설 P : 압력계, T : 온도계
F : 유량계, S : 수증기

156 증기 트랩의 도시 기호는?

① 
② S ③ OS ④ GT

157 편심 줄이개(eccentric reducer)의 나사 이음 도시 기호는?

① ② ③ ④

158 다음 도시 기호 중 다이어프램 밸브는 어느 것인가?

① ② 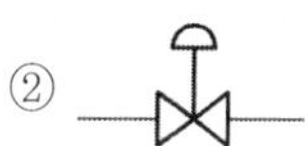
③ ④

159 핀 방열기의 도면 기호는?

① ② ③ ④ 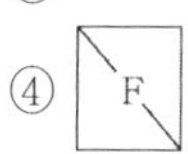

해설 ① 주형 방열기, ③ 대류 방열기, ④ 소화전

160 다음 중 용접 이음용 안전 밸브는 어느 것인가?

① 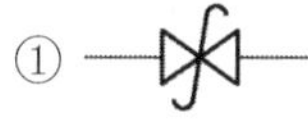
② ③ ④

161 모든 관 계통의 계기, 제어기 및 장치기 등에서 필요한 모든 자료를 도시한 공장 배관 도면을 무엇이라 하는가?

① 계통도 ② PID
③ 관 장치도 ④ 입체도

해설 PID는 Piping and Instrument Diagram의 약어이다.

162 소켓 용접용 스트레이너의 바른 도시 기호는?

① 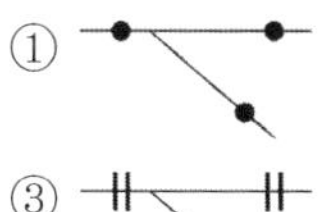
② 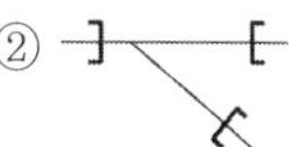
③ 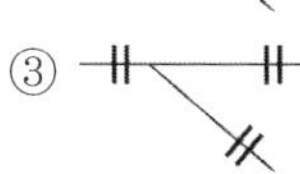
④ 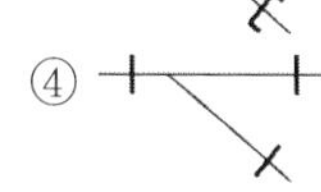

해설 ① 맞대기 용접용, ③ 플랜지용, ④ 나사용

정답 152 ② 153 ① 154 ② 155 ① 156 ① 157 ② 158 ② 159 ② 160 ③ 161 ② 162 ②

Engineer Energy Management

Chapter 04

에너지 관계 법규

1 에너지법

(1) 정의(제2조)

① 에너지란 연료·열 및 전기를 말한다.

② 연료란 석유·가스·석탄, 그 밖에 열을 발생하는 열원을 말한다. 다만, 제품의 원료로 사용되는 것은 제외한다.

③ 신·재생에너지란 신에너지 및 재생에너지 개발·이용·보급 촉진법 제2조 제1호 및 제2호에 따른 에너지를 말한다.

④ 에너지사용시설이란 에너지를 사용하는 공장·사업장 등의 시설이나 에너지를 전환하여 사용하는 시설을 말한다.

⑤ 에너지사용자란 에너지사용시설의 소유자 또는 관리자를 말한다.

⑥ 에너지공급설비란 에너지를 생산·전환·수송 또는 저장하기 위하여 설치하는 설비를 말한다.

⑦ 에너지공급자란 에너지를 생산·수입·전환·수송·저장 또는 판매하는 사업자를 말한다.

⑧ 에너지이용권이란 저소득층 등 에너지 이용에서 소외되기 쉬운 계층의 사람이 에너지공급자에게 제시하여 냉방 및 난방 등에 필요한 에너지를 공급받을 수 있도록 일정한 금액이 기재(전자적 또는 자기적 방법에 의한 기록을 포함한다)된 증표를 말한다.

⑨ 에너지사용기자재란 열사용기자재나 그 밖에 에너지를 사용하는 기자재를 말한다.

⑩ 열사용기자재란 연료 및 열을 사용하는 기기, 축열식 전기기기와 단열성 자재로서 산업통상자원부령으로 정하는 것을 말한다.

⑪ 온실가스란 기후위기 대응을 위한 탄소중립·녹색성장 기본법 제2조 제5호에 따른 온실가스를 말한다.

(2) 지역에너지계획의 수립(제7조)

① 특별시장·광역시장·특별자치시장·도지사 또는 특별자치도지사(시·도지사)는 관할 구역의 지역적 특성을 고려하여 저탄소 녹색성장 기본법 제41조에 따른 에너지기본계획(기본계획)의 효율적인 달성과 지역경제의 발전을 위한 지역에너지계획(지역계획)을 5년마다 5년 이상을 계획기간으로 하여 수립·시행하여야 한다.

② 지역계획에는 해당 지역에 대한 다음 각 호의 사항이 포함되어야 한다.
   ㉠ 에너지 수급의 추이와 전망에 관한 사항
   ㉡ 에너지의 안정적 공급을 위한 대책에 관한 사항
   ㉢ 신·재생에너지 등 환경친화적 에너지 사용을 위한 대책에 관한 사항
   ㉣ 에너지 사용의 합리화와 이를 통한 온실가스의 배출감소를 위한 대책에 관한 사항
   ㉤ 집단에너지사업법 제5조 제1항에 따라 집단에너지공급대상지역으로 지정된 지역의 경우 그 지역의 집단에너지 공급을 위한 대책에 관한 사항
   ㉥ 미활용 에너지원의 개발·사용을 위한 대책에 관한 사항
   ㉦ 그 밖에 에너지시책 및 관련 사업을 위하여 시·도지사가 필요하다고 인정하는 사항
③ 지역계획을 수립한 시·도지사는 이를 산업통상자원부장관에게 제출하여야 한다. 수립된 지역계획을 변경하였을 때에도 또한 같다.
④ 정부는 지방자치단체의 에너지시책 및 관련 사업을 촉진하기 위하여 필요한 지원시책을 마련할 수 있다.

(3) 비상시 에너지수급계획의 수립 등(제8조)

① 산업통상자원부장관은 에너지 수급에 중대한 차질이 발생할 경우에 대비하여 비상시 에너지수급계획(비상계획)을 수립하여야 한다.
② 비상계획은 제9조에 따른 에너지위원회의 심의를 거쳐 확정한다. 수립된 비상계획을 변경할 때에도 또한 같다.
③ 비상계획에는 다음 각 호의 사항이 포함되어야 한다.
   ㉠ 국내외 에너지 수급의 추이와 전망에 관한 사항
   ㉡ 비상시 에너지 소비 절감을 위한 대책에 관한 사항
   ㉢ 비상시 비축(備蓄)에너지의 활용 대책에 관한 사항
   ㉣ 비상시 에너지의 할당·배급 등 수급조정 대책에 관한 사항
   ㉤ 비상시 에너지 수급 안정을 위한 국제협력 대책에 관한 사항
   ㉥ 비상계획의 효율적 시행을 위한 행정계획에 관한 사항
④ 산업통상자원부장관은 국내외 에너지 사정의 변동에 따른 에너지의 수급 차질에 대비하기 위하여 에너지 사용을 제한하는 등 관계 법령에서 정하는 바에 따라 필요한 조치를 할 수 있다.

(4) 에너지위원회의 구성 및 운영(제9조)

① 정부는 주요 에너지정책 및 에너지 관련 계획에 관한 사항을 심의하기 위하여 산업통상자원부장관 소속으로 에너지위원회(위원회)를 둔다.
② 위원회는 위원장 1명을 포함한 25명 이내의 위원으로 구성하고, 위원은 당연직위원과 위촉위원으로 구성한다.
③ 위원장은 산업통상자원부장관이 된다.

④ 당연직위원은 관계 중앙행정기관의 차관급 공무원 중 대통령령으로 정하는 사람이 된다.

⑤ 위촉위원은 에너지 분야에 관한 학식과 경험이 풍부한 사람 중에서 산업통상자원부장관이 위촉하는 사람이 된다. 이 경우 위촉위원에는 대통령령으로 정하는 바에 따라 에너지 관련 시민단체에서 추천한 사람이 5명 이상 포함되어야 한다.

⑥ 위촉위원의 임기는 2년으로 하고, 연임할 수 있다.

⑦ 위원회의 회의에 부칠 안건을 검토하거나 위원회가 위임한 안건을 조사·연구하기 위하여 분야별 전문위원회를 둘 수 있다.

⑧ 그 밖에 위원회 및 전문위원회의 구성·운영 등에 관하여 필요한 사항은 대통령령으로 정한다.

(5) 위원회의 기능(제10조)

위원회는 다음 각 호의 사항을 심의한다.

① 저탄소 녹색성장 기본법 제41조 제2항에 따른 에너지기본계획 수립·변경의 사전심의에 관한 사항

② 비상계획에 관한 사항

③ 국내외 에너지개발에 관한 사항

④ 에너지와 관련된 교통 또는 물류에 관련된 계획에 관한 사항

⑤ 주요 에너지정책 및 에너지사업의 조정에 관한 사항

⑥ 에너지와 관련된 사회적 갈등의 예방 및 해소 방안에 관한 사항

⑦ 에너지 관련 예산의 효율적 사용 등에 관한 사항

⑧ 원자력 발전정책에 관한 사항

⑨ 기후변화에 관한 국제연합 기본협약에 대한 대책 중 에너지에 관한 사항

⑩ 다른 법률에서 위원회의 심의를 거치도록 한 사항

⑪ 그 밖에 에너지에 관련된 주요 정책사항에 관한 것으로서 위원장이 회의에 부치는 사항

(6) 에너지기술개발계획(제11조)

① 정부는 에너지 관련 기술의 개발과 보급을 촉진하기 위하여 10년 이상을 계획기간으로 하는 에너지기술개발계획(에너지기술개발계획)을 5년마다 수립하고, 이에 따른 연차별 실행계획을 수립·시행하여야 한다.

② 에너지기술개발계획은 대통령령으로 정하는 바에 따라 관계 중앙행정기관의 장의 협의와 국가과학기술자문회의법에 따른 국가과학기술자문회의의 심의를 거쳐서 수립된다. 이 경우 위원회의 심의를 거친 것으로 본다.

③ 에너지기술개발계획에는 다음 각 호의 사항이 포함되어야 한다.

㉠ 에너지의 효율적 사용을 위한 기술개발에 관한 사항

㉡ 신·재생에너지 등 환경친화적 에너지에 관련된 기술개발에 관한 사항

㉢ 에너지 사용에 따른 환경오염을 줄이기 위한 기술개발에 관한 사항
㉣ 온실가스 배출을 줄이기 위한 기술개발에 관한 사항
㉤ 개발된 에너지기술의 실용화의 촉진에 관한 사항
㉥ 국제 에너지기술 협력의 촉진에 관한 사항
㉦ 에너지기술에 관련된 인력·정보·시설 등 기술개발자원의 확대 및 효율적 활용에 관한 사항

(7) 벌칙(제25조)

다음 각 호의 어느 하나에 해당하는 자는 1년 이하의 징역 또는 1천만원 이하의 벌금에 처한다.

① 거짓 또는 그 밖의 부정한 방법으로 에너지이용권을 발급받거나 다른 사람으로 하여금 에너지이용권을 발급받게 한 자
② 제16조의4 제3항을 위반하여 에너지이용권을 판매·대여하거나 부정한 방법으로 사용한 자(해당 에너지이용권을 발급받은 이용자는 제외한다)

(8) 과태료(제26조)

① 정당한 사유 없이 제21조에 따른 질문에 대하여 진술 거부 또는 거짓 진술을 하거나 조사를 거부·방해 또는 기피한 에너지공급자에게는 500만원 이하의 과태료를 부과한다.
② 정당한 사유 없이 제19조 제4항에 따른 자료 제출 요구에 따르지 아니하거나 거짓으로 자료를 제출한 자에게는 100만원 이하의 과태료를 부과한다.
③ 제1항 및 제2항에 따른 과태료는 대통령령으로 정하는 바에 따라 산업통상자원부장관이 부과·징수한다.

2 에너지이용 합리화법

1) 법규

(1) 목적(제1조)

에너지의 수급(需給)을 안정시키고 에너지의 합리적이고 효율적인 이용을 증진하며 에너지소비로 인한 환경피해를 줄임으로써 국민경제의 건전한 발전 및 국민복지의 증진과 지구온난화의 최소화에 이바지함을 목적으로 한다.

(2) 정의(제2조)

① 에너지경영시스템이란 에너지사용자 또는 에너지공급자가 에너지이용효율을 개선할 수 있는 경영목표를 설정하고, 이를 달성하기 위하여 인적·물적 자원을 일정한 절차와 방법에 따라 체계적이고 지속적으로 관리하는 경영활동체제를 말한다.

② 에너지관리시스템이란 에너지사용을 효율적으로 관리하기 위하여 센서·계측장비, 분석 소프트웨어 등을 설치하고 에너지사용현황을 실시간으로 모니터링하여 필요시 에너지사용을 제어할 수 있는 통합관리시스템을 말한다.

③ 에너지진단이란 에너지를 사용하거나 공급하는 시설에 대한 에너지 이용실태와 손실요인 등을 파악하여 에너지이용효율의 개선 방안을 제시하는 모든 행위를 말한다.

(3) 정부와 에너지사용자·공급자 등의 책무(제3조)

① 정부는 에너지의 수급안정과 합리적이고 효율적인 이용을 도모하고 이를 통한 온실가스의 배출을 줄이기 위한 기본적이고 종합적인 시책을 강구하고 시행할 책무를 진다.

② 지방자치단체는 관할 지역의 특성을 고려하여 국가에너지정책의 효과적인 수행과 지역경제의 발전을 도모하기 위한 지역에너지시책을 강구하고 시행할 책무를 진다.

③ 에너지사용자와 에너지공급자는 국가나 지방자치단체의 에너지시책에 적극 참여하고 협력하여야 하며, 에너지의 생산·전환·수송·저장·이용 등에서 그 효율을 극대화하고 온실가스의 배출을 줄이도록 노력하여야 한다.

④ 에너지사용기자재와 에너지공급설비를 생산하는 제조업자는 그 기자재와 설비의 에너지효율을 높이고 온실가스의 배출을 줄이기 위한 기술의 개발과 도입을 위하여 노력하여야 한다.

⑤ 모든 국민은 일상생활에서 에너지를 합리적으로 이용하여 온실가스의 배출을 줄이도록 노력하여야 한다.

(4) 에너지이용 합리화 기본계획(제4조)

① 산업통상자원부장관은 에너지를 합리적으로 이용하게 하기 위하여 에너지이용 합리화에 관한 기본계획을 수립하여야 한다.

② 기본계획에는 다음 각 호의 사항이 포함되어야 한다.

㉠ 에너지절약형 경제구조로의 전환
㉡ 에너지이용효율의 증대
㉢ 에너지이용 합리화를 위한 기술개발
㉣ 에너지이용 합리화를 위한 홍보 및 교육
㉤ 에너지원 간 대체(代替)
㉥ 열사용기자재의 안전관리
㉦ 에너지이용 합리화를 위한 가격예시제(價格豫示制)의 시행에 관한 사항
㉧ 에너지의 합리적인 이용을 통한 온실가스의 배출을 줄이기 위한 대책
㉨ 그 밖에 에너지이용 합리화를 추진하기 위하여 필요한 사항으로서 산업통상자원부령으로 정하는 사항

③ 산업통상자원부장관이 제1항에 따라 기본계획을 수립하려면 관계 행정기관의 장과 협의한 후 에너지법 제9조에 따른 에너지위원회의 심의를 거쳐야 한다.

④ 산업통상자원부장관은 기본계획을 수립하기 위하여 필요하다고 인정하는 경우 관계 행정기관의 장에게 필요한 자료를 제출하도록 요청할 수 있다.

(5) 에너지이용 합리화 실시계획(제6조)

① 관계 행정기관의 장과 특별시장·광역시장·도지사 또는 특별자치도지사(시·도지사)는 기본계획에 따라 에너지이용 합리화에 관한 실시계획을 수립하고 시행하여야 한다.

② 관계 행정기관의 장 및 시·도지사는 제1항에 따른 실시계획과 그 시행 결과를 산업통상자원부장관에게 제출하여야 한다.

③ 산업통상자원부장관은 위원회의 심의를 거쳐 제2항에 따라 제출된 실시계획을 종합·조정하고 추진상황을 점검·평가하여야 한다. 이 경우 평가업무의 효과적인 수행을 위하여 대통령령으로 정하는 바에 따라 관계 연구기관 등에 그 업무를 대행하도록 할 수 있다.

(6) 수급안정을 위한 조치(제7조)

① 산업통상자원부장관은 국내외 에너지사정의 변동에 따른 에너지의 수급차질에 대비하기 위하여 대통령령으로 정하는 주요 에너지사용자와 에너지공급자에게 에너지저장시설을 보유하고 에너지를 저장하는 의무를 부과할 수 있다.

② 산업통상자원부장관은 국내외 에너지사정의 변동으로 에너지수급에 중대한 차질이 발생하거나 발생할 우려가 있다고 인정되면 에너지수급의 안정을 기하기 위하여 필요한 범위에서 에너지사용자, 에너지공급자 또는 에너지사용기자재의 소유자와 관리자에게 다음 각 호의 사항에 관한 조정, 명령, 그 밖에 필요한 조치를 할 수 있다.

㉠ 지역별, 주요 수급자별 에너지 할당
㉡ 에너지공급설비의 가동 및 조업
㉢ 에너지의 비축과 저장
㉣ 에너지의 도입, 수출입 및 위탁가공
㉤ 에너지공급자 상호 간의 에너지의 교환 또는 분배 사용
㉥ 에너지의 유통시설과 그 사용 및 유통경로
㉦ 에너지의 배급
㉧ 에너지의 양도, 양수의 제한 또는 금지
㉨ 에너지사용의 시기, 방법 및 에너지사용기자재의 사용 제한 또는 금지 등 대통령령으로 정하는 사항
㉩ 그 밖에 에너지수급을 안정시키기 위하여 대통령령으로 정하는 사항

③ 산업통상자원부장관은 조치를 시행하기 위하여 관계 행정기관의 장이나 지방자치단체의 장에게 필요한 협조를 요청할 수 있으며 관계 행정기관의 장이나 지방자치단체의 장은 이에 협조하여야 한다.

④ 산업통상자원부장관은 조치를 한 사유가 소멸되었다고 인정하면 지체 없이 이를 해제하여야 한다.
⑤ 산업통상자원부장관은 에너지수급의 안정을 위한 조치를 하려는 경우에는 그 사유, 기간 및 대상자 등을 정하여 조치 예정일 7일 이전에 에너지사용자, 에너지공급자 또는 에너지사용기자재의 소유자와 관리자에게 예고하여야 한다.
⑥ 에너지공급자가 그 에너지공급에 관하여 조치를 받은 경우에는 예고된 바대로 에너지공급을 제한하고 그 결과를 산업통상자원부장관에게 보고하여야 한다.

(7) 에너지사용계획의 협의(제10조)

① 도시개발사업이나 산업단지개발사업 등 대통령령으로 정하는 일정규모 이상의 에너지를 사용하는 사업을 실시하거나 시설을 설치하려는 자(이하 사업주관자라 한다)는 그 사업의 실시와 시설의 설치로 에너지수급에 미칠 영향과 에너지소비로 인한 온실가스(이산화탄소만을 말한다)의 배출에 미칠 영향을 분석하고, 소요에너지의 공급계획 및 에너지의 합리적 사용과 그 평가에 관한 계획(이하 에너지사용계획이라 한다)을 수립하여, 그 사업의 실시 또는 시설의 설치 전에 산업통상자원부장관에게 제출하여야 한다.
② 산업통상자원부장관은 제출한 에너지사용계획에 관하여 사업주관자 중 국가, 지방자치단체, 공공기관(이하 공공사업주관자라 한다)과 협의를 하여야 하며, 공공사업주관자 외의 자(이하 민간사업주관자라 한다)로부터 의견을 들을 수 있다.
③ 사업주관자는 국공립연구기관, 정부출연연구기관 등 에너지사용계획을 수립할 능력이 있는 자로 하여금 에너지사용계획의 수립을 대행하게 할 수 있다.

(8) 에너지이용합리화를 위한 홍보(제13조)

정부는 에너지이용합리화를 위하여 정부의 에너지정책, 기본계획 및 에너지의 효율적 사용방법 등에 관한 홍보방안을 강구하여야 한다.

(9) 금융·세제상의 지원(제14조)

정부는 에너지이용을 합리화하고 이를 통하여 온실가스의 배출을 줄이기 위하여 대통령령으로 정하는 에너지절약형 시설투자, 에너지절약형 기자재의 제조, 설치, 시공, 그 밖에 에너지이용합리화와 이를 통한 온실가스배출의 감축에 관한 사업에 대하여 금융·세제상의 지원 또는 보조금의 지급, 그 밖에 필요한 지원을 할 수 있다.

(10) 효율관리기자재의 지정 등(제15조)

① 산업통상자원부장관은 에너지이용 합리화를 위하여 필요하다고 인정하는 경우에는 일반적으로 널리 보급되어 있는 에너지사용기자재(상당량의 에너지를 소비하는 기자재에 한정한다) 또는 에너지관련기자재(에너지를 사용하지 아니하나 그 구조 및 재질에 따라 열손실

방지 등으로 에너지절감에 기여하는 기자재를 말한다. 이하 같다)로서 산업통상자원부령으로 정하는 기자재(효율관리기자재)에 대하여 다음 각 호의 사항을 정하여 고시하여야 한다. 다만, 에너지관련기자재 중 건축법 제2조 제1항의 건축물에 고정되어 설치·이용되는 기자재 및 자동차관리법 제29조 제2항에 따른 자동차부품을 효율관리기자재로 정하려는 경우에는 국토교통부장관과 협의한 후 다음 각 호의 사항을 공동으로 정하여 고시하여야 한다.

㉠ 에너지의 목표소비효율 또는 목표사용량의 기준

㉡ 에너지의 최저소비효율 또는 최대사용량의 기준

㉢ 에너지의 소비효율 또는 사용량의 표시

㉣ 에너지의 소비효율 등급기준 및 등급표시

㉤ 에너지의 소비효율 또는 사용량의 측정방법

㉥ 그 밖에 효율관리기자재의 관리에 필요한 사항으로서 산업통상자원부령으로 정하는 사항

② 효율관리기자재의 제조업자 또는 수입업자는 산업통상자원부장관이 지정하는 시험기관(효율관리시험기관)에서 해당 효율관리기자재의 에너지 사용량을 측정받아 에너지소비효율등급 또는 에너지소비효율을 해당 효율관리기자재에 표시하여야 한다. 다만, 산업통상자원부장관이 정하여 고시하는 시험설비 및 전문인력을 모두 갖춘 제조업자 또는 수입업자로서 산업통상자원부령으로 정하는 바에 따라 산업통상자원부장관의 승인을 받은 자는 자체측정으로 효율관리시험기관의 측정을 대체할 수 있다.

③ 효율관리기자재의 제조업자 또는 수입업자는 제2항에 따른 측정결과를 산업통상자원부령으로 정하는 바에 따라 산업통상자원부장관에게 신고하여야 한다

④ 효율관리기자재의 제조업자·수입업자 또는 판매업자가 산업통상자원부령으로 정하는 광고매체를 이용하여 효율관리기자재의 광고를 하는 경우에는 그 광고 내용에 제2항에 따른 에너지소비효율등급 또는 에너지소비효율을 포함하여야 한다.

⑤ 효율관리시험기관은 국가표준기본법 제23조에 따라 시험·검사기관으로 인정받은 기관으로서 다음 각 호의 어느 하나에 해당하는 기관이어야 한다.

㉠ 국가가 설립한 시험·연구기관

㉡ 특정연구기관 육성법 제2조에 따른 특정연구기관

㉢ 제1호 및 제2호의 연구기관과 동등 이상의 시험능력이 있다고 산업통상자원부장관이 인정하는 기관

(11) 고효율에너지기자재의 인증 등(제22조)

① 산업통상자원부장관은 에너지이용의 효율성이 높아 보급을 촉진할 필요가 있는 에너지사용기자재 또는 에너지관련기자재로서 산업통상자원부령으로 정하는 기자재(고효율에너지인증대상기자재)에 대하여 다음 각 호의 사항을 정하여 고시하여야 한다. 다만, 에너지관련기자재 중 건축법 제2조 제1항의 건축물에 고정되어 설치·이용되는 기자재 및 자동차관리법 제29조 제2항에 따른 자동차부품을 고효율에너지인증대상기자재로 정하려는 경우에는 국토교통부장관과 협의한 후 다음 각 호의 사항을 공동으로 정하여 고시하여야 한다.

㉠ 고효율에너지인증대상기자재의 각 기자재별 적용범위
㉡ 고효율에너지인증대상기자재의 인증 기준·방법 및 절차
㉢ 고효율에너지인증대상기자재의 성능 측정방법
㉣ 에너지이용의 효율성이 우수한 고효율에너지인증대상기자재(고효율에너지기자재)의 인증 표시
㉤ 그 밖에 고효율에너지인증대상기자재의 관리에 필요한 사항으로서 산업통상자원부령으로 정하는 사항

② 고효율에너지인증대상기자재의 제조업자 또는 수입업자가 해당 기자재에 고효율에너지기자재의 인증 표시를 하려면 해당 에너지사용기자재 또는 에너지관련기자재가 제1항 제2호에 따른 인증기준에 적합한지 여부에 대하여 산업통상자원부장관이 지정하는 시험기관(고효율시험기관)의 측정을 받아 산업통상자원부장관으로부터 인증을 받아야 한다.
③ 제2항에 따라 고효율에너지기자재의 인증을 받으려는 자는 산업통상자원부령으로 정하는 바에 따라 산업통상자원부장관에게 인증을 신청하여야 한다.
④ 산업통상자원부장관은 제3항에 따라 신청된 고효율에너지인증대상기자재가 제1항 제2호에 따른 인증기준에 적합한 경우에는 인증을 하여야 한다.
⑤ 제4항에 따라 인증을 받은 자가 아닌 자는 해당 고효율에너지인증대상기자재에 고효율에너지기자재의 인증 표시를 할 수 없다.
⑥ 산업통상자원부장관은 고효율에너지기자재의 보급을 촉진하기 위하여 필요하다고 인정하는 경우에는 제8조 제1항 각 호에 따른 자에 대하여 고효율에너지기자재를 우선적으로 구매하게 하거나, 공장·사업장 및 집단주택단지 등에 대하여 고효율에너지기자재의 설치 또는 사용을 장려할 수 있다.
⑦ 제2항의 고효율시험기관으로 지정받으려는 자는 다음 각 호의 요건을 모두 갖추어 산업통상자원부령으로 정하는 바에 따라 산업통상자원부장관에게 지정 신청을 하여야 한다.
㉠ 다음 각 목의 어느 하나에 해당할 것
가. 국가가 설립한 시험·연구기관
나. 「특정연구기관육성법」 제2조에 따른 특정연구기관
다. 「국가표준기본법」 제23조에 따라 시험·검사기관으로 인정받은 기관
라. 가목 및 나목의 연구기관과 동등 이상의 시험능력이 있다고 산업통상자원부장관이 인정하는 기관
㉡ 산업통상자원부장관이 고효율에너지인증대상기자재별로 정하여 고시하는 시험설비 및 전문인력을 갖출 것
⑧ 산업통상자원부장관은 고효율에너지인증대상기자재 중 기술 수준 및 보급 정도 등을 고려하여 고효율에너지인증대상기자재로 유지할 필요성이 없다고 인정하는 기자재를 산업통상자원부령으로 정하는 기준과 절차에 따라 고효율에너지인증대상기자재에서 제외할 수 있다.

(12) 고효율에너지기자재의 사후관리(제23조)

① 산업통상자원부장관은 고효율에너지기자재가 제1호에 해당하는 경우에는 인증을 취소하여야 하고, 제2호에 해당하는 경우에는 인증을 취소하거나 6개월 이내의 기간을 정하여 인증을 사용하지 못하도록 명할 수 있다.

㉠ 거짓이나 그 밖의 부정한 방법으로 인증을 받은 경우

㉡ 고효율에너지기자재가 제22조 제1항 제2호에 따른 인증기준에 미달하는 경우

② 산업통상자원부장관은 제1항에 따라 인증이 취소된 고효율에너지기자재에 대하여 그 인증이 취소된 날부터 1년의 범위에서 산업통상자원부령으로 정하는 기간 동안 인증을 하지 아니할 수 있다.

(13) 시험기관의 지정취소 등(제24조)

① 산업통상자원부장관은 효율관리시험기관, 대기전력시험기관 및 고효율시험기관이 다음 각 호의 어느 하나에 해당하는 경우에는 그 지정을 취소하거나 6개월 이내의 기간을 정하여 시험업무의 정지를 명할 수 있다. 다만, 제1호 또는 제2호에 해당하면 그 지정을 취소하여야 한다.

㉠ 거짓이나 그 밖의 부정한 방법으로 지정을 받은 경우

㉡ 업무정지 기간 중에 시험업무를 행한 경우

㉢ 정당한 사유 없이 시험을 거부하거나 지연하는 경우

㉣ 산업통상자원부장관이 정하여 고시하는 측정방법을 위반하여 시험한 경우

㉤ 제15조 제5항, 제19조 제5항 또는 제22조 제7항에 따른 시험기관의 지정기준에 적합하지 아니하게 된 경우

② 산업통상자원부장관은 제15조 제2항 단서, 제19조 제2항 단서에 따라 자체측정의 승인을 받은 자가 제1호 또는 제2호에 해당하면 그 승인을 취소하여야 하고, 제3호 또는 제4호에 해당하면 그 승인을 취소하거나 6개월 이내의 기간을 정하여 자체측정업무의 정지를 명할 수 있다.

㉠ 거짓이나 그 밖의 부정한 방법으로 승인을 받은 경우

㉡ 업무정지 기간 중에 자체측정업무를 행한 경우

㉢ 산업통상자원부장관이 정하여 고시하는 측정방법을 위반하여 측정한 경우

㉣ 산업통상자원부장관이 정하여 고시하는 시험설비 및 전문인력 기준에 적합하지 아니하게 된 경우

(14) 에너지절약전문기업의 등록취소 등(제26조)

산업통상자원부장관은 에너지절약전문기업이 다음 각 호의 어느 하나에 해당하면 그 등록을 취소하거나 이 법에 따른 지원을 중단할 수 있다. 다만, 제1호에 해당하는 경우에는 그 등록을 취소하여야 한다.

① 거짓이나 그 밖의 부정한 방법으로 에너지절약전문기업의 등록을 한 경우
② 거짓이나 그 밖의 부정한 방법으로 금융·세제상의 지원을 받거나 지원받은 자금을 다른 용도로 사용한 경우
③ 에너지절약전문기업으로 등록한 업체가 그 등록의 취소를 신청한 경우
④ 타인에게 자기의 성명이나 상호를 사용하여 제25조 제1항 각 호의 어느 하나에 해당하는 사업을 수행하게 하거나 산업통상자원부장관이 에너지절약전문기업에 내준 등록증을 대여한 경우
⑤ 제25조 제2항에 따른 등록기준에 미달하게 된 경우
⑥ 제66조 제1항에 따른 보고를 하지 아니하거나 거짓으로 보고한 경우 또는 같은 항에 따른 검사를 거부·방해 또는 기피한 경우
⑦ 정당한 사유 없이 등록한 후 3년 이내에 사업을 시작하지 아니하거나 3년 이상 계속하여 사업수행실적이 없는 경우

(15) 에너지다소비사업자의 신고 등(제31조)

① 에너지사용량이 대통령령으로 정하는 기준량 이상인 자(에너지다소비사업자)는 다음 각 호의 사항을 산업통상자원부령으로 정하는 바에 따라 매년 1월 31일까지 그 에너지사용시설이 있는 지역을 관할하는 시·도지사에게 신고하여야 한다.
㉠ 전년도의 분기별 에너지사용량·제품생산량
㉡ 해당 연도의 분기별 에너지사용예정량·제품생산예정량
㉢ 에너지사용기자재의 현황
㉣ 전년도의 분기별 에너지이용 합리화 실적 및 해당 연도의 분기별 계획
㉤ 제1호부터 제4호까지의 사항에 관한 업무를 담당하는 자(에너지관리자)의 현황
② 시·도지사는 제1항에 따른 신고를 받으면 이를 매년 2월 말일까지 산업통상자원부장관에게 보고하여야 한다.
③ 산업통상자원부장관 및 시·도지사는 에너지다소비사업자가 신고한 제1항 각 호의 사항을 확인하기 위하여 필요한 경우 다음 각 호의 어느 하나에 해당하는 자에 대하여 에너지다소비사업자에게 공급한 에너지의 공급량 자료를 제출하도록 요구할 수 있다.
㉠ 한국전력공사
㉡ 한국가스공사
㉢ 도시가스사업법 제2조 제2호에 따른 도시가스사업자
㉣ 한국지역난방공사
㉤ 그 밖에 대통령령으로 정하는 에너지공급기관 또는 관리기관

(16) 에너지진단 등(제32조)

① 산업통상자원부장관은 관계 행정기관의 장과 협의하여 에너지다소비사업자가 에너지를 효율적으로 관리하기 위하여 필요한 기준(에너지관리기준)을 부문별로 정하여 고시하여야 한다.

② 에너지다소비사업자는 산업통상자원부장관이 지정하는 에너지진단전문기관(진단기관)으로부터 3년 이상의 범위에서 대통령령으로 정하는 기간마다 그 사업장에 대하여 에너지진단을 받아야 한다. 다만, 물리적 또는 기술적으로 에너지진단을 실시할 수 없거나 에너지진단의 효과가 적은 아파트·발전소 등 산업통상자원부령으로 정하는 범위에 해당하는 사업장은 그러하지 아니하다.

③ 산업통상자원부장관은 대통령령으로 정하는 바에 따라 에너지진단업무에 관한 자료제출을 요구하는 등 진단기관을 관리·감독한다.

④ 산업통상자원부장관은 자체에너지절감실적이 우수하다고 인정되는 에너지다소비사업자에 대하여는 산업통상자원부령으로 정하는 바에 따라 에너지진단을 면제하거나 에너지진단주기를 연장할 수 있다.

⑤ 산업통상자원부장관은 에너지진단 결과 에너지다소비사업자가 에너지관리기준을 지키고 있지 아니한 경우에는 에너지관리기준의 이행을 위한 지도(이하 "에너지관리지도"라 한다)를 할 수 있다.

⑥ 산업통상자원부장관은 에너지다소비사업자가 에너지진단을 받기 위하여 드는 비용의 전부 또는 일부를 지원할 수 있다. 이 경우 지원 대상·규모 및 절차는 대통령령으로 정한다.

⑦ 산업통상자원부장관은 진단기관에 대하여 평가하고 그 결과를 공개할 수 있다. 이 경우 평가의 기준·방법 및 결과의 공개에 필요한 사항은 산업통상자원부령으로 정한다.

⑧ 진단기관의 지정기준은 대통령령으로 정하고, 진단기관의 지정절차와 그 밖에 필요한 사항은 산업통상자원부령으로 정한다.

⑨ 에너지진단의 범위와 방법, 그 밖에 필요한 사항은 산업통상자원부장관이 정하여 고시한다.

(17) 개선명령(제34조)

① 산업통상자원부장관은 에너지관리지도 결과, 에너지가 손실되는 요인을 줄이기 위하여 필요하다고 인정하면 에너지다소비사업자에게 에너지손실요인의 개선을 명할 수 있다.

② 개선명령의 요건 및 절차는 대통령령으로 정한다.

(18) 목표에너지원단위의 설정 등(제35조)

① 산업통상자원부장관은 에너지의 이용효율을 높이기 위하여 필요하다고 인정하면 관계 행정기관의 장과 협의하여 에너지를 사용하여 만드는 제품의 단위당 에너지사용목표량 또는 건축물의 단위면적당 에너지사용목표량(목표에너지원단위)을 정하여 고시하여야 한다.

② 산업통상자원부장관은 산업통상자원부령으로 정하는 바에 따라 목표에너지원단위의 달성에 필요한 자금을 융자할 수 있다.

(19) 특정열사용기자재(제37조)

열사용기자재 중 제조, 설치·시공 및 사용에서의 안전관리, 위해방지 또는 에너지이용의 효율관리가 특히 필요하다고 인정되는 것으로서 산업통상자원부령으로 정하는 열사용기자재(특정열사용기자재)의 설치·시공이나 세관(물이 흐르는 관 속에 낀 물때나 녹 따위를 벗겨 냄)을 업(시공업)으로 하는 자는 건설산업기본법 제9조 제1항에 따라 시·도지사에게 등록하여야 한다.

〈특정열사용기자재 및 설치·시공범위〉

구분	품목명	설치·시공범위
보일러	① 강철제 보일러 ② 주철제 보일러 ③ 온수보일러 ④ 구멍탄용 온수보일러 ⑤ 축열식 전기보일러 ⑥ 캐스케이드 보일러 ⑦ 가정용 화목보일러	해당 기기의 설치·배관 및 세관
태양열 집열기	태양열 집열기	해당 기기의 설치·배관 및 세관
압력용기	① 1종 압력용기 ② 2종 압력용기	해당 기기의 설치·배관 및 세관
요업요로	① 연속식유리용융가마 ② 불연속식유리용융가마 ③ 유리용융도가니가마 ④ 터널가마 ⑤ 도염식각가마 ⑥ 셔틀가마 ⑦ 회전가마 ⑧ 석회용선가마	해당 기기의 설치를 위한 시공
금속요로	① 용선로 ② 비철금속용융로 ③ 금속소둔로 ④ 철금속가열로 ⑤ 금속균열로	해당 기기의 설치를 위한 시공

(20) 검사대상기기의 검사(제39조)

① 특정열사용기자재 중 산업통상자원부령으로 정하는 검사대상기기(검사대상기기)의 제조업자는 그 검사대상기기의 제조에 관하여 시·도지사의 검사를 받아야 한다.

② 다음 각 호의 어느 하나에 해당하는 자(검사대상기기설치자)는 산업통상자원부령으로 정하는 바에 따라 시·도지사의 검사를 받아야 한다.

㉠ 검사대상기기를 설치하거나 개조하여 사용하려는 자

㉡ 검사대상기기의 설치장소를 변경하여 사용하려는 자

㉢ 검사대상기기를 사용중지한 후 재사용하려는 자

③ 시·도지사는 제1항이나 제2항에 따른 검사에 합격된 검사대상기기의 제조업자나 설치자에게는 지체 없이 그 검사의 유효기간을 명시한 검사증을 내주어야 한다.

④ 검사의 유효기간이 끝나는 검사대상기기를 계속 사용하려는 자는 산업통상자원부령으로 정하는 바에 따라 다시 시·도지사의 검사를 받아야 한다.

⑤ 제1항, 제2항 또는 제4항에 따른 검사에 합격되지 아니한 검사대상기기는 사용할 수 없다. 다만, 시·도지사는 제4항에 따른 검사의 내용 중 산업통상자원부령으로 정하는 항목의 검사에 합격되지 아니한 검사대상기기에 대하여는 검사대상기기의 안전관리와 위해방지에 지장이 없는 범위에서 산업통상자원부령으로 정하는 기간 내에 그 검사에 합격할 것을 조건으로 계속 사용하게 할 수 있다.

⑥ 시·도지사는 제1항, 제2항 및 제4항에 따른 검사에서 검사대상기기의 안전관리와 위해방지에 지장이 없는 범위에서 산업통상자원부령으로 정하는 바에 따라 그 검사의 전부 또는 일부를 면제할 수 있다.

⑦ 검사대상기기설치자는 다음 각 호의 어느 하나에 해당하면 산업통상자원부령으로 정하는 바에 따라 시·도지사에게 신고하여야 한다.

㉠ 검사대상기기를 폐기한 경우

㉡ 검사대상기기의 사용을 중지한 경우

㉢ 검사대상기기의 설치자가 변경된 경우

㉣ 제6항에 따라 검사의 전부 또는 일부가 면제된 검사대상기기 중 산업통상자원부령으로 정하는 검사대상기기를 설치한 경우

⑧ 검사대상기기에 대한 검사의 내용·기준, 그 밖에 필요한 사항은 산업통상자원부령으로 정한다.

〈검사대상기기〉

구분	검사대상기기	적용범위
보일러	강철제 보일러, 주철제 보일러	다음 각 호의 어느 하나에 해당하는 것은 제외한다. ① 최고사용압력이 0.1MPa 이하이고, 동체의 안지름이 300mm 이하이며, 길이가 600mm 이하인 것 ② 최고사용압력이 0.1MPa 이하이고, 전열면적이 $5m^2$ 이하인 것 ③ 2종 관류보일러 ④ 온수를 발생시키는 보일러로서 대기개방형인 것
	소형 온수보일러	가스를 사용하는 것으로서 가스사용량이 17kg/h(도시가스는 232.6kW)를 초과하는 것
	캐스케이드 보일러	산업표준화법 제12조 제1항에 따른 한국산업표준에 적합함을 인증받거나 액화석유가스의 안전관리 및 사업법 제39조 제1항에 따라 가스용품의 검사에 합격한 제품으로서, 최고사용압력이 대기압을 초과하는 온수보일러 또는 온수기 2대 이상이 단일 연통으로 연결되어 서로 연동되도록 설치되며, 최대 가스사용량의 합이 17kg/h(도시가스는 232.6kW)를 초과하는 것

구분	검사대상기기	적용범위
압력용기	1종 압력용기	최고사용압력(MPa)과 내부 부피(m^3)를 곱한 수치가 0.004를 초과하는 다음 각 호의 어느 하나에 해당하는 것 ① 증기, 그 밖의 열매체를 받아들이거나 증기를 발생시켜 고체 또는 액체를 가열하는 기기로서 용기 안의 압력이 대기압을 넘는 것 ② 용기 안의 화학반응에 따라 증기를 발생시키는 용기로서 용기 안의 압력이 대기압을 넘는 것 ③ 용기 안의 액체의 성분을 분리하기 위하여 해당 액체를 가열하거나 증기를 발생시키는 용기로서 용기 안의 압력이 대기압을 넘는 것 ④ 용기 안의 액체의 온도가 대기압에서의 끓는 점을 넘는 것
	2종 압력용기	최고사용압력이 0.2MPa을 초과하는 기체를 그 안에 보유하는 용기로서 다음 각 호의 어느 하나에 해당하는 것 ① 내부 부피가 $0.04m^3$ 이상인 것 ② 동체의 안지름이 200mm 이상(증기헤더의 경우에는 동체의 안지름이 300mm 초과)이고, 그 길이가 1,000mm 이상인 것
요로	철금속가열로	정격용량이 0.58MW를 초과하는 것

(21) 수입 검사대상기기의 검사(제39조의2)

① 검사대상기기를 수입하려는 자는 제조업자로 하여금 그 검사대상기기의 제조에 관하여 산업통상자원부장관의 검사를 받도록 하여야 한다. 다만, 산업통상자원부장관은 수입 검사대상기기가 다음 각 호의 어느 하나에 해당하는 경우에는 검사대상기기의 안전관리와 위해방지에 지장이 없는 범위에서 산업통상자원부령으로 정하는 바에 따라 그 검사의 전부 또는 일부를 면제할 수 있다.

㉠ 산업통상자원부장관이 고시하는 외국의 검사기관에서 검사를 받은 경우

㉡ 전시회나 박람회에 출품할 목적으로 수입하는 경우

㉢ 그 밖에 산업통상자원부령으로 정하는 경우

② 산업통상자원부장관은 제1항에 따른 검사에 합격된 검사대상기기의 제조업자에게는 지체 없이 검사증을 내주어야 한다.

③ 제1항에 따른 검사에 합격되지 아니한 검사대상기기는 수입할 수 없다.

④ 제1항에 따른 검사의 내용, 기준, 그 밖에 필요한 사항은 산업통상자원부령으로 정한다.

(22) 검사대상기기관리자의 선임(제40조)

① 검사대상기기설치자는 검사대상기기의 안전관리, 위해방지 및 에너지이용의 효율을 관리하기 위하여 검사대상기기의 관리자(검사대상기기관리자)를 선임하여야 한다.

② 검사대상기기관리자의 자격기준과 선임기준은 산업통상자원부령으로 정한다.

③ 검사대상기기설치자는 검사대상기기관리자를 선임 또는 해임하거나 검사대상기기관리자가 퇴직한 경우에는 산업통상자원부령으로 정하는 바에 따라 시·도지사에게 신고하여야 한다.

④ 검사대상기기설치자는 검사대상기기관리자를 해임하거나 검사대상기기관리자가 퇴직하는 경우에는 해임이나 퇴직 이전에 다른 검사대상기기관리자를 선임하여야 한다. 다만, 산업통상자원부령으로 정하는 사유에 해당하는 경우에는 시·도지사의 승인을 받아 다른 검사대상기기관리자의 선임을 연기할 수 있다.

〈검사대상기기관리자의 자격 및 조종범위〉

관리자의 자격	관리범위
에너지관리기능장 또는 에너지관리기사	용량이 30t/h를 초과하는 보일러
에너지관리기능장, 에너지관리기사 또는 에너지관리산업기사	용량이 10t/h를 초과하고 30t/h 이하인 보일러
에너지관리기능장, 에너지관리기사, 에너지관리산업기사 또는 에너지관리기능사	용량이 10t/h 이하인 보일러
에너지관리기능장, 에너지관리기사, 에너지관리산업기사, 에너지관리기능사 또는 인정검사대상기기관리자의 교육을 이수한 자	① 증기보일러로서 최고사용압력이 1MPa 이하이고, 전열면적이 10m^2 이하인 것 ② 온수발생 및 열매체를 가열하는 보일러로서 용량이 581.5kW 이하인 것 ③ 압력용기

(23) 교육(제65조)

① 산업통상자원부장관은 에너지관리의 효율적인 수행과 특정열사용기자재의 안전관리를 위하여 에너지관리자, 시공업의 기술인력 및 검사대상기기관리자에 대하여 교육을 실시하여야 한다.

② 에너지관리자, 시공업의 기술인력 및 검사대상기기관리자는 제1항에 따라 실시하는 교육을 받아야 한다.

③ 에너지다소비사업자, 시공업자 및 검사대상기기설치자는 그가 선임 또는 채용하고 있는 에너지관리자, 시공업의 기술인력 또는 검사대상기기관리자로 하여금 제1항에 따라 실시하는 교육을 받게 하여야 한다.

④ 제1항에 따른 교육담당기관·교육기간 및 교육과정, 그 밖에 교육에 관하여 필요한 사항은 산업통상자원부령으로 정한다.

〈에너지관리자에 대한 교육〉

교육과정	교육기간	교육대상자	교육기관
에너지관리자 기본교육과정	1일	법 제31조 제1항 제1호부터 제4호까지의 사항에 관한 업무를 담당하는 사람(에너지관리자)으로 신고된 사람	한국에너지 공단

〈시공업의 기술인력 및 검사대상기기관리자에 대한 교육〉

<table>
<tr><th>구분</th><th>교육과정</th><th>교육기간</th><th>교육대상자</th><th>교육기관</th></tr>
<tr><td rowspan="2">시공업의 기술인력</td><td>난방시공업 제1종 기술자 과정</td><td>1일</td><td>난방시공업 제1종의 기술자로 등록된 사람</td><td rowspan="2">한국열관리시공협회 및 전국보일러설비협회</td></tr>
<tr><td>난방시공업 제2종, 제3종 기술자 과정</td><td>1일</td><td>난방시공업 제2종 또는 난방시공업 제3종의 기술자로 등록된 사람</td></tr>
<tr><td rowspan="2">검사대상기기 관리자</td><td>중·대형 보일러 관리자 과정</td><td>1일</td><td>검사대상기기관리자로 선임된 사람으로서 용량이 1t/h(난방용의 경우에는 5t/h)를 초과하는 강철제 보일러 및 주철제 보일러의 관리자</td><td rowspan="2">에너지관리공단 및 한국에너지기술인협회</td></tr>
<tr><td>소형보일러·압력용기 관리자 과정</td><td>1일</td><td>검사대상기기관리자로 선임된 사람으로서 제1호의 보일러 관리자과정의 대상이 되는 보일러 외의 보일러 및 압력용기의 관리자</td></tr>
</table>

(24) 권한의 위임·위탁(제69조)

① 이 법에 따른 산업통상자원부장관의 권한은 대통령령으로 정하는 바에 따라 그 일부를 시·도지사에게 위임할 수 있다.

② 시·도지사는 제1항에 따라 위임받은 권한의 일부를 산업통상자원부장관의 승인을 받아 시장·군수 또는 구청장(자치구의 구청장을 말한다)에게 재위임할 수 있다.

③ 산업통상자원부장관 또는 시·도지사는 대통령령으로 정하는 바에 따라 다음 각 호의 업무를 공단·시공업자단체 또는 대통령령으로 정하는 기관에 위탁할 수 있다.

㉠ 에너지사용계획의 검토

㉡ 이행 여부의 점검 및 실태파악

㉢ 효율관리기자재의 측정결과 신고의 접수

㉣ 대기전력경고표지대상제품의 측정결과 신고의 접수

㉤ 대기전력저감대상제품의 측정결과 신고의 접수

㉥ 고효율에너지기자재 인증 신청의 접수 및 인증

㉦ 고효율에너지기자재의 인증취소 또는 인증사용정지 명령

㉧ 에너지절약전문기업의 등록

㉨ 온실가스배출 감축실적의 등록 및 관리

㉩ 에너지다소비사업자 신고의 접수

㉪ 진단기관의 관리·감독

㉫ 에너지관리지도

㉬ 진단기관의 평가 및 그 결과의 공개

㉭ 냉난방온도의 유지·관리 여부에 대한 점검 및 실태 파악

ⓐ 검사대상기기의 검사, 검사 증의 교부 및 검사대상기기 폐기 등의 신고의 접수

ⓑ 검사대상기기의 검사 및 검사증의 교부

ⓒ 검사대상기기관리자의 선임·해임 또는 퇴직신고의 접수 및 검사대상기기관리자의 선임기한 연기에 관한 승인

(25) 벌칙(제72~76조)

① 2년 이하의 징역 또는 2천만원 이하의 벌금

㉠ 에너지저장시설의 보유 또는 저장의무의 부과 시 정당한 이유 없이 이를 거부하거나 이행하지 아니한 자

㉡ 제7조 제2항 제1호부터 제8호까지 또는 제10호에 따른 조정·명령 등의 조치를 위반한 자

㉢ 직무상 알게 된 비밀을 누설하거나 도용한 자

② 1년 이하의 징역 또는 1천만원 이하의 벌금

㉠ 검사대상기기의 검사를 받지 아니한 자

㉡ 제39조 제5항을 위반하여 검사대상기기를 사용한 자

㉢ 제39조의2 제3항을 위반하여 검사대상기기를 수입한 자

③ 생산 또는 판매 금지명령을 위반한 자는 2천만원 이하의 벌금에 처한다.

④ 검사대상기기관리자를 선임하지 아니한 자는 1천만원 이하의 벌금에 처한다.

⑤ 500만원 이하의 벌금

㉠ 효율관리기자재에 대한 에너지사용량의 측정결과를 신고하지 아니한 자

㉡ 대기전력경고표지대상제품에 대한 측정결과를 신고하지 아니한 자

㉢ 대기전력경고표지를 하지 아니한 자
㉣ 대기전력저감우수제품임을 표시하거나 거짓 표시를 한 자
㉤ 시정명령을 정당한 사유 없이 이행하지 아니한 자
㉥ 제22조 제5항을 위반하여 인증 표시를 한 자

(26) 양벌규정(제77조)

법인의 대표자나 법인 또는 개인의 대리인, 사용인, 그 밖의 종업원이 그 법인 또는 개인의 업무에 관하여 제72조부터 제76조까지의 어느 하나에 해당하는 위반행위를 하면 그 행위자를 벌하는 외에 그 법인 또는 개인에게도 해당 조문의 벌금형을 과한다. 다만, 법인 또는 개인이 그 위반행위를 방지하기 위하여 해당 업무에 관하여 상당한 주의와 감독을 게을리하지 아니한 경우에는 그러하지 아니하다.

(27) 과태료(제78조)

① 2천만원 이하의 과태료
- 효율관리기자재에 대한 에너지소비효율등급 또는 에너지소비효율을 표시하지 아니하거나 거짓으로 표시를 한 자
- 에너지진단을 받지 아니한 에너지다소비사업자
- 한국에너지공단에 사고의 일시·내용 등을 통보하지 아니하거나 거짓으로 통보한 자

② 1천만원 이하의 과태료
- 에너지사용계획을 제출하지 아니하거나 변경하여 제출하지 아니한 자. 다만, 국가 또는 지방자치단체인 사업주관자는 제외한다.
- 개선명령을 정당한 사유 없이 이행하지 아니한 자
- 제66조 제1항에 따른 검사를 거부·방해 또는 기피한 자

③ 500만원 이하의 과태료: 제15조 제4항에 따른 광고 내용이 포함되지 아니한 광고를 한 자

④ 300만원 이하의 과태료(다만, 제1호, 제4호부터 제6호까지, 제8호, 제9호 및 제9호의2부터 제9호의4까지의 경우에는 국가 또는 지방자치단체를 제외한다.)
- 에너지사용의 제한 또는 금지에 관한 조정·명령, 그 밖에 필요한 조치를 위반한 자
- 정당한 이유 없이 수요관리투자계획과 시행결과를 제출하지 아니한 자
- 수요관리투자계획을 수정·보완하여 시행하지 아니한 자

- 필요한 조치의 요청을 정당한 이유 없이 거부하거나 이행하지 아니한 공공사업주관자
- 관련 자료의 제출요청을 정당한 이유 없이 거부한 사업주관자
- 이행 여부에 대한 점검이나 실태 파악을 정당한 이유 없이 거부·방해 또는 기피한 사업주관자
- 자료를 제출하지 아니하거나 거짓으로 자료를 제출한 자
- 정당한 이유 없이 대기전력저감우수제품 또는 고효율에너지기자재를 우선적으로 구매하지 아니한 자
- 제31조 제1항에 따른 신고를 하지 아니하거나 거짓으로 신고를 한 자
- 냉난방온도의 유지·관리 여부에 대한 점검 및 실태 파악을 정당한 사유 없이 거부·방해 또는 기피한 자
- 시정조치명령을 정당한 사유 없이 이행하지 아니한 자
- 제39조 제7항 또는 제40조 제3항에 따른 신고를 하지 아니하거나 거짓으로 신고를 한 자
- 한국에너지공단 또는 이와 유사한 명칭을 사용한 자
- 제65조 제2항을 위반하여 교육을 받지 아니한 자 또는 같은 조 제3항을 위반하여 교육을 받게 하지 아니한 자
- 제66조 제1항에 따른 보고를 하지 아니하거나 거짓으로 보고를 한 자

⑤ 제1항부터 제4항까지의 규정에 따른 과태료는 대통령령으로 정하는 바에 따라 산업통상자원부장관이나 시·도지사가 부과·징수한다.

2) 시행령

(1) 에너지이용 합리화 기본계획 등(제3조)

① 산업통상자원부장관은 5년마다 법 제4조 제1항에 따른 에너지이용 합리화에 관한 기본계획(기본계획)을 수립하여야 한다.

② 관계 행정기관의 장과 특별시장·광역시장·도지사 또는 특별자치도지사(시·도지사)는 매년 법 제6조 제1항에 따른 실시계획(실시계획)을 수립하고 그 계획을 해당 연도 1월 31일까지, 그 시행 결과를 다음 연도 2월 말일까지 각각 산업통상자원부장관에게 제출하여야 한다.

③ 산업통상자원부장관은 제2항에 따라 받은 시행 결과를 평가하고, 해당 관계 행정기관의 장과 시·도지사에게 그 평가 내용을 통보하여야 한다.

(2) 에너지사용의 제한 또는 금지(제14조)

① 에너지사용의 시기, 방법 및 에너지사용기자재의 사용제한 또는 금지 등 대통령령이 정하는 사항이라 함은 다음 각 호의 사항을 말한다.

㉠ 에너지사용시설 및 에너지사용기자재에 사용할 에너지의 지정 및 사용에너지의 전환

㉡ 위생접객업소 및 그 밖의 에너지사용시설에 대한 에너지사용의 제한

㉢ 차량 등 에너지사용기자재의 사용제한

㉣ 에너지사용의 기기 및 방법의 제한

㉤ 특정지역에 대한 에너지사용의 제한

② 산업통상자원부장관이 사용 에너지의 지정 및 전환에 관한 조치를 할 때에는 에너지원간의 수급상황을 고려하여 에너지사용시설 및 에너지사용기자재의 소유자 또는 관리인이 이에 대한 준비를 할 수 있도록 충분한 준비기간을 설정하여 예고하여야 한다.

③ 산업통상자원부장관이 에너지사용의 제한조치를 할 때에는 조치를 하기 7일 이전에 제한내용을 예고하여야 한다. 긴급히 제한할 필요가 있을 때에는 그 제한 전일까지 이를 공고할 수 있다.

④ 산업통상자원부장관은 정당한 사유 없이 에너지의 사용제한 또는 금지조치를 이행하지 아니하는 자에 대하여는 에너지공급자로 하여금 에너지공급을 제한하게 할 수 있다.

(3) 에너지이용 효율화 조치 등의 내용(제15조)

국가, 지방자치단체 등이 에너지를 효율적으로 이용하고 온실가스의 배출을 줄이기 위하여 추진하여야 하는 조치의 구체적인 내용은 다음 각 호와 같다.

① 에너지절약 및 온실가스배출 감축을 위한 제도, 시책의 마련 및 정비

② 에너지의 절약 및 온실가스배출 감축 관련 홍보 및 교육

③ 건물 및 수송 부분의 에너지이용합리화 및 온실가스배출 감축

(4) 에너지다소비사업자(제35조)

법 제31조 제1항 각 호 외의 부분에서 대통령령으로 정하는 기준량 이상인 자란 연료·열 및 전력의 연간 사용량의 합계(연간 에너지사용량)가 2천 티오이 이상인 자(에너지다소비사업자)를 말한다.

3) 시행규칙

(1) 열사용기자재(제1조의2)

① 법 제2조에 따른 열사용기자재

구분	품목명	적용범위
보일러	강철제 보일러, 주철제 보일러	다음 각 호의 어느 하나에 해당하는 것을 말한다. ㉠ 1종 관류보일러: 강철제 보일러 중 헤더(여러 관이 붙어 있는 용기)의 안지름이 150mm 이하이고, 전열면적이 5m^2 초과 10m^2 이하이며, 최고사용압력이 1MPa 이하인 관류보일러(기수분리기를 장치한 경우에는 기수분리기의 안지름이 300mm 이하이고, 그 내부 부피가 0.07m^3 이하인 것만 해당한다) ② 2종 관류보일러: 강철제 보일러 중 헤더의 안지름이 150mm 이하이고, 전열면적이 5m^2 이하이며, 최고사용압력이 1MPa 이하인 관류보일러(기수분리기를 장치한 경우에는 기수분리기의 안지름이 200mm 이하이고, 그 내부 부피가 0.02m^3 이하인 것에 한정한다) ㉢ 제1호 및 제2호 외의 금속(주철을 포함한다)으로 만든 것. 다만, 소형 온수보일러·구멍탄용 온수보일러·축열식 전기보일러 및 가정용 화목보일러는 제외한다.
	소형 온수보일러	전열면적이 14m^2 이하이고, 최고사용압력이 0.35MPa 이하의 온수를 발생하는 것. 다만, 구멍탄용 온수보일러, 축열식 전기보일러, 가정용 화목보일러 및 가스사용량이 17kg/h(도시가스는 232.6kW) 이하인 가스용 온수보일러는 제외한다.
	구멍탄용 온수보일러	연탄을 연료로 사용하여 온수를 발생시키는 것으로서 금속제만 해당한다.
	축열식 전기보일러	심야전력을 사용하여 온수를 발생시켜 축열조에 저장한 후 난방에 이용하는 것으로서 정격(기기의 사용조건 및 성능의 범위)소비전력이 30kW 이하이고, 최고사용압력이 0.35MPa 이하인 것
	캐스케이드 보일러	한국산업표준에 적합함을 인증받거나 가스용품의 검사에 합격한 제품으로서, 최고사용압력이 대기압을 초과하는 온수보일러 또는 온수기 2대 이상이 단일 연통으로 연결되어 서로 연동되도록 설치되며, 최대 가스사용량의 합이 17kg/h(도시가스는 232.6kW)를 초과하는 것
	가정용 화목보일러	화목 등 목재연료를 사용하여 90℃ 이하의 난방수 또는 65℃ 이하의 온수를 발생하는 것으로서 표시 난방출력이 70kW 이하로서 옥외에 설치하는 것
태양열 집열기	태양열 집열기	

<table>
<tr><th>구분</th><th>품목명</th><th>적용범위</th></tr>
<tr><td rowspan="2">압력용기</td><td>1종 압력용기</td><td>최고사용압력(MPa)과 내부 부피(m^3)를 곱한 수치가 0.004를 초과하는 다음 각 호의 어느 하나에 해당하는 것
㉠ 증기 그 밖의 열매체를 받아들이거나 증기를 발생시켜 고체 또는 액체를 가열하는 기기로서 용기 안의 압력이 대기압을 넘는 것
㉡ 용기 안의 화학반응에 따라 증기를 발생시키는 용기로서 용기 안의 압력이 대기압을 넘는 것
㉢ 용기 안의 액체의 성분을 분리하기 위하여 해당 액체를 가열하거나 증기를 발생시키는 용기로서 용기 안의 압력이 대기압을 넘는 것
㉣ 용기 안의 액체의 온도가 대기압에서의 끓는 점을 넘는 것</td></tr>
<tr><td>2종 압력용기</td><td>최고사용압력이 0.2MPa를 초과하는 기체를 그 안에 보유하는 용기로서 다음 각 호의 어느 하나에 해당하는 것
㉠ 내부 부피가 0.04m^3 이상인 것
㉡ 동체의 안지름이 200mm 이상(증기헤더의 경우에는 동체의 안지름이 300mm 초과)이고, 그 길이가 1,000mm 이상인 것</td></tr>
<tr><td rowspan="2">요로
(窯爐 :
고온가열장치)</td><td>요업요로</td><td>연속식유리용융가마, 불연속식유리용융가마, 유리용융도가니가마, 터널가마, 도염식가마, 셔틀가마, 회전가마 및 석회용선가마</td></tr>
<tr><td>금속요로</td><td>용선로, 비철금속용융로, 금속소둔로, 철금속가열로 및 금속균열로</td></tr>
</table>

② 다음 각 호의 어느 하나에 해당하는 열사용기자재는 제외한다.
   ㉠ 전기사업법 제2조 제2호에 따른 전기사업자가 설치하는 발전소의 발전전용 보일러 및 압력용기. 다만, 집단에너지사업법의 적용을 받는 발전전용 보일러 및 압력용기는 열사용기자재에 포함된다.
   ㉡ 철도사업법에 따른 철도사업을 하기 위하여 설치하는 기관차 및 철도차량용 보일러
   ㉢ 고압가스 안전관리법 및 액화석유가스의 안전관리 및 사업법에 따라 검사를 받는 보일러(캐스케이드 보일러는 제외한다) 및 압력용기
   ㉣ 선박안전법에 따라 검사를 받는 선박용 보일러 및 압력용기
   ㉤ 전기용품 및 생활용품 안전관리법 및 의료기기법의 적용을 받는 2종 압력용기
   ㉥ 이 규칙에 따라 관리하는 것이 부적합하다고 산업통상자원부장관이 인정하는 수출용 열사용기자재

(2) 효율관리기자재(제7조)

① 법 제15조 제1항에 따른 효율관리기자재
   ㉠ 전기냉장고
   ㉡ 전기냉방기
   ㉢ 전기세탁기
   ㉣ 조명기기

㉤ 삼상유도전동기(三相誘導電動機)

㉥ 자동차

㉦ 그 밖에 산업통상자원부장관이 그 효율의 향상이 특히 필요하다고 인정하여 고시하는 기자재 및 설비

② 제1항 각 호의 효율관리기자재의 구체적인 범위는 산업통상자원부장관이 정하여 고시한다.

③ 법 제15조 제1항 제6호에서 산업통상자원부령으로 정하는 사항이란 다음 각 호와 같다.

㉠ 법 제15조 제2항에 따른 효율관리시험기관 또는 자체측정의 승인을 받은 자가 측정할 수 있는 효율관리기자재의 종류, 측정 결과에 관한 시험성적서의 기재 사항 및 기재 방법과 측정 결과의 기록 유지에 관한 사항

㉡ 이산화탄소 배출량의 표시

㉢ 에너지비용(일정기간 동안 효율관리기자재를 사용함으로써 발생할 수 있는 예상 전기 요금이나 그 밖의 에너지요금을 말한다)

(3) 평균효율관리기자재(제11조)

① 법 제17조 제1항에서 자동차관리법 제3조 제1항에 따른 승용자동차 등 산업통상자원부령으로 정하는 기자재란 다음 각 호의 어느 하나에 해당하는 자동차를 말한다.

㉠ 자동차관리법 제3조 제1항 제1호에 따른 승용자동차로서 총중량이 3.5톤 미만인 자동차

㉡ 자동차관리법 제3조 제1항 제2호에 따른 승합자동차로서 승차인원이 15인승 이하이고 총중량이 3.5톤 미만인 자동차

㉢ 자동차관리법 제3조 제1항 제3호에 따른 화물자동차로서 총중량이 3.5톤 미만인 자동차

② 제1항에도 불구하고 다음 각 호의 어느 하나에 해당하는 자동차는 제1항에 따른 자동차에서 제외한다.

㉠ 환자의 치료 및 수송 등 의료목적으로 제작된 자동차

㉡ 군용자동차

㉢ 방송·통신 등의 목적으로 제작된 자동차

㉣ 2012년 1월 1일 이후 제작되지 아니하는 자동차

㉤ 자동차관리법 시행규칙 별표1 제2호에 따른 특수형 승합자동차 및 특수용도형 화물자동차

(4) 고효율에너지인증대상기자재(제20조)

① 법 제22조 제1항에 따른 고효율에너지인증대상기자재는 다음 각 호와 같다.

㉠ 펌프

㉡ 산업건물용 보일러

㉢ 무정전전원장치

㉣ 폐열회수형 환기장치

㉤ 발광다이오드(LED) 등 조명기기

㉥ 그 밖에 산업통상자원부장관이 특히 에너지이용의 효율성이 높아 보급을 촉진할 필요가 있다고 인정하여 고시하는 기자재 및 설비

② 법 제22조 제1항 제5호에서 산업통상자원부령으로 정하는 사항이란 법 제22조 제2항에 따른 고효율시험기관이 측정할 수 있는 고효율에너지인증대상기자재의 종류, 측정 결과에 관한 시험성적서의 기재 사항 및 기재 방법과 측정 결과의 기록 유지에 관한 사항을 말한다.

3 신에너지 및 재생에너지 개발·이용·보급 촉진법

(1) 목적(제1조)

이 법은 신에너지 및 재생에너지의 기술개발 및 이용·보급 촉진과 신에너지 및 재생에너지 산업의 활성화를 통하여 에너지원을 다양화하고, 에너지의 안정적인 공급, 에너지 구조의 환경친화적 전환 및 온실가스 배출의 감소를 추진함으로써 환경의 보전, 국가경제의 건전하고 지속적인 발전 및 국민복지의 증진에 이바지함을 목적으로 한다.

(2) 정의(제2조)

① 신에너지란 기존의 화석연료를 변환시켜 이용하거나 수소·산소 등의 화학반응을 통하여 전기 또는 열을 이용하는 에너지로서 다음 각 목의 어느 하나에 해당하는 것을 말한다.

㉠ 수소에너지

㉡ 연료전지

㉢ 석탄을 액화·가스화한 에너지 및 중질잔사유(重質殘渣油)를 가스화한 에너지로서 대통령령으로 정하는 기준 및 범위에 해당하는 에너지

㉣ 그 밖에 석유·석탄·원자력 또는 천연가스가 아닌 에너지로서 대통령령으로 정하는 에너지

② 재생에너지란 햇빛·물·지열·강수·생물유기체 등을 포함하는 재생 가능한 에너지를 변환시켜 이용하는 에너지로서 다음 각 목의 어느 하나에 해당하는 것을 말한다.

㉠ 태양에너지

㉡ 풍력

㉢ 수력

㉣ 해양에너지

㉤ 지열에너지

ⓗ 생물자원을 변환시켜 이용하는 바이오에너지로서 대통령령으로 정하는 기준 및 범위에 해당하는 에너지

ⓢ 폐기물에너지(비재생폐기물로부터 생산된 것은 제외한다)로서 대통령령으로 정하는 기준 및 범위에 해당하는 에너지

ⓞ 그 밖에 석유·석탄·원자력 또는 천연가스가 아닌 에너지로서 대통령령으로 정하는 에너지

③ 신에너지 및 재생에너지 설비(신·재생에너지 설비)란 신에너지 및 재생에너지(신·재생에너지)를 생산 또는 이용하거나 신·재생에너지의 전력계통 연계조건을 개선하기 위한 설비로서 산업통상자원부령으로 정하는 것을 말한다(시행규칙 제2조).

㉠ 수소에너지 설비: 물이나 그 밖에 연료를 변환시켜 수소를 생산하거나 이용하는 설비

㉡ 연료전지 설비: 수소와 산소의 전기화학 반응을 통하여 전기 또는 열을 생산하는 설비

㉢ 석탄을 액화·가스화한 에너지 및 중질잔사유(重質殘渣油)를 가스화한 에너지 설비: 석탄 및 중질잔사유의 저급 연료를 액화 또는 가스화시켜 전기 또는 열을 생산하는 설비

㉣ 태양에너지 설비

가. 태양열 설비: 태양의 열에너지를 변환시켜 전기를 생산하거나 에너지원으로 이용하는 설비

나. 태양광 설비: 태양의 빛에너지를 변환시켜 전기를 생산하거나 채광에 이용하는 설비

㉤ 풍력 설비: 바람의 에너지를 변환시켜 전기를 생산하는 설비

㉥ 수력 설비: 물의 유동 에너지를 변환시켜 전기를 생산하는 설비

㉦ 해양에너지 설비: 해양의 조수, 파도, 해류, 온도차 등을 변환시켜 전기 또는 열을 생산하는 설비

㉧ 지열에너지 설비: 물, 지하수 및 지하의 열 등의 온도차를 변환시켜 에너지를 생산하는 설비

㉨ 바이오에너지 설비: 바이오에너지를 생산하거나 이를 에너지원으로 이용하는 설비

㉩ 폐기물에너지 설비: 폐기물을 변환시켜 연료 및 에너지를 생산하는 설비

㉪ 수열에너지 설비: 물의 열을 변환시켜 에너지를 생산하는 설비

㉫ 전력저장 설비: 신·재생에너지를 이용하여 전기를 생산하는 설비와 연계된 전력저장 설비

④ 신·재생에너지 발전이란 신·재생에너지를 이용하여 전기를 생산하는 것을 말한다.

⑤ 신·재생에너지 발전사업자란 전기사업법 제2조 제4호에 따른 발전사업자 또는 같은 조 제19호에 따른 자가용전기설비를 설치한 자로서 신·재생에너지 발전을 하는 사업자를 말한다.

(3) 기본계획의 수립(제5조)

① 산업통상자원부장관은 관계 중앙행정기관의 장과 협의를 한 후 제8조에 따른 신·재생에너지정책심의회의 심의를 거쳐 신·재생에너지의 기술개발 및 이용·보급을 촉진하기 위한 기본계획을 5년마다 수립하여야 한다.

② 기본계획의 계획기간은 10년 이상으로 하며, 기본계획에는 다음 각 호의 사항이 포함되어야 한다.

㉠ 기본계획의 목표 및 기간
㉡ 신·재생에너지원별 기술개발 및 이용·보급의 목표
㉢ 총전력생산량 중 신·재생에너지 발전량이 차지하는 비율의 목표
㉣ 에너지법 제2조 제10호에 따른 온실가스의 배출 감소 목표
㉤ 기본계획의 추진방법
㉥ 신·재생에너지 기술수준의 평가와 보급전망 및 기대효과
㉦ 신·재생에너지 기술개발 및 이용·보급에 관한 지원 방안
㉧ 신·재생에너지 분야 전문인력 양성계획
㉨ 직전 기본계획에 대한 평가
㉩ 그 밖에 기본계획의 목표달성을 위하여 산업통상자원부장관이 필요하다고 인정하는 사항

③ 산업통상자원부장관은 신·재생에너지의 기술개발 동향, 에너지 수요·공급 동향의 변화, 그 밖의 사정으로 인하여 수립된 기본계획을 변경할 필요가 있다고 인정하면 관계 중앙행정기관의 장과 협의를 한 후 제8조에 따른 신·재생에너지정책심의회의 심의를 거쳐 그 기본계획을 변경할 수 있다.

4 기계설비법

1) 법규

(1) 목적(제1조)

이 법은 기계설비산업의 발전을 위한 기반을 조성하고 기계설비의 안전하고 효율적인 유지관리를 위하여 필요한 사항을 정함으로써 국가경제의 발전과 국민의 안전 및 공공복리 증진에 이바지함을 목적으로 한다.

(2) 정의(제2조)

① 기계설비란 건축물, 시설물 등(건축물등)에 설치된 기계·기구·배관 및 그 밖에 건축물등의 성능을 유지하기 위한 설비로서 대통령령으로 정하는 설비를 말한다.

② 기계설비산업이란 기계설비 관련 연구개발, 계획, 설계, 시공, 감리, 유지관리, 기술진단, 안전관리 등의 경제활동을 하는 산업을 말한다.
③ 기계설비사업이란 기계설비 관련 활동을 수행하는 사업을 말한다.
④ 기계설비사업자란 기계설비사업을 경영하는 자를 말한다.
⑤ 기계설비기술자란 국가기술자격법, 건설기술 진흥법 또는 대통령령으로 정하는 법령에 따라 기계설비 관련 분야의 기술자격을 취득하거나 기계설비에 관한 기술 또는 기능을 인정받은 사람을 말한다.
⑥ 기계설비유지관리자란 기계설비 유지관리(기계설비의 점검 및 관리를 실시하고 운전·운용하는 모든 행위를 말한다)를 수행하는 자를 말한다.

(3) 국가 및 지방자치단체의 책무(제3조)

국가 및 지방자치단체는 기계설비산업의 발전과 기계설비의 안전 및 유지관리에 필요한 시책을 수립·시행하고, 그 시책의 추진에 필요한 행정적·재정적 지원방안 등을 마련할 수 있다.

(4) 기계설비 발전 기본계획의 수립(제5조)

① 국토교통부장관은 기계설비산업의 육성과 기계설비의 효율적인 유지관리 및 성능확보를 위하여 다음 각 호의 사항이 포함된 기계설비 발전 기본계획을 5년마다 수립·시행하여야 한다.
㉠ 기계설비산업의 발전을 위한 시책의 기본방향
㉡ 기계설비산업의 부문별 육성시책에 관한 사항
㉢ 기계설비산업의 기반조성 및 창업지원에 관한 사항
㉣ 기계설비의 안전 및 유지관리와 관련된 정책의 기본목표 및 추진방향
㉤ 기계설비의 안전 및 유지관리를 위한 법령·제도의 마련 등 기반조성
㉥ 기계설비기술자 등 기계설비 전문인력의 양성에 관한 사항
㉦ 기계설비의 성능 및 기능향상을 위한 사항
㉧ 기계설비산업의 국제협력 및 해외시장 진출 지원에 관한 사항
㉨ 기계설비기술의 연구개발 및 보급에 관한 사항
㉩ 그 밖에 기계설비산업의 발전과 기계설비의 안전 및 유지관리를 위하여 대통령령으로 정하는 사항
② 국토교통부장관은 기본계획을 수립하는 경우 관계 중앙행정기관의 장과 협의를 거쳐야 한다.

(5) 기계설비산업 정보체계의 구축(제7조)

① 국토교통부장관은 기계설비산업 관련 정보 및 자료 등을 체계적으로 수집·관리 및 활용하기 위하여 기계설비산업 정보체계를 구축·운영할 수 있다.

② 정보체계에는 다음 각 호의 사항을 포함할 수 있다.
㉠ 국내외 기계설비산업의 현황에 관한 사항
㉡ 기계설비사업자의 수주 실적에 관한 사항
㉢ 기계설비산업의 연구·개발에 관한 사항
㉣ 기계설비성능점검업의 등록에 관한 사항
㉤ 기계설비유지관리자의 교육에 관한 사항
㉥ 그 밖에 국토교통부령으로 정하는 기계설비산업에 관련된 정보
③ 국토교통부장관은 정보체계를 구축하는 경우 국가정보화 기본법 제6조 및 제7조에 따른 국가정보화 기본계획 및 국가정보화 시행계획과 연계되도록 하여야 한다.
④ 그 밖에 정보체계의 구축·운영 및 활용 등에 필요한 사항은 국토교통부령으로 정한다.

(6) 국제협력 및 해외진출 지원(제11조)

① 국토교통부장관은 기계설비산업의 국제협력과 해외진출을 촉진하기 위하여 다음 각 호의 사업을 지원할 수 있다.
㉠ 국제협력 및 해외진출 관련 정보의 제공 및 상담 지도·협조
㉡ 국제협력 및 해외진출 관련 기술 및 인력의 국제교류
㉢ 국제행사 유치 및 참가
㉣ 국제공동연구 개발사업
㉤ 그 밖에 국제협력 및 해외진출의 활성화를 위하여 필요한 사업
② 국토교통부장관은 대통령령으로 정하는 기관이나 단체에 제1항의 사업을 수행하게 할 수 있으며 필요한 예산을 지원할 수 있다.

(7) 기계설비의 품질 향상(제13조)

기계설비공사를 발주한 자 및 기계설비사업자는 기계설비의 성능 확보와 효율적 관리를 위하여 기계설비 설계·시공·유지관리의 품질 향상에 노력하여야 한다.

(8) 기계설비의 착공 전 확인과 사용 전 검사(제15조)

① 대통령령으로 정하는 기계설비공사를 발주한 자는 해당 공사를 시작하기 전에 전체 설계도서 중 기계설비에 해당하는 설계도서를 특별자치시장·특별자치도지사·시장·군수·구청장(자치구의 구청장을 말한다. 이하 같다)에게 제출하여 기술기준에 적합한지를 확인받아야 하며, 그 공사를 끝냈을 때에는 특별자치시장·특별자치도지사·시장·군수·구청장의 사용 전 검사를 받고 기계설비를 사용하여야 한다. 다만, 건축법 제21조 및 제22조에 따른 착공신고 및 사용승인 과정에서 기술기준에 적합한지 여부를 확인받은 경우에는 이 법에 따른 착공 전 확인 및 사용 전 검사를 받은 것으로 본다.

② 특별자치시장·특별자치도지사·시장·군수·구청장은 필요한 경우 기계설비공사를 발주한 자에게 제1항에 따른 착공 전 확인과 사용 전 검사에 관한 자료의 제출을 요구할 수 있다. 이 경우 기계설비공사를 발주한 자는 특별한 사유가 없으면 자료를 제출하여야 한다.

③ 제1항에 따른 착공 전 확인과 사용 전 검사의 절차, 방법 등은 대통령령으로 정한다.

(9) 기계설비유지관리자 선임 등(제19조)

① 관리주체는 국토교통부령으로 정하는 바에 따라 기계설비유지관리자를 선임하여야 한다. 다만, 제18조에 따라 기계설비유지관리업무를 위탁한 경우 기계설비유지관리자를 선임한 것으로 본다.

② 제1항에 따라 기계설비유지관리자를 선임한 관리주체는 정당한 사유 없이 대통령령으로 정하는 일정 횟수 이상 제20조제1항에 따른 유지관리교육을 받지 아니한 기계설비유지관리자를 해임하여야 한다.

③ 관리주체가 기계설비유지관리자를 선임 또는 해임한 경우 국토교통부령으로 정하는 바에 따라 지체 없이 그 사실을 특별자치시장·특별자치도지사·시장·군수·구청장에게 신고하여야 한다. 신고된 사항 중 국토교통부령으로 정하는 사항이 변경된 경우에도 또한 같다.

④ 제3항에 따라 기계설비유지관리자의 선임신고를 한 자가 선임신고증명서의 발급을 요구하는 경우에는 특별자치시장·특별자치도지사·시장·군수·구청장은 국토교통부령으로 정하는 바에 따라 선임신고증명서를 발급하여야 한다.

⑤ 제3항에 따라 기계설비유지관리자의 해임신고를 한 자는 해임한 날부터 30일 이내에 기계설비유지관리자를 새로 선임하여야 한다.

⑥ 특별자치시장·특별자치도지사·시장·군수·구청장은 제3항에 따른 신고를 받은 경우에는 그 사실을 국토교통부장관에게 통보하여야 한다.

⑦ 기계설비유지관리자의 자격과 등급은 대통령령으로 정한다.

⑧ 기계설비유지관리자는 근무처·경력·학력 및 자격 등(근무처 및 경력등)의 관리에 필요한 사항을 국토교통부장관에게 신고하여야 한다. 신고사항이 변경된 경우에도 같다.

⑨ 국토교통부장관은 제8항에 따른 신고를 받은 경우에는 근무처 및 경력등에 관한 기록을 유지·관리하여야 하고, 신고내용을 토대로 기계설비유지관리자의 등급을 확인하여야 하며, 기계설비유지관리자가 신청하면 기계설비유지관리자의 근무처 및 경력등에 관한 증명서를 발급할 수 있다.

⑩ 국토교통부장관은 제8항에 따라 신고받은 내용을 확인하기 위하여 필요한 경우에는 중앙행정기관, 지방자치단체, 초·중등교육법 제2조 및 고등교육법 제2조에 따른 학교 등 관계기관·단체의 장과 관리주체 및 신고한 기계설비유지관리자가 소속된 기계설비 관련 업체 등에 관련 자료를 제출하여 줄 것을 요청할 수 있다. 이 경우 요청을 받은 기관·단체의 장 등은 특별한 사유가 없으면 요청에 따라야 한다.

⑪ 국토교통부장관은 대통령령으로 정하는 바에 따라 기계설비유지관리자의 근무처 및 경력등과 제20조에 따른 유지관리교육 결과를 평가하여 제7항에 따른 등급을 조정할 수 있다.

⑫ 국토교통부장관은 제8항부터 제11항까지의 업무를 대통령령으로 정하는 바에 따라 관계 기관 및 단체에 위탁할 수 있다.

⑬ 제8항부터 제10항까지의 규정에 따른 기계설비유지관리자의 신고, 등급 확인, 증명서의 발급·관리 등에 필요한 사항은 국토교통부령으로 정한다.

(10) 기계설비성능점검업의 등록 등(제21조)

① 제17조 제2항에 따른 성능점검과 관련된 업무를 하려는 자는 자본금, 기술인력의 확보 등 대통령령으로 정하는 요건을 갖추어 특별시장·광역시장·특별자치시장·도지사 또는 특별자치도지사(시·도지사)에게 등록하여야 한다.

② 기계설비성능점검업을 등록한 자(기계설비성능점검업자)는 제1항에 따라 등록한 사항 중 대통령령으로 정하는 사항이 변경된 경우에는 변경 사유가 발생한 날부터 30일 이내에 변경등록을 하여야 한다.

③ 시·도지사가 제1항 및 제2항에 따라 기계설비성능점검업의 등록 또는 변경등록을 받은 경우에는 등록신청자에게 등록증을 발급하여야 한다.

④ 기계설비성능점검업의 등록과 관련하여 다음 각 호의 어느 하나의 행위를 하거나 제3자로 하여금 이를 하게 하여서는 아니 된다.

㉠ 다른 사람에게 자기의 성명을 사용하여 기계설비성능점검 업무를 수행하게 하거나 자신의 등록증을 빌려주는 행위

㉡ 다른 사람의 성명을 사용하여 기계설비성능점검 업무를 수행하거나 다른 사람의 등록증을 빌리는 행위

㉢ 제1호 및 제2호의 행위를 알선하는 행위

⑤ 기계설비성능점검업자는 휴업하거나 폐업하는 경우에는 대통령령으로 정하는 바에 따라 시·도지사에게 신고하여야 한다. 이 경우 폐업신고를 받은 시·도지사는 그 등록을 말소하여야 한다.

⑥ 시·도지사는 제1항부터 제5항까지에 따라 기계설비성능점검업자가 등록 또는 변경등록을 하거나 기계설비성능점검업자로부터 휴업 또는 폐업신고를 받은 경우에는 그 사실을 국토교통부장관에게 통보하여야 한다.

⑦ 기계설비성능점검업의 등록 및 변경등록, 휴업·폐업의 절차 등에 필요한 사항은 국토교통부령으로 정한다.

(11) 기계설비성능점검업자의 지위승계(제21조의2)

① 다음 각 호의 어느 하나에 해당하는 자는 기계설비성능점검업자의 지위를 승계한다. 다만, 제2호 및 제3호에 해당하는 자가 제22조 제1항 각 호의 어느 하나에 해당하는 경우에는 그러하지 아니하다.

㉠ 기계설비성능점검업자가 사망한 경우 그 상속인

㉡ 기계설비성능점검업자가 그 영업을 양도하는 경우 그 양수인

㉢ 법인인 기계설비성능점검업자가 합병하는 경우 합병 후 존속하는 법인이나 합병에 따라 설립되는 법인

② 제1항에 따라 기계설비성능점검업자의 지위를 승계한 자는 국토교통부령으로 정하는 바에 따라 30일 이내에 시·도지사에게 신고하여야 한다.

③ 시·도지사는 제2항에 따른 신고를 받은 날부터 10일 이내에 신고 수리 여부 또는 민원 처리 관련 법령에 따른 처리기간의 연장을 통지하여야 한다.

④ 시·도지사가 제3항에서 정한 기간 내에 신고수리 여부 또는 민원 처리 관련 법령에 따른 처리기간의 연장을 신고인에게 통지하지 아니하면 그 기간(민원처리 관련 법령에 따라 처리기간이 연장 또는 재연장된 경우에는 해당 처리기간을 말한다)이 끝난 날의 다음 날에 신고를 수리한 것으로 본다.

⑤ 제1항에 따라 기계설비성능점검업자의 지위를 승계한 상속인이 제22조 제1항 각 호의 어느 하나에 해당하는 경우에는 상속받은 날부터 6개월 이내에 다른 사람에게 그 기계설비성능점검업자의 지위를 양도하여야 한다.

(12) 등록의 결격사유 및 취소 등(제22조)

① 다음 각 호의 어느 하나에 해당하는 자는 제21조 제1항에 따른 등록을 할 수 없다.

㉠ 피성년후견인

㉡ 파산선고를 받고 복권되지 아니한 사람

㉢ 이 법을 위반하여 징역 이상의 실형을 선고받고 그 집행이 종료(집행이 종료된 것으로 보는 경우를 포함한다)되거나 집행이 면제된 날부터 2년이 지나지 아니한 사람

㉣ 이 법을 위반하여 징역 이상의 형의 집행유예를 선고받고 그 유예기간 중에 있는 사람

㉤ 제2항에 따라 등록이 취소(제1호 또는 제2호의 결격사유에 해당하여 등록이 취소된 경우는 제외한다)된 날부터 2년이 지나지 아니한 자(법인인 경우 그 등록취소의 원인이 된 행위를 한 사람과 대표자를 포함한다)

㉥ 대표자가 제1호부터 제5호까지의 어느 하나에 해당하는 법인

② 시·도지사는 기계설비성능점검업자가 다음 각 호의 어느 하나에 해당하는 경우에는 그 등록을 취소하거나 대통령령으로 정하는 바에 따라 1년 이내의 기간을 정하여 영업의 전부 또는 일부의 정지를 명할 수 있다. 다만, 제1호부터 제5호까지의 어느 하나에 해당하는 경우에는 그 등록을 취소하여야 한다.

㉠ 거짓이나 그 밖의 부정한 방법으로 등록한 경우

㉡ 최근 5년간 3회 이상 업무정지 처분을 받은 경우

㉢ 업무정지기간에 기계설비성능점검 업무를 수행한 경우. 다만, 등록취소 또는 업무정지의 처분을 받기 전에 체결한 용역계약에 따른 업무를 계속한 경우는 제외한다.

㉣ 기계설비성능점검업자로 등록한 후 제1항에 따른 결격사유에 해당하게 된 경우(제1항 제6호에 해당하게 된 법인이 그 대표자를 6개월 이내에 결격사유가 없는 다른 대표자로 바꾸어 임명하는 경우는 제외한다)

㉤ 제21조 제1항에 따른 대통령령으로 정하는 요건에 미달한 날부터 1개월이 지난 경우

㉥ 제21조 제2항에 따른 변경등록을 하지 아니한 경우

㉦ 제21조 제3항에 따라 발급받은 등록증을 다른 사람에게 빌려 준 경우

(13) 벌칙(제28조)

다음 각 호의 어느 하나에 해당하는 자는 1년 이하의 징역 또는 1천만원 이하의 벌금에 처한다.

① 착공 전 확인을 받지 아니하고 기계설비공사를 발주한 자 또는 사용 전 검사를 받지 아니하고 기계설비를 사용한 자

② 등록을 하지 아니하거나 변경등록을 하지 아니하고 기계설비성능점검 업무를 수행한 자

③ 거짓이나 그 밖의 부정한 방법으로 등록을 하거나 변경등록을 한 자

④ 기계설비성능점검업 등록증을 다른 사람에게 빌려주거나, 빌리거나, 이러한 행위를 알선한 자

(14) 과태료(제30조)

① 500만원 이하의 과태료

㉠ 유지관리기준을 준수하지 아니한 자

㉡ 점검기록을 작성하지 아니하거나 거짓으로 작성한 자

㉢ 점검기록을 보존하지 아니한 자

㉣ 기계설비유지관리자를 선임하지 아니한 자

② 100만원 이하의 과태료

㉠ 착공 전 확인과 사용 전 검사에 관한 자료를 특별자치시장·특별자치도지사·시장·군수·구청장에게 제출하지 아니한 자

㉡ 점검기록을 특별자치시장·특별자치도지사·시장·군수·구청장에게 제출하지 아니한 자

㉢ 유지관리교육을 받지 아니한 사람을 해임하지 아니한 자

㉣ 제19조 제3항에 따른 신고를 하지 아니하거나 거짓으로 신고한 자

㉤ 유지관리교육을 받지 아니한 사람

㉥ 제21조의2 제2항에 따른 신고를 하지 아니하거나 거짓으로 신고한 자

㉦ 제22조의2 제2항에 따른 서류를 거짓으로 제출한 자

③ 과태료는 대통령령으로 정하는 바에 따라 국토교통부장관 또는 관할 지방자치단체의 장이 부과·징수한다.

2) 시행령

(1) 기계설비의 착공 전 확인과 사용 전 검사 대상 공사(제11조)

법 제15조 제1항 본문에서 대통령령으로 정하는 기계설비공사란 다음에 해당하는 건축물(건축법 제11조에 따른 건축허가를 받으려거나 같은 법 제14조에 따른 건축신고를 하려는 건축물로 한정하며, 다른 법령에 따라 건축허가 또는 건축신고가 의제되는 행정처분을 받으려는 건축물을 포함한다) 또는 시설물에 대한 기계설비공사를 말한다.

① 용도별 건축물 중 연면적 10,000m^2 이상인 건축물(건축법에 따른 창고시설은 제외한다)

② 에너지를 대량으로 소비하는 다음 각 목의 어느 하나에 해당하는 건축물

㉠ 냉동·냉장, 항온·항습 또는 특수청정을 위한 특수설비가 설치된 건축물로서 해당 용도에 사용되는 바닥면적의 합계가 500m^2 이상인 건축물

㉡ 건축법 시행령에 따른 아파트 및 연립주택

㉢ 다음의 어느 하나에 해당하는 건축물로서 해당 용도에 사용되는 바닥면적의 합계가 500m^2 이상인 건축물

- 건축법 시행령에 따른 목욕장
- 건축법 시행령에 따른 놀이형시설(물놀이를 위하여 실내에 설치된 경우로 한정한다) 및 운동장(실내에 설치된 수영장과 이에 딸린 건축물로 한정한다)

㉣ 다음의 어느 하나에 해당하는 건축물로서 해당 용도에 사용되는 바닥면적의 합계가 2,000m^2 이상인 건축물

- 건축법 시행령에 따른 기숙사
- 건축법 시행령에 따른 의료시설
- 건축법 시행령에 따른 유스호스텔
- 건축법 시행령에 따른 숙박시설

㉤ 다음의 어느 하나에 해당하는 건축물로서 해당 용도에 사용되는 바닥면적의 합계가 3,000m^2 이상인 건축물

- 건축법 시행령에 따른 판매시설
- 건축법 시행령에 따른 연구소
- 건축법 시행령에 따른 업무시설

③ 지하역사 및 연면적 2,000m^2 이상인 지하도상가(연속되어 있는 둘 이상의 지하도상가의 연면적 합계가 2,000m^2 이상인 경우를 포함한다)

(2) 기계설비의 착공 전 확인(제12조)

① 법 제15조 제1항 본문에 따라 기계설비에 해당하는 설계도서가 법 제14조 제1항에 따른 기술기준에 적합한지를 확인받으려는 자는 국토교통부령으로 정하는 기계설비공사 착공

전 확인신청서를 해당 기계설비공사를 시작하기 전에 특별자치시장·특별자치도지사·시장·군수·구청장(시장·군수·구청장)에게 제출해야 한다.

② 시장·군수·구청장은 제1항에 따른 기계설비공사 착공 전 확인신청서를 받은 경우에는 해당 설계도서의 내용이 기술기준에 적합한지를 확인해야 한다.

③ 시장·군수·구청장은 제2항에 따른 확인을 마친 경우에는 국토교통부령으로 정하는 기계설비공사 착공 전 확인 결과 통보서에 검토의견 등을 적어 해당 신청인에게 통보해야 하며, 해당 설계도서의 내용이 기술기준에 미달하는 등 시공에 부적합하다고 인정하는 경우에는 보완이 필요한 사항을 함께 적어 통보해야 한다.

④ 시장·군수·구청장은 제3항에 따라 기계설비공사 착공 전 확인 결과를 통보한 경우에는 그 내용을 기록하고 관리해야 한다.

(3) 기계설비의 사용 전 검사(제13조)

① 법 제15조 제1항 본문에 따라 사용 전 검사를 받으려는 자는 국토교통부령으로 정하는 기계설비 사용 전 검사신청서를 시장·군수·구청장에게 제출해야 한다. 이 경우 해당 기계설비가 다음 각 호의 어느 하나에 해당하는 경우에는 그 검사 결과를 함께 제출할 수 있다.

㉠ 에너지이용 합리화법에 따른 검사대상기기 검사에 합격한 경우

㉡ 고압가스 안전관리법에 따른 완성검사에 합격한 경우(같은 항 단서에 따라 감리적합판정을 받은 경우를 포함한다)

② 시장·군수·구청장은 제1항 각 호 외의 부분 전단에 따른 기계설비 사용 전 검사신청서를 받은 경우에는 해당 기계설비가 기술기준에 적합한지를 검사해야 한다. 이 경우 검사 대상 기계설비 중 제1항 각 호 외의 부분 후단에 따라 합격한 검사 결과가 제출된 기계설비 부분에 대해서는 기술기준에 적합한 것으로 검사해야 한다.

③ 시장·군수·구청장은 제2항에 따른 검사 결과 해당 기계설비가 기술기준에 적합하다고 인정하는 경우에는 국토교통부령으로 정하는 기계설비 사용 전 검사 확인증을 해당 신청인에게 발급해야 한다.

④ 시장·군수·구청장은 제2항에 따른 검사 결과 해당 기계설비가 기술기준에 미달하는 등 사용에 부적합하다고 인정하는 경우에는 그 사유와 보완기한을 명시하여 보완을 지시해야 한다.

⑤ 시장·군수·구청장은 제4항에 따른 보완 지시를 받은 자가 보완기한까지 보완을 완료한 경우에는 제1항에 따른 신청 절차를 다시 거치지 않고 제2항 및 제3항에 따라 사용 전 검사를 다시 실시하여 기계설비 사용 전 검사 확인증을 발급할 수 있다.

(4) 기계설비 유지관리에 대한 점검 및 확인 등(제14조)

① 법 제17조 제1항에서 대통령령으로 정하는 일정 규모 이상의 건축물등이란 다음 각 호의 건축물, 시설물 등(건축물등)을 말한다.

㉠ 건축법 제2조 제2항에 따라 구분된 용도별 건축물 중 연면적 1만제곱미터 이상의 건축물(같은 항 제2호 및 제18호에 따른 공동주택 및 창고시설은 제외한다)

㉡ 건축법 제2조 제2항 제2호에 따른 공동주택 중 다음 각 목의 어느 하나에 해당하는 공동주택

가. 500세대 이상의 공동주택

나. 300세대 이상으로서 중앙집중식 난방방식(지역난방방식을 포함한다)의 공동주택

㉢ 다음 각 목의 건축물등 중 해당 건축물등의 규모를 고려하여 국토교통부장관이 정하여 고시하는 건축물등

가. 시설물의 안전 및 유지관리에 관한 특별법에 따른 시설물

나. 학교시설사업 촉진법에 따른 학교시설

다. 실내공기질 관리법에 따른 지하역사 및 지하도상가

라. 중앙행정기관의 장, 지방자치단체의 장 및 그 밖에 국토교통부장관이 정하는 자가 소유하거나 관리하는 건축물등

② 법 제17조 제3항에서 대통령령으로 정하는 기간이란 10년을 말한다.

(5) 기계설비유지관리자의 선임 등(제15조)

① 법 제19조 제2항에서 대통령령으로 정하는 일정 횟수란 2회를 말한다.

② 법 제19조 제7항에 따른 기계설비유지관리자의 자격 및 등급(같은 조 제11항에 따른 기계설비유지관리자의 등급 조정에 관한 사항을 포함한다)은 별표 5의2와 같다.

③ 국토교통부장관은 법 제19조 제12항에 따라 다음 각 호의 업무를 기계설비와 관련된 업무를 수행하는 협회 중 국토교통부장관이 해당 업무에 대한 전문성이 있다고 인정하여 고시하는 협회에 위탁한다.

㉠ 법 제19조 제8항에 따른 기계설비유지관리자의 근무처·경력·학력 및 자격 등(근무처 및 경력등)의 관리에 필요한 신고 및 변경신고의 접수

㉡ 법 제19조 제9항에 따른 근무처 및 경력등에 관한 기록의 유지·관리 및 기계설비유지관리자의 근무처 및 경력등에 관한 증명서의 발급

㉢ 법 제19조 제10항에 따른 관련 자료 제출의 요청(위탁된 사무를 처리하기 위하여 필요한 경우만 해당한다)

㉣ 법 제19조 제11항에 따른 기계설비유지관리자의 등급 조정을 위한 근무처 및 경력등과 유지관리교육 결과의 확인

④ 제3항에 따라 업무를 위탁받은 협회는 위탁업무의 처리 결과를 매 반기 말일을 기준으로 다음 달 말일까지 국토교통부장관에게 보고해야 한다.

(6) 기계설비성능점검업의 등록(제17조)

① 법 제21조 제1항에서 자본금, 기술인력의 확보 등 대통령령으로 정하는 요건이란 별표 7의 기계설비성능점검업의 등록 요건을 말한다.

② 특별시장·광역시장·특별자치시장·도지사 또는 특별자치도지사(시·도지사)는 법 제21조 제1항에 따른 등록 신청이 다음 각 호의 어느 하나에 해당하는 경우를 제외하고는 등록을 해 주어야 한다.
㉠ 등록을 신청한 자가 법 제22조 제1항 각 호의 어느 하나에 해당하는 경우
㉡ 별표 7에 따른 등록 요건을 갖추지 못한 경우
㉢ 그 밖에 법, 이 영 또는 다른 법령에 따른 제한에 위반되는 경우

(7) 기계설비성능점검업의 변경등록 사항(제18조)

법 제21조 제2항에서 대통령령으로 정하는 사항이란 다음 각 호의 어느 하나에 해당하는 사항을 말한다.
㉠ 상호
㉡ 대표자
㉢ 영업소 소재지
㉣ 기술인력

(8) 기계설비성능점검업의 휴업·폐업 등(제19조)

① 법 제21조 제1항에 따라 기계설비성능점검업을 등록한 자(기계설비성능점검업자)는 같은 조 제5항 전단에 따라 휴업 또는 폐업의 신고를 하려는 경우에는 그 휴업 또는 폐업한 날부터 30일 이내에 국토교통부령으로 정하는 휴업·폐업신고서를 시·도지사에게 제출해야 한다.
② 시·도지사는 법 제21조 제5항 후단에 따라 기계설비성능점검업 등록을 말소한 경우에는 다음 각 호의 사항을 해당 특별시·광역시·특별자치시·도 또는 특별자치도의 인터넷 홈페이지에 게시해야 한다.
㉠ 등록말소 연월일
㉡ 상호
㉢ 주된 영업소의 소재지
㉣ 말소 사유

3) 시행규칙

(1) 전문인력 양성 및 교육훈련(제4조)

① 전문인력 양성기관의 장은 법 제9조 제4항 전단에 따라 다음 연도의 전문인력 양성 및 교육훈련에 관한 계획을 수립하여 매년 11월 30일까지 국토교통부장관에게 제출해야 한다.
② 제1항에 따른 전문인력 양성 및 교육훈련에 관한 계획에는 다음 각 호의 사항이 포함되어야 한다.

㉠ 교육훈련의 기본방향
㉡ 교육훈련 추진계획에 관한 사항
㉢ 교육훈련의 재원 조달 방안에 관한 사항
㉣ 그 밖에 교육훈련을 위하여 필요한 사항

③ 국토교통부장관 또는 전문인력 양성기관의 장은 전문인력 교육훈련을 이수한 사람에게 교육수료증을 발급해야 한다.

(2) 착공 전 확인 등(제5조)

① 영 제12조 제1항에 따른 기계설비공사 착공 전 확인신청서는 별지 제4호 서식에 따르며, 신청인은 이를 제출할 때에는 다음 각 호의 서류를 첨부해야 한다.
㉠ 기계설비공사 설계도서 사본
㉡ 기계설비설계자 등록증 사본
㉢ 건축법 등 관계 법령에 따라 기계설비에 대한 감리업무를 수행하는 자가 확인한 기계설비 착공 적합 확인서

② 영 제12조 제3항에 따른 기계설비공사 착공 전 확인 결과 통보서는 별지 제5호 서식에 따른다.

③ 특별자치시장·특별자치도지사·시장·군수·구청장은 영 제12조 제4항에 따라 기계설비공사 착공 전 확인 결과의 내용을 기록하고 관리하는 경우에는 별지 제6호서식의 기계설비공사 착공 전 확인업무 관리대장에 일련번호 순으로 기록해야 한다.

(3) 사용 전 검사 등(제6조)

① 영 제13조제1항 각 호 외의 부분 전단에 따른 기계설비 사용 전 검사신청서는 별지 제7호 서식에 따르며, 신청인은 이를 제출할 때에는 다음 각 호의 서류를 첨부해야 한다.
㉠ 기계설비공사 준공설계도서 사본
㉡ 건축법 등 관계 법령에 따라 기계설비에 대한 감리업무를 수행한 자가 확인한 기계설비 사용 적합 확인서
㉢ 영 제13조 제1항 각 호에 대한 검사 결과서(해당하는 검사 결과가 있는 경우로 한정한다)

② 영 제13조 제3항에 따른 기계설비 사용 전 검사 확인증은 별지 제8호 서식에 따른다.

③ 시장·군수·구청장은 영 제13조 제3항에 따라 기계설비 사용 전 검사 확인증을 발급한 경우에는 별지 제9호서식의 기계설비 사용 전 검사 확인증 발급대장에 일련번호 순으로 기록해야 한다.

(4) 기계설비유지관리자의 선임(제8조)

① 법 제17조 제1항에 따른 관리주체가 법 제19조 제1항 본문에 따라 기계설비유지관리자를 선임하는 경우 그 선임기준은 별표 1과 같다.

구분	선임대상	선임자격	선임 인원
1. 영 제14조 제1항 제1호에 해당하는 용도별 건축물	가. 연면적 60,000m^2 이상	특급 책임기계설비유지관리자	1
		보조기계설비유지관리자	1
	나. 연면적 30,000m^2 이상 연면적 60,000m^2 미만	고급 책임기계설비유지관리자	1
		보조기계설비유지관리자	1
	다. 연면적 15,000m^2 이상 연면적 30,000m^2 미만	중급 책임기계설비유지관리자	1
	라. 연면적 10,000m^2 이상 연면적 15,000m^2 미만	초급 책임기계설비유지관리자	1
2. 영 제14조 제1항 제2호에 해당하는 공동주택	가. 3,000세대 이상	특급 책임기계설비유지관리자	1
		보조기계설비유지관리자	1
	나. 2,000세대 이상 3,000세대 미만	고급 책임기계설비유지관리자	1
		보조기계설비유지관리자	1
	다. 1,000세대 이상 2,000세대 미만	중급 책임기계설비유지관리자	1
	라. 500세대 이상 1,000세대 미만	초급 책임기계설비유지관리자	1
	마. 300세대 이상 500세대 미만으로서 중앙집중식 난방방식(지역난방방식을 포함한다)의 공동주택	초급 책임기계설비유지관리자	1
3. 영 제14조 제1항 제3호에 해당하는 건축물등(같은 항 제1호 및 제2호에 해당하는 건축물은 제외한다)	영 제14조 제1항 제3호에 해당하는 건축물등(같은 항 제1호 및 제2호에 해당하는 건축물은 제외한다)	건축물의 용도, 면적, 특성 등을 고려하여 국토교통부장관이 정하여 고시하는 기준에 해당하는 초급 책임기계설비유지관리자 또는 보조기계설비유지관리자	1

② 관리주체는 제1항에 따라 기계설비유지관리자를 선임하는 경우 다음 각 호의 구분에 따른 날부터 30일 이내에 선임해야 한다.

㉠ 신축·증축·개축·재축 및 대수선으로 기계설비유지관리자를 선임해야 하는 경우: 해당 건축물·시설물 등(건축물등)의 완공일(건축법 등 관계 법령에 따라 사용승인 및 준공인가 등을 받은 날을 말한다)

㉡ 용도변경으로 기계설비유지관리자를 선임해야 하는 경우: 용도변경 사실이 건축물관리대장에 기재된 날

㉢ 법 제19조 제1항 단서에 따라 기계설비유지관리업무를 위탁한 경우로서 그 위탁 계약이 해지 또는 종료된 경우: 기계설비 유지관리업무의 위탁이 끝난 날

(5) 기계설비유지관리자의 선임신고 등(제8조의2)

① 관리주체는 법 제19조 제3항 전단에 따라 기계설비유지관리자 선임 또는 해임 신고를 하려는 경우에는 그 선임일 또는 해임일부터 30일 이내에 별지 제9호의2 서식의 기계설비유지관리자 선임·해임 신고서(전자문서로 된 신고서를 포함한다. 이하 같다)에 다음 각 호의 서류를 첨부하여 시장·군수·구청장에게 제출해야 한다.

㉠ 기계설비유지관리자의 재직증명서 등 재직 사실을 확인할 수 있는 서류(법 제18조에 따라 기계설비 유지관리업무를 위탁한 경우에는 기계설비 유지관리업무 위탁계약서 사본을 말한다)

㉡ 제8조의3 제4항에 따라 발급받은 기계설비유지관리자 수첩 사본

② 법 제19조 제3항 후단에서 국토교통부령으로 정하는 사항이란 다음 각 호의 사항을 말한다.

㉠ 관리주체의 상호, 성명, 주소 또는 사업자등록번호(관리주체가 법인인 경우에는 법인의 명칭, 대표자 성명, 주소 또는 법인등록번호를 말한다)

㉡ 기계설비유지관리자의 주소, 등급 또는 수첩발급번호

③ 관리주체는 법 제19조 제3항 후단에 따라 제2항의 사항이 변경된 때에는 변경 사유가 발생한 날부터 30일 이내에 별지 제9호의3 서식의 기계설비유지관리자 신고사항 변경신고서에 그 변경 사항을 증명하는 서류를 첨부하여 시장·군수·구청장에게 제출해야 한다.

④ 시장·군수·구청장은 제1항 및 제3항에 따른 신고서를 받은 때에는 전자정부법 제36조 제1항에 따른 행정정보의 공동이용을 통하여 사업자등록증명 및 대상 건축물등의 건축물대장을 확인해야 한다. 다만, 신고인이 해당 서류의 확인에 동의하지 않은 경우에는 해당 서류를 첨부하도록 해야 한다.

⑤ 관리주체는 법 제19조 제4항에 따라 선임신고증명서를 발급받으려는 경우에는 별지 제9호의4 서식의 기계설비유지관리자 선임신고증명서 발급신청서를 시장·군수·구청장에게 제출해야 한다. 이 경우 시장·군수·구청장은 지체 없이 별지 제9호의5 서식의 기계설비유지관리자 선임신고증명서(전자문서로 된 증명서를 포함한다.)를 발급해야 한다.

⑥ 시장·군수·구청장은 제1항에 따른 기계설비유지관리자의 선임 또는 해임 신고를 받은 경우에는 별지 제9호의6 서식의 기계설비유지관리자 선임·해임신고대장에 그 사실을 기록하고, 법 제19조 제6항에 따라 매월 신고 현황을 다음 달 말일까지 국토교통부장관에게 통보해야 한다.

(6) 기계설비유지관리자의 경력신고 등(제8조의3)

① 기계설비유지관리자는 법 제19조 제8항 전단에 따라 근무처·경력·학력 및 자격 등(근무처 및 경력등)의 관리에 필요한 사항을 신고하려는 경우에는 별지 제9호의7 서식의 기계설비유지관리자 경력신고서에 다음 각 호의 서류를 첨부하여 영 제15조 제3항에 따라 같은 항 제1호 및 제2호의 업무를 위탁받은 자(경력관리 수탁기관)에 제출해야 한다.

㉠ 근무처 및 경력을 증명하는 서류
㉡ 기계설비 관련 자격증(국가기술자격증은 제외한다) 사본
㉢ 졸업증명서
㉣ 최근 6개월 이내에 촬영한 증명사진(가로 2.5cm×세로 3cm)

② 기계설비유지관리자는 법 제19조제8항 후단에 따라 신고사항이 변경된 때에는 변경된 날부터 30일 이내에 별지 제9호의8 서식의 기계설비유지관리자 경력변경신고서에 변경사항을 증명하는 서류를 첨부하여 경력관리 수탁기관에 제출해야 한다.

③ 경력관리 수탁기관은 제1항 및 제2항에 따른 신고서를 받은 때에는 전자정부법 제36조 제2항에 따른 행정정보의 공동이용을 통하여 국가기술자격취득사항확인서를 확인해야 한다. 다만, 신고인이 확인에 동의하지 않은 경우에는 해당 자격증을 첨부하도록 해야 한다.

④ 경력관리 수탁기관은 기계설비유지관리자의 요청이 있는 때에는 제1항 및 제2항에 따른 신고내용을 토대로 기계설비유지관리자의 등급을 확인하여 별지 제9호의9 서식의 기계설비유지관리자 수첩을 발급할 수 있다.

⑤ 경력관리 수탁기관은 법 제19조 제9항에 따라 기계설비유지관리자가 근무처 및 경력등에 관한 증명서의 발급을 신청한 때에는 별지 제9호의10 서식의 기계설비유지관리자 경력증명서를 발급해야 한다.

⑥ 경력관리 수탁기관은 제5항에 따라 기계설비유지관리자 경력증명서를 발급한 경우에는 별지 제9호의11 서식의 기계설비유지관리자 경력증명서 발급대장에 그 사실을 기록하고 관리해야 한다.

⑦ 제1항부터 제6항까지에서 규정한 사항 외에 기계설비유지관리자의 경력신고 등에 관하여 필요한 사항은 국토교통부장관이 정하여 고시한다.

(7) 기계설비유지관리자의 교육 등(제9조)

① 영 제16조 제2항에 따라 법 제20조 제1항에 따른 기계설비 유지관리에 관한 교육(유지관리교육)에 관한 업무를 위탁받은 자(유지관리교육 수탁기관)는 교육의 종류별·대상자별 및 지역별로 다음 연도의 교육 실시계획을 수립하여 매년 12월 31일까지 국토교통부장관에게 보고해야 한다.

② 법 제20조 제1항에 따라 유지관리교육을 받으려는 기계설비유지관리자는 별지 제10호 서식의 유지관리교육 신청서를 유지관리교육 수탁기관에 제출해야 한다.

③ 유지관리교육 수탁기관은 제2항에 따라 유지관리교육 신청서를 받은 경우 교육 실시 10일 전까지 해당 신청인에게 교육장소와 교육날짜를 통보해야 한다.

④ 유지관리교육 수탁기관은 유지관리교육을 이수한 사람에게 별지 제11호 서식의 유지관리교육 수료증을 발급하고, 별지 제12호 서식의 유지관리교육 수료증 발급대장에 그 사실을 적고 관리해야 한다.

(8) 기계설비성능점검업의 휴업·폐업 신고(제13조)

① 영 제19조 제1항에 따른 휴업·폐업신고서는 별지 제19호 서식에 따르며, 신고인은 이를 제출할 때에는 기계설비성능점검업 등록증 및 등록수첩을 첨부해야 한다.

② 시·도지사는 제1항에 따라 휴업 또는 폐업 신고를 받은 때에는 전자정부법 제36조 제1항에 따른 행정정보의 공동이용을 통하여 부가가치세법에 따라 관할 세무서에 신고한 폐업사실 증명 또는 사업자등록증명을 확인해야 한다. 다만, 신고인이 확인에 동의하지 않은 경우에는 해당 서류를 첨부하도록 해야 한다.

(9) 기계설비성능점검업의 지위승계신고 등(제14조)

① 기계설비성능점검업자의 지위를 승계한 자(지위승계자)는 법 제21조의2 제2항에 따라 별지 제20호서식의 기계설비성능점검업 지위승계신고서에 다음 각 호의 서류를 첨부하여 시·도지사에게 제출해야 한다.

㉠ 지위승계 사실을 증명하는 서류

㉡ 피상속인, 양도인 또는 합병 전 법인의 기계설비성능점검업 등록증 및 등록수첩

② 시·도지사는 제1항에 따른 신고서를 받은 때에는 전자정부법 제36조 제1항에 따라 행정정보의 공동이용을 통하여 다음 각 호의 서류를 확인해야 한다. 다만, 신고인이 해당 서류의 확인에 동의하지 않은 경우에는 해당 서류를 첨부하게 해야 한다.

㉠ 사업자등록증명

㉡ 출입국관리법 제88조 제2항에 따른 외국인등록 사실증명[지위승계자(법인인 경우에는 대표자를 포함한 임원을 말한다)가 외국인인 경우만 해당한다]

㉢ 기술인력의 국민연금가입 증명서 또는 건강보험자격취득 확인서

㉣ 양도인의 국세 및 지방세납세증명서(양도·양수의 경우만 해당한다)

③ 시·도지사는 법 제21조의2 제3항에 따라 신고를 수리한 때에는(법 제21조의2 제4항에 따라 신고가 수리된 것으로 보는 경우를 포함한다) 지위승계자에게 별지 제15호 서식의 기계설비성능점검업 등록증 및 별지 제16호서식의 기계설비성능점검업 등록수첩을 새로 발급하고, 별지 제17호 서식의 기계설비성능점검업 등록대장에 지위승계에 관한 사항을 적고 관리해야 한다.

(10) 성능점검능력의 공시항목 및 공시시기 등(제17조)

① 국토교통부장관은 법 제22조의2 제1항에 따라 성능점검능력을 평가한 경우에는 다음 각 호의 항목을 공시해야 하며, 성능점검능력평가 수탁기관은 해당 기계설비성능점검업자의 등록수첩에 성능점검능력평가액을 기재해야 한다.

㉠ 상호(법인인 경우에는 법인 명칭을 말한다)

㉡ 기계설비성능점검업자의 성명(법인인 경우에는 대표자의 성명을 말한다)

㉢ 영업소 소재지

㉣ 기계설비성능점검업 등록번호

㉤ 성능점검능력평가액과 그 산정항목이 되는 점검실적평가액, 경영평가액, 기술능력평가액 및 신인도평가액

㉥ 보유기술인력

② 성능점검능력평가 수탁기관은 성능점검능력평가 결과를 매년 7월 31일까지 일간신문 또는 성능점검능력평가 수탁기관의 인터넷 홈페이지에 공시해야 한다. 다만, 제16조 제3항부터 제6항까지의 규정에 따라 평가한 경우에는 평가를 완료한 날부터 10일 이내에 공시해야 한다.

③ 성능점검능력평가 수탁기관은 성능점검능력에 관한 서류를 비치하여 일반인이 열람할 수 있도록 해야 한다.

④ 관리주체 또는 법 제18조에 따라 기계설비유지관리업무를 위탁받은 자는 제1항에 따라 공시된 성능점검능력평가액(그 산정항목이 되는 점검실적평가액, 경영평가액, 기술능력평가액 및 신인도평가액을 포함한다)을 고려하여 기계설비성능점검업자를 선정할 수 있다.

Chapter 04 예상문제

01 에너지이용합리화법의 기본목적과 가장 거리가 먼 것은?

① 에너지소비로 인한 환경피해 감소
② 에너지의 수급안정
③ 에너지원의 개발촉진
④ 에너지의 효율적인 이용증진

02 에너지이용합리화법의 목적이 아닌 것은?

① 에너지의 수급안정
② 에너지의 합리적이고 효율적인 이용 증진
③ 에너지 소비로 인한 환경피해를 줄임
④ 에너지 소비촉진 및 자원개발

03 에너지이용합리화법의 목적이 아닌 것은?

① 에너지의 합리적이고 효율적인 이용 증진
② 에너지 소비로 인한 환경피해를 줄임
③ 에너지의 개발 및 보급의 확대
④ 에너지의 수급 안정을 기함

04 에너지이용합리화법상 "에너지사용기자재"의 정의로서 옳은 것은?

① 연료 및 열만을 사용하는 기자재
② 에너지를 생산하는 데 사용되는 기자재
③ 에너지를 수송, 저장 및 전환하는 기자재
④ 열사용기자재 및 기타 에너지를 사용하는 기자재

05 다음 주 에너지이용합리화법에서 정의하는 에너지공급설비가 아닌 것은?

① 에너지 전환설비
② 에너지 수송설비
③ 에너지 개발설비
④ 에너지 생산설비

06 에너지법에서 사용하는 "에너지사용자"란 용어의 정의로 맞는 것은?

① 에너지를 사용하는 공장 사업장의 시설자
② 에너지를 생산, 수입하는 사업자
③ 에너지사용시설의 소유자 또는 관리자
④ 에너지를 저장, 판매하는 자

07 에너지이용합리화법에 의한 온실가스의 설명 중 맞는 것은?

① 일산화탄소, 이산화탄소, 메탄, 아산화질소 등은 온실가스이다.
② 자외선을 흡수하여 지표면의 온도를 올리는 기체이다.
③ 적외선 복사열을 흡수하여 온실효과를 유발하는 물질이다.
④ 자외선을 방출하여 온실효과를 유발하는 물질이다.

08 열사용기자재라 함은 어느 영으로 정하는가?

① 대통령령
② 기획재정부령
③ 국무총리령
④ 산업통상자원부령

09 열사용기자재관리규칙상 열사용기자재인 소형 온수보일러의 적용범위는?

① 전열면적 $12m^2$ 이하이며, 최고사용압력 0.35MPa 이하의 온수를 발생하는 것
② 전열면적 $14m^2$ 이하이며, 최고사용압력 0.25MPa 이하의 온수를 발생하는 것
③ 전열면적 $12m^2$ 이하이며, 최고사용압력 0.45MPa 이하의 온수를 발생하는 것
④ 전열면적 $14m^2$ 이하이며, 최고사용압력 0.35MPa 이하의 온수를 발생하는 것

정답 01 ③ 02 ④ 03 ③ 04 ④ 05 ③ 06 ③ 07 ③ 08 ④ 09 ④

10 에너지이용합리화법상 열사용기자재 중 소형 온수보일러의 전열면적은 몇 m^2 이하인 것인가?

① 10 ② 14
③ 18 ④ 20

11 열사용기자재인 축열식 전기보일러는 정격소비전력은 몇 kW 이하이며, 최고사용압력은 몇 MPa 이하인 것인가?

① 30kW, 0.35MPa
② 40kW, 0.5MPa
③ 50kW, 0.75MPa
④ 100kW, 0.1MPa

12 에너지기본법상 정부의 에너지정책을 효율적이고 체계적으로 추진하기 위하여 20년을 계획기간으로 5년마다 수립, 시행하는 것은?

① 국가온실가스배출저감 종합대책
② 에너지이용합리화 실시계획
③ 기후변화협약대응 종합계획
④ 국가에너지 기본계획

13 국가에너지 기본계획의 정책목표와 거리가 먼 것은?

① 에너지의 수급안정
② 환경 피해 요인의 최소화
③ 에너지 가격의 인하
④ 기술 개발의 촉진

14 에너지기본법에서 지역에너지계획을 수립하여야 하는 자는?

① 에너지관리공단 이사장
② 산업통상자원부장관
③ 행정자치부장관
④ 특별시장, 광역시장 또는 도지사

15 에너지기본법상 지역에너지계획은 몇 년마다 몇 년 이상을 계획기간으로 수립, 시행하는가?

① 2년마다 2년 이상
② 5년마다 5년 이상
③ 10년마다 10년 이상
④ 1년마다 1년 이상

16 에너지이용합리화법에 의한 에너지이용합리화 기본 계획에 포함되어야 할 사항은?

① 비상시 에너지소비절감을 위한 대책
② 지역별 에너지수급의 합리화를 위한 대책
③ 에너지의 합리적 이용을 통한 온실가스 배출을 줄이기 위한 대책
④ 에너지 공급자 상호간의 에너지의 교환 또는 분배사용 대책

17 에너지이용합리화법 시행령에서 산업통상자원부장관은 에너지이용합리화 기본계획을 몇 년마다 수립해야 하는가?

① 1년 ② 2년
③ 4년 ④ 5년

18 에너지이용합리화 기본계획을 수립하는 자는?

① 대통령
② 산업통상자원부장관
③ 시·도지사
④ 에너지관리공단이사장

19 에너지이용합리화법상 에너지 수급안정을 위한 조치에 해당하지 않는 것은?

① 에너지의 비축과 저장
② 에너지공급 설비의 가동 및 조업
③ 에너지의 배급
④ 에너지 판매시설의 확충

정답 10 ② 11 ① 12 ④ 13 ③ 14 ④ 15 ② 16 ③ 17 ④ 18 ② 19 ④

20 에너지이용합리화법 시행령상 산업통상자원부장관은 에너지수급 안정을 위한 조치를 하고자 할 때에는 그 사유, 기간 및 대상자 등을 정하여 그 조치 예정일 며칠 이전에 예고하여야 하는가?

① 14일 ② 10일
③ 7일 ④ 5일

21 에너지이용합리화법 시행규칙에서 에너지사용자가 수립하여야 하는 자발적 협약의 이행계획에 포함되어야 할 사항이 아닌 것은?

① 온실가스 배출증가 현황 및 투자방법
② 협약 체결 전년도의 에너지소비현황
③ 효율향상목표 등의 이행을 위한 투자계획
④ 에너지관리체제 및 관리방법

22 에너지이용합리화법상 산업통상자원부장관이 지정하는 효율관리기자재의 에너지의 소비효율, 사용량, 소비효율등급 등을 측정하는 기관은?

① 확인기관 ② 진단기관
③ 점검기관 ④ 시험기관

23 효율관리기자재에 대한 에너지의 소비효율, 소비효율등급 등을 측정하는 시험기관은 누가 지정하는가?

① 대통령
② 시·도지사
③ 산업통상자원부장관
④ 에너지관리공단이사장

24 효율관리기자재에 에너지 소비효율 등을 표시해야 하는 자로 옳은 것은?

① 제조업자 및 시공업
② 수입업자 및 제조업자
③ 시공업자 및 제조업자
④ 수입업자 및 시공업자

25 에너지이용합리화법상 효율관리기자재의 에너지 사용량을 측정 받아 에너지소비효율 등급 또는 에너지소비효율을 해당 효율관리기자재에 표시할 수 있도록 측정하는 기관은?

① 효율관리 진단기관
② 효율관리 전문기관
③ 효율관리 표준기관
④ 효율관리 시험기관

26 에너지이용합리화법에서 효율관리기자재의 제조업자 또는 수입업자가 효율관리기자재의 에너지 사용량을 측정 받는 기관은?

① 환경부장관이 지정하는 진단기관
② 산업통상자원부장관이 지정하는 시험기관
③ 시·도지사가 지정하는 측정기관
④ 제조업자 또는 수입업자의 검사기관

27 에너지이용합리화법 시행규칙상의 효율관리기자재가 아닌 것은?

① 전기냉장고 ② 자동차
③ 전기세탁기 ④ 텔레비전

28 에너지이용합리화법상 효율관리기자재의 광고 시에 광고 내용에 에너지 소비효율, 사용량에 따른 등급 등을 포함시켜야 할 의무가 있은 자가 아닌 것은?

① 효율관리기자재 제조업자
② 효율관리기자재 광고업자
③ 효율관리기자재 수입업자
④ 효율관리기자재 판매업자

29 에너지절약 전문기업의 등록은 누구에게 하도록 위탁되어 있는가?

① 산업통상자원부장관
② 에너지관리공단 이사장
③ 시공업자단체의 장
④ 시·도지사

정답 20 ③ 21 ① 22 ④ 23 ③ 24 ② 25 ④ 26 ② 27 ④ 28 ② 29 ②

30 에너지이용합리화법에서 제3자로부터 위탁을 받아 에너지사용시설의 에너지 절약을 위한 관리, 용역사업을 하는 자로서 산업통상자원부장관에게 등록을 한 자를 의미하는 용어는?

① 에너지수요관리전문기업
② 자발적 협약전문기업
③ 에너지절약전문기업
④ 기술개발전문기업

31 에너지절약전문기업의 등록이 취소되는 경우가 아닌 것은?

① 교부받은 등록증을 잃어버린 때
② 허위 기타 부정한 방법으로 등록을 한 때
③ 규정에 의한 등록기준에 미달하게 된 때
④ 정당한 사유 없이 등록한 후 3년 이내에 사업을 개시하지 아니한 때

32 에너지 사용자의 에너지 사용량이 대통령이 정하는 기준량 이상인 자는(이하 에너지 다소비업자라 한다) 산업통상자원부령이 정하는 바에 따라 전년도 에너지 사용량 등을 매년 언제까지 신고를 해야 하는가?

① 1월 31일 ② 3월 31일
③ 7월 31일 ④ 12월 31일

33 에너지다소비사업자가 매년 1월 31일까지 신고해야 할 사항에 포함되지 않는 것은?

① 전년도의 에너지이용합리화 실적 및 해당 연도의 계획
② 에너지사용기자재의 현황
③ 해당 연도의 에너지사용예정량, 제품 생산예정량
④ 전년도의 손익계산서

34 에너지이용합리화법 시행령에서 "에너지다소비업자"라 함은 연간 에너지(연료 및 열과 전기의 합) 사용량이 얼마 이상인 경우인가?

① 3천 티·오·이 ② 2천 티·오·이
③ 1천 티·오·이 ④ 1천 5백 티·오·이

35 에너지다소비업자가 매년 1월 31일까지 신고해야 할 사항과 관계없는 것은?

① 전년도 에너지 사용량
② 전년도 제품 생산량
③ 에너지 사용기자재 현황
④ 당해 연도 에너지관리진단 현황

36 에너지사용량이 일정량 이상인 사용자는 에너지사용량 등을 어디에 신고하는가?

① 산업통상자원부
② 시·도지사
③ 시공업자단체
④ 에너지관리공단

37 에너지이용합리화법상 에너지다소비업자는 에너지사용기자재의 현황을 산업통상자원부령이 정하는 바에 따라 매년 1월 31일까지 그 에너지사용시설이 있는 지역을 관할하는 누구에게 신고하여야 하는가?

① 군수, 면장 ② 도지사, 구청장
③ 시장, 군수 ④ 시. 도지사

38 에너지다소비업자가 산업통상자원부령으로 정하는 바에 따라 시·도지사에게 신고해야 하는 사항과 관련이 없는 것은?

① 전년도의 에너지사용량, 제품생산량
② 전년도의 에너지이용합리화 실적 및 해당 연도의 계획
③ 에너지사용기자재의 현황
④ 다음 연도의 에너지사용예정량, 제품생산예정량

39 에너지다소비업자는 에너지 손실요인 개선명령을 받은 때는 개선명령일부터 며칠 이내에 개선계획을 수립하여 제출해야 하는가?

① 20일 ② 30일
③ 50일 ④ 60일

정답 30 ③ 31 ① 32 ① 33 ④ 34 ② 35 ④ 36 ② 37 ④ 38 ④ 39 ④

40 에너지사용자에 대하여 에너지관리진단을 실시한 결과 에너지손실 요인이 많은 경우 산업통상자원부장관은 어떤 조치를 할 수 있는가?

① 에너지손실 요인의 개선을 명할 수 있다.
② 벌금을 부과할 수 있다
③ 에너지손실 요인의 시정을 요청할 수 있다.
④ 에너지사용정지를 명할 수 있다.

41 에너지다소비업자에게 에너지손실요인 개선명령을 할 수 있는 경우는 에너지관리지도 결과 몇 % 이상의 에너지효율개선이 기대되는 경우인가?

① 5% ② 10%
③ 15% ④ 20%

42 에너지이용합리화법상 목표에너지원단위란?

① 에너지를 사용하여 만드는 제품의 단위당 에너지사용 목표량
② 에너지를 사용하여 만드는 제품의 종류별 연간 에너지사용 목표량
③ 건축물의 총 면적당 에너지사용 목표량
④ 자동차 등의 단위 연료당 목표 주행거리

43 에너지이용합리화법상 에너지를 사용하여 만드는 제품의 단위당 에너지사용목표량(목표에너지원단위)은 누가 정하는가?

① 에너지관리공단이사장
② 품질인정원장
③ 시·도지사
④ 산업통상자원부장관

44 특정열사용기자재의 시공업 등록은 누구에게 하는가?

① 산업통상자원부장관
② 에너지관리공단이사장
③ 국토해양부장관
④ 시·도지사

45 에너지이용합리화법상 에너지를 사용하여 만드는 제품의 단위당 에너지사용목표량 또는 건축물의 단위면적당 에너지사용목표량을 정하여 고시하는 자는?

① 산업통상자원부장관
② 고용노동부장관
③ 시·도지사
④ 에너지관리공단이사장

46 특정열사용기자재 시공업의 범주에 들지 않는 것은?

① 기자재의 설치 ② 기자재의 시공
③ 기자재의 판매 ④ 기자재의 세관

47 특정열사용기자재인 보일러의 설치, 시공범위에 포함되지 않는 것은?

① 기기의 설치 ② 기기의 시험
③ 기기의 배관 ④ 기기의 세관

48 특정열사용기자재에 해당되지 않는 것은?

① 강철제 보일러
② 주철제 보일러
③ 구멍탄용 온수보일러
④ 보온, 모냉재

49 특정열사용기자재에 해당되지 않는 것은?

① 축열식 전기보일러
② 제2종 압력용기
③ 버너
④ 태양열 집열기

50 에너지이용합리화법에 규정된 특정열사용기자재 구분 중 기관에 포함되지 않는 것은?

① 온수보일러
② 태양열 집열기
③ 1종 압력용기
④ 구멍탄용 온수보일러

정답 40 ① 41 ② 42 ① 43 ④ 44 ④ 45 ① 46 ③ 47 ② 48 ④ 49 ③ 50 ③

51 특정열사용기자재 및 설치, 시공범위에서 기관에 속하지 않는 것은?

① 축열식 전기보일러
② 온수보일러
③ 태양열 집열기
④ 철금속가열로

52 에너지이용합리화법의 검사대상기기 설치자 범주에 속하지 않는 자는?

① 검사대상기기를 사용 중지한 후 재사용하는 자
② 검사대상기기 설치장소를 변경하여 사용하는 자
③ 검사대상기기를 개조하여 사용하는 자
④ 검사대상기기를 조종하는 자

53 특정열사용기자재 중 검사대상기기를 설치, 증설, 개조 등을 하는 자는 누구의 검사를 받아야 하는가?

① 산업통상자원부장관
② 시공업자단체의장
③ 에너지관리공단이사장
④ 국토해양부장관

54 특정열사용기자재 중 검사대상기기에 해당되는 것은?

① 온수를 발생시키는 대기 개방형 강철제 보일러
② 최고사용압력이 0.2MPa인 주철제 보일러
③ 축열식 전기보일러
④ 가스 사용량이 15kg/h인 소형 온수보일러

55 검사대상기기에 포함되지 않는 특정열사용기자재는?

① 강철제 보일러 ② 태양열 집열기
③ 주철제 보일러 ④ 2종 압력용기

56 강철제 또는 주철제 보일러로서 검사대상기기에 해당되는 것은?

① 최고사용압력이 0.15MPa(1.5kg/cm^2)이고 동체 안지름이 250mm인 것
② 온수를 발생시키는 보일러로서 대기 개방형인 것
③ 최고사용압력이 0.1MPa(1kg/cm^2)이고 전열면적이 0.8m^{2}인 것
④ 관류 보일러로서 전열면적이 6m^{2}인 것

57 검사대상기기에 해당되는 기기는 어느 것인가?

① 버너 ② 연소기기
③ 2종 압력용기 ④ 공기조절기

58 열사용기자재 관리 규칙에 의한 검사대상기기 중 소형 온수보일러의 검사대상기기 적용범위에 해당하는 가스사용량은 몇 kg/h를 초과하는 것부터인가?

① 15kg/h ② 17kg/h
③ 20kg/h ④ 25kg/h

59 특정열사용기자재 중 검사대상기기가 아닌 것은?

① 강철제 보일러
② 주철제 보일러
③ 1종 압력용기
④ 유류용 소형 온수보일러

60 다음 중 검사대상기기에 해당되는 열사용기자재는?

① 전열면적 5m^{2}인 유류연소용 온수보일러
② 태양집열기
③ 가스사용량 17kg/h 이상인 가스 온수보일러
④ 정격용량이 시간당 30만kcal(348.84kW)인 철금속가열로

정답 51 ④ 52 ④ 53 ③ 54 ② 55 ② 56 ④ 57 ③ 58 ② 59 ④ 60 ③

61 도시가스를 사용하는 온수보일러로서 검사대상기기에 해당되는 것은 가스 사용량이 몇 kW(kcal/h)를 초과하는 것인가?

① 58.1kW(5만kcal/h)
② 116.3kW(10만kcal/h)
③ 174.4kW(15만kcal/h)
④ 232.6kW(20만kcal/h)

62 검사대상기기에 해당되는 열사용기자재는?

① 최고사용압력이 0.08MPa이고, 전열면적이 $4m^2$인 강철제 보일러
② 흡수식 냉온수기
③ 가스사용량이 20kg/h 인 가스사용 소형 온수보일러
④ 정격용량이 0.4MW인 철금속가열로

63 철금속가열로란 단조가 가능하도록 가열하는 것을 주목적으로 하는 노로서 정격용량이 몇 kW(kcal/h)를 초과하는 것을 말하는가?

① (232.6)200,000
② (58.1)500,000
③ (116.3)100,000
④ (35)300,000

64 모든 검사대상기기를 조종할 수 있는 국가기술자격이 아닌 것은?

① 에너지관리기사(열관리기사)
② 보일러시공기능사
③ 보일러취급기능사
④ 에너지관리산업기사(열관리산업기사)

65 에너지이용합리화법에 의한 검사대상기기r 관리자의 자격이 아닌 것은?

① 에너지관리기사(열관리기사)
② 에너지관리산업기사(열관리산업기사)
③ 보일러산업기사
④ 위험물 취급기사

66 열사용기자재 관리규칙에서의 검사대상기기에 포함되지 않는 특정열사용기자재는?

① 강철제 보일러
② 태양열 집열기
③ 주철제 보일러
④ 2종 압력용기

67 인정검사대상기기관리자가 조종할 수 있는 검사대상기기는?

① 전열면적 $50m^2$인 관류 보일러
② 출력 100만kcal/h(1,162.8kW)인 온수발생 보일러
③ 압력용기
④ 최고사용압력 $15kg/cm^2$(1.5MPa)인 증기보일러

68 인정검사대상기기조종자가 조종할 수 있는 검사대상기기로서 온수발생 보일러인 경우는 출력이 몇 MW(kcal/h)인가?

① 0.58MW(50만kcal/h)
② 0.34MW(30만kcal/h)
③ 0.12MW(10만kcal/h)
④ 0.058MW(5만kcal/h)

69 다음 중 인정검사대상기기관리자가 조종할 수 없는 기기는?

① 최고사용압력이 1MPa 이하로 전열면적이 $10m^2$ 이하인 증기보일러
② 소형 관류 보일러
③ 압력용기
④ 0.58MW 미만인 온수보일러

70 검사대상기기관리자의 선임 의무는 누구에게 있는가?

① 시·도지사
② 에너지관리공단이사장
③ 검사대상기기 판매자
④ 검사대상기기 설치자

정답 61 ④ 62 ③ 63 ② 64 ② 65 ④ 66 ② 67 ③ 68 ① 69 ② 70 ④

71 검사대상기기관리자를 해임하거나 관리자가 퇴직하는 경우에는 언제 다른 관리자를 선임해야 하는가?

① 해임 또는 퇴직 이전에
② 해임 또는 퇴직 후 5일 이내
③ 해임 또는 퇴직 후 7일 이내
④ 해임 또는 퇴직 후 10일 이내

72 특정열사용기자재 중 검사대상기기의 설치자는 동기기의 관리자를 선임 또는 해임할 경우 누구에게 신고하는가?

① 에너지관리공단이사장
② 산업통상자원부장관
③ 시공업자단체의 장
④ 시·도지사

73 검사대상기기관리자의 선임신고는 신고 사유가 발생한 날부터 며칠 이내에 해야 하는가?

① 20일 ② 30일
③ 15일 ④ 7일

74 검사기기 관리자 채용의 1구역이라 함은?

① 관리자가 한 시야로 볼 수 있는 범위
② 2개 이하의 보일러가 설치된 범위
③ 별도로 구획된 방
④ 동일 설비가 비치된 방

75 에너지이용합리화법에서 검사대상기기 설치자가 검사대상기기관리자를 채용하지 않았을 때의 벌칙은?

① 1년 이하의 징역 또는 2천만원 이하의 벌금
② 1년 이하의 징역 또는 5백만원 이하의 벌금
③ 1천만원 이하의 벌금
④ 5백만원 이하의 벌금

76 검사대상기기관리자를 선임하지 아니한 자에 대한 벌칙은?

① 1천만원 이하의 벌금
② 2천만원 이하의 벌금
③ 5백만원 이하의 벌금
④ 1년 이하의 징역

77 열사용기자재 관리규칙에 의한 특정열사용기자재 중 검사를 받아야 할 검사대상기기의 검사 종류가 아닌 것은?

① 설치검사 ② 유효검사
③ 제조검사 ④ 개조검사

78 검사대상기기의 개조검사 대상이 아닌 것은?

① 보일러의 설치장소를 변경하는 경우
② 연료 또는 연소방법을 변경하는 경우
③ 증기보일러를 온수보일러로 개조하는 경우
④ 보일러 섹션의 증감에 의하여 용량을 변경하는 경우

79 보일러 검사의 종류 중 개조검사의 적용대상으로 틀린 것은?

① 증기보일러를 온수보일러로 개조하는 경우
② 보일러 섹션의 증감에 의하여 용량을 변경하는 경우
③ 동체·경판 및 이와 유사한 부분을 용접으로 제조하는 경우
④ 연료 또는 연소방법을 변경하는 경우

80 검사대상기기인 보일러의 연료 또는 연소방법을 변경한 경우 받아야 하는 검사는?

① 구조검사 ② 개조검사
③ 계속사용검사 ④ 설치검사

정답 71 ① 72 ① 73 ② 74 ① 75 ③ 76 ① 77 ② 78 ① 79 ③ 80 ②

81 검사대상기기인 보일러를 신설, 증설 또는 개체한 경우에 실시하는 검사는?

① 제조검사 ② 개조검사
③ 설치검사 ④ 구조검사

82 특정열사용기자재 중 검사대상기기의 검사 시, 검사를 받는 자에게 조치하게 하는 사항으로 잘못된 것은?

① 검사대상기기의 피복물 포장
② 비파괴 검사의 준비
③ 수압시험의 준비
④ 조립식인 검사대상기기의 조립해체

83 열사용기자재 관리규칙상 검사대상기기의 계속사용검사신청서는 유효기간 만료 며칠 전까지 제출해야 하는가?

① 10일 ② 15일
③ 20일 ④ 30일

84 열사용기자재 관리규칙에 의한 검사대상기기의 설치자가 그 사용 중인 검사대상기기를 폐기한 때에는 그 폐기한 날부터 며칠 이내에 신고해야 하는가?

① 7일 ② 10일
③ 15일 ④ 30일

85 에너지이용합리화법상 검사대상기기의 폐기신고는 언제까지 하도록 되어 있는가?

① 폐기예정일 15일 전까지
② 폐기예정일 10일 전까지
③ 폐기한 날부터 15일 이내
④ 폐기한 날부터 30일 이내

86 열사용기자재 관리규칙에 의한 검사대상기기인 보일러의 계속사용검사 중 재사용검사의 유효기간은?

① 1년 ② 1.5년
③ 2년 ④ 3년

87 검사대상기기의 검사종류, 검사 유효기간이 없는 검사는?

① 용접검사
② 계속사용검사
③ 계속사용 안전검사
④ 설치장소 변경검사

88 검사대상기기 중 구조검사가 면제되는 기기는?

① 소형 온수보일러
② 주철제 보일러
③ 1종 압력용기
④ 2종 압력용기

89 검사대상기기인 주철제 보일러에 있어서 보일러의 크기 및 용량 형식에 관계없이 면제되는 검사는?

① 용접검사 ② 구조검사
③ 계속사용검사 ④ 제조검사

90 에너지이용합리화법상 에너지의 효율적인 수행과 특정열사용기자재의 안전관리를 위하여 교육을 받아야 하는 대상이 아닌 자는?

① 에너지 관리자
② 시공업의 기술인력
③ 검사대상기기 관리자
④ 효율관리기자재 제조자

91 에너지절약 전문기업의 등록은 누구에게 하도록 위탁되어 있는가?

① 산업통상자원부장관
② 에너지관리공단 이사장
③ 시공업자단체의 장
④ 시·도지사

정답 81 ③ 82 ① 83 ① 84 ③ 85 ③ 86 ① 87 ① 88 ② 89 ② 90 ④ 91 ②

92 다음 중 산업통상자원부장관 또는 시·도지사로부터 에너지관리공단에 위탁된 업무가 아닌 것은?

① 에너지절약전문기업의 등록
② 효율관리기자재에 대한 시험기관의 측정결과 통보의 접수
③ 효율관리기자재 시험기관의 지정
④ 검사대상기기의 설치검사, 개조검사, 설치장소변경검사

93 권한의 위임, 위탁사항 중 에너지관리공단 이사장에게 위탁된 것은?

① 특정열사용기자재의 시공업 등록에 관한 사항
② 에너지관리대상자의 신고에 관한 사항
③ 에너지절약전문기업의 등록에 관한 사항
④ 효율관리기자재의 지정에 관한 사항

94 온실가스배출 감축실적의 등록 및 관리는 누가 하는가?

① 산업통상자원부장관
② 고용노동부장관
③ 에너지관리공단 이사장
④ 환경부장관

95 에너지진단결과 에너지다소비사업자가 에너지관리기준을 지키고 있지 아니한 경우 에너지관리기준의 이행을 위한 에너지관리지도를 실시하는 기관은?

① 한국에너지기술연구원
② 한국폐기물협회
③ 에너지관리공단
④ 한국환경공단

96 에너지이용합리화법상 에너지의 최저소비효율기준에 미달하는 효율관리기자재의 생산 또는 판매금지 명령을 위반한 자에 대한 벌칙은?

① 1년 이하의 징역 또는 1천만원 이하의 벌금
② 1천만원 이하의 벌금
③ 2년 이하의 징역 또는 2천만원 이하의 벌금
④ 2천만원 이하의 벌금

97 에너지이용합리화법상 검사대상기기의 검사에 불합격한 기기를 사용한 자에 대한 벌칙은?

① 1년 이하의 징역 또는 1천만원 이하의 벌금
② 2년 이하의 징역 또는 2천만원 이하의 벌금
③ 300만원 이하의 벌금
④ 500만원 이하의 벌금

98 에너지이용합리화법상 검사대상기기에 대하여 받아야 할 검사를 받지 않은 자에 대한 벌칙은?

① 2년 이하의 징역 또는 2천만원 이하의 벌금
② 1년 이하의 징역 또는 1천만원 이하의 벌금
③ 2천만원 이하의 벌금
④ 500만원 이하의 벌금

99 검사에 합격하지 아니한 검사대상기기를 사용한 자에 대한 벌칙은?

① 5백만원 이하의 벌금
② 1년 이하의 징역 또는 1천만원 이하의 벌금
③ 2년 이하의 징역 또는 2천만원 이하의 벌금
④ 3백만원 이하의 과태료

100 에너지이용합리화법의 위반사항과 벌칙내용이 맞게 짝지어진 것은?

① 효율관리기자재 판매금지 명령 위반 시 – 1천만원 이하의 벌금
② 검사대상기기조종자를 선임하지 않을 때 – 5백만원 이하의 벌금
③ 검사대상기기 검사의무 위반 시 – 1년 이하의 징역 또는 1천만원 이하의 벌금
④ 효율관리기자재 생산 명령 위반 시 – 5백만원 이하의 벌금

정답 92 ③ 93 ③ 94 ③ 95 ③ 96 ④ 97 ① 98 ② 99 ② 100 ③

101 1년 이하의 징역 또는 1천만원 이하의 벌금에 해당되는 자는?

① 에너지사용자의 제한 또는 금지에 관한 조정, 명령 기타 필요한 조치에 위반한 자
② 에너지저장시설의 보유 또는 저장의무 부과 시 정당한 이유 없이 이를 거부한 자
③ 검사대상기기의 제조검사, 설치검사 등을 받지 아니한 자
④ 효율관리기자재에 대한 에너지의 소비요율 등을 측정 받지 아니한 제조업자 또는 수입업자

102 에너지이용합리화법상 에너지사용의 제한 또는 금지에 관한 조정·명령 그 밖에 필요한 조치를 위반한 자에 대한 벌칙은?

① 3백만원 이하의 과태료
② 4백만원 이하의 과태료
③ 5백만원 이하의 과태료
④ 6백만원 이하의 과태료

103 에너지이용합리화법상 에너지사용자와 에너지공급자의 책무는?

① 에너지수급안정을 위한 노력
② 온실가스배출을 줄이기 위한 노력
③ 기자재의 에너지효율을 높이기 위한 기술개발
④ 지역경제발전을 위한 시책 강구

104 제3종 난방시공업자가 시공할 수 있는 열사용기자재 품목은?

① 강철제 보일러 ② 주철제 보일러
③ 2종 압력용기 ④ 금속요로

105 제2종 난방시공업자가 시공할 수 있는 열사용기자재 품목은?

① 강철제 보일러 ② 주철제 보일러
③ 2종 압력용기 ④ 태양열 집열기

106 용량 6만kcal/h(70kW)인 온수보일러를 시공할 수 있는 난방시공업종은?

① 제1종 ② 제2종
③ 제3종 ④ 제4종

107 제2종 난방시공업 등록을 한 자가 시공할 수 있는 온수보일러의 용량은?

① 15만kcal/h(174kW) 이하
② 10만kcal/h(116kW) 이하
③ 5만kcal/h(58kW) 이하
④ 3만kcal/h(35kW) 이하

108 에너지이용합리화법상의 연료 단위인 티·오·이(TOE)란?

① 석탄환산톤 ② 전력량
③ 중유환산톤 ④ 석유환산톤

109 에너지기본법상 에너지기술개발계획에 관한 설명 중 맞는 것은?

① 에너지의 안정적인 확보, 도입, 공급 및 관리를 위한 대책에 관한 사항을 포함한다.
② 에너지관리공단 이사장이 수립하여 국가에너지절약 추진위원회의 심의를 거쳐야 한다.
③ 10년 이상을 계획기간으로 하는 에너지기술개발계획을 5년마다 수립하여야 한다.
④ 에너지의 안전관리를 위한 대책에 관한 사항을 포함한다.

110 에너지이용합리화법상 국민의 책무는?

① 기자재 및 설비의 에너지효율을 높이고 온실가스의 배출을 줄이기 위한 기술의 개발과 도입을 위해 노력
② 관할지역의 특성을 참작하여 국가에너지정책의 효과적인 수행
③ 일상생활에서 에너지를 합리적으로 이용하고 온실가스의 배출을 줄이도록 노력
④ 에너지의 수급안정과 합리적이고 효율적인 이용을 도모하고 온실가스의 배출을 줄이기 위한 시책강구 및 시행

정답 101 ③ 102 ① 103 ② 104 ④ 105 ④ 106 ① 107 ④ 108 ④ 109 ③ 110 ③

111 에너지이용합리화법 시행령에서 국가, 지방자치단체들이 에너지를 효율적으로 이용하고 온실가스의 배출을 줄이기 위하여 추진하여야 하는 조치의 구체적인 내용이 아닌 것은?

① 지역별, 주요 수급자별 에너지 할당
② 에너지절약 추진 체계의 구축
③ 에너지 절약을 위한 제도 및 시책의 정비
④ 건물 및 수송 부문의 에너지이용합리화

112 에너지이용합리화법상 평균효율관리기자재를 제조하거나 수입하여 판매하는 자는 에너지소비효율을 산정에 필요하다고 인정되는 판매에 관한 자료와 효율측정에 관한 자료를 누구에게 제출하여야 하는가?

① 국토해양부장관
② 시·도지사
③ 에너지관리공단 이사장
④ 산업통상자원부장관

113 에너지이용합리화법 시행령상 국가에너지절약추진위원회에서 심의하는 사항이 아닌 것은?

① 기본계획의 수립에 관한 사항
② 실시계획의 종합, 조정 및 추진상황 점검
③ 에너지사용계획 협의사항의 사전심의
④ 에너지절약에 관한 법령 및 제도의 정비, 개선 등에 관한 사항

114 에너지이용합리화법상 국가에너지절약추진위원회의 구성과 운영 등에 관한 사항은 (　)령으로 정한다. (　) 안에 들어갈 자는 누구인가?

① 대통령
② 산업통상자원부장관
③ 에너지관리공단 이사장
④ 고용노동부장관

115 대기전력저감대상제품의 제조업자 또는 수입업자가 대기전력저감대상제품이 대기전력저감기준에 미달하는 경우 그 시정명령을 이행하지 아니하였을 때 그 사실을 공표할 수 있는 자는 누구인가?

① 산업통상자원부장관
② 국무총리
③ 대통령
④ 환경부장관

116 에너지법 시행령에서 산업통상자원부장관이 에너지기술개발을 위한 사업에 투자 또는 출연할 것을 권고할 수 있는 에너지관련 사업자가 아닌 것은?

① 에너지 공급자
② 대규모 에너지 사용자
③ 에너지사용기자재의 제조업자
④ 공공기관 중 에너지와 관련된 공공기관

117 저탄소녹색성장기본법에서 화석연료에 대한 의존도를 낮추고 청정에너지의 사용 및 보급을 확대하여 녹색기술 연구개발, 탄소흡수원 확충 등을 통하여 온실가스를 적정수준 이하로 줄이는 것을 말하는 용어는?

① 저탄소　　② 녹색성장
③ 온실가스 배출　　④ 녹색생활

118 신축, 증축 또는 개축하는 건축물에 대하여 그 설계 시 산출된 예상 에너지사용량의 일정 비율 이상을 신·재생에너지를 이용하여 공급되는 에너지를 사용하도록 신·재생에너지설비를 의무적으로 설치하게 할 수 있는 기관이 아닌 것은?

① 공기업
② 종교단체
③ 국가 및 지방자치단체
④ 특별법에 따라 설립된 법인

정답 111 ① 112 ④ 113 ③ 114 ① 115 ① 116 ② 117 ① 118 ②

119 다음 보기는 저탄소녹색성장기본법의 목적에 관한 내용이다. (   )에 들어갈 내용으로 맞는 것은?

> 이 법은 경제와 환경의 조화로운 발전을 위해서 저탄소 녹색성장에 필요한 기반을 조성하고 (①)과 (②)을 새로운 성장동력으로 활용함으로써 국민경제의 발전을 도모하며 저탄소 사회구현을 통하여 국민의 삶의 질을 높이고 국제사회에서 책임을 다하는 성숙한 선진 일류국가로 도약하는 데 이바지함을 목적으로 한다.

① ① : 녹색기술, ② : 녹색산업
② ① : 녹색성장, ② : 녹색산업
③ ① : 녹색물질, ② : 녹색기술
④ ① : 녹색기업, ② : 녹색성장

120 온실가스 배출량 및 에너지 사용량 등의 보고와 관련하여 관리업체는 해당 연도 온실가스 배출량 및 에너지소비량에 관한 명세서를 작성하고 이에 대한 검증기관의 검증결과를 언제까지 부문별 관장기관에게 제출하여야 하는가?

① 해당 연도 12월 31일까지
② 다음 연도 1월 31일까지
③ 다음 연도 3월 31일까지
④ 다음 연도 6월 30일까지

121 열사용기자재 관리규칙에서 용접검사가 면제될 수 있는 보일러의 대상 범위로 틀린 것은?

① 강철제 보일러 중 전열면적이 $5m^2$이고, 최고사용압력이 0.35MPa 이하인 것
② 주철제 보일러
③ 제2종 관류 보일러
④ 온수보일러 중 전열면적이 $18m^2$이고, 최고사용압력이 0.35MPa 이하인 것

122 정부는 국가전략을 효율적, 체계적으로 이행하기 위하여 몇 년마다 저탄소 녹색성장 국가전략 5개년 계획을 수립하는가?

① 2년 ② 3년
③ 4년 ④ 5년

123 공공사업주관자에게 산업통상자원부장관이 에너지사용계획에 대한 검토결과를 조치 요청하면 해당 공공사업주관자는 이행계획을 작성하여 제출하여야 하는데 이행계획에 포함되지 않는 사항은?

① 이행주체 ② 이행 장소와 사유
③ 이행방법 ④ 이행시기

124 녹색성장위원회의 위원장 2명 중 1명은 국무총리가 되고 또 다른 한 명은 누가 지명하는 사람이 되는가?

① 대통령
② 국무총리
③ 산업통상자원부장관
④ 환경부장관

125 저탄소녹색성장기본법상 온실가스에 해당하지 않는 것은?

① 이산화탄소 ② 메탄
③ 수소 ④ 육불화황

126 저탄소녹색성장기본법에서 국내 총소비에너지량에 대하여 신·재생에너지 등 국내 생산에너지량 및 우리나라가 국외에서 개발(지분 취득 포함한다)한 에너지량을 합한 양이 차지하는 비율을 무엇이라고 하는가?

① 에너지원단위 ② 에너지생산도
③ 에너지비축도 ④ 에너지자립도

정답 119 ① 120 ③ 121 ③ 122 ④ 123 ② 124 ① 125 ③ 126 ④

Chapter 05

신·재생에너지

1 신·재생에너지

1) 신·재생에너지의 정의

우리나라는 "신에너지 및 재생에너지 개발·이용·보급촉진법" 제2조의 규정에 의거 "기존의 화석연료를 변환시켜 이용하거나 햇빛·물·지열·강수·생물유기체 등을 포함하여 재생 가능한 에너지를 변환시켜 이용하는 에너지"로 정의하고 11개 분야로 구분하고 있다.

〈신·재생에너지원의 종류(11개 분야)〉

분류	종류
신에너지(3개 분야)	연료전지, 수소에너지, 석탄액화가스화(중질잔사유가스화)
재생에너지(8개 분야)	태양광, 태양열, 풍력, 지열, 소수력, 해양에너지, 바이오에너지, 폐기물에너지

(1) 신에너지

① 연료전지: 수소와 산소를 반응시켜 전기를 얻는 장치이다.

② 수소에너지: 연료전지와 관련하여 수소의 제조 및 저장 기술을 중심으로 개발되고 있다.

③ 석탄액화가스화: 고체 연료인 석탄을 기체 상태나 액체 상태로 변환하는 방식이다.

(2) 재생 에너지

① 태양광(sun light): 태양전지(solar cell)를 중심으로 개발되고 있다.

② 태양열: 열을 얻어 난방에 사용하거나, 집광 및 집열하여 높은 온도로 물을 끓여 발전하는 데 사용한다.

③ 풍력에너지: 바람을 이용하여 에너지, 특히 전기에너지를 얻는다.

④ 지열에너지: 지구 내부의 열을 이용하는 것으로 우리나라에서는 대규모 발전이 어렵다. 우리나라에서는 주로 건물이나 가정, 농업에서 지열 히트 펌프(heat pump)를 이용하여 냉난방에 사용하는 것을 말한다.

⑤ 소수력에너지: 일반적인 수력발전(예: 댐)은 재생 가능한 에너지이나 환경훼손이 크기 때문에 신·재생에너지에서는 주로 소수력 발전만을 뜻한다.

⑥ 해양에너지: 조수 간만의 차이를 이용한 조력 발전, 파도의 진동을 이용한 파력발전, 바닷물의 흐름을 이용한 조류발전이 포함된다.

⑦ **바이오에너지**: 식물, 축산 분뇨, 쓰레기 매립지, 음식물 쓰레기 등으로부터 얻어낸 바이오 알코올, 바이오 디젤, 바이오 가스 등을 말한다.

⑧ **폐기물에너지**: 가연성 폐기물을 가용하여 고체, 액체, 기체 형태의 연료를 만들거나 이를 연소시켜 얻는 열에너지를 말한다. 주로 많이 활용되는 것이 쓰레기 소각열을 이용하여 난방이나 발전에 사용하는 방식이다. 또한 폐기물을 분해할 때 발생되는 가스도 활발하게 이용되고 있다(바이오에너지와 관련 있음).

(3) 신·재생에너지의 중요성

① 최근 유가의 불안정, 기후변화협약 등 신·재생에너지의 중요성이 재인식되면서 에너지 공급방식의 다양화가 필요하다.

② 기존에너지원 대비 가격경쟁력 확보 시 신·재생에너지 산업은 IT, NT, NT산업과 더불어 미래산업, 차세대산업으로 급성장이 예상된다.

예제

01 **「신에너지 및 재생에너지 개발·이용·보급촉진법」 제2조의 규정에 의한 재생에너지가 아닌 것은?**

㉮ 수소에너지 ㉯ 태양광 ㉰ 바이오 ㉱ 폐기물

해설 신에너지: 연료전지, 석탄액화가스화 및 중질잔사유 가스화, 수소에너지(3개 분야)
재생에너지: 태양광, 태양열, 바이오, 풍력, 지열, 수력, 해양, 폐기물(8개 분야)

02 **신·재생 설비부문 에너지 성능지표 검토서 기준에서 적용 여부를 판정할 때 비율이 다른 하나는 무엇인가? (단, 의무화대상 건축물은 제외하고 판단한다.)**

㉮ 전체난방설비용량에 대한 신·재생에너지 용량 비율
㉯ 전체냉방설비용량에 대한 신·재생에너지 용량 비율
㉰ 전체 급탕부하에 대한 신·재생에너지 용량 비율
㉱ 전체 전기용량에 대한 신·재생에너지 용량 비율

03 **신·재생 설비부문 에너지 성능지표 검토서 기준에서 설치의무화 대상 건축물의 전체 전기용량에 대한 신·재생에너지 용량비율은 얼마인가?**

㉮ 2% ㉯ 3% ㉰ 4% ㉱ 5%

정답 **01** ㉮ **02** ㉰ **03** ㉰

2 태양광 발전

1) 원리(광전효과)

태양전지에서 전기에너지의 생성원리는 광전효과(광기전력효과)가 있다.

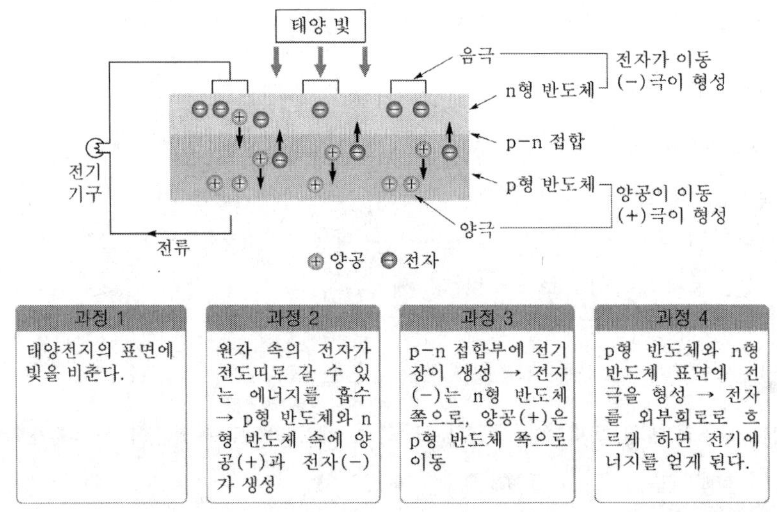
태양 빛
음극
n형 반도체
전자가 이동
(−)극이 형성
p−n 접합
p형 반도체
양공이 이동
(+)극이 형성
양극
전기
기구
전류
⊕ 양공 ⊖ 전자
과정 1
태양전지의 표면에 빛을 비춘다.
과정 2
원자 속의 전자가 전도띠로 갈 수 있는 에너지를 흡수 → p형 반도체와 n형 반도체 속에 양공(+)과 전자(−)가 생성
과정 3
p−n 접합부에 전기장이 생성 → 전자(−)는 n형 반도체 쪽으로, 양공(+)은 p형 반도체 쪽으로 이동
과정 4
p형 반도체와 n형 반도체 표면에 전극을 형성 → 전자를 외부회로로 흐르게 하면 전기에너지를 얻게 된다.

태양전지는 실리콘으로 만들어지는 반도체 소자이며, 서로 다른 전기적 성질을 가진 N형 반도체와 P형 반도체를 접합시킨 구조로 되어 있다. 이러한 태양전지에 태양빛이 닿으면 빛이 전지 속으로 흡수되어 + 와 −의 입자를 발생시키고, + 입자는 P형 반도체 쪽으로, −입자는 N형 반도체 쪽으로 각각 이동하게 되며, 전위차에 의해 전류가 발생하는 원리이다. 이것을 반도체의 광전효과(광기전력효과)라 한다.

(1) 태양광 전지의 구조

태양의 빛에너지를 전기에너지로 직접 전환하는 장치로 보통 p형 반도체와 n형 반도체를 접합한 구조이다. 바닥부터 금속으로 된 양극, p형 반도체, n형 반도체, 음극 역할을 하는 금속 그리드, 반사 방지 필름, 보호 유리 순으로 되어 있다.

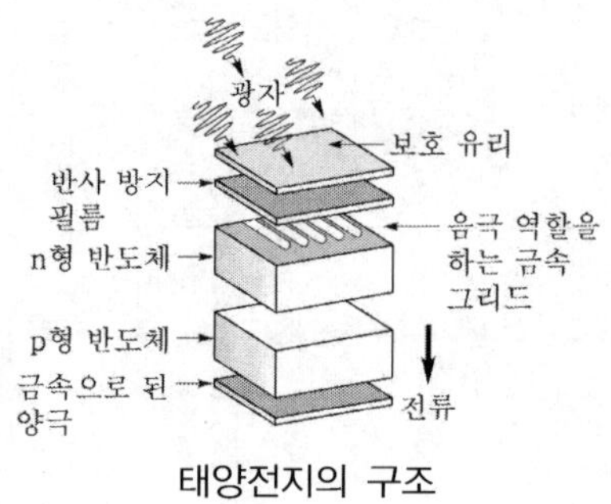
광자
보호 유리
반사 방지
필름
음극 역할을
하는 금속
그리드
n형 반도체
p형 반도체
금속으로 된
양극
전류

태양전지의 구조

반도체는 흔히 불순물이라 불리는 특정한 원자들을 반도체에 첨가하는 도핑 과정을 통해 기술적으로 그 특성을 크게 향상시킬 수 있다. 도핑된 반도체는 약 10^7개의 실리콘 원자당 한 개 정도만이 도핑하는 원자로 바뀐다. 실질적으로 오늘날의 반도체 소자는 도핑된 물질을 기본으로 하고 있다.

(2) 태양전지의 종류와 변환효율

태양전지에는 여러 가지 재료의 것이 쓰이고 있는데, 대표적으로 재료에 따라 실리콘계와 화합물계 그리고 적층형으로 분류된다.

① 실리콘계 태양전지의 종류

종류	특성	
단결정	• 재료: 고급 실리콘 • 장점: 에너지 전환효율이 높다. • 단점: 제조공정이 복잡하여 대량생산이 어려우며, 가격이 비싸다.	
다결정	• 재료: 저급 실리콘 • 장점: 가격이 싸다. • 단점: 에너지 전환 효율이 낮다.	
비정질 또는 박막형	유리, 스테인리스, 플라스틱과 같은 싼 가격의 기판 위에 비정질 실리콘이나 구리·인듐 화합물, 유기물질 등을 수십 μm 두께로 증착한 것이다. • 장점: 구부리거나 휠 수 있으며, 건물의 유리에 투명하게 붙일 수 있고 유연성이 높은 얇은 판을 만들 수 있다. • 단점: 에너지 전환 효율이 낮다.	

② 화합물 반도체의 특징

화합물 반도체 태양전지에서 Ⅲ-Ⅴ족 화합물계 태양전지의 GaAs, InP는 보통 군사용, 우주용 등으로 사용된다. 고순도의 단결정 재료를 사용하며 특히 GaAs는 태양전지 중 최고의 효율을 갖는다.

2족 원소	3족 원소	4족 원소	5족 원소
	B(붕소)	C(탄소)	N(질소)
	Al(알루미늄)	Si(규소)	P(인)
	Ga(갈륨)	Ge(게르마늄)	As(비소)
Cd(카드뮴)	In(인듐)	Sn(주석)	Sb(안티몬)

③ 적층형 반도체의 특징

최근 개발에 박차를 가하고 있는 분야로 염료 감응형 태양전지와 유기물 태양전지로 광합성 원리와 유사한 과정으로 전기를 생산하는 것이다.

연료 감응 태양전지

빛에 반응하여 전자를 내놓을 수 있는 염료를 원료로 한다. 과일즙과 같은 천연염료를 사용할 수 있기 때문에 친환경적이며, 제조 공정이 간단하다. 얇은 투명유리판 사이에 염료를 넣어 만들어지기 때문에 투명하고, 염료의 색상에 따라 다양한 색을 낼 수 있어 건물, 자동차, 장식품 등 다양한 분야에 활용할 수 있고 유연성이 뛰어난 장점을 가지고 있으나 에너지 전환 효율이 떨어지는 단점이 있다.

2) 태양광 발전 시스템

태양광 발전 시스템의 정의는 태양전지를 이용하여 전력을 생산, 이용, 계측, 감시, 보호, 유지관리 등을 수행하기 위해 구성된 시스템이라고 한다.

(1) 구성

① 태양전지 어레이(PV array)

태양광 발전 시스템은 입사된 태양 빛을 직접 전기에너지로 변환하는 부분인 태양전지나 배선, 그리고 이것들을 지지하는 구조물을 총칭하여 태양전지 어레이라 한다.

② 축전지(battery storage)

발전한 전기를 저장하는 전력저장, 축전기능을 갖고 있다.

③ 인버터(inverter)

발전한 직류를 교류로 변환하는 기능을 한다.

④ 제어장치

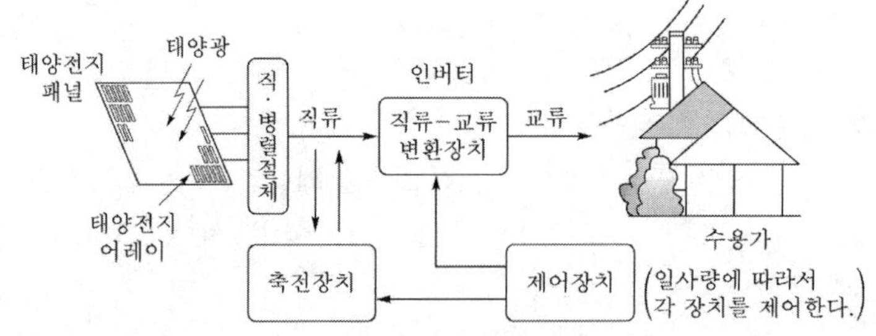

(2) 종류 및 분류

① 상용 전력계통과 연계 유무에 따른 분류

태양광 발전 시스템은 상용 전력계통과 연계 유무에 따라 독립형(stand-alone)과 계통연계형(grid-connected)으로 분류할 수 있으며, 일부의 경우 풍력발전, 디젤발전 등과 결합된 하이브리드(Hybrid)형을 별도로 구분하기도 한다.

- 태양광 발전 시스템
  - 독립시스템
    - 축전지를 가진 시스템
    - 부하직결 시스템
    - 하이브리드 시스템
  - 계통연계시스템
    - 완전 연계형 시스템
    - 백업(back up)형 시스템

㉠ 독립형 태양광 발전 시스템: 시스템에 따라서는 인버터를 사용하지 않고 태양전지의 출력을 직접 부하에 공급하는 독립시스템도 있으나, 일반적으로는 전력회사의 전기를 공급받을 수 없는 도서지방, 깊은 산속 또는 등대와 같은 특수한 장소에 적합한 설비로서, 전력공급에 중단이 없도록 축전지, 비상발전기와 함께 설치한다. 부속설비가 많아 설비 가격이 상당히 비싸며, 충방전이 계속되는 운전특성상 납축전지의 경우 2~3년마다 한 번씩 축전지 전체를 교체해야 하므로 유지보수비가 대단히 비싼 편이다.

㉡ 하이브리드형 시스템: 하이브리드형 시스템은 태양광 발전 시스템과 풍력발전, 연료전지, 디젤발전과 조합시켜서 각 시스템의 결점을 서로 보완하게 한 시스템이다. 가령 태양광 발전 시스템만으로는 우천이나 흐린 날 또는 야간에는 이용할 수 없지만 디젤발전기와 조합시킴으로써 전력을 안정적으로 공급할 수 있다.

㉢ 계통연계형 태양광 발전시스템: 계통연계형 태양광 발전시스템 중에서 역송 가능 계통연계 시스템은 태양광 발전용량이 부하설비 용량보다 큰 경우에 적용하며, 역송 불가능 계통연계 시스템은 태양광 발전용량이 부하설비 용량보다 적은 경우에 적용한다.
계통연계형은 태양광 발전이 적합하지 않은 시기(야간, 흐린 날)에도 발전량 저하를 고려할 필요가 없고, 설비가 간단하다. 우리나라의 경우에는 도서지역과 특수지역을 제외하고는 대부분의 태양광 발전설비는 계통연계형을 채택하고 있다.

② 어레이 설치형태에 따른 분류

- 추적식 어레이(tracking array)

〈추적방향에 따른 분류〉

단방향 추적식	태양전지 어레이가 태양의 한 축만을 추적하도록 설계된 방식으로 상하 추적식과 좌우 추적식으로 나누어진다. 고정형에 비하여 발전량이 증가하나 양방향 추적식에 비하여는 발전량이 적다(예: 신안군 동양 태양광 발전소).	
양방향 추적식	태양전지판이 항상 태양의 직달 일사량이 최대가 되도록 상하좌우를 동시에 추적하도록 설계된 추적장치이다. 설치 단가가 높은 반면에 발전량이 고정형에 비하여 약 40% 정도 증가한다. 주로 제약된 설치면적에서 최대 발전량을 얻는 목적으로 사용된다(예: 오스트레일리아).	

〈추적방식에 따른 분류〉

감지식 추적법	태양의 추적방식이 감지부를 이용하여 최대 일사량을 추적해가는 방식으로 감지부의 종류와 형태에 따라서 오차가 발생하기도 한다. 특히 구름에 가리거나 부분 음영이 발생하는 경우 감지부의 정확한 태양궤도 추적은 기대할 수 없게 된다.
프로그램 추적법	어레이 설치 위치에서의 태양의 연중 이동 궤도를 추적하는 프로그램을 내장한 컴퓨터 또는 마이크로프로세서를 이용하여 프로그램이 지시하는 연·월·일에 따라서 태양의 위치를 추적하는 방식이다. 비교적 안정되게 태양의 위치를 추적해 나아갈 수 있으나, 설치 지역의 위치에 따라서 약간의 프로그램 수정을 필요로 한다.
혼합식 추적법	프로그램 추적법을 중심으로 운용하되 설치 위치에 따른 미세적인 편차를 감지부를 이용하여 주기적으로 수정해 주는 방식으로 일반적으로 가장 이상적인 추적방식으로 이용되고 있다.

㉠ 반고정형 어레이: 반고정형 어레이는 태양전지 어레이 경사각을 계절 또는 월별에 따라서 상하로 경사각을 변화시켜 주는 어레이 지지방식으로 일반적으로 사계절에 한번씩 어레이의 경사각을 변화시킨다. 이때 어레이 경사각은 설치 지역의 위도에 따라서 최대 일사량을 갖도록 조정한다. 반고정형 어레이의 발전량은 고정형과 추적식의 중간 정도로써 고정형에 비하여 약 20% 정도 발전량의 증가를 가져온다.

㉡ 고정형 어레이: 어레이 지지형태가 가장 값싸고 안정된 구조로써 비교적 원격 지역에 설치된 면적의 제약이 없는 곳에 많이 이용되고 있으며, 특히 도서지역 등 풍속이 강한 곳에 설치하는 것이 보통이다. 추적식과 반고정형에 비하여 발전효율은 낮은 반면 초기 설치비가 적게 들고 보수 관리에 따른 위험이 없어서 상대적으로 많이 이용되는 어레이 지지방법이다. 국내의 경우 도서용 태양전지 시스템에서는 고정형을 표준으로 하고 있다.

㉢ 태양전지판의 집광 유무에 따른 분류
  ⓐ 평판형 태양전지 모듈
  ⓑ 집광형 태양전지 모듈

㉣ 태양전지 용량에 따른 분류
  ⓐ 소형 태양광 이용 시스템: 작은 용량의 태양전지를 이용하여 필요한 기기나 설비 등에 부착시켜 전원을 공급하는 형태(라디오, TV, 무전기, 가로등, 유무선 측정기, 등대 부표 등)
  ⓑ 소규모 태양광 발전 시스템: 약 10kW 미만
  ⓒ 중규모 태양광 발전 시스템: 100~500kW 정도
  ⓓ 대규모 태양광 발전 시스템: 500kW 이상

3) 태양광 발전의 특징

(1) 태양에너지의 장점

① 태양에너지는 무한양이다.
부존자원과는 달리 계속 사용하더라도 고갈되지 않는 영구적인 에너지이다.

② 태양에너지는 무공해자원이다.
태양에너지는 청결하며 안전하다.

③ 지역적인 편재성이 없다.
다소 차이는 있으나 어떠한 지역에서도 이용 가능한 에너지이다.

④ 유지보수가 용이, 무인화가 가능하다.

⑤ 수명이 길다(약 20년 이상).

(2) 태양에너지의 단점

① 에너지의 밀도가 낮다.
태양에너지는 지구 전체에 넓고 얇게 퍼져 있어 한 장소에 비춰주는 에너지양이 매우 작다.

② 태양에너지는 간헐적이다.
야간이나 흐린 날에는 이용할 수 없으며 경제적이고 신뢰성이 높은 저장 시스템을 개발해야 한다.

③ 전력생산량이 지역별 일사량에 의존한다.

④ 설치장소가 한정적이고, 시스템 비용이 고가이다.

⑤ 초기 투자비와 발전단가가 높다.

(3) 신·재생에너지 인증대상 품목(9종)

① 태양광발전용 계통연계형 인버터(10kW 이하)

② 태양광발전용 계통연계형 인버터(10kW 초과 250kW 이하)

③ 태양광발전용 독립형 인버터(10kW 이하)

④ 태양광발전용 독립형 인버터(10kW 초과 250kW 이하)

⑤ 결정질 태양전지 모듈

⑥ 박막 태양전지 모듈

⑦ 태양전지 셀

⑧ 태양광 집광채광기

⑨ 태양광발전용 접속함

(4) 태양광 발전 시스템의 에너지 평가 시 주요확인사항

① 발전효율
② 설비용량
③ 시스템의 종류
④ 태양전지 설치 면적

(5) 지붕에 태양광 발전설비를 설치할 경우 고려해야 할 사항

① 하루 평균 전력사용량
② 지붕의 방향(방위각)
③ 지붕의 음영상태
④ 구조하중

(6) 태양광 설비 설계 순서

① 용도 및 부하의 선정
② 시스템의 형식 선정
③ 설치장소 및 설치방식의 선정
④ 태양전지 어레이 설계
⑤ 주변장치의 선정

핵심체크

태양건축물적용 태양광(BIPV) 발전 시스템

건물의 계획 초기단계부터 건물의 일부분으로서 설계되어, 건물에 일체화된 태양광 시스템을 건물통합형 태양광 발전 시스템(BIPV, building integrated photovoltaic)이라 한다. 건물 적용시의 공통된 장점 이외에 건물의 외장재로서 사용되어 그에 상응하는 비용을 절감할 수 있고, 건물과의 조화가 잘 이루어짐으로 건물의 부가적인 가치를 향상시킬 수 있는 장점이 있는 반면, 태양전지의 발열로 인한 효율저하 등 고려되어야 하는 부분이 있고 신축건물이나 기존건물을 크게 개보수하는 경우에만 적용 가능한 단점이 있다. 이와 유사한 개념의 건물 부착형인 PVIB(photovoltaic in building)는 기존의 건물 또는 신축건물의 경우에 본래의 건물의 일부분으로 계획되지 않았으나, 건물이 완전히 지어진 후에 건물에 태양전지모듈을 부착 또는 거치시키는 방식이다. 이는 시공이 비교적 용이하고 신축 및 기존 건물 어디에도 적용이 가능하다는 장점이 있으나 가대 등의 별도의 지지물이 필요하고 건물과의 조화가 잘 이루어지지 않을 가능성이 있어 적용성에 대한 고려가 필요하다.

3 태양열 시스템

1) 태양열 시스템의 구성

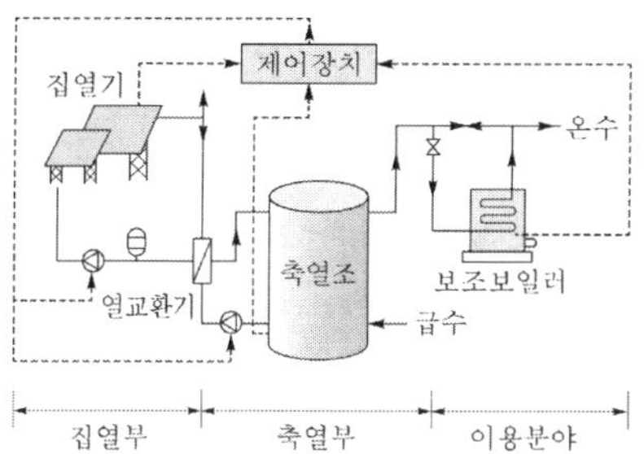

- 태양열 에너지는 에너지밀도가 낮고 계절별, 시간별 변화가 심한 에너지이므로 집열과 축열기술이 가장 기본이 되는 기술이다.

(1) 집열부

태양열 집열이 이루어지는 부분으로 집열 온도는 집열기의 열손실률과 집광장치의 유무에 따라 결정된다.

① 자연 순환형: 동력의 사용 없이 비중차에 의한 자연대류를 이용하여 열매체나 물을 순환
　㉠ 저유형, ㉡ 자연대류형, ㉢ 상변화형

② 강제 순환형(설비형): 열매체나 물을 동력을 사용하여 순환
　㉠ 밀폐식, ㉡ 개폐식, ㉢ 배수식, ㉣ 공기식

구분	자연형	설비형		
	저온용	중온용	고온용	
활용온도	60℃	100℃ 이하	300℃ 이하	300℃ 이상
집열부	자연형 시스템 공기식 집열기	평판형 집열기	PTC형 집열기, CPC형 집열기, 진공관형 집열기	Dish형 집열기, Power Tower
축열부	Tromb Wall (자갈, 현열)	저온축열 (현열, 잠열)	중온축열 (잠열, 화학)	고온축열 (화학)
이용분야	건물공간난방	냉난방·급탕 농수산(건조, 난방)	건물 및 농수산분야 냉·난방, 담수화, 산업공정열, 열발전	산업공정열, 열발전, 우주용, 광촉매폐수처리

- PTC(Parabolic Through Solar Collector)
- CPC(Compound Parabolic Collector)

- 이용분야를 중심으로 분류하면 태양열 온수급탕시스템, 태양열 냉난방 시스템, 태양열 산업공정열 시스템, 태양열 발전 시스템 등이 있다.

(2) 축열부

집열량이 부하량에 항상 일치하는 것이 아니기 때문에 필요한 일종의 버퍼(buffer) 역할을 할 수 있는 열저장 탱크이다.

- 축열의 구비조건: 축열량이 클 것, 융점이 불변할 것, 상변화가 쉬울 것

(3) 이용부

태양열 축열조에 저장된 태양열을 효과적으로 공급하고 부족할 경우 보조열원을 이용해 공급한다.

(4) 제어장치

태양열을 효과적으로 집열 및 축열하여 공급한다. 태양열 시스템의 성능 및 신뢰성 등에 중요한 역할을 해주는 장치이다.

참고

태양열 이용기술의 핵심

집열기술, 축열기술, 시스템 제어기술, 시스템 설계기술 등이 있다.

2) 태양열 발전 시스템의 종류

(1) 태양열 에너지 집광방법에 따른 분류

① 분산형 집열기(곡면형)

넓은 부지의 1면에 집광경과 흡수체를 조합한 수많은 집열기를 배치해서 집열하는 방법으로 여러 종류의 집열기를 조합, 배치로 소요온도의 열에너지를 얻을 수 있다는 것과 1대당의 집열기는 비교적 간단한 구조로 만들 수 있기 때문에 설비비와 운전 보수비가 적게 들고 지형이나 장소에 의한 영향을 적게 받는다. 하지만 넓은 부지면적에 설치한 집열기로 각각 집광해서 열에너지를 모으고 있기 때문에 각 집열기를 연결하고 있는 열 수송을 위한 파이프가 길어져서 이 부분에서의 열 손실이 커진다는 결점이 있다.

② 집중형(평면형)

집중형 태양열 발전은 타워 집광형 태양열 발전이라고도 불려지는데, 이것은 넓은 부지면적의 중심부에 높은 타워를 세우고 그 정상부에 열 흡수기를 설치한 것이다. 부지 내에는 수많은 평면경을 깔아 놓고 시시각각 위치를 바꾸는 태양으로부터 직사광을 평면경으로 추미(追尾)하면서 열 흡수기에 흡수시키고 있다. 이 경우 집광비가 커서 고온도의 열에너지를 쉽게 얻을 수 있기 때문에 열기관의 효율 면에서는 유리한 편이다. 또한, 태양광을 한곳으로 집중시키기 때문에 열 수송을 위한 파이프가 짧아도 되고 열손실량은 분산형에

비해 적다는 장점이 있다. 하지만 태양을 추미하는 장치의 성능에는 한계가 있어서 도달 온도에 상한이 있고, 또한 이 발전방식에서는 계절에 의한 집열량의 변화 및 집광비가 커짐으로써 일어나는 열 흡수기상의 열적 장애문제가 해결되어야 할 과제로 남아 있다.

③ 평면-곡선 병용형

집중형과 분산형 병용방식으로 각자의 장점만을 취하는 방식이다.

(2) 발전시스템 규모에 따른 분류

① 소규모 태양열 발전 시스템

수십~수백W급으로서 열효율이 낮고 가격이 비싸며 열손실이 크다. 태양광 발전 시스템보다 경제성이 없다.

② 중규모 태양열 발전 시스템

수십~수백W급으로서 분산형 시스템이 주로 사용된다. 다소 경제성이 있다.

③ 대규모 태양열 발전 시스템

수백kW~수십MW급으로서 중앙 집중형 시스템이 대부분 적용된다.

3) 태양열 발전 시스템의 특징

(1) 장점

유지보수비가 적고 다양하게 적용이 가능해 이용성이 좋고 무공해, 무제한 청정 에너지원으로 원료비가 들지 않는다. 기존의 화석에너지에 비해 지역적 편중이 적고 발전용량에 신축성이 있으며 발전시설의 유동성이 있다. 에너지 안보와 전략기술, 장기간의 경제성장과 밀접한 관련이 있고 수명이 20년 이상으로 길고, 자동화로 유지관리가 쉽다.

(2) 단점

초기설치비용이 많이 들며 자연 여건(계절이나 위도)에 따라 출력이 변동한다.

(3) 신·재생에너지 인증대상 품목

① 평판형 태양열 집열기
② 진공관형 태양열 집열기
③ 고정 집광형 태양열 집열기
④ 자연 순환식 태양열 온수기
⑤ 강제 순환식 태양열 온수기
⑥ 진공관 일체형 태양열 온수기

(4) 태양열 시스템의 에너지 평가 시 주요확인사항

① 집열효율

② 냉난방, 급탕용량

③ 시스템의 종류

4 연료전지 시스템(fuel-cell system)

1) 원리

인산형 연료전지는 전해질(인산 수용액)을 사이에 끼고 다공질의 연료극과 산소극을 둔다. 연료극 측에는 연료를, 산소극 측에서는 산소 또는 공기 등의 산화제를 넣어 둔다. 전해질인 인산액 중에서는 수소이온 H^+가 움직일 수 있으므로 연료극 측의 수소는 수소가 없는 산소극 측으로 이동하려 한다. 이때 수소는 전해질 내의 이온으로 되려고 연료극 부근에서 전자를 한 개 방출한다. 이온으로 된 수소는 산소극으로 이동해서 산소극 부근에서 전자를 받아서 수소로 돌아가고 이것이 산소와 반응해서 수증기로 된다. 반응은 연속적으로 진행되면서 외부회로에 전자가, 전해질 내에 이온이 흐르게 된다. 이 양전극 간의 수소의 농도차가 구동력이 되어 전극반응을 중계해서 화학에너지가 전기에너지로 직접 변환되는 것이다.

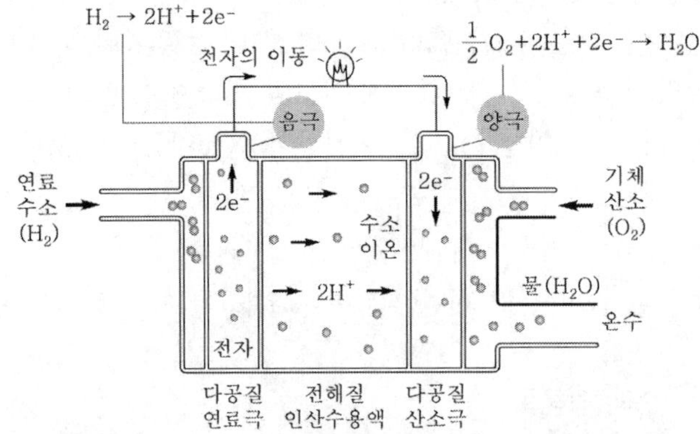

과정 1	과정 2	과정 3
연료전지의 음극을 통해 수소가 공급되고, 양극을 통해 산소가 공급된다.	음극을 통해 들어온 수소분자는 촉매(백금)에 의한 전기화학 반응으로 전극표면에서 수소이온(H^+)과 전자(e^-)를 생성한다.	발생된 전자는 전선을 통해 양극으로 이동하여 전기를 발생시키며, 양극으로 이동한 전자는 산소와 이미 발생한 수소이온과 반응하여 물을 생성한다.

(1) 수소극(연료극)

$$H_2 \rightarrow 2H^+ + 2e^-$$: 수소의 산화반응

수소극에서 전자($2e^-$)와 수소이온($2H^+$)으로 되며, 수소이온은 인산수용액($H_3PO_4 = 3H^+ + PO_4^-$)의 전해질 속을 지나 (+)극으로 이동한다.

(2) 산소극(공기극)

$$\frac{1}{2}O_2 + 2H^+ + 2e^- \rightarrow H_2O$$: 산소의 환원반응

즉 물의 전기분해와 반대의 반응을 이용한 것으로써 화학반응식은 다음과 같다.

$$\therefore\ H_2 + \frac{1}{2}O_2 \rightarrow H_2O + \text{직류전류} + \text{열}$$

(3) 공급물질과 생성물질

- 공급물질: 수소, 산소
- 생성물질: 물, 열, 전기에너지

2) 연료전지 발전의 구성

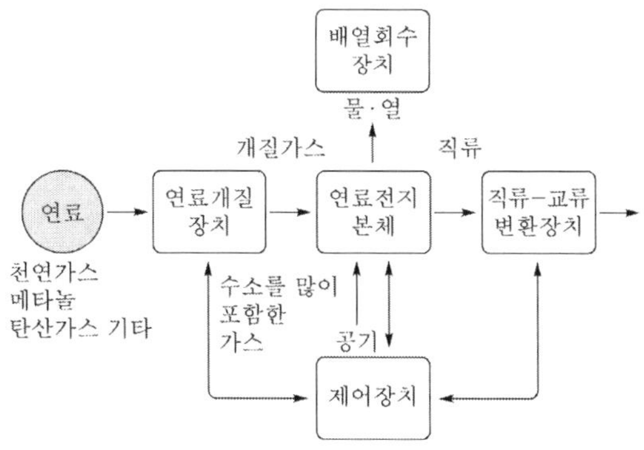

(1) 연료개질 장치(reformer)

천연가스(화석연료: 메탄, 메틸알코올) 등의 연료에서 수소를 만들어내는 장치

(2) 연료전지 본체(stack)

수소와 공기 중의 산소를 투입 또는 반응시켜 직접 직류 전력을 생산

(3) 인버터(inverter)

생산된 직류 전력을 교류전력으로 변환시키는 부분

(4) 제어장치

연료전지 발전소 전체를 자동 제어하는 장치부

3) 연료전지 발전의 특징

(1) 장점

① 에너지 변환효율이 높다.
② 부하 추종성이 양호하다.
③ 모듈 형태의 구성이므로 Plant 구성 및 고장 시 수리가 용이하다.
④ CO_2, NO_x 등 유해가스 배출량이 적고, 소음이 적다.
⑤ 배열의 이용이 가능하여 연료전지 복합 발전을 구성할 수 있다(종합효율은 80%에 달한다).
⑥ 연료로는 천연가스, 메탄올부터 석탄가스까지 사용가능하므로 석유 대체 효과가 기대된다.

(2) 단점

① 반응가스 중에 포함된 불순물에 민감하여 불순물을 완전히 제거해야 한다.
② 가격이 높고, 내구성이 충분하지 않다.

(3) 신·재생에너지 인증대상 품목(연료전지 1종)

고분자연료전지시스템(5kW 이하: 계통연계형, 독립형)

4) 연료전지의 종류

구분	알칼리 (AFC)	인산형 (PAFC)	용융탄산염 (MCFC)	고체산화물 (SOFC)	고분자전해질 (PEMFC)	직접메탄올 (DMFC)
전해질	알칼리	인산염	탄산염	세라믹	이온교환막	이온교환막
동작온도(℃)	100 이하	220 이하	650 이하	1,000 이하	100 이하	90 이하
효율(%)	85	70	80	85	75	40
용도	우주발사체	중형건물 (200kW)	중·대형 발전시스템 (100kW)	소·중·대용량 발전시스템 (1kW~MW)	가정용, 자동차 (1~10kW)	소형이동 핸드폰, 노트북 (1kW 이하)

(1) 알칼리형(AFC: alkaline fuel cell)

1960년대 군사용(우주선: 아폴로 11호)으로 개발

(2) 인산형(PAFC: phosphoric acid fuel cell)

1세대 연료전지로 병원, 호텔, 건물 등 분산형 전원으로 이용

(3) 용융탄산염형(MCFC: molten carbonate fuel cell)

2세대 연료전지로 대형발전소, 아파트단지, 대형 건물의 분산형 전원으로 이용

(4) 고체산화물형(SOFC: solid oxide fuel cell)

1980년대에 본격적으로 개발된 3세대로서, MCFC보다 효율이 우수한 연료전지로 대형발전소, 아파트단지 및 대형건물의 분산형 전원으로 이용

(5) 고분자 전해질형(PEMFC: polymer electrolyte membrane fuel cell)

1990년대에 개발된 4세대 연료전지로 가정용, 자동차용, 이동용 전원으로 이용

(6) 직접메탄올연료전지(DMFC: direct methanol fuel cell)

1990년대 말부터 개발된 연료전지로 이동용(핸드폰, 노트북 등) 전원으로 이용

5 지열 시스템

1) 지열 시스템의 분류

지열 시스템의 종류는 대표적으로 지열을 회수하는 파이프(열교환기) 회로구성에 따라 폐회로(closed loop)와 개방회로(open loop)로 구분된다. 일반적으로 적용되는 폐회로는 파이프가 밀폐형으로 구성되어 있는데, 파이프 내에는 지열을 회수(열교환)하기 위한 열매가 순환되며, 파이프의 재질은 고밀도 폴리에틸렌이 사용된다.

(1) 폐회로 시스템(폐쇄형)

루프의 형태에 따라 수직, 수평루프 시스템으로 구분되며 수직으로 100~150m, 수평으로는 1.2~1.8m 정도 깊이로 묻히게 되며 상대적으로 냉난방부하가 적은 곳에 쓰인다.

(2) 개방회로 시스템

수원지, 호수, 강, 우물 등에서 공급받은 물을 운반하는 파이프가 개방되어 있는 것으로 풍부한 수원지가 있는 곳에서 적용 가능하다.

(3) 비교

폐회로가 파이프 내의 열매(물 또는 부동액)와 지열이 열교환되는 데 반해 개방회로는 파이프 내에서 직접 지열이 회수되므로 열전달 효과가 높고 설치비용이 저렴한 장점이 있으나 폐회로에 비해 운전 유지보수 주의가 필요하다.

지표면하의 온도가 평균 10~20℃ 정도인 지하수를 이용하여 heat pump로 냉난방에 사용할 수 있다.

2) heat pump 시스템

(1) 개요

냉매의 발열 또는 응축열을 이용해 저온의 열원을 고온으로, 고온의 열원을 저온으로 전달하는 냉난방 장치

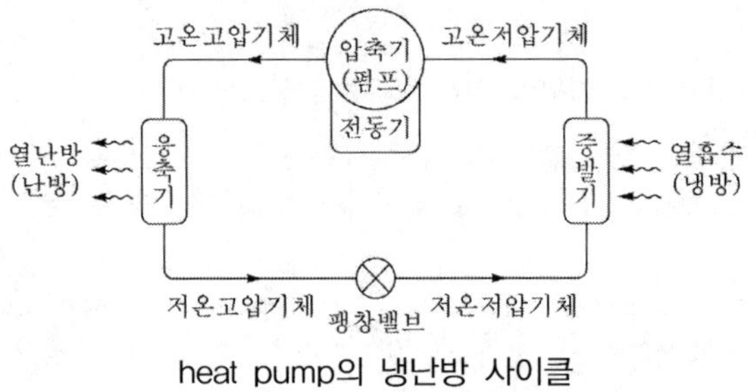

heat pump의 냉난방 사이클

(2) 분류

① 구동방식: 전기식, 엔진식
② 열원: 공기열원식, 수열원식(폐열원식), 지열원식
③ 열 공급 방식: 온풍식, 냉풍식, 온수식, 냉수식
④ 펌프 이용 범위: 냉방, 난방, 제습, 냉난방 겸용

(3) 지열 히트펌프 냉방 사이클

압축기 → 응축기(열교환기) → 팽창밸브 → 증발기

(4) 지열 시스템 평가 시 주요확인사항

① 지열 시스템의 종류
② 냉난방 COP

③ 순환펌프 동력합계
④ 지열 천공수, 깊이
⑤ 열 교환기 파이프 지름
⑥ 히트펌프 설계유량 및 용량

(5) 신·재생에너지 인증품목 대상

① 물-물 지열 열펌프 유니트(280kW 이하)
② 물-공기 지열 열펌프 유니트(105kW 이하)
③ 물-공기 지열 멀티형 열펌프 유니트(105kW 이하)

6 풍력 발전 시스템

1) 종류

구분	내용
구조상 분류 (회전축 방향)	수평축 풍력시스템(HAWT): 프로펠러형 등
	수직축 풍력시스템(VAWT): 다리우스형, 사보니우스형 등
운전방식	정속운전(fixed roter speed type): 통상 geared형
	가변속운전(variable roter speed type): 통상 gearless형
출력제어방식	pitch(날개각) control
	stall(실속) control
전력사용방식	계통연계(유도발전기, 동기발전기)
	독립전원(동기발전기, 직류발전기)

(1) 풍차구조(회전축 방향)에 따른 구별

① 수평축 형(HAWT)

회전축과 회전자가 타워 상부에 있는 나셀에 설치되어 있어 회전축이 대지에 대하여 수평이며, 풍향에 따라서 상부 나셀과 회전체가 방향을 바꾼다. 현재 대부분의 풍력발전기가 이 형식을 채택하고 있다.

그 종류로는 블레이드형, 더치형, 세일윙형, 프로펠러형 등이 있다.

② 수직축 형(VAWT)

회전자가 타워 정상부와 대지 사이에 위치하여 회전축이 대지에 대하여 수직이며 풍향에 관계없이 회전이 가능하지만 소재가 비싸고, 효율이 낮으며, 대량화가 어렵고 내강도가 약해서 상용화에 실패한 모델이다.

그 종류로는 사보니우스형, 다리우스형, 크로스 플로형, 패들형 등이 있다.

(2) 운전방식에 따른 구별

① 정속도 회전 시스템

통상 기어타입을 사용하며 증속 기어와 정속도 유도발전기를 사용하여 풍속에 관계없이 일정속도로 회전시켜서 정주파수로 발전할 수 있으므로 인버터설비가 필요 없다.

회전자 → 증속기어 → 유도발전기(정전압/정주파수) → 변압기 → 전력계통

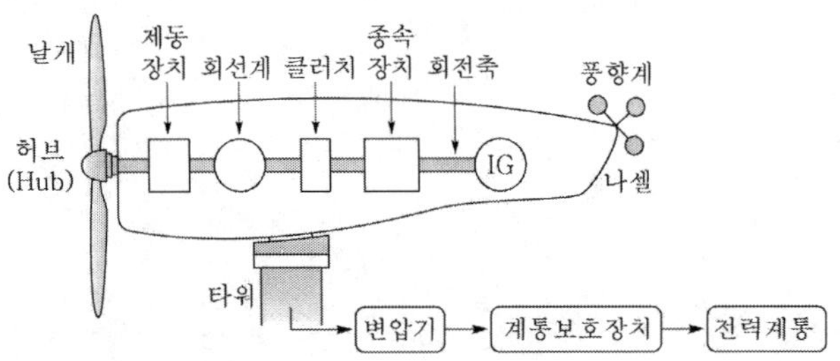

② 가변속도 회전 시스템

통상 기어리스 타입을 사용하며 회전자와 가변속 동기발전기가 직결되는 Direct-drive형이고, 풍속에 따라 주파수가 달라지므로 인버터가 필요하다.

회전자 → 동기발전기(가변전압/가변주파수) → 인버터 → 변압기 → 전력계통

(3) 전력 사용방식에 따른 분류

① 계통연계형: 유도발전기, 동기발전기 사용

② 독립전원형: 동기발전기, 직류발전기 사용

2) 구성요소

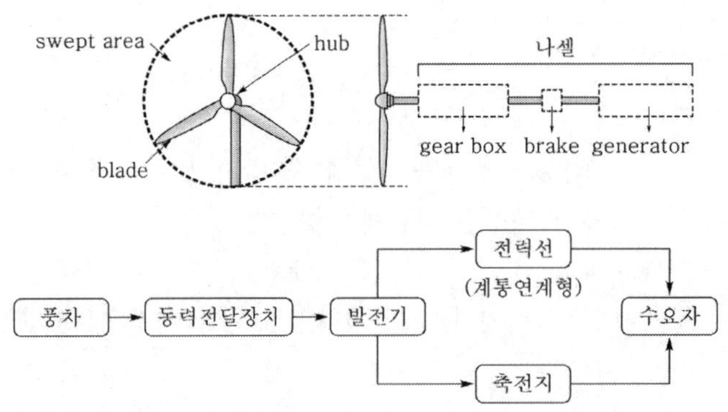

(1) 블레이드(blade, 날개)

바람의 직선 운동에너지를 회전 운동에너지로 바꾸어 회전력을 얻는 부분

① 1-blade: 소음 및 외관상 문제가 있고 불규칙한 토크 발생으로 잘 사용하지 않는다.
② 2-blade: 주로 해상풍력에 적용되며 티터링 모션이 크고 소음, 외관상 문제가 있다.
③ 3-blade: 주로 대형 풍력발전에 채택하고 현재 가장 안정적이며 주도적 모델로 2-blade에 비해 연간 발전량이 수% 정도 유리하며 진동특성도 유리하다.

(2) 로터(rotor)

날개를 회전축에 붙이기 위한 허브 및 날개 피치각의 가변구조로 구성되어 있으며 로터는 바람으로부터 에너지 흡수 및 시스템 안정성을 확보하기 위한 중요한 요소이다.

(3) 나셀 유닛(nacelle unit)

풍력에 의해 얻어진 로터의 회전에너지를 전기로 변환하는 데 필요한 장치와 변동하는 풍향 및 풍속에 대한 제어 구동장치를 결합한 부분으로 구성요소로는 가변 피치각 구동장치, 요(YAW)구동장치, 브레이크, 발전기 등으로 풍력발전기의 몸통부분에 해당한다.

(4) 가변 피치각 구동장치

가동풍속 이상 시 로터의 기동토크를 충분히 얻기 위한 가동운전, 정격풍속 이상에서의 정격출력을 일정하게 하기 위한 정격운전 및 강풍속 시 또는 저풍속 시의 정지 등에 날개의 피치각을 적절히 변화시켜 로터의 회전수 및 출력을 제어하는 장치이다.

(5) 요(YAW)구동장치

프로펠러형 풍차의 경우와 같이 끊임없이 변동하는 풍향에 대해서 효율성 있게 에너지를 얻기 위해 날개를 풍향에 정면으로 하기 위한 장치이다.
요(YAW)제어: 기류방향을 향하도록 블레이드 방향을 조절

(6) 브레이크(brake)

강풍 시 및 이상 시 또는 보수점검 시 로터를 고정시키기 위해 필요한 장치이다.

(7) 발전기(generator)

풍속에 의해 회전에너지를 전기에너지로 변화하는 장치로서 동기발전기와 유도발전기를 많이 사용한다. 발전기는 증속기를 개입시켜 풍차에 직결되며 나셀 내에 설치된다.

(8) 타워

원통관형과 격자식이 있으며, 원통관형은 격자식에 비해서 가격은 고가지만 미관상의 장점이 있어 가장 흔히 사용되고 있다.

3) 시스템의 구성

(1) 기계 장치부

blade, rotor, 증속기(gear box), brake, pitching system, yawing system 등으로 구성

(2) 전기 장치부

발전기 및 기타 안정된 전력을 공급하도록 하는 전력안정화 장치로 구성

(3) 제어 장치부

풍력발전기가 무인운전이 가능하도록 설정·운전하는 control system, yawing·pitching controller, monitoring system 등으로 구성

① yaw control: 바람방향을 향하도록 blade 방향조절
② pitch control: 날개의 경사각(pitch) 조절로 출력을 제어
③ stall control: 한계풍속 이상이 되었을 때 양력이 회전날개에 작용하지 못하도록(실속) 날개의 공기역학적 형상에 의한 제어

4) 출력의 표현

(1) 공기 등의 유체의 운동에너지

$$P = \frac{1}{2}mV^2 = \frac{1}{2}(\rho AV)V^2 = \frac{1}{2}\rho AV^3\,[\mathrm{W}]$$

여기서, P: 에너지(W)
m: 질량(kg)
A: 로터의 단면적(m^2)
V: 평균속도(m/s)
ρ: 공기밀도($1.225kg/m^2$)

(2) 출력계수

풍차로 끄집어 낼 수 있는 에너지와 풍력에 대한 비율

$$C_p = \frac{\text{실제의 출력(풍력)}}{\frac{1}{2}\rho AV^3}$$

① 출력계수 C_p의 이론적 최댓값: 0.593
② 실제 사보니우스형은 $C_p = 0.15$, 프로펠러형은 $C_p = 0.45$ 정도

(3) 주속비

풍차의 날개 끝부분 속도와 풍속의 비율

① 고속풍차: 주속비가 3.5 이상
② 중속풍차: 주속비가 1.5~3.5 사이
③ 저속풍차: 주속비가 1.5 이하인 경우

5) 풍력 발전의 특징

(1) 장점

자연으로부터 발생하는 재생 가능한 에너지를 활용하기 때문에 에너지 구입비용이 들지 않는다. 신·재생에너지 중 발전 단가가 가장 싼 에너지 중의 하나이다. 발전 비용이 천연가스보다 싸다. 그리고 에너지 변환 효율이 40% 정도나 되며 배출가스가 없어 대기오염이 없다. 가정용 수십W급의 소형 발전부터 수MW급 대형 발전에 이르기까지 가능하다. 풍력발전소 건설에 소요되는 시간이 비교적 짧고 건설비용이 적게 든다. 해안, 사막, 산간 고지뿐만 아니라 해상 등 인간이 활용하기 어려운 지역에도 설치할 수 있다. 발전기 구조가 간단하여 유지보수가 용이하다.

(2) 단점

허브가 회전할 때 저주파 소음을 발생하며 대규모로 설치된 대형 풍력발전기는 새들의 비행에 방해가 되고 레이더를 교란시킨다. 또한 안정성에도 문제가 있는데 발전 용량을 크게 할수록 대형 날개 제작에 어려움이 있고 큰 힘이 회전축 탑에 집중되는 문제가 있으며, 강풍에 견딜 수 있게 하기 위해서는 탑을 매우 견고하게 만들어야 한다.

(3) 신·재생에너지 인증대상 품목(3종)

① 소형 풍력발전시스템(30kW 미만)
② 소형 풍력발전용 독립형 인버터(10kW 이하)
③ 중·대형 풍력발전시스템(30kW 이상)

(4) 풍력 발전 시스템의 에너지 평가 시 주요확인사항

① 설계 최대풍속
② 시스템의 종류
③ 날개의 지름
④ 발전용량
⑤ 지상고

Chapter 05 예상문제

01 「신에너지 및 재생에너지 개발·이용·보급 촉진법」 제2조의 규정에 의한 재생에너지가 아닌 것은?

① 수소에너지 ② 태양광
③ 바이오 ④ 폐기물

해설
㉠ 신에너지 : 연료전지, 석탄액화가스화 및 중질잔사유 가스화, 수소에너지(3개 분야)
㉡ 재생에너지 : 태양광, 태양열, 바이오, 풍력, 수력, 해양, 폐기물, 지열(8개 분야)

02 그림은 불순물을 첨가하여 만든 p형 반도체와 n형 반도체를 접합하여 제작한 다이오드의 양단에 저항과 전지를 연결한 것이다. 이에 대한 설명으로 옳은 것만을 〈보기〉에서 있는 대로 고른 것은?

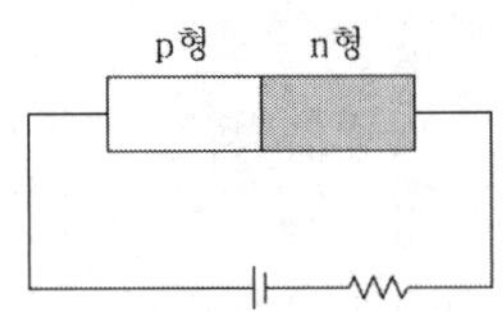

㉠ 다이오드에 연결된 전압은 순방향이다.
㉡ 주입된 불순물의 밀도에 따라 결핍층의 두께가 달라진다.
㉢ 전압이 걸리지 않았을 때, 접합면에서의 전기장의 방향은 p형 반도체에서 n형 반도체 쪽을 향한다.

① ㉠ ② ㉡
③ ㉢ ④ ㉠ ㉡

03 태양전지는 크게 3가지 종류로 구분될 수 있다. 보기 중에서 가장 알맞게 나타난 것은?

① 무기물형, 염료 감응형, 나노입자형
② 단결정계, 다결정계, 염료 감응형
③ 박막계, 실리콘계, 화합물계
④ 실리콘계, 화합물계, 기타

04 n형 반도체와 p형 반도체에서 전하의 운반자를 바르게 짝지은 것은?

	n형 반도체	p형 반도체
①	전자	전자
②	전자	양공
③	양공	전자
④	양공	양공

05 III-V족 화합물계 반도체 재료 중 효율이 가장 높은 것은?

① GaAs ② InP
③ GaP ④ GaAlAs

해설
III-V족 화합물계 반도체 재료 중 GaAs의 효율이 가장 높다.

06 III-V족 화합물계 반도체 재료가 아닌 것은?

① GaAs ② InP
③ GaP ④ CdS

해설
III-V족 화합물계 반도체 재료는 GaAs, InP, GaAlAs, GaP, GaInAs 등이고, II-VI족 화합물계 반도체 재료는 $CuInSe_2$, CdS, CdTe, ZnS 등이다.

07 다결정 실리콘 태양전지에 대한 설명이다. 틀린 것은?

① 단결정에 비하여 재료가 저가이고, 공정처리가 단순하다.
② 전 세계 태양전지 생산량이 단결정 생산량을 넘어섰다.
③ 현재 전지 최고효율은 10% 미만이다.
④ 도달 한계 효율은 약 23%이다.

해설
현재 다결정 실리콘 태양전지의 최고효율은 약 18% 정도이다.

정답 01 ① 02 ④ 03 ④ 04 ② 05 ① 06 ④ 07 ③

08 태양광 발전 시스템의 구성에 관한 설명이다. 틀린 것은 무엇인가?

① 태양전지 어레이 : 입사된 태양 빛을 직접 전기에너지로 변환하는 부분인 태양전지나 배선, 그리고 이것들을 지지하는 구조물을 총칭하여 태양전지 어레이라 한다.
② 축전지 : 필요에 따라 전기를 사용할 수 있도록 발전한 전기를 저장한다.
③ 인버터 : 발전한 교류전력을 직류전력으로 변환한다.
④ PCS(power conditioning system) : 태양전지 어레이와 축전지를 제외한 인버터 등의 전기적인 전력변환 기기류와 제어 및 보호장치를 일체화한 것이다.

09 박막형 태양전지의 특징이 아닌 것은?

① 결정질 태양전지보다 1/10~1/100 얇다.
② 효율이 낮다(모듈의 경우 약 7% 정도).
③ 결정질 태양전지에 비해 효율이 높다.
④ 온도특성이 강하다.

해설 효율은 결정질에 비하여 낮은 편이나 온도 특성이 좋아 사막 등지에 적용한다.

10 독립형 태양광 발전 시스템에 대한 설명이다. 틀린 것은?

① 독립형은 전력회사의 전기를 공급받을 수 없는 도서지방, 깊은 산속 또는 등대와 같은 특수한 장소에 적합한 설비이다.
② 독립형은 전력공급에 중단이 없도록 축전지, 비상발전기와 함께 설치한다.
③ 독립형은 운전유지 보수비용이 계통연계형에 비하여 저렴하고, 보수가 간편하다.
④ 섬이나 특수지역 또는 특수한 목적에만 사용될 뿐으로 일반화되어 있지 않는 편이다.

해설 충·방전이 계속되는 운전특성상 납축전지의 경우 2~3년마다 한 번씩 축전지 전체를 교체하여야 하므로 유지보수비가 대단히 비싼 편이다.

11 독립형 태양광 발전 시스템을 풍력발전기와 연계하여 사용하는 방식은?

① 계통연계형 ② 독립형
③ 하이브리드형 ④ 병용식

해설 독립형 태양광 발전 시스템과 다른 발전설비를 연계하여 사용하는 것을 하이브리드형이라 한다.

12 태양광 발전 시스템에서 태양전지판에 항상 태양의 직달 일사량이 최대가 되도록 태양을 추적하는 방식 중 가장 이상적인 추적 방식은?

① 감지식 추적법 ② 혼합식 추적법
③ 프로그램 추적법 ④ 단독식 추적법

해설 혼합식 추적법은 프로그램 추적법과 감지식 추적법을 혼합하여 추적하는 방식으로 가장 이상적인 추적 방식이다.

13 다음은 태양광 발전의 특징에 대한 설명이다. 적합하지 않는 것은?

① 한번 설치해 놓으면 유지비용이 거의 들지 않는다.
② 무소음/무진동으로 환경오염을 일으키지 않는다.
③ 햇빛이 있는 곳이면 어느 곳에서나 간단히 설치할 수 있다.
④ 높은 에너지 밀도로 다량의 전기를 생산할 수 있는 최적의 발전설비이다.

해설 낮은 에너지 밀도로 다량의 전기를 생산할 때는 많은 공간을 차지한다.

14 태양열 시스템에서 집열부는 태양열의 집열이 이루어지는 부분으로 집열 온도는 집열기의 열손실률과 집광장치의 유무에 따라 결정된다. 이때 집열된 열은 열매체를 통하여 순환한다. 순환방식에서 자연순환형에 속하지 않는 것은?

① 저유형 ② 자연대류형
③ 공기식 ④ 상변화형

정답 08 ③ 09 ③ 10 ③ 11 ③ 12 ② 13 ④ 14 ③

15 태양광 발전의 장점으로 맞는 것은?

① 전력생산량의 지역별 일조(일사)량에 의존한다.
② 에너지 밀도가 낮아 넓은 설치면적이 필요하다.
③ 설치장소가 한정적이고, 시스템 비용이 고가이다.
④ 모듈 수명이 장수명(20년 이상)이다.

해설
태양광 발전의 장점
㉠ 햇빛이 있는 곳이면 어느 곳에서나 간단히 설치할 수 있다.
㉡ 한번 설치해 놓으면 유지비용이 거의 들지 않는다.
㉢ 태양전지(cell) 숫자만큼 전기를 생산한다.
㉣ 무소음/무진동으로 환경오염을 일으키지 않는다.
㉤ 수명이 20년 이상으로 길다.

16 다음에 해당하는 태양열 발전의 종류는?

넓은 부지면적에 설치한 집열기로 각각 집광해서 열에너지를 모으고 있기 때문에 각 집열기를 연결하고 있는 열 수송을 위한 파이프가 길어져서 이 부분에서 열 손실이 커진다는 결점이 있다.

① 분산형　② 집중형
③ 평면-곡선 병용형　④ 산개형

17 태양열 온수 급탕설비의 요구 온도조건으로 적합한 것은?

① 10~40℃　② 20~50℃
③ 30~70℃　④ 40~60℃

18 풍력 발전 방식에서 정속도 회전 시스템과 가변속도 회전 시스템의 구성 요소 중 공통 요소가 아닌 것은?

① 회전자　② 증속기어
③ 변압기　④ 발전기

해설
증속기어는 정속도 회전 시스템에만 있는 구성요소로 풍속에 관계없이 일정속도로 회전시켜서 정주파수로 발전할 수 있도록 하는 장치이다.

19 다음은 태양열 발전 시스템의 발전원리를 나타낸 것이다. (A)의 공정은?

집광열 → 축열 → 열전달 → (A) → 터빈(동력) → 발전

① 증기발생　② 보일러로 가열
③ 재열사이클　④ 집열

해설
태양열 발전 시스템은 집광열 → 축열 → 열전달 → 증기발생 → 터빈(동력) → 발전 공정으로 되어 있다.

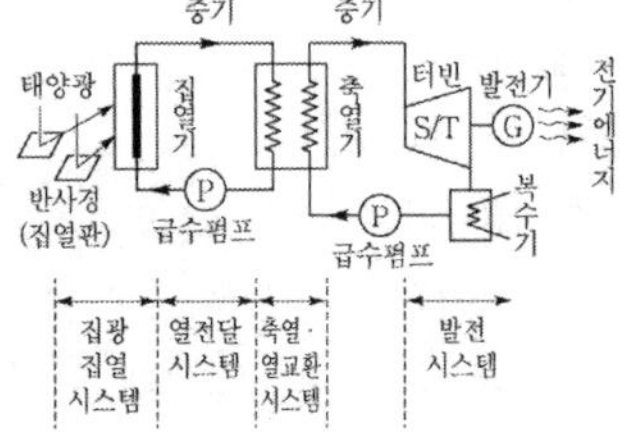

20 풍력 발전의 주요 구성요소로 볼 수 없는 것은?

① BLADE　② STACK
③ HUB　④ NACELLE

해설
풍력 발전의 주요 구성요소는 블레이드, 허브, 증속장치, 발전기, 제어장치, 브레이크, 전력제어장치 및 철탑 등이 있으며, 스택은 연료전지의 본체에 해당한다.

21 풍력발전기 풍차구조에 따른 종류 중 수평축형(HAWT)의 종류에 해당하지 않는 것은?

① 블레이드형　② 프로펠러형
③ 세일윙형　④ 사보니우스형

해설
사보니우스형은 수직축형(VAWT)의 종류에 해당한다.

22 풍력발전기의 장점에 해당하지 않는 것은?

① 발전단가가 저렴하다.
② 배출가스가 없어 대기 오염이 없다.
③ 건설에 소요되는 시간이 비교적 짧고 건설비용이 적게 든다.
④ 설치지역에 제한이 없다.

해설
풍력 발전은 풍향과 풍속이 어느 정도 일정한 곳에 설치해야 한다.

정답 15 ④ 16 ① 17 ④ 18 ② 19 ① 20 ② 21 ④ 22 ④

23 풍력 발전의 특징에 해당하지 않는 것은?

① 에너지 구입비용이 들지 않는다.
② 건설에 소요되는 시간이 비교적 짧다.
③ 배출가스가 연료전지 다음으로 작다.
④ 허브가 회전 시 저주파 소음을 발생한다.

해설 풍력 발전은 배출가스가 없어 대기 오염이 없다.

24 다음 발전방식별 설치 소요면적이 가장 작은 발전 방식은?

① 풍력 발전 ② 태양열 발전
③ 태양광 발전 ④ 석탄 화력 발전

해설 발전방식별 설치 소요면적은 풍력 1,335m^2/GWh, 석탄 3,642m^2/GWh, 태양열 3,561m^2/GWh, 태양광 3,237m^2/GWh가 소용된다.

25 풍력 발전에서 에너지 효율에 영향을 주는 요소 중 거리가 가장 먼 것은?

① 날개의 지름 ② swept area
③ 풍속 ④ 철탑의 형상

해설 풍력발전의 효율에 영향을 주는 요소에는 날개의 크기 또는 swept area, 날개의 형상과 개수, 그리고 풍속 등이 있다.

26 풍차의 형식 중 현재 풍력 발전시장에서 가장 널리 채택되고 있는 것은?

① 프로펠러 ② 다리우스
③ 사보니우스 ④ 파네몬

해설 풍력 발전시장에서 가장 널리 채택되고 있는 풍차형식은 프로펠러(propeller)형이다.

27 풍력 발전 시스템의 신·재생에너지 인증대상 품목 중에서 중·대형 풍력 발전 시스템 용량은?

① 10kW ② 20kW
③ 30kW ④ 40kW

28 프로펠러 형식의 풍력 발전 시스템에서 일반적으로 날개의 수를 3개로 설계하고 있다. 그 이유로 가장 적합하지 않는 것은?

① 진동이 적다.
② 비용이 적게 든다.
③ 초고속회전에 적합하다.
④ 하중이 균등 배분된다.

해설 프로펠러 형식의 풍력 발전 시스템의 날개의 수를 3개로 하는 이유는 진동이 적고, 하중의 균등 배분, 경제성을 고려한 것이다.

29 자연의 바람으로 풍차를 돌리고, 이것을 기어 등을 이용하여 속도를 높여 발전하는 풍력 발전에서 이론상 발전 최대효율은?

① 20.5% ② 39.8%
③ 59.3% ④ 65.7%

해설 풍력발전의 이론상 최대출력은 59.3%이며, 실제 출력은 20~40% 정도이다.

30 다음은 풍력자연 및 풍력 발전에 대한 설명이다. 맞지 않는 것은?

① 풍력에너지는 풍속의 3승에 비례한다.
② 풍력 발전은 풍차회전자 날개길이의 자승에 비례한다.
③ 풍력자원의 품질은 일반적으로 해상보다 육상이 좋다.
④ 풍력자원은 고도에 비례해서 증가한다.

해설 풍력자원의 품질은 육상보다 해상이 우수하다.

31 풍력 발전 시스템에서 프로펠러형의 경우와 같이 끊임없이 변동하는 풍향에 대해서 효율성 있게 에너지를 얻기 위해 날개를 풍향에 정면으로 하기 위한 장치가 필요하다. 이 장치의 제어를 무엇이라 하는가?

① YAW 제어
② STALL 제어
③ PITCH 제어
④ 워드레오너드 제어

정답 23 ③ 24 ① 25 ④ 26 ① 27 ③ 28 ③ 29 ③ 30 ③ 31 ①

32 풍력 발전 시스템의 구조, 성능 및 시설여건에 대한 설명이다. 관계가 가장 적은 것은?

① 풍압과 제반하중에 구조상 안전할 것
② 부하를 차단하였을 경우에도 구조상 안전할 것
③ 운전 중 과도한 진동이 발생할 경우 이를 방지하는 장치가 설치될 것
④ 점검 및 수리를 위한 모든 설비를 항상 갖추고 있을 것

해설 크레인 등 수리를 위한 설비는 필요시에만 있으면 된다.

33 지열 시스템에서 신·재생에너지 인증대상 품목에 해당되지 않는 것은?

① 물-물 지열 열펌프 유니트
② 공기-공기 지열 열펌프 유니트
③ 물-공기 지열 열펌프 유니트
④ 물-공기 지열 멀티형 열펌프 유니트

34 다음 보기에서 지열 시스템 평가 시 주요확인 사항이 아닌 것은?

① 집열효율
② 히트펌프 설계유량 및 용량
③ 냉난방 COP
④ 지열 천공수, 깊이

35 다음 중 풍력 발전에 대한 설명으로 가장 옳은 것은?

① 에너지 구입비용이 들지 않고 대기 오염이 없다.
② 넓은 장소가 필요하지 않으므로 발전소부지 선정에 제약을 항상 받지 않는다.
③ 자연의 바람이 가지는 퍼텐셜 에너지에 의해 발전기를 돌려 전기에너지를 생산한다.
④ 일정한 전기에너지를 생산하기 위해서는 수증기에 의해 회전하는 터빈이 설치되어야 한다.

36 다음 발전방식 중 우리나라에서 개발이 가장 힘든 발전방식은?

① 태양광 발전　② 태양열 발전
③ 지열 발전　④ 풍력 발전

해설 지열 발전이 가능한 지역은 주로 화산이나 온천지대에 국한되며 우리나라에는 발전소로의 가능한 후보지가 없는 것으로 여겨진다.

37 아래의 보기는 지열 시스템에 관한 설명이다. 이 중 설명이 바른 것끼리 바르게 묶은 것은?

[보기]
㉠ 냉매의 발열 또는 응축열을 이용해 저온의 열원을 고온으로, 고온의 열원을 저온으로 전달하는 냉·난방 장치를 히트펌프라 한다.
㉡ 지열 시스템의 종류는 대표적으로 지열을 회수하는 파이프(열교환기) 회로구성에 따라 폐회로(closed loop)와 개방회로(open loop)로 구분된다.
㉢ 개방회로는 온천수, 지하수에서 공급받은 물을 운반하는 파이프가 개방되어 있는 것으로 풍부한 수원지가 있는 곳에서 적용될 수 있다.
㉣ 폐회로가 파이프 내의 열매(물 또는 부동액)와 지열 source가 열교환되는 것에 비해 개방회로는 파이프 내로 직접 지열source가 회수되므로 열전달효과가 낮다.

① ㉠　② ㉠ ㉡
③ ㉠ ㉡ ㉢　④ ㉠ ㉡ ㉢ ㉣

38 다음 heat pump에서의 구성요소에 해당하지 않는 것은?

① 팽창밸브　② 증발기
③ 집열기　④ 압축기

해설 히트펌프의 구성요소로는 압축기, 응축기, 증발기, 팽창밸브 등이 있다.

정답 32 ④ 33 ② 34 ① 35 ① 36 ③ 37 ③ 38 ③

39 연료전지는 사용하는 재료(전해질)에 따라 구분할 수 있다. 다음 보기 중에서 신·재생에너지 인증 대상 품목에 해당하는 것은 무엇인가?

① SOFC(고체산화물 연료전지시스템)
② MCFC(용융탄산염 연료전지시스템)
③ PEMFC(고분자 연료전지시스템)
④ AFC(알카리 연료전지시스템)

40 다음은 지열에너지에 관한 설명이다. 보기에서 가장 옳게 설명한 것은?

① 태양열의 약 47%가 지표면을 통해 지하에 저장되며, 지표면에 가까운 땅속의 온도는 10~20℃ 정도 유지해 열펌프를 이용하는 냉난방시스템에 이용된다.
② 지열에너지를 직접 이용하는 시스템에는 지열히트펌프, 건물난방, 지열지역난방, 전력생산 등이 있다.
③ 지열에너지를 이용한 냉난방시스템은 다른 신·재생에너지 시스템보다 초기투자비용이 저렴한 대신에 냉난방 능력이 불안정하여 효율이 떨어진다.
④ heat source란 히트펌프로부터 열을 공급받는 대상을 말하며, heat sink란 히트펌프에 열을 공급하는 대상을 말한다.

해설 지열에너지의 활용 중 전력생산은 간접적으로 이용하는 것이며, 지열 시스템은 냉난방 능력이 안정한 편이다. heat source란 히트펌프에 열을 공급하는 대상을 말하며, heat sink란 히트펌프로부터 열을 공급받는 대상을 말한다.

41 지열에너지를 이용한 지열 히트펌프는 냉방과 난방이 모두 가능하다. 다음 보기에서 냉방 사이클의 순서가 바르게 연결된 것은?

① 압축기 → 증발기 → 팽창밸브 → 응축기
② 압축기 → 팽창밸브 → 증발기 → 응축기
③ 압축기 → 응축기 → 증발기 → 팽창밸브
④ 압축기 → 응축기 → 팽창밸브 → 증발기

42 지구가 보일러의 역할을 해 그 열로 증기를 발생시키는 개념의 발전방식은?

① 태양열 발전
② 폐열이용 발전
③ 파력 발전
④ 지열 발전

해설 지열 발전은 지하의 열에너지를 천연증기 또는 열수의 형태로 끄집어내어 발전하는 방식으로 지구가 보일러의 역할을 해 그 열로 증기를 발생시키는 개념이다.

43 지열 발전의 특징으로 볼 수 없는 것은?

① 천연증기를 이용하므로 보일러나 급수설비가 없어도 된다.
② 연료가 필요 없으므로 소용량의 설비라도 경제성이 있다.
③ 개발지점에 제한을 받지 않는다.
④ 천연증기는 자급에너지여서 안정적인 공급이 가능하다.

44 연료전지의 화학반응에서 생성되는 물질은?

① 산소 ② 수소
③ 백금 ④ 물

해설 연료전지의 화학반응

$H_2 + \frac{1}{2}O_2 \rightarrow H_2O$ + 직류전류 + 열

45 종래형의 발전 시스템인 엔진이나 터빈과 달리 카르노 사이클의 제약을 받지 않기 때문에 효율이 높고, 전기를 사용하는 곳에서 발전할 수 있으므로 바로 그 자리에서 배열까지 이용하게 된다면 종합효율이 80%에 달할 것으로 기대되는 전원 설비는?

① 태양광 발전 ② 연료전지
③ 풍력 발전 ④ 지열 발전

정답 39 ③ 40 ① 41 ④ 42 ④ 43 ③ 44 ④ 45 ②

46 연료전지의 특징에 대한 설명으로 적합하지 않는 것은?

① 기존 화석연료를 이용하는 발전에 비하여 발전효율이 높다.
② 질소산화물(NO_x)와 유황산화물(SO_x)의 배출량이 석탄 화력발전에 비하여 매우 낮다.
③ 나프타, 등유, LNG, 메탄올 등 연료의 다양화가 가능하다.
④ 발전효율이 설비규모에 따라 큰 영향을 받는다.

해설 발전효율이 설비규모(대규모, 소규모)의 영향을 받지 않는다.
연료전지는 에너지효율이 높고, 소음(noise)과 공해가 거의 발생하지 않는다.

47 연료전지에 대한 설명이다. 틀린 것은?

① 수소와 산소의 전기화학적 반응을 통해 전기를 생산
② 배터리(Battery)와 같은 에너지 저장장치
③ 발전효율이 높음
④ 다양한 분야에서 응용이 가능

해설 연료전지는 수소와 산소의 전기화학적 반응을 통해 전기를 생산하는 발전시스템으로, 배터리와 같은 에너지 저장장치는 아니다.

48 다음 화학에너지를 직접 전기에너지로 변환시키는 직접 발전 방식은?

① 풍력 발전 ② 지열 발전
③ 연료전지 ④ 태양열 발전

해설 연료전지는 천연가스 등의 연료를 개질해서 얻어진 수소를 주 연료로 해서, 이 수소가 산소와 화학반응을 하였을 때의 에너지를 전력으로서 끄집어내는 새로운 발전시스템으로 화석연료가 가지고 있는 화학에너지를 직접 전기에너지로 변환시키는 직접 발전 방식이다.

49 태양광 발전과 태양열 발전에 대한 설명으로 옳은 것만을 〈보기〉에서 모두 골라 바르게 짝지은 것은?

> ㉠ 태양의 빛에너지를 전기에너지로 바꾼다.
> ㉡ 건물 유리창에 부착하여 발전할 수 있다.
> ㉢ 터빈이 발전기를 돌려 발전한다.
> ㉣ 각 가정에서 소규모로 발전할 수 있다.

	태양광 발전	태양열 발전
①	㉠ ㉡	㉠ ㉢
②	㉠ ㉢	㉠ ㉡
③	㉠ ㉡ ㉢	㉠ ㉢
④	㉠ ㉡ ㉣	㉠ ㉢

해설 태양광 발전은 햇빛을 직접 전기로 전환하고, 태양열 발전은 햇빛을 열로 만들어 전기를 얻는다.

- 태양광 발전
  태양의 빛에너지를 직접 전기에너지로 바꾼다. 건물벽이나 유리창에 부착하여 발전할 수도 있고, 가정에서 지붕에 설치하여 발전할 수도 있다.
- 태양열 발전
  태양의 빛에너지를 많은 오목 거울을 사용하여 한 점에 모아서 그 열로 수증기를 만들고, 이 수증기로 터빈으로 돌려 전기에너지를 얻는다. 이것은 가정에 소규모로 설치할 수는 없고 어느 정도 이상의 넓은 면적이 필요하다. 태양광 발전이나 태양열 발전이나 태양의 빛에너지를 전기에너지로 전환하는 발전이다. 단지 과정만 다를 뿐이다.

50 연료전지에 화석연료인 LNG, 메탄올 등을 수소가 많은 가스로 전환시키는 장치는?

① 스택(stack)
② 개질기(reformer)
③ 보일러(boiler)
④ 인버터(inverter)

해설 연료전지는 개질기, 연료전지본체(stack), 인버터(inverter) 등으로 구성되며, 개질기는 LNG, 메탄올 등을 수소가 많은 가스로 변환시키는 장치이다.

정답 46 ④ 47 ② 48 ③ 49 ④ 50 ②

51 연료전지의 두 극에 전구를 연결할 때 일어나는 현상을 바르게 설명한 것은?

① 전자가 도선을 따라 수소극에서 산소극으로 이동한다.
② 전자가 전해질을 통해 산소극에서 수소극으로 이동한다.
③ 전류가 전해질을 통해 산소극에서 수소극으로 이동한다.
④ 수소이온이 전해질을 통해 산소극에서 수소극으로 이동한다.

해설 전자(electron)는 도선을 따라 수소극에서 산소극으로 이동한다.

정답 51 ①

제5편
열설비 설계

CHAPTER 01 보일러의 종류 및 특징

CHAPTER 02 보일러의 부속장치 및 부속품

CHAPTER 03 보일러의 용량 및 성능

CHAPTER 04 보일러의 열정산 및 효율

CHAPTER 05 연소(combustion)

CHAPTER 06 전열(열전달 : heat transfer)

CHAPTER 07 보일러 자동운전제어

Engineer Energy Management

Chapter 01

보일러의 종류 및 특징

1 보일러의 개요

보일러(boiler)란 밀폐된 용기 내에 물 또는 열매체를 넣고 대기압보다 높은 증기나 온수를 발생시켜 열사용처에 공급하는 장치이다.

1) 보일러의 3대 구성요소

(1) 보일러 본체(boiler proper)

기관 본체라고도 하며 원통형 보일러에서는 동(shell), 수관식 보일러에서는 드럼(drum)이라고 한다.

(2) 연소장치(heating equipment)

연료를 연소시키는 데 필요한 장치이다.

(3) 부속장치

보일러에 부설되는 장치이다.

2) 보일러 본체(기관 본체)

(1) 보일러를 형성하는 몸체로서 동판과 경판으로 구성되며 원통형(둥글게)으로 제작한다(단, 주철제 보일러는 상자모양의 섹션으로 구성된 조립식으로 되어 있으며, 관류보일러는 드럼이 없이 수관만으로 구성되어 있다).

(2) 내부에는 물을 담고 외부의 연소열을 이용, 증기나 온수를 만드는 용기이다.

(3) 동 내부에는 2/3~4/5 정도 물이 들어 있다.

① 증기부: 증기가 체류하는 부분이다.
② 수부: 물(보일러수)이 체류하는 부분이다.
③ 수면: 증기부와 수부의 경계면이다.

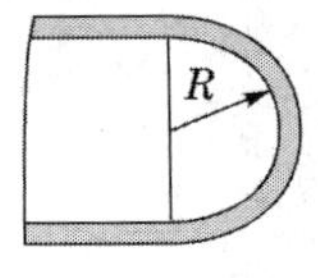

반구형 경판

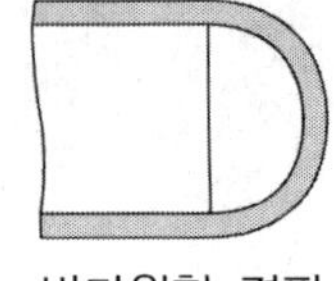
반타원형 경판

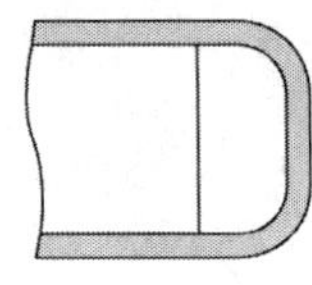
접시형 경판

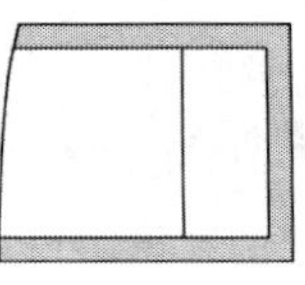
평경판

강도가 큰 순서

반구형 경판 > 반타원형 경판 > 접시형 경판 > 평경판

(4) 보일러 본체 수부가 클 경우(넓게 할 경우) 미치는 영향

① 증기발생 시간이 길어지므로 연료소비량이 많아진다.
② 습증기 발생 우려가 크다(프라이밍, 기수공발(캐리오버), 수격작용(워터해머)이 발생될 수 있다).
③ 파열 시 피해가 크므로 고압 및 대용량으로 제작하기 곤란하다.
④ 열효율이 낮아진다.
⑤ 부하변동에 대한 압력변화가 적다(부하변동에 대응하기 쉽다).
⑥ 보일러의 중량이 커진다(무거워진다).

〈수관식 보일러와 원통형 보일러의 비교〉

구분	수관식 보일러	원통형 보일러
보유수량	적다	많다
파열 시 피해	작다	크다
용도	고압, 대용량	저압, 소용량
압력변화	크다	작다
부하변동에 대한 대응	어렵다	쉽다
급수처리	복잡하다	간단하다
급수조절	어렵다	쉽다
전열면적	크다	작다
증기발생시간	짧다	길다
효율	높다	낮다
구조	복잡하다	간단하다
제작(가격)	어렵다(고가)	용이하다(저렴)
취급	어렵다(기술요함)	쉽다

(5) 보일러 본체를 원통형으로 제작하는 이유

원에 가까워질수록 내압에 대한 강도가 커지기 때문이다. 즉 재료의 강도상 유리하기 때문이다.

(6) 최고사용압력

최고사용압력이란 보일러 재료의 강도상 최고로 사용할 수 있는 게이지압력이다.

(7) 전열면적

전열면적이란 한쪽에는 물이 접촉하고, 다른 쪽에는 연소가스가 접촉하는 면으로 연소가스가 접촉하는 쪽에서 측정한 면적이다.

수관식 보일러의 전열면적(A) 계산

① 완전나관(A)$= \pi dLn[\mathrm{m}^2]$

② 반나관(A)$= \frac{\pi}{2} dLn[\mathrm{m}^2]$

여기서, π: 원주율(3.14), d: 수관의 바깥지름(m),
L: 수관의 길이(m), n: 수관의 개수

원통형 보일러의 전열면적(A) 계산

① 코르니시 보일러(A)$= \pi dL$

② 랭커셔 보일러(A)$= 4dL$

③ 횡연관 보일러(A)$= \pi L\left(\frac{D}{2} + d_1 n\right) + D^2$

여기서, π: 원주율(3.14), D: 동체의 바깥지름(m) = [안지름 + 2×두께]
L: 동체의 길이(m), d_1: 연관의 바깥지름(m)
n: 연관의 개수

3) 보일러 수위

(1) 안전저수위의 정의

보일러 운전 중 안전상(보안상) 유지해야 할 최저수위를 말한다.

① 보일러 운전 중 수위가 안전저수위 이하로 내려가면, 저수위에 의한 과열사고의 원인이 되므로 어떤 경우라도 수위는 안전저수위 이하가 되면 안 된다.
② 수면계 설치 시 수면계의 유리하단부는 안전저수위와 일치하도록 설치한다.
③ 보일러 운전 중 수위가 안전저수위 이하로 내려가면, 가장 먼저 연료를 차단하여 보일러를 정지시켜야 한다.

(2) 상용수위의 정의

보일러 운전 중 유지해야 할 적정수위를 말한다.

① 보일러 운전 중 수위는 항상 일정하게 유지해야 하는데 바로 이 수위를 상용수위라 한다.
② 보일러의 상용수위는 수면계의 중심(1/2), 동의 2/3~4/5 정도로 한다.
③ 발생증기량은 원칙적으로 급수량에서 산정할 수 있다.

4) 보일러의 분류

구분	종류
(1) 연소실의 위치	① 내분식 보일러 ② 외분식 보일러
(2) 동의 설치방향	① 입형 보일러 ② 횡형 보일러
(3) 본체의 구조	① 노통 보일러 ② 연관 보일러 ③ 수관 보일러
(4) 사용 형식	① 둥근(원통형) 보일러 ② 수관식 보일러
(5) 물의 순환방식	① 자연순환식 ② 강제순환식
(6) 가열 형식	① 직접식 ② 간접식

〈외분식 보일러와 내분식 보일러의 비교〉

외분식의 특징	내분식의 특징
① 연소실의 용적이 크다. ② 완전연소가 용이하다. ③ 연소율이 높아 연소실의 온도가 높다. ④ 연료의 선택범위가 넓다(저질연료 및 휘발분이 많은 연료의 연소에 적당하다). ⑤ 연소실개조가 용이하다. ⑥ 설치 장소를 많이 차지한다. ⑦ 복사열의 흡수가 작다(노벽을 통한 열손실이 많다).	① 연소실의 용적이 작다(동의 크기에 제한을 받는다). ② 완전연소가 어렵다. ③ 설치장소를 적게 차지한다. ④ 역화의 위험이 크다. ⑤ 복사(방사)열의 흡수가 많다.

(1) 외분식 보일러

연소실이 동의 외부에 위치한 보일러이다.

① 수관식 보일러는 모두 외분식에 해당된다.

② 원통형 보일러 중 횡연관 보일러는 외분식에 해당된다.

(2) 내분식 보일러

연소실이 동의 내부에 위치한 보일러이다.

① 원통형 보일러는 대부분 내분식에 해당된다.

〈보일러 설치규격에 따른 분류〉

구분	세부	종류
재질별	강철제 보일러, 주철제 보일러	
형식별	원통 보일러	직립(입형) 보일러, 연관 보일러, 노통 보일러
	수관 보일러	자연순환 보일러, 강제순환 보일러, 관류 보일러
	기타 보일러	섹션 보일러, 특수 보일러
매체별	증기, 온수, 열매체	
사용연료별	유류, 가스, 석탄, 목재, 폐열, 특수연료	

5) 보일러의 종류

구분	형식	세부	종류
① 원통형 보일러	입형 보일러		① 입형횡관 보일러 ② 코크란 보일러 ③ 입형연관 보일러
	횡형 보일러	노통 보일러	① 코르니시 보일러(노통이 1개 설치된 보일러) ② 랭커셔 보일러(노통이 2개 설치된 보일러)
		연관 보일러	① 횡연관 보일러(외분식) ② 기관차 보일러 ③ 케와니 보일러
		노통연관 보일러	① 스코치 보일러 ② 브로든카프스 ③ 하우덴 존슨 보일러(선박용) ④ 노통연관 패키지형 보일러(육용)
② 수관식 보일러	자연 순환식		① 바브코크(경사각 15°) ② 스네기찌(경사각 30°) ③ 다쿠마(경사각 45°) ④ 야로우 ⑤ 가르베(경사각 90°) ⑥ 방사 4관 ⑦ 스터링(곡관형) ⑧ 2동 D형, 3동 A형(곡관형)
	강제 순환식		① 라몽트(라몽) ② 베록스
	관류 보일러		① 슐져 ② 벤숀 ③ 람진 ④ 엣모스 ⑤ 소형 관류 보일러
③ 특수 보일러	특수 열매체		① 다우섬 ② 모발섬 ③ 수은 ④ 세큐리티 ⑤ 카네크롤
	간접가열		① 슈미트 ② 레플러
	폐열		① 하이네 ② 리히
	특수연료		① 바아크 ② 바케스 보일러(사탕수수찌꺼기) ▸ 산업 폐기물을 연료로 사용
④ 주철제 보일러			주철제 섹션(section) 보일러: 증기, 온수 보일러
기타			원자로, 전기 보일러

보일러 효율 크기 순서

관류식 > 수관식 > 노통연관 > 연관 > 입형(vertical)

2 원통(둥근)형 보일러

기관 본체를 둥글게 제작하여 입형이나, 횡형으로 설치하는 보일러로 그 내부에 노통, 연소실, 연관 등이 설치된 것으로 구조상 고압용으로 하는 것은 곤란하며, 동체의 크기에 따라 전열면적이 제한을 받기 때문에 용량이 큰 것은 적당하지 않다(구조가 간단하고 최고 사용압력 1MPa 이하로 증발량 10ton/h 미만의 보일러가 많이 사용된다).

〈원통형 보일러의 장단점〉

장점	단점
① 구조가 간단하고 취급이 용이하다(가격이 저렴하다). ② 보유수량이 많아(수부가 커서) 부하변동에 대응하기 쉽다. ③ 내부 청소, 수리 보수가 쉽다. ④ 증발속도가 느려 스케일에 대한 영향이 적고 급수처리가 쉽다. ⑤ 전열면의 대부분이 수부 중에 설치되어 있어, 물의 대류가 쉽다.	① 보일러 효율이 낮다(수관식 보일러에 비하여). ② 보일러 가동 후 증기발생 소요시간이 길다. ③ 파열 시 피해가 크므로 구조상 고압 대용량에 부적합하다. ④ 내분식 보일러로 동의 크기에 연소실의 크기가 제한을 받으므로 전열면적이 작다. ⑤ 보유수량이 많아 파열 시 피해가 크다.

1) 입형(수직: vertical) 보일러

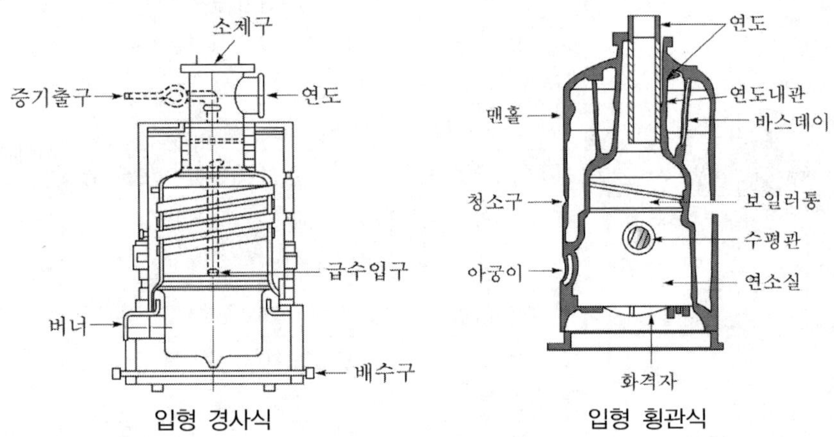

입형 경사식 입형 횡관식

(1) 횡관 설치 시 이점

① 전열면적이 증가한다.
② 보일러수의 순환을 좋게 한다.
③ 화실벽을 보강시킨다.

- 횡관이란 연소실을 가로지르는 물이 흐르는 관으로 2~3개 정도 설치되어 있다.

2) 횡형 보일러

(1) 노통(flue tube) 보일러

동 내에 노통을 1~2개 설치한 보일러이다.

> • 노통
> 연료를 연소시켜 연소가스를 발생시키는 둥글게 제작된 금속판으로 양쪽 경판에 부착되어 있다. 종류에는 평형 노통과 파형 노통이 있다.

(2) 노통 보일러의 특징

① 부하변동에 비하여 압력변화가 적다.
② 구조가 간단하고 취급이 쉽다(제작이 용이).
③ 급수처리가 간단하고 내부청소가 쉽고 고장이 적어 수명이 길다.
④ 보유수량이 많아 파열 시 피해가 크다.
⑤ 구조상 고압 대용량에 부적합하다.
⑥ 내분식 보일러이다(연소실 크기가 제한을 받는다).
⑦ 전열면적이 적어 증발량이 적다(효율이 낮다).
⑧ 연소시작 때 많은 연료가 소모된다(증기 발생시간이 길다).
⑨ 노통(연소실)은 금속으로 되어 있다.

(3) 코르니시 보일러(노통이 1개 설치된 보일러)와 랭커셔 보일러(노통이 2개 설치된 보일러)

〈평형 노통과 파형 노통의 장·단점〉

구분	평형 노통	파형 노통
장점	① 제작이 쉽고 가격이 저렴하다. ② 노통 내부의 청소가 용이하다. ③ 연소가스의 마찰저항이 적다(통풍이 양호하다).	① 외압에 대한 강도가 크다. ② 열에 대한 신축성이 좋다. ③ 전열면적이 크다.
단점	① 열에 의한 신축성이 나쁘다. ② 외압에 대한 강도가 작다(고압용으로 부적합하다). ③ 전열면적이 작다.	① 내부청소가 어렵다. ② 제작이 어려워 비싸다. ③ 연소가스의 마찰저항이 크다(평형 노통에 비해 통풍저항이 크다).

(4) 파형 노통의 종류

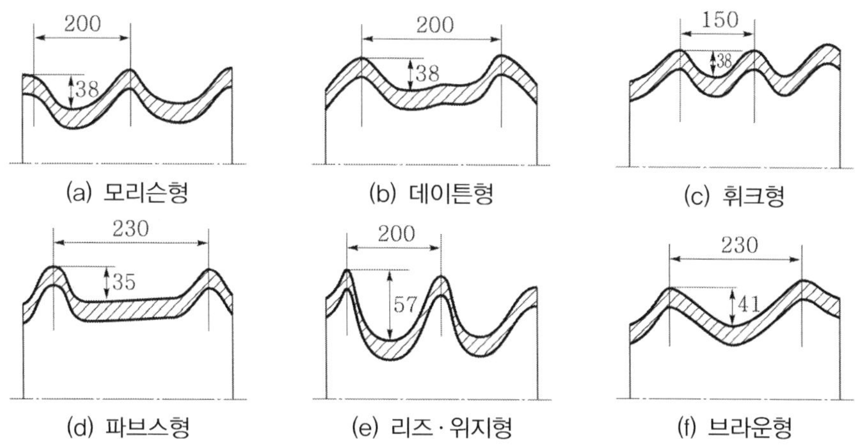

(a) 모리슨형 (b) 데이튼형 (c) 휘크형
(d) 파브스형 (e) 리즈·위지형 (f) 브라운형

• 갤로웨이관(횡관): 노통 상·하부를 약 30° 정도 관통시킨 원추형의 관(tube)이다.

(5) 갤로웨이관(Galloway tube) 설치목적

① 전열면적을 증가시킨다.
② 보일러수의 순환을 촉진시킨다.
③ 화실의 벽을 보강시킨다.

아담슨 조인트(Adamson joint)

평형 노통의 신축작용을 좋게 하기 위하여 노통의 둘레방향으로 약 1m마다 설치하는 이음으로 노통의 강도보강 및 리벳을 보호하는 역할도 한다.

① 아담슨 조인트(Adamson joint)의 설치목적
- 평형 노통의 신축작용 흡수
- 노통의 강도보강

(6) 코르니시 보일러의 노통을 한쪽으로 편심시켜 부착하는 이유

물의 순환을 원활하게 하기 위해서 편심시켜 노통을 설치한다.

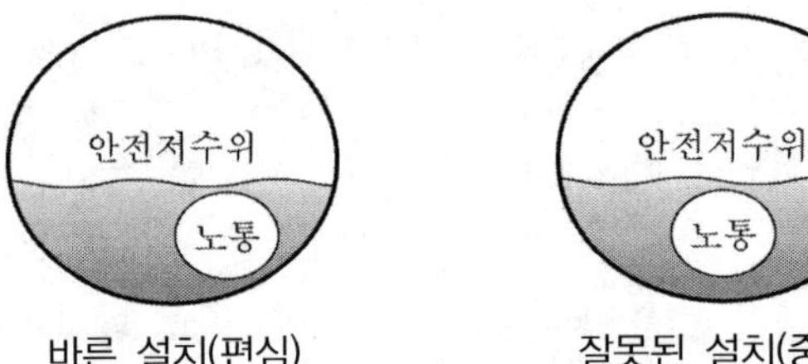

바른 설치(편심) 잘못된 설치(중앙)

(7) 브리징 스페이스(Breathing space)

노통의 상부와 거싯 버팀 사이의 공간으로 열에 의한 압축응력을 완화시키기 위한 경판의 탄력구역을 말한다.
브리징 스페이스가 불충분하면 그루빙(grooving)이란 부식이 발생한다.

① 그루빙
노통 보일러 등에 브리징 스페이스를 충분히 주지 않으면 경판에 가늘고 길게 도랑모양(V자형, U자형)으로 생기는 부식으로 구식 또는 도랑형파기 부식, 구상부식이라고도 한다.

그루빙 방지법

① 브리징 스페이스를 충분히 준다.
② 반복적 열응력을 피한다.
③ 노통 플랜지 만곡부의 반지름을 크게 한다.
④ 재료의 온도가 급격히 변화하지 않도록 한다.

〈경판의 두께에 따른 브리징 스페이스〉

경판의 두께	13mm 이하	15mm 이하	17mm 이하	19mm 이하	19mm 초과
브리징 스페이스	230mm 이상	260mm 이상	280mm 이상	300mm 이상	320mm 이상

* 브리징 스페이스는 최소한 225mm 이상이어야 한다.

(8) 스테이(stay, 버팀)

강도가 부족한 부분에 부착하여 강도를 보강하여 변형이나 파손을 방지하는 것을 말한다.

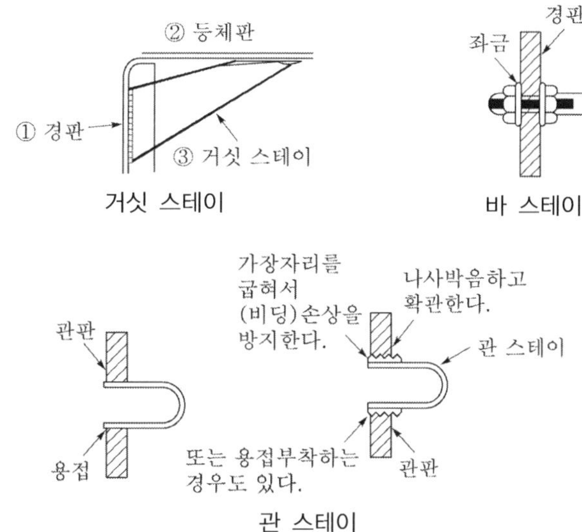

거싯 스테이

바 스테이

관 스테이

① 거싯 스테이(평경판의 보강재)

거싯 스테이는 3각 모양의 평판을 사용하여 전후 경판과 동판을 연결한 것이다.

② 봉 스테이(bar stay: 바 스테이)

평판부 등을 연강봉으로 보강한 것으로 봉 스테이는 사용 위치나 방법에 따라 길이 방향 스테이, 경사 스테이, 수평 스테이, 행거 스테이 등으로 분류된다(경판의 보강재).

③ 관 스테이(tube stay)

연관 보일러에 있어서 연관군 속에 배치되어 전후의 평관판을 연결 보강하는 관으로 된 스테이를 말한다. 연관의 역할도 겸하고 있으며, 소요압력에 따라 적당한 간격으로 배치한다.

④ 도그 스테이

맨홀 뚜껑의 보강재이다.

⑤ 볼트 스테이(bolt stay)

나사스테이라고도 하며, 좁은 간격으로 평행을 이루는 평판끼리, 그렇지 않으면 만곡판끼리 연결하여 보강하는 봉스테이와 같은 짧은 것을 말한다.

3) 연관 보일러

횡형으로 설치한 기관 본체 내에 연관을 다수 설치한 보일러로 전열면이 주로 연관으로 구성된 보일러이다. 연관부분에는 연소실을 배치할 수 없는 구조로 최근에는 거의 사용하지 않고 있으며, 폐열 보일러로서 많이 제작되고 있다.

(1) 연관(smoke tube)

관내에 연소가스가 흐르고, 주위에는 물이 접촉하고 있는 관이다.

(2) 연관의 설치방법

가로 세로로 교차되는 지점에 설치한다(정방형).
이유로는 보일러수의 순환을 좋게 하기 위해서이다.

(3) 연관식 보일러의 특징

① 증기발생 시간이 빠르다.
② 전열면이 크고, 효율은 보통 보일러보다 좋다.
③ 연료선택의 범위가 넓다.
④ 연료의 연소상태가 양호하다.

4) 노통연관 보일러

원통형의 기관본체 내에 노통과 연관을 조합하여 콤팩트하게 제작한 내분식 보일러로 원통형 중 효율이 가장 좋다(노통연관식 보일러는 수관 보일러에 비해 설치가 간단하고 제작·취급도 용이하며, 가격도 저렴하다. 최고사용압력 2MPa(20kgf/cm^2) 이하의 산업용 또는 난방용으로 많이 사용된다. 전열면적 20~400m^2, 최대증발량은 20t/h 정도까지이다).

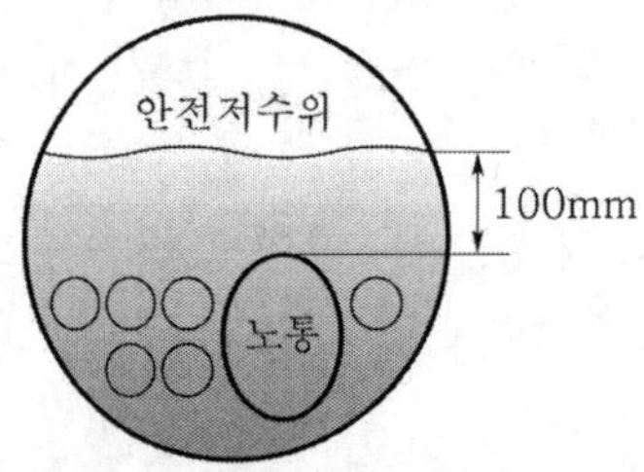

노통이 연관보다 위에 있는 경우

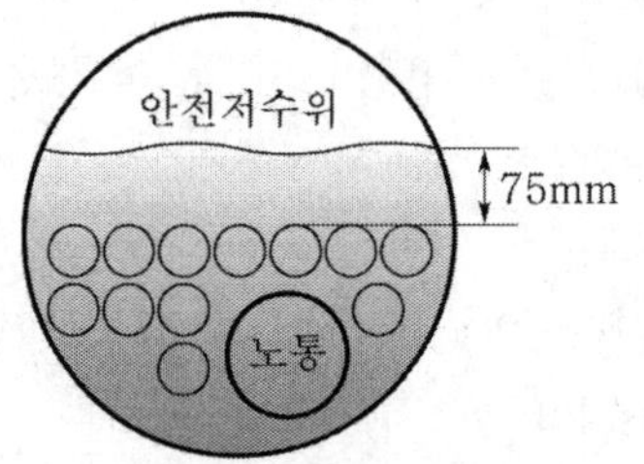

연관이 노통보다 위에 있는 경우

노통연관 보일러의 안전저수위 설정

① 노통이 위에 있는 경우: 노통 최고부 위 100mm
② 연관이 위에 있는 경우: 연관 최고부 위 75mm

5) 연관과 수관의 배열

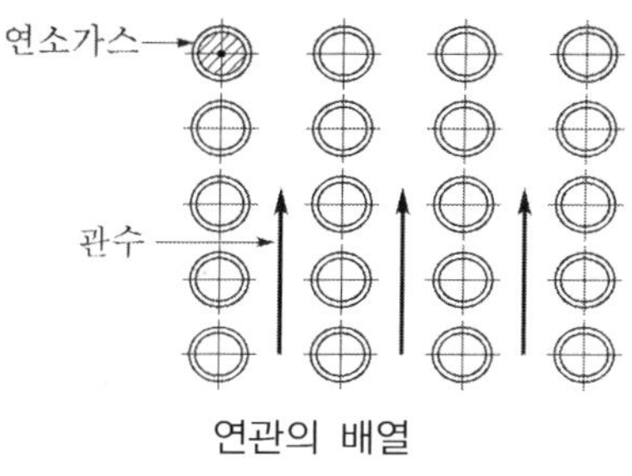

연관의 배열

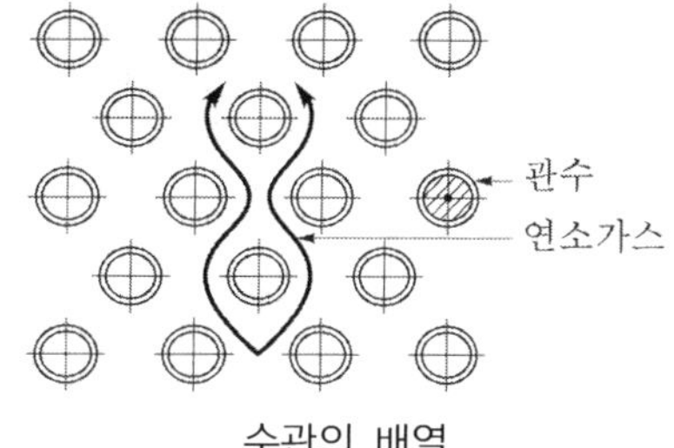

수관의 배열

(1) 연관의 배열: 바둑판형(정방형)

바둑판형(정방형)으로 하는 이유는 물의 저항을 감소시켜 보일러수의 순환을 좋게 하기 위해서이다.

(2) 수관의 배열: 다이아몬드형(마름모꼴형)

다이아몬드형(마름모꼴형)으로 하는 이유는 연소가스의 접촉을 많게 하여 전열을 좋게 하고 수관배치 및 청소 보수 점검을 쉽게 하기 위함이다.

3 수관식 보일러(water tube boiler)

① 수관식 보일러는 지름이 작은 상부의 기수드럼과 하부의 물드럼 사이에 다수의 수관을 연결시켜 만든 외분식 보일러이다.
② 수관식 보일러를 보일러수의 유동방식에 따라 분류하면 자연순환식, 강제순환식, 관류식의 3가지가 있다.
③ 수관식 보일러의 드럼의 수는 그 형식에 따라서 1~4개 있다.
㉠ 자연순환식: 급수와 관수의 비중차(밀도차)에 의해 순환되는 방식이다.
㉡ 강제순환식: 순환펌프에 의해 강제적으로 순환되는 방식이다.

1) 수관식 보일러의 장단점

장점	단점
① 외분식 보일러로 연소실의 형상이 다양하며, 전열면적이 크다. ② 전열면적이 많아 원통형에 비해 효율이 좋다. ③ 보유수량이 적어 파열 시 피해가 적다. ④ 파열 시 피해가 적어 구조상 고압·대용량에 적합하다.	① 부하변동에 따른 압력변화 및 수위변동이 크다(부하변동에 대응하기 어렵다). ② 증발속도가 빨라 스케일이 부착되기 쉽다. ③ 구조가 복잡하여 제작 및 청소, 검사 수리가 어렵다(가격도 비싸다). ④ 급수조절이 어렵다(연속적인 급수를 요한다).

⑤ 보일러수의 순환이 좋아 증기발생시간이 빠르다(급수요에 응하기 쉽다). ⑥ 용량에 비해 경량이며, 효율이 좋고 운반, 설치가 용이하다. ⑦ 과열기 및 공기예열기 등의 설치가 용이하다.	⑤ 취급에 기술을 요한다. ⑥ 급수를 철저히 처리하여 사용해야 한다.

2) 수관: 관내에 물이 흐르고, 주위에는 연소가스가 접촉되는 관

① 수관의 지름: 20~130mm 정도

② 수관의 종류

㉠ 강수관: 급수된 찬물이 물드럼으로 하강하는 관이다.

㉡ 승수관(승기관): 가열된 물이 증기드럼으로 상승하는 관이다.

3) 자연순환식에서 순환력을 크게 하는 방법

① 수관의 관지름을 크게 한다(관지름이 크면 물의 유동저항이 적어지기 때문이다).

② 방해판(배플 플레이트)을 설치하여 연소가스와 수관의 접촉을 많게 한다.

③ 강수관의 가열을 피한다.

④ 기수분리를 신속하고 충분히 행한다.

⑤ 보일러 본체의 높이를 높게 한다.

⑥ 수관의 배치를 수평보다 경사지게(수직) 한다.

배플판(baffle plate)

수관 보일러의 화로나 연도 내에 있어서 연소가스의 흐름을 기능상 필요한 방향으로 유도하기 위해 설치되는 내화성의 판 또는 칸막이를 말한다. 이것은 내열 주물에 내화재를 접착시켜 만드는 경우와 내화 벽돌로 구성하는 경우가 있다.

4) 자연순환식과 비교하였을 때 강제순환식의 장점

① 수의 순환이 빨라 증기발생 시간이 짧아지고 효율이 좋다.

② 수관의 배치가 자유롭다(수관의 지름이 작아도 된다).

③ 보유수량이 적다.

5) 곡관이 직관에 비해 우수한 점

① 전열면적이 많아 효율이 좋다.

② 관의 신축흡수가 좋다.

③ 관수의 순환이 좋아진다.

④ 관의 배치가 자유롭다.

6) 노벽의 종류

① 수랭노벽: 수관을 연소실 주위에 울타리 모양으로 배치한 노벽이다(전열면적 증대로 효율 증가, 연소실 내 복사열 흡수).

② 공랭벽

③ 내화벽

7) 수관식 보일러의 전열면 청소구멍

수관식 보일러의 접촉 전열면에는 지름 150mm에 상당하는 면적(외벽구조가 멤브레인 월 또는 동등 이상의 구조가 아닌 경우에는 지름 375m에 상당하는 면적)을 갖는 크기 2개(접촉전열면의 연도가 2개 이상일 경우 4개) 이상의 청소구멍을 설치하여야 한다. 다만, 다른 방법에 의해 청소가 가능한 구조의 것은 제외할 수 있다.

4 관류 보일러

1) 관류 보일러의 개요

드럼이 없이 긴 수관의 한 끝에서 급수펌프로 압송된 급수가 긴 관을 지나면서 예열부(가열), 증발부, 과열부를 순차적으로 관류되어 다른 끝으로 과열증기가 나가는 강제순환식 수관 보일러로 단관식과 다관식이 있다.

관류 보일러는 급수처리법이나 자동제어장치가 발달함에 따라 고압, 대용량 및 콤팩트한 소형용으로서도 널리 사용되고 있다. 또한, 압력이 물의 임계압력을 넘는 초임계압력의 보일러에는 모두가 관류식이 채용된다.

〈관류 보일러의 장·단점〉

장점	단점
① 관을 자유로이 배치할 수 있어 콤팩트한 구조로 할 수 있다. ② 순환비가 1이므로 증기의 드럼이 필요 없다. ③ 연소실의 구조를 임의대로 할 수 있어 보일러 연소효율을 높일 수 있다. ④ 초고압 보일러에 이상적이다. ⑤ 보일러 효율이 매우 높다. ⑥ 증발속도가 매우 빠르다(3~5분). ⑦ 증기의 가동시간이 매우 짧다.	① 지름이 작은 튜브가 사용되므로 중량이 가볍고, 내압 강도가 크나 압력손실이 증대되어 급수펌프의 동력손실이 많다. ② 부하변동에 따라 압력이 크게 변하므로 급수량 및 연료량의 자동제어장치를 필요로 한다. ③ 철저한 급수처리를 하지 않으면 스케일의 생성에 의한 영향이 크다.

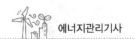

2) 순환비(circulation ratio)

보일러 내를 순환하는 기수 혼합체 포화수와 포화증기의 혼합체에 대한 그 속의 발생증기의 중량비를 말한다.

$$순환비 = \frac{순환수량}{발생증기량} = \frac{급수량}{증발량}$$

5 주철제 보일러(섹션 보일러: section boiler)

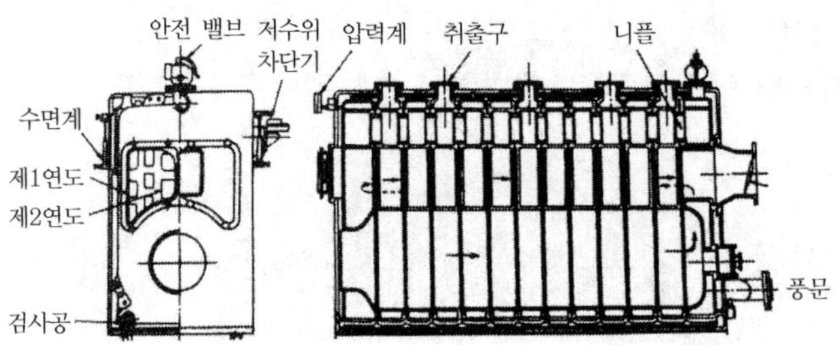

1) 주철제 보일러의 개요

주철제의 여러 개의 섹션을 전·후에 나란히 놓아 조립한 것으로 하부는 연소실, 상부의 창은 연도로 되어 있고 각 섹션은 상부에 증기부 연결구, 하부 좌우는 수부연결구가 각각 비치되어 있으며 그 구멍부분에 구배가 달린 니플을 끼워서 결합시키고 외부의 볼트로 조여서 조립된다. 섹션의 수는 약 20개 정도, 전열면적은 50m^2 정도까지가 보통이다(주철로 만든 상자모양의 섹션(section)으로 구성된 조립식 보일러이다).

- 주철제 보일러는 주로 난방용의 저압증기 발생용 또는 온수 보일러로 사용되고 있다(소형 난방용에 주로 사용된다).

2) 주철제 보일러의 최고사용압력

① 주철제 증기 보일러: 최고사용압력 0.1MPa(1kgf/cm^2) 이하

② 주철제 온수 보일러: 수두압으로 50m 이하, 온수온도 393K(120℃) 이하
(이 기준 이상이 되는 경우에는 주철 대신 강철제 보일러를 사용해야 한다.)

〈주철제 보일러의 장단점〉

장점	단점
① 주조이므로 복잡한 구조로 제작이 가능하다. ② 분해, 조립, 운반이 편리하여, 지하실과 같은 좁은 장소에 반입이 용이하다.	① 열에 의한 부동팽창으로 균열이 발생하기 쉽다. ② 구조상 고압, 대용량에 부적합하다. ③ 구조가 복잡하여 내부청소 및 검사가 어렵다.

장점	단점
③ 주조이므로 복잡한 구조로 제작이 가능하다. ④ 저압이므로 파열 시 피해가 적다. ⑤ 강철제에 비해 내식성이 크다. ⑥ 섹션의 증감으로 용량조절이 가능하다.	

* 주철제 보일러에서 보일러 표면 온도는 보일러 주위온도와의 차가 30℃ 이하이어야 한다.

6 특수 열매체 보일러(특수유체 보일러)

물 대신 특수유체를 사용하여 낮은 압력에서 고온의 증기 및 고온도의 액체를 공급하기 위해 사용하는 보일러이다.

1) 특수 열매체(유체)의 종류

① 수은
② 다우섬
③ 모발섬
④ 카네크롤
⑤ 세큐리티

2) 특수 보일러의 특징

① 급수처리장치 및 청관제 주입장치가 필요 없다(부식이 잘 되지 않으므로 내용연수가 길다).
② 겨울철에도 동결의 우려가 없다.
③ 안전밸브는 밀폐식 구조로 해야 한다(열매체들은 대부분 석유정제 과정에서 얻어지는 것으로 인화성 및 인체에 해를 주기 때문이다).
④ 낮은 압력(0.2MPa = 2kgf/cm^2)에서 고온의 증기(250~300℃)를 얻을 수 있다.
- 물로 300℃의 증기를 얻으려면 8MPa(80kgf/cm^2) 정도의 압력이 필요하다.

급수내관의 목적

급수내관은 안전수위 50mm 하단에 설치한다.

① 부동팽창방지
② 열응력발생방지
③ 수격작용(워터해머)방지

Engineer Energy Management

Chapter 02

보일러의 부속장치 및 부속품

1 안전장치

보일러 사용 중 이상사태 발생시 이를 조치 및 제어하여 사고를 미연에 방지하는 장치이다.

안전장치의 종류

① 안전밸브
② 방출밸브 및 방출관
③ 가용전
④ 방폭문
⑤ 화염검출기
⑥ 전자밸브
⑦ 수위경보장치
⑧ 증기압력제한장치(증기압력제한기 및 조절기)

1) 안전밸브의 설치목적

증기 보일러에서 동(shell) 내의 증기압력이 제한압력 이상으로 상승할 때 자동적으로 밸브가 열려 증기를 분출시켜 압력초과로 인한 파열사고를 미연에 방지하는 장치이다.

(1) 안전밸브의 설치개수

① 보일러 본체(증기 보일러): 2개 이상을 설치해야 한다.
  ㉠ 단, 전열면적이 50m^2 이하의 증기 보일러에는 1개 이상 설치할 수 있다.
  ㉡ 관류 보일러에서 보일러와 압력릴리프(압력방출) 장치와의 사이에 스톱밸브를 설치할 경우 압력방출 장치는 2개 이상이어야 한다(과열기 설치 시는 그 출구측에 1개 이상의 안전밸브를 설치하여야 한다).
② 독립된 과열기 또는 재열기에는 입구 및 출구에 각각 1개 이상의 안전밸브를 설치하여야 한다.

(2) 안전밸브 부착방법

① 보일러 본체의 검사가 용이한 곳에 부착한다.
② 증기부에 부착한다.
③ 밸브 축을 수직으로 부착한다.

(3) 안전밸브에 요구되는 기능

① 방출 때는 규정의 리프트가 얻어질 것
② 설정된 압력에서 방출할 것
③ 동작하고 있지 않을 때는 밸브의 누설이 없을 것
④ 밸브의 개폐동작이 안정적일 것
⑤ 적절한 정지압력으로 닫힐 것

(4) 안전밸브의 크기

① 특별한 경우를 제외하고는 호칭지름 25A 이상으로 한다.
② 20A 이상으로 할 수 있는 경우
㉠ 최고사용압력 0.1MPa(1kg/cm^2) 이하의 보일러
㉡ 최고사용압력 0.5MPa(5kg/cm^2) 이하의 보일러로 동체의 안지름이 500mm 이하이며 동체의 길이가 1,000mm 이하의 것
㉢ 소용량 보일러(강철제 및 주철제)
㉣ 최대증발량이 5t/h 이하의 관류 보일러
㉤ 최고사용압력이 0.5MPa(5kg/cm^2) 이하의 보일러로 전열면적 2m^2 이하의 것
③ 안전밸브의 크기(분출면적)는 전열면적에 비례하고 압력에는 반비례한다(고압일수록 안전밸브의 크기는 좁아져도 된다).

(5) 안전밸브의 종류

① **중추식**: 추의 중력을 이용하여 분출압력을 조정하는 형식이다.
② **지렛대식**: 지렛대와 추를 이용 추의 위치를 좌우로 이동시켜 추의 중력으로 분출 압력을 조정하는 형식이다.
③ **스프링식**: 스프링의 탄성을 이용 분출압력을 조정하는 형식이다.

〈분출양정에 따른 분류〉

종류	밸브의 양정	분출용량
1. 저양정식	밸브의 양정이 변좌구경의 1/40 이상 ~ 1.15 미만	분출용량= $\frac{(1.03P+1)S\times C}{22}$(kg/h)
2. 고양정식	밸브의 양정이 변좌구경의 1/15 이상 ~ 1.7 미만	분출용량= $\frac{(1.03P+1)S\times C}{10}$(kg/h)
3. 전양정식	밸브의 양정이 변좌구경의 1/7 이상	분출용량= $\frac{(1.03P+1)S\times C}{5}$(kg/h)
4. 전량식	변좌지름이 목부지름의 1.15배 이상	분출용량= $\frac{(1.03P+1)A\times C}{2.5}$(kg/h)

P: 분출압력(최고사용압력 kg/cm^2)
S: 안전밸브시트 단면적(mm^2)
C: 상수(증기온도 280℃ 이하, 최고사용압력 $120kg/cm^2$) 이하인 경우는 1로 한다.
A: 목부최소증기 단면적(mm^2)
※ 분출용량이 큰 순서: 전량식 > 전양정식 > 고양정식 > 저양정식

(6) 안전밸브의 분출압력 조정 및 취급

① 안전밸브의 분출압력은 1개일 경우 최고사용압력 이하에서 분출하도록 조정한다.
② 안전밸브가 2개 이상인 경우 그중 1개는 최고사용압력 이하, 기타는 최고사용압력의 1.03배 이하여야 한다.
③ 과열기에 부착된 안전밸브 분출압력은 보일러 본체의 분출압력 이하여야 한다(보일러 본체의 낮은 압력보다 먼저 분출하도록 조정하여야 한다. 이유는 보일러 본체의 안전밸브를 먼저 불어내면 과열기의 증기흐름을 방해해서 과열기를 소손할 염려가 있기 때문이다).
④ 다른 보일러와 연결하여 사용할 때는 최고사용압력이 낮은 보일러의 압력을 기준으로 조정한다.
⑤ 안전밸브가 설정압력이 되어도 작동하지 않을 때는 밸브를 두들기거나 밸브 시트를 임의적으로 조작하면 안 되고 분해 점검하여야 한다.

(7) 안전밸브의 누설원인

증기가 샐 경우 신속하게 조치하지 않으면 밸브 시트에 현저하게 흠집이 나거나 또는 스프링이 부식된다.

① 공작이 불량(래핑)하여 밸브 디스크와 시트의 맞춤이 나쁜 경우(잘 맞지 않을 경우)
② 밸브 디스크와 시트 사이에 이물질(불순물)이 부착되어 있는 경우
③ 밸브봉의 중심이 벗어나서 밸브를 누르는 힘이 불균일한 경우
④ 스프링의 장력(탄성)이 감소하였을 때
⑤ 스프링 압력의 중심이 기울어져 밸브 디스크가 시트에 잘 맞지 않을 때
⑥ 밸브 디스크와 시트가 손상되었을 때

(8) 안전밸브의 작동불능 원인

① 스프링의 탄력이 강하거나 또는 하중이 과대할 경우(스프링의 지나친 조임이나 하중이 과대한 경우)
② 밸브 시트의 구경, 밸브 각의 사이 틈이 적고, 열팽창 등에 의해 밸브 각이 밀착한 경우(밸브 시트의 구경과 밸브 로드와의 사이 간격이 좁아 열팽창 등에 의하여 밸브 로드가 밀착한 경우)
③ 밸브 시트의 구경, 밸브 각 사이 틈이 많고, 밸브 각이 뒤틀리고 고착된 경우(밸브 시트의 구경과 밸브 로드와의 사이 간격이 커서 밸브 로드가 풀어져 고착된 경우)

(9) 최고사용압력이 다른 보일러와 연결된 경우의 안전밸브의 조정

① 각 보일러의 안전밸브를 최고사용압력이 가장 낮은 보일러를 기준하여 조정한다.

② 각 보일러의 안전밸브를 각각 최고사용압력에 조정한 경우는 압력이 낮은 보일러 측에 증기 체크 밸브를 설치하든지 또는 각각 단독으로 배관하지 않으면 안된다.

- 안전밸브에 작용하는 힘(F) = 압력(P) × 단면적$(A)[N]$

(10) 재열기 및 독립과열기의 안전밸브

① 재열기 또는 독립과열기에는 입구 및 출구에 각각 1개 이상의 안전밸브가 있어야 하며, 그 분출용량의 합계는 최대통과 증기량 이상이어야 한다.

② 이 경우 출구에 설치하는 안전밸브의 합계는 재열기 또는 독립과열기의 온도를 설계온도 이하로 유지하는 데 필요한 양(보일러의 최대증발량의 15%를 초과하는 경우에는 15%) 이상이어야 한다. 그 출구에 안전밸브를 1개 이상 설치하고 그 분출량의 합계는 독립과열기의 온도를 유지하는 데 필요한 양(독립과열기의 전열면적 $1m^2$당 30kg/h로 한 양을 초과하는 경우에는 독립과열기의 전열면적 $1m^2$당 30kg/h로 한 양) 이상으로 한다.

(11) 안전밸브의 구조

① 설정압력이 3MPa($30kgf/cm^2$)를 초과하는 증기 또는 508K(235℃)를 초과하는 유체에 사용하는 안전밸브에는 스프링이 분출하는 유체에 직접 노출되지 않도록 하여야 한다.

② 안전밸브의 부착부는 배기에 의한 반동력에 대하여 충분한 강도가 있어야 한다.

③ 안전밸브는 그 일부가 파손하여도 충분한 분출량을 얻을 수 있는 것이어야 한다.

④ 안전밸브는 함부로 조정할 수 없도록 봉인할 수 있는 구조로 하여야 한다.

(12) 과열기 부착 보일러의 안전밸브

① 과열기에 부착되는 안전밸브의 분출용량 및 수는 보일러 동체의 안전밸브의 분출용량 및 수에 포함시킬 수 있다. 이 경우 보일러의 동체에 부착하는 안전밸브는 보일러의 최대증발량의 75% 이상을 분출할 수 있는 것이어야 한다. 다만, 관류 보일러의 경우에는 과열기 출구에 최대증발량에 상당하는 분출용량의 안전밸브를 설치할 수 있다.

② 과열기에는 그 출구에 1개 이상의 안전밸브가 있어야 하며, 그 분출용량은 과열기의 온도를 설계온도 이하로 유지하는 데 필요한 양(보일러의 최대증발량의 15%를 초과하는 경우에는 15%) 이상이어야 한다.

(13) 기타 안전밸브에 관한 중요사항

① 안전밸브가 설정압력에 도달하여도 변이 열리지 않을 경우 두드리거나 하여 변좌를 상하게 해서는 안 된다. 이 경우 시험레버가 있으면 작동해보고 그래도 작동이 되지 않으면 분해하여 조사한다.

② 인화성 증기를 발생하는 열매체 보일러에서는 안전밸브를 밀폐식 구조로 하든가 또는 안전밸브로부터의 배기를 보일러실 밖의 안전한 장소에 방출시키도록 한다.

③ 안전밸브에서 증기가 누설되는 경우에 스프링의 장력을 더욱 조이든가 하여 무리하게 새는 것을 막으려 해서는 안 된다. 이 경우 시험레버를 움직여 밸브가 닿는 모양을 바꾸어 보든가, 토출 압력을 떠오르게 하여 보고 그래도 새는 경우에는 분해 정비한다.

④ 안전밸브의 납봉인은 검사원이 한다.

⑤ 안전밸브는 자동조작밸브(자동제어장치)로 쓰이지 않는다.

⑥ 안전밸브에는 바이패스(by-pass)관을 적용시키지 않는다.

⑦ 안전밸브 및 밸브 시트에 포금(청동)을 사용하는 이유는 주조하기 쉽고 부식에 강하기 때문이다.

⑧ 안전밸브는 매년 1회 성능검사 시 분해하여 변좌를 청소해야 한다.

⑨ 안전밸브의 작동시험은 1년에 2회 정도 하며 표준압력과 조정한다.

⑩ 안전밸브의 수동시험은 최고사용압력의 75% 이상 압력으로 1일 1회 이상 한다.

2) 방출밸브(relief vale: 압력릴리프 밸브)

(1) 방출밸브의 설치규정

① 온수발생 보일러에는 압력이 최고사용압력에 달하면, 즉시로 작동하는 방출밸브 또는 안전밸브를 1개 이상 갖추어야 한다. 다만, 손쉽게 검사할 수 있는 방출관을 갖출 때는 방출밸브를 대응할 수 있다.

- 이때 방출관에는 어떠한 경우든 차단장치(밸브 등)를 부착하여서는 안 된다.

② 인화성 증기를 발생하는 열매체 보일러에서는 방출밸브 및 방출관은 밀폐식 구조로 하든가 보일러실 밖의 안전한 장소에 방출시키도록 한다.

(2) 방출밸브의 크기

① 액상식 열매체 보일러 및 온도가 393K(120℃) 이하에서 사용하며, 크기는 20mm 이상으로 한다(보일러의 압력이 보일러의 최고사용압력에 그 10%(그 값이 0.035MPa로 함)를 더한 값을 초과하지 않도록 지름과 개수를 정해야 한다).

② 온수의 온도가 393K(120℃) 초과하는 온수 보일러에는 방출밸브 대신 안전밸브를 설치해야 하며, 그 때 안전밸브의 호칭지름은 20mm 이상으로 한다.

(3) 방출밸브의 작동시험 방법

온수발생 보일러(액상식 열매체 보일러 포함)의 방출밸브는 다음 각 항에 따라 시험하여 보일러의 최고사용압력 이하에서 작동하여야 한다.

① 공급 및 귀환밸브를 닫아 보일러의 난방시스템으로부터 차단하여야 한다.

② 팽창탱크로 가는 밸브를 닫고 탱크로부터 배수시켜 공기쿠션이 생겼나 확인하여야 한다. 이 경우 가압 팽창탱크는 배수시키지 않아도 된다. 모든 팽창탱크는 분출시험 중 보일러와 차단되어서는 안 된다.

③ 방출밸브를 통하여 보일러의 압력이 방출밸브의 설정압력의 50% 이하로 되도록 배출시킨다.

④ 보일러수의 압력과 온도가 상승함을 관찰한다.

⑤ 보일러의 최고사용압력 이하에서 작동하는지 관찰한다.

3) 방출관

(1) 방출관의 개요

개방형 온수 보일러에 사용되는 안전장치로 보일러에서 팽창탱크까지 연결된 관으로 가열된 팽창수를 흡수하여 안전사고를 방지한다. 이때 방출관에는 어떠한 경우든 차단장치(정지밸브, 체크 밸브)를 부착하여서는 안 된다.

(2) 방출관의 크기

전열면적(m^2)	크기(mm)
$10m^2$ 미만	25mm 이상
$10m^2$ 이상 ~ $15m^2$ 미만	30mm 이상
$15m^2$ 이상 ~ $20m^2$ 미만	40mm 이상
$20m^2$ 이상	50mm 이상

(3) 방출관 취급상 주의사항

① 온수 보일러용 방출관은 동결되지 않도록 보온재의 피복상태를 수시로 점검한다.

② 보일러의 운전 중에는 방출관에서 오버플로우를 감시한다.

③ 방출관은 내면에 녹이나 수중의 이물질에 의해 막힐 수가 있으므로 기능에 주의할 필요가 있다. 정기적으로 청소를 하거나 물 넘침의 원인이 오버플로우가 확실한지 조사하여 경우에 따라 교체하는 것을 검토한다.

4) 가용전(가용마개, 용융마개)

가용플러그라고도 하며, 노통 보일러와 같은 내부연소식 보일러에 있어서 이상 저수위에 따른 과열사고를 방지하기 위하여 사용하는 것이다. 그림과 같이 마개 속에 용융온도가 낮은 주석과 납의 합금을 주입한 것으로서, 이 가용전은 노통 꼭대기나 화실 천장판에 나사박음으로 부착한다.

- 내분식 노통 보일러의 안전장치로 과거에 사용되었으나 최근에는 보기 드문 장치이다.

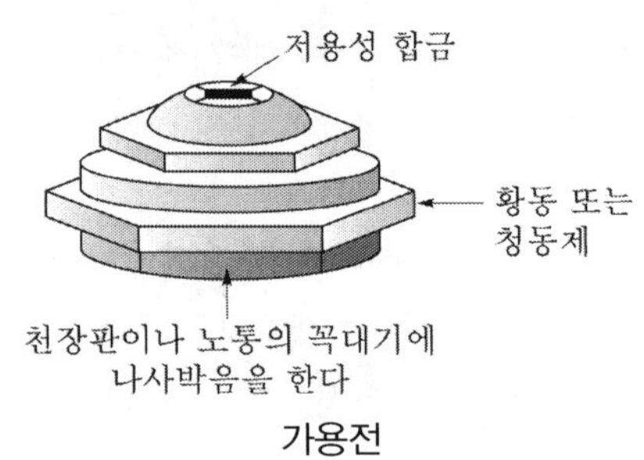

가용전

① 설치목적: 노통 보일러의 과열사고 방지를 하기 위해 설치하는 안전장치이다.
② 설치위치: 노통 또는 화실의 상부에 설치한다.
③ 작동원리: 보일러수가 감수되면 주석과 납으로 된 합금이 녹아서 구멍이 생긴 부분으로 물이 분출하여 노내 화력을 약하게 하는 동시에 그 음향으로 위험을 알린다.

혼합비율[주석(Sn)+납(Pb)]	10 : 3	3 : 3	3 : 10
용융온도(℃)	150℃	200℃	250℃

5) 화염검출기

화염검출기의 사용목적: 연소실 내의 화염상태를 감시하여 실화 및 불착화 시 그 신호를 전자밸브로 보내 연료를 차단 연소실 내 연료의 누설을 방지하여 연소가스폭발을 방지하는 안전장치이다(점화 시에는 불꽃 검출 후에 연료밸브를 열도록 되어 있다).

〈화염검출기의 종류 및 작동원리〉

플레임 아이	화염의 발광체(방사선, 적외선, 자외선)를 이용 검출
플레임 로드	가스의 이온화(전기전도성)를 이용 검출
스택 스위치	화염의 발열체를 이용 검출

(1) 플레임 아이(flame eye: 광학적 화염검출기)

화염에서 발생하는 빛을 검출하는 방법으로 적외선, 가시광선 및 자외선이 영역별로 다르게 검출되는 특성을 이용한다.
종류에는 황화카드뮴 광전셀(CdS셀), 황화납 광전셀(PbS셀), 자외선 광전관, 정류식 광전관 등이 있다.

① 플레임 아이는 광전관으로 화염을 검출하며 검출속도가 빨라 기름, 가스 연료 등 가장 많이 사용된다.
② 플레임 아이는 불꽃의 중심을 향하도록 설치한다.
③ 가시광선에서 적외선의 파장역에서 감지하므로 가열된 적색노벽도 화염과 같이 적외선을 방출하므로 화염의 오검출하는 것을 방지하도록 플레임 아이의 설치위치를 직시하지 않아야 한다.

④ 광전관은 고온이 되면 기능이 파괴되므로 주위온도는 50℃ 이상이 되지 않게 한다.
⑤ 광전관식은 유리나 렌즈를 매주 1회 이상 청소하고 감도 유지에 유의한다.

(2) 플레임 로드(flame rod: 전기전도 화염검출기)

화염이 가지는 전기전도성을 이용하며, 단순하게 화염이 가지는 도전성을 이용하는 도전식과 검출기와 화염에 접하는 면적의 차이에 의한 정류효과를 이용한 정류식이 있다.

① 화염의 전기전도성을 검출하며 주로 가스점화버너에 사용된다.
② 화염검출기 중 가장 높은 온도에서 사용할 수 있는 것은 플레임 로드이다.
③ 플레임 로드는 검출부가 불꽃에 직접 접하므로 소손에 유의하고 자주 청소해준다.

(3) 스택 스위치(stack switch: 열적 화염검출기)

화염을 열을 이용하여 특수 합금판의 서모스타트가 감지하여 작동하는 것으로 주로 가정용 소형 보일러에만 이용되고 있다.

① 바이메탈의 신축작용으로 화염 유무를 검출하며, 검출속도가 느리고 응답이 느려 주로 소용량 보일러, 온수 보일러에 주로 사용된다(연료소비량이 10L/h 이하).
② 구조가 간단하고 가격이 싸다.
③ 버너의 용량이 큰 곳에 부적합하다.
④ 안전사용온도: 300℃ 이하

6) 방폭문(폭발구)

(1) 방폭문의 설치목적

연소실 내 가스폭발 발생 시 폭발가스 및 압력을 대기로 방출시켜 파열사고를 미연에 방지하는 안전장치이다.

(2) 방폭문의 설치위치

폭발가스로 인해 인명피해 및 화재의 위험이 없는 보일러 연소실 후부 및 좌·우측에 설치한다.

(3) 방폭문의 종류

① 스프링식(밀폐식): 강제통풍방식에 사용된다.
② 스윙식(개방식): 자연통풍방식에 사용된다.

7) 수위제한기(저수위 차단장치)

(1) 수위제한기의 설치목적

보일러 내의 수위가 규정수위 이상 또는 이하가 될 경우에 자동적으로 경보를 발하며 그 신호를 전자밸브에 보내 연료를 차단하여 과열사고 등을 방지하는 안전장치이다.

- 운전 중 급수가 저수위에 도달하면 버너의 연소 회로는 자동적으로 차단된다. 처음 운전 시 수위가 고수위 위치까지 도달하지 않으면 송풍기가 작동되지 않아 버너는 착화되지 않는다.

(2) 수위제한기의 설치규정

최고사용압력이 0.1MPa(1kg/cm^2)를 초과하는 증기 보일러에는 안전저수위 이하로 내려가기 직전에 경보가 울리고, 안전수위 이하로 내려가는 즉시 연료를 자동적으로 차단하는 저수위안전장치를 설치해야 한다.

- 즉, 연료차단 전에 경보(50~100초)가 울리는 안전장치를 설치해야 한다.
- 경보음은 70dB 이상이어야 한다.

(3) 수위제한기의 종류

① 플로트식[float: 부자식]: 물과 증기의 비중차를 이용한다.
- 맥도널식, 맘포드식, 자석식

② 전극식: 관수의 전기전도성을 이용한다.
③ 차압식: 관수의 수두압차를 이용한다.
④ 코프식: 금속관의 열팽창을 이용한다(물과 증기의 온도변화).

(4) 저수위 차단장치의 설치 주의사항(보일러 설치기술 규격)

① 저수위 차단장치의 통수관 크기는 호칭지름 25mm 이상이 되도록 하여야 한다.
② 저수위 차단장치는 가급적 2개를 별도의 통수관에 각기 연결하여 사용하는 것이 좋다.
③ 저수위 차단장치의 분출관과 수면계의 분출관을 같이 통합 연결하지 않도록 한다.
④ 저수위 차단장치의 통수관에 부착되는 밸브는 개폐상태를 명확히 표시하여야 하며, 직렬로 2개 이상 부착되지 않아야 한다.

(5) 수위검출기의 유지관리

① 전극식 수위검출기는 6개월에 1회 정도 검출통을 분해하여 내부청소를 실시한다.
② 열팽창관식 수위조절기는 서모스타트의 증기측 및 수측은 1일 1회 이상 드레인 밸브를 열어 분출시킨다.
③ 플로트식 수위검출기는 1일 1회 이상 플로트실의 분출을 실시한다.

④ 플로트식 수위검출기는 1일 1회 이상 보일러수의 분출을 겸하여 실제의 수위를 저하시켜 수면계의 설정위치에서 작동하는지를 확인한다.

⑤ 플로트식 수위검출시기는 1년에 2회 정도 플로트실을 분해 정비한다.

⑥ 마그네트 스위치를 사용하는 수위검출기는 1년에 1회 정도 마그네트의 자력 강도는 충분한지 또는 갈라짐 등의 이상 유무를 점검, 정비한다.

⑦ 전극식 수위검출기는 1일 1회 이상 실제로 보일러 수위를 상하로 하여 그 작동상황의 이상 유무를 점검한다.

⑧ 전극식 수위검출기는 1년에 1회 이상 통전시험 및 절연저항을 측정한다.

⑨ 전극식 수위검출기는 1일 1회 이상 검출통 내를 분출시킨다. 증기의 응축으로 인한 물의 경도 상승을 방지함과 동시에 검출통 내를 청소한다.

8) 증기압력 제한기(압력차단 스위치, 압력제한 스위치)

(1) 증기압력 제한기의 설치목적

보일러의 압력이 조정압력에 도달하면 자동적으로 접점을 단락하여 전자밸브를 닫아 연료를 차단하여 보일러를 보호하는 안전장치이다.

(2) 증기압력 제한기의 작동원리

압력변화에 따라 기내의 벨로즈가 신축하여 수은 스위치가 작동 전기회로를 개폐하여 작동한다.

9) 전자밸브(solenoid valve: 솔레노이드 밸브 = 연료차단밸브)

(1) 전자밸브의 설치목적

보일러 운전 중 이상감수 및 압력초과나 불착화 및 실화 시 연료의 공급을 차단하여 보일러를 안전하게 하는 안전장치이다.

(2) 전자밸브의 작동원리

2위치 동작으로 전기가 투입되면 코일에 자장이 흘러 밸브가 열리고, 전기가 끊어지면 밸브가 닫힌다(전자기적인 작용에 의해 작동한다).

(3) 전자밸브의 설치위치

연료배관에서 버너 전에 설치되어 있다.

(4) 전자밸브의 종류

직동식: 소용량에 사용

파일럿식: 대용량에 사용

(5) 전자밸브 설치 시의 유의사항

① 입구측에는 가능한 한 여과기를 설치하여야 한다.
② 용량에 맞추어 사용하고 사용전압에 유의하여야 한다.
③ 코일부분이 상부에 위치하도록 수직으로 설치하여야 한다.
④ 출입구를 확인하여 유체의 흐름방향(화살표 방향)과 일치시켜야 한다.

(6) 전자밸브와 연결된 장치

① 화염 검출기
② 수위제한기
③ 압력차단 스위치
④ 송풍기

(7) 전자밸브의 고장원인

① 용수철의 절손이나 장력저하
② 전자코일의 절연저하
③ 밸브축의 구부러짐이나 절손
④ 연료나 배관 내의 이물질 퇴적
⑤ 각 접점의 접촉 불량
⑥ 밸브 시트의 변형이나 손상
⑦ 밸브의 작동이 원활히 되지 않는 코일의 소손

2 급수장치

보일러동 내부로 급수를 공급시키기 위한 일련의 장치이다.

급수장치의 종류 및 급수계통

급수탱크 → 연수기 → 응결수탱크 → 급수관 → 여과기 → 급수펌프 → 수압계 → 급수온도계 → 급수량계 → 인젝터 → 급수체크 밸브 → 급수정지밸브 → 급수내관
(제올라이트 및 탈기기는 급수처리장치이다.)

1) 급수펌프(feed water pump)

① 왕복동식
㉠ 워싱턴 펌프
㉡ 웨어 펌프
㉢ 피스톤 및 플런저 펌프

② 원심식

㉠ 터빈 펌프: 고양정(20m 이상) 저유량(안내 날개 있음)

㉡ 볼류트 펌프: 저양정, 대유량(안내 날개 없음)

(1) 원심펌프(centrifugal pump) 터빈펌프 & 볼류트 펌프

① 터빈펌프는 안내날개(guide vahe)가 있다. 고압(20m 이상) 저유량

② 볼류트 펌프(volute pump)는 안내날개가 없다. 양정 20m 미만 저양정 대유량

③ 용량에 비해 설치면적 작고, 소형이다.

④ 펌프에 충분히 액을 채워야 한다.

플라이밍

원심펌프 가동 전 외부에서 펌프에 물을 채워주는 작업

(2) 플런저 펌프(plunger pump)의 특징

① 보일러에서 발생된 증기압을 이용한 것으로 고압용에 적당하다.

② 비교적 고점도의 액체 수송용으로 적합하다.

③ 유체의 흐름에 맥동을 가져온다.

④ 토출량과 토출압력의 조절이 용이하다.

(3) 웨어 펌프의 특징

① 고압용에 적당하다.

② 유체의 흐름 시 맥동이 일어난다.

③ 토출압의 조절이 용이하다.

④ 고점도의 유체 수송에 적합하다.

(4) 웨스코 펌프(wasco pump)

다수의 홈을 낸 원판상에 임펠러에 의해 유체를 흡입, 토출하는 펌프로 타 펌프에 비하여 정밀도가 높아 소유량, 고양정에 매우 좋으며, 소요마력이 적어 주로 보일러 급수용으로 쓰이는 펌프이다(웨스코 펌프(wasco pump)는 와류(vortex)펌프, 캐스케이드(cascade)펌프, 마찰펌프 또는 재생펌프라고도 불리운다).

① 와류펌프는 점도가 낮은 액체를 소량 보내서 고양정으로 하는 펌프로서 적합하다.

② 가정용 전동우물펌프, 보일러 급수펌프 및 화학공장 등에서 화학약액, 각종 온도에서 물 혹은 저점도 액체를 소량으로 보내는 펌프이다.

③ 펌프의 구조는 간단하지만 원심펌프에 비해 고양정이 되나 펌프효율은 낮으며, 토출력은 소량이므로 토출관 구경이 작고, 소형 펌프로 이용하는 데 적합하다.

(5) 터빈 펌프와 볼류트 펌프의 구분

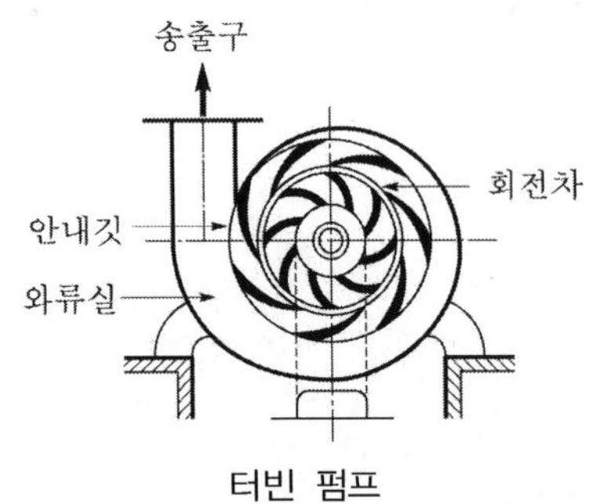

터빈 펌프

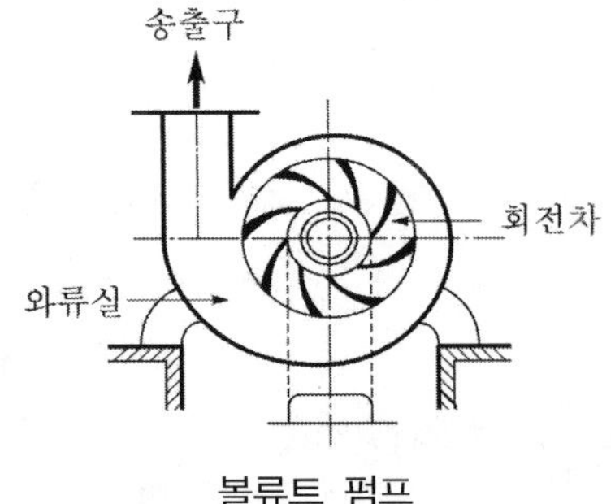

볼류트 펌프

〈터빈 펌프와 볼류트 펌프의 구분〉

터빈 펌프(turbine pump)	볼류트 펌프(volute pump)
① 안내날개(guide vane)가 있다. ② 고양정(20mm 이상) 고압 보일러에 사용된다. ③ 단수조정하여 토출압력을 조정할 수 있다. ④ 효율이 높고, 안정된 성능을 얻을 수 있다. ⑤ 구조가 간단하고, 취급이 용이하여 보수관리가 편리하다. ⑥ 토출흐름이 고르고, 운전상태가 조용하다. ⑦ 고속회전에 적합하며 소형, 경량이다.	① 안내날개(guide vane)가 없다. ② 저양정(20m 미만) 저압 보일러에 사용된다.

(6) 급수펌프의 설치기준

단독으로 최대증발량을 발생하는데 필요한 급수를 할 수 있는 2세트 이상의 펌프를 병렬로 설치해야 한다(2세트란 주펌프 1세트와 보조펌프 1세트를 의미한다).

주펌프 1세트만 설치할 수 있는 경우(보조펌프를 생략 가능한 경우)

① 전열면적이 $12m^2$ 이하의 증기 보일러
② 전열면적이 $14m^2$ 이하의 가스용 온수 보일러
③ 전열면적이 $100m^2$ 미만의 관류 보일러

(7) 급수 펌프의 구비조건

① 부하변동에 대응할 수 있을 것
② 저부하에서도 효율이 좋을 것
③ 고온 및 고압에 충분히 견딜 것
④ 회전식은 고속회전에 안전할 것
⑤ 작동이 확실하고 조작과 보수가 용이할 것
⑥ 병렬운전에 지장이 없을 것

(8) 원심펌프의 시동순서와 정지순서

① 시동순서

송출밸브를 전폐한다. → 펌프에 프라이밍을 한다(펌프 케이싱 안에 물을 채운다). → 펌프를 시동한다(모터의 스위치를 넣는다). → 소정의 압력을 확인 후 송출밸브를 천천히 연다.

② 정지순서

송출밸브 닫는다. → 펌프를 정지시킨다. → 흡입밸브를 닫는다. → 드레인 코크를 열어 드레인을 배출한다. → 필요한 경우 보온한다.

(9) 급수펌프의 소요동력 계산식

소요동력 계산공식

- 소요동력(kW)= $\dfrac{\gamma QH}{102 \times 60 \times \eta} = \dfrac{\gamma QH}{6,120\eta}$
- 소요마력(PS)= $\dfrac{\gamma QH}{75 \times 60 \times \eta} = \dfrac{\gamma QH}{4,500\eta}$

국제(SI)단위에서 펌프 축동력(*Ls*) 구하는 공식

- 축동력$(Ls) = \dfrac{9.8QH}{\text{펌프 효율}(\eta_p)}$[kW]

〈펌프의 상사법칙〉

토출량(양수량)	$Q_2 = Q_1\left(\dfrac{N_2}{N_1}\right)^1\left(\dfrac{D_2}{D_1}\right)^3$	• 회전수 변화의 1승에 비례한다. • 지름 변화의 3승에 비례한다.
양정	$H_2 = H_1\left(\dfrac{N_2}{N_1}\right)^2\left(\dfrac{D_2}{D_1}\right)^2$	• 회전수 변화의 2승에 비례한다. • 지름 변화의 2승에 비례한다.
축동력(마력)	$P_2 = P_1\left(\dfrac{N_2}{N_1}\right)^3\left(\dfrac{D_2}{D_1}\right)^5$	• 회전수 변화의 3승에 비례한다. • 지름 변화의 5승에 비례한다.
효율	$\eta_1 = \eta_2$	• 회전수변화에 관계없이 일정하다.

(10) 펌프의 운전 중 발생되는 이상 현상

- 캐비테이션 현상(cavitation: 공동현상)
- 서징(surging: 맥동) 현상
- 수격작용(water hammering: 워터해머링)

① 캐비테이션 현상(cavitation: 공동현상)

표준대기압 상태에서 펌프가 끌어올릴 수 있는 물의 높이(흡입양정)는 이론적으로 약 10.33m이지만 관 마찰이나 기타의 손실 때문에 실제로는 약 6~7m 정도밖에 안 된다.

그러나 흡입높이가 그 이상이 되거나 또는 물의 온도가 높아지면 펌프의 흡입구 측에서 물의 일부가 증발하여 기포가 되어 펌프의 토출구 측으로 넘어간다. 즉, 물은 대기압 상태에서는 100℃에서 증발하지만 펌프의 흡입구와 같이 대기압 이하로 되면 증발할 수 있는 포화온도는 낮아지고 이는 흡상높이가 클수록 포화온도는 더욱 낮아지므로 쉽게 증발된다. 펌프의 흡입구로 들어온 물 중에 함유되었던 증기의 기포는 임펠러를 거쳐 토출구 측으로 넘어가면 갑자기 압력이 상승되므로 기포는 즉시 소멸된다. 이 소멸되는 순간에 격심한 음향과 진동이 일어나게 되는 현상을 캐비테이션 현상이라 한다.

㉠ 유수 중에 어느 부분의 정압이 그때 물의 온도에 해당하는 증기압 이하로 되어 물이 증발을 일으키고 수중에 용입되어 있던 공기가 낮은 압력으로 인하여 기포가 발생되는 현상이다.

㉡ 펌프의 흡입압력이 부족하면 관중의 수가 역류하면서 수중에 기포가 분리되어 소음 및 진동이 발생되는 현상이다.

㉢ 캐비테이션이 발생하는 가장 큰 원인은 유체의 낮은 증기압이다.

㉣ 캐비테이션 현상의 영향
- ⓐ 소음 및 진동이 발생한다.
- ⓑ 날개깃에 침식을 가져온다.
- ⓒ 양정곡선 및 효율곡선이 저하된다.
- ⓓ 심할 경우는 양수가 불능된다.

㉤ 캐비테이션 현상의 발생조건
- ⓐ 펌프와 흡수면의 수직거리가 너무 길 때(흡입양정이 지나치게 길 때)
- ⓑ 날개차의 원주속도가 클 경우 및 날개차의 모양이 적당하지 않을 경우
- ⓒ 관로 내에 온도상승 시(관속을 유동하고 있는 물속의 어느 부분이 고온일수록)
- ⓓ 과속으로 유량이 증대될 때(펌프입구 부분)
- ⓔ 흡입관 입구 등에서 마찰저항 증대될 때

㉥ 캐비테이션 현상의 방지대책
- ⓐ 양흡입 펌프를 사용한다.
- ⓑ 펌프를 2대 이상 설치한다.
- ⓒ 펌프의 회전수를 낮추어 흡입 비교 회전도를 적게 한다.
- ⓓ 펌프의 설치위치를 낮추어, 흡입양정을 짧게 한다.
- ⓔ 관지름을 크게 하고, 흡입측의 저항을 최소로 줄인다.
- ⓕ 수직축 펌프를 사용한다.
- ⓖ 회전차를 수중에 완전히 잠기게 한다(액중펌프를 사용한다).

② 서징 현상(surging : 맥동)

펌프를 운전하였을 때 주기적으로 운동, 양정, 토출량이 규칙 바르게 변동하는 현상으로 펌프 입구 및 출구에 설치된 진동계, 압력계의 지침이 흔들림과 동시에 유량이 감소하는 현상이다.

㉠ 펌프의 송출압력과 송출유량 사이에 주기적인 변동이 일어나는 현상이다.

㉡ 주기는 10~1/10 사이클이다.

㉢ 압축기와 펌프에서 공통으로 일어날 수 있는 현상이다.

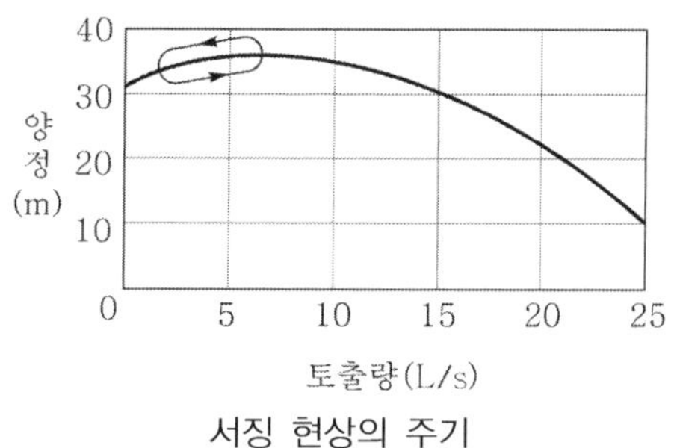

서징 현상의 주기

㉣ 서징(surging) 현상의 발생원인

ⓐ 펌프의 양정곡선이 산형이고, 그 사용범위가 우상 특성일 때

ⓑ 토출량(수량)조정밸브가 수조(물탱크)나 공기저장기보다 하류에 있을 때

ⓒ 토출 배관 중에 수조 또는 공기저장기가 있을 때

㉤ 서징(surging) 현상의 방지대책

ⓐ 방출밸브 등을 사용하여 펌프 속의 양수량을 서징할 때의 양수량 이상으로 증가시킨다.

ⓑ 임펠러나 가이드 베인의 형상과 치수를 바꾸어 그 특성을 변화시킨다.

ⓒ 관로에 불필요한 잔류공기를 제거하고 관로의 단면적 및 유속 등을 변화시킨다.

③ 수격작용(water hammering)

펌프에서 물을 압송하고 있을 때 정전 등으로 급히 펌프가 멈춘 경우와 수량조절밸브를 급히 개폐한 경우 등 관내의 유속이 급변하면서 물에 심한 압력변화가 생기는 현상이다.

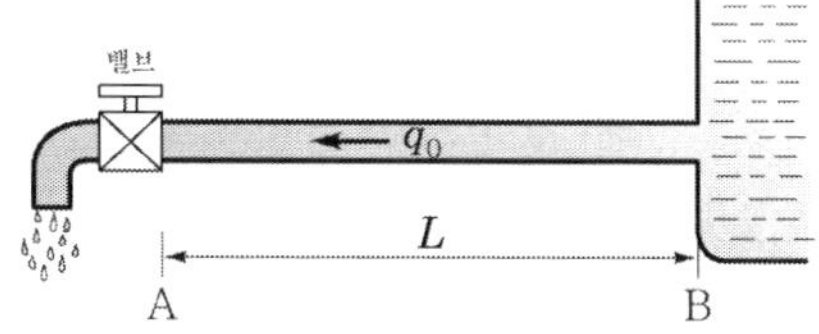

㉠ 수격작용의 방지법

ⓐ 토출구에 완폐 체크 밸브를 설치하고 밸브를 적당히 제어한다.

ⓑ 관지름을 크게 하고 관내 유속을 느리게 한다(1m/s 정도).

ⓒ 관로 내에 공기실이나 조압수조(surge tank)를 설치한다(압력상승 시 공기가 완충 역할을 하여 고압발생을 막는다).

ⓓ 플라이휠을 설치하여 펌프 속도의 급변을 막는다.

ⓔ 수주분리가 발생할 염려가 있는 부분에서는 공기밸브를 설치하여 부압이 되면 자동적으로 공기를 흡입하여 이를 방지시킨다.

㉡ 수주분리: 유속이 급격히 저하되었을 때 입상관의 상부일수록 압력강하가 심해져 그곳에서의 부압이 그 액의 증기압 이하가 되어 액이 분리하는 현상으로 수주분리가 일어난 경우 다음 순간에는 분리된 액이 다시 결합하므로 순간적으로 큰 압력이 생겨 파이프를 파괴시킬 수도 있다.

(11) 펌프에서 물이 올라오지 않는 원인

① 흡입관에 공기 누입 시(흡입관에 누설개소 있을 때)
② 흡수면 이하로 물이 있을 때(탱크 내 물이 내려갔을 때)
③ 흡입관이 막혀 있을 때(여과기의 막힘, 흡입밸브가 완전히 열리지 않음, 배관 구경이 작을 때)

(12) 펌프 배관에서 펌프의 양정이 불량한 이유

① 회전방향이 역회전 방향인 경우
② 펌프 내에 공기가 차 있는 경우
③ 흡입관의 이음쇠 등에서 공기가 새는 경우

(13) 기타 급수장치에 관한 중요사항

① 급수펌프를 작동시키고 전류를 측정한 결과 규정전류 이상이 되었다면 조치할 사항은 토출밸브를 서서히 닫아야 한다.
② 급수탱크는 급수펌프에서 될 수 있는 한 높은 곳에 고정하는 것이 바람직하다.
③ 펌프 설치 시 흡입관의 수평부 끝올림 구배는 1/50~1/100이다.
④ 복수를 공급하는 난방용 보일러를 제외하고 급수를 분출관으로부터 송입해서는 안 된다.
⑤ 펌프 설치위치는 가능한 흡수원에 가까이 하고, 흡수원으로부터 흡입관의 길이도 짧게 한다.

2) 인젝터(injector)

증기의 열에너지를 압력에너지로 전환시키고 다시 운동에너지로 바꾸어 급수하는 비동력용 급수장치이다. 즉 보일러에서 발생하는 증기의 분사력을 이용하여 급수하는 저압 보일러용 급수장치이다.

- 보일러에서 발생된 증기를 이용하여 급수하는 예비 급수장치이다.
- 인젝터는 일반적으로 예비급수장치로서 1개월에 1회 시운전을 하고 작동이 양호한지를 확인한다.
- 인젝터는 즉시 연료(열)의 공급이 차단되지 않아 과열될 염려가 있는 보일러에 설치한다.

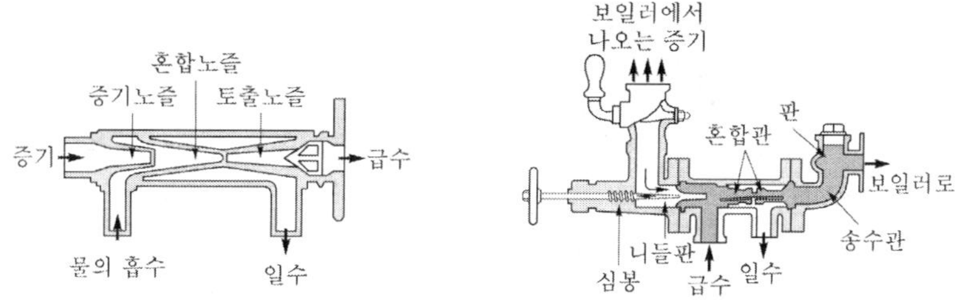

인젝터의 구조

(1) 인젝터의 급수원리(증기의 분사력 이용)

보일러에서 발생된 증기의 열에너지가 운동에너지, 압력에너지로 변화되면서 급수가 되는 원리를 이용한다.

〈인젝터의 장점 및 단점〉

장점	단점
① 구조가 간단하고 취급용이하다. ② 설치장소를 적게 차지한다. ③ 증기와 물이 혼합되어 급수가 예열되는 효과가 있다. ④ 가격이 저렴하다.	① 양수효율이 낮다. ② 급수량 조절이 어렵다. ③ 이물질의 영향을 많이 받는다.

(2) 인젝터의 구성

① 노즐: 증기노즐, 혼합노즐, 토출(방출)노즐

② 밸브: 흡수밸브, 증기밸브, 일수밸브, 급수(토출)밸브

(3) 인젝터의 작동 불능 원인

① 내부 노즐에 이물질이 부착되어 있는 경우

② 체크 밸브가 고장난 경우 및 부품이 마모되어 있는 경우

③ 급수의 온도가 너무 높을 때[328K(55℃) 이상]

④ 증기압력이 너무 높거나[1MPa(10kg/cm^2) 이상], 너무 낮을 때[0.2MPa(2kg/cm^2) 이하]

⑤ 흡입관로 및 밸브로부터 공기가 유입되었을 때

⑥ 인젝터 자체가 과열되었을 때

⑦ 노즐이 막히거나 확대되었을 때

⑧ 증기 속에 수분이 다량 혼입되었을 때

(4) 인젝터의 작동순서와 정지순서

① 작동순서
급수밸브(토출밸브)를 연다. ③ → 흡수밸브를 연다. ② → 증기흡입 밸브를 연다. ① → 인젝터 핸들을 연다. ④

② 정지순서
인젝터 핸들을 닫는다. ④ → 증기흡입 밸브를 닫는다. ① → 흡수밸브를 닫는다. ② → 급수밸브(토출밸브)를 닫는다. ③

증기밸브를 먼저 닫는 이유
증기밸브를 먼저 닫지 않으면 화상 또는 시야 확보가 되지 않아 안전사고 발생이 높다.

3) 급수밸브(급수정지밸브)와 급수 체크밸브(check valve)

(1) 급수밸브 및 급수 체크밸브의 설치방법

① 급수관에는 보일러에 인접하여 급수밸브와 체크밸브를 설치하여야 한다.
② 이 경우 급수밸브가 밸브 디스크를 밀어 올리도록 급수밸브를 부착하여야 하며 1조의 밸브 디스크와 밸브시트가 급수밸브와 체크밸브의 기능을 겸하고 있어도 별도의 체크밸브를 설치하여야 한다.

(2) 급수밸브 및 체크밸브의 크기

① 전열면적 $10m^2$ 이하: 15mm 이상
② 전열면적 $10m^2$ 초과: 20mm 이상

(3) 급수 체크밸브(Feed check valve)의 기능과 종류

① 구조: 유체의 흐름이 한 방향으로만 흐르도록 되어 있다.
② 기능: 보일러수의 역류를 방지한다.
③ 종류
㉠ 스윙식: 수평 및 수직배관에 사용가능하다.
㉡ 리프트식: 수평배관에만 사용가능하다.

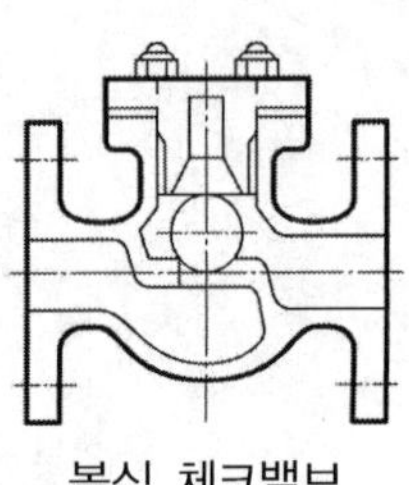
볼식 체크밸브

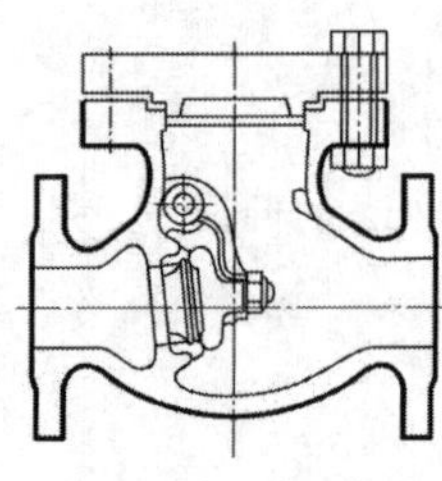
스윙식 체크밸브

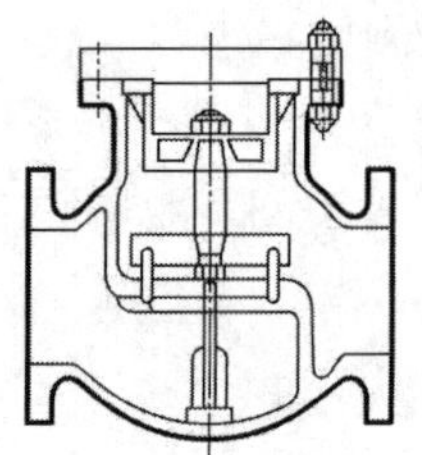
리프트식 체크밸브

(4) 급수 체크밸브의 생략조건

최고사용압력 0.1MPa(1kgf/cm^2) 미만인 보일러는 생략이 가능하다.

4) 급수내관

(1) 급수내관의 설치목적

① 급수를 동내 전체에 고르게 분포시켜 동의 부동팽창을 방지한다(집중급수방지).

② 내관을 통과하면서 급수가 예열되는 효과가 있다.

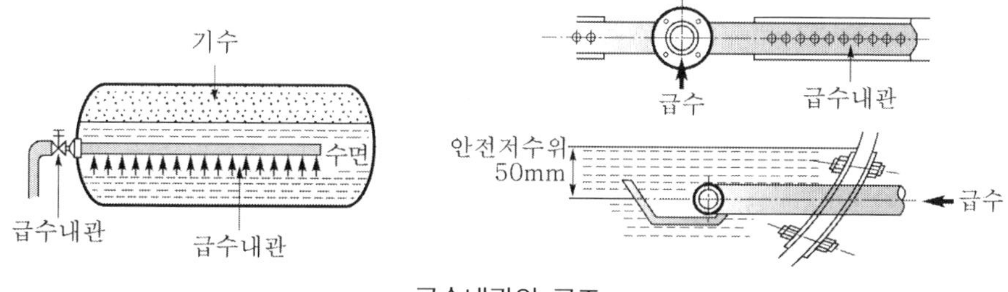

급수내관의 구조

(2) 급수내관의 설치위치

안전저수면보다 약간 아래(약 50mm)에 설치한다.

(3) 급수내관의 설치위치가 너무 높을 경우와 낮을 경우 장해

높을 경우	낮을 경우
① 급수내관이 증기부에 노출될 경우 과열의 원인 ② 증기부에 수분이 혼입 습증기 발생	① 보일러동 저부를 과냉각시킴 ② 보일러 정지 시 침전물에 의해 급수내관 막힘 ③ 급수밸브 고장 시 역류위험이 크다.

참고

급수내관은 분해 정비한다.
급수내관은 안전저수면보다 약간 아래(약 50mm)에 설치한다.

5) 환원기

증기압과 수압을 이용한 비동력용 급수장치이다.

6) 응축수 탱크(Condensate water tank)

(1) 응축수 탱크의 설치목적

각 증기 소비처에서 발생한 응축수를 보일러에 재사용하기 위하여 응축수를 모아두는 역할을 한다.

- 응축수: 증기가 열을 방출하여 다시 물이 된 것으로 응결수, 복수라고도 한다.
- 응축수 탱크 내의 온도는 일반적으로 60~80℃ 정도이다.

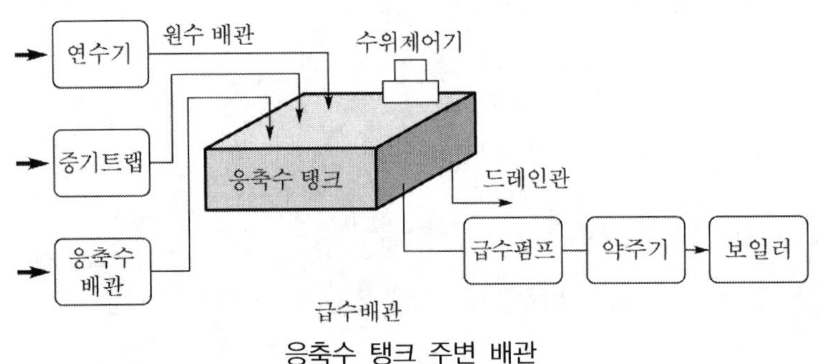

응축수 탱크 주변 배관

(2) 응축수 재사용 시의 이점

급수처리 비용절감, 폐수 비용절감, 급수의 질 향상, 보일러 효율증대

① 불순물의 함량이 적어 급수처리 비용이 절감된다(용존산소는 차가운 물에는 쉽게 용해되고 온도가 높아질수록 방출되므로 온도가 높아지면 결과적으로 필요로 하는 탈산소제의 양을 줄일 수 있고, 보일러의 블로다운량을 줄일 수 있어 경제적이다).

② 열을 가지고 있어 보일러동의 부동팽창(열응력) 방지 및 증기발생시간이 단축된다(연료를 절감시키는 등 경제적인 운전을 할 수 있다).

- 응축수를 회수하여 급수를 가열하는 경우에는 운전조건과 증발배수에 따라 다소 차이는 있지만 급수온도가 6~7℃ 가열되면 1% 정도의 연료가 절감된다.

(3) 응축수 탱크의 크기

펌프용량의 2배 이상으로 한다(응축수 펌프 용량은 응축수 발생량의 3배 이상으로 한다).

7) 급수탱크의 설치기준 및 급수탱크의 수위조절기

(1) 급수탱크의 설치기준

① 급수탱크를 지하에 설치하는 경우에는 지하수, 하수, 침출수 등이 유입되지 않도록 하여야 한다.

② 급수탱크의 크기는 용도에 따라 1~2시간 정도 급수를 공급할 수 있는 크기로 한다.

③ 급수탱크는 뚜껑이나 맨홀을 설치하여 눈, 비나 먼지, 이물질이 급수탱크에 들어가지 않도록 하여야 한다.
④ 급수탱크는 얼지 않도록 보온 등 방호조치를 하여야 한다.
⑤ 급수탱크는 부식으로 인해 녹물이 발생되지 않는 재질을 선정하는 것이 좋다.
⑥ 급수탱크에서 벤트가 발생하는 경우 벤트되는 증기를 응축하기 위한 장치를 설치하는 것이 바람직하다.
⑦ 응축수를 급수탱크로 유입하는 경우 벤트증기의 유입으로 워터해머 진동이 발생하는 것을 방지하기 위한 적절한 장치를 하는 것이 바람직하다.
⑧ 탈기기가 없는 시스템의 경우는 적절한 급수온도를 유지하기 위한 가열장치를 설치하는 것이 바람직하다.
⑨ 급수탱크의 수위를 일정하게 유지하기 위하여 보급수 배관에 적정한 수위제어 장치를 설치한다.
⑩ 급수펌프의 펌핑 시 캐비테이션이 발생하지 않도록 급수온도를 고려하여 탱크의 설치위치 및 높이를 결정한다.

(2) 급수탱크 수위조절기의 종류 및 특징

구분	플로트식	부력형	수은 스위치	전극형
특징	① 기계적으로 작동이 확실하다. ② 수면의 변화에 좌우된다. ③ 플로트로의 침수가능성이 있다.	① 내식성이 강하다. ② 물의 움직임에 영향을 받는다.	① 내식성이 있다. ② 수면의 유동에서도 영향을 받는다.	① on-off의 스팬이 긴 경우는 적합하지 않다. ② 스팬의 조절이 곤란하다.

8) 급수장치의 동력용(전력)과 비동력용의 구분

동력용	비동력용
① 터빈 펌프(원심펌프) ② 볼류트 펌프(원심펌프)	① 워싱턴 펌프(왕복동식 펌프): 증기압 이용 ② 웨어 펌프(왕복동식 펌프): 증기압 이용 ③ 인젝터: 증기의 분사력 이용 ④ 환원기: 증기압과 수두압 이용

3 보일러 계측장치

1) 수면계

(1) 수면계의 설치목적

증기 보일러에서 동 내부의 수면위치를 지시하는 장치이다(온수 보일러에는 수위계(수고계)를 설치한다).

수면계의 장착도

(2) 수면계의 설치기준

① 증기 보일러에는 2개 이상 설치한다.
② 소형 관류 보일러는 1개 이상 설치 가능하다.
③ 단관식 관류 보일러는 설치하지 않아도 된다.
④ 최고사용압력이 1MPa 이하로 동체의 안지름이 750mm 미만인 경우에는 1개는 다른 종류의 수면측정장치로 하여도 무방하다.
⑤ 2개 이상의 원격지시 수면계를 시설하는 경우에 한하여 유리 수면계를 1개 이상으로 할 수 있다.

(3) 수면계의 부착방법

① 수면계의 유리 최하단부가 안전저수위와 일치하도록 하여, 보일러 본체 및 수주관에 부착한다.
② 수주관은 2개의 수면계에 대하여 공동으로 할 수 있고, 저수위 차단장치와도 공동으로 사용할 수 있다.

〈수면계 부착위치〉

보일러의 종별	부착위치
직립 보일러	연소실 천장판 최고부(플랜지부 제외) 위 75mm
직립연관 보일러	연소실 천장판 최고부 위 연관길이의 1/3
수평연관 보일러	연관의 최고부 위 75mm
노통연관 보일러	연관의 최고부 위 75mm, 다만 연관 최고부 위보다 노통 윗면이 높은 것으로서는 노통 최고부(플랜지부를 제외) 위 100mm
노통 보일러	노통 최고부(플랜지부를 제외) 위 100mm

(4) 보일러에 설치된 수면계의 기능시험 시기

① 수면계 유리의 교체, 그 외의 보수를 했을 때
② 프라이밍 및 포밍 발생하였을 때
③ 취급담당자 교대 시 다음 인계자가 사용할 때
④ 보일러를 가동하기 전
⑤ 보일러를 가동하여 압력이 상승하기 시작했을 때
⑥ 2개의 수면계 수위가 서로 다를 때
⑦ 난면계의 수위가 움직이지 않을 때(수위 움직임이 둔하고, 정확한 수위인지 아닌지 의문이 생길 때)

- 증기압이 없을 때 수면계 점검은 공기를 누입시키는 원인이 된다.

(5) 수면계의 파손원인

① 유리관의 상하 중심선이 일치하지 않을 경우
② 유리에 갑자기 열을 가했을 때(유리의 열화)
③ 수면계의 조임 너트를 너무 조인 경우
④ 내·외부에서 충격을 받았을 때
⑤ 유리관의 상하 중심선이 일치하지 않을 경우

(6) 수면계의 기능점검

수면계의 유리에 수위가 나타나 있지 않을 때는 보일러에 물이 있는지 없는지 확실하게 판단이 서지 않는 경우가 있다. 이러한 때는 수면계를 토출시켜 분출관에서 포화수가 나오는지, 증기가 나오는지, 물이 있는지 없는지를 판단할 수 있다.

① 포화수가 분출할 때는 자기 증발로 급격히 체적이 팽창하기 때문에 넓은 각도로 분출한다.
② 증기가 분출할 때는 그 넓이가 작다.

(7) 수면계 취급상의 주의사항(KBO)

① 수주연결관은 수측 연결관의 도중에 오물이 끼기 쉬우므로 하향 경사하는 배관은 피하는 것이 좋다. 또한 구부러지는 부분에는 점검, 청소하기 좋도록 플러그를 설치하고, 그 플러그를 떼어내어 청소한다.
② 외부연소 횡연관 보일러에서 연결관이 연도 내를 통과하는 부분에는 내화재 등을 감아 단열을 완전하게 한다.
③ 수주관 하부의 분출관은 매일 1회 분출하여 수측 연결관의 찌꺼기를 배출한다.
④ 차압식의 원격수면계는 도중에 누설이 생기는 경우 현저하게 오차가 생기므로 누설을 완전히 방지하여야 한다.
⑤ 조명은 충분하게 하고 유리는 항상 청결하게 유지한다(현저하게 더러울 때는 깨끗한 유리로 교체한다).
⑥ 수면계의 기능시험은 매일(1일 1회 이상) 실시한다(시험은 점화할 때에 압력이 있는 경우는 점화 직전에 실시하고, 압력이 없는 경우에는 증기압력이 상승하기 시작할 때에 시작한다).
⑦ 수면계의 코크는 누설되기 쉬우므로 6개월 주기로 분해정비하여 조작하기 쉬운 상태로 유지한다.
⑧ 수면계가 수주관에 설치되어 있는 경우에는 수주연결관 도중에 있는 정지밸브의 개폐를 오인하지 않도록 하여야 한다(오인하기 쉬운 밸브의 핸들은 완전히 연 상태에서 핸들을 떼어두는 것이 좋다).

(8) 수주관의 구조

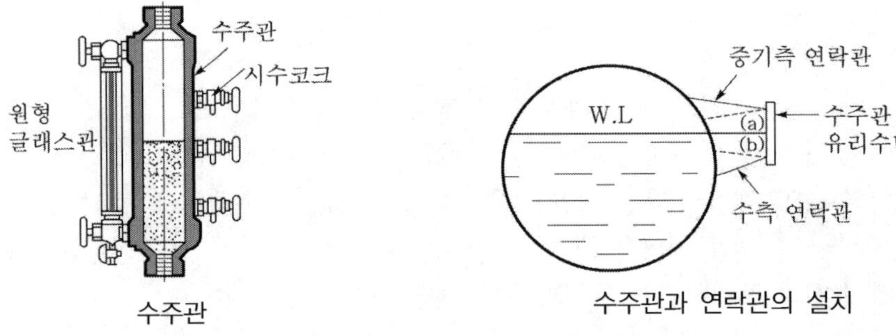

수주관　　　　수주관과 연락관의 설치

① 최고사용압력 1.6MPa 이하의 보일러의 수주관은 주철제로 할 수가 있다.
② 수주관에는 호칭지름 20A 이상의 분출관을 장치해야 한다.
③ 수주관과 보일러를 연결하는 연락관은 호칭지름 20A(mm) 이상으로 다음 조건을 갖추어야 한다.
　㉠ 증기측 연락관은 수주관 또는 보일러에 부착할 때, 그 위치는 수면계가 보이는 최고수위보다 아래에 있어서는 안 된다(점선 (a)와 같은 설치는 금지한다).
　㉡ 물측 연락관 및 수주관 내부는 청소가 용이하게 할 수 있도록 하여야 한다.
　㉢ 연락관에 밸브 또는 코크를 설치하는 경우에는 한눈에 그것의 개폐 여부를 알 수 있는 구조로 하여야 한다.

㉣ 물측 연락관을 수주관 또는 보일러에 부착하는 구멍 입구는 수면계가 보이는 최저수위보다 위에 있어서는 안 된다(점선 (b)와 같은 설치는 금지한다).

수주관을 설치하는 이유

① 관내 프라이밍 포밍 발생시 수위교란이 수면계 및 고저수위 경보장치에 전달되는 것 방지
② 수면계 및 고저수위경보장치의 부착으로 인한 동체의 내압강도 저하 방지
③ 관수 중 불순물로 인한 통수공 및 통기공 막힘 방지

2) 수위계의 설치기준

① 수위계의 최고눈금은 보일러의 최고사용압력의 1배 이상 3배 이하로 하여야 한다.
② 온수발생 보일러에는 보일러 동체 또는 온수의 출구 부근에 수위계를 설비하고 이것에 가까이 부착한 코크를 닫을 경우 이외에는 보일러와의 연락을 차단하지 않도록 하여야 하며 이 코크의 핸들은 코크가 열려 있을 경우에 이것을 부착시킨 관과 평행되어야 한다.

3) 압력계

보일러에는 KSB 5305(부르동관 압력계)에 따른 압력계 또는 이와 동등 이상의 성능을 갖춘 압력계를 부착하여야 한다.

◉ 보일러에는 부르동관(Bourdon pipe)식 압력계를 설치하여야 한다.

(1) 압력계의 크기

증기 보일러에 부착하는 압력계 눈금판의 바깥지름은 100mm 이상으로 하고, 그 부착 높이에 따라 용이하게 지침이 보이도록 하여야 한다.

단, 60mm 이상인 것을 부착할 수 있는 경우

① 최고사용압력 0.5MPa(5kgf/cm^2) 이하의 보일러로 동체의 안지름이 500mm 이하이며 동체의 길이가 1,000mm 이하인 보일러
② 최고사용압력이 0.5MPa(5kgf/cm^2) 이하의 보일러로 전열면적 2m^2 이하인 보일러
③ 최대증발량이 5t/h 이하의 관류 보일러
④ 소용량 보일러

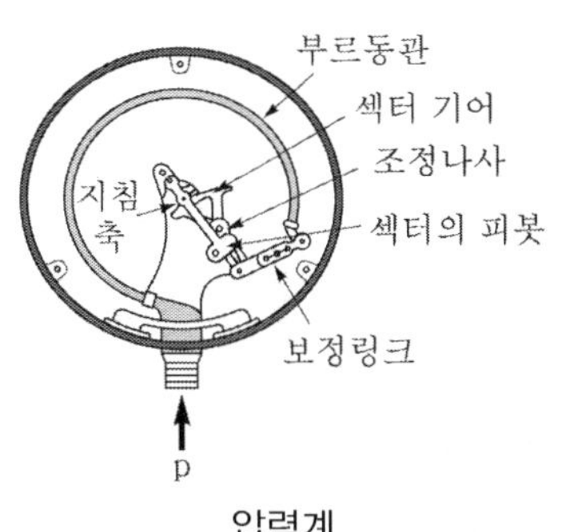

압력계

(2) 보일러에 설치해야 하는 압력계: 부르동관(Bourdon pipe)식 압력계

작동원리

압력이 작용하면 타원형의 부르동관이 밖으로 팽창하여 링크에 힘이 전달되어 섹터기어가 좌회전하면 피니언기어가 우회전하면서 지침이 정확한 압력을 지시하게 된다.

(3) 사이펀관(Siphon pipe) 부착

① 사이펀관을 부착하는 압력계: 부르동관(Bourdon)식
② 부착 이유: 고온의 증기 침입을 막아 압력계의 보호 및 오차방지
③ 크기: 6.5mm 이상
④ 사이펀관 속에 들어 있는 유체: 물

(4) 압력계와 연결된 증기관의 크기

① 강관: 12.7mm 이상
② 동관 및 황동관: 6.5mm 이상
③ 동관 및 황동관을 사용할 수 없는 경우: 증기의 온도가 483K(210℃) 넘을 때는 사용금지

(5) 압력계의 눈금범위

최고사용압력의 1.5배 이상, 3배 이하

(6) 압력계의 시험방법 및 시기

압력계시험은 압력계시험기로 하는 방법과 시험기에 의해 합격된 시험전용 압력계를 이용하여 비교시험을 하는 방법이 있다.

(7) 압력계의 시험시기

① 계속사용검사 시
② 장기간 휴지 후 사용하고자 할 때
③ 안전밸브의 실제 분출압력과 설정압력이 맞지 않을 때
④ 압력계 지침의 움직임이 나쁘고 기능에 의심이 가는 경우
⑤ 프라이밍, 포밍 등으로 압력계에 영향이 미쳤다고 생각되는 경우

(8) 압력계의 부착

증기 보일러의 압력계 부착은 다음에 따른다.

① 압력계는 원칙적으로 보일러실에 눈금판의 눈금이 잘 보이는 위치에 부착하고 얼지 않도록 하며 그 주위의 온도는 사용상태에 있어서 KSB 5305에 규정하는 범위 안에 있어야 한다.

② 압력계와 연결된 증기관은 최고사용압력에 견디는 것으로서 그 크기는 황동관 또는 동관을 사용할 때에는 안지름 6.5mm 이상, 강관을 사용할 때에는 12.7mm 이상이어야 하며 증기온도가 483K(210℃)를 넘을 때에는 황동관 또는 동관을 사용하여서는 안 된다.

③ 압력계에는 물을 넣은 안지름 6.5mm 이상의 사이펀관 또는 동등한 작용을 하는 장치를 부착하여 증기가 직접 압력계에 들어가지 않도록 하여야 한다.

④ 압력계의 코크는 그 핸들을 수직인 증기관과 동일방향에 놓인 경우에 열려 있는 것이어야 하며 코크 대신 밸브를 사용할 경우에는 한눈으로 개폐 여부를 알 수가 있는 구조로 하여야 한다.

⑤ 압력계와 연결된 증기관의 길이가 3m 이상이며 관의 내부를 충분히 청소할 수 있는 경우에는 보일러의 가까이에 열린 상태에서 봉인된 코크 또는 밸브를 두어도 좋다.

⑥ 압력계의 증기관이 길어서 압력계의 위치에 따라 수두압에 따른 영향을 고려할 필요가 있을 경우에는 눈금에 보정을 하여야 한다.

(9) 시험용 압력계 부착장치

보일러 사용 중에 그 압력계를 시험하기 위하여 시험용 압력계를 부착할 수 있도록 나사의 호칭지름 PF 1/4(B), PT 1/4(B)의 관용나사를 설치해야 한다. 다만, 압력계 시험기를 별도로 갖춘 경우에는 이 장치를 생략할 수 있다.

(10) 압력계의 연락관이 긴 경우의 설치

① 압력계의 연락관 길이가 3m 이상인 경우에 그 연락관의 내부를 충분히 청소할 수 있는 구조이어야 하고 그 보수 점검상 코크나 밸브를 설치할 수 있다.

② 청소나 점검 후에 코크나 밸브 여는 것을 잊게 되면 압력계가 보일러의 측정위치 압력을 표시할 수 없으며 관리상 위험하므로 반드시 연결관에 설치되는 코크나 밸브는 폐쇄가 불가능하도록 봉쇄된 구조이어야 한다.

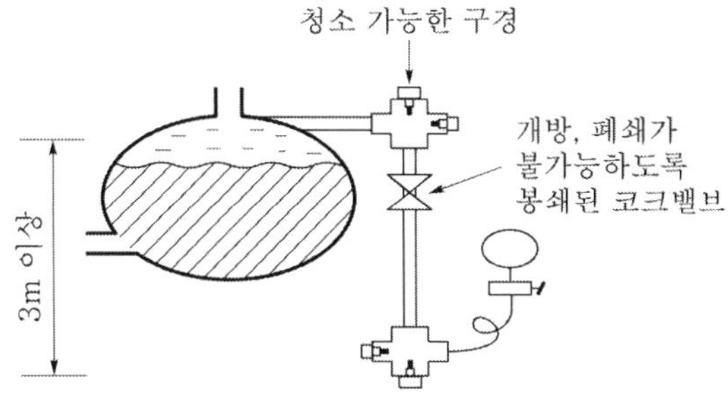

압력계의 연락관이 긴 경우의 압력계 설치

(11) 압력계 및 수고계의 일반사항

① 압력계는 고장 나기 쉬운 물건이므로 조심해서 취급하고 항상 기능이 정상인지 아닌지에 대해서 주의하지 않으면 안 된다.

② 압력계의 최고눈금은 보일러 최고사용압력의 1.5~3배 이내이어야 한다. 일반적으로 2배 정도를 선택하는 것이 좋다. 그것은 최고사용압력의 눈금이 중앙의 위치에 놓여서 눈금보기가 편리하기 때문이다.

③ 최고사용압력의 지시눈금은 빨간색으로 표시하고, 정상 압력은 다른 색(예를 들면 녹색)으로 표시하는 것이 좋다.

(12) 압력계 및 수고계의 취급 주의사항

① 온도가 353K[80℃] 이상 올라가지 않도록 한다. 부르동관 내에 직접 증기가 들어가면 고장이 나기 쉬우므로 사이펀관에 물이 가득 차지 않으면 안 된다.
압력계를 부착할 때에는 사이펀관의 상태에 이상이 없는지 확인하여야 한다.

② 압력계 사이펀관의 수직부에 코크를 설치하고 코크의 핸들이 축방향과 일치할 때에 열린 것이어야 한다.

③ 압력계의 위치가 보일러 본체로부터 멀리 있어 긴 연락관을 사용할 때에는 본체의 가까운 곳에 정지밸브를 설치할 필요가 있지만 이 경우 정지밸브를 완전히 열어 고정하든지 또는 핸들을 뽑아둔다.

④ 압력계를 떼어내었을 때에는 코크, 사이펀관, 연락관을 불어내고 이물질 및 녹 등을 제거한다. 스케일이 부착되어 있는 경우에는 완전히 청소하거나 또는 새것으로 교체한다.

⑤ 한냉기에 장기간 사용하지 않을 경우에는 동결로 인하여 고장이 발생되므로 압력계를 떼어내어 보관하고, 연락관, 사이펀관을 비워둔다.

⑥ 압력계는 고장이 나서 바꾸는 것이 아니라 일정사용기간을 정하고 정기적으로 교체해야 한다. 원칙적으로 매 1년에 1회, 압력계의 시험을 하는 것이 필요하다.

⑦ 항상 검사 받은 정확한 압력계 예비품을 1개 준비해두고 사용 중 압력계의 기능이 의심스러울 때에는 수시로 연락관 코크를 닫고 예비압력계로 교체하여 비교하여 본다.

(13) 기타 압력계에 관한 중요사항

① 보일러 운전 중 압력계의 정상 작동 여부를 확인하는 방법
  - 삼방코크로 압력계의 0점을 확인한다.

② 탄성식 압력계의 종류: 부르동관식, 벨로즈식, 다이어프램식

③ 압력계의 코크는 그 핸들을 수직인 증기관과 동일방향에 놓은 경우에 열려 있는 것이어야 한다.

④ 동결하지 않도록 한다(주위온도를 4~65℃ 정도로 유지).

⑤ 급격한 온도변화 및 충격을 피한다.

4) 온도계의 설치기준

아래의 곳에는 KBS 5320(공업용 바이메탈식 온도계) 또는 이와 동등 이상의 성능을 가진 온도계를 설치하여야 한다. 다만, 소용량 보일러 및 가스용 온수 보일러는 배기가스온도계만 설치하여도 좋다.

① 유량계(가스미터)를 통과하는 온도를 측정할 수 있는 온도계
② 온도계의 감온부는 측정대상 유체의 온도를 항시 감지할 수 있는 위치에 설치하여야 한다.
③ 급수입구의 급수온도계
④ 버너입구의 급유온도계(다만, 예열을 필요로 하지 않는 것은 제외한다.)
⑤ 절탄기(급수예열기) 또는 공기예열기가 설치된 경우에는 각 유체의 전후 온도를 측정할 수 있는 온도계(다만, 포화증기의 경우에는 압력계로 대신할 수 있다.)
⑥ 보일러 본체의 배기가스온도계(단, 절탄기 및 공기예열기 설치 시는 생략)
⑦ 과열기 또는 재열기가 있는 경우에는 그 출구 온도계

5) 유량계의 설치기준

① 용량 1t/h 이상의 보일러에는 기름유량계 또는 가스계량기, 수량계를 설치하여야 한다.
② 각 유량계는 해당온도 및 압력 범위에서 사용할 수 있어야 하고, 유량계 앞에 여과기가 있어야 한다.

(1) 수량계의 설치

급수관에는 적당한 위치에 고압용 수량계(KS B 5336) 또는 이와 동등 이상의 성능을 가진 수량계를 설치하여야 한다(다만, 온수발생 보일러는 제외한다).

(2) 유량계의 설치

유류용 보일러에는 연료의 사용량을 측정할 수 있는 오일미터(KS B 5328) 또는 이와 동등 이상의 성능을 가진 유량계를 설치하여야 한다(다만, 2t/h 미만의 보일러로서 온수발생 보일러 및 난방전용 보일러에는 CO_2 측정 장치로 대신할 수 있다).

(3) 가스계량기 설치

가스용 보일러에는 가스사용량을 측정할 수 있는 가스계량기를 설치하여야 한다(다만, 가스계량기가 보일러실 안에 설치되는 때에는 다음 각 호의 조건을 만족하여야 한다).

① 가스계량기는 화기(당해 시설 내에서 사용하는 자체화기를 제외한다)와 2m 이상의 우회거리를 유지하는 곳으로서 수시로 환기가 가능한 장소에 설치하여야 한다.
② 가스계량기는 전기계량기 및 전기개폐기와의 거리는 60cm 이상, 굴뚝(단열조치를 하지 아니한 경우), 전기점멸기 및 전기접속기와의 거리는 30cm 이상, 절연조치를 하지 아니한 전선과의 거리는 15cm 이상의 거리를 유지하여야 한다.

③ 가스의 전체 사용량을 측정할 수 있는 유량계가 설치되었을 경우는 각각의 보일러마다 설치된 것으로 본다.
④ 가스계량기는 당해 도시가스 사용에 적합한 것이어야 한다.

4 열교환기(heat exchanger)

열교환기란 서로 온도가 다르고, 고체벽으로 분리된 두 유체 사이에 열교환을 수행하는 장치를 열교환기라 하며, 난방, 공기조화, 동력발생, 폐열회수 등에 널리 이용된다.

용도

냉각 및 가열, 폐열회수, 증발 및 응축
현장에서 가장 많이 설치되는 열교환기의 형식: 다관 원통형

1) 원통 다관식(shell & tube) 열교환기

가장 널리 사용되고 있는 열교환기로 폭넓은 범위의 열전달량을 얻을 수 있으므로 적용범위가 매우 넓고, 신뢰성과 효율이 높다.

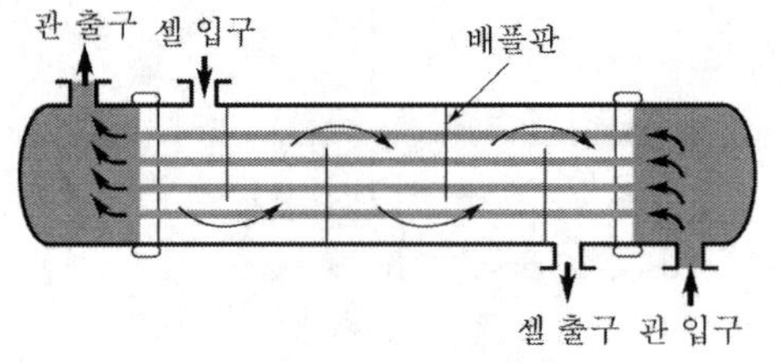

원통 다관식 열교환기

2) 이중관식(double pipe type) 열교환기

외관 속에 전열관을 동심원 상태로 삽입하여 전열관 내 외관동체의 환상부에 각각 유체를 흘려서 열교환시키는 구조이다. 구조는 비교적 간단하며 가격도 싸고 전열면적을 증가시키기 위해 직렬 또는 병렬로 같은 치수의 것을 쉽게 연결시킬 수가 있다. 그러나 전열면적이 증대됨에 따라 다관식에 비해 전열면적당의 소요용적이 커지며 가격도 비싸게 되므로 전열면적이 $20m^2$ 이하의 것에 많이 사용된다.

3) 평판형(plate type) 열교환기

유로 및 강도를 고려하여 요철(오목, 볼록)형으로 프레스 성형된 전열판을 포개서 교대로 각기 유체가 흐르게 한 구조의 열교환기이다. 전열판은 분해할 수 없으므로 청소가 완전히 되고 보존점검이 쉬울 뿐 아니라 전열판매수를 가감함으로써 용량을 조절할 수 있다. 전열면

을 개방할 수 있는 형식의 고무나 합성수지 가스킷을 사용하고 있으므로 고온 또는 고압용으로서는 적당하지 않다.

4) 코일식(coil type) 열교환기

탱크나 기타 용기 내의 유체를 가열하기 위하여 용기 내에 전기 코일이나 스팀라인을 넣어 감아둔 방식이다.

교환기를 사용하면 열전달 계수가 더욱 커지므로 큰 효과를 볼 수 있다.

5 매연분출장치(수트 블로어)

1) 수트 블로어(soot blower)의 역할

보일러 전열면의 외측에 붙어 있는 그을음 및 재를 압축공기나 증기를 분사하여 제거하는 장치로 주로 수관식 보일러에 사용한다.

수트 블로어(soot blower)

수트 블로어는 증기분사에 의한 것과 압축공기에 의한 것이 널리 사용되고 있는데, 구조상 회전식과 리트랙터블형(retractable type)으로 구분된다. 용도에 따라 디슬래거(deslagger), 건타입(gun type) 수트 블로어, 에어 히터 크리너 등이 있다.

2) 수트 블로어의 종류

(1) 장발형(롱 리트랙터블형)

보일러의 고온부인 과열기나 수관부용으로 고온의 열가스 통로에 사용할 때만 사용되는 매연분출장치이다.

(2) 단발형(쇼트 리트랙터블형 = 건타입)

보일러의 연소실벽 등에 부착하고 남은 찌꺼기를 제거하는 데 적합하며, 특히 미분탄 연소보일러 및 폐열보일러 같은 타고 남은 연재가 많이 부착하는 보일러에 적합하다.

① 분사관이 짧으며 1개의 노즐을 설치하여 연소 노벽에 부착되어 있는 이물질을 제거하는 매연분출 장치이다.

② 분사관이 전·후진하고 회전하지 않는 것을 건타입형이라고 한다. 전열면에 부착하는 재나 수트 불기용으로 사용한다.

(3) 정치회전형

보일러 전열면 및 급수예열기(절탄기) 등에 사용되고 자동식과 수동식이 있다.

① 분사관은 다수의 작은 구멍이 뚫려 있고, 이곳에서 분사되는 증기로 매연을 제거하는 것으로서 분사관은 구조상 고온가스의 접촉을 고려해야 한다.
② 분사관은 정위치에 고정되어 있으며, 전·후진은 불가하다. 다수의 노즐이 배치된 관을 회전시키는 치차장치 및 밸브를 구성하고 있다.

3) 수트 블로어의 사용 시 주의사항

① 한 장소에 장시간 불어대지 않도록 한다.
- 동일한 장소에서 계속하여 강하게 불어주면 전열면의 온손 및 마모를 초래한다.

② 그을음을 제거하기 전에 반드시 드레인을 충분히 배출하는 것이 필요하다.
③ 그을음 제거횟수는 연료의 종류, 부하의 정도, 수트 블로어의 위치, 증기온도 등의 조건에 따라 다르다.
④ 그을음을 제거하는 시기는 부하가 가벼운 시기를 선택하고, 소화한 직후의 고온 연소실 내에서는 하여서는 안 된다.
⑤ 그을음을 제거할 때에는 연소가스온도나 통풍손실을 측정하여 효과를 조사한다.
㉠ 분출 시는 유인통풍을 증가시킨다(댐퍼를 완전히 열어 통풍력을 크게 한다).
- 원활한 분출을 위해 분출하기 전 연도 내의 배풍기를 사용하여 유인 통풍을 증가시킨다.

㉡ 증기로 분출 시는 내부의 응축수(응결수)를 제거한 건조증기를 사용한다.
㉢ 부하가 50% 이하일 때는 사용을 금한다.
㉣ 분출 전에 분출기 내부의 드레인(응축수)을 제거한다.

4) 수트 블로어 사용시기

① 동일 조건에서 보일러 능력이 오르지 않을 경우
② 배기가스 온도가 너무 높아지는 경우
③ 동일 부하에서 연료사용량이 많아지는 경우
④ 보일러 성능검사를 받기 전에
⑤ 통풍력이 작아지는 경우

6 분출장치

1) 분출(blow down)

보일러수의 농축을 방지하고 신진대사를 꾀하기 위해 보일러 내의 불순물을 배출하여 불순물의 농도를 한계치 이하로 하는 작업이다.

- 분출장치는 스케일 및 슬러지 등으로 인해 막히는 일이 있으므로 1일 1회는 필히 분출하고 그 기능을 유지하여야 한다.

2) 분출의 목적

① 보일러수 중의 불순물의 농도를 한계치 이하로 유지하기 위해
② 슬러지분을 배출하여 스케일 생성방지
③ 프라이밍 및 포밍 발생방지
④ 부식발생 방지
⑤ 보일러수의 pH 조절 및 고수위 방지

3) 분출의 종류

(1) 수면분출(연속분출)

보일러수보다 가벼운 불순물(부유물)을 수면상에서 연속적으로 배출시킨다.

열회수 방법

① 플래시 탱크 이용하는 방법
② 열교환기를 이용하는 방법

(2) 수저분출(단속분출)

보일러수보다 무거운 불순물(침전물)을 동저부에서 필요시 단속적으로 배출시킨다.

4) 분출 시 주의사항

① 코크와 밸브가 다 같이 설치되어 있을 때는 열 때는 코크부터 열고, 닫을 때는 밸브 먼저 닫는다.
② 2인이 1조가 되어 실시한다.
③ 2대 이상 동시분출을 금지한다.
④ 개폐는 신속하게 한다.
⑤ 분출량 조절은 분출밸브로 한다(분출 코크가 아님).
⑥ 안전저수위 이하가 되지 않도록 한다(분출작업 중 가장 주의할 사항).

5) 분출시기

① 연속운전 보일러는 부하가 가장 작을 때 실시한다(증기발생량이 가장 적을 때).
② 보일러 수면에 부유물이 많을 때 실시한다.
③ 보일러 수저에 슬러지가 퇴적하였을 때 실시한다.
④ 보일러수가 농축되었을 때 실시한다.
⑤ 포밍 및 프라이밍이 발생하는 경우 실시한다.
⑥ 단속운전 보일러는 다음날 보일러 가동하기 전에 실시한다(불순물이 완전히 침전되었을 때).

6) 분출밸브의 크기

① 분출밸브의 크기는 호칭 25mm 이상으로 한다.

② 다만, 전열면적이 $10m^2$ 이하인 경우에는 20mm 이상으로 할 수 있다.

7) 분출밸브의 설치기준

① 보일러 아래 부분에는 분출관과 분출밸브(점개밸브) 또는 분출코크(급개밸브)를 설치해야 한다. 다만, 관류 보일러에 대해서는 이를 적용하지 않는다.

② 최고사용압력 0.7MPa[$7kgf/cm^2$] 이상의 보일러(이동식 보일러는 제외한다)의 분출관에는 분출밸브 2개 또는 분출밸브와 분출코크를 직렬로 갖추어야 한다. 이 경우에 적어도 1개의 분출밸브는 닫힌 밸브를 전개하는데 회전축을 적어도 5회전하는 것이어야 한다.

③ 1개의 보일러에 분출관이 2개 이상 있을 경우에는 이것들을 공통의 어미관에 하나로 합쳐서 각각의 분출관에는 1개의 분출밸브 또는 분출코크를, 어미관에는 1개의 분출밸브를 설치하여도 좋다. 이 경우 분출밸브는 닫힌 상태에서 전개하는데 회전축을 적어도 5회전하는 것이어야 한다.

④ 2개 이상의 보일러의 공동분출관은 분출밸브 또는 코크의 앞을 공동으로 하여서는 안된다.

⑤ 정상시 보유수량 400kg 이하의 강제순환 보일러에는 닫힌 상태에서 전개하는데 회전축을 적어도 5회전 이상 회전을 요하는 분출밸브 1개를 설치하여야 좋다.

8) 분출밸브 및 코크의 모양과 강도

① 분출밸브의 모양: 스케일 및 그 밖의 침전물이 퇴적되지 않는 구조이어야 한다.

② 분출밸브의 강도: 보일러 최고사용압력의 1.25배 또는 보일러의 최고사용압력에 1.5MPa를 더한 압력 중 작은 쪽의 압력 이상이어야 하고, 어떠한 경우에도 0.7MPa[소용량 보일러, 가스용 온수 보일러 및 주철재 보일러는 0.5MPa] 이상이어야 한다.

③ 분출밸브의 재질: 최고사용압력 1.3MPa 이하에는 회주철제, 최고사용압력 1.9MPa 이하에는 흑심가단주철제를 사용할 수 있다.

④ 분출코크는 글랜드를 갖는 것이어야 한다.

9) 분출조작순서

① 제1분출밸브(급개밸브)를 전부 연다. 이 경우 밸브를 열기 시작할 때는 신중히 하여야 하고, 밸브전후의 압력이 평형되면 전부 연다.

② 제2분출밸브(점개밸브)를 천천히 열고, 수면계의 수위가 15mm 정도까지 분출할 때에는 밸브를 반 정도 열고, 이후 대량의 분출을 할 경우에는 완전히 연다.

③ 닫는 순서는 제2분출밸브(점개밸브)를 먼저 닫고, 제1분출밸브(급개밸브)를 나중에 닫는다.

10) 취급시 주의사항

① 분출밸브 및 코크로 조작하는 담당자가 수면계의 수위를 직접 볼 수 없는 경우에는 수면계의 감시자와 공동으로 신호하면서 분출을 한다.

② 분출하고 있는 사이에는 다른 작업을 해서는 안 된다. 혹시, 다른 작업을 할 필요가 생기는 경우에는 분출작업을 일단 중단하고 분출밸브를 닫고 하여야 한다.

③ 분출관의 연도 내에 있는 부분은 내화물로 단열보호하고 기회가 있을 때마다 점검한다. 외부 횡연관 보일러에 있어서는 특히 주의가 필요하다.

11) 분출량 계산공식

응축수를 회수하지 않는 경우	응축수를 회수하는 경우
분출량(L/day)$=\dfrac{xd}{r-d}$ 여기서, x: 1일 급수량(L/day) r: 관수 중의 고형분(ppm) d: 급수 중의 고형분(ppm)	분출량(L/day)$=\dfrac{x(1-R)d}{r-d}$ 여기서, x: 1일 급수량(L/day) r: 관수 중의 고형분(ppm) d: 급수 중의 고형분(ppm) R: 응축수 회수율(%)

7 폐열회수장치

- 폐열회수장치: 보일러의 배기가스의 여열을 회수하여 보일러 효율을 향상시키기 위한 장치로 일종의 열교환기이다(배기가스에 의한 열손실: 16~20%).
- 폐열회수장치의 종류 및 연소가스와 접하는 순서
  과열기 → 재열기 → 절탄기 → 공기예열기

핵심체크

증발관(연소실) → 과열기 → 재열기 → 절탄기 → 공기예열기 → 집진기 → 연돌
① 설치순서는 잘 알고 있어야 한다.
② 연돌에서 가장 가까이에 설치되는 폐열회수장치는 공기예열기이다.
③ 증발관 다음에 설치되는 폐열회수장치는 과열기이다.

1) 과열기(super heater)

(1) 과열기의 설치목적

보일러 본체에서 발생한 포화증기를 압력은 변화 없이 온도만 상승시켜 과열증기로 만드는 장치이다.

(2) 과열기의 설치 시 장점

① 같은 압력의 포화증기보다 보유열량이 많다.
② 증기중의 수분이 없기 때문에 부식 및 수격작용이 생기지 않는다.
③ 증기의 마찰저항이 감소된다.
④ 열효율이 증가된다.

(3) 과열기의 설치 시 단점

① 가열표면의 온도를 일정하게 유지하기 곤란하다.
② 가열장치에 큰 열응력이 발생한다.
③ 직접 가열 시 열손실이 증가한다.
④ 과열기 표면에 고온부식이 발생되기 쉽다.
• 고온부식을 일으키는 성분: 바나듐(V)

(4) 과열기의 분류(종류)

전열방식(설치위치)에 따라	연소가스의 흐름에 따라	연소방식에 따라
① 대류식(접촉식) ② 방사식(복사식) ③ 대류방사식(접촉복사식)	① 병류형 ② 향류형 ③ 혼류형	① 직접연소식 ② 간접연소식

(5) 전열방식에 따른 분류(열가스의 접촉에 따라)

① 대류식(접촉식): 연도에 설치 대류열을 이용하는 과열기
② 방사식(복사식): 연소실 후부측에 설치하여 방사열을 이용하는 과열기
③ 대류방사식(접촉복사식): 대류형과 방사형이 혼합된 과열기

핵심체크

보일러의 부하, 즉 증발률이 변화할 경우에 일반적으로 복사형에서는 증발률의 증가와 동시에 과열도가 감소하며, 대류형에서는 증가하는 경향이 있다. 복사대류형은 가능한 한 균일한 과열도를 얻는 것을 목적으로 한다.

(6) 연소가스의 흐름에 따라 분류

① 병류형: 연소가스와 과열기 내 증기의 흐름방향이 같다.
  • 가스에 의한 소손(부식)은 적으나, 열의 이용도(효율)가 가장 낮은 방식이다.
② 향류형(대향류): 연소가스와 과열기 내 증기의 흐름방향이 반대이다.
  • 가스에 의한 소손(부식)은 크나, 열의 이용도(효율)가 가장 높은 방식이다.

③ 혼류형: 병류형과 향류형이 혼합된 방식이다.
- 부식 및 효율 측면에서 가장 유리한 방식이다.

(7) 연소방식에 따라: 직접연소식과 간접연소식으로 구분한다.

① 직접연소식: 독립된 연소장치를 구비한 것이며, 특수한 경우에 사용된다.
② 간접연소식: 보일러 부속장치로서 연소가스 통로 중에 설치되는 형식으로 일반적으로 널리 사용된다.

핵심체크

① 대류열을 이용한 과열기는 접촉식 과열기이다.
② 제1연도에서 제2연도로 넘어 가는 위치에 설치되는 과열기는 접촉식 과열기이다.
③ 연소가스와 과열기 내 증기의 흐름방향이 같으며, 가스에 의한 소손은 적으나 열의 이용도가 낮은 것은 병류식이다.

(8) 과열기의 재료

탄소강, 크롬-몰리브덴강, 니켈강, 오스테나이트 스테인리스강
- 주철제는 과열기의 재료로 사용되지 않는다.

(9) 과열증기 온도조절방법

① 과열저감기를 사용하는 방법
② 과열증기에 습증기나 급수를 분무하는 방법
③ 과열증기 일부를 냉각기 속에 통과시키는 방법
④ 과열기 전용화로에 의한 방법
⑤ 연소가스의 재순환방법
⑥ 과열증기를 통하는 열가스량을 댐퍼로 조절하는 방법
⑦ 연소실의 화염 위치를 조절하는 방법

2) 재열기(reheater)

(1) 재열기의 역할

증기터빈 속에서 일정한 팽창을 하여 포화온도에 접근한 증기를 뽑아내서 다시 가열 시켜 과열도를 높인 다음 다시 터빈에 투입시켜 팽창을 지속시키는 장치이다(배기가스 재열기와 증기 재열기가 있다).

(2) 재열기의 종류

① 배기가스 재열기

보일러에 부속된 부속식과 독립된 로를 갖는 독립식이 있다. 재열온도를 자유로이 필요온도까지 높일 수 있는 장점이 있으나 저압인 증기를 보일러실과의 사이에 운반하기 위한 긴 관이 필요하며, 압력 및 열손실이 큰 것, 설비비가 고가인 것 우수한 안전장치와 조절장치를 필요로 하는 것 등의 단점이 있다.

② 증기 재열기

저압저온증기의 재열에 고온고압증기를 사용하는 형식으로 일반적으로 용기 내에 피가열증기를 유도해서 그 안에 설치한 관내에 고온가열증기를 보낸다. 과열소손의 위험이 없고, 설비비도 저렴하며, 터빈 가까이에 설치 가능하여 압력손실이나 열손실이 적고, 재열온도 조절도 쉬운 등 장점을 갖지만 재열온도가 가열증기온도에 의해 제한받는 것이 단점이다.

3) 절탄기(economizer: 급수예열기)

(1) 절탄기의 역할

보일러에서 배출되는 배기가스의 여열을 이용하여 급수를 예열하는 장치로 이코노마이저라고도 한다.

(2) 절탄기의 설치 시 이점

① 관수와 급수의 온도차가 적어 보일러의 부동팽창(열응력)을 경감시킨다.
② 증기발생시간이 단축된다.
③ 급수 중의 일부 불순물이 제거된다.
④ 열효율이 향상되고 연료가 절약된다(10℃ 상승 시 1.5% 향상).

(3) 절탄기의 설치 시 단점

① 통풍저항이 커진다(통풍력이 감소한다).
② 연소가스의 온도저하로 저온부식이 발생될 우려가 있다(저온부식을 일으키는 성분: 황(S)).
③ 연도 내의 청소 및 점검이 어려워진다.
④ 설비비가 비싸고 취급에 기술을 요한다.
⑤ 조작범위가 넓어진다.

(4) 절탄기의 분류

① 재질에 따라: 강철제와 주철제로 분류한다.
② 설치방식에 따라: 집중식과 부속식으로 분류한다.
㉠ 부속식: 각 보일러에 부속되어 그 연도 중에 설치하는 형식

㉡ 집중식: 수기의 보일러에 공통인 급수예열기를 설치하여 배기가스를 집중 가열하게 하는 형식

③ 급수의 가열도에 따라: 비증발식(많이 사용)과 증발식으로 분류한다.

- 급수예열기 출구의 급수온도는 그 급수의 포화온도 이하인 적당한 온도로 설계한다.

(5) 절탄기의 분류

① 전열관에는 나관, 핀튜브, 나선관이 사용된다.

② 평판 급수예열기는 부착하기 쉬운 먼지를 함유하는 배기가스에 대해서 유효하지만 유류용보일러에도 사용되며, 설치공간이 넓어야 된다는 결점도 있으나 점검하기 쉽다는 장점도 있다.

③ 핀튜브 급수예열기는 나관에 핀을 부착한 것과 나선형 핀을 부착한 것이 있다. 이 방식을 채택할 경우에는 배기가스의 먼지 성상에 주의할 필요가 있다.

4) 공기계열기(air pre heater)

(1) 공기예열기의 역할

배기가스의 여열을 이용하여 연소용 공기를 예열 공급하는 폐열회수장치이다.

(2) 공기예열기의 설치 시 이점

① 연료와 공기의 혼합이 양호해진다.

② 적은 과잉공기로 완전연소가 가능하다(이론공기에 가깝게 연소시킬 수 있다. 2차 공기량이 줄여 완전연소시킬 수 있다).

③ 연소효율 및 연소실 열부하가 증대되어 노내 온도가 높아진다.

④ 보일러 효율이 향상된다(25℃ 상승 시 1% 향상).

(3) 공기예열기 설치 시 단점

① 통풍저항이 커진다(통풍력이 감소한다).

② 연소가스의 온도저하로 저온부식이 발생될 우려가 있다(저온부식을 일으키는 성분: 황(S)).

③ 조작범위가 넓어진다.

④ 설비비가 비싸고 취급에 기술을 요한다.

⑤ 연도 내의 청소 및 점검이 어려워진다.

(4) 공기예열기의 종류: 전열식, 재생식, 증기식

열원에 따라	① 연소가스식: 배기가스의 열을 이용한다. ② 증기식: 독립식과 부속식이 있다.

전열방법	① 전열식(전도식): 관형, 판형 ② 재생식(융그스트롬식 = 축열식): 고정식, 회전식, 이동식 ③ 히트파이프식

① 전도식은 금속 전열면을 통해서 배기가스가 보유하는 열을 공기에 전하는 것으로 구조에 따라 관형과 판형으로 구분한다.

② 재생식은 금속판을 일정시간 배기가스에 접촉시켜 열을 흡수시킨 다음 여기에 공기를 일정 시간 접촉시켜 열을 방출하는 것으로 고정식, 회전식, 이동식이 있다.

- 재생식은 전도식에 비해 공기와 배기가스 간의 누설이 많은 결점이 있으나, 열전도율이 2~4배 정도로 양호하고, 소형화할 수 있는 장점이 있다.

③ 히트파이프식은 진공압 상태로 밀폐한 파이프 내에 작동유체(물, 알코올, 프레온 등)를 넣고, 공기예열기 내부에 약간 기울기를 주어 설치하여, 작동유체의 열이동에 따른 상변화를 이용한 것으로 보일러 공기예열기용의 히트파이프 작동유체로는 물이 사용된다.

㉠ 기울기가 낮은 쪽인 증발부로 배기가스를 통과시키고, 높은 쪽인 응축부에 공기를 통과시킨다.

㉡ 증발부에서는 히트파이프 외부로 통과하는 배기가스의 열을 받아 내부의 작동유체가 증발하여 증기가 되고 이 증기는 기울기에 따라 응축부로 이동하여 응축과정 중에 발생하는 응축열을 공기에 전달하여 예열한다. 응축된 유체는 다시 응축부로 이동하는 과정이 반복된다.

㉢ 중간을 고정하는 구조로 제작할 수 있어 열팽창에 대한 고려가 용이하다.

㉣ 작동유체의 상변화를 이용하기 때문에 구동을 위한 동력비가 필요하지 않다.

㉤ 전열계수가 높아 소형으로 제작이 가능하다.

8 송기장치

송기장치란 보일러에서 발생한 증기를 증기 사용처에 공급하는 장치이다.

종류

비수방지관 및 기수분리기 → 주증기관 → 주증기 정지밸브 → 감압밸브 → 신축장치 → 증기헤더 → 증기트랩 → 증기축열기 등이 있다.

1) 비수방지관(antipriming pipe)

(1) 비수방지관의 설치목적

원통형 보일러의 동내에 설치하여 증기 속에 혼합된 수분을 분리하여 증기의 건도를 높이는 장치이다.

(2) 비수방지관의 설치위치 및 구조

① 설치위치: 동내부의 증기 상단에 설치한다.
② 구조: 관의 양 끝을 막고 상단에 구멍을 두어 증기가 혼입될 수 있도록 되어 있다.

(3) 비수방지관에 뚫린 구멍의 전체면적

주증기 밸브 면적의 1.5배 이상이어야 한다.

2) 기수분리기(steam separator)

(1) 설치목적

수관식 보일러의 증기 속에 함유된 수분을 분리하여 증기의 건도를 높이는 장치이다(증기부에 보통 1/150~1/400의 기울기로 설치되어 증기가 흐르는 도중에 생기는 물을 한곳에 모이게 하는 장치이다).

(2) 기수분리기의 종류

① 사이클론형: 원심력을 이용한다.
② 배플식: 방향전환을 이용한다(관성력).
③ 스쿠루버형: 파도형의 다수강판을 조합한 것이다(장애판, 방해판 이용).
④ 건조스크린형: 여러 겹의 그물망을 이용한다.

(3) 기수분리기 설치 시 이점

① 배관의 부식 및 수격작용을 방지한다(증기 속에 수분이 혼합되는 것을 방지하므로).
② 열효율을 향상시킨다(증기의 열손실을 방지하므로).

3) 송기 시 발생되는 이상 현상

① 프라이밍(priming: 비수현상)
② 포밍(forming: 물거품 솟음 현상)
③ 캐리오버(carry over: 기수공발현상)
④ 워터해머링(water hammering: 수격작용)

발생되는 순서
프라이밍 및 포밍 → 캐리오버 → 워터해머

(1) 비수(프라이밍)현상

보일러의 급격한 증발현상 등으로 인해 동 수면 위로 물방울이 솟아올라 증기 속에 포함되는 현상이다.

① 관수의 격렬한 비등에 의하여 기포가 수면을 파괴하고 교란시키며, 물방울이 비산하는 현상이다.
② 보일러 수면에서 증발이 격심하여 기포가 비산하여 수적이 증기부에 심하게 튀어 오르는 현상이다.
③ 보일러 부하의 급변, 수위의 과잉상승 등에 의해 수분이 증기와 분리되지 않은 채로 보일러 주변에서 심하게 솟아오르는 현상이다.

비수현상이 발생되는 원인

① 증기압력을 급격히 강하시킨 경우
② 보일러 수위에 심한 약동이 있는 경우
③ 주증기 밸브를 급개할 때(부하의 급변)
④ 증기발생 속도가 빠를 때
⑤ 고수위 운전 시(증기부가 작은 경우 = 수부가 클 경우)
⑥ 보일러의 증발능력에 비하여 보일러수의 표면적이 작을수록
⑦ 증기를 갑자기 발생시킨 경우(급격히 연소량이 증대하는 경우)
⑧ 증기의 소비량(수요량)이 급격히 증가한 경우
⑨ 증기발생이 과다할 때(증기부하가 과대한 경우)

(2) 포밍(forming: 물거품 솟음 현상)

관수 중에 유지분 불순물(부유물 용존가스) 등이 수면상으로 떠오르면서 수면이 물거품으로 덮이는 현상이다.

- 포밍 발생에 가장 큰 영향을 주는 물질: 유지분

포밍 발생원인

① 보일러수가 농축된 경우
② 청관제 사용이 부적당할 경우
③ 보일러수 중에 유지분 부유물 및 가스분 등 불순물이 다량 함유되었을 때
④ 증기부하가 과대할 때

(3) 프라이밍 및 포밍 발생 시 장해

① 수위판단 곤란
② 계기류의 연락관 막힘
③ 송기되는 증기 불순
④ 증기의 열량 감소(연료비 낭비)
⑤ 증기배관 내 수격작용 발생원인
⑥ 배관 및 장치의 부식 원인

(4) 프라이밍 및 포밍 발생 시 조치사항

① 연소율을 낮추면서, 보일러를 정지시킨다.
② 주증기 밸브를 닫고, 수위안정을 시킨다.
③ 급수 및 분출을 반복 불순물 농도를 낮춘다.
④ 계기류의 막힘 상태 등을 점검한다.

(5) 기수공발(캐리오버) 현상

증기 속에 혼입된 물방울 및 불순물 등을 증기배관으로 운반하는 현상(동 밖으로 취출되는 현상)으로 보일러 수면이 너무 높을 경우에 발생될 우려가 크며, 액적 또는 거품이 증기에 혼입되는 기계적 캐리오버와 실리카(silica)와 같이 증기 중에 용해된 성분 그대로 운반되어지는 선택적 캐리오버로 분류한다.

- 기수공발의 발생원인: 기수공발의 발생원인은 프라이밍의 발생원인과 같다.

캐리오버로 인하여 나타날 수 있는 현상

① 수격작용 발생원인
② 증기배관 부식원인
③ 증기의 열손실로 인한 열효율 저하

(6) 수격작용(워터해머) 현상

증기관 내에 체류된 응축수가 송기 시에 밀려 배관 내부를 심하게 타격하여 소음 및 진동이 발생되는 현상이다.

수격작용의 발생원인

① 주증기 밸브를 급개 시
② 증기관을 보온하지 않았을 경우
③ 증기관의 구배선정이 잘못된 경우
④ 증기트랩 고장 시
⑤ 증기관 내 응축수 체류 시 송기하는 경우
- 증기관 내의 오목부 및 낮은 부분이나 밸브류의 오목부에 응축수(드레인)가 고여 있을 때 증기를 보내는 경우

⑥ 프라이밍 및 캐리오버 발생 시
⑦ 관지름이 작을수록
⑧ 증기관이 냉각되어 있는 경우 송기 시
- 증기관 내에 드레인이 전혀 없더라도 증기관이 냉각되어 있는 경우 송기하면, 그 증기가 차가운 관 때문에 냉각되어서 급속히 응축하여 드레인화되어서 진공을 만드는 작용과 드레인화의 작용이 얽히어 드레인이 충돌한다.

수격작용의 방지법

① 송기 시에는 응축수 배출 후 배관 예열 후 주증기 밸브를 서서히 전개한다.
② 배관을 보온하여 증기 열손실로 인한 응축수의 생성을 방지한다.
③ 증기배관의 구배선정을 잘해 응축수가 고이지 않도록 한다. 증기관은 증기가 흐르는 방향으로 경사가 지도록 한다(증기관 속에 드레인이 고이게 되는 배관방법은 피한다).
④ 응축수가 고이기 쉬운 곳에 증기트랩을 설치한다.
⑤ 증기관 말단에 관말트랩을 설치한다.
⑥ 비수방지관, 기수분리기를 설치한다.
⑦ 배관의 관지름을 크게 하고, 굴곡부를 적게 한다.
⑧ 증기관에는 중간을 낮게 하는 배관방법은 드레인이 고이기 쉬우므로 피한다.
⑨ 대형밸브나 증기헤더에도 충분한 드레인 배출장치를 설치한다.

핵심체크

송기 순서

보일러 발생증기의 송기 시 워터해머 발생방지를 위한 조치
① 증기를 보내기 전에 증기관이나 증기헤더, 과열기 등의 밑에 설치된 드레인(drain)관을 열어 응축수를 완전히 배출시킨다.
② 주증기관 내에 소량의 증기를 보내어 관을 따뜻하게 한다(바이패스 밸브가 설치되어 있는 경우에는 먼저 바이패스 밸브를 열어 주증기관을 예열한다).
③ 관이 따뜻해지면 주증기 밸브를 단계적으로 천천히 열어간다. 주증기 밸브는 특별한 경우를 제외하고는 완전히 열었다가 다시 조금 되돌려 놓는다.
▸ 요약하면 응축수 배출(드레인) → 예열(난관) → 주증기 밸브 서개

4) 주증기관

주증기관의 역할은 보일러에서 발생된 증기를 증기 소비처로 운반하는 데 사용하는 관이다.

주증기관에 관한 기타사항

① 주증기관은 응축수가 고이지 않도록 적당한 구배(기울기)를 주어야 한다(증기주관은 흐름 방향으로 경사지게 배관되어야 한다. 보통 경사도는 10m당 약 40mm, 즉 1/250 정도의 경사가 적합하다).
② 주증기관에는 관으로부터의 방열손실을 방지하기 위해서 보온을 실시해야 한다.
③ 주증기관에 구배를 주지 않거나, 보온을 실시하지 않거나, 냉각되거나, 관지름을 너무 작게 하면 수격작용의 원인이 된다.

5) 주증기 밸브(stop valve)

(1) 주증기 밸브의 역할

보일러에서 발생한 증기를 송기 및 정지하기 위해 사용하는 밸브이다.

(2) 주증기 밸브의 부착위치

보일러동 상부 증기 취출구에 부착하는 것이 일반적이나 과열기가 있는 경우에는 과열기 출구측에 부착하는 것이 좋다.

(3) 주증기 밸브의 강도

보일러의 최고사용압력 이상이어야 하며, 적어도 0.7MPa 이상의 압력에는 견뎌야 한다.

(4) 주증기 밸브의 설치규정

증기의 각 분출구(안전밸브 과열기의 분출구 및 재열기의 입출구를 제외)에는 스톱 밸브를 갖추어야 한다(65mm 이상의 공기스톱 밸브는 바깥나사형의 구조 또는 특수한 구조로 하고, 밸브 몸체의 개폐를 한눈에 알 수 있는 것이어야 한다).

(5) 기타 주증기 밸브에 관한 사항

① 물이 고이는 위치에 스톱밸브가 설치될 때에는 물빼기를 설치하여야 한다.
② 주증기 밸브로 가장 많이 사용되는 밸브는 앵글밸브이다.
③ 주증기 밸브 개폐 시는 서서히(3분에 1회전) 한다.

6) 신축장치(expansion joints)

신축장치의 설치목적은 증기배관의 신축량(열팽창)을 흡수하여 변형 및 파손방지하기 위해 설치하는 장치이다(신축장치의 설치: 강관 30m마다, 동관 20m마다).

신축량 계산공식

신축량$(\lambda) = L\alpha\Delta t$

여기서, λ: 신축량[mm]
α: 선팽창계수$\left(\frac{1}{℃}\right)$
L: 관의 길이[mm]
Δt: 온도차[℃]

신축장치의 종류

루프형, 슬리브형, 벨로즈형, 스위블형, 볼조인트

(1) 루프형(loop type: 신축곡관형 만곡관형 비형관형)

관을 루프 모양으로 구부려 그 구부림을 이용하거나 관 자체의 가요성을 이용하여 배관의 신축을 흡수하는 형식이다.

① 신축허용길이가 가장 길다(가장 많은 신축량을 흡수할 수 있다).
② 가장 고온 및 고압, 대용량에 적합하다.
③ 곡률반지름은 관지름의 6배 이상으로 한다.
④ 설치장소를 많이 차지하여 옥외배관에 많이 쓰이며 응력 발생의 우려가 있다.
⑤ 내구성이 가장 좋은 신축 이음쇠이다

(2) 슬리브형(sleeve type: 미끄럼형)

슬리브 파이프를 이음쇠 본체측과 슬라이드 시킴으로써 신축을 흡수하는 것이며, 배관에 설치되어 관의 온도변화에 따른 축방향 신축을 흡수한다. 형식으로는 단식과 복식이 있으며, 유체의 누설을 글랜드 패킹으로 방지하므로 정기적으로 패킹을 교환해야 하는 문제점이 있다.

① 신축흡수율이 크고, 신축으로 인한 응력발생이 적다.
② 배관에 곡선 부분이 있으면 신축이음에 비틀림이 생겨 파손의 원인이 된다.
③ 장기간 사용 시에는 패킹의 마모로 인한 누설이 우려된다.

(3) 벨로즈형(bellows type: 주름통형 펙렉스형 파형관형)

온도변화에 따른 벨로즈의 변형에 의해 신축을 흡수하는 형식이다.

① 설치장소를 적게 차지하며, 자체 응력발생 및 누설의 우려가 적다.
② 저압 및 저온의 온수난방에서 사용된다(고압배관에 부적합하다).
③ 벨로즈의 주름이 있는 곳에 응축수가 고이면 부식되기 쉽다.

(4) 스위블형(swivel type)

두 개 이상의 엘보의 나사 회전을 이용하여 관의 신축량을 조절하는 형식으로 스윙식 또는 지웰식이라고도 한다.

① 증기주관 내상층부에서 분기할 경우 열팽창에 의한 관의 신축을 흡수키 위해서 증기주관과 입상분지관에 설치하는 신축이음이다.
② 배관의 신축이음 중 고압에서 누설의 우려가 가장 크다(나사부가 헐거워지므로).
③ 굴곡부에서 압력강하를 가져온다.
④ 신축의 크기는 회전길이에 따라서 정해지며 지관의 길이 30m에 대하여 1.5m 정도로 조립하면 좋다.

(5) 볼 조인트(ball joint)

평면상의 변위뿐만 아니라 입체적인 변위까지도 안전하게 흡수하므로 어떠한 형상에 의한 신축에도 배관이 안전하며, 앵커, 가이드, 스톱에도 기존의 다른 신축이음에 비하여 간단히 설치할 수 있으며 면적도 적게 소요된다.

① 볼조인트를 2개 이상 사용하면 회전과 기울임이 동시에 가능하다. 이 방식은 배관계의 축방향 힘과 굽힘 부분에 작용하는 회전력을 동시에 처리할 수 있으므로 고온수 배관 등에 많이 사용된다.

7) 감압밸브(reducing valve): 리듀싱 밸브

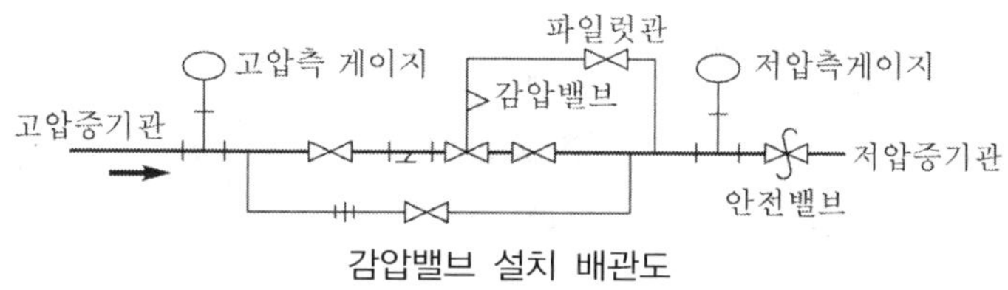

감압밸브 설치 배관도

(1) 감압밸브의 설치목적

고압측의 압력을 저압으로 바꾸어 고압측의 압력변동에 관계없이 저압측의 압력을 항상 일정하게 유지시키기 위해 설치한다.

감압밸브의 설치목적

① 고압을 저압으로 바꾸어 사용하기 위해

② 고압측의 압력변동에 관계없이 저압측의 압력을 항상 일정하게 유지시키기 위해

③ 고·저압을 동시에 사용하기 위해

④ 부하변동에 따른 증기의 소비량을 줄이기 위해

저압증기를 사용하는 이유

① 에너지절약: 저압증기가 증발잠열이 크므로 이용열량이 많아지므로 증기사용량을 절감시켜 에너지를 절약하고, 장치가 받는 열응력이 작아진다(난방용 증기는 0.1~0.3kg/cm^2 정도이다).

② 증기의 건도 향상: 감압을 하게 되면 증기가 보유한 총열량은 변하지 않게 되나 현열량은 감소하게 되므로 증기의 건도가 향상된다.

③ 배관비용 절감: 고압의 증기는 저압의 증기에 비해 비체적이 작으므로 같은 양의 증기를 운송할 경우 고압의 증기는 저압의 증기에 비해 배관구경이 작아도 된다.

(2) 감압밸브의 종류

① 작동방법에 따라: 피스톤식, 다이어프램식, 벨로즈식

② 제어방식에 따라: 자력식과 타력식으로 구분하며, 자력식에는 파일럿 작동식과 직동식이 있으며, 파일럿 작동식이 널리 사용된다.

(3) 감압밸브의 설치방법

① 감압밸브는 가능하면 사용처에 가깝게 설치한다.
② 감압밸브는 전방에 감압전의 1차 압력을 감압밸브의 후방에는 감압 후의 2차 압력을 나타내는 압력계를 설치하고, 운전개시시 또는 운전 중의 압력을 조정할 수 있도록 한다.

8) 증기헤더(steam header)

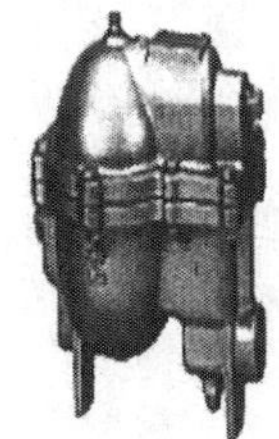

증기헤더의 종류

(1) 증기헤더의 역할

보일러에서 발생한 증기를 한 곳에 모아 증기의 공급량(사용량)을 조절하여 불필요한 증기의 열손실을 방지하기 위한 증기 분배기이다(보일러 주증기관과 부하측 증기관 사이에 설치한다).

(2) 증기헤더의 설치 시 이점

① 증기발생과 공급의 균형을 맞춰 보일러와 사용처의 안정을 기한다.
② 종기 및 정지가 편리하다.
③ 불필요한 증기의 열손실을 방지한다.
④ 증기의 과부족을 일부 해소한다.

(3) 증기헤더의 크기

헤더 부착된 최대 증기관 지름의 2배 이상으로 해야 한다.

(4) 기타 증기헤더에 관한 사항

① 증기헤더의 접속관에 설치하는 밸브류는 조작하기 좋도록 바닥 위 1.5m 정도의 위치에 설치하는 것이 좋다.
② 정상 송기가 시작되면 트랩의 바이패스 밸브를 닫아야지 트랩의 기능이 유지되어 수격작용을 방지할 수 있다.

③ 증기관을 예열하는 이유는 차가워진 증기관에 갑자기 고온의 증기가 접촉되면 증기관에 열응력(부동팽창)이 발생하여 증기관이 파손되기 때문이다.

④ 증기헤더의 접속관에 설치하는 밸브류는 조작하기 좋도록 바닥 위 1.5m 정도의 위치에 설치하는 것이 좋다.

9) 증기트랩(steam trap)

(1) 증기트랩의 역할

① 증기사용 설비배관 내의 응축수를 자동적으로 배출하여 수격작용을 방지한다.

② 증기트랩은 단지 밸브의 개폐 기능만을 가지고 있으며 응축수의 배출은 증기트랩 앞의(증기압력)과 뒤의 압력(배압)과의 차이, 즉 차압에 의해 배출된다. 배압이 과도하게 되면 설비 내에 응축수가 정체될 수 있다.

(2) 증기트랩의 종류

열역학적 트랩	기계식 트랩	온도조절식 트랩
응축수와 증기의 열역학적 특성차를 이용하여 분리	응축수와 증기의 비중차를 이용하여 분리	응축수와 증기의 온도차를 이용하여 분리
① 오리피스형 ② 디스크형	① 버킷형(상향, 하향) ② 플로트형(레버, 프리)	① 바이메탈형 ② 벨로즈형 ③ 다이어프램형

핵심체크

① 방열기 출구에 설치하는 트랩은 열동식 트랩이다.
② 과열증기에 사용할 수 있고, 수격현상에 강하며, 배관이 용이하나 소음발생, 공기장해, 증기누설 등의 단점이 있는 트랩은 디스크 트랩이다.
③ 일명 다량트랩이라고도 하며, 부력을 이용한 트랩은 플로트식 증기트랩이다.
④ 높은 온도의 응축수가 압력이 낮아지면 재증발하여 부피가 증가한다. 이 원리를 이용하여 밸브를 개폐하는 충격식 트랩이라고도 하는 것은 디스크형 트랩이다.
⑤ 증기트랩 중에서 관말트랩으로 적합한 것은 버킷 트랩이다.

- 배압 허용도(%) $= \dfrac{\text{최대허용배압}}{\text{입구압력}} \times 100\%$

  (배압: 트랩 후단의 배관에 작용하는 압력(작을수록 좋음))

(3) 증기트랩의 특징

종류	장점	단점
상향버킷식	① 작동이 확실하다. ② 동결의 폐쇄가 없다. ③ 증기의 손실이 없다. ④ 환수관을 트랩보다 높게 배관할 수 있다.	① 대형이라 다루기가 불편하다. ② 배출의 능력이 미약하다.
하향버킷식	① 배출능력이 크다. ② 응축수의 유입구와 유출구의 차압이 80% 정도까지 차이가 나도 배출이 가능하다.	① 시공 시 부착이 불편하다. ② 수평부착 이외는 안 된다. ③ 기동 시에 반드시 공기빼기가 되어야 한다. ④ 증기의 손실이 많다.
플로트식	① 연속배출이 가능하다. ② 증기의 누출이 거의 없다. ③ 작동 시 소음이 나지 않는다. ④ 공기빼기가 필요 없다. ⑤ 플로트와 밸브시트의 교환이 용이하다.	① 겨울에 동결의 우려가 있다. ② 수격작용의 방지가 필요하다.
벨로즈식	① 소형이다. ② 응축수의 온도조절이 가능하다. ③ 배출능력이 우수하다.	① 워터해머에 약하다. ② 고압에 부적당하다. ③ 과열증기에 부적당하다.
바이메탈식	① 동결의 우려가 없다. ② 배출능력이 우수하다. ③ 장착은 수평 및 수직 모두 가능하다.	① 과열증기에 부적당하다. ② 개폐시 온도차가 크다. ③ 바이메탈의 특성이 변화한다.
오리피스식	① 과열증기의 사용이 가능하다. ② 기동 시 공기빼기가 불필요하다. ③ 설치방법이 자유롭다. ④ 소형이다.	① 정밀하여 마모 시 문제가 따른다. ② 증기의 누설이 많다. ③ 배압의 허용도가 30% 미만이다.
디스크식 (충격식)	① 소형이고, 구조가 간단하다. ② 고장이 적다. ③ 과열증기의 사용이 적당하다. ④ 기동 시 공기빼기가 불필요하다. ⑤ 증기온도와 동일한 응축수의 배출이 가능하다.	① 최저 작동압력차가 0.3kg/cm^2이다. ② 작동 시 소음이 크다. ③ 증기의 누설이 많다. ④ 배출능력이 미약하다. ⑤ 배압의 허용도가 50% 이하이다.

(4) 증기트랩의 구비조건

① 마찰저항이 적을 것
② 구조가 간단할 것
③ 응축수를 연속적으로 배출할 수 있을 것
④ 정지 후에도 응축수를 빼기가 가능할 것
⑤ 공기빼기가 가능할 것

⑥ 내식성, 내마모성, 내구성이 클 것
⑦ 유량 및 유압이 소정범위 내에 변하여도 작동이 확실할 것
⑧ 진동 및 워터해머에 강할 것
⑨ 증기누출 및 공기장애가 없을 것
⑩ 배압 허용도가 높을 것

(5) 증기트랩의 설치 시 얻는 이점

① 관내 유체의 흐름에 대한 마찰저항이 감소된다.
② 응축수로 인한 연설비의 열효율이 저하되는 것이 방지된다.
③ 응축수로 인한 관내의 부식이 방지된다.
④ 수격작용이 방지된다.

핵심체크

증기트랩을 설치하는 장소

① 증기주관의 끝
② 방열기의 환수구
③ 분기 입상관이 길 때 입상관의 하단(응축수 펌프의 유입측에는 설치하지 않는다.)

(6) 증기트랩의 고장탐지법

① 냉각가열 상태로 판단하는 방법
② 작동음으로 판단하는 방법
③ 점검용 청진기를 사용하는 방법

(7) 증기트랩 설치상의 주의사항

① 트랩 출구관을 길게 할 때는 트랩 구경보다 큰 지름의 배관을 사용한다.
② 트랩입구의 배관은 보온하지 않는다.
③ 트랩입구에의 배관을 입상관으로 하지 않는다.
④ 증기트랩의 설치는 증기사용 설비마다 각각 1개씩 설치해야 한다.
⑤ 트랩에서의 배출관은 응축수 회수주관의 상부에 연결하는 것이 좋다.
⑥ 트랩의 입구관을 끝내림으로 한다.
⑦ 드레인 배출구에서 트랩의 출구관은 굵고, 짧게 하여 배압을 적게 한다.
⑧ 트랩 출구관이 입상이 되는 경우 출구관 직후에 역지(체크)밸브를 부착한다.
⑨ 트랩 주위에는 고장수리 및 교환 등을 대비하여 바이패스라인을 설치한다.
⑩ 트랩과 설비의 거리는 짧게 한다.

(8) 증기트랩의 타입선정

증기트랩의 선정에 있어서 가장 중요한 것은 타입을 정하는 것으로서 작동원리를 충분히 이해하게 되면 설비운전 조건, 즉 운전방법, 구조, 압력조건, 온도조건, 응축수 배출량 등에 부합되는 타입의 증기트랩을 선정할 수 있으므로 설비의 수명이 보장된다.

핵심체크

모든 설비의 요구조건을 만족시킬 수는 없으므로 항상 설비의 운전 특성을 고려하여 가장 적합한 타입을 선정한다.

① 설치공간이 적고, 비용이 적게 들며, 워터해머 등을 고려한 경우에는 디스크 트랩을 선정한다.
② 에너지 절약을 위하여 응축수의 현열까지도 이용하고자 하는 경우에는 온도조절식 트랩을 선정한다.
③ 생산성을 강조하여 응축수가 발생되는 대로 즉시 배출시켜야 하는 경우에는 볼플로트 타입이 가장 적합하다.

(9) 드레인 포켓 및 냉각레그 설치

증기주관에서 응축수를 건식환수관에 배출하려면 주관과 동경으로 100mm 이상 내리고, 하부로 150mm 이상 연장하여 드레인 포켓을 만들고, 트랩 앞에서 1.5m 이상 떨어진 곳까지는 나관(냉각레그)으로 배관한다.

① 드레인 포켓: 사토, 쇠부스러기, 찌꺼기 등이 증기트랩에 유입되는 것을 방지하기 위해 설치한다.
② 냉각레그: 완전한 응축수를 증기트랩에 보내기 위해 보온을 하지 않는 관이다.

(10) 트랩에서 공기장애(에어 바인딩)를 방지하는 방법

① 트랩입구의 배관을 가능한 한 짧고 굵게 설치한다.
② 공기가 차 있으면 트랩이 작동하지 않는다.

(11) 증기트랩의 고장원인

뜨거워지는 이유	차가워지는 이유
① 배압이 높을 경우	① 배압이 낮을 경우
② 밸브에 이물질 혼입	② 기계식 트랩 중 압력이 높을 경우
③ 용량이 부족	③ 여과기가 막힌 경우
④ 벨로즈 마모 및 손상	④ 밸브가 막힐 경우

10) 증기축열기(steam accumulator)

(1) 증기축열기의 역할

보일러 저부하 시 잉여의 증기를 일시 저장하였다가 과부하 또는 응급 시 증기를 방출하는 장치이다.

(2) 증기축열기의 종류

① 정압식: 급수계통에 연결(보일러 입구 급수측에 설치한다.)
- 매체는 변압식, 정압식 모두 물을 이용한다.

② 변압식: 송기계통에 연결(보일러 출구 증기측에 설치한다.)

(3) 증기축열기의 설치 시 장점

① 부하변동에 따른 압력변화가 적다.

② 연료소비량이 감소한다.

③ 보일러 용량이 부족해도 된다.

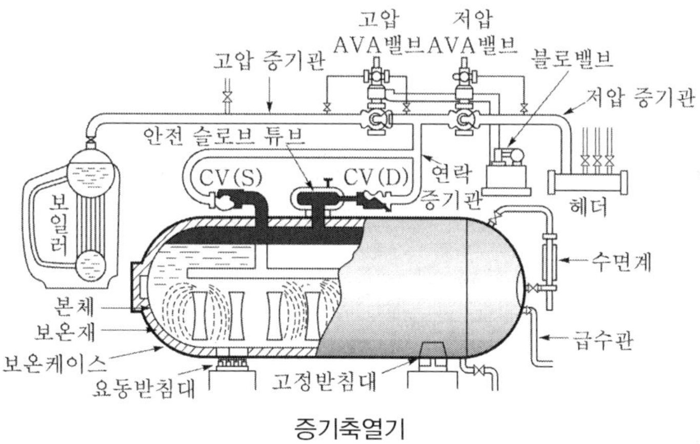

증기축열기

9 급수관리

보일러용 급수에는 5대 불순물인 염류, 유지분, 알칼리분, 가스분, 산분이 있다.

1) 수중의 불순물(부유물질/클로라이드/용해성물질)

(1) 부유물질(SS)

부유상태의 부유물질(SS)은 직경이 0.1μm 이상의 입자들을 말하며 침전이 가능한 물질과 침전이 불가능한 물질로 구분되어 탁도를 유발시킨다.

직경이 0.1μm 이하 0.001μm까지의 물질을 클로라이드 상태의 물질이라고 하며, 그 이하의 크기를 가지는 물질을 용존물질(dissolved solids)라고 부른다.

(2) 클로라이드(colloids)

클로라이드는 부유상태와 용해상태의 중간상태로 여과운동(brownian motion) 때문에 침전하지 않는 물질을 말한다.

2) 수질의 판정기준(측정 단위)

(1) ppm(parts per million)

미량의 함유물질의 농도를 표시할 때 사용하는데 1g의 시료 중에 100만분의 1g, 즉 물 1ton 중에 1g. 공기 1m^3 중에 1cc가 1ppm이다(즉 100만분의 1만큼의 오염물질이 포함된 것을 말함). ppm 단위를 사용하는 예로 물의 세기를 나타낼 때 미국식으로는 1ℓ 속에 포함되어 있는 칼슘 이온과 마그네슘 이온의 양을 ppm으로 나타낸다.

- ppb(parts per billion): 피피비란 10억분율을 말한다.
  물 1kg 중에 포함되어 있는 물질의 용질 μg수(μg/kg)를 ppb로 표시하며, ppm보다 용질의 농도가 작을 때 사용한다(또는 1ton 중에 함유된 물질의 mg수(mg/m^3)로 표시할 수 있다).

(2) 불순물 제거방법

① 부유물질과 클로라이드 입자제거
② 용해성 물질제거
③ 세균제거
④ 생물제거

(3) 탁도(turbidity) = 물의 흐린 정도(혼탁도)

증류수 1L 중에 카올린($Al_2O_3 + 2SiO_3 + 2H_2O$) 1mg이 함유되었을 때 탁도 1도라 한다(증류수 1L 가운데 백토 1mg이 섞여 있을 때를 1도라고 한다).

3) 경도

수중에 녹아 있는 칼슘과 마그네슘의 비율을 표시한 것이다.

(1) 칼슘 경도(calcium hardness)

① CaO 경도(독일경도: dH)
물 100cc 중에 산화칼슘(CaO) 혹은 $Ca(OH)_2$의 함유량(mg)으로 나타낸다. 1mg 함유 시 1°dH로 표시한다.

② $CaCO_3$ 경도(ppm)

물 1L 중에 탄산칼슘($CaCO_3$)의 함유량(mg)으로 나타낸다.

즉, 수중의 칼슘 이온과 마그네슘 이온의 농도를 $CaCO_3$ 농도로 환산하여 ppm 단위로 표시한다.

(2) 마그네슘 경도

① MgO 경도(dH)

물 100cc 중에 산화마그네슘(MgO)의 함유량(mg)으로 나타낸다.

② $MgCO_3$ 경도(ppm)

물 1ℓ 중에 탄산마그네슘($MgCO_3$)의 함유량(mg)으로 나타낸다.

(3) MgO과 CaO의 환산관계

MgO 1mg = CaO 1.4mg이 된다.

분자량: MgO(40.31), CaO(56.08)

(4) 경수(hard water)와 연수(soft water)

경수(hard water)에는 영구경수(황산염으로 존재하는 것은 끓여도 연화(수)하기 힘들기 때문에)와 일시경수(중탄산염경수로서 가열하면 연수가 된다)가 있다.

- 연수는 경도 성분이 적고 비누가 잘 풀리는 물
- 연수는 경도 10 이하 경수는 경도 10 초과

(5) pH(수소이온 농도지수)

pH란 산성, 중성, 알칼리성을 판별하는 척도로서 수소이온(H^+)과 수산이온(OH^-)의 농도에 따라 결정된다.

구분	H^+와 OH^-의 크기	pH
산성	$H^+ > OH^-$	7 이하
중성	$H^+ = OH^-$	7
알칼리성	$H^+ < OH^-$	7 이상

$k = (H^+) \times (OH^-)$, 상온 25℃에서 물의 이온적(k) = $(H^+) \times (OH^-) = 10^{-14}$

중성의 물은 (H^+)와 (OH^-)의 값은 같으므로 $(H^+) = (OH^-) = 10^{-7}$

$$pH = \log\frac{1}{(H^+)} = -\log(H^+) = -\log 10^{-7} = 7$$

보일러 급수 및 보일러 수의 적정 pH(수소이온농도)

보일러 급수: pH 8~9

보일러 수(동 또는 관수 내): pH 10.5~12 이하

(6) 알칼리도(산소비량)

물에 알칼리성 물질이 어느 정도 용해되어 있는지를 알기 위한 것으로 특정 pH에 도달하기까지 필요한 산의 양을 알칼리도라 한다(수중의 수산화물 탄산염, 중탄산염 등의 알칼리분을 표시하는 방법으로 산의 소비량을 epm 또는 $CaCO_3$ppm으로 표시한다).

4) 불순물의 장해

(1) 스케일(scale)

급수 중의 염류 등이 동 저면이나 수관 내면에 슬러지 형태로 침전되어 있거나 고착된 물질이며 주로 경도성분인 칼슘, 마그네슘, 황산염, 규산염이다.
탄산염은 연질 스케일이나 황산염 및 규산염은 경질 스케일이다. 또한 슬러지성분은 탄산마그네슘, 수산화마그네슘, 인산칼슘이 주축을 이룬다.

스케일의 장해

① 전열효율저하로 보일러 효율저하
② 연료소비량 증가 및 증기발생소요시간 증가
③ 전열면 부식 및 순환불량
④ 배기가스 온도 상승 및 전열면의 과열로 보일러 파열사고 발생

(2) 부식(corrosion)

① 일반부식
pH가 낮은 경우, 즉 H^+ 농도가 높은 경우 철의 표면을 덮고 있던 수산화 1철($Fe(OH)_2$)이 중화되면서 부식이 진행될 뿐만 아니라 용존가스(O_2, CO_2)와 반응하여 물 또는 중탄산철($Fe(HCO_3)_2$)이 되어 부식을 일으킨다.

$$Fe + 2H_2CO_3 \rightarrow Fe(HCO_3)_2 + H_2$$

② 점식(Pitting)
강표면의 산화철이 파괴되면서 강이 양극, 산화철이 음극이 되면서 전기화학적으로 부식을 일으킨다. 점식을 방지하려면 용존산소 제거, 아연판 매달기, 방청도장, 보호피막, 약한 전류통전을 실시한다.

③ 가성취화
수중의 알칼리성 용액인 수산화나트륨(NaOH)에 의하여 응력이 큰 금속표면에서 생기는 미세균열을 말한다.

가성취화현상이 집중되는 곳

① 리벳 등의 응력이 집중되어 있는 곳
② 주로 인장응력을 받는 부분

③ 겹침 이음부분

④ 곡률반경이 작은 노통의 플랜지 부분

④ 알칼리부식

수중에 OH^-이 증가하여 수산화 제1철이 용해하면서 부식되는 현상으로 pH 12 이상에서 발생한다.

⑤ 염화마그네슘에 의한 부식

수중의 염화마그네슘($MgCl_2$)이 180℃ 이상에서 가수분해되면서 염소성분이 수중의 수소와 결합하여 강한 염산(2HCl)이 되어 전열면을 부식시킨다.

5) 급수처리

(1) 외처리(1차 처리방법)

보일러 급수전 처리방법으로 기계적 처리, 화학적 처리, 전기적 처리방법으로 구분된다.

① 용해고형물 처리

㉠ 약품 첨가법: 수중의 경도 성분을 불용성 화합물로 침전 여과하여 제거하는 방법 (예 석회소다법, 가성소다법, 인산소다법 등)

㉡ 증류법: 우물물, 바닷물을 가열하여 증류수로 만들어 사용하는 방법

㉢ 이온교환법: 이온교환수지층에 급수하여 급수가 가진 이온과 수지가 가진 이온을 교환하는 방법

㉣ 제오라이트 처리법

② 고형협잡물 처리(기계적 방법)

㉠ 침강법: 비중이 큰 협잡물을 자연 침강하여 처리하는 방법

㉡ 여과법: 필터를 사용하여 부유물이나 유지분을 거르는 방법

㉢ 응집법: 콜로이드 상태의 미세입자의 경우 침강이나 여과법으로 처리가 곤란하므로 황산알루미늄 또는 폴리염화 알루미늄 등 응집제를 사용하여 제거하는 방법

③ 용존가스 처리

㉠ 기폭법: 공기 중에 물을 유하시키는 강수방식과 용수 중에 공기를 혼입하는 방법으로 물에 녹아 있는 CO_2, NH_3 등의 가스뿐만 아니라 철이나 망간 등의 물질을 처리할 수 있다.

㉡ 탈기법: 진공탈기법과 가열탈기법이 있으며, CO_2, O_2 등의 용존가스를 제거할 수 있다.

(2) 내처리(2차 처리방법)

보일러 급수과정에서 소량의 청관제를 공급하여 급수 중에 포함되어 있는 유해성분을 보일러 내에서 화학적 방법으로 처리하는 것을 내처리라 한다.

Chapter 02 예상문제

01 유속을 일정하게 하고 관의 직경을 2배로 증가시켰을 경우 유량은 어떻게 변화하는가?

① 2배로 증가 ② 4배로 증가
③ 8배로 증가 ④ 처음과 동일

해설

$Q = AV = \frac{\pi d^2}{4}V[\text{m}^3/\text{s}]$

유량은 속도(V) 일정 시 직경제곱에 비례한다.

$\therefore \frac{Q_2}{Q_1} = \left(\frac{d_2}{d_1}\right)^2$

$Q_2 = \left(\frac{2d_1}{d_1}\right)^2 Q_1 = 4Q_1[\text{m}^3/\text{s}]$

02 보일러의 내부 수압시험을 실시하는 데 있어 규정된 압력에 도달한 후 몇 분 경과 후 검사를 하여야 하는가?

① 10분 ② 20분
③ 30분 ④ 60분

해설

보일러의 내부 수압시험은 서서히 압력을 가하여 규정된 압력에 도달한 후 30분 경과한 뒤에 검사를 실시해야 하며 검사가 끝날 때까지 그 상태를 유지한다.

03 증기보일러에 안전밸브를 2개 이상 부착하여야 할 기준 전열면적은?

① 20m^2 ② 50m^2
③ 80m^2 ④ 100m^2

해설

증기보일러에서 기준 전열면적이 50m^2 이상인 경우는 안전밸브(safety valve)를 2개 이상 부착하여야 한다.

04 증기압이 2MPa 이하인 경우에는 주철제의 절탄기가 흔히 사용된다. 그 이유 중 적당치 않은 것은?

① 내식성이 크다. ② 값이 싸다.
③ 청소하기가 쉽다. ④ 설치면적이 작다.

해설

주철제 절탄기(economizer)는 내식성이 크며 가격이 싸고 청소하기가 용이하다. 고압에서는 주철제보다 강철제가 좋다.

05 관형 공기 예열기의 판의 두께는 보통 2~4mm이다. 판과 판 사이의 간격은 몇 mm로 하면 좋은가?

① 10~20 ② 15~40
③ 30~46 ④ 20~50

해설

관형 공기 예열기는 관의 재료로 연강을 사용하며 두께는 2~4mm, 길이는 3~10m이고 판과 판 사이의 간격은 15~40mm, 전열면적은 15m^2 정도이다.

06 급수예열기에서 전열면의 부식을 예방하기 위해 절탄기 입구의 급수온도를 어느 정도로 취하는 것이 바람직한가?

① 30~40(℃) ② 60~70(℃)
③ 90~100(℃) ④ 130~150(℃)

해설

급수예열기에서 전열면의 부식을 예방하기 위해 절탄기(이코노마이저)의 입구의 급수온도는 60~70℃가 적당하다.

07 다음은 보일러 장치에 대한 설명이다. 옳지 않은 것은 어느 것인가?

① 절탄기는 연료공급을 적당히 분배하여 완전연소를 위한 장치이다.
② 공기예열기란 연소가스의 여열로 공급공기를 가열시키는 장치이다.
③ 과열기란 포화증기를 가열시키는 장치이다.
④ 재열기란 원동기에서 팽창한 포화증기를 재가열시키는 장치이다.

정답 01 ② 02 ③ 03 ② 04 ④ 05 ② 06 ② 07 ①

해설 절탄기(Economizer) = 이코노마이저

급수를 예열하는 장치이다. 절탄기는 강관형, 주철관형이 있고 20kg/cm^2 이하는 주철관형이 많이 사용된다. 강관식은 급수의 온도가 70℃ 이상일 때 사용된다(폐열회수장치).

08 어느 보일러의 증발률이 20kg/m^{2}h일 때 접촉 전열면적은 얼마인가? (단, 복사전열면적은 15m^2, 실제 증발량은 500kg/hr이다.)

① 8m^2 ② 10m^2
③ 13m^2 ④ 15m^2

해설 증발률(K)

$$= \frac{\text{실제증발량}(G_a)}{\text{복사전열면적}(F_R) + \text{접촉전열면적}(F_C)} [\text{kg/m}^2\text{h}]$$

에서

$$F_R = \frac{G_a}{K} - F_C = \frac{500}{20} - 15 = 10\text{m}^2$$

09 연료의 공업분석이란 다음 중 어느 것을 말하는가?

① 탄소, 수소, 산소, 유황의 함유량 비율의 결정
② 그을음, 연재, 가연성분 등의 비율의 결정
③ 연소가스의 CO_2, CO, O_2, SO_2 등의 비율의 결정
④ 고유수분, 휘발분, 고정탄소, 회분 등의 비율의 결정

해설
㉠ 연료의 공업분석: 고유수분, 휘발분, 고정탄소, 회분 등의 비율의 결정
㉡ 원소분석: C, H, O, S의 함유량 비율의 결정

10 다음 중 과열기(Super heater)를 사용하여 얻어지는 이점이 아닌 것은?

① 이론 열효율의 증가
② 원동기 중의 열낙차의 감소
③ 증기 소비량의 감소
④ 회전익의 부식방지

해설 과열기를 사용할 시 이점(장점)
㉠ 이론 열효율의 증가(보일러)
㉡ 원동기 중의 열낙차의 증가
㉢ 증기 소비량의 감소
㉣ 회전익의 부식방지

11 노통연관 보일러의 수면계 부착위치를 설명한 것이다. 옳게 설명한 것은?

① 연관의 최고부 위 75mm
② 연관의 최고부 위 15mm
③ 연관의 최고부 위 100mm
④ 연관의 최고부 위 200mm

해설 노통연관 보일러의 안전저수위 설정
㉠ 노통이 연관보다 위에 있는 경우: 노통 최고부 위 100mm
㉡ 노통이 연관보다 아래에 있는 경우: 연관 최고부 위 75mm

12 온수보일러에 있어서 급탕량이 500kg/h이고 공급주관의 온수온도가 75℃, 환수주관의 온수온도가 50℃라 할 때 이 보일러의 출력은? (단, 물의 평균비열은 4.2kJ/kgK이다.)

① 50,000 ② 52,500
③ 55,000 ④ 57,500

해설 $Q = mC_m(t_2 - t_1) = 500 \times 4.2(75 - 50)$
$= 52{,}500\text{kJ/h}$

13 과열온도가 600℃ 이상인 곳에 쓰일 과열기의 구조재질은 다음 중 어느 것이 가장 적당한가?

① 몰리브덴강 ② 오스테나이트강
③ 절연강 ④ 탄소강

해설 과열증기온도가 600℃ 이상이면 과열기의 구조재질은 특수강으로 Mo(몰리브덴)강이 좋다.

정답 08 ② 09 ④ 10 ② 11 ① 12 ② 13 ①

14 주철제 보일러에 대한 아래의 설명으로 가장 옳은 것은?

① 온수 보일러에서 최고 사용압력 0.5MPa 이하일 때는 온수의 온도가 120℃ 이하이어야 한다.
② 물이 점유하는 아랫부분에 안지름 20mm 이상의 검사구멍을 설치해야 한다.
③ 증기보일러에는 2개 이상의 안전밸브를 보일러 몸체에 직접 부착시켜야 한다.
④ 안전밸브는 10kPa 이하에서 증기가 자동적으로 분출하여야 한다.

해설 주철제 보일러(온수 보일러)에 최고 사용압력은 0.5MPa 이하일 때 온수온도는 120℃ 이하이어야 한다.

15 육용 보일러의 열정산 시 온도측정에 대한 설명이다. 틀린 것은?

① 절탄기가 없는 경우 급수온도는 보일러 몸체의 입구에서 측정한다.
② 인젝터를 사용하는 경우 급수온도의 측정은 그 뒤에서 측정한다.
③ 공기온도는 공기예열기의 입구 및 출구에서 측정한다.
④ 급수온도는 보통 절탄기 입구에서 측정한다.

해설 인젝터(injector)를 사용하는 경우 급수온도 측정은 그 앞에서 측정하여야 한다. 인젝터는 최고압력이 $1kg/cm^2$ 이하에서는 장치가 불필요하다.

16 보일러를 옥내에 설치할 때 보일러의 상부에서 보일러의 천장까지의 거리는 얼마 이상이어야 하는가?

① 60cm ② 80cm
③ 120cm ④ 160cm

해설 보일러 옥내 설치 시에 보일러 상부에서 보일러 천장까지의 거리는 1.2m(120cm) 이상이고 소용량 보일러는 0.6m 이상이다.

17 원통보일러의 노통은 어떠한 열응력을 받게 되는가?

① 압축응력 ② 인장응력
③ 굽힘응력 ④ 전단응력

해설 원통보일러의 노통은 수압에 의한 압축응력을 받는다.

18 증기 보일러의 최고 사용압력에 대하여 옳은 것은?

① 보일러를 사용할 때의 최고의 압력을 말한다.
② 보일러 구조상 사용 가능한 최고의 압력을 말한다.
③ 보일러의 강도계산을 하였을 때의 동체의 최고압력을 말한다.
④ 보일러의 수압시험을 할 때의 최고압력을 말한다.

해설 증기 보일러(Boiler)의 최고 사용압력이란 보일러 구조상 사용 가능한 최고의 압력을 말한다.

19 노통 보일러의 구조에서 필요 없는 것은?

① 강수관 ② 증기도움
③ 애덤슨 조인트 ④ 거싯 스테이

해설 강수관은 보일러로 급수된 찬 물이 물드럼으로 하강하는 관이며 승수관(승기관)은 가열된 물이 증기드럼으로 상승하는 관이다.

20 급수밸브 및 체크밸브의 크기는 전열면적 $10m^2$ 이하의 보일러에서는 관의 호칭(A) 이상, $10m^2$를 초과하는 보일러에서는 관의 호칭(B) 이상의 것이어야 한다. (A), (B)에 알맞은 것은?

① A: 10A, B: 10A ② A: 15A, B: 15A
③ A: 15A, B: 20A ④ A: 15A, B: 40A

해설 급수밸브 및 체크밸브의 크기는 전열면적 $10m^2$ 이하의 보일러에서는 관의 호칭 15A 이상 전열면적 $10m^2$ 초과하는 보일러에서는 호칭 20A 이상의 것이라야 한다.

정답 14 ① 15 ② 16 ③ 17 ① 18 ② 19 ① 20 ③

21 수압검사 시행상의 주의 중 적당한 것은?

① 압력계는 펌프와 보일러 양쪽에 부착하는 것이 좋다.
② 펌프는 터빈펌프가 가장 좋다.
③ 압력이 있을 때 보일러 본체를 강타하여 조사하면 누설을 잘 발견할 수 있다.
④ 100℃ 정도의 뜨거운 물을 사용하면 효과가 좋다.

해설
압력계는 펌프와 보일러 양쪽에 부착하는 것이 좋다(수압검사 시행 시).

22 다음 설명 중 옳은 것은?

① 온수온도가 120℃를 넘는 온수보일러에는 안전밸브를 설치한다.
② 온수온도가 120℃를 넘는 온수보일러에는 방출밸브를 설치해야 한다.
③ 증기보일러에는 1개 이상의 유리수면계를 부착한다.
④ 최고사용압력 1.6MPa 이상에는 수주를 주철제로 할 수 있다.

해설
온수보일러에서 온수온도는 120℃를 초과하는 경우 안전밸브를 설치해야 한다. 온수온도가 120℃ 이하의 경우에는 방출밸브를 설치해야 한다.
증기 보일러에는 2개 이상의 유리수면계를 부착하여야 하며 다만, 최고 사용압력이 1MPa 이하로서 동체 안지름 750mm 미만의 것에는 그중 한 개는 다른 종류의 수면측정장치로 하여도 무방하다.

23 노통 보일러의 파형노통이 평판노통보다 좋은 점들을 다음에 열거하였다. 틀린 것은?

① 외압에 강하다.
② 열에 의한 신축에 대하여 탄력성이 많다.
③ 전열면적이 넓다.
④ 부식에 대한 저항이 크다.

해설
파형노통의 단점
㉠ 내부청소가 어렵다.
㉡ 연소가스 마찰저항이 크다(평형노통보다 통풍저항이 크다).
㉢ 제작이 어려워 비싸다.

24 입형횡관 보일러에 있어서 수면계 부착위치는 다음 어느 것이 적당한가?

① 노통 최고부(플랜지를 제외) 위 100mm
② 연소실의 1/3 위치
③ 저수위면에서 1/2 위치
④ 화실 천장판 최고부위 75mm

해설
입형횡관 보일러에서는 수면계의 부착위치 하단부는 화실 천장판의 최고부위 75mm 지점이다.

25 보일러에서 온도계가 설치되지 않아도 되는 곳은?

① 버너의 급유입구
② 급수 입구
③ 과열기 입구
④ 재열기 출구

해설
보일러에서 과열기(super heater) 및 재열기(reheater)는 온도계를 출구에 부착한다.

26 24,500kW의 증기원동소에서 사용하고 있는 석탄의 발열량은 30,140kJ/kg이다. 이 원동소의 열효율을 23%라 하면 매시간당 필요한 석탄의 양은 얼마인가?

① 10.5t/h ② 12.7t/h
③ 15.3t/h ④ 18.2t/h

해설

$$\eta_B = \frac{3,600\text{kW}}{H_L \times m_f} \times 100\%$$

$$m_f = \frac{3,600\text{kW}}{H_L \times \eta_B} = \frac{3,600 \times 24,500}{30,140 \times 0.23}$$

$$= 12,723\text{kg/h} = 12.723\text{t/h}$$

27 압력용기에 사용되는 압력계의 최대 지시범위는 어떻게 되나?

① 최고 사용압력의 1.5~2배
② 최고 사용압력의 1.5~3배
③ 최고 사용압력의 2~3배
④ 최고 사용압력의 2~4배

해설
압력용기에서 압력계의 최대 지시범위는 최고 사용압력의 1.5~3배로 한다(강철제 보일러나 주철제 보일러의 압력계 지시범위와 같다).

정답 21 ① 22 ① 23 ④ 24 ④ 25 ③ 26 ② 27 ②

28 다음 중 안전장치라 할 수 없는 것은?

① 방폭문　② 방출관
③ 방출밸브　④ 감압밸브

해설
보일러 안전장치의 종류
㉠ 가용전, ㉡ 방출밸브
㉢ 방출관, ㉣ 방폭문(폭발구)
⑤ 전자밸브, ㉦ 수위제한기(저수위 차단장치)

29 보일러의 계속 사용검사 중 운전성능시험 중 운전상태 시험 시 얼마의 부하를 걸어서 하는가?

① 사용부하　② 정격부하
③ 70% 이상　④ 90% 이상

해설
보일러 시동준비가 완료되고 보일러 장치가 워밍업 되면 사용부하를 걸어 정상운전상태에서 이상 진동과 이상 소음이 없고 각종 부품의 작동이 원활하여야 한다.

30 최고 사용압력이 $12kg/cm^2$, 전열면적 $280m^2$인 수관식 보일러에 설치한 저양정식 스프링식 안전판의 합계면적은 얼마인가? (단, 전열면적 $1m^2$당의 최대 증발량은 50kg/hr 이다.)

① $23,054mm^2$　② $25,054mm^2$
③ $24,054mm^2$　④ $26,054mm^2$

해설
수관식 보일러에는 스프링식 안전밸브를 설치해야 하는데 안전밸브의 면적은 보일러 전열면적에 정비례하고 증기압에 반비례하며 최고 사용압력이 $1kg/cm^2$를 초과하는 증기보일러의 안전밸브 안전판의 총 면적은 다음 식에 의한다.

$$\text{면적(A)} = \frac{22W}{1.03P+1} = \frac{22\times280\times50}{1.03\times12+1} = 23,054\,\text{mm}^2$$

$$W = \frac{(1.03P+1)}{22}AC\,\text{(kg/h)(저양정식으로 계산한 값)}$$

31 다음 중 접근되어 있는 평행한 2매의 보일러 판의 보강에 사용하는 버팀은 어느 것인가?

① 시렁버팀　② 막대버팀
③ 경사버팀　④ 나사버팀

해설
㉠ 스테이 볼트(stay bolt)는 보일러 벽의 평행부분의 거리가 짧고 서로 마주보는 평판의 보강에 쓰이는데 나사버팀이라고 한다.
㉡ 스테이 볼트를 판에 부착할 경우에는 나사산 2개 이상을 판면에 나오게 하고 이것을 코킹하여야 한다.

32 증발량 1,200kg/h의 상당증발량이 1,400 kg/h일 때 사용연료가 140kg/h이고 그 비중이 0.8kg/L이면 증발배수는 얼마인가?

① 8.6　② 10
③ 10.7　④ 12.5

해설
㉠ $\text{증발배수} = \dfrac{\text{실제증발량}(m_a)}{\text{시간당 연료소비량}(m_f)}$

$= \dfrac{1,200}{140} = 8.6$

㉡ $\text{환산(상당)증발배수} = \dfrac{m_e}{m_f} = \dfrac{1,400}{140} = 10$

33 3MPa의 압력에서 물 5kg을 모두 증발시켰을 때 이 기체가 차지하는 체적(V)은? (단, 3MPa의 포화증기의 비체적은 $0.068m^3/kg$ 이다.)

① $136m^3$　② $1.02m^3$
③ $0.41m^3$　④ $0.34m^3$

해설
$\text{체적}(V) = \text{질량}(m)\times\text{비체적}(v)$
$= 5\times0.068 = 0.34m^3$

34 용기 내부에 증기 사용처의 증기압력 또는 열수온도보다 높은 압력과 온도의 포화수를 저장하여 증기부하를 조절하는 장치의 명칭은?

① 기수분리기
② 스토리지탱크
③ 스팀어큐뮬레이터
④ 오토클레이브

해설
스팀 어큐뮬레이터(Steam Accumulator) = 증기축압기
용기 내부에 증기 사용처의 증기압력 또는 열수온도보다 높은 압력과 온도와 포화수를 저장하여 증기부하를 조절하는 용기를 말한다.

정답 28 ④ 29 ① 30 ① 31 ④ 32 ① 33 ④ 34 ③

35 가스 사용 온수보일러의 검사기기 대상이 되는 전열면적은?

① $12m^2$ 이상　② $14m^2$ 초과
③ $18m^2$ 이상　④ $20m^2$ 이상

해설
가스 사용 온수보일러의 전열면적이 $14m^2$ 초과인 경우 검사 대상기기에 속한다. $14m^2$ 이하 압력 0.35MPa는 온수 보일러로서 특정열사용기자재이며 검사대상기기에서 제외된다.

36 관의 수평이동을 자유스럽게 하기 위해 사용되는 설비가 아닌 것은?

① 행거지지　② 플랜지
③ 밴드　④ 팽창이음

해설
배관의 이음방식
플랜지 이음(flange joint), 나사 이음, 용접 이음 3가지가 있고 플랜지(flange)는 관의 수평이동과는 관계없고 대구경관의 해체작업 시 편리하기 위한 관의 이음방법이다.

37 급수조절기를 사용할 경우에 청소 수압시험 또는 보일러를 시동할 때 조절기가 작동하기 않게 하거나 모든 자동 또는 수동제어 밸브 주위에 수리 또는 교체의 경우를 위하여 설치하여야 할 설비는?

① 블로오프관　② 바이패스관
③ 과열저감기　④ 수면계

해설
바이패스(by-pass)관은 조절기, 제어밸브, 유량계, 순환펌프 수리 시에 대비하여 설치하는 설비이다.

38 노통연관 보일러의 상용수위는 동체의 중심선에서부터 동체 반지름의 60% 이하이어야 한다. 60% 이하로 하는 이유에 맞는 것은?

① 강도 안전을 위하여
② 기실을 충분히 두기 위하여
③ 관수를 충분히 두기 위하여
④ 보일러 크기를 맞추기 위하여

해설
노통연관 보일러의 상용수위를 동체 중심선에서부터 동체 반지름의 60% 이하로 하는 이유는 기실(증기실)을 충분히 하여 증발량의 증가 건조증기의 취출을 얻기 위해서이다.

39 보일러실의 한 시야로 볼 수 있는 곳에 보일러 2대와 압력용기 2대가 있다. 법적으로 최소 몇 사람의 유자격자가 조종하고 있어야 하는가?

① 4　② 3
③ 2　④ 1

해설
조종기기를 한 시야로 볼 수 있을 경우 1인이 여러 대의 보일러 및 압력용기를 조종할 수 있다(1인 이상 채용).
보일러, 압력용기는 검사대상기기이다. 검사대상기기 조종자의 자격소지는 "열관리기사, 열관리 산업기사, 보일러 산업기사, 보일러 취급기능사, 인정검사기기 조종자"(소규모에 한해서), 보일러기능장이다.

40 보일러 효율시험방법에서 열계산의 기준 중 틀린 것은?

① 열계산은 사용한 연료 1kg에 대하여 한다.
② 연료발열량 B-C유는 9,750kcal/kg으로 한다.
③ 증기의 건도는 0.92로 한다.
④ 압력의 변동은 ±7%로 한다.

해설
증기의 건도(x)는 0.98로 한다(주철제 보일러의 증기건도(x)는 0.97로 한다).

41 벙커C유를 버너로 연소시킬 때 연료의 가열온도가 너무 높을 경우의 현상이 아닌 것은?

① 탄화물 생성의 원인이 된다.
② 관 내에서 기름의 분해를 일으킨다.
③ 분사각도가 흐트러진다.
④ 불꽃이 편류하며 슈트, 분진이 발생한다.

해설
중유 불꽃의 편류 슈트(shoot), 분진발생은 가열온도가 너무 낮을 때 일어나는 현상이다.

정답 35 ② 36 ② 37 ② 38 ② 39 ④ 40 ③ 41 ④

42 어떤 수랭기관에서 냉각장치에 의하여 흡수되는 열량이 연료의 저발열량의 75%이다. 지금 연료의 저발열량이 44,790kJ/kg, 기관의 연료소비율이 280g/h로 냉각수에 10℃의 온도 상승을 허용한다면 이 기관은 마력당 매 시간 몇 L의 냉각수가 필요한가?

① 95L ② 225L
③ 115L ④ 125L

해설
냉각수흡열량(Q_C)
$=H_L \times f_b \times \eta_g$
$=44,790 \times 0.28 \times 0.75$
$=9,406\text{kJ/h}$
$Q_C = mC\Delta t\,[\text{kJ/h}]$에서
$m = \dfrac{Q_C}{C\Delta t} = \dfrac{9,406}{4.186 \times 10} \fallingdotseq 225\text{L/h}$

43 전열면적이 18m^2인 온수보일러의 방출관의 안지름은 몇 mm로 해야 하는가?

① 25mm 이상 ② 30mm 이상
③ 40mm 이상 ④ 50mm 이상

해설
전열면적에 따른 방출관 안지름(온수보일러)
㉠ 전열면적 10m^2 미만 → 25mm 이상
㉡ 전열면적 10 이상 15m^2 미만 → 30mm 이상
㉢ 전열면적 15 이상 20m^2 미만 → 40mm 이상
㉣ 전열면적 20m^2 이상 → 50mm 이상

44 증발량 1,200kg/h의 상당증발량이 1,400kg/h일 때 사용연료가 140kg/h이고, 그 비중이 0.8kg/L이면 환산증발배수는 얼마인가?

① 8.5 ② 10
③ 10.7 ④ 12.5

해설
환산(상당)증발배수
$=\dfrac{\text{상당증발량}(m_e)}{\text{시간당 연료소비량}(m_f)} = \dfrac{1,400}{140} = 10\text{kg/kg}$

45 다음 중 보온재의 보온효과와 가장 관계가 큰 것은 어느 것인가?

① 보온재의 화학성분
② 보온재의 광물조성
③ 보온재의 조직 및 기공률
④ 보온재의 내화도

해설
보온재와 보온효과와 관계있는 것은 보온재의 조직 및 기공률이다.

46 도자기, 벽돌 및 연마숯돌 등을 조성하는 데 적합하지 않은 것은 다음 중 어느 것인가?

① 도염식 각 가마 ② 회전 가마
③ 셔틀 가마 ④ 터널 가마

해설
회전 가마(요)는 시멘트 제조용으로 많이 사용된다. 또한 선가마(견요)도 시멘트 소성용이다.

47 불연속 가마, 연속 가마, 반연속 가마의 구분 방식은 어느 것인가?

① 사용목적 ② 온도상승속도
③ 전열방식 ④ 조업방식

해설
조업방식에 따른 가마의 구분
㉠ 불연속 가마: 승염식요, 도염식요, 횡염식요(가마)
㉡ 연속 가마: 터널요, 고리가마(윤요)
㉢ 반연속 가마: 등요, 셔틀요(가마)

48 규석질 벽돌의 공통적인 주용도는 다음 중 어느 것인가?

① 가마의 내벽 ② 가마의 외벽
③ 가마의 천장 ④ 연도구축물

해설
규석벽돌 사용처는 평로용, 전기로용, 코크스로용, 유리공업용 SK31~33까지 사용이 가능하다(공통적인 주용도는 가마의 내벽에 사용한다).

49 증기배관상에 부착되는 트랩(trap)의 역할이 잘못 표시된 것은?

① 관내에 발생된 에어를 함께 제거한다.
② 응축수만을 통과시킨다.
③ 관 내 수력작용을 방지한다.
④ 증기의 누출 및 응축수를 방지한다.

정답 42 ② 43 ③ 44 ② 45 ③ 46 ② 47 ④ 48 ① 49 ④

해설 증기배관상에 부착되는 트랩(trap)은 응축수를 배출시킨다(수력작용 방지 및 관내에 발생된 공기를 제거한다).

50 다음은 보일러에 부착하는 안전밸브에 대한 설명이다. 틀린 사항은?

① 지레식 안전밸브는 추의 이동으로서 증기의 취출압력을 조정한다.
② 스프링 안전밸브는 고압 대용량 보일러에 적합하다.
③ 스프링 안전밸브는 스프링 신축으로 증기의 취출압력을 조절한다.
④ 안전밸브는 밸브축을 수평으로 부착하면 좋다.

해설 안전밸브는 쉽게 검사할 수 있는 개소에 되도록 보일러 몸체에 직접 부착시키며 밸브 축을 수직으로 하여야 한다(안전밸브는 스프링식, 추식, 지렛대식이 있다).

51 보일러 효율 시험방법 중 측정방법의 내용이 잘못된 사항은?

① 연료의 온도는 유량계 전에서 측정한 온도로 한다.
② 급수량은 체적식 유량계로 측정하며 유량계의 오차는 ±1.5% 범위 내에 있어야 한다.
③ 급수온도는 보일러 입구에서 측정한다.
④ 증기압력은 보일러 출구에서의 압력으로 한다.

해설 보일러 효율 시험 측정 방법 중 급수량은 체적식 유량계로 측정하는 것을 원칙으로 하며 유량계의 오차는 ±1% 범위 내에 있어야 한다.

52 중유연소 가열로의 폐가스를 분석하였더니 부피비로는 CO_2는 12.0%, O_2는 8.0%, N_2는 80%라는 결과를 얻었다. 이때의 공기비율은 어느 것인가? (단, 연료 중에는 N_2가 함유되지 않았다고 계산하라.)

① 1.8 ② 1.6
③ 1.4 ④ 1.2

해설 공기비(m)

$$= \frac{N_2}{N_2 - 3.76(O_2)} = \frac{80}{80 - 3.76 \times 8.0} = \frac{80}{49.92} = 1.60$$

53 압력 0.7MPa, 건도 0.9인 습증기를 대기압가지 내려 온도 20℃의 물을 혼합하여 50℃의 온수를 만들려고 할 때 온수 1,000kg을 만드는 데 필요한 증기량은 얼마인가? (단, 압력 0.7MPa의 포화수 및 건포화 증기의 비엔탈피는 각각 698kJ/kg, 2,772kJ/kg이다.)

① 24.8kg ② 30.8kg
③ 40.8kg ④ 50.6kg

해설 $h_x = h' + x(h'' - h') = 698 + 0.9(2,772 - 698)$

$\fallingdotseq 2,565\,\text{kJ/kg}$

$$증기량(G) = \frac{WC(t_m - t_1)}{[h_x - Ct_1]} = \frac{1,000 \times 4.186(50-20)}{[2,565 - 4.186 \times 20]} \fallingdotseq 50.61\,\text{kg}$$

54 거싯 스테이(Gusset stay)를 사용하는 보일러는?

① 연관 보일러 ② 수관 보일러
③ 노통 보일러 ④ 입형 보일러

해설 거싯 스테이(Gusset stay)가 필요한 보일러는 노통보일러이다. 설치이유는 경판에 부착하는 거싯 스테이와 노통 사이에 강도보강을 하기 위함이며 반드시 브리징 스페이스(노통의 신축호흡거리 230mm 이상)를 설치하는 간격을 둔다(거싯 스테이는 보강하는 면적이 넓어 여러 개 설치할 필요가 없다).

55 공기예열기를 설치할 때의 장점이 아닌 것은?

① 배기가스의 열손실을 적게 하여 보일러 효율을 높인다(5~10%).
② 연소의 효율을 높인다.
③ 연소속도가 증대하여 연소실 열발생률이 커져서 연소실 체적을 작게 할 수 있다.
④ 통풍저항이 증가하여 과잉공기가 적다.

정답 50 ④ 51 ② 52 ② 53 ④ 54 ③ 55 ④

해설
공기예열기(Air preheater)는 압입 송풍기와 소각로 사이에 설치하며 배출가스의 열에 의해 연소공기를 예열시키는 가스식 공기예열기 보일러로부터 생성되는 증기에 의해 예열시키는 증기식 공기예열기와 연료를 사용하여 고온연소가스를 연소공기와 혼합시켜 예열시키는 직화식 공기예열기가 있다(통풍저항이 증가하면 과잉공기가 많이 소요된다).

56 다음 중 100% Rating에 대한 설명으로서 적당한 것은?

① 전열면적 $10ft^2$당 345Lb/h의 상당증발량
② 전열면적 $15ft^2$당 34.5Lb/h의 상당증발량
③ 전열면적 $10m^2$당 34.5Lb/h의 상당증발량
④ 전열면적 $15m^2$당 3.45Lb/h의 상당증발량

해설
레이팅(Rating)
전열면적 $1ft^2$($0.092903m^2$)당 상당증발량 34.5Lb/h(15.65kg/h)를 나타내는 능력이다. 그러므로 10평방피트에서는 345Lb/h 상당증발량을 발생시키는 능력이다(1ft는 0.3048m).

보일러 마력(레이팅(정격))
1보일러 마력이란 급수온도 100°F(37.8℃), 압력 70psi(Lb/in^2)($4.9kg/cm^2$)에서 시간당 30Lb(13.61kg)의 증기를 발생시키는 능력을 말한다.
이것을 상당증발량으로 환산하면, 15.65kg/h(34.51 Lb/h)이다1Lb(파운드) = 0.4536kg, 1kg = 2.205Lb).
보일러 마력(Bps)

$$= \frac{\text{상당증발량}(m_e)}{15.65} = \frac{m_a(h_2 - h_1)}{15.65 \times 2,257}$$

$$= \frac{m_a(h_2 - h_1)}{35,322.05} \text{(Bps)}$$

57 전열면적 $10m^2$를 초과하는 보일러에서의 급수밸브 및 체크밸브(check valve)의 크기는 관의 호칭지름이 얼마 이상이어야 하는가?

① 5mm 이상 ② 10mm 이상
③ 15mm 이상 ④ 20mm 이상

해설
전열면적 $10m^2$를 초과하는 보일러의 급수밸브 및 체크밸브(check valve)의 크기는 20A(20mm) 이상으로 한다.

58 다음 보일러의 부속장치 중 여열장치가 아닌 것은?

① 과열기 ② 송풍기
③ 재열기 ④ 절탄기

해설
폐열회수장치(여열장치)
과열기 – 재열기 – 절탄기(이코노마이저) – 공기예열기 등이 있으며 송풍기는 통풍장치이다.

59 보일러의 사고에서 파열이 발생할 수 있는 경우는?

① 과열기와 같은 고온과 고압을 받는 부분은 대개 특수강을 쓴다.
② 용접용 강재는 탄소함유량이 0.35% 이상의 것을 쓴다.
③ 부득이한 경우 충분한 버팀(Stay)을 하여 보강한다.
④ 역학적으로 취약한 구조는 가급적 지양한다.

해설
보일러 용접용 강재는 탄소함유량이 0.35% 이하인 저탄소강을 사용한다(파열사고 방지).

60 랭커셔 보일러에 대한 설명 중 그 내용이 부적합한 것은?

① 같은 지름의 코니시 보일러와 비교하면, 전열면적이 크다.
② 노통이 1개이다.
③ 노 내 온도의 급강하가 적다.
④ 수면의 높이는 노통 꼭대기 위에서 약 100~150mm 정도로 유지한다.

해설
노통 보일러에서 노통이 1개인 것은 코니시 보일러이고 랭커셔 보일러는 노통이 2개이다.

61 최고 사용압력이 0.7MPa인 증기용 강제 보일러의 수압시험 압력은 몇 MPa인가?

① 1MPa ② 1.05MPa
③ 1.21MPa ④ 1.4MPa

정답 56 ① 57 ④ 58 ② 59 ② 60 ② 61 ③

해설
최고사용압력이 0.43MPa 이상 1.5MPa 이하는
수압시험압력 = $P\times1.3+0.3$MPa
$= 0.7\times1.3+0.3 = 1.21$MPa

62 규석(Silica Rock) 내화물의 성질과 관계가 먼 것은?

① 산성로재
② 소성 후 성형
③ 내화도
④ 열전도율 비교적 큼

해설
내화물의 제조공정
분쇄-혼련-성형-건조-소성 순이며 규석내화물은 산성로재이고 내화도가 SK 31~33이며 열적 성질이 좋고 열간 강도가 크며 평로용, 전기로용, 코크스로용, 유리공업용에 사용된다.

63 다음 중 환형 보일러의 종류가 아닌 것은?

① 노통 보일러
② 연관식 보일러
③ 노통연관식 보일러
④ 수관 보일러

해설
환형(원통 = 둥근) 보일러 종류
㉠ 노통 보일러
㉡ 연관식 보일러
㉢ 노통연관식 보일러

64 수관 보일러의 장점이 아닌 것은?

① 고압에 적합하다.
② 전열이 좋다.
③ 보일러 효율이 높다.
④ 스케일이 잘 끼지 않는다.

해설
수관 보일러 장점
㉠ 고압에 적합하다.
㉡ 전열이 좋다.
㉢ 보일러 효율이 높다.
• 수관 보일러 단점은 스케일(scale)이 잘 낀다.

65 굴뚝의 통풍력을 산출하는 근사식은? (Z: 유효 통풍력(mmH_2O), H: 굴뚝의 높이(m), T_O: 대기의 절대온도(°K), T_C: 굴뚝 가스의 절대온도(°K))

① $Z=355H\left(\frac{1}{T_C}-\frac{1}{T_O}\right)$
② $Z=355H\left(\frac{1}{T_O}-\frac{1}{T_C}\right)$
③ $Z=355H\left(\frac{1}{T_C}\times\frac{1}{T_O}\right)$
④ $Z=355H\left(\frac{1}{T_O}\times\frac{1}{T_C}\right)$

해설
굴뚝(연돌)의 유효통풍력
$Z=355H\left(\frac{1}{T_O}-\frac{1}{T_C}\right)[mmH_2O]$

66 다음 그림과 같은 지레 안전판에서 추 W의 중량은 얼마인가? (단, P = 0.6MPa이다.)

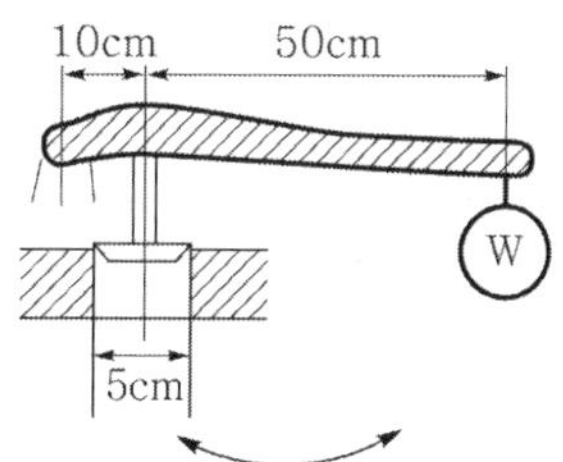

① 196.25N ② 206.25N
③ 216.25N ④ 226.25N

해설
$\sum M_{Hinge}=0$
$WL-(PA)\ell=0$
$\therefore W=\frac{PA\ell}{L}=\frac{0.6\times\frac{\pi(50)^2}{4}\times100}{600}=196.25\text{N}$

67 다음 중 원동기의 작업유체로 사용하기 위하여 보일러 본체에서 발생한 고질의 증기를 가열하여 건포화증기로 한 다음 다시 같은 압력하에서 온도를 상승시키는 장치는?

① 재열기 ② 과열기
③ 절탄기 ④ 보일러 본체

정답 62 ② 63 ④ 64 ④ 65 ② 66 ① 67 ②

해설

과열기(super heater)는 폐열회수장치로 압력이 일정한 상태에서 고질의 건포화증기를 온도를 상승시켜 과열증기로 만드는 장치이다.

68 매시간 127kg의 벙커C유를 연소시키는 효율이 83%인 보일러의 상당 증발량은? (단, 벙커C유 발열량: 40,950kJ/kg, 실제증발량: 1,637kg/h, 증기의 비엔탈피: 2,764kJ/kg, 급수의 온도: 30℃)

① 1,825.34kg/h ② 1,913.34kg/h
③ 2,235.45kg/h ④ 2,125.34kg/h

해설

• 상당 증발량(m_e)

$$= \frac{m_a(h_2 - h_1)}{2,257} = \frac{1.637(2,764 - 126)}{2,257}$$

≒ 1,913.34kg/h

$$\eta_B = \frac{m_e \times 2,257}{H_L \times m_f} \times 100\% = \frac{m_a(h_2 - h_1)}{H_L \times m_f} \times 100\%$$

• 실제 증발량(m_a)

$$= \frac{\eta_B \times H_L \times m_f}{(h_2 - h_1)} = \frac{0.83 \times 40,950 \times 127}{(2,764 - 126)}$$

≒ 1,637kg/h

69 다음 중 안전밸브에 대한 형식으로서 틀린 것은?

① 레버식 ② 다이어프램식
③ 중추식 ④ 스프링식

해설

안전밸브(safety valve)의 형식
㉠ 레버식
㉢ 중추식
㉣ 스프링식(저양정식, 고양정식, 전양정식, 전양식)
• 다이어프램식(diaphram type)은 탄성식 압력계이다.

70 매시간 1,600kg의 석탄을 연소시켜서 12,000 kg/h의 증기를 발생시키는 보일러의 효율은? (단, 석탄의 저위발열량은 25,200kJ/kg, 증기의 비엔탈피는 2,940kJ/kg, 급수온도는 20℃이다.)

① 75% ② 80%
③ 85% ④ 90%

해설

$$\eta_B = \frac{m_a(h_2 - h_1)}{H_L \times m_f} \times 100\%$$

$$= \frac{12,000(2,940 - 84)}{25,200 \times 1,600} \times 100\%$$

$$= 85\%$$

71 다음에 열거한 집진장치 중 전기집진장치는?

① 코트렐 집진기 ② 사이클론 집진기
③ 여과 집진기 ④ 관성 집진기

해설

전기집진장치(코트렐 집진기)
㉠ 집진효율 90~99.5%(집진효율이 최고로 좋다)
㉡ 0.1μm 이하 미세한 입자도 포집
㉢ 압력손실은 10mmH_2O로 낮다.
㉣ 분진농도 30ℓ/m^3 이하도 처리가 가능
⑤ 온도 500℃, 습도 100% 배기가스도 사용가능

72 과열기의 구조에 있어서 과열온도가 약 450℃ 이하에서는 다음 중 어떤 강을 사용하는가?

① 탄소강 ② 몰리브덴강
③ Cr-Mo강 ④ 오스테나이트강

해설

과열기(super heater) 구조에서 과열온도가 450℃ 이하인 경우 탄소강을 사용하고 450℃ 이상인 경우 특수강(크롬-몰리브덴강)을 사용한다.

73 보일러 내에서 물을 강제 순환시키는 이유 중 옳은 것은?

① 보일러의 성능을 양호하게 하기 위해서
② 보일러의 압력이 상승하면 포화수와 포화증기의 비중량의 차가 점점 줄어들기 때문에
③ 관의 마찰 저항이 크기 때문에
④ 보일러 드럼이 하나뿐이기 때문에

해설

강제순환의 목적은 보일러의 압력이 상승하면 포화수나 포화증기의 비중량의 차가 점점 줄어들기 때문에 자연 순환이 불가능하여 강제순환시킨다(밀도(비중량)차에 의한 대류는 자연대류다).

정답 68 ② 69 ② 70 ③ 71 ① 72 ① 73 ②

74 보일러 구성의 3대 요소 중 안전과 관계되는 항목은 다음 중 어느 것인가?

① 본체 ② 분출장치
③ 연소장치 ④ 부속장치

해설
보일러 구성의 3대 요소는
㉠ 본체
㉡ 연소장치
㉢ 부속장치가 있으며
안전과 관계되는 항목은 부속장치다.
(안전밸브, 고저수위 경보장치, 화염검출기, 가용마개, 방폭문 분출밸브 등)

75 보일러 용량 표시방법 중 1마력(HP)은 상당 증발량 얼마에 해당하는가?

① 13.6 ② 15.65
③ 34.5 ④ 75

해설
보일러 마력(HP)이란 포화수(100℃ 물) 15.65kg을 1시간 동안에 건포화증기(100℃)로 증발시킬 수 있는 능력을 말한다.

$\therefore$ 1HP = 15.65kg/h × 539kcal/kg = 8,435kcal/h
= 15.65 × 2,257 = 35,322.05kJ/h

76 다음에 열거한 보일러 설치 시공기준에서 틀린 것은?

① 5톤 이하 유류 보일러의 배기가스온도는 주위온도와의 차가 300℃ 이하이어야 한다.
② 보일러의 주위벽 온도는 30℃를 초과해서는 안 된다.
③ 저수위 안전장치는 사고를 방지하기 위해 먼저 연료를 차단한 후 경보를 울리게 해야 한다.
④ 보일러의 "설치검사"의 경우 수압시험은 불필요하다.

해설
보일러 설치 시공기준에 의하면 저수위 안전장치는 사고를 방지하기 위해 먼저 경보가 울린 후 30초 지난 후 연료가 차단된다.

정답 74 ④ 75 ② 76 ③

Engineer Energy Management

Chapter 03

보일러의 용량 및 성능

1 보일러의 용량계산

1) 보일러 용량의 표시 방법

증기 보일러의 용량은 최대연속부하(정격부하)상태에서 1시간에 발생하는 증발량(kg/h 또는 ton/h)으로 표시한다(발생증기의 열량은 증기의 압력, 온도 및 급수의 온도에 따라 달라지므로 보일러의 용량은 환산증발량에 따라 표시하는 경우도 있다).

2) 보일러 용량의 표시단위

① 증기 보일러: ton/h 또는 kg/h로 표시

② 온수 보일러: 시간당 발열량(kJ/h)으로 표시

3) 보일러의 용량계산

① 정격용량(kg/h): 증기 보일러의 정격용량은 보일러의 최고사용압력 상태에서 발생하는 최대 연속증발량을 말한다.

② 정격출력(kcal/h) = 정격용량×2,257≒명판에 기록된 증발량×2,257

- 경제용량 = 상당증발량(m_e)×2,257(정격용량의 80% 정도)

2 보일러의 성능계산

1) 상당증발량 = 환산증발량(m_e)[kg/h]

실제증발량을 기준증발량으로 환산한 것으로 표준대기압에서 100℃의 포화수 1kg을 1시간에 100℃의 건조포화증기로 바꿀 수 있는 증발량이다.

$$\text{상당증발량}(m_e) = \frac{m_a \times (h_2 - h_1)}{2,257}\,[\text{kg/h}]$$

$$\text{실제증발량}(m_a) = \frac{\text{상당증발량}(m_e) \times 2,257}{(h_2 - h_1)}\,[\text{kg/h}]$$

2) 보일러 마력

1보일러 마력은 표준대기압에서 100℃의 포화수 15.65kg을 1시간 동안에 100℃의 증기로 바꿀 수 있는 능력을 말한다.

① 1보일러 마력이란 15.65kg의 상당증발량을 갖는 능력이다.

② 1보일러 마력을 열량으로 환산하면 8,435kcal/h(35,322.05kJ/h)이다(15.65×2,257 = 35,322.05kJ/h).

③ 보일러 마력을 기준으로 하는 전열면적

- 노통 보일러: 0.465m²
- 수관식 보일러: 0.929m²

$$\text{보일러 마력(정격출력)} = \frac{\text{상당증발량}(m_e)}{15.65} = \frac{m_a \times (h_2 - h_1)}{2{,}257 \times 15.65}\,(\text{BPs})$$

3) 전열면 증발률(량)

보일러 전열면적 1m²에 1시간 동안에 발생하는 실제증발량이다(kg/m²h).

$$\text{전열면증발률} = \frac{m_a}{A}\,[\text{kg/m}^2\text{h}]$$

여기서, m_a: 실제증발량(kg/h) = 발생증기량(= 급수량)

A: 전열면적(m²)

4) 전열면 상당증발량

보일러 전열면적 1m²에 1시간 동안에 발생하는 상당증발량이다.

$$\text{전열면 상당증발량} = \frac{m_e(\text{kg/h})}{A(\text{m}^2)} = \frac{\text{상당증발량}(\text{kg/h})}{\text{전열면적}(\text{m}^2)}$$

$$= \frac{m_a \times (h_2 - h_1)}{A \times 2{,}257}\,[\text{kg/m}^2\text{h}]$$

여기서, m_e: 상당증발량(kg/h)

m_a: 실제증발량 = 발생증기량 = 급수량(kg/h),

h_2: 발생증기의 비엔탈피(kJ/kg)

h_1: 급수의 비엔탈피(kJ/kg)

A: 전열면적(m²)

5) 전열면 열부하(열발생률)

보일러 전열면적 1m²에 1시간 동안에 발생하는 열량이다.

$$\text{전열면 열부하} = \frac{m_a \times (h_2 - h_1)}{A} \ [\text{kg/m}^2\text{h}]$$

여기서, m_a: 실제증발량 = 급수량(kg/h)
h_2: 발생증기 비엔탈피(kJ/kg)
h_1: 급수 비엔탈피(kJ/kg)
A: 전열면적(m^2)

⊙ 급수비엔탈피(h_1)=급수온도×물의 비열(4.186)(=kJ/kg)

6) 증발배수(연료 1kg으로 증기 몇 kg을 생산했는지를 알 수 있다.)

매시간당의 연료소비량에 대한 매시간의 증기발생량을 의미한다.

$$\text{증발배수} = \frac{m_a(\text{kg/h})}{m_f(\text{kg/h})} = \frac{\text{매시실제증발량(kg/h)}}{\text{연료소비량(kg/h)}} \ [\text{kg/kg(연료)}]$$

여기서, m_a: 실제증발량(kg/h)
m_f: 연료사용량(kg/h)

7) 상당증발배수

매시간당의 연료소비량에 대한 매시간의 상당증발량이다(증발배수에서 실제증발량 대신에 상당증발량을 대입하면 된다).

$$\text{상당증발배수} = \frac{m_e(\text{kg/h})}{m_f(\text{kg/h})} = \frac{\text{상당증발량(kg/h)}}{\text{연료소비량(kg/h)}} = \frac{G_a(h_2 - h_1)}{G_f \times 539}$$

여기서, m_e: 상당증발량 = 급수량(kg/h)
h_2: 발생증기 비엔탈피(kcal/kg)
h_1: 급수 비엔탈피(kcal/kg)
m_f: 연료사용량(kg/h)

8) 증발계수(무차원수: 단위가 없다.)

실제증발량에 대한 상당증발량의 비를 의미한다. 즉, 상당증발량을 실제증발량으로 나눈 값이다.

$$\text{증발계수} = \frac{m_e(\text{kg/h})}{m_a(\text{kg/h})} = \frac{\text{상당증발량(kg/h)}}{\text{실제증발량(kg/h)}} = \frac{(h_2 - h_1)}{539}$$

여기서, h_2: 발생증기 비엔탈피(kJ/kg)
h_1: 급수 비엔탈피(kJ/kg) = 급수온도(℃)×물의 비열(4.186)

9) 보일러 부하율

최대연속증발량(정격용량)에 대한 실제증발량의 비를 의미한다.

$$\text{보일러 부하율(\%)} = \frac{\text{실제증발량(kg/h)}}{\text{최대연속증발량(kg/h)}} \times 100\%$$

① 보일러운전 중 가장 이상적인 부하율(이하 경제부하)은 60~80% 정도이며, 어떤 경우라도 30% 이하가 되어서는 안 된다.

② 수트 블로어 작업 시 보일러 부하율은 50% 이상에서 해야 한다.

10) 연소실 열부하(연소실 열발생률)

연소실 단위 용적에서 1시간 동안에 발생하는 열량이다.

$$\text{연소실 열부하} = \frac{m_f \times H_L}{V}\,[\text{kJ/m}^3\text{h}]$$

여기서, m_f: 연료사용량(kg/h)
H_L: 연료의 저위발열량(kJ/kg)
V: 연소실 용적(m^3)

11) 화격자 연소율

화격자 $1m^2$에서 1시간 동안에 소비되는 연료사용량(kg)을 나타내는 것이다.

$$\text{화격자 연소율} = \frac{\text{연료의 사용량(kg/h)}}{\text{화격자면적(m}^2\text{)}}\,[\text{kg/m}^2\text{h}]$$

Chapter 03

예상문제

01 보일러의 용량을 표시하는 방법이 아닌 것은?

① 보일러 마력 ② 전열면적
③ 난방부하 ④ 상당증발량

해설
보일러 용량 표시방법
㉠ 보일러 마력 ㉡ 전열면적
㉢ 상당증발량 ㉣ 정격출력

02 보일러의 용량을 나타내는 것으로 부적합한 것은?

① 상당증발량 ② 보일러 마력
③ 전열면적 ④ 연료사용량

03 증기 보일러의 용량표시 방법으로 일반적으로 가장 많이 사용되는 것은?

① 전열면적(m^2)
② 상당증발량(ton/h)
③ 보일러 마력
④ 매시발열량(kJ/h)

해설
증기보일러용량: 상당증발량(ton/h)

04 증기 보일러의 상당증발량 계산식으로 옳은 것은? (단, m_a: 실제증발량(kg/h), h'' : 발생증기의 비엔탈피(kJ/kg), h' : 급수의 비엔탈피(kJ/kg))

① $m_a(h''-h')$
② $2{,}257 \times m_e(h''-h')$
③ $m_a(h''-h')/2{,}257$
④ $2{,}257 \times m_e/(h''-h')$

해설
상당증발량$(m_e) = \dfrac{m_a(h''-h')}{2{,}257}$[kg/h]

05 가정용 온수 보일러의 용량표시로 가장 많이 사용되는 것은?

① 상당증발량 ② 시간당 발열량
③ 전열면적 ④ 최고사용압력

해설
가정용 온수 보일러 용량: 시간당 발열량(kJ/h)

06 어떤 보일러의 1시간 동안의 증발량이 5,500kg이고 그 때의 발생증기의 비엔탈피는 2,940kJ/kg이며, 급수의 온도가 15℃이다. 이 보일러의 상당증발량은?

① 4,425.6kg/h ② 5,820.3kg/h
③ 6,308.2kg/h ④ 6,989.8kg/h

해설
$m_e = \dfrac{m_a(h''-h')}{2{,}257} = \dfrac{5{,}500(2{,}940-63)}{2{,}257}$
$\fallingdotseq 7010.9$kg/h

07 온도 26℃의 물을 공급받아 비엔탈피 2,793kJ/kg인 증기를 6,000kg/h 발생시키는 보일러의 상당증발량(kg/h)은?

① 약 7,133 ② 약 6,169
③ 약 7,325 ④ 약 6,920

해설
$m_e = \dfrac{m_a(h''-h')}{2{,}257} = \dfrac{6{,}000(2{,}793-110)}{2{,}257}$
$\fallingdotseq 7{,}133$kg/h

08 어떤 보일러의 급수온도가 50℃에서 압력 0.7MPa, 온도 250℃의 증기를 1시간당 2,500kg 발생할 때 상당증발량은 약 얼마인가? (단, 급수 비엔탈피는 210kJ/kg이고, 발생증기의 비엔탈피는 2,772kJ/kg이다.)

① 2,838kg/h ② 2,960kg/h
③ 3,265kg/h ④ 3,415kg/h

정답 01 ③ 02 ④ 03 ② 04 ③ 05 ② 06 ④ 07 ① 08 ①

해설

$$m_e = \frac{m_a(h''-h')}{2,257} = \frac{2,500(2,772-210)}{2,257}$$
$\fallingdotseq 2,838$kg/h

09 보일러의 마력을 옳게 나타낸 것은?

① 보일러 마력 = 15.65 × 매시 상당증발량
② 보일러 마력 = 15.65 × 매시 실제증발량
③ 보일러 마력 = 15.65 ÷ 매시 실제증발량
④ 보일러 마력 = 매시 상당증발량 ÷ 15.65

10 1보일러 마력이란 1시간에 100℃의 물 몇 kg을 전부 증기로 만들 수 있는 능력을 말하는가?

① 13.65kg ② 14.65kg
③ 15.65kg ④ 17.65kg

해설
1보일러 마력이란 15.65kg의 상당증발량을 갖는 능력이다.

11 1보일러 마력을 시간당 발생 열량으로 환산하면?

① 15.65kcal/h ② 8,435kcal/h
③ 9,290kcal/h ④ 7,500kcal/h

해설
1보일러 마력 = 15.65×539 = 8,435kcal/h
(15.65×2,257 = 35,322.05kJ/h)

12 어떤 보일러의 용량이 50마력으로 표기되었다. 이것을 열량으로 환산하면 몇 kJ/h인가?

① 8,435 ② 8,440
③ 1,776,102.5 ④ 1,825,472.5

해설
환산열량(Q) = 50×35,322.05 = 1,776,102.5kJ/h

13 15℃의 물을 급수하여 압력 0.35MPa의 증기를 500kg/h 발생시키는 보일러의 보일러 마력은? (단, 발생증기의 비엔탈피는 2,752 kJ/kg이다.)

① 38.06 ② 42.3
③ 28.8 ④ 48.7

해설
보일러 마력
$$= \frac{m_a(h''-h')}{35,322.05} = \frac{500(2,752-63)}{35,322.05} \fallingdotseq 38.06\text{마력}$$

14 보일러에서 실제증발량(kg/h)을 연료소모량(kg/h)으로 나눈 값은?

① 증발배수 ② 전열면 증발량
③ 연소실 열부하 ④ 상당증발량

해설
$$\text{증발배수} = \frac{\text{실제증발량}(m_a)}{\text{연료소모량}(m_f)}$$

15 어떤 보일러의 실제증발량이 3,000kg/h, 증기의 비엔탈피가 2,814kJ/kg, 급수의 비엔탈피가 84kJ/kg, 연료의 사용량이 200 kg/h이었다. 상당증발배수는?

① 18.14 ② 32.51
③ 15.14 ④ 3,617

해설
상당증발배수
$$= \frac{\text{상당증발량}(m_e)}{\text{연료소비량}(m_f)} = \frac{3,000(2,814-84)}{200\times 2,257} = 18.14$$

16 어떤 보일러에서 30℃의 급수를 엔탈피 630kcal/kg의 증기로 바꿀 때 증발계수는?

① 1.12 ② 600
③ 21 ④ 630

해설
$$\text{증발계수} = \frac{(h''-h')}{2,257} = \frac{(2,646-126)}{2,257} = 1.12$$

17 보일러 증발계수를 옳게 설명한 것은?

① 실제증발량을 2,257로 나눈 값이다.
② 상당증발량을 실제증발량으로 나눈 값이다.
③ 상당증발량을 2,257로 나눈 값이다.
④ 실제증발량을 상당증발량으로 나눈 값이다.

정답 09 ④ 10 ③ 11 ② 12 ③ 13 ① 14 ① 15 ③ 16 ① 17 ②

해설

$$\text{보일러 증발계수} = \frac{\text{상당증발량}(m_e)}{\text{실제증발량}(m_a)}$$

18 보일러 연소실의 열부하를 Q(kJ/m^{3}h)로 할 때 옳게 나타낸 식은? [단, V: 연소실 체적(m^3), m_f: 연료의 연소량(kg/h), H_L: 연료의 저위발열량(kJ/kg)]

① $Q = \dfrac{V \times H_L}{m_f}$ ② $Q = \dfrac{H_L}{V \times m_f}$

③ $Q = \dfrac{V \times m_f}{H_L}$ ④ $Q = \dfrac{H_L \times m_f}{V}$

해설

$$\text{연소실 열부하}(Q) = \frac{H_L \times m_f}{V}\,[\text{kJ/m}^3\text{h}]$$

19 어떤 보일러의 매시 연료사용량이 150kg/h이고, 연소실체적이 30m^{3}일 때, 연소실 열발생률은 몇 kJ/m^{3}h인가? (단, 연료의 저위발열량은 41,160kJ/kg이고, 공기 및 연료의 현열은 무시한다.)

① 50,350 ② 32,700

③ 196,060 ④ 205,800

해설

연소실 열부하(연소실 열발생률)

$$= \frac{\text{연료저위발열량}(H_L) \times \text{연료사용량}(m_f)}{\text{연소실체적}(V)}$$

$$= \frac{41,160 \times 150}{30} = 205,800\,\text{kJ/m}^2\text{h}$$

20 보일러 전열면 열부하의 단위로 옳은 것은?

① kJ/h ② kJ/m^{2}h

③ kJ/m^{3}h ④ kg/m^{2}h

해설

보일러 전열면 열부하(열발생률)란 보일러 전열면적(1m^2)에 1시간 동안에 발생하는 열량이다(단위 kJ/m^{2}h).

21 어떤 보일러의 최대 연속증발량(정격용량)이 5ton/h이고, 실제 보일러의 증발량이 4.5ton/h이면 보일러 부하율은?

① 111% ② 90%

③ 50% ④ 95%

해설

$$\text{보일러 부하율} = \frac{\text{실제증발량(kg/h)}}{\text{최대연속증발량(kg/h)}} \times 100\%$$

$$= \frac{4,500}{5,000} \times 100\% = 90\%$$

정답 18 ④ 19 ④ 20 ② 21 ②

Engineer Energy Management

Chapter 04

보일러의 열정산 및 효율

1 열정산(열수지)

1) 열정산의 정의

열정산이란 열수지와 같은 뜻으로 보일러에 공급된 열량과 소비된 열량과의 사이에 양적 관계를 나타내는 것이다. 즉, 입열과 출열의 관계를 나타내는 것을 말한다.

2) 열정산의 목적

① 조업(작업)방법을 개선
② 열의 행방파악(열손실 파악 = 열의 이용 상태파악)
③ 열설비의 개축 및 신축 시 기초자료로 활용
④ 열설비의 성능을 파악

3) 열정산의 기준조건

① 연료의 단위는 고체 및 액체연료는 1kg, 기체연료는 0℃, 1기압 상태에서 $1Nm^3$을 기준으로 한다.
② 공기는 $1kg(Nm^3)$의 수증기를 포함한 $1Nm^3$로 표시한다.
③ 열정산의 결과는 입열, 출열, 순환열의 3항목으로 표시한다.
④ 열정산 시 압력변동값은 ±7% 이내로 한다.
⑤ 열정산 시 증기발생량값은 ±15% 이내로 한다.
⑥ 전기에너지는 1kW당 3,600kJ/h로 환산한다.
⑦ 보일러 효율 산정방식은 입출열법과 열손실법으로 실시한다.
⑧ 기준온도는 외기온도를 원칙으로 한다.
⑨ 시험용 보일러는 다른 보일러와 무관한 상태에서 시행한다.
⑩ 보일러의 실용적 또는 정상조업 상태에 있어서 1시간 이상의 운전결과에 따른다.
⑪ 시험부하는 정격부하로 하고 필요에 따라서 3/4, 1/2, 1/4 등으로 시행한다.
⑫ 보일러의 표준범위는 과열기, 재열기, 절탄기, 공기예열기 등을 갖는 보일러는 그 보일러에 포함한다(다만, 당사자 간의 협정에 의해 표준범위를 변경해도 된다).

4) 열정산 시 측정사항에 따른 허용오차

(1) 연료사용량의 측정

① 고체연료 측정의 허용오차: ±0.5%로 한다.
② 액체연료 측정의 허용오차: ±1.0%로 한다.
③ 기체연료 측정의 허용오차: ±1.6%로 한다.
④ 급수량의 측정 허용오차: 원칙적으로 ±1.0%로 한다.

5) 열정산의 결과 표시: 입열, 출열, 순환열의 3항목으로 표시

(1) 입열 항목: 피열물이 가지고 들어오는 열량(열설비 내로 들어오는 열)

① 연료의 저위발열량(연료연소열)
② 연료의 현열
③ 공기의 현열(연소용 공기의 현열)
④ 노내 분입증기의 보유열

- 입열의 항목 중 가장 큰 항목은 연료의 저위발열량(연료연소열)이다.

(2) 출열 항목

피열물이 가지고 나가는 열량으로 증기발생에 사용되는 유효출열과 손실열이 있다.

(3) 유효출열

발생증기의 보유열량(증기를 발생시키는 데 사용한 열량)이다.

(4) 손실열 항목

온수나 증기를 발생시키는 데 사용하지 못하고 손실되는 열량이다.

① 미연분에 의한 열손실
② 배기가스에 의한 열손실
③ 과잉공기에 의한 열손실
④ 노내분입증기에 의한 열손실
⑤ 불완전연소에 의한 열손실
⑥ 노벽을 통한 방산(방열) 열손실
⑦ 블로다운수의 흡수열

- 열손실 중 손실량이 가장 큰 항목은 배기가스에 의한 열손실이다.

(5) 순환열

설비 내에서 순환하는 열로서 공기예열기의 흡수열량, 축열기의 흡수열량, 과열기의 흡수열량 등이 있다.

6) 연소효율 전열효율 보일러 효율

$$\text{연소효율}(\%) = \frac{\text{연소열}}{\text{입열}} \times 100\% = \frac{\text{실제연소열}}{\text{공급열}} \times 100\%$$

$$\text{전열효율}(\%) = \frac{\text{유효열}}{\text{연소열}} \times 100\% = \frac{\text{유효열}}{\text{실제연소열}} \times 100\%$$

$$\text{보일러 효율}(\%) = \frac{\text{연소열}}{\text{입열(공급열)}} \times 100 = [\text{연소효율} \times \text{전열효율}] \times 100$$

① 입열(공급열): 보일러에 공급한 연료가 이론적으로 완전연소 시 발생하는 열이다.
→ 입열(kJ/h) = 연료의 저위발열량(kJ/kg) × 연료 사용량(kg/h)

② 연소열(실제연소열): 연소실에서 실제 발생한 열이다.

③ 유효열: 증기를 발생시키는 데 이용된 열이다.
→ 유효출열(kJ/h) = 실제증발량(kg/h) × (발생증기의 비엔탈피−급수의 비엔탈피)

7) 배기가스에 의한 손실열량(kcal/h)

$$\text{배기가스에 의한 손실열량} = G_g C_g (t_g - t_a)$$

여기서, G_g: 연료 1kg 또는 1Nm^3 연소 시 실제 배기가스량(Nm^3)
C_g: 배기가스의 평균비열(kJ/Nm^3·℃)
t_g: 배기가스의 온도(℃)
t_a: 외기의 온도(℃)

2 보일러 효율(η_B)

1) 증기 보일러 효율 계산공식

보일러의 효율 정산방식은 입출열법에 따른 방식과 열손실법에 따른 방식의 2가지 방식이 있다.

$$\text{보일러 효율}(\eta_B) = \frac{\text{유효출열}}{\text{입열(공급열)}} \times 100\%$$

$$\text{보일러 효율}(\eta_B) = \frac{(\text{입열} - \text{손실열})}{\text{입열(공급열)}} \times 100\%$$

여기서, 손실열(kJ/h) = [(1-보일러 효율)×입열(kJ/h)]
손실열(kJ/h) = [입열(kcal/h)-유효출열(kJ/h)]
입열(kJ/h) = [연료의 저위발열량(kJ/kg)×시간당 연료소비량(kg/h)]
유효출열(kJ/h) = [발생증기량×(발생증기의 비엔탈피-급수의 비엔탈피)]

$$보일러\ 효율(\eta_B) = \frac{m_a(h_2 - h_1)}{H_L \times m_f} \times 100\%$$

$$보일러\ 효율(\eta_B) = \frac{2,257m_e}{H_L \times m_f} \times 100\%$$

보일러 효율(η_B: %) = [연소효율×전열효율]×100%

2) 온수 보일러의 효율계산 방법

$$효율(\eta_B) = \frac{보일러의\ 정격출력(kJ/h)}{연료의\ 저위발열량(H_L\text{: kJ/kg}) \times 시간당\ 연료의\ 소비량(m_f\text{: kg/h})}$$

- 보일러출력(kJ/h) = [난방부하 + 급탕부하 + 배관부하 + 시동부하]
- 난방부하 = 온수순환량(kg/h)×온수의 비열(kJ/kg℃)×(송수온도-환수온도)(℃)

3 열효율 향상대책

① 폐열회수장치(과열기, 재열기, 절탄기, 공기예열기)를 설치하여 열손실을 되도록 줄인다.
② 과잉공기를 줄여 연료를 완전연소시킨다.
③ 전열효율 및 연소효율을 높인다.
④ 전열량을 증대시키기 위해 전열면의 스케일 및 그을음을 제거한다.
⑤ 사용연료 및 공기 등을 예열 공급하고 연소가스의 온도를 높인다.
⑥ 조업이 단속일 때는 축열에 의한 열손실이 많으므로 되도록 연속적 조업을 하도록 한다.

4 에너지를 절약하는 방안

① 수질관리를 철저히 하여 전열면 내부에 스케일이 축적되지 않도록 한다.
② 배기가스 배출 연도에 과열기, 재열기, 절탄기, 공기예열기를 설치한다.
③ 배기가스 출구 온도를 가능한 낮춘다.
④ 전열면을 청결히 유지시켜 전열효율을 높인다.
⑤ 적정 공기비를 유지하여 연료를 완전연소시켜야 한다.

Chapter 04

예상문제

01 열정산의 설명으로 가장 타당한 것은?

① 입열보다 출열이 크다.
② 출열보다 입열이 크다.
③ 입열과 출열이 같아야 한다.
④ 입열과 출열은 무관하다.

해설 열정산(열수지)은 보일러에 공급된 열량(입열)과 소비된 열량(출열)의 양적 관계를 나타낸 것으로 같아야 한다(입열과 출열은 반드시 같아야 한다).

02 보일러 열효율 정산방법에서 열정산을 위한 급수량을 측정할 때 그 오차는 일반적으로 몇 %로 하여야 하는가?

① ±1.0　② ±3.0
③ ±5.0　④ ±7.0

03 보일러 열정산 시 입열 항목에 해당되는 것은?

① 재의 현열
② 발생증기의 보유 열량
③ 배기가스의 보유 열량
④ 노내 분입증기의 보유 열량

해설 보일러 열정산 시 입열항목
㉠ 연료의 현열
㉡ 연료의 저위발열량
㉢ 공기의 현열
㉣ 노내 분입증기의 보유 열량

04 보일러의 열손실에 해당하지 않는 것은?

① 유효출열
② 블로다운수의 흡수열
③ 연소용 공기의 현열
④ 배기가스 보유열

05 보일러 가동 시 출열항목 중 열손실이 가장 크게 차지하는 항목은?

① 배기가스에 의한 배출열
② 연료의 불완전연소에 의한 열손실
③ 관수의 블로다운에 의한 열손실
④ 본체 방열 발산에 의한 열손실

06 보일러 전열효율(%)을 구하는 옳은 식은?

① $\frac{\text{증기발생에 이용된 열}}{\text{보일러에 공급된 열}} \times 100\%$
② $\frac{\text{보일러에 공급된 열}}{\text{연료연소열량}} \times 100\%$
③ $\frac{\text{연료연소열량}}{\text{연료의 저위발열량}} \times 100\%$
④ $\frac{\text{연료연소열량}}{\text{증기발생에 이용된 열}} \times 100\%$

해설 보일러 전열효율(η_t)
$= \frac{\text{연소열(증기발생에 이용된 열량)}}{\text{입열(공급된 열량)}} \times 100\%$

07 증기 보일러의 효율 계산식을 바르게 나타낸 것은?

① $\text{효율(\%)} = \frac{\text{상당증발량} \times 2{,}257}{\left(\begin{array}{c}\text{시간당 연료소비량} \\ \times \text{연료의 발열량}\end{array}\right)} \times 100\%$
② $\text{효율(\%)} = \frac{\text{증기소비량} \times 2{,}257}{\left(\begin{array}{c}\text{시간당 연료소비량} \\ \times \text{연료의 비중}\end{array}\right)} \times 100\%$
③ $\text{효율(\%)} = \frac{\text{급수량} \times 2{,}257}{\left(\begin{array}{c}\text{시간당 연료소비량} \\ \times \text{연료의 발열량}\end{array}\right)} \times 100\%$
④ $\text{효율(\%)} = \frac{\text{급수량}}{\text{증기발열량}} \times 100\%$

정답 01 ③ 02 ① 03 ④ 04 ③ 05 ① 06 ① 07 ①

08 저위발열량 기준 보일러 효율(η)을 옳게 나타낸 식은? (단, 상당증발량: m_e, 시간당 연소소비량: m_f, 연료의 저위발열량: H_L)

① $\eta_B = 2{,}257 \times H_L / (m_e \times m_f)$
② $\eta_B = 2{,}257 \times m_e / (m_f \times H_L)$
③ $\eta_B = m_f \times m_e \times H_L / (2{,}257)$
④ $\eta_B = m_e / (m_f \times H_L)$

해설
보일러 효율(η_B) $= \dfrac{m_e \times 2{,}257}{H_L \times m_f} \times 100\%$

09 상당증발량 m_e(kg/h), 보일러 효율 η_B, 연료소비량 B(kg/h), 연료저위발열량 H_L(kJ/kg), 증발잠열 2,257kJ/kg일 때 상당증발량(m_e)을 옳게 나타낸 것은?

① $m_e = \dfrac{2{,}257 \times \eta_B \times H_L}{B}$

② $m_e = \dfrac{B \times H_L}{2{,}257 \times \eta_B}$

③ $m_e = \dfrac{\eta_B \times B \times H_L}{2{,}257}$

④ $m_e = \dfrac{2{,}257 \times \eta_B \times B}{H_L}$

10 매시간 160kg의 연료를 연소시켜 1,878kg/h의 증기를 발생시키는 보일러의 효율은? (단, 연료의 발열량은 41,860kJ/kg, 증기의 비엔탈피는 3,098kJ/kg, 급수 비엔탈피는 80kJ/kg이다.)

① 84.6%　② 74.6%
③ 64.6%　④ 54.6%

해설
$\eta_B = \dfrac{m_a(h'' - h')}{H_L \times m_f} \times 100\%$
$= \dfrac{1{,}878(3{,}098 - 80)}{41{,}860 \times 160} \times 100 = 84.6\%$

11 저위발열량이 40,950kJ/kg, 기름 80kg/h를 사용하는 보일러에서 급수사용량 800kg/h, 급수온도 60℃, 증기 비엔탈피가 2,730kJ/kg일 때 보일러 효율은 약 얼마인가?

① 50.2%　② 53.5%
③ 58.5%　④ 60.5%

해설
$\eta_B = \dfrac{m_a(h'' - h')}{H_L \times m_f} \times 100\%$
$= \dfrac{800(2{,}730 - 252)}{40{,}950 \times 80} = 60.5\%$
⊙ 급수 비엔탈피(h')=급수온도×비열(4.2℃)
$= 60 \times 4.2$
$= 252$kJ/kg

12 어떤 보일러의 연소효율이 92%, 전열효율이 85%이면 보일러 효율은?

① 73.2%　② 74.8%
③ 78.2%　④ 82.8%

해설
보일러 효율(η_B)
= 연소효율(η_c)×전열효율(η_t)×100%
= 0.92×0.85 = 0.782×100% = 78.2%

13 21,000kJ/kg의 연료 100kg을 연소해서 실제로 보일러에 흡수된 열량이 1,470,000kJ이라면 이 보일러의 효율은 몇 %인가?

① 62%　② 66%
③ 70%　④ 80%

해설
$\eta_B = \dfrac{\text{유효열}(Q_e)}{\text{공급열}(Q_1)} \times 100\% = \dfrac{1{,}470{,}000}{21{,}000 \times 100} \times 100\%$
$= 70\%$

정답 08 ② 09 ③ 10 ① 11 ④ 12 ③ 13 ③

Engineer Energy Management

Chapter 05

연소(combustion)

어떤 물질이 급격한 산화작용을 일으킬 때 다량의 열과 빛을 발생하는 현상을 연소라 하며 연소열을 경제적으로 이용할 수 있는 물질을 연료(fuel)라 한다. 연료는 그 상태에 따라 고체연료, 액체연료, 기체연료로 구분한다. 연료비(fuel ratio)는 고정탄소와 휘발분의 비로 정의된다.

참고

액화천연가스(LNG): 주성분 메탄(CH_4), 액화석유가스(LPG): 주성분 프로판(C_3H_8), 부탄(C_4H_{10}) 등이고 발열량은 46,046kJ/kg 정도로 도시가스보다 크며 독성이 없고, 폭발 한계가 좁기 때문에 위험성이 적다.

1 연소의 기초식(반응식)

1) 탄소(C)의 완전연소

$$C + O_2 \rightarrow CO_2 + 406,879.2\text{kJ/kmol}$$

반응물의 질량 12kg + 16×2kg = 44kg(생성물질질량)

탄소 1kg당 1kg + 2.67kg = 3.67kg

즉, 탄소 1kg이 산소(O_2) 2.67kg과 결합하여 3.67kg의 탄산가스를 생성하며, 이 때 발열량은 $\frac{406,879.2}{12} = 33,906.6\text{kJ/kg}$이다.

2) 수소(H_2)의 연소

$$H_2 + \frac{1}{2}O_2 \rightarrow H_2O(\text{수증기}) + 241,113.6\text{kJ/kmol}$$

생성물이 H_2O(물)인 경우: 286,322.4kJ/kmol

반응물 질량: 2kg + 16kg = 18kg(생성물 질량)

수소 1kg당 1kg + 8kg = 9kg

즉, 수소 1kg이 산소(O_2) 8kg과 결합하여 증기(물) 9kg을 생성하며, 이때 발열량은 $\frac{241,113.6}{2}$ = 120,556.8kJ/kg이다.

3) 황(S)의 연소

$$S + O_2 \rightarrow SO_2 + 334,880\text{kJ/kmol}$$

반응물 질량: 32kg + (16×2)kg = 64kg

황 1kg당 1kg + 1kg = 2kg

즉, 황 1kg이 산소(O_2) 1kg과 결합하여 2kg의 이산화황(아황산가스)을 생성하며, 이 때 발열량은 $\frac{334,880}{32}$ = 10,465kJ/kg이다.

4) 탄화수소(C_mH_n)계 연료의 완전연소반응식

$$C_mH_n + \left(m + \frac{n}{4}\right)O_2 \rightarrow mCO_2 + \frac{n}{2}H_2O$$

- 연료의 저위 발열량(H_l)

$$H_l = 33,906.6\text{C} + 142,324\left(\text{H} - \frac{\text{O}}{8}\right) + 10,465\text{S} - 2,512\left(w - \frac{9}{8}\text{O}\right)[\text{kJ/kg}]$$

- 고위 발열량(H_h)

$H_h = H_l + 10,465(w + 9\text{H})[\text{kJ/kg}]$(고체, 액체연료)

$H_h = H_\ell + 2,009.28(\text{몰수}(n) \times H_2O)[\text{kJ/Nm}^3]$(기체연료)

Engineer Energy Management

Chapter 06

전열(열전달: heat transfer)

1) 전도(conduction)

$$Q = -KA\frac{dT}{dx}\,[\mathrm{W}]\text{(fourier heat conduction law)}$$

여기서, Q: 전도열량[W]
K: 열전도계수[W/mK]
A: 전열면적[m^2]
dx: 두께[m]
$\frac{dT}{dx}$: 온도구배(temperature gradient)

다층벽을 통한 열전도계수

$$\frac{1}{K} = \frac{x_1}{K_1} + \frac{x_2}{K_2} + \frac{x_3}{K_3} = \sum_{i=1}^{n}\frac{x_i}{K_i}$$

원통에서의 열전도(반경 방향)

$$Q = \frac{2\pi LK}{\ln\left(\frac{r_2}{r_1}\right)}(t_1 - t_2) = \frac{2\pi L}{\frac{1}{K}\ln\left(\frac{r_2}{r_1}\right)}(t_1 - t_2)\,[\mathrm{W}]$$

2) 대류(convection)

보일러나 열교환기 등과 같이 고체 표면과 이에 접한 유체(liquid or gas) 사이의 열의 흐름을 말한다.

- Newton's cooling law(뉴턴의 냉각 법칙)

$$Q = \alpha A(t_w - t_\infty)\,[\mathrm{W}]$$

여기서, α: 대류열전달계수[W/m^2K]
A: 대류전열면적[m^2]
t_w: 벽면온도[℃]
t_∞: 유체온도[℃]

3) 열관류(고온측 유체 → 금속벽 내부 → 저온 유체측의 열전달)

$$Q = KA(t_1 - t_2)$$

여기서, K : 열관류(통과)율(W/m^{2}K)

t_1: 고온유체온도[℃]

t_2: 저온유체온도[℃]

열관류율(통과율)

$$K = \frac{1}{R} = \frac{1}{\frac{1}{\alpha_1} + \sum\frac{l}{\lambda} + \frac{1}{\alpha_2}} [\mathrm{W/m^2K}]$$

대수 평균 온도차(logarithmic mean temperature difference): LMTD

① 대향류(counter flow type) 항류형

$$\Delta_1 = t_1 - t_{w2},\ \Delta_2 = t_2 - t_{w1}$$

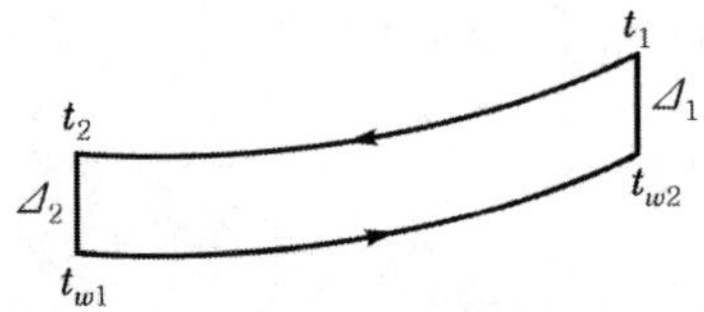

② 평행류(parallel flow type) 병류형

$$\Delta_1 = t_1 - t_{w2},\ \Delta_2 = t_2 - t_{w2}$$

$$LMTD = \frac{\Delta_1 - \Delta_2}{\ln\frac{\Delta_1}{\Delta_2}} = \frac{\Delta_1 - \Delta_2}{2.303\log\frac{\Delta_1}{\Delta_2}} [℃]$$

$$Q = KA(LMTD)[\mathrm{kJ/h}]$$

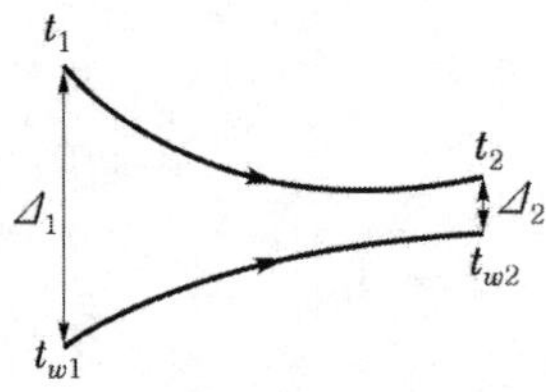

4) 복사(radiation)

- 스테판 볼츠만(Stefan–Boltzmann)의 법칙

$$Q = \varepsilon\sigma A T^4 [\mathrm{W}]$$

여기서, ε: 복사율($0 < \varepsilon < 1$)

σ: 스테판-볼츠만 상수(σ = 4.88×10^{-8}kcal/m^{2}hK^4 = 5.67×10^{-8}W/m^{2}K^4)

A: 전열면적[m^2]

T: 물체표면온도[K]

Chapter 07

Engineer Energy Management

보일러 자동운전제어

1 보일러 자동운전제어

1) 목적

① 작업에 따른 위험부담이 감소한다.
② 보일러의 운전을 안전하게 할 수 있다.
③ 효율적인 운전으로 연료비를 절감시킨다.
④ 인원절감의 효과와 인건비가 절약이 된다.
⑤ 경제적인 열매체를 얻을 수 있다(일정기준의 증기공급이 가능하다).
⑥ 사람이 할 수 없는 힘든 조작도 할 수가 있다.

2) 자동제어계의 동작순서

검출 → 비교 → 판단 → 조작 순으로 진행한다.

3) 자동제어계의 기본 4대 제어장치

비교부 → 조절부 → 조작부 → 검출부

4) 자동제어계 블록선도와 용어해설

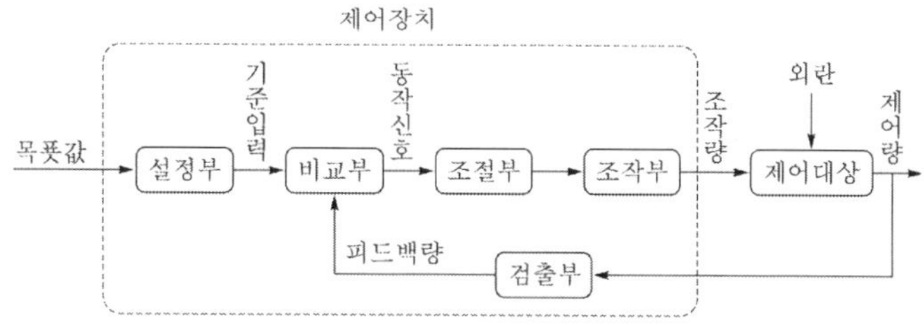

피드백 자동제어계의 블록선도

① 블록선도(block diagram)
제어계 내에서 신호의 흐름을 선과 블록으로 나타낸 그림이다.

② 조절부(controlling means)
기준입력과 검출부 출력과의 차가 되는 신호(동작신호)를 받아서 제어계가 정하여진 동작을 하는데, 필요한 신호를 만들어 조작부에 보내는 부분이다.

③ 조작부(final control element)
조절부로부터 받은 신호를 조작량으로 바꾸어 제어대상에 보내주는 부분이다.

④ 목푯값
자동제어에서 제어량에 대한 희망값으로 설정값이라고도 한다.

⑤ 비교부(comparison element)
피드백 자동제어에서 기준입력요소[목표량]와 주 피드백량과의 차이를 구하는 부분이다.

⑥ 제어편차(off-set)
목푯값에서 제어량을 뺀 값이다[목푯값과 측정점 사이의 편차이다].

⑦ 검출부(primary means)
피드백 자동제어회로에서 제어대상에 외란이 발생한 경우 1차적으로 피드백 신호를 발생시켜주는 부분이다.
→ 압력, 온도, 유량 등의 제어량을 측정하여 신호로 나타내는 부분이다.

⑧ 외란의 원인
가스의 유출량, 탱크 주위의 온도, 가스의 공급압력, 가스의 공급온도, 목표치의 변경

⑨ 조작량(manipulated variable)
제어량을 지배하기 위해 제어대상에 가하는 양이다.

2 제어방법에 의한 분류

1) 시퀀스 제어(sequence control)

미리 정해진 순서에 따라 제어의 각 단계가 순차적으로 진행되는 제어방식이다.
→ 보일러에서는 자동점화 및 소화에 사용된다.

2) 피드백 제어(feed back control)

결과를 입력측으로 되돌려 비교부에서 목푯값과 비교하여 계속 수정·보완하여 일정한 값을 얻도록 하는 제어로 폐회로로 구성된 제어방식이다.

① 보일러에서는 일반적으로 피드백 제어를 많이 사용하며 증기압, 노내압, 연료량, 공기량, 급수량 등의 제어에 이용된다.
② 결과(출력)을 원인(입력)쪽으로 순환시켜 항상 입력과 출력과의 편차를 수정시키는 동작이다.
③ 자동제어 계통의 요소나, 그 요소 집단의 출력신호를 입력신호로 계속해서 되돌아오게 하는 폐회로 제어이다.

3 제어동작에 의한 분류

연속동작	불연속동작
① 비례동작(P동작) ② 적분동작(I동작) ③ 미분동작(D동작) ④ 비례적분동작(PI동작) ⑤ 비례미분동작(PD동작) ⑥ 비례적분미분동작(PID동작)	① 2위치 동작(ON-OFF 동작): 절환동작 ② 다위치 동작 ③ 불연속 속도동작(부동제어): 정작동, 역작동

1) 2위치 동작(ON-OFF 동작): 절환동작

① 편차의 정(+), 부(-)에 의하여, 조작신호가 최대, 최소가 되는 제어동작이다.

② 제어량의 목푯값에서 어떤 양만큼 벗어나면 밸브를 개폐하는 동작이다.

③ 2개의 조작량 중에서 하나가 선택되어 제어대상에 가해지는 형태이다.

2) 다위치 동작

제어장치의 조작위치가 3위치 이상이 있어 제어량 편차의 크기에 따라 그중 하나의 위치를 택하는 것이다.

3) 불연속 속도동작(부동제어)

제어량 편차의 과소에 의하여 조작단을 일정한 속도로 정작동, 역작동 방향으로 움직이는 동작이다.

① 정작동: 조절계의 출력과 제어량이 목푯값보다 크게 됨에 따라 증가되는 방향으로 움직이는 작동이다.

② 역작동: 조절계의 출력과 제어량이 목푯값보다 크게 됨에 따라 감소되는 방향으로 움직이는 작동이다.

4) 비례동작(P동작)

비례동작(P동작)에서 조작량(P)은 제어편차량(e)에 비례한다.

비례동작에서 비례대를 작게 하면 할수록 동작은 강하게 된다. 비례대 %가 0일 때에는 온·오프동작으로 된다.

5) 적분동작(I동작)

① 잔류편차가 남지 않아서 비례동작과 조합하여 쓰여지는 동작이다.
② 제어의 안정성이 떨어지고, 진동하는 경향이 있는 동작이다.

6) 미분동작(D동작)

① 편차의 변화속도에 비례하는 제어동작이다.
② 제어계를 안정화하고, 정리를 빨리하는 목적으로 사용되는 제어동작이다.

7) 중합동작(multiple action)

① 비례적분동작(PI동작)
② 비례미분동작(PD동작)
③ 비례적분미분동작(PID동작)

4 신호전송방식(조절계, 조절기)과 제어기기

1) 신호전송방식

신호(signal)란 자동제어계의 회로에 있어서 일정한 방향으로 연속적으로 전달되는 각종의 변화량을 말하며, 그 방식에는 공기압식, 유압식, 전기식 등이 있다.

〈신호전송방식〉

구분	공기압식	유압식	전기식
전송거리	100~150m 정도	300m 이내	300~수km까지 가능
작동압력	공기압: 0.2~1kg/cm^2 정도	유압: 0.2~1kg/cm^2 정도	전류: 4~20mA 또는 10~50mA, DC의 전류
장점	① 배관이 용이하다. ② 위험성이 없다. ③ 공기압이 통일되어 있어 취급이 편리하다. ④ 동작부의 동특성이 좋다.	① 조작력 및 조작속도가 크다. ② 희망특성의 것을 만들기 쉽다. ③ 전송이 지연이 적고, 응답이 빠르다. ④ 부식의 염려가 없다. ⑤ 조작부의 동특성이 좋다.	① 배선이 용이하고, 복잡한 신호에 적합하다. ② 신호전달에 시간지연이 없다. ③ 전송거리가 길고, 조작힘이 강하다. ④ 컴퓨터와 조합이 용이하고 대규모설비에 적합하다.

구분	공기압식	유압식	전기식
단점	① 신호전달에 시간지연이 있다. ② 전송거리가 짧다. ③ 희망특성을 살리기가 어렵다. ④ 제진, 제습공기를 사용하여야 한다.	① 기름의 누설로 더러워지거나 인화의 위험성이 있다. ② 수기압 정도의 유압원이 필요하다. ③ 주위 온도변화에 다른 기름의 유동저항을 고려해야 한다. ④ 주위온도의 영향을 받는다. ⑤ 배관이 까다롭다.	① 보수 및 취급에 기술을 요한다. ② 조작속도가 빠른 비례조작부를 만들기가 곤란하다. ③ 방폭이 요구되는 지점은 방폭시설이 요구된다. ④ 고온 및 다습한 곳은 곤란하다. ⑤ 조정밸브 모터의 동작에 관성이 크다.

2) 제어기기의 구성부분

① 조절계

② 전송기(변환기)

③ 조절기

④ 조작부

- 자동제어 시스템(제어계)에서 꼭 필요하지 않는 부분은 기록부이다.

5 인터록(inter lock) 장치

1) 인터록 장치의 정의

자동제어 시 어느 조건이 구비되지 않으면 그 다음 동작을 정지시키는 장치이다.

2) 인터록 장치의 종류

① 프리퍼지 인터록

점화 전 송풍기가 작동되지 않으면 전자밸브를 열지 않아 점화가 되지 않게 하는 장치이다.

② 저연소 인터록

유량조절밸브가 저연소 상태가 되지 않으면 전자밸브를 열지 않아 점화를 저지하는 장치이다.

③ 저수위 인터록

보일러 수위가 안전저수위가 될 경우 전자밸브를 닫아 소화시키는 장치이다.

④ 압력초과 인터록

증기압력이 소정압력을 초과할 경우 전자밸브를 닫아서 연소를 저지하는 장치이다.

⑤ 불착화 인터록

버너에서 연료를 분사시킨 후 소정 시간 내에 착화되지 않거나, 실화 시 전자밸브를 닫아 소화시키는 장치이다.

6 보일러의 자동제어(ABC: automatic boiler control)

1) 보일러 자동제어(ABC)의 종류 및 약호

종류	약호
증기온도제어	STC(steam temperature control)
급수제어	FWC(feed water control)
연소제어	ACC(automatic combustion control)

2) 보일러 자동제어의 각 제어량과 조작량

보일러 자동제어(ABC)	제어량	조작량
증기온도제어(STC)	증기온도	전열량
급수제어(FWC)	수위	급수량
연소제어(ACC)	증기압력(증기 보일러) 온수온도(온수 보일러)	연료량(연료공급량 제어) 공기량(공기공급량 제어)
	노내압력	연소가스량(연소가스량 배출 제어)

3) 수위제어방식

종류	검출요소	적용
1요소식	수위만을 검출	중형 및 소형
2요소식	수위와 증기유량을 동시 검출	보일러의 용량이 크고 수위변동이 심한 보일러
3요소식	수위, 증기유량, 급수유량을 동시 검출	증기부하변동이 심한 대형 수관식 보일러

(1) 1요소 수위제어

급수펌프를 연속적으로 가동시킨 상태에서 수위만을 측정하여 급수밸브를 제어하는 피드백 수위제어방식을 말한다.

수위검출기 → 수위조절기 → 급수밸브

(2) 2요소 수위제어

1요소 피드백 제어의 문제점을 보완하기 위해 보일러에서 발생되는 증기유량신호를 추가로 받아 급수량을 제어하는 방식이다.

(3) 3요소 수위제어

2요소 제어기능에 급수유량 신호를 추가하여 급수량을 제어하는 방식으로 보일러의 부하변화가 심한 경우에 주로 사용한다.

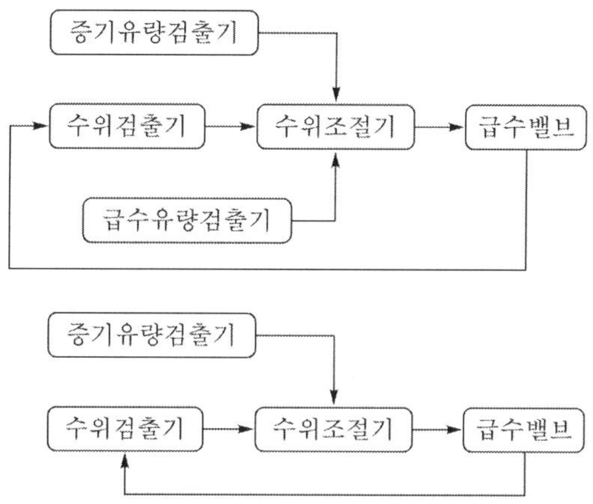

7 증기압력조절기

1) 증기압력조절기의 설치목적

보일러부하에 비례하여 연료량과 공기량을 조절하여 연소상태를 자유롭게 자동 제어하여 항상 일정한 압력이 되도록 유지하는 장치이다.

보일러의 증기압력은 증기사용량과 증기발생량의 균형이 유지되지 않을 때에 변동이 일어난다. 이러한 변동에 대해 연료량과 공기량을 비례조절하거나 최고사용압력에 도달하기 전에 연료의 공급을 중지시키는 장치이다.

2) 자동급수조절장치

자동급수조절장치는 보일러의 급수량이 적고, 부하변동이 심한 곳에 설치한다.

종류	원리
플로트식 (맥도널식)	플로트의 상하동작의 변위량에 따라서 수은 스위치의 접점개폐에 의해 수위를 조절하는 방식이다.
전극식	보일러수가 전기의 양도체인 것을 이용하는 것으로 수중에 전극봉을 넣고 전극봉에 흐르는 전류의 유·무에 의해 수위를 조절하는 방식이다.
차압식	수위의 고·저를 증기실과 수실의 콘덴서에서 응축된 응축수와의 수두압차에 의해 검출하고 차압발신기에서 조작부로 보내어 급수를 조절하는 방식이다(중용량 이상에 사용).
코프식 (열팽창식)	기울어지게 부착된 금속제 팽창관의 팽창수축에 의하여 급수를 조절하는 방식이다. 즉, 금속관의 열팽창을 이용하는 방식이다(액체의 열팽창을 이용하는 것은 베일리식이라 한다).

8 기름용 온수 보일러의 제어장치

1) 프로텍터 릴레이(protctor relay)

① 버너에 부착하여 사용된다.

② 오일버너의 주 안전제어장치로 난방, 급탕 등의 전용회로에 이용된다.

2) 콤비네이션 릴레이(combination relay)

① 내부에 Hi, Lo 설정기가 장치되어 있는데 Hi(버너정지온도, 일명 최고온도), Lo(순환펌프 작동온도, 일명 순환시작온도)를 말한다.

② 고온차단, 저온점화, 순환펌프회로가 한 개로 만들어진 것으로 내부에 Hi(최고온도), Lo (순환시작온도)의 차이는 약 10℃로 하는 것이 가장 이상적이다.

③ 보일러 본체에 설치하여 사용된다.

④ 프로텍터 릴레이와 아쿠아스태트의 기능을 합한 것이다.

⑤ 버너의 주 안전장치로 고온차단, 저온점화, 순환펌프회로가 한 개의 제어기로 만들어진 것이다.

3) 스택 릴레이(stack relay)

① 연소가스 열에 의하여 연도 내부로 삽입되는 바이메탈의 수축팽창으로 접점을 연결 차단하여 버너의 작동이나 정지를 하게 한다.

② 연도에 부착하여 사용된다.

③ 보일러 연소가스 배출구의 300mm 상단의 연도에 부착한다.

4) 아쿠아스태트(aquastate)

① 구조는 감온부, 도압부, 감압부, 마이크로 스위치, 온도조절부로 되어 있다.

② 감온부는 보일러 본체에 부착한다.

③ 현장에서는 하이 리미트 컨트롤이라고 부르며, 자동온도 조절기이다.

④ 스택 릴레이나 프로텍터 릴레이와 함께 사용된다.

⑤ 주로 사용온도는 고온차단용, 저온차단용, 순환펌프 작동용으로 사용된다.

5) 인터널 서모스탯

① 재기동 시에는 수동기동 버튼인 리셋 버튼을 눌러야만 재기동이 된다.

② 버너의 모터 과열로 소손을 방지하기 위하여 모터 내부에 설치한다.

③ 바이메탈식 과열보호장치로 모터의 기동이 불량하거나 펌프의 이상 등으로 코일에 발생되는 열에 의하여 작동된다.

6) 바이메탈 온도식 안전장치

① 작동온도는 95℃ 내외이다.
② 재기동 시에는 수동 리셋을 사용한다.
③ 보일러 본체에 부착시켜서 보일러가 과열되는 경우에 전기 전원을 차단시킨다.
④ 사용목적은 보일러의 과열을 방지하기 위함이다.

7) 저수위차단기

보일러 내부에 관수량이 부족하면 과열이 일어나므로 보일러에서 보충수가 공급되지 않으면 보일러 기동을 정지시켜 미급수로 인한 과열을 저지 보호한다.

8) 실내온도조절기(room thermostat)

난방온도를 일정하게 유지하기 위하여 사용되는 조절스위치이다.

① 콤비네이션 릴레이, 프로텍터 릴레이에 연결해서 실내의 적정온도를 자동으로 유지시키는 데 필요한 것이다.
② 주 안전제어기들과 결속되어 버너의 작동 및 정지를 명령하여 실내의 온도가 유지된다.

설치 시 주의사항

㉠ 실내온도가 표준이 될 만한 장소에 설치한다.
㉡ 직사광선을 피한다.
㉢ 바닥에서 1.5m 위치에 설치한다.
㉣ 수직으로 설치하여야 한다.
㉤ 방열기 상단이나 현관 등에는 설치하지 않는다.

③ 실내온도조절기에서 구조에 따라 분류
㉠ 바이메탈 스위치
㉡ 바이메탈 머큐리 스위치
㉢ 다이어프램 스위치

부록 I
과년도 출제문제

과년도 출제문제(2018년 1회)

제1과목 연소공학

01 고체연료에 대비 액체연료의 성분 조성비는?

① H_2 함량이 적고 O_2 함량이 적다.
② H_2 함량이 크고 O_2 함량이 적다.
③ O_2 함량이 크고 H_2 함량이 크다.
④ O_2 함량이 크고 H_2 함량이 적다.

해설 액체연료는 고체연료보다 수소(H_2) 함량이 크고 산소(O_2) 함량이 적다.

02 연돌에서 배출되는 연기의 농도를 1시간 동안 측정한 결과가 다음과 같을 때 매연의 농도율은 몇 %인가?

[측정결과]
- 농도 4도: 10분 - 농도 3도: 15분
- 농도 2도: 15분 - 농도 1도: 20분

① 25 ② 35
③ 45 ④ 55

해설 링겔만 매연농도표
No. 0~No. 5까지(6종류): No. 0(깨끗함)~No. 5(더럽다)
- 매연농도율
  =20×총매연농도치/측정시간(분)
  =20×(4×10+3×15+2×15+1×20)÷60=45%
- 매연농도치=농도표 번호(No.)×측정시간(분)

03 탄산가스최대량(CO_{2max})에 대한 설명 중 ( )에 알맞은 것은?

( )으로 연료를 완전연소시킨다고 가정을 할 경우에 연소가스 중의 탄산가스량을 이론 건연소가스량에 대한 백분율로 표시한 것이다.

① 실제공기량 ② 과잉공기량
③ 부족공기량 ④ 이론공기량

해설 탄산가스최대량(CO_{2max})은 이론공기량으로 연료를 완전연소시킨다고 가정할 경우 연소가스 중의 탄산가스(CO_2)량을 건연소가스량에 대한 백분율(퍼센트)로 표시한 것이다.

04 연소 배기가스 중 가장 많이 포함된 기체는?

① O_2 ② N_2
③ CO_2 ④ SO_2

해설 연소 배기가스 중 가장 많이 포함된 가스는 질소(N_2)이다.

05 전압은 분압의 합과 같다는 법칙은?

① 아마겟의 법칙 ② 뤼삭의 법칙
③ 달톤의 법칙 ④ 헨리의 법칙

해설 달톤(Dalton)의 분압법칙은 두 가지 이상의 서로 다른 기체를 혼합 시 화학반응이 일어나지 않는다고 하면, 혼합 후 기체 전압력은 혼합 전 각 성분 기체의 분압의 합과 같다는 법칙이다.

06 액화석유가스(LPG)의 성질에 대한 설명으로 틀린 것은?

① 인화폭발의 위험성이 크다.
② 상온, 대기압에서는 액체이다.
③ 가스의 비중은 공기보다 무겁다.
④ 기화잠열이 커서 냉각제로도 이용 가능하다.

해설 액화석유가스(LPG)는 주성분이 프로판(C_3H_8), 부탄(C_4H_{10})이고, 상온 대기압 상태에서는 기체이고, 상온에서 대기압 이상 고압(1.45MPa)으로 액화시킨 가스로 비중은 공기보다 1.52배 더 무겁다.

07 연소관리에 있어 연소 배기가스를 분석하는 가장 직접적인 목적은?

① 공기비 계산 ② 노내압 조절
③ 연소열량 계산 ④ 매연농도 산출

해설 연소 배기가스를 분석하는 가장 직접적인 목적은 공기비(과잉공기량)를 계산하는 데 있다.

정답 01 ② 02 ③ 03 ④ 04 ② 05 ③ 06 ② 07 ①

08 일반적으로 기체연료의 연소방식을 크게 2가지로 분류한 것은?

① 등심연소와 분산연소
② 액면연소와 증발연소
③ 증발연소와 분해연소
④ 예혼합연소와 확산연소

해설
㉠ 기체연료의 연소방식은 예혼합연소와 확산연소로 분류한다.
㉡ 액체연료는 증발연소와 무화연소로 분류한다.
㉢ 고체연료는 표면연소, 분해연소, 증발연소로 분류한다.

09 연소에 관한 용어, 단위 및 수식의 표현으로 옳은 것은?

① 화격자 연소율의 단위: $kg/m^2 \cdot h$
② 공기비(m): $\dfrac{\text{이론공기량}(Ao)}{\text{실제공기량}(A)}$ $(m > 1.0)$
③ 이론연소가스량(고체연료인 경우): Nm^3/Nm^3
④ 고체연료의 저위발열량(H_l)의 관계식: $H_l = H_h + 2{,}512(9H - W)$ [kJ/kg]

해설
㉠ 공기비(m)$= \dfrac{\text{실제공기량}(A)}{\text{이론공기량}(A_0)} > 1$
㉡ 이론연소가스량(고체연료인 경우): Nm^3/kg
㉢ 고체연료 저위발열량(H_l)
$= H_h - 2{,}512(W + 9H)$ [kJ/kg]

10 다음 중 매연의 발생 원인으로 가장 거리가 먼 것은?

① 연소실 온도가 높을 때
② 연소장치가 불량할 때
③ 연료의 질이 나쁠 때
④ 통풍력이 부족할 때

해설
매연 발생 원인
㉠ 연소실 온도가 낮을 때
㉡ 연료의 질이 나쁠 때
㉢ 연소장치가 불량할 때
㉣ 통풍력이 부족할 때

11 코크스로가스를 $100Nm^3$ 연소한 경우 습연소가스량과 건연소가스량의 차이는 약 몇 Nm^3인가? [단, 코크스로가스의 조성(용량%)은 CO_2 3%, CO 8%, CH_4 30%, C_2H_4 4%, H_2 50% 및 N_2 5%]

① 108 ② 118
③ 128 ④ 138

12 석탄을 연소시킬 경우 필요한 이론산소량은 약 몇 Nm^3/kg인가? (단, 중량비 조성은 C: 86%, H: 4%, O: 8%, S: 2%이다.)

① 1.49 ② 1.78
③ 2.03 ④ 2.45

해설
이론산소량(O_o)
$= 1.867C + 5.6\left(H - \dfrac{O}{8}\right) + 0.7S$
$= 1.867 \times 0.86 + 5.6\left(0.04 - \dfrac{0.08}{8}\right) + 0.7 \times 0.02$
$= 1.787Nm^3/kg$

13 불꽃연소(flaming combustion)에 대한 설명으로 틀린 것은?

① 연소속도가 느리다.
② 연쇄반응을 수반한다.
③ 연소사면체에 의한 연소이다.
④ 가솔린의 연소가 이에 해당한다.

해설
불꽃연소(flaming combustion)는 연소속도가 매우 빠르다. 시간당 방출열량이 많다. 연쇄반응을 수반하여 가솔린의 연소가 이에 해당되며, 연소사면체(불꽃)에 의한 연소이다.
불꽃의 4요소
가연물(연료), 온도(열), 산소(공기), 순조로운 연쇄반응을 표시하며 하나라도 없으면 4면체(불꽃)가 이루어질 수 없다.

14 고체연료의 공업분석에서 고정탄소를 산출하는 식은?

① 100 − [수분(%) + 회분(%) + 질소(%)]
② 100 − [수분(%) + 회분(%) + 황분(%)]
③ 100 − [수분(%) + 황분(%) + 휘발분(%)]
④ 100 − [수분(%) + 회분(%) + 휘발분(%)]

정답 08 ④ 09 ① 10 ① 11 ② 12 ② 13 ① 14 ④

해설

고정탄소(%)
=100−[수분(%)+회분(%)+휘발분(%)]

15 다음 대기오염물 제거방법 중 분진의 제거 방법으로 가장 거리가 먼 것은?

① 습식세정법　② 원심분리법
③ 촉매산화법　④ 중력침전법

해설

촉매산화법은 질소산화물(NO_x), 일산화탄소(CO), 다이옥신 등을 제거시킬 수 있다.

16 N_2와 O_2의 가스정수가 다음과 같을 때, N_2가 70%인 N_2와 O_2의 혼합가스의 가스정수는 약 몇 N·m/kg·K인가? (단, 가스정수는 N_2: 297N·m/kg·K, O_2: 260N·m/kg·K이다.)

① 192　② 232
③ 286　④ 345

해설

혼합기체상수(R)

$$=\sum_{i=1}^{n}\frac{m_i}{m}R_i=\frac{m_{N_2}}{m}\times R_{N_2}+\frac{m_{O_2}}{m}\times R_{O_2}$$

$=0.7\times297+0.3\times260$

$\fallingdotseq 286$N·m/kg·K(=J/kg·K)

17 세정 집진장치의 입자 포집원리에 대한 설명으로 틀린 것은?

① 액적에 입자가 충돌하여 부착한다.
② 입자를 핵으로 한 증기의 응결에 의하여 응집성을 증가시킨다.
③ 미립자의 확산에 의하여 액적과의 접촉을 좋게 한다.
④ 배기의 습도 감소에 의하여 입자가 서로 응집한다.

해설

세정 집진장치(scrubber)의 포집원리
㉠ 액적에 입자가 충돌하여 부착한다.
㉡ 미립자의 확산에 의해 액적과의 접촉을 쉽게 한다.
㉢ 입자를 핵으로 한 증기의 응결에 의해 응집성을 증가시킨다.
㉣ 배기의 증습(습도 증가)에 의해 입자가 서로 응집한다.
㉤ 액막·기포에 입자가 접촉하여 부착한다.

18 다음 중 연료 연소 시 최대탄산가스농도(CO_{2max})가 가장 높은 것은?

① 탄소　② 연료유
③ 역청탄　④ 코크스로가스

19 프로판가스 1kg 연소시킬 때 필요한 이론공기량은 약 몇 Sm^3/kg인가?

① 10.2　② 11.3
③ 12.1　④ 13.2

해설

$C_3H_8+5O_2 \rightarrow 3CO_2+4H_2O$

$$\therefore \text{이론공기량}(A_o)=\frac{\frac{5\times22.4}{44}}{0.21}=\frac{5\times22.4}{0.21\times44}$$

$=12.12Sm^3/kg$

20 다음 기체 중 폭발범위가 가장 넓은 것은?

① 수소　② 메탄
③ 벤젠　④ 프로판

해설

연소(폭발)범위가 가장 넓은 가스는 아세틸렌(C_2H_2, 2.5~81)이고, 아세틸렌 다음으로는 수소로 폭발범위(4.1~74.2)가 넓기 때문에 위험하다.

제2과목 열역학

21 그림과 같은 압력−부피선도($P-V$선도)에서 A에서 C로의 정압과정 중 계는 50J의 일을 받아들이고 25J의 열을 방출하며, C에서 B로의 정적과정 중 75J의 열을 받아들인다면, B에서 A로의 과정이 단열일 때 계가 얼마의 일(J)을 하겠는가?

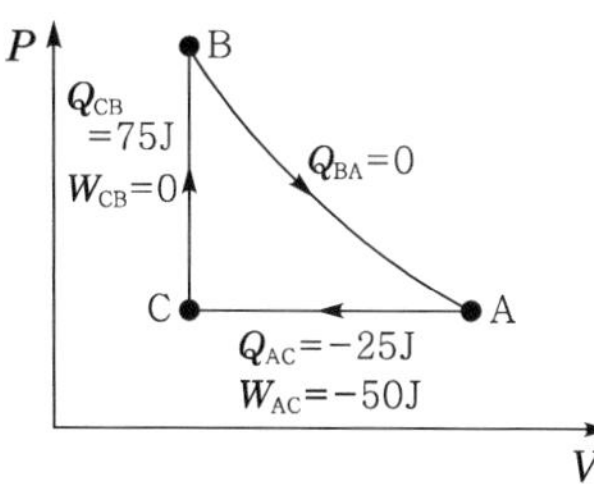

① 25J　② 50J
③ 75J　④ 100J

정답 15 ③ 16 ③ 17 ④ 18 ① 19 ③ 20 ① 21 ④

해설
가역단열 팽창 시 절대일은 내부에너지 감소량의 크기와 같다.
$\therefore\ W_{BA}=(U_1-U_2)=Q-W$
$=75-(-50)-25=100\text{J}$

22 다음 엔트로피에 관한 설명으로 옳은 것은?

① 비가역 사이클에서 클라우시우스(Clausius)의 적분은 영(0)이다.
② 두 상태 사이의 엔트로피 변화는 경로에는 무관하다.
③ 여러 종류의 기체가 서로 확산되어 혼합하는 과정은 엔트로피가 감소한다고 볼 수 있다.
④ 우주 전체의 엔트로피는 궁극적으로 감소되는 방향으로 변화한다.

해설
엔트로피(ΔS)는 상태함수이므로 경로와는 관계없으며 두 상태에 따라 값을 구할 수 있는 열량적 상태량이다.

23 폴리트로픽 과정을 나타내는 다음 식에서 폴리트로픽 지수 n과 관련하여 옳은 것은? (단, P는 압력, V는 부피이고, C는 상수이다. 또한, k는 비열비이다.)

$$PV^n=C$$

① $n=\infty$: 단열과정 ② $n=0$: 정압과정
③ $n=k$: 등온과정 ④ $n=1$: 정적과정

해설
$PV^n=C$에서 $n=0,\ P\times1=C$(정압과정)
$n=1,\ PV=C$(정온과정)
$n=k,\ PV^k=C$(가역단열변화)
$n=\infty,\ PV^\infty=C$(정적변화)

24 어떤 연료의 1kg의 발열량이 36,000kJ이다. 이 열이 전부 일로 바뀌고, 1시간마다 30kg의 연료가 소비된다고 하면 발생하는 동력은 약 몇 kW인가?

① 4 ② 10
③ 300 ④ 1,200

해설
1kW=3,600kJ/h이므로
발생동력(kW)$=H_L\times m_f=36{,}000\times30$
$=1{,}080{,}000\text{kJ/h}\div3{,}600=300\text{kW}$

25 다음 설명과 가장 관계되는 열역학적 법칙은?

- 열은 그 자신만으로는 저온의 물체로부터 고온의 물체로 이동할 수 없다.
- 외부에 어떠한 영향을 남기지 않고 한 사이클 동안에 계가 열원으로부터 받은 열을 모두 일로 바꾸는 것은 불가능하다.

① 열역학 제0법칙 ② 열역학 제1법칙
③ 열역학 제2법칙 ④ 열역학 제3법칙

해설
열역학 제2법칙=엔트로피 증가법칙($\Delta S>0$)
=비가역법칙
㉠ 열은 그 자신만으로는 저온물체에서 고온물체로 이동할 수 없다.
㉡ 외부에 어떠한 영향을 남기지 않고 한 사이클 동안에 계가 열원으로부터 받은 열을 모두 일로 바꾸는 것은 불가능하다.(열효율이 100%인 열기관은 있을 수 없다.)

26 다음 중 일반적으로 냉매로 쓰이지 않는 것은?

① 암모니아 ② CO
③ CO_2 ④ 할로겐화탄소

해설
일산화탄소(CO)는 냉매로 쓰이지 않는다.

27 −30℃, 200atm의 질소를 단열과정을 거쳐서 5atm까지 팽창했을 때의 온도는 약 얼마인가? (단, 이상기체의 가역과정이고 질소의 비열비는 1.41이다.)

① 6℃ ② 83℃
③ −172℃ ④ −190℃

해설
$$\frac{T_2}{T_1}=\left(\frac{p_2}{p_1}\right)^{\frac{k-1}{k}}$$
$$T_2=T_1\left(\frac{p_2}{p_1}\right)^{\frac{k-1}{k}}=243.15\left(\frac{5+1.0332}{200+1.0332}\right)^{\frac{1.41-1}{1.41}}$$
$=87.72\text{K}=-185.43℃\fallingdotseq-190℃$

정답 22 ② 23 ② 24 ③ 25 ③ 26 ② 27 ④

28 그림과 같은 피스톤-실린더 장치에서 피스톤의 질량은 40kg이고, 피스톤 면적이 $0.05m^2$일 때 실린더 내의 절대압력은 약 몇 bar인가? (단, 국소 대기압은 0.96bar이다.)

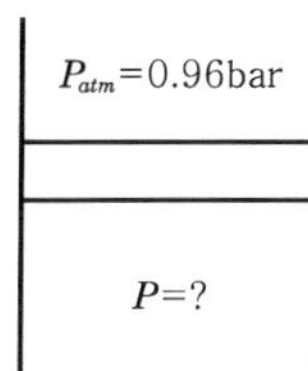

① 0.964 ② 0.982
③ 1.038 ④ 1.122

해설

$$P_a = P_o + P_g = 0.96 + \frac{mg}{A} \times 10^{-5}$$
$$= 0.96 + \frac{40 \times 9.8}{0.05} \times 10^{-5}$$
$$= 1.038\text{bar}[1\text{bar} = 10^5 \text{P}_a(\text{N/m}^2)]$$

29 처음 온도, 압축비, 공급열량이 같을 경우 열효율의 크기를 옳게 나열한 것은?

① Otto cycle > Sabathe cycle > Diesel cycle
② Sabathe cycle > Diesel cycle > Otto cycle
③ Diesel cycle > Sabathe cycle > Otto cycle
④ Sabathe cycle > Otto cycle > Diesel cycle

해설

처음 온도, 압축비, 공급열량이 같을 때(열효율 크기 순서)

$\eta_{tho} > \eta_{ths} > \eta_{thd}$

30 증기 터빈의 노즐 출구에서 분출하는 수증기의 이론 속도와 실제 속도를 각각 C_t와 C_a라고 할 때 노즐효율 η_n의 식으로 옳은 것은? (단, 노즐 입구에서의 속도는 무시한다.)

① $\eta_n = \frac{C_a}{C_t}$ ② $\eta_n = \left(\frac{C_a}{C_t}\right)^2$

③ $\eta_n = \sqrt{\frac{C_a}{C_t}}$ ④ $\eta_n = \left(\frac{C_a}{C_t}\right)^3$

해설

$$\text{노즐효율}(\eta_n) = \frac{\text{실제단열 열낙차}(h_1 - h_2')}{\text{가역단열 열낙차}(h_1 - h_2)} = \left(\frac{C_a}{C_t}\right)^2$$

31 냉장고가 저온체에서 30kW의 열을 흡수하여 고온체로 40kW의 열을 방출한다. 이 냉장고의 성능계수는?

① 2 ② 3
③ 4 ④ 5

해설

$$\varepsilon_R = \frac{Q_2}{Q_1 - Q_2} = \frac{30}{40 - 30} = 3$$

32 임계점(critical point)에 대한 설명 중 옳지 않은 것은?

① 액상, 기상, 고상이 함께 존재하는 점을 말한다.
② 임계점에서는 액상과 기상을 구분할 수 없다.
③ 임계 압력 이상이 되면 상변화 과정에 대한 구분이 나타나지 않는다.
④ 물의 임계점에서의 압력과 온도는 약 22.09MPa, 374.14℃이다.

해설

액상, 기상, 고상이 함께 존재하는 점은 3중점이다.

33 카르노 사이클에서 최고 온도는 600K이고, 최저 온도는 250K일 때 이 사이클의 효율은 약 몇 %인가?

① 41 ② 49
③ 58 ④ 64

해설

$$\eta_c = 1 - \frac{T_2}{T_1} = 1 - \frac{250}{600} \times 100\% = 58\%$$

34 CO_2 기체 20kg을 15℃에서 215℃로 가열할 때 내부에너지의 변화는 약 몇 kJ인가? [단, 이 기체의 정적비열은 0.67kJ/(kg·K)이다.]

① 134 ② 200
③ 2,680 ④ 4,000

해설

$$(U_2 - U_1) = mC_v(t_2 - t_1) = 20 \times 0.67(215 - 15)$$
$$= 2{,}680\text{kJ}$$

정답 28 ③ 29 ① 30 ② 31 ② 32 ① 33 ③ 34 ③

35 그림과 같은 브레이턴 사이클에서 효율(η)은? (단, P는 압력, v는 비체적이며, T_1, T_2, T_3, T_4는 각각의 지점에서의 온도이다. 또한, q_{in}과 q_{out}은 사이클에서 열이 들어오고 나감을 의미한다.)

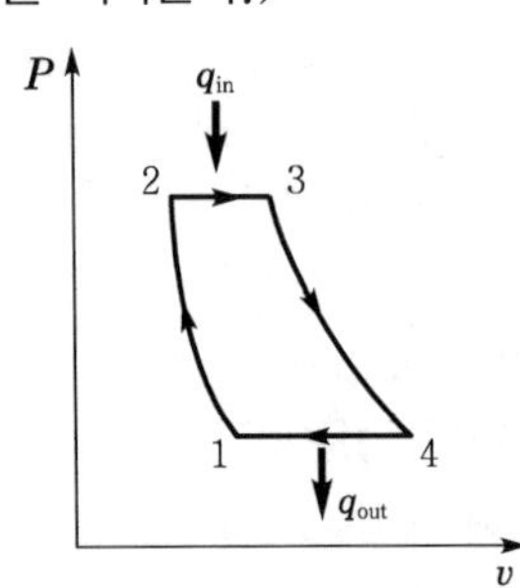

① $\eta = 1 - \dfrac{T_3 - T_2}{T_4 - T_1}$ ② $\eta = 1 - \dfrac{T_1 - T_2}{T_3 - T_4}$

③ $\eta = 1 - \dfrac{T_4 - T_1}{T_3 - T_2}$ ④ $\eta = 1 - \dfrac{T_3 - T_4}{T_1 - T_2}$

해설

$$\eta_{thB} = 1 - \frac{q_{out}}{q_{in}} = 1 - \frac{C_p(T_4 - T_1)}{C_p(T_3 - T_2)} = 1 - \frac{T_4 - T_1}{T_3 - T_2}$$

36 온도 30℃, 압력 350kPa에서 비체적이 0.449m³/kg인 이상기체의 기체상수는 몇 kJ/(kg·K)인가?

① 0.143 ② 0.287
③ 0.518 ④ 0.842

해설

$Pv = RT$에서

$$R = \frac{Pv}{T} = \frac{350 \times 0.449}{30 + 273} = 0.518\text{kJ/kg}\cdot\text{K}$$

37 열펌프(heat pump) 사이클에 대한 성능계수(COP)는 다음 중 어느 것을 입력 일(work input)로 나누어 준 것인가?

① 고온부 방출열
② 저온부 흡수열
③ 고온부가 가진 총에너지
④ 저온부가 가진 총에너지

해설

열펌프성능계수$(COP)_{HP}$

$$= \frac{Q_c}{W_c} = \frac{\text{고온부 방출열(응축부하)}}{\text{압축기일량}}$$

38 다음 괄호 안에 들어갈 말로 옳은 것은?

> 일반적으로 교축(throttling) 과정에서는 외부에 대하여 일을 하지 않고, 열교환이 없으며, 속도변화가 거의 없음에 따라 ( )(은)는 변하지 않는다고 가정한다.

① 엔탈피
② 온도
③ 압력
④ 엔트로피

해설

실제 가스(냉매, 수증기) 교축과정(throttling) 시 $p_1 > p_2$, $T_1 > T_2$, $h_1 = h_2$, $\Delta S > 0$

39 랭킨사이클로 작동하는 증기동력 사이클에서 효율을 높이기 위한 방법으로 거리가 먼 것은?

① 복수기에서의 압력을 상승시킨다.
② 터빈 입구의 온도를 높인다.
③ 보일러의 압력을 상승시킨다.
④ 재열 사이클(reheat cycle)로 운전한다.

해설

랭킨사이클에서 복수기 압력(배압)을 상승시키면 열효율은 감소한다.

40 가역적으로 움직이는 열기관이 300℃의 고열원으로부터 200kJ의 열을 흡수하여 40℃의 저열원으로 열을 배출하였다. 이때 40℃의 저열원으로 배출한 열량은 약 몇 kJ인가?

① 27 ② 45
③ 73 ④ 109

해설

$$\frac{Q_1}{T_1} = \frac{Q_2}{T_2}$$

$$\therefore Q_2 = Q_1\left(\frac{T_2}{T_1}\right) = 200\left(\frac{40 + 273}{300 + 273}\right) = 109\text{kJ}$$

정답 35 ③ 36 ③ 37 ① 38 ① 39 ① 40 ④

제3과목 계측방법

41 불연속 제어동작으로 편차의 정(+), 부(−)에 의해서 조작신호가 최대, 최소가 되는 제어동작은?

① 미분 동작 ② 적분 동작
③ 비례 동작 ④ 온−오프 동작

해설
2위치제어(On−Off)는 불연속제어의 대표적 제어이다.

42 물리적 가스분석계의 측정법이 아닌 것은?

① 밀도법
② 세라믹법
③ 열전도율법
④ 자동 오르자트법

해설
화학적 가스분석계
㉠ 자동 오르자트법
㉡ 미연소분석계($CO+H_2$계)
㉢ 연소열법
물리적 가스분석계
㉠ 밀도법
㉡ 세라믹법
㉢ 열전도율법
㉣ 가스크로마토그래피법
㉤ 적외선 흡수법

43 다음 중 압력식 온도계를 이용하는 방법으로 가장 거리가 먼 것은?

① 고체 팽창식 ② 액체 팽창식
③ 기체 팽창식 ④ 증기 팽창식

44 유속 10m/s의 물속에 피토관을 세울 때 수주의 높이는 약 몇 m인가? (단, 여기서 중력가속도 $g=9.8\text{m/s}^2$이다.)

① 0.51 ② 5.1
③ 0.12 ④ 1.2

해설
$$h=\frac{V^2}{2g}=\frac{10^2}{2\times 9.8}=5.1\text{m}$$

45 내경이 50mm인 원관에 20℃ 물이 흐르고 있다. 층류로 흐를 수 있는 최대 유량은 약 몇 m^3/s인가? [단, 임계 레이놀즈수(R_e)는 2,320이고, 20℃일 때 동점성계수(ν)= $1.0064\times 10^{-6}\text{m}^2/\text{s}$이다.]

① 5.33×10^{-5} ② 7.36×10^{-5}
③ 9.16×10^{-5} ④ 15.23×10^{-5}

해설
$$V=\frac{R_e\nu}{d}=\frac{2320\times 1.0064\times 10^{-6}}{0.05}=0.047\text{m/s}$$
$$\therefore\ Q=AV=\frac{\pi(0.05)^2}{4}\times 0.047=9.16\times 10^{-5}\text{m}^3/\text{s}$$

46 다음 중 액면측정방법으로 가장 거리가 먼 것은?

① 유리관식 ② 부자식
③ 차압식 ④ 박막식

해설
액면측정법
㉠ 유리관식
㉡ 부자(float)식
㉢ 차압식
㉣ 검척식(직관식)
㉤ 편위식(플레먼트액면계)
㉥ 기포식(퍼지식)

47 서로 맞서 있는 2개 전극 사이의 정전용량은 전극 사이에 있는 물질 유전율의 함수이다. 이러한 원리를 이용한 액면계는?

① 정전용량식 액면계
② 방사선식 액면계
③ 초음파식 액면계
④ 중추식 액면계

48 피드백 제어에 대한 설명으로 틀린 것은?

① 폐회로 방식이다.
② 다른 제어계보다 정확도가 증가한다.
③ 보일러 점화 및 소화 시 제어한다.
④ 다른 제어계보다 제어폭이 증가한다.

해설
보일러의 점화 및 소화 시 제어는 시퀀스 제어(순차적 제어)이다.

정답 41 ④ 42 ④ 43 ① 44 ② 45 ③ 46 ④ 47 ① 48 ③

49 전기저항 온도계의 특징에 대한 설명으로 틀린 것은?

① 원격측정에 편리하다.
② 자동제어의 적용이 용이하다.
③ 1,000℃ 이상의 고온 측정에서 특히 정확하다.
④ 자기 가열 오차가 발생하므로 보정이 필요하다.

해설 전기저항 온도계는 −200~500℃로 측정(고온 측정 불가)

50 기준 수위에서의 압력과 측정 액면계에서의 압력의 차이로부터 액위를 측정하는 방식으로 고압 밀폐형 탱크의 측정에 적합한 액면계는?

① 차압식 액면계　② 편위식 액면계
③ 부자식 액면계　④ 유리관식 액면계

해설 차압식 액면계는 기준 수위에서의 압력과 측정 액면계에서의 압력차로 액위를 측정한다(고압 밀폐형 탱크에 적합한 액면계이다).

51 SI 단위계에서 물리량과 기호가 틀린 것은?

① 질량: kg　② 온도: ℃
③ 물질량: mol　④ 광도: cd

해설 SI 단위계(기본단위 7개)
㉠ 질량: kg
㉡ 길이: m
㉢ 시간: sec
㉣ 절대온도: K
㉤ 전류: A
㉥ 물질량: mol
㉦ 광도: cd

52 액주에 의한 압력측정에서 정밀 측정을 위한 보정으로 반드시 필요로 하지 않는 것은?

① 모세관 현상의 보정
② 중력의 보정
③ 온도의 보정
④ 높이의 보정

53 다음 중 습도계의 종류로 가장 거리가 먼 것은?

① 모발 습도계
② 듀셀 노점계
③ 초음파식 습도계
④ 전기저항식 습도계

해설 습도계의 종류
㉠ 모발 습도계
㉡ 듀셀 노점계
㉢ 통풍 건습계
㉣ 자기 습도계
㉤ 전기저항식 습도계

54 다음 중 1,000℃ 이상의 고온을 측정하는 데 적합한 온도계는?

① CC(동−콘스탄탄)열전온도계
② 백금저항 온도계
③ 바이메탈 온도계
④ 광고온계

해설 광고온계는 비접촉식 온도계로 1,000℃ 이상 3,000℃의 고온 측정에 적합한 온도계이다.

55 자동제어에서 전달함수의 블록선도를 그림과 같이 등가변환시킨 것으로 적합한 것은?

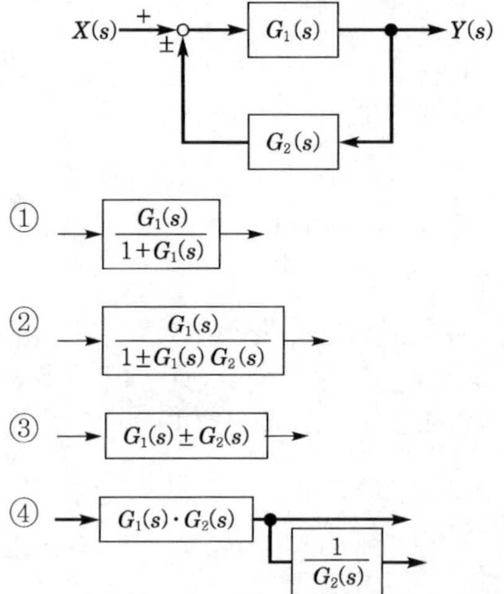

정답 49 ③ 50 ① 51 ② 52 ④ 53 ③ 54 ④ 55 ②

해설

$$Y(s) = X(s)G_1(s) \pm G_1(s)G_2(s)Y(s)$$
$$Y(s)[1 \mp G_1(s)G_2(s)] = X(s)G_1(s)$$
$$\therefore \frac{Y(s)}{X(s)} = \frac{G_1(s)}{1 \mp G_1(s)G_2(s)}$$

56 다음 중 백금－백금·로듐 열전대 온도계에 대한 설명으로 가장 적절한 것은?

① 측정 최고온도는 크로멜－알루멜 열전대보다 낮다.
② 열기전력이 다른 열전대에 비하여 가장 높다.
③ 안정성이 양호하여 표준용으로 사용된다.
④ 200℃ 이하의 온도측정에 적당하다.

해설
백금－백금·로듐 온도계는(0℃~1,600℃ 온도 측정) 안정성이 양호하여 표준용으로 사용된다.

57 다이어프램 압력계의 특징이 아닌 것은?

① 점도가 높은 액체에 부적합하다.
② 먼지가 함유된 액체에 적합하다.
③ 대기압과의 차가 적은 미소압력의 측정에 사용한다.
④ 다이어프램으로 고무, 스테인리스 등의 탄성체 박판이 사용된다.

해설
다이어프램(diaphragm) 압력계는 점도가 낮은 저압 측정용에 적당하다(액체·고체 및 부유물질 측정).

58 다음 중 차압식 유량계가 아닌 것은?

① 오리피스(orifice)
② 벤투리관(venturi)
③ 로터미터(rotameter)
④ 플로우 노즐(flow－nozzle)

해설
차압식 유량계
㉠ 오리피스
㉡ 벤투리관
㉢ 플로우 노즐

59 다음 유량계 중 유체 압력손실이 가장 적은 것은?

① 유속식(impeller식) 유량계
② 용적식 유량계
③ 전자식 유량계
④ 차압식 유량계

해설
유량계 중 유체 압력손실이 가장 적은 것은 전자식 유량계이다. 패러데이 전자유도법칙을 이용하여 순간유량을 측정한다.

60 2개의 수은 유리온도계를 사용하는 습도계는?

① 모발 습도계　② 건습구 습도계
③ 냉각식 습도계　④ 저항식 습도계

해설
2개의 수은(Hg) 유리온도계를 사용하는 습도계는 건습구 습도계이다.

제4과목 열설비재료 및 관계법규

61 에너지이용 합리화법에 따라 대통령령으로 정하는 일정 규모 이상의 에너지를 사용하는 사업을 실시하거나 시설을 설치하려는 경우 에너지 사용계획을 수립하여, 사업 실시 전 누구에게 제출하여야 하는가?

① 대통령
② 시·도지사
③ 산업통상자원부장관
④ 에너지 경제연구원장

62 열팽창에 의한 배관의 측면 이동을 구속 또는 제한하는 장치가 아닌 것은?

① 앵커　② 스톱
③ 브레이스　④ 가이드

해설
열팽창에 의한 배관의 측면 구속 또는 제한하는 장치
㉠ 앵커(anchor)
㉡ 스톱(stop) or 스토퍼(stopper)
㉢ 가이드(guide)
※ 브레이스(brace) 배관계의 진동을 방지하거나 감쇠시키는 데 사용(방진기)

정답 56 ③ 57 ① 58 ③ 59 ③ 60 ② 61 ③ 62 ③

63 유체가 관내를 흐를 때 생기는 마찰로 인한 압력손실에 대한 설명으로 틀린 것은?

① 유체의 흐르는 속도가 빨라지면 압력손실도 커진다.
② 관의 길이가 짧을수록 압력손실은 작아진다.
③ 비중량이 큰 유체일수록 압력손실이 작다.
④ 관의 내경이 커지면 압력손실은 작아진다.

해설
$\Delta p = \gamma h_L = f\frac{L}{d}\frac{\gamma V^2}{2g}$ [kPa]
비중량(γ)이 큰 유체일수록 압력손실이 크다.
※ 동압(P_d)$=\frac{\gamma V^2}{2g}=\frac{\rho V^2}{2}$ [Pa]

64 관의 신축량에 대한 설명으로 옳은 것은?

① 신축량은 관의 열팽창계수, 길이, 온도차에 반비례한다.
② 신축량은 관의 길이, 온도차에는 비례하지만 열팽창계수에는 반비례한다.
③ 신축량은 관의 열팽창계수, 길이, 온도차에 비례한다.
④ 신축량은 관의 열팽창계수에 비례하고 온도차와 길이에 반비례한다.

해설
관의 신축량은 관의 열팽창계수, 길이, 온도차에 비례한다.
관의 신축량(λ)
=관의 길이(L)×열팽창계수(α)×온도차(Δt)[mm]

65 제철 및 제강공정 중 배소로의 사용 목적으로 가장 거리가 먼 것은?

① 유해성분의 제거
② 산화도의 변화
③ 분상광석의 괴상으로의 소결
④ 원광석의 결합수의 제거와 탄산염의 분해

66 에너지이용 합리화법에 따라 용접검사가 면제되는 대상범위에 해당되지 않는 것은?

① 주철제 보일러
② 강철제 보일러 중 전열면적이 $5m^2$ 이하이고, 최고사용압력이 0.35MPa 이하인 것
③ 압력용기 중 동체의 두께가 6mm 미만인 것으로서 최고사용압력(MPa)과 내부 부피(m^3)를 곱한 수치가 0.02 이하인 것
④ 온수보일러로서 전열면적이 $20m^2$ 이하이고, 최고사용압력이 0.3MPa 이하인 것

67 규조토질 단열재의 안전사용온도는?

① 300℃~500℃
② 500℃~800℃
③ 800℃~1,200℃
④ 1,200℃~1,500℃

해설
규조토질(무기질보온재) 단열재의 안전사용온도는 800~1,200℃이다.

68 에너지원별 에너지열량 환산기준으로 총발열량(kcal)이 가장 높은 연료는? (단, 1L 또는 1kg 기준이다.)

① 휘발유　② 항공유
③ B-C유　④ 천연가스

69 에너지이용 합리화법에 따라 에너지 사용 안정을 위한 에너지저장의무 부과대상자에 해당되지 않는 사업자는?

① 전기사업법에 따른 전기사업자
② 석탄산업법에 따른 석탄가공업자
③ 집단에너지사업법에 따른 집단에너지사업자
④ 액화석유가스사업법에 따른 액화석유가스사업자

정답 63 ③ 64 ③ 65 ③ 66 ④ 67 ③ 68 ④ 69 ④

70 용광로에서 코크스가 사용되는 이유로 가장 거리가 먼 것은?

① 열량을 공급한다.
② 환원성 가스를 생성시킨다.
③ 일부의 탄소는 선철 중에 흡수된다.
④ 철광석을 녹이는 용제 역할을 한다.

71 내화물의 부피비중을 바르게 표현한 것은? [단, W_1: 시료의 건조중량(kg), W_2: 함수시료의 수중중량(kg), W_3: 함수시료의 중량(kg)이다.]

① $\frac{W_1}{W_3 - W_2}$　② $\frac{W_3}{W_1 - W_2}$
③ $\frac{W_3 - W_2}{W_1}$　④ $\frac{W_2 - W_3}{W_1}$

해설
내화물의 부피비중(S)
$= \frac{W_1}{W_3 - W_2}$
$= \frac{\text{시료의 건조중량}}{\text{함수시료의 중량} - \text{함수시료의 수중중량}}$

72 다음 중 피가열물이 연소가스에 의해 오염되지 않는 가마는?

① 직화식 가마　② 반머플가마
③ 머플가마　④ 직접식 가마

73 에너지법에 따른 용어의 정의에 대한 설명으로 틀린 것은?

① 에너지사용시설이란 에너지를 사용하는 공장·사업장 등의 시설이나 에너지를 전환하여 사용하는 시설을 말한다.
② 에너지사용자란 에너지를 사용하는 소비자를 말한다.
③ 에너지공급자란 에너지를 생산·수입·전환·수송·저장 또는 판매하는 사업자를 말한다.
④ 에너지란 연료·열 및 전기를 말한다.

해설
에너지사용자란 에너지사용시설의 소유자 또는 관리자를 말한다.

74 에너지이용 합리화법에 따라 에너지이용 합리화 기본계획에 포함되지 않는 것은?

① 에너지이용 합리화를 위한 기술개발
② 에너지의 합리적인 이용을 통한 공해성분(SO_x, NO_x)의 배출을 줄이기 위한 대책
③ 에너지이용 합리화를 위한 가격예시제의 시행에 관한 사항
④ 에너지이용 합리화를 위한 홍보 및 교육

75 에너지이용 합리화법에 따라 효율관리 기자재의 제조업자가 효율관리시험기관으로부터 측정결과를 통보받은 날 또는 자체측정을 완료한 날부터 그 측정결과를 며칠 이내에 한국에너지공단에 신고하여야 하는가?

① 15일　② 30일
③ 60일　④ 90일

76 에너지이용 합리화법에 따른 특정열사용 기자재 품목에 해당하지 않는 것은?

① 강철제 보일러
② 구멍탄용 온수보일러
③ 태양열 집열기
④ 태양광 발전기

해설
특정열사용 기자재(기관)
㉠ 강철제 보일러
㉡ 주철제 보일러
㉢ 구멍탄용 온수보일러
㉣ 태양열 집열기
㉤ 온수보일러
㉥ 축열식 전기보일러

77 시멘트 제조에 사용하는 회전가마(rotary kiln)는 다음 여러 구역으로 구분된다. 다음 중 탄산염 원료가 주로 분해되는 구역은?

① 예열대
② 하소대
③ 건조대
④ 소성대

정답 70 ④ 71 ① 72 ③ 73 ② 74 ② 75 ④ 76 ④ 77 ②

78 내화물 SK−26번이면 용융온도 1,580℃에 견디어야 한다. SK−30번이라면 약 몇 ℃에 견디어야 하는가?

① 1,460℃
② 1,670℃
③ 1,780℃
④ 1,800℃

해설
내화물 SK−26번이면 용융온도 1,580℃에 견디어야 하고, SK−30번(제게르콘 번호)이면 1,670℃에서 견디어야 한다.

79 에너지이용 합리화법에 따라 에너지다소비사업자가 산업통상자원부령으로 정하는 바에 따라 신고하여야 하는 사항이 아닌 것은?

① 전년도의 분기별 에너지 사용량·제품 생산량
② 해당 연도의 분기별 에너지 사용 예정량·제품 생산 예정량
③ 에너지사용기자재의 현황
④ 에너지이용효과·에너지수급체계의 영향 분석 현황

해설
에너지다소비업자의 신고
㉠ 전년도의 에너지 사용량, 제품 생산량
㉡ 해당 연도의 에너지 사용 예정량, 제품 생산 예정량
㉢ 에너지사용기자재의 현황
㉣ 전년도의 에너지이용 합리화 실적 및 해당 연도의 계획

80 에너지법에 따라 지역에너지계획은 몇 년 이상을 계획 기간으로 하여 수립·시행하는가?

① 3년
② 5년
③ 7년
④ 10년

해설
지역에너지계획의 수립(에너지기본법)
시·도지사가 5년마다 5년 이상을 계획 기간으로 하여 수립·시행하여야 한다.

제5과목 열설비설계

81 내화벽의 열전도율이 1.05W/m·K인 재질로 된 평면 벽의 양측 온도가 800℃와 100℃이다. 이 벽을 통한 단위면적당 열전달량이 1,628W/m^{2}일 때, 벽 두께(cm)는?

① 25
② 35
③ 44
④ 54

해설
$q_c = \lambda F \dfrac{\Delta t}{L}$ [W]에서

$L = \dfrac{\lambda F \Delta t}{q_c} = \dfrac{1.02 \times 1 \times (800-100)}{1,628}$

$\fallingdotseq 0.439\text{m} \fallingdotseq 44\text{cm}$

82 보일러에서 용접 후에 풀림처리를 하는 주된 이유는?

① 용접부의 열응력을 제거하기 위해
② 용접부의 균열을 제거하기 위해
③ 용접부의 연신률을 증가시키기 위해
④ 용접부의 강도를 증가시키기 위해

83 보일러 운전 및 성능에 대한 설명으로 틀린 것은?

① 보일러 송출증기의 압력을 낮추면 방열 손실이 감소한다.
② 보일러의 송출압력이 증가할수록 가열에 이용할 수 있는 증기의 응축잠열은 작아진다.
③ LNG를 사용하는 보일러의 경우 총방열량의 약 10%는 배기가스 내부의 수증기에 흡수된다.
④ LNG를 사용하는 보일러의 경우 배기가스로부터 발생되는 응축수의 pH는 11~12 범위에 있다.

정답 78 ② 79 ④ 80 ② 81 ③ 82 ① 83 ④

84 보일러 내처리제와 그 작용에 대한 연결로 틀린 것은?

① 탄산나트륨－pH 조정
② 수산화나트륨－연화
③ 탄닌－슬러지 조정
④ 암모니아－포밍방지

해설
암모니아(NH_3)는 pH 및 알칼리조정제이다. 포밍방지제는 고급 지방산(에스테르, 폴리알콜류, 폴리아민)이 있다.

85 급수처리방법 중 화학적 처리방법은?

① 이온교환법 ② 가열연화법
③ 증류법 ④ 여과법

해설
물리적 처리방법은 가열연화법, 증류법, 여과법, 침전법, 흡착법, 탈기법 등이 있다.
※ 이온교환법은 화학적 처리방법이다.

86 보일러에서 연소용 공기 및 연소가스가 통과하는 순서로 옳은 것은?

① 송풍기 → 절탄기 → 과열기 → 공기예열기 → 연소실 → 굴뚝
② 송풍기 → 연소실 → 공기예열기 → 과열기 → 절탄기 → 굴뚝
③ 송풍기 → 공기예열기 → 연소실 → 과열기 → 절탄기 → 굴뚝
④ 송풍기 → 연소실 → 공기예열기 → 절탄기 → 과열기 → 굴뚝

87 자연순환식 수관보일러에서 물의 순환에 관한 설명으로 틀린 것은?

① 순환을 높이기 위하여 수관을 경사지게 한다.
② 발생증기의 압력이 높을수록 순환력이 커진다.
③ 순환을 높이기 위하여 수관 직경을 크게 한다.
④ 순환을 높이기 위하여 보일러수의 비중차를 크게 한다.

해설
자연순환식 수관보일러는 발생증기의 압력이 높으면 증기와 밀도차(kg/m^3)가 적어서 순환력이 적어진다(포화수의 온도상승).

88 최고 사용압력이 1MPa인 수관보일러의 보일러수 수질관리기준으로 옳은 것은? (pH는 25℃ 기준으로 한다.)

① pH 7－9, M알칼리도 100~800mg$CaCO_3$/L
② pH 7－9, M알칼리도 80~600mg$CaCO_3$/L
③ pH 11－11.8, M알칼리도 100~800mg$CaCO_3$/L
④ pH 11－11.8, M알칼리도 80~600mg$CaCO_3$/L

89 보일러 운전 시 유지해야 할 최저 수위에 관한 설명으로 틀린 것은?

① 노통연관보일러에서 노통이 높은 경우에는 노통 상면보다 75mm 상부(플랜지 제외)
② 노통연관보일러에서 연관이 높은 경우에는 연관 최상위보다 75mm 상부
③ 횡연관 보일러에서 연관 최상위보다 75mm 상부
④ 입형 보일러에서 연소실 천장판 최고부보다 75mm 상부(플랜지 제외)

해설
노통연관보일러에서 노통이 높을 경우 노통 상면보다 100mm 상부(플랜지 제외)

90 긴 관의 일단에서 급수를 펌프로 압입하여 도중에서 가열, 증발, 과열을 한꺼번에 시켜 과열증기로 내보내는 보일러로서 드럼이 없고, 관만으로 구성된 보일러는?

① 이중 증발 보일러 ② 특수 열매 보일러
③ 연관 보일러 ④ 관류 보일러

해설
단관식 관류 보일러
긴 관의 일단에서 급수를 펌프로 압입하여 관에서 가열, 증발, 과열을 통하여 과열증기를 발생시키는 드럼이 없는 보일러이다.

정답 84 ④ 85 ① 86 ③ 87 ② 88 ③ 89 ① 90 ④

91 저온가스 부식을 억제하기 위한 방법이 아닌 것은?

① 연료 중의 유황성분을 제거한다.
② 첨가제를 사용한다.
③ 공기예열기 전열면 온도를 높인다.
④ 배기가스 중 바나듐의 성분을 제거한다.

92 태양열 보일러가 800W/m^2의 비율로 열을 흡수한다. 열효율이 9%인 장치로 12kW의 동력을 얻으려면 전열면적(m^2)의 최소 크기는 얼마이어야 하는가?

① 0.17 ② 1.35
③ 107.8 ④ 166.7

해설

$$\text{전열면적}(A)=\frac{\text{동력(kW)}}{\text{열유속(heat flux)}\times\text{열효율}(\eta)}=\frac{12{,}000}{800\times0.09}=166.67\text{m}^2$$

93 내압을 받는 어떤 원통형 탱크의 압력은 30N/cm^2, 직경은 5m, 강판 두께는 10mm이다. 이 탱크의 이음 효율을 75%로 할 때, 강판의 인장강도(N/mm^2)는 얼마로 하여야 하는가? (단, 탱크의 반경방향으로 두께에 응력이 유기되지 않는 이론값을 계산한다.)

① 100
② 200
③ 300
④ 400

해설

$$\sigma_{\max}=\frac{PD}{200t\eta}=\frac{30\times5{,}000}{200\times10\times0.75}=100\text{N/mm}^2\text{(MPa)}$$

94 연도(굴뚝) 설계 시 고려사항으로 틀린 것은?

① 가스유속을 적당한 값으로 한다.
② 적절한 굴곡저항을 위해 굴곡부를 많이 만든다.
③ 급격한 단면 변화를 피한다.
④ 온도강하가 적도록 한다.

해설

연도(굴뚝) 설계 시 가능한 굴곡부를 적게 만들어서 굴곡저항을 작게 해야 한다.

95 과열증기의 특징에 대한 설명으로 옳은 것은?

① 관내 마찰저항이 증가한다.
② 응축수로 되기 어렵다.
③ 표면에 고온부식이 발생하지 않는다.
④ 표면의 온도를 일정하게 유지한다.

해설

㉠ 과열증기는 온도가 높아서 복수기에서만 응축수로 변환이 용이하다.
㉡ 과열증기는 수분이 없어서 관내 마찰저항이 적다.
㉢ 표면에 바나듐(V)이 500℃ 이상에서 용융하여 고온부식이 발생하며 표면의 온도가 일정하지 못하다.

96 프라이밍이나 포밍의 방지대책에 대한 설명으로 틀린 것은?

① 주증기 밸브를 급히 개방한다.
② 보일러수를 농축시키지 않는다.
③ 보일러수 중의 불순물을 제거한다.
④ 과부하가 되지 않도록 한다.

해설

1) 프라이밍(priming): 수면 위에서 증기발생 시 수분이 함께 증기와 분출, 상승되는 상태(비수)
2) 포밍(forming): 수면 위에서 유지분 등에 의해 거품이 발생되는 것
3) 프라이밍과 포밍의 방지법
   ㉠ 주증기밸브를 차단(폐쇄)한다.
   ㉡ 보일러수 중 불순물을 제거한다.
   ㉢ 과부하가 되지 않도록 한다.
   ㉣ 보일러수를 농축시키지 않는다.

97 보일러 수 5ton 중에 불순물이 40g 검출되었다. 함유량은 몇 ppm인가?

① 0.008
② 0.08
③ 8
④ 80

해설

$$\text{함유량}=\frac{40}{5}=8\text{ppm}$$

1ppm이란 1g의 물(시료) 중 100만 분의 1
(물 1ton: 1g, 5ton: 5g)

정답 91 ④ 92 ④ 93 ① 94 ② 95 ② 96 ① 97 ③

98 2중관 열교환기에 있어서 열관류율(K)의 근사식은? (단, F_i: 내관 내면적, F_o: 내관 외면적, α_i: 내관 내면과 유체 사이의 경막계수, α_o: 내관 외면과 유체 사이의 경막계수, 전열계산은 내관 외면 기준일 때이다.)

① $\dfrac{1}{\left(\dfrac{1}{\alpha_i F_i}+\dfrac{1}{\alpha_o F_o}\right)}$ ② $\dfrac{1}{\left(\dfrac{1}{\alpha_i \dfrac{F_i}{F_o}}+\dfrac{1}{\alpha_o}\right)}$

③ $\dfrac{1}{\left(\dfrac{1}{\alpha_i}+\dfrac{1}{\alpha_o \dfrac{F_i}{F_o}}\right)}$ ④ $\dfrac{1}{\left(\dfrac{1}{\alpha_o F_i}+\dfrac{1}{\alpha_i F_o}\right)}$

99 24,500kW의 증기원동소에 사용하고 있는 석탄의 발열량이 30,240kJ/kg이고 원동소의 열효율이 23%라면, 매 시간당 필요한 석탄의 양(kg/h)은? (단, 1kW는 3,600kJ/h로 한다.)

① 12,681.16 ② 15,232.56
③ 15,325.78 ④ 18,286.26

해설

$\eta = \dfrac{3{,}600\text{kW}}{H_L \times m_f} \times 100\%$에서

$m_f = \dfrac{3{,}600\text{kW}}{H_L \times \eta} = \dfrac{3{,}600 \times 24{,}500}{30{,}240 \times 0.23} = 12{,}681.16\text{kg/h}$

100 다음 중 증기관의 크기를 결정할 때 고려해야 할 사항으로 가장 거리가 먼 것은?

① 가격 ② 열손실
③ 압력강하 ④ 증기온도

해설

증기관 크기 결정 시 고려사항
㉠ 가격
㉡ 열손실
㉢ 압력강하

정답 98 ① 99 ① 100 ④

과년도 출제문제 (2018년 2회)

제1과목 연소공학

01 다음 중 연소 전에 연료와 공기를 혼합하여 버너에서 연소하는 방식인 예혼합 연소방식 버너의 종류가 아닌 것은?

① 저압버너
② 중압버너
③ 고압버너
④ 송풍버너

해설 예혼합 연소방식: 연소 전에 공기 또는 산소와 연소가스를 일정한 혼합비로 혼합시켜 연소시키는 방식으로 버너(burner)는 저압버너, 고압버너, 송풍버너가 있으며 중압버너(0.3MPa 이상~1MPa 미만)는 가스용 버너이다.

02 프로판(propane)가스 2kg을 완전연소시킬 때 필요한 이론공기량은 약 몇 Nm^3인가?

① 6　　② 8
③ 16　　④ 24

해설 프로판(C_3H_8)의 완전연소 반응식

$C_3H_8 + 5O_2 \rightarrow 3CO_2 + 4H_2O$

$$\text{이론공기량}(A_o) = \frac{O_o}{0.21} = \frac{\frac{160\times44}{22.4}}{0.21} = \frac{5}{0.21} = 23.81\,Nm^3/Nm^3$$

프로판 1kmol $= 22.4Nm^3 = 44kg$

$$23.81\times\frac{224}{44} = 12.12\,Nm^3/kg$$

∴ 2kg 연소 시 필요한 이론공기량(A_o)

$= 2\times12.12 = 24.24Nm^3 \fallingdotseq 24Nm^3$

03 기체연료용 버너의 구성요소가 아닌 것은?

① 가스량 조절부
② 공기/가스 혼합부
③ 보염부
④ 통풍구

해설 기체연료용 버너의 구성요소

㉠ 가스량 조절부
㉡ 공기/가스 혼합부
㉢ 보염부

04 등유($C_{10}H_{20}$)를 연소시킬 때 필요한 이론공기량은 약 몇 Nm^3/kg인가?

① 15.6　　② 13.5
③ 11.4　　④ 9.2

해설

$$\text{이론공기량}(A_o) = \frac{O_o}{0.21} = \frac{2.4}{0.21} = 11.43Nm^3/kg$$

$$\text{여기서, } O_o = \frac{22.4\times15}{140} = 2.4Nm^3/kg$$

05 연도가스 분석결과 CO_2 12.0%, O_2 6.0%, CO 0.0%라면 CO_{2max}는 몇 %인가?

① 13.8　　② 14.8
③ 15.8　　④ 16.8

해설

$$CO_{2max} = \frac{21CO_2}{21-O_2} = \frac{21\times12}{21-6} = 16.8\%$$

06 연소상태에 따라 매연 및 먼지의 발생량이 달라진다. 다음 설명 중 잘못된 것은?

① 매연은 탄화수소가 분해 연소할 경우에 미연의 탄소입자가 모여서 된 것이다.
② 매연의 종류 중 질소산화물 발생을 방지하기 위해서는 과잉공기량을 늘리고 노내압을 높게 한다.
③ 배기 먼지를 적게 배출하기 위한 건식집진장치는 사이클론, 멀티클론, 백필터 등이 있다.
④ 먼지입자는 연료에 포함된 회분의 양, 연소방식, 생산물질의 처리방법 등에 따라서 발생하는 것이다.

정답 01 ② 02 ④ 03 ④ 04 ③ 05 ④ 06 ②

해설
매연의 종류 중 질소산화물(NO_x)은 연소온도가 높고 과잉공기량이 많으면 발생량이 증가한다.
질소산화물을 경감시키는 방법
㉠ 노내압을 낮춘다.
㉡ 연소온도를 낮게 한다.
㉢ 연소가스 중 산소농도를 저하시킨다.
㉣ 과잉공기량을 감소시킨다.
㉤ 노내가스의 잔류시간을 단축시킨다.

07 다음 중 중유연소의 장점이 아닌 것은?

① 회분을 전혀 함유하지 않으므로 이것에 의한 장해는 없다.
② 점화 및 소화가 용이하며, 화력의 가감이 자유로워 부하 변동에 적용이 용이하다.
③ 발열량이 석탄보다 크고, 과잉공기가 적어도 완전 연소시킬 수 있다.
④ 재가 적게 남으며, 발열량, 품질 등이 고체연료에 비해 일정하다.

해설
중유는 회분(ash) 및 중금속성분이 포함되어 있다.

08 연소가스에 들어 있는 성분을 CO_2, C_mH_n, O_2, CO의 순서로 흡수 분리시킨 후 체적 변화로 조성을 구하고, 이어 잔류가스에 공기나 산소를 혼합, 연소시켜 성분을 분석하는 기체연료 분석방법은?

① 헴펠법 ② 치환법
③ 리비히법 ④ 에슈카법

09 수소가 완전 연소하여 물이 될 때, 수소와 연소용 산소와 물의 몰(mol)비는?

① 1 : 1 : 1
② 1 : 2 : 1
③ 2 : 1 : 2
④ 2 : 1 : 3

해설
$H_2 + \frac{1}{2}O_2 \rightarrow H_2O$
$1 : \frac{1}{2} : 1$
$\therefore 2 : 1 : 2$

10 연소가스 중의 질소산화물 생성을 억제하기 위한 방법으로 틀린 것은?

① 2단 연소
② 고온 연소
③ 농담 연소
④ 배기가스 재순환 연소

해설
고온 연소 시 질소산화물(NO_x)이 생성됨.

11 최소착화에너지(MIE)의 특징에 대한 설명으로 옳은 것은?

① 질소농도의 증가는 최소착화에너지를 감소시킨다.
② 산소농도가 많아지면 최소착화에너지는 증가한다.
③ 최소착화에너지는 압력증가에 따라 감소한다.
④ 일반적으로 분진의 최소착화에너지는 가연성가스보다 작다.

해설
압력의 증가에 따라 질소농도가 증가하면 최소착화에너지(MIE, Minimum Ignition Energy)는 감소한다.

12 액체연료 1kg 중에 같은 질량의 성분이 포함될 때, 다음 중 고위발열량에 가장 크게 기여하는 성분은?

① 수소
② 탄소
③ 황
④ 회분

13 버너에서 발생하는 역화의 방지대책과 거리가 먼 것은?

① 버너 온도를 높게 유지한다.
② 리프트 한계가 큰 버너를 사용한다.
③ 다공 버너의 경우 각각의 연료분출구를 작게 한다.
④ 연소용 공기를 분할 공급하여 일차공기를 착화범위보다 적게 한다.

정답 07 ① 08 ① 09 ③ 10 ② 11 ③ 12 ① 13 ①

14 연소관리에 있어서 과잉공기량 조절 시 다음 중 최소가 되게 조절하여야 할 것은? (단, L_s: 배가스에 의한 열손실량, L_i: 불완전연소에 의한 열손실량, L_c: 연소에 의한 열손실량, L_r: 열복사에 의한 열손실량일 때를 나타낸다.)

① L_s+L_i　② L_s+L_r
③ L_i+L_c　④ L_i

해설
연소관리에서는 손실열이 가장 많은 배기가스에 의한 손실열량을 적게 하여야 열효율이 높아진다. 또한 불완전 열손실량이 적을수록 더욱 좋은 연소상태이다.

15 보일러실에 자연환기가 안 될 때 실외로부터 공급하여야 할 공기는 벙커C유 1L당 최소 몇 Nm^3가 필요한가? (단, 벙커C유의 이론공기량은 $10.24Nm^3/kg$, 비중은 0.96, 연소장치의 공기비는 1.3으로 한다.)

① 11.34　② 12.78
③ 15.69　④ 17.85

해설
벙커C유 1L(리터)당 공급공기량(Q)
$=mA_oS=1.3\times10.24\times0.96=12.78Nm^3$

16 다음 중 분해폭발성 물질이 아닌 것은?

① 아세틸렌　② 히드라진
③ 에틸렌　④ 수소

17 과잉공기량이 연소에 미치는 영향으로 가장 거리가 먼 것은?

① 열효율
② CO 배출량
③ 노 내 온도
④ 연소 시 와류 형성

18 다음 중 습식집진장치의 종류가 아닌 것은?

① 멀티클론(multiclone)
② 제트 스크러버(jet scrubber)
③ 사이클론 스크러버(cyclone scrubber)
④ 벤츄리 스크러버(venturi scrubber)

해설
습식집진장치
㉠ 벤츄리 스크러버
㉡ 사이클론 스크러버
㉢ 제트 스크러버

19 다음 석탄의 성질 중 연소성과 가장 관계가 적은 것은?

① 비열　② 기공률
③ 점결성　④ 열전도율

해설
석탄의 성질 중 연소성과 관계있는 인자
㉠ 비열(C)
㉡ 기공률(ϕ)
㉢ 열전도율(계수)

20 미분탄 연소의 특징이 아닌 것은?

① 큰 연소실이 필요하다.
② 마모부분이 많아 유지비가 많이 든다.
③ 분쇄시설이나 분진처리시설이 필요하다.
④ 중유연소기에 비해 소요 동력이 적게 필요하다.

해설
미분탄 연소는 중유나 가스연소 보일러보다 큰 연소실을 필요로 하며 분쇄에 따른 소비동력이 증대된다(설비비와 운전 및 정비비용이 증대된다).

제2과목 열역학

21 압력이 1,000kPa이고 온도가 400℃인 과열증기의 엔탈피는 약 몇 kJ/kg인가? [단, 압력이 1,000kPa일 때 포화온도는 179.1℃, 포화증기의 엔탈피는 2,775kJ/kg이고, 과열증기의 평균비열은 2.2kJ/(kg·K)이다.]

① 1,547
② 2,452
③ 3,261
④ 4,453

해설
$h=h''+C_p(T-T_S)=2775+2.2(673-452.1)$
$=3,261kJ/kg$

정답 14① 15② 16④ 17④ 18① 19③ 20④ 21③

22 밀폐계에서 비가역 단열과정에 대한 엔트로피 변화를 옳게 나타낸 식은? (단, S는 엔트로피, C_p는 정압비열, T는 온도, R은 기체상수, P는 압력, Q는 열량을 나타낸다.)

① $dS=0$
② $dS>0$
③ $dS=C_p\dfrac{dT}{T}-R\dfrac{dP}{P}$
④ $dS=\dfrac{\delta Q}{T}$

해설 비가역 단열변화인 경우 엔트로피는 증가한다.($dS>0$)

23 이상기체 1mol이 그림의 b과정(2 → 3과정)을 따를 때 내부에너지의 변화량은 약 몇 J인가? [단, 정적비열은 1.5× R이고, 기체상수 R은 8.314kJ/(kmol·K)이다.]

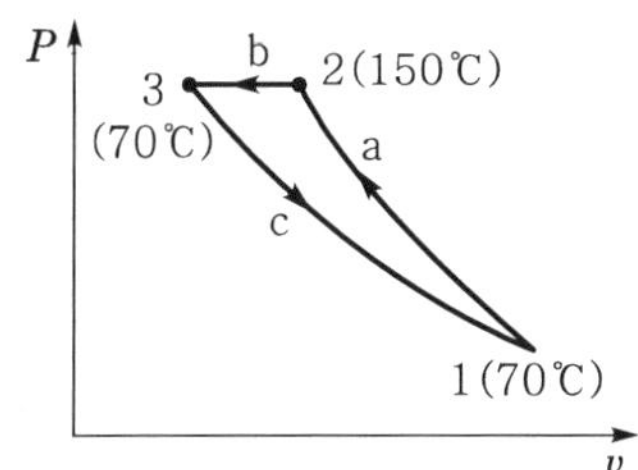

① −333　　② −665
③ −998　　④ −1,662

해설
$(u_2-u_1)=C_v(T_2-T_1)=1.5R(T_2-T_1)$
$=1.5\times 8.314(343-423)$
$=-998\text{J/mol}$

24 다음 공기 표준사이클(air standard cycle) 중 두 개의 등온과정과 두 개의 정압과정으로 구성된 사이클은?

① 디젤(diesel) 사이클
② 사바테(sabathe) 사이클
③ 에릭슨(ericsson) 사이클
④ 스터링(stirling) 사이클

해설 등온변화 2개와 정압변화 2개로 구성된 사이클은 에릭슨 사이클(ericsson cycle)이다.

25 동일한 온도, 압력 조건에서 포화수 1kg과 포화증기 4kg을 혼합하여 습증기가 되었을 때 이 증기의 건도는?

① 20%　　② 25%
③ 75%　　④ 80%

해설
$$건도(x)=\frac{포화증기\ 질량}{습증기\ 전체질량}\times 100\%$$
$$=\frac{4}{5}\times 100=80\%$$

26 압력 200kPa, 체적 1.66m^{3}의 상태에 있는 기체가 정압조건에서 초기 체적의 $\frac{1}{2}$로 줄었을 때 이 기체가 행한 일은 약 몇 kJ인가?

① −166　　② −198.5
③ −236　　④ −245.5

해설
$${}_1W_2=\int_1^2 pdV=p(V_2-V_1)$$
$$=200\left(\frac{1.66}{2}-1.66\right)=-166\text{kJ}$$

27 공기를 작동유체로 하는 diesel cycle의 온도범위가 32℃~3,200℃이고 이 cycle의 최고 압력이 6.5MPa, 최초 압력이 160kPa일 경우 열효율은 약 얼마인가? (단, 공기의 비열비는 1.4이다.)

① 41.4%　　② 46.5%
③ 50.9%　　④ 55.8%

해설
$$\eta_{thd}=1-\left(\frac{1}{\varepsilon}\right)^{k-1}\frac{\sigma^k-1}{k(\sigma-1)}\times 100\%=50.9\%$$
$$압축비(\varepsilon)=\frac{V_1}{V_2}=\left(\frac{P_2}{P_1}\right)^{\frac{1}{k}}=\left(\frac{6500}{160}\right)^{\frac{1}{1.4}}=14.09$$
$$체절비(\sigma)=\frac{V_3}{V_2}=\frac{T_3}{T_2}=\frac{T_3}{T_1\varepsilon^{k-1}}$$
$$=\frac{3473}{305\times 14.09^{1.4-1}}=3.95$$

정답 22 ② 23 ③ 24 ③ 25 ④ 26 ① 27 ③

28 실린더 속에 100g의 기체가 있다. 이 기체가 피스톤의 압축에 따라서 2kJ의 일을 받고 외부로 3kJ의 열을 방출했다. 이 기체의 단위 kg당 내부에너지는 어떻게 변화하는가?

① 1kJ/kg 증가한다.
② 1kJ/kg 감소한다.
③ 10kJ/kg 증가한다.
④ 10kJ/kg 감소한다.

해설

$(U_2-U_1)=Q-W=-3+2=-1\text{kJ}$

$\therefore\ (u_2-u_1)=\dfrac{U_2-U_1}{m}=\dfrac{-1}{0.1}=-10\text{kJ/kg}$

29 냉동기에 사용되는 냉매의 구비조건으로 옳지 않은 것은?

① 응고점이 낮을 것
② 액체의 표면장력이 작을 것
③ 임계점(critical point)이 낮을 것
④ 비열비가 작을 것

해설

냉매(refrigerant)는 임계점(critical point)이 높아야 한다.

30 다음 온도(T)-엔트로피(s) 선도에 나타난 랭킨(Rankine) 사이클의 효율을 바르게 나타낸 것은?

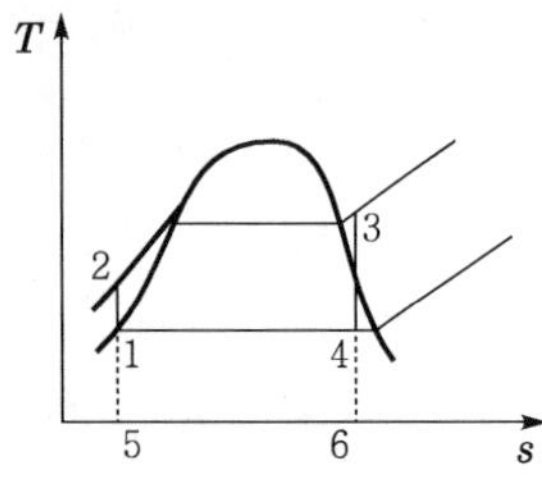

① $\dfrac{\text{면적}1-2-3-4-1}{\text{면적}5-2-3-6-5}$

② $1-\dfrac{\text{면적}1-2-3-4-1}{\text{면적}5-2-3-6-5}$

③ $\dfrac{\text{면적}1-4-6-5-1}{\text{면적}5-2-3-6-5}$

④ $\dfrac{\text{면적}1-2-3-4-1}{\text{면적}5-1-4-6-5}$

해설

$\eta_R=\dfrac{Q_a}{Q_1}\times100\%=\dfrac{\text{면적}1-2-3-4-1}{\text{면적}5-2-3-6-5}\times100\%$

여기서, Q_1: 공급열량(가열량)

Q_a: 유효열량(정미열량)

31 어떤 기체의 이상기체상수는 2.08kJ/(kg·K)이고 정압비열은 5.24kJ/(kg·K)일 때, 이 가스의 정적비열은 약 몇 kJ/(kg·K)인가?

① 2.18 ② 3.16
③ 5.07 ④ 7.20

해설

$C_p-C_v=R$에서

$C_v=C_p-R=5.24-2.08=3.16\text{kJ/kg}\cdot\text{K}$

32 98.1kPa, 60℃에서 질소 2.3kg, 산소 1.8kg의 기체 혼합물이 등엔트로피 상태로 압축되어 압력이 343kPa로 되었다. 이때 내부에너지 변화는 약 몇 kJ인가? (단, 혼합기체의 정적비열은 0.711kJ/(kg·K)이고, 비열비는 1.4이다.)

① 325 ② 417
③ 498 ④ 562

해설

$(U_2-U_1)=(m_1+m_2)\,C_v(T_2-T_1)$

$=(2.3+1.8)\times0.711(203-60)\doteqdot417\text{kJ}$

여기서, $T_2=T_1\left(\dfrac{p_2}{p_1}\right)^{\frac{k-1}{k}}=333\left(\dfrac{343}{98.1}\right)^{\frac{1.4-1}{1.4}}$

$=476-273=203℃$

33 그림과 같은 카르노 냉동 사이클에서 성적계수는 약 얼마인가? (단, 각 사이클에서의 엔탈피(h)는 $h_1\simeq h_4=98\text{kJ/kg}$, $h_2=231\text{kJ/kg}$, $h_3=282\text{kJ/kg}$이다.)

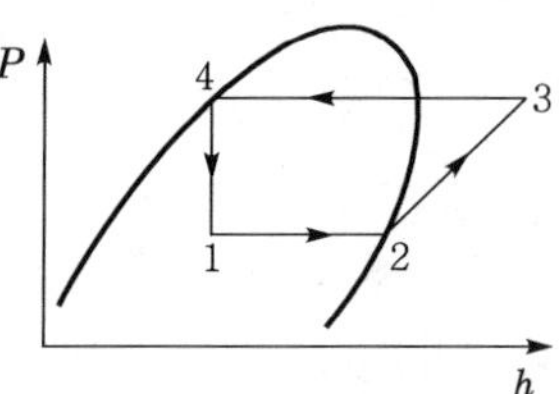

① 1.9 ② 2.3
③ 2.6 ④ 3.3

정답 28 ④ 29 ③ 30 ① 31 ② 32 ② 33 ③

해설

$$(COP)_R = \frac{q_2}{w_c} = \frac{(h_2-h_1)}{(h_3-h_2)} = \frac{231-98}{282-231} \doteq 2.61$$

34 비압축성 유체의 체적팽창계수 β에 대한 식으로 옳은 것은?

① $\beta=0$ ② $\beta=1$
③ $\beta>0$ ④ $\beta>1$

해설

체적팽창계수(β)$= \frac{1}{V_o}\left(\frac{\partial V}{\partial T}\right)_P$

비압축성인 경우$\left(\frac{\partial V}{\partial T}\right)$

$\therefore\ \beta=0$

35 일정한 질량유량으로 수평하게 증기가 흐르는 노즐이 있다. 노즐 입구에서 엔탈피는 3,205kJ/kg이고, 증기 속도는 15m/s이다. 노즐 출구에서의 증기 엔탈피가 2,994kJ/kg일 때 노즐 출구에서의 증기의 속도는 약 몇 m/s인가? (단, 정상상태로서 외부와의 열교환은 없다고 가정한다.)

① 500 ② 550
③ 600 ④ 650

해설

단열팽창 시 노즐 출구유속(V_2)

$=44.72\sqrt{(h_1-h_2)}$

$=44.72\sqrt{3{,}205-2{,}994}=650\text{m/s}$

36 이상기체를 등온과정으로 초기 체적의 $\frac{1}{2}$로 압축하려 한다. 이때 필요한 압축일의 크기는? (단, m은 질량, R은 기체상수, T는 온도이다.)

① $\frac{1}{2}mRT\times\ln 2$ ② $mRT\times\ln 2$
③ $2mRT\times\ln 2$ ④ $mRT\times\left(\ln\frac{1}{2}\right)^2$

해설

등온변화 시 절대일=공업일의 크기는 같다.

$W_t = mRT\ln\frac{V_2}{V_1} = mRT\ln 2$

37 Rankine cycle의 4개 과정으로 옳은 것은?

① 가역단열팽창 → 정압방열 → 가역단열압축 → 정압가열
② 가역단열팽창 → 가역단열압축 → 정압가열 → 정압방열
③ 정압가열 → 정압방열 → 가역단열압축 → 가역단열팽창
④ 정압방열 → 정압가열 → 가역단열압축 → 가역단열팽창

해설

랭킨 사이클의 4개 과정

가역단열팽창 → 정압방열 → 가역단열압축 → 정압가열

38 표준 증기압축 냉동사이클을 설명한 것으로 옳지 않은 것은?

① 압축과정에서는 기체상태의 냉매가 단열압축되어 고온고압의 상태가 된다.
② 증발과정에서는 일정한 압력상태에서 저온부로부터 열을 공급 받아 냉매가 증발한다.
③ 응축과정에서는 냉매의 압력이 일정하며 주위로의 열방출을 통해 냉매가 포화액으로 변한다.
④ 팽창과정은 단열상태에서 일어나며, 대부분 등엔트로피 팽창을 한다.

해설

팽창과정은 교축팽창으로 등엔탈피과정, 엔트로피 증가한다.(비가역과정)

39 온도가 800K이고 질량이 10kg인 구리를 온도 290K인 100kg의 물속에 넣었을 때 이 계 전체의 엔트로피 변화는 몇 kJ/K인가? (단, 구리와 물의 비열은 각각 0.398kJ/(kg·K), 4.185kJ/(kg·K)이고, 물은 단열된 용기에 담겨 있다.)

① −3.973 ② 2.897
③ 4.424 ④ 6.870

정답 34 ① 35 ④ 36 ② 37 ① 38 ④ 39 ②

해설

$$평균온도(T_m) = \frac{m_1 C_1 T_1 + m_2 C_2 T_2}{m_1 C_1 + m_2 C_2}$$
$$= \frac{100 \times 4.185 \times 290 + 10 \times 0.398 \times 800}{100 \times 4.185 + 10 \times 0.398}$$
$$= \frac{124549}{422.48} \fallingdotseq 294.80\text{K}$$

$$(\Delta S)_{total} = m_1 C_1 \ln \frac{T_m}{T_1} + m_2 C_2 \ln \frac{T_m}{T_2}$$
$$= 100 \times 4.185 \ln \frac{294.80}{290}$$
$$+ 10 \times 0.398 \ln \frac{294.80}{800}$$
$$= 2.897\text{kJ/K}$$

40 다음 중 포화액과 포화증기의 비엔트로피 변화량에 대한 설명으로 옳은 것은?

① 온도가 올라가면 포화액의 비엔트로피는 감소하고 포화증기의 비엔트로피는 증가한다.
② 온도가 올라가면 포화액의 비엔트로피는 증가하고 포화증기의 비엔트로피는 감소한다.
③ 온도가 올라가면 포화액과 포화증기의 비엔트로피는 감소한다.
④ 온도가 올라가면 포화액과 포화증기의 비엔트로피는 증가한다.

해설
온도가 올라가면 포화액의 비엔트로피는 증가하고 포화증기의 비엔트로피는 감소한다.

제3과목 계측방법

41 다음 중 용적식 유량계에 해당하는 것은?

① 오리피스미터
② 습식 가스미터
③ 로터미터
④ 피토관

해설
습식 가스미터는 용적식 유량계이다.

42 다음 중 계량단위에 대한 일반적인 요건으로 가장 적절하지 않은 것은?

① 정확한 기준이 있을 것
② 사용하기 편리하고 알기 쉬울 것
③ 대부분의 계량단위를 60진법으로 할 것
④ 보편적이고 확고한 기반을 가진 안정된 원기가 있을 것

43 베르누이 정리를 응용하여 유량을 측정하는 방법으로 액체의 전압과 정압과의 차로부터 순간치 유량을 측정하는 유량계는?

① 로터미터
② 피토관
③ 임펠러
④ 휘트스톤 브릿지

44 다음 중 공기식 전송을 하는 계장용 압력계의 공기압신호는 몇 kPa인가?

① 20~100
② 150~250
③ 30~500
④ 40~200

해설
공기압식 전송거리 100~150m 정도 작동압력은 공기압 20~100kPa 정도이다.

45 다음 가스분석방법 중 물리적 성질을 이용한 것이 아닌 것은?

① 밀도법
② 연소열법
③ 열전도율법
④ 가스크로마토그래프법

해설
가스분석방법 중 연소열법[연소식 O_2계, 미연소(H_2+CO계)]은 화학적 성질을 이용한 방법이다.

정답 40 ② 41 ② 42 ③ 43 ② 44 ① 45 ②

46 다음 그림과 같은 U자관에서 유도되는 식은?

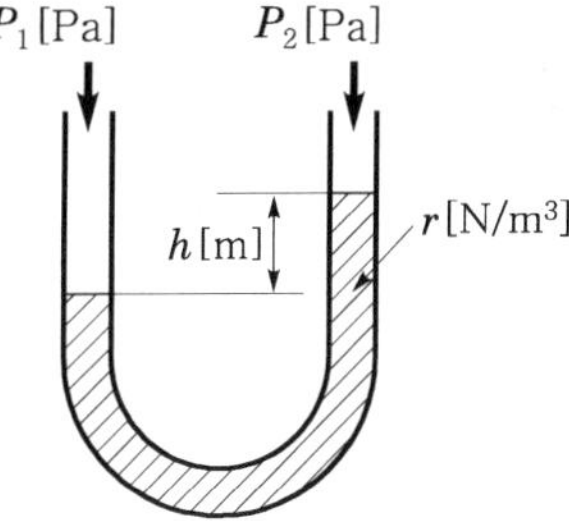

① $P_1 = P_2 - h$　② $h = \gamma(P_1 - P_2)$
③ $P_1 + P_2 = \gamma h$　④ $P_1 = P_2 + \gamma h$

해설
$P_1 = P_2 + \gamma h$[Pa=N/m²]

47 다음 중 비접촉식 온도계는?

① 색온도계　② 저항온도계
③ 압력식 온도계　④ 유리온도계

해설
비접촉식 온도계
㉠ 색(color)온도계
㉡ 방사온도계
㉢ 적외선 온도계
㉣ 광고온도계
㉤ 광전관식 온도계

48 다음 중 송풍량을 일정하게 공급하려고 할 때 가장 적당한 제어방식은?

① 프로그램제어　② 비율제어
③ 추종제어　④ 정치제어

49 열전대 온도계 보호관 중 내열강 SEH－5에 대한 설명으로 옳지 않은 것은?

① 내식성, 내열성 및 강도가 좋다.
② 자기관에 비해 저온측정에 사용된다.
③ 유황가스 및 산화염에도 사용이 가능하다.
④ 상용온도는 800℃이고 최고 사용온도는 850℃까지 가능하다.

해설
내열강 SEH－5
㉠ 상용온도 1,050℃, 최고 사용온도 1,200℃
㉡ 크롬(Cr) 25%+니켈(Ni) 20%로 구성되어 있으며, 산화염과 환원염에 사용이 가능한 금속보호관이다.

50 열전대 온도계의 보호관 중 상용 사용온도가 약 1,000℃이며, 내열성, 내산성이 우수하나 환원성 가스에 기밀성이 약간 떨어지는 것은?

① 카보런덤관　② 자기관
③ 석영관　④ 황동관

해설
비금속보호관(석영관)
㉠ 산성에는 강하다.
㉡ 상용사용온도는 1,000~1,100℃이다.
㉢ 기계적 충격에 약하다.
㉣ 내열성이 있다.

51 다음 중 가스의 열전도율이 가장 큰 것은?

① 공기　② 메탄
③ 수소　④ 이산화탄소

해설
㉠ 수소(H_2)는 열전도율이 크다(180.5W/m·K).
㉡ 질소(N_2)의 열전도율은 25.83W/m·K이다.
㉢ 산소(O_2)의 열전도율은 26.58W/m·K이다.
㉣ 이산화탄소(CO_2)의 열전도율은 0.015W/m·K이다.

52 1차 제어장치가 제어량을 측정하여 제어 명령을 발하고 2차 제어장치가 이 명령을 바탕으로 제어량을 조절할 때, 다음 중 측정제어로 가장 적절한 것은?

① 추치제어　② 프로그램제어
③ 캐스케이드제어　④ 시퀀스제어

해설
캐스케이드제어(cascade control)
2개의 제어계를 조합하여 1차 제어장치의 제어량을 측정하여 제어명령을 발하고 2차 제어장치의 목표치로 설정하는 제어방식이다.

53 폐루프를 형성하여 출력측의 신호를 입력측에 되돌리는 제어를 의미하는 것은?

① 뱅뱅　② 리셋
③ 시퀀스　④ 피드백

해설
피드백제어(되먹임제어)＝폐루프제어
피드백(feed back)에 의해 제어량을 목표값과 비교하고 둘을 일치시키도록 조작량을 생성하는 제어

정답　46 ④　47 ①　48 ④　49 ④　50 ③　51 ③　52 ③　53 ④

54 20L인 물의 온도를 15℃에서 80℃로 상승시키는 데 필요한 열량은 약 몇 kJ인가?

① 4,680
② 5,442
③ 6,320
④ 6,860

해설
$Q=mC(t_2-t_1)=20\times4.186(80-15)\fallingdotseq5,442\text{kJ}$

55 U자관 압력계에 사용되는 액주의 구비조건이 아닌 것은?

① 열팽창계수가 작을 것
② 모세관현상이 적을 것
③ 화학적으로 안정될 것
④ 점도가 클 것

해설
U자관 압력계에서 액주의 구비조건
㉠ 점도가 낮을 것
㉡ 열팽창계수가 작을 것
㉢ 모세관현상이 적을 것
㉣ 화학적으로 안정될 것

56 온도계의 동작 지연에 있어서 온도계의 최초 지시치가 T_o[℃], 측정한 온도가 x[℃]일 때, 온도계 지시치 T[℃]와 시간 τ와의 관계식은? (단, λ는 시정수이다.)

① $\dfrac{dT}{d\tau}=\dfrac{(x-T_o)}{\lambda}$
② $\dfrac{dT}{d\tau}=\dfrac{\lambda}{(x-T_o)}$
③ $\dfrac{dT}{d\tau}=\dfrac{(\lambda-x)}{T_o}$
④ $\dfrac{dT}{d\tau}=\dfrac{T_o}{(\lambda-x)}$

57 다음 용어에 대한 설명으로 옳지 않은 것은?

① 측정량: 측정하고자 하는 양
② 값: 양의 크기를 함께 수와 기준
③ 제어편차: 목표치에 제어량을 더한 값
④ 양: 수와 기준으로 표시할 수 있는 크기를 갖는 현상이나 물체 또는 물질의 성질

해설
제어편차: 목표치에서 제어량을 뺀 값이다.

58 다음 집진장치 중 코트렐식과 관계가 있는 방식으로 코로나 방전을 일으키는 것과 관련 있는 집진기로 가장 적절한 것은?

① 전기식 집진기
② 세정식 집진기
③ 원심식 집진기
④ 사이클론 집진기

해설
코트렐식 집진기는 건식과 습식이 있으며 전기식 집진기로 효율이 가장 좋다.

59 다음 중 오리피스(orifice), 벤투리관(venturi tube)을 이용하여 유량을 측정하고자 할 때 필요한 값으로 가장 적절한 것은?

① 측정기구 전후의 압력차
② 측정기구 전후의 온도차
③ 측정기구 입구에 가해지는 압력
④ 측정기구의 출구 압력

해설
오리피스, 벤투리관, 플로우 노즐 등은 측정기구 전후의 압력차를 이용하여 유량을 측정하는 차압식 유량계이다.

60 다음 중 수분 흡수법에 의해 습도를 측정할 때 흡수제로 사용하기에 가장 적절하지 않은 것은?

① 오산화인
② 피크린산
③ 실리카겔
④ 황산

해설
흡수제
㉠ 실리카겔(SiO_2)
㉡ 오산화인(P_2O_5)
㉢ 황산(H_2SO_4)

제4과목 열설비재료 및 관계법규

61 에너지이용 합리화법에서 목표에너지원단위란 무엇인가?

① 연료의 단위당 제품생산목표량
② 제품의 단위당 에너지사용목표량
③ 제품의 생산목표량
④ 목표량에 맞는 에너지사용량

정답 54 ② 55 ④ 56 ① 57 ③ 58 ① 59 ① 60 ② 61 ②

해설

목표에너지원단위란 에너지이용 합리화법에서 제품의 단위당 에너지사용목표량을 말한다.

62 연료를 사용하지 않고 용선의 보유열과 용선 속 불순물의 산화열에 의해서 노 내 온도를 유지하며 용강을 얻는 것은?

① 평로 ② 고로
③ 반사로 ④ 전로

해설

전로(converter)

선철을 노속에 넣고 산소 등의 산화가스 등을 주입하여 강을 만드는 서양 배와 같은 형태의 노로 용강을 얻는다.

63 보온재 내 공기 이외의 가스를 사용하는 경우 가스분자량이 공기의 분자량보다 적으면 보온재의 열전도율의 변화는?

① 동일하다.
② 낮아진다.
③ 높아진다.
④ 높아지다가 낮아진다.

64 에너지법에서 정의하는 용어에 대한 설명으로 틀린 것은?

① "에너지사용자"란 에너지사용시설의 소유자 또는 관리자를 말한다.
② "에너지사용시설"이란 에너지를 사용하는 공장, 사업장 등의 시설이나 에너지를 전환하여 사용하는 시설을 말한다.
③ "에너지공급자"란 에너지를 생산, 수입, 전환, 수송, 저장, 판매하는 사업자를 말한다.
④ "연료"란 석유, 석탄, 대체에너지 기타 열 등으로 제품의 원료로 사용되는 것을 말한다.

해설

연료(fuel)라 함은 석유, 가스, 석탄, 그 밖에 열을 발생하는 열원을 말한다. 다만, 제품의 원료로 사용되는 것은 제외한다.

65 연속가마, 반연속가마, 불연속가마의 구분 방식은 어떤 것인가?

① 온도상승속도 ② 사용목적
③ 조업방식 ④ 전열방식

해설

가마는 조업방식에 따라 연속가마, 반연속가마, 불연속가마로 구분한다.

66 터널가마에서 샌드 실(sand seal)장치가 마련되어 있는 주된 이유는?

① 내화벽돌 조각이 아래로 떨어지는 것을 막기 위하여
② 열 절연의 역할을 하기 위하여
③ 찬바람이 가마 내로 들어가지 않도록 하기 위하여
④ 요차를 잘 움직이게 하기 위하여

해설

터널가마에서 샌드 실(sand seal)장치는 열 절연의 역할을 하기 위함이다.

67 외경 65mm의 증기관이 수평으로 설치되어 있다. 증기관의 보온된 표면온도는 55℃, 외기온도는 20℃일 때 관의 열손실량(W)은? (단, 이때 복사열은 무시한다.)

① 29.5
② 36.6
③ 44.0
④ 60.0

68 다음 중 중성내화물에 속하는 것은?

① 납석질 내화물
② 고알루미나질 내화물
③ 반규석질 내화물
④ 샤모트질 내화물

해설

- 산성내화물: 납석질, 규석질, 반규석질, 샤모트질
- 중성내화물: 고알루미나질, 크롬질, 탄화규소질, 탄소질

정답 62 ④ 63 ③ 64 ④ 65 ③ 66 ② 67 ③ 68 ②

69 에너지이용 합리화법에 따라 인정검사 대상기기 조종자의 교육을 이수한 자의 조종범위에 해당하지 않는 것은?

① 용량이 3t/h인 노통 연관식 보일러
② 압력용기
③ 온수를 발생하는 보일러로서 용량이 300kW인 것
④ 증기보일러로서 최고 사용압력이 0.5MPa이고 전열면적이 $9m^2$인 것

해설
인정검사 대상기기(조종자 교육을 이수한 자의 조정범위)
㉠ 증기보일러로서 최고 사용압력이 1MPa 이하이고 전열면적이 $10m^2$ 이하인 것
㉡ 온수 발생 또는 열매체를 가열하는 보일러로서 출력이 0.58MW(50만kcal/h 이하인 것)
㉢ 압력용기

70 관로의 마찰손실수두의 관계에 대한 설명으로 틀린 것은?

① 유체의 비중량에 반비례한다.
② 관 지름에 반비례한다.
③ 유체의 속도에 비례한다.
④ 관 길이에 비례한다.

해설

$$h_L = \lambda \frac{L}{d} \frac{V^2}{2g} \text{ (m)}$$

$$\Delta p = \gamma h_L = \lambda \frac{L}{d} \frac{\gamma V^2}{2g} \text{ (kpa)}$$

(관 마찰손실수두는 유체 비중량에 비례한다.)

71 작업이 간편하고 조업주기가 단축되며 요체의 보유열을 이용할 수 있어 경제적인 반연속식 요는?

① 셔틀요
② 윤요
③ 터널요
④ 도염식 요

해설
작업이 간편하고 조업주기가 단축되며 요체의 보유열을 이용할 수 있어 경제적인 반연속 요는 셔틀요(가마)이다.

72 에너지이용 합리화법에 따라 검사대상기기 조종자의 해임신고는 신고 사유가 발생한 날로부터 며칠 이내에 하여야 하는가?

① 15일
② 20일
③ 30일
④ 60일

해설
검사대상기기조종자의 선·해임신고는 신고사유가 발생한 날로부터 30일 이내에 한국에너지공단이사장에게 신고하여야 한다.

73 다음 열사용기자재에 대한 설명으로 가장 적절한 것은?

① 연료 및 열을 사용하는 기기, 축열식 전기기기와 단열성 자재를 말한다.
② 일명 특정 열사용기자재라고도 한다.
③ 연료 및 열을 사용하는 기기만을 말한다.
④ 기기의 설치 및 시공에 있어 안전관리, 위해방지 또는 에너지이용의 효율관리가 특히 필요하다고 인정되는 기자재를 말한다.

74 보온재의 열전도율에 대한 설명으로 틀린 것은?

① 재료의 두께가 두꺼울수록 열전도율이 낮아진다.
② 재료의 밀도가 클수록 열전도율이 낮아진다.
③ 재료의 온도가 낮을수록 열전도율이 낮아진다.
④ 재질 내 수분이 적을수록 열전도율이 낮아진다.

해설
열전도율(W/mK)은 재료의 밀도가 클수록, 온도가 높을수록, 재료 두께가 얇을수록, 재료 내 수분이 많을수록 열전도율은 증가한다.

정답 69 ① 70 ① 71 ① 72 ③ 73 ① 74 ②

75 다이어프램 밸브(diaphragm valve)에 대한 설명으로 틀린 것은?

① 화학약품을 차단함으로써 금속부분의 부식을 방지한다.
② 기밀을 유지하기 위한 패킹을 필요로 하지 않는다.
③ 저항이 적어 유체의 흐름이 원활하다.
④ 유체가 일정 이상의 압력이 되면 작동하여 유체를 분출시킨다.

해설
다이어프램(diaphragm)
㉠ 다이어프램 펌프: 펌프막의 상하운동에 의해 액체를 퍼올리고 배출하는 형식의 펌프, 가솔린 엔진의 연료펌프 등에 사용된다. 압력계나 가스압력 조정기나 제어기계에 다이어프램이 사용된다.
㉡ 다이어프램 밸브: 공기압과 밸브측 변위가 비례하는 것을 이용한 것이다.

76 에너지이용 합리화법에 따라 자발적 협약체결기업에 대한 지원을 받기 위해 에너지사용자와 정부 간 자발적 협약의 평가기준에 해당하지 않는 것은?

① 에너지 절감량 또는 온실가스 배출 감축량
② 계획 대비 달성률 및 투자실적
③ 자원 및 에너지의 재활용 노력
④ 에너지이용 합리화 자금 활용실적

해설
④항 대신 그 밖에 에너지절감 또는 에너지의 합리적인 이용을 통한 온실가스 배출 감축에 관한 사항이 평가기준이다.

77 다음 중 고온용 보온재가 아닌 것은?

① 우모펠트
② 규산칼슘
③ 세라믹화이버
④ 펄라이트

해설
- 유기질 보온재: (우모/양모 펠트), 코르크, 텍스류, 기포성 수지 등은 최고안전사용온도가 80~130℃ 정도로 낮다.
- 무기질 보온재: 규산칼슘, 펄라이트(650℃), 세라믹화이버(1,300℃), 탄산마그네슘(250℃), 석면(450℃), 암면(400℃), 규조토(500℃), 실리카화이버(1,100℃)

78 에너지이용 합리화법에 따른 검사대상기기에 해당하지 않는 것은?

① 가스 사용량이 17kg/h를 초과하는 소형온수보일러
② 정격용량이 0.58MW를 초과하는 철금속가열로
③ 온수를 발생시키는 보일러로서 대기개방형인 주철제 보일러
④ 최고사용압력이 0.2MPa을 초과하는 증기를 보유하는 용기로서 내용적이 $0.004m^3$ 이상인 용기

79 에너지이용 합리화법에 따라 검사대상기기의 설치자가 사용 중인 검사대상기기를 폐기한 경우에는 폐기한 날부터 최대 며칠 이내에 검사대상기기 폐기신고서를 한국에너지공단이사장에게 제출하여야 하는가?

① 7일
② 10일
③ 15일
④ 20일

해설
검사대상기기에 대한 폐기신고는 폐기한 날로부터 15일 이내에 한국에너지공단이사장에게 신고하여야 한다.

80 에너지이용 합리화법에 따라 냉난방온도의 제한온도 기준 및 건물의 지정기준에 대한 설명으로 틀린 것은?

① 공공기관의 건물은 냉방온도 26℃ 이상, 난방온도 20℃ 이하의 제한온도를 둔다.
② 판매시설 및 공항은 냉방온도의 제한온도는 25℃ 이상으로 한다.
③ 숙박시설 중 객실 내부 구역은 냉방온도의 제한온도는 26℃ 이상으로 한다.
④ 의료법에 의한 의료기관의 실내구역은 제한온도를 적용하지 않을 수 있다.

정답 75 ④ 76 ④ 77 ① 78 ④ 79 ③ 80 ③

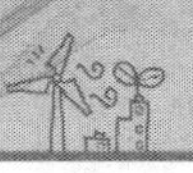

제5과목 열설비설계

81 다음 중 기수분리의 방법에 따른 분류로 가장 거리가 먼 것은?

① 장애판을 이용한 것
② 그물을 이용한 것
③ 방향전환을 이용한 것
④ 압력을 이용한 것

해설
기수분리기의 종류
①, ②, ③ 외 원심분리기를 이용한 것 등이 있다(기수분리기 용도 = 수관식, 관류보일러 비수 물방울 제거로 건조증기 취출용 송기장치).

82 맞대기용접은 용접방법에 따라 그루브를 만들어야 한다. 판 두께 10mm에 할 수 있는 그루브의 형상이 아닌 것은?

① V형
② R형
③ H형
④ J형

해설
맞대기 용접이음

판의 두께(mm)	끝벌림의 형상(그루브)
1~5	I형
6~16 이하	V형(R형 또는 J형)
12~38	X형(또는 U형, K형, 양면 J형)
19 이상	H형

83 보일러와 압력용기에서 일반적으로 사용되는 계산식에 의해 산정되는 두께에 부식여유를 포함한 두께를 무엇이라 하는가?

① 계산 두께
② 실제 두께
③ 최소 두께
④ 최대 두께

해설
보일러, 압력용기 최소 두께
계산식에 의해 최소 두께를 계산하며 부식여유를 포함한 두께이다.

84 바이메탈 트랩에 대한 설명으로 옳은 것은?

① 배기능력이 탁월하다.
② 과열증기에도 사용할 수 있다.
③ 개폐온도의 차가 적다.
④ 밸브폐색의 우려가 있다.

해설
바이메탈 증기트랩은 소형이며 배기능력이 우수(탁월)하고 정비가 쉽다.

85 보일러의 증발량이 20ton/h이고, 보일러 본체의 전열면적이 450m^{2}일 때, 보일러의 증발률(kg/m^2·h)은?

① 24　② 34
③ 44　④ 54

해설

$$\text{보일러증발률} = \frac{\text{보일러증발량}}{\text{보일러본체 전열면적}} = \frac{20\times10^3}{450} = 44.44\ (\text{kg/m}^2\cdot\text{h})$$

86 히트파이프의 열교환기에 대한 설명으로 틀린 것은?

① 열저항이 적어 낮은 온도차에서도 열회수가 가능
② 전열면적을 크게 하기 위해 핀튜브를 사용
③ 수평, 수직, 경사구조로 설치 가능
④ 별도 구동장치의 동력이 필요

해설
히트파이프(heat pipe)의 열교환기의 특성
㉠ 열저항이 적어 낮은 온도차에서도 열회수 가능
㉡ 전열면적을 크게 하기 위해 핀튜브(finned tube)를 사용
㉢ 수평, 수직, 경사구조로 설치 가능
㉣ 별도의 구동장치 동력은 필요하지 않다.(불필요)

87 열교환기에 입구와 출구의 온도차가 각각 $\Delta\theta'$, $\Delta\theta''$일 때 대수평균 온도차($LMTD$)의 식은? (단, $\Delta\theta' > \Delta\theta''$이다.)

① $\dfrac{\ln\dfrac{\Delta\theta'}{\Delta\theta''}}{\Delta\theta' - \Delta\theta''}$　② $\dfrac{\ln\dfrac{\Delta\theta''}{\Delta\theta'}}{\Delta\theta' - \Delta\theta''}$

③ $\dfrac{\Delta\theta' - \Delta\theta''}{\ln\dfrac{\Delta\theta'}{\Delta\theta''}}$　④ $\dfrac{\Delta\theta' - \Delta\theta''}{\ln\dfrac{\Delta\theta''}{\Delta\theta'}}$

정답 81 ④ 82 ③ 83 ③ 84 ① 85 ③ 86 ④ 87 ③

해설

대수평균 온도차(*LMTD*)$=\dfrac{\Delta\theta'-\Delta\theta''}{\ln\dfrac{\Delta\theta'}{\Delta\theta''}}$(℃)

88 물의 탁도(turbidity)에 대한 설명으로 옳은 것은?

① 증류수 1L 속에 정제카올린 1mg을 함유하고 있는 색과 동일한 색의 물을 탁도 1도의 물로 한다.
② 증류수 1L 속에 정제카올린 1g을 함유하고 있는 색과 동일한 색의 물을 탁도 1도의 물로 한다.
③ 증류수 1L 속에 황산칼슘 1mg을 함유하고 있는 색과 동일한 색의 물을 탁도 1도의 물로 한다.
④ 증류수 1L 속에 황산칼슘 1g을 함유하고 있는 색과 동일한 색의 물을 탁도 1도의 물로 한다.

해설

물의 탁도(turbidity)란 증류수 1L 속에 정제카올린 1mg을 함유하고 있는 색과 동일한 색의 물을 탁도 1도의 물로 한다.

89 육용강제 보일러에서 길이 스테이 또는 경사 스테이를 핀 이음으로 부착할 경우, 스테이 휠 부분의 단면적은 스테이 소요 단면적의 얼마 이상으로 하여야 하는가?

① 1.0배
② 1.25배
③ 1.5배
④ 1.75배

해설

육용강제 boiler에서 길이/경사 스테이를 핀 이음에 부착할 경우 스테이(stay) 휠 부분 단면적은 스테이 소요 단면적의 1.25배 이상으로 하여야 한다.

90 증기 10,000kg/h를 이용하는 보일러의 에너지 진단 결과가 아래 표와 같다. 이때 공기비 개선을 통한 에너지 절감률(%)은?

명 칭	결과값
입열합계(kJ/kg－연료)	41,023
개선 전 공기비	1.8
개선 후 공기비	1.1
배기가스온도(℃)	110
이론공기량(Nm^3/kg－연료)	10.696
연소공기 평균비열(kJ/kg·K)	1.30
송풍공기온도(℃)	20
연료의 저위발열량(kJ/Nm^3)	39,935

① 1.64
② 2.14
③ 2.84
④ 3.24

해설

절감열량$(Q)=(m_1-m_2)\times A_o\times C_m(t_g-t_a)$
$=(1.8-1.1)\times10.696\times1.30(110-20)$
$≒876\text{kJ/kg}$

에너지 절감률$(E)=\dfrac{Q}{Q_i}\times100\%$
$=\dfrac{876}{41{,}023}\times100\%$
$≒2.14\%$

91 저압용으로 내식성이 크고, 청소하기 쉬운 구조이며, 증기압이 0.2MPa 이하의 경우에 사용되는 절탄기는?

① 강관식
② 이중관식
③ 주철관식
④ 황동관식

해설

주철제 보일러는 저압용 보일러로서 증기압력이 0.2MPa 이하에 사용되며 내식성이 크고 청소가 용이하다.

정답 88 ① 89 ② 90 ② 91 ③

92 다음 [보기]에서 설명하는 보일러 보존방법은?

> [보기]
> - 보존기간이 6개월 이상인 경우 적용한다.
> - 1년 이상 보존할 경우 방청도료를 도포한다.
> - 약품의 상태는 1~2주마다 점검하여야 한다.
> - 동 내부의 산소 제거는 숯불 등을 이용한다.

① 석회밀폐 건조보존법
② 만수보존법
③ 질소가스 봉입보존법
④ 가열건조법

93 노통 보일러의 평형 노통을 일체형으로 제작하면 강도가 약해지는 결점이 있다. 이러한 결점을 보완하기 위하여 몇 개의 플랜지형 노통으로 제작하는데 이때의 이음부를 무엇이라 하는가?

① 브리징 스페이스
② 가세트 스테이
③ 평형 조인트
④ 아담슨 조인트

해설
아담슨 조인트(adamson joint)의 설치목적
㉠ 평형 노통의 신축작용 흡수
㉡ 노통의 강도 보강

94 해수 마그네시아 침전반응을 바르게 나타낸 식은?

① $3MgO \cdot 2SiO_2 \cdot 2H_2O + 3CO_2 \rightarrow 3MgCO_3 + 25O_2 + 2H_2O$
② $CaCO_3 + MgCO_3 \rightarrow CaMg(CO_3)_2$
③ $CaMg(CO_3)_2 + MgCO_3 \rightarrow 2MgCO_3 + CaCO_3$
④ $MgCO_3 + Ca(OH)_2 \rightarrow Mg(OH)_2 + CaCO_3$

95 다음 중 인젝터의 시동순서로 옳은 것은?

> ㉮ 핸들을 연다.
> ㉯ 증기 밸브를 연다.
> ㉰ 급수 밸브를 연다.
> ㉱ 급수 출구관에 정지 밸브가 열렸는지 확인한다.

① ㉱ → ㉰ → ㉯ → ㉮
② ㉯ → ㉰ → ㉮ → ㉱
③ ㉰ → ㉯ → ㉱ → ㉮
④ ㉱ → ㉰ → ㉮ → ㉯

해설
인젝터(injector)의 시동순서
정지 밸브 열렸는지 확인(급수 출구관) → 급수 밸브를 연다 → 증기 밸브를 연다 → 핸들을 연다

96 원수(原水) 중의 용존산소를 제거할 목적으로 사용되는 약제가 아닌 것은?

① 탄닌
② 히드라진
③ 아황산나트륨
④ 폴리아미드

해설
용존산소제거약제
㉠ 탄닌(tannin)
㉡ 히드라진(N_2H_4)
㉢ 아황산나트륨(Na_2SO_3)

97 지름이 5cm인 강관(50W/m·K) 내에 98K의 온수가 0.3m/s로 흐를 때, 온수의 열전달계수($W/m^2 \cdot K$)는? (단, 온수의 열전도도는 0.68W/m·K이고, Nu수(Nusselt number)는 160이다.)

① 1,238
② 2,176
③ 3,184
④ 4,232

해설
$Nu = \frac{\alpha D}{\lambda}$ 에서

α(열전달계수)$= \frac{Nu\,\lambda}{D} = \frac{160 \times 0.68}{0.05} = 2,176 W/m^2 \cdot K$

정답 92 ① 93 ④ 94 ④ 95 ① 96 ④ 97 ②

98 보일러 사고의 원인 중 제작상의 원인으로 가장 거리가 먼 것은?

① 재료불량　② 구조 및 설계불량
③ 용접불량　④ 급수처리불량

해설
보일러 사고원인 중 제작상 원인
㉠ 재료불량
㉡ 구조 및 설계불량
㉢ 용접불량
㉣ 강도부족
㉤ 부속장치 미비
※ 급수처리불량은 취급상 사고원인이다.

99 급수처리에서 양질의 급수를 얻을 수 있으나 비용이 많이 들어 보급수의 양이 적은 보일러 또는 선박보일러에서 해수로부터 청수를 얻고자 할 때 주로 사용하는 급수처리방법은?

① 증류법　② 여과법
③ 석회소다법　④ 이온교환법

100 육용강제 보일러에서 오목면에 압력을 받는 스테이가 없는 접시형 경판으로 노통을 설치할 경우, 경판의 최소 두께(mm)를 구하는 식으로 옳은 것은? [단, P: 최고 사용압력(N/cm^2), R: 접시모양 경판의 중앙부에서의 내면 반지름(mm), σ_a: 재료의 허용, 인장응력(N/mm^2), η: 경판 자체의 이음효율, A: 부식여유(mm)이다.]

① $t=\dfrac{PR}{150\sigma_a\eta}+A$

② $t=\dfrac{150PR}{(\sigma_a+\eta)A}$

③ $t=\dfrac{PA}{150\sigma_a\eta}+R$

④ $t=\dfrac{AR}{\sigma_a\eta}+150$

해설
$t=\dfrac{PR}{150\sigma_a\eta}+A[\text{mm}]$

정답 98 ④ 99 ① 100 ①

과년도 출제문제(2018년 4회)

제1과목 연소공학

01 부탄가스의 폭발 하한값은 1.8vol%이다. 크기가 10m×20m×3m인 실내에서 부탄의 질량이 최소 약 몇 kg일 때 폭발할 수 있는가? (단, 실내 온도는 25℃이다.)

① 24.1 ② 26.1
③ 28.5 ④ 30.5

해설

$PV=mRT$에서

$$m=\frac{PV}{RT}=\frac{101.325\times(10\times20\times3)}{\frac{8.314}{58}\times(25+273)}=1423.212\text{kg}$$

∴ 폭발 하한값이 1.8vol%이므로

$$1423.212\times\frac{1.8}{100}≒25.61\text{kg}$$

02 순수한 CH_4를 건조공기로 연소시키고 난 기체화합물을 응축기로 보내 수증기를 제거시킨 다음, 나머지 기체를 Orsat법으로 분석한 결과, 부피비로 CO_2가 8.21%, CO가 0.41%, O_2가 5.02%, N_2가 86.36%이었다. CH_4 1kg-mol당 약 몇 kg-mol의 건조공기가 필요한가?

① 7.3 ② 8.5
③ 10.3 ④ 12.1

해설

$CH_4+2O_2 \rightarrow CO_2+2H_2O$

$$A_d=\frac{O_o}{0.232}=\frac{2\times22.4}{0.232\times16}≒12.1\text{kg/kmol}$$

03 체적이 $0.3m^3$인 용기 안에 메탄(CH_4)과 공기 혼합물이 들어 있다. 공기는 메탄을 연소시키는 데 필요한 이론공기량보다 20% 더 들어 있고, 연소 전 용기의 압력은 300kPa, 온도는 90℃이다. 연소 전 용기 안에 있는 메탄의 질량은 약 몇 g인가?

① 27.6 ② 33.7
③ 38.4 ④ 42.1

04 프로판가스(C_3H_8) $1Nm^3$를 완전연소시키는 데 필요한 이론공기량은 약 몇 Nm^3인가?

① 23.8 ② 11.9
③ 9.52 ④ 5

해설

$C_3H_8+5O_2 \rightarrow 3CO_2+4H_2O$

$$A_o=\frac{O_o}{0.21}=\frac{5}{0.21}=23.8\text{Nm}^3$$

05 탄소 1kg의 연소에 소요되는 공기량은 약 몇 Nm^3인가?

① 5.0 ② 7.0
③ 9.0 ④ 11.0

해설

C + O_2 → CO_2

12kg(1) 32kg(1) $22.4Nm^3(1)$

1kmol=$22.4Nm^3$

$$A_o=\frac{O_o}{0.21}=\frac{\left(\frac{22.4}{12}\right)}{0.21}=\frac{1.87}{0.21}=8.89\text{Nm}^3≒9\text{Nm}^3$$

06 연돌에서의 배기가스 분석 결과 CO_2 14.2%, O_2 4.5%, CO 0%일 때 탄산가스의 최대량 CO_{2max}(%)는?

① 10.5
② 15.5
③ 18.0
④ 20.5

해설

$$CO_{2max}=\frac{21CO_2}{21-O_2}=\frac{21\times14.2}{21-4.5}=18.07$$

07 경유 1,000L를 연소시킬 때 발생하는 탄소량은 약 몇 TC인가? (단, 경유의 석유환산계수는 0.92TOE/kL, 탄소배출계수는 0.837TC/TOE이다.)

① 77 ② 7.7
③ 0.77 ④ 0.077

정답 01 ② 02 ④ 03 ③ 04 ① 05 ③ 06 ③ 07 ③

해설 발생탄소량
= 연료량×석유환산계수×탄소배출계수
= 1×0.92×0.837 = 0.77TC
※ 연료의 석유환산톤(TOE)에 탄소배출계수를 곱한다.

08 연소기의 배기가스 연도에 댐퍼를 부착하는 이유로 가장 거리가 먼 것은?

① 통풍력을 조절한다.
② 과잉공기를 조절한다.
③ 배기가스의 흐름을 차단한다.
④ 주연도, 부연도가 있는 경우에는 가스의 흐름을 바꾼다.

해설 연소기의 배기가스 연도에 댐퍼를 부착한다.

09 다음과 같이 조성된 발생로 내 가스를 15%의 과잉공기로 완전 연소시켰을 때 건연소 가스량(Sm^3/Sm^3)은? (단, 발생로 가스의 조성은 CO 31.3%, CH_4 2.4%, H_2 6.3%, CO_2 0.7%, N_2 59.3%이다.)

① 1.99　② 2.54
③ 2.87　④ 3.01

해설 건연소가스량은 배기가스 수소가스나 수분 증발 시 H_2O가 배제된 가스이다.

$$\text{이론공기량}(A_o) = 0.5(CO+H_2)+2CH_4\times\frac{1}{0.21}$$
$$= 0.5(0.313+0.063) + 2\times0.024\times\frac{1}{0.21}$$
$$= 1.1238Sm^3/Sm^3$$

실제 건연소가스량(Gd)
$= (m-0.21)A_o + CO_2 + N_2 + CO + CH_4$
$= (1.15-0.21)\times1.1238+0.007+0.593+0.313+0.024$
$= 1.99Sm^3/Sm^3$

※ $\text{공기비}(m) = \frac{A}{A_o} = \frac{A_o+A'}{A_o} = 1+\frac{A'}{A_o}$
$= 1+0.15 = 1.15$

여기서, A: 실제공기량
A_o: 이론공기량
A': 과잉공기량

10 표준 상태에서 고위발열량과 저위발열량의 차이는?

① 80cal/g　② 539kcal/mol
③ 9,200kcal/g　④ 9,702cal/mol

11 다음 중 기상폭발에 해당되지 않는 것은?

① 가스폭발　② 분무폭발
③ 분진폭발　④ 수증기폭발

해설 수증기폭발은 보일러의 부피팽창에 의한 폭발을 의미한다.

12 다음 액체 연료 중 비중이 가장 낮은 것은?

① 중유
② 등유
③ 경유
④ 가솔린

해설 중유 > 경유 > 등유 > 가솔린(휘발유)

13 다음 기체연료에 대한 설명 중 틀린 것은?

① 고온연소에 의한 국부가열의 염려가 크다.
② 연소조절 및 점화, 소화가 용이하다.
③ 연료의 예열이 쉽고 전열효율이 좋다.
④ 적은 공기로 완전 연소시킬 수 있으며 연소효율이 높다.

해설 최대 역화수의 위험이 크며 고온연소(연소온도가 높기) 때문에 국부가열을 일으키기 쉽다(염려가 크다.): 액체연료 단점

14 석탄을 완전 연소시키기 위하여 필요한 조건에 대한 설명 중 틀린 것은?

① 공기를 예열한다.
② 통풍력을 좋게 한다.
③ 연료를 착화온도 이하로 유지한다.
④ 공기를 적당하게 보내 피연물과 잘 접촉시킨다.

정답 08 ② 09 ① 10 ④ 11 ④ 12 ④ 13 ① 14 ③

15 가스버너로 연료가스를 연소시키면서 가스의 유출속도를 점차 빠르게 하였다. 이때 어떤 현상이 발생하겠는가?

① 불꽃이 엉클어지면서 짧아진다.
② 불꽃이 엉클어지면서 길어진다.
③ 불꽃형태는 변함없으나 밝아진다.
④ 별다른 변화를 찾기 힘들다.

해설 가스의 유출속도가 빨라지면 난류현상이 생겨 완전연소가 잘 되며 불꽃이 엉클어지면서 화염이 짧아진다.

16 다음 석탄류 중 연료비가 가장 높은 것은?

① 갈탄 ② 무연탄
③ 흑갈탄 ④ 반역청탄

해설 석탄류 중 연료비가 가장 높은 것은 무연탄이다.

17 공기비 1.3에서 메탄을 연소시킨 경우 단열연소온도는 약 몇 K인가? (단, 메탄의 저발열량은 49MJ/kg, 배기가스의 평균비열은 1.29kJ/kg·K이고 고온에서의 열분해는 무시하고, 연소 전 온도는 25℃이다.)

① 1,663 ② 1,932
③ 1,965 ④ 2,230

해설
$$to=\frac{H_L}{mC_{Pm}}+ta=\frac{49,000}{23.25\times1.29}+25=1658.74℃$$
$\therefore\ To=to+273.15\text{K}=1658.74+273.15\fallingdotseq1,932\text{K}$
여기서, H_L: 저위발열량
m: 연소가스량
C_{Pm}: 가스평균비열
ta: 기준온도

18 내화제로 만든 화구에서 공기와 가스를 따로 연소실에 송입하여 연소시키는 방식으로 대형가마에 적합한 가스연료 연소장치는?

① 방사형 버너
② 포트형 버너
③ 선회형 버너
④ 건타입형 버너

해설 포트형 버너
내화재로 만든 화구에서 공기와 가스를 따로 연소실에 송입하여 연소시키는 방식(대형 가마에 적합한 가스버너)

19 다음 중 습한 함진가스에 가장 적절하지 않은 집진장치는?

① 사이클론 ② 멀티클론
③ 스크러버 ④ 여과식 집진기

해설 여과식(백필터)
건조한 함진가스의 집진장치(100℃ 이상의 고온가스나 습한 함진가스의 처리는 부적당하다. 또한 백(Bag)이 마모되기 쉽다.)

20 로터리 버너를 장시간 사용하였더니 노벽에 카본이 많이 붙어 있었다. 다음 중 주된 원인은?

① 공기비가 너무 컸다.
② 화염이 닿는 곳이 있었다.
③ 연소실 온도가 너무 높았다.
④ 중유의 예열 온도가 너무 높았다.

해설 카본이 노벽에 많이 붙는 주된 이유는 화염(flame)이 닿는 곳에서 주로 발생되기 때문이다.

제2과목 열역학

21 어떤 기계의 정압비열(C_p)이 다음 식으로 표현될 때 32℃와 800℃ 사이에서 이 기체의 평균정압비열($\overline{C_p}$)은 약 몇 kJ/(kg·℃)인가? (단, C_p의 단위는 kJ/(kg·℃)이고, T의 단위는 ℃이다.)

$$C_p=353+0.24T-0.9\times10^{-4}T^2$$

① 353 ② 433
③ 574 ④ 698

정답 15 ① 16 ② 17 ② 18 ② 19 ④ 20 ② 21 ②

해설

$$\overline{C_p}=\frac{1}{t_2-t_1}\int_{t_1}^{t_2}\overline{C_p}\,dt$$
$$=\frac{1}{t_2-t_1}\int_{t_1}^{t_2}(353+0.24t-0.9\times10^{-4}t^2)\,dt$$
$$=353+\frac{0.24}{2}(t_2+t_1)-\frac{0.9\times10^{-4}}{3}(t_2^2+t_2t_1+t_1^2)$$
$$=353+\frac{0.24}{2}(800+32)$$
$$-\frac{0.9\times10^{-4}}{3}(800^2+800\times32+32^2)$$
$$\fallingdotseq 433\text{kJ/kg}\cdot℃$$

※ $(t_2^3-t_1^3)=(t_2-t_1)(t_2^2+t_2t_1+t_1^2)$

22 이상기체 상태식은 사용 조건이 극히 제한되어 있어서 이를 실제 조건에 적용하기 위한 여러 상태식이 개발되었다. 다음 중 실제기체(real gas)에 대한 상태식에 속하지 않는 것은?

① 오일러(Euler) 상태식
② 비리얼(Virial) 상태식
③ 반데르발스(van der Waals) 상태식
④ 비티-브리지먼(Beattie-Bridgeman) 상태식

해설

오일러(Euler) 상태식은 유체역학에서 임의의 유선상에서 미소질량(체적요소)에 압력과 중력만을 고려하여 뉴튼의 제2운동법칙을 적용하여 얻는 미분방정식이다.

23 비열이 일정한 이상기체 1kg에 대하여 다음 중 옳은 식은? (단, P는 압력, V는 체적, T는 온도, C_p는 정압비열, C_v는 정적비열, U는 내부에너지이다.)

① $\Delta U=C_p\times\Delta T$ ② $\Delta U=C_p\times\Delta V$
③ $\Delta U=C_v\times\Delta T$ ④ $\Delta U=C_v\times\Delta P$

해설

단위질량당 내부에너지(비내부에너지) 이상기체에서 등적변화인 경우 가열량은 내부에너지 변화량과 같다(내부에너지는 이상기체인 경우 절대온도(T)만의 함수이다.)

$$du=\frac{dU}{m}=C_v\,dt\,[\text{kJ/kg}]$$
$$\therefore\ \Delta U=mC_v\,dt\,[\text{kJ}]$$

24 다음 4개의 물질에 대해 비열비가 거의 동일하다고 가정할 때, 동일한 온도 T에서 음속이 가장 큰 것은?

① Ar(평균분자량: 40g/mol)
② 공기(평균분자량: 29g/mol)
③ CO(평균분자량: 28g/mol)
④ H_2(평균분자량: 2g/mol)

해설

$$C=\sqrt{kRT}\,(\text{m/s})$$
$$R=\frac{\overline{R}}{m}=\frac{8{,}314}{\text{분자량}}\,(\text{J/kg}\cdot\text{K})$$

분자량이 작을수록 기체상수가 크므로 음속도 커진다.

25 건포화증기(dry saturated vapor)의 건도는 얼마인가?

① 0 ② 0.5
③ 0.7 ④ 1

해설

건포화증기는 건도(x)=1(100%)이다.

26 400K로 유지되는 항온조 내의 기체에 80kJ의 열이 공급되었을 때, 기체의 엔트로피 변화량은 몇 kJ/K인가?

① 0.01 ② 0.03
③ 0.2 ④ 0.3

해설

$$(S_2-S_1)=\frac{Q}{T}=\frac{80}{400}=0.2\text{kJ/K}$$

27 0℃, 1기압(101.3kPa) 하에 공기 10m^{3}가 있다. 이를 정압조건으로 80℃까지 가열하는 데 필요한 열량은 약 몇 kJ인가? (단, 공기의 정압비열은 1.0kJ/(kg·K)이고, 정적비열은 0.71kJ/(kg·K)이며 공기의 분자량은 28.96kg/kmol이다.)

① 238 ② 546
③ 1,033 ④ 2,320

해설

$$PV=mRT$$
$$m=\frac{PV}{RT}=\frac{101.3\times10}{\frac{8.314}{28.96}\times273.15}=12.92\text{kg}$$
$$Q=mC_p(t_2-t_1)=12.92\times1.0(80-0)=1{,}033\text{kJ}$$

정답 22 ① 23 ③ 24 ④ 25 ④ 26 ③ 27 ③

28 피스톤이 설치된 실린더에 압력 0.3MPa, 체적 $0.8m^3$인 습증기 4kg이 들어 있다. 압력이 일정한 상태에서 가열하여 습증기의 건도가 0.9가 되었을 때 수증기에 의한 일은 몇 kJ인가? (단, 0.3MPa에서 비체적은 포화액이 $0.001m^3/kg$, 건포화증기가 $0.60m^3/kg$이다.)

① 205.5
② 237.2
③ 305.5
④ 408.1

$v_x = v' + x(v'' - v') = 0.001 + 0.9(0.6 - 0.001)$
$= 0.5401m^3/kg$
$V_2 = mv_x = 4 \times 0.5401 = 2.1604m^3$
$W = P(V_2 - V_1) = 0.3 \times 10^3(2.1604 - 0.8)$
$= 408.12kJ$

29 제1종 영구기관이 실현 불가능한 것과 관계있는 열역학 법칙은?

① 열역학 제0법칙
② 열역학 제1법칙
③ 열역학 제2법칙
④ 열역학 제3법칙

열역학 제1법칙(에너지 보존의 법칙)=제1종 영구운동기관을 부정하는 법칙

30 열펌프(heat pump)의 성능계수에 대한 설명으로 옳은 것은?

① 냉동 사이클의 성능계수와 같다.
② 가해준 일에 의해 발생한 저온체에서 흡수한 열량과의 비이다.
③ 가해준 일에 의해 발생한 고온체에 방출한 열량과의 비이다.
④ 열펌프의 성능계수는 1보다 작다.

해설

$\varepsilon_H = \frac{Q}{W_c} = \frac{\text{고온체 방출량}}{\text{압축기일량}}$

31 증기압축 냉동사이클에서 증발기 입·출구에서의 냉매의 비엔탈피는 각각 123, 1,285kJ/kg이다. 1시간에 1냉동 톤당의 냉매 순환량(kg/h·RT)은 얼마인가? (단, 1냉동톤(RT)은 13,897.52kJ/h=3.86kW이다.)

① 15.04
② 11.96
③ 13.85
④ 18.06

해설

$m = \frac{Q_e}{q_e} = \frac{Q_e}{h_2 - h_1} = \frac{13,897.52}{1,285 - 123}$
$\fallingdotseq 11.96kg/h \cdot RT$

32 증기터빈에서 증기 유량이 1.1kg/s이고, 터빈 입구와 출구의 엔탈피는 각각 3,100kJ/kg, 2,300kJ/kg이다. 증기 속도는 입구에서 15m/s, 출구에서는 60m/s이고, 이 터빈의 축 출력이 800kW일 때 터빈과 주위 사이에서 발생하는 열전달량은?

① 주위로 78.1kW의 열을 방출한다.
② 주위로 95.8kW의 열을 방출한다.
③ 주위로 124.9kW의 열을 방출한다.
④ 주위로 168.4kW의 열을 방출한다.

해설

$Q = W_t + m(h_2 - h_1) + \frac{m}{2}(V_2^2 - V_1^2)$
$= 800 + 1.1(2300 - 3100) + \frac{1.1}{2}(60^2 - 15^2) \times 10^{-3}$
$= -78.1kW$
$= 78.1kW$(열을 방출)

33 다음 중 냉매가 구비해야 할 조건으로 옳지 않은 것은?

① 비체적이 클 것
② 비열비가 작을 것
③ 임계점(critical point)이 높을 것
④ 액화하기가 쉬울 것

해설

냉매는 비체적(v)이 작을 것

정답 28 ④ 29 ② 30 ③ 31 ② 32 ① 33 ①

34 온도 127℃에서 포화수 엔탈피는 560kJ/kg, 포화증기의 엔탈피는 2,720kJ/kg일 때 포화수 1kg이 포화증기로 변화하는 데 따르는 엔트로피의 증가는 몇 kJ/K인가?

① 1.4 ② 5.4
③ 9.8 ④ 21.4

해설

$$ds = \frac{\delta q}{T} = \frac{h_2 - h_1}{127+273} = \frac{2,720-560}{400}$$
$$= 5.4\text{kJ/kg}\cdot\text{K}$$

35 다음 그림은 Otto cycle을 기반으로 작동하는 실제 내연기관에서 나타나는 압력(P)-부피(V) 선도이다. 다음 중 이 사이클에서 일(work) 생산과정에 해당하는 것은?

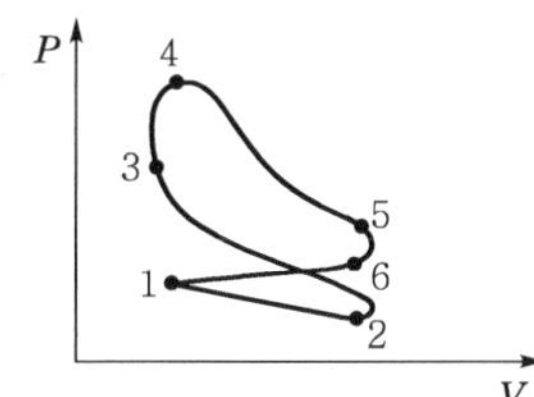

① 2 → 3 ② 3 → 4
③ 4 → 5 ④ 5 → 6

해설

오토 사이클에서 4 → 5과정은 단열팽창($s=c$)과정으로 일을 하는 과정이다.

36 어떤 압축기에 23℃의 공기 1.2kg이 들어 있다. 이 압축기를 등온과정으로 하여 100kPa에서 800kPa까지 압축하고자 할 때 필요한 일은 약 몇 kJ인가? (단, 공기의 기체상수는 0.287kJ/kg·K이다.)

① 212
② 367
③ 509
④ 673

해설

$${}_1W_2 = mRT\ln\frac{p_2}{p_1}$$
$$= 1.2\times0.287\times(23+273)\ln\left(\frac{800}{100}\right) ≒ 212\text{kJ}$$

37 다음 그림은 어떤 사이클에 가장 가까운가? (단, T는 온도, S는 엔트로피이며, 사이클 순서는 A → B → C → D → E → F → A 순으로 작동한다.)

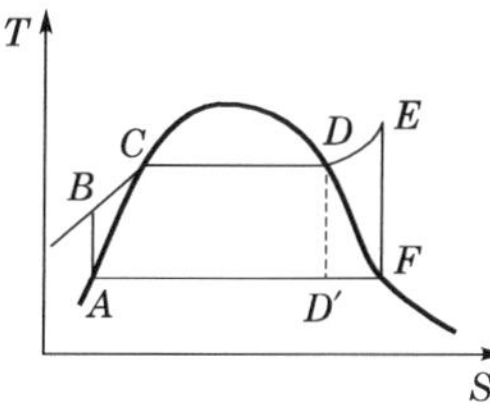

① 디젤 사이클 ② 냉동 사이클
③ 오토 사이클 ④ 랭킨 사이클

해설

랭킨 사이클의 $T-S$선도이다.
단열압축 → 등압가열 → 단열팽창 → 등압방열

38 보일러의 게이지 압력이 800kPa일 때 수은기압계가 측정한 대기 압력이 856mmHg를 지시했다면 보일러 내의 절대압력은 약 몇 kPa인가?

① 810 ② 914
③ 1,320 ④ 1,656

해설

$$P_u = P_o + P_g = \frac{856}{760}\times101.325+800 ≒ 914\text{kPa}$$

39 그림과 같이 역 카르노사이클로 운전하는 냉동기의 성능계수(COP)는 약 얼마인가? (단, T_1은 24℃, T_2는 -6℃이다.)

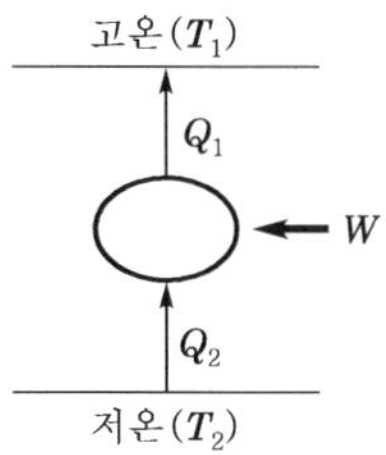

① 7.124 ② 8.905
③ 10.048 ④ 12.845

해설

$$(\text{COP})_R = \frac{Q_2}{W} = \frac{T_2}{T_1 - T_2}$$
$$= \frac{-6+273.15}{(24+273.15)-(-6+273.15)} = 8.905$$

정답 34 ② 35 ③ 36 ① 37 ④ 38 ② 39 ②

40 카르노사이클에서 온도 T의 고열원으로부터 열량 Q를 흡수하고, 온도 T_0의 저열원으로 열량 Q_0를 방출할 때, 방출열량 Q_0에 대한 식으로 옳은 것은? (단, η_c는 카르노사이클의 열효율이다.)

① $\left(1-\dfrac{T_0}{T}\right)Q$ ② $(1+\eta_c)Q$
③ $(1-\eta_c)Q$ ④ $\left(1+\dfrac{T_0}{T}\right)Q$

해설
$$\eta_c = 1-\frac{Q_0}{Q} = 1-\frac{T_0}{T}$$
$$\therefore \frac{Q_0}{Q} = 1-\eta_c$$
$$Q_0 = (1-\eta_c)Q[\text{kJ}]$$

제3과목 계측방법

41 다음 연소가스 중 미연소가스계로 측정 가능한 것은?

① CO ② CO_2
③ NH_3 ④ CH_4

해설
연소가스 중 미연소가스계로 측정 가능한 것은 일산화탄소(CO)이다.

42 차압식 유량계에서 교축 상류 및 하류에서의 압력이 P_1, P_2일 때 체적 유량이 Q_1이라면, 압력이 각각 처음보다 2배만큼씩 증가했을 때의 Q_2는 얼마인가?

① $Q_2 = 2Q_1$ ② $Q_2 = \dfrac{1}{2}Q_1$
③ $Q_2 = \sqrt{2}\,Q_1$ ④ $Q_2 = \dfrac{1}{\sqrt{2}}Q_1$

해설
차압식 유량계 유량(Q)
$$Q = A\sqrt{2g\frac{\Delta P}{r}} = A\sqrt{\frac{2\Delta P}{\rho}}\ [\text{m}^3/\text{s}]$$
$$Q \propto \sqrt{\Delta P}$$
$$\frac{Q_2}{Q_1} = \sqrt{\frac{\Delta P_2}{\Delta P_1}} = \sqrt{2}$$
$$\therefore Q_2 = \sqrt{2}\,Q_1\,[\text{m}^3/\text{s}]$$

43 다음 중 압력식 온도계가 아닌 것은?

① 고체팽창식
② 기체팽창식
③ 액체팽창식
④ 증기팽창식

해설
압력식 온도계는 액체, 기체가 온도에 따라서 변하는 것을 이용한 온도계를 말한다.

44 저항식 습도계의 특징으로 틀린 것은?

① 저온도의 측정이 가능하다.
② 응답이 늦고 정도가 좋지 않다.
③ 연속기록, 원격측정, 자동제어에 이용된다.
④ 교류전압에 의하여 저항치를 측정하여 상대습도를 표시한다.

해설
저항식 습도계는 저온도의 측정이 가능하고 응답이 빠르다(감도가 좋다).

45 전기 저항식 온도계 중 백금(Pt) 측온 저항체에 대한 설명으로 틀린 것은?

① 0℃에서 500Ω을 표준으로 한다.
② 측정온도는 최고 약 500℃ 정도이다.
③ 저항온도계수는 작으나 안정성이 좋다.
④ 온도 측정 시 시간 지연의 결점이 있다.

해설
전기 저항식 온도계 중 백금(Pt) 측온 저항체는 0℃에서 100Ω을 표준으로 한다.

46 −200~500℃의 측정범위를 가지며 측온 저항체 소선으로 주로 사용되는 저항소자는?

① 구리선 ② 백금선
③ Ni선 ④ 서미스터

해설
㉠ 구리측온저항체(구리선) : 0~1,200℃
㉡ 백금측온저항체(백금선) : −200~500(600)℃ (사용범위가 넓다.)
㉢ 니켈측온저항체(니켈선) : −50~300℃

정답 40 ③ 41 ① 42 ③ 43 ① 44 ② 45 ① 46 ②

47 헴펠식(Hempel type) 가스분석장치에 흡수되는 가스와 사용하는 흡수제의 연결이 잘못된 것은?

① CO-차아황산소다
② O_2-알카리성 피로갈롤용액
③ CO_2-30% KOH 수용액
④ C_mH_n-진한 황산

해설 CO-암모니아성 염화 제1동 용액

48 시즈(sheath) 열전대의 특징이 아닌 것은?

① 응답속도가 빠르다.
② 국부적인 온도측정에 적합하다.
③ 피측온체의 온도저하 없이 측정할 수 있다.
④ 매우 가늘어서 진동이 심한 곳에는 사용할 수 없다.

해설 시즈형 열전대(sheath type thermo couple)의 경우 외경이 가늘어서 작은 측정물의 측정이 가능하며 시즈형의 구조로 되어 있어 고온·고압에 강하며 -200℃~2,600℃까지 폭넓은 온도 범위에 측정 가능하다(진동이 심한 경우뿐만 아니라 어떤 환경에서든 사용 가능하다). 또한, 내구성이 뛰어나고 수명이 길다.

49 다음 액주계에서 r, r_1이 비중량을 표시할 때 압력(P_x)을 구하는 식은?

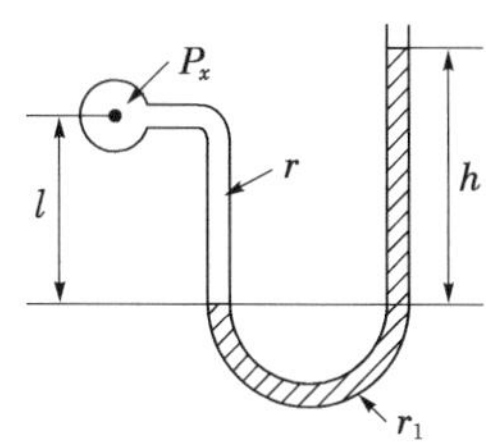

① $P_x = r_1h + rl$ ② $P_x = r_1h - rl$
③ $P_x = r_1l - rh$ ④ $P_x = r_1l + rh$

해설 $P_x + rl - r_1h = 0$
$\therefore P_x = r_1h - rl$[kPa]

50 다음 중 가장 높은 온도를 측정할 수 있는 온도계는?

① 저항 온도계 ② 열전대 온도계
③ 유리제 온도계 ④ 광전관 온도계

해설 광전관 온도계는 비접촉식 온도계로 고온물체에서 복사광을 광전관에 받아 빛을 전류로 바꾸어 온도를 측정한다.

51 스프링저울 등 측정량이 원인이 되어 그 직접적인 결과로 생기는 지시로부터 측정량을 구하는 방법으로 정밀도는 낮으나 조작이 간단한 것은?

① 영위법 ② 치환법
③ 편위법 ④ 보상법

52 다음 유량계 종류 중에서 적산식 유량계는?

① 용적식 유량계 ② 차압식 유량계
③ 면적식 유량계 ④ 동압식 유량계

해설 용적식 유량계는 적산식 유량계이다.

53 정전 용량식 액면계의 특징에 대한 설명 중 틀린 것은?

① 측정범위가 넓다.
② 구조가 간단하고 보수가 용이하다.
③ 유전율이 온도에 따라 변화되는 곳에도 사용할 수 있다.
④ 습기가 있거나 전극에 피측정체를 부착하는 곳에는 부적당하다.

해설 정전 용량식 액면계는 유전율(permittivity)이 온도에 따라 변화되는 곳에는 사용할 수 없다.

54 피토관으로 측정한 동압이 $10mmH_2O$일 때 유속이 15m/s이었다면 동압이 $20mmH_2O$일 때의 유속은 약 몇 m/s인가? (단, 중력가속도는 $9.8m/s^2$이다.)

① 18 ② 21.2
③ 30 ④ 40.2

정답 47 ① 48 ④ 49 ② 50 ④ 51 ③ 52 ① 53 ③ 54 ②

해설

$$V=\sqrt{2g\Delta h}\ (\mathrm{m/s})$$

$$\frac{V_2}{V_1}=\left(\frac{\Delta h_2}{\Delta h_1}\right)^{\frac{1}{2}}=\sqrt{\frac{\Delta h_2}{\Delta h_1}}$$

$$\therefore\ V_2=V_1\sqrt{\frac{20}{10}}=15\times 1.4142=21.21\,\mathrm{m/s}$$

55 보일러 공기예열기의 공기유량을 측정하는 데 가장 적합한 유량계는?

① 면적식 유량계 ② 차압식 유량계
③ 열선식 유량계 ④ 용적식 유량계

해설 보일러 공기예열기의 공기유량을 측정하는 가장 적합한 유량계는 열선식 유량계이다.

56 원인을 알 수 없는 오차로서 측정할 때마다 측정값이 일정하지 않고 분포현상을 일으키는 오차는?

① 과오에 의한 오차
② 계통적 오차
③ 계량기 오차
④ 우연 오차

해설 우연오차(random error)란 원인을 알 수 없는 오차로서 측정할 때마다 측정값이 일정하지 않고 분포현상을 일으키는 오차이다.

57 편차의 정(+), 부(−)에 의해서 조작신호가 최대, 최소가 되는 제어동작은?

① 온·오프동작 ② 다위치동작
③ 적분동작 ④ 비례동작

해설 온-오프 동작은 불연속제어의 대표적 제어동작으로 편차의 (+), (−)에 의해 조작신호가 최대, 최소가 되는 제어동작이다.

58 가스크로마토그래피법에서 사용하는 검출기 중 수소염 이온화검출기를 의미하는 것은?

① ECD ② FID
③ HCD ④ FTD

해설 가스크로마토그래피법(gas chromatography method)에서 사용하는 검출기
㉠ 열전도도검출기(TCD)
㉡ 수소이온검출기(FID)
㉢ 전자포획형검출기(ECD)

59 출력측의 신호를 입력측에 되돌려 비교하는 제어방법은?

① 인터록(inter lock)
② 시퀀스(sequence)
③ 피드백(feed back)
④ 리셋(reset)

해설 피드백(feed back) 제어는 밀폐회로계제어로 출력측 신호를 입력측으로 되돌려 오차를 계속 보정하는 비교부가 반드시 필요한 제어이다.

60 다음 제어방식 중 잔류편차(off set)를 제거하여 응답시간이 가장 빠르며 진동이 제거되는 제어방식은?

① P ② I
③ PI ④ PID

해설 비례적분미분(PID)동작은 잔류편차(off set)를 제거하여 응답시간이 가장 빠르며 진동이 제거되는 제어방식이다.

제4과목 열설비재료 및 관계법규

61 에너지이용 합리화법에 따라 연간 에너지사용량이 30만 티오이인 자가 구역별로 나누어 에너지 진단을 하고자 할 때 에너지 진단주기는?

① 1년 ② 2년
③ 3년 ④ 5년

해설 관리규칙 별표3(에너지 진단주기)
에너지법 제36조 제1항 관련

연간 에너지 사용량	에너지 진단주기
20만 티오이(TOE) 이상	1. 전체진단: 5년 2. 부분진단: 3년
20만 티오이(TOE) 미만	5년

정답 55 ③ 56 ④ 57 ① 58 ② 59 ③ 60 ④ 61 ③

62 에너지이용 합리화법에 따라 에너지사용계획을 수립하여 산업통상자원부장관에게 제출하여야 하는 사업주관자가 실시하려는 사업의 종류가 아닌 것은?

① 도시개발사업
② 항만건설사업
③ 관광단지개발사업
④ 박람회 조경사업

63 에너지이용 합리화법에 따라 검사대상기기의 검사유효 기간으로 틀린 것은?

① 보일러의 개조검사는 2년이다.
② 보일러의 계속사용검사는 1년이다.
③ 압력용기의 계속사용검사는 2년이다.
④ 보일러의 설치장소 변경검사는 1년이다.

해설 에너지이용 합리화법에 따라 보일러의 개조검사 유효기간은 1년이다.

64 에너지이용 합리화법에 따라 가스를 사용하는 소형온수보일러인 경우 검사대상기기의 적용 기준은?

① 가스사용량이 시간당 17kg을 초과하는 것
② 가스사용량이 시간당 20kg을 초과하는 것
③ 가스사용량이 시간당 27kg을 초과하는 것
④ 가스사용량이 시간당 30kg을 초과하는 것

해설 소형온수보일러(0.35MPa 이하, 전열면적 $14m^2$ 이하)
㉠ 가스사용량이 17kg/h를 초과하는 보일러
㉡ 도시가스사용량이 232.6kW(20만kcal/h)를 초과하는 보일러

65 다음 보온재 중 재질이 유기질 보온재에 속하는 것은?

① 우레탄폼 ② 펄라이트
③ 세라믹 파이버 ④ 규산칼슘 보온재

해설 펄라이트, 세라믹 파이버, 규산칼슘 보온재는 무기질 보온재이다.
※ 우레탄폼, 펠트, 텍스류, 코르크 등은 유기질 보온재이다.

66 에너지이용 합리화법에 따라 열사용기자재 관리에 대한 설명으로 틀린 것은?

① 계속사용검사는 검사유효기간의 만료일이 속하는 연도의 말까지 연기할 수 있으며, 연기하려는 자는 검사대상기기 검사연기 신청서를 한국에너지공단이사장에게 제출하여야 한다.
② 한국에너지공단이사장은 검사에 합격한 검사대상기기에 대해서 검사 신청인에게 검사일부터 7일 이내에 검사증을 발급하여야 한다.
③ 검사대상기기관리자의 선임신고는 신고사유가 발생한 날로부터 20일 이내에 하여야 한다.
④ 검사대상기기의 설치자가 사용 중인 검사대상기기를 폐기한 경우에는 폐기한 날부터 15일 이내에 검사대상기기 폐기신고서를 한국에너지공단이사장에게 제출하여야 한다.

해설 검사대상기기관리자의 선임신고는 신고사유가 발생한 날로부터 30일 이내에 하여야 한다.

67 에너지법에서 정한 에너지에 해당하지 않는 것은?

① 열 ② 연료
③ 전기 ④ 원자력

해설 에너지기본법에서 에너지라 함은 연료, 열, 전기를 말한다.

68 에너지이용 합리화법에 따라 에너지 사용량이 대통령령으로 정하는 기준량 이상인 자는 산업통상자원부령으로 정하는 바에 따라 매년 언제까지 시·도지사에게 신고하여야 하는가?

① 1월 31일까지
② 3월 31일까지
③ 6월 30일까지
④ 12월 31일까지

정답 62 ④ 63 ① 64 ① 65 ① 66 ③ 67 ④ 68 ①

69 그림의 배관에서 보온하기 전 표면 열전달율 (a)이 14.3W/m^2·K이었다. 여기에 글라스울 보온통으로 시공하여 방산열량이 118W/m·K가 되었다면 보온효율은 얼마인가? (단, 외기 온도는 20℃이다.)

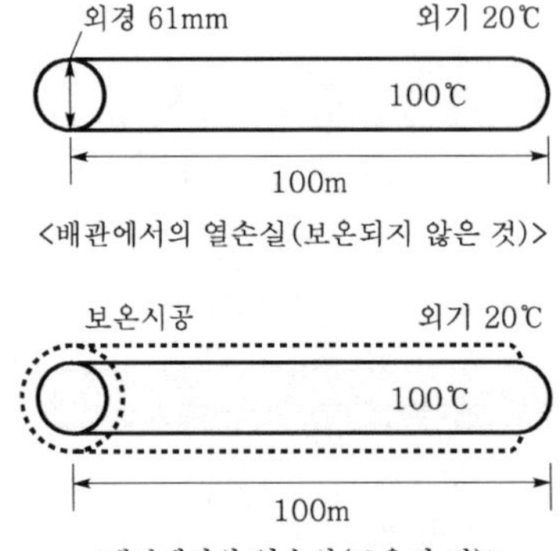

<배관에서의 열손실(보온되지 않은 것)>

<배관에서의 열손실(보온된 것)>

① 44% ② 56%
③ 85% ④ 93%

70 열처리로 경화된 재료를 변태점 이상의 적당한 온도로 가열한 다음 서서히 냉각하여 강의 입도를 미세화하여 조직을 연화, 내부 응력을 제거하는 로는?

① 머플로 ② 소성로
③ 풀림로 ④ 소결로

해설
풀림로(annealing furnace(어닐링스))
열처리로 경화된 재료를 변태점 이상의 온도로 가열한 다음 서서히 냉각하여 강의 입도를 미세화하여 조직을 연화, 내부응력을 제거하는 열처리로이다.

71 원관을 흐르는 층류에 있어서 유량의 변화는?

① 관의 반지름의 제곱에 반비례해서 변한다.
② 압력강하에 반비례하여 변한다.
③ 점성계수에 비례하여 변한다.
④ 관의 길이에 반비례해서 변한다.

해설
층류원관
유동 시 유량(Q)= $\dfrac{\Delta P \pi d^4}{128 \mu L}$($m^3$/s) – 하겐 포아젤 방정식
㉠ 관의 직경 4승에 비례한다.
㉡ 압력강하에 비례한다.
㉢ 점성계수에 반비례한다.
㉣ 관의 길이에 반비례한다.

72 에너지이용 합리화법에 따라 특정열사용기자재의 설치·시공이나 세관을 업으로 하는 자는 어디에 등록을 하여야 하는가?

① 행정안전부장관
② 한국열관리시공협회
③ 한국에너지공단이사장
④ 시·도지사

73 에너지이용 합리화법에 따라 에너지공급자의 수요관리투자계획에 대한 설명으로 틀린 것은?

① 한국지역난방공사는 수요관리투자계획 수립대상이 되는 에너지공급자이다.
② 연차별 수요관리투자계획은 해당 연도 개시 2개월 전까지 제출하여야 한다.
③ 제출된 수요관리투자계획을 변경하는 경우에는 그 변경한 날부터 15일 이내에 변경사항을 제출하여야 한다.
④ 수요관리투자계획 시행 결과는 다음 연도 6월 말일까지 산업통상자원부장관에게 제출하여야 한다.

74 샤모트(chamotte) 벽돌의 원료로서 샤모트 이외에 가소성 생점토(生粘土)를 가하는 주된 이유는?

① 치수 안정을 위하여
② 열전도성을 좋게 하기 위하여
③ 성형 및 소결성을 좋게 하기 위하여
④ 건조 소성, 수축을 미연에 방지하기 위하여

정답 69 ③ 70 ③ 71 ④ 72 ④ 73 ④ 74 ③

75 다음 중 노체 상부로부터 노구(throat), 샤프트(shaft), 보시(bosh), 노상(hearth)으로 구성된 노(爐)는?

① 평로
② 고로
③ 전로
④ 코크스로

해설
고로(용광로)
노체 상부로부터 노구, 샤프트, 보시, 노상으로 구성된 노로서 선철제조용으로 사용된다.

76 도염식 요는 조업방법에 의해 분류할 경우 어떤 형식에 속하는가?

① 불연속식
② 반연속식
③ 연속식
④ 불연속식과 연속식의 절충형식

해설
불연속요
㉠ 승염식 요(오름 불꽃)
㉡ 횡염식 요(옆 불꽃)
㉢ 도염식 요(꺾임 불꽃)
반연속요
㉠ 등요(오름가마)
㉡ 셔틀요
연속요
㉠ 윤요
㉡ 연속식 가마
㉢ 터널요

77 보온재 시공 시 주의해야 할 사항으로 가장 거리가 먼 것은?

① 사용개소의 온도에 적당한 보온재를 선택한다.
② 보온재의 열전도성 및 내열성을 충분히 검토한 후 선택한다.
③ 사용처의 구조 및 크기 또는 위치 등에 적합한 것을 선택한다.
④ 가격이 가장 저렴한 것을 선택한다.

78 에너지이용 합리화법에 따라 대기전력 경고표지 대상 제품이 아닌 것은?

① 디지털 카메라 ② 텔레비전
③ 셋톱박스 ④ 유무선전화기

해설
대기전력 경고표지 대상 제품
㉠ 컴퓨터 ㉡ 모니터
㉢ 프린터 ㉣ 복합기
㉤ 텔레비전 ㉥ 셋톱박스
㉦ 전자레인지 ㉧ 디지털카메라

79 요로 내에서 생성된 연소가스의 흐름에 대한 설명으로 틀린 것은?

① 가열물의 주변에 저온 가스가 체류하는 것이 좋다.
② 같은 흡입 조건 하에서 고온 가스는 천정쪽으로 흐른다.
③ 가연성가스를 포함하는 연소가스는 흐르면서 연소가 진행된다.
④ 연소가스는 일반적으로 가열실 내에 충만되어 흐르는 것이 좋다.

80 일반적으로 압력 배관용에 사용되는 강관의 온도 범위는?

① 800℃ 이하 ② 750℃ 이하
③ 550℃ 이하 ④ 350℃ 이하

해설
배관용 탄소강관(SPP)의 온도 범위는 350℃ 이하에 사용되며 일명 가스관이라고 한다.

제5과목 열설비설계

81 연소실에서 연도까지 배치된 보일러 부속설비의 순서를 바르게 나타낸 것은?

① 과열기 → 절탄기 → 공기예열기
② 절탄기 → 과열기 → 공기예열기
③ 공기예열기 → 과열기 → 절탄기
④ 과열기 → 공기예열기 → 절탄기

정답 75 ② 76 ① 77 ④ 78 ④ 79 ① 80 ④ 81 ①

해설 연소실에서 연도까지 배치된 보일러의 부속설비순서
과열기(super heater) → 절탄기(economizer) → 공기예열기

82 보일러의 발생증기가 보유한 열량이 13.4×10^6kJ/h일 때 이 보일러의 상당 증발량은?

① 2,500kg/h ② 3,512kg/h
③ 5,940kg/h ④ 6,847kg/h

해설
$$m_e = \frac{13.4 \times 10^6}{2,256} \fallingdotseq 5,940\,\text{kg/h}$$

83 다음 보일러 중에서 드럼이 없는 구조의 보일러는?

① 야로우 보일러
② 슐저 보일러
③ 타쿠마 보일러
④ 베록스 보일러

해설 슐져 보일러는 드럼이 없는 구조의 관류 boiler이다.

84 보일러 수 내의 산소를 제거할 목적으로 사용하는 약품이 아닌 것은?

① 탄닌
② 아황산 나트륨
③ 가성소다
④ 히드라진

해설 탈산소제: 탄닌, 히드라진(N_2H_4), 아황산 나트륨

85 보일러의 연소가스에 의해 보일러 급수를 예열하는 장치는?

① 절탄기
② 과열기
③ 재열기
④ 복수기

해설 보일러의 연소(배기)가스에 의해 보일러 급수를 예열하는 장치는 절탄기(economizer)이다.

86 압력용기를 옥내에 설치하는 경우에 관한 설명으로 옳은 것은?

① 압력용기와 천장과의 거리는 압력용기 본체 상부로부터 1m 이상이어야 한다.
② 압력용기의 본체와 벽과의 거리는 최소 1m 이상이어야 한다.
③ 인접한 압력용기와의 거리는 최소 1m 이상이어야 한다.
④ 유독성 물질을 취급하는 압력용기는 1개 이상의 출입구 및 환기장치가 있어야 한다.

87 인젝터의 장·단점에 관한 설명으로 틀린 것은?

① 급수를 예열하므로 열효율이 좋다.
② 급수온도가 55℃ 이상으로 높으면 급수가 잘 된다.
③ 증기압이 낮으면 급수가 곤란하다.
④ 별도의 소요동력이 필요 없다.

88 보일러 안전사고의 종류가 아닌 것은?

① 노통, 수관, 연관 등의 파열 및 균열
② 보일러 내의 스케일 부착
③ 동체, 노통, 화실의 압궤 및 수관, 연관 등 전열면의 팽출
④ 연도나 노 내의 가스폭발, 역화 그 외의 이상연소

해설 보일러 내의 스케일(scale) 부착은 전열을 방해하므로 과열의 원인이 된다.

89 열의 이동에 대한 설명으로 틀린 것은?

① 전도란 정지하고 있는 물체 속을 열이 이동하는 현상을 말한다.
② 대류란 유동 물체가 고온 부분에서 저온 부분으로 이동하는 현상을 말한다.
③ 복사란 전자파의 에너지 형태로 열이 고온 물체에서 저온 물체로 이동하는 현상을 말한다.
④ 열관류란 유체가 열을 받으면 밀도가 작아져서 부력이 생기기 때문에 상승현상이 일어나는 것을 말한다.

정답 82 ③ 83 ② 84 ③ 85 ① 86 ① 87 ② 88 ② 89 ④

해설 열관류율(overall heat transmission)이란 열량은 전열면적, 시간, 두 유체의 온도차에 비례했을 경우 비례정수를 열관류율(K)이라고 한다.($K=\frac{1}{R}$[W/m^2·K])

90 서로 다른 고체 물질 A, B, C인 3개의 평판이 서로 밀착되어 복합체를 이루고 있다. 정상 상태에서의 온도 분포가 [그림]과 같을 때, 어느 물질의 열전도도가 가장 작은가? (단, 온도 T_1=1,000℃, T_2=800℃, T_3=550℃, T_4=250℃이다.)

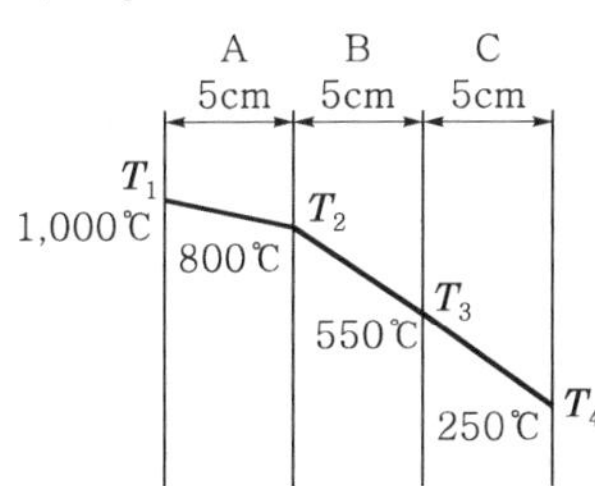

① A ② B
③ C ④ 모두 같다.

해설 $q_c = KA\frac{\Delta T}{L}$[W]

열전도계수(K)는 두께(L)가 일정시 온도차($\triangle T$)와 반비례하므로 온도차($\triangle T$)가 클수록 열전도계수(K)는 작아진다.

91 [그림]과 같이 폭 150mm, 두께 10mm의 맞대기 용접이음에 작용하는 인장응력은?

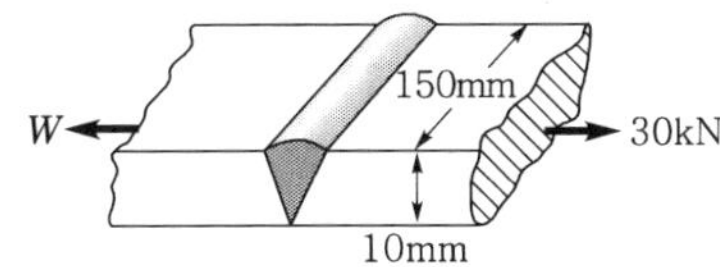

① 2MPa ② 15MPa
③ 10MPa ④ 20MPa

해설 $\sigma_t = \frac{P_t}{A} = \frac{30\times10^3}{hL} = \frac{30\times10^3}{10\times150} = 20\text{MPa}(\text{N/mm}^2)$

92 노통 연관 보일러의 노통 바깥 면과 이에 가장 가까운 연관의 면과는 얼마 이상의 틈새를 두어야 하는가?

① 5mm ② 10mm
③ 20mm ④ 50mm

해설 5cm(50mm) 이상의 틈새를 줘야 한다.

93 보일러 급수처리 방법에서 수중에 녹아있는 기체 중 탈기기 장치에서 분리, 제거하는 대표적 용존 가스는?

① O_2, CO_2 ② SO_2, CO
③ NO_3, CO ④ NO_2, CO_2

해설 보일러 급수처리 방법에서 수중에 녹아있는 기체 중 탈기기 장치에서 분리, 제거하는 대표적 용존 가스는 산소(O_2), 이산화탄소(CO_2)이다.

94 보일러 사용 중 저수위 사고의 원인으로 가장 거리가 먼 것은?

① 급수펌프가 고장이 났을 때
② 급수내관이 스케일로 막혔을 때
③ 보일러의 부하가 너무 작을 때
④ 수위 검출기가 이상이 있을 때

해설 저수위 사고원인은 보일러의 부하가 너무 클 때이다.

95 수증기관에 만곡관을 설치하는 주된 목적은?

① 증기관 속의 응결수를 배제하기 위하여
② 열팽창에 의한 관의 팽창작용을 흡수하기 위하여
③ 증기의 통과를 원활히 하고 급수의 양을 조절하기 위하여
④ 강수량의 순환을 좋게 하고 급수량의 조절을 쉽게 하기 위하여

해설 수증기관의 만곡관(loop type)의 신축이음은 열팽창으로 인한 팽창작용을 허용하기 위한 것으로 옥외배관에 주로 사용한다.

96 보일러의 성능시험 시 측정은 매 몇 분마다 실시하여야 하는가?

① 5분 ② 10분
③ 15분 ④ 20분

해설 보일러의 성능시험 시 측정은 매 10분마다 실시한다.

정답 90 ③ 91 ④ 92 ④ 93 ① 94 ③ 95 ② 96 ②

97 판형 열교환기의 일반적인 특징에 대한 설명으로 틀린 것은?

① 구조상 압력손실이 적고 내압성은 크다.
② 다수의 파형이나 반구형의 돌기를 프레스 성형하여 판을 조합한다.
③ 전열면의 청소나 조립이 간단하고, 고점도에도 적용할 수 있다.
④ 판의 매수 조절이 가능하여 전열면적 증감이 용이하다.

해설 판형 열교환기(plate heat exchanger) 특징
㉠ 열전달계수가 높다.
㉡ 열회수를 최대한으로 할 수 있다.
㉢ 액체함량이 적다.
㉣ 콤팩트한 구성(소형/경량화 설계)
㉤ 제품혼합의 방지
㉥ 융통성이 있다(오염도가 적다).
㉦ 유지보수가 쉽다.
㉧ 고온고압(+22℃ ,3MPa), 저온(−160℃)에서 사용가능하다.

98 노통보일러에서 브레이징 스페이스란 무엇을 말하는가?

① 노통과 가셋트 스테이와의 거리
② 관군과 가셋트 스테이 사이의 거리
③ 동체와 노통 사이의 최소거리
④ 가셋트 스테이간의 거리

해설 노통보일러에서 브레이징 스페이스란 노통과 가셋트 스테이와의 거리(공간)로 225mm 이상이어야 한다.

99 최고사용압력이 1.5MPa을 초과한 강철제 보일러의 수압시험 압력은 그 최고사용압력의 몇 배로 하는가?

① 1.5
② 2
③ 2.5
④ 3

해설 강철제 보일러는 최고사용압력이 1.5MPa을 초과 시 수압시험 압력은 최고사용압력의 1.5배로 한다.
※ 0.43MPa 초과 1.5MPa 이하이면
최고사용압력×1.3배+0.3MPa
※ 0.43MPa 이하인 경우
최고사용압력×2배(시험압력이 0.2MPa 미만인 경우에는 0.2MPa)

100 두께 25mm인 철판의 넓이 $1m^2$당 전열량이 매시간 20kJ가 되려면 양면의 온도차는 얼마여야 하는가? (단, 철판의 열전도율은 60W/m·K이다.)

① 8.33℃
② 12.45℃
③ 8.75℃
④ 14.25℃

해설
$Q=\lambda F\frac{\Delta t}{L}$ [W]에서

$$\Delta t=\frac{QL}{\lambda F}=\frac{20\times10^3\times0.025}{60\times1}=8.33℃$$

정답 97 ① 98 ① 99 ① 100 ①

과년도 출제문제(2019년 1회)

제1과목 연소공학

01 중유의 탄수소비가 증가함에 따른 발열량의 변화는?

① 무관하다.
② 증가한다.
③ 감소한다.
④ 초기에는 증가하다가 점차 감소한다.

해설 중유의 탄화수소비(C/H)가 증가함에 따라 발열량은 감소한다.

02 통풍방식 중 평형통풍에 대한 설명으로 틀린 것은?

① 통풍력이 커서 소음이 심하다.
② 안정한 연소를 유지할 수 있다.
③ 노내 정압을 임의로 조절할 수 있다.
④ 중형 이상의 보일러에는 사용할 수 없다.

해설 평형통풍방식은 통풍저항이 큰 대형보일러나 고성능 보일러에 널리 사용할 수 있다.

03 다음 조성의 액체연료를 완전 연소시키기 위해 필요한 이론공기량은 약 몇 Sm^3/kg인가?

• C : 0.70kg	• H : 0.10kg
• O : 0.05kg	• S : 0.05kg
• N : 0.09kg	• ash : 0.01kg

① 8.9 ② 11.5
③ 15.7 ④ 18.9

해설 이론공기량(A_o)

$$=8.89C+26.67\left(H-\frac{O}{8}\right)+3.33S$$

$$=8.89\times0.7+26.67\left(0.10-\frac{0.05}{8}\right)+3.33\times0.05$$

$$\fallingdotseq 8.9Sm^3/kg$$

04 목탄이나 코크스 등 휘발분이 없는 고체연료에서 일어나는 일반적인 연소형태는?

① 표면연소 ② 분해연소
③ 증발연소 ④ 확산연소

해설 표면연소(suface reaction)
목탄이나 코크스, 숯, 금속분 등 휘발분이 없는 고체연료에서 열분해나 증발하지 않고 표면에서 산소와 급격히 산화반응하여 연소하는 현상. 불꽃이 없는 것(무염연소)이 특징이고 연쇄 반응이 없다.
• 분해연소 : 석탄, 목재, 종이, 섬유, 플라스틱, 합성수리(고분자)
• 증발연소 : 에테르, 이황화탄소, 알콜류 아세톤 휘발유, 경유 등
• 확산연소 : LNG, LPG, 아세틸렌(C_2H_2) 등의 가연성 기체

05 다음 기체연료 중 고위발열량(MJ/Sm^3)이 가장 큰 것은?

① 고로가스 ② 천연가스
③ 석탄가스 ④ 수성가스

해설 고위발열량
㉠ LNG(천연가스) : 46.05MJ/Sm^3
㉡ 고로가스(용광로가스) : 900~1,000$kcal/Sm^3$(3.77MJ/Sm^3)
㉢ 수성가스 : 2,500$kcal/Sm^3$(10.47 MJ/Sm^3)

06 기체연료가 다른 연료에 비하여 연소용 공기가 적게 소요되는 가장 큰 이유는?

① 확산연소가 되므로
② 인화가 용이하므로
③ 열전도도가 크므로
④ 착화온도가 낮으므로

07 다음 연료의 발열량을 측정하는 방법으로 가장 거리가 먼 것은?

① 열량계에 의한 방법
② 연소방식에 의한 방법
③ 공업분석에 의한 방법
④ 원소분석에 의한 방법

정답 01 ③ 02 ④ 03 ① 04 ① 05 ② 06 ① 07 ②

해설 연료의 발열량 측정방법
㉠ 열량계에 의한 방법
㉡ 공업분석에 의한 방법
㉢ 원소분석에 의한 방법

08 증기의 성질에 대한 설명으로 틀린 것은?

① 증기의 압력이 높아지면 증발열이 커진다.
② 증기의 압력이 높아지면 비체적이 감소한다.
③ 증기의 압력이 높아지면 엔탈피가 커진다.
④ 증기의 압력이 높아지면 포화온도가 높아진다.

해설 증기의 압력이 높아지면 증발열은 감소한다.

09 댐퍼를 설치하는 목적으로 가장 거리가 먼 것은?

① 통풍력을 조절한다.
② 가스의 흐름을 조절한다.
③ 가스가 새어나가는 것을 방지한다.
④ 덕트 내 흐르는 공기 등의 양을 제어한다.

해설 댐퍼(damper)의 설치목적
㉠ 통풍력을 조절한다.
㉡ 가스의 흐름을 교체한다(주연도와 부연도에서).
㉢ 가스의 흐름을 차단한다.

10 다음 중 증유의 착화온도(℃)로 가장 적합한 것은?

① 250~300　② 325~400
③ 400~440　④ 530~580

11 고체 및 액체연료의 발열량을 측정할 때 정압 열량계가 주로 사용된다. 이 열량계 중에 2L의 물이 있는데 5kg의 시료를 연소시킨 결과 물의 온도가 20℃ 상승하였다. 이 열량계의 열손실률을 10%라고 가정할 때, 발열량은 약 몇 kJ/kg인가?

① 18,336　② 25,976
③ 33,600　④ 41,256

해설
$$Q = mc(t_2 - t_1) = 2{,}000 \times 4.2 \times 20 = 168{,}000\text{kJ} \fallingdotseq 168\text{MJ}$$
$$Q_L = KQ = 1.1 \times 168\text{MJ}$$
$$\therefore q = \frac{168{,}000}{5} = 33{,}600\text{kJ/kg}$$

12 99% 집진을 요구하는 어느 공장에서 70% 효율을 가진 전처리 장치를 이미 설치하였다. 주처리 장치는 약 몇 %의 효율을 가진 것이어야 하는가?

① 98.7
② 96.7
③ 94.7
④ 92.7

해설
$$1-\eta_t = (1-\eta_1)\cdot(1-\eta_2)$$
$$(1-\eta_2) = \frac{1-\eta_t}{1-\eta_1}$$
$$\eta_2 = \left[1-\left(\frac{1-\eta t}{1-\eta_1}\right)\right]\times 100\%$$
$$= \left[1-\left(\frac{1-0.99}{1-0.3}\right)\right]\times 100\%$$
$$= 96.7\%$$
• 집진 장치 최종효율(η_t)
• 전처리 장치 효율(η_1)
• 주처리 장치 효율(η_2)
$(1-\eta_t)$: 집진장치 통과 후 최종적으로 남는 먼지 비율
$(1-\eta_1)$: 전처리 장치 통과 후 남는 먼지의 비율
$(1-\eta_2)$: 주처리 장치 통과 후 남는 먼지의 비율

13 위험성을 나타내는 성질에 관한 설명으로 옳지 않은 것은?

① 착화온도와 위험성은 반비례한다.
② 비등점이 낮으면 인화 위험성이 높아진다.
③ 인화점이 낮은 연료는 대체로 착화온도가 낮다.
④ 물과 혼합하기 쉬운 가연성 액체는 물과의 혼합에 의해 증기압이 높아져 인화점이 낮아진다.

정답 08 ① 09 ③ 10 ④ 11 ③ 12 ② 13 ④

14 저탄장 바닥의 구배와 실외에서의 탄층높이로 가장 적절한 것은?

① 구배 1/50~1/100, 높이 2m 이하
② 구배 1/100~1/150, 높이 4m 이하
③ 구배 1/150~1/200, 높이 2m 이하
④ 구배 1/200~1/250, 높이 4m 이하

15 보일러의 열효율[η] 계산식으로 옳은 것은? (단, h_s : 발생증기 비엔탈피, h_w : 급수의 비엔탈피, m_a : 발생증기량, m_f : 연료소비량, H_L : 저위발열량이다.)

① $\eta = \dfrac{H_L \times m_f}{(h_s + h_w)m_a}$

② $\eta = \dfrac{(h_s - h_w)m_a}{H_L \times m_f}$

③ $\eta = \dfrac{(h_s + h_w)m_a}{H_L \times m_f}$

④ $\eta = \dfrac{(h_s - h_w)m_a m_f}{H_L}$

해설

$$\eta_B = \frac{m_a(h_s - h_w)}{H_L \times m_f} \times 100\%$$

16 질량 기준으로 C 85%, H 12%, S 3%의 조성으로 되어 있는 중유를 공기비 1.1로 연소할 때 건연소가스량은 약 몇 Nm^3/kg인가?

① 9.7 ② 10.5
③ 11.3 ④ 12.1

해설

이론공기량(A_o)

$= 8.89C + 26.67\left(H - \dfrac{O}{8}\right) + 3.33S$

$= 8.89 \times 0.85 + 26.67(0.12) + 3.33 \times 0.03$

$= 10.8568 Nm^3/kg$

∴ 건연소가스량(G_d)

$= (m - 0.21)A_o + 1.867C + 0.7S + 0.8N$

$= (1.1 - 0.21) \times 10.8568 + 1.867 \times 0.85 + 0.7 \times 0.03$

$\fallingdotseq 11.3 Nm^3/kg$

17 공기와 연료의 혼합기체의 표시에 대한 설명 중 옳은 것은?

① 공기비는 연공비의 역수와 같다.
② 연공비(fuel air ratio)라 함은 가연 혼합기 중의 공기와 연료의 질량비로 정의된다.
③ 공연비(air fuel ratio)라 함은 가연 혼합기 중의 연료와 공기의 질량비로 정의된다.
④ 당량비(equivalence ratio)는 실제연공비와 이론연공비의 비로 정의된다.

18 석탄에 함유되어 있는 성분 중 ㉮ 수분, ㉯ 휘발분, ㉰ 황분이 연소에 미치는 영향으로 가장 적합하게 각각 나열한 것은?

① ㉮ 발열량 감소, ㉯ 연소 시 긴 불꽃 생성, ㉰ 연소기관의 부식
② ㉮ 매연발생, ㉯ 대기오염 감소, ㉰ 착화 및 연소방해
③ ㉮ 연소방해, ㉯ 발열량 감소, ㉰ 매연발생
④ ㉮ 매연발생, ㉯ 발열량 감소, ㉰ 점화방해

19 배기가스와 외기의 평균온도가 220℃와 25℃이고, 1기압에서 배기가스와 대기의 밀도는 각각 $0.770kg/m^3$와 $1.186kg/m^3$일 때 연돌의 높이는 약 몇 m인가? (단, 연돌의 통풍력 Z=52.85mmH_2O이다.)

① 60
② 80
③ 100
④ 120

해설

$$H = \frac{Z}{273\left(\dfrac{\gamma_a}{t_a + 273} - \dfrac{\gamma_g}{t_g + 273}\right)}$$

$$= \frac{52.85}{273\left(\dfrac{1.186}{25 + 273} - \dfrac{0.770}{220 + 273}\right)}$$

$= 80.06m$

정답 14 ② 15 ② 16 ③ 17 ④ 18 ① 19 ②

20 그림은 어떤 로의 열정산도이다. 발열량이 $10,920\text{kJ/Nm}^3$인 연료를 이 가열로에서 연소시켰을 때 추출강재가 함유하는 열량은 약 몇 kJ/Nm^3인가?

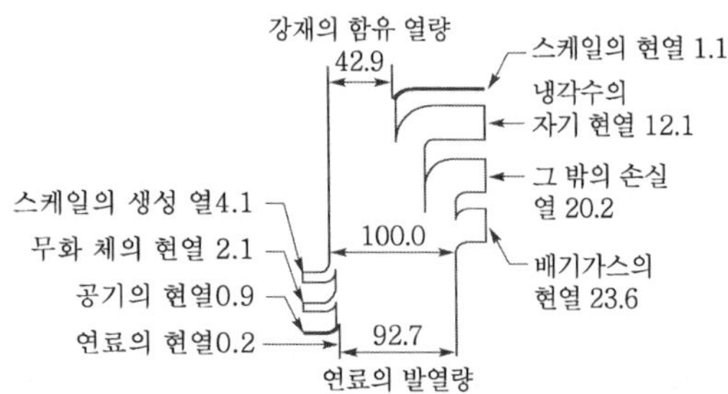

① 425.99 ② 971.29
③ 1,422.59 ④ 1,519.61

해설
추출강제열량 42.9%, 연료의 발열량 92.7%
2,000 : 92.7=함유열량(x) : 42.9
$\therefore$ 함유열량(x)$=\dfrac{10,920\times 42.9}{92.7}\fallingdotseq 1,519.61\text{kJ/Nm}^3$

제2과목 열역학

21 물체의 온도 변화 없이 상(phase, 相) 변화를 일으키는 데 필요한 열량은?

① 비열 ② 점화열
③ 잠열 ④ 반응열

해설
잠열(숨은열)은 온도 변화 없이 상(phase)만의 변화를 일으키는 데 필요한 열량이다.

22 열역학 2법칙과 관련하여 가역 또는 비가역 사이클 과정 중 항상 성립하는 것은? (단, Q는 시스템에 출입하는 열량이고, T는 절대온도이다.)

① $\oint \dfrac{\delta Q}{T}=0$ ② $\oint \dfrac{\delta Q}{T}>0$
③ $\oint \dfrac{\delta Q}{T}\ge 0$ ④ $\oint \dfrac{\delta Q}{T}\le 0$

23 어느 밀폐계와 주위 사이에 열의 출입이 있다. 이것으로 인한 계와 주위의 엔트로피의 변화량을 각각 ΔS_1, ΔS_2로 하면 엔트로피 증가의 원리를 나타내는 식으로 옳은 것은?

① $\Delta S_1>0$
② $\Delta S_2>0$
③ $\Delta S_1+\Delta S_2>0$
④ $\Delta S_1-\Delta S_2>0$

24 100kPa의 포화액이 펌프를 통과하여 1,000kPa까지 단열압축된다. 이 때 필요한 펌프의 단위 질량당 일은 약 몇 kJ/kg인가?(단, 포화액의 비체적은 $0.001\text{m}^3/\text{kg}$으로 일정하다.)

① 0.9
② 1.0
③ 900
④ 1,000

해설
$$w_p=-\int_1^2 vdp=\int_2^1 vdp$$
$$=v(p_1-p_2)=0.001(1,000-100)$$
$$=0.9\text{kJ/kg}$$

25 다음 중 랭킨 사이클의 과정을 옳게 나타낸 것은?

① 단열압축 → 정적가열 → 단열팽창 → 정압냉각
② 단열압축 → 정압가열 → 단열팽창 → 정적냉각
③ 단열압축 → 정압가열 → 단열팽창 → 정압냉각
④ 단열압축 → 정적가열 → 단열팽창 → 정적냉각

해설
랭킨(Rankine)사이클의 과정
단열압축($S=C$) → 정압가열($P=C$) → 단열팽창($S=C$) → 정압냉각($P=C$)

정답 20 ④ 21 ③ 22 ④ 23 ③ 24 ① 25 ③

26 냉동사이클에서 냉매의 구비조건으로 가장 거리가 먼 것은?

① 임계온도가 높을 것
② 증발열이 클 것
③ 인화 및 폭발의 위험성이 낮을 것
④ 저온, 저압에서 응축이 잘 되지 않을 것

27 어떤 열기관이 역카르노 사이클로 운전하는 열펌프와 냉동기로 작동될 수 있다. 동일한 고온열원과 저온열원 사이에서 작동될 때, 열펌프와 냉동기의 성능계수(COP)는 다음과 같은 관계식으로 표시될 수 있는데, ( ) 안에 알맞은 값은?

$\text{COP}_{\text{열펌프}} = \text{COP}_{\text{냉동기}} + (\quad)$

① 0 ② 1
③ 1.5 ④ 2

해설

$$\text{COP}_{\text{열펌프}} = \frac{Q_1}{W_c} = \frac{W_c + Q_2}{W_c} = 1 + \text{COP}_{\text{냉동기}}$$

28 −50℃의 탄산가스가 있다. 이 가스가 정압과정으로 0℃가 되었을 때 변경 후의 체적은 변경 전의 체적 대비 약 몇 배가 되는가? (단, 탄산가스는 이상기체로 간주한다.)

① 1.094배 ② 1.224배
③ 1.375배 ④ 1.512배

해설

$$P = C,\ \frac{V_1}{T_1} = \frac{V_2}{T_2}$$

$$\frac{V_2}{V_1} = \frac{T_2}{T_1} = \frac{273}{273-50} = \frac{273}{223} = 1.224$$

29 물 1kg이 100℃의 포화액 상태로부터 동일 압력에서 100℃의 건포화증기로 증발할 때까지 2,280kJ을 흡수하였다. 이 때 엔트로피의 증가는 약 몇 kJ/K인가?

① 6.1 ② 12.3
③ 18.4 ④ 25.6

해설

$$\Delta S = \frac{Q}{T_s} = \frac{2,280}{373} = 6.11\,\text{kJ/K}$$

30 이상기체에서 정적 비열 C_v와 정압 비열 C_p와의 관계를 나타낸 것으로 옳은 것은? (단, R은 기체상수이고, k는 비열비이다.)

① $C_v = k \times C_p$
② $C_v = \frac{1}{2} \times C_p$
③ $C_v = C_p + R$
④ $C_v = C_p - R$

해설

$C_p - C_v = R$
$C_v = C_p - R$ (kJ/kg·K)

31 랭킨사이클의 열효율 증대 방안으로 가장 거리가 먼 것은?

① 복수기의 압력을 낮춘다.
② 과열 증기의 온도를 높인다.
③ 보일러의 압력을 상승시킨다.
④ 응축기의 온도를 높인다.

해설

응축기(복수기) 온도를 높이면 열효율은 감소한다.

32 압력이 1.2MPa이고 건도가 0.65인 습증기 10m^3의 질량은 약 몇 kg인가? (단, 1.2MPa에서 포화액과 포화증기의 비체적은 각각 $0.0011373\text{m}^3/\text{kg}$, $0.1662\text{m}^3/\text{kg}$이다)

① 87.83
② 92.23
③ 95.11
④ 99.45

해설

$$v_x = v' + x(v'' - v')[\text{m}^3/\text{kg}]$$
$$= 0.0011373 + 0.65(0.1662 - 0.0011373)$$
$$= 0.1084\,\text{m}^3/\text{kg}$$
$$v_x = \frac{V}{m}$$
$$\therefore m = \frac{V}{v_x} = \frac{10}{0.1084} = 92.25\text{kg}$$

정답 26 ④ 27 ② 28 ② 29 ① 30 ④ 31 ④ 32 ②

33 비열비가 1.41인 이상기체가 1MPa, 500L에서 가역단열과정으로 120kPa로 변할 때 이 과정에서 한 일은 약 몇 kJ인가?

① 561 ② 625
③ 725 ④ 825

해설

$$ {}_1W_2 = \frac{P_1V_1}{k-1}\left[1-\left(\frac{P_2}{P_1}\right)^{\frac{k-1}{k}}\right] $$
$$ = \frac{1{,}000\times0.5}{1.41-1}\left[1-\left(\frac{120}{1{,}000}\right)^{\frac{1.41-1}{1.41}}\right] $$
$$ \fallingdotseq 561.2\,\text{kJ} $$

34 40m^3의 실내에 있는 공기의 질량은 약 몇 kg인가? (단, 공기의 압력은 100kPa, 온도는 27℃이며, 공기의 기체상수는 0.287kJ/kg·K이다.)

① 93 ② 46
③ 10 ④ 2

해설

$PV=mRT$에서

$$ m=\frac{PV}{RT}=\frac{100\times40}{0.287\times(27+273)}=46.46\,\text{kg} $$

35 냉동 용량 6RT(냉동톤)인 냉동기의 성능계수가 2.4이다. 이 냉동기를 작동하는데 필요한 동력은 약 몇 kW인가? (단, 1RT(냉동톤)은 3.86kW이다.)

① 3.33 ② 5.74
③ 9.65 ④ 18.42

해설

$$ \text{kW}=\frac{Q_e}{\varepsilon_R}=\frac{6\times3.86}{2.4}=9.65\,\text{kW} $$

36 자동차 타이어의 초기 온도와 압력은 각각 15℃, 150kPa이었다. 이 타이어에 공기를 주입하여 타이어 안의 온도가 30℃가 되었다고 하면 타이어의 압력은 약 몇 kPa인가? (단, 타이어 내의 부피는 0.1m^3이고, 부피 변화는 없다고 가정한다.)

① 158 ② 177
③ 211 ④ 233

해설

$$ \frac{P_1}{T_1}=\frac{P_2}{T_2} $$
$$ P_2=P_1\left(\frac{T_2}{T_1}\right)=150\left(\frac{30+273}{15+273}\right)\fallingdotseq 158\,\text{kPa} $$

37 노즐에서 가역단열 팽창하여 분출하는 이상기체가 있다고 할 때 노즐 출구에서의 유속에 대한 관계식으로 옳은 것은? (단, 노즐입구에서의 유속은 무시할 수 있을 정도로 작다고 가정하고, 노즐 입구의 단위질량당 엔탈피는 h_i, 노즐 출구의 단위질량당 엔탈피는 h_o이다.)

① $\sqrt{h-h_o}$
② $\sqrt{h_o-h_i}$
③ $\sqrt{2(h_i-h_o)}$
④ $\sqrt{2(h_o-h_i)}$

해설

$$ V_o=\sqrt{2(h_i-h_o)}=44.72\sqrt{(h_i-h_2)}\ (\text{m/s}) $$

38 디젤 사이클에서 압축비는 16, 기체의 비열비는 1.4, 체절비(또는 분사 단절비)는 2.5라고 할 때 이 사이클의 효율은 약 몇 %인가?

① 59% ② 62%
③ 65% ④ 68%

해설

$$ \eta_{thd}=\left[1-\left(\frac{1}{\varepsilon}\right)^{k-1}\times\frac{\sigma^k-1}{k(\sigma-1)}\right]\times100\% $$
$$ =\left[1-\left(\frac{1}{16}\right)^{1.4-1}\times\frac{2.5^{1.4}-1}{1.4(2.5-1)}\right]\times100\% $$
$$ =59\% $$

39 다음 중 가스터빈의 사이클로 가장 많이 사용되는 사이클은?

① 오토 사이클
② 디젤 사이클
③ 랭킨 사이클
④ 브레이턴 사이클

해설

가스터빈의 이상사이클은 브레이턴 사이클이다.

정답 33 ① 34 ② 35 ③ 36 ① 37 ③ 38 ① 39 ④

40 다음 중 용량성 상태량(extensive property)에 해당하는 것은?

① 엔탈피 ② 비체적
③ 압력 ④ 절대온도

해설
강도성 상태량(extensive property)은 물질의 양과 무관한 상태량으로 비체적, 압력, 온도 등이 있다.

제3과목 계측방법

41 단요소식 수위제어에 대한 설명으로 옳은 것은?

① 발전용 고압 대용량 보일러의 수위제어에 사용되는 방식이다.
② 보일러의 수위만을 검출하여 급수량을 조절하는 방식이다.
③ 부하변동에 의한 수위변화 폭이 대단히 적다.
④ 수위조절기의 제어동작은 PID동작이다.

42 다음 중 액면 측정방법이 아닌 것은?

① 액압측정식 ② 정전용량식
③ 박막식 ④ 부자식

43 유로에 고정된 교축기구를 두어 그 전후의 압력차를 측정하여 유량을 구하는 유량계의 형식이 아닌 것은?

① 벤투리미터 ② 플로우 노즐
③ 로터미터 ④ 오리피스

44 오차와 관련된 설명으로 틀린 것은?

① 흩어짐이 큰 측정을 정밀하다고 한다.
② 오차가 적은 계량기는 정확도가 높다.
③ 계측기가 가지고 있는 고유의 오차를 기차라고 한다.
④ 눈금을 읽을 때 시선의 방향에 따른 오차를 시차라고 한다.

45 측정하고자 하는 액면을 직접 자로 측정, 자의 눈금을 읽음으로써 액면을 측정하는 방법의 액면계는?

① 검척식 액면계
② 기포식 액면계
③ 직관식 액면계
④ 플로트식 액면계

46 Thermister(서미스터)의 특징이 아닌 것은?

① 소형이며 응답이 빠르다.
② 온도계수가 금속에 비하여 매우 작다.
③ 흡습 등에 의하여 열화되기 쉽다.
④ 전기저항체 온도계이다.

해설
서미스터는 온도계수가 크므로 고감도 온도 측정이 가능하다.

47 전자유량계로 유량을 측정하기 위하여 직접 계측하는 것은?

① 유체에 생기는 과전류에 의한 온도 상승
② 유체에 생기는 압력 상승
③ 유체 내에 생기는 와류
④ 유체에 생기는 기전력

해설
전자유량계로 유량을 측정하기 위해서 유체에 생기는 기전력을 직접 계측한다.
※ 기전력(electromotive force): 발전기나 건전지 와같은 에너지원의 단위전하가 갖는 에너지의 크기를 말한다.

48 고온물체로부터 방사되는 특정파장을 온도계 속으로 통과시켜 온도계 내의 전구 필라멘트의 휘도를 육안으로 직접 비교하여 온도를 측정하는 것은?

① 열전온도계
② 광고온계
③ 색온도계
④ 방사온도계

정답 40 ① 41 ② 42 ③ 43 ③ 44 ① 45 ① 46 ② 47 ④ 48 ②

49 조절계의 제어작동 중 제어편차에 비례한 제어 동작은 잔류편차(offset)가 생기는 결점이 있는 데, 이 잔류편차를 없애기 위한 제어동작은?

① 비례동작 ② 미분동작
③ 2위치동작 ④ 적분동작

해설 잔류편차(offset)를 없애기 위한 제어동작은 적분제어(I)동작이다.

50 다이어프램식 압력계의 압력증가 현상에 대한 설명으로 옳은 것은?

① 다이어프램에 가해진 압력에 의해 격막이 팽창한다.
② 링크가 아래 방향으로 회전한다.
③ 섹터기어가 시계방향으로 회전한다.
④ 피니언은 시계방향으로 회전한다.

51 다음 중 직접식 액위계에 해당하는 것은?

① 정전용량식 ② 초음파식
③ 플로트식 ④ 방사선식

해설 플로트식(flast type)은 직접식 액위계다.

52 램, 실린더, 기름탱크, 가압펌프 등으로 구성되어 있으며 다른 압력계의 기준기로 사용되는 것은?

① 환상스프링식 압력계
② 부르동관식 압력계
③ 액주형 압력계
④ 분동식 압력계

53 2개의 제어계를 조합하여 1차 제어장치의 제어량을 측정하여 제어명령을 발하고 2차 제어장치의 목표치로 설정하는 제어방법은?

① on-off 제어 ② cascade 제어
③ program 제어 ④ 수동 제어

54 다음 중 사용온도 범위가 넓어 저항온도계의 저항체로서 가장 우수한 재질은?

① 백금
② 니켈
③ 동
④ 철

55 다음 중 1,000℃ 이상의 고온체의 연속 측정에 가장 적합한 온도계는?

① 저항온도계
② 방사온도계
③ 바이메탈식 온도계
④ 액체압력식 온도계

해설 방사온도계는 고온도역의 측정에 사용되는 온도계로 백금-백금 로듐 열전대 백금 저항온도계를 사용하면 1,500℃정도까지 측정할 수 있으며 다시 그 이상 2,000℃ 정도까지의 온도 측정에는 측온물체로부터 방사되는 에너지를 사용하는 방사온도계가 사용된다.

56 응답이 빠르고 감도가 높으며, 도선저항에 의한 오차를 작게 할 수 있으나, 재현성이 없고 흡습 등으로 열화 되기 쉬운 특징을 가진 온도계는?

① 광고온계
② 열전대 온도계
③ 서미스터 저항체 온도계
④ 금속 측온 저항체 온도계

57 다음 열전대의 구비조건으로 가장 적절하지 않은 것은?

① 열기전력이 크고 온도 증가에 따라 연속적으로 상승할 것
② 저항온도 계수가 높을 것
③ 열전도율이 작을 것
④ 전기저항이 작을 것

정답 49 ④ 50 ④ 51 ③ 52 ④ 53 ② 54 ① 55 ② 56 ③ 57 ②

58 휴대용으로 상온에서 비교적 정도가 좋은 아스만(Asman) 습도계는 다음 중 어디에 속하는가?

① 저항 습도계
② 냉각식 노점계
③ 간이 건습구 습도계
④ 통풍형 건습구 습도계

해설
아스만(Asmam)에 의해 고안된 건습구 온도계로 감도가 좋고 외부의 풍속변화를 받지 않으므로 정확한 습도를 측정할 수 있는 통풍형 건습구 습도계다.

59 지름이 10cm되는 관속을 흐르는 유체의 유속이 16m/s이었다면 유량은 약 몇 m^3/s인가?

① 0.125 ② 0.525
③ 1.605 ④ 1.725

해설

$$Q = AV = \frac{\pi d^2}{4}V$$

$$= \frac{\pi(0.1)^2}{4} \times 16$$

$$= 0.125\,m^3/s$$

60 환상천평식(링밸런스식) 압력계에 대한 설명으로 옳은 것은?

① 경사관식 압력계의 일종이다.
② 히스테리시스 현상을 이용한 압력계이다.
③ 압력에 따른 금속의 신축성을 이용한 것이다.
④ 저압가스의 압력측정이나 드래프트게이지로 주로 이용된다.

제4과목 열설비재료 및 관계법규

61 다음 중 용광로에 장입되는 물질 중 탈황 및 탈산을 위해 첨가하는 것으로 가장 적당한 것은?

① 철광석 ② 망간광석
③ 코크스 ④ 석회석

62 다음 보온재 중 최고 안전 사용온도가 가장 낮은 것은?

① 석면 ② 규조토
③ 우레탄 폼 ④ 펄라이트

해설
최고 안전 사용온도
㉠ 우레탄 폼류 : 80℃
㉡ 석면 : 450℃
㉢ 규조토 : 500℃
㉣ 펄라이트 : 650℃

63 연소실의 연도를 축조하려 할 때 유의사항으로 가장 거리가 먼 것은?

① 넓거나 좁은 부분의 차이를 줄인다.
② 가스 정체 공극을 만들지 않는다.
③ 가능한 한 굴곡 부분을 여러 곳에 설치한다.
④ 댐퍼로부터 연도까지의 길이를 짧게 한다.

64 에너지이용 합리화법에 따라 검사대상기기에 해당되지 않는 것은?

① 정격용량이 0.4MW인 철금속가열로
② 가스사용량이 18kg/h인 소형온수보일러
③ 최고사용압력이 0.1MPa이고, 전열면적이 $5m^2$인 주철제보일러
④ 최고사용압력이 0.1MPa이고, 동체의 안지름이 300mm이며, 길이가 600mm인 강철제보일러

65 에너지이용 합리화법에 따라 효율관리기자재의 제조업자가 광고매체를 이용하여 효율관리기자재의 광고를 하는 경우에 그 광고 내용에 포함시켜야 할 사항은?

① 에너지 최고효율
② 에너지 사용량
③ 에너지 소비효율
④ 에너지 평균소비량

정답 58 ④ 59 ① 60 ④ 61 ② 62 ③ 63 ③ 64 ① 65 ③

66 에너지이용 합리화법에 의해 에너지사용의 제한 또는 금지에 관한 조정 · 명령, 기타 필요한 조치를 위반한 자에 대한 과태료 기준은 얼마인가?

① 50만원 이하 ② 100만원 이하
③ 300만원 이하 ④ 500만원 이하

67 보온재의 열전도계수에 대한 설명으로 틀린 것은?

① 보온재의 함수율이 크게 되면 열전도계수도 증가한다.
② 보온재의 기공률이 클수록 열전도계수는 작아진다.
③ 보온재는 열전도계수가 작을수록 좋다.
④ 보온재의 온도가 상승하면 열전도계수는 감소된다.

68 에너지이용 합리화법의 목적이 아닌 것은?

① 에너지의 합리적인 이용을 증진
② 국민경제의 건전한 발전에 이바지
③ 지구온난화의 최소화에 이바지
④ 신재생에너지의 기술개발에 이바지

69 에너지이용 합리화법에 따라 시공업의 기술인력 및 검사대상기기관리자에 대한 교육과정과 교육기간의 연결로 틀린 것은?

① 난방시공업 제1종기술자 과정 : 1일
② 난방시공업 제2종기술자 과정 : 1일
③ 소형보일러 · 압력용기관리자 과정 : 1일
④ 중 · 대형보일러관리자 과정 : 2일

70 에너지이용 합리화법에 따라 냉난방온도의 제한온도 기준 중 난방온도는 몇 ℃ 이하로 정해져 있는가?

① 18 ② 20
③ 22 ④ 26

해설 에너지이용 합리화법에 따라 냉난방온도의 제한온도 기준 중 난방온도는 20℃ 이하로 정해져 있다.

71 버터플라이 밸브의 특징에 대한 설명으로 틀린 것은?

① 90℃ 회전으로 개폐가 가능하다.
② 유량조절이 가능하다.
③ 완전 열림 시 유체저항이 크다.
④ 밸브몸통 내에서 밸브대를 축으로 하여 원판형태의 디스크의 움직임으로 개폐하는 밸브이다.

72 에너지이용 합리화법에 따라 검사대상기기의 검사유효기간 기준으로 틀린 것은?

① 검사유효기간은 검사에 합격한 날의 다음날부터 계산한다.
② 검사에 합격한 날이 검사유효기간 만료일 이전 60일 이내인 경우 검사유효기간 만료일의 다음 날부터 계산한다.
③ 검사를 연기한 경우의 검사유효기간은 검사유효기간 만료일의 다음 날부터 계산한다.
④ 산업통상자원부장관은 검사대상기기의 안전관리 또는 에너지효율 향상을 위하여 부득이 하다고 인정할 때에는 검사유효기간을 조정할 수 있다.

73 마그네시아 또는 돌로마이트를 원료로 하는 내화물이 수증기의 작용을 받아 $Ca(OH)_2$나 $Mg(OH)_2$를 생성하게 된다. 이 때 체적변화로 인해 노벽에 균열이 발생하거나 붕괴하는 현상을 무엇이라고 하는가?

① 버스팅
② 스폴링
③ 슬래킹
④ 에로존

해설 슬래킹 현상이란 마그네시아 또는 돌로마이트 벽돌을 저장 중이나 사용 후에 수증기를 흡수하여 체적변화에 의해 노벽에 균열(crack)이 발생하거나 분화가 붕괴(떨어져 나가는)되는 현상을 말한다.

정답 66 ③ 67 ④ 68 ④ 69 ④ 70 ② 71 ③ 72 ② 73 ③

74 가스로 중 주로 내열강재의 용기를 내부에서 가열하고 그 용기 속에 열처리품을 장입하여 간접 가열하는 로를 무엇이라고 하는가?

① 레토르트로　② 오븐로
③ 머플로　④ 라디안트튜브로

75 파이프의 열변형에 대응하기 위해 설치하는 이음은?

① 가스이음　② 플랜지이음
③ 신축이음　④ 소켓이음

해설
파이프의 열변형에 대응하기 위해 설치하는 이음은 신축이음이다(동관 20m, 강관 30m마다 1개씩 설치한다).

76 에너지이용 합리화법에 따라 에너지 저장의무 부과대상자가 아닌 것은?

① 전기사업자
② 석탄생산자
③ 도시가스사업자
④ 연간 2만 석유환산톤 이상의 에너지를 사용하는 자

77 85℃의 물 120kg의 온탕에 10℃의 물 140kg을 혼합하면 약 몇 ℃의 물이 되는가?

① 44.6　② 56.6
③ 66.9　④ 70.0

해설

$$t_m = \frac{m_1 t_1 + m_2 t_2}{m_1 + m_2} = \frac{120 \times 85 + 140 \times 10}{120 + 140} \fallingdotseq 44.62℃$$

78 도염식 가마의 구조에 해당되지 않는 것은?

① 흡입구　② 대차
③ 지연도　④ 화교(fire bridge)

해설
대차(운반차)는 연속요(가마)인 터널요가마의 구성요소에 속한다.

79 에너지이용 합리화법에 따라 매년 1월 31일까지 전년도의 분기별 에너지사용량 · 제품생산량을 신고하여야 하는 대상은 연간 에너지사용량의 합계가 얼마 이상인 경우 해당되는가?

① 1천 티오이　② 2천 티오이
③ 3천 티오이　④ 5천 티오이

80 에너지이용 합리화법에 따른 한국에너지공단의 사업이 아닌 것은?

① 에너지의 안정적 공급
② 열사용기자재의 안전관리
③ 신에너지 및 재생에너지 개발사업의 촉진
④ 집단에너지 사업의 촉진을 위한 지원 및 관리

제5과목 열설비 설계

81 보일러를 사용하지 않고, 장기간 휴지상태로 놓을 때 부식을 방지하기 위해서 채워두는 가스는?

① 이산화탄소
② 질소가스
③ 아황산가스
④ 메탄가스

해설
보일러를 사용하지 않고 장기간 휴지상태로 놓을 때 부식방지 재료는 질소(N_2) 가스를 사용한다.

82 보일러의 파형노통에서 노통의 평균지름을 1,000mm, 최고사용압력을 110N이라 할 때 노통의 최소두께(mm)는? (단, 평형부 길이가 230mm 미만이며, 정수 C는 1,100이다.)

① 50　② 80
③ 100　④ 130

해설

$$\text{파형노통의 최소두께}(t) = \frac{PD}{C} = \frac{110 \times 1,000}{1,100} = 100\text{mm}$$

정답 74 ③ 75 ③ 76 ② 77 ① 78 ② 79 ② 80 ① 81 ② 82 ③

83 보일러 수냉관과 연소실벽 내에 설치된 방사과열기의 보일러 부하에 따른 과열온도 변화에 대한 설명으로 옳은 것은?

① 보일러의 부하증대에 따라 과열온도는 증가하다가 최대 이후 감소한다.
② 보일러의 부하증대에 따라 과열온도는 감소하다가 최소 이후 증가한다.
③ 보일러의 부하증대에 따라 과열온도는 증가한다.
④ 보일러의 부하증대에 따라 과열온도는 감소한다.

84 육용 강재 보일러의 구조에 있어서 동체의 최소 두께 기준으로 틀린 것은?

① 안지름이 900mm 이하의 것은 4mm
② 안지름이 900mm 초과 1,350mm 이하의 것은 8mm
③ 안지름이 1,350mm 초과 1,850mm 이하의 것은 10mm
④ 안지름이 1,850mm 초과하는 것은 12mm

85 연소실의 체적을 결정할 때 고려사항으로 가장 거리가 먼 것은?

① 연소실의 열부하
② 연소실의 열발생률
③ 연료의 연소량
④ 내화벽돌의 내압강도

해설
내화벽돌의 내압강도는 연소실 체적을 결정할 때 고려사항이 아니다.

86 급수조절기를 사용할 경우 수압시험 또는 보일러를 시동할 때 조절기가 작동하지 않게 하거나, 모든 자동 또는 수동제어 밸브 주위에 수리, 교체하는 경우를 위하여 설치하는 설비는?

① 블로우 오프관 ② 바이패스관
③ 과열 저감기 ④ 수면계

87 보일러 운전 시 캐리오버(carry-over)를 방지하기 위한 방법으로 틀린 것은?

① 주증기 밸브를 서서히 연다.
② 관수의 농축을 방지한다.
③ 증기관을 냉각한다.
④ 과부하를 피한다.

해설
캐리오버(carry-over)를 방지하려면 증기관을 가열한다.

88 내경 250mm, 두께 3mm의 주철관에 압력 40N/cm^{2}의 증기를 통과시킬 때 원주방향의 인장응력(N/mm^2)은?

① 12.36 ② 16.67
③ 21.25 ④ 32.85

해설
$$t = \frac{PD}{200\sigma_a}(\text{mm})$$
$$\sigma_a = \frac{PD}{200t} = \frac{40\times250}{200\times3} \fallingdotseq 16.67\text{N/mm}^2$$

89 강판의 두께가 20mm이고, 리벳의 직경이 28.2mm이며, 피치 50.1mm의 1줄 겹치기 리벳조인트가 있다. 이 강판의 효율은?

① 34.7% ② 43.7%
③ 53.7% ④ 63.7%

해설
$$\eta_t = \left(1-\frac{d}{p}\right)\times100\% = \left(1-\frac{28.2}{50.1}\right)\times100\% = 43.7\%$$

90 급수 및 보일러수의 순도 표시방법에 대한 설명으로 틀린 것은?

① ppm의 단위는 100만분의 1의 단위이다.
② epm은 당량농도라 하고 용액 1kg 중에 용존되어 있는 물질의 mg 당량수를 의미한다.
③ 알칼리도는 수중에 함유하는 탄산염 등의 알칼리성 성분의 농도를 표시하는 척도이다.
④ 보일러수에서는 재료의 부식을 방지하기 위하여 pH가 7인 중성을 유지하여야 한다.

정답 83 ④ 84 ① 85 ④ 86 ② 87 ③ 88 ② 89 ② 90 ④

해설
㉠ 보일러수(동, 관수 내) : pH 10.5~12
㉡ 보일러급수 : pH 8~9

91 용접부에서 부분 방사선 투과시험의 검사길이 계산은 몇 mm 단위로 하는가?

① 50　② 100
③ 200　④ 300

92 보일러 재료로 이용되는 대부분의 강철제는 200~300℃에서 최대의 강도를 유지하나 몇 ℃이상이 되면 재료의 강도가 급격히 저하되는가?

① 350℃　② 450℃
③ 550℃　④ 650℃

93 어느 가열로에서 노벽의 상태가 다음과 같을 때 노벽을 관류하는 열량(kW)은 얼마인가? (단, 노벽의 상하 및 둘레가 균일하며, 평균방열면적 120.5m^2, 노벽의 두께 45cm, 내벽표면온도 1,300℃, 외벽표면온도 175℃, 노벽재질의 열전도율 0.12W/m·K이다.)

① 30,125.48　② 20,306.48
③ 12,556.65　④ 137,562.48

해설

$$Q = \lambda A \frac{(t_1 - t_2)}{L}$$

$$= 0.12 \times 120.5 \times \frac{(1{,}300 - 175)}{0.045}$$

$$\fallingdotseq 73{,}103.33\,\text{kJ/h} = 20{,}306.48\,\text{kW}$$

94 다음 중 보일러 안전장치로 가장 거리가 먼 것은?

① 방폭문
② 안전밸브
③ 체크밸브
④ 고저수위경보기

해설
체크밸브는 방향제어밸브로 유체를 한쪽 방향으로만 흐르게 하는 밸브(역지변)이다.

95 계속사용검사기준에 따라 설치한 날로부터 15년 이내인 보일러에 대한 순수처리 수질기준으로 틀린 것은?

① 총경도(mg $CaCO_2$/L) : 0
② pH(298K{25℃}에서) : 7~9
③ 실리카(mg SiO_2/L) : 흔적이 나타나지 않음
④ 전기 전도율(298K{25℃}에서의) : 0.05 μs/cm 이하

96 유속을 일정하게 하고 관의 직경을 2배로 증가시켰을 경우 유량은 어떻게 변하는가?

① 2배로 증가
② 4배로 증가
③ 6배로 증가
④ 8배로 증가

해설

$$Q = AV = \frac{\pi d^2}{4} V(\text{m}^3/\text{s})$$

$$\frac{Q_2}{Q_1} = \frac{A_2}{A_1} = \left(\frac{d_2}{d_1}\right)^2 = (2)^2 = 4\text{배 증가}$$

97 "어떤 주어진 온도에서 최대 복사강도에서의 파장(λ_{max})은 절대온도에 반비례한다"와 관련된 법칙은?

① Wien의 법칙
② Planck의 법칙
③ Fourier의 법칙
④ Stefan-Boltzmann의 법칙

98 보일러 수처리의 약제로서 pH를 조정하여 스케일을 방지하는 데 주로 사용되는 것은?

① 리그닌
② 인산나트륨
③ 아황산나트륨
④ 탄닌

해설
인산나트륨은 보일러 수처리 약제로 수소이온농도(pH)를 pH 11 이상의 강알칼리성으로 조정하여 부식 및 스케일을 방지하는 데 사용된다.

정답 91 ④ 92 ① 93 ② 94 ③ 95 ④ 96 ② 97 ① 98 ②

99 압력용기의 설치상태에 대한 설명으로 틀린 것은?

① 압력용기의 본체는 바닥보다 30mm 이상 높이 설치되어야 한다.
② 압력용기를 옥내에 설치하는 경우 유독성 물질을 취급하는 압력용기는 2개 이상의 출입구 및 환기장치가 되어 있어야 한다.
③ 압력용기를 옥내에 설치하는 경우 압력용기의 본체와 벽과의 거리는 0.3m 이상이어야 한다.
④ 압력용기의 기초가 약하여 내려앉거나 갈라짐이 없어야 한다.

해설
압력용기의 본체는 바닥보다 100mm 이상 높이 설치되어야 한다.

100 강제순환식 보일러의 특징에 대한 설명으로 틀린 것은?

① 증기발생 소요시간이 매우 짧다.
② 자유로운 구조의 선택이 가능하다.
③ 고압보일러에 대해서도 효율이 좋다.
④ 동력소비가 적어 유지비가 비교적 적게 든다.

해설
강제순환식 보일러는 동력소비(소비전력)가 크고, 보일러수 순환펌프 설치에 따른 배관 등 관련설비에 따른 유지 및 정비비용이 많이 들고 유지보수도 어렵다(기동 및 정지 절차와 운전이 비교적 복잡하다).

정답 99 ① 100 ④

과년도 출제문제 (2019년 2회)

제1과목 연소공학

01 연소설비에서 배출되는 다음의 공해물질 중 산성비의 원인이 되며 가성소다나 석회 등을 통해 제거할 수 있는 것은?

① SO_x　② NO_x
③ CO　④ 매연

02 C_mH_n $1Nm^3$를 완전 연소시켰을 때 생기는 H_2O의 양(Nm^3)은? (단, 분자식의 첨자 m, n과 답항의 n은 상수이다.)

① $\frac{n}{4}$　② $\frac{n}{2}$
③ n　④ $2n$

해설
$$C_mH_n + \left(m + \frac{n}{4}\right)O_2 \rightarrow mCO_2 + \frac{n}{2}H_2O$$

03 매연 생성에 가장 큰 영향을 미치는 것은?

① 연소속도　② 발열량
③ 공기비　④ 착화온도

해설 매연 생성에 가장 큰 영향을 미치는 것은 공기비(공기 과잉률)이다(공기 부족 시 매연 발생, 공기 과잉 시 NO_x 발생).

04 액체의 인화점에 영향을 미치는 요인으로 가장 거리가 먼 것은?

① 온도　② 압력
③ 발화지연시간　④ 용액의 농도

05 여과 집진장치의 여과재 중 내산성, 내알칼리성 모두 좋은 성질을 갖는 것은?

① 테트론　② 사란
③ 비닐론　④ 글라스

06 탄소 1kg을 완전 연소시키는 데 필요한 공기량(Nm^3)은? (단, 공기 중의 산소와 질소의 체적 함유 비를 각각 21%와 79%로 하며 공기 1kmol의 체적은 $22.4m^3$이다.)

① 6.75　② 7.23
③ 8.89　④ 9.97

해설
$C + O_2 \rightarrow CO_2$

$$A_o = \frac{O_0}{0.21} = \frac{\left(\frac{1 \times 22.4}{12}\right)}{0.21} \fallingdotseq 8.89Nm^3/kg$$

G_d(건연소 가스량)
$= (1 - 0.21)A_o + 1.867C$
$= (1 - 0.21) \times 8.89 + 1.867 \times 1$
$= 8.89Nm^3/kg$

07 고부하의 연소설비에서 연료의 점화나 화염 안정화를 도모하고자 할 때 사용할 수 있는 장치로서 가장 적절하지 않은 것은?

① 분젠 버너　② 파일럿 버너
③ 플라즈마 버너　④ 스파크 플러그

08 연료 중에 회분이 많을 경우 연소에 미치는 영향으로 옳은 것은?

① 발열량이 증가한다.
② 연소상태가 고르게 된다.
③ 클링커의 발생으로 통풍을 방해한다.
④ 완전연소되어 잔류물을 남기지 않는다.

09 과잉 공기가 너무 많을 때 발생하는 현상으로 옳은 것은?

① 연소 온도가 높아진다.
② 보일러 효율이 높아진다.
③ 이산화탄소 비율이 많아진다.
④ 배기가스의 열손실이 많아진다.

해설 과잉 공기가 너무 많으면 배기가스의 열손실이 많아진다.

정답 01 ① 02 ② 03 ③ 04 ③ 05 ③ 06 ③ 07 ① 08 ③ 09 ④

10 연소 배기가스량의 계산식(Nm^3/kg)으로 틀린 것은? (단, 습연소가스량 V, 건연소가스량 V', 공기비 m, 이론공기량 A이고, H, O, N, C, S는 원소, W는 수분이다.)

① $V = mA + 5.6H + 0.7O + 0.8N + 1.25W$
② $V = (m-0.21)A + 1.87C + 11.2H + 0.7S + 0.8N + 1.25W$
③ $V' = mA - 5.6H - 0.7O + 0.8N$
④ $V' = (m-0.21)A + 1.87C + 0.7S + 0.8N$

11 탄소 87%, 수소 10%, 황 3%의 중유가 있다. 이 때 중유의 탄산가스최대량 $(CO_2)_{max}$는 약 몇 %인가?

① 10.23 ② 16.58
③ 21.35 ④ 25.83

12 다음 중 고체연료의 공업분석에서 계산만으로 산출되는 것은?

① 회분
② 수분
③ 휘발분
④ 고정탄소

해설
고체연료의 공업분석에서 고정탄소는 계산만으로 산출할 수 있다.

13 어느 용기에서 압력(P)과 체적(V)의 관계가 $P=(50V+10)\times10^2$kPa과 같을 때 체적이 $2m^3$에서 $4m^3$로 변하는 경우 일량은 몇 MJ인가? (단, 체적의 단위는 m^3이다.)

① 32 ② 34
③ 36 ④ 38

해설

$$_1W_2 = \int_1^2 PdV = \int_1^2 (50V+10)\times10^2 dV$$
$$= \left[\frac{50(V_2^2 - V_1^2)}{2} + 10(V_2 - V_1)\right]_2^4 \times 10^{-1}$$
$$= \left[\frac{50(4^2-2^2)}{2} + 10(4-2)\right]\times10^{-1}$$
$$= 32\text{MJ}$$

14 다음 중 폭발의 원인이 나머지 셋과 크게 다른 것은?

① 분진 폭발
② 분해 폭발
③ 산화 폭발
④ 증기 폭발

15 연소 생성물(CO_2, N_2) 등의 농도가 높아지면 연소속도에 미치는 영향은?

① 연소속도가 빨라진다.
② 연소속도가 저하된다.
③ 연소속도가 변화없다.
④ 처음에는 저하되나, 나중에는 빨라진다.

해설
연소 생성물(이산화탄소, 질소) 등의 농도가 높아지면 연소속도는 저하된다.

16 열정산을 할 때 입열 항에 해당하지 않는 것은?

① 연료의 연소열
② 연료의 현열
③ 공기의 현열
④ 발생 증기열

해설
- 열정산 시 입열 항목 : 공기의 현열, 연료의 저위 발열량, 연료의 현열, 노내분입증기열
- 출열 항목 : 발생공기(흡수)열, 배기가스에 의한 손실열, 미연소가스에 의한 손실열, 방산에 의한 손실열

17 보일러의 급수 및 발생증기의 비엔탈피를 각각 628kJ/kg, 2,805kJ/kg이라고 할 때 20,000kg/h의 증기를 얻으려면 공급열량은 약 몇 kJ/h인가?

① 96.24×10^6
② 43.54×10^6
③ 11.76×10^6
④ 12.25×10^6

해설

$$Q = m\Delta h = m(h_2 - h_1)$$
$$= 20,000\times(2,805-628)$$
$$= 43,540,000 = 43.54\times10^6 \text{kJ/h}$$

정답 10 ③ 11 ② 12 ④ 13 ① 14 ④ 15 ② 16 ④ 17 ②

18 $1Nm^3$의 메탄가스를 공기를 사용하여 연소시킬 때 이론 연소온도는 약 몇 ℃인가? (단, 대기온도는 15℃이고, 메탄가스의 고발열량은 39,767kJ/Nm^3이고, 물의 증발잠열은 2017.7kJ/Nm^3이고, 연소가스의 평균정압비열은 1.423kJ/Nm^3이다.)

① 2,387 ② 2,402
③ 2,417 ④ 2,432

19 다음 기체연료 중 고발열량(kcal/Sm^3)이 가장 큰 것은?

① 고로가스 ② 수성가스
③ 도시가스 ④ 액화석유가스

20 도시가스의 호환성을 판단하는 데 사용되는 지수는?

① 웨베지수(Webbe Index)
② 듀롱지수(Dulong Index)
③ 릴리지수(Lilly Index)
④ 제이도바흐지수(Zeldovich Index)

해설 도시가스의 호환성을 판단하는 데 사용되는 지수는 웨베지수(weber index)다.

제2과목 열역학

21 오토(Otto)사이클을 온도-엔트로피(T-S) 선도로 표시하면 그림과 같다. 작동유체가 열을 방출하는 과정은?

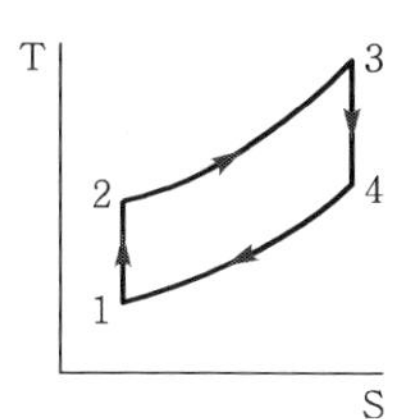

① 1 → 2과정 ② 2 → 3과정
③ 3 → 4과정 ④ 4 → 1과정

해설
- 1 → 2과정 단열압축과정($S=C$)
- 2 → 3과정 등적과정($V=C$)
- 3 → 4과정 단열팽창과정($S=C$)
- 4 → 1과정 등적방열과정

22 다음 과정 중 가역적인 과정이 아닌 것은?

① 과정은 어느 방향으로나 진행될 수 있다.
② 마찰을 수반하지 않아 마찰로 인한 손실이 없다.
③ 변화 경로의 어느 점에서도 역학적, 열적, 화학적 등의 모든 평형을 유지하면서 주위에 어떠한 영향도 남기지 않는다.
④ 과정은 이를 조절하는 값을 무한소만큼씩 변화시켜도 역행할 수는 없다.

23 증기 압축 냉동사이클에서 압축기 입구의 엔탈피는 223kJ/kg, 응축기 입구의 엔탈피는 268kJ/kg, 증발기 입구의 엔탈피는 91kJ/kg인 냉동기의 성적계수는 약 얼마인가?

① 1.8 ② 2.3
③ 2.9 ④ 3.5

해설
$$(COP)_R = \frac{q_e}{w_c} = \frac{(h_2 - h_1)}{(h_3 - h_2)} = \frac{223-91}{268-223} = 2.93$$

24 압력 1MPa, 온도 210℃인 증기는 어떤 상태의 증기인가? (단, 1MPa에서의 포화온도는 179℃이다.)

① 과열증기 ② 포화증기
③ 건포화증기 ④ 습증기

해설 포화온도(t_s=179℃)보다 높은 공기는 과열증기다.

25 열역학 제1법칙은 기본적으로 무엇에 관한 내용인가?

① 열의 전달 ② 온도의 정의
③ 엔트로피의 정의 ④ 에너지의 보존

해설 열역학 제 1법칙은 에너지 보존의 법칙이다(열량과 일량은 본질적으로 동일한 에너지다).

정답 18 ② 19 ④ 20 ① 21 ④ 22 ④ 23 ③ 24 ① 25 ④

26 성능계수(COP)가 2.5인 냉동기가 있다. 15 냉동톤(refrigeration ton)의 냉동 용량을 얻기 위해서 냉동기에 공급해야 할 동력(kW)은? (단, 1냉동톤은 3.86kW이다.)

① 20.5 ② 23.2
③ 27.5 ④ 29.7

해설
$$\text{kW}=\frac{Q_e}{W_c}=\frac{15\times3.86}{\varepsilon_R}=\frac{15\times3.86}{2.5}\fallingdotseq 23.2\text{kW}$$

27 냉동기의 냉매로서 갖추어야 할 요구조건으로 옳지 않은 것은?

① 비체적이 커야 한다.
② 불활성이고 안정적이어야 한다.
③ 증발온도에서 높은 잠열을 가져야 한다.
④ 액체의 표면장력이 작아야 한다.

해설
냉매의 비체적(v)은 적어야 한다.

28 디젤 사이클로 작동되는 디젤 기관의 각 행정의 순서를 옳게 나타낸 것은?

① 단열압축 → 정적가열 → 단열팽창 → 정적방열
② 단열압축 → 정압가열 → 단열팽창 → 정압방열
③ 등온압축 → 정적가열 → 등온팽창 → 정적방열
④ 단열압축 → 정압가열 → 단열팽창 → 정적방열

해설
디젤사이클의 행정순서
단열압축 → 정압가열 → 단열팽창 → 정적방열

29 수증기를 사용하는 기본 랭킨사이클에서 응축기 압력을 낮출 경우 발생하는 현상에 대한 설명으로 옳지 않은 것은?

① 열이 방출되는 온도가 낮아진다.
② 열효율이 높아진다.
③ 터빈 날개의 부식 발생 우려가 커진다.
④ 터빈 출구에서 건도가 높아진다.

해설
응축압력을 낮출 경우 터빈출구에서 건도(x)가 낮아진다.

30 압력 100kPa, 체적 3m³인 이상기체가 등엔트로피 과정을 통하여 체적이 2m³으로 변하였다. 이 과정 중에 기체가 한 일은 약 몇 kJ인가? (단, 기체상수는 0.488kJ/kg·K, 정적비열은 1.642kJ/kg·K이다.)

① −113 ② −129
③ −137 ④ −143

해설
$C_p - W = R$에서
$$C_p = W + R = 1.642 + 0.488 = 2.13\text{kJ/kg}\cdot\text{K}$$
$$\therefore k=\frac{C_p}{C_v}=\frac{2.13}{1.642}\fallingdotseq 1.3$$
$$_1W_2=\frac{1}{k-1}P_1V_1\left[1-\left(\frac{V_1}{V_2}\right)^{k-1}\right]=\frac{1}{1.3-1}\times100\times3\left[1-\left(\frac{3}{2}\right)^{1.3-1}\right]\fallingdotseq -129.35\text{kJ}$$

31 다음과 관계있는 법칙은?

> 계가 흡수한 열을 완전히 일로 전환할 수 있는 장치는 없다.

① 열역학 제3법칙
② 열역학 제2법칙
③ 열역학 제1법칙
④ 열역학 제0법칙

해설
열역학 제2법칙(비가역 법칙 = Entropy 증가 법칙)
열효율이 100%인 기관은 존재할 수 없다.

32 1.5MPa, 250℃의 공기 5kg이 폴리트로피 지수 1.3인 폴리트로픽 변화를 통해 팽창비가 5가 될 때까지 팽창하였다. 이 때 내부에너지의 변화는 약 몇 kJ인가? (단, 공기의 정적비열은 0.72kJ/kg·K이다.)

① −1,002 ② −721
③ −144 ④ −72

정답 26 ② 27 ① 28 ④ 29 ④ 30 ② 31 ② 32 ②

해설

$$T_2 = T_1\left(\frac{v_1}{v_2}\right)^{n-1} = 523\left(\frac{1}{5}\right)^{1.3-1} = 322.7\text{K}$$

$$U_2 - U_1 = mC_v(T_2 - T_1) = 5\times0.72(322.7-523) ≒ -721\text{kJ}$$

33 다음 사이클(cycle) 중 물과 수증기를 오가면서 동력을 발생시키는 플랜트에 적용하기 적합한 것은?

① 랭킨 사이클
② 오토 사이클
③ 디젤 사이클
④ 브레이턴 사이클

해설

랭킨 사이클은 증기원동소(steam plant)의 기본(이상) 사이클이다.

34 카르노 사이클(Carnot cycle)로 작동하는 가역기관에서 650℃의 고열원으로부터 18,830kJ/min의 에너지를 공급받아 일을 하고 65℃의 저열원에 방열시킬 때 방열량은 약 몇 kW인가?

① 1.92
② 2.61
③ 115.0
④ 156.5

해설

$$\eta_c = 1 - \frac{T_2}{T_1} = 1 - \frac{Q_2}{Q_1}$$

$$\eta_c = 1 - \frac{T_2}{T_1} = 1 - \frac{338}{923} = 0.633$$

$$Q_2 = Q_1(1-\eta_c) = \frac{18,830}{60}(1-0.633) ≒ 115\text{kW}$$

35 80℃의 물 100kg과 50℃의 물 50kg을 혼합한 물의 온도는 약 몇 ℃인가? (단, 물의 비열은 일정하다.)

① 70 ② 65
③ 60 ④ 55

해설

$$t_m = \frac{m_1t_1 + m_2t_2}{m+n} = \frac{100\times80+50\times50}{100+50} = 70℃$$

36 초기온도가 20℃인 암모니아(NH_3) 3kg을 정적과정으로 가열시킬 때, 엔트로피가 1.255kJ/K만큼 증가하는 경우 가열량은 약 몇 kJ인가? (단, 암모니아 정적비열은 1.56kJ/kg·K이다.)

① 62.2 ② 101
③ 238 ④ 422

해설

$$\Delta S = mC_v\ln\frac{T_2}{T_1}\,[\text{kJ/K}]$$

$$T_2 = T_1\, e^{\frac{\Delta S}{mC_v}} = 293\cdot e^{\frac{1.255}{3\times156}} ≒ 383\text{K}$$

$$\therefore Q = mC_v(T_2 - T_1) = 3\times1.56(383-293) ≒ 422\text{kJ}$$

37 반지름이 0.55cm이고, 길이가 1.94cm인 원통형 실린더 안에 어떤 기체가 들어 있다. 이 기체의 질량이 8g이라면, 실린더 안에 들어있는 기체의 밀도는 약 몇 g/cm^3인가?

① 2.9 ② 3.7
③ 4.3 ④ 5.1

해설

$$\rho = \frac{m}{V} = \frac{m}{Al} = \frac{m}{\pi r^2 l} = \frac{8}{\pi(0.55)^2\times1.94} = 4.33\text{g/cm}^3$$

38 동일한 압력에서 100℃, 3kg의 수증기와 0℃ 3kg의 물의 엔탈피 차이는 약 몇 kJ인가? (단, 물의 평균정압비열은 4.184kJ/kg·K이고, 100℃에서 증발잠열은 2,250kJ/kg이다.)

① 8,005 ② 2,668
③ 1,918 ④ 638

해설

$$\Delta h = 3\times2,250 + 3\times4.814\times100 = 8005.2\text{kJ}$$

39 다음 밀도가 800kg/m^3인 액체와 비체적이 0.0015m^3/kg인 액체를 질량비 1 : 1로 잘 섞으면 혼합액의 밀도는 약 몇 kg/m^3인가?

① 721 ② 727
③ 733 ④ 739

정답 33 ① 34 ③ 35 ① 36 ④ 37 ③ 38 ① 39 ③

해설

$$\rho_m = \frac{m_1\rho_1 + m_2\left(\frac{1}{v_2}\right)}{m_1 + m_2}$$
$$= \frac{1\times 800 + 1\left(\frac{1}{0.0015}\right)}{2} = 733\text{kg/m}^3$$

40 이상적인 가역 단열변화에서 엔트로피는 어떻게 되는가?

① 감소한다
② 증가한다.
③ 변하지 않는다.
④ 감소하다 증가한다.

해설 가역 단열변화는 등엔트로피 변화이다(엔트로피는 변하지 않는다).

제3과목 계측방법

41 비접촉식 온도측정 방법 중 가장 정확한 측정을 할 수 있으나 연속측정이나 자동제어에 응용할 수 없는 것은?

① 광고온도계
② 방사온도계
③ 압력식 온도계
④ 열전대 온도계

해설 광고온도계는 비접촉식 온도계 중 가장 정확도가 높다. 측정에 시간지연이 있으며, 연속측정이나 자동제어에 응용할 수 없다.

42 세라믹식 O_2계의 특징으로 틀린 것은?

① 연속측정이 가능하며, 측정범위가 넓다.
② 측정부의 온도유지를 위해 온도 조절용 전기로가 필요하다.
③ 측정가스의 유량이나 설치장소 주위의 온도 변화에 의한 영향이 적다.
④ 저농도 가연성가스의 분석에 적합하고 대기오염관리 등에서 사용된다.

43 자동제어시스템의 입력신호에 따른 출력변화의 설명으로 과도응답에 해당되는 것은?

① 1차보다 응답속도가 느린 지연요소
② 정상상태에 있는 계에 격한 변화의 입력을 가했을 때 생기는 출력의 변화
③ 입력변화에 따른 출력에 지연이 생겨 시간이 경과 후 어떤 일정한 값에 도달하는 요소
④ 정상상태에 있는 요소의 압력을 스탭형태로 변화할 때 출력이 새로운 값에 도달 스텝입력에 의한 출력의 변화 상태

44 공기압식 조절계에 대한 설명으로 틀린 것은?

① 신호로 사용되는 공기압은 약 0.2~1.0kg/cm^{2}이다.
② 관로저항으로 전송지연이 생길 수 있다.
③ 실용상 2,000m 이내에서는 전송지연이 없다.
④ 신호 공기압은 충분히 제습, 제진한 것이 요구된다.

45 다음 중 융해열을 측정할 수 있는 열량계는?

① 금속 열량계
② 융커스형 열량계
③ 시차주사 열량계
④ 디페닐에테르 열량계

해설 융해열을 측정할 수 있는 열량계는 시차주사 열량계이다.

46 화씨(℉)와 섭씨(℃)의 눈금이 같게 되는 온도는 몇 ℃인가?

① 40 ② 20
③ −20 ④ −40

해설

$$t_F = \frac{9}{5}t_C + 32(℉)$$
$$t_F = t_C = t$$
$$t = \frac{9}{5}t + 32,\ -\frac{4}{5}t = 32$$
$$t = -\frac{160}{4} = -40℃$$

정답 40 ③ 41 ① 42 ④ 43 ② 44 ③ 45 ③ 46 ④

47 측온저항체의 구비조건으로 틀린 것은?

① 호환성이 있을 것
② 저항의 온도계수가 작을 것
③ 온도와 저항의 관계가 연속적일 것
④ 저항 값이 온도 이외의 조건에서 변하지 않을 것

48 다음 중 화학적 가스 분석계에 해당하는 것은 어느 것인가?

① 고체 흡수제를 이용하는 것
② 가스의 밀도와 점도를 이용하는 것
③ 흡수용액의 전기전도도를 이용하는 것
④ 가스의 자기적 성질을 이용하는 것

49 다음 중 차압식 유량계가 아닌 것은?

① 플로우 노즐 ② 로터미터
③ 오리피스미터 ④ 벤투리미터

해설
로터미터(rotameter)는 부자(float)가 설치되어 있는 면적식 유량계이다(직접식 액면계).

50 용적식 유량계에 대한 설명으로 틀린 것은?

① 측정유체의 맥동에 의한 영향이 적다.
② 점도가 높은 유량의 측정은 곤란하다.
③ 고형물의 혼입을 막기 위해 입구 측에 여과기가 필요하다.
④ 종류에는 오벌식, 루트식, 로터리피스톤식 등이 있다.

51 전자유량계의 특징이 아닌 것은?

① 유속검출에 지연시간이 없다.
② 유체의 밀도와 점성의 영향을 받는다.
③ 유로에 장애물이 없고 압력손실, 이물질 부착의 염려가 없다.
④ 다른 물질이 섞여 있거나 기포가 있는 액체도 측정이 가능하다.

52 다음 중 파스칼의 원리를 가장 바르게 설명한 것은?

① 밀폐 용기 내의 액체에 압력을 가하면 압력은 모든 부분에 동일하게 전달된다.
② 밀폐 용기 내의 액체에 압력을 가하면 압력은 가한 점에만 전달된다.
③ 밀폐 용기 내의 액체에 압력을 가하면 압력은 가한 반대편으로만 전달된다.
④ 밀폐 용기 내의 액체에 압력을 가하면 압력은 가한 점으로부터 일정 간격을 두고 차등적으로 전달된다.

53 다음 중 자동제어에서 미분동작을 설명한 것으로 가장 적절한 것은?

① 조절계의 출력 변화가 편차에 비례하는 동작
② 조절계의 출력 변화의 크기와 지속시간에 비례하는 동작
③ 조절계의 출력 변화가 편차의 변화 속도에 비례하는 동작
④ 조작량이 어떤 동작 신호의 값을 경계로 하여 완전히 전개 또는 전폐되는 동작

54 탄성 압력계에 속하지 않는 것은?

① 부자식 압력계
③ 다이아프램 압력계
③ 벨로우즈식 압력계
④ 부르동관 압력계

해설
탄성식 압력계 종류
㉠ 부르동관식
㉡ 벨로우즈식
㉢ 다이아프램식

55 화염검출방식으로 가장 거리가 먼 것은?

① 화염의 열을 이용
② 화염의 빛을 이용
③ 화염의 색을 이용
④ 화염의 전기전도성을 이용

정답 47 ② 48 ① 49 ② 50 ② 51 ② 52 ① 53 ③ 54 ① 55 ③

56 보일러의 계기에 나타난 압력이 0.6MPa이다. 이를 절대압력으로 표시할 때 가장 가까운 값은 몇 kPa인가?

① 305 ③ 501
③ 603 ④ 701

해설
$P_a = P_o + P_g = 101.325 + 600 \fallingdotseq 701\,\text{kPa}$

57 가스온도를 열전대 온도계를 써서 측정할 때 주의해야 할 사항으로 틀린 것은?

① 열전대는 측정하고자 하는 곳에 정확히 삽입하며 삽입된 구멍에 냉기가 들어가지 않게 한다.
② 주위의 고온체로부터의 복사열을 영향으로 인한 오차가 생기지 않도록 해야 한다.
③ 단자의 +, −를 보상도선의 −, +와 일치하도록 연결하여 감온부의 열팽창에 의한 오차가 발생하지 않도록 한다.
④ 보호관의 선택에 주의한다.

58 일반적으로 오르자트 가스분석기로 어떤 가스를 분석할 수 있는가?

① CO_2, SO_2, CO
② CO_2, SO_2, O_2
③ SO_2, CO O_2
④ CO_2, O_2, CO

해설
오르자트(orzat) 가스분석기 분석 순서
$CO_2 \rightarrow O_2 \rightarrow CO$

59 색온도계의 특징이 아닌 것은?

① 방사율의 영향이 크다.
② 광흡수에 영향이 적다.
③ 응답이 빠르다.
④ 구조가 복잡하며 주위로부터 빛 반사의 영향을 받는다.

해설
색(Color)온도계의 특징
㉠ 방사율의 영향이 적다.
㉡ 광흡수 영향이 적으며 응답이 빠르다.
㉢ 구조가 복잡하며 주위로부터 빛 반사의 영향을 받는다.
㉣ 750℃ 정도부터 측정이 가능하며 기록조절용으로 사용된다.

60 국제단위계(SI)를 분류한 것으로 옳지 않은 것은?

① 기본단위 ② 유도단위
③ 보조단위 ④ 응용단위

해설
국제(SI)단위 분류
㉠ 기본단위(7개)
㉡ 보조단위(2개)
㉢ 유도(조립)단위

제4과목 열설비재료 및 관계법규

61 에너지법에 따른 지역에너지계획에 포함되어야 할 사항이 아닌 것은?

① 해당 지역에 대한 에너지 수급의 추이와 전망에 관한 사항
② 해당 지역에 대한 에너지의 안정적 공급을 위한 대책에 관한 사항
③ 해당 지역에 대한 에너지 효율적 사용을 위한 기술개발에 관한 사항
④ 해당 지역에 대한 미활용 에너지원의 개발·사용을 위한 대책에 관한 사항

62 노통연관보일러에서 파형노통에 대한 설명으로 틀린 것은?

① 강도가 크다.
② 제작비가 비싸다.
③ 스케일의 생성이 쉽다.
④ 열의 신축에 의한 탄력성이 나쁘다.

정답 56 ④ 57 ③ 58 ④ 59 ① 60 ④ 61 ③ 62 ④

63 제강 평로에서 채용되고 있는 배열회수 방법으로서 배기가스의 현열을 흡수하여 공기나 연료가스 예열에 이용될 수 있도록 한 장치는?

① 축열실 ② 환열기
③ 폐열 보일러 ④ 판형 열교환기

64 볼밸브의 특징에 대한 설명으로 틀린 것은?

① 유로가 배관과 같은 형상으로 유체의 저항이 적다.
② 밸브의 개폐가 쉽고 조작이 간편하여 자동조작밸브로 활용된다.
③ 이음쇠 구조가 없기 때문에 설치공간이 작아도 되며 보수가 쉽다.
④ 밸브대가 90° 회전하므로 패킹과의 원주방향 움직임이 크기 때문에 기밀성이 약하다.

65 에너지이용 합리화법에 따라 에너지 사용의 제한 또는 금지에 관한 조정·명령, 그 밖에 필요한 조치를 위반한 에너지사용자에 대한 과태료 부과 기준은?

① 300만원 이하 ② 100만원 이하
③ 50만원 이하 ④ 10만원 이하

66 내화물에 대한 설명으로 틀린 것은?

① 샤모트질 벽돌은 카올린을 미리 SK10~14 정도로 1차 소성하여 탈수 후 분쇄한 것으로서 고온에서 광물상을 안정화한 것이다.
② 제겔콘 22번의 내화도는 1,530℃이며, 내화물은 제겔콘 26번 이상의 내화도를 가진 벽돌을 말한다.
③ 중성질 내화물은 고알루미나질, 탄소질, 탄화규소질, 크롬질 내화물이 있다.
④ 용융내화물은 원료를 일단 용융상태로 한 다음에 주조한 내화물이다.

해설

내화물 제겔콘 26번(SK26, 1,580℃) 또는 오르톤콘(orton cone) 19번(PEC19, 1,520℃) 이상의 재료를 내화물 또는 내화재라고 한다.

67 에너지이용 합리화법에 따라 소형 온수보일러의 적용범위에 대한 설명으로 옳은 것은? (단, 구멍탄용 온수보일러 · 축열식 전기보일러 및 가스 사용량이 17kg/h 이하인 가스용 온수보일러는 제외한다.)

① 전열면적이 $10m^2$ 이하이며, 최고사용압력이 0.35MPa 이하의 온수를 발생하는 보일러
② 전열면적이 $14m^2$ 이하이며, 최고사용압력이 0.35MPa 이하의 온수를 발생하는 보일러
③ 전열면적이 $10m^2$ 이하이며, 최고사용압력이 0.45MPa 이하의 온수를 발생하는 보일러
④ 전열면적이 $14m^2$ 이하이며, 최고사용압력이 0.45MPa 이하의 온수를 발생하는 보일러

68 에너지이용 합리화법에 따라 온수발생 및 열매체를 가열하는 보일러의 용량은 몇 kW를 1t/h로 구분하는가?

① 477.8 ② 581.5
③ 697.8 ④ 789.5

해설

에너지이용 합리화법에 따라 온수발생 및 열매체를 가열하는 보일러 용량은 697.8kW를 1t/h로 본다.

69 소성이 균일하고 소성시간이 짧고 일반적으로 열효율이 좋으며 온도조절의 자동화가 쉬운 특징의 연속식 가마는?

① 터널 가마
② 도염식 가마
③ 승염식 가마
④ 도염식 둥근가마

정답 63 ① 64 ④ 65 ① 66 ② 67 ② 68 ③ 69 ①

70 보온재의 열전도율이 작아지는 조건으로 틀린 것은?

① 재료의 두께가 두꺼워야 한다.
② 재료의 온도가 낮아야 한다.
③ 재료의 밀도가 높아야 한다.
④ 재료 내 기공이 작고 기공률이 커야 한다.

71 에너지이용 합리화법에 따라 효율관리기가재의 제조업자는 효율관리체험기관으로부터 측정결과를 통보받은 날부터 며칠 이내에 그 측정결과를 한국에너지공단에 신고하여야 하는가?

① 15일
② 30일
③ 60일
④ 90일

72 에너지이용 합리화법에 따라 검사대상기기 관리대행기관으로 지정(변경지정) 받으려는 자가 첨부하여 제출해야 하는 서류가 아닌 것은?

① 장비명세서
② 기술인력명세서
③ 변경사항을 증명할 수 있는 서류(변경지정의 경우인 해당)
④ 향후 3년간의 안전관리대행 사업계획서

73 에너지이용 합리화법에 따른 양법규정 사항에 해당되지 않는 것은?

① 에너지 저장시설의 보유 또는 저장의무의 부과 시 정당한 이유 없이 이를 거부하거나 이행하지 아니한 자
② 검사대상기기의 검사를 받지 아니한 자
③ 검사대상기기관리자를 신임하지 아니한 자
④ 공무원이 효율관리기자재 제조업자 사무소의 서류를 검사할 때 검사를 방해한 자

74 내화물의 구비조건으로 틀린 것은?

① 사용온도에서 변화, 변형되지 않을 것
② 상온 및 사용온도에서 압축강도가 클 것
③ 열에 의한 팽창 수축이 클 것
④ 내마모성 및 내침식성을 가질 것

해설 내화물이란 비금속 무기재료로, 고온에서 불연성·난연성 재료로 열에 의한 팽창·수축이 적어야 한다.

75 다음 중 $MgO-SiO_2$계 내화물은?

① 마그네시아질 내화물
② 돌로마이트질 내화물
③ 마그네시아-크롬질 내화물
④ 포스테라이트질 내화물

해설 산화마그네슘(MgO)-산화규소(SiO_2)계 내화물은 포스트라이트질(염기성) 내화물이다.

76 다음은 에너지이용 합리화법에서의 보고 및 검사에 관한 내용이다. ⓐ, ⓑ에 들어갈 단어를 나열한 것으로 옳은 것은?

> 공단이사장 또는 검사기관의 장은 매달 검사대상기기의 검사 실적을 다음 달 (ⓐ) 일까지 (ⓑ)에게 보고하여야 한다.

① ⓐ : 5, ⓑ : 시·도지사
② ⓐ : 10, ⓑ : 시·도지사
③ ⓐ : 5, ⓑ : 산업통상자원부장관
④ ⓐ : 10, ⓑ : 산업통산자원부장관

77 다음 중 에너지이용 합리화법에 따라 산업통상자원부장관 또는 시·도지사가 한국에너지공단이사장에게 위탁한 업무가 아닌 것은 어느 것인가?

① 에너지사용계획의 검토
② 에너지절약전문기업의 등록
③ 냉난방온도의 유지·관리 여부에 대한 점검 및 실태 파악
④ 에너지이용 합리화 기본계획의 수립

정답 70 ③ 71 ④ 72 ④ 73 ④ 74 ③ 75 ④ 76 ② 77 ④

78 실리카(silica) 전이특성에 대한 설명으로 옳은 것은?

① 규석(quartz)은 상온에서 가장 안정된 광물이며 상압에서 573℃ 이하 온도에서 안정된 형이다.
② 실리카(silica)의 결정형은 규석(quartz), 트리디마이프(tridymite), 크리스토 벨라이트(cristobalite), 카올린(kaoline)의 4가지 주형으로 구성된다.
③ 결정형이 바뀌는 것을 전이라고 하며 전이속도를 빠르게 작용토록 하는 성분을 광화제라 한다.
④ 크리스토발라이트(cristobalite)에서 용융실리카(fused silica)로 전이에 따른 부피변화 시 20%가 수축한다.

79 소성내화물의 제조공정으로 가장 적절한 것은?

① 분쇄 → 혼련 → 건조 → 성형 → 소성
② 분쇄 → 혼련 → 성형 → 건조 → 소성
③ 분쇄 → 건조 → 혼련 → 성형 → 소성
④ 분쇄 → 건조 → 성형 → 소성 → 혼련

80 에너지이용 합리화법에 따라 평균에너지 소비효율의 산정방법에 대한 설명으로 틀린 것은?

① 기자재의 종류별 에너지소비효율의 산정방법은 산업통상자원부장관이 정하여 고시한다.
② 평균에너지소비효율은 $\dfrac{\text{기자재 판매량}}{\Sigma\left(\dfrac{\text{기자재 종류별 국내판매량}}{\text{기자재 종류별 에너지소비효율}}\right)}$이다.
③ 평균에너지소비효율의 개선기간은 개선명령을 받은 날부터 다음해 1월 31일까지로 한다.
④ 평균에너지소비효율의 개선명령을 받은 자는 개선명령을 받은 날부터 60일 이내에 개선명령 이행계획을 수립하여 제출하여야 한다.

제5과목 열설비 설계

81 다음 그림과 같은 V형 용접이음의 인장응력(σ)을 구하는 식은?

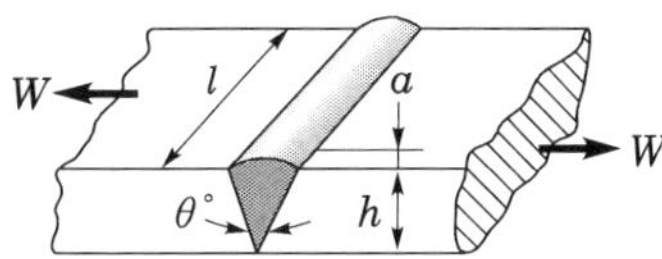

① $\sigma = \dfrac{W}{hl}$ ② $\sigma = \dfrac{2W}{hl}$
③ $\sigma = \dfrac{W}{ha}$ ④ $\sigma = \dfrac{W}{2hl}$

해설
$\sigma = \dfrac{W}{A} = \dfrac{W}{hl}$(MPa)

82 표면응축기의 외측에 증기를 보내며 관속에 물이 흐른다. 사용하는 강관의 내경이 30mm, 두께가 2mm이고, 증기의 전열계수는 6,978W/m^2 · K, 물의 전열계수는 2,908W/m^2 · K이다. 강관의 열전도도가 41W/m · K일 때 총괄전열계수(W/m^2 · K)는?

① 1,625 ② 1,609
③ 1,865.79 ④ 1,925.79

해설
$$K = \frac{1}{R} = \frac{1}{\dfrac{1}{\alpha_s} + \dfrac{l}{\lambda} + \dfrac{1}{\alpha_w}}$$
$$= \frac{1}{\dfrac{1}{6,978} + \dfrac{0.002}{41} + \dfrac{1}{2,908}}$$
$$= 1,865.79\text{W/m}^2 \cdot \text{K}$$

83 노 앞과 연도 끝에 통풍 팬을 설치하여 노 내의 압력을 임의로 조절할 수 있는 방식은?

① 자연통풍식
② 압입통풍식
③ 유인통풍식
④ 평형통풍식

정답 78 ③ 79 ② 80 ③ 81 ① 82 ③ 83 ④

84 보일러 전열면에서 연소가스가 1,000℃로 유입하여 500℃로 나가며 보일러수의 온도는 210℃로 일정하다. 열관류율이 $175W/m^2 \cdot K$일 때, 단위 면적당 열교환량(W/m^2)은? (단, 대수평균온도차를 활용한다.)

① 211,189　　② 468,126
③ 76,135.75　　④ 87,312.75

해설

$$LMTD = \frac{\Delta t_1 - \Delta t_2}{\ln\left(\frac{\Delta t_1}{\Delta t_2}\right)} = \frac{790-290}{\ln\left(\frac{790}{290}\right)} = 498.93℃$$

$$\therefore Q = K(LMTD) = 175 \times 498.93 ≒ 87,312.75 W/m^2$$

85 물의 탁도에 대한 설명으로 옳은 것은?

① 카올린 1g이 증류수 1L 속에 들어 있을 때의 색과 같은 색을 가지는 물을 탁도 1도의 물이라 한다.
② 카올린 1mg이 증류수 1L 속에 들어 있을 때의 색과 같은 색을 가지는 물을 탁도 1도의 물이라 한다.
③ 탄산칼슘 1g이 증류수 1L 속에 들어 있을 때의 색과 같은 색을 가지는 물을 탁도 1도의 물이라 한다.
④ 탄산칼슘 1mg이 증류수 1L 속에 들어 있을 때의 색과 같은 색을 가지는 물을 탁도 1도의 물이라 한다.

해설

- 탁도(turbidity): 물의 흐린 정도(혼탁도)
- 증류수 1L 중에 카올린 1mg이 함유되었을 때 탁도 1도라고 한다.

86 보일러의 형식에 따른 종류의 연결로 틀린 것은?

① 노통식 원통보일러 – 코르니시보일러
② 노통연관식 원통보일러 – 라몽트보일러
③ 자연순환식 수관보일러 – 다쿠마보일러
④ 관류보일러 – 슐처보일러

해설

베록스 보일러, 라몽트 보일러는 수관식 보일러로 강제 순환식 보일러에 속한다.

87 라미네이션의 재료가 외부로부터 강하게 열을 받아 소손되어 부풀어 오르는 현상을 무엇이라고 하는가?

① 크랙
② 압궤
③ 블리스터
④ 만곡

해설

블리스터(blaster)는 라미네이션 재료가 외부로부터 강하게 열을 받아 소손되어 부풀어 오르는 현상을 말한다.

88 맞대기 용접은 용접방법에 따라서 그루브를 만들어야 한다. 판의 두께가 50mm 이상인 경우에 적합한 그루브의 형상은? (단, 자동용접은 제외한다.)

① V형　　② H형
③ R형　　④ A형

89 직경 200mm 철관을 이용하여 매분 1,500L의 물을 흘려보낼 때 철관 내의 유속(m/s)은?

① 0.59　　② 0.79
③ 0.99　　④ 1.19

해설

$Q = AV(m^3/s)$에서

$$V = \frac{Q}{A} = \frac{1,500 \times 10^{-3} \times \frac{1}{60}}{\frac{\pi}{4}(0.2)^2} = 0.79 m/s$$

90 다음 중 보일러수를 pH 10.5~11.5의 약알칼리로 유지하는 주된 이유는?

① 첨가된 염산이 강재를 보호하기 때문에
② 보일러의 부식 및 스케일 부착을 방지하기 위하여
③ 과잉 알칼리성이 더 좋으나 약품이 많이 소요되므로 원가를 절약하기 위하여
④ 표면에 딱딱한 스케일이 생성되어 부식을 방지하기 때문에

정답 84 ④ 85 ② 86 ② 87 ③ 88 ② 89 ② 90 ②

91 다음 급수펌프 종류 중 회전식 펌프는?

① 워싱턴펌프
② 피스톤펌프
③ 플런저펌프
④ 터빈펌프

해설
터빈펌프(디퓨져펌프)는 원심펌프로 임펠러의 회전에 의해 가압되는 회전식 펌프다[가이드베인(guide vane, 안내날개)이 있는 펌프다].

92 다음 보일러 부속장치와 연소가스의 접촉과정을 나타낸 것으로 가장 적합한 것은?

① 과열기 → 공기예열기 → 절탄기
② 절탄기 → 공기예열기 → 과열기
③ 과열기 → 절탄기 → 공기예열기
④ 공기예열기 → 절탄기 → 과열기

93 최고사용압력이 3MPa 이하인 수관보일러의 급수 수질에 대한 기준으로 옳은 것은?

① pH(25℃) : 8.0~9.5, 경도 : 0mg $CaCO_3$/L, 용존산소 : 0.1mg O/L 이하
② pH(25℃) : 10.5~11.0, 경도 : 2mg $CaCO_3$/L, 용존산소 : 0.1mg O/L 이하
③ pH(25℃) : 8.5~9.6, 경도 : 0mg $CaCO_3$/L, 용존산소 : 0.007mg O/L 이하
④ pH(25℃) : 8.5~9.6, 경도 : 2mg $CaCO_3$/L, 용존산소 : 1mg O/L 이하

94 내경 800mm이고, 최고사용압력이 120N/cm^{2}인 보일러의 동체를 설계하고자 한다. 세로이음에서 동체판의 두께(mm)는 얼마이어야 하는가? (단, 강판의 인장강도는 350N/mm^2, 안전계수는 5, 이음효율은 80%, 부식여유는 1mm로 한다.)

① 7 ② 8
③ 9 ④ 10

해설
$$t = \frac{PDS}{200\sigma_u \eta} + C = \frac{120 \times 800 \times 5}{200 \times 350 \times 0.8} + 1$$
$$= 9.57 \fallingdotseq 10\text{mm}$$

95 부식 중 점식에 대한 설명으로 틀린 것은?

① 전기화학적으로 일어나는 부식이다.
② 국부부식으로서 그 진행상태가 느리다.
③ 보호피막이 파괴되었거나 고열을 받은 수압인 부분에 발생되기 쉽다.
④ 수중 용존산소를 제거하면 점식 발생을 방지할 수 있다.

96 보일러수에 녹아있는 기체를 제거하는 탈기기가 제거하는 대표적인 용존 가스는?

① O_2 ② H_2SO_4
③ H_2S ④ SO_2

해설
탈기기란 보일러에 공급되는 물에 섞인 산소(O_2), 이산화탄소(CO_2), 즉 용존가스를 제거하는 장치이다. 탈기기가 제가하는 대표적인 용존가스는 산소(O_2)다.

97 육용강제 보일러에서 동체의 최소 두께로 틀린 것은?

① 안지름이 900mm 이하의 것은 6mm (단, 스테이를 부착할 경우)
② 안지름이 900mm 초과 1,350mm 이하의 것은 8mm
③ 안지름이 1,350mm 초과 1,850mm 이하의 것은 10mm
④ 안지름이 1,850mm 초과하는 것은 12mm

해설
동체의 최소두께는 안지름이 900mm 이하의 것은 6mm(단, 스테이를 부착하는 경우는 8mm)

98 보일러의 전열면적이 10m^2 이상 15m^2 미만인 경우 방출관의 안지름은 최소 몇 mm 이상이어야 하는가?

① 10 ② 20
③ 30 ④ 50

해설
보일러의 전열면적이 10m^2 이상 15m^2 미만인 경우 방출관의 안지름은 최소 30mm 이상이어야 한다.

정답 91 ④ 92 ③ 93 ① 94 ④ 95 ② 96 ① 97 ① 98 ③

99 랭카셔 보일러에 대한 설명으로 틀린 것은?

① 노통이 2개이다.
② 부하변동 시 압력변화가 적다.
③ 연관보일러에 비해 전열면적이 작고 효율이 낮다.
④ 급수처리가 까다롭고 가동 후 증기발생 시간이 길다.

해설

노통보일러 장점과 단점

㉠ 장점
- 구조가 간단하고 제작이나 취급이 용이하다.
- 랭카셔 보일러는 노통이 2개이다.
- 급수처리가 까다롭지 않다.
- 보유수량이 많아 부하변동에 대해 압력변화가 적다.
- 원통형이라 강도가 크다.

㉡ 단점
- 보일러 효율이 좋지 않다.
- 파열 시 보유수량이 많아 피해가 크다.
- 내분식으로 연소실의 크기에 제한을 받고 연료 선택이 까다롭다.
- 전열면적에 비해 보유수량이 많아 증기발생 시간의 지연이 길다.

100 보일러 연소량을 일정하게 하고 저부하 시 잉여증기를 축적시켰다가 갑작스런 부하변동이나 과부하 등에 대처하기 위해 사용되는 장치는?

① 탈기기　② 인젝터
③ 재열기　④ 어큐뮬레이터

정답 99 ④ 100 ④

과년도 출제문제(2019년 4회)

제1과목 연소공학

01 배기가스 출구 연도에 댐퍼를 부착하는 주된 이유가 아닌 것은?

① 통풍력을 조절한다.
② 과잉공기를 조절한다.
③ 가스의 흐름을 차단한다.
④ 주연도, 부연도가 있는 경우에는 가스의 흐름을 바꾼다.

해설
배기가스 출구 연도에 댐퍼(damper) 부착 이유
㉠ 통풍력을 조절한다.
㉡ 가스 흐름을 차단한다.
㉢ 주연도, 부연도가 있는 경우 가스의 흐름을 바꾼다.

02 도시가스의 조성을 조사하니 H_2 30v%, CO 6v%, CH_4 40v%, CO_2 24v% 이었다. 이 도시가스를 연소하기 위해 필요한 이론 산소량보다 20% 많게 공급했을 때 실제공기량은 약 몇 Nm^3/Nm^3인가? (단, 공기 중 산소는 21v%이다.)

① 2.6 ② 3.6
③ 4.6 ④ 5.6

03 A회사에 입하된 석탄의 성질을 조사하였더니 회분 6%, 수분 3%, 수소 5% 및 고위발열량이 25,200kJ/kg이었다. 실제 사용할 때의 저발열량은 약 몇 kJ/kg인가?

① 33,412.54
② 43,412.54
③ 23,994.24
④ 63,413.24

해설
고체 및 액체연료인 경우 저발열량(H_l)
$= H_h - 2,512(9H + w)$
$= 25,200 - 2,512(9 \times 0.05 + 0.03)$
$= 23,994.24$kJ/kg

04 연소 배출가스 중 CO_2 함량을 분석하는 이유로 가장 거리가 먼 것은?

① 연소상태를 판단하기 위하여
② CO 농도를 판단하기 위하여
③ 공기비를 계산하기 위하여
④ 열효율을 높이기 위하여

05 분무기로 노내에 분사된 연료에 연소용 공기를 유효하게 공급하여 연소를 좋게 하고, 확실한 착화와 화염의 안정을 도모하기 위해서 공기류를 적당히 조정하는 장치는?

① 자연통풍(natural draft)
② 에어레지스터(air register)
③ 압입 통풍 시스템(forced draft system)
④ 유인 통풍 시스템(induced draft system)

06 연료를 구성하는 가연원소로만 나열된 것은?

① 질소, 탄소, 산소 ② 탄소, 질소, 불소
③ 탄소, 수소, 황 ④ 질소, 수소, 황

해설
㉠ 연료의 가연원소(연료의 3대 구성요소): 탄소(C), 수소(H), 황(S)
㉡ 조연성 가스: 자기 자신은 타지 않고 연소를 도와주는 가스. 산소(O_2), 공기(Air), 오존(O_3), 불소(F), 염소(Cl)
㉢ 불연성 가스: 스스로 연소하지 못하며 다른 물질을 연소시키는 성질도 갖지 않는 가스(연소와 무관). 수증기(H_2O), 질소(N_2), 아르곤(Ar), 이산화탄소(CO_2), 프레온가스
※ 질소(N_2)는 흡열반응을 한다(열을 흡수).

07 다음 분진의 중력침강속도에 대한 설명으로 틀린 것은?

① 점도에 반비례한다.
② 밀도차에 반비례한다.
③ 중력가속도에 비례한다.
④ 입자직경의 제곱에 비례한다.

정답 01 ② 02 ④ 03 ③ 04 ② 05 ② 06 ③ 07 ②

해설
유체에 대한 입자의 상대속도

$$v_p = \frac{d^2(\rho_p - \rho_g)g}{18\mu g} \text{[m/s]}$$

분진의 중력침강속도는 밀도차($\rho_p - \rho_g$)에 비례한다.

08 메탄(CH_4) 64kg을 연소시킬 때 이론적으로 필요한 산소량은 몇 kmol인가?

① 1 ② 2
③ 4 ④ 8

해설
$CH_4 + 2O_2 \rightarrow CO_2 + 2H_2O$

$\frac{2 \times 64}{16} = 8\text{kmol}$

09 액체연료의 미립화 방법이 아닌 것은?

① 고속기류 ② 충돌식
③ 와류식 ④ 혼합식

10 연소가스는 연돌에 200℃로 들어가서 30℃가 되어 대기로 방출된다. 배기가스가 일정한 속도를 가지려면 연돌 입구와 출구의 면적비를 어떻게 하여야 하는가?

① 1.56
② 1.93
③ 2.24
④ 3.02

11 연료의 조성(wt%)이 다음과 같을 때의 고위발열량은 약 몇 kJ/kg인가? (단, C, H, S의 고위발열량은 각각 33,907kJ/kg, 143,161kJ/kg, 10,465kJ/kg이다.)

• C : 47.20kg	• H : 3.96kg
• O : 8.36kg	• S : 2.79kg
• N : 0.61kg	• H_2O : 14.54kg
• ash : 22.54kg	

① 41,290 ② 43,290
③ 20,470 ④ 49,985

해설

$$H_h = 33,907C + 143,161\left(H - \frac{O}{8}\right) + 10,465S$$
$$= 33,907 \times 0.472 + 143,161\left(0.0396 - \frac{0.0279}{8}\right) + 10,465 \times 0.0279$$
$$\fallingdotseq 20,470\text{kJ/kg}$$

※ 1kcal=4,186kJ

12 다음 중 층류연소속도의 측정방법이 아닌 것은?

① 비누거품법 ② 적하수은법
③ 슬롯노즐버너법 ④ 평면화염버너법

13 연소 시 배기가스량을 구하는 식으로 옳은 것은? (단, G : 배기가스량, G_o : 이론배기가스량, A_o : 이론공기량, m : 공기비이다.)

① $G = G_o + (m-1)A_o$
② $G = G_o + (m+1)A_o$
③ $G = G_o - (m+1)A_o$
④ $G = G_o + (1-m)A_o$

해설
연소 시 배기가스량(G)$= G_o + (m-1)A_o$

14 액체연료의 유동점은 응고점보다 몇 ℃ 높은가?

① 1.5 ② 2.0
③ 2.5 ④ 3.0

해설
액체연료의 유동점은 응고점보다 보통 2.5℃ 높다. 유동점은 액체로 흐를 수 있는 최저온도이다.

15 화염 면이 벽면 사이를 통과할 때 화염 면에서의 발열량보다 벽면으로의 열손실이 더욱 커서 화염이 더 이상 진행하지 못하고 꺼지게 될 때 벽면 사이의 거리는?

① 소염거리 ② 화염거리
③ 연소거리 ④ 점화거리

해설
소염거리(quenching distance)란 전기불꽃을 가하여도 점화되지 않는 최소 한계거리(벽면 사이의 거리)를 의미한다.

정답 08 ④ 09 ④ 10 ① 11 ③ 12 ② 13 ① 14 ③ 15 ①

16 가연성 혼합 가스의 폭발한계 측정에 영향을 주는 요소로 가장 거리가 먼 것은?

① 온도 ② 산소농도
③ 점화에너지 ④ 용기의 두께

17 다음 중 연소효율(η_c)을 옳게 나타낸 식은? (단, H_L : 저위발열량, Li : 불완전연소에 따른 손실열, Lc : 탄 찌꺼기 속의 미연탄소분에 의한 손실열이다.)

① $\frac{H_L-(Lc+Li)}{H_L}$ ② $\frac{H_L+(Lc-Li)}{H_L}$
③ $\frac{H_L}{H_L+(Lc+Li)}$ ④ $\frac{H_L}{H_L-(Lc-Li)}$

해설
연소효율$(\eta_c)=\frac{H_L-(Lc+Li)}{H_L}$

18 상온, 상압에서 프로판–공기의 가연성 혼합기체를 완전 연소시킬 때 프로판 1kg을 연소시키기 위하여 공기는 약 몇 kg이 필요한가? (단, 공기 중 산소는 23.15wt%이다.)

① 13.6 ② 15.7
③ 17.3 ④ 19.2

해설
$C_3H_8 + 5O_2 \rightarrow 3CO_2 + 4H_2O$

$O_o=\frac{5\times32\times1}{44}\fallingdotseq3.64$

$A_o=\frac{O_o}{0.2315}=\frac{3.64}{0.2315}\fallingdotseq15.7\text{kg}$

19 연돌 내의 배기가스 비중량 γ_1, 외기 비중량 γ_2, 연돌의 높이가 H일 때 연돌의 이론 통풍력(Z)을 구하는 식은?

① $Z=\frac{H}{\gamma_1-\gamma_2}$ ② $Z=\frac{\gamma_2-\gamma_1}{H}$
③ $Z=\frac{\gamma_2-2\gamma_1}{2H}$ ④ $Z=(\gamma_2-\gamma_1)\times H$

해설
연돌(굴뚝)의 이론 통풍력$(Z)=(\gamma_2-\gamma_1)H$

20 다음 연소 범위에 대한 설명 중 틀린 것은?

① 연소 가능한 상한치와 하한치의 값을 가지고 있다.
② 연소에 필요한 혼합 가스의 농도를 말한다.
③ 연소 범위가 좁으면 좁을수록 위험하다.
④ 연소 범위의 하한치가 낮을수록 위험도는 크다.

해설
연소(폭발) 범위가 넓으면 넓을수록 위험하다.

제2과목 열역학

21 카르노 열기관이 600K의 고열원과 300K의 저열원 사이에서 작동하고 있다. 고열원으로부터 300kJ의 열을 공급받을 때 기관이 하는 일(kJ)은 얼마인가?

① 150 ② 160
③ 170 ④ 180

해설
$\eta_c=\frac{W_{net}}{Q_1}=1-\frac{T_2}{T_1}$

$W_{net}=\eta_c Q_1=\left(1-\frac{T_2}{T_1}\right)Q_1$

$=\left(1-\frac{300}{600}\right)\times300$

$=150\text{kJ}$

22 열역학적계란 고려하고자 하는 에너지 변화에 관계되는 물체를 포함하는 영역을 말하는 데 이 중 폐쇄계(closed system)는 어떤 양의 교환이 없는 계를 말하는가?

① 질량
② 에너지
③ 일
④ 열

해설
폐쇄계(closed system)는 계의 경계를 통한 물질(질량)의 유동이 없는 계를 말하며, 비유동계(non-flow system)라고 한다[에너지(일과 열)의 수수는 있는 계이다].

정답 16 ④ 17 ① 18 ② 19 ④ 20 ③ 21 ① 22 ①

23 비열비 1.3의 고온 공기를 작동 물질로 하는 압축비 5의 오토사이클에서 최소 압력이 206kPa, 최고압력이 5,400kPa일 때 평균 유효압력(kPa)은?

① 594
② 794
③ 1,190
④ 1,390

해설

$$\alpha=\frac{T_3}{T_2}=\frac{P_3}{P_2}=\frac{P_3}{P_1\varepsilon^k}=\frac{5,400}{206\times5^{1.3}}=3.23$$

∴ 오토사이클의 평균 유효압력(P_{meo})

$$=P_1\frac{(\alpha-1)(\varepsilon^k-\varepsilon)}{(\varepsilon-1)(k-1)}$$

$$=206\times\frac{(3.23-1)(5^{1.3}-5)}{(5-1)(1.3-1)}$$

$$=1,190\text{kPa}$$

24 카르노사이클에서 공기 1kg이 1사이클마다 하는 일이 100kJ이고 고온 227℃, 저온 27℃사이에서 작용한다. 이 사이클의 작동과정에서 생기는 저온 열원의 엔트로피 증가(kJ/K)는?

① 0.2
② 0.4
③ 0.5
④ 0.8

해설

$$\eta_c=\frac{W_{net}}{Q_1}=1-\frac{T_2}{T_1}=1-\frac{300}{500}=0.4$$

$$Q_1=\frac{W_{net}}{\eta_c}=\frac{100}{0.4}=250\text{kJ}$$

$$Q_2=Q_1-W_{net}=250-100=150\text{kJ}$$

$$\Delta S_2=\frac{Q_2}{T_2}=\frac{150}{27+273}=\frac{150}{300}=0.5\text{kJ/K}$$

25 이상기체의 상태변화와 관련하여 폴리트로픽(polytropic) 지수 n에 대한 설명으로 옳은 것은?

① '$n=0$'이면 단열 변화
② '$n=1$'이면 등온 변화
③ 'n=비열비'이면 정적 변화
④ '$n=\infty$'이면 등압 변화

해설

$PV^n=c$에서

㉠ $n=0$: 등압변화($P=c$)
㉡ $n=1$: 등온변화($PV=c$)
㉢ $n=n$: 폴리트로픽변화
㉣ $n=k$: 가역단열변화(등엔트로피변화)
㉤ $n=\infty$: 등적변화($v=c$)

26 표준 증기 압축식 냉동사이클의 주요 구성 요소는 압축기, 팽창밸브, 응축기, 증발기이다. 냉동기가 동작할 때 작동 유체(냉매)의 흐름의 순서로 옳은 것은?

① 증발기 → 응축기 → 압축기 → 팽창밸브 →증발기
② 증발기 → 압축기 → 팽창밸브 → 응축기 → 증발기
③ 증발기 → 응축기 → 팽창밸브 → 압축기 → 증발기
④ 증발기 → 압축기 → 응축기 → 팽창밸브 → 증발기

해설

증기 압축 냉동사이클의 냉매 흐름 순서
증발기 → 압축기 → 응축기 → 팽창밸브 → 증발기

27 피스톤이 장치된 용기 속의 온도 T_1[K], 압력 P_1[Pa], 체적 V_1[m^3]의 이상기체 m[kg]이 있고, 정압과정으로 체적이 원래의 2배가 되었다. 이때 이상기체로 전달된 열량은 어떻게 나타내는가? (단, C_V는 정적비열이다.)

① mC_VT_1
② $2mC_VT_1$
③ $mC_VT_1+P_1V_1$
④ $mC_VT_1+2P_1V_1$

해설

$$Q=P_1V_1+mC_V(T_2-T_1)$$

$$=P_1V_1+mC_VT_1\left(\frac{T_2}{T_1}-1\right)$$

$$=P_1V_1+mC_VT_1\left(\frac{V_2}{V_1}-1\right)$$

$$=P_1V_1+mC_VT_1(2-1)$$

$$=P_1V_1+mC_VT_1$$

정답 23 ③ 24 ③ 25 ② 26 ④ 27 ③

28 암모니아 냉동기의 증발기 입구의 비엔탈피가 377kJ/kg, 증발기 출구의 비엔탈피가 1,668kJ/kg이며 응축기 입구의 비엔탈피가 1,894kJ/kg이라면 성능계수는 얼마인가?

① 4.44　② 5.71
③ 6.90　④ 9.84

해설

$$\varepsilon = \frac{q_e}{w_e} = \frac{1,668-377}{1,894-1,668} = 5.71$$

29 증기원동기의 랭킨사이클에서 열을 공급하는 과정에서 일정하게 유지되는 상태량은 무엇인가?

① 압력
② 온도
③ 엔트로피
④ 비체적

해설

랭킨사이클의 열 공급 과정은 압력이 일정한 등압 과정이다.

30 압력 1,000kPa, 부피 $1m^3$의 이상기체가 등온과정으로 팽창하여 부피가 $1.2m^3$이 되었다. 이때 기체가 한 일(kJ)은?

① 82.3　② 182.3
③ 282.3　④ 382.3

해설

$$_1W_2 = P_1V_1\ln\frac{V_2}{V_1} = 1,000\times0.1\ln\frac{12}{1} = 182.3\text{kJ}$$

31 이상적인 교축 과정(throttling process)에 대한 설명으로 옳은 것은?

① 압력이 증가한다.
② 엔탈피가 일정하다.
③ 엔트로피가 감소한다.
④ 온도는 항상 증가한다.

해설

이상기체(ideal gas)의 교축 과정
㉠ 압력 강하
㉡ 온도 일정
㉢ 엔탈피 일정
㉣ 엔트로피 증가(비가역 과정)

32 다음 중 등엔트로피 과정에 해당하는 것은?

① 등적과정
② 등압과정
③ 가역단열과정
④ 가역등온과정

해설

가역단열과정 ($\delta Q=0$)은 등엔트로피 과정 ($S=c$)이다.

33 에드벌룬에 어떤 이상기체 100kg을 주입하였더니 팽창 후의 압력이 150kPa, 온도 300K가 되었다. 에드벌룬의 반지름(m)은? [단, 애드벌룬은 완전한 구형(sphere)이라고 가정하며, 기체상수는 250J/kg · L이다.]

① 2.29　② 2.73
③ 3.16　④ 3.62

해설

$PV=mRT$에서

$$V = \frac{mRT}{P} = \frac{100\times0.25\times300}{150} = 50\text{m}^3$$

34 열역학 제1법칙에 대한 설명으로 틀린 것은?

① 열은 에너지의 한 형태이다.
② 일을 열로 또는 열을 일로 변환할 때 그 에너지 총량은 변하지 않고 일정하다.
③ 제1종의 영구기관을 만드는 것은 불가능하다.
④ 제1종의 영구기관은 공급된 열에너지를 모두 일로 전환하는 가상적인 기관이다.

해설

열역학 제1법칙은 에너지 보존의 법칙으로 열량과 일량은 본질적으로 동일한 에너지임을 밝힌 법칙이다(제1종 영구 운동기관을 부정하는 법칙).
※ 제1종 영구 운동기관: 외부로부터 에너지의 공급 없이 계속 일을 할 수 있는 기관을 말하는 데 이러한 영구기관은 열역학 제1법칙(에너지 보존의 법칙)에 위배된다.

35 랭킨사이클의 구성요소 중 단열 압축이 일어나는 곳은?

① 보일러　② 터빈
③ 펌프　④ 응축기

정답 28 ② 29 ① 30 ② 31 ② 32 ③ 33 ① 34 ④ 35 ③

해설

랭킨사이클의 구성요소 중 단열압축이 일어나는 곳은 펌프(pump)과정이다. 이론적으로는 단열압축과정이지만 실제로는 등적과정으로 펌프과정일을 계산한다.

$$W_p = -\int_1^2 vdP\,[\text{kJ/kg}]$$

36 랭킨사이클로 작동되는 발전소의 효율을 높이려고 할 때 초압(터빈입구의 압력)과 배압(복수기 압력)은 어떻게 하여야 하는가?

① 초압과 배압 모두 올림
② 초압을 올리고 배압을 낮춤
③ 초압은 낮추고 배압을 올림
④ 초압과 배압 모두 낮춤

해설

랭킨사이클의 열효율을 높이려면 초온 · 초압을 높이거나 복수기 압력을 낮춘다.

37 증기의 속도가 빠르고, 입출구 사이의 높이차도 존재하여 운동에너지 및 위치에너지를 무시할 수 없다고 가정하고, 증기는 이상적인 단열상태에서 개방시스템 내로 흘러 들어가 단위질량유량당 축일(w_s)을 외부로 제공하고 시스템으로부터 흘러나온다고 할 때, 단위질량유량당 축일을 어떻게 구할 수 있는가? (단, v는 비체적, P는 압력, V는 속도, g는 중력가속도, z는 높이를 나타내며, 하첨자 i는 입구, e는 출구를 나타낸다.)

① $w_s = \int_i^e Pdv$

② $w_s = -\int_i^e vdP$

③ $w_s = \int_i^e Pdv + \frac{1}{2}(V_i^2 - V_e^2) + g(z_i - z_e)$

④ $w_s = -\int_i^e vdP + \frac{1}{2}(V_i^2 - V_e^2) + g(z_i - z_e)$

해설

$$w_s = -\int_i^e vdP + \frac{1}{2}(V_i^2 - V_e^2) + g(z_i - z_e)$$

38 80℃의 물(엔탈피 335kJ/kg)과 100℃의 건포화수증기(엔탈피 2676kJ/kg)를 질량비 1 : 2로 혼합하여 열손실 없는 정상유동과정으로 95℃의 포화액-증기 혼합물 상태로 내보낸다. 95℃포화상태에서의 포화액 엔탈피가 398kJ/kg, 포화증기의 엔탈피가 2,668kJ/kg이라면 혼합실 출구의 건도는 얼마인가?

① 0.44　② 0.58
③ 0.66　④ 0.72

해설

$$h_m = \frac{mh_1 + nh_2}{m+n} = \frac{1\times 335 + 2\times 2{,}676}{1+2}$$

$$\fallingdotseq 1{,}896\text{kJ/kg}$$

$h_m = h' + x(h'' - h')$ [kJ/kg]에서

$$x = \frac{h_m - h'}{h'' - h'} = \frac{1{,}896 - 398}{2{,}668 - 398} \fallingdotseq 0.66$$

39 다음 중 증발열이 커서 중형 및 대형의 산업용 냉동기에 사용하기에 가장 적정한 냉매는?

① 프레온-12
② 탄산가스
③ 아황산가스
④ 암모니아

해설

암모니아(NH_3)는 증발(잠)열이 냉매 중에서 프레온 냉매보다 크기 때문에 중형 및 대형의 산업용 냉동기에 가장 적정한 냉매이다.

40 공기 표준 디젤사이클에서 압축비가 17이고 단절비(cut-off ratio)가 3일 때 열효율(%)은? (단, 공기의 비열비는 1.4이다.)

① 52
② 58
③ 63
④ 67

해설

$$\eta_{thd} = 1 - \left(\frac{1}{\varepsilon}\right)^{k-1} \frac{\sigma^k - 1}{k(\sigma - 1)}$$

$$= 1 - \left(\frac{1}{17}\right)^{1.4-1} \frac{3^{1.4} - 1}{1.4(3-1)}$$

$$= 58.2\%$$

정답 36 ② 37 ④ 38 ③ 39 ④ 40 ②

제3과목 계측방법

41 U자관 압력계에 대한 설명으로 틀린 것은?

① 측정 압력은 1~1,000kPa 정도이다.
② 주로 통풍력을 측정하는 데 사용된다.
③ 측정의 정도는 모세관 현상의 영향을 받으므로 모세관 현상에 대한 보정이 필요하다.
④ 수은, 물, 기름 등을 넣어 한쪽 또는 양쪽 끝에 측정압력을 도입한다.

42 가스열량 측정 시 측정 항목에 해당되지 않는 것은?

① 시료가스의 온도
② 시료가스의 압력
③ 실내온도
④ 실내습도

43 다음 중 유량측정의 원리와 유량계를 바르게 연결한 것은?

① 유체에 작용하는 힘－터빈 유량계
② 유속변화로 인한 입력차－용적식 유량계
③ 흐름에 의한 냉각효과－전자기 유량계
④ 파동의 전파 시간차－조리개 유량계

44 산소의 농도를 측정할 때 기전력을 이용하여 분석, 계측하는 분석계는?

① 자기식 O_2계 ② 세라믹식 O_2계
③ 연소식 O_2계 ④ 밀도식 O_2계

45 액주에 의한 압력 측정에서 정밀 측정을 할 때 다음 중 필요하지 않은 보정은?

① 온도의 보정
② 중력의 보정
③ 높이의 보정
④ 모세관 현상의 보정

46 가스 채취 시 주의하여야 할 사항에 대한 설명으로 틀린 것은?

① 가스의 구성 성분의 비중을 고려하여 적정 위치에서 측정하여야 한다.
② 가스 채취구는 외부에서 공기가 잘 통할 수 있도록 하여야 한다.
③ 채취된 가스의 온도, 압력의 변화로 측정오차가 생기지 않도록 한다.
④ 가스성분과 화학반응을 일으키지 않는 관을 이용하여 채취한다.

47 다음 중 온도는 국제단위계(SI 단위계)에서 어떤 단위에 해당하는가?

① 보조단위 ② 유도단위
③ 특수단위 ④ 기본단위

해설

국제단위계(SI단위계)의 기본단위
㉠ 길이(m)
㉡ 질량(g)
㉢ 시간(sec)
㉣ 절대온도(K)
㉤ 전류(A)
㉥ 물질의 양(mol)
㉦ 광도(cd)
※ 보조단위: 평면각(rad), 입체각(steradian, sr)
※ 유도(조립)단위: 힘(N), 압력(응력)(Pa, N/m^2), 에너지(일량/열량)(Joule, J), 동력(Watt, W), 비중량(N/m^3), 밀도(비질량)(kg/m^3, N · s^2/m^4), 점성계수(Pa · s, N · s/m^2) 등

48 방사온도계의 발신부를 설치할 때 다음 중 어떠한 식이 성립하여야 하는가? (단, l : 렌즈로부터 수열판까지의 거리, d : 수열판의 직경, L : 렌즈로부터 물체까지의 거리, D : 물체의 직경이다.)

① $L/D < l/d$
② $L/D > l/d$
③ $L/D = l/d$
④ $L/l < d/D$

정답 41 ① 42 ④ 43 ① 44 ② 45 ③ 46 ② 47 ④ 48 ①

49 수은 및 알코올 온도계를 사용하여 온도를 측정할 때 계측의 기본원리는 무엇인가?

① 비열
② 열팽창
③ 압력
④ 점도

50 다음 각 물리량에 대한 SI 유도단위의 기호로 틀린 것은?

① 압력 − Pa
② 에너지 − cal
③ 일률 − W
④ 자기선속 − Wb

해설
국제(SI) 유도단위에서 에너지의 단위는 J(줄)이다.

51 1차 지연요소에서 시정수(T)가 클수록 응답속도는 어떻게 되는가?

① 응답속도가 빨라진다.
② 응답속도가 느려진다.
③ 응답속도가 일정해진다.
④ 시정수와 응답속도는 상관이 없다.

해설
1차 지연요소에서 시정수(T)가 클수록 응답속도는 느려진다.

52 염화리튬이 공기 수증기압과 평형을 이룰 때 생기는 온도저하를 저항온도계로 측정하여 습도를 알아내는 습도계는?

① 듀셀 노점계
② 아스만 습도계
③ 광전관식 노점계
④ 전기저항식 습도계

53 직경 80mm인 원관 내에 비중 0.9인 기름이 유속 4m/s로 흐를 때 질량유량은 약 몇 kg/s인가?

① 18 ② 24
③ 30 ④ 36

해설
질량유량$(m) = \rho A V = (\rho_w S) A V$

$$= (\rho_w S)\frac{\pi d^2}{4} V$$

$$= (1{,}000 S)\frac{\pi d^2}{4} V$$

$$= (1{,}000 \times 0.9)\frac{\pi}{4}(0.08)^2 \times 4$$

$$= 18.09\text{kg/s}$$

54 다음 중에서 비접촉식 온도 측정 방법이 아닌 것은?

① 광고온계 ② 색온도계
③ 서미스터 ④ 광전관식 온도계

55 아르키메데스의 부력 원리를 이용한 액면측정 기기는?

① 차압식 액면계
② 퍼지식 액면계
③ 기포식 액면계
④ 편위식 액면계

56 다음 중 단위에 따른 차원식으로 틀린 것은?

① 동점도 : L^2T^{-1}
② 압력 : $ML^{-1}T^{-2}$
③ 가속도 : LT^{-2}
④ 일 : MLT^{-2}

해설
일량(Work)의 차원
$J = N \cdot m = (MLT^{-2})L = ML^2T^{-2}$

57 피드백(feedback) 제어계에 관한 설명으로 틀린 것은?

① 입력과 출력을 비교하는 장치는 반드시 필요하다.
② 다른 제어계보다 정확도가 증가된다.
③ 다른 제어계보다 제어 폭이 감소된다.
④ 급수제어에 사용된다.

해설
피드백 제어계는 다른 제어계보다 제어 폭이 증가된다.

정답 49 ② 50 ② 51 ② 52 ① 53 ① 54 ③ 55 ④ 56 ④ 57 ③

58 유체의 와류를 이용하여 측정하는 유량계는?

① 오벌 유량계
② 델타 유량계
③ 로터리 피스톤 유량계
④ 로터미터

59 다음 중 가장 높은 압력을 측정할 수 있는 압력계는?

① 부르동관 압력계
② 다이어프램식 압력계
③ 벨로스식 압력계
④ 링밸런스식 압력계

60 보일러의 자동제어에서 인터록 제어의 종류가 아닌 것은?

① 압력초과 ② 저연소
③ 고온도 ④ 불착화

해설 인터록(inter lock)이란 어떤 조건이 충족되지 않으면 다음 동작을 중지시키는 것으로, 오조작이 되지 않도록 하는 일종의 안전 제어장치이다. 압력초과, 프리퍼지(free purge), 저수위, 불착화, 저연소 인터록 제어장치가 있다.

제4과목 열설비재료 및 관계법규

61 다음 중 최고사용온도가 가장 낮은 보온재는?

① 유리면 보온재 ② 페놀 폼
③ 펄라이트 보온재 ④ 폴리에틸렌 폼

62 셔틀요(shuttle kiln)의 특징으로 틀린 것은?

① 가마의 보유열보다 대차의 보유열이 열 절약의 요인이 된다.
② 급랭파가 생기지 않을 정도의 고온에서 제품을 꺼낸다.
③ 가마 1개당 2대 이상의 대차가 있어야 한다.
④ 작업이 불편하여 조업하기가 어렵다.

63 에너지이용 합리화법에서 규정한 수요관리 전문기관에 해당하는 것은?

① 한국가스안전공사
② 한국에너지공단
③ 한국전력공사
④ 전기안전공사

64 산화 탈산을 방지하는 공구류의 담금질에 가장 적합한 로는?

① 용융염류 가열로
② 직접저항 가열로
③ 간접저항 가열로
④ 아크 가열로

65 에너지이용 합리화법에 따라 에너지이용 합리화 기본계획에 대한 설명으로 틀린 것은?

① 기본계획에는 에너지이용효율의 증대에 관한 사항이 포함되어야 한다.
② 기본계획에는 에너지절약형 경제구조로의 전환에 관한 사항이 포함되어야 한다.
③ 산업통상자원부장관은 기본계획을 수립하기 위하여 필요하다고 인정하는 경우 관계 행정기관의 장에게 필요자료 제출을 요청할 수 있다.
④ 시·도지사는 기본계획을 수립하려면 관계 행정기관의 장과 협의한 후 산업통상자원부장관의 심의를 거쳐야 한다.

66 에너지이용 합리화법에 따라 용접검사가 면제되는 대상범위에 해당되지 않는 것은?

① 용접이음이 없는 강관을 동체로 한 헤더
② 최고사용압력이 0.35MPa 이하이고, 동체의 안지름이 600mm인 전열교환식 1종 압력용기
③ 전열면적이 $30m^2$ 이하의 유류용 강철제 증기보일러
④ 전열면적이 $18m^2$ 이하이고, 최고사용압력이 0.35MPa인 온수보일러

정답 58 ② 59 ① 60 ③ 61 ④ 62 ④ 63 ② 64 ① 65 ④ 66 ③

67 에너지이용 합리화법에 따라 공공사업주관자는 에너지사용계획의 조정 등 조치 요청을 받은 경우에는 산업통상자원부령으로 정하는 바에 따라 조치 이행계획을 작성하여 제출하여야 한다. 다음 중 이행계획에 반드시 포함되어야 하는 항목이 아닌 것은?

① 이행 예산 ② 이행 주체
③ 이행 방법 ④ 이행 시기

68 유체의 역류를 방지하기 위한 것으로 밸브의 무게와 밸브의 양면 간 압력차를 이용하여 밸브를 자동으로 작동시켜 유체가 한쪽 방향으로만 흐르도록 한 밸브는?

① 슬루스밸브
② 회전밸브
③ 체크밸브
④ 버터플라이밸브

해설 유체의 역류방지용 밸브는 체크밸브(check valve)가 있다. 스윙형 체크밸브는 수평 · 수직배관에 사용되며 리프트형 체크밸브는 수평배관에만 적용된다.

69 다음 중 에너지이용 합리화법에 따라 에너지 다소비사업자에게 에너지관리 개선명령을 할 수 있는 경우는?

① 목표원단위보다 과다하게 에너지를 사용하는 경우
② 에너지관리 지도결과 10% 이상의 에너지효율 개선이 기대되는 경우
③ 에너지 사용실적이 전년도보다 현저히 증가한 경우
④ 에너지 사용계획 승인을 얻지 아니한 경우

70 에너지이용 합리화법에 따라 에너지 저장의 무부과 대상자가 아닌 자는?

① 전기사업법에 따른 전기 사업자
② 석탄산업법에 따른 석탄가공업자
③ 액화가스사업법에 따른 액화가스 사업자
④ 연간 2만 석유환산톤 이상의 에너지를 사용하는 자

71 보온재의 열전도율에 대한 설명으로 옳은 것은?

① 열전도율이 클수록 좋은 보온재이다.
② 보온재 재료의 온도에 관계없이 열전도율은 일정하다.
③ 보온재 재료의 밀도가 작을수록 열전도율은 커진다.
④ 보온재 재료의 수분이 적을수록 열전도율은 작아진다.

72 다음 중 에너지이용 합리화법에 따른 에너지 사용계획의 수립대상 사업이 아닌 것은?

① 고속도로건설사업
② 관광단지개발사업
③ 항만건설사업
④ 철도건설사업

73 다음 중 규석벽돌로 쌓은 가마 속에서 소성하기에 가장 적절하지 못한 것은?

① 규석질 벽돌 ② 샤모트질 벽돌
③ 납석질 벽돌 ④ 마그네시아질 벽돌

74 에너지이용 합리화법에 따라 에너지다소비사업자의 신고에 대한 설명으로 옳은 것은?

① 에너지다소비사업자는 매년 12월 31일까지 사무소가 소재하는 지역을 관할하는 시 · 도지사에게 신고하여야 한다.
② 에너지다소비사업자의 신고를 받은 시 · 도지사는 이를 매년 2월 말까지 산업통상자원부장관에게 보고하여야 한다.
③ 에너지다소비사업자의 신고에는 에너지를 사용하여 만드는 제품 · 부가가치 등의 단위당 에너지이용효율 향상목표 또는 온실가스배출 감소목표 및 이행방법을 포함하여야 한다.
④ 에너지다소비사업자는 연료 · 열의 연간 사용량의 합계가 2천 티오이 이상이고, 전력의 연간 사용량이 4백만 킬로 와트시 이상인 자를 의미한다.

정답 67 ① 68 ③ 69 ② 70 ③ 71 ④ 72 ① 73 ④ 74 ②

75 주철관에 대한 설명으로 틀린 것은?

① 제조방법은 수직법과 원심력법이 있다.
② 수도용, 배수용, 가스용으로 사용된다.
③ 인성이 풍부하여 나사이음과 용접이음에 적합하다.
④ 주철은 인장강도에 따라 보통 주철과 고급주철로 분류된다.

해설
인성이 풍부하여 나사이음, 플랜지이음, 용접이음 등에 적합한 것은 강관(steel pipe)이다.

76 마그네시아질 내화물이 수증기에 의해서 조직이 약화되어 노벽에 균열이 발생하여 붕괴하는 현상은?

① 슬래킹 현상
② 더스킹 현상
③ 침식 현상
④ 스폴링 현상

77 에너지법에 의한 에너지 총 조사는 몇 년 주기로 시행하는가?

① 2년
② 3년
③ 4년
④ 5년

해설
에너지법에 의한 에너지 총 조사는 3년 주기로 시행한다.

78 에너지이용 합리화법에 따라 에너지 절약형 시설투자 시 세제지원이 되는 시설투자가 아닌 것은?

① 노후 보일러 등 에너지다소비 설비의 대체
② 열병합발전사업을 위한 시설 및 기기류의 설치
③ 5% 이상의 에너지절약 효과가 있다고 인정되는 설비
④ 산업용 요로 설비의 대체

79 요로를 균일하게 가열하는 방법이 아닌 것은?

① 노내 가스를 순환시켜 연소 가스량을 많게 한다.
② 가열시간을 되도록 짧게 한다.
③ 장염이나 축차연소를 행한다.
④ 벽으로부터의 방사열을 적절히 이용한다.

80 두께 230mm의 내화벽돌, 114mm의 단일벽돌, 230mm의 보통벽돌로 된 노의 평면 벽에서 내벽면의 온도가 1,200℃이고 외벽면의 온도가 120℃일 때, 노벽 1m²당 열손실(W)은? (단, 내화벽돌, 단열벽돌, 보통벽돌의 열전도도는 각각 1.2, 0.12, 0.6W/m·℃이다.)

① 376.9 ② 563.5
③ 708.2 ④ 1688.1

해설
$$Q_2 = KA(t_i - t_o) = 0.66 \times 1(1{,}200 - 120) \fallingdotseq 708.2\text{W}$$
$$K = \frac{1}{R} = \frac{1}{\frac{0.23}{1.2} + \frac{0.114}{0.12} + \frac{0.23}{0.6}} \fallingdotseq 0.66\text{W/m}\cdot℃$$

제5과목 열설비설계

81 점식(pitting)부식에 대한 설명으로 옳은 것은?

① 연료 내의 유황성분이 연소할 때 발생하는 부식이다.
② 연료 중에 함유된 바나듐에 의해서 발생하는 부식이다.
③ 산소농도차에 의한 전기 화학적으로 발생하는 부식이다.
④ 급수 중에 함유된 암모니아가스에 의해 발생하는 부식이다.

해설
점식(pitting)은 전기화학적 기구에서 산소농도차에 의해 발생하는 부식 형태로, 특정의 작은 부분에 점점이 구멍 모양의 오목부가 생기는 부식이다.

정답 75 ③ 76 ① 77 ② 78 ③ 79 ② 80 ③ 81 ③

82 열사용 설비는 많은 전열면을 가지고 있는데 이러한 전열면이 오손되면 전열량이 감소하고, 열설비의 손상을 초래한다. 이에 대한 방지대책으로 틀린 것은?

① 황분이 적은 연료를 사용하여 저온부식을 방지한다.
② 첨가제를 사용하여 배기가스의 노점을 상승시킨다.
③ 과잉공기를 적게 하여 저공기비 연소를 시킨다.
④ 내식성이 강한 재료를 사용한다.

83 지름 5cm의 파이프를 사용하여 매 시간 4t의 물을 공급하는 수도관이 있다. 이 수도관에서의 물의 속도(m/s)는? (단, 물의 비중은 1이다.)

① 0.12 ② 0.28
③ 0.56 ④ 0.93

해설
$Q = AV\,[\text{m}^3/\text{s}]$에서

$$V = \frac{Q}{A} = \frac{Q}{\frac{\pi d^2}{4}} = \frac{4Q}{\pi d^2} = \frac{4\left(\frac{4}{3,600}\right)}{\pi(0.05)^2}$$

$$= \frac{4\times 1.11\times 10^{-3}}{\pi(0.05)^2}$$

$\fallingdotseq 0.566\text{m/s}$

※ 물 1m^3=1ton=1,000kgf=9,800N
Q=4ton/h=4m^3/3,600s≒1.11×10-3m^3/s

84 보일러의 만수보존법에 대한 설명으로 틀린 것은?

① 밀폐 보존방식이다.
② 겨울철 동결에 주의하여야 한다.
③ 보통 2~3개월의 단기보존에 사용된다.
④ 보일러 수는 pH 6 정도 유지되도록 한다.

85 노통보일러 중 원통형의 노통이 2개 설치된 보일러를 무엇이라고 하는가?

① 랭커셔보일러 ② 라몬트보일러
③ 바브콕보일러 ④ 다우삼보일러

해설
노통보일러 중 원통형의 노통이 2개 설치된 보일러는 랭커셔(lancashire)보일러이고, 노통이 1개 설치된 것은 코르니시(cornish)보일러이다.

86 물을 사용하는 설비에서 부식을 초래하는 인자로 가장 거리가 먼 것은?

① 용존 산소
② 용존 탄산가스
③ pH
④ 실리카

87 노통보일러에 가셋트스테이를 부착할 경우 경판과의 부착부 하단과 노통 상부 사이에는 완충폭(브레이징 스페이스)이 있어야 한다. 이때 경판의 두께가 20mm인 경우 완충폭은 최소 몇 mm 이상이어야 하는가?

① 230 ② 280
③ 320 ④ 350

88 보일러 동체, 드럼 및 일반적인 원통형 고압용기의 동체두께(t)를 구하는 계산식으로 옳은 것은? (단, P는 최고사용압력, D는 원통 안지름, σ는 허용인장응력(원주방향)이다.)

① $t = \frac{PD}{\sqrt{2}\sigma}$ ② $t = \frac{PD}{\sigma}$
③ $t = \frac{PD}{2\sigma}$ ④ $t = \frac{PD}{4\sigma}$

해설
보일러강판의 두께$(t) = \frac{PD}{2\sigma}$

89 내경이 150mm인 연동계 파이프의 인장강도가 80MPa이라 할 때, 파이프의 최고사용압력이 4,000kPa이면 파이프의 최소두께(mm)는? (단, 이음효율은 1, 부식여유는 1mm, 안전계수는 1로 한다.)

① 2.63 ② 3.71
③ 4.75 ④ 5.22

정답 82 ② 83 ③ 84 ④ 85 ① 86 ④ 87 ③ 88 ③ 89 ③

해설

$$t=\frac{PD}{\sigma_a \eta}+C=\frac{PDS}{200\sigma_u \eta}+C$$
$$=\frac{400\times150\times1}{200\times80\times1}+1$$
$$=4.75\text{mm}$$

90 용접이음에 대한 설명으로 틀린 것은?

① 두께의 한도가 없다.
② 이음효율이 우수하다.
③ 폭음이 생기지 않는다.
④ 기밀성이나 수밀성이 낮다.

해설 용접이음은 기밀 · 수밀 · 유밀성이 좋다(높다).

91 흑체로부터의 복사에너지는 절대온도의 몇 제곱에 비례하는가?

① $\sqrt{2}$　② 2
③ 3　④ 4

해설 복사에너지는 흑체(black body) 표면온도(K)의 4승에 비례한다($q_R \propto T^4$).

$q_R=\sigma A\varepsilon T^4$[W]

여기서, 스테판 – 볼쯔만상수(σ)=5.68×10^{-8}W/m^2 · K^4
A : 전열면적(m^2)
ε : 복사율(방사율)
T : 흑체의 표면온도(K)

92 보일러수 1,500kg 중에 불순물이 30g이 검출되었다. 이는 몇 ppm인가? (단, 보일러수의 비중은 1이다.)

① 20　② 30
③ 50　④ 60

93 아래 표는 소용량 주철제보일러에 대한 정의이다. ㉠, ㉡안에 들어갈 내용으로 옳은 것은?

주철제보일러 중 전열면적이 (㉠)m^2 이하이고 최고사용압력이 (㉡)MPa 이하인 것

① ㉠ 4, ㉡ 1　② ㉠ 5, ㉡ 0.1
③ ㉠ 5, ㉡ 1　④ ㉠ 4, ㉡ 0.1

해설 주철제보일러 중 전열면적이 5m^2 이하이고, 최고사용압력이 0.1MPa 이하인 것이 소용량 주철제보일러의 정의이다.

94 다음 중 스케일의 주성분에 해당되지 않는 것은?

① 탄산칼슘
② 규산칼슘
③ 탄산마그네슘
④ 과산화수소

해설 스케일(scale)의 주성분
㉠ 탄산칼슘($CaCO_3$)
㉡ 규산칼슘($CaSiO_4$)
㉢ 탄산마그네슘($MgCO_3$)

95 보일러의 효율 향상을 위한 운전 방법으로 틀린 것은?

① 가능한 정격부하로 가동되도록 조업을 계획한다.
② 여러 가지 부하에 대해 열정산을 행하여, 그 결과로 얻은 결과를 통해 연소를 관리한다.
③ 전열면의 오손, 스케일 등을 제거하여 전열효율을 향상시킨다.
④ 블로우 다운을 조업중지 때마다 행하여, 이상 물질이 보일러 내에 없도록 한다.

96 보일러의 부대장치 중 공기예열기 사용 시 나타나는 특징으로 틀린 것은?

① 과잉공기가 많아진다.
② 가스온도 저하에 따라 저온부식을 초래할 우려가 있다.
③ 보일러 효율이 높아진다.
④ 질소산화물에 의한 대기오염의 우려가 있다.

정답 90 ④ 91 ④ 92 ① 93 ② 94 ④ 95 ④ 96 ①

97 다음의 특징을 가지는 증기트랩의 종류는?

> • 다량의 드레인을 연속적으로 처리할 수 있다.
> • 증기누출이 거의 없다.
> • 가동 시 공기빼기를 할 필요가 없다.
> • 수격작용에 다소 약하다.

① 플로트식 트랩
② 버킷형 트랩
③ 바이메탈식 트랩
④ 디스크식 트랩

98 테르밋(thermit)용접에서 테르밋이란 무엇과 무엇의 혼합물인가?

① 붕사와 붕산의 분말
② 탄소와 규소의 분말
③ 알루미늄과 산화철의 분말
④ 알루미늄과 납의 분말

해설
테르밋(thermit)용접에서 테르밋이란 알루미늄과 산화철 분말의 혼합물을 의미한다.

99 줄-톰슨계수(Joule-Thomson coefficient, μ)에 대한 설명으로 옳은 것은?

① μ의 부호는 열량의 함수이다.
② μ의 부호는 온도의 함수이다.
③ μ가 (−)일 때 유체의 온도는 교축과정 동안 내려간다.
④ μ가 (+)일 때 유체의 온도는 교축과정 동안 일정하게 유지된다.

해설
줄-톰슨계수(Joule-Thomson effect, μ)

$$\mu=\left(\frac{\delta T}{\delta P}\right)_{h=c}=\left(\frac{T_1-T_2}{P_1-P_2}\right)_{h=c}$$

줄-톰슨계수의 부호는 온도만의 함수이다.
㉠ 등온이면, T_1-T_2, $\mu=0$(이상기체)
㉡ 온도강하 시, $T_1>T_2$, $\mu>0$
㉢ 온도상승 시, $T_1<T_2$, $\mu<0$

100 보일러에서 스케일 및 슬러지의 생성 시 나타나는 현상에 대한 설명으로 가장 거리가 먼 것은?

① 스케일이 부착되면 보일러 전열면을 과열시킨다.
② 스케일이 부탁되면 배기가스 온도가 떨어진다.
③ 보일러에 연결한 코크, 밸브, 그 외의 구멍을 막히게 한다.
④ 보일러 전열 성능을 감소시킨다.

해설
스케일이 부착되면 배기가스 온도가 상승한다. 스케일 및 그을음을 청소해주면 보일러의 배기가스 온도가 낮아지게 되며 배기가스(일산화탄소) 온도를 50℃ 낮추면 연료가 2% 정도 절약된다.

정답 97 ① 98 ③ 99 ② 100 ②

과년도 출제문제 (2020년 1·2회 통합)

제1과목 연소공학

01 다음과 같은 질량조성을 가진 석탄의 완전연소에 필요한 이론공기량(kg/kg)은 얼마인가?

- C : 64.0%
- H : 5.3%
- S : 0.1%
- O : 8.8%
- N : 0.8%
- ash : 12.0%
- water : 9.0%

① 7.5 ② 8.8
③ 9.7 ④ 10.4

해설
이론공기량(A_o)

$$= 11.5C + 34.49\left(H - \frac{O}{8}\right) + 4.31S$$

$$= 11.5 \times 0.64 + 34.49\left(0.053 - \frac{0.08}{8}\right) + 433 \times 0.001$$

$$= 8.8\text{kg}'/\text{kg}$$

02 링겔만 농도표의 측정 대상은?

① 배출가스 중 매연 농도
② 배출가스 중 CO 농도
③ 배출가스 중 CO_2 농도
④ 화염의 투명도

해설
링겔만 농도표의 측정 대상은 배기가스 중 매연 농도 규격표(0~5도)와 배기가스를 비교하여 측정하는 방법이다.

03 다음 중 연소 시 발생하는 질소산화물(NO_x)의 감소 방안으로 틀린 것은?

① 질소 성분이 적은 연료를 사용한다.
② 화염의 온도를 높게 연소한다.
③ 화실을 크게 한다.
④ 배기가스 순환을 원활하게 한다.

해설
화염의 연소온도를 낮추어야 질소산화물(NO_x)을 감소시킬 수 있다.

04 연료의 일반적인 연소 반응의 종류로 틀린 것은?

① 유동층연소 ② 증발연소
③ 표면연소 ④ 분해연소

해설
연소 반응의 종류로는 표면연소, 증발연소, 분해연소, 예혼합연소, 확산연소, 분무연소, 습식연소가 있다.

05 공기와 혼합 시 가연범위(폭발범위)가 가장 넓은 것은?

① 메탄 ② 프로판
③ 메틸알코올 ④ 아세틸렌

해설
공기와 혼합 시 가연범위(폭발범위)가 가장 넓은 것은 아세틸렌(C_2H_2)이다.
※ 위험도 : 메탄(CH_4) 5~15, 프로판(C_3H_8) 2.1~9.5, 아세틸렌 2.5~81

위험도(H) $= \frac{U-L}{L}$

여기서, U : 폭발 하한계(%), L : 폭발 상한계(%)

06 11g의 프로판이 완전연소 시 생성되는 물의 질량(g)은?

① 44 ② 34
③ 28 ④ 18

해설
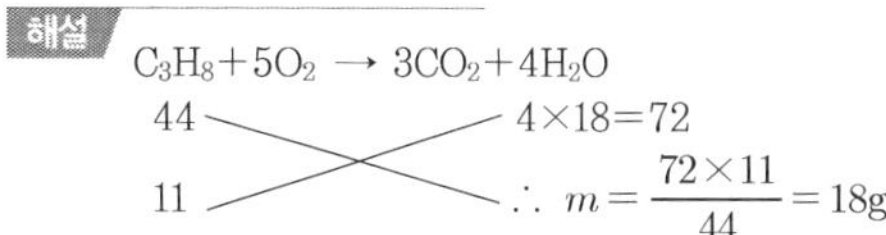
$C_3H_8 + 5O_2 \rightarrow 3CO_2 + 4H_2O$
44 — $4 \times 18 = 72$
11 — $\therefore m = \frac{72 \times 11}{44} = 18\text{g}$

07 다음 중 역화의 위험성이 가장 큰 연소방식으로서, 설비의 시동 및 정지 시에 폭발 및 화재에 대비한 안전 확보에 각별한 주의를 요하는 방식은?

① 예혼합 연소 ② 미분탄 연소
③ 분무식 연소 ④ 확산 연소

정답 01 ② 02 ① 03 ② 04 ① 05 ④ 06 ④ 07 ①

08 액체연료에 대한 가장 적합한 연소방법은?

① 화격자 연소 ② 스토커 연소
③ 버너 연소 ④ 확산 연소

해설
액체연료에 가장 적합한 연소방법은 버너 연소다.

09 연료의 발열량에 대한 설명으로 틀린 것은?

① 기체 연료는 그 성분으로부터 발열량을 계산할 수 있다.
② 발열량의 단위는 고체와 액체 연료의 경우 단위중량당(통상 연료 kg당) 발열량으로 표시한다.
③ 고위발열량은 연료의 측정열량에 수증기 증발잠열을 포함한 연소열량이다.
④ 일반적으로 액체 연료는 비중이 크면 체적당 발열량은 감소하고, 중량당 발열량은 증가한다.

해설
일반적으로 액체 연료는 비중이 크면 체적당 발열량과 중량당 발열량 모두 증가한다.

10 고체연료의 연료비(fuel ratio)를 옳게 나타낸 것은?

① $\frac{\text{고정탄소}(\%)}{\text{휘발분}(\%)}$ ② $\frac{\text{휘발분}(\%)}{\text{고정탄소}(\%)}$
③ $\frac{\text{고정탄소}(\%)}{\text{수분}(\%)}$ ④ $\frac{\text{수분}(\%)}{\text{고정탄소}(\%)}$

해설
고체연료의 연료비(fuel ratio)란 고정탄소(%)와 휘발분(%)의 비다.

11 고체연료의 연소방식으로 옳은 것은?

① 포트식 연소 ② 화격자 연소
③ 심지식 연소 ④ 증발식 연소

해설
고체연료 연소방식은 화격자 연소다.

12 고체연료의 연소가스 관계식으로 옳은 것은? (단, G : 연소가스량, G_o : 이론연소가스량, A : 실제공기량, A_o : 이론공기량, a : 연소생성 수증기량)

① $G_o = A_o + 1 - a$ ② $G = G_o - A + A_o$
③ $G = G_o + A - A_o$ ④ $G_o = A_o - 1 + a$

해설
고체연료연소가스량(G)
=이론연소가스량(G_o)+실제공기량(A)
−이론공기량(A_o)
$\therefore\ G = G_o + A - A_o$

13 백 필터(bag-filter)에 대한 설명으로 틀린 것은?

① 여과면의 가스 유속은 미세한 더스트일수록 적게 한다.
② 더스트 부하가 클수록 집진율은 커진다.
③ 여포재에 더스트 일차부착층이 형성되면 집진율은 낮아진다.
④ 백의 밑에서 가스백 내부로 송입하여 집진한다.

해설
여포재에 더스트 일차부착층이 형성되면 집진율은 높아진다.

14 유압분무식 버너의 특징에 대한 설명으로 틀린 것은?

① 유량 조절 범위가 좁다.
② 연소의 제어범위가 넓다.
③ 무화매체인 증기나 공기가 필요하지 않다.
④ 보일러 가동 중 버너교환이 가능하다.

해설
유압분무식 버너는 유량 조절 범위 및 연소의 제어범위가 좁다.

15 다음 중 배기가스와 접촉되는 보일러 전열면으로 증기나 압축공기를 직접 분사시켜서 보일러에 회분, 그을음 등 열전달을 막는 퇴적물을 청소하고 쌓이지 않도록 유지하는 설비는?

① 수트블로워
② 압입통풍 시스템
③ 흡입통풍 시스템
④ 평형통풍 시스템

정답 08 ③ 09 ④ 10 ① 11 ② 12 ③ 13 ③ 14 ② 15 ①

16 관성력 집진장치의 집진율을 높이는 방법이 아닌 것은?

① 방해판이 많을수록 집진효율이 우수하다.
② 충돌 직전 처리가스 속도가 느릴수록 좋다.
③ 출구가스 속도가 느릴수록 미세한 입자가 제거된다.
④ 기류의 방향 전환각도가 작고, 전환회수가 많을수록 집진효율이 증가한다.

해설 관성력 집진장치의 집진율을 높이려면 충돌직전 처리가스 속도가 빠를수록 좋다.

17 보일러 연소장치에 과잉공기 10%가 필요한 연료를 완전연소할 경우 실제 건연소 가스량(Nm^3/kg)은 얼마인가? (단, 연료의 이론공기량 및 이론 건연소 가스량은 각각 $10.5Nm^3/kg$, $9.9Nm^3/kg$이다.)

① 12.03 ② 11.84
③ 10.95 ④ 9.98

해설 실제건연소가스량(Gd)
$=$이론건연소가스량(God)$+(m-1)A_o$
$=9.9+(1.1-1)\times 10.5=10.95Nm^3/kg$

18 연소가스량 $10Nm^3/kg$, 연소가스의 정압비열 $1.34kJ/Nm^3\cdot℃$인 어떤 연료의 저위발열량이 27,200kJ/kg이었다면 이론 연소온도(℃)는? (단, 연소용 공기 및 연료 온도는 5℃이다.)

① 1,000 ② 1,500
③ 2,000 ④ 2,500

해설 이론연소온도(t_o)

$$=t_s+\frac{H_L}{mC_p}=5+\frac{27,200}{10\times 1.34}\fallingdotseq 2,035℃$$

※ 이론연소온도(theoretical combuleion temperature)란 연소가스가 도달할 수 있는 최고온도를 말한다.

19 표준 상태인 공기 중에서 완전 연소비로 아세틸렌이 함유되어 있을 때 이 혼합기체 1L 당 발열량(kJ)은 얼마인가? (단, 아세틸렌의 발열량은 1,308kJ/mol이다.)

① 4.1 ② 4.5
③ 5.1 ④ 5.5

20 연소장치의 연소효율(E_C)식이 아래와 같을 때 H_2는 무엇을 의미하는가? (단, H_C : 연료의 발열량, H_1 : 연재 중의 미연탄소에 의한 손실이다.)

$$E_C=\frac{H_C-H_1-H_2}{H_C}$$

① 전열손실
② 현열손실
③ 연료의 저발열량
④ 불완전연소에 따른 손실

해설 연소효율(E_C)

$$=\frac{\text{연료발열량}(H_C)-\text{연재 중의 미연탄소에 의한 손실}(H_1)-\text{불완전연소에 의한 손실}(H_2)}{\text{연료발열량}(H_C)}$$

제2과목 열역학

21 이상기체를 가역단열 팽창시킨 후의 온도는?

① 처음상태보다 낮게 된다.
② 처음상태보다 높게 된다.
③ 변함이 없다.
④ 높을 때도 있고 낮을 때도 있다.

해설 이상기체를 가역단열 팽창시킨 후의 온도는 처음 상태보다 낮게 된다(압력도 낮아진다).

22 공기 100kg을 400℃에서 120℃로 냉각할 때 엔탈피(kJ) 변화는? (단, 일정 정압비열은 $1.0kJ/kg\cdot K$이다.)

① −24,000 ② −26,000
③ −28,000 ④ −30,000

정답 16 ② 17 ③ 18 ③ 19 ② 20 ④ 21 ① 22 ③

해설
$H_2 - H_1 = m\,C_P(t_2 - t_1)$
$= 100 \times 1.0(120 - 400) = -28,000\text{kJ}$

23 성능계수가 2.5인 증기 압축 냉동 사이클에서 냉동용량이 4kW일 때 소요일은 몇 kW인가?

① 1 ② 1.6
③ 4 ④ 10

해설
$\varepsilon_R = \dfrac{Q_e}{W_c}$ 에서 $W_c = \dfrac{Q_e}{\varepsilon_R} = \dfrac{4}{2.5} = 1.6\text{kW(kJ/s)}$

24 열역학 제2법칙을 설명한 것이 아닌 것은?

① 사이클로 작동하면서 하나의 열원으로부터 열을 받아서 이 열을 전부 일로 바꾸는 것은 불가능하다.
② 에너지는 한 형태에서 다른 형태로 바뀔 뿐이다.
③ 제2종 영구기관을 만든다는 것은 불가능하다.
④ 주위에 아무런 변화를 남기지 않고 열을 저온의 열원으로부터 고온의 열원으로 전달하는 것은 불가능하다.

해설
"에너지는 한 형태에서 다른 형태로 바뀔 뿐이다"는 에너지보존의 법칙(열역학 제1법칙)이다.

25 다음 중 터빈에서 증기의 일부를 배출하여 급수를 가열하는 증기사이클은?

① 사바테 사이클 ② 재생 사이클
③ 재열 사이클 ④ 오토 사이클

해설
재생 사이클 터빈에서 팽창 도중의 증기를 일부 배출하여 보일러로 들어가는 물(급수)을 예열하는 증기사이클이다.

26 80℃의 물 50kg과 20℃의 물 100kg을 혼합하면 이 혼합된 물의 온도는 약 몇 ℃인가? (단, 물의 비열은 4.2kJ/kg·K이다.)

① 33 ② 40
③ 45 ④ 50

해설
열역학 제0법칙(열평형의 법칙)
고온체방열량 = 저온체흡열량
$m_1 C_1(t_1 - t_m) = m_2 C_2(t_m - t_2)$이고, 동일물질이므로 $C_1 = C_2$
$\therefore\ t_m = \dfrac{m_1 t_1 + m_2 t_2}{m_1 + m_2} = \dfrac{50 \times 80 + 20 \times 100}{50 + 100} = 40℃$

27 랭킨사이클에서 각 지점의 엔탈피가 다음과 같을 때 사이클의 효율은 약 몇 %인가?

- 펌프 입구 : 190kJ/kg
- 보일러 입구 : 200kJ/kg
- 터빈 입구 : 2,900kJ/kg
- 응축기 입구 : 2,000kJ/kg

① 25 ② 30
③ 33 ④ 37

해설
랭킨사이클의 열효율(η_R)
$\eta_R = \dfrac{w_t - w_p}{q_1} = \dfrac{(h_3 - h_4) - (h_2 - h_1)}{h_3 - h_2} \times 100\%$
$= \dfrac{(2,900 - 2,000) - (200 - 190)}{2,900 - 200} \times 100\% \fallingdotseq 33\%$

28 냉동 사이클의 작동 유체인 냉매의 구비조건으로 틀린 것은?

① 화학적으로 안정될 것
② 임계 온도가 상온보다 충분히 높을 것
③ 응축 압력이 가급적 높을 것
④ 증발 잠열이 클 것

해설
응축 압력은 가급적 낮을 것

29 압력 500kPa, 온도 240℃인 과열증기와 압력 500kPa의 포화수가 정상상태로 흘러들어와 섞인 후 같은 압력의 포화증기 상태로 흘러나간다. 1kg의 과열증기에 대하여 필요한 포화수의 양은 약 몇 kg인가? (단, 과열증기의 엔탈피는 3,063kJ/kg이고, 포화수의 엔탈피는 636kJ/kg, 증발열은 2,109kJ/kg이다.)

① 0.15 ② 0.45
③ 1.12 ④ 1.45

정답 23 ② 24 ② 25 ② 26 ② 27 ③ 28 ③ 29 ①

해설

과열증기(m_1h_1)+포화수(m_2h')=포화증기(m_3h'')

여기서, $m_3 = m_1 + m_2 = 1 + m_2$

$h_1 + m_2h' = (1+m_2)h'' = h'' + m_2h''$

$h_1 - h'' = m_2(h'' - h')$

여기서, h''(포화증기 비엔탈피) $= h' + \gamma$[kJ/kg]

$$\therefore\ m_2 = \frac{h_1 - h''}{h'' - h'} = \frac{h_1 - (h' + \gamma)}{(h'+\gamma) - h'}$$

$$= \frac{h_1 - (h'+\gamma)}{\gamma}$$

$$= \frac{3,063 - (636 + 2,109)}{2,109} = 0.15\text{kg}$$

30 30℃에서 150L의 이상기체를 20L로 가역 단열압축시킬 때 온도가 230℃로 상승하였다. 이 기체의 정적 비열은 약 몇 kJ/kg·K인가? (단, 기체상수는 0.287kJ/kg·K이다.)

① 0.17
② 0.24
③ 1.14
④ 1.47

해설

$$\frac{T_2}{T_1} = \left(\frac{V_1}{V_2}\right)^{k-1}$$

$$\ln\frac{T_2}{T_1} = (k-1)\ln\frac{V_1}{V_2}$$

$$k-1 = \frac{\ln\frac{T_2}{T_1}}{\ln\frac{V_1}{V_2}} = \frac{\ln\frac{503}{303}}{\ln\frac{150}{20}} \fallingdotseq 0.252$$

$$\therefore C_v = \frac{R}{k-1} = \frac{0.287}{0.252} \fallingdotseq 1.14$$

31 증기에 대한 설명 중 틀린 것은?

① 포화액 1kg을 정압하에서 가열하여 포화증기로 만드는 데 필요한 열량을 증발잠열이라 한다.
② 포화증기를 일정 체적하에서 압력을 상승시키면 과열증기가 된다.
③ 온도가 높아지면 내부에너지가 커진다.
④ 압력이 높아지면 증발잠열이 커진다.

해설

압력이 높아지면 증발잠열은 작아진다.

32 최고 온도 500℃와 최저 온도 30℃ 사이에서 작동되는 열기관의 이론적 효율(%)은?

① 6 ② 39
③ 61 ④ 94

해설

$$\eta_c = 1 - \frac{T_2}{T_1} = 1 - \frac{30+273}{500+273} \fallingdotseq 0.61(61\%)$$

33 비열이 $\alpha + \beta t + \gamma t^2$로 주어질 때, 온도가 t_1으로부터 t_2까지 변화할 때의 평균비열(C_m)의 식은? (단, α, β, γ는 상수이다.)

① $C_m = \alpha + \frac{1}{2}\beta(t_2 + t_1) + \frac{1}{3}\gamma({t_2}^2 + t_2t_1 + {t_1}^2)$
② $C_m = \alpha + \frac{1}{2}\beta(t_2 - t_1) + \frac{1}{3}\gamma({t_2}^2 + t_2t_1 + {t_1}^2)$
③ $C_m = \alpha - \frac{1}{2}\beta(t_2 + t_1) + \frac{1}{3}\gamma({t_2}^2 - t_2t_1 - {t_1}^2)$
④ $C_m = \alpha - \frac{1}{2}\beta(t_2 + t_1) - \frac{1}{3}\gamma({t_2}^2 + t_2t_1 - {t_1}^2)$

해설

평균비열(C_m)

$$= \frac{1}{t_2 - t_1}\int_{t_1}^{t_2} C dt$$

$$= \frac{1}{t_2 - t_1}\int_{t_1}^{t_2}(\alpha + \beta t + \gamma t^2)dt$$

$$= \frac{1}{t_2 - t_1}\left[\alpha(t_2 - t_1) + \frac{\beta}{2}(t_2^2 - t_1^2) + \frac{\gamma}{3}(t_2^3 - t_1^3)\right]$$

$$= \frac{1}{t_2 - t_1}\left[\alpha(t_2 - t_1) + \frac{\beta}{2}(t_2 + t_1)(t_2 - t_1) + \frac{\gamma}{3}(t_2 - t_1)(t_2^2 + t_2t_1 + t_1^2)\right]$$

$$= \alpha + \frac{\beta}{2}(t_2 + t_1) + \frac{\gamma}{3}(t_2^2 + t_2t_1 + t_1^2)[\text{kJ/kg}\cdot\text{K}]$$

34 다음은 열역학 기본법칙을 설명한 것이다. 제0법칙, 제1법칙, 제2법칙, 제3법칙 순으로 옳게 나열된 것은?

가. 에너지 보존에 관한 법칙이다.
나. 에너지의 전달 방향에 관한 법칙이다.
다. 절대온도 0K에서 완전 결정질의 절대 엔트로피는 0이다.
라. 시스템 A가 시스템 B와 열적 평형을 이루고 동시에 시스템 C와도 열적 평형을 이룰 때 시스템 B와 C의 온도는 동일하다.

① 가-나-다-라 ② 라-가-나-다
③ 다-라-가-나 ④ 나-가-라-다

정답 30 ③ 31 ④ 32 ③ 33 ① 34 ②

해설
㉠ 라 : 열역학 제0법칙(열평형의 법칙, 온도계의 기본원리 적용)
㉡ 가 : 열역학 제1법칙(에너지 보존의 법칙, 열량과 일량은 본질적으로 동일한 에너지다)
㉢ 나 : 열역학 제2법칙(비가역법칙, 엔트로피 증가법칙, 열의 방향성을 제시한 법칙)
㉣ 다 : 열역학 제3법칙(엔트로피의 절댓값을 정의한 법칙, Nernst의 열정리)

35 그림은 물의 압력-체적 선도($P-V$)를 나타낸다. A′ACBB′ 곡선은 상들 사이의 경계를 나타내며, T_1, T_2, T_3는 물의 $P-V$ 관계를 나타내는 등온곡선들이다. 이 그림에서 점 C는 무엇을 의미하는가?

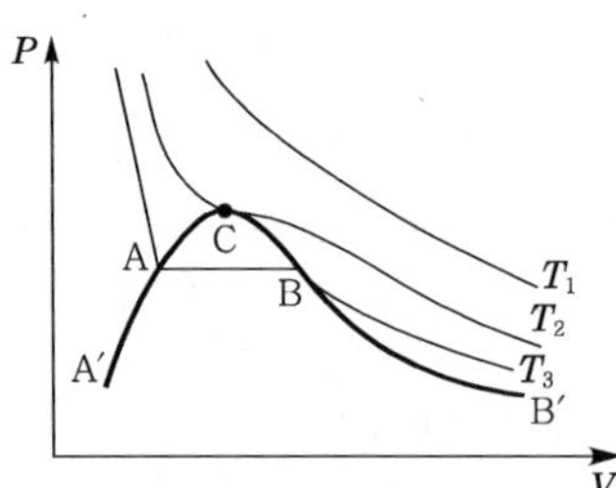

① 변곡점 ② 극대점
③ 삼중점 ④ 임계점

해설
C점은 증발열이 0인 임계점(critical point)이다.

36 어떤 상태에서 질량이 반으로 줄면 강도성질(intensive property) 상태량의 값은?

① 반으로 줄어든다.
② 2배로 증가한다.
③ 4배로 증가한다.
④ 변하지 않는다.

해설
강도성질(intensive property)은 물질의 양과는 무관한 상태량이다(예 온도, 압력, 비체적).

37 카르노 냉동 사이클의 설명 중 틀린 것은?

① 성능계수가 가장 좋다.
② 실제적인 냉동 사이클이다.
③ 카르노 열기관 사이클의 역이다.
④ 냉동 사이클의 기준이 된다.

해설
카르노 사이클은 열기관의 이상 사이클이고 카르노 냉동 사이클(역 카르노 사이클)은 냉동기의 이상 사이클이다.

38 비열비는 1.3이고 정압비열이 0.845kJ/kg·K인 기체의 기체상수(kJ/kg·K)는 얼마인가?

① 0.195 ② 0.5
③ 0.845 ④ 1.345

해설
정압비열(C_P)$=\dfrac{k}{k-1}R$[kJ/kg·K] 이므로

기체상수(R)$=\dfrac{C_P(k-1)}{k}$

$=\dfrac{0.845(1.3-1)}{1.3}=0.195$kJ/kg·K

39 오토사이클에서 열효율이 56.5%가 되려면 압축비는 얼마인가? (단, 비열비는 1.4이다.)

① 3 ② 4
③ 8 ④ 10

해설
$$\eta_{tho}=1-\left(\frac{1}{\varepsilon}\right)^{k-1}$$

$$\therefore\ \varepsilon=\left(\frac{1}{1-\eta_{tho}}\right)^{\frac{1}{k-1}}=\left(\frac{1}{1-0.565}\right)^{\frac{1}{1.4-1}}=8$$

40 유체가 담겨 있는 밀폐계가 어떤 과정을 거칠 때 그 에너지식은 $\Delta U_{12}=Q_{12}$으로 표현된다. 이 밀폐계와 관련된 일은 팽창일 또는 압축일 뿐이라고 가정할 경우 이 계가 거쳐간 과정에 해당하는 것은? (단, U는 내부에너지를, Q는 전달된 열량을 나타낸다.)

① 등온과정
② 정압과정
③ 단열과정
④ 정적과정

해설
$Q=(U_2-U_1)+{}_1W_2$[kJ]$\left({}_1W_2=\int_1^2 PdV\right)$

등적과정 시($dV=0$) 절대일은 0이고 공급열량(가열량)은 내부에너지 변화량과 같다($Q_{12}=\Delta U_{12}$).

정답 35 ④ 36 ④ 37 ② 38 ① 39 ③ 40 ④

제3과목 계측방법

41 피드백 제어에 대한 설명으로 틀린 것은?

① 고액의 설비비가 요구된다.
② 운영하는 데 비교적 고도의 기술이 요구된다.
③ 일부 고장이 있어도 전체 생산에 영향을 미치지 않는다.
④ 수리가 비교적 어렵다.

42 가스의 상자성을 이용하여 만든 세라믹식 가스분석계는?

① O_2 가스계
② CO_2 가스계
③ SO_2 가스계
④ 가스크로마토그래피

해설
가스의 상자성을 이용하여 만든 세라믹 가스분석계는 CO_2 가스계다.

43 하겐-포아젤의 법칙을 이용한 점도계는?

① 세이볼트 점도계 ② 낙구식 점도계
③ 스토머 점도계 ④ 맥미첼 점도계

해설
하겐포아젤의 법칙을 이용한 점도계는 Saybolt(세이볼트) 점도계와 오스발트 점도계가 있다.
※ 낙구식 점도계는 스톡스 법칙, 스토머 점도계와 맥미첼 점도계는 뉴튼의 점성법칙을 적용한 점도계다.

44 적분동작(I동작)에 대한 설명으로 옳은 것은?

① 조작량이 동작신호의 값을 경계로 완전 개폐되는 동작
② 출력변화가 편차의 제곱근에 반비례하는 동작
③ 출력변화가 편차의 제곱근에 비례하는 동작
④ 출력변화의 속도가 편차에 비례하는 동작

해설
적분(Integral)동작(I동작)은 출력변화의 속도가 편차에 비례하는 동작이다.

45 흡습염(염화리튬)을 이용하여 습도 측정을 위해 대기 중의 습도를 흡수하면 흡수체 표면에 포화용액층을 형성하게 되는데, 이 포화용액과 대기와의 증기 평형을 이루는 온도를 측정하는 방법은?

① 흡습법 ② 이슬점법
③ 건구습도계법 ④ 습구습도계법

46 실온 22℃, 습도 45%, 기압 765mmHg인 공기의 증기분압(P_w)은 약 몇 mmHg인가? (단, 공기의 가스상수는 287N·m/kg·K, 22℃에서 포화압력(P_s)은 18.66mmHg이다.)

① 4.1 ② 8.4
③ 14.3 ④ 20.7

해설
상대습도(ϕ)

$$= \frac{\text{불포화상태 시 수증기의 분압}(P_w)}{\text{포화상태 시 수증기의 분압}(P_s)} \times 100\%$$

$\therefore\ P_w = \phi \times P_s = 0.45 \times 18.66 \fallingdotseq 8.4\text{mmHg}$

47 다음 계측기 중 열관리용에 사용되지 않는 것은?

① 유량계 ② 온도계
③ 다이얼 게이지 ④ 부르동관 압력계

48 압력을 측정하는 계기가 그림과 같을 때 용기 안에 들어있는 물질로 적절한 것은?

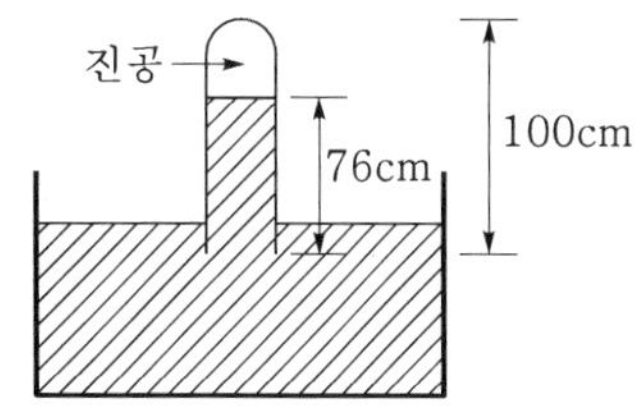

① 알코올 ② 물
③ 공기 ④ 수은

해설
대기압 측정 시 용기 안에 들어있는 물질은 수은(Hg)이다.
1atm=760mmHg=76cmHg(수은주)

정답 41 ③ 42 ① 43 ① 44 ④ 45 ② 46 ② 47 ③ 48 ④

49 다음에서 열전온도계 종류가 아닌 것은?

① 철과 콘스탄탄을 이용한 것
② 백금과 백금·로듐을 이용한 것
③ 철과 알루미늄을 이용한 것
④ 동과 콘스탄탄을 이용한 것

해설 열전온도계(열전기상의 열기전력을 이용한 온도계)
㉠ 백금－백금·로듐(PR) : 1,600℃
㉡ 철－콘스탄탄(IL) : 800℃ [콘스탄탄(Cu55%－Ni45%)]
㉢ 동－콘스탄탄(LL) : －300～350℃
㉣ 크로멜－알루멜(CA) : 1,200℃

50 다음 중 계통오차(Systematic error)가 아닌 것은?

① 계측기오차
② 환경오차
③ 개인오차
④ 우연오차

해설 계통오차(systematic error)는 정오차(determinated error)라고도 하며, 오차의 원인을 규명할 수 있고 참값을 기준으로 일정한 방향과 크기를 가지고 있는 오차를 말한다. 원인을 인지하지 못한다면 반복측정해도 감소하지 않는다.
※ **우연오차**(accidental/random error)
계통오차나 과실오차를 제거하여도 정밀성이나 관측자 능력의 한계 등 여러 가지 원인에 의해 같은 조건에서 분석해도 생기는 오차로, 특성상 완전히 제거하는 것은 불가능하고, 통계처리를 통해 파악하고 반복측정을 통해 최소화하는 것이 가능하다.

51 유량계에 대한 설명으로 틀린 것은?

① 플로트형 면적유량계는 정밀측정이 어렵다.
② 플로트형 면적유량계는 고점도 유체에 사용하기 어렵다.
③ 플로우 노즐식 교축유량계는 고압유체의 유량측정에 적합하다.
④ 플로우 노즐식 교축유량계는 노즐의 교축을 완만하게 하여 압력손실을 줄인 것이다.

52 다음 중 광고온계의 측정원리는?

① 열에 의한 금속팽창을 이용하여 측정
② 이종금속 접합점의 온도차에 따른 열기전력을 측정
③ 피측정물의 전파장의 복사 에너지를 열전대로 측정
④ 피측정물의 휘도와 전구의 휘도를 비교하여 측정

53 전기저항 온도계의 특징에 대한 설명으로 틀린 것은?

① 자동기록이 가능하다.
② 원격측정이 용이하다.
③ 1,000℃ 이상의 고온측정에서 특히 정확하다.
④ 온도가 상승함에 따라 금속의 전기 저항이 증가하는 현상을 이용한 것이다.

54 다음 중 자동조작 장치로 쓰이지 않는 것은?

① 전자개폐기　② 안전밸브
③ 전동밸브　④ 댐퍼

55 액주식 압력계에서 액주에 사용되는 액체의 구비조건으로 틀린 것은?

① 모세관 현상이 클 것
② 점도나 팽창계수가 작을 것
③ 항상 액면을 수평으로 만들 것
④ 증기에 의한 밀도 변화가 되도록 적을 것

56 다음 중 물리적 가스분석계와 거리와 먼 것은?

① 가스 크로마토그래프법
② 자동오르자트법
③ 세라믹식
④ 적외선흡수식

해설 자동오르자트 분석기, 연소식 O_2계, 자동화학 CO_2계 분석기 등은 화학적 가스분석계의 종류이다.

정답 49 ③ 50 ④ 51 ② 52 ④ 53 ③ 54 ② 55 ① 56 ②

57 다음 중 탄성 압력계의 탄성체가 아닌 것은?

① 벨로스 ② 다이어프램
③ 리퀴드 벌브 ④ 부르동관

58 초음파 유량계의 특징이 아닌 것은?

① 압력손실이 없다.
② 대 유량 측정용으로 적합하다.
③ 비전도성 액체의 유량측정이 가능하다.
④ 미소기전력을 증폭하는 증폭기가 필요하다.

59 차압식 유량계에서 압력차가 처음보다 4배 커지고 관의 지름이 $\frac{1}{2}$로 되었다면 나중유량(Q_2)과 처음 유량(Q_1)의 관계를 옳게 나타낸 것은?

① $Q_2 = 0.71 \times Q_1$ ② $Q_2 = 0.5 \times Q_1$
③ $Q_2 = 0.35 \times Q_1$ ④ $Q_2 = 0.25 \times Q_1$

60 방사고온계로 물체의 온도를 측정하니 1,000℃였다. 전방사율이 0.7이면 진온도는 약 몇 ℃인가?

① 1,119 ② 1,196
③ 1,284 ④ 1,392

해설
방사고온계는 물체에서 방출되는 열방사를 이용하여 비접촉으로 온도를 측정하는 온도계다.

진온도$(T) = \dfrac{1,000+273}{0.7^{\frac{1}{4}}} \fallingdotseq 1,392\text{K} = 1,119℃$

제4과목 열설비재료 및 관계법규

61 매끈한 원관 속을 흐르는 유체의 레이놀즈수가 1,800일 때의 관마찰계수는?

① 0.013 ② 0.015
③ 0.036 ④ 0.053

해설
층류 $Re < 2,100$ 이므로 $f = \dfrac{64}{Re} = \dfrac{64}{1,800} \fallingdotseq 0.036$

62 사용압력이 비교적 낮은 증기, 물 등의 유체 수송관에 사용하며, 백관과 흑관으로 구분되는 강관은?

① SPP ② SPPH
③ SPPY ④ SPA

해설
SPP(배관용 탄소강관)
사용압력이 비교적 낮은 증기·물 등의 유체수송관에 사용되며 아연도금을 한 백관과 도금을 하지 않은 흑관으로 구분된다.
② SPPH : 고압배관용 탄소강 강관
④ SPA : 배관용 합금강관(주로 고온도의 배관에 사용한다.)

63 축요(築窯) 시 가장 중요한 것은 적합한 지반(地盤)을 고르는 것이다. 다음 중 지반의 적부시험으로 틀린 것은?

① 지내력시험 ② 토질시험
③ 팽창시험 ④ 지하탐사

64 밸브의 몸통이 둥근 달걀형 밸브로서 유체의 압력 감소가 크므로 압력이 필요로 하지 않을 경우나 유량 조절용이나 차단용으로 적합한 밸브는?

① 글로브 밸브 ② 체크 밸브
③ 버터플라이 밸브 ④ 슬루스 밸브

65 에너지이용 합리화법에 따라 산업통상자원부장관은 에너지사정 등의 변동으로 에너지수급에 중대한 차질이 발생할 우려가 있다고 인정되면 필요한 범위에서 에너지 사용자, 공급자 등에게 조정·명령 그 밖에 필요한 조치를 할 수 있다. 이에 해당되지 않는 항목은?

① 에너지의 개발
② 지역별·주요 수급자별 에너지 할당
③ 에너지의 비축
④ 에너지의 배급

정답 57 ③ 58 ④ 59 ② 60 ① 61 ③ 62 ① 63 ③ 64 ① 65 ①

66 에너지이용 합리화법상 온수발생 용량이 0.5815MW를 초과하며 10t/h 이하인 보일러에 대한 검사대상기기관리자의 자격으로 모두 고른 것은?

ㄱ. 에너지관리기능장
ㄴ. 에너지관리기사
ㄷ. 에너지관리산업기사
ㄹ. 에너지관리기능사
ㅁ. 인정검사대상기기관리자의 교육을 이수한 자

① ㄱ, ㄴ
② ㄱ, ㄴ, ㄷ
③ ㄱ, ㄴ, ㄷ, ㄹ
④ ㄱ, ㄴ, ㄷ, ㄹ, ㅁ

67 다음 중 내화모르타르의 분류에 속하지 않는 것은?

① 열경성 ② 화경성
③ 기경성 ④ 수경성

해설 내화모르타르(refractory mortar)는 내화벽돌을 쌓을 때의 재료로 경화하는 상태로 분류하면 열경성, 기경성, 누경성으로 나뉜다.
※ **모르타르(mortar)** : 시멘트와 모래를 1 : 3 정도로 배합하여 물로 굳게 한 것을 말한다. 물은 20~70% 정도로 첨가한다.

68 에너지법에서 정한 용어의 정의에 대한 설명으로 틀린 것은?

① 에너지란 연료·열 및 전기를 말한다.
② 연료란 석유·가스·석탄, 그 밖에 열을 발생하는 열원을 말한다.
③ 에너지사용자란 에너지를 전환하여 사용하는 자를 말한다.
④ 에너지사용기자재란 열사용기자재나 그 밖에 에너지를 사용하는 기자재를 말한다.

해설 에너지사용자라 함은 에너지사용시설의 소유자 또는 관리자를 말한다.

69 염기성 슬래그나 용융금속에 대한 내침식성이 크므로 염기성 제강로의 노재로 주로 사용되는 내화벽돌은?

① 마그네시아질 ② 규석질
③ 샤모트질 ④ 알루미나질

70 에너지이용 합리화법에서 정한 열사용기자재의 적용범위로 옳은 것은?

① 전열면적이 $20m^2$ 이하인 소형 온수보일러
② 정격소비전력이 50kW 이하인 축열식 전기보일러
③ 1종 압력용기로서 최고사용압력(MPa)과 부피(m^3)를 곱한 수치가 0.01을 초과하는 것
④ 2종 압력용기로서 최고사용압력이 0.2MPa를 초과하는 기체를 그 안에 보유하는 용기로서 내부 부피가 $0.04m^3$ 이상인 것

해설 ① 전열면적이 $14m^2$ 이하
② 정격소비전력이 30kW 이하
③ 곱한 수치가 0.004을 초과하는 것

71 에너지이용 합리화법에서 정한 에너지저장시설의 보유 또는 저장의무의 부과 시 정당한 이유 없이 이를 거부하거나 이행하지 아니한 자에 대한 벌칙 기준은?

① 500만 원 이하의 벌금
② 1천만 원 이하의 벌금
③ 1년 이하의 징역 또는 1천만 원 이하의 벌금
④ 2년 이하의 징역 또는 2천만 원 이하의 벌금

72 에너지이용 합리화법상 특정열사용기자재 및 설치·시공범위에 해당하지 않는 품목은?

① 압력용기
② 태양열 집열기
③ 태양광 발전장치
④ 금속요로

정답 66 ③ 67 ② 68 ③ 69 ① 70 ④ 71 ④ 72 ③

73 에너지이용 합리화법에 따라 검사대상기기 검사 중 개조검사의 적용 대상이 아닌 것은?

① 온수보일러를 증기보일러로 개조하는 경우
② 보일러 섹션의 증감에 의하여 용량을 변경하는 경우
③ 동체·경판·관판·관모음 또는 스테이의 변경으로서 산업통상자원부장관이 정하여 고시하는 대수리의 경우
④ 연료 또는 연소방법을 변경하는 경우

74 에너지이용 합리화법상 검사대상기기설치자가 해당기기의 검사를 받지 않고 사용하였을 경우 벌칙기준으로 옳은 것은?

① 2년 이하의 징역 또는 2천만 원 이하의 벌금
② 1년 이하의 징역 또는 1천만 원 이하의 벌금
③ 2천만 원 이하의 과태료
④ 1천만 원 이하의 과태료

75 에너지이용 합리화법상 공공사업주관자는 에너지사용계획을 수립하여 산업통상자원부장관에게 제출하여야 한다. 공공사업주관자가 설치하려는 시설 기준으로 옳은 것은?

① 연간 2,500TOE 이상의 연료 및 열을 사용, 또는 연간 2천만kWh 이상의 전력을 사용
② 연간 2,500TOE 이상의 연료 및 열을 사용, 또는 연간 1천만kWh 이상의 전력을 사용
③ 연간 5,000TOE 이상의 연료 및 열을 사용, 또는 연간 2천만kWh 이상의 전력을 사용
④ 연간 5,000TOE 이상의 연료 및 열을 사용, 또는 연간 1천만kWh 이상의 전력을 사용

76 에너지법에서 정한 열사용기자재의 정의에 대한 내용이 아닌 것은?

① 연료를 사용하는 기기
② 열을 사용하는 기기
③ 단열성 자재 및 축열식 전기기기
④ 폐열 회수장치 및 전열장치

77 공업용로에 있어서 폐열회수장치로 가장 적합한 것은?

① 댐퍼
② 백필터
③ 바이패스 연도
④ 레큐퍼레이터

78 다음 중 산성 내화물에 속하는 벽돌은?

① 고알루미나질
② 크롬－마그네시아질
③ 마그네시아질
④ 샤모트질

79 보온재의 열전도율에 대한 설명으로 옳은 것은?

① 배관 내 유체의 온도가 높을수록 열전도율은 감소한다.
② 재질 내 수분이 많을 경우 열전도율은 감소한다.
③ 비중이 클수록 열전도율은 감소한다.
④ 밀도가 작을수록 열전도율은 감소한다.

해설 보온재의 밀도가 작을수록 열전도율은 감소한다.

80 다음 중 불연속식 요에 해당하지 않는 것은?

① 횡염식 요
② 승염식 요
③ 터널 요
④ 도염식 요

해설 터널 요는 도자기, 내화물 따위를 굽는 터널모양의 가마로 연속식 요(가마)이다. 불연속식 요로는 횡염식, 승염식, 도염식 요가 있다.

정답 73 ① 74 ② 75 ② 76 ④ 77 ④ 78 ④ 79 ④ 80 ③

제5과목 열설비 설계

81 입형 횡관 보일러의 안전저수위로 가장 적당한 것은?

① 하부에서 75mm 지점
② 횡관 전길이의 1/3 높이
③ 화격자 하부에서 100mm 지점
④ 화실 천장판에서 상부 75mm 지점

82 보일러 급수 중에 함유되어 있는 칼슘(Ca) 및 마그네슘(Mg)의 농도를 나타내는 척도는?

① 탁도 ② 경도
③ BOD ④ pH

83 보일러 운전 중 경판의 적절한 탄성을 유지하기 위한 완충폭을 무엇이라고 하는가?

① 아담슨 조인트
② 브레이징 스페이스
③ 용접 간격
④ 그루빙

84 보일러 장치에 대한 설명으로 틀린 것은?

① 절탄기는 연료공급을 적당히 분배하여 완전연소를 위한 장치이다.
② 공기예열기는 연소가스의 예열로 공급공기를 가열시키는 장치이다.
③ 과열기는 포화증기를 가열시키는 장치이다.
④ 재열기는 원동기에서 팽창한 포화증기를 재가열시키는 장치이다.

85 보일러수의 처리방법 중 탈기장치가 아닌 것은?

① 가압 탈기장치
② 가열 탈기장치
③ 진공 탈기장치
④ 막식 탈기장치

86 보일러의 과열 방지 대책으로 가장 거리가 먼 것은?

① 보일러 수위를 낮게 유지할 것
② 고열부분에 스케일 슬러지 부착을 방지할 것
③ 보일러 수를 농축하지 말 것
④ 보일러 수의 순환을 좋게 할 것

해설
보일러의 과열방지 대책
㉠ 보일러 수위를 높게 유지할 것
㉡ 보일러의 순환을 촉진(굳게)시킬 것
㉢ 보일러 수를 농축하지 말 것
㉣ 고열부분에 스케일, 슬러지(sludge) 부착을 방지할 것
※ 보일러의 수위를 낮게(저수위)하는 것은 과열의 원인이 된다.

87 최고사용압력이 3.0MPa 초과 5.0MPa 이하인 수관보일러의 급수 수질기준에 해당하는 것은? (단, 25℃를 기준으로 한다.)

① pH : 7~9, 경도 : 0mg $CaCO_3$/L
② pH : 7~9, 경도 : 1mg $CaCO_3$/L
③ pH : 8~9.5, 경도 : 0mg $CaCO_3$/L
④ pH : 8~9.5, 경도 : 1mg $CaCO_3$/L

88 다음 중 보일러 본체의 구조가 아닌 것은?

① 노통
② 노벽
③ 수관
④ 절탄기

89 보일러 수압시험에서 시험수압을 규정된 압력의 몇 % 이상 초과하지 않도록 하여야 하는가?

① 3%
② 6%
③ 9%
④ 12%

해설
보일러 수압시험에서 시험수압은 규정된 압력의 6%를 초과하지 않도록 해야 한다.

정답 81 ④ 82 ② 83 ② 84 ① 85 ① 86 ① 87 ③ 88 ④ 89 ②

90 평형노통과 비교한 파형노통의 장점이 아닌 것은?

① 청소 및 검사가 용이하다.
② 고열에 의한 신축과 팽창이 용이하다.
③ 전열면적에 크다.
④ 외압에 대한 강도가 크다.

91 내부로부터 155mm, 97mm, 224mm의 두께를 가지는 3층의 노벽이 있다. 이들의 열전도율(W/m·℃)은 각각 0.121, 0.069, 1.21이다. 내부의 온도 710℃, 외벽의 온도 23℃일 때, $1m^2$당 열손실량(W/m^2)은?

① 58
② 120
③ 239
④ 564

해설

$$K=\frac{1}{R}=\frac{1}{\frac{l_1}{\lambda_1}+\frac{l_2}{\lambda_2}+\frac{l_3}{\lambda_3}}$$

$$=\frac{1}{\frac{0.155}{0.121}+\frac{0.097}{0.069}+\frac{0.224}{1.21}}=0.348\text{W/m}^2\cdot\text{K}$$

$$\therefore\ q=\frac{Q}{A}$$

$$=K(t_i-t_o)$$

$$=0.348(710-23)\fallingdotseq 239.08\text{W/m}^2$$

92 다음 중 수관식 보일러의 장점이 아닌 것은?

① 드럼이 작아 구조상 고온 고압의 대용량에 적합하다.
② 연소실 설계가 자유롭고 연료의 선택범위가 넓다.
③ 보일러수의 순환이 좋고 전열면 증발율이 크다.
④ 보유수량이 많아 부하변동에 대하여 압력변동이 적다.

해설

수관식 보일러는 보유수량이 적어 부하변동에 대응하기가 어렵다.

93 다음 중 보일러의 탈산소제로 사용되지 않는 것은?

① 탄닌　　② 하이드라진
③ 수산화나트륨　　④ 아황산나트륨

94 외경과 내경이 각각 6cm, 4cm이고 길이가 2m인 강관이 두께 2cm인 단열재ㅔ로 둘러 쌓여있다. 이때 관으로부터 주위공기로의 열손실이 400W라 하면 관 내벽과 단열재 외면의 온도차는? (단, 주어진 강관과 단열재의 열전도율은 각각 15W/m·℃, 0.2W/m·℃이다.)

① 53.5℃　　② 82.2℃
③ 120.6℃　　④ 155.6℃

95 보일러의 성능시험방법 및 기준에 대한 설명으로 옳은 것은?

① 증기건도의 기준은 강철제 또는 주철제로 나누어 정해져 있다.
② 측정은 매 1시간마다 실시한다.
③ 수위는 최초 측정치에 비해서 최종 측정치가 적어야 한다.
④ 측정기록 및 계산양식은 제조사에서 정해진 것을 사용한다.

96 보일러 설치·시공기준상 보일러를 옥내에 설치하는 경우에 대한 설명으로 틀린 것은?

① 불연성 물질의 격벽으로 구분된 장소에 설치한다.
② 보일러 동체 최상부로부터 천장, 배관 등 보일러상부에 있는 구조물까지의 거리는 0.3m 이상으로 한다.
③ 연도의 외측으로부터 0.3m 이내에 있는 가연성 물체에 대하여는 금속 이외의 불연성 재료로 피복한다.
④ 연료를 저장할 때에는 소형보일러의 경우 보일러 외측으로부터 1m 이상 거리를 두거나 반격벽으로 할 수 있다.

정답 90 ① 91 ③ 92 ④ 93 ③ 94 ② 95 ① 96 ②

97 보일러의 과열에 의한 압궤의 발생부분이 아닌 것은?

① 노통 상부　② 화실 천장
③ 연관　④ 가셋스테이

98 보일러에 설치된 기수분리기에 대한 설명으로 틀린 것은?

① 발생된 증기 중에서 수분을 제거하고 건포화증기에 가까운 증기를 사용하기 위한 장치이다.
② 증기부의 체적이나 높이가 작고 수변의 면적이 증발량에 비해 작은 때는 가수공발이 일어날 수 있다.
③ 압력이 비교적 낮은 보일러의 경우는 압력이 높은 보일러 보다 증기와 물의 비중량 차이가 극히 작아 기수분리가 어렵다.
④ 사용원리는 원심력을 이용한 것, 스크러버를 지나게 하는 것, 스크린을 사용하는 것 또는 이들의 조합을 이루는 것 등이 있다.

99 안지름이 30mm, 두께가 2.5mm인 절탄기용 주철관의 최소 분출압력(MPa)은? (단, 재료의 허용인장응력은 80MPa이고 핀붙이를 하였다.)

① 0.92　② 1.14
③ 1.31　④ 2.61

100 외경 30mm의 철관에 두께 15mm의 보온재를 감은 증기관이 있다. 관 표면의 온도가 100℃, 보온재의 표면온도가 20℃인 경우 관의 길이 15m인 관의 표면으로부터의 열손실(W)은? (단, 보온재의 열전도율은 0.06W/m·℃이다.)

① 312　② 464
③ 542　④ 653

해설

$$q = \frac{2\pi Lk(t_1 - t_1)}{\ln\frac{r_2}{r_1}}$$

$$= \frac{2\pi \times 15 \times 0.06 \times (100-20)}{\ln\frac{15}{7.5}} \fallingdotseq 653\text{W}$$

정답　97 ④　98 ③　99 ④　100 ④

과년도 출제문제(2020년 3회)

제1과목 연소공학

01 링겔만 농도표는 어떤 목적으로 사용되는가?

① 연돌에서 배출되는 매연농도 측정
② 보일러수의 pH 측정
③ 연소가스 중의 탄산가스 농도 측정
④ 연소가스 중의 SO_x 농도 측정

02 연소가스를 분석한 결과 CO_2 : 12.5%, O_2 : 3.0%일 때, $(CO_2)_{max}$%는? (단, 해당 연소가스에 CO는 없는 것으로 가정한다.)

① 12.62 ② 13.45
③ 14.58 ④ 15.03

해설

$$(CO_2)_{max} = \frac{21CO_2}{21-O_2} = \frac{21\times12.5}{21-3} = 14.58$$

03 화염온도를 높이려고 할 때 조작방법으로 틀린 것은?

① 공기를 예열한다.
② 과잉공기를 사용한다.
③ 연료를 완전 연소시킨다.
④ 노 벽 등의 열손실을 막는다.

04 일반적인 정상연소의 연소속도를 결정하는 요인으로 가장 거리가 먼 것은?

① 산소농도 ② 이론공기량
③ 반응온도 ④ 촉매

05 다음 연소가스의 성분 중 대기오염 물질이 아닌 것은?

① 입자상물질 ② 이산화탄소
③ 황산화물 ④ 질소산화물

06 다음과 같은 조성의 석탄가스를 연소시켰을 때의 이론 습연소가스량(Nm^3/Nm^3)은?

성 분	CO	CO_2	H_2	CH_4	N_2
부피(%)	8	1	50	37	4

① 2.94 ② 3.94
③ 4.61 ④ 5.61

해설

이론 습연소가스량(CO_2)

$= CO_2 + N_2 + 2.88(CO+H_2) + 10.5CH_4 + 15.3C_2H_4 - 3.76O_2 + W$

$= 0.01 + 0.04 + 2.88(0.08+0.5) + 10.5\times0.37$

$\fallingdotseq 5.61Nm^3/Nm^3$

07 옥테인(C_8H_{18})이 과잉공기율 2로 연소 시 연소가스 중의 산소 부피비(%)는?

① 6.4 ② 10.1
③ 12.9 ④ 20.2

08 C_2H_6 $1Nm^3$를 연소했을 때의 건연소가스량(Nm^3)은? (단, 공기 중 산소의 부피비는 21%이다.)

① 4.5 ② 15.2
③ 18.1 ④ 22.4

09 연소장치의 연돌통풍에 대한 설명으로 틀린 것은?

① 연돌의 단면적은 연도의 경우와 마찬가지로 연소량과 가스의 유속에 관계한다.
② 연돌의 통풍력은 외기온도가 높아짐에 따라 통풍력이 감소하므로 주의가 필요하다.
③ 연돌의 통풍력은 공기의 습도 및 기압에 관계없이 외기온도에 따라 달라진다.
④ 연돌의 설계에서 연돌 상부 단면적을 하부 단면적보다 작게 한다.

정답 01 ① 02 ③ 03 ② 04 ② 05 ② 06 ④ 07 ② 08 ② 09 ③

10 고체연료 연소장치 중 쓰레기 소각에 적합한 스토커는?

① 계단식 스토커
② 고정식 스토커
③ 산포식 스토커
④ 하입식 스토커

해설 계단식(화격자) 스토커는 도시의 가연성쓰레기나 저질탄의 연소에 적합한 스토커(stoker)이다.

11 헵테인(C_7H_{16}) 1kg을 완전 연소하는 데 필요한 이론공기량(kg)은? (단, 공기 중 산소 질량비는 23%이다.)

① 11.64 ② 13.21
③ 15.30 ④ 17.17

해설 $C_7H_{16}+11O_2 \rightarrow 7CO_2+8H_2O$

$$A_o=\frac{O_o}{0.23}=\frac{3.52}{0.23}=15.30\text{kg}$$

12 액체연료 중 고온 건류하여 얻은 타르계 중유의 특징에 대한 설명으로 틀린 것은?

① 화염의 방사율이 크다.
② 황의 영향이 적다.
③ 슬러지를 발생시킨다.
④ 석유계 액체연료이다.

13 고체연료의 연료비를 식으로 바르게 나타낸 것은?

① $\frac{\text{고정탄소(\%)}}{\text{휘발분(\%)}}$

② $\frac{\text{회분(\%)}}{\text{휘발분(\%)}}$

③ $\frac{\text{고정탄소(\%)}}{\text{회분(\%)}}$

④ $\frac{\text{가연성 성분 중 탄소(\%)}}{\text{유리 수소(\%)}}$

해설 고체연료의 연료비(fuel ratio)는 고정탄소(%)와 휘발분(%)의 비이다.

14 연소가스 부피조성이 CO_2 : 13%, O_2 : 8%, N_2 : 79%일 때 공기 과잉계수(공기비)는?

① 1.2 ② 1.4
③ 1.6 ④ 1.8

15 어떤 탄화수소 C_aH_b의 연소가스를 분석한 결과, 용적 %에서 CO_2 : 8.0%, CO : 0.9%, O_2 : 8.8%, N_2 : 82.3%이다. 이 경우의 공기와 연료의 질량비(공연비)는? (단, 공기 분자량은 28.96이다.)

① 6
② 24
③ 36
④ 162

16 LPG 용기의 안전관리 유의사항으로 틀린 것은?

① 밸브는 천천히 열고 닫는다.
② 통풍이 잘되는 곳에 저장한다.
③ 용기의 저장 및 운반 중에는 항상 40℃ 이상을 유지한다.
④ 용기의 전락 또는 충격을 피하고 가까운 곳에 인화성 물질을 피한다.

17 연료비가 크면 나타나는 일반적인 현상이 아닌 것은?

① 고정탄소량이 증가한다.
② 불꽃은 단염이 된다.
③ 매연의 발생이 적다.
④ 착화온도가 낮아진다.

18 액체연료의 미립화 시 평균 분무입경에 직접적인 영향을 미치는 것이 아닌 것은?

① 액체연료의 표면장력
② 액체연료의 점성계수
③ 액체연료의 탁도
④ 액체연료의 밀도

정답 10① 11③ 12④ 13① 14③ 15② 16③ 17④ 18③

19 품질이 좋은 고체연료의 조건으로 옳은 것은?

① 고정탄소가 많을 것
② 회분이 많을 것
③ 황분이 많을 것
④ 수분이 많을 것

20 $1Nm^3$의 질량이 2.59kg인 기체는 무엇인가?

① 메테인(CH_4)
② 에테인(C_2H_6)
③ 프로페인(C_3H_8)
④ 뷰테인(C_4H_{10})

제2과목 열역학

21 디젤 사이클에서 압축비가 20, 단절비(cut-off ratio)가 1.7일 때 열효율(%)은? (단, 비열비는 1.4이다.)

① 43　② 66
③ 72　④ 84

해설

$$\eta_{thd} = 1 - \left(\frac{1}{\varepsilon}\right)^{k-1} \frac{\sigma^k - 1}{k(\sigma - 1)}$$
$$= 1 - \left(\frac{1}{20}\right)^{1.4-1} \times \frac{1.7^{1.4} - 1}{1.4(1.7-1)} \times 100 \fallingdotseq 66\%$$

22 열역학적 사이클에서 열효율이 고열원과 저열원의 온도만으로 결정되는 것은?

① 카르노 사이클
② 랭킨 사이클
③ 재열 사이클
④ 재생 사이클

해설

카르노 사이클(Carnot cycle)은 양열원(고열원과 저열원)의 절대온도만의 함수로 열효율을 구할 수 있는 열기관 사이클이다.

$$\eta_c = 1 - \frac{T_2}{T_1} = f(T_1,\ T_2)$$

23 비엔탈피가 326kJ/kg인 어떤 기체가 노즐을 통하여 단열적으로 팽창되어 비엔탈피가 322kJ/kg으로 되어 나간다. 유입 속도를 무시할 때 유출 속도(m/s)는? (단, 노즐 속의 유동은 정상류이며 손실은 무시한다.)

① 4.4　② 22.6
③ 64.7　④ 89.4

해설

단열유동 시 노즐출구유속

$$W_2 = 44.72\sqrt{h_1 - h_2}$$
$$= 44.72\sqrt{326 - 322} = 89.44\text{m/s}$$

24 다음 $T-S$ 선도에서 냉동사이클의 성능계수를 옳게 나타낸 것은? (단, u는 내부에너지, h는 엔탈피를 나타낸다.)

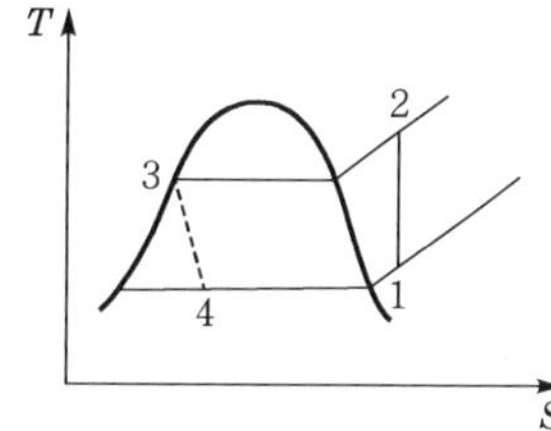

① $\dfrac{h_1 - h_4}{h_2 - h_1}$　② $\dfrac{h_2 - h_1}{h_1 - h_4}$
③ $\dfrac{u_1 - u_4}{u_2 - u_1}$　④ $\dfrac{u_2 - u_1}{u_1 - u_4}$

해설

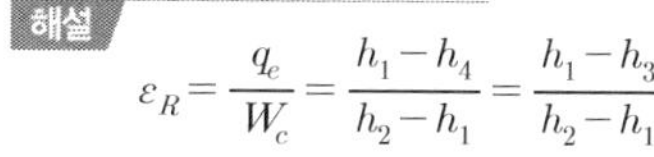

$$\varepsilon_R = \frac{q_e}{W_c} = \frac{h_1 - h_4}{h_2 - h_1} = \frac{h_1 - h_3}{h_2 - h_1}$$

25 열역학 제2법칙에 대한 설명이 아닌 것은?

① 제2종 영구기관의 제작은 불가능하다.
② 고립계의 엔트로피는 감소하지 않는다.
③ 열은 자체적으로 저온에서 고온으로 이동이 곤란하다.
④ 열과 일은 변환이 가능하며, 에너지보존 법칙이 성립한다.

해설

열과 일은 변환이 가능하며 에너지보존의 법칙이 성립한다는 열역학 제1법칙(에너지보존의 법칙)에 대한 설명이다.

정답 19 ① 20 ④ 21 ② 22 ① 23 ④ 24 ① 25 ④

26 좋은 냉매의 특성으로 틀린 것은?

① 낮은 응고점
② 낮은 증기의 비열비
③ 낮은 열전달계수
④ 단위 질량당 높은 증발열

해설
좋은 냉매는 열전달계수가 큰 것이다.

27 다음 중에서 가장 높은 압력을 나타내는 것은?

① 1atm ② $10kgf/cm^2$
③ 105Pa ④ 14.7psi

해설
1atm(표준대기압)$=1.0332kgf/cm^2$
$=101,325Pa(N/m^2)$
$=101.325kPa$
$=14.7psi(Lb/in^2)$
∴ $10kgf/cm^2$가 가장 높다.

28 랭킨 사이클에서 복수기 압력을 낮추면 어떤 현상이 나타나는가?

① 복수기의 포화온도는 상승한다.
② 열효율이 낮아진다.
③ 터빈 출구부에 부식문제가 생긴다.
④ 터빈 출구부의 증기 건도가 높아진다.

해설
랭킨 사이클에서 복수기 압력을 낮추면 열효율은 증가되나 습도로 인한 터빈출구에서의 부식 문제가 발생될 수 있다.

29 다음 관계식 중에서 틀린 것은? (단, m은 질량, U는 내부에너지, H는 엔탈피, W는 일, C_p와 C_v는 각각 정압비열과 정적비열이다.)

① $dU=mC_vdT$
② $C_p=\frac{1}{m}\left(\frac{\partial H}{\partial T}\right)_p$
③ $\delta W=mC_pdT$
④ $C_v=\frac{1}{m}\left(\frac{\partial U}{\partial T}\right)_v$

해설
$dH=mC_pdT$

30 유동하는 기체의 압력을 P, 속력을 V, 밀도를 ρ, 중력가속도를 g, 높이를 z, 절대온도는 T, 정적비열을 C_v라고 할 때, 기체의 단위질량당 역학적 에너지에 포함되지 않는 것은?

① $\frac{P}{\rho}$ ② $\frac{V^2}{2}$
③ gz ④ C_vT

해설
gas의 단위질량(m)당 역학적 에너지는 $\frac{P}{\rho}$, $\frac{V^2}{2}$, gz이다.

31 1kg의 이상기체($C_p=1.0kJ/kg\cdot K$, $C_v=0.71kJ/kg\cdot K$)가 가역단열과정으로 $P_1=1MPa$, $V_1=0.6m^3$에서 $P_2=100kPa$로 변한다. 가역단열과정 후 이 기체의 부피 V_2와 온도 T_2는 각각 얼마인가?

① $V_2=2.24m^3$, $T_2=1,000K$
② $V_2=3.08m^3$, $T_2=1,000K$
③ $V_2=2.24m^3$, $T_2=1,060K$
④ $V_2=3.08m^3$, $T_2=1,060K$

해설
$k=\frac{C_p}{C_v}=\frac{1}{0.71}\fallingdotseq 1.41$

기체상수(R)$=C_p-C_v=1-0.71=0.29kJ/kg\cdot K$

$$\frac{T_2}{T_1}=\left(\frac{V_1}{V_2}\right)^{k-1}=\left(\frac{P_2}{P_1}\right)^{\frac{k-1}{k}}$$

$$V_2=V_1\left(\frac{P_1}{P_2}\right)^{\frac{1}{k}}=0.6\left(\frac{1,000}{100}\right)^{\frac{1}{1.41}}=3.08m^3$$

$P_2V_2=mRT_2$에서

$$T_2=\frac{P_2V_2}{mR}=\frac{100\times 3.08}{1\times 0.29}=1,062K$$

32 압력이 1,300kPa인 탱크에 저장된 건포화증기가 노즐로부터 100kPa로 분출되고 있다. 임계압력 P_c는 몇 kPa인가? (단, 비열비는 1.135이다.)

① 751 ② 643
③ 582 ④ 525

정답 26 ③ 27 ② 28 ③ 29 ③ 30 ④ 31 ④ 32 ①

33 그림은 랭킨사이클의 온도-엔트로피($T-S$) 선도이다. 상태 1~4의 비엔탈피값이 $h_1=$ 192kJ/kg, $h_2=$194kJ/kg, $h_3=$2,802kJ/kg, $h_4=$2,010kJ/kg이라면 열효율(%)은?

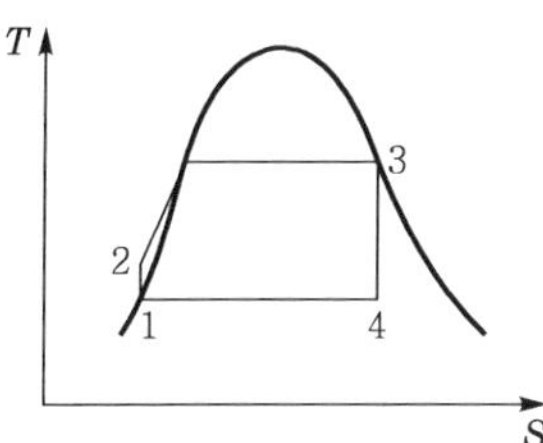

① 25.3 ② 30.3
③ 43.6 ④ 49.7

해설

$$\eta_R = \frac{W_{\neq t}}{q_1}$$
$$= \frac{(h_3-h_4)-(h_2-h_1)}{h_3-h_2}\times 100$$
$$= \frac{(2,802-2,010)-(194-192)}{2,802-194}\times 100 \fallingdotseq 30.3\%$$

34 그림에서 압력 P_1, 온도 t_s의 과열증기의 비엔트로피는 6.16kJ/kg·K이다. 상태1로부터 2까지의 가역단열 팽창 후, 압력 P_2에서 습증기로 되었으면 상태2인 습증기의 건도 x는 얼마인가? (단, 압력 P_2에서 포화수, 건포화증기의 비엔트로피는 각각 1.30kJ/kg·K, 7.36kJ/kg·K이다.)

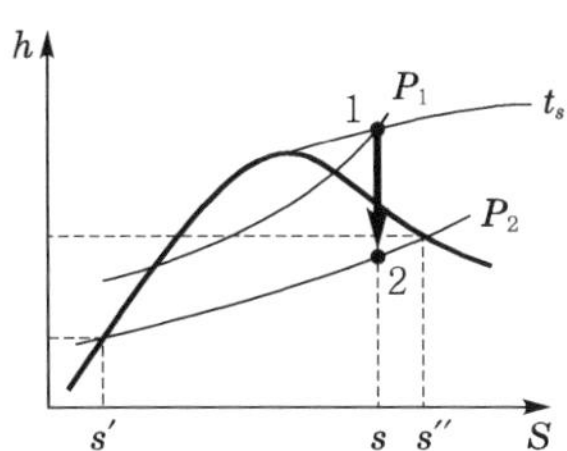

① 0.69 ② 0.75
③ 0.79 ④ 0.80

해설

$s=s'+x(s''-s')$[kJ/kg K]

1점과 2점은 등엔트로피 과정이므로($s_1=s_2$)

$$x=\frac{s-s'}{s''-s'}=\frac{6.16-1.30}{7.36-1.30}=0.80$$

35 압력 500kPa, 온도 423K의 공기 1kg이 압력이 일정한 상태로 변하고 있다. 공기의 일이 122kJ이라면 공기에 전달된 열량(kJ)은 얼마인가? (단, 공기의 정적비열은 0.7165kJ/kg·K, 기체상수는 0.287kJ/kg·K이다.)

① 426 ② 526
③ 626 ④ 726

해설

등압변화($P=C$)인 경우 공급열량은 엔탈피변화량과 같다.

$$Q=H_2-H_1=mC_P(T_2-T_1)$$
$$=mC_P\left(\frac{W}{mR}\right)=C_P\frac{W}{R}$$
$$=1.0035\times\frac{122}{0.287}\fallingdotseq 426\text{kJ}$$

36 압력이 일정한 용기 내에 이상기체를 외부에서 가열하였다. 온도가 T_1에서 T_2로 변화하였고, 기체의 부피가 V_1에서 V_2로 변하였다. 공기의 정압비열 C_p에 대한 식으로 옳은 것은? (단, 이 이상기체의 압력은 p, 전달된 단위 질량당 열량은 q이다.)

① $C_p=\frac{q}{p}$ ② $C_p=\frac{q}{T_2-T_1}$
③ $C_p=\frac{q}{V_2-V_1}$ ④ $C_p=p\times\frac{V_2-V_1}{T_2-T_1}$

해설

정압변화($P=C$)인 경우 단위질량(m)당

가열량(q)$=\frac{Q}{m}=C_P(T_2-T_1)$[kJ/kg]이므로

$$C_P=\frac{q}{T_2-T_1}\text{[kJ/kg·K]}$$

37 최저 온도, 압축비 및 공급 열량이 같을 경우 사이클의 효율이 큰 것부터 작은 순서대로 옳게 나타낸 것은?

① 오토사이클 > 디젤사이클 > 사바테사이클
② 사바테사이클 > 오토사이클 > 디젤사이클
③ 디젤사이클 > 오토사이클 > 사바테사이클
④ 오토사이클 > 사바테사이클 > 디젤사이클

정답 33 ② 34 ④ 35 ① 36 ② 37 ④

해설 최저온도, 압축비 공급열량이 일정할 때 사이클의 열효율 크기는 $\eta_{tho} > \eta_{ths} > \eta_{thd}$ 순이다.

38 다음 중 상온에서 비열비 값이 가장 큰 기체는?

① He ② O_2
③ CO_2 ④ CH_4

해설 상온에서 비열비 값이 가장 큰 기체는 불활성기체(단원자기체)인 헬륨(He)이다.

39 −35℃, 22MPa의 질소를 가역단열과정으로 500kPa까지 팽창했을 때의 온도(℃)는? (단, 비열비는 1.41이고 질소를 이상기체로 가정한다.)

① −180 ② −194
③ −200 ④ −206

해설
$$\frac{T_2}{T_1} = \left(\frac{P_2}{P_1}\right)^{\frac{k-1}{k}} \text{에서}$$
$$T_2 = T_1\left(\frac{P_2}{P_1}\right)^{\frac{k-1}{k}}$$
$$= (-35+273)\times\left(\frac{500}{22,000}\right)^{\frac{1.41-1}{1.41}}$$
$$= 79.19\text{K} - 273\text{K}$$
$$\fallingdotseq -194℃$$

40 역카르노 사이클로 작동하는 냉장고가 있다. 냉장고 내부의 온도가 0℃이고 이곳에서 흡수한 열량이 10kW이고, 30℃의 외기로 열이 방출된다고 할 때 냉장고를 작동하는 데 필요한 동력(kW)은?

① 1.1 ② 10.1
③ 11.1 ④ 21.1

해설
$$\varepsilon_R = \frac{Q_e}{W_c} = \frac{T_2}{T_1 - T_2}$$
$$= \frac{273}{(30+273)-273} = 9.1$$
$$\therefore\ W_c = \frac{Q_e}{\varepsilon_R} = \frac{10}{9.1} \fallingdotseq 1.1\text{kW}$$

제3과목 계측방법

41 국소대기압이 740mmHg인 곳에서 게이지 압력이 0.4bar일 때 절대압력(kPa)은?

① 100 ② 121
③ 139 ④ 156

해설
$$P_a = P_o + P_g = \frac{740}{760}\times 101.325 + 40 \fallingdotseq 139\text{kPa}$$
1bar$=10^5$Pa$=100$kPa이므로
$P_g = 0.4\times 100 = 40$kPa

42 0℃에서 저항이 80Ω이고 저항온도계수가 0.002인 저항온도계를 노 안에 삽입했더니 저항이 160Ω이 되었을 때 노 안의 온도는 약 몇 ℃인가?

① 160℃ ② 320℃
③ 400℃ ④ 500℃

43 차압식 유량계에 관한 설명으로 옳은 것은?

① 유량은 교축기구 전후의 차압에 비례한다.
② 유량은 교축기구 전후의 차압의 제곱근에 비례한다.
③ 유량은 교축기구 전후의 차압의 근사값이다.
④ 유량은 교축기구 전후의 차압에 반비례한다.

해설 차압식유량계(벤츄리미터, 노즐, 오리피스)의 유량
$$Q = CA\sqrt{\frac{2g}{\gamma}\Delta P} = CA\sqrt{\frac{2\Delta P}{\rho}}\ [\text{m}^3/\text{s}]$$
$\therefore\ Q \propto \sqrt{\Delta P}$ (유량은 차압의 제곱근에 비례한다.)

44 기준입력과 주 피드백 신호와의 차에 의해서 일정한 신호를 조작요소에 보내는 제어장치는?

① 조절기 ② 전송기
③ 조작기 ④ 계측기

정답 38 ① 39 ② 40 ① 41 ③ 42 ④ 43 ② 44 ①

45 금속의 전기 저항값이 변화되는 것을 이용하여 압력을 측정하는 전기저항압력계의 특성으로 맞는 것은?

① 응답속도가 빠르고 초고압에서 미압까지 측정한다.
② 구조가 간단하여 압력검출용으로 사용한다.
③ 먼지의 영향이 적고 변동에 대한 적응성이 적다.
④ 가스폭발 등 급속한 압력변화를 측정하는 데 사용한다.

해설 전기저항압력계는 응답속도가 빠르고 초고압에서 미압(작은 압력)까지 측정한다.

46 다음 각 습도계의 특징에 대한 설명으로 틀린 것은?

① 노점 습도계는 저습도를 측정할 수 있다.
② 모발 습도계는 2년마다 모발을 바꾸어 주어야 한다.
③ 통풍 건습구 습도계는 2.5~5m/s의 통풍이 필요하다.
④ 저항식 습도계는 직류전압을 사용하여 측정한다.

47 다음 온도계 중 비접촉식 온도계로 옳은 것은?

① 유리제 온도계
② 압력식 온도계
③ 전기저항식 온도계
④ 광고온계

해설 비접촉식 온도계
㉠ 방사온도계
㉡ 광고온도계
㉢ 색온도계
㉣ 광전광식 온도계
※ 접촉식온도계 : 유리온도계, 압력식 온도계, 전기저항식 온도계, 열전대(열전상) 온도계, 서미스터(thermistor)

48 전자유량계의 특징에 대한 설명 중 틀린 것은?

① 압력손실이 거의 없다.
② 내식성 유지가 곤란하다.
③ 전도성 액체에 한하여 사용할 수 있다.
④ 미소한 측정전압에 대하여 고성능의 증폭기가 필요하다.

49 가스크로마토그래피는 기체의 어떤 특성을 이용하여 분석하는 장치인가?

① 분자량 차이 ② 부피 차이
③ 분압 차이 ④ 확산속도 차이

50 피토관에 의한 유속 측정식은 다음과 같다. 이때 P_1, P_2의 각각의 의미는? (단, v는 유속, g는 중력가속도이고, γ는 비중량이다.)

$$v = \sqrt{\frac{2g(P_1 - P_2)}{\gamma}}$$

① 동압과 전압을 뜻한다.
② 전압과 정압을 뜻한다.
③ 정압과 동압을 뜻한다.
④ 동압과 유체압을 뜻한다.

51 다음 각 압력계에 대한 설명으로 틀린 것은?

① 벨로즈 압력계는 탄성식 압력계이다.
② 다이어프램 압력계의 박판재료로 인청동, 고무를 사용할 수 있다.
③ 침종식 압력계는 압력이 낮은 기체의 압력측정에 적당하다.
④ 탄성식 압력계의 일반교정용 시험기로는 전기식 표준압력계가 주로 사용된다.

52 서로 다른 2개의 금속판을 접합시켜서 만든 바이메탈 온도계의 기본 작동원리는?

① 두 금속판의 비열의 차
② 두 금속판의 열전도도의 차
③ 두 금속판의 열팽창계수의 차
④ 두 금속판의 기계적 강도의 차

정답 45 ① 46 ④ 47 ④ 48 ② 49 ④ 50 ② 51 ④ 52 ③

53 자동연소제어 장치에서 보일러 증기압력의 자동제어에 필요한 조작량은?

① 연료량과 증기압력
② 연료량과 보일러수위
③ 연료량과 공기량
④ 증기압력과 보일러수위

54 제백(Seebeck)효과에 대하여 가장 바르게 설명한 것은?

① 어떤 결정체를 압축하면 기전력이 일어난다.
② 성질이 다른 두 금속의 접점에 온도차를 두면 열기전력이 일어난다.
③ 고온체로부터 모든 파장의 전방사에너지는 절대온도의 4승에 비례하여 커진다.
④ 고체가 고온이 되면 단파장 성분이 많아진다.

55 유량 측정에 사용되는 오리피스가 아닌 것은?

① 베나탭
② 게이지탭
③ 코너탭
④ 플랜지탭

56 유량계의 교정방법 중 기체 유량계의 교정에 가장 적합한 방법은?

① 밸런스를 사용하여 교정한다.
② 기준 탱크를 사용하여 교정한다.
③ 기준 유량계를 사용하여 교정한다.
④ 기준 체적관을 사용하여 교정한다.

57 저항 온도계에 활용되는 측온저항체 종류에 해당되는 것은?

① 서미스터(thermistor) 저항 온도계
② 철-콘스탄탄(IC) 저항 온도계
③ 크로멜(chromel) 저항 온도계
④ 알루멜(alumel) 저항 온도계

58 공기 중에 있는 수증기 양과 그때의 온도에서 공기 중에 최대로 포함할 수 있는 수증기의 양을 백분율로 나타낸 것은?

① 절대 습도
② 상대 습도
③ 포화 증기압
④ 혼합비

해설
상대습도(ϕ)$=\dfrac{P_w}{P_s}\times 100\%$

59 다음 가스 분석계 중 화학적 가스분석계가 아닌 것은?

① 밀도식 CO_2계
② 오르자트식
③ 헴펠식
④ 자동화학식 CO_2계

해설
물리적 가스분석계는 밀도식 CO_2계, 열전도율법, 적외선흡수법, 자화율법, 가스크로마토그래피법등이 있다.

60 가스크로마토그래피의 구성요소가 아닌 것은?

① 유량계
② 칼럼검출기
③ 직류증폭장치
④ 캐리어 가스통

제4과목 열설비재료 및 관계법규

61 에너지이용 합리화법령에 따라 산업통산자원부장관은 에너지 수급안정을 위하여 에너지 사용자에게 필요한 조치를 할 수 있는데 이 조치의 해당사항이 아닌 것은?

① 지역별·주요 수급자별 에너지 할당
② 에너지 공급설비의 정지명령
③ 에너지의 비축과 저장
④ 에너지사용기자재의 사용 제한 또는 금지

정답 53 ③ 54 ② 55 ② 56 ④ 57 ① 58 ② 59 ① 60 ③ 61 ②

62 에너지이용 합리화법령에 따라 검사대상기기 관리자는 선임된 날부터 얼마 이내에 교육을 받아야 하는가?

① 1개월 ② 3개월
③ 6개월 ④ 1년

63 내화물 사용 중 온도의 급격한 변화 혹은 불균일한 가열 등으로 균열이 생기거나 표면이 박리되는 현상을 무엇이라 하는가?

① 스폴링
② 버스팅
③ 연화
④ 수화

64 무기질 보온재에 대한 설명으로 틀린 것은?

① 일반적으로 안전사용온도범위가 넓다.
② 재질자체가 독립기포로 안정되어 있다.
③ 비교적 강도가 높고 변형이 적다.
④ 최고사용온도가 높아 고온에 적합하다.

65 다음 밸브 중 유체가 역류하지 않고 한쪽 방향으로만 흐르게 하는 밸브는?

① 감압밸브
② 체크밸브
③ 팽창밸브
④ 릴리프밸브

해설
체크밸브(cheek valve)는 방향제어 밸브로 유체를 한쪽방향으로만 흐르게 하고 반대쪽으로는 차단시켜 흐르지 못하게 하는 역류방지용 밸브이다.

66 에너지이용 합리화법령에서 에너지사용의 제한 또는 금지에 대한 내용으로 틀린 것은?

① 에너지 사용의 시기 및 방법의 제한
② 에너지 사용시설 및 에너지사용기자재에 사용할 에너지의 지정 및 사용에너지의 전환
③ 특정 지역에 대한 에너지 사용의 제한
④ 에너지 사용 설비에 관한 사항

해설
위생접객업소 및 그 밖의 에너지 사용시설에 대한 에너지사용의 제한, 차량 및 에너지 사용기자재의 사용제한

67 단열효과에 대한 설명으로 틀린 것은?

① 열확산계수가 작아진다.
② 열전도계수가 작아진다.
③ 노 내 온도가 균일하게 유지된다.
④ 스폴링 현상을 촉진시킨다.

해설
단열효과는 스폴링 현상을 방지한다.

68 고압 증기의 옥외배관에 가장 적당한 신축이음 방법은?

① 오프셋형
② 벨로즈형
③ 루프형
④ 슬리브형

해설
고압증기의 옥외배관에 가장 적당한 신축이음방법은 루프형(Loop)이다. 루프형은 공간을 많이 차지하고, 주로 강관에 이용하며 고온고압 배관에 사용된다. 곡률반지름은 관 지름의 6배 이상으로 한다.

69 중유 소성을 하는 평로에서 축열실의 역할로서 가장 옳은 것은?

① 제품을 가열한다.
② 급수를 예열한다.
③ 연소용 공기를 예열한다.
④ 포화 증기를 가열하여 과열증기로 만든다.

70 다음 중 셔틀요(shuttle kiln)는 어디에 속하는가?

① 반연속 요 ② 승염식 요
③ 연속 요 ④ 불연속 요

해설
셔틀요(shuttle kiln), 등요(오름가마) 등은 반연속요(가마)이다.
※ 불연속요(가마) : 횡염식 요, 승염식 요, 도염식 요

정답 62 ③ 63 ① 64 ② 65 ② 66 ④ 67 ④ 68 ③ 69 ③ 70 ①

71 에너지이용 합리화법령에 따라 인정검사대상기기 관리자의 교육을 이수한 자가 관리할 수 없는 검사대상 기기는?

① 압력 용기
② 열매체를 가열하는 보일러로서 용량이 581.5kW 이하인 것
③ 온수를 발생하는 보일러로서 용량이 581.5kW 이하인 것
④ 증기보일러로서 최고사용압력이 2MPa 이하이고, 전열 면적이 $5m^2$ 이하인 것

72 에너지이용 합리화법령에 따른 에너지이용 합리화 기본계획에 포함되어야 할 내용이 아닌 것은?

① 에너지 이용 효율의 증대
② 열사용기자재의 안전관리
③ 에너지 소비 최대화를 위한 경제구조로의 전환
④ 에너지원간 대체

73 단열재를 사용하지 않는 경우의 방출열량이 350W이고, 단열재를 사용할 경우의 방출열량이 100W라 하면 이때의 보온효율은 약 몇 %인가?

① 61　② 71
③ 81　④ 91

해설

$$\eta = 1 - \frac{100}{350} = 0.71 = 71\%$$

74 에너지이용 합리화법령에 따라 검사대상기기 관리대행기관으로 지정을 받기 위하여 산업통상자원부장관에게 제출하여야 하는 서류가 아닌 것은?

① 장비명세서
② 기술인력 명세서
③ 기술인력 고용계약서 사본
④ 향후 1년간 안전관리대행 사업계획서

해설

민원인이 제출해야 하는 서류
㉠ 장비명세서 및 기술인명세서 각 1부
㉡ 향후 1년간의 안전관리대행 사업계획서
㉢ 변경사항을 증명할 수 있는 서류(변경지정의 경우만 해당)

75 에너지이용 합리화법의 목적으로 가장 거리가 먼 것은?

① 에너지의 합리적 이용을 증진
② 에너지 소비로 인한 환경피해 감소
③ 에너지원의 개발
④ 국민 경제의 건전한 발전과 국민복지의 증진

해설

에너지이용 합리화법의 목적
㉠ 에너지 수급의 안정
㉡ 에너지의 합리적이고 효율적인 이용증진
㉢ 에너지 소비로 인한 환경피해 감소
㉣ 국민 경제의 건전한 발전과 국민복지의 증진 및 지구온난화의 최소화에 이바지함

76 에너지이용 합리화법령상 산업통상자원부장관이 에너지다소비사업자에게 개선명령을 할 수 있는 경우는 에너지관리지도 결과 몇 % 이상의 에너지 효율개선이 기대될 때로 규정하고 있는가?

① 10　② 20
③ 30　④ 50

77 용광로에서 선철을 만들 때 사용되는 주원료 및 부재료가 아닌 것은?

① 규선석　② 석회석
③ 철광석　④ 코크스

78 에너지이용 합리화법령상 특정열사용기자재 설치·시공범위가 아닌 것은?

① 강철제보일러 세관
② 철금속가열로의 시공
③ 태양열 집열기 배관
④ 금속균열로의 배관

정답 71 ④ 72 ③ 73 ② 74 ③ 75 ③ 76 ① 77 ① 78 ④

해설 금속균열로, 금속요로, 금속소둔로, 철금속저열로, 용선로의 설치를 위한 시공

79 에너지이용 합리화법령에서 정한 에너지사용자가 수립하여야 할 자발적 협약 이행계획에 포함되지 않는 것은?

① 협약 체결 전년도의 에너지소비 현황
② 에너지관리체제 및 관리방법
③ 전년도의 에너지사용량·제품생산량
④ 효율향상목표 등의 이행을 위한 투자계획

80 터널가마(Tunnel kiln)의 특징에 대한 설명 중 틀린 것은?

① 연속식 가마이다.
② 사용연료에 제한이 없다.
③ 대량생산이 가능하고 유지비가 저렴하다.
④ 노 내 온도조절이 용이하다.

제5과목 열설비설계

81 연도 등의 저온의 전열면에 주로 사용되는 수트 블로어의 종류는?

① 삽입형
② 예열기 클리너형
③ 로터리형
④ 건형(gun type)

82 다이어프램 밸브의 특징에 대한 설명으로 틀린 것은?

① 역류를 방지하기 위한 것이다.
② 유체의 흐름에 주는 저항이 적다.
③ 기밀(氣密)할 때 패킹이 불필요하다.
④ 화학약품을 차단하여 금속부분의 부식을 방지한다.

83 플래시 탱크의 역할로 옳은 것은?

① 저압의 증기를 고압의 응축수로 만든다.
② 고압의 응축수를 저압의 증기로 만든다.
③ 고압의 증기를 저압의 응축수로 만든다.
④ 저압의 응축수를 고압의 증기로 만든다.

84 그림과 같은 노냉수벽의 전열면적(m^2)은? (단, 수관의 바깥지름 30mm, 수관의 길이 5m, 수관의 수 200개이다.)

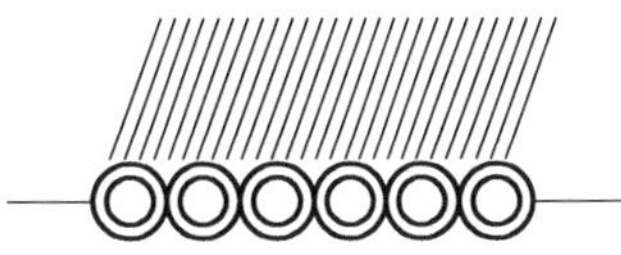

① 24 ② 47
③ 72 ④ 94

해설 수관식보일러 반나관의 전열면적(A)

$$A = \frac{\pi d}{2} Ln$$

$$= \frac{\pi \times 0.03}{2} \times 5 \times 200 = 47\text{m}^2$$

85 지름이 d, 두께가 t인 얇은 살두께의 원통 안에 압력 P가 작용할 때 원통에 발생하는 길이방향의 인장응력은?

① $\frac{\pi dP}{4t}$ ② $\frac{\pi dP}{t}$
③ $\frac{dP}{4t}$ ④ $\frac{dP}{2t}$

해설

$$\sigma_t = \frac{dP}{4t}$$

86 스케일(scale)에 대한 설명으로 틀린 것은?

① 스케일로 인하여 연료소비가 많아진다.
② 스케일은 규산칼슘, 황산칼슘이 주성분이다.
③ 스케일은 보일러에서 열전달을 저하시킨다.
④ 스케일로 인하여 배기가스의 온도가 낮아진다.

정답 79 ③ 80 ② 81 ③ 82 ① 83 ② 84 ② 85 ③ 86 ④

해설 스케일(scale)로 인하여 배기가스의 온도는 높아진다.

87 노통연관식 보일러에서 평형부의 길이가 230mm 미만인 파형노통의 최소 두께(mm)를 결정하는 식은? [단, P는 최고 사용압력(MPa), D는 노통의 파형부에서의 최대 내경과 최소 내경의 평균치(모리슨형 노통에서는 최소내경에 50mm를 더한 값)(mm), C는 노통의 종류에 따른 상수이다.]

① $10PDC$　② $\frac{10PC}{D}$
③ $\frac{C}{10PD}$　④ $\frac{10PD}{C}$

해설 파형노통의 최소 두께(t)

$$t = \frac{10 \times \text{최고 사용압력}(P) \times \text{노통의 평균지름}(D)}{\text{노통 종류에 따른 상수}(C)}$$

88 가로 50cm, 세로 70cm인 300℃로 가열된 평판에 20℃의 공기를 불어주고 있다. 열전달계수가 $25\text{W/m}^2\cdot℃$일 때 열전달량은 몇 kW인가?

① 2.45　② 2.72
③ 3.34　④ 3.96

해설
$Q = hA\Delta t \times 10^{-3}$
$= 25 \times (0.5 \times 0.7) \times (300 - 20) \times 10^{-3}$
$= 2.45\text{kW}$

89 수질(水質)을 나타내는 ppm의 단위는?

① 1만분의 1단위　② 십만분의 1단위
③ 백만분의 1단위　④ 1억분의 1단위

해설 1ppm(parts per million)은 백만분의 1단위를 의미한다.

90 가스용 보일러의 배기가스 중 이산화탄소에 대한 일산화탄소의 비는 얼마 이하여야 하는가?

① 0.001　② 0.002
③ 0.003　④ 0.005

91 유량 2,200kg/h인 80℃의 벤젠을 40℃까지 냉각시키고자 한다. 냉각수 온도를 입구 30℃, 출구 45℃로 하여 대향류열교환기 형식의 이중관식 냉각기를 설계할 때 적당한 관의 길이(m)는? (단, 벤젠의 평균비열은 1,884J/kg·℃, 관 내경 0.0427m, 총괄전열계수는 $600\text{W/m}^2\cdot℃$이다.)

① 8.7　② 18.7
③ 28.6　④ 38.7

92 오일 버너로서 유량 조절범위가 가장 넓은 버너는?

① 스팀 제트
② 유압분무식 버너
③ 로터리 버너
④ 고압 공기식 버너

93 원통형 보일러의 내면이나 관벽 등 전열면에 스케일이 부착될 때 발생되는 현상이 아닌 것은?

① 열전달률이 매우 작아 열전달 방해
② 보일러의 파열 및 변형
③ 물의 순환속도 저하
④ 전열면의 과열에 의한 증발량 증가

94 배관용 탄소강관을 압력용기의 부분에 사용할 때에는 설계 압력이 몇 MPa 이하일 때 가능한가?

① 0.1　② 1
③ 2　③ 3

95 수관식 보일러에 속하지 않는 것은?

① 코르니쉬 보일러
② 바브콕 보일러
③ 라몬트 보일러
④ 벤손 보일러

해설 원통형 보일러 중 횡형식 노통보일러에는 코르니쉬 보일러(노통 1개 설치)와 랭커셔 보일러(노통 2개 설치)가 있다.

정답 87 ④ 88 ① 89 ③ 90 ② 91 ③ 92 ④ 93 ④ 94 ② 95 ①

96 평노통, 파형노통, 화실 및 직립보일러 화실판의 최고 두께는 몇 mm 이하이어야 하는가? (단, 습식화실 및 조합노통 중 평노통은 제외한다.)

① 12 ② 22
③ 32 ④ 42

97 다음 중 보일러의 전열효율을 향상시키기 위한 장치로 가장 거리가 먼 것은?

① 수트 블로어
② 인젝터
③ 공기예열기
④ 절탄기

98 보일러의 급수처리방법에 해당되지 않는 것은?

① 이온교환법 ② 응집법
③ 희석법 ④ 여과법

99 보일러 수의 분출 목적이 아닌 것은?

① 프라이밍 및 포밍을 촉진한다.
② 물의 순환을 촉진한다.
③ 가성취화를 방지한다.
④ 관수의 pH를 조절한다.

해설
보일러 수 분출의 목적은 프라이밍 및 포밍의 발생을 방지하기 위함이다.

100 수관식 보일러에 대한 설명으로 틀린 것은?

① 증기 발생의 소요시간이 짧다.
② 보일러 순환이 좋고 효율이 높다.
③ 스케일의 발생이 적고 청소가 용이하다.
④ 드럼이 작아 구조적으로 고압에 적당하다.

해설
수관식 보일러는 증발속도가 빨라 스케일(scale)이 부착되기 쉽고(스케일 발생이 많음), 구조가 복잡하여 제작 및 청소, 검사, 수리가 어려우며 가격이 비싸다.

정답 96 ② 97 ② 98 ③ 99 ① 100 ③

과년도 출제문제 (2020년 4회)

제1과목 연소공학

01 집진장치에 대한 설명으로 틀린 것은?

① 전기 집진기는 방전극을 음(陰), 집진극을 양(陽)으로 한다.
② 전기집진은 쿨롱(coulomb)력에 의해 포집된다.
③ 소형 사이클론을 직렬시킨 원심력 분리장치를 멀티 스크러버(multi-scrubber)라 한다.
④ 여과 집진기는 함진 가스를 여과재에 통과시키면서 입자를 분리하는 장치이다.

해설 멀티사이클론(병렬연결)은 처리가스량이 많을 경우 집진효율을 줄이기 위해 소직경 사이클론을 병렬로 다수 연결한 집진장치이다.

02 이론 습연소가스량 G_{ow}와 이론 건연소가스량 G_{od}의 관계를 나타낸 식으로 옳은 것은? (단, H는 수소체적비, w는 수분체적비를 나타내고, 식의 단위는 $N \cdot m^3/kg$이다.)

① $G_{od} = G_{ow} + 1.25(9H + w)$
② $G_{od} = G_{ow} - 1.25(9H + w)$
③ $G_{od} = G_{ow} + (9H + w)$
④ $G_{od} = G_{ow} - (9H - w)$

해설 이론 건연소가스량(G_{od})
$=$이론 습연소가스량(G_{ow})$- 1.25(9H + w)$

03 저압공기 분무식 버너의 특징이 아닌 것은?

① 구조가 간단하여 취급이 간편하다.
② 공기압이 높으면 무화공기량이 줄어든다.
③ 점도가 낮은 중유도 연소할 수 있다.
④ 대형보일러에 사용된다.

해설 저압공기식 유류버너(저압기류 분무식 버너)의 특징
㉠ 구조가 간단하고 취급이 간편하다.
㉡ 공기압이 높으면 무화공기량이 줄어든다.
㉢ 점도가 낮은 중유도 연소할 수 있다.
㉣ 소형보일러에 사용하며, 비교적 좁은 각도의 짧은 화염이 발생한다.

04 기체연료의 장점이 아닌 것은?

① 열효율이 높다.
② 연소의 조절이 용이하다.
③ 다른 연료에 비하여 제조비용이 싸다.
④ 다른 연료에 비하여 회분이나 매연이 나오지 않고 청결하다.

해설 기체연료는 다른 연료에 비해 저장이 곤란하고 시설비가 많이 든다(제조비용이 비싸다).

05 환열실의 전열면적(m^2)과 전열량(W) 사이의 관계는? (단, 전열면적은 F, 전열량은 Q, 총괄전열계수는 V이며, Δt_m은 평균온도차이다.)

① $Q = \dfrac{F}{\Delta t_m}$
② $Q = F \times \Delta t_m$
③ $Q = F \times V \times \Delta t_m$
④ $Q = \dfrac{V}{F \times \Delta t_m}$

해설 전열량(Q)$= FV\Delta t_m$[Watt]
여기서, V : 총괄전열계수($W/m^2 \cdot ℃$)
Δt_m : 평균온도차(℃)

06 분젠 버너를 사용할 때 가스의 유출 속도를 점차 빠르게 하면 불꽃 모양은 어떻게 되는가?

① 불꽃이 엉클어지면서 짧아진다.
② 불꽃이 엉클어지면서 길어진다.
③ 불꽃의 형태는 변화 없고 밝아진다.
④ 아무런 변화가 없다.

해설 분젠 버너(Bunsen burner)를 사용할 때 가스의 유출 속도를 점차 빠르게 하면 불꽃이 엉클어지면서 짧아진다.

정답 01 ③ 02 ② 03 ④ 04 ③ 05 ③ 06 ①

07 연소가스와 외부공기의 밀도차에 의해서 생기는 압력차를 이용하는 통풍 방법은?

① 자연 통풍　② 평행 통풍
③ 압입 통풍　④ 유인 통풍

해설
자연 통풍은 온도차(밀도차)로 인해 생기는 자연대류로 공기의 흐름을 만드는 것이다.
※ 압입 통풍은 통풍 팬(fan)을 이용하여 공기를 대기압 이상으로 가압하는 강제 통풍의 일종이다.

08 메탄 50V%, 에탄 25V%, 프로판 25V%가 섞여 있는 혼합 기체의 공기 중에서 연소하한계는 약 몇 %인가? (단, 메탄, 에탄, 프로판의 연소하한계는 각각 5V%, 3V%, 2.1V%이다.)

① 2.3　② 3.3
③ 4.3　④ 5.3

해설
혼합기체의 혼합률에 따른 폭발한계(연소하한계 & 상한계)는 르 샤틀리에 공식을 적용한다.

$$\frac{100}{L} = \frac{V_1}{L_1} + \frac{V_2}{L_2} + \frac{V_3}{L_3}$$

$$L = \frac{100}{\frac{V_1}{L_1} + \frac{V_2}{L_2} + \frac{V_3}{L_3}} = \frac{100}{\frac{50}{5} + \frac{25}{3} + \frac{25}{2.1}} \doteqdot 3.31\%$$

09 다음 성분 중 연료의 조성을 분석하는 방법 중에서 공업분석으로 알 수 없는 것은?

① 수분(W)　② 회분(A)
③ 휘발분(V)　④ 수소(H)

해설
공업분석(technical analysis)은 석탄 등 고체연료에 대해 수분(W), 회분(A), 휘발분(V)을 분석하고 이들의 나머지로서 고정탄소를 산출해서 무게 백분율로 나타낸 것으로 간이분석법이라고도 한다.
고정탄소 = 100 − (휘발분 + 수분 + 회분)

$$고체연료의\ 연료비 = \frac{고정탄소}{휘발분}$$

10 효율이 60%인 보일러에서 12,000kJ/kg의 석탄을 150kg 연소시켰을 때의 열손실은 몇 MJ인가?

① 720　② 1,080
③ 1,280　④ 1,440

해설

$$\begin{aligned} 열손실(Q_L) &= m \times H_L \times (1-\eta) \\ &= 150 \times 12,000 \times (1-0.6) \\ &= 720,000\text{kJ} \\ &= 720\text{MJ} \end{aligned}$$

11 다음 중 굴뚝의 통풍력을 나타내는 식은? (단, h는 굴뚝높이, γ_a는 외기의 비중량, γ_g는 굴뚝 속의 가스의 비중량, g는 중력가속도이다.)

① $h(\gamma_g - \gamma_a)$
② $h(\gamma_a - \gamma_g)$
③ $\dfrac{h(\gamma_g - \gamma_a)}{g}$
④ $\dfrac{h(\gamma_a - \gamma_g)}{g}$

해설
굴뚝의 통풍력(Z) = $h(\gamma_a - \gamma_g)$

12 가연성 혼합기의 공기비가 1.0일 때 당량비는?

① 0　② 0.5
③ 1.0　④ 1.5

해설
당량비는 공기비(공기과잉률)의 역수이다.
※ 당량비(ϕ)가 1보다 크면 연료가 농후하고 공기가 부족하여 연소효율이 떨어진다(불완전 연소).

13 B중유 5kg을 완전 연소시켰을 때 저위발열량은 약 몇 MJ인가? (단, B중유의 고위발열량은 41,900kJ/kg, 중유 1kg에 수소 H는 0.2kg, 수증기 W는 0.1kg 함유되어 있다.)

① 96　② 126
③ 156　④ 186

해설
600kcal/kgf = 600 × 4.186 ≒ 2,512kJ/kg

$$\begin{aligned} 저위발열량(H_L) &= H_h - 600(W + 9H) \\ &= 41,900 - 2,512(0.1 + 9 \times 0.2) \\ &= 37127.2\text{kJ/kg} \\ &\fallingdotseq 37.13\text{MJ/kg} \end{aligned}$$

∴ 37.13 × 5 ≒ 186MJ

정답 07 ① 08 ② 09 ④ 10 ① 11 ② 12 ③ 13 ④

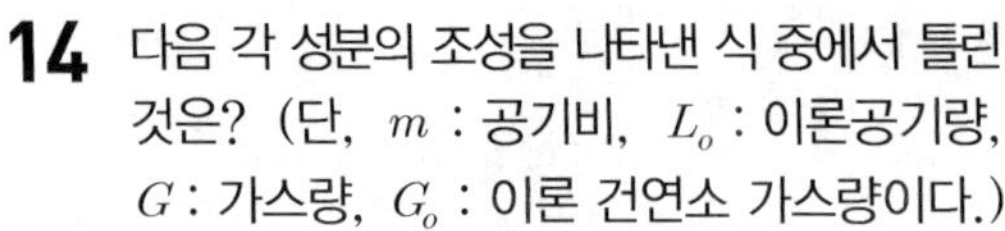

14 다음 각 성분의 조성을 나타낸 식 중에서 틀린 것은? (단, m : 공기비, L_o : 이론공기량, G : 가스량, G_o : 이론 건연소 가스량이다.)

① $(CO_2)=\dfrac{1.867C-(CO)}{G}\times 100$

② $(O_2)=\dfrac{0.21(m-1)L_o}{G}\times 100$

③ $(N_2)=\dfrac{0.8N+0.79mL_o}{G}\times 100$

④ $(CO_2)_{max}=\dfrac{1.867C+0.7S}{G_o}\times 100$

15 연료의 연소 시 CO_{2max}[%]는 어느 때의 값인가?

① 실제공기량으로 연소 시
② 이론공기량으로 연소 시
③ 과잉공기량으로 연소 시
④ 이론양보다 적은 공기량으로 연소 시

해설 연료의 연소 시 CO_{2max}[%]는 이론공기량으로 연소 시 값이다.

16 중유에 대한 설명으로 틀린 것은?

① A중유는 C중유보다 점성이 작다.
② A중유는 C중유보다 수분 함유량이 작다.
③ 중유는 점도에 따라 A급, B급, C급으로 나뉜다.
④ C중유는 소형 디젤기관 및 소형 보일러에 사용된다.

해설 C중유는 중·대형 디젤기관 및 산업용 대형 보일러에 사용된다.

17 중유의 저위발열량이 41,860kJ/kg인 원료 1kg을 연소시킨 결과 연소열이 31,400kJ/kg이고 유효출열이 30,270kJ/kg일 때, 전열효율과 연소효율은 각각 얼마인가?

① 96.4%, 70%
② 96.4%, 75%
③ 72.3%, 75%
④ 72.3%, 96.4%

해설

$$\text{전열효율}(\eta_t)=\frac{\text{유효출열}}{\text{연소열}}\times 100=\frac{30,270}{31,400}\times 100=96.4\%$$

$$\text{연소효율}(\eta_c)=\frac{\text{연소열량}}{\text{저위발열량(입열, 공급열)}}\times 100=\frac{31,400}{41,860}\times 100=75\%$$

18 수소 1kg을 완전히 연소시키는 데 요구되는 이론산소량은 몇 $N\cdot m^3$인가?

① 1.86 ② 2.8
③ 5.6 ④ 26.7

해설

$H_2 \quad + \quad \frac{1}{2}O_2 \quad \rightarrow \quad H_2O$

1kmol $\quad \frac{1}{2}$kmol

2kg $\quad$ 0.5kg

$22.4N\cdot m^3 \quad 11.2N\cdot m^3$

$2:11.2=1:O_o$

$O_o=\dfrac{11.2\times 1}{2}=5.6N\cdot m^3/kg$

19 액체연료의 연소방법으로 틀린 것은?

① 유동층연소
② 등심연소
③ 분무연소
④ 증발연소

해설 액체연료의 연소방법 : 증발연소, 분무연소, 액면연소, 등심연소

20 제조 기체연료에 포함된 성분이 아닌 것은?

① C ② H_2
③ CH_4 ④ N_2

해설 기체연료는 천연가스를 제외하면 타 기체 및 고체 연료에서 제조되고 석유계 가스와 석탄가스로 분류된다.

※ 천연가스(주성분 : CH_4 메탄), 액화석유가스(LPG)(주성분 : C_3H_8, C_4H_{10}), 석탄가스(주성분 : 수소와 메탄), 고로가스(주성분 : 질소, 일산화탄소), 발생로 가스(주성분 : 질소, 일산화탄소)

정답 14 ① 15 ② 16 ④ 17 ② 18 ③ 19 ① 20 ①

제2과목 열역학

21 1mol의 이상기체가 25℃, 2MPa로부터 100kPa까지 가역 단열적으로 팽창하였을 때 최종온도(K)는? (단, 정적비열 C_v는 $\frac{3}{2}R$이다.)

① 60 ② 70
③ 80 ④ 90

해설

$$\frac{T_2}{T_1}=\left(\frac{P_2}{P_1}\right)^{\frac{k-1}{k}}$$

$$C_v=\frac{R}{k-1}=\frac{3}{2}R$$

$$\frac{1}{k-1}=1.5$$

$$\therefore\ k=\frac{1}{1.5}+1=1.66$$

$$T_2=T_1\left(\frac{P_2}{P_1}\right)^{\frac{k-1}{k}}$$

$$=(25+273)\times\left(\frac{100}{2,000}\right)^{\frac{1.66-1}{1.66}}=90.56\text{K}$$

22 분자량이 29인 1kg의 이상기체가 실린더 내부에 채워져 있다. 처음에 압력 400kPa, 체적 0.2m^3인 이 기체를 가열하여 체적 0.076m^3, 온도 100℃가 되었다. 이 과정에서 받은 일(kJ)은? (단, 폴리트로픽 과정으로 가열한다.)

① 90 ② 95
③ 100 ④ 104

해설

$P_2V_2=mRT_2$에서

$$P_2=\frac{mRT_2}{V_2}=\frac{1\times0.287\times373}{0.076}=1408.57\text{kPa}$$

$$n=\frac{\ln\left(\frac{P_2}{P_1}\right)}{\ln\left(\frac{V_1}{V_2}\right)}=\frac{\ln\frac{1408.57}{400}}{\ln\frac{0.2}{0.076}}=1.30$$

$$\therefore\ W=\frac{1}{n-1}(P_1V_1-P_2V_2)$$

$$=\frac{1}{1.3-1}(400\times0.2-1408.57\times0.076)$$

$$=-90\text{kJ}$$

※ (−) 부호는 받은 일을 의미한다.

23 비열비(k)가 1.4인 공기를 작동유체로 하는 디젤엔진의 최고온도(T_3) 2,500K, 최저온도(T_1)가 300K, 최고압력(P_3)가 4MPa, 최저압력(P_1)이 100kPa일 때 차단비(cut off ratio ; r_c)는 얼마인가?

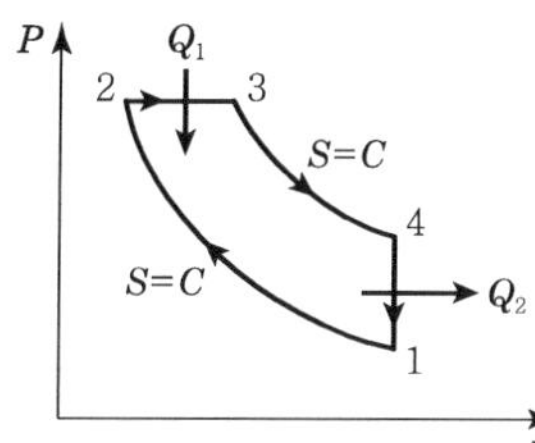

① 2.4 ② 2.9
③ 3.1 ④ 3.6

해설

㉠ 1 → 2 과정($S=C$)

$$\frac{T_2}{T_1}=\left(\frac{V_1}{V_2}\right)^{k-1}=\left(\frac{P_2}{P_1}\right)^{\frac{k-1}{k}}$$

$$\text{압축비}(\varepsilon)=\frac{V_1}{V_2}=\left(\frac{P_2}{P_1}\right)^{\frac{1}{k}}=\left(\frac{4,000}{100}\right)^{\frac{1}{1.4}}=13.94$$

㉡ 체절비 = 차단비(cut off ratio) : γ_c

2 → 3 과정($P=C$)

$$\frac{V_2}{T_2}=\frac{V_3}{T_3}$$

$$\text{차단비}(r_c)=\frac{V_3}{V_2}=\frac{T_3}{T_2}=\frac{2,500}{860.65}=2.9$$

$$T_2=T_1\left(\frac{V_1}{V_2}\right)^{k-1}=T_1\varepsilon^{k-1}$$

$$=300(13.94)^{1.4-1}$$

$$=860.65\text{K}$$

24 임의의 과정에 대한 가역성과 비가역성을 논의하는 데 적용되는 법칙은?

① 열역학 제0법칙
② 열역학 제1법칙
③ 열역학 제2법칙
④ 열역학 제3법칙

해설

임의의 과정에 대한 가역성과 비가역성을 논의하는 데 적용되는 법칙은 열역학 제2법칙(엔트로피 증가 법칙=비가역법칙)이다.

정답 21 ④ 22 ① 23 ② 24 ③

25 100kPa, 20℃의 공기를 0.1kg/s의 유량으로 900kPa까지 등온 압축할 때 필요한 공기압축기의 동력(kW)은? (단, 공기의 기체상수는 0.287kJ/kg·K이다.)

① 18.5 ② 64.5
③ 75.7 ④ 185

해설
공기압축기 동력(kW)

$=mRT\ln\frac{P_2}{P_1}$

$=0.1\times0.287\times(20+273)\ln\left(\frac{900}{100}\right)\fallingdotseq 18.5\text{kW}$

26 증기 압축 냉동사이클의 증발기 출구, 증발기 입구에서 냉매의 비엔탈피가 각각 1,284kJ/kg, 122kJ/kg이면 압축기 출구측에서 냉매의 비엔탈피(kJ/kg)는? (단, 성능계수는 4.4이다.)

① 1,316 ② 1,406
③ 1,548 ④ 1,632

해설

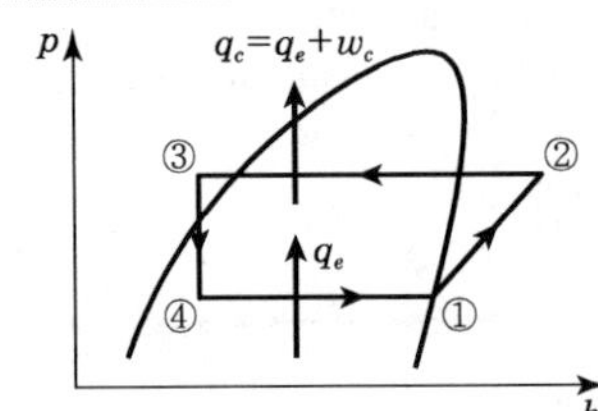

$\varepsilon_R=\frac{q_e}{w_c}=\frac{h_1-h_4}{h_2-h_1}=\frac{h_1-h_3}{h_2-h_1}$

$w_c=\frac{q_e}{\varepsilon_R}=\frac{h_1-h_3}{\varepsilon_R}$

$=\frac{1,284-122}{4.4}=\frac{1,162}{4.4}=264.09\text{kJ/kg}$

$w_c=h_2-h_1$에서

$h_2=w_c+h_1=264.09+1,284=1548.09\text{kJ/kg}$

27 다음 중 오존층을 파괴하며 국제협약에 의해 사용이 금지된 CFC 냉매는?

① R-12 ② HFO1234yf
③ NH_3 ④ CO_2

해설
R-12(메탄계냉매)
R-12(CCl_2F_2, 염화불화탄소)는 대기오염물질로 국제협약 금지 냉매다.

28 그림은 공기 표준 오토 사이클이다. 효율 η에 관한 식으로 틀린 것은? (단, ε는 압축비, k는 비열비이다.)

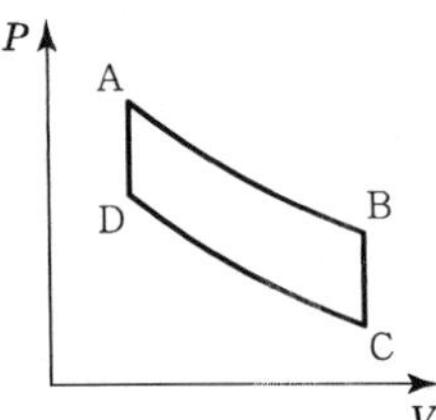

① $\eta=1-\frac{T_B-T_C}{T_A-T_D}$

② $\eta=1-\varepsilon\left(\frac{1}{\varepsilon}\right)^k$

③ $\eta=1-\frac{T_B}{T_A}$

④ $\eta=1-\frac{P_B-P_C}{P_A-P_D}$

해설
오토 사이클 효율$(\eta)=1-\frac{q_2}{q_1}=1-\frac{C_v(T_B-T_C)}{C_v(T_A-T_D)}$

$=1-\varepsilon\left(\frac{1}{\varepsilon}\right)^k=1-\frac{T_B}{T_A}$

29 정상상태에서 작동하는 개방시스템에 유입되는 물질의 비엔탈피가 h_1이고, 이 시스템 내에 단위질량당 열을 q만큼 전달해 주는 것과 동시에, 축을 통한 단위질량당 일을 w만큼 시스템으로 가해 주었을 때, 시스템으로부터 유출되는 물질의 비엔탈피 h_2를 옳게 나타낸 것은? (단, 위치에너지와 운동에너지는 무시한다.)

① $h_2=h_1+q-w$
② $h_2=h_1-q-w$
③ $h_2=h_1+q+w$
④ $h_2=h_1$

해설
$h_2=h_1+q+w$

$q+h_1=w_t+h_2$

$w_t=-\int_1^2 vdP\,[\text{kJ/kg}]$

정답 25 ① 26 ③ 27 ① 28 ④ 29 ③

30 2kg, 30℃인 이상기체가 100kPa에서 300kPa까지 가역 단열과정으로 압축되었다면 최종온도(℃)는? (단, 이 기체의 정적비열은 750J/kg·K, 정압비열은 1,000J/kg·K이다.)

① 99 ② 126
③ 267 ④ 399

해설

$k = \frac{C_P}{C_V} = \frac{1,000}{750} = 1.33$

$\frac{T_2}{T_1} = \left(\frac{P_2}{P_1}\right)^{\frac{k-1}{k}}$

$T_2 = T_1\left(\frac{P_2}{P_1}\right)^{\frac{k-1}{k}}$

$= (30+273.15) \times \left(\frac{300}{100}\right)^{\frac{1.33-1}{1.33}}$

$= 398.14\text{K} - 273.15\text{K} = 125\text{K}$

31 수증기를 사용하는 기본 랭킨사이클의 복수기 압력이 10kPa, 보일러 압력이 2MPa, 터빈일이 792kJ/kg, 복수기에서 방출되는 열량이 1,800kJ/kg일 때 열효율(%)은? (단, 펌프에서 물의 비체적은 $1.01 \times 10^{-3}\text{m}^3/\text{kg}$이다.)

① 30.5 ② 32.5
③ 34.5 ④ 36.5

해설

$w_p = -\int_1^2 vdp = \int_2^1 vdp = v(p_1 - p_2)$

$= 1.01 \times 10^{-3} \times (2,000 - 10) = 2\text{kJ/kg}$

$w_{net} = w_t - w_p = 792 - 2 = 790\text{kJ/kg}$

$\therefore \eta_R = \frac{w_{net}}{q_1} = \frac{790}{790 + 1,800} \times 100 = 30.5\%$

32 랭킨사이클의 터빈출구 증기의 건도를 상승시켜 터빈날개의 부식을 방지하기 위한 사이클은?

① 재열 사이클 ② 오토 사이클
③ 재생 사이클 ④ 사바테 사이클

해설

재열 사이클은 랭킨 사이클을 개선시킨 사이클로 터빈출구의 건도를 상승시켜 터빈날개의 습도로 인한 부식을 방지하고, 열효율을 향상시킨 사이클이다.

33 다음 중 강도성 상태량이 아닌 것은?

① 압력 ② 온도
③ 비체적 ④ 체적

해설

체적은 용량성 상태량이다.

※ 압력, 온도, 비체적 등은 물질의 양과 무관한 강도성 상태량이다.

34 97℃로 유지되고 있는 항온조가 실내 온도 27℃인 방에 놓여 있다. 어떤 시간에 1,000kJ의 열이 항온조에서 실내로 방출되었다면 다음 설명 중 틀린 것은?

① 항온 조속의 물질의 엔트로피 변화는 −2.7kJ/K이다.
② 실내 공기의 엔트로피의 변화는 약 3.3kJ/K이다.
③ 이 과정은 비가역적이다.
④ 항온조와 실내 공기의 총 엔트로피는 감소하였다.

해설

항온조와 실내 공기의 총 엔트로피는 0.63kJ/K 증가하였다.

※ 비가역 과정 시 엔트로피는 항상 증가한다.

35 표준 기압(101.3kPa, 20℃에서 상대 습도 65%인 공기의 절대 습도(kg/kg)는? (단, 건조 공기와 수증기는 이상기체로 간주하며, 각각의 분자량은 29, 18로 하고, 20℃의 수증기의 포화압력은 2.24kPa로 한다.)

① 0.0091
② 0.0202
③ 0.0452
④ 0.0724

해설

절대 습도$(x) = 0.622 \times \frac{P_w}{P - P_w}$

$= 0.622 \times \frac{\phi P_s}{P - \phi P_s}$

$= 0.622 \times \frac{0.65 \times 2.24}{101.3 - 0.65 \times 2.24}$

$\fallingdotseq 0.0091$

정답 30 ② 31 ① 32 ① 33 ④ 34 ④ 35 ①

36 이상적인 표준 증기 압축식 냉동 사이클에서 등엔탈피 과정이 일어나는 곳은?

① 압축기　② 응축기
③ 팽창밸브　④ 증발기

해설
증기 압축 냉동 사이클에서 팽창밸브에서의 과정은 교축팽창과정으로 압력강하($P_1 > P_2$), 온도강하($T_1 > T_2$), 등엔탈피 과정($h_1 = h_2$), 비가역 과정으로 엔트로피는 증가한다($\Delta S > 0$).

37 증기의 기본적 성질에 대한 설명으로 틀린 것은?

① 임계 압력에서 증발열은 0이다.
② 증발 잠열은 포화 압력이 높아질수록 커진다.
③ 임계점에서는 액체와 기체의 상에 대한 구분이 없다.
④ 물의 3중점은 물과 얼음과 증기의 3상이 공존하는 점이며 이 점의 온도는 0.01℃이다.

해설
증발(잠)열은 포화 압력(P_S)이 높아질수록 작아진다.

38 이상기체가 등온과정에서 외부에 하는 일에 대한 관계식으로 틀린 것은? (단, R은 기체상수이고, 계에 대해서 m은 질량, V는 부피, P는 압력, T는 온도를 나타낸다. 하첨자 "1"은 변경 전, 하첨자 "2"는 변경 후를 나타낸다.)

① $P_1V_1\ln\frac{V_2}{V_1}$　② $P_1V_1\ln\frac{P_2}{P_1}$
③ $mRT\ln\frac{P_1}{P_2}$　④ $mRT\ln\frac{V_2}{V_1}$

해설
등온과정인 경우 절대일과 공업일은 같다(${}_1W_2 = W_t$).

$${}_1W_2 = P_1V_1\ln\frac{V_2}{V_1} = P_1V_1\ln\frac{P_1}{P_2}$$
$$= mRT\ln\frac{V_2}{V_1} = mRT\ln\frac{P_1}{P_2}[\text{kJ}]$$

39 초기의 온도, 압력이 100℃, 100kPa 상태인 이상기체를 가열하여 200℃, 200kPa 상태가 되었다. 기체의 초기상태 비체적이 0.5m^3/kg일 때, 최종상태의 기체 비체적(m^3/kg)은?

① 0.16　② 0.25
③ 0.32　④ 0.50

해설
보일과 샤를의 법칙$\left(\frac{PV}{T} = C\right)$을 적용

$\frac{P_1V_1}{T_1} = \frac{P_2V_2}{T_2}$에서

$$V_2 = V_1\left(\frac{P_1}{P_2}\right)\left(\frac{T_2}{T_1}\right)$$
$$= 0.5\times\left(\frac{100}{200}\right)\times\left(\frac{200+273}{100+273}\right) \fallingdotseq 0.32\text{m}^3/\text{kg}$$

40 열손실이 없는 단단한 용기 안에 20℃의 헬륨 0.5kg을 15W의 전열기로 20분간 가열하였다. 최종 온도(℃)는? (단, 헬륨의 정적비열은 3.116kJ/kg·K, 정압비열은 5.193kJ/kg·K이다.)

① 23.6　② 27.1
③ 31.6　④ 39.5

해설
전열기에서 20분간 발생한 열량(Q_H)

$= 0.015\text{kW}\times3{,}600\times\frac{1}{3} = 18\text{kJ}$

$\because$ 1kWh = 3,600kJ

$Q_H = mC_v(t_2 - t_1)[\text{kJ}]$

$$t_2 = t_1 + \frac{Q_H}{mC_v} = 20 + \frac{18}{0.5\times3.76} = 31.6℃$$

제3과목 계측방법

41 색온도계에 대한 설명으로 옳은 것은?

① 온도에 따라 색이 변하는 일원적인 관계로부터 온도를 측정한다.
② 바이메탈 온도계의 일종이다.
③ 유체의 팽창정도를 이용하여 온도를 측정한다.
④ 기전력의 변화를 이용하여 온도를 측정한다.

정답 36 ③ 37 ② 38 ② 39 ③ 40 ③ 41 ①

해설 색온도계(color temperature meter)
광원의 색온도를 측정하기 위한 기기로, 온도에 따라 색이 변하는 일원적인 관계로 온도를 측정하는 비접촉식 온도계다.

42 가스 크로마토그래피의 구성요소가 아닌 것은?

① 검출기 ② 기록계
③ 칼럼(분리관) ④ 지르코니아

해설 가스 크로마토그래피의 구성요소
㉠ 검출기
㉡ 기록계
㉢ 칼럼(column, 분리관)

43 방사율에 의한 보정량이 적고 비접촉법으로는 정확한 측정이 가능하나 사람 손이 필요한 결점이 있는 온도계는?

① 압력계형 온도계 ② 전기저항 온도계
③ 열전대 온도계 ④ 광고온계

44 자동제어계에서 응답을 나타낼 때 목표치를 기준한 앞뒤의 진동으로 시간의 지연을 필요로 하는 시간적 동작의 특성을 의미하는 것은?

① 동특성 ② 스텝응답
③ 정특성 ④ 과도응답

45 관 속을 흐르는 유체가 층류로 되려면?

① 레이놀즈수가 4,000보다 많아야 한다.
② 레이놀즈수가 2,100보다 적어야 한다.
③ 레이놀즈수가 4,000이어야 한다.
④ 레이놀즈수와는 관계가 없다.

해설 관 속을 흐르는 유체가 층류가 되려면 레이놀즈수(R_e)가 2,100보다 작아야 한다($R_e < 2,100$).

46 다음 중 사하중계(dead weight gauge)의 주된 용도는?

① 압력계 보정 ② 온도계 보정
③ 유체 밀도 측정 ④ 기체 무게 측정

해설 사하중계(dead weight gauge)의 주된 용도는 압력계의 보정이다.

47 시스(sheath) 열전대 온도계에서 열전대가 있는 보호관 속에 충전되는 물질로 구성된 것은?

① 실리카, 마그네시아
② 마그네시아, 알루미나
③ 알루미나, 보크사이트
④ 보크사이트, 실리카

해설 시스(sheath) 열전대 온도계에서 열전대가 보호하고 있는 보호관 속의 충전되는 물질은 마그네시아, 알루미나이다.

48 지름이 각각 0.6m, 0.4m인 파이프가 있다. (1)에서의 유속이 8m/s이면 (2)에서의 유속(m/s)은 얼마인가?

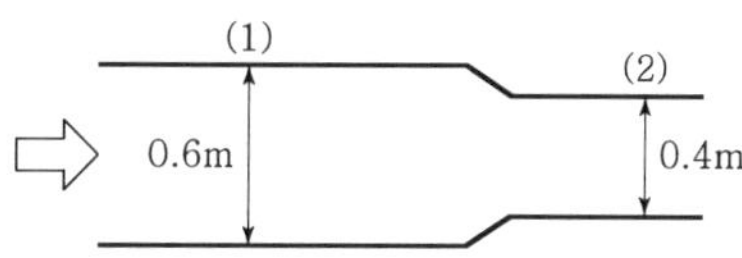

① 16 ② 18
③ 20 ④ 22

해설 연속방정식 $Q = AV[m^3/s]$
$A_1 V_1 = A_2 V_2$에서
$$V_2 = V_1 \frac{A_1}{A_2} = V_1 \left(\frac{d_1}{d_2}\right)^2 = 8 \times \left(\frac{0.6}{0.4}\right)^2 = 18\text{m/s}$$

49 열전도율형 CO_2 분석계의 사용 시 주의사항에 대한 설명 중 틀린 것은?

① 브리지의 공급 전류의 점검을 확실하게 한다.
② 셀의 주위 온도와 측정가스 온도는 거의 일정하게 유지시키고 온도의 과도한 상승을 피한다.
③ H_2를 혼입시키면 정확도를 높이므로 같이 사용한다.
④ 가스의 유속을 일정하게 하여야 한다.

정답 42 ④ 43 ④ 44 ① 45 ② 46 ① 47 ② 48 ② 49 ③

50 열전대 온도계에서 열전대선을 보호하는 보호관 단자로부터 냉접점까지지는 보상도선을 사용한다. 이때 보상도선의 재료로서 가장 적합한 것은?

① 백금로듐 ② 알루멜
③ 철선 ④ 동-니켈 합금

51 점도 1Pa·s와 같은 값은?

① 1kg/m·s ② 1P
③ 1lb·s/m^2 ④ 1cP

해설
점성계수(점도)
1Pa·s=1N·s/m^2=1kg/m·s

52 다음 중 미세한 압력차를 측정하기에 적합한 액주식 압력계는?

① 경사관식 압력계
② 부르동관 압력계
③ U자관식 압력계
④ 저항선 압력계

해설
경사관식 압력계는 미소한 압력차를 측정할 수 있도록 U자관 압력계를 경사지게 사용하도록 만들어진 압력계이다.

53 액체와 고체연료의 열량을 측정하는 열량계는?

① 봄브식
② 융커스식
③ 클리브랜드식
④ 타그식

54 제어량에 편차가 생겼을 경우 편차의 적분차를 가감해서 조작량의 이동속도가 비례하는 동작으로서 잔류편차가 제어되나 제어안정성은 떨어지는 특징을 가진 동작은?

① 비례동작
② 적분동작
③ 미분동작
④ 다위치동작

해설
적분동작(integral contral action)은 I 동작이라고도 하며 조작량이 동작신호의 적분값에 비례하는 동작으로 적분동작을 가진 조절계를 사용하며 off set(옵셋) 정상상태에서의 잔류편차를 없앨 수 있으나 제어안정성은 떨어지는 특성을 갖는 동작이다.

55 다음 중 간접식 액면측정 방법이 아닌 것은?

① 방사선식 액면계
② 초음파식 액면계
③ 플로트식 액면계
④ 저항전극식 액면계

해설
플로트(float)식 액면계는 직접식 액면측정 방법이다.

56 분동식 압력계에서 300MPa 이상 측정할 수 있는 것에 사용되는 액체로 가장 적합한 것은?

① 경유 ② 스핀들유
③ 피마자유 ④ 모빌유

57 물을 함유한 공기와 건조공기의 열전도율 차이를 이용하여 습도를 측정하는 것은?

① 고분자 습도센서
② 염화리튬 습도센서
③ 서미스터 습도센서
④ 수정진동자 습도센서

58 다음 중 그림과 같은 조작량 변화 동작은?

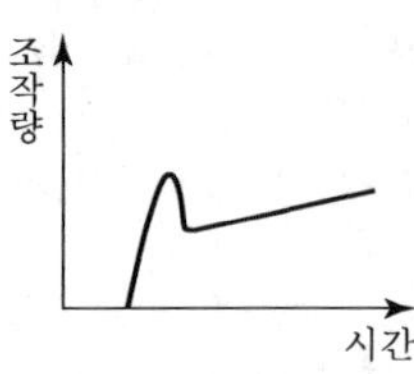

① P.1 동작 ② ON-OFF 동작
③ P.I.D 동작 ④ P.D 동작

해설
그림과 같은 조작량 변화 동작은 PID(비례적분미분) 동작이다.

정답 50④ 51① 52① 53① 54② 55③ 56④ 57③ 58③

59 측정량과 크기가 거의 같은 미리 알고 있는 양의 분동을 준비하여 분동과 측정량의 차이로부터 측정량을 구하는 방식은?

① 편위법 ② 보상법
③ 치환법 ④ 영위법

60 오리피스 유량계에 대한 설명으로 틀린 것은?

① 베르누이의 정리를 응용한 계기이다.
② 기체와 액체에 모두 사용이 가능하다.
③ 유량계수 C는 유체의 흐름이 층류이거나 와류의 경우 모두 같고 일정하며 레이놀즈수와 무관하다.
④ 제작과 설치가 쉬우며, 경제적인 교축기구이다.

해설
오리피스(orifice) 유량계는 차압식 유량계로 유량계수(C)=속도계수(C_v)×수축계수(C_c)는 유체의 흐름이 층류이거나 와류인 경우 값이 다르며 레이놀즈수(관성력/점성력)와 관계가 있다.

제4과목 열설비재료 및 관계법규

61 용선로(cupola)에 대한 설명으로 틀린 것은?

① 대량생산이 가능하다.
② 용해 특성상 용탕에 탄소, 황, 인 등의 불순물이 들어가기 쉽다.
③ 다른 용해로에 비해 열효율이 좋고 용해시간이 빠르다.
④ 동합금, 경합금 등 비철금속 용해로로 주로 사용된다.

해설
용선로(큐폴라, cupola)는 선철(pig iron)의 용해에 널리 사용되는 원통형 노(furnace)이다.

62 에너지이용 합리화법령상 에너지사용계획을 수립하여 제출하여야 하는 사업주관자로서 해당되지 않는 사업은?

① 항만건설사업 ② 도로건설사업
③ 철도건설사업 ④ 공항건설사업

63 다음 중 터널요에 대한 설명으로 옳은 것은?

① 예열, 소성, 냉각이 연속적으로 이루어지며 대차의 진행방향과 같은 방향으로 연소가스가 진행된다.
② 소성시간이 길기 때문에 소량생산에 적합하다.
③ 인건비, 유지비가 많이 든다.
④ 온도조절의 자동화가 쉽지만 제품의 품질, 크기, 형상 등에 제한을 받는다.

해설
터널요(가마)는 도자기, 내화물을 굽는 터널모양의 가마로 온도조절의 자동화가 쉽지만 제품의 품질, 크기, 형상 등의 제한을 받는다.

64 에너지이용 합리화법령상 최고사용압력(MPa)과 내부 부피(m^3)를 곱한 수치가 0.004를 초과하는 압력용기 중 1종 압력용기에 해당되지 않는 것은?

① 증기를 발생시켜 액체를 가열하며 용기 안의 압력이 대기압을 초과하는 압력용기
② 용기 안의 화학반응에 의하여 증기를 발생하는 것으로 용기 안의 압력이 대기압을 초과하는 압력용기
③ 용기 안의 액체의 성분을 분리하기 위하여 해당 액체를 가열하는 것으로 용기 안의 압력이 대기압을 초과하는 압력용기
④ 용기 안의 액체의 온도가 대기압에서의 비점을 초과하지 않는 압력용기

65 에너지이용 합리화법에서 정한 에너지절약전문기업 등록의 취소요건이 아닌 것은?

① 규정에 의한 등록기준에 미달하게 된 경우
② 사업수행과 관련하여 다수의 민원을 일으킨 경우
③ 동법에 따른 에너지절약전문기업에 대한 업무에 관한 보고를 하지 아니하거나 거짓으로 보고한 경우
④ 정당한 사유 없이 등록 후 3년 이상 계속하여 사업수행실적이 없는 경우

정답 59 ② 60 ③ 61 ④ 62 ② 63 ④ 64 ④ 65 ②

66 기밀을 유지하기 위한 패킹이 불필요하고 금속부분이 부식될 염려가 없어, 산 등의 화학약품을 차단하는 데 주로 사용하는 밸브는?

① 앵글밸브
② 체크밸브
③ 다이어프램 밸브
④ 버터플라이 밸브

67 에너지이용 합리화법령상 산업통상자원부장관 또는 시·도지사가 한국에너지공단 이사장에게 권한을 위탁한 업무가 아닌 것은?

① 에너지관리지도
② 에너지사용계획의 검토
③ 열사용기자재 제조업의 등록
④ 효율관리기자재의 측정 결과 신고의 접수

68 에너지이용 합리화법령상 열사용기자재에 해당하는 것은?

① 금속요로
② 선박용 보일러
③ 고압가스 압력용기
④ 철도차량용 보일러

해설
열사용기자재(산업통상자원부장관령으로 정한다.)
㉠ 보일러(강철제·주철제 보일러, 온수보일러, 구멍탄용 온수보일러, 축열식 전기보일러)
㉡ 태양열집열기
㉢ 압력용기(1종·2종 압력용기)
㉣ 요업요로
㉤ 금속요로

69 에너지이용 합리화법령에 따라 인정검사대상기기 관리자의 교육을 이수한 사람의 관리범위 기준은 증기보일러로서 최고사용 압력이 1MPa 이하이고 전열면적이 최대 얼마 이하일 때인가?

① $1m^2$　② $2m^2$
③ $5m^2$　④ $10m^2$

해설
검사대상기기조종자의 자격 및 조정범위

조종자의 자격	조종범위
• 에너지관리기사(열관리기사) • 에너지관리산업기사(열관리산업기사) • 보일러기능장 • 보일러 산업기사 • 보일러(취급) 기능사	모든 검사대상기기
인정 검사대상기기 (조종자의 교육을 이수한 사람)	① 증기 보일러로서 최고사용압력이 1MPa 이하이고, 전열면적이 $10m^2$ 이하인 것 ② 온수 발생 또는 열매체를 가열하는 보일러로서 출력이 0.58MW(50만kcal/h) 이하인 것 ③ 압력용기

※ 계속사용검사 중 안전검사를 실시하지 않는 검사대상기기 또는 가스 외의 연료를 사용하는 1종 관류 보일러의 경우에는 조종자의 자격에 제한을 두지 않는다.

70 전기와 열의 양도체로서 내식성, 굴곡성이 우수하고 내압성도 있어 열교환기의 내관 및 화학공업용으로 사용되는 관은?

① 동관　② 강관
③ 주철관　④ 알루미늄관

해설
동관의 특징
㉠ 전기와 열의 양도체다.
㉡ 내식성, 굴곡성이 우수하다(가공성이 좋다).
㉢ 내압성이 있어 열교환기 내관 및 화학공업용으로 많이 사용된다.
㉣ 산에 강하고 알칼리(염기성)에 약하다.

71 에너지이용 합리화법상 에너지이용 합리화 기본계획에 따라 실시계획을 수립하고 시행하여야 하는 대상이 아닌 자는?

① 기초지방자치단체 시장
② 관계 행정기관의 장
③ 특별자치도지사
④ 도지사

정답 66 ③ 67 ③ 68 ① 69 ④ 70 ① 71 ①

72 에너지이용 합리화법령에서 정한 검사대상 기기의 계속 사용검사에 해당하는 것은?

① 운전성능검사
② 개조검사
③ 구조검사
④ 설치검사

73 에너지이용 합리화법에 따라 에너지다소비사업자가 그 에너지사용시설이 있는 지역을 관할하는 시·도지사에게 신고하여야 할 사항에 해당되지 않는 것은?

① 전년도의 분기별 에너지사용량·제품생산량
② 에너지 사용기자재의 현황
③ 사용 에너지원의 종류 및 사용자
④ 해당 연도의 분기별 에너지사용예정량·제품생산예정량

74 지르콘($ZrSiO_4$) 내화물의 특징에 대한 설명 중 틀린 것은?

① 열팽창율이 작다.
② 내스폴링성이 크다.
③ 염기성 용재에 강하다.
④ 내화도는 일반적으로 SK 37~38 정도이다.

해설 지르코늄($ZrSiO_4$)은 내식성·흡착성·침투성이 풍부하기 때문에 내화물질로 우주왕복선 등에 쓰인다. 원자로 재료로도 많이 쓰이나 염기성 용제에는 약하다.

75 다음 강관의 표시기호 중 배관용 합금강 강관은?

① SPPH ② SPHT
③ SPA ④ STA

해설 강관의 표시기호
㉠ SPPH(고압배관용 탄소강관)
㉡ SPHT(고온배관용 탄소강관)
㉢ SPA(배관용 합금강관)
㉣ SPP(배관용 탄소강관, 일명 가스관)
㉤ SPPS(압력배관용 탄소강관)

76 요로의 정의가 아닌 것은?

① 전열을 이용한 가열장치
② 원재료의 산화반응을 이용한 장치
③ 연료의 환원반응을 이용한 장치
④ 열원에 따라 연료의 발열반응을 이용한 장치

77 견요의 특징에 대한 설명으로 틀린 것은?

① 석회석 클링커 제조에 널리 사용된다.
② 하부에서 연료를 장입하는 형식이다.
③ 제품의 예열을 이용하여 연소용 공기를 예열한다.
④ 이동 화상식이며 연속요에 속한다.

78 옥내온도는 15℃, 외기온도가 5℃일 때 콘크리트 벽(두께 10cm, 길이 10m 및 높이 5m)을 통한 열손실이 1,700W이라면 외부표면 열전달계수($W/m^2 \cdot ℃$)는? (단, 내부표면 열전달계수는 $9.0W/m^2 \cdot ℃$이고, 콘크리트 열전도율은 $0.87W/m \cdot ℃$이다.)

① 12.7 ② 14.7
③ 16.7 ④ 18.7

해설
$$Q = kF(t_i - t_o)[W]$$
$$k = \frac{Q}{F(t_i - t_o)} = \frac{1,700}{(10 \times 5) \times (15 - 5)}$$
$$= 3.4W/m^2 \cdot ℃$$
$$R = \frac{1}{k} = \frac{1}{3.4} = 0.294$$
$$R = \frac{1}{k} = \frac{1}{\alpha_i} + \frac{L}{\lambda} + \frac{1}{\alpha_o}$$
$$0.294 = \frac{1}{9} + \frac{0.21}{0.87} + \frac{1}{\alpha_o}$$
$$\therefore \alpha_o = \frac{1}{0.294 - 0.226} = 14.7W/m^2 \cdot ℃$$

79 다음 중 연속가열로의 종류가 아닌 것은?

① 푸셔식 가열로
② 워킹-빔식 가열로
③ 대차식 가열로
④ 회전로상식 가열로

해설 대차식 가열로는 불연속식 가마(kiln)다.

정답 72 ① 73 ③ 74 ③ 75 ③ 76 ② 77 ② 78 ② 79 ③

80 크롬이나 크롬마그네시아 벽돌이 고온에서 산화철을 흡수하여 표면이 부풀어 오르고 떨어져 나가는 현상은?

① 버스팅(bursting)
② 스폴링(spalling)
③ 슬래킹(slaking)
④ 큐어링(curing)

해설 관석(scale, 스케일)이 부착되면 열전도율이 낮아져서 전열면이 과열되어 각종 부작용을 일으킨다.

제5과목 열설비설계

81 보일러의 노통이나 화살과 같은 원통 부분이 외측으로부터의 압력에 견딜 수 없게 되어 눌려 찌그러져 찢어지는 현상을 무엇이라 하는가?

① 블리스터　② 압궤
③ 팽출　④ 라미네이션

82 두께 150mm인 적벽돌과 100mm인 단열벽돌로 구성되어 있는 내화벽돌의 노벽이 있다. 적벽돌과 단열벽돌의 열전도율은 각각 1.4W/m·℃, 0.07W/m·℃일 때 단위면적당 손실열량은 약 몇 W/m^2인가? (단, 노 내 벽면의 온도는 800℃이고, 외벽면의 온도는 100℃이다.)

① 336　② 456
③ 587　④ 635

해설

$$K = \frac{1}{R} = \frac{1}{\frac{l_1}{\lambda_1} + \frac{l_2}{\lambda_2}}$$

$$= \frac{1}{\frac{0.15}{1.4} + \frac{0.1}{0.07}} = 0.65\text{W/m}^2 \cdot ℃$$

$$\therefore q_L = \frac{Q}{A} = K(t_w - t_o)$$

$$= 0.65(800 - 100) \fallingdotseq 456\text{W/m}^2$$

83 수관보일러의 특징에 대한 설명으로 옳은 것은?

① 최대 압력이 1MPa 이하인 중소형 보일러에 작용이 일반적이다.
② 연소실 주위에 수관을 배치하여 구성한 수냉벽을 노에 구성한다.
③ 수관의 특성상 기수분리의 필요가 없는 드럼리스 보일러의 특징을 갖는다.
④ 열량을 전열면에서 잘 흡수시키기 위해 2-패스, 3-패스, 4-패스 등의 흐름구성을 갖도록 설계한다.

해설 수관식 보일러는 연소실 주위에 수관(관 내에 물이 흐르고 주위에는 연소가스가 접촉되는 관)을 배치하여 구성한 수냉벽을 노에 구성한다. 용량에 비해 경량이며 효율이 좋고 운반·설치가 용이하다. 보유수량이 적어 파열 시 피해가 작다. 보일러수의 순환이 빨라 증기발생 시간이 빠르다. 구조상 고압·대용량에 적합하다.

84 보일러의 성능계산 시 사용되는 증발률($kg/m^2 \cdot h$)에 대한 설명으로 옳은 것은?

① 실제 증발량에 대한 발생증기 엔탈피와의 비
② 연료 소비량에 대한 상당 증발량과의 비
③ 상당 증발량에 대한 실제 증발량과의 비
④ 전열 면적에 대한 실제 증발량과의 비

85 입형 보일러의 특징에 대한 설명으로 틀린 것은?

① 설치 면적이 좁다.
② 전열면적이 적고 효율이 낮다.
③ 증발량이 적으며 습증기가 발생한다.
④ 증기실이 커서 내부 청소 및 검사가 쉽다.

해설 입형 보일러(vertical boiler)
㉠ 설치면적이 작다.
㉡ 화실을 가지고 있어 설치가 간단하다(구조 간단, 제작 용이, 가격 저렴).
㉢ 보일러 효율이 낮다(구조상 증기부가 작고 습증기 발생이 많다).
㉣ 내부청소 및 검사가 어렵다.

정답 80 ① 81 ② 82 ② 83 ② 84 ④ 85 ④

86 그림과 같이 내경과 외경이 D_i, D_o일 때, 온도는 각각 T_i, T_o, 관 길이가 L인 중공원관이 있다. 관 재질에 대한 열전도율을 k라 할 때, 열저항 R을 나타낸 식으로 옳은 것은? (단, 전열량(W)은 $Q=\dfrac{T_i-T_o}{R}$로 나타낸다.)

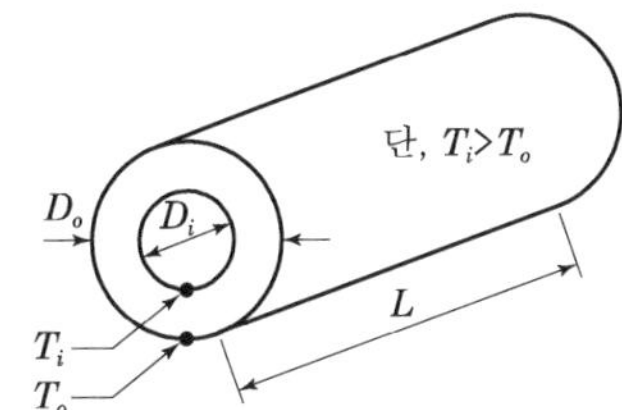

① $\dfrac{D_o-D_i}{2}$ ② $\dfrac{D_o-D_i}{2\pi(D_o-D_i)Lk}$

③ $\dfrac{D_o-D_i}{2\pi(D_o+D_i)Lk}$ ④ $\dfrac{\ln\dfrac{D_o}{D_i}}{2\pi Lk}$

87 관석(scale)에 대한 설명으로 틀린 것은?

① 규산칼슘, 황산칼슘 등이 관석의 주성분이다.
② 관석에 의해 배기가스의 온도가 올라간다.
③ 관석에 의해 관내수의 순환이 불량해진다.
④ 관석의 열전도율이 아주 높아 전열면이 과열되어 각종 부작용을 일으킨다.

88 주위 온도가 20℃, 방사율이 0.3인 금속표면의 온도가 150℃인 경우에 금속 표면으로부터 주위로 대류 및 복사가 발생될 때의 열유속(heat flux)은 약 몇 W/m^2인가? (단, 대류 열전달계수 $h=20W/m^2\cdot K$, 스테판 볼츠만 상수는 $\sigma=5.7\times10^{-8}W/m^2\cdot K^4$이다.)

① 3,020 ② 3,330
③ 4,270 ④ 4,630

해설

$$q=q_{conv}+q_R=h(t_s-t_o)+\varepsilon\sigma\left(T_s^{\ 4}-T_o^{\ 4}\right)$$
$$=20\times(150-20)$$
$$+0.3\times5.7\times10^{-8}\times\{(150+273)^4-(20+273)^4\}$$
$$=3{,}021W/m^2$$

89 보일러의 부속장치 중 여열장치가 아닌 것은?

① 공기예열기 ② 송풍기
③ 재열기 ④ 절탄기

해설 보일러 부속장치 중 폐열(여열) 회수장치는 과열기, 재열기, 절탄기(economizer), 공기예열기 등이 있다.

90 보일러의 일상점검 계획에 해당하지 않는 것은?

① 급수배관 점검
② 압력계 상태 점검
③ 자동제어장치 점검
④ 연료의 수요량 점검

해설 보일러 일상점검 계획
㉠ 급수배관 점검
㉡ 압력계 상태 점검
㉢ 자동제어장치 점검

91 보일러에서 용접 후에 풀림처리를 하는 주된 이유는?

① 용접부의 열응력을 제거하기 위해
② 용접부의 균열을 제거하기 위해
③ 용접부의 연신율을 증가시키기 위해
④ 용접부의 강도를 증가시키기 위해

해설 보일러에서 용접(welding) 후 풀림(annealing) 처리를 하는 주된 목적은 용접부의 열응력을 제거하기 위함이다.

92 증발량이 1,200kg/h이고 상당 증발량이 1,400kg/h일 때 사용 연료가 140kg/h이고, 비중이 0.8kg/L이면 상당 증발배수는 얼마인가?

① 8.6 ② 10
③ 10.7 ④ 12.5

해설

$$상당\ 증발배수=\frac{상당\ 증발량(G_e)}{연료\ 소비량(G_f)}=\frac{1{,}400}{140}=10$$

정답 86 ④ 87 ④ 88 ① 89 ② 90 ④ 91 ① 92 ②

93 보일러에서 발생하는 저온부식의 방지 방법이 아닌 것은?

① 연료 중의 황 성분을 제거한다.
② 배기가스의 온도를 노점온도 이하로 유지한다.
③ 과잉공기를 적게 하여 배기가스 중의 산소를 감소시킨다.
④ 전열 표면에 내식재료를 사용한다.

94 점식(pitting)에 대한 설명으로 틀린 것은?

① 진행속도가 아주 느리다.
② 양극반응의 독특한 형태이다.
③ 스테인리스강에서 흔히 발생한다.
④ 재료 표면의 성분이 고르지 못한 곳에 발생하기 쉽다.

해설

점식(pitting)은 부식의 일종으로 전기화학적 기구에서 특정의 소부분에 점점이 구멍 모양의 오목부가 생기는 부식으로 진행속도가 빠르다.

95 급수 불순물과 그에 따른 보일러 장해와의 연결이 틀린 것은?

① 철-수지산화
② 용존산소-부식
③ 실리카-캐리오버
④ 경도성분-스케일 부착

96 보일러수의 분출시기가 아닌 것은?

① 보일러 가동 전 관수가 정지되었을 때
② 연속운전일 경우 부하가 가벼울 때
③ 수위가 지나치게 낮아졌을 때
④ 프라이밍 및 포밍이 발생할 때

97 과열기에 대한 설명으로 틀린 것은?

① 포화증기를 과열증기로 만드는 장치이다.
② 포화증기의 온도를 높이는 장치이다.
③ 고온부식이 발생하지 않는다.
④ 연소가스의 저항으로 압력손실이 크다.

해설

과열기에서는 고온부식(500℃ 이상)이 발생할 수 있다.

98 두께 10mm의 판을 지름 18mm의 리벳으로 1열 리벳 겹치기 이음할 때, 피치는 최소 몇 mm 이상이어야 하는가? (단, 리벳구멍의 지름은 21.5mm이고, 리벳의 허용 인장응력은 $40N/mm^2$, 허용 전단응력은 $36N/mm^2$으로 하며, 강판의 인장응력과 전단응력은 같다.)

① 40.4 ② 42.4
③ 44.4 ④ 46.4

해설

$$\tau = \frac{W}{A} = \frac{W}{\frac{\pi d^2}{4}} [N/mm^2]$$

$$W = \tau \frac{\pi d^2}{4} = 36 \times \frac{\pi \times 18^2}{4} = 9,156N$$

$$\sigma = \frac{W}{A} = \frac{W}{(p-d_o)t} [N/mm^2] \text{에서}$$

$$p = d_o + \frac{W}{\sigma t} = 21.5 + \frac{9,156}{40 \times 10} \fallingdotseq 44.4mm$$

99 열정산에 대한 설명으로 틀린 것은?

① 원칙적으로 정격부하 이상에서 정상상태로 적어도 2시간 이상의 운전결과에 따른다.
② 발열량은 원칙적으로 사용 시 연료의 총발열량으로 한다.
③ 최대 출열량을 시험할 경우에는 반드시 최대부하에서 시험을 한다.
④ 증기의 건도는 98% 이상인 경우에 시험함을 원칙으로 한다.

100 외경 76mm, 내경 68mm, 유효길이 4,800mm의 수관 96개로 된 수관식 보일러가 있다. 이 보일러의 시간당 증발량은 약 몇 kg/h인가? (단, 수관 이외 부분의 전열면적은 무시하며, 전열면적 $1m^2$당 증발량은 26.9kg/h이다.)

① 2,660 ② 2,760
③ 2,860 ④ 2,960

해설

$$\text{시간당 증발량}(G) = \pi d_o L n W = \pi \times 0.076 \times 4.8 \times 96 \times 26.9 \fallingdotseq 2,960kg/h$$

정답 93 ② 94 ① 95 ① 96 ③ 97 ③ 98 ③ 99 ③ 100 ④

과년도 출제문제(2021년 1회)

제1과목 연소공학

01 고체연료의 연소방법이 아닌 것은?

① 미분탄 연소 ② 유동층 연소
③ 화격자 연소 ④ 액중 연소

02 다음 연료 중 저위발열량이 가장 높은 것은?

① 가솔린 ② 등유
③ 경유 ④ 중유

해설

단위질량당 발열량(MJ/kg)이 가장 높은 것은 가솔린이다. 가솔린 > 등유 > 경유 > 중유

03 고체연료를 사용하는 어떤 열기관의 출력이 3,000kW이고 연료소비율이 1,400kg/h일 때 다음 중 이 열기관의 열효율은 약 몇 %인가? (단, 이 고체연료의 저위발열량은 28MJ/kg이다.)

① 28 ② 38
③ 48 ④ 58

해설

$$\eta = \frac{3,600\text{kW}}{H_L \times m_f} \times 100\%$$

$$= \frac{3,600 \times 3,000}{28 \times 10^3 \times 1,400} \times 100\% \fallingdotseq 28\%$$

04 연소가스 분석결과가 CO_2 13%, O_2 8%, CO 0%일 때 공기비는 약 얼마인가? (단, CO_{2max}는 21%이다.)

① 1.22 ② 1.42
③ 1.62 ④ 1.82

해설

완전연소 시 배기 분석결과 CO가 없으므로

$$\text{공기비}(m) = \frac{CO_{2\max}}{CO_2} = \frac{21}{21 - O_2}$$

$$= \frac{21}{21-8} \fallingdotseq 1.62$$

05 연소가스 중의 질소산화물 생성을 억제하기 위한 방법으로 틀린 것은?

① 2단 연소
② 고온 연소
③ 농담 연소
④ 배기가스 재순환 연소

해설

고온연소 시 질소산화물(NO_x)이 생성되며, 연소실 내 온도를 저온으로 해줘야 NO_x 형성을 억제할 수 있다.

※ 질소산화물(NO_x)을 억제하기 위한 방법
㉠ 2단 연소
㉡ 농담 연소
㉢ 배기가스 재순환 연소

06 C_8H_{18} 1mol을 공기비 2로 연소시킬 때 연소가스 중 산소의 몰분율은?

① 0.065 ② 0.073
③ 0.086 ④ 0.101

해설

몰(mol)분율은 체적(부피)비율과 동일하다.

옥탄(C_8H_{18}) + $12.5O_2$ → $8CO_2 + 9H_2O$

이론습연소가스량(G_w)

$= (m-0.21)A_o$ + 생성된 CO_2 + 생성된 H_2O

$= (2-0.21) \times \frac{12.5}{0.21} + 8 + 9 \fallingdotseq 123.55\text{Nm}^3/\text{Nm}^3$(연료)

∴ 연소가스 중 O_2의 몰분율 $= \frac{O_2}{G_w} = \frac{12.5}{123.55}$

$\fallingdotseq 0.101(10.1\%)$

07 메탄(CH_4)가스를 공기 중에 연소시키려 한다. CH_4의 저위발열량이 50,000kJ/kg이라면 고위발열량은 약 몇 kJ/kg인가? (단, 물의 증발잠열은 2,450kJ/kg으로 한다.)

① 51,700
② 55,500
③ 58,600
④ 64,200

정답 01 ④ 02 ① 03 ① 04 ③ 05 ② 06 ④ 07 ②

해설

고위발열량(H_h)= 저위발열량(H_L)+(수소가 연소해서 생성된 수증기)증발잠열

$= 50,000 + \left(\frac{36}{16}\right) \times 2,450$

$= 55512.5$kJ/kg(≒ 55,500kJ/kg)

※ $CH_4 + 2O_2 \rightarrow CO_2 + 2H_2O$

12×1+1×4　　　2(1×2+16)

16kg　　　　　36kg

∴ 메탄 1kg에 $\frac{36}{16}$kg의 수증기가 생성됨

08 연돌의 실제 통풍압이 35mmH_2O, 송풍기의 효율은 70%, 연소가스량이 200m^3/min일 때 송풍기의 소요 동력은 약 몇 kW인가?

① 0.84　② 1.15

③ 1.63　④ 2.21

해설

$W = \frac{PQ}{6,120\eta_f} = \frac{35 \times 200}{6,120 \times 0.7} = 1.63$kW

09 기체 연료의 장점이 아닌 것은?

① 연소조절이 용이하다.

② 운반과 저장이 용이하다.

③ 회분이나 매연이 적어 청결하다.

④ 적은 공기로 완전연소가 가능하다.

해설

기체 연료는 운반과 저장이 어렵다.

10 질량비로 프로판 45%, 공기 55%인 혼합가스가 있다. 프로판 가스의 발열량이 100MJ/Nm^{3}일 때 혼합가스의 발열량은 약 몇 MJ/Nm^{3}인가? (단, 공기의 발열량은 무시한다.)

① 29　② 31

③ 33　④ 35

해설

혼합가스에서 성분 기체의 질량비를 몰비(부피비)로 나타내려면 분자량으로 나누면 된다. C_3H_8의 경우 1kmol=22.4Nm^3=44kg에서 1kg의 부피=$\frac{22.4}{44}$=0.509Nm^3, 공기의 경우 1kmol=22.4Nm^3=29kg에서 1kg의 부피=$\frac{22.4}{29}$=0.772Nm^{3}이다.

혼합기체의 발열량(H)

=프로판의 발열량×부피비

=프로판의 발열량×$\frac{C_3H_8\text{의 부피}}{\text{전체 부피}}$

$= 100 \times \frac{0.509 \times 0.45}{0.509 \times 0.45 + 0.772 \times 0.55}$

$= 35.04$MJ/Nm^3

≒ 35MJ/Nm^3

11 다음 연료 중 이론공기량(Nm^3/Nm^3)이 가장 큰 것은?

① 오일가스　② 석탄가스

③ 액화석유가스　④ 천연가스

12 다음 중 중유의 성질에 대한 설명으로 옳은 것은?

① 점도에 따라 1, 2, 3급 중유로 구분한다.

② 원소 조성은 H가 가장 많다.

③ 비중은 약 0.72~0.76 정도이다.

④ 인화점은 약 60~150℃ 정도이다.

해설

중유의 인화점은 약 60~150℃ 정도이다. 중유는 점도에 따라 A, B, C급으로 나누며, 점도의 크기에 따라 C급 > B급 > A급 중유로 구분한다.

13 연소에서 고온부식의 발생에 대한 설명으로 옳은 것은?

① 연료 중 황분의 산화에 의해서 일어난다.

② 연료 중 바나듐의 산화에 의해서 일어난다.

③ 연료 중 수소의 산화에 의해서 일어난다.

④ 연료의 연소 후 생기는 수분이 응축해서 일어난다.

해설

고온부식이란 금속이 고온에서 산화성을 띤 기체나 용융액체에 접할 경우 표면이 산화하는 현상이다[바나듐(V)부식].

14 연소 시 점화 전에 연소실 가스를 몰아내는 환기를 무엇이라 하는가?

① 프리퍼지　② 가압퍼지

③ 불착화퍼지　④ 포스트퍼지

정답 08 ③ 09 ② 10 ④ 11 ③ 12 ④ 13 ② 14 ①

15 다음 반응식을 가지고 CH_4의 생성엔탈피를 구하면 약 몇 kJ인가?

$$C + O_2 \rightarrow CO_2 + 394kJ$$
$$H_2 + \frac{1}{2}O_2 \rightarrow H_2 + 241kJ$$
$$CH_4 + 2O_2 \rightarrow CO_2 + 2H_2O + 802kJ$$

① −66 ② −70
③ −74 ④ −78

해설
표준생성엔탈피는 어떤 화합물 1mole(몰)이 생성될 때 흡수·방출되는 열량을 그 물질의 생성열이라고 하며 25℃ 1기압 상태하에서 표준생성엔탈피(표준생성열)라고 한다. 메탄(CH_4)은 −74.9kJ/mol이다.

16 다음 중 매연의 발생 원인으로 가장 거리가 먼 것은?

① 연소실 온도가 높을 때
② 연소장치가 불량한 때
③ 연료의 질이 나쁠 때
④ 통풍력이 부족할 때

해설
매연 발생은 연소실 온도가 낮을 때 발생된다.

17 가연성 액체에서 발생한 증기의 공기 중 농도가 연소범위 내에 있을 경우 불꽃을 접근시키면 불이 붙는데 이때 필요한 최저 온도를 무엇이라고 하는가?

① 기화온도 ② 인화온도
③ 착화온도 ④ 임계온도

해설
불꽃을 접근시켰을 때 불이 붙는 최저온도를 인화온도라고 한다.

18 다음 기체 중 폭발범위가 가장 넓은 것은?

① 수소 ② 메탄
③ 벤젠 ④ 프로판

해설
공기 중에서 기체 중 폭발범위(연소범위) 크기 순서는 다음과 같다.
아세틸렌(C_2H_2) 2.5~81% > 수소(H_2) 4~75% > 메탄(CH_4) 5~15% > 프로판(C_3H_3) 2.2~9.5% > 벤젠(C_6H_6) 1.4~7.4%

19 로터리 버너로 벙커 C유를 연소시킬 때 분무가 잘 되게 하기 위한 조치로서 가장 거리가 먼 것은?

① 점도를 낮추기 위하여 중유를 예열한다.
② 중유 중의 수분을 분리, 제거한다.
③ 버너 입구 배관부에 스트레이너를 설치한다.
④ 버너 입구의 오일 압력을 100kPa 이상으로 한다.

20 분자식이 C_mH_n인 탄화수소가스 $1Nm^3$을 완전 연소시키는 데 필요한 이론공기량은 약 몇 Nm^3인가?(단, C_mH_n의 m, n은 상수이다.)

① $m+0.25n$ ② $1.19n+4.76n$
③ $4m+0.5n$ ④ $4.76m+1.19n$

해설
탄화수소계연료(C_mH_n)의 완전연소 반응식
$C_mH_n + \left(m+\frac{n}{4}\right)O_2 \rightarrow mCO_2 + \frac{n}{2}H_2O$에서 분자식 앞의 계수는 부피(체적)비를 의미하므로

$$\therefore \text{이론공기량}(A_0) = \frac{O_0}{0.21} = \frac{1}{0.21}\left(m+\frac{n}{4}\right)$$
$$= \frac{m}{0.21} + \frac{n}{0.21\times 4}$$
$$= 4.76m + 1.19n$$

제2과목 열역학

21 원통형 용기에 기체상수 0.529kJ/kg·K의 가스가 온도 15℃에서 압력 10MPa로 충전되어 있다. 이 가스를 대부분 사용한 후에 온도가 10℃로, 압력이 1MPa로 떨어졌다. 소비된 가스는 약 몇 kg인가? (단, 용기의 체적은 일정하며 가스는 이상기체로 가정하고, 초기 상태에서 용기 내의 가스 질량은 20kg이다.)

① 12.5 ② 18.0
③ 23.7 ④ 29.0

정답 15 ③ 16 ① 17 ② 18 ① 19 ④ 20 ④ 21 ②

해설

$P_1V_1 = m_1RT_1$ 에서

$V_1 = \frac{m_1RT_1}{P_1} = \frac{20\times0.529\times(15+273)}{10\times10^3} = 0.3\text{m}^3$

용기의 체적이 일정하므로 $V_1 = V_2$ 이고,

$P_2V_2 = m_2RT_2$ 에서

$m_2 = \frac{P_2V_2}{RT_2} = \frac{1\times10^3\times0.3}{0.529\times(10+273)} = 2\text{kg}$

$\therefore$ 소비된 가스량 $= m_1 - m_2 = 20-2 = 18\text{kg}$

22 0℃의 물 1,000kg을 24시간 동안에 0℃의 얼음에서 냉각하는 냉동 능력은 약 몇 kW인가? (단, 얼음의 융해열은 335kJ/kg이다.)

① 2.15 ② 3.88
③ 14 ④ 14,000

해설

$\text{kW} = \frac{Q_e(\text{냉동능력})}{24\times3,600} = \frac{1,000\times335}{24\times3,600} \fallingdotseq 3.88\text{kW}$

23 오존층 파괴와 지구 온난화 문제로 인해 냉동장치에 사용하는 냉매의 선택에 있어서 주의를 요한다. 이와 관련하여 다음 중 오존 파괴 지수가 가장 큰 냉매는?

① R-134a ② R-123
③ 암모니아 ④ R-11

해설

할로겐화합물로 구성(불소, 브롬, 염소, 요오드)되어 있으며 오존층 파괴 지수가 큰 것은 R-11(CCl_3F) 프레온 냉매로 대기오염물질인 염소(Cl)가 3개 포함되어 있다.

24 부피 500L인 탱크 내에 건도 0.95의 수증기가 압력 1,600kPa로 들어있다. 이 수증기의 질량은 약 몇 kg인가? (단, 이 압력에서 건포화 증기의 비체적은 $v_g = 0.1237\text{m}^3/\text{kg}$, 포화수의 비체적은 $v_f = 0.001\text{m}^3/\text{kg}$이다.)

① 4.83 ② 4.55
③ 4.25 ④ 3.26

해설

$v_x = v_f + x(v_g - v_f)[\text{m}^3/\text{kg}]$

$\frac{V}{m} = v_f + x(v_g + v_f)[\text{m}^3/\text{kg}]$

$\therefore m = \frac{V}{v_f + x(v_g - v_f)}$

$= \frac{0.5}{0.001+0.95(0.1237-0.001)} \fallingdotseq \frac{0.5}{0.1176}$

$= 4.25\text{kg}$

25 단열변화에서 압력, 부피, 온도를 각각 P, V, T로 나타낼 때, 항상 일정한 식은? (단, k는 비열비이다.)

① PV^{k-1} ② $TV^{\frac{1-k}{k}}$
③ TP^k ④ $TP^{\frac{1-k}{k}}$

해설

가역단열변화에서 PVT 관계식

㉠ $PV^k = C$

㉡ $TV^{k-1} = C$

㉢ $\frac{P^{\frac{k-1}{k}}}{T} = C\left(\text{or } TP^{\frac{1-k}{k}} = C\right)$

26 다음 그림은 Rankine 사이클의 $h-s$ 선도이다. 등엔트로피 팽창과정을 나타내는 것은 어느 것인가?

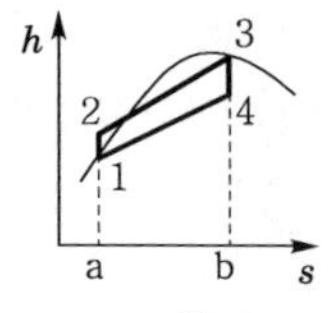

① 1 → 2 ② 2 → 3
③ 3 → 4 ④ 4 → 1

해설

등엔트로피($s = c$) 팽창과정은 3 → 4(터빈과정)이다.

27 이상기체의 내부 에너지 변화 du를 옳게 나타낸 것은? (단, C_p는 정압비열, C_v는 정적비열, T는 온도이다.)

① C_pdT ② C_vdT
③ $\frac{C_p}{C_v}dT$ ④ C_vC_pdT

해설

비내부 에너지 변화량$(du) = C_vdT$ [kJ/kg]

정답 22 ② 23 ④ 24 ③ 25 ④ 26 ③ 27 ②

28 그림은 Carnot 냉동사이클을 나타낸 것이다. 이 냉동기의 성능계수를 옳게 표현한 것은?

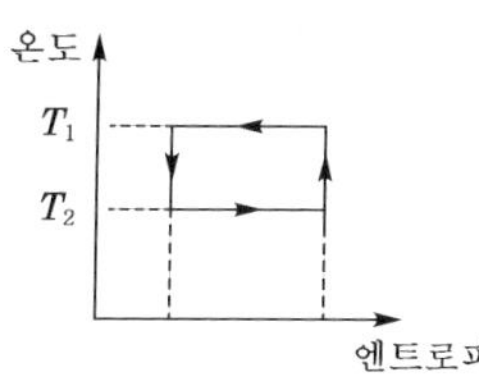

① $\dfrac{T_1 - T_2}{T_1}$ ② $\dfrac{T_1 - T_2}{T_2}$

③ $\dfrac{T_2}{T_1 - T_2}$ ④ $\dfrac{T_1}{T_1 - T_2}$

해설

냉동기성적계수$(COP)_R = \dfrac{T_2}{T_1 - T_2}$

29 교축과정에서 일정한 값을 유지하는 것은?

① 압력 ② 엔탈피

③ 비체적 ④ 엔트로피

해설

교축과정(throttling process)에서는 엔탈피 변화가 없다(등엔탈피 과정).

30 분자량이 16, 28, 32 및 44인 이상기체를 각각 같은 용적으로 혼합하였다. 이 혼합 가스의 평균 분자량은?

① 30 ② 33

③ 35 ④ 40

해설

평균 분자량$(m) = \dfrac{m_1 + m_2 + m_3 + m_4}{4}$

$= \dfrac{16+28+32+44}{4} = 30\text{kJ/kmol}$

31 초기조건이 100kPa, 60℃인 공기를 정적과정을 통해 가열한 후 정압에서 냉각과정을 통하여 500kPa, 60℃로 냉각할 때 이 과정에서 전체 열량의 변화는 약 몇 kJ/kmol인가? (단, 정적비열은 20kJ/kmol · K, 정압비열은 28kJ/kmol · K이며, 이상기체로 가정한다.)

① −964 ② −1,964

③ −10,656 ④ −20,656

해설

$V = C$(정적과정)이므로 $\dfrac{P_1}{T_1} = \dfrac{P_2}{T_2}$에서

$T_2 = T_1\left(\dfrac{P_2}{P_1}\right) = (600+273) \times \dfrac{500}{100}$

$= 1,665\text{K} - 273\text{K} = 1,392℃$

전체 열량 변화(q_t) = 정적가열(q_v) + 정압냉각(q_p)

$= C_v(T_2 - T_1) + C_p(T_3 - T_2)$

$= 20(1,392-60) + 28(60-1,392)$

$= 26,640 + (-37,296)$

$= -10,656\text{kJ/kmol}$

32 피스톤이 장치된 실린더 안의 기체가 체적 V_1에서 V_2로 팽창할 때 피스톤에 해준 일은 $W = \int_{V_1}^{V_2} P\,dV$로 표시될 수 있다. 이 기체는 이 과정을 통하여 $PV^2 = C$(상수)의 관계를 만족시켜 준다면 W를 옳게 나타낸 것은?

① $P_1V_1 - P_2V_2$ ② $P_2V_2 - P_1V_1$

③ $P_1V_1^2 - P_2V_2^2$ ④ $P_2V_2^2 - P_1V_1^2$

해설

${}_1W_2 = \dfrac{1}{n-1}(P_1V_1 - P_2V_2)$

$= \dfrac{1}{2-1}(P_1V_1 - P_2V_2)$

$= P_1V_1 - P_2V_2$

33 다음 설명과 가장 관계되는 열역학적 법칙은?

- 열은 그 자신만으로는 저온의 물체로부터 고온의 물체로 이동할 수 없다.
- 외부에 어떠한 영향을 남기지 않고 한 사이클 동안에 계가 열원으로부터 받은 열을 모두 일로 바꾸는 것은 불가능하다.

① 열역학 제0법칙 ② 열역학 제1법칙

③ 열역학 제2법칙 ④ 열역학 제3법칙

해설

열역학 제2법칙 : 비가역법칙=엔트로피 증가 법칙

정답 28 ③ 29 ② 30 ① 31 ③ 32 ① 33 ③

34 이상기체가 A상태(T_A, P_A)에서 B상태(T_B, P_B)로 변화하였다. 정압비열 C_P가 일정할 경우 비엔트로피의 변화 Δs를 옳게 나타낸 것은?

① $\Delta s = C_P \ln\frac{T_A}{T_B} + R\ln\frac{P_B}{P_A}$

② $\Delta s = C_P \ln\frac{T_B}{T_A} + R\ln\frac{P_B}{P_A}$

③ $\Delta s = C_P \ln\frac{T_A}{T_B} - R\ln\frac{P_B}{P_A}$

④ $\Delta s = C_P \ln\frac{T_B}{T_A} - R\ln\frac{P_B}{P_A}$

해설

$$\Delta s = \frac{\delta q}{T} = \frac{dh - vdp}{T} = \frac{C_p dT}{T} - \frac{RdP}{P}$$

$$= C_p \int_A^B \frac{1}{T} dT - R\int_A^B \frac{1}{P} dP$$

$$= C_P[\ln T]_A^B - R[\ln P]_A^B$$

$$= C_P(\ln T_B - \ln T_A) - R(\ln P_B - \ln P_A)$$

$$= C_P \ln\frac{T_B}{T_A} - R\ln\frac{P_B}{P_A} [\text{kJ/kg} \cdot \text{K}]$$

$$= f(T, P)$$

35 터빈 입구에서의 내부에너지 및 엔탈피가 각각 3,000kJ/kg, 3,300kJ/kg인 수증기가 압력이 100kPa, 건도 0.9인 습증기로 터빈을 나간다. 이때 터빈의 출력은 약 몇 kW인가? (단, 발생되는 수증기의 질량 유량은 0.2kg/s이고, 입출구의 속도차와 위치에너지는 무시한다. 100kPa에서의 상태량은 아래 표와 같다.)

(단위 : kJ/kg)	포화수	건포화증기
내부에너지 u	420	2,510
엔탈피 h	420	2,680

① 46.2　　② 93.6
③ 124.2　　④ 169.2

해설

$$h_2 = h' + x(h'' - h')$$

$$= 420 + 0.9(2,680 - 420) = 2,454\text{kJ/kg}$$

$$W_t = m(h_1 - h_2)$$

$$= 0.2(3,300 - 2,454) = 169.2\text{kW}$$

36 다음 보일러에서 송풍기 입구의 공기가 15℃, 100kPa 상태에서 공기예열기로 500m^3/min이 들어가 일정한 압력하에서 140℃까지 온도가 올라갔을 때 출구에서의 공기유량은 약 몇 m^3/min인가? (단, 이상기체로 가정한다.)

① 617　　② 717
③ 817　　④ 917

해설

$$\frac{Q_2}{Q_1} = \frac{T_2}{T_1}$$

$$Q_2 = Q_1\left(\frac{T_2}{T_1}\right)$$

$$= 500\left(\frac{140 + 273}{15 + 273}\right)$$

$$= 717\text{m}^3/\text{min}$$

37 다음 그림은 물의 상평형도를 나타내고 있다. $a \sim d$에 대한 용어로 옳은 것은?

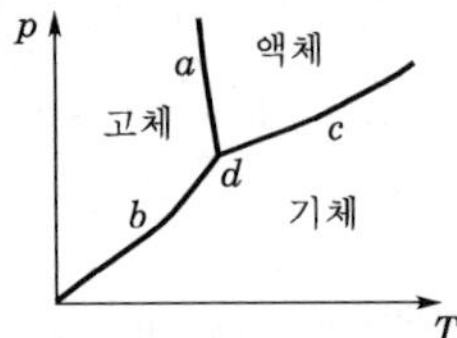

① a : 승화 곡선　　② b : 용융 곡선
③ c : 증발 곡선　　④ d : 임계점

해설

a : 용융 곡선, b : 승화 곡선, c : 증발 곡선, d : 3중점

38 스로틀링(throttling) 밸브를 이용하여 Joule−Thomson 효과를 보고자 한다. 압력이 감소함에 따라 온도가 반드시 감소하게 되는 Joule−Thomson 계수 μ의 값으로 옳은 것은?

① $\mu = 0$　　② $\mu > 0$
③ $\mu < 0$　　④ $\mu \neq 0$

해설

Joule−Thomson 계수(μ)$= \left(\frac{\partial T}{\partial P}\right)_{h=c}$

$$= \left(\frac{T_1 - T_2}{P_1 - P_2}\right) > 0$$

∴ $\mu > 0$(압력강하에 대한 온도강하의 비)

정답 34 ④ 35 ④ 36 ② 37 ③ 38 ②

39 오토사이클의 열효율에 영향을 미치는 인자들만 모은 것은?

① 압축비, 비열비
② 압축비, 차단비
③ 차단비, 비열비
④ 압축비, 차단비, 비열비

해설

$$\eta_{tho} = 1 - \left(\frac{1}{\epsilon}\right)^{k-1} = f(\epsilon,\ k)$$

40 Rankine 사이클의 4개 과정으로 옳은 것은?

① 가역단열팽창 → 정압방열 → 가역단열압축 → 정압가열
② 가역단열팽창 → 가역단열압축 → 정압가열 → 정압방열
③ 정압가열 → 정압방열 → 가역단열압축 → 가역단열팽창
④ 정압방열 → 정압가열 → 가역단열압축 → 가역단열팽창

해설

랭킨사이클의 과정
가역단열팽창($S=c$)(터빈) → 정압방열(복수기) → 가역단열압축($S=c$)(급수펌프) → 정압가열(보일러 및 과열기)

제3과목 계측방법

41 레이놀즈수를 나타낸 식으로 옳은 것은? (단, D는 관의 내경, μ는 유체의 점도, ρ는 유체의 밀도, U는 유체의 속도이다.)

① $\dfrac{D\mu U}{\rho}$　② $\dfrac{DU\rho}{\mu}$
③ $\dfrac{D\mu\rho}{U}$　④ $\dfrac{\mu\rho U}{D}$

해설

$$\text{레이놀즈수}(Re) = \frac{\text{관성력}}{\text{점성력}} = \frac{\rho UD}{\mu} = \frac{UD}{\nu} = \frac{4Q}{\pi D\nu}$$

42 복사온도계에서 전복사에너지는 절대온도의 몇 승에 비례하는가?

① 2　② 3
③ 4　④ 5

해설

$q_R = \epsilon\sigma A T^4$ [watt]　$\therefore\ q_R \propto T^4$

43 물리량과 SI 기본단위의 기호가 틀린 것은?

① 질량 : kg　② 온도 : ℃
③ 물질량 : mol　④ 광도 : cd

해설

SI(국제표준단위) 기본단위 7개
㉠ 길이(m)
㉡ 질량(kg)
㉢ 시간(sec)
㉣ 물질의 양(mol)
㉤ 절대온도(Kelvin, K)
㉥ 전류(Ampere, A)
㉦ 광도(candela, cd)

44 단열식 열량계로 석탄 1.5g을 연소시켰더니 온도가 4℃ 상승하였다. 통내 물의 질량이 2,000g, 열량계의 물당량이 500g일 때 이 석탄의 발열량은 약 몇 J/g인가? (단, 물의 비열은 4.19J/g · K이다.)

① 2.23×10^4　② 2.79×10^4
③ 4.19×10^4　④ 6.98×10^4

해설

$$\begin{aligned}\text{석탄의 발열량(H)} &= (m_1+m_2)\Delta t \\ &= (2{,}000+500)\times4.19\times4 \\ &= 41{,}900\text{J}\end{aligned}$$

$$\therefore \text{석탄의 단위질량당 가열량(h)} = \frac{H}{m} = \frac{41{,}900}{1.5} \fallingdotseq 2.79\times10^4$$

45 다음 중 유도단위 대상에 속하지 않는 것은?

① 비열　② 압력
③ 습도　④ 열량

46 피드백 제어에 대한 설명으로 틀린 것은?

① 폐회로로 구성된다.
② 제어량에 대한 수정동작을 한다.
③ 미리 정해진 순서에 따라 순차적으로 제어한다.
④ 반드시 입력과 출력을 비교하는 장치가 필요하다.

정답 39 ① 40 ① 41 ② 42 ③ 43 ② 44 ② 45 ③ 46 ③

해설
미리 정해진 순서에 따라 순차적으로 제어하는 것은 시퀀스 제어(개회로)다.

47 아래 열교환기의 제어에 해당하는 제어의 종류로 옳은 것은?

유체의 온도를 제어하는 데 온도조절의 출력으로 열교환기에 유입되는 증기의 유량을 제어하는 유량조절기의 설정치를 조절한다.

① 추종제어
② 프로그램제어
③ 정치제어
④ 캐스케이드제어

48 다음 그림과 같이 수은을 넣은 차압계를 이용하는 액면계에 있어 수은면의 높이차(h)가 50.0mm일 때 상부의 압력 취출구에서 탱크 내 액면까지의 높이(H)는 약 몇 mm인가? (단, 액의 밀도(ρ)는 999kg/m^{3}이고, 수은의 밀도(ρ_0)는 13,550kg/m^{3}이다.)

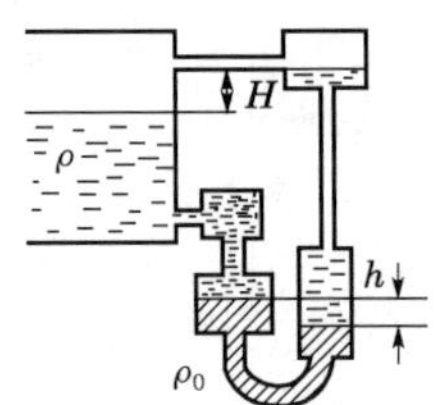

① 578 ② 628
③ 678 ④ 728

해설

$$H=\left(\frac{\rho_o}{\rho}-1\right)h=\left(\frac{13,550}{999}-1\right)\times 50 ≒ 628\text{mm}$$

49 열전대 온도계에 대한 설명으로 옳은 것은?

① 흡수 등으로 열화된다.
② 밀도차를 이용한 것이다.
③ 자기가열에 주의해야 한다.
④ 온도에 대한 열기전력이 크며 내구성이 좋다.

50 다음 중 수분 흡습법에 의해 습도를 측정할 때 흡수제로 사용하기에 가장 적정하지 않은 것은?

① 오산화인 ② 피크린산
③ 실리카겔 ④ 황산

51 저항 온도계에 관한 설명 중 틀린 것은?

① 구리는 −200~500℃에서 사용한다.
② 시간지연이 적어 응답이 빠르다.
③ 저항선의 재료로는 저항온도계수가 크며, 화학적으로나 물리적으로 안정한 백금, 니켈 등을 쓴다.
④ 저항 온도계는 금속의 가는 선을 절연물에 감아서 만든 측온저항체의 저항치를 재어서 온도를 측정한다.

해설
저항 온도계의 측온저항체 사용온도 범위
구리(Cu) : 0~120℃
백금(Pt) : −200~500℃
니켈(Ni) : −50~150℃
써미스터 : −100~300℃

52 가스크로마토그래피는 다음 중 어떤 원리를 응용한 것인가?

① 증발 ② 증류
③ 건조 ④ 흡착

53 직각으로 굽힌 유리관의 한쪽을 수면 바로 밑에 넣고 다른 쪽은 연직으로 세워 수평방향으로 0.5m/s의 속도로 움직이면 물은 관 속에서 약 몇 m 상승하는가?

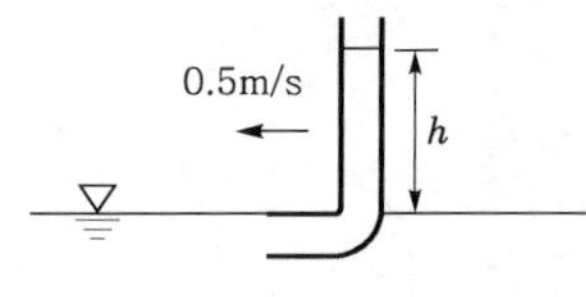

① 0.01 ② 0.02
③ 0.03 ④ 0.04

정답 47 ④ 48 ② 49 ④ 50 ② 51 ① 52 ④ 53 ①

해설

$V = \sqrt{2g\Delta h}$ [m/s]

$\Delta h = \frac{V^2}{2g} = \frac{0.5^2}{19.6} = 0.012\text{m}$

54 다음 관로에 설치한 오리피스 전·후의 차압이 1.936mmH$_2$O일 때 유량이 22m^3/h이다. 차압이 1.024mmH$_2$O이면 유량은 몇 m^3/h인가?

① 15 ② 16
③ 17 ④ 18

해설

$\frac{Q_2}{Q_1} = \left(\frac{\Delta h_2}{\Delta h_1}\right)^{\frac{1}{2}}$ 에서

$Q_2 = Q_1\left(\frac{\Delta h_2}{\Delta h_1}\right)^{\frac{1}{2}} = Q_1\sqrt{\frac{\Delta h_2}{\Delta h_1}}$

$= 22\sqrt{\frac{1.024}{1.936}} = 16\text{m}^3/\text{h}$

55 다음 중 탄성 압력계에 속하는 것은 어느 것인가?

① 침종 압력계 ② 피스톤 압력계
③ U자관 압력계 ④ 부르동관 압력계

해설 부르동관 압력계는 탄성 압력계이다.

56 액주식 압력계에 사용되는 액체의 구비조건으로 틀린 것은?

① 온도변화에 의한 밀도 변화가 커야 한다.
② 액면은 항상 수평이 되어야 한다.
③ 점도와 팽창계수가 작아야 한다.
④ 모세관 현상이 적어야 한다.

해설 온도변화에 의한 밀도변화가 작아야 한다.

57 다음 중 가스분석 측정법이 아닌 것은 어느 것인가?

① 오르사트법 ② 적외선 흡수법
③ 플로우 노즐법 ④ 열전도율법

58 액체의 팽창하는 성질을 이용하여 온도를 측정하는 것은?

① 수은 온도계
② 저항 온도계
③ 서미스터 온도계
④ 백금－로듐 열전대 온도계

해설 수은(Hg)온도계는 액체의 팽창하는 성질을 이용하여 온도를 측정한다.

59 다음 중 전자유량계에 대한 설명으로 틀린 것은 어느 것인가?

① 응답이 매우 빠르다.
② 제작 및 설치비용이 비싸다.
③ 고점도 액체는 측정이 어렵다.
④ 액체의 압력에 영향을 받지 않는다.

해설 전자유량계는 특정한 최소 전기전도도를 갖고 있는 모든 액체(슬러지 포함) 유량측정에 최적화된 유량계로 고점도 액체측정도 용이하다(가능하다).

60 비례동작만 사용할 경우와 비교할 때 적분동작을 같이 사용하면 제거할 수 있는 문제로 옳은 것은?

① 오프셋 ② 외관
③ 안정성 ④ 빠른 응답

해설 비례동작(P)는 오프셋(off set)을 발생시키고 적분동작(I)은 오프셋을 제거시켜준다.

제4과목 열설비재료 및 관계법규

61 다음 중 용광로의 원료 중 코크스의 역할로 옳은 것은?

① 탈황작용
② 흡탄작용
③ 매용제(媒熔劑)
④ 탈산작용

정답 54 ② 55 ④ 56 ① 57 ③ 58 ① 59 ③ 60 ① 61 ②

해설 용광로(고도) 내 코크스(coke)의 역할
㉠ 일산화탄소(CO)를 생성하여 철광석을 환원하는 환원재 역할
㉡ 고로 안의 통기성을 좋게 해주는 역할
㉢ 철에 용해되어 선철을 만들고 용융점을 낮추는 역할
㉣ 풍구 앞에서 연소하여 제선(철광석을 녹여 무쇠를 만듦)에 필요한 열원 역할
※ 흡탄(가탄, Carburize)코크스 등의 탄소질 물질과 접촉하여 용탕 중에 탄소함유량이 증가하는 것

62 단조용 가열로에서 재료에 산화스케일이 가장 많이 생기는 가열방식은?

① 반간접식 ② 직화식
③ 무산화 가열방식 ④ 급속 가열방식

해설 단조용 가열로에서 재료에 산화스케일(Scale)이 가장 많이 생기는 가열방식은 직화식 가열방식이다.

63 에너지이용 합리화법령상 에너지사용계획을 수립하여 산업통상자원부장관에게 제출하여야 하는 공공사업주관자가 설치하려는 시설 기준으로 옳은 것은?

① 연각 1천 티오이 이상의 연료 및 열을 사용하는 시설
② 연간 2천 티오이 이상의 연료 및 열을 사용하는 시설
③ 연간 2천5백 티오이 이상의 연료 및 열을 사용하는 시설
④ 연간 1만 티오이 이상의 연료 및 열을 사용하는 시설

해설 에너지사용계획을 수립하여 산업통상지원부장관에게 제출해야할 공공사업주관자가 설치하려는 시설 기준은 연간 2,500(TOE) 이상의 연료와 열을 사용하는 시설이다.

64 고온용 무기질 보온재로서 석영을 녹여 만들며, 내약품성이 뛰어나고, 최고사용온도가 1,100℃ 정도인 것은?

① 유리섬유(glass wool)
② 석면(asbestos)
③ 펄라이트(pearlite)
④ 세라믹 파이버(ceramic fiber)

해설 고온용 무기 보온재로 석영을 녹여 만들며 내약품성이 뛰어나고 최고사용온도가 1,100℃ 정도인 것은 세라믹 파이버이다.

65 다음 중 전기로에 해당되지 않는 것은?

① 푸셔로 ② 아크로
③ 저항로 ④ 유도로

해설 전기도에는 아크로, 저항로, 유도로 등이 있다.

66 내화물의 분류방법으로 적합하지 않는 것은?

① 원료에 의한 분류
② 형상에 의한 분류
③ 내화도에 의한 분류
④ 열전도율에 의한 분류

해설 내화물은 원료, 형상, 내화도에 따라 분류한다.

67 유체의 역류를 방지하여 한쪽 방향으로만 흐르게 하는 밸브로 리프트식과 스윙식으로 대별되는 것은?

① 회전밸브
② 게이트밸브
③ 체크밸브
④ 앵글밸브

해설 체크밸브(cheek valve)는 역류방지용 밸브로 유체를 한쪽 방향으로만 흐르게 하는 밸브로 수평배관에만 사용하는 리프트식과 수평·수직배관에 사용하는 스윙형이 있다.

68 에너지이용 합리화법령에 따라 에너지절약전문기업의 등록이 취소된 에너지절약전문기업은 원칙적으로 등록 취소일로부터 최소 얼마의 기간이 지나면 다시 등록을 할 수 있는가?

① 1년 ② 2년
③ 3년 ④ 5년

해설 에너지절약전문기업은 원칙적으로 등록이 취소된 날로부터 2년이 지나면 다시 등록할 수 있다.

정답 62 ② 63 ③ 64 ④ 65 ① 66 ④ 67 ③ 68 ②

69 신재생에너지법령상 신 · 재생에너지 중 의무공급량이 지정되어 있는 에너지 종류는 어느 것인가?

① 해양에너지　② 지열에너지
③ 태양에너지　④ 바이오에너지

해설 태양에너지는 신재생에너지법령상 신 · 재생에너지 중 의무공급량이 지정되어 있다.

70 에너지이용 합리화법령에 따라 에너지다소비사업자에게 에너지손실요인의 개선명령을 할 수 있는 자는?

① 산업통상자원부장관
② 시 · 도지사
③ 한국에너지공단이사장
④ 에너지관리진단기관협회장

해설 에너지다소비 사업자에게 에너지 손실 요인의 개선명령을 할 수 있는 자는 산업통상지원부 장관이다.

71 연소가스(화염)의 진행방향에 따라 요로를 분류할 때 종류로 옳은 것은?

① 연속식 가마　② 도염식 가마
③ 직화식 가마　④ 셔틀 가마

해설 연소가스의 진행방향에 따른 요로(가마)의 분류
㉠ 횡염식
㉡ 승염식(up draft kiln)
㉢ 도염식(dawn draft kiln)

72 에너지이용 합리화법령상 산업통상자원부장관이 에너지저장의무를 부과할 수 있는 대상자의 기준으로 틀린 것은?

① 연간 1만 석유환산톤 이상의 에너지를 사용하는 자
② 「전기사업법」에 따른 전기사업자
③ 「석탄산업법」에 따른 석탄가공업자
④ 「집단에너지사업법」에 따른 집단에너지사업자

해설 연간 2만 석유환산톤(TOE) 이상의 에너지를 사용하는 자

73 에너지이용 합리화법령상 검사대상기기의 검사유효기간에 대한 설명으로 옳은 것은?

① 설치 후 3년이 지난 보일러로서 설치장소 변경검사 또는 재사용검사를 받은 보일러는 검사 후 1개월 이내에 운전성능검사를 받아야 한다.
② 보일러의 계속사용검사 중 운전성능검사에 대한 검사유효기간은 해당 보일러가 산업통상자원부장관이 정하여 고시하는 기준에 적합한 경우에는 3년으로 한다.
③ 개조검사 중 연료 또는 연소방법의 변경에 따른 개조검사의 경우에는 검사유효기간을 1년으로 한다.
④ 철금속 가열로의 재사용검사의 검사유효기간은 1년으로 한다.

해설 검사대상기기 검사유효기간
1) 개조검사
㉠ 보일러 1년
㉡ 압력용기, 철금속 가열로 2년
2) 계속사용검사
㉠ 안전검사
• 보일러 1년
• 압력용기 2년
㉡ 운전성능검사
• 보일러 1년
• 철금속 가열로 2년
㉢ 재사용검사
• 보일러 1년
• 압력용기, 철금속 가열로 2년
㉣ 개조검사 중 연료 또는 연소방법의 변경에 따른 개조검사의 경우는 검사유효기간을 적용하지 않는다.

74 에너지이용 합리화법령에 따라 산업통상자원부령으로 정하는 광고매체를 이용하여 효율관리기자재의 광고를 하는 경우에는 그 광고내용에 동법에 따른 에너지소비효율 등급 또는 에너지소비효율을 포함하여야 한다. 이때 효율관리기자재 관련 업자에 해당하지 않는 것은?

① 제조업자　② 수입업자
③ 판매업자　④ 수리업자

정답 69 ③ 70 ① 71 ② 72 ① 73 ① 74 ④

해설
효율관리기자재 관련 업자
㉠ 제조업자
㉡ 수입업자
㉢ 판매업자

75 고압 배관용 탄소 강관(KS D 3564)의 호칭 지름의 기준이 되는 것은?

① 배관의 안지름
② 배관의 바깥지름
③ 배관의 $\frac{\text{안지름}+\text{바깥지름}}{2}$
④ 배관나사의 바깥지름

해설
고압 배관용 탄소 강관(SPPH)의 호칭지름은 배관의 바깥지름(외형)을 기준으로 한다.

76 배관의 신축이음에 대한 설명으로 틀린 것은?

① 슬리브형은 단식과 복식의 2종류가 있으며, 고온, 고압에 사용한다.
② 루프형은 고압에 잘 견디며, 주로 고압증기의 옥외 배관에 사용한다.
③ 벨로즈형은 신축으로 인한 응력을 받지 않는다.
④ 스위블형은 온수 또는 저압증기의 배관에 사용하며, 큰 신축에 대하여는 누설의 염려가 있다.

해설
슬리브형(=미끄럼형) 이음은 직관의 선팽창은 흡수하며 벨로즈형보다 큰 압력의 온도에 견딜 수 있다.

77 고알루미나(high alumina)질 내화물의 특성에 대한 설명으로 옳은 것은?

① 내마모성이 적다.
② 하중 연화온도가 높다.
③ 고온에서 부피변화가 크다.
④ 급열, 급랭에 대한 저항성이 적다.

해설
고알루미나(high alumina)질은 하중 연화온도가 높다.

78 에너지이용 합리화법령에 따라 에너지사용량이 대통령령이 정하는 기준량 이상이 되는 에너지다소비사업자는 전년도의 분기별 에너지사용량 · 제품생산량 등의 사항을 언제까지 신고하여야 하는가?

① 매년 1월 31일 ② 매년 3월 31일
③ 매년 6월 30일 ④ 매년 12월 31일

해설
에너지다소비사업자는 전년도 분기별 에너지사용량 · 제품생산량 등의 사항을 매년 1월 31일까지 신고하여야 한다.

79 다음 중 신재생에너지법령상 바이오에너지가 아닌 것은?

① 식물의 유지를 변환시킨 바이오디젤
② 생물유기체를 변환시켜 얻어지는 연료
③ 폐기물의 소각열을 변환시킨 고체의 연료
④ 쓰레기매립장의 유기성폐기물을 변환시킨 매립지가스

80 보온이 안 된 어떤 물체의 단위면적당 손실열량이 1,600kJ/m^{2}였는데, 보온한 후에 단위면적당 손실열량이 1,200kJ/m^{2}라면 보온효율은 얼마인가?

① 1.33 ② 0.75
③ 0.33 ④ 0.25

해설
$$\eta=\left(1-\frac{H}{H_o}\right)\times100=\left(1-\frac{1,200}{1,600}\right)\times100=25\%$$

제5과목 열설비 설계

81 노통보일러에서 브레이징 스페이스란 무엇을 말하는가?

① 노통과 가셋트 스테이와의 거리
② 관군과 가셋트 스테이와의 거리
③ 동체와 노통 사이의 최소거리
④ 가셋트 스테이 간의 거리

정답 75 ② 76 ① 77 ② 78 ① 79 ③ 80 ④ 81 ①

해설 노통보일러에서 브레이징 스페이스란 노통과 가셋트 스테이와의 거리를 말한다.

82 다음 중 연관의 바깥지름이 75mm인 연관보일러 관판의 최소두께는 몇 mm 이상이어야 하는가?

① 8.5 ② 9.5
③ 12.5 ④ 13.5

해설 연관보일러의 관판의 최소두께(t)
연관의 바깥지름(D_0)이 38~102mm인 경우
다음 공식을 적용 $t=5+\frac{D_0}{10}$ [mm]
∴ 최소두께(t)$=5+\frac{D_0}{10}=5+\frac{75}{10}=12.5$mm

83 보일러 부하의 급변으로 인하여 동 수면에서 작은 입자의 물방울이 증기와 혼입하여 튀어 오르는 현상을 무엇이라고 하는가?

① 캐리오버 ② 포밍
③ 프라이밍 ④ 피팅

해설 프라이밍(priming)
보일러 부하의 급격한 증가, 규정 압력 이하 및 고수위에서의 부적정한 운전 등의 경우에 다량의 액적이나 거품이 혼입된 증기가 기수드럼에서 운반되는 현상을 말한다.

84 맞대기 용접이음에서 질량 120kg, 용접부의 길이가 3cm, 판의 두께가 2mm라 할 때 용접부의 인장응력은 약 몇 MPa인가?

① 4.9 ② 19.6
③ 196 ④ 490

해설
$$\sigma=\frac{W}{A}=\frac{mg}{tL}=\frac{120\times9.8}{2\times30}=19.6\text{MPa}$$

85 보일러에 스케일이 1mm 두께로 부착되었을 때 연료의 손실은 몇 %인가?

① 0.5 ② 1.1
③ 2.2 ④ 4.7

해설 보일러에 스케일(scale)이 1mm 두께로 부착 시 연료(fuel)의 손실은 2.2%이다.

86 다음 중 용해 경도성분 제거방법으로 적절하지 않은 것은?

① 침전법
② 소다법
③ 석회법
④ 이온법

해설 용해 경도성분(칼슘, 마그네슘) 제거방법
㉠ 석회법
㉡ 소다법
㉢ 이온법
※ 침전법은 오염물질을 침전에 의해 제거하는 방법이다.

87 급수펌프인 인젝터의 특징에 대한 설명으로 틀린 것은?

① 구조가 간단하여 소형에 사용된다.
② 별도의 소요동력이 필요하지 않다.
③ 송수량의 조절이 용이하다.
④ 소량의 고압증기로 다량의 급수가 가능하다.

해설 보조급수장치인 인젝터는 급수용량이 부족하고 급수에 시간이 많이 소요되므로 급수량(송수량) 조절이 용이하지 않다(어렵다).

88 보일러 사고의 원인 중 제작상의 원인으로 가장 거리가 먼 것은?

① 재료불량
② 구조 및 설계불량
③ 용접불량
④ 급수처리불량

해설 보일러 사고 원인 중 제작상 원인(강도 부족)
㉠ 용접불량
㉡ 재료불량
㉢ 구조 및 설계불량
㉣ 부속장치미비
※ 급수처리불량, 압력초과, 저수위 과열 사고, 가스폭발, 부속장치정비불량 등은 취급부주의 원인이다.

정답 82 ③ 83 ③ 84 ② 85 ③ 86 ① 87 ③ 88 ④

89 육용강제 보일러에서 오목면에 압력을 받는 스테이가 없는 접시형 경판으로 노통을 설치할 경우, 경판의 최소 두께(mm)를 구하는 식으로 옳은 것은? [단, P : 최고 사용압력(MPa), R : 접시모양 경판의 중앙부에서의 내면 반지름(mm), σ_a : 재료의 허용인장응력(MPa), η : 경판자체의 이음효율, A : 부식 여유(mm)이다.]

① $t = \dfrac{PR}{1.5\sigma_a\eta} + A$ ② $t = \dfrac{1.5PR}{(\sigma_a + \eta)A}$

③ $t = \dfrac{PA}{1.5\sigma_a\eta} + R$ ④ $t = \dfrac{AR}{\sigma_a\eta} + 1.5$

90 노통보일러의 설명으로 틀린 것은?

① 구조가 비교적 간단하다.
② 노통에는 파형과 평형이 있다.
③ 내분식 보일러의 대표적인 보일러이다.
④ 코르니쉬 보일러와 랭카셔 보일러의 노통은 모두 1개이다.

해설
노통보일러에서 코르니쉬 보일러는 노통이 1개이고 랭카셔 보일러는 노통이 2개다.

91 다음 중 연관의 안지름이 140mm이고, 두께가 5mm일 때 연관의 최고사용압력은 약 몇 MPa인가?

① 1.12 ② 1.63
③ 2.25 ④ 2.83

해설
보일러 제조 검사기준(연관의 바깥지름 150mm 이하인 경우)

최소두께$(t) = \dfrac{PD_0}{70} + 1.5$[mm]

$P = \dfrac{70(t-1.5)}{D_0} = \dfrac{70(5-1.5)}{150} = 1.63$MPa

92 최고사용압력 1.5MPa, 파형 형상에 따른 정수(C)를 1,100, 노통의 평균 안지름이 1,100mm일 때, 다음 중 파형노통 판의 최소 두께는 몇 mm인가?

① 12 ② 15
③ 24 ④ 30

해설
파형노통 판의 최소두께$(t) = \dfrac{PD}{C} = \dfrac{1.5 \times 1{,}100}{1{,}100}$
$= 15$mm

여기서, 사용압력(P)단위(kg/cm^2), 지름(D)은 mm임을 주의한다.
$P = 1.5$MPa(N/mm^2)$= 15$kg/cm^2

93 다음 그림과 같이 길이가 L인 원통 벽에서 전도에 의한 열전달률 q[W]를 아래 식으로 나타낼 수 있다. 아래 식 중 R을 그림에 주어진 r_o, r_i, L로 표시하면? (단, k는 원통 벽의 열전도율이다.)

$$q = \frac{T_i - T_o}{R}$$

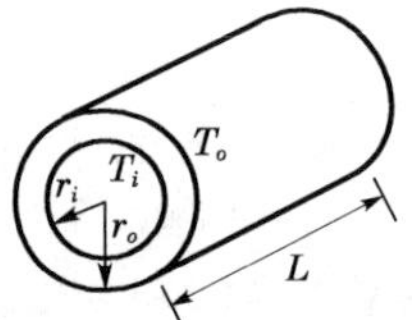

① $\dfrac{2\pi L}{\ln(r_o/r_i)k}$ ② $\dfrac{\ln(r_o/r_i)}{2\pi Lk}$

③ $\dfrac{2\pi L}{\ln(r_o - r_i)k}$ ④ $\dfrac{\ln(r_o - r_i)}{2\pi Lk}$

해설

$$q = \frac{2\pi Lk(T_i - T_o)}{\ln\left(\dfrac{r_o}{r_i}\right)}[\text{W}] = \frac{T_i - T_o}{R}$$

$$\therefore R = \frac{\ln\left(\dfrac{r_o}{r_i}\right)}{2\pi Lk}[\text{W}]$$

94 급수에서 ppm 단위에 대한 설명으로 옳은 것은?

① 물 1mL 중에 함유한 시료의 양을 g으로 표시한 것
② 물 100mL 중에 함유한 시료의 양을 mg로 표시한 것
③ 물 1,000mL 중에 함유한 시료의 양을 g으로 표시한 것
④ 물 1,000mL 중에 함유한 시료의 양을 mg으로 표시한 것

정답 89 ① 90 ④ 91 ② 92 ② 93 ② 94 ④

해설

1ppm(parts per million)이란 물 1,000mL 중에 함유한 시료의 양을 mg(밀리그램)으로 표시한 것이다.

95 횡연관식 보일러에서 연관의 배열을 바둑판 모양으로 하는 주된 이유는?

① 보일러 강도 증가
② 증기발생 억제
③ 물의 원활한 순환
④ 연소가스의 원활한 흐름

해설

횡연관식 보일러에서 연관의 배열을 바둑판 모양으로 하는 주된 이유는 물의 원활한 순환을 촉진시키기 위함이다.

96 상당증발량이 5.5t/h, 연료소비량이 350kg/h인 보일러의 효율은 약 몇 %인가? (단, 효율 산정 시 연료의 저위발열량 기준으로 하며, 값은 40,000kJ/kg이다.)

① 38　　② 52
③ 65　　④ 89

해설

$$\eta_B = \frac{m_e \times 2,256}{H_L \times m_f} \times 100$$
$$= \frac{5,500 \times 2,256}{40,000 \times 350} \times 100 \fallingdotseq 89\%$$

97 실제증발량이 1,800kg/h인 보일러에서 상당증발량은 약 몇 kg/h인가? (단, 증기엔탈피와 급수엔탈피는 각각 2,780kJ/kg, 80kJ/kg이다.)

① 1,210　　② 1,480
③ 2,020　　④ 2,150

해설

$$\text{상당증발량}(G_e) = \frac{m_a(h_2 - h_1)}{2,256}$$
$$= \frac{1,800 \times (2,780 - 80)}{2,256}$$
$$= 2,150\text{kg/h}$$

98 보일러 안전사고의 종류가 아닌 것은 어느 것인가?

① 노통, 수관, 연관, 등의 파열 및 균열
② 보일러 내의 스케일 부착
③ 동체, 노통, 화실의 압궤 및 수관, 연관 등 전열면의 팽출
④ 연도나 노 내의 가스폭발, 역화 그 외의 이상연소

해설

보일러 내 스케일(scale) 부착은 열전도율(W/m·K) 감소로 보일러 효율이 저하된다.

99 다음 노벽의 두께가 200mm이고, 그 외측은 75mm의 보온재로 보온되어 있다. 노벽의 내부온도가 400℃이고, 외측온도가 38℃일 경우 노벽의 면적이 10m^2라면 열손실은 약 몇 W인가? (단, 노벽과 보온재의 평균 열전도율은 각각 3.3W/m·℃, 0.13W/m·℃이다.)

① 4,678　　② 5,678
③ 6,678　　④ 7,678

해설

$$K = \frac{1}{R} = \frac{1}{\frac{L_1}{\lambda_1} + \frac{L_2}{\lambda_2}} = \frac{1}{\frac{0.2}{3.3} + \frac{0.075}{0.13}}$$
$$= 1.569\text{W/m}^2 \cdot \text{K}$$
$$Q = KA(t_i - t_0) = 1.569 \times 10 \times (400 - 38)$$
$$\fallingdotseq 5,678\text{W}$$

100 보일러 내처리를 위한 pH 조정제가 아닌 것은 어느 것인가?

① 수산화나트륨　　② 암모니아
③ 제1인산나트륨　　④ 아황산나트륨

해설

보일러 PH 조정제(보일러 본체 부식 방지제)
㉠ 수산화나트륨(NaOH)(=가성소다)
㉡ 암모니아(NH_3)
㉢ 제1인산나트륨
※ 아황산나트륨, 히드라진(N_2H_4), 탄닌 등은 보일러의 청관제 약품 중 탈산소제이다.

정답 95 ③ 96 ④ 97 ④ 98 ② 99 ② 100 ④

과년도 출제문제(2021년 2회)

제1과목 연소공학

01 다음 가스 중 저위발열량(MJ/kg)이 가장 낮은 것은?

① 수소 ② 메탄
③ 일산화탄소 ④ 에탄

해설 연료발열량은 일반적으로 기체 > 액체> 고체 순이다.
※ 저위발열량 비교
㉠ 메탄(CH_4) : 49.93MJ/kg
㉡ 수소(H_2) : 119.59MJ/kg
㉢ 일산화탄소(CO) : 10.13MJ/kg
㉣ 에탄(C_2H_6) : 47.43MJ/kg
㉤ 프로판(C_3H_8) : 46.05MJ/kg

02 저질탄 또는 조분탄의 연소방식이 아닌 것은?

① 분무식 ② 산포식
③ 쇄상식 ④ 계단식

해설 저질탄 또는 조분탄(고체연료) 연소방식
㉠ 산포식
㉡ 쇄상식
㉢ 계단식
㉣ 하급식
※ 분무식은 액체연료 연소방식이다.

03 프로판(C_3H_8) 및 부탄(C_4H_{10})이 혼합된 LPG를 건조공기로 연소시킨 가스를 분석하였더니 CO_2 11.32%, O_2 3.76%, N_2 84.92%의 부피 조성을 얻었다. LPG 중의 프로판의 부피는 부탄의 약 몇 배인가?

① 8배 ② 11배
③ 15배 ④ 20배

해설 화학식

$$mC_3H_8+nC_4H_{10}+x\left(O_2+\frac{79}{21}N_2\right)\rightarrow 11.32CO_2+3.76O_2+yH_2O+84.92N_2$$

반응 전후의 원자수가 일치해야 하므로
C : $3m+4n=11.32$ ⋯ ①
H : $8m+10n=2y$ ⋯ ②
N : $3.76x=84.92$에서 $x=22.585$
O : $2x=11.32\times2+3.76\times2+y$에서 $y=15.01\fallingdotseq15$
이므로 ②에 대입하면,
H : $8m+10n=30$ ⋯ ②′
①과 ②′를 연립해면,
∴ $n=0.28$, $m=3.4$
프로판(C_3H_8) : 부탄(C_4H_{10})의 부피비

$$=\frac{3.4}{3.4+0.28}:\frac{0.28}{3.4+0.28}$$

$=0.924:0.076=92\%:8\%$

$$\therefore\ \frac{92}{8}=11.5(\fallingdotseq 11\text{배})$$

04 폭굉(detonation)현상에 대한 설명으로 옳지 않은 것은?

① 확산이나 열전도의 영향을 주로 받는 기계역학적 현상이다.
② 물질 내에 충격파가 발생하여 반응을 일으킨다.
③ 충격파에 의해 유지되는 화학 반응 현상이다.
④ 반응의 전파속도가 그 물질 내에서 음속보다 빠른 것을 말한다.

해설 폭굉은 화염 전파속도가 음속보다 빠르다(약 1,000~3,500m/s). 폭굉은 확산이나 열전도의 영향을 받는 것이 아니라 충격파(shock wave)에 의한 역학적 현상이다.

05 연소실에서 연소된 연소가스의 자연통풍력을 증가시키는 방법으로 틀린 것은?

① 연돌의 높이를 높인다.
② 배기가스의 비중량을 크게 한다.
③ 배기가스 온도를 높인다.
④ 연도의 길이를 짧게 한다.

해설 연소가스의 자연통풍력을 증가시키려면 배기가스의 비중량을 작게 한다.

정답 01 ③ 02 ① 03 ② 04 ① 05 ②

06 연돌에서의 배기가스 분석 결과 CO_2 14.2%, O_2 4.5%, CO 0%일 때 탄산가스의 최대량 $[CO_2]_{max}$(%)는?

① 10 ② 15
③ 18 ④ 20

해설
배기(연소)가스 분석결과 CO가 없으므로 공기비(m) 중에서 $m=\dfrac{CO_{2max}}{CO_2}=\dfrac{21}{21-O_2}$

$\therefore\ CO_{2max}=14.2\times\dfrac{21}{21-O_2}$

$=14.2\times\dfrac{21}{21-4.5}=18.07(\fallingdotseq 18\%)$

07 액체연료 연소장치 중 회전식 버너의 특징에 대한 설명으로 틀린 것은?

① 분무각은 10~40° 정도이다.
② 유량조절범위는 1 : 5 정도이다.
③ 자동제어에 편리한 구조로 되어있다.
④ 부속설비가 없으며 화염이 짧고 안정한 연소를 얻을 수 있다.

해설
액체연료 연소장치 중 회전식 버너의 분무각(무화각)은 40~80° 정도로 비교적 넓다. 기체(gas)인 경우 분무각은 30°(10~40°) 정도로 작은 각이다.

08 고체연료의 공업분석에서 고정탄소를 산출하는 식은?

① 100－[수분(%)＋회분(%)＋질소(%)]
② 100－[수분(%)＋회분(%)＋황분(%)]
③ 100－[수분(%)＋황분(%)＋휘발분(%)]
④ 100－[수분(%)＋회분(%)＋휘발분(%)]

해설
고정탄소＝100－[수분(%)＋회분(%)＋휘발분(%)]
※ 고체연료비(fuel ratio)＝$\dfrac{\text{고정탄소}}{\text{휘발분}}$

09 액체연료가 갖는 일반적인 특징이 아닌 것은?

① 연소온도가 높기 때문에 국부과열을 일으키기 쉽다.
② 발열량은 높지만 품질이 일정하지 않다.
③ 화재, 역화 등의 위험이 크다.
④ 연소할 때 소음이 발생한다.

10 황 2kg을 완전연소시키는 데 필요한 산소의 양은 몇 Nm^3인가? (단, S의 원자량은 32이다.)

① 0.70 ② 1.00
③ 1.40 ④ 3.33

해설
S ＋ O_2 → SO_2
1kmol 1kmol 1kmol
32kg (22.4Nm^3) (22.4Nm^3)
황(S) 1kg의 완전연소 이론산소량

$O_0=\dfrac{22.4}{32}=0.7Nm^3/kg$이고,

황 2kg을 완전연소시켜야 하므로 필요산소량은 $0.7\times2=1.4Nm^3$가 된다.

11 수소가 완전 연소하여 물이 될 때, 수소와 연소용 산소와 물의 몰(mol)비는?

① 1 : 1 : 1 ② 1 : 2 : 1
③ 2 : 1 : 2 ④ 2 : 1 : 3

해설
$H_2+\dfrac{1}{2}O_2=H_2O$

수소 : 산소 : 물＝1 : $\dfrac{1}{2}$: 1(＝2 : 1 : 2)

12 폐열회수에 있어서 검토해야 할 사항이 아닌 것은?

① 폐열의 증가 방법에 대해서 검토한다.
② 폐열회수의 경제적 가치에 대해서 검토한다.
③ 폐열의 양 및 질과 이용 가치에 대해서 검토한다.
④ 폐열회수 방법과 이용 방안에 대해서 검토한다.

13 연소 배기가스의 분석결과 CO_2의 함량이 13.4%이다. 벙커C유(55L/h)의 연소에 필요한 공기량은 약 몇 Nm^3/min인가? (단, 벙커C유의 이론공기량은 12.5Nm^3/kg이고, 밀도는 0.93g/cm^3이며 $[CO_2]_{max}$는 15.5%이다.)

① 12.33 ② 49.03
③ 63.12 ④ 73.99

정답 06 ③ 07 ① 08 ④ 09 ② 10 ③ 11 ③ 12 ① 13 ①

해설

$$공기비(m)=\frac{CO_{2max}}{CO_2}=\frac{15.5}{13.4}\fallingdotseq 1.157$$

실제(필요)공기량(A_a)

$=mA_0F=mA_0\rho V$

$=1.157\times12.5\times(0.93\times55)\times10^3$

$\fallingdotseq 740Nm^3/h$

$=12.33Nm^3/min$

14 탄소 1kg을 완전 연소시키는 데 필요한 공기량은 몇 Nm^3인가?

① 22.4 ② 11.2
③ 9.6 ④ 8.89

해설

$C + O_2 \rightarrow CO_2$

1kmol 1kmol 1kmol

12kg + 32kg = 44kg

$$O_0=\frac{22.4}{12}=1.867Nm^3/kg$$

$$\therefore A_0=\frac{1.867}{0.21}=8.89Nm^3/kg$$

15 위험성을 나타내는 성질에 관한 설명으로 옳지 않은 것은?

① 착화온도와 위험성은 반비례한다.
② 비등점이 낮으면 인화 위험성이 높아진다.
③ 인화점이 낮은 연료는 대체로 착화온도가 낮다.
④ 물과 혼합하기 쉬운 가연성 액체는 물과의 혼합에 의해 증기압이 높아져 인화점이 낮아진다.

16 다음 연소 반응식 중에서 틀린 것은?

① $CH_4+2O_2 \rightarrow CO_2+2H_2O$
② $C_2H_6+3\frac{1}{2}O_2 \rightarrow 2CO_2+3H_2O$
③ $C_3H_8+5O_2 \rightarrow 3CO_2+4H_2O$
④ $C_4H_{10}+9O_2 \rightarrow 4CO_2+5H_2O$

해설

기체완전연소반응식

$$C_mH_n+\left(m+\frac{n}{4}\right)O_2 \rightarrow mCO_2+\frac{n}{2}H_2O$$

부탄(C_4H_{10})$+6.5O_2 \rightarrow 4CO_2+5H_2O$

17 매연을 발생시키는 원인이 아닌 것은?

① 통풍력이 부족할 때
② 연소실 온도가 높을 때
③ 연료를 너무 많이 투입했을 때
④ 공기와 연료가 잘 혼합되지 않을 때

해설

매연은 연소실 온도가 낮을 때 발생된다.

18 중유의 탄수소비가 증가함에 따른 발열량의 변화는?

① 무관하다.
② 증가한다.
③ 감소한다.
④ 초기에는 증가하다가 점차 감소한다.

해설

중유의 탄수소비$\left(\frac{C}{H}\right)$가 증가하면 발열량은 감소한다.

19 기체 연료의 저장방식이 아닌 것은?

① 유수식 ② 고압식
③ 가열식 ④ 무수식

해설

기체 연료의 저장방식은 유수식, 고압식, 무수식 등이 있다.

20 CH_4와 공기를 사용하는 열 설비의 온도를 높이기 위해 산소(O_2)를 추가로 공급하였다. 연료 유량 $10Nm^3/h$의 조건에서 완전연소가 이루어졌으며, 수증기 응축 후 배기가스에서 계측된 산소의 농도가 5%이고 이산화탄소(CO_2)의 농도가 10%라면, 추가로 공급된 산소의 유량은 약 몇 Nm^3/h인가?

① 2.4 ② 2.9
③ 3.4 ④ 3.9

해설

$Q'=CH_4분자량\times(O_2+CO_2)=16\times(0.05+0.1)$
$=2.4Nm^3/h$

제2과목 열역학

21 노즐에서 임계상태에서의 압력을 P_c, 비체적을 v_c, 최대유량을 G_c, 비열비를 k라 할 때, 임계단면적에 대한 식으로 옳은 것은?

정답 14 ④ 15 ④ 16 ④ 17 ② 18 ③ 19 ③ 20 ① 21 ③

① $2G_c\sqrt{\dfrac{v_c}{kP_c}}$　　② $G_c\sqrt{\dfrac{v_c}{2kP_c}}$

③ $G_c\sqrt{\dfrac{v_c}{kP_c}}$　　④ $G_c\sqrt{\dfrac{2v_c}{kP_c}}$

해설

최대(임계)유량$(G_c)=\dfrac{F_c w_c}{v_c}=\dfrac{F_c}{v_c}\sqrt{kRT_c}$

$=\dfrac{F_c}{v_c}\sqrt{kP_c v_c}$

$=F_c\sqrt{\dfrac{kP_c}{v_c}}$ [N/s]

∴ 임계단면적$(F_c)=G_c\sqrt{\dfrac{v_c}{kP_c}}$ [m²]

22 초기체적이 V_i 상태에 있는 피스톤이 외부로 일을 하여 최종적으로 체적이 V_f인 상태로 되었다. 다음 중 외부로 가장 많은 일을 한 과정은? (단, n은 폴리트로픽 지수이다.)

① 등온 과정
② 정압 과정
③ 단열 과정
④ 폴리트로픽 과정$(n>0)$

23 20℃의 물 10kg을 대기압하에서 100℃의 수증기로 완전히 증발시키는 데 필요한 열량은 약 몇 kJ인가? (단, 수증기의 증발잠열은 2,257kJ/kg이고 물의 평균비열은 4.2kJ/kg · K이다.)

① 800　　② 6,190
③ 25,930　　④ 61,900

해설

$Q=Q_s+Q_L=mC(t_2-t_1)+m\gamma_s$
$=m[C(t_2-t_1)+\gamma_s]$
$=10\times[4.2(100-80)+2,257]=25,930\text{kJ}$

24 30℃에서 기화잠열이 173kJ/kg인 어떤 냉매의 포화액-포화증기 혼합물 4kg을 가열하여 건도가 20%에서 70%로 증가되었다. 이 과정에서 냉매의 엔트로피 증가량은 약 몇 kJ/K인가?

① 11.5　　② 2.31
③ 1.14　　④ 0.29

해설

$S_2-S_1=\dfrac{m\gamma(x_2-x_1)}{T}=\dfrac{4\times173\times(0.7-0.2)}{30+273}$
$=1.14\text{kJ/K}$

25 랭킨사이클에 과열기를 설치할 경우 과열기의 영향으로 발생하는 현상에 대한 설명으로 틀린 것은?

① 열이 공급되는 평균 온도가 상승한다.
② 열효율이 증가한다.
③ 터빈 출구의 건도가 높아진다.
④ 펌프일이 증가한다.

해설 펌프일이 감소한다$(w_p=0)$.

26 증기터빈에서 상태 ⓐ의 증기를 규정된 압력까지 단열에 가깝게 팽창시켰다. 이때 증기터빈 출구에서의 증기 상태는 그림의 각각 ⓑ, ⓒ, ⓓ, ⓔ이다. 이 중 터빈의 효율이 가장 좋을 때 출구의 증기 상태로 옳은 것은?

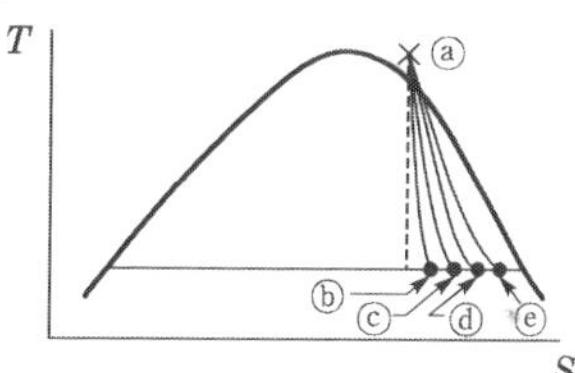

① ⓑ　　② ⓒ
③ ⓓ　　④ ⓔ

해설

터빈효율$(\eta_t)=\dfrac{\text{비가역(실제) 일}}{\text{가역(이론)적 일}}$

27 아래와 같이 몰리에르(엔탈피-엔트로피) 선도에서 가역 단열과정을 나타내는 선의 형태로 옳은 것은?

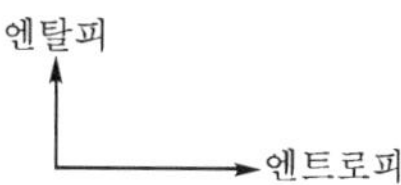

① 엔탈피축에 평행하다.
② 기울기가 양수(+)인 곡선이다.
③ 기울기가 음수(-)인 곡선이다.
④ 엔트로피축에 평행하다.

정답 22 ② 23 ③ 24 ③ 25 ④ 26 ① 27 ①

해설 터빈출구에서 엔트로피값이 작을수록 터빈효율이 증가한다. 가역단열팽창과정(등엔트로피과정)은 엔탈피축에 평행하다($S=c$).

28 정압과정에서 어느 한 계(system)에 전달된 열량은 그 계에서 어떤 상태량의 변화량과 양이 같은가?

① 내부에너지 ② 엔트로피
③ 엔탈피 ④ 절대일

해설 정압과정 시($P=c$) 어떤 계(system)에 전달(공급)된 열량은 엔탈피 변화량(dH)과 같다.
※ $\delta Q = dH - VdP$[kJ]에서 $dP=0$
∴ $\delta Q = dH = mC_p dT$ [kJ]

29 노점온도(dew point temperature)에 대한 설명으로 옳은 것은?

① 공기, 수증기의 혼합물에서 수증기의 분압에 대한 수증기 과열상태 온도
② 공기, 가스의 혼합물에서 수증기의 분압에 대한 가스의 과열상태 온도
③ 공기, 수증기의 혼합물을 가열시켰을 때 증기가 없어지는 온도
④ 공기, 수증기의 혼합물에서 수증기의 분압에 해당하는 수증기의 포화온도

해설 노점온도(dew point temperature)는 공기 수증기의 혼합물에서 수증기의 분압에 해당하는 수증기의 포화온도(상대습도 100%)를 말한다.

30 온도와 관련된 설명으로 틀린 것은?

① 온도 측정의 타당성에 대한 근거는 열역학 제0법칙이다.
② 온도가 0℃에서 10℃로 변화하면, 절대온도는 0K에서 283.15K로 변화한다.
③ 섭씨온도는 물의 어는점과 끓는점을 기준으로 삼는다.
④ SI 단위계에서 온도의 단위는 켈빈 단위를 사용한다.

해설 온도가 0℃에서 10℃로 변화하면 절대온도는 273.15K에서 283.15K로 변화한다($t_2 - t_1 = T_2 - T_1$).

31 물의 임계 압력에서의 잠열은 몇 kJ/kg인가?

① 0
② 333
③ 418
④ 2,260

해설 물의 임계 압력(P_c)에서 잠열은 0kJ/kg이다.

32 이상기체가 '$Pv^n =$ 일정' 과정을 가지고 변하는 경우에 적용할 수 있는 식으로 옳은 것은? (단, q : 단위 질량당 공급된 열량, u : 단위 질량당 내부에너지, T : 온도, P : 압력, v : 비체적, R : 기체상수, n : 상수이다.)

① $\delta q = du + \dfrac{nRdT}{1-n}$
② $\delta q = du + \dfrac{RdT}{1-n}$
③ $\delta q = du + \dfrac{(1-n)RdT}{n}$
④ $\delta q = du + (1-n)RdT$

해설 폴리트로픽 과정에서 가열량(δq)
$= du + \dfrac{RdT}{1-n} = C_n dT$
$= C_v\left(\dfrac{n-k}{n-1}\right)dT$[kJ/kg]

33 증기압축 냉동사이클을 사용하는 냉동기에서 냉매의 상태량은 압축 전·후 엔탈피가 각각 379.11kJ/kg와 424.77kJ/kg이고 교축팽창 후 엔탈피가 241.46kJ/kg이다. 압축기의 효율이 80%, 소요 동력이 4.14kW라면 이 냉동기의 냉동용량은 약 몇 kW인가?

① 6.98 ② 9.98
③ 12.98 ④ 15.98

해설 $\varepsilon_R = \dfrac{q_e}{w_e} = \dfrac{379.11-241.46}{424.77-379.11} = 3.014$
냉동기 냉동용량(냉동능력) $= \varepsilon_R \times w_e \times \eta_c$
$= 3.014 \times 4.14 \times 0.8$
$\fallingdotseq 9.98$kW

정답 28 ③ 29 ④ 30 ② 31 ① 32 ② 33 ②

34 열역학적 관계식 $TdS = dH - VdP$에서 용량성 상태량(extensive property)이 아닌 것은? (단, S : 엔트로피, H : 엔탈피, V : 체적, P : 압력, T : 절대온도이다.)

① S
② H
③ V
④ P

해설
$\delta Q = dH - VdP(Tds = dH - VdP)$
용량성상태량 : 엔트로피, 엔탈피, 체적
※ 압력(P)은 물질의 양과 관계없는 강도성 상태량이다.

35 다음과 같은 압축비와 차단비를 가지고 공기로 작동되는 디젤사이클 중에서 효율이 가장 높은 것은? (단, 공기의 비열비는 1.4이다.)

① 압축비 : 11, 차단비 : 2
② 압축비 : 11, 차단비 : 3
③ 압축비 : 13, 차단비 : 2
④ 압축비 : 13, 차단비 : 3

해설
디젤사이클 열효율(η_{thd})$= 1 - \left(\frac{1}{\varepsilon}\right)^{k-1} \frac{\sigma^k - 1}{k(\sigma - 1)}$
$= f(\varepsilon, \sigma)$
공기비열비가 일정($k=1.4$)할 때 디젤사이클의 열효율(η_{thd})은 압축비(ε)와 차단비(σ)의 함수로서 압축비가 크고 차단비가 작을수록 이론열효율은 증가한다.

36 가스동력 사이클에 대한 설명으로 틀린 것은?

① 에릭슨 사이클은 2개의 정압과정과 2개의 단열과정으로 구성된다.
② 스털링 사이클은 2개의 등온과정과 2개의 정적과정으로 구성된다.
③ 아트킨스 사이클은 2개의 단열과정과 정적 및 정압과정으로 구성된다.
④ 르누아 사이클은 정적과정으로 급열하고 정압과정으로 방열하는 사이클이다.

해설
가스동력 사이클에서 에릭슨(Ericsson) 사이클은 2개의 정압과정과 2개의 등온과정으로 구성된다.

37 압력 3,000kPa, 온도 400℃인 증기의 내부에너지가 2,926kJ/kg이고 엔탈피는 3,230kJ/kg이다. 이 상태에서 비체적은 약 몇 m^3/kg인가?

① 0.0303　② 0.0606
③ 0.101　④ 0.303

해설
$h = u + pv$[kJ/kg]에서
$v = \frac{h-u}{P} = \frac{3,230 - 2,926}{3,000} = 0.101\text{m}^3/\text{kg}$

38 110kPa, 20℃의 공기가 반지름 20cm, 높이 40cm인 원통형 용기 안에 채워져 있다. 이 공기의 무게는 몇 N인가? (단, 공기의 기체상수는 287J/kg · K이다.)

① 0.066　② 0.64
③ 6.7　④ 66

해설
$PV = m_a RT$
$m_a = \frac{PV}{RT} = \frac{110 \times (\pi \times 0.2^2 \times 0.4)}{0.287 \times (20 + 273.15)} = 0.066\text{kg}$
$\therefore\ G_a = m_a g = 0.066 \times 9.81 = 0.64\text{N}$

39 냉동효과가 200kJ/kg인 냉동사이클에서 4kW의 열량을 제거하는 데 필요한 냉매 순환량은 몇 kg/min인가?

① 0.02
② 0.2
③ 0.8
④ 1.2

해설
냉매순환량(m)$= \frac{Q_e}{q_e} = \frac{4 \times 60}{200} = 1.2\text{kg/min}$

40 냉매가 갖추어야 하는 요건으로 거리가 먼 것은?

① 증발잠열이 작아야 한다.
② 화학적으로 안정되어야 한다.
③ 임계온도가 높아야 한다.
④ 증발온도에서 압력이 대기압보다 높아야 한다.

정답 34 ④ 35 ③ 36 ① 37 ③ 38 ② 39 ④ 40 ①

해설 냉매가 갖추어야 하는 요건
㉠ 증발(잠)열이 커야 한다.
㉡ 화학적으로 안정되어야 한다.
㉢ 임계온도(T_c)가 높아야 한다.
㉣ 증발온도에서의 압력이 대기압보다 높아야 한다.
㉤ 비체적은 작아야 한다.

제3과목 계측방법

41 용적식 유량계에 대한 설명으로 옳은 것은?

① 적산유량의 측정에 적합하다.
② 고점도에는 사용할 수 없다.
③ 발신기 전후에 직관부가 필요하다.
④ 측정유체의 맥동에 의한 영향이 크다.

해설 용적식 유량계는 적산유량의 측정에 적합하며 적산치의 정도가 높다.

42 1차 지연 요소에서 시정수 T가 클수록 응답 속도는 어떻게 되는가?

① 일정하다. ② 빨라진다.
③ 느려진다. ④ T와 무관하다.

해설 1차 지연 요소에서 시정수(time constant)가 크면 클수록 과도현상이 오래 지속되어 응답속도는 느려진다(시정수가 작을수록 응답속도는 빨라진다).
※ 시정수란 계기나 제어용 기기의 전기 및 전자회로에서 입력 변화에 따라 출력응답이 나타나는 데 걸리는 시간(응답의 속도를 특정 짓는 상수로서 시간의 차원을 갖는 것)을 말한다.

43 압력 측정에서 사용되는 액체의 구비조건 중 틀린 것은?

① 열팽창계수가 클 것
② 모세관 현상이 작을 것
③ 점성이 작을 것
④ 일정한 화학성분을 가질 것

해설 압력 측정에 사용되는 액체는 열팽창계수가 작아야 한다.

44 차압식 유량계에 있어 조리개 전후의 압력 차이가 P_1에서 P_2로 변할 때, 유량은 Q_1에서 Q_2로 변했다. Q_2에 대한 식으로 옳은 것은? (단, $P_2 = 2P_1$이다.)

① $Q_2 = Q_1$ ② $Q_2 = \sqrt{2}\,Q_1$
③ $Q_2 = 2Q_1$ ④ $Q_2 = 4Q_1$

해설 차압식유량계는 유량(Q)$\propto \sqrt{P}$이므로(비례하므로)

$$\frac{Q_2}{Q_1} = \sqrt{\frac{2P_1}{P_1}} = \sqrt{2}$$

$\therefore Q_2 = \sqrt{2}\,Q_1\,[\mathrm{m^3/s}]$

45 다음 중 1,000℃ 이상의 고온체의 연속 측정에 가장 적합한 온도계는?

① 저항 온도계
② 방사 온도계
③ 바이메탈식 온도계
④ 액체압력식 온도계

해설 방사 온도계는 방출되는 열복사에너지를 측정하여 그 물체의 온도를 측정하는 온도계로, 1,500℃ 이상의 고온 측정이 가능하다(50~3,000℃).

46 가스분석계의 특징에 관한 설명으로 틀린 것은?

① 적정한 시료가스의 채취장치가 필요하다.
② 선택성에 대한 고려가 필요 없다.
③ 시료가스의 온도 및 압력의 변화로 측정 오차를 유발할 우려가 있다.
④ 계기의 교정에는 화학분석에 의해 검정된 표준 시료가스를 이용한다.

47 다음 중 습도계의 종류로 가장 거리가 먼 것은?

① 모발 습도계 ② 듀셀 노점계
③ 초음파식 습도계 ④ 전기저항식 습도계

해설 습도계의 종류
㉠ 모발 습도계
㉡ 듀셀(노점) 습도계
㉢ 전기저항식 습도계
㉣ 건습구 습도계

정답 41 ① 42 ③ 43 ① 44 ② 45 ② 46 ② 47 ③

48 편차의 정(+), 부(−)에 의해서 조작신호가 최대, 최소가 되는 제어동작은?

① 온 · 오프동작
② 다위치동작
③ 적분동작
④ 비례동작

해설
편차의 정(+), 부(−)의 의해서 조작신호가 최대, 최소가 되는 제어동작은 불연속 동작인 2위치 동작(ON−OFF)이다.

49 액면계에 대한 설명으로 틀린 것은?

① 유리관식 액면계는 경유탱크의 액면을 측정하는 것이 가능하다.
② 부자식은 액면이 심하게 움직이는 곳에는 사용하기 곤란하다.
③ 차압식 유량계는 정밀도가 좋아서 액면 제어용으로 가장 많이 사용된다.
④ 편위식 액면계는 아르키메데스의 원리를 이용하는 액면계이다.

해설
차압식 유량계는 다른 유량계에 비교해 ±2%의 오차범위를 갖기 때문에 정밀도가 낮다(전자식 유량계는 ±0.4%로 차압식 유량계보다 정밀도가 높다).

50 20L인 물의 온도를 15℃에서 80℃로 상승시키는 데 필요한 열량은 약 몇 kJ인가?

① 4,200 ② 5,400
③ 6,300 ④ 6,900

해설
$Q = mC(t_2 - t_1)$
$= 20 \times 4.18 \times (80 - 15)$
$= 5{,}434\text{kJ}$

51 피토관에 대한 설명으로 틀린 것은?

① 5m/s 이하의 기체에서는 적용하기 힘들다.
② 먼지나 부유물이 많은 유체에는 부적당하다.
③ 피토관의 머리 부분은 유체의 방향에 대하여 수직으로 부착한다.
④ 흐름에 대하여 충분한 강도를 가져야 한다.

해설
피토관(pitot tube)은 유속 측정장치의 하나로 유체흐름의 총압과 정압 차이를 측정하고 그것에서 유속을 구하는 장치다. 끝부분 정면과 측면에 구멍을 뚫은 관으로 유체흐름 방향인 정면에서 총압(정압+동압) 측면에서 정압이 걸리므로 압력차를 측정하여 베르누이 정리에 따라 흐름의 속도가 구해진다.
※ 피토관의 머리 부분에 흐르는 유체의 유동 방향에 대해 평행하게 부착한다.

52 다음 중 압력식 온도계가 아닌 것은?

① 액체팽창식 온도계
② 열전 온도계
③ 증기압식 온도계
④ 가스압력식 온도계

해설
열전 온도계는 열전쌍(thermocouple)을 이용한 온도계이다(전위차를 이용한 온도계).

53 방사고온계의 장점이 아닌 것은?

① 고온 및 이동물체의 온도측정이 쉽다.
② 측정시간의 지연이 작다.
③ 발신기를 이용한 연속기록이 가능하다.
④ 방사율에 의한 보정량이 작다.

54 기체 크로마토그래피에 대한 설명으로 틀린 것은?

① 캐리어 기체로는 수소, 질소 및 헬륨 등이 사용된다.
② 충전재로는 활성탄, 알루미나 및 실리카겔 등이 사용된다.
③ 기체의 확산속도 특성을 이용하여 기체의 성분을 분리하는 물리적인 가스분석기이다.
④ 적외선 가스분석기에 비하여 응답속도가 빠르다.

해설
기체 크로마토그래피법은 적외선 가스분석기에 비해 응답속도가 느리다.

정답 48 ① 49 ③ 50 ② 51 ③ 52 ② 53 ④ 54 ④

55 다이어프램 압력계의 특징이 아닌 것은?

① 점도가 높은 액체에 부적합하다.
② 먼지가 함유된 액체에 적합하다.
③ 대기압과의 차가 적은 미소압력의 측정에 사용한다.
④ 다이어프램으로 고무, 스테인리스 등의 탄성체 박판이 사용된다.

해설 다이어프램 압력계는 고점도 액체의 측정도 가능하며, 응답속도가 빠르고 측정범위는 20~5,000mmHg이다.

56 열전대(thermocouple)는 어떤 원리를 이용한 온도계인가?

① 열팽창률 차 ② 전위 차
③ 압력 차 ④ 전기저항 차

해설 열전대는 열기전력(전위차)을 이용한 온도계로 구조가 비교적 간단하고 견고하여 저온에서 고온에 이르기까지 측정이 가능하다.

57 액주식 압력계의 종류가 아닌 것은?

① U자관형 ② 경사관식
③ 단관형 ④ 벨로즈식

해설 벨로즈식 압력계는 스프링의 탄성을 이용하여 압력을 측정하는 탄성식 압력계이다.

58 불규칙하게 변하는 주변 온도와 기압 등이 원인이 되며, 측정 횟수가 많을수록 오차의 합이 0에 가까운 특징이 있는 오차의 종류는?

① 개인오차
② 우연오차
③ 과오오차
④ 계통오차

59 차압식 유량계의 종류가 아닌 것은?

① 벤츄리 ② 오리피스
③ 터빈유량계 ④ 플로우노즐

해설 차압식 유량계의 종류 : 벤츄리관, 오리피스, 플로우노즐

60 다음 중 송풍량을 일정하게 공급하려고 할 때 가장 적당한 제어방식은?

① 프로그램제어 ② 비율제어
③ 추종제어 ④ 정치제어

해설 송풍량을 일정하게 공급할 때 가장 적당한 제어방식은 정치제어다.

제4과목 열설비재료 및 관계법규

61 에너지이용 합리화법령에 따라 자발적 협약 체결기업에 대한 지원을 받기 위해 에너지사용자와 정부 간 자발적 협약의 평가기준에 해당하지 않는 것은?

① 계획 대비 달성률 및 투자실적
② 에너지이용 합리화 자금 활용실적
③ 자원 및 에너지의 재활용 노력
④ 에너지절감량 또는 에너지의 합리적인 이용을 통한 온실가스배출 감축량

해설 자발적 협약의 평가기준
㉠ 계획 대비 달성률 및 투자실적
㉡ 자원 및 에너지의 재활용 노력
㉢ 에너지절감량 또는 에너지의 합리적인 이용을 통한 온실가스배출 감축량
㉣ 그 밖에 에너지절감 또는 에너지의 합리적인 이용을 통한 온실가스배출 감축에 관한 사항

62 소성가마 내 열의 전열방법으로 가장 거리가 먼 것은?

① 복사 ② 전도
③ 전이 ④ 대류

해설 전달(열전달)에는 전도, 대류, 복사가 있다.

63 도염식 가마(down draft kiln)에서 불꽃의 진행방향으로 옳은 것은?

① 불꽃이 올라가서 가마천장에 부딪쳐 가마바닥의 흡입구멍으로 빠진다.
② 불꽃이 처음부터 가마바닥과 나란하게 흘러 굴뚝으로 나간다.

정답 55 ① 56 ② 57 ④ 58 ② 59 ③ 60 ④ 61 ② 62 ③ 63 ①

③ 불꽃이 연소실에서 위로 올라가 천장에 닿아서 수평으로 흐른다.
④ 불꽃의 방향이 일정하지 않으나 대개 가마 밑에서 위로 흘러나간다.

64 아래는 에너지이용 합리화법령상 에너지의 수급차질에 대비하기 위하여 산업통상자원부장관이 에너지저장의무를 부과할 수 있는 대상자의 기준이다. ( )에 들어갈 용어는?

연간 ( ) 석유환산톤 이상의 에너지를 사용하는 자

① 1천 ② 5천
③ 1만 ④ 2만

65 다음 중 에너지이용 합리화법령에 따른 검사대상기기에 해당하는 것은?

① 정격용량이 0.5MW인 철금속가열로
② 가스사용량이 20kg/h인 소형 온수보일러
③ 최고사용압력이 0.1MPa이고, 전열면적이 $4m^2$인 강철제 보일러
④ 최고사용압력이 0.1MPa이고, 동체 안지름이 300mm이며, 길이가 500mm인 강철제 보일러

해설
가스사용량이 17kg/h인 소형온수보일러(도시가스는 232.6kW)

66 샤모트(chamotte) 벽돌의 원료로서 샤모트 이외에 가소성 생점토(生粘土)를 가하는 주된 이유는?

① 치수 안정을 위하여
② 열전도성을 좋게 하기 위하여
③ 성형 및 소결성을 좋게 하기 위하여
④ 건조 소성, 수축을 미연에 방지하기 위하여

해설
샤모트(chamotte) 벽돌은 골재원료로서 샤모트를 사용하고, 미세한 부분은 가소성 생점토를 가하고 있다. 이는 성형 및 소결성을 좋게 하기 위함이다.

67 크롬벽돌이나 크롬-마그벽돌이 고온에서 산화철을 흡수하여 표면이 부풀어 오르고 떨어져 나가는 현상은?

① 버스팅 ② 큐어링
③ 슬래킹 ④ 스폴링

해설
버스팅(bursting)이란 크롬(Cr)을 원료로 하는 염기성(알칼리성) 내화벽돌이 1,600℃ 이상의 고온에서 산화철을 흡수하여 표면이 부풀어 오르고 떨어져 나가는 현상을 말한다.

68 에너지이용 합리화법령에 따라 효율관리기자재의 제조업자 또는 수입업자는 효율관리시험기관에서 해당 효율관리기자재의 에너지 사용량을 측정받아야 한다. 이 시험기관은 누가 지정하는가?

① 과학기술정보통신부장관
② 산업통상자원부장관
③ 기획재정부장관
④ 환경부장관

69 에너지이용 합리화법령상 효율관리기자재에 대한 에너지소비효율등급을 거짓으로 표시한 자에 해당하는 과태료는?

① 3백만원 이하
② 5백만원 이하
③ 1천만원 이하
④ 2천만원 이하

해설
효율관리기자재에 대한 에너지소비효율등급은 거짓으로 표시한 자에 대한 과태료는 2천만원 이하이다.

70 보온재의 구비 조건으로 틀린 것은?

① 불연성일 것
② 흡수성이 클 것
③ 비중이 작을 것
④ 열전도율이 작을 것

해설
보온재는 불연성이고 흡수성이 작고 비중이 작고(가볍고) 열전도율(W/m · K)이 작을 것

정답 64 ④ 65 ② 66 ③ 67 ① 68 ② 69 ④ 70 ②

71 에너지법령상 시 · 도지사는 관할 구역의 지역적 특성을 고려하여 저탄소 녹색성장 기본법에 따른 에너지기본계획의 효율적인 달성과 지역경제의 발전을 위한 지역에너지 계획을 몇 년마다 수립 · 시행하여야 하는가?

① 2년 ② 3년
③ 4년 ④ 5년

해설
에너지법령상 시 · 도지사는 관할 구역의 지역적 특성을 고려하여 저탄소 녹색성장 기본법에 따른 에너지기본계획의 효율적 달성과 지역경제 발전을 위한 지역에너지 계획을 5년마다 수립 · 시행하여야 한다.

72 에너지이용 합리화법령에 따라 에너지절약 전문기업의 등록신청 시 등록신청서에 첨부해야 할 서류가 아닌 것은?

① 사업계획서
② 보유장비명세서
③ 기술인력명세서(자격증명서 사본 포함)
④ 감정평가업자가 평가한 자산에 대한 감정평가서(법인인 경우)

73 에너지이용 합리화법령상 검사의 종류가 아닌 것은?

① 설계검사 ② 제조검사
③ 계속사용검사 ④ 개조검사

해설
에너지이용 합리화법령상 검사의 종류는 제조검사(구조검사, 용접검사), 설치검사, 설치변경검사, 개조검사, 계속사용검사(운전성능검사, 재사용검사, 안전검사)로 분류한다.

74 고온용 무기질 보온재로서 경량이고 기계적 강도가 크며 내열성, 내수성이 강하고 내마모성이 있어 탱크, 노벽 등에 적합한 보온재는?

① 암면 ② 석면
③ 규산칼슘 ④ 탄산마그네슘

해설
규산칼슘(최고 안전사용온도 650℃) : 고온용 무기질 보온재로 기계적 강도, 내열성, 내산성, 내마모성이 있어 탱크, 노벽 등에 적합한 보온재이다.

75 에너지이용 합리화법령상 특정열사용기자재의 설치 · 시공이나 세관(洗罐)을 업으로 하는 자는 어떤 법령에 따라 누구에게 등록하여야 하는가?

① 건설산업기본법, 시 · 도지사
② 건설산업기본법, 과학기술정보통신부장관
③ 건설기술 진흥법, 시장 · 구청장
④ 건설기술 진흥법, 산업통상자원부장관

76 작업이 간편하고 조업주기가 단축되며 요체의 보유열을 이용할 수 있어 경제적인 반연속식 요는?

① 셔틀요 ② 윤요
③ 터널요 ④ 도염식요

해설
셔틀요(shuttle kiln)는 가마로서 작업이 간편하고 조업주기가 단축되며 가마의 보유열을 여열로 이용할 수 있다. 손실열에 해당하는 대치의 보유열로 저온 제품을 예열하는 데 쓰므로 경제적이다.
※ 조업방식에 따른 가마의 분류
㉠ 연속요(가마) : 터널요, 윤요, 견요, 회전요
㉡ 반연속요 : 셔틀요, 등요
㉢ 불연속요 : 횡염식, 승염식, 도염식

77 에너지이용 합리화법령에 따라 열사용기자재 관리에 대한 설명으로 틀린 것은?

① 계속사용검사는 검사유효기간의 만료일이 속하는 연도의 말까지 연기할 수 있으며, 연기하려는 자는 검사대상기기 검사연기 신청서를 한국에너지공단이사장에게 제출하여야 한다.
② 한국에너지공단이사장은 검사에 합격한 검사대상기기에 대해서 검사 신청인에게 검사일부터 7일 이내에 검사증을 발급하여야 한다.
③ 검사대상기기관리자의 선임신고는 신고사유가 발생한 날로부터 20일 이내에 하여야 한다.
④ 검사대상기기의 설치자가 사용 중인 검사대상기기를 폐기한 경우에는 폐기한 날부터 15일 이내에 검사대상기기 폐기신고서를 한국에너지공단이사장에게 제출하여야 한다.

정답 71 ④ 72 ④ 73 ① 74 ③ 75 ① 76 ① 77 ③

해설
검사대상에게 관리자의 선임신고는 신고사유가 발생한 날부터 30일 이내에 하여야 한다.

78 내식성, 굴곡성이 우수하고 양도체이며 내압성도있어서 열교환기용 전열관, 급수관 등 화학공업용으로 주로 사용되는 관은?

① 주철관
② 동관
③ 강관
④ 알루미늄관

79 제철 및 제강공정 중 배소로의 사용 목적으로 가장 거리가 먼 것은?

① 유해성분의 제거
② 산화도의 변화
③ 분상광석의 괴상으로의 소결
④ 원광석의 결합수의 제거와 탄산염의 분해

80 배관의 축 방향 응력 σ[kPa]을 나타낸 식은? (단, d : 배관의 내경(mm), p : 배관의 내압(kPa), t : 배관의 두께(mm)이며, t는 충분히 얇다.)

① $\sigma = \dfrac{p\pi d}{4t}$　　② $\sigma = \dfrac{pd}{4t}$

③ $\sigma = \dfrac{p\pi d}{2t}$　　④ $\sigma = \dfrac{pd}{2t}$

해설
배관의 축 방향(길이 방향) 응력은 $\sigma_x = \dfrac{Pd}{4t}$ [kPa]이고, 원주 방향(Hoop) 응력은 $\sigma_y = \dfrac{Pd}{2t}$ [kPa]이다.

제5과목 열설비 설계

81 보일러의 용량을 산출하거나 표시하는 값으로 틀린 것은?

① 상당증발량　　② 보일러마력
③ 재열계수　　④ 전열면적

해설
보일러용량을 산출하거나 표시하는 값은 상당증발량, 보일러마력, 전열면적 등으로 나타낸다.

82 증기압력 120kPa의 포화증기(포화온도 104.25℃, 증발잠열 2,245kJ/kg)를 내경 52.9mm, 길이 50m인 강관을 통해 이송하고자 할 때 트랩 선정에 필요한 응축수량(kg)은? (단, 외부온도 0℃, 강관의 질량 300kg, 강관비열 0.46kJ/kg · ℃이다.)

① 4.4
② 6.4
③ 8.4
④ 10.4

해설
포화수가 잃은 열량=응축수가 얻은 열량

$m_s C\Delta t = m_w R_L$

$$m_w = \frac{m_s C\Delta t}{R_L} = \frac{300 \times 0.46 \times 104.25}{2{,}245} \fallingdotseq 6.4\text{kg}$$

83 프라이밍 및 포밍의 발생 원인이 아닌 것은?

① 보일러를 고수위로 운전할 때
② 증기부하가 적고 증발수면이 넓을 때
③ 주증기밸브를 급히 열었을 때
④ 보일러수에 불순물, 유지분이 많이 포함되어 있을 때

해설
보일러를 과부하 운전하게 되면 프라이밍(비수현상)이나 포밍(물거품) 현상이 발생하여 기수공발(캐리오버) 현상이 일어난다.

84 프라이밍 현상을 설명한 것으로 틀린 것은?

① 절탄기의 내부에 스케일이 생긴다.
② 안전밸브, 압력계의 기능을 방해한다.
③ 워터해머(water hammer)를 일으킨다.
④ 수면계의 수위가 요동해서 수위를 확인하기 어렵다.

정답 78 ② 79 ③ 80 ② 81 ③ 82 ② 83 ② 84 ①

85 두께 20cm의 벽돌의 내측에 10mm의 모르타르와 5mm의 플라스터 마무리를 시행하고, 외측은 두께 15mm의 모르타르 마무리를 시공하였다. 아래 계수를 참고할 때, 다층벽의 총 열관류율(W/m² · ℃)은?

> 실내측벽 열전달계수 $h_1 = 8\text{W/m}^2 \cdot ℃$
> 실외측벽 열전달계수 $h_2 = 20\text{W/m}^2 \cdot ℃$
> 플라스터 열전도율 $\lambda_1 = 0.5\text{W/m}^2 \cdot ℃$
> 모르타르 열전도율 $\lambda_2 = 1.3\text{W/m}^2 \cdot ℃$
> 벽돌 열전도율 $\lambda_3 = 0.65\text{W/m}^2 \cdot ℃$

① 1.95　② 4.57
③ 8.72　④ 12.31

해설

$$K_t = \frac{1}{R} = \frac{1}{\frac{1}{h_1} + \frac{\ell_1}{\lambda_1} + \frac{\ell_2}{\lambda_2} + \frac{\ell_3}{\lambda_3} + \frac{1}{h_2}}$$

$$= \frac{1}{\frac{1}{8} + \frac{0.005}{0.5} + \frac{0.025}{1.3} + \frac{0.2}{0.65} + \frac{1}{20}}$$

$$= 1.95\text{W/m}^2 \cdot ℃$$

86 100kN의 인장하중을 받는 한쪽 덮개판 맞대기 리벳이음이 있다. 리벳의 지름이 15mm, 리벳의 허용전단력이 60MPa일 때 최소 몇 개의 리벳이 필요한가?

① 10　② 8
③ 6　④ 4

해설

$$\tau = \frac{W}{AZ} = \frac{W}{\frac{\pi d^2}{4} Z} = \frac{4W}{\pi d^2 Z}[\text{MPa}]$$

$$Z = \frac{4W}{\tau\pi d^2} = \frac{4 \times 100 \times 10^3}{60 \times \pi \times 15^2} \fallingdotseq 10\text{개}$$

87 노통연관식 보일러의 특징에 대한 설명으로 옳은 것은?

① 외분식이므로 방산손실열량이 크다.
② 고압이나 대용량보일러로 적당하다.
③ 내부청소가 간단하므로 급수처리가 필요 없다.
④ 보일러의 크기에 비하여 전열면적이 크고 효율이 좋다.

해설 노통 보일러는 보일러의 크기에 비하여 전열면적이 크고 효율이 좋다.

88 보일러의 내부청소 목적에 해당하지 않는 것은?

① 스케일 슬러지에 의한 보일러 효율 저하 방지
② 수면계 노즐 막힘에 의한 장해방지
③ 보일러수 순환 저해방지
④ 수트블로워에 의한 매연 제거

해설 수트블로워(shoot blower)는 보일러 전열면에 부착된 그을음 등을 물, 공기, 증기 등을 분사하여 제거하는 매연 취출 장치이다.

89 압력용기에 대한 수압시험의 압력기준으로 옳은 것은?

① 최고 사용압력이 0.1MPa 이상의 주철제 압력용기는 최고 사용압력의 3배이다.
② 비철금속제 압력용기는 최고 사용압력의 1.5배의 압력에 온도를 보정한 압력이다.
③ 최고 사용압력이 1MPa 이하의 주철제 압력용기는 0.1MPa이다.
④ 법랑 또는 유리 라이닝한 압력용기는 최고 사용압력의 1.5배의 압력이다.

해설
① 최고 사용압력이 0.1MPa 이상의 주철제 압력용기는 최고 사용압력의 2배이다.
③ 최고 사용압력이 0.1MPa 이하의 주철제 압력용기는 0.2MPa이다.
④ 법랑 또는 유리 라이닝한 압력용기는 최고 사용압력이다.

90 보일러의 스테이를 수리 · 변경하였을 경우 실시하는 검사는?

① 설치검사　② 대체검사
③ 개조검사　④ 개체검사

해설 보일러의 스테이(stay)를 수리 · 변경하였을 경우 실시하는 검사는 개조검사다.

정답 85 ① 86 ① 87 ④ 88 ④ 89 ② 90 ③

91 노통 보일러에 갤러웨이 관을 직각으로 설치하는 이유로 적절하지 않은 것은?

① 노통을 보강하기 위하여
② 보일러수의 순환을 돕기 위하여
③ 전열 면적을 증가시키기 위하여
④ 수격작용을 방지하기 위하여

해설
갤러웨이 관(galloway tube)의 설치목적
㉠ 전열면을 증가시킨다.
㉡ 보일러수의 순환을 촉진시킨다.
㉢ 화실(노통)의 벽을 보강시킨다.

92 보일러의 전열면에 부착된 스케일 중 연질 성분인 것은?

① $Ca(HCO_3)_2$ ② $CaSO_4$
③ $CaCl_2$ ④ $CaSiO_3$

해설
스케일 중 연질성분인 것은 탄산수소칼슘($Ca(HCO_3)_2$)으로 물에 녹는다.

93 이상적인 흑체에 대하여 단위면적당 복사에너지 E와 절대온도 T의 관계식으로 옳은 것은? (단, σ는 스테판-볼츠만 상수이다.)

① $E=\sigma T^2$ ② $E=\sigma T^4$
③ $E=\sigma T^6$ ④ $E=\sigma T^8$

해설
단위면적당 복사에너지(q_R) $=\frac{E}{A}=\frac{\sigma A T^4}{A}$
$=\sigma T^4[W/m^2 \cdot K^4]$

94 공기예열기 설치에 따른 영향으로 틀린 것은?

① 연소효율을 증가시킨다.
② 과잉공기량을 줄일 수 있다.
③ 배기가스 저항이 줄어든다.
④ 질소산화물에 의한 대기오염의 우려가 있다.

해설
공기예열기 설치에 따른 영향
[장점]
㉠ 연료(fuel)를 절감할 수 있다.
㉡ 질이 낮은 연료의 연소에 유리하다.
㉢ 노내 온도를 고온으로 유지할 수 있다.
㉣ 공기를 예열하므로 작은 공기비(m)로 연료를 완전연소시킬 수 있다.
㉤ 연소효율 증가로 열효율이 향상된다.
[단점]
㉠ 저온부식의 원인이 된다[황산화물질 (SO_x)로 인하여].
㉡ 통풍력이 감소된다.
㉢ 배기가스 저항이 증가한다.
㉣ 보수, 점검, 청소가 어렵다.
㉤ 설비비가 비싸다.

95 일반적으로 보일러에 사용되는 중화방청제가 아닌 것은?

① 암모니아 ② 히드라진
③ 탄산나트륨 ④ 포름산나트륨

해설
보일러에 사용되는 중화방청제는 암모니아(NH_3), 히드라진(N_2H_4), 탄산나트륨 등이 사용된다.

96 내압을 받는 보일러 동체의 최고사용압력은? (단, t : 두께(mm), P : 최고사용압력(MPa), D_i : 동체 내경(mm), η : 길이 이음효율, σ_a : 허용인장응력(MPa), α : 부식여유, k : 온도상수이다.)

① $P=\frac{2\sigma_a\eta(t-\alpha)}{D_i+(1-k)(t-\alpha)}$

② $P=\frac{2\sigma_a\eta(t-\alpha)}{D_i+2(1-k)(t-\alpha)}$

③ $P=\frac{4\sigma_a\eta(t-\alpha)}{D_i+2(1-k)(t-\alpha)}$

④ $P=\frac{4\sigma_a\eta(t-\alpha)}{D_i+(1-k)(t-\alpha)}$

97 관판의 두께가 20mm이고, 관 구멍의 지름이 51mm인 연관의 최소피치[mm]는 얼마인가?

① 35.5 ② 45.5
③ 52.5 ④ 62.5

해설
연관보일러의 최소피치 계산식
$p=\left(1+\frac{4.5}{t}\right)d$
$=\left(1+\frac{4.5}{20}\right)\times 51=62.475 ≒ 62.5mm$

정답 91 ④ 92 ① 93 ② 94 ③ 95 ④ 96 ② 97 ④

98 다음 각 보일러의 특징에 대한 설명 중 틀린 것은?

① 입형 보일러는 좁은 장소에도 설치할 수 있다.
② 노통 보일러는 보유수량이 적어 증기발생 소요시간이 짧다.
③ 수관 보일러는 구조상 대용량 및 고압용에 적합하다.
④ 관류 보일러는 드럼이 없어 초고압보일러에 적합하다.

해설
노통 보일러는 보유수량이 많아 부하변동에 따른 대체가 용이하나 증기발생 소요시간(예열시간)이 길다.

99 수관식 보일러에 급수되는 TDS가 2,500μs/cm이고 보일러수의 TDS는 5,000μs/cm이다. 최대증기 발생량이 10,000kg/h라고 할 때 블로우다운양[kg/h]은?

① 2,000 ② 4,000
③ 8,000 ④ 10,000

해설
블로우(blow)다운양

$$= \frac{F_s \times H_s}{B - H_s} = \frac{10,000 \times 2,500}{5,000 - 2,500} = 10,000\text{kg/h}$$

100 원통형 보일러의 노통이 편심으로 설치되어 관수의 순환작용을 촉진시켜 줄 수 있는 보일러는?

① 코르니시 보일러 ② 라몬트 보일러
③ 케와니 보일러 ④ 기관차 보일러

해설
원통형 보일러의 노통이 편심되어 설치되는 이유는 물의 순환을 촉진시키기 위함이고 노통이 1개인 보일러가 코르니시 보일러이고 노통이 2개인 보일러가 랭카셔 보일러다.

정답 98 ② 99 ④ 100 ①

과년도 출제문제 (2021년 4회)

제1과목 연소공학

01 과잉공기를 공급하여 어떤 연료를 연소시켜 건연소가스를 분석하였다. 그 결과 CO_2, O_2, N_2의 함유율이 각각 16%, 1%, 83%이었다면 이 연료의 최대 탄산가스율은 몇 %인가?

① 15.6 ② 16.8
③ 17.4 ④ 18.2

해설
배기가스 분석결과 일산화탄소(CO)가 없으므로

공기비$(m) = \frac{(CO_2)_{max}}{CO_2} = \frac{21}{21-O_2}$ 에서

$(CO_2)_{max} = \frac{21CO_2}{21-O_2} = \frac{21\times16}{21-1} = 16.8\%$

02 전기식 집진장치에 대한 설명 중 틀린 것은?

① 포집입자의 직경은 30~50μm 정도이다.
② 집진효율이 90~99.9%로서 높은 편이다.
③ 고전압장치 및 정전설비가 필요하다.
④ 낮은 압력손실로 대량의 가스처리가 가능하다.

해설
전기집진장치에서 포집입자의 직경은 0.1μm 이하의 미세입자까지도 포집이 가능하다.

03 C_2H_4가 10g 연소할 때 표준상태인 공기는 160g 소모되었다. 이때 과잉공기량은 약 몇 g인가? (단, 공기 중 산소의 중량비는 23.2%이다.)

① 12.22 ② 13.22
③ 14.22 ④ 15.22

해설
$C_2H_4 + 3O_2 \rightarrow 2CO_2 + 2H_2O$

$O_o = \frac{3\times32}{28} = \frac{96}{28} = 3.429g'/g$

$A_o = \frac{O_o}{0.232} = \frac{3.429}{0.232} = 14.78g'/g$

$\therefore A_a = 160 - 14.78\times10 = 12.2g$

04 공기를 사용하여 기름을 무화시키는 형식으로 200~700kPa의 고압공기를 이용하는 고압식과 5~200kPa의 저압공기를 이용하는 저압식이 있으며, 혼합 방식에 의해 외부혼합식과 내부혼합식으로도 구분하는 버너의 종류는?

① 유압분무식 버너 ② 회전식 버너
③ 기류분무식 버너 ④ 건타입 버너

해설
기류분무식 버너는 공기를 사용하여 기름을 무화(안개처럼)시키는 형식으로 200~700kPa의 고압공기를 이용하는 고압식과 5~200kPa의 저압공기를 사용하는 저압식이 있으며 혼합방식에 의해 외부혼합식과 내부혼합식으로 구분되는 버너이다.

05 증기운 폭발의 특징에 대한 설명으로 틀린 것은?

① 폭발보다 화재가 많다.
② 연소에너지의 약 20%만 폭풍파로 변한다.
③ 증기운의 크기가 클수록 점화될 가능성이 커진다.
④ 점화위치가 방출점에서 가까울수록 폭발위력이 크다.

해설
증기운 폭발(Vapor Cloud explosion)은 점화위치가 방출점에서 멀수록 그만큼 가연성 증기가 많이 유출된 것이므로 폭발위력이 크다. 석유화학공장에서 종종 일어나는 폭발사고다.

06 다음 중 연소 전에 연료와 공기를 혼합하여 버너에서 연소하는 방식인 예혼합 연소방식 버너의 종류가 아닌 것은?

① 포트형 버너 ② 저압버너
③ 고압버너 ④ 송풍버너

해설
예혼합 연소방식 버너의 종류
㉠ 저압버너
㉡ 고압버너
㉢ 송풍버너

정답 01 ② 02 ① 03 ① 04 ③ 05 ④ 06 ①

07 프로판 $1Nm^3$를 공기비 1.1로서 완전연소시킬 경우 건연소가스량은 약 몇 Nm^3인가?

① 20.2 ② 24.2
③ 26.2 ④ 33.2

해설
프로판$(C_3H_8)+5O_2 \rightarrow 3CO_2+4H_2O$

이론공기량$(A_o)=\dfrac{O_o}{0.21}=\dfrac{5}{0.21}$
$=23.81Nm^3/Nm^3(fuel)$

이론건연소가스량$(G_{od})=(1-0.21)A_o+3$
$=0.79\times23.81+3$
$=21.81Nm^3/Nm^3(fuel)$

실제건연소가스량$(G_d)=G_{od}+(m-1)A_o$
$=21.81+(1.1-1)\times23.81$
$\fallingdotseq 24.2Nm^3/Nm^3(fuel)$

08 인화점이 50℃ 이상인 원유, 경유 등에 사용되는 인화점 시험방법으로 가장 적절한 것은?

① 태그 밀폐식
② 아벨펜스키 밀폐식
③ 클리브렌드 개방식
④ 펜스키마텐스 밀폐식

해설
인화점이 50℃ 이상인 원유, 경유 등에 사용되는 인화점 시험방법으로 가장 적절한 시험은 팬스키마텐스 밀폐식이다.

09 탄소 12kg을 과잉공기계수 1.2의 공기로 완전연소시킬 때 발생하는 연소가스량은 약 몇 Nm^3인가?

① 84 ② 107
③ 128 ④ 149

해설
연소반응식 $C+O_2 \rightarrow CO_2$
$G_{od}=(1-0.21)A_o+$생성된 CO_2
실제건연소가스량(G_d)
$G_d=G_{od}+(m-1)A_o$
$=(m-0.21)A_o+$생성된 CO_2
$=(m-0.21)\dfrac{O_o}{0.21}+$생성된 CO_2
$=(1.2-0.21)\dfrac{22.4}{0.21}+22.4=128Nm^3/kg$(연료)

10 아래 표와 같은 질량분율을 갖는 고체 연료의 총 질량이 2.8kg일 때 고위발열량과 저위발열량은 각각 약 몇 MJ인가?

• C(탄소) : 80.2%	• H(수소) : 12.3%
• S(황) : 2.5%	• W(수분) : 1.2%
• O(산소) : 1.1%	• 회분 : 2.7%

반응식	고위발열량 (MJ/kg)	저위발열량 (MJ/kg)
$C+O_2 \rightarrow CO_2$	32.79	32.79
$H+\frac{1}{4}O_2 \rightarrow \frac{1}{2}H_2O$	141.9	120.0
$S+O_2 \rightarrow SO_2$	9.265	9.265

① 44, 41 ② 123, 115
③ 156, 141 ④ 723, 786

해설
$H_h=32.79C+141.9\left(H-\dfrac{O}{8}\right)+9.265S$
$=32.79\times0.802+141.9\left(0.123-\dfrac{0.011}{8}\right)$
$+9.265\times0.025$
$=43.79kJ/kg$
$\therefore\ H_h=43.79\times2.8=123MJ$
$H_L=H_h-600\times4.2\times10^{-3}(9H+w)$
$=H_h-2.52(9H+w)$
$=43.79-2.52(9\times0.123+0.012)$
$=40.97MJ/kg\times2.8kg$
$\fallingdotseq 115MJ$

11 CH_4가스 $1Nm^3$를 30% 과잉공기로 연소시킬 때 완전연소에 의해 생성되는 실제 연소가스의 총량은 약 몇 Nm^3인가?

① 2.4 ② 13.4
③ 23.1 ④ 82.3

해설
$CH_4+2O_2 \rightarrow CO_2+2H_2O$
실제습연소가스량(G_w)
$G_w=(m-0.21)A_o+$생성된 CO_2+생성된 H_2O
$=(1.3-0.21)\dfrac{2}{0.21}+1+2$
$\fallingdotseq 13.4Nm^3$

정답 07 ② 08 ④ 09 ③ 10 ② 11 ②

12 가스 연소 시 강력한 충격파와 함께 폭발의 전파속도가 초음속이 되는 현상은?

① 폭발연소
② 충격파연소
③ 폭연(deflagration)
④ 폭굉(detonation)

해설 폭굉(Detonation)이란 가스연소 시 강력한 충격파(shock wave)와 함께 폭발의 전파속도가 초음속이 되는 현상으로, 화염의 전파속도가 음속(340m/s)보다 빠르며(1,000~3,500m/s) 반응대가 충격파에 의해 유지되는 화학 반응현상(연소폭발현상)을 말한다.

13 다음 연소범위에 대한 설명으로 옳은 것은?

① 온도가 높아지면 좁아진다.
② 압력이 상승하면 좁아진다.
③ 연소상한계 이상의 농도에서는 산소농도가 너무 높다.
④ 연소하한계 이하의 농도에서는 가연성 증기의 농도가 너무 낮다.

해설 연소하한계(LEL) 이하의 농도에서는 가연성 가스(증기)의 농도가 너무 낮다.

14 연돌의 설치 목적이 아닌 것은?

① 배기가스의 배출을 신속히 한다.
② 가스를 멀리 확산시킨다.
③ 유효 통풍력을 얻는다.
④ 통풍력을 조절해 준다.

해설 연돌(굴뚝)의 설치목적
㉠ 배기가스의 배출을 신속히 한다(대기오염방지).
㉡ 대기 중에 가스(매연, 그을음 분진 등)를 멀리 확산시킨다.
㉢ 유효 통풍력을 얻는다.

15 고체연료에 비해 액체연료의 장점에 대한 설명으로 틀린 것은?

① 화재, 역화 등의 위험이 적다.
② 회분의 거의 없다.
③ 연소효율 및 열효율이 좋다.
④ 저장운반이 용이하다.

해설 고체연료의 특징
㉠ 인화폭발위험성이 적다.
㉡ 부하변동에 적응성이 좋지 않다.
㉢ 가격이 저렴하다.
㉣ 연소장치가 간단하다.
㉤ 점화, 소화가 어렵다.
㉥ 연소 시 매연발생이 심하고 회분(ash)이 많다.
㉦ 파이프 수송이 불가능하며 운반취급이 불편하다.

액체연료의 특징
㉠ 인화 및 역화의 위험이 크다.
㉡ 유황(S) 함유량이 많아 대기도열의 원인이 된다.
㉢ 연소온도가 높아 국부적인 과열을 일으키기 쉽다.
㉣ 발열량이 크고 효율이 높다.
㉤ 저장과 운반이 쉽다.
㉥ 점화 소화 및 연소조절이 용이하다.
㉦ 회분이 거의 없어 재의 처리를 하지 않아도 된다.

16 고온부식을 방지하기 위한 대책이 아닌 것은?

① 연료에 첨가제를 사용하여 바나듐의 융점을 낮춘다.
② 연료를 전처리하여 바나듐, 나트륨, 황분을 제거한다.
③ 배기가스온도를 550℃ 이하로 유지한다.
④ 전열면을 내식재료로 피복한다.

해설 고온부식을 방지하기 위해서는 연료에 첨가재를 사용하여 바나듐(V)의 융점을 높인다.

17 과잉공기량이 증가할 때 나타나는 현상이 아닌 것은?

① 연소실의 온도가 저하된다.
② 배기가스에 의한 열손실이 많아진다.
③ 연소가스 중의 SO_3이 현저히 줄어 저온부식이 촉진된다.
④ 연소가스 중의 질소산화물 발생이 심하여 대기오염을 초래한다.

해설 과잉공기량이 증가하면 나타나는 현상
㉠ 연소가 잘 되어 불완전연소물(그을음) 감소
㉡ 배기가스 연손실 증가
㉢ 연료소비량 증가
㉣ 연소실 온도 감소
㉤ 연소가스 중의 질소산화물(NO_X)이 발생하여 대기오염 초래
㉥ 연소가스 중의 SO_X가 현저하게 줄어 저온부식 감소

정답 12 ④ 13 ④ 14 ④ 15 ① 16 ① 17 ③

18 어떤 연료 가스를 분석하였더니 [보기]와 같았다. 이 가스 $1Nm^3$를 연소시키는 데 필요한 이론산소량은 몇 Nm^3인가?

> [보기]
> 수소 : 40%, 일산화탄소 : 10%, 메탄 : 10%
> 질소 : 25%, 이산화탄소 : 10%, 산소 : 5%

① 0.2 ② 0.4
③ 0.6 ④ 0.8

해설
가스연료 성분 분석결과 연료(fuel)/Nm^3 중에 연소할 수 있는 성분들만의 산소(O_o)량은

$H_2+\frac{1}{2}O_2 \rightarrow H_2O$, $CO+\frac{1}{2}O_2 \rightarrow CO_2$,

$CH_4+2O_2 \rightarrow CO_2+2H_2O$

$O_o=(0.5\times H_2+0.5\times CO+2\times CH_4)-O_2$
$=(0.5\times0.4+0.5\times0.1+2\times0.1)-0.05$
$=0.4Nm^3/Nm^3(\text{fuel})$

19 기체연료에 대한 일반적인 설명으로 틀린 것은?

① 회분 및 유해물질의 배출량이 적다.
② 연소조절 및 점화, 소화가 용이하다.
③ 인화의 위험성이 적고 연소장치가 간단하다.
④ 소량의 공기로 완전연소할 수 있다.

해설
인화 및 폭발의 위험성에 적고 연소장치가 간단한 것은 고체연료의 특징이다.
기체연료의 특징
㉠ 회분 및 유해배출량이 적다.
㉡ 연소조절 및 점화 소화가 용이하다.
㉢ 소량의 공기로 완전연소할 수 있다.
㉣ 저장, 수송이 곤란하고 시설비가 많이 든다.
㉤ 부하변동 범위가 없다.
㉥ 회분이나 황(S) 성분이 거의 없어 배연이나 SO_2 발생이 거의 없다.
㉦ 누설에 의한 역화, 폭발 등의 위험이 존재한다.

20 298.15K, 0.1MPa 상태의 일산화탄소를 같은 온도의 이론공기량으로 정상유동 과정으로 연소시킬 때 생성물의 단열화염 온도를 주어진 표를 이용하여 구하면 약 몇 K인가? (단, 이 조건에서 CO 및 CO_2의 생성엔탈피는 각각 -110,529kJ/kmol, −393,522kJ/kmol 이다.)

CO_2의 기준상태에서 각각의 온도까지 엔탈피 차	
온도(K)	엔탈피 차(kJ/kmol)
4,800	266,500
5,000	279,295
5,200	292,123

① 4,835 ② 5,058
③ 5,194 ④ 5,306

해설
열화학 방정식에서 엔탈피(Enthalpy) 변화량(ΔH)에서 (−)는 발열을 의미한다.
일산화탄소(CO)의 완전연소 반응식 $CO+\frac{1}{2}O_2 \rightarrow CO_2+\Delta H$에서
$-110,529=-395,322+\Delta H$
$\Delta H=395,322-110,529=282,993\text{kJ/kmol}$

$$f(T)=5,000\text{K}+\frac{5,200-5,000}{292,123-279,295}\times(282,993-279,295)$$
$$\fallingdotseq 5,058\text{K}$$

※ 보간법 공식(formula)

$$f(x)=f(x_1)+\frac{f(x_2)-f(x_1)}{x_2-x_1}(x-x_1)$$

제2과목 열역학

21 온도가 T_1인 이상기체를 가역단열과정으로 압축하였다. 압력이 P_1에서 P_2로 변하였을 때, 압축 후의 온도 T_2를 옳게 나타낸 것은? (단, k는 이상기체의 비열비는 나타낸다.)

① $T_2=T_1\left(\frac{P_2}{P_1}\right)^{\frac{k}{k-1}}$ ② $T_2=T_1\left(\frac{P_2}{P_1}\right)^{\frac{k}{1-k}}$
③ $T_2=T_1\left(\frac{P_2}{P_1}\right)^{\frac{k-1}{k}}$ ④ $T_2=T_1\left(\frac{P_2}{P_1}\right)^{\frac{1-k}{k}}$

정답 18 ② 19 ③ 20 ② 21 ③

해설
가역단열과정 시 P.V.T 관계식

$$\frac{T_2}{T_1}=\left(\frac{V_1}{V_2}\right)^{k-1}=\left(\frac{P_2}{P_1}\right)^{\frac{k-1}{k}}$$

• $PV^k=C,\ TV^{k-1}=C,\ \frac{P^{\frac{k-1}{k}}}{T}=C$

22 공기가 압력 1MPa, 체적 $0.4m^3$인 상태에서 50℃의 등온 과정으로 팽창하여 체적이 4배로 되었다. 엔트로피의 변화는 약 몇 kJ/K인가?

① 1.72　② 5.46
③ 7.32　④ 8.83

해설
등온변화 시 가열량

$$Q=mRT\ln\frac{V_2}{V_1}=PV\ln\frac{V_2}{V_1}=1\times10^3\times0.4\ln4$$

$$\fallingdotseq 555\text{kJ}$$

$$\therefore\ S_2-S_1=\frac{Q}{T}=\frac{555}{50+273}\fallingdotseq 1.72\text{kJ/K}$$

23 수증기가 노즐 내를 단열적으로 흐를 때 출구 엔탈피가 입구 엔탈피보다 15kJ/kg만큼 작아진다. 노즐 입구에서의 속도를 무시할 때 노즐 출구에서의 수증기 속도는 약 몇 m/s인가?

① 173　② 200
③ 283　④ 346

해설

$$V_2=44.72\sqrt{(h_1-h_2)}=44.72\sqrt{15}\fallingdotseq 173.2\text{m/s}$$

24 오토사이클과 디젤사이클의 열효율에 대한 설명 중 틀린 것은?

① 오토사이클의 열효율은 압축비와 비열비만으로 표시된다.
② 차단비가 1에 가까워질수록 디젤사이클의 열효율은 오토사이클의 열효율에 근접한다.
③ 압축 초기 압력과 온도, 공급 열량, 최고 온도가 같을 경우 디젤사이클의 열효율이 오토사이클의 열효율보다 높다.
④ 압축비와 차단비가 클수록 디젤사이클의 열효율은 높아진다.

해설

$$\eta_{thd}=1-\left(\frac{1}{\varepsilon}\right)^{k-1}\frac{\sigma^k-1}{k(\sigma-1)}=f(\varepsilon,\sigma)$$

디젤사이클은 압축비(ε)가 클수록, 차단비(cut off ratio) σ가 작을수록 열효율은 증가한다(높아진다).

25 정상상태로 흐르는 유체의 에너지방정식을 다음과 같이 표현할 때 (　) 안에 들어갈 용어로 옳은 것은? (단, 유체에 대한 기호의 의미는 아래와 같고, 첨자 1과 2는 입·출구를 나타낸다.)

$$\dot{Q}+\dot{m}\left[h_1+\frac{V_1^2}{2}+(\quad)_1\right]=\dot{W}_s+\dot{m}\left[h_2+\frac{V_2^2}{2}+(\quad)_2\right]$$

기호	의미	기호	의미
$\dot{Q}$	시간당 받는 열량	$\dot{W}_s$	시간당 주는 일량
$\dot{m}$	질량유량	s	비엔트로피
h	비엔탈피	u	비내부에너지
V	속도	P	압력
g	중력가속도	z	높이

① s　② u
③ gz　④ P

해설
정상유동의 에너지 방정식(energy 보존의 법칙 적용)

$$Q=W_s+m(h_2-h_1)+\frac{m}{2}(V_2^2-V_1^2)+mg(Z_2-Z_1)[\text{kW(kJ/s)}]$$

• 1단면(입구)에너지의 총합=2단면(출구)에너지 총합

$$Q+\dot{m}\left\{h_1+\frac{V_1^2}{2}+(gz)_1\right\}=W_s+\dot{m}\left\{h_2+\frac{V_2^2}{2}+(gz)_2\right\}$$

26 증기에 대한 설명 중 틀린 것은?

① 동일압력에서 포화증기는 포화수보다 온도가 더 높다.
② 동일압력에서 건포화증기를 가열한 것이 과열증기이다.
③ 동일압력에서 과열증기는 건포화증기보다 온도가 더 높다.
④ 동일압력에서 습포화증기와 건포화증기는 온도가 같다.

정답 22 ① 23 ① 24 ④ 25 ③ 26 ①

해설 동일압력에서($P=C$) 포화증가와 포화수의 온도는 같다.

$T_s = t_e + 273 = 100 + 273 = 373\text{K}$

27 매시간 2,000kg의 포화수증기를 발생하는 보일러가 있다. 보일러 내의 압력은 200kPa이고, 이 보일러에는 매시간 150kg의 연료가 공급된다. 이 보일러의 효율은 약 얼마인가? (단, 보일러에 공급되는 물의 엔탈피는 84kJ/kg이고, 200kPa에서의 포화증기의 엔탈피는 2,700kJ/kg이며, 연료의 발열량은 42,000kJ/kg이다.)

① 77%　② 80%
③ 83%　④ 86%

해설
$$\eta = \frac{m_a(h_2 - h_1)}{H_L \times m_f} \times 100\%$$
$$= \frac{2{,}000 \times (2{,}700 - 84)}{42{,}000 \times 150} \times 100\%$$
$$= 83\%$$

28 보일러의 게이지 압력이 800kPa일 때 수은 기압계가 측정한 대기 압력이 856mmHg를 지시했다면 보일러 내의 절대압력은 약 몇 kPa인가? (단, 수은의 비중은 13.6이다.)

① 810　② 914
③ 1,320　④ 1,656

해설
$$P_a = P_o + P_g = \frac{856}{760} \times 101.325 + 800 = 914.12\text{kPa}$$

29 정상상태(steady state)에 대한 설명으로 옳은 것은?

① 특정 위치에서만 물성값을 알 수 있다.
② 모든 위치에서 열역학적 함수값이 같다.
③ 열역학적 함수값은 시간에 따라 변하기도 한다.
④ 유체 물성이 시간에 따라 변하지 않는다.

해설 정상상태란 유해의 물성이 시간에 따라 변하지 않는다.

30 대기압이 100kPa인 도시에서 두 지점의 계기압력비가 '5 : 2'라면 절대 압력비는?

① 1.5 : 1
② 1.75 : 1
③ 2 : 1
④ 주어진 정보로는 알 수 없다.

해설 주어진 정보로만으로는 절대 압력비를 구할 수 없다.

31 실온이 25℃인 방에서 역카르노 사이클 냉동기가 작동하고 있다. 냉동공간은 −30℃ 유지되며, 이 온도를 유지하기 위해 작동유체가 냉동공간으로부터 100kW를 흡열하려 할 때 전동기가 해야 할 일은 약 몇 kW인가?

① 22.6　② 81.5
③ 207　④ 414

해설
$$\varepsilon_R = \frac{T_2}{T_1 - T_2}$$
$$= \frac{(-30+273)}{25+273-(-30+273)}$$
$$= \frac{243}{298-243}$$
$$\fallingdotseq 4.42$$
$$W_L = \frac{Q_e}{\varepsilon_R} = \frac{100}{4.42} \fallingdotseq 22.62\text{kW}$$

32 열역학 제2법칙과 관련하여 가역 또는 비가역 사이클 과정 중 항상 성립하는 것은? (단, Q는 시스템에 출입하는 열량이고, T는 절대온도이다.)

① $\oint \frac{\delta Q}{T} = 0$　② $\oint \frac{\delta Q}{T} > 0$
③ $\oint \frac{\delta Q}{T} \geq 0$　④ $\oint \frac{\delta Q}{T} \leq 0$

해설 clausius의 패적분 값은 $\oint \frac{\delta Q}{T} \leq 0$ 가역이면 등호, 비가역 사이클이면 부등호(<)다.

정답 27 ③ 28 ② 29 ④ 30 ④ 31 ① 32 ④

33 다음 중 열역학 제2법칙과 관련된 것은?

① 상태 변화 시 에너지는 보존된다.
② 일을 100% 열로 변환시킬 수 있다.
③ 사이클과정에서 시스템이 한 일은 시스템이 받은 열량과 같다.
④ 열은 저온부로부터 고온부로 자연적으로 전달되지 않는다.

해설 열역학 제2법칙은 방향성(비가역성)을 나타낸 법칙으로, 열은 그 스스로 자연적으로 저온부에서 고온부로 전달되지 않는다.

34 터빈에서 2kg/s의 유량으로 수증기를 팽창시킬 때 터빈의 출력이 1,200kW라면 열손실은 몇 kW인가? (단, 터빈 입구와 출구에서 수증기의 엔탈피는 각각 3,200kJ/kg와 2,500kJ/kg이다.)

① 600 ② 400
③ 300 ④ 200

해설 손실동력(kW) $= m(h_1 - h_2) - 1,200$
$= 2(3,200 - 2,500) - 1,200$
$= 200\text{kW}$

35 이상기체의 폴리트로픽 변화에서 항상 일정한 것은? (단, P : 압력, T : 온도, V : 부피, n : 폴리트로픽 지수)

① VT^{n-1} ② $\dfrac{PT}{V}$
③ TV^{1-n} ④ PV^n

해설 polytropic charge(폴리트로픽 변화 시) P.V.T 관계식
㉠ $PV^n = C$
㉡ $TV^{n-1} = C$
㉢ $\dfrac{P^{\frac{n-1}{n}}}{T} = C$

36 공기 오토사이클에서 최고 온도가 1,200K, 압축 초기 온도가 300K, 압축비가 8일 경우 열 공급량은 약 몇 kJ/kg인가? (단, 공기의 정적 비열은 0.7165kJ/kg · K, 비열비는 1.4이다.)

① 366 ② 466
③ 566 ④ 666

해설 단열압축 후 온도$(T_2) = T_1\left(\dfrac{V_1}{V_2}\right)^{k-1}$
$= T_1\varepsilon^{k-1} = 300 \times 8^{1.4-1}$
$≒ 689\text{K}$
오토사이클(등적사이클)에서
공급열량$(q_1) = C_v(T_3 - T_2)$
$= 0.7165 \times (1,200 - 689)$
$≒ 366\text{kJ/kg}$

37 온도 45℃인 금속 덩어리 40g을 15℃인 물 100g에 넣었을 때, 열평형이 이루어진 후 두 물질의 최종 온도는 몇 ℃인가? (단, 금속의 비열은 0.9J/g · ℃, 물의 비열은 4J/g · ℃이다.)

① 17.5 ② 19.5
③ 27.4 ④ 29.4

해설 열역학 제0법칙(열평형의 법칙)
고온체 발열량(금속)=저온체흡열량(물)
$m_1C_1(t_1 - t_m) = m_2C_2(t_m - t_2)$
$\therefore\ t_m = \dfrac{m_1C_1t_1 + m_2C_2t_2}{m_1C_1 + m_2C_2}$
$= \dfrac{40 \times 0.9 \times 45 + 100 \times 4 \times 15}{40 \times 0.9 + 100 \times 4}$
$= 17.48$
$≒ 17.5℃$

38 온도차가 있는 두 열원 사이에서 작동하는 역카르노사이클을 냉동기로 사용할 때 성능계수를 높이려면 어떻게 해야 하는가?

① 저열원의 온도를 높이고 고열원의 온도를 높인다.
② 저열원의 온도를 높이고 고열원의 온도를 낮춘다.
③ 저열원의 온도를 낮추고 고열원의 온도를 높인다.
④ 저열원의 온도를 낮추고 고열원의 온도를 낮춘다.

정답 33 ④ 34 ④ 35 ④ 36 ① 37 ① 38 ②

해설 역카르노사이클(냉동기의 이상 사이클)

$$\varepsilon_R = \frac{T_2}{T_1 - T_2}$$

냉동기의 성능계수(ε_R)를 높이려면 저열원의 온도(T_2)를 높이고 고열원의 온도(T_1)를 낮춘다.

39 일정한 압력 300kPa으로, 체적 $0.5m^3$의 공기가 외부로부터 160kJ의 열을 받아 그 체적이 $0.8m^3$로 팽창하였다. 내부에너지의 증가량은 몇 kJ인가?

① 30 ② 70
③ 90 ④ 160

해설 밀폐계에너지 식

$$Q = (U_2 - U_1) + {}_1W_2 \text{[kJ]}$$

$$(U_2 - U_1) = Q - {}_1W_2 = 160 - 90 = 70\text{kJ}$$

$$\therefore {}_1W_2 = \int_1^2 PdV = P(V_2 - V_1) = 300 \times (0.8 - 0.5) = 90\text{kJ}$$

40 냉동기의 냉매로서 갖추어야 할 요구조건으로 틀린 것은?

① 증기의 비체적이 커야 한다.
② 불활성이고 안정적이어야 한다.
③ 증발온도에서 높은 잠열을 가져야 한다.
④ 액체의 표면장력이 작아야 한다.

해설 냉매의 구비조건
㉠ 불활성이고 안정적일 것
㉡ 증발열이 클 것
㉢ 액체의 표면장력이 작을 것
㉣ 증기의 비체적이 작을 것
㉤ 냉매의 비열비(단열지수)가 작을 것

제3과목 계측방법

41 계측에 있어 측정의 참값을 판단하는 계의 특성 중 동특성에 해당하는 것은?

① 감도 ② 직선성
③ 히스테리시스 오차 ④ 응답

해설 계측에 있어 측정의 참값을 판단하는 계의 특성 중 동특성은 "응답"이다.
※ 동특성(dynamic characteristics)이란 시간적으로 변화하는 압력신호에 대한 계 또는 요소의 응답특성을 말한다.

42 광고온계의 측정온도 범위로 가장 적합한 것은?

① 100~300℃
② 100~500℃
③ 700~2,000℃
④ 4,000~5,000℃

해설 비접촉식 광고 온도계의 측정범위는 700~2,000℃가 적합하다.

43 오리피스에 의한 유량측정에서 유량에 대한 설명으로 옳은 것은?

① 압력차에 비례한다.
② 압력차의 제곱근에 비례한다.
③ 압력차에 반비례한다.
④ 압력차의 제곱근에 반비례한다.

해설 오리피스는 차압식 유량계로 유량(Q)은 압력치의 제곱근($\sqrt{\ }$)에 비례한다($Q \propto \sqrt{\Delta P}$).

44 휴대용으로 상온에서 비교적 정밀도가 좋은 아스만 습도계는 다음 중 어디에 속하는가?

① 저항 습도계
② 냉각식 노점계
③ 간이 건습구 습도계
④ 통풍형 건습구 습도계

해설 휴대용으로 상온에서 비교적 정밀도가 높은 아스만 습도계는 통풍형 건습구 습도계다. R. Aassmarm의 고안에 의한 건습구 온도계 건구 및 습구는 금속제 2중관으로 통풍관에 넣어 팬으로 감도부의 둘레에 풍속의 기류가 발생하도록 되어 있다. 감도가 좋고 외부 풍속변화 영향을 받지 않으므로 정확한 습도 측정이 가능하다.

정답 39 ② 40 ① 41 ④ 42 ③ 43 ② 44 ④

45 서미스터 온도계의 특징이 아닌 것은?

① 소형이며 응답이 빠르다.
② 저항 온도계수가 금속에 비하여 매우 작다.
③ 흡습 등에 의하여 열화되기 쉽다.
④ 전기저항체 온도계이다.

해설 서미스터(thermistor)는 전기저항이 온도에 따라 크게 변화하는 반도체이므로 응답이 빠르다. 온도계수가 금속에 비해 크다.

46 다음 유량계 중에서 압력손실이 가장 적은 것은?

① Float형 면적 유량계
② 열전식 유량계
③ Rotary piston형 용적식 유량계
④ 전자식 유량계

해설 유량계 중에서 압력손실이 가장 적은 것은 전자식 유량계이다.

47 다음 중 가스 크로마토그래피의 흡착제로 쓰이는 것은?

① 미분탄
② 활성탄
③ 유연탄
④ 신탄

해설 가스 크로마토그래피(gas chromatography)의 흡착제로 쓰이는 것은 활성탄이다. 1대의 장치로 산소(O_2)와 이산화질소(NO_2)를 제외한 여러 가지 가스를 분석할 수 있다.

48 다음 중 상온 · 상압에서 열전도율이 가장 큰 기체는?

① 공기
② 메탄
③ 수소
④ 이산화탄소

해설 상온, 상압에서 분자량(M)이 작을수록 열전도율(W/m · K)이 크다.

- 각 기체의 분자량 크기순서
  이산화탄소(CO_2) 44kg/kmol > 공기 28.97kg/kmol > 메탄(CH_4) 16kg/kmol > 수소(H_2) 2kg/kmol
- 열전도율(W/m · K) 크기순서
  수소 > 메탄 > air(공기) > 이산화탄소(CO_2)

49 노 내압을 제어하는 데 필요하지 않은 조작은?

① 급수량
② 공기량
③ 연료량
④ 댐퍼

해설 급수량(Q)은 노(furnace) 내압을 제어하는 데 필요하지 않다. 필요한 것은 공기량, 연료량 댐퍼의 조작이다.

50 오르자트식 가스분석계로 CO를 흡수제에 흡수시켜 조성을 정량하려 한다. 이때 흡수제의 성분으로 옳은 것은?

① 발연 황산액
② 수산화칼륨 30% 수용액
③ 알칼리성 피로갈롤 용액
④ 암모니아성 염화 제1동 용액

해설 오르자트(orsat)식 가스분석계에서 흡수제(액) 성분
CO_2(수산화칼륨) → O_2(피로갈롤) → CO(암모니아성 염화 제1구리(동) 용액)

51 스프링저울 등 측정량이 원인이 되어 그 직접적인 결과로 생기는 지시로부터 측정량을 구하는 방법으로 정밀도는 낮으나 조작이 간단한 방법은?

① 영위법
② 치환법
③ 편위법
④ 보상법

해설 편위법
측정하고자 하는 양의 작용에 의하여 계측기의 지침에 편위를 일으켜 편위의 눈금과 비교함으로써 측정을 행하는 방식이다. 정밀도는 낮으나 조작이 간단하다.

정답 45 ② 46 ④ 47 ② 48 ③ 49 ① 50 ④ 51 ③

52 다음은 피드백 제어계의 구성을 나타낸 것이다. ( ) 안에 가장 적절한 것은?

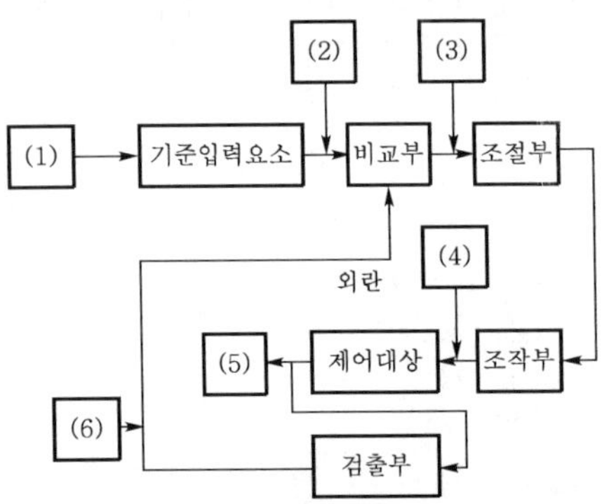

① (1) 조작량 (2) 동작신호 (3) 목표치 (4) 기준입력신호 (5) 제어편차 (6) 제어량
② (1) 목표치 (2) 기준입력신호 (3) 동작신호 (4) 조작량 (5) 제어량 (6) 주 피드백 신호
③ (1) 동작신호 (2) 오프셋 (3) 조작량 (4) 목표치 (5) 제어량 (6) 설정신호
④ (1) 목표치 (2) 설정신호 (3) 동작신호 (4) 오프셋 (5) 제어량 (6) 주 피드백 신호

해설 (1) 목표치, (2) 기준입력신호, (3) 동작신호, (4) 조작량, (5) 제어량, (6) 주 피드백 신호

53 압력 측정을 위해 지름 1cm의 피스톤을 갖는 사하중계(dead weight)를 이용할 때, 사하중계의 추, 피스톤 그리고 팬(pan)의 전체 무게가 6.14kgf이라면 게이지압력은 약 몇 kPa인가? (단, 중력가속도는 9.81m/s^{2}이다.)

① 76.7 ② 86.7
③ 767 ④ 867

해설

$$P=\frac{W}{A}=\frac{6.14\times9.81}{\frac{\pi}{4}\times(0.01)^2}$$

$$=766,915\text{Pa}(\text{N/m}^2)\fallingdotseq 767\text{kPa}$$

54 오차와 관련된 설명으로 틀린 것은?

① 흩어짐이 큰 측정을 정밀하다고 한다.
② 오차가 적은 계량기는 정확도가 높다.
③ 계측기가 가지고 있는 고유의 오차를 기차라고 한다.
④ 눈금을 읽을 때 시선의 방향에 따른 오차를 시차라고 한다.

해설 흩어짐이 작은 측정을 정밀하다고 한다.

55 다음 중 면적식 유량계는?

① 오리피스미터
② 로터미터
③ 벤투리미터
④ 플로노즐

해설 오리피스(orifice), 벤투리미터(Venturi meter), 플로노즐(flow nozzle)은 차압식 유량계다.
※ 로터미터(rota meter)는 면적식 유량계다.

56 열전대용 보호관으로 사용되는 재료 중 상용온도가 높은 순으로 나열한 것은?

① 석영관 > 자기관 > 동관
② 석영관 > 동관 > 자기관
③ 자기관 > 석영관 > 동관
④ 동관 > 자기관 > 석영관

해설 열전대용 보호관으로 사용되는 재료 중 최고사용온도(상용온도)가 높은 순서는 자기관(1,450℃) > 석영관(1,300℃) > 구리(동)관(650℃) 순이다.

57 측온 저항체의 설치 방법으로 틀린 것은?

① 내열성, 내식성이 커야 한다.
② 유속이 가장 빠른 곳에 설치하는 것이 좋다.
③ 가능한 한 파이프 중앙부의 온도를 측정할 수 있게 한다.
④ 파이프 길이가 아주 짧을 때에는 유체의 방향으로 굴곡부에 설치한다.

해설 측온저항체는 일반적으로 유속과 크게 관계없이 온도를 측정할 부위에 설치한다.

정답 52 ② 53 ③ 54 ① 55 ② 56 ③ 57 ②

58 −200~500℃의 측정범위를 가지며 측온저항체 소선으로 주로 사용되는 저항소자는?

① 백금선　② 구리선
③ Ni선　④ 서미스터

해설
기저항 온도계의 측온저항크기 사용온도 범위
㉠ 백금(Pe)선 : −200~500℃
㉡ 구리선 : 0~120℃
㉢ 니켈(Ni)선 : −50~150℃
㉣ 서미스터 : −100~300℃

59 대기압 750mmHg에서 계기압력이 325kPa이다. 이때 절대압력은 약 몇 kPa인가?

① 223　② 327
③ 425　④ 501

해설

$$P_a = P_o + P_g = \frac{750}{760} \times 101.325 + 325 \fallingdotseq 425\text{kPa}$$

60 특정파장을 온도계 내에 통과시켜 온도계 내의 전구 필라멘트의 휘도를 육안으로 직접 비교하여 온도를 측정하므로 정밀도는 높지만 측정인력이 필요한 비접촉 온도계는?

① 광고온계
② 방사온도계
③ 열전대온도계
④ 저항온도계

해설
광고온도계는 비접촉식 온도측정 방법 중 가장 정확한 측정을 할 수 있다. 온도계 중 가장 높은 온도(700~3,000℃)를 측정할 수 있으며 정도가 높다. 700℃를 초과하는 고온의 물체에서 방사되는 에너지 중 육안으로 관측하므로 가시광선을 이용한다.

제4과목 열설비재료 및 관계법규

61 염기성 내화벽돌이 수증기의 작용을 받아 생성되는 물질이 비중변화에 의하여 체적변화를 일으켜 노벽에 균열이 발생하는 현상은?

① 스폴링(spalling)　② 필링(peeling)
③ 슬래킹(slaking)　④ 스웰링(swelling)

해설
- 슬래킹(slaking) : 염기성 내화벽돌은 수증기를 흡수하는 성질 때문에 팽창을 일으켜 분해되어 노벽에 가루모양의 균열이 생기고 떨어지는 현상이다.
- 스폴링(spalling) : 급격한 온도차로 벽돌에 균열(Crack)이 생기고 표면이 갈라져 떨어지는 현상으로 주변에 오래된 건물 내·외부에서 쉽게 볼 수 있는 현상이다.
- 버스팅(bursting) : 크롬(Cr)을 원료로 하는 염기성 내화벽돌은 1,600℃ 이상의 고온에서 산화철을 흡수하여 표면이 부풀어 오르는 현상을 말한다.

62 배관용 강관 기호에 대한 명칭이 틀린 것은?

① SPP : 배관용 탄소 강관
② SPPS : 압력 배관용 탄소 강관
③ SPPH : 고압 배관용 탄소 강관
④ STS : 저온 배관용 탄소 강관

해설
저온 배관용 탄소 강관은 SPLT이다.
④ STS : 스테인레스강(SUS라고도 한다.)

63 에너지이용 합리화법령상 특정열사용기자재와 설치·시공 범위 기준이 바르게 연결된 것은?

① 강철제 보일러 : 해당 기기의 설치·배관 및 세관
② 태양열 집열기 : 해당 기기의 설치를 위한 시공
③ 비철금속 용융로 : 해당 기기의 설치·배관 및 세관
④ 축열식 전기보일러 : 해당 기기의 설치를 위한 시공

해설
에너지이용 합리화법상 특정열사용기자재와 설치시공범위
㉠ 보일러(강철, 주철제, 온수, 구멍탄용 온수보일러, 축열식 전기 보일러) : 해당 기기의 설치 배관 및 세관
㉡ 태양열집열기 : 해당 기기의 설치 배관 및 세관
㉢ 금속요로(용선로 비철금속용융로) : 해당 기기의 설치를 위한 시공

정답 58 ① 59 ③ 60 ① 61 ③ 62 ④ 63 ①

64 에너지이용 합리화법령상 에너지사용계획의 협의대상사업 범위 기준으로 옳은 것은?

① 택지의 개발사업 중 면적이 10만m^2 이상
② 도시개발사업 중 면적이 30만m^2 이상
③ 공항개발사업 중 면적이 20만m^2 이상
④ 국가산업단지의 개발사업 중 면적이 5만m^2 이상

해설
① 택지개발 사업 중 면적이 30만m^2 이상
② 도시개발사업 중 면적이 30만m^2 이상인 것 : 실시계획의 인가신청 전(단, 민간 사업자의 경우에는 면적이 60만m^2 이상인 경우만 해당된다.)
③ 공항개발사업 중 면적이 40만m^2 이상
④ 국가산업단지 개발 사업 중 면적이 15만m^2 이상인 것 : 실시계획의 신청승인 전(단, 민간 사업자의 경우는 30만m^2 이상인 경우만 해당한다.)

65 에너지이용 합리화법령에 따라 사용연료를 변경함으로써 검사대상이 아닌 보일러가 검사대상으로 되었을 경우에 해당되는 검사는?

① 구조검사
② 설치검사
③ 개조검사
④ 재사용검사

해설
설치검사 : 신설한 경우의 검사(사용연료 변경에 의하여 검사대상이 아닌 보일러가 검사대상으로 되는 경우의 검사를 포함한다.)

66 요의 구조 및 형상에 의한 분류가 아닌 것은?

① 터널요
② 셔틀요
③ 횡요
④ 승염식요

해설
작업방식(조업방식)에 따른 분류
㉠ 연속식 : 터널요, 윤요(고리가마), 견요(샤프트로), 회전요(로터리가마)
㉡ 불연속요 : 횡열식, 승열식, 도열식
㉢ 반연속요 : 셔틀요, 동요

67 다음 중 에너지이용 합리화법령상 2종 압력용기에 해당하는 것은?

① 보유하고 있는 기체의 최고사용압력이 0.1MPa이고 내부 부피가 0.05m^3인 압력용기
② 보유하고 있는 기체의 최고사용압력이 0.2MPa이고 내부 부피가 0.02m^3인 압력용기
③ 보유하고 있는 기체의 최고사용압력이 0.3MPa이고 동체의 안지름이 350mm이며 그 길이가 1,050mm인 증기헤더
④ 보유하고 있는 기체의 최고사용압력이 0.4MPa이고 동체의 안지름이 150mm이며 그 길이가 1,500mm인 압력용기

해설
2종 압력용기
최고사용 압력이 0.2MPa을 초과하는 기체를 그 안에 보유하는 용기로 다음 각 로에 어느 하나에 해당하는 것
㉠ 내용적이 0.04m^3 이상인 것
㉡ 동체의 안지름이 200mm 이상(증기헤더의 경우는 동체의 안지름이 300mm 초과)이고 그 길이가 1,000mm 이상인 것

68 규산칼슘 보온재에 대한 설명으로 거리가 가장 먼 것은?

① 규산에 석회 및 석면 섬유를 섞어서 성형하고 다시 수증기로 처리하여 만든 것이다.
② 플랜트 설비의 탑조류, 가열로, 배관류 등의 보온공사에 많이 사용된다.
③ 가볍고 단열성과 내열성은 뛰어나지만 내산성이 적고 끓는 물에 쉽게 붕괴된다.
④ 무기질 보온재로 다공질이며 최고 안전 사용온도는 약 650℃ 정도이다.

해설
규산칼슘은 무기질 보온재로 가볍고 기계적 강도, 단열성과 내열성, 내식성이 크고 비등수에도 쉽게 붕괴되지 않는다.

정답 64 ② 65 ② 66 ④ 67 ③ 68 ③

69 관의 신축량에 대한 설명으로 옳은 것은?

① 신축량은 관의 열팽창계수, 길이, 온도차에 반비례한다.
② 신축량은 관의 길이, 온도차에는 비례하지만 열팽창계수에는 반비례한다.
③ 신축량은 관의 열팽창계수, 길이, 온도차에 비례한다.
④ 신축량은 관의 열팽창계수에 비례하고 온도차와 길이에 반비례한다.

해설 관의 신축량(λ) = $L\alpha\Delta t$[mm]
신축량은 관의 길이(L), 관의 선(열)팽창계수(1/℃), 온도차(Δt)에 비례한다.

70 에너지이용 합리화법령상 검사대상기기 검사 중 용접검사 면제 대상 기준이 아닌 것은?

① 압력용기 중 동체의 두께가 8mm 미만인 것으로서 최고사용압력(MPa)과 내부 부피(m^3)를 곱한 수치가 0.02 이하인 것
② 강철제 또는 주철제 보일러이며, 온수보일러 중 전열면적이 $18m^2$ 이하이고, 최고사용 압력이 0.35MPa 이하인 것
③ 강철제 보일러 중 전열면적이 $5m^2$ 이하이고, 최고사용압력이 0.35MPa 이하인 것
④ 압력용기 중 전열교환식인 것으로서 최고사용압력이 0.35MPa 이하이고, 동체의 안지름이 600mm 이하인 것

해설 용접검사 면제 대상기는 압력용기 중 동체의 두께가 6mm 미만인 것으로 최고 사용압력(MPa)과 내용적(m^3)을 곱한 수치가 0.02 이하(난방용의 경우는 0.05 이하)인 것

71 폴스테라이트에 대한 설명으로 옳은 것은?

① 주성분은 Mg_2SiO_4이다.
② 내식성이 나쁘고 기공률은 작다.
③ 돌로마이트에 비해 소화성이 크다.
④ 하중연화점은 크나 내화도는 SK28로 작다.

해설 폴스테라이트 벽돌의 주성분은 Mg_2SiO_4이다.

72 선철을 강철로 만들기 위하여 고압 공기나 산소를 취입시키고, 산화열에 의해 노 내 온도를 유지하며 용강을 얻는 노(furnace)는?

① 평로 ② 고로
③ 반사로 ④ 전로

해설 선철(pig iron)을 강철로 만들기 위하여 고압공기나 산소를 취입시키고 산화열에 의해 노 내 온도를 유지하며 용강을 얻는 노(furnace)는 전로이다.

73 에너지이용 합리화법령상 에너지사용량이 대통령령으로 정하는 기준량 이상인 자는 산업통상자원부령으로 정하는 바에 따라 매년 언제까지 시 · 도지사에게 신고하여야 하는가?

① 1월 31일까지 ② 3월 31일까지
③ 6월 30일까지 ④ 12월 31일까지

해설 에너지사용량이 대통령령으로 정하는 기준량 이상인 자는 산업통상부자원부령으로 정하는 바에 따라 매년 1월 31일까지 시 · 도지사에게 신고해야 한다.

74 다음 중 에너지이용 합리화법령상 에너지이용 합리화 기본계획에 포함될 사항이 아닌 것은?

① 열사용기자재의 안전관리
② 에너지절약형 경제구조로의 전환
③ 에너지이용 합리화를 위한 기술개발
④ 한국에너지공단의 운영 계획

해설 에너지이용 합리화 기본계획에 포함될 사항
㉠ 열사용기자재 안전관리
㉡ 에너지절약형 경제구조로의 전환
㉢ 에너지이용 합리화를 위한 기술개발

75 에너지이용 합리화법령상 효율관리기자재의 제조업자가 효율관리시험기관으로부터 측정결과를 통보받은 날 또는 자체측정을 완료한 날부터 그 측정결과를 며칠 이내에 한국에너지공단에 신고하여야 하는가?

① 15일 ② 30일
③ 60일 ④ 90일

정답 69 ③ 70 ① 71 ① 72 ④ 73 ① 74 ④ 75 ④

해설

에너지관리 기자재의 제조업자가 효율관리 시험관으로부터 측정결과를 통보받은 날 또는 자체측정을 완료한 날부터 그 측정결과는 90일 이내에 한국에너지공단에 신고해야 한다.

76 제강 평로에서 채용되고 있는 배열회수 방법으로서 배기가스의 현열을 흡수하여 공기나 연료가스 예열에 이용될 수 있도록 한 장치는?

① 축열실 ② 환열기
③ 폐열 보일러 ④ 판형 열교환기

해설

제강평조에서 채용되고 있는 배열회수 방법으로 배기가스의 현열을 흡수하여 공기나 연료가스 예열에 이용될 수 있도록 한 장치는 축열실(regenerater)은 열교환장치다.

77 산 등의 화학약품을 차단하는 데 주로 사용하며 내약품성, 내열성의 고무로 만든 것을 밸브시트에 밀어붙여 기밀용으로 사용하는 밸브는?

① 다이어프램밸브
② 슬루스밸브
③ 버터플라이밸브
④ 체크밸브

해설

다이어프램밸브(diaphragm valve)는 산 등의 화학약품을 차단하는 데 주로 사용하며 내약품성 내열성의 고무로 만든 것을 밸브시트에 밀어붙여 기밀용으로 사용하는 밸브다.

78 용광로에 장입하는 코크스의 역할이 아닌 것은?

① 철광석 중의 황분을 제거
② 가스상태로 선철 중에 흡수
③ 선철을 제조하는 데 필요한 열원을 공급
④ 연소 시 환원성가스를 발생시켜 철의 환원을 도모

해설

용광로(고로)에 장입되는 물질 중 탈황, 탈산을 위해 첨가하는 것은 망간광석이다.

79 고알루미나질 내화물의 특징에 대한 설명으로 거리가 가장 먼 것은?

① 중성내화물이다.
② 내식성, 내마모성이 적다.
③ 내화도가 높다.
④ 고온에서 부피변화가 적다.

해설

중성 내화물인 고알루미나(Al_2O_3계 50% 이상)질 성분이 많을수록 고온에 잘 견디며 고온에서 부피변화가 작고 내화되어 내식성, 내마모성이 크다.

80 에너지이용 합리화법령상 검사에 불합격된 검사대상기기를 사용한 자의 벌칙 기준은?

① 5백만원 이하의 벌금
② 1년 이하의 징역 또는 1천만원 이하의 벌금
③ 2년 이하의 징역 또는 2천만원 이하의 벌금
④ 3천만원 이하의 벌금

해설

에너지이용 합리화법상 검사에 불합격한 검사대상기기를 사용한 자의 벌칙 기준은 '1년 이하의 징역 또는 1천만원 이하의 벌금'이다.

제5과목 열설비 설계

81 저온가스 부식을 억제하기 위한 방법이 아닌 것은?

① 연료 중의 유황성분을 제거한다.
② 첨가제를 사용한다.
③ 공기예열기 전열면 온도를 높인다.
④ 배기가스 중 바나듐의 성분을 제거한다.

해설

배기가스 중 바나듐(V)은 고온부식을 일으키는 원소다.

82 보일러에서 과열기의 역할로 옳은 것은?

① 포화증기의 압력을 높인다.
② 포화증기의 온도를 높인다.
③ 포화증기의 압력과 온도를 높인다.
④ 포화증기의 압력은 낮추고 온도를 높인다.

정답 76 ① 77 ① 78 ① 79 ② 80 ② 81 ④ 82 ②

해설

보일러에서 과열기(supper heater)는 건포화증기를 과열증기로 만드는 장치로, 압력이 일정한 상태에서 포화증기의 온도를 높인다.

83 맞대기 용접은 용접방법에 따라서 그루브를 만들어야 한다. 판의 두께가 50mm 이상인 경우에 적합한 그루브의 형상은? (단, 자동 용접은 제외한다.)

① V형　② R형
③ H형　④ A형

해설

맞대기 용접 시 판의 두께가 50mm 이상인 경우 적합한 홈(groove)의 형상은 H형이다.

84 연료 1kg이 연소하여 발생하는 증기량의 비를 무엇이라고 하는가?

① 열발생률　② 증발배수
③ 전열면 증발률　④ 증기량 발생률

해설

증발배수란 연료 1kg이 연소하여 발생하는 증기량의 비를 말한다.

85 노통연관 보일러의 노통의 바깥면과 이것에 가장 가까운 연관의 면 사이에는 몇 mm 이상의 틈새를 두어야 하는가?

① 10　② 20
③ 30　④ 50

해설

노통연관 보일러의 노통 바깥면과 이것에 가장 가까운 연관의 면 사이는 50mm 이상의 틈새(clearance)를 두어야 한다.

86 열매체보일러에 대한 설명으로 틀린 것은?

① 저압으로 고온의 증기를 얻을 수 있다.
② 겨울철에도 동결의 우려가 있다
③ 물이나 스팀보다 전열특성이 좋으며, 열매체 종류와 상관없이 사용온도한계가 일정하다.
④ 다우섬, 모빌섬, 카네크롤 보일러 등이 이에 해당한다.

해설

물이나 스팀(steam)보다 전열특정이 좋으나 열매체의 종류에 따라 사용온도 한계가 일정하지 않다(다르다).

87 파형노통의 최소 두께가 10mm, 노통의 평균지름이 1,200mm일 때, 최고사용압력은 약 몇 MPa인가? (단, 끝의 평형부 길이가 230mm 미만이며, 정수 C는 985이다.)

① 0.56　② 0.63
③ 0.82　④ 0.95

해설

파형노통의 두께$(t)=\dfrac{10PD}{C}$[mm]에서

$$P=\frac{Ct}{10D}=\frac{985\times 10}{10\times 1,200}=0.82\text{MPa}$$

88 보일러수에 녹아있는 기체를 제거하는 탈기기가 제거하는 대표적인 용존 가스는?

① O_2　② H_2SO_4
③ H_2S　④ SO_2

해설

보일러수에 녹아있는 기체를 제거하는 탈기기가 제거하는 대표적인 용존가스는 산소(O_2)이다.

89 보일러의 과열 방지책이 아닌 것은?

① 보일러수를 농축시키지 않을 것
② 보일러수의 순환을 좋게 할 것
③ 보일러의 수위를 낮게 유지할 것
④ 보일러 동내면의 스케일 고착을 방지할 것

해설

보일러의 수위를 낮게 유지하면 과열의 원인이 된다.

90 프라이밍이나 포밍의 방지대책에 대한 설명으로 틀린 것은?

① 주 증기밸브를 급히 개방한다.
② 보일러수를 농축시키지 않는다.
③ 보일러수 중의 불순물을 제거한다.
④ 과부하가 되지 않도록 한다.

해설

프라이밍이나 포밍을 방지하려면 주 증기밸브(main steam valve)를 서서히(천천히) 개방해야 한다.

정답 83 ③ 84 ② 85 ④ 86 ③ 87 ③ 88 ① 89 ③ 90 ①

91 물의 탁도에 대한 설명으로 옳은 것은?

① 카올린 1g이 증류수 1L 속에 들어 있을 때의 색과 같은 색을 가지는 물을 탁도 1도의 물이라 한다.
② 카올린 1mg이 증류수 1L 속에 들어 있을 때의 색과 같은 색을 가지는 물을 탁도 1도의 물이라 한다.
③ 탄산칼슘 1g이 증류수 1L 속에 들어 있을 때의 색과 같은 색을 가지는 물을 탁도 1도의 물이라 한다.
④ 탄산칼슘 1mg이 증류수 1L 속에 들어 있을 때의 색과 같은 색을 가지는 물을 탁도 1도의 물이라 한다.

해설
물의 탁도 : 카올린 1mg이 증류수 1L 속에 들어 있을 때의 색과 같은 색을 가지는 물을 탁도 1도의 물이라 한다.

92 그림과 같이 가로×세로×높이가 3m×1.5m×0.03m인 탄소 강판이 놓여 있다. 강판의 열전도율은 43W/m · K이고, 탄소강판 아래 면에 열유속 700W/m²을 가한 후, 정상상태가 되었다면 탄소강판의 윗면과 아랫면의 표면온도 차이는 약 몇 ℃인가? (단, 열유속은 아래에서 위 방향으로만 진행한다.)

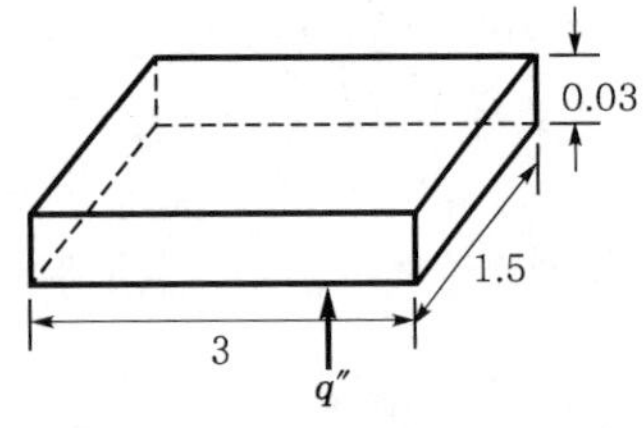

① 0.243 ② 0.264
③ 0.488 ④ 1.973

해설
$q(=\frac{q}{A})=\lambda\frac{\Delta t}{L}$[W/m²] 에서
$\Delta t=\frac{qL}{\lambda}=\frac{700\times0.03}{43}=0.488$℃

93 연관보일러에서 연관의 최소 피치를 구하는데 사용하는 식은? (단, p는 연관의 최소 피치(mm), t는 관판의 두께(mm), d는 관 구멍의 지름(mm)이다.)

① $p=\left(1+\frac{t}{4.5}\right)d$ ② $p=(1+d)\frac{4.5}{t}$
③ $p=\left(1+\frac{4.5}{t}\right)d$ ④ $p=\left(1+\frac{d}{4.5}\right)t$

해설
연관보일러에서 연관의 최소 피치
$P=\left(1+\frac{4.5}{t}\right)d$[mm]

94 증기보일러에 수질관리를 위한 급수처리 또는 스케일 부착방지 및 제거를 위한 시설을 해야 하는 용량 기준은 몇 t/h 이상인가?

① 0.5 ② 1
③ 3 ④ 5

해설
증기 보일러에 수질관리를 위한 급수처리 또는 스케일(scale) 부착방지 및 제거를 위한 시설을 해야 하는 용량 기준은 1ton/h 이상이다.

95 보일러의 열정산 시 출열항목이 아닌 것은?

① 배기가스에 의한 손실열
② 발생증기 보유열
③ 불완전연소에 의한 손실열
④ 공기의 현열

해설
㉠ 입열항목 : 연료의 저위발열량, 공기의 현열(연소용 공기의 현열), 연료현열, 노 내 분압증기의 보유열,
㉡ 출열항목 : 유효출열(발생증기 보유열량)과 손실열(배기가스에 의한 열손실, 불완전연소에 의한 손실열, 과잉공기에 의한 열손실, 미연분에 의한 열손실, 노벽을 통한 방산열량, 블로우다운의 흡수열)

96 보일러에서 사용하는 안전밸브의 방식으로 가장 거리가 먼 것은?

① 중추식 ② 탄성식
③ 지렛대식 ④ 스프링식

해설
보일러에 사용하는 안전밸브 방식
㉠ 중추식
㉡ 지렛대식
㉢ 스프링식(spring type)

정답 91 ② 92 ③ 93 ③ 94 ② 95 ④ 96 ②

97 내경 200mm, 외경 210mm의 강관에 증기가 이송되고 있다. 증기 강관의 내면온도는 240℃, 외면온도는 25℃이며, 강관의 길이는 5m일 경우 발열량[kW]은 얼마인가? (단, 강관의 열전도율은 50W/m · ℃, 강관의 내외면의 온도는 시간 경과에 관계없이 일정하다.)

① 6.6×10^3　　② 6.9×10^3
③ 7.3×10^3　　④ 7.6×10^3

해설

$$Q = \frac{2\pi Lk(t_i - t_o)}{\ln\left(\frac{r_2}{r_1}\right)} = \frac{2\pi \times 5 \times (50 \times 10^{-3}) \times (240-25)}{\ln\frac{105}{100}} = 6.9 \times 10^3 \text{kW}$$

98 보일러에 대한 용어의 정의 중 잘못된 것은?

① 1종 관류보일러 : 강철제보일러 중 전열면적이 $5m^2$ 이하이고 최고사용압력이 0.35MPa 이하인 것
② 설계압력 : 보일러 및 그 부속품 등의 강도계산에 사용되는 압력으로서 가장 가혹한 조건에서 결정한 압력
③ 최고사용온도 : 설계압력을 정할 때 설계압력에 대응하여 사용조건으로부터 정해지는 온도
④ 전열면적 : 한쪽 면이 연소가스 등에 접촉하고 다른 면이 물에 접촉하는 부분의 면을 연소가스 등의 쪽에서 측정한 면적

해설 제1종 관류 보일러 : 강철제 보일러 중 헤더의 안지름이 150mm 이하이고 전열면적이 $5m^2$ 초과 $10m^2$이며 최고사용압력이 1MPa 이하인 관류보일러(기수분리기를 장치한 경우에는 기수분리기의 안지름이 300mm 이하이고 그 내용적이 $0.07m^2$ 이하인 것에 한한다.)

99 다음 중 보일러수의 pH를 조절하기 위한 약품으로 적당하지 않은 것은?

① NaOH　　② Na_2CO_3
③ Na_3PO_4　　④ $Al_2(SO_4)_3$

해설 황산알루미늄 $Al_2(SO_4)_3$은 무기질 응집제로 부식성, 자극성이 없고 취급이 용이하며 착색현상이 없다. 좁은 응집범위, 플록(Floc)이 가벼움, 응집 적정 pH 5.5~8.5

※ pH 조정제 : 수산화나트륨(NaOH), 탄산소다($NaCO_3$)(가성소다), 소석회($Ca(OH)_2$), 제3인산소다(Na_3PO_4)

100 육용강제 보일러에서 길이 스테이 또는 경사 스테이를 핀 이음으로 부착할 경우, 스테이 휠 부분의 단면적은 스테이 소요 단면적의 얼마 이상으로 하여야 하는가?

① 1.0배　　② 1.25배
③ 1.5배　　④ 1.75배

해설 육용강제 보일러에서 길이 스테이(stay) 또는 경사 스테이를 핀 이음으로 부착할 경우 스테이 휠 부분의 단면적은 스테이 소요 단면적의 1.25배 이상으로 해야 한다.

정답 97 ② 98 ① 99 ④ 100 ②

과년도 출제문제 (2022년 1회)

제1과목 연소공학

01 보일러 등의 연소장치에서 질소산화물(NO_x)의 생성을 억제할 수 있는 연소 방법이 아닌 것은?

① 2단 연소
② 저산소(저공기비) 연소
③ 배기의 재순환 연소
④ 연소용 공기의 고온 예열

해설
질소산화물(NO_x)의 억제방법
㉠ 2단 연소법
㉡ 저온도 연소법(공기온도조절)
㉢ 배출가스재순환법
㉣ 과잉공기량 감소(저농도 산소 연소법)
㉤ 연소부분냉각법
㉥ 물분사법(수증기 분무)
㉦ 버너 및 연소실구조개량
※ 연소실 내의 고온조건에서 질소는 산소와 결합하여 일산화질소(NO), 이산화질소(NO_2) 등의 NO_x(질소산화물)로 매연이 증가되어 밖으로 배출되므로 대기오염을 일으킨다.

02 어떤 고체연료를 분석하니 중량비로 수소 10%, 탄소 80%, 회분 10%이었다. 이 연료 100kg을 완전연소시키기 위하여 필요한 이론공기량은 약 몇 Nm^3인가?

① 206 ② 412
③ 490 ④ 978

해설
체적(Nm^3/kg)당 계산 산소량(O_o)
$=1.867C+5.6\left(H-\frac{O}{8}\right)+0.7S$
$=1.867\times0.8+5.6\times0.1$
$\fallingdotseq 2.054Nm^3/kg(fuel)$
$=2.054\times100$
$=205.4Nm^3$
$\therefore$ 이론공기량$(A_o)=\frac{205.4}{0.21}\fallingdotseq 978Nm^3$

03 다음 중 연료 연소 시 최대탄산가스농도(CO_{2max})가 가장 높은 것은?

① 탄소 ② 연료유
③ 역청탄 ④ 코크스로가스

해설
연료 연소 시 최대탄산가스농도(CO_{2max})가 가장 높은 것은 탄소(C)이다.

04 체적비로 메탄이 15%, 수소가 30%, 일산화탄소가 55%인 혼합기체가 있다. 각각의 폭발 상한계가 다음 표와 같을 때, 이 기체의 공기 중에서 폭발 상한계는 약 몇 vol%인가?

구분	메탄	수소	일산화탄소
폭발 상한계 (vol%)	15	75	74

① 46.7 ② 45.1
③ 44.3 ④ 42.5

해설
르샤틀리에 공식
$\frac{100}{L}=\frac{V_1}{L_1}+\frac{V_2}{L_2}+\frac{V_3}{L_3}$
여기서, L : 폭발 상한값 또는 하한값
$\therefore L=\frac{100}{\frac{V_1}{L_1}+\frac{V_2}{L_2}+\frac{V_3}{L_3}}=\frac{100}{\frac{15}{15}+\frac{30}{75}+\frac{15}{74}}\fallingdotseq 46.7\%$

05 점화에 대한 설명으로 틀린 것은?

① 연료가스의 유출속도가 너무 느리면 실화가 발생한다.
② 연소실의 온도가 낮으면 연료의 확산이 불량해진다.
③ 연료의 예열온도가 낮으면 무화불량이 발생한다.
④ 점화시간이 늦으면 연소실 내로 역화가 발생한다.

해설
연료가스의 유출속도가 너무 느리면 역화(back fire)가 발생한다.

정답 01 ④ 02 ④ 03 ① 04 ① 05 ①

06 고체연료의 일반적인 특징에 대한 설명으로 틀린 것은?

① 회분이 많고 발열량이 적다.
② 연소효율이 낮고 고온을 얻기 어렵다.
③ 점화 및 소화가 곤란하고 온도조절이 어렵다.
④ 완전연소가 가능하고 연료의 품질이 균일하다.

해설
완전연소가 가능하고 연료의 품질이 균일한 것은 기체연료의 특징이다. 고체연료는 연료의 품질이 균일하지 못하므로 완전연소가 어렵고, 공기비가 크다.

07 등유, 경유 등의 휘발성이 큰 연료를 접시모양의 용기에 넣어 증발 연소시키는 방식은?

① 분해 연소 ② 확산 연소
③ 분무 연소 ④ 포트식 연소

해설
등유, 경유 등의 휘발성이 큰 연료를 접시모양의 용기에 넣어 증발(기화)시키는 연소방식은 액면(포트식) 연소이다.

08 액체 연소장치 중 회전식 버너의 일반적인 특징으로 옳은 것은?

① 분사각은 20~50° 정도이다.
② 유량조절범위는 1 : 3 정도이다.
③ 사용 유압은 30~50kPa 정도이다.
④ 화염이 길어 연소가 불안정하다.

해설
① 분사각은 40~80° 정도이다.
② 유량조절범위는 1 : 5 정도이다.
④ 부속설비가 거의 없으며, 화염이 짧고 연소가 안정하다.

09 C_mH_n $1Nm^3$를 공기비 1.2로 연소시킬 때 필요한 실제 공기량은 약 몇 Nm^3인가?

① $\frac{1.2}{0.21}\left(m+\frac{n}{2}\right)$ ② $\frac{1.2}{0.21}\left(m+\frac{n}{4}\right)$
③ $\frac{1.2}{0.79}\left(m+\frac{n}{2}\right)$ ④ $\frac{1.2}{0.79}\left(m+\frac{n}{4}\right)$

해설
실제공기량$(A_a)=\frac{1.2}{0.21}\left(m+\frac{n}{4}\right)$

$C_mH_n+\left(m+\frac{n}{4}\right)O_2 \rightarrow mCO_2+\frac{n}{2}H_2O$

분자식 앞의 계수는 체적비(부피비)를 의미하므로

이론공기량$(A_o)=\frac{O_o}{0.21}=\frac{1}{0.21}\left(m+\frac{n}{4}\right)$

10 메탄올(CH_3OH) 1kg을 완전연소 하는 데 필요한 이론공기량은 약 몇 Nm^3인가?

① 4.0 ② 4.5
③ 5.0 ④ 5.5

해설
CH_3OH의 몰질량(32g/mol)

$\frac{1,000g}{32g/mol}=31.25mol$

$2CH_3OH+3O_2 \rightarrow 2CO_2+4H_2O$

$CH_3OH : O_2 = 2:3 = 31.25mol : x\ mol$

$\therefore\ x=\frac{3\times31.25}{2}=46.875mol(O_2)$

$46.875mol\times22.4L/mol=1,050L=1.05Nm^3(O_2)$

$\therefore\ A_o=\frac{O_o}{0.21}=\frac{1.05}{0.21}\fallingdotseq 5Nm^3$

11 중량비가 C : 87%, H : 11%, S : 2%인 중유를 공기비 1.3으로 연소할 때 건조배출가스 중 CO_2의 부피비는 약 몇 %인가?

① 8.7 ② 10.5
③ 12.2 ④ 15.6

해설
㉠ 이론공기량(A_o)

$=\frac{O_o}{0.21}=\frac{1.867C+5.6H+0.7S}{0.21}$

$=\frac{1.867\times0.87+5.6\times0.11+0.7\times0.02}{0.21}$

$=10.73Nm^3/kg$(연료)

㉡ 실제건연소가스량(G_d)

$=(m-0.21)A_o+1.867C+0.7S$

$=(1.3-0.21)\times10.73+1.867\times0.87+0.7\times0.02$

$=13.33Nm^3/kg$(연료)

$\therefore$ CO_2의 부피비$=\frac{1.867C}{G_d}\times100\%$

$=\frac{1.867\times0.87}{13.33}\times100\fallingdotseq12.2\%$

정답 06 ④ 07 ④ 08 ③ 09 ② 10 ③ 11 ③

12 액체의 인화점에 영향을 미치는 요인으로 가장 거리가 먼 것은?

① 온도 ② 압력
③ 발화지연시간 ④ 용액의 농도

해설 액체의 인화점에 영향을 미치는 요인
㉠ 온도
㉡ 압력
㉢ 용액의 농도

13 고위발열량이 37.7MJ/kg인 연료 3kg이 연소할 때의 저위발열량은 몇 MJ인가? (단, 이 연료의 중량비는 수소 15%, 수분 1%이다.)

① 52 ② 103
③ 184 ④ 217

해설 $H_L = H_h - 2{,}500(9\mathrm{H} + w)$
$= 37.7 \times 3 - 2{,}500(9 \times 0.15 + 0.01) \times 3 \times 10^{-3}$
$≒ 103\mathrm{MJ}$

14 다음 중 고속운전에 적합하고 구조가 간단하며 풍량이 많아 배기 및 환기용으로 적합한 송풍기는?

① 다익형 송풍기
② 플레이트형 송풍기
③ 터보형 송풍기
④ 축류형 송풍기

해설 고속운전에 적합하고 구조가 간단하며 풍량이 많아 배기 및 환기용으로 적합한 송풍기는 축류형 송풍기다.

15 통풍방식 중 평형통풍에 대한 설명으로 틀린 것은?

① 통풍력이 커서 소음이 심하다.
② 안정한 연소를 유지할 수 있다.
③ 노 내 정압을 임의로 조절할 수 있다.
④ 중형 이상의 보일러에는 사용할 수 없다.

해설 평형통풍은 통풍저항이 큰 중·대형 보일러에 사용한다.

16 저위발열량 7,470kJ/kg의 석탄을 연소시켜 13,200kg/h의 증기를 발생시키는 보일러의 효율은 약 몇 %인가? (단, 석탄의 공급은 6,040kg/h이고, 증기의 엔탈피는 3,107kJ/kg, 급수의 엔탈피는 96kJ/kg이다.)

① 64 ② 74
③ 88 ④ 94

해설 $\eta_B = \dfrac{m_a(h_2 - h_1)}{H_L \times m_f}$
$= \dfrac{13{,}200 \times (3{,}107 - 96)}{7{,}470 \times 6{,}040} \times 100\% ≒ 88\%$

17 불꽃연소(flaming combustion)에 대한 설명으로 틀린 것은?

① 연소속도가 느리다.
② 연쇄반응을 수반한다.
③ 연소사면체에 의한 연소이다.
④ 가솔린의 연소가 이에 해당한다.

해설 불꽃연소는 연소속도가 매우 빠르고, 불꽃을 형성하여 열을 낸다.

18 버너에서 발생하는 역화의 방지대책과 거리가 먼 것은?

① 버너 온도를 높게 유지한다.
② 리프트 한계가 큰 버너를 사용한다.
③ 다공 버너의 경우 각각의 연료분출구를 작게 한다.
④ 연소용 공기를 분할 공급하여 1차공기를 착화범위보다 적게 한다.

해설 버너의 온도가 높게 되면 역화 발생의 요인이 된다.

19 다음 기체 연료 중 단위질량당 고위발열량이 가장 큰 것은?

① 메탄 ② 수소
③ 에탄 ④ 프로판

해설 단위질량당 고위발열량(kJ/kg)이 가장 큰 것은 수소(H_2)이다.

정답 12 ③ 13 ② 14 ④ 15 ④ 16 ③ 17 ① 18 ① 19 ②

20 폭굉 유도거리(DID)가 짧아지는 조건으로 틀린 것은?

① 관지름이 크다.
② 공급압력이 높다.
③ 관 속에 방해물이 있다.
④ 연소속도가 큰 혼합가스이다.

해설
폭굉 유도거리(DID)가 짧아지는 원인
㉠ 배관의 지름이 작을 때
㉡ 연소속도가 큰 혼합가스일수록
㉢ 관 속에 장애물이 있을 때
㉣ 점화원의 에너지가 강할수록
㉤ 배관의 상용압력이 고압일 때(공급압력이 높을 때)

제2과목 열역학

21 순수물질로 된 밀폐계가 가역단열과정 동안 수행한 일의 양과 같은 것은? (단, U는 내부에너지, H는 엔탈피, Q는 열량이다.)

① $-\Delta H$
② $-\Delta U$
③ 0
④ Q

해설
$\delta Q = dU + PdV$[kJ]에서 가역단열과정($\delta Q = 0$)

$$\int_1^2 PdV = -dU$$

$\therefore {}_1W_2 = -dU$[kJ]

22 물체의 온도 변화 없이 상(phase, 相) 변화를 일으키는 데 필요한 열량은?

① 비열　② 점화열
③ 잠열　④ 반응열

해설
물체의 온도 변화 없이 상(phase)의 변화를 일으키는 데 필요한 열량은 잠열(Latentof heat, 숨은열)이다.
※ 상의 변화 없이 온도만 변화시키는 데 필요한 열량은 현열(잠열)이다.

23 다음 중 포화액과 포화증기의 비엔트로피 변화에 대한 설명으로 옳은 것은?

① 온도가 올라가면 포화액의 비엔트로피는 감소하고 포화증기의 비엔트로피는 증가한다.
② 온도가 올라가면 포화액의 비엔트로피는 증가하고 포화증기의 비엔트로피는 감소한다.
③ 온도가 올라가면 포화액과 포화증기의 비엔트로피는 감소한다.
④ 온도가 올라가면 포화액과 포화증기의 비엔트로피는 증가한다.

해설
포화액의 온도가 올라가면 비엔트로피는 증가하고 포화증기의 비엔트로피는 감소한다.

24 다음 중 과열증기(superheated steam)의 상태가 아닌 것은?

① 주어진 압력에서 포화증기 온도보다 높은 온도
② 주어진 비체적에서 포화증기 압력보다 높은 압력
③ 주어진 온도에서 포화증기 비체적보다 낮은 비체적
④ 주어진 온도에서 포화증기 엔탈피보다 높은 엔탈피

해설
과열증기의 비체적은 주어진 온도에서의 포화증기 비체적보다 더 크다.

25 400K 1MPa의 이상기체 1kmol이 700K, 1MPa으로 정압팽창할 때 엔트로피 변화는 약 몇 kJ/K인가? (단, 정압비열은 28kJ/kmol · K이다.)

① 15.7　② 19.4
③ 24.3　④ 39.4

해설

$$S_2 - S_1 = m\,C_P \ln\frac{T_2}{T_1} = 1\times 28\times \ln\frac{700}{400}$$

$$= 15.67\text{kJ/K} \fallingdotseq 15.7\text{kJ/K}$$

정답 20 ① 21 ② 22 ③ 23 ② 24 ③ 25 ①

26 체적이 일정한 용기에 400kPa의 공기 1kg이 들어있다. 용기에 달린 밸브를 열고 압력이 300kPa이 될 때까지 대기 속으로 공기를 방출하였다. 용기 내의 공기가 가역단열 변화라면 용기에 남아있는 공기의 질량은 약 몇 kg인가? (단, 공기의 비열비는 1.4이다.)

① 0.614　　② 0.714
③ 0.814　　④ 0.914

해설

누설공기량$(\Delta m)=m_1-m_2=m_1-\dfrac{m_1}{1.238}$

$$=1-\frac{1}{1.238}=0.186\text{kg}$$

$$\left[\frac{V_2}{V_1}=\frac{m_1}{m_2}=\left(\frac{p_1}{p_2}\right)^{\frac{1}{k}}\right]$$

∴ 남아있는 공기의 질량(m')

$m'=1-\Delta m=1-0.186=0.814\text{kg}$

27 다음 중 이상기체에 대한 식으로 옳은 것은?

• u : 단위질량당 내부에너지	
• h : 비엔탈피	• T : 온도
• R : 기체상수	• P : 압력
• v : 비체적	• k : 비열비
• C_v : 정적비열	• C_p : 정압비열

① $\dfrac{du}{dT}-\dfrac{dh}{dT}=R$　② $h=u+\dfrac{P_v}{RT}$

③ $C_v=\dfrac{R}{k-1}$　④ $C_p=\dfrac{kC_v}{k-1}$

해설

$C_v=\dfrac{R}{k-1}=\dfrac{C_P}{k}$ [kJ/kg · K]

28 열역학 제2법칙에 대한 설명으로 틀린 것은?

① 에너지 보존에 대한 법칙이다.
② 제2종 영구기관은 존재할 수 없다.
③ 고립계에서 엔트로피는 감소하지 않는다.
④ 열은 외부 동력 없이 저온체에서 고온체로 이동할 수 없다.

해설

에너지 보존에 대한 법칙은 열역학 제1법칙이다.

29 밀폐된 피스톤-실린더 장치 안에 들어 있는 기체가 팽창을 하면서 일을 한다. 압력 P[MPa]와 부피 V[L]의 관계가 아래와 같을 때 내부에 있는 기체의 부피가 5L에서 두배로 팽창하는 경우 이 장치가 외부에 한 일은 약 몇 kJ인가? (단, $a=3\text{MPa/L}^2$, $b=2\text{MPa/L}$, $c=1\text{MPa}$)

$P=5(aV^2+bV+c)$

① 4,175　　② 4,375
③ 4,575　　④ 4,775

해설

$$_1W_2=\int_1^2 PdV$$

$$=5\int_1^2(aV^2+bV+C)dV$$

$$=5\left[\frac{aV^3}{3}+\frac{bV^2}{2}+CV\right]_1^2$$

$$=5\left[\frac{3(V_2^3-V_1^3)}{3}+\frac{2(V_2^2-V_1^2)}{2}+(V_2-V_1)\right]_5^{10}$$

$$=5[(10^3-5^3)+(10^2-5^2)+(10-5)]$$

$$=4.775\text{MJ}=4,775\text{kJ}$$

30 역카르노 사이클로 작동하는 냉동사이클이 있다. 저온부가 −10℃, 고온부가 40℃로 유지되는 상태를 A상태라고 하고, 저온부가 0℃, 고온부가 50℃로 유지되는 상태를 B상태라 할 때, 성능계수는 어느 상태의 냉동사이클이 얼마나 더 높은가?

① A상태의 사이클이 0.8만큼 더 높다.
② A상태의 사이클이 0.2만큼 더 높다.
③ B상태의 사이클이 0.8만큼 더 높다.
④ B상태의 사이클이 0.2만큼 더 높다.

해설

$$\varepsilon_{R(A)}=\frac{T_2}{T_1-T_2}=\frac{(-10+273)}{(40+273)-(-10+273)}$$

$$=\frac{263}{313-263}=5.26$$

$$\varepsilon_{R(B)}=\frac{T_2}{T_1-T_2}=\frac{273}{(50+273)-273}$$

$$=\frac{273}{323-273}=5.46$$

∴ B상태의 사이클에 0.2만큼 더 높다(크다).

정답 26 ③ 27 ③ 28 ① 29 ④ 30 ④

31 이상기체의 단위 질량당 내부에너지 u, 비엔탈피 h, 비엔트로피 s에 관한 다음의 관계식 중에서 모두 옳은 것은? (단, T는 온도, p는 압력, v는 비체적을 나타낸다.)

① $Tds = du - vdp$, $Tds = dh - pdv$
② $Tds = du + pdv$, $Tds = dh - vdp$
③ $Tds = du - vdp$, $Tds = dh + pdv$
④ $Tds = du + pdv$, $Tds = dh + vdp$

해설
- $\delta q = du + pdv$[kJ/kg]
- $\delta q = dh - vdp$[kJ/kg]
- $Tds = du + pdv$[kJ/kg]
- $Tds = dh - vdp$[kJ/kg]

32 폴리트로픽 과정에서의 지수(polytropic index)가 비열비와 같을 때의 변화는?

① 정적변화 ② 가역단열변화
③ 등온변화 ④ 등압변화

해설
$Pv^n = C$
① 정적변화($n = \infty$)
② 가역단열변화($n = k$)
③ 등온변화(n=1)
④ 등압변화(n=0)

33 체적 0.4m^3인 단단한 용기 안에 100℃의 물 2kg이 들어있다. 이 물의 건도는 얼마인가? (단, 100℃의 물에 대해 포화수 비체적 $v_f = 0.00104\text{m}^3/\text{kg}$, 건포화증기 비체적 $v_g = 1.672\text{m}^3/\text{kg}$이다.)

① 11.9% ② 10.4%
③ 9.9% ④ 8.4%

해설
$v_x = v_f + x(v_g - v_f)[\text{m}^3/\text{kg}]$

$$x = \frac{v_x - v_f}{v_g' - v_f} = \frac{\frac{V}{m} - v_f}{v_g - v_f}$$

$$= \frac{\frac{0.4}{2} - 0.00104}{1.672 - 0.00104} = 0.119 = 11.9\%$$

34 그림과 같은 브레이튼 사이클에서 열효율(η)은? (단, P는 압력, v는 비체적이며, T_1, T_2, T_3, T_4는 각각의 지점에서의 온도이다. 또한 q_{in}과 q_{out}은 사이클에서 열이 들어오고 나감을 의미한다.)

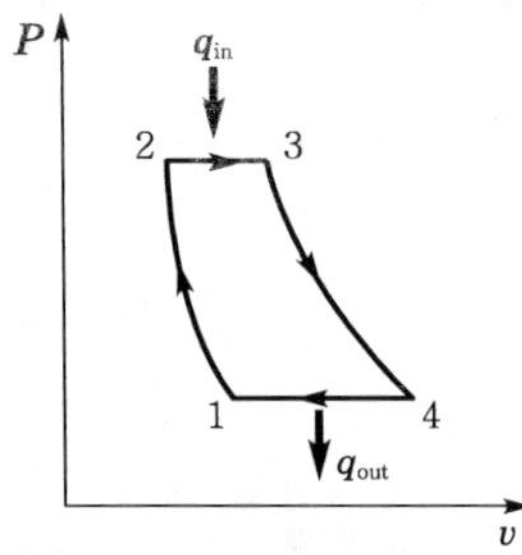

① $\eta = 1 - \dfrac{T_3 - T_2}{T_4 - T_1}$

② $\eta = 1 - \dfrac{T_1 - T_2}{T_3 - T_4}$

③ $\eta = 1 - \dfrac{T_4 - T_1}{T_3 - T_2}$

④ $\eta = 1 - \dfrac{T_3 - T_4}{T_1 - T_2}$

해설

$$\eta = 1 - \frac{q_{out}}{q_{in}} = \left(1 - \frac{T_4 - T_1}{T_3 - T_2}\right) \times 100\%$$

35 다음과 같은 특징이 있는 냉매의 종류는?

- 냉동창고 등 저온용으로 사용
- 산업용의 대용량 냉동기에 널리 사용
- 아연 등을 침식시킬 우려가 있음
- 연소성과 폭발성이 있음

① R-12 ② R-22
③ R-134a ④ NH_3

해설
NH_3(암모니아) 냉매의 특성
㉠ 냉동창고 등 저온용으로 사용
㉡ 산업용 대용량 냉동기에 널리 사용
㉢ 아연(Zn) 등을 침식시킬 우려가 있음
㉣ 연소성과 폭발성이 있음

정답 31 ② 32 ② 33 ① 34 ③ 35 ④

36 가솔린 기관의 이상 표준사이클인 오토 사이클(Otto cycle)에 대한 설명 중 옳은 것을 모두 고른 것은?

> ㉠ 압축비가 증가할수록 열효율이 증가한다.
> ㉡ 가열 과정은 일정한 체적하에서 이루어진다.
> ㉢ 팽창 과정은 단열 상태에서 이루어진다.

① ㉠, ㉡　② ㉠, ㉢
③ ㉡, ㉢　④ ㉠, ㉡, ㉢

해설
오토(otto)사이클(가솔린 기관의 이상 사이클)
㉠ 압축비(ε)가 증가할수록 열효율이 증가한다.
㉡ 가열과정은 일정한 체적하에서 이루어진다(정적사이클).
㉢ 팽창과정은 가역단열과정(등엔트로피과정)에서 이루어진다.

37 압축기에서 냉매의 단위 질량당 압축하는 데 요구되는 에너지가 200kJ/kg일 때, 냉동기에서 냉동능력 1kW당 냉매의 순환량은 약 몇 kg/h인가? (단, 냉동기의 성능계수는 5.0이다.)

① 1.8　② 3.6
③ 5.0　④ 20.0

해설

$$냉매순환량(m) = \frac{냉동능력(Q_e)}{냉동효과(q_e)} = \frac{1\text{kW}(=3,600\text{kJ/h})}{\varepsilon_R \times w_c} = \frac{3,600}{5 \times 200} = 3.6\text{kg/h}$$

38 $40m^3$의 실내에 있는 공기의 질량은 약 몇 kg인가? (단, 공기의 압력은 100kPa, 온도는 27℃이며, 공기의 기체상수는 0.287kJ/kg·K이다.)

① 93　② 46
③ 10　④ 2

해설
$PV = mRT$에서

$$m = \frac{PV}{RT} = \frac{100 \times 40}{0.287 \times (27+273)} \fallingdotseq 46.5\text{kg}$$

39 동일한 최고 온도, 최저 온도 사이에 작동하는 사이클 중 최대의 효율을 나타내는 사이클은?

① 오토 사이클　② 디젤 사이클
③ 카르노 사이클　④ 브레이튼 사이클

해설
카르노 사이클은 양열원의 절대온도만의 함수로 효율을 구하여 열기관 사이클 중 효율이 최대다.

$$\eta_c = 1 - \frac{T_2}{T_1} = f(T_1,\ T_2)$$

40 랭킨(Rankine) 사이클에서 응축기의 압력을 낮출 때 나타나는 현상으로 옳은 것은?

① 이론 열효율이 낮아진다.
② 터빈 출구의 증기건도가 낮아진다.
③ 응축기의 포화온도가 높아진다.
④ 응축기 내의 절대압력이 증가한다.

해설
Rankine cycle(랭킨 사이클)에서 Condenser(복수기) 압력을 낮추면 이론 열효율이 증가된다. 터빈 출구의 증기건도가 낮아진다(포화온도와 절대압력도 낮아진다).

제3과목 계측방법

41 다음 가스 분석법 중 흡수식인 것은?

① 오르자트법　② 밀도법
③ 자기법　④ 음향법

해설
흡수식 가스 분석법의 종류 : 헴펠법, 오르자트법, 케겔법
※ 오르자트법은 $CO_2 \rightarrow O_2 \rightarrow CO$ 순서대로 선택적 흡수됨

42 다음 중 유량 측정에 쓰이는 탭(tap)방식이 아닌 것은?

① 베나 탭　② 코너 탭
③ 압력 탭　④ 플랜지 탭

해설
차압식 유량계(플로우노즐 orifice venturi meter) 교축기구(오리피스): 베나 탭, 코너 탭, 플랜지 탭 등이 있다.

정답 36 ④ 37 ② 38 ② 39 ③ 40 ② 41 ① 42 ③

43 상온, 1기압에서 공기유속을 피토관으로 측정할 때 동압이 100mmAq이면 유속은 약 몇 m/s인가? (단, 공기의 밀도는 1.3kg/m^{3}이다.)

① 3.2 ② 12.3
③ 38.8 ④ 50.5

해설

$$V=\sqrt{2gh\left(\frac{\rho_w}{\rho}-1\right)}=\sqrt{2\times9.8\times0.1\left(\frac{1,000}{1.3}-1\right)}=38.8\text{m/s}$$

44 보일러의 자동제어에서 제어장치의 명칭과 제어량의 연결이 잘못된 것은?

① 자동연소 제어장치－증기압력
② 자동급수 제어장치－보일러수위
③ 과열증기온도 제어장치－증기온도
④ 캐스케이드 제어장치－노내압력

해설

보일러 자동제어에서 1차측 제어장치가 명령을 하고 2차측 제어장치가 1차 명령을 바탕으로 제어량을 조절하는 것이 캐스케이드 제어장치이다.

45 측정하고자 하는 상태량과 독립적 크기를 조정할 수 있는 기준량과 비교하여 측정, 계측하는 방법은?

① 보상법 ② 편위법
③ 치환법 ④ 영위법

해설

영위법은 측정량과는 독립적으로 조정할 수 있는 같은 종류의 기지량을 사용하여 측정량과 일치시키는 계측방법이다.

46 다음 비례－적분동작에 대한 설명에서 ( ) 안에 들어갈 알맞은 용어는?

비례동작에 발생하는 ( )을(를) 제거하기 위해 적분동작과 결합한 제어

① 오프셋 ② 빠른 응답
③ 지연 ④ 외란

해설

비례적분제어(PI제어)는 비례동작(P)에서 발생하는 오프셋(offset)을 제거하기 위해 적분동작(I)과 결합한 제어를 말한다.

47 안지름 1,000mm의 원통형 물탱크에서 안지름 150mm인 파이프로 물을 수송할 때 파이프의 평균 유속이 3m/s이었다. 이때 유량(Q)과 물탱크 속의 수면이 내려가는 속도(V)는 약 얼마인가?

① $Q=0.053\text{m}^3/\text{s}$, $V=6.75\text{cm/s}$
② $Q=0.831\text{m}^3/\text{s}$, $V=6.75\text{cm/s}$
③ $Q=0.053\text{m}^3/\text{s}$, $V=8.31\text{cm/s}$
④ $Q=0.831\text{m}^3/\text{s}$, $V=8.31\text{cm/s}$

해설

$$Q=AV=\frac{\pi}{4}(0.15)^2\times3\fallingdotseq0.053\text{m}^3/\text{s}$$

$$V=\frac{Q}{A}=\frac{0.053}{\frac{\pi}{4}(1)^2}=0.0675\text{m/s}=6.75\text{cm/s}$$

48 램 실린더, 기름탱크, 가압펌프 등으로 구성되어 있으며 탄성식 압력계의 일반교정용으로 주로 사용되는 압력계는?

① 분동식 압력계 ② 격막식 압력계
③ 침종식 압력계 ④ 벨로스식 압력계

해설

분동식 압력계는 압력계의 교정용으로 사용되며 램(ram) 실린더, 기름탱크, 가압펌프 등으로 구성되어 있는 압력계이다.

49 다음 측정 관련 용어에 대한 설명으로 틀린 것은?

① 측정량 : 측정하고자 하는 양
② 값 : 양의 크기를 함께 표현하는 수와 기준
③ 제어편차 : 목표치에 제어량을 더한 값
④ 양 : 수와 기준으로 표시할 수 있는 크기를 갖는 현상이나 물체 또는 물질의 성질

해설

제어편차 : 목표치와 제어량의 차

50 서미스터의 재질로서 적합하지 않은 것은?

① Ni ② Co
③ Mn ④ Pb

해설

서미스터의 재질로 적합한 원소는 니켈(Ni), 코발트(Co), 망간(Mn) 등이고 납(Pb)은 적합하지 않다.

정답 43 ③ 44 ④ 45 ④ 46 ① 47 ① 48 ① 49 ③ 50 ④

51 부자식(float) 면적 유량계에 대한 설명으로 틀린 것은?

① 압력손실이 적다.
② 정밀측정에는 부적합하다.
③ 대유량의 측정에 적합하다.
④ 수직배관에만 적용이 가능하다.

해설 부자식(float type) 면적식 유량계는 대유량 측정에는 부적합하다(소유량 측정에 적합한 유량계이다).

52 액주식 압력계에 필요한 액체의 조건으로 틀린 것은?

① 점성이 클 것
② 열팽창계수가 작을 것
③ 성분이 일정할 것
④ 모세관현상이 작을 것

해설 액주식 압력계는 점성이 작은 액체를 사용한다.

53 저항식 습도계의 특징으로 틀린 것은?

① 저온도의 측정이 가능하다.
② 응답이 늦고 정밀도가 좋지 않다.
③ 연속기록, 원격측정, 자동제어에 이용된다.
④ 교류전압에 의하여 저항치를 측정하여 상대습도를 표시한다.

해설 저항식 습도계의 특징
㉠ 자동제어에 이용된다.
㉡ 연속기록 및 원격제어가 가능하다.
㉢ 저온도의 측정이 가능하고 응답이 빠르다.
㉣ 교류전압에 의하여 저항치를 측정하여 상대습도(RH)를 표시한다.

54 가스미터의 표준기로도 이용되는 가스미터의 형식은?

① 오벌형　② 드럼형
③ 다이어프램형　④ 로터리 피스톤형

해설 가스미터의 표준기로도 이용되는 가스미터의 형식은 드럼(Drum)형이다.

55 물체의 온도를 측정하는 방사고온계에서 이용하는 원리는?

① 제백 효과
② 필터 효과
③ 윈-프랑크의 법칙
④ 스테판-볼츠만의 법칙

해설 물체의 온도를 측정하는 방사온도계에서 이용되는 원리는 스테판(stefan)-볼츠만(Boltzmann)의 법칙이다.

56 다음 중 자동제어의 특성에 대한 설명으로 틀린 것은?

① 작업능률이 향상된다.
② 작업에 따른 위험 부담이 감소된다.
③ 인건비는 증가하나 시간이 절약된다.
④ 원료나 연료를 경제적으로 운영할 수 있다.

해설 자동제어는 인건비 및 시간이 절약된다.

57 1,000℃ 이상인 고온의 노 내 온도측정을 위해 사용되는 온도계로 가장 적합하지 않은 것은?

① 제겔콘(seger cone)온도계
② 백금저항온도계
③ 방사온도계
④ 광고온계

해설 1,000℃ 이상의 고온의 노(furnance) 내 온도 측량을 위해 사용되는 온도계로 적합한 것은 백금저항온도계다.

58 압력센서인 스트레인게이지의 응용원리로 옳은 것은?

① 온도의 변화
② 전압의 변화
③ 저항의 변화
④ 금속선의 굵기 변화

해설 압력센서인 스트레인게이지(strain gauge)의 응용원리는 저항의 변화를 응용한 것이다.

정답 51 ③ 52 ① 53 ② 54 ② 55 ④ 56 ③ 57 ② 58 ③

59 내열성이 우수하고 산화분위기 중에서도 강하며, 가장 높은 온도까지 측정이 가능한 열전대의 종류는?

① 구리－콘스탄탄 ② 철－콘스탄탄
③ 크로멜－알루멜 ④ 백금－백금 · 로듐

해설 내열성이 가장 우수하고 산화분위기 중에도 강하며 가장 높은 온도까지 측정이 가능한 열전대(thermo couple)는 백금－백금로듐(0~1,600℃)이다. 크로멜－알루멜(－20~1,200℃), 철－콘스탄탄(IC)(－20~800℃), 구리(동)－콘스탄탄(350℃)
※ 열전대 온도계는 가장 넓게 사용되는 온도센서(sensor) 중의 하나다.

60 열전대 온도계에 대한 설명으로 틀린 것은?

① 보호관 선택 및 유지관리에 주의한다.
② 단자의 (+)와 보상도선의 (－)를 결선해야 한다.
③ 주위의 고온체로부터 복사열의 영향으로 인한 오차가 생기지 않도록 주의해야 한다.
④ 열전대는 측정하고자 하는 곳에 정확히 삽입하여 삽입한 구멍을 통하여 냉기가 들어가지 않게 한다.

해설 단자의 (－)와 보상도선의 (+)를 결선해야 한다.

제4과목 열설비재료 및 관계법규

61 다음 중 중성내화물에 속하는 것은?

① 납석질 내화물
② 고알루미나질 내화물
③ 반규석질 내화물
④ 샤모트질 내화물

해설 ㉠ 산성내화물 : 규석질(석영질), 납석질(반규석질), 샤모트질, 점토질
㉡ 중성내화물 : 고알루미나질(Al_2O_3계 50% 이상), 탄화규소질, 탄소질, 크롬질 등
㉢ 염기성내화물 : 마그네시아질, 마그네시아－크롬질, 돌로마이트질(CaO－MgO계) 포스테라이트질

62 에너지이용 합리화법령상 검사대상기기에 대한 검사의 종류가 아닌 것은?

① 계속사용검사
② 개방검사
③ 개조검사
④ 설치장소 변경검사

해설 검사대상기기 검사의 종류로는 설치검사, 계속사용검사, 개조검사, 재사용검사, 설치장소 변경검사 등이 있다.

63 에너지이용 합리화법령상 규정된 특정열사용 기자재 품목이 아닌 것은?

① 축열식 전기보일러
② 태양열 집열기
③ 철금속 가열로
④ 용광로

해설 용광로는 특정열사용 기자재 품목이 아니다. 금속요로 중 용선로(큐폴라), 비철금속용융로, 금속소둔로, 금속균열로 등이 특정열사용 기자재 품목에 속한다.

64 에너지이용 합리화법령상 검사대상기기관리자를 해임한 경우 한국에너지공단 이사장에게 그 사유가 발생한 날부터 신고해야 하는 기간은 며칠 이내인가? (단, 국방부장관이 관장하고 있는 검사대상기기관리자는 제외한다.)

① 7일 ② 10일
③ 20일 ④ 30일

해설 에너지이용 합리화법상 검사대상기기 관리자를 해임한 경우 한국에너지공단 이사장에게 그 사유가 발생한 날부터 30일 이내에 신고해야 한다(단, 국방부장관이 관장하고 있는 검사대상기기 관리자는 제외한다).

65 다음 중 강관 이음 방법이 아닌 것은 어느 것인가?

① 나사이음 ② 용접이음
③ 플랜지이음 ④ 플레어이음

정답 59 ④ 60 ② 61 ② 62 ② 63 ④ 64 ④ 65 ④

해설

강관이음(접합) 방법
㉠ 나사이음(Screw joint)
㉡ 용접이음
㉢ 플랜지이음
※ 플레어(Fleare)접합(이음)은 동관이음(25mm 이하)이다.

66 회전 가마(rotary kiln)에 대한 설명으로 틀린 것은?

① 일반적으로 시멘트, 석회석 등의 소성에 사용된다.
② 온도에 따라 소성대, 가소대, 예열대, 건조대 등으로 구분된다.
③ 소성대에는 황산염이 함유된 클링커가 용융되어 내화벽돌을 침식시킨다.
④ 시멘트 클링커의 제조방법에 따라 건식법, 습식법, 반건식법으로 분류된다.

해설

소성대에서는 초고온의 염기성 내화벽돌을 사용하므로 시멘트 원료가 1,450℃ 정도에서 소결용융반응이 일어나기 때문에 이러한 부위 벽돌은 주로 염기성 성질(시멘트광물)에 의해 코팅되고 있어서 침식에 강하다.

67 다이어프램 밸브(diaphragm valve)의 특징이 아닌 것은?

① 유체의 흐름이 주는 영향이 비교적 적다.
② 기밀을 유지하기 위한 패킹이 불필요하다.
③ 주된 용도가 유체의 역류를 방지하기 위한 것이다.
④ 산 등의 화학 약품을 차단하는데 사용하는 밸브이다.

해설

주된 용도가 유체의 역류를 방지하기 위한 밸브는 체크(check)밸브다.

68 연속가마, 반연속가마, 불연속가마의 구분 방식은 어떤 것인가?

① 온도상승속도 ② 사용목적
③ 조업방식 ④ 전열방식

해설

조업방식에 따라 연속가마, 반연속가마, 불연속가마로 구분한다.

69 다음 보온재 중 최고 안전 사용온도가 가장 낮은 것은?

① 유리섬유 ② 규조토
③ 우레탄 폼 ④ 펄라이트

해설

최고 안전 사용온도가 가장 낮은 보온재는 우레탄 폼(130℃ 이하)이다.
※ 유리섬유(300℃ 이하), 규조토(500℃ 이하), 펄라이트(650℃ 이하)

70 윤요(ring kiln)에 대한 일반적인 설명으로 옳은 것은?

① 종이 칸막이가 있다.
② 열효율이 나쁘다.
③ 소성이 균일하다.
④ 석회소성용으로 사용된다.

해설

윤요(ring kiln)는 일반적으로 종이 칸막이가 있다.

71 에너지이용 합리화법령상 에너지절약전문기업의 사업이 아닌 것은?

① 에너지사용시설의 에너지절약을 위한 관리·용역사업
② 에너지절약형 시설투자에 관한 사업
③ 신에너지 및 재생에너지원의 개발 및 보급사업
④ 에너지절약 활동 및 성과에 대한 금융상·세제상의 지원

해설

에너지절약 활동 및 성과에 대한 금융상·세제상 지원은 에너지절약전문기업(ESCO)의 사업에 속하지 않는다.

72 에너지이용 합리화법령상 검사대상기기의 계속사용검사 유효기간 만료일이 9월 1일 이후인 경우 계속사용검사를 연기할 수 있는 기간 기준은 몇 개월 이내인가?

① 2개월 ② 4개월
③ 6개월 ④ 10개월

해설

계속사용검사를 연기할 수 있는 기간의 기준은 만료일 이후 4개월 이내로 한다.

정답 66 ③ 67 ③ 68 ③ 69 ③ 70 ① 71 ④ 72 ②

73 에너지이용 합리화법에 따라 에너지이용 합리화에 관한 기본계획 사항에 포함되지 않는 것은?

① 에너지절약형 경제구조로의 전환
② 에너지이용 합리화를 위한 기술개발
③ 열사용기자재의 안전관리
④ 국가에너지정책목표를 달성하기 위하여 대통령령으로 정하는 사항

해설 에너지이용 합리화 기본계획
㉠ 에너지절약형 경제구조로의 전환
㉡ 에너지이용효율의 증대
㉢ 에너지이용 합리화를 위한 기술개발
㉣ 에너지이용 합리화를 위한 홍보 및 교육
㉤ 에너지원간 대체
㉥ 열사용기자재의 안전관리
㉦ 에너지이용 합리화를 위한 가격예시제의 시행에 관한 사항
㉧ 에너지의 합리적인 이용을 통한 온실가스의 배출을 줄이기 위한 대책
㉨ 그 밖에 에너지이용 합리화를 추진하기 위하여 필요한 사항

74 에너지이용 합리화법령상 시공업자단체에 대한 설명으로 틀린 것은?

① 시공업자는 산업통상자원부장관의 인가를 받아 시공업자단체를 설립할 수 있다.
② 시공업자단체는 개인으로 한다.
③ 시공업자는 시공업자단체에 가입할 수 있다.
④ 시공업자단체는 시공업에 관한 사항을 정부에 건의할 수 있다.

해설 시공업자단체는 법인으로 한다.

75 보온재의 구비조건으로 가장 거리가 먼 것은?

① 밀도가 작을 것
② 열전도율이 작을 것
③ 재료가 부드러울 것
④ 내열, 내약품성이 있을 것

해설 보온재는 기계적 강도와 내구성을 고려하여 선택한다.

76 에너지이용 합리화법령상 검사대상기기에 해당되지 않는 것은?

① 2종 관류보일러
② 정격용량이 1.2MW인 철금속가열로
③ 도시가스 사용량이 300kW인 소형온수보일러
④ 최고사용압력이 0.3MPa, 내부 부피가 $0.04m^3$인 2종 압력용기

해설 2종 관류보일러는 검사대상기기 제외 대상 기기이다.

77 두께 230mm의 내화벽돌이 있다. 내면의 온도가 320℃이고 외면의 온도가 150℃일 때 이 벽면 $10m^2$에서 손실되는 열량(W)은? (단, 내화벽돌의 열전도율은 0.96W/m · ℃이다.)

① 710 ② 1,632
③ 7,096 ④ 14,391

해설

$$Q_L = \frac{\lambda}{L}F(t_1 - t_2)$$

$$= \frac{0.96}{0.23} \times 10 \times (320 - 150) \fallingdotseq 7{,}096\text{W}$$

78 에너지법령상 에너지원별 에너지열량 환산기준으로 총발열량이 가장 낮은 연료는? (단, 1L 기준이다.)

① 윤활유 ② 항공유
③ B-C유 ④ 휘발유

해설 1L 기준 에너지열량 환산 기준 총 발열량 순서
벙커씨(B-C)유(41.7MJ) > 윤활유(40MJ) > 항공유(36.5MJ) > 휘발유(32.7MJ)

79 에너지이용 합리화법령상 연간 에너지사용량이 20만 티오이 이상인 에너지다소비사업자의 사업장이 받아야 하는 에너지진단주기는 몇 년인가? (단, 에너지진단은 전체진단이다.)

① 3 ② 4
③ 5 ④ 6

정답 73 ④ 74 ② 75 ③ 76 ① 77 ③ 78 ④ 79 ③

해설

에너지사용량이 20만 티오이(TOE) 이상인 에너지다소비업자의 사업장이 받아야 하는 에너지진단 주기는 5년이다.

80 감압밸브에 대한 설명으로 틀린 것은?

① 작동방식에는 직동식과 파일럿식이 있다.
② 증기용 감압밸브의 유입측에는 안전밸브를 설치하여야 한다.
③ 감압밸브를 설치할 때는 직관부를 호칭경의 10배 이상으로 하는 것이 좋다.
④ 감압밸브를 2단으로 설치할 경우에는 1단의 설정압력을 2단보다 높게 하는 것이 좋다.

해설

증기용 감압밸브는 유입측에 조절나사로 조절하고 출구의 압력을 원하는 압력으로 낮춰주는 역할을 한다. 고압관과 저압관 사이에 설치하는 증기용 감압밸브의 출구측에는 안전밸브를 설치해야 한다.

제5과목 열설비설계

81 다음 중 증기트랩장치에 관한 설명으로 옳은 것은?

① 증기관의 도중이나 상단에 설치하여 압력의 급상승 또는 급히 물이 들어가는 경우 다른 곳으로 빼내는 장치이다.
② 증기관의 도중이나 말단에 설치하여 증기의 일부가 응축되어 고여 있을 때 자동적으로 빼내는 장치이다.
③ 보일러 동에 설치하여 드레인을 빼내는 장치이다.
④ 증기관의 도중이나 말단에 설치하여 증기를 함유한 침전물을 분리시키는 장치이다.

해설

증기트랩(steam trap)은 증기관의 도중이나 말단에 설치하여 증기의 일부가 응축되어 고여 있을 때 응축수를 자동으로 빼내는 장치이다. 수격 방지 작용을 하는 역할도 한다.

82 epm(equivalents per million)에 대한 설명으로 옳은 것은?

① 물 1L에 함유되어 있는 불순물의 양을 mg으로 나타낸 것
② 물 1톤에 함유되어 있는 불순물의 양을 mg으로 나타낸 것
③ 물 1L 중에 용해되어 있는 물질을 mg 당량수로 나타낸 것
④ 물 1gallon 중에 함유된 grain의 양을 나타낸 것

해설

epm(equivalents per million)이란 물 1L 중에 용액되어 있는 물질을 mg 당량수로 나타낸 것이다.

83 급수처리에서 양질의 급수를 얻을 수 있으나 비용이 많이 들어 보급수의 양이 적은 보일러 또는 선박보일러에서 해수로부터 청수(pure water)를 얻고자 할 때 주로 사용하는 급수처리 방법은?

① 증류법
② 여과법
③ 석회소다법
④ 이온교환법

해설

증류법은 액체를 가열하여 기체로 만들어 두었다가 그것을 냉각시켜 다시 액체로 만드는 방법으로, 보급수량이 적은 보일러 또는 선박보일러에서 청수(pure water)를 얻고자 할 때 주로 사용하는 급수처리 방법이다.

84 보일러 설치 · 시공기준상 대형보일러를 옥내에 설치할 때 보일러 동체 최상부에서 보일러실 상부에 있는 구조물까지의 거리는 얼마 이상이어야 하는가? (단, 주철제보일러는 제외한다.)

① 60cm ② 1m
③ 1.2m ④ 1.5m

해설

천장 배관 등 보일러 상부에 있는 구조물까지의 거리는 1.2m 이상이어야 한다. 단, 소형보일러 및 주철제 보일러의 경우는 0.6m 이상으로 할 수 있다.

정답 80 ② 81 ② 82 ③ 83 ① 84 ③

85 저온부식의 방지 방법이 아닌 것은?

① 과잉공기를 적게 하여 연소한다.
② 발열량이 높은 황분을 사용한다.
③ 연료첨가제(수산화마그네슘)를 이용하여 노점온도를 낮춘다.
④ 연소 배기가스의 온도가 너무 낮지 않게 한다.

86 보일러에 설치된 과열기의 역할로 틀린 것은?

① 포화증기의 압력증가
② 마찰저항 감소 및 관내부식 방지
③ 엔탈피 증가로 증기소비량 감소 효과
④ 과열증기를 만들어 터빈의 효율 증대

해설 보일러에 설치된 과열기(superheater)는 포화증기를 일정한 압력 상태에서 온도만을 높여 과열증기로 만드는 장치(기기)이다.

87 지름이 d[cm] 두께가 t[cm]인 얇은 두께의 밀폐된 원통 안에 압력 P[MPa]가 작용할 때 원통에 발생하는 원주방향의 인장응력(MPa)을 구하는 식은?

① $\dfrac{\pi dP}{2t}$　② $\dfrac{\pi dP}{4t}$
③ $\dfrac{dP}{2t}$　④ $\dfrac{dP}{4t}$

해설 원주방향 인장응력(후프응력)

$\sigma_t = \dfrac{dP}{2t}$[MPa]

88 일반적으로 리벳이음과 비교할 때 용접이음의 장점으로 옳은 것은?

① 이음효율이 좋다.
② 잔류응력이 발생되지 않는다.
③ 진동에 대한 감쇠력이 높다.
④ 응력집중에 대하여 민감하지 않다.

해설 일반적으로 용접이음은 리벳이음과 비교할 때 용접이음의 장점은 이음효율이 높다는 것이다.

89 보일러 설치검사기준에 대한 사항 중 틀린 것은?

① 5t/h 이하의 유류 보일러의 배기가스 온도는 정격 부하에서 상온과의 차가 300℃ 이하이어야 한다.
② 저수위안전장치는 사고를 방지하기 위해 먼저 연료를 차단한 후 경보를 울리게 해야 한다.
③ 수입 보일러의 설치검사의 경우 수압시험은 필요하다.
④ 수압시험 시 공기를 빼고 물을 채운 후 천천히 압력을 가하여 규정된 시험 수압에 도달된 후 30분이 경과된 뒤에 검사를 실시하여 검사가 끝날 때까지 그 상태를 유지한다.

해설 저수위안전장치는 온수의 온도만큼 냉수가 공급되어야하는데 그렇지 않은 경우 경보를 울리며 자동으로 멈춘다. 이때 우선 가스연료를 차단하고 경고 램프를 켜야 한다.

90 열사용기자재의 검사 및 검사면제에 관한 기준상 보일러 동체의 최소 두께로 틀린 것은?

① 안지름이 900mm 이하의 것 : 6mm(단, 스테이를 부착할 경우)
② 안지름이 900mm 초과 1,350mm 이하의 것 : 8mm
③ 안지름이 1,350mm 초과 1,850mm 이하의 것 : 10mm
④ 안지름이 1,850mm 초과하는 것 : 12mm

해설 안지름이 900mm 이하인 것 : 6mm(단, 스테이를 부착하는 경우는 8mm로 한다.)

91 노통보일러 중 원통형의 노통이 2개 설치된 보일러를 무엇이라고 하는가?

① 라몬트보일러　② 바브콕보일러
③ 다우섬보일러　④ 랭커셔보일러

해설 노통 보일러 중 원통형의 노통이 2개 설치된 보일러는 랭커셔보일러다.

정답 85 ② 86 ① 87 ③ 88 ① 89 ② 90 ① 91 ④

92 급수온도 20℃인 보일러에서 증기압력이 1MPa이며 이때 온도 300℃의 증기가 1t/h씩 발생될 때 상당증발량은 약 몇 kg/h인가? (단, 증기압력 1MPa에 대한 300℃의 증기엔탈피는 3,052kJ/kg, 20℃에 대한 급수엔탈피는 83kJ/kg이다.)

① 1,315　② 1,565
③ 1,895　④ 2,325

해설
$m_e = \frac{m_a(h_2 - h_1)}{2,257} = \frac{1,000 \times (3,052 - 83)}{2,257}$
$= 1,315\text{kgf/kg}$

93 전열면에 비등 기포가 생겨 열유속이 급격하게 증대하며, 가열면상에 서로 다른 기포의 발생이 나타나는 비등과정을 무엇이라고 하는가?

① 단상액체 자연대류
② 핵비등
③ 천이비등
④ 포밍

해설
전열면에 비등 기포가 생겨 열유속(heat flux)이 급격하게 증대하며, 가열면상에 다른 기포(bubble)의 발생이 나타나는 비등과정을 핵비등이라고 한다.

94 고압 증기터빈에서 팽창되어 압력이 저하된 증기를 가열하는 보일러의 부속장치는 어느 것인가?

① 재열기　② 과열기
③ 절탄기　④ 공기예열기

해설
고압 증기터빈에서 팽창되어 압력이 저하된 증기를 가열하는 보일러 부속장치는 재열기(reheater)이다.

95 보일러 슬러지 중에 염화마그네슘이 용존되어 있을 경우 180℃ 이상에서 강의 부식을 방지하기 위한 적정 pH는?

① 5.2±0.7　② 7.2±0.7
③ 9.2±0.7　④ 11.2±0.7

해설
보일러 슬러지 중 염화마그네슘이 용존되어 있을 경우 180℃ 이상에서 강의 부식을 방지하기 위한 수소이온농도지수(pH)는 11.2±0.7이다.

96 다음 중 보일러 내처리에 사용하는 pH 조정제가 아닌 것은?

① 수산화나트륨　② 탄닌
③ 암모니아　④ 제3인산나트륨

해설
pH 조정제
㉠ 염기로 조정(낮은 경우) : NH_3(암모니아), 가성소다(NaOH)=수산화나트륨, 제3인산나트륨(Na_3PO_4)
㉡ 산으로 조정 : 인산(H_3PO_4), 황산(H_2SO_4)
※ 리그린, 녹말, 탄닌 등은 Sludge(슬러지) 조정제이다.

97 소용량주철제보일러에 대한 설명에서 (　) 안에 들어갈 내용으로 옳은 것은?

> 소용량주철제보일러는 주철제보일러 중 전열면적이 (㉠)m^2 이하이고 최고 사용압력이 (㉡)MPa 이하인 보일러다.

① ㉠ 4, ㉡ 0.1　② ㉠ 5, ㉡ 0.1
③ ㉠ 4, ㉡ 0.5　④ ㉠ 5, ㉡ 0.5

해설
소용량주철제보일러는 주철제보일러 중 전열면적이 $5m^2$ 이하이고 최고사용압력이 0.1MPa 이하인 보일러다.

98 다음 그림과 같은 V형 용접이음의 인장응력(σ)을 구하는 식은?

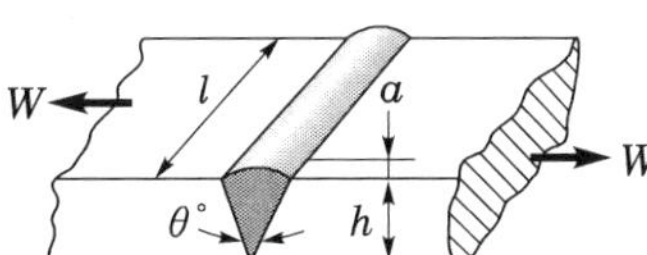

① $\sigma = \frac{W}{hl}$　② $\sigma = \frac{2W}{hl}$
③ $\sigma = \frac{W}{ha}$　④ $\sigma = \frac{W}{2hl}$

해설
$\sigma = \frac{W}{A} = \frac{W}{hl}$[MPa]

정답 92 ① 93 ② 94 ① 95 ④ 96 ② 97 ② 98 ①

99 대향류 열교환기에서 고온 유체의 온도는 T_{H1}에서 T_{H2}로, 저온 유체의 온도는 T_{C1}에서 T_{C2}로 열교환에 의해 변화된다. 열교환기의 대수평균온도차(LMTD)를 옳게 나타낸 것은?

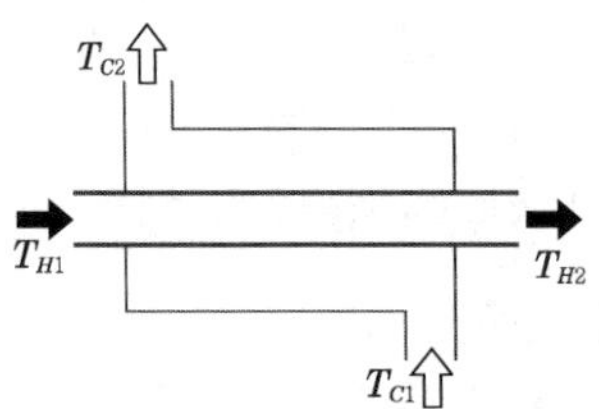

① $\dfrac{T_{H1}-T_{H2}+T_{C2}-T_{C1}}{\ln\left(\dfrac{T_{H1}-T_{C1}}{T_{H2}-T_{C2}}\right)}$

② $\dfrac{T_{H1}+T_{H2}-T_{C1}-T_{C2}}{\ln\left(\dfrac{T_{H1}-T_{H2}}{T_{C2}-T_{C1}}\right)}$

③ $\dfrac{T_{H2}-T_{H1}+T_{C2}-T_{C1}}{\ln\left(\dfrac{T_{H1}-T_{C2}}{T_{H2}-T_{C1}}\right)}$

④ $\dfrac{T_{H1}-T_{H2}+T_{C1}-T_{C2}}{\ln\left(\dfrac{T_{H1}-T_{C2}}{T_{H2}-T_{C1}}\right)}$

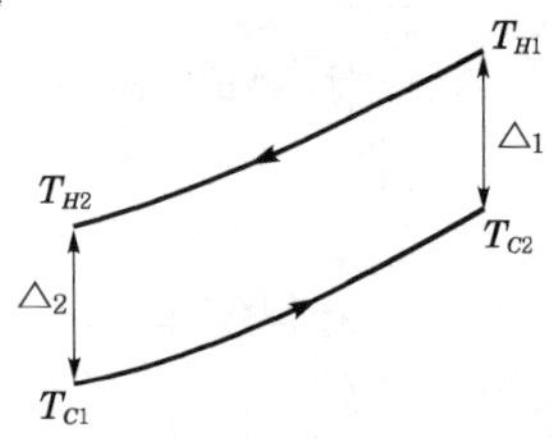

대수평균온도차(LMTD)

$$=\frac{\Delta_1-\Delta_2}{\ln\left(\dfrac{\Delta_1}{\Delta_2}\right)}=\frac{(T_{H1}-T_{C2})-(T_{H2}-T_{C1})}{\ln\left(\dfrac{T_{H1}-T_{C2}}{T_{H2}-T_{C1}}\right)}$$

$$=\frac{T_{H1}-T_{H2}+T_{C1}-T_{C2}}{\ln\left(\dfrac{T_{H1}-T_{C2}}{T_{H2}-T_{C1}}\right)}\,[℃]$$

100 외경 30mm, 벽두께 2mm인 관 내측과 외측의 열전달계수는 모두 $3,000\text{W/m}^2\cdot\text{K}$이다. 관 내부온도가 외부보다 30℃만큼 높고, 관의 열전도율이 100W/m · K일 때 관의 단위길이당 열손실량은 약 몇 W/m인가?

① 2,979　　② 3,324
③ 3,824　　④ 4,174

해설

$$k=\frac{1}{R}=\frac{1}{\dfrac{1}{\alpha^2}+\dfrac{l}{\lambda}+\dfrac{1}{\alpha}}$$

$$=\frac{1}{\dfrac{1}{3,000}+\dfrac{0.002}{100}+\dfrac{1}{3,000}}=1456.31\text{W/m}^2\cdot\text{K}$$

$$\therefore\ Q_L=\frac{k(r_o-r_i)2\pi\Delta t}{\ln\left(\dfrac{r_o}{r_i}\right)}=\frac{kt\,2\pi\Delta t}{\ln\left(\dfrac{r_o}{r_i}\right)}$$

$$=\frac{1456.31\times0.002\times2\pi\times30}{\ln\left(\dfrac{15}{13}\right)}=3,837\text{W/m}$$

정답 99 ④ 100 ③

과년도 출제문제 (2022년 2회)

제1과목 연소공학

01 세정 집진장치의 입자 포집원리에 대한 설명으로 틀린 것은?

① 액적에 입자가 충돌하여 부착한다.
② 입자를 핵으로 한 증기의 응결에 의하여 응집성을 증가시킨다.
③ 미립자의 확산에 의하여 액적과의 접촉을 좋게 한다.
④ 배기의 습도 감소에 의하여 입자가 서로 응집한다.

해설 세정집진장치는(확산력과 관성력이 주된 방식) 배기의 습도 증가에 의해 입자가 서로 응집한다.

02 저위발열량 93,766kJ/Nm^{3}의 C_3H_8을 공기비 1.2로 연소시킬 때 이론 연소온도는 약 몇 K인가? (단, 배기가스의 평균비열은 1.653kJ/Nm^3 · K이고 다른 조건은 무시한다.)

① 1,656　　② 1,756
③ 1,856　　④ 1,956

해설 저위발열량(연소가스열량)

$Q_g = G\,C_m\,\Delta t_g$

$\Delta t_g = \dfrac{Q_g}{GC_m} = \dfrac{93,766}{30.57 \times 1.653} \fallingdotseq 1,856\text{K}$

$C_3H_8 + 5O_2 \rightarrow 3CO_2 + 4H_2O$

연소가스량(G)

$= (m-0.21)A_o +$ 생성된 CO_2 + 생성된 H_2O

$= (1.2-0.21) \times \dfrac{5}{0.21} + 2 + 4 = 30.57$

03 탄소(C) 84w%, 수소(H) 12w%, 수분 4w%의 중량조성을 갖는 액체연료에서 수분을 완전히 제거한 다음 1시간당 5kg을 완전연소시키는 데 필요한 이론공기량은 약 몇 Nm^3/h인가?

① 55.6　　② 65.8
③ 73.5　　④ 89.2

해설 액체연료에 포함되어 있던 수분(w) 4%를 제거한 다음 연료 1kg 중에는 $C = \dfrac{84}{84+12} = 0.875\text{kg}$, $H = \dfrac{12}{84+12} = 0.125\text{kg}$의 중량이 들어있다.

이론공기량(A_o) $= \dfrac{O_o}{0.21} \times F[\text{Nm}^3/\text{h}]$

$= \dfrac{1.867C + 5.6H}{0.21} \times F$

$= \dfrac{1,867 \times 0.875 + 0.56 \times 0.125}{0.21} \times 5$

$\fallingdotseq 55.6\text{Nm}^3/\text{h}$

04 다음 체적비(%)의 코크스로 가스 1Nm^{3}를 완전연소시키기 위하여 필요한 이론공기량은 약 몇 Nm^{3}인가?

CO_2 : 2.1, C_2H_4 : 3.4, O_2 : 0.1, N_2 : 3.3, CO : 6.6, CH_4 : 32.5, H_2 : 52.0

① 0.97　　② 2.97
③ 4.97　　④ 6.97

해설 이론공기량(A_o)

$= \dfrac{O_o}{0.21}$

$= \dfrac{0.5 \times CO + 0.5 \times H_2 + 2 \times CH_4 + 3 \times C_2H_4 - O_2}{0.21}$

$= \dfrac{0.5 \times 0.066 + 0.5 \times 0.52 + 2 \times 0.325 + 3 \times 0.034 - 0.001}{0.21}$

$\fallingdotseq 4.97\text{Nm}^3$

05 표준 상태에서 메탄 1mol이 연소할 때 고위발열량과 저위발열량의 차이는 약 몇 kJ인가? (단, 물의 증발잠열은 44kJ/mol이다.)

① 42　　② 68
③ 76　　④ 88

정답 01 ④ 02 ③ 03 ① 04 ③ 05 ④

해설
$CH_4 + 2CO_2 \rightarrow CO_2 + 2H_2O$
고위발열량－저위발열량
＝물의 증발열(44KJ/mol)×몰수(2mol)＝88kJ

06 가연성 혼합 가스의 폭발한계 측정에 영향을 주는 요소로 가장 거리가 먼 것은?

① 온도 ② 산소농도
③ 점화에너지 ④ 용기의 두께

해설
가연성 혼합 가스의 폭발한계 측정에 영향을 주는 요소(인자)
㉠ 온도
㉡ 산소농도
㉢ 점화에너지
※ 용기의 두께는 가연성 혼합 가스의 폭발한계 측정과 관계없다.

07 가스폭발 위험 장소의 분류에 속하지 않은 것은?

① 제0종 위험장소 ② 제1종 위험장소
③ 제2종 위험장소 ④ 제3종 위험장소

해설
가스폭발 위험 장소 종별(zones)
폭발성 가스 분위기의 생성빈도와 지속시간을 바탕으로 구분되는 폭발위험장소 3가지로 구분한다.
㉠ 제0종 장소(Zone 0): 폭발성 가스 분위기가 연속적으로 장기간 빈번하게 발생할 수 있는 장소를 말한다.
㉡ 제1종 장소(Zone 1): 폭발성 가스 분위기가 정상작동 중 주기적 또는 빈번하게 생성되는 장소를 말한다.
㉢ 제2종 장소(Zone 2): 폭발성 가스 분위기가 정상작동 중 조성되지 않거나, 조성된다 하더라도 짧은 기간에만 지속될 수 있는 장소를 말한다.

08 기계분(스토커) 화격자 중 연소하고 있는 석탄의 화층 위에 석탄을 기계적으로 산포하는 방식은?

① 횡입(쇄상)식 ② 상입식
③ 하입식 ④ 계단식

해설
스토커(기계분) 화격자 중 연소하고 있는 석탄의 화층 위에 석탄을 기계적으로 산포하는 방식은 상입식이다.

09 중유를 연소하여 발생된 가스를 분석하였더니 체적비로 CO_2는 14%, O_2는 7%, N_2는 79%이었다. 이때 공기비는 약 얼마인가? (단, 연료에 질소는 포함하지 않는다.)

① 1.4 ② 1.5
③ 1.6 ④ 1.7

해설
$$공기비(m) = \frac{N_2}{N_2 - 3.76O_2} = \frac{79}{79 - 3.76 \times 7} = 1.5$$

10 일반적인 천연가스에 대한 설명으로 가장 거리가 먼 것은?

① 주성분은 메탄이다.
② 옥탄가가 높아 자동차 연료로 사용이 가능하다.
③ 프로판가스보다 무겁다.
④ LNG는 대기압하에서 비등점이 −162℃인 액체이다.

해설
메탄(CH_4)이 주성분인 천연가스(LNG)는 액화석유가스(LPG)의 주성분인 프로판(C_3H_8)보다 가볍다.

11 다음 중 일반적으로 연료가 갖추어야 할 구비조건이 아닌 것은?

① 연소 시 배출물이 많아야 한다.
② 저장과 운반이 편리해야 한다.
③ 사용 시 위험성이 적어야 한다.
④ 취급이 용이하고 안전하며 무해하여야 한다.

해설
연료(fuel)는 일반적으로 연소 시 배출물이 적어야 한다.

12 코크스의 적정 고온 건류온도(℃)는?

① 500~600
② 1,000~1,200
③ 1,500~1,800
④ 2,000~2,500

해설
코크스의 적정 고온 건류온도는 1,000~1,200℃ 정도이다.

정답 06 ④ 07 ④ 08 ② 09 ② 10 ③ 11 ① 12 ②

13 수소 4kg을 과잉공기계수 1.4의 공기로 완전연소시킬 때 발생하는 연소가스 중의 산소량은 약 몇 kg인가?

① 3.20 ② 4.48
③ 6.40 ④ 12.8

해설

$H_2 + \frac{1}{2}O_2 \rightarrow H_2O$

2kg 16kg

4kg 32kg

수소가 4kg일 때 이론산소량은 32kg(m=1.4이므로 40%의 공기가 과잉되어 발생하는 연소가스 속에 포함되어 배출된다.)

∴ 연소가스 중의 산소량은 32×0.4=12.8kg이다.

14 액화석유가스(LPG)의 성질에 대한 설명으로 틀린 것은?

① 인화폭발의 위험성이 크다.
② 상온, 대기압에서는 액체이다.
③ 가스의 비중은 공기보다 무겁다.
④ 기화잠열이 커서 냉각제로도 이용 가능하다.

해설

액화석유가스(LPG)는 상온, 대기압에서 기체(gas)이다.

15 다음 대기오염 방지를 위한 집진장치 중 습식집진장치에 해당하지 않는 것은?

① 백필터
② 충진탑
③ 벤투리 스크러버
④ 사이클론 스크러버

해설

백필터(여과식)는 건식집진장치이다.

※ 건식집진장치의 종류
㉠ 여과식 ㉡ 중력식
㉢ 관성력식 ㉣ 원심력식

16 황(S) 1kg을 이론공기량으로 완전연소시켰을 때 발생하는 연소가스량은 약 몇 Nm^3인가?

① 0.70 ② 2.00
③ 2.63 ④ 3.33

해설

황 1kg의 이론산소량$(O_o) = \frac{22.4}{32} = 0.7Nm^3/kg$

황 1kg의 이론공기량$(A_o) = \frac{0.7}{0.21} = 3.33Nm^3/kg$

황 1kg의 연소로 생성된 SO_2의 양$= \frac{22.4}{32}$

$= 0.7Nm^3/kg$

∴ 이론연소가스량$(G_o) = (1-0.21)A_o$ + 생성된 SO_2

$= (1-0.21) \times 3.33 + 0.7$

$= 3.33Nm^3/kg$

17 대도시의 광화학 스모그(smog) 발생의 원인 물질로 문제가 되는 것은?

① NO_x
② He
③ CO
④ CO_2

해설

대도시 광화학 스모그(smog) 발생의 원인 물질로 문제가 되는 것은 질소산화물(NO_x)이다.

18 다음 반응식으로부터 프로판 1kg의 발열량은 약 몇 MJ인가?

$C + O_2 \rightarrow CO_2 + 406kJ/mol$

$H_2 + \frac{1}{2}O_2 \rightarrow H_2O + 241kJ/mol$

① 33.1
② 40.0
③ 49.6
④ 65.8

해설

프로판의 완전연소반응식

$C_3H_8 + 5O_2 \rightarrow 3CO_2 + 4H_2O$

프로판 1mol이 연소되어 3mol의 CO_2와 4mol의 H_2O가 생성되었으므로

프로판 1mol의 발열량= Σ생성물의 생성열

$= 3 \times 406 + 4 \times 241$

$= 2,182kJ$

∴ 프로판(C_3H_8) 1kg의 발열량

$= 2,182 \times \frac{1}{44} \times 1,000 = 49,590kJ ≒ 49.6MJ$

정답 13 ④ 14 ② 15 ① 16 ④ 17 ① 18 ③

19 기체연료의 일반적인 특징으로 틀린 것은?

① 연소효율이 높다.
② 고온을 얻기 쉽다.
③ 단위용적당 발열량이 크다.
④ 누출되기 쉽고 폭발의 위험성이 크다.

해설 기체연료는 단위체적(용적)당 발열량이 작다.

20 석탄, 코크스, 목재 등을 적열상태로 가열하고, 공기로 불완전연소시켜 얻는 연료는?

① 천연가스　② 수성가스
③ 발생로가스　④ 오일가스

해설 발생로가스는 석탄, 코크스 목재 등을 적열상태로 가열하고 공기로 불완전 연소시켜 얻는 연료(fuel)이다.

제2과목 열역학

21 다음 중 물의 임계압력에 가장 가까운 값은?

① 1.03kPa　② 100kPa
③ 22MPa　④ 63MPa

해설
㉠ 물의 임계압력(P_c)≒22MPa
㉡ 물의 임계온도(T_c)≒374.15℃

22 27℃, 100kPa에 있는 이상기체 1kg을 700kPa까지 가역 단열압축하였다. 이때 소요된 일의 크기는 몇 kJ인가? (단, 이 기체의 비열비는 1.4, 기체상수는 0.287kJ/kg · K 이다.)

① 100　② 160
③ 320　④ 400

해설

$$ {}_1W_2=\frac{1}{k-1}(P_1V_1-P_2V_2)=\frac{P_1V_1}{k-1}\left[1-\left(\frac{P_2V_2}{P_1V_1}\right)\right] $$

$$ =\frac{mRT_1}{k-1}\left[1-\left(\frac{T_2}{T_1}\right)\right]=\frac{mRT_1}{k-1}\left[1-\left(\frac{P_2}{P_1}\right)^{\frac{k-1}{k}}\right] $$

$$ =\frac{1\times0.287\times(27+273)}{1.4-1}\left[1-\left(\frac{700}{100}\right)^{\frac{1.4-1}{1.4}}\right] $$

$=-160\text{kJ}=160\text{kJ}$(압축일)

23 "$PV^n=$일정"인 과정에서 밀폐계가 하는 일을 나타낸 식은? (단, P는 압력, V는 부피, n은 상수이며, 첨자 1, 2는 각각 과정 전 · 후 상태를 나타낸다.)

① $P_2V_2-P_1V_1$
② $\dfrac{P_1V_1-P_2V_2}{n-1}$
③ $\dfrac{P_2{V_2}^{n-1}-P_1{V_1}^{n-1}}{n-1}$
④ $P_1{V_1}^n(V_2-V_1)$

해설 Polytropic 변화 시 절대일

$$ {}_1W_2=\frac{1}{n-1}(P_1V_1-P_2V_2)=\frac{mR}{n-1}(T_1-T_2) $$

$$ =\frac{mRT_1}{n-1}\left(1-\frac{T_2}{T_1}\right)=\frac{mRT_1}{n-1}\left[1-\left(\frac{P_2}{P_1}\right)^{\frac{n-1}{n}}\right]\text{[kJ]} $$

24 압력 1MPa인 포화액의 비체적 및 비엔탈피는 각각 0.0012m^3/kg, 762.8kJ/kg이고, 포화증기의 비체적 및 비엔탈피는 각각 0.1944m^3/kg, 2778.1kJ/kg이다. 이 압력에서 건도가 0.7인 습증기의 단위 질량당 내부에너지는 약 몇 kJ/kg인가?

① 2037.1　② 2173.8
③ 2251.3　④ 2393.5

해설
$h''=u''+pv''$[kJ/kg], $h'=u'+pv'$[kJ/kg]
$(u''-u')=(h''-h')-p(v''-v')$
$=(2778.1-762.8)-1\times10^3(0.1944-0.0012)$
$=1822.1$kJ/kg
$u'=h'-pv'=762.8-1\times10^3\times0.0012$
$=761.6$kJ/kg
$\therefore\ u_x=u'+x(u''-u')$
$=761.6+0.7\times1822.1$
$=2037.07≒2037.1$kJ/kg

25 냉동능력을 나타내는 단위로 0℃의 물 1,000kg을 24시간 동안에 0℃의 얼음으로 만드는 능력을 무엇이라 하는가?

① 냉동계수　② 냉동마력
③ 냉동톤　④ 냉동률

정답 19 ③ 20 ③ 21 ③ 22 ② 23 ② 24 ① 25 ③

해설

1냉동톤(1RT)이란 0℃의 물 1,000kg을 24시간 동안에 0℃의 얼음으로 만드는 능력을 말한다.

1RT=1,000×79.68÷24hr

=3,320kcal/h

=386kW

26 압축비가 5인 오토 사이클기관이 있다. 이 기관이 15~1,500℃의 온도범위에서 작동할 때 최고압력은 약 몇 kPa인가? (단, 최저압력은 100kPa, 비열비는 1.4이다.)

① 3,080 ② 2,650

③ 1,961 ④ 1,247

해설

$$T_2 = T_1\varepsilon^{k-1} = (15+273)\times 5^{1.4-1} = 548.25\text{K}$$

$$P_2 = P_1\left(\frac{V_1}{V_2}\right)^k = P_1\varepsilon^k = 100\times 5^{1.4} = 952\text{kPa}$$

$$P_{\max} = P_2 \times \frac{T_3}{T_2} = 952\times\frac{1,500+273}{548.25} ≒ 3,080\text{kPa}$$

27 온도 30℃, 압력 350kPa에서 비체적인 0.449m^3/kg인 이상기체의 기체상수는 약 몇 kJ/kg·K인가?

① 0.143 ② 0.287

③ 0.518 ④ 0.842

해설

$Pv = RT$에서

$$R = \frac{Pv}{T} = \frac{350\times 0.449}{30+273} = 0.518\text{kJ/kg}\cdot\text{K}$$

28 브레이튼 사이클의 이론 열효율을 높일 수 있는 방법으로 틀린 것은?

① 공기의 비열비를 감소시킨다.

② 터빈에서 배출되는 공기의 온도를 낮춘다.

③ 연소기로 공급되는 공기의 온도를 낮춘다.

④ 공기압축기의 압력비를 증가시킨다.

해설

$$\eta_{th.B} = 1-\left(\frac{1}{\gamma}\right)^{\frac{k-1}{k}}$$

브레이튼 사이클의 열효율을 높이려면 압력비 및 비열비를 증가시켜야 한다.

29 다음 중 이상적인 랭킨 사이클의 과정으로 옳은 것은?

① 단열압축 → 정적가열 → 단열팽창 → 정압방열

② 단열압축 → 정압가열 → 단열팽창 → 정적방열

③ 단열압축 → 정압가열 → 단열팽창 → 정압방열

④ 단열압축 → 정적가열 → 단열팽창 → 정적방열

해설

랭킨사이클의 과정(Process)

단열압축($S=C$) → 정압가열($P=C$) → 단열팽창($S=C$) → 정압방열($P=C$)

30 열역학 제1법칙을 설명한 것으로 옳은 것은?

① 절대영도, 즉 0K에는 도달할 수 없다.

② 흡수한 열을 전부 일로 바꿀 수는 없다.

③ 열을 일로 변환할 때 또는 일을 열로 변환할 때 전체 계의 에너지 총량은 변하지 않고 일정하다.

④ 제3의 물체와 열평형에 있는 두 물체는 그들 상호 간에도 열평형에 있으며, 물체의 온도는 서로 같다.

해설

열역학 제1법칙(에너지보존의 법칙)

열을 일로 변환할 때 또는 일을 열로 변환할 때 전체 계(system)의 에너지 총량은 변하지 않고 일정하다.

31 성능계수가 4.3인 냉동기가 1시간 동안 30MJ의 열을 흡수한다. 이 냉동기를 작동하기 위한 동력은 약 몇 kW인가?

① 0.25

② 1.94

③ 6.24

④ 10.4

해설

$$\text{압축기소비동력(kW)} = \frac{Q_e}{3,600\varepsilon_R} = \frac{30\times 10^3}{3,600\times 4.3} ≒ 1.94\text{kW}$$

정답 26 ① 27 ③ 28 ① 29 ③ 30 ③ 31 ②

32 냉매가 구비해야 할 조건 중 틀린 것은?

① 증발열이 클 것
② 비체적이 작을 것
③ 임계온도가 높을 것
④ 비열비가 클 것

해설
냉매는 비열비(k)가 작은 것으로 구비해야 한다.

33 단열 밀폐되어 있는 탱크 A, B가 밸브로 연결되어 있다. 두 탱크에 들어있는 공기(이상기체)의 질량은 같고, A탱크의 체적은 B탱크 체적의 2배, A탱크의 압력은 200kPa, B탱크의 압력은 100kPa이다. 밸브를 열어서 평형이 이루어진 후 최종 압력은 약 몇 kPa인가?

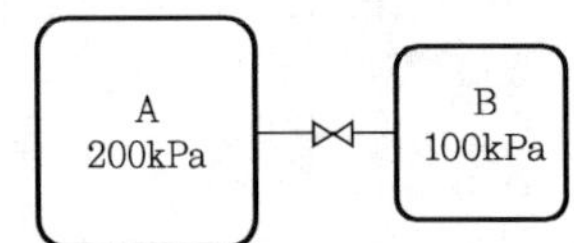

① 120　　② 133
③ 150　　④ 167

해설
$$P = P_A\frac{V_A}{V} + P_B\frac{V_B}{V}$$
$$= 200\times\frac{2}{3} + 100\times\frac{1}{3} \fallingdotseq 167\text{kPa}$$

34 한 과학자가 자기가 만든 열기관이 80℃와 10℃ 사이에서 작동하면서 100kJ의 열을 받아 20kJ의 유용한 일을 할 수 있다고 주장한다. 이 주장에 위배되는 열역학 법칙은?

① 열역학 제0법칙
② 열역학 제1법칙
③ 열역학 제2법칙
④ 열역학 제3법칙

해설
$$\eta_c = 1-\frac{T_2}{T_1} = 1-\frac{10+273}{80+273} = 0.198(19.8\%)$$
$$\eta = \frac{W_{net}}{Q_1} = \frac{20}{100} = 0.2(20\%)$$
$\eta_c < \eta$이므로 열역학 제2법칙에 위배된다.

35 랭킨 사이클로 작동하는 증기 동력사이클에서 효율을 높이기 위한 방법으로 거리가 먼 것은?

① 복수기(응축기)에서의 압력을 상승시킨다.
② 터빈 입구의 온도를 높인다.
③ 보일러의 압력을 상승시킨다.
④ 재열 사이클(reheat cycle)로 운전한다.

해설
랭킨 사이클의 열효율을 높이기 위해서는 배압, 즉 복수기(응축기)에서의 압력을 낮춰야 한다.

36 CH_4의 기체상수는 약 몇 kJ/kg · K인가?

① 3.14　　② 1.57
③ 0.83　　④ 0.52

해설
$$\text{메탄}(CH_4)\text{의 기체상수}(R) = \frac{\text{공통기체상수}(\overline{R})}{\text{분자량}(M)}$$
$$= \frac{8.314}{16} \fallingdotseq 0.52\text{kJ/kg}\cdot\text{K}$$

37 압력 300kPa인 이상기체 150kg이 있다. 온도를 일정하게 유지하면서 압력을 100kPa로 변화시킬 때 엔트로피 변화는 약 몇 kJ/K인가? (단, 기체의 정적비열은 1.735kJ/kg · K, 비열비는 1.299이다.)

① 62.7　　② 73.1
③ 85.5　　④ 97.2

해설
$$R = C_p - C_v = C_v(k-1)$$
$$= 1.735\times(1.299-1) \fallingdotseq 0.519\text{kJ/kg}\cdot\text{K}$$
$$\Delta S = \frac{\delta Q}{T} = \frac{mRT\ln\frac{V_2}{V_1}}{T} = mR\ln\frac{V_2}{V_1} = mR\ln\frac{P_1}{P_2}$$
$$= 150\times0.519\times\ln\frac{300}{100} \fallingdotseq 85.53\text{kJ/K}$$

38 밀폐계가 300kPa의 압력을 유지하면서 체적이 $0.2m^3$에서 $0.4m^3$로 증가하였고 이 과정에서 내부에너지는 20kJ 증가하였다. 이 때 계가 받은 열량은 약 몇 kJ인가?

① 9　　② 80
③ 90　　④ 100

정답 32 ④ 33 ④ 34 ③ 35 ① 36 ④ 37 ③ 38 ②

해설

$$ {}_1W_2 = \int_1^2 PdV = P(V_2 - V_1) $$
$$ = 300 \times (0.4 - 0.2) = 60\text{kJ} $$
$$ Q = U_2 - U_1 + {}_1W_2 = 20 + 60 = 80\text{kJ} $$

39 그림에서 이상기체를 A에서 가역적으로 단열압축시킨 후 정적과정으로 C까지 냉각시키는 과정에 해당되는 것은?

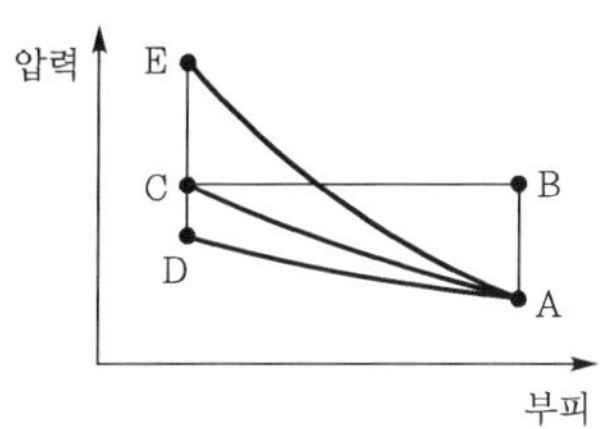

① A – B – C ② A – C
③ A – D – C ④ A – E – C

해설

단열압축(A – E) → 등적냉각(E – C)
∴ A – E – C

40 다음 식 중 이상기체 상태에서의 가역단열과정을 나타내는 식으로 옳지 않은 것은? (단, P, T, V, k는 각각 압력, 온도, 부피, 비열비이고, 아래 첨자 1, 2는 과정 전 · 후를 나타낸다.)

① $\dfrac{T_2}{T_1} = \left(\dfrac{V_1}{V_2}\right)^{k-1}$

② $\dfrac{V_1}{V_2} = \left(\dfrac{P_2}{P_1}\right)^{\frac{1}{k}}$

③ $P_1 {V_1}^k = P_2 {V_2}^k$

④ $\dfrac{T_2}{T_1} = \left(\dfrac{P_2}{P_1}\right)^{\frac{1-k}{k}}$

해설

가역단열변화의 경우 P, V, T의 관계식

$$ \frac{T_2}{T_1} = \left(\frac{V_2}{V_1}\right)^{k-1} = \left(\frac{P_2}{P_1}\right)^{\frac{k-1}{k}} $$

※ $PV^k = c$, $TV^{k-1} = c$, $\dfrac{P^{\frac{k-1}{k}}}{T} = c$

제3과목 계측방법

41 링밸런스식 압력계에 대한 설명으로 옳은 것은?

① 도압관은 가늘고 긴 것이 좋다.
② 측정 대상 유체는 주로 액체이다.
③ 계기를 압력원에 가깝게 설치해야 한다.
④ 부식성 가스나 습기가 많은 곳에서도 정밀도가 좋다.

해설

링밸런스식 압력계는 계기를 압력원에 가깝게 설치해야 한다.

42 다음과 같이 자동제어에서 응답속도를 빠르게 하고 외란에 대해 안정적으로 제어하려 한다. 이때 추가해야 할 제어 동작은?

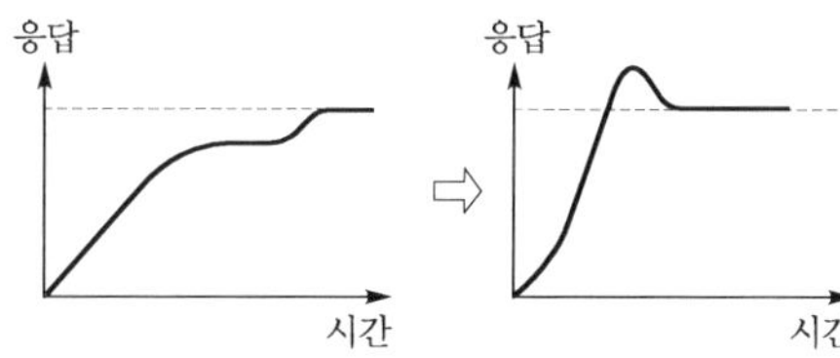

① 다위치동작 ② P동작
③ I동작 ④ D동작

해설

미분(I)동작은 응답속도를 빠르게 하고 외란에 대해 안정적으로 제어하려 할 경우 제어동작이다.

43 가스 온도를 열전대 온도계를 사용하여 측정할 때 주의해야 할 사항이 아닌 것은?

① 열전대는 측정하고자 하는 곳에 정확히 삽입하며 삽입된 구멍에 냉기가 들어가지 않게 한다.
② 주위의 고온체로부터의 복사열의 영향으로 인한 오차가 생기지 않도록 해야 한다.
③ 단자와 보상도선의 +, −를 서로 다른 기호끼리 연결하여 감온부의 열팽창에 의한 오차가 발생하지 않도록 한다.
④ 보호관의 선택에 주의한다.

정답 39 ④ 40 ④ 41 ③ 42 ④ 43 ③

해설
단자의 +, −를 보상도선의 같은 극끼리인 +, −와 일치하도록 연결해야 한다.

44 다음 중에서 측온저항체로 사용되지 않는 것은?

① Cu ② Ni
③ Pt ④ Cr

해설
측온저항체로 사용되는 원소는 구리(Cu), 니켈(Ni), 백금(Pt)이며, 크롬(Cr)은 사용하지 않는다.

45 다음 중 용적식 유량계에 해당하는 것은?

① 오리피스미터 ② 습식가스미터
③ 로터미터 ④ 피토관

해설
습식가스미터는 용적식 유량계이다.
① 오리피스미터: 차압식 유량계
③ 로터미터: 면적식 유량계

46 측정온도범위가 약 0~700℃ 정도이며, (−)측이 콘스탄탄으로 구성된 열전대는?

① J형 ② R형
③ K형 ④ S형

해설
철−콘스탄탄(IC, J형)의 +전극은 철, −전극은 콘스탄탄이며, 측정온도범위는 0~700℃이다.
㉠ R형: 백금로듐−백금(PR)
㉡ K형: 크로멜−알루멜(CA)
㉢ T형: 동−콘스탄탄(CC)

47 측온 저항체에 큰 전류가 흐를 때 줄열에 의해 측정하고자 하는 온도보다 높아지는 현상인 자기가열(自己加熱) 현상이 있는 온도계는?

① 열전대 온도계
② 압력식 온도계
③ 서미스터 온도계
④ 광고온계

해설
서미스터 온도계는 자기가열이 있는 저항식 온도계이다. 온도가 높아질수록 저항이 감소하는 반도체로 절대온도의 제곱에 반비례한다.

48 중유를 사용하는 보일러의 배기가스를 오르자트 가스분석계의 가스뷰렛에 시료 가스량을 50mL 채취하였다. CO_2 흡수피펫을 통과한 후 가스뷰렛에 남은 시료는 44mL 이었고, O_2 흡수피펫에 통과한 후 남은 시료량은 41.4mL이었다. 배기가스 중에 CO_2, O_2, CO는 각각 몇 vol%인가?

① 6, 2.2, 0.4 ② 12, 4.4, 0.8
③ 15, 6.4, 1.2 ④ 18, 7.4, 1.8

49 세라믹(ceramic)식 O_2계의 세라믹 주원료는?

① Cr_2O_3 ② Pb
③ P_2O_5 ④ ZrO_2

해설
세라믹식 O_2계의 세라믹 주원료는 ZrO_2(산화지르코늄)으로, 높은 열확장성$\left(\alpha = 11 \times 10^{-6} \times \frac{1}{k}\right)$을 갖는다.

50 국제단위계(SI)에서 길이의 설명으로 틀린 것은?

① 기본단위이다.
② 기호는 m이다.
③ 명칭은 미터이다.
④ 소리가 진공에서 1/229792458초 동안 진행한 경로의 길이이다.

해설
1미터는 빛이 진공에서 1/299792458초 동안 진행한 경로의 길이이다.

51 오벌(oval)식 유량계로 유량을 측정할 때 지시값의 오차 중 히스테리시스 차의 원인이 되는 것은?

① 내부 기어의 마모
② 유체의 압력 및 점성
③ 측정자의 눈의 위치
④ 온도 및 습도

해설
오벌(oval)식 유량계로 유량을 측정할 때 지시값의 오차 중 히스테리시스 차(hysteresis error)의 원인이 되는 것은 내부 기어의 마모이다.

정답 44 ④ 45 ② 46 ① 47 ③ 48 ② 49 ④ 50 ④ 51 ①

52 다음 중 압전 저항효과를 이용한 압력계는 어느 것인가?

① 액주형 압력계
② 아네로이드 압력계
③ 박막식 압력계
④ 스트레인게이지식 압력계

해설 스트레인게이지(Strain gauge)식 압력계는 압전 저항효과를 이용한 압력계다.

53 가스분석계에서 연소가스 분석 시 비중을 이용하여 가장 측정이 용이한 기체는?

① NO_2 ② O_2
③ CO_2 ④ H_2

해설 가스분석계에서 연소가스 분석 시 비중을 이용한 측정이 가장 용이한 기체는 CO_2(이산화탄소)이다.

54 전자유량계에서 안지름이 4cm인 파이프에 3L/s의 액체가 흐르고, 자속밀도 1,000gauss의 평등자계 내에 있다면 이때 검출되는 전압은 약 mV인가? (단, 자속분포의 수정 계수는 1이고, 액체의 비중은 1이다.)

① 5.5 ② 7.5
③ 9.5 ④ 11.5

해설 $V=\frac{Q}{A}=\frac{3\times10^{-3}}{\frac{\pi}{4}\times0.04^2}=2.387\text{m/s}$이고, 패러데이 전자유도 법칙에 의해 발생되는 유도기전력(E)는

$E=BlV=0.1\times0.04\times2.387$

$=9.548\times10^{-3}\text{V}$

$\fallingdotseq 9.5\text{mV}$

※ 자속밀도(자기장)의 단위는 1Wb=1T(테슬라)= 10^4gauss

55 액주형 압력계 중 경사관식 압력계의 특징에 대한 설명으로 옳은 것은?

① 일반적으로 U자관보다 정밀도가 낮다.
② 눈금을 확대하여 읽을 수 있는 구조이다.
③ 통풍계로는 사용할 수 없다.
④ 미세압 측정이 불가능하다.

해설 경사관식 압력계는 눈금을 확대하여 읽을 수 있는 구조이다.

56 보일러의 자동제어에서 인터록 제어의 종류가 아닌 것은?

① 고온도 ② 저연소
③ 불착화 ④ 압력초과

해설 인터록(inter lock) 제어의 종류

㉠ 저연소
㉡ 압력초과
㉢ 불착화
㉣ 저수위
㉤ 프리퍼지(pre-purge)

57 자동제어에서 비례동작에 대한 설명으로 옳은 것은?

① 조작부를 측정값의 크기에 비례하여 움직이게 하는 것
② 조작부를 편차의 크기에 비례하여 움직이게 하는 것
③ 조작부를 목표값의 크기에 비례하여 움직이게 하는 것
④ 조작부를 외란의 크기에 비례하여 움직이게 하는 것

해설 비례동작(P동작)은 조작부를 편차의 크기에 비례하여 움직이게 한다.

58 흡착제에서 관을 통해 각각 기체의 독자적인 이동속도에 의해 분리시키는 방법으로, CO_2, CO, N_2, H_2, CH_4 등을 모두 분석할 수 있어 분리 능력과 선택성이 우수한 가스분석계는?

① 밀도법
② 기체크로마토그래피법
③ 세라믹법
④ 오르자트법

해설 기체크로마토그래피법은 흡착제에서 관을 통해 각각 기체의 독자적인 이동속도에 의해 분리시키는 방법으로 CO_2, CO, N_2, H_2, CH_4 등을 분석할 수 있어 분리 능력과 선택성이 우수한 가스분석계다.

정답 52 ④ 53 ③ 54 ③ 55 ② 56 ① 57 ② 58 ②

59 광고온계의 특징에 대한 설명으로 옳은 것은?

① 비접촉식 온도 측정법 중 가장 정밀도가 높다.
② 넓은 측정온도(0~3,000℃) 범위를 갖는다.
③ 측정이 자동적으로 이루어져 개인오차가 발생하지 않는다.
④ 방사온도계에 비하여 방사율에 대한 보정량이 크다.

해설 광고온도계는 비접촉식 온도 측정법 중 가장 정밀도가 높은 온도계다.

60 열전대 온도계의 보호관으로 석영관을 사용하였을 때의 특징으로 틀린 것은?

① 급랭, 급열에 잘 견딘다.
② 기계적 충격에 약하다.
③ 산성에 대하여 약하다.
④ 알칼리에 대하여 약하다.

해설 석영관은 전기 전열성과 내산성이 높다(매우 낮은 열팽창계수로 열에 의한 파손은 없다).

제4과목 열설비재료 및 관계법규

61 다음 보일러의 급수밸브 및 체크밸브 설치 기준에 관한 설명 중 ( ) 안에 알맞은 것은?

> 급수밸브 및 체크밸브의 크기는 전열면적 $10m^2$ 이하의 보일러에서는 호칭 (㉠) 이상, 전열면적 $10m^2$를 초과하는 보일러에서는 호칭 (㉡) 이상이어야 한다.

① ㉠ 5A, ㉡ 10A
② ㉠ 10A, ㉡ 15A
③ ㉠ 15A, ㉡ 20A
④ ㉠ 20A, ㉡ 30A

해설 보일러의 급수밸브 및 체크밸브의 크기는 전열면적 $10m^2$ 이하의 보일러에서는 호칭 15A 이상 전열면적 $10m^2$ 초과하는 보일러에서는 호칭 20A 이상이어야 한다.

62 에너지이용 합리화법령상 에너지사용계획을 수립하여 산업통상자원부장관에게 제출하여야 하는 공공사업주관자의 설치 시설 기준으로 옳은 것은?

① 연간 2천5백 티오이 이상의 연료 및 열을 사용하는 시설
② 연간 5천 티오이 이상의 연료 및 열을 사용하는 시설
③ 연간 2천5백 킬로와트시 이상의 전력을 사용하는 시설
④ 연간 5천만 킬로와트시 이상의 전력을 사용하는 시설

해설 에너지사용계획을 수립하여 산업통상자원부장관에게 제출하여야 하는 공공사업주관자의 설치 시설 기준은 연간 2천5백 티오이(TOE) 이상의 연료 및 열을 사용하는 시설이다.

63 에너지이용 합리화법령에 따라 에너지관리산업기사 자격을 가진 자는 관리가 가능하나, 에너지관리기능사 자격을 가진 자는 관리할 수 없는 보일러 용량의 범위는?

① 5t/h 초과 10t/h 이하
② 10t/h 초과 30t/h 이하
③ 20t/h 초과 40t/h 이하
④ 30t/h 초과 60t/h 이하

해설 에너지관리기능사의 관리범위
㉠ 10t/h 이하인 보일러
㉡ 증기보일러로서 최고사용압력이 1MPa 이하이고, 전열면적이 10제곱미터 이하인 것
㉢ 온수발생 및 열매체를 가열하는 보일러로서 용량이 581.5킬로와트 이하인 것
㉣ 압력용기

64 점토질 단열재의 특징으로 틀린 것은?

① 내스폴링성이 작다.
② 노벽이 얇아져서 노의 중량이 적다.
③ 내화재와 단열재의 역할을 동시에 한다.
④ 안전사용온도는 1,300~1,500℃ 정도이다.

해설 점토질 단열재는 내스폴링성이 크다.

정답 59 ① 60 ③ 61 ③ 62 ① 63 ② 64 ①

65 터널가마의 일반적인 특징이 아닌 것은?

① 소성이 균일하여 제품의 품질이 좋다.
② 온도조절의 자동화가 쉽다.
③ 열효율이 좋아 연료비가 절감된다.
④ 사용연료의 제한을 받지 않고 전력소비가 적다.

해설 터널가마는 연속요로, 사용연료의 제한을 받으며, 전력소비도 크다.

66 에너지이용 합리화법령상 에너지다소비사업자는 산업통상자원부령으로 정하는 바에 따라 에너지사용기자재의 현황을 매년 언제까지 시 · 도지사에게 신고하여야 하는가?

① 12월 31일까지 ② 1월 31일까지
③ 2월 말까지 ④ 3월 31일까지

해설 에너지사용기자재의 현황은 매년 1월 31일까지 시 · 도지사에게 신고해야 한다(에너지다소비업의 신고).

67 글로브밸브(globe valve)에 대한 설명으로 틀린 것은?

① 밸브 디스크 모양은 평면형, 반구형, 원뿔형, 반원형이 있다.
② 유체의 흐름방향이 밸브 몸통 내부에서 변한다.
③ 디스크 형상에 따라 앵글밸브, Y형밸브, 니들밸브 등으로 분류된다.
④ 조작력이 적어 고압의 대구경 밸브에 적합하다.

해설 글로브밸브의 개폐 조작력이 상대적으로 크다.

68 에너지 법령에 의한 에너지 총조사는 몇 년 주기로 시행하는가? (단, 간이조사는 제외한다.)

① 2년 ② 3년
③ 4년 ④ 5년

해설 에너지 법령에 의한 에너지(energy) 총조사는 3년 주기로 시행한다(단, 간이조사는 제외한다).

69 캐스터블 내화물의 특징이 아닌 것은?

① 소성할 필요가 없다.
② 접합부 없이 노체를 구축할 수 있다.
③ 사용 현장에서 필요한 형상으로 성형할 수 있다.
④ 온도의 변동에 따라 스폴링을 일으키기 쉽다.

해설 잔존수축과 열팽창이 적으므로 온도가 변화해도 스폴링을 일으키지 않는다.

70 다음 중 보냉재가 구비해야 할 조건이 아닌 것은?

① 탄력성이 있고 가벼워야 한다.
② 흡수성이 적어야 한다.
③ 열전도율이 적어야 한다.
④ 복사열의 투과에 대한 저항성이 없어야 한다.

해설 보냉재는 복사(일사)열에 대한 저항성이 커야 한다.

71 열팽창에 의한 배관의 측면 이동을 구속 또는 제한하는 장치가 아닌 것은?

① 앵커 ② 스토퍼
③ 브레이스 ④ 가이드

해설 앵커, 스토퍼, 가이드 등은 열팽창에 의한 배관의 측면 이동을 구속 또는 제한하는 장치다.
※ 브레이스(brace): 배관라인에 설치된 각종 펌프, 압축기 등에서 발생하는 진동을 흡수 · 완화시켜주는 장치로, 밸브 등 급속개폐에 따른 수격작용, 지진 등의 진동을 완화시켜준다.

72 에너지이용 합리화법령에 따라 에너지사용계획에 대한 검토결과 공공사업주관자가 조치 요청을 받은 경우, 이를 이행하기 위하여 제출하는 이행계획에 포함되어야 할 내용이 아닌 것은? (단, 산업통상자원부장관으로부터 요청 받은 조치의 내용은 제외한다.)

① 이행 주체 ② 이행 방법
③ 이행 장소 ④ 이행시기

정답 65 ④ 66 ② 67 ④ 68 ② 69 ④ 70 ④ 71 ③ 72 ③

73 다음 중 에너지이용 합리화법령에 따라 에너지다소비사업자에게 에너지관리 개선명령을 할 수 있는 경우는?

① 목표원단위보다 과다하게 에너지를 사용하는 경우
② 에너지관리지도 결과 10% 이상의 에너지 효율 개선이 기대되는 경우
③ 에너지 사용실적이 전년도보다 현저히 증가한 경우
④ 에너지 사용계획 승인을 얻지 아니한 경우

해설 에너지다소비사업자에게 개선명령을 할 수 있는 경우는 에너지관리 지도 결과 10% 이상의 에너지효율 개선이 기대되고 효율개선을 위한 투자의 경제성이 있다고 인정되는 경우이다.

74 도염식요는 조업방법에 의해 분류할 경우 어떤 형식인가?

① 불연속식
② 반연속식
③ 연속식
④ 불연속식과 연속식의 절충형식

해설 ㉠ 불연속식요(가마): 도염식, 횡염식, 승염식
㉡ 연속요: 터널요, 윤요(고리가마), 견모(샤프트로 회전요(로터리가마)
㉢ 반연속요: 셔틀요, 등요

75 에너지이용 합리화법령에 따라 효율관리기자재의 제조업자는 효율관리시험기관으로부터 측정 결과를 통보받은 날부터 며칠 이내에 그 측정 결과를 한국에너지공단에 신고하여야 하는가?

① 15일
② 30일
③ 60일
④ 90일

해설 효율관리기자재의 제조업자는 효율관리시험기관으로부터 측정 결과를 통보받은 날부터 90일 이내에 그 측정 결과를 한국에너지공단에 신고해야 한다.

76 에너지이용 합리화법에 따라 산업통상자원부장관이 국내외 에너지 사정의 변동으로 에너지 수급에 중대한 차질이 발생될 경우 수급안정을 위해 취할 수 있는 조치 사항이 아닌 것은?

① 에너지의 배급
② 에너지의 비축과 저장
③ 에너지의 양도 · 양수의 제한 또는 금지
④ 에너지 수급의 안정을 위하여 산업통상자원부령으로 정하는 사항

77 에너지이용 합리화법령에 따라 산업통상자원부장관이 위생 접객업소 등에 에너지사용의 제한 조치를 할 때에는 며칠 이전에 제한 내용을 예고하여야 하는가?

① 7일　　② 10일
③ 15일　　④ 20일

해설 산업통상자원부장관이 위생 접객업소 등에 에너지사용의 제한 조치를 할 때에는 7일 전에 제한 내용을 예고해야 한다.

78 에너지이용 합리화법상 에너지다소비사업자의 신고와 관련하여 다음 (　)에 들어갈 수 없는 것은? (단, 대통령령은 제외한다.)

> 산업통상자원부장관 및 시 · 도지사는 에너지다소비사업자가 신고한 사항을 확인하기 위하여 필요한 경우 (　　　)에 대하여 에너지다소비사업자에게 공급한 에너지의 공급량 자료를 제출하도록 요구할 수 있다.

① 한국전력공사
② 한국가스공사
③ 한국가스안전공사
④ 한국지역난방공사

해설 산업통상자원부장관 및 시 · 도지사는 에너지다소비사업자가 신고한 사항을 확인하기 위하여 필요한 경우 한국가스안전공사에 대하여 에너지다소비사업자에게 공급한 에너지의 공급량 자료를 제출하도록 요구할 수 있다.

정답 73 ② 74 ① 75 ④ 76 ④ 77 ① 78 ③ 79 ①

79 다음 보온재 중 재질이 유기질 보온재에 속하는 것은?

① 우레탄폼 ② 펄라이트
③ 세라믹 파이버 ④ 규산칼슘 보온재

해설
유기질 보온재
㉠ 펠트(felt)
㉡ 코르크(cork)
㉢ 기포성 수지(우레탄폼)
㉣ 텍스류

80 다음 중 제강로가 아닌 것은?

① 고로 ② 전로
③ 평로 ④ 전기로

해설
제강로의 종류
㉠ 전로
㉡ 평로
㉢ 전기로

제5과목 열설비설계

81 서로 다른 고체 물질 A, B, C인 3개의 평판이 서로 밀착되어 복합체를 이루고 있다. 정상상태에서의 온도 분포가 [그림]과 같을 때, 어느 물질의 열전도도가 가장 작은가? (단, 온도 T_1=1,000℃, T_2=800℃, T_3=550℃, T_4=250℃이다.)

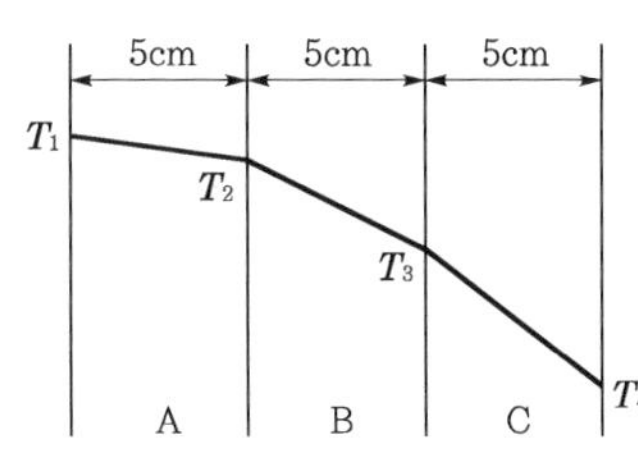

① A ② B
③ C ④ 모두 같다.

해설

$Q=\lambda A\dfrac{\Delta T}{L}$[W]

열전도도(계수) $\lambda \propto \dfrac{1}{\Delta T}$

$(\Delta T_1=200℃, \Delta T_2=250℃, \Delta T_3=300℃)$

82 급수처리 방법 중 화학적 처리방법은?

① 이온교환법 ② 가열연화법
③ 증류법 ④ 여과법

해설
이온교환법은 급수처리방법 중 화학적 처리방법이다.
※ 물리적 처리방법: 침전법, 여과법, 탈기기에 의한 탈기법, 증발기에 의한 정제법(증류법), 가열연화법

83 다음 중 사이폰관이 직접 부착된 장치는?

① 수면계 ② 안전밸브
③ 압력계 ④ 어큐뮬레이터

해설
사이폰관이 직접 부착된 장치는 압력계이다.

84 파이프의 내경 D[mm]를 유량 Q[m^3/s]와 평균속도 V[m/s]로 표시한 식으로 옳은 것은?

① $D=1,128\sqrt{\dfrac{Q}{V}}$

② $D=1,128\sqrt{\dfrac{\pi V}{Q}}$

③ $D=1,128\sqrt{\dfrac{Q}{\pi V}}$

④ $D=1,128\sqrt{\dfrac{V}{Q}}$

해설

$Q=AV=\dfrac{\pi}{4}\left(\dfrac{D}{1,000}\right)^2 V$

$D=\sqrt{\dfrac{Q\times 4\times 1,000^2}{\pi V}}=1,128\sqrt{\dfrac{Q}{V}}$[mm]

85 보일러의 강도 계산에서 보일러 동체 속에 압력이 생기는 경우 원주방향의 응력은 축방향 응력의 몇 배 정도인가? (단, 동체 두께는 매우 얇다고 가정한다.)

① 2배 ② 4배
③ 8배 ④ 16배

해설
보일러 강도 계산에서의 원주응력$\left(\sigma_1=\dfrac{PD}{2t}\right)$은 축방향응력$\left(\sigma_2=\dfrac{PD}{4t}\right)$의 두 배이다.

정답 80 ① 81 ③ 82 ① 83 ③ 84 ① 85 ①

86 수관 보일러와 비교한 원통 보일러의 특징에 대한 설명으로 틀린 것은?

① 구조상 고압용 및 대용량에 적합하다.
② 구조가 간단하고 취급이 비교적 용이하다.
③ 전열면적당 수부의 크기는 수관보일러에 비해 크다.
④ 형상에 비해서 전열면적이 작고 열효율은 낮은 편이다.

해설 원통형 보일러는 물(증기)이 들어있는 큰 원통에 연소기체가 지나는 굵은 통(노통)이나 가는 관(연관)이 관통하는 보일러로, 구조가 간단하고 복잡한 제어장치가 필요 없어서 소규모 보일러에 자주 쓰인다.

87 다음 중 특수열매체 보일러에서 가열 유체로 사용되는 것은?

① 폴리아미드 ② 다우섬
③ 덱스트린 ④ 에스테르

해설 특수열매체 보일러는 특수용도 및 장소 또는 열매체율이 물 대신에 비점이 낮은 수은, 다우섬 등의 특수열매체를 사용하여 증기를 발생시키는 보일러이다.

88 다음 중 보일러 안전장치로 가장 거리가 먼 것은?

① 방폭문 ② 안전밸브
③ 체크밸브 ④ 고저수위경보기

해설 체크밸브(check valve)는 방향제어 밸브로 유체를 한쪽 방향으로만 흐르게 하는 밸브(역지밸브)이다.

89 보일러의 만수보존법에 대한 설명으로 틀린 것은?

① 밀폐 보존방식이다.
② 겨울철 동결에 주의하여야 한다.
③ 보통 2~3개월의 단기보존에 사용된다.
④ 보일러 수는 pH6 정도 유지되도록 한다.

해설 보일러의 만수보존법에서 보일러수는 pH12 정도를 유지하도록 한다.

90 유체의 압력손실에 대한 설명으로 틀린 것은? (단, 관마찰계수는 일정하다.)

① 유체의 점성으로 인해 압력손실이 생긴다.
② 압력손실은 유속의 제곱에 비례한다.
③ 압력손실은 관의 길이에 반비례한다.
④ 압력손실은 관의 내경에 반비례한다.

해설

$$\Delta P(=\gamma h_L) = f \times \frac{L}{d} \times \frac{\gamma V^2}{2g}$$

$$= f \times \frac{L}{d} \times \frac{\rho V^2}{2}\,[\text{Pa}]$$

$\Delta P \propto L$

∴ 압력강하는 관의 길이에 비례한다.

91 다음 중 고압보일러용 탈산소제로서 가장 적합한 것은?

① $(C_6H_{10}O_5)_n$
② Na_2SO_3
③ N_2H_4
④ $NaHSO_3$

해설 고압보일러용 탈산소제로 가장 적합한 것은 하이드라진(N_2H_4)이다.

92 인젝터의 특징으로 틀린 것은?

① 급수온도가 높으면 작동이 불가능하다.
② 소형 저압보일러용으로 사용된다.
③ 구조가 간단하다.
④ 열효율은 좋으나 별도의 소요 동력이 필요하다.

해설 인젝터는 예비급수장치로 증기가 보유하고 있는 열에너지를 속도에너지로 전환시키고 다시 압력에너지로 바꾸어 급수하는 장치이다.

※ 인젝터의 특징
㉠ 구조가 간단하고 가격이 저렴하다.
㉡ 급수가 예열되고 열효율이 좋아진다.
㉢ 설치장소가 적게 필요하고 별도의 동력원이 필요 없다.
㉣ 급수량 조절이 어렵다.
㉤ 급수온도가 너무 높거나 낮으면 급수불량이 발생한다.

정답 86 ① 87 ② 88 ③ 89 ④ 90 ③ 91 ③ 92 ④

93 프라이밍 및 포밍 발생 시 조치사항에 대한 설명으로 틀린 것은?

① 안전밸브를 전개하여 압력을 강하시킨다.
② 증기 취출을 서서히 한다.
③ 연소량을 줄인다.
④ 수위를 안정시킨 후 보일러수의 농도를 낮춘다.

해설 안전밸브를 전개하여 압력을 강하시키면(낮추면) 프라이밍 및 포밍 현상이 더욱 잘 일어나므로 수증기 밸브를 잠가서 압력을 증가시켜 주어야 한다.

94 이온 교환체에 의한 경수의 연화 원리에 대한 설명으로 옳은 것은?

① 수지의 성분과 Na형의 양이온과 결합하여 경도성분 제거
② 산소 원자와 수지가 결합하여 경도성분 제거
③ 물속의 음이온과 양이온이 동시에 수지와 결합하여 경도성분 제거
④ 수지가 물속의 모든 이물질과의 결합하여 경도성분 제거

해설 경수연화장치는 강산성, 양이온 교환수지를 사용하여 원수 중의 경도성분만을 제거하는 장치로, 거친 센물을 단물로 만들어 주는 장치이다.

95 수관 1개의 길이가 2,200mm, 수관의 내경이 60mm, 수관의 두께가 4mm인 수관 100개를 갖는 수관 보일러의 전열면적은 약 몇 m^2인가?

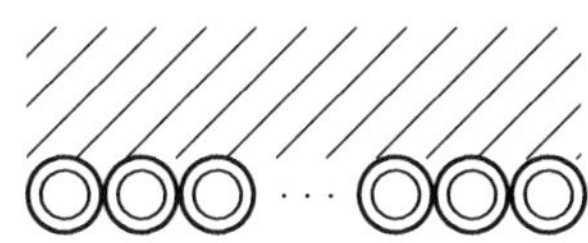

① 42　　② 47
③ 52　　④ 57

해설 수관보일러 전열면적(A)

$A = \pi D_o Ln = \pi(D_i + 2t)Ln$

$= \pi(60 + 2 \times 4) \times 10^{-3} \times 2.2 \times 100$

$\fallingdotseq 47m^2$

96 일반적인 주철제 보일러의 특징으로 적절하지 않은 것은?

① 내식성이 좋다.
② 인장 및 충격에 강하다.
③ 복잡한 구조라도 제작이 가능하다.
④ 좁은 장소에서도 설치가 가능하다.

해설 주철제 보일러는 인장 및 충격에 약하다.

97 방사 과열기에 대한 설명 중 틀린 것은?

① 주로 고온, 고압 보일러에서 접촉 과열기와 조합해서 사용한다.
② 화실의 천장부 또는 노벽에 설치한다.
③ 보일러 부하와 함께 증기온도가 상승한다.
④ 과열온도의 변동을 적게 하는 데 사용된다.

해설 방사 과열기는 온도가 높은 노상부나 노벽에 설치하여 복사열로 증기를 가열시키는 형식의 가열기로, 보일러 부하가 증가할수록 증기온도가 떨어지는 특정을 갖는다.

98 내압을 받는 어떤 원통형 탱크의 압력이 0.3MPa, 직경이 5m, 강판 두께가 10mm이다. 이 탱크의 이음 효율을 75%로 할 때, 강판의 인장응력(N/mm^2)은 얼마인가? (단, 탱크의 반경방향으로 두께에 응력이 유기되지 않는 이론값을 계산한다.)

① 200　　② 100
③ 20　　④ 10

해설 $\sigma_t = \dfrac{PD}{2t\eta} = \dfrac{0.3 \times 5{,}000}{2 \times 10 \times 0.75} = 100\text{MPa}(=\text{N/mm}^2)$

99 물을 사용하는 설비에서 부식을 초래하는 인자로 가장 거리가 먼 것은?

① 용존 산소　　② 용존 탄산가스
③ pH　　④ 실리카

해설 물을 사용하는 설비에서 부식을 초래하는 인자
㉠ 용존 산소
㉡ pH(수소이온농도)
㉢ 용존 탄산가스(CO_2)

정답 93 ① 94 ① 95 ② 96 ② 97 ③ 98 ② 99 ④

100 보일러의 모리슨형 파형노통에서 노통의 최소 안지름이 950mm, 최고사용압력을 1.1MPa이라 할 때 노통의 최소두께는 몇 mm인가? (단, 평형부 길이가 230mm 미만이며, 상수 C는 1,100이다.)

① 5 ② 8
③ 10 ④ 13

해설 파형노통 보일러에서 평행부(파형부) 길이가 230mm 미만인 경우 노통의 최소두께$(t)=\frac{PD}{C}=\frac{10PD}{C}$

$=\frac{10\times1.1\times950}{1,100}=9.5\text{mm}\fallingdotseq10\text{mm}$

※ 문제에서 제시한 압력단위가 MPa($=\text{N/mm}^2$)이므로 단위에 유의해야 한다(1MPa≒10kgf/cm^2).

정답 100 ③

부록 Ⅱ
CBT 실전 모의고사

제1회 CBT 실전 모의고사

[정답 및 해설 ⇨ p.12]

제1과목 연소공학

01 질량 조성비가 탄소 60%, 질소 13%, 황 0.8%, 수분 5%, 수소 8.6%, 산소 5%, 회분 7.6%인 고체연료 5kg을 공기비 1.1로 완전 연소시키고자 할 때의 실제공기량은 약 몇 Nm^3인가?

① 9.6 ② 41.2
③ 48.4 ④ 75.5

02 연소로에서의 흡출통풍에 대한 설명으로 옳지 않은 것은?

① 로 안은 항시 부압(-)으로 유지된다.
② 흡출기로 배기가스를 방출하므로 연돌의 높이에 관계없이 연소할 수 있다.
③ 고온가스에 의한 송풍기의 재질이 견딜 수 있어야 한다.
④ 가열 연소용 공기를 사용하며 경제적이다.

03 열효율 향상 대책이 아닌 것은?

① 과잉공기를 증가시킨다.
② 손실열을 가급적 적게 한다.
③ 전열량이 증가되는 방법을 취한다.
④ 장치의 최적 설계조건과 운전조건을 일치시킨다.

04 다음 중 액체연료가 갖는 일반적인 특징이 아닌 것은?

① 연소온도가 높기 때문에 국부과열을 일으키기 쉽다.
② 발열량은 높지만 품질이 일정하지 않다.
③ 화재, 역화 등의 위험이 크다.
④ 연소할 때 소음이 발생한다.

05 보일러 등의 연소장치에서 질소산화물(NO_x)의 생성을 억제할 수 있는 연소방법이 아닌 것은?

① 2단 연소
② 저산소(저공기비) 연소
③ 배기의 재순환 연소
④ 연소용 공기의 고온 예열

06 분젠버너를 사용할 때 가스의 유출속도를 점차 빠르게 하면 불꽃 모양은 어떻게 되는가?

① 불꽃이 엉클어지면서 짧아진다.
② 불꽃이 엉클어지면서 길어진다.
③ 불꽃의 형태는 변화 없고 밝아진다.
④ 매연을 발생하면서 연소한다.

07 연소가스 부피조성이 CO_2 13%, O_2 8%, N_2 79%일 때 공기과잉계수(공기비)는?

① 1.2 ② 1.4
③ 1.6 ④ 1.8

08 CH_4 가스 $1Nm^3$을 30% 과잉공기로 연소시킬 때 연소가스량은?

① $2.38Nm^3/kg$
② $13.36Nm^3/kg$
③ $23.1Nm^3/kg$
④ $82.31Nm^3/kg$

09 보일러의 열정산 시 출열에 해당하지 않는 것은?

① 연소배기가스 중 수증기의 보유열
② 건연소배가스의 현열
③ 불완전연소에 의한 손실열
④ 급수의 현열

10 분자식이 C_mH_n인 탄화수소가스 $1Nm^3$을 완전연소시키는 데 필요한 이론 공기량(Nm^3)은? (단, C_mH_n의 m, n은 상수이다.)

① $4.76m+1.19n$　② $1.19m+4.7n$

③ $m+\frac{n}{4}$　④ $4m+0.5n$

11 원소분석결과 C, S와 연소가스분석으로 (CO_2)max를 알고 있을 때의 건연소가스량(G')을 구하는 식은?

① $G'=\frac{1.867C+0.7S}{(CO_2)_{max}}$

② $G'=\frac{(CO_2)_{max}}{1.867C+0.7S}$

③ $G'=\frac{1.867C+3.3S}{(CO_2)_{max}}$

④ $G'=\frac{(CO_2)_{max}}{1.867C+3.3S}$

12 다음 연료 중 단위 중량당 발열량이 가장 높은 것은?

① LPG　② 무연탄

③ LNG　④ 중유

13 과잉공기량이 많을 때 일어나는 현상으로 옳은 것은?

① 배기가스에 의한 열손실이 감소한다.

② 연소실의 온도가 높아진다.

③ 연료 소비량이 적어진다.

④ 불완전연소물의 발생이 적어진다.

14 부탄의 연소반응에 대한 설명으로 틀린 것은?

① 부탄 1kg을 연소시키기 위해서는 2.51 Nm^3의 산소가 필요하다.

② 부탄을 완전연소시키기 위해서는 질량으로 6.5배의 산소가 필요하다.

③ 부탄 $1m^3$를 연소시키면 $4m^3$의 탄산가스가 발생한다.

④ 부탄과 산소의 질량의 합은 탄산가스와 수증기의 질량의 합과 같다.

15 연료의 연소 시 CO_2max(%)는 어느 때의 값인가?

① 이론공기량으로 연소 시

② 실제공기량으로 연소 시

③ 과잉공기량으로 연소 시

④ 이론량보다 적은 공기량으로 연소 시

16 95%의 효율을 가진 집진장치계통을 요구하는 어느 공장에서 35% 효율을 가진 장치를 이미 설치하였다. 주처리장치는 몇 % 효율을 가진 것이어야 하는가?

① 60.00　② 85.76

③ 92.31　④ 95.45

17 연료 조성이 C: 80%, H_2: 18%, O_2: 2%인 연료를 사용하여 10.2%의 CO_2가 계측되었다면 이때의 최대 탄산가스율은? (단, 과잉공기량은 $3Nm^3/kg$이다.)

① 12.78%　② 13.25%

③ 14.78%　④ 15.25%

18 체적이 $0.3m^3$인 용기 안에 메탄(CH_4)과 공기 혼합물이 들어 있다. 공기는 메탄을 연소시키는 데 필요한 이론공기량보다 20%가 더 들어 있고, 연소 전 용기의 압력은 300kPa, 온도는 90℃이다. 연소 전 용기 안에 있는 메탄의 질량은 약 몇 g인가?

① 27.6

② 33.7

③ 38.4

④ 42.1

19 프로판가스 $1Nm^3$를 공기과잉률 1.1로 완전연소시켰을 때의 건연소가스량은 약 몇 Nm^3인가?

① 14.9　② 18.6

③ 24.2　④ 29.4

20 공기비(m)에 대한 식으로 옳은 것은?

① $\frac{\text{실제공기량}}{\text{이론공기량}}$

② $\frac{\text{이론공기량}}{\text{실제공기량}}$

③ $1-\frac{\text{과잉공기량}}{\text{이론공기량}}$

④ $\frac{\text{실제공기량}}{\text{과잉공기량}}-1$

제2과목 열역학

21 다음 중 경로에 의존하는 값은?

① 엔트로피 ② 위치에너지
③ 엔탈피 ④ 일

22 스로틀링(Throttling) 밸브를 이용하여 Joule-Thomson 효과를 보고자 한다. 이 때 압력이 감소함에 따라 온도가 감소하는 경우는 Joule-Thomson 계수 μ가 어떤 값을 가질 때인가?

① $\mu = 0$ ② $\mu > 0$
③ $\mu < 0$ ④ $\mu = -0$

23 실제 기체의 거동이 이상기체 법칙으로 표현될 수 있는 상태는?

① 압력이 낮고 온도가 임계온도 이상인 상태
② 압력과 온도가 모두 낮은 상태
③ 압력은 임계온도 이상이고 온도가 낮은 상태
④ 압력과 온도가 모두 임계점 이상인 상태

24 다음 중 가스터빈의 사이클로 가장 많이 사용되는 사이클은?

① 오토 사이클
② 디젤 사이클
③ 랭킨 사이클
④ 브레이턴 사이클

25 피스톤과 실린더로 구성된 밀폐된 용기 내에 일정한 질량의 이상기체가 차 있다. 초기 상태의 압력은 2bar, 체적은 0.5m^3이다. 이 시스템의 온도가 일정하게 유지되면서 팽창하여 압력이 1bar가 되었다. 이 과정 동안에 시스템이 한 일은 몇 kJ인가?

① 64 ② 70
③ 79 ④ 83

26 $T-S$ 선도에서 면적은 무엇을 의미하는가?

① 일량 ② 열량
③ 엔탈피 ④ 엔트로피

27 가열량 및 압축비가 같을 경우 사이클의 효율이 큰 것부터 작은 순서대로 옳게 나타낸 것은?

① 오토사이클 > 디젤사이클 > 사바테사이클
② 사바테사이클 > 오토사이클> 디젤사이클
③ 디젤사이클 > 오토사이클 > 사바테사이클
④ 오토사이클 > 사바테사이클 > 디젤사이클

28 다음 중 보일러 열정산에서 입열 항목이 아닌 것은?

① 연료의 보유열량
② 연소용 공기의 현열
③ 냉각수의 보유 현열량
④ 발열반응에 의한 반응열

29 그림과 같은 $T-S$ 선도를 갖는 사이클은?

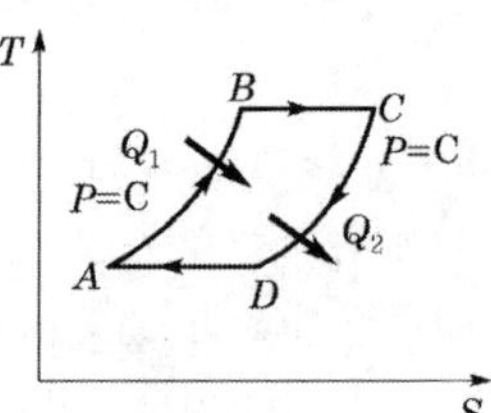

① Brayton 사이클
② Ericsson 사이클
③ Carnot 사이클
④ Stirling 사이클

30 온도 30℃, 압력 350kPa에서 비체적이 $0.449m^3/kg$인 이상기체의 기체상수는 몇 kJ/kgK인가?

① 0.143 ② 0.287
③ 0.518 ④ 2.077

31 비엔탈피가 3,140kJ/kg인 과열증기가 단열노즐에 저속상태로 들어와 출구에서 비엔탈피가 3,010kJ/kg인 상태로 나갈 때 출구에서의 증기 속도(m/s)는?

① 8 ② 25
③ 160 ④ 510

32 열역학 제2법칙과 관계가 먼 것은?

① 열은 온도가 높은 곳에서 낮은 곳으로 흐른다.
② 전열선에 전기를 가하면 열이 나지만 전열선을 가열하여도 전력을 얻을 수 없다.
③ 열기관의 효율에 대한 이론적인 한계를 결정한다.
④ 전체 에너지양은 항상 보존된다.

33 다음 중 절탄기에 관한 설명으로 옳은 것은?

① 석탄의 절약을 목적으로 하는 부속장치이다.
② 연도가스의 열로 급수를 예열하는 장치이다.
③ 연도가스의 열로 고온의 공기를 만드는 장치이다.
④ 연도가스의 열로 고온의 증기를 만드는 장치이다.

34 이상 및 실제 사이클 과정 중 항상 성립하는 것은? (단, Q는 시스템에 가해지는 열량, T는 절대온도이다.)

① $\oint \frac{\delta Q}{T} = 0$ ② $\oint \frac{\delta Q}{T} > 0$
③ $\oint \frac{\delta Q}{T} \geq 0$ ④ $\oint \frac{\delta Q}{T} \leq 0$

35 어느 기체가 압력이 500kPa일 때의 체적이 50L였다. 이 기체의 압력을 2배로 증가시키면 체적은 몇 L인가? (단, 온도는 일정한 상태이다.)

① 100 ② 50
③ 25 ④ 12.5

36 다음은 열역학적 사이클에서 일어나는 여러 가지의 과정이다. 이상적인 카르노(Carnot) 사이클에서 일어나는 과정을 옳게 나열한 것은?

㉠ 등온압축 과정	㉡ 정적팽창 과정
㉢ 정압압축 과정	㉣ 단열팽창 과정

① ㉠, ㉡ ② ㉡, ㉢
③ ㉢, ㉣ ④ ㉠, ㉣

37 저열원 10℃, 고열원 600℃ 사이에 작용하는 카르노사이클에서 사이클당 방열량이 3.5kJ이면 사이클당 실제 일의 양은 약 몇 kJ인가?

① 3.5 ② 5.7
③ 6.8 ④ 7.3

38 이상적인 사이클로서 카르노(Carnot) 사이클에 관한 설명으로 옳은 것은?

① 효율이 카르노 사이클보다 더 높은 사이클이 있다.
② 과정 중에 등엔트로피 과정이 있다.
③ 카르노 사이클은 외부에서 열을 받고 일을 하지만 열을 방출하지는 않는다.
④ 외부와의 열교환 과정은 유한 온도차에 의한 열전달을 통해 이루어진다.

39 냉동(refrigeration) 사이클에 대한 성능계수(COP)는 다음 중 어느 것을 해준 일(work input)로 나누어 준 것인가?

① 저온측에서 방출된 열량
② 저온측에서 흡수한 열량
③ 고온측에서 방출된 열량
④ 고온측에서 흡수한 열량

40 가역과정에서 열역학적 비유동계 에너지의 일반식은?

① $\delta Q = dU + PV$
② $\delta Q = dU - PV$
③ $\delta Q = dU + PdV$
④ $\delta Q = dU - PdV$

제3과목 계측방법

41 절대압력 700mmHg는 약 몇 kPa인가?

① 93kPa ② 103kPa
③ 113kPa ④ 123kPa

42 방사고온계는 다음 중 어느 이론을 응용한 것인가?

① 제백 효과
② 필터 효과
③ 스테판-볼츠만의 법칙
④ 윈-프랑크의 법칙

43 저항온도계에 활용되는 측온저항체의 종류에 해당되는 것은?

① 서미스터(thermistor) 저항 온도계
② 철-콘스탄탄(IC) 저항 온도계
③ 크로멜(chromel) 저항 온도계
④ 알루멜(alumel) 저항 온도계

44 탱크의 액위를 제어하는 방법으로 주로 이용되며 뱅뱅제어라고도 하는 것은?

① PD 동작 ② PI 동작
③ P 동작 ④ 온·오프 동작

45 열전대 온도계에서 열전대의 구비조건으로 틀린 것은?

① 장시간 사용하여도 변형이 없을 것
② 재생도가 높고 가공이 용이할 것
③ 전기저항, 저항온도계수와 열전도율이 클 것
④ 열기전력이 크고 온도 상승에 따라 연속적으로 상승할 것

46 방사온도계의 특징에 대한 설명으로 옳은 것은?

① 측정대상의 온도에 영향이 크다.
② 이동물체에 대한 온도측정이 가능하다.
③ 저온도에 대한 측정에 적합하다.
④ 응답속도가 느리다.

47 열전대 보호관 중 다공질로서 급냉, 급열에 강하며 방사온도계용 단망관, 2중 보호관의 외관으로 주로 사용되는 것은?

① 카보런덤관
② 자기관
③ 석영관
④ 황동관

48 제어장치 중 기본입력과 검출부 출력의 차를 조작부에 신호로 전하는 부분은?

① 조절부 ② 검출부
③ 비교부 ④ 제어부

49 열선식 유량계에 대한 설명으로 틀린 것은?

① 열선의 전기저항이 감소하는 것을 이용한 유량계를 열선풍속계라 한다.
② 유체가 필요로 하는 열량이 유체의 양에 비례하는 것을 이용한 유량계는 토마스식 유량계이다.
③ 기체의 종류가 바뀌거나 조성이 변해도 정도가 높다.
④ 기체의 질량유량을 직접 측정이 가능하다.

50 보일러의 자동제어에서 인터록 제어의 종류가 아닌 것은?

① 압력초과 ② 저연소
③ 고온도 ④ 불착화

51 가스크로마토그래피의 특징에 대한 설명으로 옳지 않은 것은?

① 1대의 장치로는 여러 가지 가스를 분석할 수 없다.
② 미량성분의 분석이 가능하다.
③ 분리성능이 좋고 선택성이 우수하다.
④ 응답속도가 다소 느리고 동일한 가스의 연속측정이 불가능하다.

52 가스미터의 표준기로도 이용되는 가스미터의 형식은?

① 오벌(Oval)형
② 드럼(Drum)형
③ 다이어프램(Diaphragm)형
④ 로터리 피스톤(Rotary Piston)형

53 수위의 역응답에 대한 설명 중 틀린 것은?

① 증기유량이 증가하면 수위가 약간 상승하는 현상
② 증기유량이 감소하면 수위가 약간 하강하는 현상
③ 보일러 물속에 점유하고 있는 기포의 체적변화에 의해 발생하는 현상
④ 프라이밍(Priming)이나 포밍(Forming)에 의해 발생하는 현상

54 다음 중 잔류편차(Offset) 현상이 발생하는 제어동작은?

① 온-오프(On-Off)의 2위치 동작
② 비례동작(P 동작)
③ 비례적분동작(PI 동작)
④ 비례적분미분동작(PID 동작)

55 오르자트(Orsat) 분석기에서 CO_2의 흡수액은?

① 산성 염화 제1구리 용액
② 알칼리성 염화 제1구리 용액
③ 염화암모늄 용액
④ 수산화칼륨 용액

56 다음 중 압력측정 범위가 가장 큰 것은?

① 부르동관(Bourdon Tube) 압력계
② 분동식 압력계
③ U자형 압력계
④ 링밸런스(Ring Balance) 압력계

57 단요소식 수위제어에 대한 설명으로 옳은 것은?

① 발전용 고압 대용량 보일러의 수위제어에 사용된다.
② 보일러의 수위만을 검출하여 급수량을 조절하는 방식이다.
③ 수위조절기의 제어동작에는 PID 동작이 채용된다.
④ 부하 변동에 의한 수위의 변화 폭이 아주 적다.

58 수은 압력계를 사용하여 어떤 탱크 내의 압력을 측정한 결과 압력계의 눈금차가 800 mmHg이었다. 만일 대기압이 750mmHg라면 실제 탱크 내의 압력은 몇 mmHg인가?

① 50　　② 750
③ 800　　④ 1,550

59 다음 중 가장 높은 온도의 측정에 사용되는 열전대의 형식은?

① T형　　② K형
③ R형　　④ J형

60 열전대(Thermocouple)의 구비조건으로 틀린 것은?

① 열전도율이 작을 것
② 전기저항과 온도계수가 클 것
③ 기계적 강도가 크고 내열성, 내식성이 있을 것
④ 온도상승에 따른 열기전력이 클 것

제4과목 열설비재료 및 관계법규

61 에너지이용 합리화법에 따라 검사대상기기의 계속사용검사 신청은 검사 유효기간 만료의 며칠 전까지 하여야 하는가?

① 3일
② 10일
③ 15일
④ 30일

62 스폴링(Spalling)의 발생원인으로 가장 거리가 먼 것은?

① 온도 급변에 의한 열응력
② 로재의 불순 성분 함유
③ 화학적 슬래그 등에 의한 부식
④ 장력이나 전단력에 의한 내화벽돌의 강도 저하

63 보온재의 열전도율에 대한 설명으로 옳은 것은?

① 열전도율 0.5kcal/mh℃ 이하를 기준으로 하고 있다.
② 재질 내 수분이 많을 경우 열전도율은 감소한다.
③ 비중이 클수록 열전도율은 작아진다.
④ 밀도가 작을수록 열전도율은 작아진다.

64 에너지이용 합리화법에서 정한 에너지관리 기준이란?

① 에너지다소비업자가 에너지관리 현황에 대한 조사에 필요한 기준
② 에너지다소비업자가 에너지를 효율적으로 관리하기 위하여 필요한 기준
③ 에너지다소비업자가 에너지 사용량 및 제품 생산량에 맞게 에너지를 소비하도록 만든 기준
④ 에너지다소비업자가 에너지관리 진단 결과 손실요인을 줄이기 위해 필요한 기준

65 열사용기자재의 정의에 대한 내용이 아닌 것은?

① 연료를 사용하는 기기
② 열을 사용하는 기기
③ 열을 단열하는 자재 및 축열식 전기기기
④ 폐열회수장치 및 전열장치

66 다음 중 유기질 보온재가 아닌 것은?

① 우모펠트 ② 우레탄 폼
③ 암면 ④ 탄화코르크

67 국가에너지절약추진위원회는 위원장을 포함하여 몇 명으로 구성되는가?

① 10인 이내 ② 15인 이내
③ 20인 이내 ④ 25인 이내

68 에너지/저장의무를 부과할 수 있는 대상자가 아닌 것은?

① 전기사업법에 의한 전기사업자
② 도시가스사업법에 의한 도시가스사업자
③ 풍력사업법에 의한 풍력사업자
④ 석탄산업법에 의한 석탄가공업자

69 지식경제부장관은 에너지이용 합리화를 위하여 필요하다고 인정하는 경우에는 효율관리기자재로 정하여 고시할 수 있다. 효율관리기자재가 아닌 것은? (단, 지식경제부장관이 그 효율의 향상이 특히 필요하다고 인정하여 고시하는 기자재 및 설비는 제외한다.)

① 전기냉방기 ② 전기세탁기
③ 백열전구 ④ 전자레인지

70 에너지다소비업자의 연간에너지 사용량의 기준은?

① 1천 티오이 이상인 자
② 2천 티오이 이상인 자
③ 3천 티오이 이상인 자
④ 5천 티오이 이상인 자

71 용접검사가 면제되는 대상기기가 아닌 것은?

① 용접이음이 없는 강관을 동체로 한 헤더
② 최고사용압력이 0.3MPa이고 동체의 안지름이 580mm인 전열교환식 1종 압력용기
③ 전열면적이 5.9m²이고, 최고사용압력이 0.5MPa인 강철제보일러
④ 전열면적이 16.9m²이고, 최고사용압력이 0.3MPa인 온수보일러

72 한국에너지공단의 사업이 아닌 것은?

① 신에너지 및 재생에너지 개발사업의 촉진
② 열사용기자재의 안전관리
③ 에너지의 안정적 공급
④ 집단에너지사업의 촉진을 위한 지원 및 관리

73 볼밸브(Ball Valve)의 특징에 대한 설명으로 틀린 것은?

① 유로가 배관과 같은 형상으로 유체의 저항이 적다.
② 밸브의 개폐가 쉽고 조작이 간편하고 자동조작밸브로 활용된다.
③ 이음쇠 구조가 없기 때문에 설치공간이 작아도 되고 보수가 쉽다.
④ 밸브대가 90° 회전하므로 패킹과 원주방향 움직임이 크기 때문에 기밀성이 약하다.

74 에너지이용 합리화 기본계획은 산업통상 자원부장관이 몇 년마다 수립하여야 하는가?

① 3년 ② 4년
③ 5년 ④ 10년

75 에너지이용 합리화법에 따라 검사대상기기 설치자의 변경신고는 변경일로부터 15일 이내에 누구에게 하여야 하는가?

① 한국에너지공단이사장
② 산업통상자원부장관
③ 지방자치단체장
④ 관할소방서장

76 다음 중 열사용기자재에 해당되는 축열식 전기보일러는?

① 정격소비전력이 50kW 이하이며 최고사용압력이 0.53MPa 이하인 것
② 정격소비전력이 30kW 이하이며 최고사용압력이 0.35MPa 이하인 것
③ 정격소비전력이 50kW 이하이며 최고사용압력이 0.5MPa 이하인 것
④ 정격소비전력이 30kW 이하이며 최고사용압력이 0.5MPa 이하인 것

77 마그네시아 벽돌에 대한 설명으로 틀린 것은?

① 마그네사이트 또는 수산화마그네슘을 주원료로 한다.
② 산성벽돌로서 비중과 열전도율이 크다.
③ 열팽창성이 크며 스폴링이 약하다.
④ 1,500℃ 이상으로 가열하여 소성한다.

78 보온재의 열전도율에 대한 설명으로 옳은 것은?

① 열전도율이 클수록 좋은 보온재이다.
② 온도에 관계없이 일정하다.
③ 온도가 높아질수록 좋아진다.
④ 온도가 높아질수록 커진다.

79 열사용기자재 중 2종 압력용기의 적용범위로 옳은 것은?

① 최고사용압력이 0.1MPa를 초과하는 기체보유 용기로서 내용적이 0.05m³ 이상인 것
② 최고사용압력이 0.2MPa를 초과하는 기체보유 용기로서 내용적이 0.04m³ 이상인 것
③ 최고사용압력이 0.3MPa를 초과하는 기체보유 용기로서 내용적이 0.03m³ 이상인 것
④ 최고사용압력이 0.4MPa를 초과하는 기체보유 용기로서 내용적이 0.02m³ 이상인 것

80 비접촉식 온도계 중 색온도계의 특징에 대한 설명으로 틀린 것은?

① 방사율의 영향이 작다.
② 휴대와 취급이 간편하다.
③ 고온측정이 가능하며 기록조절용으로 사용된다.
④ 주변 빛의 반사에 영향을 받지 않는다.

제5과목 열설비설계

81 열정산에 대한 설명으로 틀린 것은?

① 원칙적으로 정격부하 이상에서 정상상태로 적어도 2시간 이상의 운전결과에 따른다.
② 발열량은 원칙적으로 사용 시 원료의 고발열량으로 한다.
③ 최대출열량을 시험할 경우에는 반드시 최대부하에서 시험을 한다.
④ 증기의 건도는 98% 이상인 경우에 시험함을 원칙으로 한다.

82 육용강제 보일러에 있어서 접시모양 경판으로 노통을 설치할 경우, 경판의 최소 두께 t(mm)를 구하는 식은? (단, P: 최고사용압력(N/cm^2), R: 접시모양 경판의 중앙부에서의 내면 반지름(mm), σ_a: 재료의 허용 인장응력(N/mm^2), η: 경판 자체의 이음효율, A: 부식여유(mm))

① $t=\dfrac{PR}{150\sigma_a\eta}+A$ ② $t=\dfrac{150PR}{(\sigma_a+\eta)A}$
③ $t=\dfrac{PA}{150\sigma_a\eta}+R$ ④ $t=\dfrac{AR}{\sigma_a\eta}+150$

83 증기트랩의 설치목적이 아닌 것은?

① 관의 부식 장치
② 수격작용 발생 억제
③ 마찰저항 감소
④ 응축수 누출 방지

84 최고사용압력이 0.7MPa인 증기용 강제보일러의 수압시험압력은 몇 MPa로 하여야 하는가?

① 1.31 ② 1.72
③ 1.21 ④ 1.42

85 육용강제 보일러에서 동체의 최소 두께에 대하여 옳지 않게 나타낸 것은?

① 안지름이 900mm 이하의 것은 6mm (단, 스테이를 부착할 경우)
② 안지름이 900mm 초과 1,350mm 이하의 것은 8mm
③ 안지름이 1,350mm 초과 1,850mm 이하의 것은 10mm
④ 안지름이 1,850mm 초과 시 12mm

86 강판의 두께가 20mm이고 리벳의 직경이 28.2mm이며 피치 50.1mm의 1줄 겹치기 리벳조인트가 있다. 이 강판의 효율은 몇 %인가?

① 34.2 ② 43.7
③ 61.4 ④ 70.1

87 대항류 열교환기에서 가열유체는 260℃에서 120℃로 나오고 수열유체는 70℃에서 110℃로 가열될 때 전열면적은? (단, 열관류율은 $125W/m^2℃$이고, 총열부하는 160,000W이다.)

① $7.24m^2$
② $14.06m^2$
③ $16.04m^2$
④ $23.32m^2$

88 고온부식의 방지대책이 아닌 것은?

① 중유 중의 황 성분을 제거한다.
② 연소가스의 온도를 낮게 한다.
③ 고온의 전열면에 내식재료를 사용한다.
④ 연료에 첨가제를 사용하여 바나듐의 융점을 높인다.

89 오염저항 및 저유량에서 심한 난류 등이 유발되는 곳에 사용되고 큰 열팽창을 감쇠시킬 수 있으며 열전달률이 크고 고형물이 함유된 유체나 고점도 유체에 사용이 적합한 판형 열교환기는?

① 플레이트식
② 플레이트핀식
③ 스파이럴식
④ 케틀형

90 다음 [보기]에서 설명하는 보일러 보존방법은?

> [보기]
> – 보존기간이 6개월 이상인 경우 적용한다.
> – 1년 이상 보존할 경우 방청도료를 도포한다.
> – 약품의 상태는 1~2주마다 점검하여야 한다.
> – 동 내부의 산소 제거는 숯불 등을 이용한다.

① 건조보존법
② 만수보존법
③ 질소보존법
④ 특수보존법

91 노통연관 보일러의 노통의 바깥 면과 이에 가장 가까운 연관과의 사이에는 몇 mm 이상의 틈새를 두어야 하는가?

① 10 ② 20
③ 30 ④ 50

92 이온교환수지 재생에서의 재생방법으로 적합한 것은?

① 양이온교환수지는 가성소다, 암모니아로 재생한다.
② 양이온교환수지는 소금 또는 염화수소, 황산으로 재생한다.
③ 양이온교환수지는 소금 또는 황산으로 재생한다.
④ 양이온교환수지는 암모니아 또는 황산으로 재생한다.

93 다음 중 pH 조정제가 아닌 것은?

① 수산화나트륨 ② 탄닌
③ 암모니아 ④ 인산소다

94 방열 유체의 전열유닛수(NTU)가 3.5, 온도차가 105℃이고, 열교환기의 전열효율이 1인 LMTD는?

① 0.03 ② 22.03
③ 30 ④ 62

95 물을 사용하는 설비에서 부식을 초래하는 인자로 가장 거리가 먼 것은?

① 용존산소
② 용존 탄산가스
③ pH
④ 실리카(SiO_2)

96 스케일(관석)에 대한 설명으로 틀린 것은?

① 규산칼슘, 황산칼슘이 주성분이다.
② 관석의 열전도도는 아주 높아 각종 부작용을 일으킨다.
③ 배기가스의 온도를 높인다.
④ 전열면의 국부과열현상을 일으킨다.

97 보일러 형식에 따른 분류 중 원통보일러에 해당되지 않는 것은?

① 관류보일러
② 노통보일러
③ 직립형 보일러
④ 노통연관식 보일러

98 고온부식의 방지대책이 아닌 것은?

① 중유 중의 황성분을 제거한다.
② 연소가스의 온도를 낮게 한다.
③ 고온의 전열면에 보호피막을 씌운다.
④ 고온의 전열면에 내식재료를 사용한다.

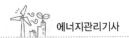

99 고압 증기터빈에서 팽창되어 압력이 저하된 증기를 가열하는 보일러의 부속장치는?

① 재열기　　② 과열기
③ 절탄기　　④ 공기예열기

100 온수발생 보일러에서 안전밸브를 설치해야 할 운전온도는 얼마인가?

① 100℃ 초과　　② 110℃ 초과
③ 120℃ 초과　　④ 130℃ 초과

정답 및 해설

01	02	03	04	05	06	07	08	09	10
②	④	①	②	④	①	③	②	④	①
11	12	13	14	15	16	17	18	19	20
①	③	④	②	①	③	①	③	③	①
21	22	23	24	25	26	27	28	29	30
④	②	①	④	②	②	④	③	②	③
31	32	33	34	35	36	37	38	39	40
④	④	②	④	③	④	④	②	②	③
41	42	43	44	45	46	47	48	49	50
①	③	①	④	③	②	①	①	③	③
51	52	53	54	55	56	57	58	59	60
①	②	④	②	④	②	②	④	③	②
61	62	63	64	65	66	67	68	69	70
②	②	④	②	④	③	④	③	④	②
71	72	73	74	75	76	77	78	79	80
③	③	④	③	①	②	②	④	②	④
81	82	83	84	85	86	87	88	89	90
③	①	④	③	①	②	②	①	③	①
91	92	93	94	95	96	97	98	99	100
④	②	②	③	④	②	①	①	①	③

01 이론공기량(A_o)

$= 8.89C + 26.67\left(H - \frac{O}{8}\right) + 3.33S$

$= 8.89 \times 0.6 + 26.67\left(0.086 - \frac{0.05}{8}\right) + 3.33 \times 0.008$

$= 7.49 Nm^3/kg$

실제공기량(A_a)

=공기비(m)×이론공기량(A_o)×고체질량(M)

$=1.1 \times 7.49 \times 5 \fallingdotseq 41.2 Nm^3$

02 연소로에서 가열연소용 공기는 압입통풍 시 경제적이다.

03 공기비(m)는 실제공기량(A)과 이론공기량(A_o)의 비다$\left(m = \frac{A}{A_o}\right)$.

과잉공기$= A - A_o$

$= mA_o - A_o$

$= (m-1)A_o [Nm^3/kg]$

과잉공기를 증가시키면 배기가스량이 많아져서 열손실이 증가되므로 열효율이 저하된다.

04 액체연료는 발열량이 높고 품질이 균일하다.

05 연소실 내에서 연소온도가 800℃ 이상 고온에서 질소산화물(NO_x)이 발생된다(NO, NO_2).

06 분젠버너가스의 유출속도가 빠르면 불꽃모양은 엉클어지면서 짧아진다.

07 완전연소 시 공기비(m)$= \frac{N_2}{N_2 - 3.76(O_2)}$

$= \frac{79}{79 - 3.76 \times 8}$

$= 1.61$

08 ㉠ 연소반응식($CH_4 + 2O_2 \rightarrow CO_2 + 2H_2O$)

㉡ 실제 연소가스량(G_w)

$= (m - 0.21)A_o + CO_2 + H_2O$

$= (1.3 - 0.21) \times \frac{2}{0.21} + 1 + 2$

$= 13.38 Nm^3/kg$

09 열정산(열수지)이라 함은 연소장치에 의해 공급되는 입열과 출열과의 관계를 파악하는 것으로 열감정이라고도 한다. 급수의 현열은 입열이다.

10 $C_mH_n + \left(m + \frac{n}{4}\right)O_2 \rightarrow mCO_2 + \frac{n}{2} + H_2O$

이론공기량(A_o)$= \frac{O_o}{0.21} = \frac{m + \frac{n}{4}}{0.21}$

$= 4.76m + 1.19n (Nm^3)$

11 건연소가스량 $G = \frac{1.867C + 0.7S}{(CO_2)_{max}}$

12 LNG의 고위발열량

$10{,}500 kcal/Nm^3 = 13{,}000 kcal/kgf$(LNG 저위발열량)

13 과잉공기량이 많으면 불완전연소물의 발생이 적어진다.

14 $C_4H_{10} + 6.5O_2 \rightarrow 4CO_2 + 5H_2O$(부탄 완전연소반응식)

58kg 208kg 176kg 90kg

이론산소량(O_o)$= \frac{1 \times 208}{58} = 3.6 kg/kg$

15 CO_2max(%): 탄산가스 최대가 나오려면 이론공기량으로 완전연소 시에만 가능하다.

16 $\eta_t = \eta_\rho + \eta_s(1 - \eta_\rho)$에서

$\eta_e = \frac{\eta_t - \eta_s}{(1 - \eta_s)} = \frac{0.95 - 0.35}{(1 - 0.35)} = 0.9231 = 92.31\%$

17 $CO_{2max} = \frac{1.867C + 0.7S}{G_{od}} \times 100(\%)$

이론 건배기가스량(G_{od})$= (1 - 0.21)A_o + 1.887C + 0.7S + 0.8N$

이론 공기량(A_o)$= 8.89C + 26.67\left(H - \frac{O}{8}\right) + 3.33S$

$= 8.89 \times 0.8 + 26.67\left(0.18 - \frac{0.02}{8}\right)$

$= 14.8 Nm^3/kg$

$G_{od} = 0.79 \times 14.8 = 11.692 Nm^3/kg$

$\therefore CO_{2max} = \frac{1.867 \times 0.8}{11.692} \times 100\% = 12.78\%$

18 CH_4 + $2O_2$ → CO_2 + $2H_2O$
22.4 22.4×2 → 22.49 + 2×22.4
22.4×2 = 44.8ℓ
(44.8×0.2 = 8.96ℓ)
$\frac{44.8\times1.2}{22.4}\times16=38.4g$
메탄(CH_4) 1mol(22.4ℓ) = 16g이다.

19 $C_3H_8+5O_2 \rightarrow 3CO_2+4H_2O$(프로판 완전연소 반응식)
실제건연소가스량$(G_d)=(m-0.21)A_o+CO_2$
$=(1.1-0.21)\times\frac{5}{0.21}+3=24.19Nm^3$

20 공기비$(m)=\frac{\text{실제공기량}}{\text{이론공기량}}>1$

21 일과 열은 경로함수(path function)이다(과정함수).

22 실제 gas인 경우 온도강하 시 주울 톰슨 계수
$(\mu)=\left(\frac{\partial T}{\partial P}\right)_h$ 는 $\partial T>0$이므로 $\mu>0$이다.

23 실제 기체가 이상(완전)기체의 상태방정식($Pv=RT$)을 만족시킬 수 있는 조건은
㉠ 압력이 낮고
㉡ 온도가 높을수록
㉢ 분자량은 작고
㉣ 비체적이 클수록 만족된다.

24 가스터빈의 이상사이클은 브레이턴 사이클이다.

25 ◉ $1bar=10^5Pa=100kPa$
등온변화 시 절대일량$({}_1W_2)$
$=mRT\ln\left(\frac{P_1}{P_2}\right)=P_1V_1\ln\left(\frac{P_1}{P_2}\right)=200\times0.5\ln\left(\frac{2}{1}\right)$
$=70kJ$

26 T-S 선도에서 면적은 열량(kJ)을 의미하고, P-V 선도에서 면적은 일량을 나타낸다.

27 가열량 및 압축비 일정 시 열효율 비교
$\eta_{tho}>\eta_{ths}>\eta_{thd}$ 순이다.

28 입열항목
㉠ 연료의 보유열량
㉡ 연소용 공기의 현열
㉢ 발열반응에 의한 반응열
㉣ 노내 분입 증기에 의한 열
㉤ 급수현열
㉦ 공기의 현열

29 에릭슨(Ericsson) 사이클은 등압과정 2개와 등온과정 2개로 구성된 사이클이다.

30 $PV=mRT$에서
$R=\frac{PV}{mT}=\frac{PV}{T}=\frac{350\times0.449}{(30+273)}=0.518kJ/kgK$

31 출구 증기속도(V_2)
$=44.72\sqrt{(h_1-h_2)}=44.72\sqrt{3,140-3,010}$
$\fallingdotseq 510m/s$

32 열역학 제1법칙은 에너지보존의 법칙을 적용한 식으로 전체 에너지양은 항상 보존된다.

33 절탄기(economizer)는 연소배기가스로 급수를 예열하는 폐열회수장치이다.

34 클라우지우스(Clausius) 폐적분 값은 이상(가역)사이클은 등호(=), 실제(비가역)사이클은 부등호(<)이다.
$\oint\frac{\delta Q}{T}\leq0$

35 보일의 법칙(T=C) PV=C
$P_1V_1=P_2V_2$에서
$V_2=V_1\left(\frac{P_1}{P_2}\right)=50\left(\frac{1}{2}\right)=25L$

36 Carnot Cycle($P-V$ 선도)

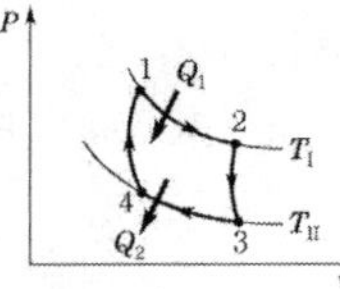

등온팽창(1 → 2)과정, 단열팽창(2 → 3)과정
등온압축(3 → 4)과정, 단열압축(4 → 1)과정

37 $\eta_c = 1 - \frac{T_2}{T_1} = 1 - \frac{10+273}{800+273} = 0.675$

$Q_1 = \frac{Q_2}{1-\eta_c} = \frac{3.5}{1-0.675} = 10.77\text{kJ}$

$\therefore W_{net} = \eta_c Q_1 = 0.675 \times 10.77 \fallingdotseq 7.3\text{kJ}$

38 카르노 사이클은 열기관 이상사이클로 등온과정 2개와 가역단열과정(등엔트로피과정) 2개로 구성되어 있다.

39 냉동기성능계수$(COP)_R$

$= \frac{\text{냉동효과}(q_e)}{\text{압축기소요일량}(w_c)}$

$= \frac{\text{저온측(증발기)에서 흡수한 열량}}{\text{압축기소요일량}(w_c)}$

40 **비유동계(밀폐계) 에너지식**

$\delta Q = dU + PdV\,[\text{kJ}]$

41 760 : 101.325=700 : P

$P = \frac{700}{760} \times 101.325 = 93.33\text{kPa}$

42 방사고온계는 스테판-볼츠만(Stefan-Boltzman)의 법칙을 응용한 것이다.

43 서미스터(thermistor)는 저항 온도계에 활용되는 측온저항체(RTD: Resistance Temperature Detector)다.

44 온-오프(On-Off) 제어(동작)는 불연속제어로 뱅뱅제어라고도 한다(2위치제어).

45 열전대는 온도, 자계 등이 미치는 전기계기에 오차가 있다(전기저항, 저항온도계수 및 열전도율이 작을 것).

46 방사온도계는 물체로부터 방출되는 열복사에너지를 측정하여 그 물체의 온도를 재는 기구다.

47 카보런덤관은 열전대 보호관 중 다공질로서 급냉 급열에 강하고 방사고온계 단망관, 2중 보호관 외관용으로 주로 사용되는 열전대 보호관이다.

48 조절부는 기본입력과 검출부 출력의 차를 조작부에 신호로 전한다.

49 열선식 유량계는 기체의 종류가 바뀌거나 조성이 변해도 정도가 높지 않고 감소하는 현상이 발생된다.

50 **보일러 인터록(boiler interlock)**

㉠ 압력초과
㉡ 저연소
㉢ 불착화
㉣ 프리퍼지
㉤ 저수위 인터록 등이 있다.

51 가스크로마토그래피 가스분석계는 1대의 장치로 여러 가지 가스가 분석된다.

53 프라이밍(Priming), 포밍(Forming)은 수질의 불량이 원인이 되거나 보일러 부하 변동 시 또는 증기밸브의 급개현상에서 발생한다.

54 비례(P)동작은 off-set(잔류편차)가 발생하는 제어동작이고 적분(I)동작은 off-set(잔류편차)를 제거시키는 동작이다.

56 **압력계 측정범위 크기**

- U자형 압력계 : 5~2,000mmH_2O
- 부르동관 압력계 : 0.1~5,000mmH_2O
- 분동식 압력계 : 2~100,000mmH_2O
- 링밸런스식 압력계 : 25~3,000mmH_2O

57 단요소식(1요소식) 수위제어: 보일러 수위 검출 제어
2요소식: 수위와 증기량 검출 제어
3요소식: 수위와 증기량, 급수량 검출 제어

58 절대압력(P_a)=대기압(P_o)+게이지압력(P_g)
=760+800=1,550mmHg
※ 1mmH_2O=1mmAq=9.8×10^{-3}kPa

59 **P-R형(Pt-Rh) 온도계**

백금-백금로듐 온도계는 1,600℃까지 측정이 가능하며, 접촉식 온도계 중 가장 고온용이다.

60 열전대(Thermocouple)는 온도계수가 커야 하나 전기저항은 작아야 한다.

61 검사대상기기의 계속사용(안전, 성능검사) 신청은 한국에너지공단에 검사유효기간 만료 10일 전까지 신청한다.

62 스폴링(Spalling)의 발생원인
㉠ 온도 급변에 의한 열응력
㉡ 화학적 슬래그 등에 의한 부식
㉢ 장력이나 전단력에 의한 내화벽돌의 강도 저하

63 보온재의 열전도(W/mK)율은 밀도$\left(\rho=\dfrac{P}{RT}\right)$가 작을수록 열전도율은 작아진다.

64 에너지관리기준
에너지다소비업자가 에너지를 효율적으로 관리하기 위하여 필요한 기준이다.

65 열사용기자재란 연료 및 열을 사용하는 기기, 축열식 전기기기와 단열성 자재로서 지식경제부령이 정하는 것이다.

66 유기질 보온재
㉠ 펠트(felt)우모, 양모
㉡ 기포성수지(우레탄 폼)
㉢ 코르크
㉣ 텍스류

67 국가에너지절약추진위원회는 위원장을 포함하여 25인 이내로 구성된다.

68 ㉠ 전기사업법에 의한 전기사업자
㉡ 도시가스사업법에 의한 도시가스사업자
㉢ 석탄산업법에 의한 석탄가공업자
㉣ 석유수출업자
㉤ 집단에너지사업자
㉦ 연간 2만 석유환산톤(TOE) 이상의 에너지를 사용하는 자는 에너지 저장의무 부과대상자이다.

69 전기냉장고, 전기냉방기, 전기세탁기, 자동차, 조명기기, 발전설비 등 에너지공급설비, 기타 등이 효율관리기자재이다.

70 에너지다소비업자란 연간에너지 사용기준량이 2천 티오이(TOE) 이상인 자이다.

71 전열면적이 5m^2 이하이고, 최고사용압력이 0.35MPa 이하의 보일러는 용접검사가 면제된다.

72 에너지의 안정적 공급은 국가에서 하는 정책사업이다.

73 볼밸브(Ball Valve)는 밸브대가 90° 회전하며 원주방향 움직임이 90°라서 저압에서는 기밀성이 크다.

74 산업통상부장관은 에너지이용 합리화 기본계획을 5년마다 수립해야 한다.

75 설치자 변경신고
설치자가 변경된 날로부터 15일 이내에 한국에너지공단이사장에게 신고하여야 한다.

76 열사용기자재에 해당되는 축열식 전기보일러는 정격소비전력이 30kW 이하이며 최고사용압력이 0.35MPa 이하인 것이다.

77 마그네시아(magnesia) 벽돌은 염기성이며 비중과 열전도율(W/mK)이 크다.

78 보온재의 열전도율(W/mK)은 온도가 높아질수록 커진다.

79 제2종 압력용기란 최고사용압력이 0.2MPa를 초과하는 기체보유 용기로서 내용적이 0.04m^3 이상인 것을 말한다.

81 ①, ②, ④항은 열정산 기준이다.

82 $t=\dfrac{PR}{150\sigma_a\eta}+A$

83 증기트랩(steam trap)은 배관내 응축수를 제거(배출)하여 부식방지 및 수격작용 발생을 억제시킨다.

84 강철제 보일러 수압시험압력
보일러 최고사용압력이 0.43MPa(4.3kg/cm^2) 초과 1.5MPa(15kg/cm^2) 이하일 때는 최고사용압력의 1.3배에 0.3MPa(3kg/cm^2)를 더한다.
∴ 7×1.3+3 = 12.1kg/cm^2(= 1.21MPa)

85 안지름이 900mm 이하 보일러 동체 최소두께는 스테이가 부착되는 경우는 8mm이다.

86 강판효율(η_t) $=\left(1-\dfrac{d}{p}\right)\times 100\%$

$=\left(1-\dfrac{28.2}{50.1}\right)\times 100\% = 43.7\%$

87 대향류(counter flow type)

$\Delta t_1 = 260-110 = 150℃$

$\Delta t_2 = 120-70 = 50℃$

$$LMTD = \frac{\Delta t_1 - \Delta t_2}{\ln\left(\dfrac{\Delta t_1}{\Delta t_2}\right)} = \frac{150-50}{\ln\left(\dfrac{150}{50}\right)} = 91.02℃$$

$Q = KA(LMTD)[W]$

$$A = \frac{Q}{K(LMTD)} = \frac{160,000}{125\times 91.02} = 14.06m^2$$

88 $S+O_2 \rightarrow SO_2$+80,000kcal/kmol(334,880kJ/kmol)
황(S)성분은 저온부식의 원인이 된다(절탄기, 공기예열기).

89 스파이럴형(spiral type)
열전달률이 크고 고형물이 함유된 유체나 고점도 유체에 사용이 적합한 판형 열교환기이다.

90 ㉠ 보일러 장기보존법(6개월 이상 보존): 밀폐건조보존법
㉡ 보일러 단기보존법(6개월 미만 보존): 만수보존법(약품첨가법, 방청도료 도표, 생석회 건조재 사용)

91 노통연관 보일러 노통의 바깥 면과 이에 가장 가까운 연관 사이의 거리는 50mm 이상의 간격(틈새)를 두어야 한다.

92 이온교환수지에서 양이온교환수지는 소금(salt) 또는 염화수소, 황산(H_2SO_4)으로 재생한다.

93 pH 조정제: 가성소다(NaOH) = 수산화나트륨, 암모니아(NH_3), 인산소다(인산나트륨)
※ 탄닌, 전분, 리그린 등은 슬러지 조정제이다.

94 대수평균온도차(LMTD)

$$= \frac{온도차(\Delta t)}{전열유닛수(NTU)} = \frac{105}{3.5} = 30℃$$

95 흡수제(건조제)의 종류
㉠ 실리카겔, 염화칼슘($CaCl_2$)
㉡ 오산화인(P_2O_5)
㉢ 생석회(CaO)
㉣ 활성알루미나(Al_2O_3)

96 스케일(Scale; 관석)의 열전도도는 아주 낮아서 각종 부작용을 일으킨다.

97 원통(둥근)보일러의 종류
㉠ 직립형(입형) 보일러
㉡ 노통보일러
㉢ 연관보일러
㉣ 노통연관식 보일러
* 관류보일러는 수관식 보일러이다.

98 황(S) 성분의 제거는 저온부식의 방지대책이다.

99 재열기(Reheater)는 고압증기터빈에서 팽창되어 압력이 저하된 증기를 다시 가열하는 보일러의 부속장치다.

100 온수발생 보일러에서 안전밸브를 설치해야 할 운전속도는 120℃ 초과 시 부착(120℃ 이하 방출밸브 부착)한다.

제2회 CBT 실전 모의고사

[정답 및 해설 ⇨ p.28]

제1과목 연소공학

01 탄소 86%, 수소 11%, 황 3%인 중유를 연소하여 분석한 결과 CO_2+SO_2 13%, O_2 3%, CO 0%이었다면 중유 1kg당 공기소요량은 약 몇 Nm^3인가?

① 10.1
② 11.2
③ 12.3
④ 13.4

02 탄소 12kg을 과잉공기계수 1.4의 공기로 완전연소시킬 때 발생하는 연소가스량은 약 몇 Nm^3인가?

① 84
② 107
③ 129
④ 149

03 연소의 정의를 가장 옳게 나타낸 것은?

① 연료가 환원하면서 발열하는 현상
② 화학변화에서 산화로 인한 흡열 반응
③ 물질의 산화로 에너지의 전부가 직접 빛으로 변하는 현상
④ 온도가 높은 분위기 속에서 산소와 화합하여 빛과 열을 발생하는 현상

04 물의 증발잠열이 2.5MJ/kg일 때, 프로판 1kg의 완전연소 시 고위발열량은 약 몇 MJ/kg인가? (단 $C+O_2 \rightarrow CO_2$+360MJ, $H_2+1/2O_2 \rightarrow H_2O$+280MJ이다.)

① 50 ② 54
③ 58 ④ 62

05 도시가스의 호환성을 판단하는 데 사용되는 지수는?

① 웨베지수(Webbe Index)
② 듀롱지수(Dulong Index)
③ 릴리지수(Lilly Index)
④ 제이도비흐지수(Zeldovich Index)

06 연소가스 부피조성이 CO_2 13%, O_2 8%, N_2 79%일 때 공기 과잉계수(공기비)는?

① 1.2 ② 1.4
③ 1.6 ④ 1.8

07 연소 시 생성되는 열생성 NO_x (Thermal NO_x)의 억제 방법이 아닌 것은?

① 물 분사법
② 2단 연소법
③ 배가스 재순환법
④ 에멀션 연료사용법

08 프로판가스 $1Nm^3$을 연소시키는 데 소요되는 이론산소량은 몇 Nm^3인가?

① 1 ② 3
③ 5 ④ 7

09 다음 중 분젠식 가스버너가 아닌 것은?

① 링 버너 ② 적외선 버너
③ 슬릿 버너 ④ 블라스트 버너

10 고체연료의 일반적인 연소형태로 볼 수 없는 것은?

① 증발연소 ② 유동층연소
③ 표면연소 ④ 분해연소

11 기체연료의 연소속도에 대한 설명으로 틀린 것은?

① 연소속도는 가연한계 내에서 혼합기체의 농도에 영향을 크게 받는다.
② 연소속도는 메탄의 경우 당량비 농도 근처에서 최저가 된다.
③ 보통의 탄화수소와 공기의 혼합기체 연소속도는 약 40~50cm/s 정도로 느린 편이다.
④ 혼합기체의 초기온도가 올라갈수록 연소속도도 빨라진다.

12 열효율 향상 대책이 아닌 것은?

① 과잉공기를 증가시킨다.
② 손실열을 가급적 적게 한다.
③ 전열량이 증가되는 방법을 취한다.
④ 장치의 최적 설계조건과 운전조건을 일치시킨다.

13 연소에서 유효수소를 옳게 나타낸 것은?

① $\left(H+\frac{O}{8}\right)$　② $\left(H+\frac{C}{12}\right)$
③ $\left(H-\frac{O}{8}\right)$　④ $\left(H-\frac{C}{12}\right)$

14 부탄가스의 폭발하한값은 1.8v%이다. 크기가 10×20×3m인 실내에서 부탄의 질량이 최소 약 몇 kg일 때 폭발할 수 있는가? (단, 실내 온도는 25℃이다.)

① 24.1　② 26.1
③ 28.5　④ 30.5

15 각종 천연가스(유전가스, 수용성가스, 탄전가스 등)의 성분 중 대부분을 차지하는 것은?

① CH_4
② C_2H_6
③ C_3H_8
④ C_4H_{10}

16 표준상태에 있는 공기 $1m^3$에는 산소가 약 몇 g이 함유되어 있는가?

① 100　② 200
③ 300　④ 400

17 수분이나 회분을 많이 함유한 저품위 탄을 사용할 수 있으며 구조가 간단하고 소요동력이 적게 드는 연소장치는?

① 슬래그탭식
② 클레이머식
③ 사이클론식
④ 각우식

18 CO_2max[%]는 어느 때의 값을 말하는가?

① 실제공기량으로 연소시켰을 때
② 이론공기량으로 연소시켰을 때
③ 과잉공기량으로 연소시켰을 때
④ 부족공기량으로 연소시켰을 때

19 석탄을 연료분석한 결과 다음과 같은 결과를 얻었다면 고정탄소분은 약 몇 %인가?

- 수분: 시료량 – 1.0030g
  건조감량 – 0.0232g
- 회분: 시료량 – 1.0070g
  잔류회분량 – 0.2872g
- 휘발분: 시료량 – 0.9998g
  가열감량 – 0.3432g

① 21.72　② 32.53
③ 37.15　④ 53.17

20 연소 배기가스 중의 O_2나 CO_2 함유량을 측정하는 경제적인 이유로 가장 적당한 것은?

① 연소 배가스량 계산을 위하여
② 공기비를 조절하여 열효율을 높이고 연료소비량을 줄이기 위해서
③ 환원염의 판정을 위하여
④ 완전연소가 되는지 확인하기 위해서

제2과목 열역학

21 정압과정(Constant Pressure Process)에서 한 계(System)에 전달된 열량은 그 계의 어떠한 성질 변화와 같은가?

① 내부에너지 ② 엔트로피
③ 엔탈피 ④ 퓨개시티

22 otto cycle에서 압축비가 8일 때 열효율은 약 몇 %인가? (단, 비열비는 1.4이다.)

① 26.4 ② 36.4
③ 46.4 ④ 56.4

23 1MPa, 200℃와 1MPa, 300℃의 과열증기의 엔탈피는 각각 2,827kJ/kg, 3,050kJ/kg이다. 이 구간에서의 평균 정압비열은 몇 kJ/kgK인가?

① 0.598 ② 2.23
③ 5.98 ④ 223

24 물의 임계압력에서의 잠열은 몇 kJ/kg인가?

① 2,260 ② 418
③ 333 ④

25 실내의 기압계는 1.01325bar를 지시하고 있다. 진공도가 20%인 용기 내의 절대압력은 몇 kPa인가?

① 20.26 ② 64.72
③ 81.04 ④ 121.56

26 압력이 1.2MPa이고 건도가 0.6인 습포화증기 $10m^3$의 질량은 약 몇 kg인가? (단, 1.2MPa에서 포화액과 포화증기의 비체적은 각각 $0.0011373m^3/kg$, $0.1662m^3/kg$이다.)

① 87.83 ② 89.25
③ 99.83 ④ 103.25

27 냉동기의 냉매로서 갖추어야 할 요구조건으로 적당하지 않은 것은?

① 불활성이고 안정해야 한다.
② 비체적이 커야 한다.
③ 증발온도에서 높은 잠열을 가져야 한다.
④ 열전도율이 커야 한다.

28 압력이 1,000kPa이고 온도가 380℃인 과열증기의 비엔탈피는 약 몇 kJ/kg인가? (단, 압력이 1,000kPa일 때 포화온도는 179.1℃, 포화증기의 비엔탈피는 2,775kJ/kg이고 평균비열은 2.2kJ/kgK이다.)

① 3,217
② 2,324
③ 1,607
④ 445

29 피스톤이 장치된 단열 실린더에 300kPa, 건도 0.4인 포화액-증기 혼합물 0.1kg이 들어 있고 실린더 내에는 전열기가 장치되어 있다. 220V의 전원으로부터 0.5A의 전류를 5분 동안 흘려 보냈을 때 이 혼합물의 건도는 약 얼마인가? (단, 이 과정은 정압과정이고 300kPa에서 포화액의 비엔탈피는 561.43kJ/kg이고 포화증기의 비엔탈피는 2,724.9kJ/kg이다.)

① 0.553 ② 0.568
③ 0.571 ④ 0.587

30 온도가 각각 −20℃, 30℃인 두 열원 사이에서 작동하는 냉동사이클이 이상적인 역카르노사이클(Reverse Carnot Cycle)을 이루고 있다. 냉동기에 공급된 일이 15kW이면 냉동용량(냉각열량)은 약 몇 kW인가?

① 2.5
② 3.0
③ 76
④ 91

31 이상기체 1kg이 A상태(T_A, P_A)에서 B상태(T_B, P_B)로 변화하였다. 정압비열 C_p가 일정할 경우 엔트로피의 변화 ΔS를 옳게 나타낸 것은?

① $\Delta S = C_p \ln\frac{T_A}{T_B} + R\ln\frac{P_B}{P_A}$

② $\Delta S = C_p \ln\frac{T_B}{T_A} + R\ln\frac{P_B}{P_A}$

③ $\Delta S = C_p \ln\frac{T_A}{T_B} - R\ln\frac{P_B}{P_A}$

④ $\Delta S = C_p \ln\frac{T_B}{T_A} - R\ln\frac{P_B}{P_A}$

32 1MPa의 건포화증기가 등온상태에서 압력이 700kPa까지 내려갈 때 최종상태는?

① 과열증기
② 습증기
③ 포화증기
④ 불포화증기

33 피스톤과 실린더로 구성된 밀폐된 용기 내에 일정한 질량의 이상기체가 차 있다. 초기 상태의 압력은 2bar, 체적은 0.5m^3이다. 이 시스템의 온도가 일정하게 유지되면서 팽창하여 압력이 1bar가 되었다. 이 과정 동안에 시스템이 한 일은 몇 kJ인가?

① 64 ② 70
③ 79 ④ 83

34 이상기체법칙에 해당되지 않는 것은? (단, a, b는 상수이다.)

① 등온상태에서 PV = 일정
② 보일(Boyle)의 법칙
③ 보일–샤를(Boyle–Charles)의 법칙
④ $\left(P+\frac{a}{v^2}\right)(v-b) = RT$

35 열역학 제1법칙에 대한 설명이 아닌 것은?

① 일과 열 사이에는 에너지 보존의 법칙이 성립한다.
② 에너지는 따로 생성되지도 소멸되지도 않는다.
③ 열은 그 자신만으로는 저온 물체에서 고온 물체로 이동할 수 없다.
④ 일과 열 사이의 에너지는 한 형태에서 다른 형태로 바뀔 뿐이다.

36 임의의 가역 사이클에서 성립되는 Clausius의 적분은 어떻게 표현되는가?

① $\oint \frac{dQ}{T} > 0$

② $\oint \frac{dQ}{T} < 0$

③ $\oint \frac{dQ}{T} = 0$

④ $\oint \frac{dQ}{T} \geq 0$

37 다음 그림은 어떤 사이클에 가장 가까운가?

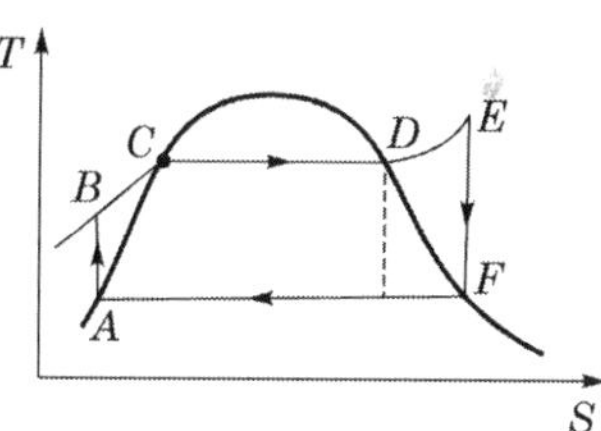

① 디젤사이클 ② 냉동사이클
③ 오토사이클 ④ 랭킨사이클

38 증기의 교축과정에 대한 설명으로 옳은 것은?

① 습증기 구역에서 포화온도가 일정한 과정
② 습증기 구역에서 포화압력이 일정한 과정
③ 가역과정에서 엔트로피가 일정한 과정
④ 엔탈피가 일정한 비가역 정상류 과정

39 비열이 일정하고 비열비가 k인 이상기체의 등엔트로피 과정에서 성립하지 않는 것은? (단, T, P, v는 각각 절대온도, 압력, 비체적이다)

① Pv^k = 일정 ② Tv^{k-1} = 일정
③ $PT^{\frac{k}{k-1}}$ = 일정 ④ $TP^{\frac{1-k}{k}}$ = 일정

40 그림과 같은 열펌프(Heat Pump) 사이클에서 성능계수는? (단, P는 압력, h는 엔탈피이다.)

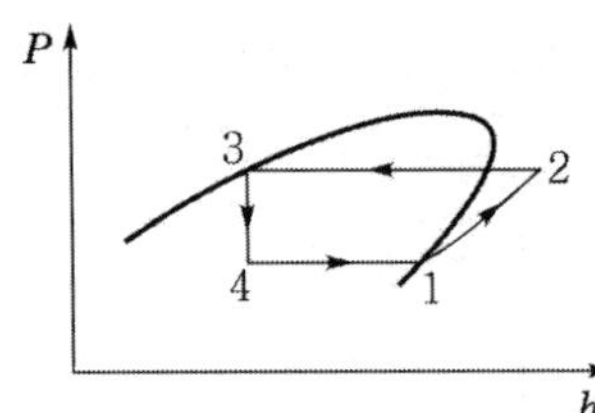

① $\dfrac{h_2-h_3}{h_2-h_1}$ ② $\dfrac{h_1-h_4}{h_2-h_1}$
③ $\dfrac{h_1-h_3}{h_2-h_1}$ ④ $\dfrac{h_3-h_4}{h_2-h_1}$

제3과목 계측방법

41 다음 중 가장 높은 진공도를 측정할 수 있는 계기는?

① Mcleed 진공계 ② Pirani 진공계
③ 열전대 진공계 ④ 전리 진공계

42 구리로 되어 있는 열전대의 소선(素線)은?

① R형 열전대의 ⊖단자
② K형 열전대의 ⊕단자
③ J형 열전대의 ⊖단자
④ T형 열전대의 ⊕단자

43 다음 중 접촉식 온도계가 아닌 것은?

① 방사온도계 ② 제겔콘
③ 수은온도계 ④ 백금저항온도계

44 공기압식 조절계에 대한 설명으로 틀린 것은?

① 신호로 사용되는 공기압은 약 0.2~1.0 kg/cm^{2}이다.
② 관로저항으로 전송지연이 생길 수 있다.
③ 실용상 2,000m 이내에서는 전송지연이 없다.
④ 신호 공기압은 충분히 제습, 제진한 것이 요구된다.

45 자동제어에서 다음 [그림]과 같은 조작량 변화를 나타내는 동작은?

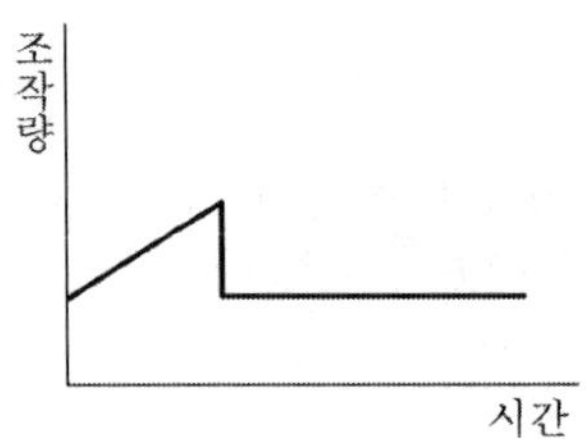

① PD동작 ② D동작
③ P동작 ④ PID동작

46 도시가스미터에서 일반적으로 사용되는 계량기의 형태는?

① Oval type ② Drum type
③ Diaphragm type ④ Nozzle type

47 다음은 증기 압력제어의 병렬제어방식의 구성을 나타낸 것이다. (   ) 안에 알맞은 용어는?

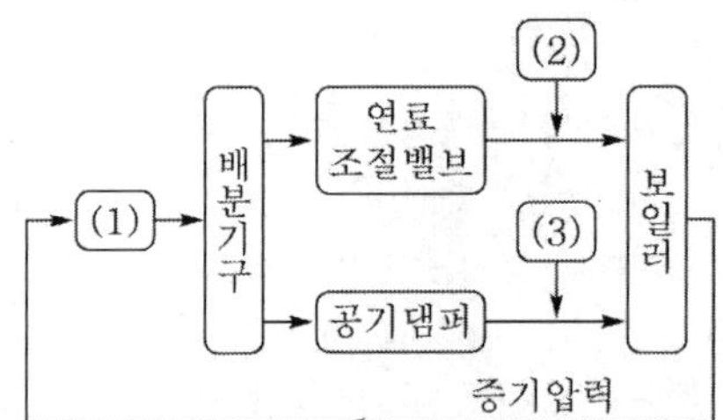

① (1) 동작신호 (2) 목표치 (3) 제어량
② (1) 조작량 (2) 설정신호 (3) 공기량
③ (1) 압력조절기 (2) 연료공급량 (3) 공기량
④ (1) 압력조절기 (2) 공기량 (3) 연료공급량

48 비접촉식 온도측정 방법 중 가장 정확한 측정을 할 수 있으나 기록, 경보, 자동제어가 불가능한 온도계는?

① 압력식 온도계 ② 방사온도계
③ 열전온도계 ④ 광고온계

49 다음 그림과 같이 수은을 넣은 차압계를 이용하는 액면계에 있어서 수은면의 높이차(h)가 50.0mm일 때 상부의 압력 취출구에서 탱크 내 액면까지의 높이(H)는 약 몇 mm인가? [단, 액의 밀도(ρ)는 999kg/m^3, 수은의 밀도(ρ_o)는 13,550kg/m^{3}이다.]

① 578
② 628
③ 678
④ 728

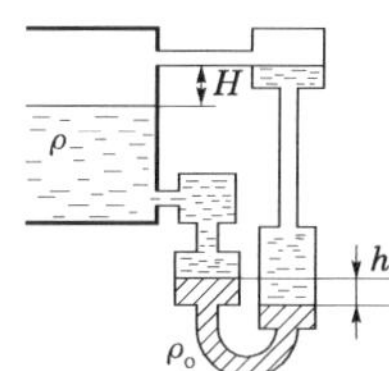

50 보일러 증기압력의 자동제어는 어느 것을 제어하여 작동하는가?

① 연료량과 증기압력
② 연료량과 보일러수위
③ 연료량과 공기량
④ 증기압력과 보일러수위

51 100mL 시료가스를 CO_2, O_2, CO 순으로 흡수시켰더니 남은 부피가 각각 50mL, 30mL, 20mL이었으며, 최종 질소가스가 남았다. 이 때 가스조성으로 옳은 것은?

① CO_2 50% ② O_2 30%
③ CO 20% ④ N_2 10%

52 부자(Float)식 액면계의 특징으로 틀린 것은?

① 원리 및 구조가 간단하다.
② 고온, 고압에도 사용할 수 있다.
③ 액면이 심하게 움직이는 곳에 사용하기 좋다.
④ 액면 상·하한계에 경보용 리미트 스위치를 설치할 수 있다.

53 다음 [보기]의 특징을 가지는 가스분석계는?

> [보기]
> - 가동부분이 없고 구조도 비교적 간단하며, 취급이 쉽다.
> - 가스의 유량, 압력, 점성의 변화에 대하여 지시오차가 거의 발생하지 않는다.
> - 열선은 유리로 피복되어 있어 측정가스 중의 가연성가스에 대한 백금의 촉매작용을 막아 준다.

① 연소식 O_2계 ② 적외선 가스분석계
③ 자기식 O_2계 ④ 밀도식 CO_2계

54 전자유량계에서 안지름이 4cm인 파이프에 3L/s의 액체가 흐르고, 자속밀도 1,000 gauss의 평등자계 내에 있다면 이때 검출되는 전압은 약 몇 mV인가? (단, 자속분포의 수정계수는 1이고, 액체의 비중은 1이다.)

① 5.5 ② 7.5
③ 9.5 ④ 11.5

55 단요소식 수위제어에 대한 설명으로 옳은 것은?

① 보일러의 수위만을 검출하여 급수량을 조절하는 방식이다.
② 발전용 고압 대용량 보일러의 수위제어에 사용되는 방식이다.
③ 수위조절기의 제어동작은 PID동작이다.
④ 부하변동에 의한 수위변화 폭이 대단히 적다.

56 수면계의 안전관리 사항으로 옳은 것은?

① 수면계의 최상부와 안전저수위가 일치하도록 장착한다.
② 수면계의 점검은 2일에 1회 정도 실시한다.
③ 수면계가 파손되면 물 밸브를 신속히 닫는다.
④ 보일러는 가동완료 후 이상 유무를 점검한다.

57 국제적인 실용온도 눈금 중 평형수소의 3중점은 얼마인가?

① 0K ② 13.81K
③ 54.36K ④ 273.16K

58 가스크로마토그래피법에서 사용되는 검출기 중 물에 대하여 감도를 나타내지 않기 때문에 자연수 중에 들어있는 오염물질을 검출하는 데 유용한 검출기는?

① 불꽃이온화검출기
② 열전도도검출기
③ 전자포획검출기
④ 원자방출검출기

59 열전대온도계 사용되는 열전대의 구비조건이 아닌 것은?

① 열기전력이 커야 한다.
② 내식성이 높아야 한다.
③ 열전도율이 커야 한다.
④ 재생도(再生度)가 커야 한다.

60 열전대 온도계로 사용되는 금속이 구비하여야 할 조건이 아닌 것은?

① 이력현상이 커야 한다.
② 열기전력이 커야 한다.
③ 열적으로 안정해야 한다.
④ 재생도가 높고, 가공성이 좋아야 한다.

제4과목 열설비재료 및 관계법규

61 에너지관리의 효율적인 수행을 위한 시공업의 기술인력 등에 대한 교육 과정과 그 기간이 틀린 것은?

① 난방시공업 제1종기술자 과정: 1일
② 난방시공업 제2종기술자 과정: 1일
③ 소형 보일러·압력용기조종자 과정: 1일
④ 중·대형 보일러 조종자 과정: 3일

62 에너지이용 합리화법에 따라 인정검사대상기기 조정자의 교육을 이수한 사람의 조종범위는 증기보일러로서 최고사용 압력이 1MPa 이하이고 전열면적이 얼마 이하일 때 가능한가?

① $1m^2$ ② $2m^2$
③ $5m^2$ ④ $10m^2$

63 다음 중 전기로에 해당되지 않는 것은?

① 푸셔로 ② 아크로
③ 저항로 ④ 유도로

64 에너지이용 합리화법에 따라 한국에너지공단이 하는 사업이 아닌 것은?

① 에너지이용 합리화 사업
② 재생에너지 개발사업의 촉진
③ 에너지기술의 개발, 도입, 지도 및 보급
④ 에너지 자원 확보 사업

65 내식성, 굴곡성이 우수하고 전기 및 열의 양도체이며 내압성도 있어서 열교환기용 관, 급수관 등 화학공업용으로 주로 사용되는 것은?

① 주철관 ② 동관
③ 강관 ④ 알루미늄관

66 소형 온수보일러의 적용범위를 바르게 나타낸 것은? (단, 구멍탄용 온수보일러·축열식 전기보일러 및 가스사용량이 17kg/h 이하인 가스용 온수보일러는 제외한다.)

① 전열면적이 $10m^2$ 이하이며, 최고사용압력이 0.35MPa 이하의 온수를 발생하는 보일러
② 전열면적이 $14m^2$ 이하이며, 최고사용압력이 0.35MPa 이하의 온수를 발생하는 보일러
③ 전열면적이 $10m^2$ 이하이며, 최고사용압력이 0.45MPa 이하의 온수를 발생하는 보일러
④ 전열면적이 $14m^2$ 이하이며, 최고사용압력이 0.45MPa 이하의 온수를 발생하는 보일러

67 검사대상기기의 설치자가 변경된 경우에는 그 변경일로부터 며칠 이내에 신고하여야 하는가?

① 7일 ② 10일
③ 15일 ④ 20일

68 진주암, 흑석 등을 소성, 팽창시켜 다공질로 하여 접착제와 3~15%의 석면 등과 같은 무기질 섬유를 배합하여 성형한 고온용 무기질 보온재는?

① 규산칼슘 보온재 ② 세라믹화이버
③ 유리섬유 보온재 ④ 펄라이트

69 다음 중 검사대상기기가 아닌 것은?

① 정격용량 0.5MW인 철금속가열로
② 가스사용량이 18kg/h인 소형온수보일러
③ 최고사용압력이 0.2MPa이고, 전열면적이 $10m^2$인 주철제보일러
④ 최고사용압력이 0.2MPa이고, 동체의 안지름이 450mm이며, 길이가 750mm인 강철제보일러

70 축열식 전기보일러는 심야전력을 사용하여 온수를 발생시켜 축열조에 저장한 후 난방에 이용하는 것으로 다음 중 그 적용범위의 기준으로 옳은 것은?

① 정격소비전력이 30kW 이하이며, 최고사용압력이 0.25MPa 이하인 것
② 정격소비전력이 35kW 이하이며, 최고사용압력이 0.35MPa 이하인 것
③ 정격소비전력이 30kW 이하이며, 최고사용압력이 0.35MPa 이하인 것
④ 정격소비전력이 35kW 이하이며, 최고사용압력이 0.25MPa 이하인 것

71 보온면의 방산열량 $1,100kJ/m^2$, 나면의 방산열량 $1,600kJ/m^2$일 때 보온재의 보온 효율은?

① 25% ② 31%
③ 45% ④ 69%

72 SK 35~38의 내화도를 가지며, 내식성, 내마모성이 매우 커서 소성가마 등에 사용되는 내화물은?

① 고알루미나 벽돌
② 규석질 벽돌
③ 샤모트질 벽돌
④ 마그네시아 벽돌

73 다음 강관의 표시기호 중 배관용 합금강 강관은?

① SPPH ② SPHT
③ SPA ④ STA

74 보온면의 방산열량 $1,100kJ/m^2$, 나면의 방산열량 $1,600kJ/m^2$일 때 보온재의 보온 효율은 약 몇 %인가?

① 25 ② 31
③ 45 ④ 69

75 에너지이용 합리화법에서 정한 자발적 협약의 평가 기준이 아닌 것은?

① 계획대비 달성률 및 투자실적
② 자원 및 에너지의 재활용 노력
③ 에너지절약을 위한 연구개발 및 보급추진
④ 에너지절감량 또는 에너지의 합리적인 이용을 통한 온실가스 배출 감축량

76 다음 중 특정열사용기자재 및 설치·시공범위에 해당하지 않는 것은?

① 압력용기 ② 태양열집열기
③ 전기보일러 ④ 금속요로

77 다음 중 스폴링(spalling)의 종류가 아닌 것은?

① 열적 스폴링
② 기계적 스폴링
③ 화학적 스폴링
④ 조직적 스폴링

78 에너지 저장의무 부과대상자가 아닌 것은?

① 전기사업자
② 석탄가공업자
③ 고압가스제조업자
④ 연간 2만 석유환산톤 이상의 에너지사용자

79 용광로에 장입되는 물질 중 탈황 및 탈산을 위해 첨가하는 것은?

① 철광석
② 망간광석
③ 코크스
④ 석회석

80 염기성 내화벽돌이 수증기의 작용을 받아 생성되는 물질이 비중변화에 의하여 체적변화를 일으키는 현상은?

① 슬레이킹(Slaking)
② 스폴링(Spalling)
③ 필링(Peeling)
④ 스웰링(Swelling)

제5과목 열설비설계

81 강판의 두께가 20mm이고, 리벳의 직경이 28.2mm이며, 피치 50.1mm의 1줄 겹치기 리벳조인트가 있다 이 강판의 효율은?

① 34.7%　② 43.7%
③ 53.7%　④ 63.7%

82 노통보일러 중 원통형의 노통이 2개인 보일러는?

① 라몬트보일러
② 바브콕보일러
③ 다우삼보일러
④ 랭커셔보일러

83 입형 횡관 보일러의 안전저수위로 가장 적당한 것은?

① 하부에서 75mm 지점
② 횡관 전길이의 $\frac{1}{3}$ 높이
③ 화격자 하부에서 100mm 지점
④ 화실 천장판에서 상부 75mm 지점

84 다음 [보기]에서 설명하는 증기트랩은?

> [보기]
> - 가동 시 공기배출이 필요 없다.
> - 작동이 빈번하여 내구성이 낮다.
> - 작동확률이 높고 소형이며 워터해머에 강하다.
> - 고압용에는 부적당하나 과열증기 사용에는 적합하다.

① 디스크식 트랩(Disc Type Trap)
② 버킷형 트랩(Bucket Type Trap)
③ 플로트식 트랩(Float Type Trap)
④ 바이메탈식 트랩(Bimetal Type Trap)

85 상변화를 수반하는 물 또는 유체의 가열 변화과정 중 전열면에 비등기포가 생겨 열유속이 급격히 증대되고, 가열면 상에 서로 다른 기포의 발생이 나타나는 비등과정은?

① 자연대류비등
② 핵비등
③ 천이비등
④ 막비등

86 지름이 d, 두께가 t인 얇은 살두께의 밀폐된 원통 안에 압력 P가 작용할 때 원통에 발생하는 원주방향의 인장 응력을 구하는 식은?

① $\frac{\pi Pd}{2t}$　② $\frac{\pi Pd}{4t}$
③ $\frac{Pd}{2t}$　④ $\frac{Pd}{4t}$

87 3×1.5×0.1인 탄소강판의 열전도계수가 40.7W/m·K, 아래 면의 표면온도는 40℃로 단열되고, 위 표면온도는 30℃일 때, 주위 공기 온도를 20℃라 하면 아래 표면에서 위 표면으로 강판을 통한 전열량은? (단, 기타 외기온도에 의한 열량은 무시한다.)

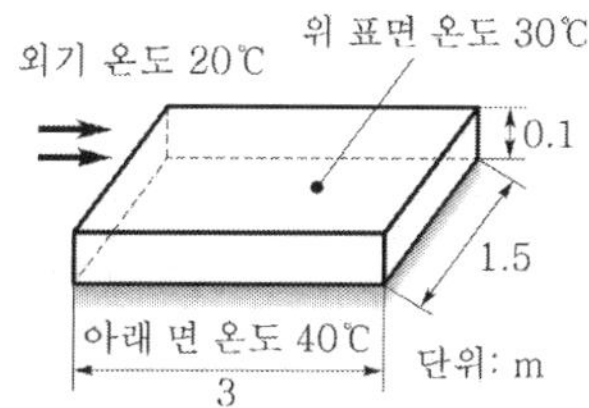

① 53,372kJ/h ② 57,558kJ/h
③ 61,744kJ/h ④ 65,952kJ/h

88 열팽창에 의한 배관의 이동을 구속 또는 제한하는 것을 리스트레인트(Restraint)라 한다. 리스트레인트의 종류에 해당하지 않는 것은?

① 앵커(Anchor) ② 스토퍼(Stopper)
③ 리지드(Rigid) ④ 가이드(Guide)

89 다음 [그림]의 용접이음에서 생기는 인장응력은 약 몇 MPa인가?

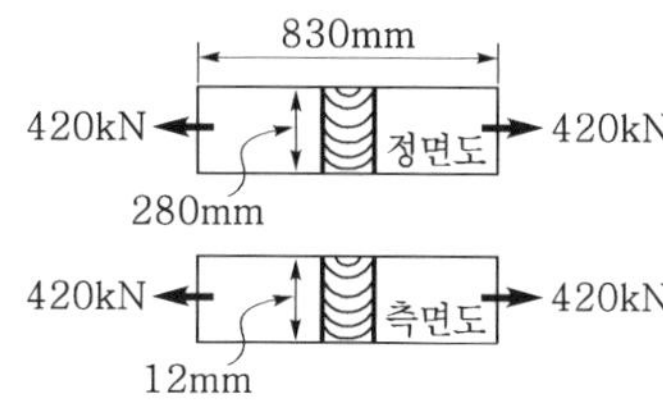

① 125 ② 145
③ 165 ④ 185

90 보일러의 만수보존법에 대한 설명으로 틀린 것은?

① 밀폐 보존방식이다.
② 겨울철 동결에 주의하여야 한다.
③ 2~3개월의 단기보존에 사용된다.
④ 보일러수는 pH가 6 정도로 유지되도록 한다.

91 수관 보일러와 비교한 원통보일러의 특징에 대한 설명으로 틀린 것은?

① 구조상 고압용 및 대용량에 적합하다.
② 구조가 간단하고 취급이 비교적 용이하다.
③ 전열면적당 수부의 크기는 수관보일러에 비해 크다.
④ 형상에 비해서 전열면적이 작고 열효율은 낮은 편이다.

92 동체의 안지름 2,000mm, 최고사용압력 120N/cm^{2}인 원통보일러 동판의 두께는 약 몇 mm인가? (단, 강판의 인장강도 400N/mm^2, 안전율 5, 이음효율(η) = 85%, 부식여유는 2mm이다.)

① 12 ② 16
③ 19 ④ 20

93 보일러의 과열에 의한 압괘(Collapse) 발생 부분이 아닌 것은?

① 노통 상부 ② 화실 천장
③ 연관 ④ 거싯스테이

94 피치가 200mm 이하이고, 골의 깊이가 38mm 이상인 것의 파형 노통의 종류로 가장 적절한 것은?

① 모리슨형 ② 브라운형
③ 폭스형 ④ 리즈포지형

95 보일러수를 pH 10.5~11.5의 약알칼리로 유지하는 주된 이유는?

① 첨가된 염산이 강재를 보호하기 때문에
② 보일러수 중에 적당량의 수산화나트륨을 포함시켜 보일러의 부식 및 스케일 부착을 방지하기 위하여
③ 과잉 알칼리성이 더 좋으나 약품이 많이 소요되므로 원가를 절약하기 위하여
④ 표면에 딱딱한 스케일이 생성되어 부식을 방지하기 때문에

96 다음 중 열교환기의 성능이 저하되는 요인은?

① 온도차의 증가
② 유체의 느린 유속
③ 향류 방향의 유체 흐름
④ 높은 열전율의 재료 사용

97 보일러수에 녹아 있는 기체를 제거하는 탈기기(脫氣機)가 제거하는 대표적인 용존가스는?

① O_2 ② N_2
③ H_2S ④ SO_2

98 연돌의 통풍력에 대한 설명으로 틀린 것은?

① 연돌이 높을수록 커진다.
② 외부 온도가 낮을수록 커진다.
③ 연돌의 안면적이 클수록 커진다.
④ 배가스 온도가 낮을수록 커진다.

99 보일러에서 과열기의 역할을 옳게 설명한 것은?

① 포화증기의 압력을 높인다.
② 포화증기의 온도를 높인다.
③ 포화증기의 압력과 온도를 높인다.
④ 포화증기의 압력은 낮추고 온도를 높인다.

100 2중관 단일통과 열교환기의 외관에서 고온유체의 입구온도는 140℃이며, 출구의 온도는 90℃이었다. 또한 내과의 저온유체의 입구온도는 40℃이며, 출구온도는 70℃이었을 때 향류인 경우 대수평균온도차(LMTD)는 약 몇 ℃인가? (단, 열교환 중 응축은 발생하지 않는다.)

① 49.7
② 59.4
③ 69.7
④ 79.4

정답 및 해설

01	02	03	04	05	06	07	08	09	10
③	④	④	②	①	③	①	③	④	①
11	12	13	14	15	16	17	18	19	20
②	①	③	②	①	③	②	②	③	②
21	22	23	24	25	26	27	28	29	30
③	④	②	④	③	③	②	①	①	③
31	32	33	34	35	36	37	38	39	40
④	②	②	④	③	③	④	④	③	①
41	42	43	44	45	46	47	48	49	50
④	④	①	④	①	③	③	④	②	③
51	52	53	54	55	56	57	58	59	60
①	③	③	③	①	③	②	①	③	①
61	62	63	64	65	66	67	68	69	70
④	④	①	④	②	②	③	④	①	③
71	72	73	74	75	76	77	78	79	80
②	①	③	②	③	③	③	③	②	①
81	82	83	84	85	86	87	88	89	90
②	④	④	①	②	③	④	③	①	④
91	92	93	94	95	96	97	98	99	100
①	④	④	③	②	②	①	④	②	②

01 공기비(m)

$$= \frac{N_2}{N_2 - 3.76(O_2)} = \frac{84}{84 - 3.76 \times 3} = 1.155$$

이론공기량(A)

= 8.89C+26.67H+3.33S

= 8.89×0.86+26.67×0.11+3.33×0.03

= 10.679Nm^3/kg

∴ 실제공기량(A_a) = 10.679×1.155

= 12.33Nm^3/kg

질소(N_2) = 100−(13+3) = 84%

02 실제연소가스량(G) = (m−0.21)A_o+CO_2

= (1.4−0.21)×(22.4/0.21)+22.4 = 149Nm^3

03 연소(combustion)란 가연물이 공기 중의 산소와 급격한 산화반응을 일으켜 빛과 열을 수반하는 발열반응현상이다.

04 $C_3H_8+5O_2 \rightarrow 3CO_2+4H_2O$

프로판 분자량(44) = 12×3+1×8 = 44kg/kmol

고위발열량(H_h)

$$=\left(\frac{36}{44}\times\frac{360}{12}\right)+\left(\frac{8}{44}\times\frac{280}{2}\right)+2\times2.5=54\text{MJ/kg}$$

05 웨베지수(도시가스 호환성 판단 지수)

웨베지수(WI)

$$=\frac{Hg}{\sqrt{d}}=\frac{\text{도시가스 발열량(kcal/Nm}^3)}{\sqrt{\text{도시가스비중(상대밀도)}}}$$

06 공기과잉계수(공기비)

$$=\frac{N_2}{N_2-3.76(O_2-0.5CO)}=\frac{79}{79-3.76\times8}=1.61$$

$N_2=100-(CO_2+O_2+CO)$

07 $N_2+O_2 \rightarrow 2NO,\ NO+\frac{1}{2}O_2 \rightarrow NO_2(NO_x)$

질소산화물(NO_x) 억제방법(저감방법)

㉠ 2단 연소법(rich−lean 연소법)

㉡ 배기가스 재순환법

㉢ 에멀션 연료사용법

- 배가스 처리 측면에서는 선택적 촉매환원법(SCR)과 선택적 비촉매환원법(SNCR) 등이 적용되고 있으며 최근에는 플라즈마(plasma)나 전자빔을 이용한 처리방식도 연구되고 있다.
- 물분사는 금속분말 제조법이다.

08 프로판가스 완전연소반응식

$C_3H_8+5O_2 \rightarrow 3CO_2+4H_2O$이므로 이론산소량은 5Nm^{3}이다.

09 분젠식 가스버너가 필요한 곳

㉠ 일반가스기구, ㉡ 온수기, ㉢ 가스렌지

블라스트(선혼합식 가스버너) 버너는 강제혼합식

10 고체연료의 연소방식

㉠ 분해연소 방식

㉡ 표면연소 방식

㉢ 유동층연소 방식

- 증발연소(Evaporative Combustion): 가연성 물질(주로 액체연료)을 가열했을 때 액면에서 그대로 증발한 가연성 증기가 연소하는 것이다.

11 연소속도란 혼합기체가 탈 때 불꽃이 번져가는 속도로 메탄(CH_4)의 경우 당량비 농도 근처에서 최대가 된다.

12 공기비(m)는 실제공기량(A)과 이론공기량(A_o)의 비다$\left(m=\frac{A}{A_o}\right)$.

과잉공기$=A-A_o=mA_o-A_o$

$=(m-1)A_o$[Nm^3/kg]

과잉공기를 증가시키면 배기가스량이 많아져서 열손실이 증가되므로 열효율이 저하된다.

13 자유(유효)수소 = $\left(H-\frac{O}{8}\right)$

14 부탄(C_4H_{10})의 최소폭발질량

$$=\left(\frac{\text{분자량}(M)\times\text{체적}(V)}{22.4}\times\frac{T_o}{T}\right)\times0.018$$

$$=\left(\frac{58\times(10\times20\times3)}{22.4}\times\frac{273}{(25+273)}\right)\times0.018$$

$=26.1$kg

15 LNG(액화천연가스)의 주성분은 메탄(CH_4)이다.

16 표준상태(101.325kPa, 0℃)일 때

공기비중량(γ_a)=1.293kg/m^3

∴ 공기 1m^{3}당 산소량

=1.293×0.232=0.3kg(=300g)

17 클레이머식 연소장치
수분이나 회분을 많이 함유한 저품위 탄을 사용할 수 있으며 구조가 간단하고 소요동력이 적게 든다.

18 탄산가스 최대(CO_2max)% 값은 이론공기량으로 연소될 때 나온다.

19 $수분(W)=\frac{0.0232}{1.0030}\times 100=2.313\%$

$회분(A)=\frac{0.2872}{1.0070}\times 100=28.52\%$

$휘발분=\left(\frac{0.3432}{0.9998}\times 100\right)-2.313=32.01\%$

고정탄소분(%) = 100%−($W+A$+휘발분)
= 100−(2.213+28.52+32.01) = 37.15%

20 연소 배기가스 중의 O_2나 CO_2 함유량을 측정하는 경제적인 이유는 공기비를 조절하여 열효율을 높이고 연료소비량을 감소(줄이기)시키기 위함이다.

21 $\delta Q=dH-VdP$ [kJ]에서 $dP=0$이면 $\delta Q=dH$ [kJ]
등압변화(P = c) 시 가열량은 엔탈피변화량과 같다.

22 $\eta_{tho}=1-\left(\frac{1}{\varepsilon}\right)^{k-1}=1-\left(\frac{1}{8}\right)^{1.4-1}=0.564(56.4\%)$

23 $(h_2-h_1)=C_{pm}dT$

$C_{pm}=\frac{dH}{dt}=(3{,}050-2{,}827)\times\frac{1}{100}=2.23\text{kJ/kgK}$

24 임계점은 포화수선과 건포화증기선이 일치되는 점으로 물의 임계압력은 225.65ata이고 물의 임계온도는 374.16℃이다(증발잠열은 0이다).

25 $P_a=P_o-P_g=101.325(1-0.2)=81.06\text{kPa}$

26 $v_x=\frac{V}{m}[\text{m}^3/\text{kg}]$

$m=\frac{V}{v_x}=\frac{10}{0.10017}=99.83\text{kg}$

$v_x=v'+x(v''-v')$
$=0.0011373+0.6(0.1662-0.0011373)$
$=0.10017\text{m}^3/\text{kg}$

27 냉매는 비체적(v)이 작아야 한다.

28 $h_x=h''+C_p(h_2-h_1)$
$=2{,}275+2.2(380-179.1)=3{,}216.98\text{kJ/kg}$

29 H = 0.24Pt = 0.24×220×0.5×(5×60)
7,920cal = 7.92kcal = 33.264kJ
잠열 = 2,724.9−561.43 = 2,163.47kJ
2,163.47×0.1=216.347kJ
$\therefore\ 0.4+\frac{33.264}{216.347}=0.553$

30 $(\text{COP})_\text{R}=\frac{T_2}{T_1-T_2}=\frac{-20+273}{30+273-(-20+273)}$
$=5.06$

$(\text{COP})_\text{R}=\frac{Q_e}{W_c}$

$\therefore\ Q_e=(\text{COP})_\text{R}\times W_c=5.06\times 15 ≒ 76\text{kW}$

31 $\Delta S=C_p\ln\frac{T_B}{T_A}+R\ln\frac{P_A}{P_B}$
$=C_p\ln\frac{T_B}{T_A}-R\ln\frac{P_B}{P_A}$ [kJ/K]

32 압력감소 시($P_1>P_2$)
건포화증기는 습증기($0<x<1$)가 된다.

33 ◉ 1bar=10^5Pa=100kPa
등온변화 시 절대일량($_1W_2$)
$=mRT\ln\left(\frac{P_1}{P_2}\right)=P_1V_1\ln\left(\frac{P_1}{P_2}\right)$
$=200\times 0.5\ln\left(\frac{2}{1}\right)$
$=70\text{kJ}$

34 실제기체(증기)에서 반데르 발스 방정식
$\left(P+\frac{a}{v^2}\right)(v-b)=RT$

35 열역학 제2법칙(엔트로피 증가법칙, 비가역법칙)
열은 그 자신이(스스로) 저온물체에서 고온물체로 이동이 불가능하다(클라우지우스 표현): 성능계수가 무한대인 냉동기는 제작이 불가능하다는 의미이다.

36 ㉠ 가역: $\oint \frac{dQ}{T}=0$, ㉡ 비가역: $\oint \frac{dQ}{T}<0$

클라우지우스(Clausius) 폐적분값은 $\oint \frac{dQ}{T} \le 0$

(등호: 가역사이클, 부등호: 비가역사이클)

37 Rankine cycle(랭킨사이클)을 도시한 $T-S$선도로 A → B 단열압축(펌프과정), B → E 등압연소(Boiler, 과열기), E → F 단열팽창(터빈과정), F → A 등압과정(복수기)

38 증기(실제기체)에서의 교축과정은 비가역 과정으로 엔트로피 증가($\Delta S>0$), 엔탈피 일정, 압력 강하, 온도 강하 등의 변화가 일어난다.

39 가역단열변화(등엔트로피 과정 시) 과정에서 P, V, T 관계식

① $Pv^k = \text{C}$

② $Tv^{k-1} = \text{C}$

③ $TP^{\frac{1-k}{k}} = \text{C}\left(PT^{\frac{k-1}{k}} = \text{C}\right)$

40 열펌프 성적계수$(\text{COP})_\text{H} = \frac{q_1}{w_c} = \frac{h_2-h_3}{h_2-h_1}$

41 ㉠ Mcleed: 10^{-4}~10^{-6} 측정

㉡ Pirani: 10~10^{-3} 측정

㉢ 전리(냉음극, 열음극): 10^{-3}~10^{-8}

42 **구리-콘스탄탄 열전대**

⊕단자: 순구리, ⊖단자: 콘스탄탄(Cu 55%+Ni 45% 합금)

44 공기압식 조절계는 100m 이내에서만 신호전송이 가능하다.

45 PD동작: 비례, 미분동작(Proportional Derivative Action)

$$Y = K_P\left(e + T_D\frac{de}{dt}\right)$$

※ $T_D : \frac{K_D}{K_P}$ = 미분시간(분)

46 도시가스미터(계량기)에서 사용되는 계량기의 형태는 일반적으로 Diaphragm(다이어프램 = 격막식)이 사용된다.

47 (1) 압력조절기

(2) 연료공급량

(3) 공기량

49 $\rho_o h = \rho(H+h)$

$h(\rho_o - \rho) = \gamma H$

$$H = \left(\frac{\rho_o}{\rho} - 1\right)h = \left(\frac{13{,}550}{999} - 1\right) \times 50 = 628\,\text{mm}$$

50 증기압력제어 조작량: 연료량, 공기량

52 부자(Float)식 액면계는 액면이 요동치는(심하게 움직이는) 곳에서는 사용하기 곤란하다.

53 자기식 산소계 열선이 유리로 피복되고 지시오차가 거의 없으며 백금의 촉매작용을 막아준다.

54 자속밀도(B) = 1,000gauss(가우스) = 0.1Wb/m^2

전압(V) = 유속($\vec{V}$) × 자속밀도(B) × 안지름(d)

$$= \frac{Q}{A}Bd = \frac{3\times10^{-3}}{\frac{\pi}{4}(0.04)^2} \times 0.1 \times 0.04$$

$$= 9.52\times10^{-3}\text{V} = 9.52\,\text{mV}$$

55 ㉠ 단요소식: 수위검출

㉡ 2요소식: 수위, 증기량 검출

㉢ 3요소식: 수위, 증기량, 급수량 검출

57 국제적인 실용온도 눈금 중 평형수소의 3중점은 13.81K(−259.34℃)이다.

58 **불꽃이온화검출기**

물에 대하여 감도를 나타내지 않기 때문에 자연수 중에 들어 있는 오염물질을 검출하는 가스분석계 검출기이다.

59 열전대온도계는 열기전력이 커야 한다.

61 중·대형 보일러 조종자 과정: 교육기간 1일

63 푸셔로(Pusher)
연속식 가열도이며 입구측에서 밀어내어 이동시키면서 가열하는 방식의 로이다.

65 동관: 열교환기용 관, 급수관 사용, 화학공업용 관

66 소형 온수보일러
전열면적이 $14m^2$ 이하이며, 최고사용압력이 0.35MPa 이하의 온수보일러(단, 구멍탄용 온수보일러, 축열식 전기보일러 및 가스사용량이 17kg/h 이하 도시가스가 232.6kW 이하의 가스용 온수보일러는 제외)

67 검사대상기기 설치자 변경신고: 15일 이내 에너지관리공단이사장에게

68 펄라이트(pearlite) 무기질 보온재
진주암, 흑석 등을 소성, 팽창시켜 다공질화(접착제와 3~15% 석면 등과 배합)

69 철금속가열로
정격용량 0.58MW 초과만이 검사대상기기이다.

70 축열식 전기보일러
정격소비전력이 30kW 이하이며 최고사용압력이 0.35MPa 이하

71 보온재 보온효율(η)

$$= 1 - \frac{\text{보온면의 방산열량}(Q_2)}{\text{나면의 방산열량}(Q_1)} \times 100\%$$

$$= \left(1 - \frac{1,100}{1,600}\right) \times 100\%$$

$$= 31.25\%$$

72 고알루미나 중성 벽돌
SK35~38의 내화벽돌 내식성, 내마모성이 매우 크다.

73 ① SPPH(고압배관용 탄소강관)
② SPHT(고온배관용 탄소강관)
③ SPA(배관용 합금강 강관)

74

$$\text{보온효율}(\eta) = \frac{\text{나면의 방산열량} - \text{보온면 방산열량}}{\text{나면의 방산열량}}$$

$$= \frac{1,600 - 1,100}{1,600} \times 100\% = 31.25\%$$

75 자발적 협약의 평가 기준은 "①, ②, ④"항이다.

76 축열식 전기보일러만이 설치, 시공 범위에 해당한다.

77 스폴링(박락현상) 종류
㉠ 열적 스폴링
㉡ 기계적 스폴링
㉢ 조직적 스폴링

78 도시가스사업법에 의한 도시가스사업자는 에너지저장의무 부과대상자이다.

80 슬레이킹(소화성)
마그네시아, 돌로마이트, 질내화물의 원료인 CaO, MgO 등이 수증기와 작용하여 $Mg(OH)_2$, $Ca(OH)_2$를 생성하고 이때 비중 변화에 의해 체적팽창을 일으켜 균열이 발생하거나 붕괴되는 현상이다.

81

$$\eta_t = \left(1 - \frac{d}{p}\right) \times 100\% = \left(1 - \frac{28.2}{50.1}\right) \times 100\% = 43.71\%$$

82 노통보일러 중 코르니시 보일러는 노통이 1개이고 랭커셔보일러는 노통이 2개인 보일러다.

83 입형 횡관 보일러의 안전저수위는 화실 천장판에서 상부 75mm 지점이다.

84 디스크식 증기트랩(steam trap)은 작동이 빈번하여 내구성은 낮으며 가동 시 공기배출이 필요 없고, 작동확률이 높고 소형이며 워터해머(수격작용)에 강하다.

85 핵비등
전열면에 비등기포가 생겨 열유속이 급격히 증대되고 가열면 상에 서로 다른 기포의 발생이 나타난다.

86 원통의 원주방향 인장응력(σ_t): $\frac{Pd}{2t}$

87 $Q_c = \lambda A \frac{t_1 - t_2}{L} = 40.7 \times (3 \times 1.5) \times \frac{(40-30)}{0.1}$
$= 18{,}315\text{W} \fallingdotseq 18.32\text{kW}(65{,}952\text{kJ/h})$

88 ① 리스트레인트: 앵커, 스토퍼, 가이드
② 리지드: 행거

89 인장응력$(\sigma_a) = \frac{W_t}{A} = \frac{420{,}000}{hL} = \frac{420{,}000}{12 \times 280}$
$= 125\text{MPa}(=\text{N/mm}^2)$

90 만수보존 시 pH는 12 이하(10.5~12 이하)

91 원통형 보일러는 구조상 고압용 및 대용량에 부적당하다(고압대용량: 수관보일러).

92 $t = \frac{PDS}{200\sigma_u \eta} + C$
$= \frac{120 \times 2{,}000 \times 5}{200 \times 400 \times 0.85} + 2 \fallingdotseq 20\text{mm}$

93 거싯스테이는 변형부분이 없다.

95 보일러수가 pH 10.5~11.5 약알칼리로 유지하는 이유는 보일러 부식 및 스케일 부착을 방지하기 위함이다.

96 열교환기(Heat Exchanger)의 성능향상요인
① 온도차 증가(대수평균온도차 증가)
② 향류(counter flow type) = 대향류유체흐름
③ 높은 열전도율(W/mK)의 재료 사용
④ 유체의 빠른 유속

97 보일러수에 녹아 있는 기체를 제거하는 탈기기가 제거하는 대표적인 용존가스는 산소(O_2)이다.

98 연돌(굴뚝)의 통풍력은 배기가스 온도가 높을수록 커진다.
통풍력$(Z) = 273H + \left[\frac{\gamma_a}{t_a + 273} - \frac{\gamma_g}{t_g + 273}\right]$[m]
여기서, H: 굴뚝높이(m)
γ_a, γ_g: (공기&배기가스)비중량(kg/m^3)
t_a, t_g: (공기&배기가스)온도(℃)

99 과열기(superheater)는 압력일정하에서(P = c) 포화증기의 온도를 높여 과열증기를 만든다.

100 대향류(향류)
$\Delta t_1 = 140 - 70℃ = 70℃$
$\Delta t_2 = 90 - 40℃ = 50℃$
대수평균온도차(LMTD)$= \frac{\Delta t_1 - \Delta t_2}{\ln\left(\frac{\Delta t_1}{\Delta t_2}\right)}$
$= \frac{70 - 50}{\ln\left(\frac{70}{50}\right)} = 59.4℃$

제3회 CBT 실전 모의고사

[정답 및 해설 ⇨ p.44]

제1과목 연소공학

01 다음 중 연소 온도에 가장 많은 영향을 주는 것은?

① 외기온도
② 공기비
③ 공급되는 연료의 현열
④ 열매체의 온도

02 연소 배기가스 중에 가장 많이 포함된 기체는?

① O_2 ② N_2
③ CO_2 ④ SO_2

03 벙커C유 연소배기가스를 분석한 결과 CO_2의 함량이 12.5%였다. 이때 벙커C유 500L/h 연소에 필요한 공기량은? [단, 벙커C유 이론공기량은 10.5Nm^3/kg, 비중 0.96, $(CO_2)_{max}$는 15.5%로 한다.)

① 약 105Nm^3/min
② 약 150Nm^3/min
③ 약 180Nm^3/min
④ 약 200Nm^3/min

04 다음 각 성분의 조성을 나타낸 식 중에서 틀린 것은? (단, m: 공기비, L_0: 이론공기량, G: 가스량, G_0: 이론 건연소 가스량이다.)

① $(CO_2) = \dfrac{1.867C - (CO)}{G} \times 100$

② $(O_2) = \dfrac{0.21(m-1)L_0}{G} \times 100$

③ $(N_2) = \dfrac{0.8N + 0.79mL_0}{G} \times 100$

④ $(CO_2)_{max} = \dfrac{1.867C + 0.7S}{G_0} \times 100$

05 탄소 1kg을 완전히 연소시키는 데 요구되는 이론산소량은?

① 약 0.82Nm^3
② 약 1.23Nm^3
③ 약 1.87Nm^3
④ 약 2.45Nm^3

06 배기가스 질소산화물 제거방법 중 건식법에서 사용되는 환원제가 아닌 것은?

① 질소가스 ② 암모니아
③ 탄화수소 ④ 일산화탄소

07 탄소 1kg을 연소시키는 데 필요한 공기량은?

① 1.87Nm^3/kg
② 3.93Nm^3/kg
③ 8.89Nm^3/kg
④ 13.51Nm^3/kg

08 순수한 CH_4를 건조공기로 연소시키고 난 기체화합물을 응축기로 보내 수증기를 제거시킨 다음, 나머지 자체를 Orsat법으로 분석한 결과, 부피비로 CO_2가 8.21%, CO가 0.41%, O_2가 5.02%, N_2가 86.36%였다. CH_4 1kg-mol당 약 몇 kg-mol의 건조공기가 필요한가?

① 7.3kg-mol ② 8.5kg-mol
③ 10.3kg-mol ④ 12.1kg-mol

09 예혼합 연소방식의 특징으로 틀린 것은?

① 내부 혼합형이다.
② 불꽃의 길이가 확산 연소방식보다 짧다.
③ 가스와 공기의 사전 혼합형이다.
④ 역화 위험이 없다.

10 유압분무식 버너의 특징에 대한 설명으로 틀린 것은?

① 유량조절 범위가 좁다.
② 연소의 제어 범위가 넓다.
③ 무화매체인 증기나 공기가 필요하지 않다.
④ 보일러 가동 중 버너 교환이 가능하다.

11 다음과 같은 조성을 가진 액체 연료의 연소 시 생성되는 이론건연소가스량은?

• 탄소: 1.2kg	• 산소: 0.2kg
• 질소: 0.17kg	• 수소: 0.31kg
• 황: 0.2kg	

① 13.5Nm^3/kg ② 17.5Nm^3/kg
③ 21.4Nm^3/kg ④ 29.4Nm^3/kg

12 연소효율은 실제의 연소에 의한 열량을 완전연소했을 때의 열량으로 나눈 것으로 정의할 때, 실제의 연소에 의한 열량을 계산하는 데 필요한 요소가 아닌 것은?

① 연소가스 유출 단면적
② 연소가스 밀도
③ 연소가스 열량
④ 연소가스 비열

13 액체연료에 대한 가장 적합한 연소방법은?

① 화격자연소
② 스토커연소
③ 버너연소
④ 확산연소

14 고체연료를 사용하는 어느 열기관의 출력이 3,000kW이고 연료소비율이 매시간 1,400kg일 때, 이 열기관의 열효율은? (단, 고체연료의 중량비는 C=81.5%, H=4.5%, O=8%, S=2%, W=4%이다.)

① 25% ② 28%
③ 30% ④ 32%

15 기체연료의 연소방법에 해당하는 것은?

① 증발연소
② 표면연소
③ 분무연소
④ 확산연소

16 프로판(C_3H_8) 5Nm^{3}를 이론산소량으로 완전연소시켰을 때의 건연소가스량은 몇 Nm^{3}인가?

① 5 ② 10
③ 15 ④ 20

17 메탄 50V%, 에탄 25V%, 프로판 25V%가 섞여 있는 혼합기체의 공기 중에서의 연소하한계는 약 몇 %인가? (단, 메탄, 에탄, 프로판의 연소하한계는 각각 5V%, 3V%, 2.1V%이다.)

① 2.3
② 3.3
③ 4.3
④ 5.3

18 연돌의 통풍력은 외기온도에 따라 변화한다. 만일 다른 조건이 일정하게 유지되고 외기온도만 높아진다면 통풍력은 어떻게 되겠는가?

① 통풍력은 감소한다.
② 통풍력은 증가한다.
③ 통풍력은 변화하지 않는다.
④ 통풍력은 증가하다 감소한다.

19 다음 중 열정산의 목적이 아닌 것은?

① 열효율을 알 수 있다.
② 장치의 구조를 알 수 있다.
③ 새로운 장치설계를 위한 기초자료를 얻을 수 있다.
④ 장치의 효율 향상을 위한 개조 또는 운전 조건의 개선 등의 자료를 얻을 수 있다.

20 다음 중 중유의 성질에 대한 설명으로 옳은 것은?

① 점도에 따라 1, 2, 3급 중유로 구분한다.
② 원소 조성은 H가 가장 많다.
③ 비중은 약 0.72~0.76 정도이다.
④ 인화점은 약 60~150℃ 정도이다.

제2과목 열역학

21 교축(스로틀) 과정에서 일정한 값을 유지하는 것은?

① 압력
② 비체적
③ 엔탈피
④ 엔트로피

22 열펌프(heat pump) 사이클에 대한 성능계수(COP)는 다음 중 어느 것을 입력일(work input)로 나누어 준 것인가?

① 저온부 압력
② 고온부 온도
③ 고온부 방출열
④ 저온부 부피

23 다음 중 열역학 제2법칙과 관련된 것은?

① 상태 변화 시 에너지는 보존된다.
② 일을 100% 열로 변환시킬 수 있다.
③ 사이클 과정에서 시스템(계)이 한 일은 시스템이 받은 열량과 같다.
④ 열은 저온부로부터 고온부로 자연적으로(저절로) 전달되지 않는다.

24 시량적(종량성) 성질(extensive property)에 해당하는 것은?

① 체적　② 조성
③ 압력　④ 절대온도

25 출력 50kW의 가솔린 엔진이 매시간 10kg의 가솔린을 소모한다. 이 엔진의 효율은? (단, 가솔린의 발열량은 42,000kJ/kg이다.)

① 21%　② 32%
③ 43%　④ 60%

26 다음 중 온도에 따라 증가하지 않는 것은?

① 증발잠열
② 포화액의 내부에너지
③ 포화증기의 엔탈피
④ 포화액의 엔트로피

27 다음 중 터빈에서 증기의 일부를 배출하여 급수를 가열하는 증기사이클은?

① 사바테 사이클
② 재생 사이클
③ 재열 사이클
④ 오토 사이클

28 공기를 왕복식 압축기를 사용하여 1기압에서 9기압으로 압축한다. 이 경우에 압축에 소요되는 일을 가장 작게 하기 위해서는 중간 단의 압력을 다음 중 어느 정도로 하는 것이 가장 적당한가?

① 2기압
② 3기압
③ 4기압
④ 5기압

29 용기 속에 절대압력이 850kPa, 온도 52℃인 이상기체가 49kg 들어 있다. 이 기체의 일부가 누출되어 용기 내 절대압력이 415 kPa, 온도가 27℃가 되었다면 밖으로 누출된 기체는 약 몇 kg인가?

① 10.4
② 23.1
③ 25.9
④ 47.6

30 단열계에서 엔트로피 변화에 대한 설명으로 옳은 것은?

① 가역 변화 시 계의 전 엔트로피는 증가한다.
② 가역 변화 시 계의 전 엔트로피는 감소한다.
③ 가역 변화 시 계의 전 엔트로피는 변하지 않는다.
④ 가역 변화 시 계의 전 엔트로피의 변화량은 비가역 변화 시보다 일반적으로 크다.

31 이상기체의 상태변화와 관련하여 폴리트로픽(Polytropic) 지수 n에 대한 설명 중 옳은 것은?

① $n=0$이면 단열 변화
② $n=1$이면 등온 변화
③ $n=$비열비이면 정적 변화
④ $n=\infty$이면 등압 변화

32 다음 중 냉동 사이클의 운전특성을 잘 나타내고, 사이클의 해석을 하는 데 가장 많이 사용되는 선도는?

① 온도 – 체적 선도
② 압력 – 엔탈피 선도
③ 압력 – 체적 선도
④ 압력 – 온도 선도

33 엔탈피가 3,140kJ/kg인 과열증기가 단열노즐에 저속상태로 들어와 출구에서 엔탈피가 3,010kJ/kg인 상태로 나갈 때 출구에서의 증기속도(m/s)는?

① 8 ② 25
③ 160 ④ 510

34 800℃의 고온열원과 20℃의 저온열원 사이에서 작동하는 카르노 사이클의 효율은?

① 0.727 ② 0.542
③ 0.458 ④ 0.273

35 물체 A와 B가 각각 물체 C와 열평형을 이루었다면 A와 B도 서로 열평형을 이룬다는 열역학 법칙은?

① 제0법칙
② 제1법칙
③ 제2법칙
④ 제3법칙

36 50℃의 물의 포화액체와 포화증기의 엔트로피는 각각 0.703kJ/kg·K, 8.07kJ/k·K이다. 50℃의 습증기의 엔트로피가 4kJ/kg·K일 때 습증기의 건도는 약 몇 %인가?

① 31.7 ② 44.8
③ 51.3 ④ 62.3

37 공기의 기체상수가 0.287kJ/kg · K일 때 표준상태(0℃, 1기압)에서 밀도는 약 몇 kg/m^3인가?

① 1.29 ② 1.87
③ 2.14 ④ 2.48

38 성능계수가 4.8인 증기압축냉동기의 냉동능력 1kW당 소요동력(kW)은?

① 0.21 ② 1.0
③ 2.3 ④ 4.8

39 오존층 파괴와 지구 온난화 문제로 인해 냉동장치에 사용하는 냉매의 선택에 있어서 주의를 요한다. 이와 관련하여 다음 중 오존파괴지수가 가장 큰 냉매는?

① R-134a ② R-123
③ 암모니아 ④ R-11

40 저위발열량 40,000kJ/kg인 연료를 쓰고 있는 열기관에서 이 열이 전부 일로 바꾸어지고, 연료소비량이 20kg/h라면 발생되는 동력은 약 몇 kW인가?

① 110 ② 222
③ 316 ④ 820

제3과목 계측방법

41 편차의 정(+), 부(−)에 의해서 조작신호가 최대, 최소가 되는 제어동작은?

① 다위치동작 ② 적분동작
③ 비례동작 ④ 온 · 오프동작

42 응답이 빠르고 감도가 높으며, 도선저항에 의한 오차를 작게 할 수 있으나 특성을 고르게 얻기가 어려우며, 흡습 등으로 열화되기 쉬운 특징을 가진 온도계는?

① 광고온계
② 열전대 온도계
③ 서미스터 저항체 온도계
④ 금속 측온 저항체 온도계

43 다음 중 차압식 유량계가 아닌 것은?

① 오리피스(orifice)
② 로터미터(rotameter)
③ 벤투리(venturi)관
④ 플로-노즐(flow-nozzle)

44 열전대 온도계가 구비해야 할 사항에 대한 설명으로 틀린 것은?

① 주위의 고온체로부터 복사열의 영향으로 인한 오차가 생기지 않도록 주의해야 한다.
② 보호관 선택 및 유지관리에 주의한다.
③ 열전대는 측정하고자 하는 곳에 정확히 삽입하여 삽입한 구멍을 통하여 냉기가 들어가지 않게 한다.
④ 단자의 (+), (−)와 보상도선의 (−), (+)를 결선해야 한다.

45 가스 크로마토그래피법에서 사용하는 검출기 중 수소염 이온화검출기를 의미하는 것은?

① ECD ② FID
③ HCD ④ FTD

46 2개의 제어계를 조합하여 1차 제어장치의 제어량을 측정하여 제어명령을 발하고 2차 제어장치의 목표치로 설정하는 제어방식은?

① 정치제어 ② 추치제어
③ 캐스케이드 제어 ④ 피드백 제어

47 자동제어계에서 안정성의 척도가 되는 것은?

① 감쇠
② 정상편차
③ 지연시간
④ 오버슈트(overshoot)

48 휴대용으로 상온에서 비교적 정도가 좋은 아스만(Asman) 습도계는 다음 중 어디에 속하는가?

① 간이 건습구 습도계
② 저항 습도계
③ 통풍형 건습구 습도계
④ 냉각식 노점계

49 정도가 높고 내열성은 강하나 환원성 분위기나 금속증기 중에는 약한 특징의 열전대는?

① 구리 콘스탄탄 ② 철-콘스탄탄
③ 크로멜-알루멜 ④ 백금-백금 · 로듐

50 부르동 게이지(bourdon gauge)는 유체의 무엇을 직접적으로 측정하기 위한 기기인가?

① 온도 ② 압력
③ 밀도 ④ 유량

51 절대압력 700mmHg는 약 몇 kPa인가?

① 93kPa ② 103kPa
③ 113kPa ④ 123kPa

52 다음 중 접촉식 온도계가 아닌 것은?

① 방사온도계 ② 제게르콘
③ 수은온도계 ④ 백금저항온도계

53 열전대 온도계로 사용되는 금속이 구비하여야 할 조건이 아닌 것은?

① 이력현상이 커야 한다.
② 열기전력이 커야 한다.
③ 열적으로 안정해야 한다.
④ 재생도가 높고, 가공성이 좋아야 한다.

54 방사온도계의 특징에 대한 설명으로 옳은 것은?

① 방사율에 의한 보정량이 적다.
② 이동물체에 대한 온도측정이 가능하다.
③ 저온도에 대한 측정에 적합하다.
④ 응답속도가 느리다.

55 유속 측정을 위해 피토관을 사용하는 경우 양쪽 관 높이의 차($\triangle h$)를 측정하여 유속(V)을 구하는데 이때 V는 $\triangle h$와 어떤 관계가 있는가?

① $\triangle h$에 반비례
② $\triangle h$의 제곱에 반비례
③ $\sqrt{\triangle h}$ 에 비례
④ $\dfrac{1}{\triangle h}$ 에 비례

56 피토관 유량계에 관한 설명이 아닌 것은?

① 흐름에 대해 충분한 강도를 가져야 한다.
② 더스트가 많은 유체측정에는 부적당하다.
③ 피토관의 단면적은 관 단면적의 10% 이상이어야 한다.
④ 피토관을 유체흐름의 방향으로 일치시킨다.

57 2원자분자를 제외한 CO_2, CO, CH_4 등의 가스를 분석할 수 있으며, 선택성이 우수하고 저농도의 분석에 적합한 가스 분석법은?

① 적외선법 ② 음향법
③ 열전도율법 ④ 도전율법

58 SI 기본단위를 바르게 표현한 것은?

① 시간－분 ② 질량－그램
③ 길이－밀리미터 ④ 전류－암페어

59 순간치를 측정하는 유량계에 속하지 않는 것은?

① 오벌(oval) 유량계
② 벤투리(venturi) 유량계
③ 오리피스(orifice) 유량계
④ 플로노즐(flow-nozzle) 유량계

60 차압식 유량계에 대한 설명으로 옳지 않은 것은?

① 관로에 오리피스, 플로 노즐 등이 설치되어 있다.
② 정도(精度)가 좋으나, 측정범위가 좁다.
③ 유량은 압력차의 평방근에 비례한다.
④ 레이놀즈수가 105 이상에서 유량계수가 유지된다.

제4과목 열설비재료 및 관계법규

61 진주암, 흑석 등을 소성, 팽창시켜 다공질로 하여 접착제 및 3~15%의 석면 등과 같은 무기질 섬유를 배합하여 성형한 고온용 무기질 보온재는?

① 규산칼슘 보온재
② 세라믹 파이버
③ 유리섬유 보온재
④ 펄라이트

62 크롬벽돌이나 크롬－마그벽돌이 고온에서 산화철을 흡수하여 표면이 부풀어 오르고 떨어져 나가는 현상은?

① 버스팅 ② 큐어링
③ 슬래킹 ④ 스폴링

63 에너지법에서 정의한 용어의 설명으로 틀린 것은?

① 열사용기자재라 함은 핵연료를 사용하는 기기, 축열식 전기기기와 단열성 자재로서 기획재정부령이 정하는 것을 말한다.
② 에너지사용기자재라 함은 열사용기자재, 그 밖에 에너지를 사용하는 기자재를 말한다.
③ 에너지공급설비라 함은 에너지를 생산, 전환, 수송, 저장하기 위하여 설치하는 설비를 말한다.
④ 에너지사용시설이라 함은 에너지를 사용하는 공장, 사업장 등의 시설이나 에너지를 전환하여 사용하는 시설을 말한다.

64 검사대상기기 중 검사에 불합격된 검사대상기기를 사용한 자의 벌칙규정은?

① 5백만원 이하의 벌금
② 1년 이하의 징역 또는 1천만원 이하의 벌금
③ 2년 이하의 징역 또는 2천만원 이하의 벌금
④ 3천만원 이하의 벌금

65 다음 중 연속가열로의 종류가 아닌 것은?

① 푸셔(pusher)식 가열로
② 워킹-빔(working beam)식 가열로
③ 대차식 가열로
④ 회전로상식 가열로

66 검사대상기기 조종자를 해임한 경우 에너지관리공단 이사장에게 신고는 신고사유가 발생한 날부터 며칠 이내에 하여야 하는가?

① 7일
② 10일
③ 20일
④ 30일

67 외경 76mm의 압력배관용 강관에 두께 50mm, 열전도율이 0.079W/mK인 보온재가 시공되어 있다. 보온재 내면온도가 260℃이고 외면온도가 30℃일 때 관 길이 10m당 열손실은?

① 364W ② 618W
③ 1,142W ④ 1,360W

68 에너지이용 합리화법에 의한 에너지관리자의 기본교육과정 교육기간은?

① 1일 ② 3일
③ 5일 ④ 7일

69 에너지다소비사업자는 산업통상자원부령으로 정하는 바에 따라 에너지사용기자재의 현황을 매년 언제까지 시도지사에게 신고하여야 하는가?

① 12월 31일까지
② 1월 31일까지
③ 2월 말까지
④ 3월 31일까지

70 에너지이용 합리화법에 따라 검사대상기기 조종자의 업무 관리대행기관으로 지정을 받기 위하여 산업통상자원부장관에게 제출하여야 하는 서류가 아닌 것은?

① 장비 명세서
② 기술인력 명세서
③ 기술인력 고용계약서 사본
④ 향후 1년간의 안전관리대행 사업계획서

71 한국에너지공단의 사업이 아닌 것은?

① 신에너지 및 재생에너지 개발사업의 촉진
② 열사용기자재의 안전관리
③ 에너지의 안정적 공급
④ 집단에너지사업의 촉진을 위한 지원 및 관리

72 에너지이용 합리화법에 따라 에너지다소비사업자가 그 에너지사용시설이 있는 지역을 관할하는 시·도지사에게 신고하여야 할 사항에 해당되지 않는 것은?

① 전년도의 분기별 에너지사용량, 제품생산량
② 에너지사용 기자재의 현황
③ 사용 에너지원의 종류 및 사용처
④ 해당 연도의 분기별 에너지사용 예정량, 제품생산 예정량

73 내화물의 구비조건으로 틀린 것은?

① 내마모성이 클 것
② 화학적으로 침식되지 않을 것
③ 온도의 급격한 변화에 의해 파손이 적을 것
④ 상온 및 사용온도에서 압축강도가 적을 것

74 에너지이용 합리화법에 따라 최대 1천만원 이하의 벌금에 처할 대상자에 해당되지 않는 자는?

① 검사대상기기조종자를 정당한 사유 없이 선임하지 아니한 자
② 검사대상기기의 검사를 정당한 사유 없이 받지 아니한 자
③ 검사에 불합격한 검사대상기기를 임의로 사용한 자
④ 최저소비효율기준에 미달된 효율관리기자재를 생산한 자

75 에너지이용 합리화법에 따라 에너지사용량이 대통령령이 정하는 기준량 이상이 되는 에너지다소비사업자는 전년도의 분기별 에너지사용량 · 제품생산량 등의 사항을 언제까지 신고하여야 하는가?

① 매년 1월 31일
② 매년 3월 31일
③ 매년 6월 30일
④ 매년 12월 31일

76 에너지법에서 정의하는 에너지가 아닌 것은?

① 연료 ② 열
③ 원자력 ④ 전기

77 길이 7m, 외경 200mm, 내경 190mm의 탄소강관에 360℃ 과열증기를 통과시키면 이 때 늘어나는 관의 길이는 몇 mm인가? (단, 주위온도는 20℃이고, 관의 선팽창계수는 1.3×10^{-5}/℃이다.)

① 21.15 ② 25.71
③ 30.94 ④ 36.48

78 에너지이용 합리화법에 따라 냉난방온도의 제한 대상 건물에 해당하는 것은?

① 연간 에너지사용량이 5백 티오이 이상인 건물
② 연간 에너지사용량이 1천 티오이 이상인 건물
③ 연간 에너지사용량이 1천5백 티오이 이상인 건물
④ 연간 에너지사용량이 2천 티오이 이상인 건물

79 에너지이용 합리화법에 따라 에너지 수급 안정을 위해 에너지 공급을 제한 조치하고자 할 경우, 산업통상자원부장관은 조치 예정일 며칠 전에 이를 에너지 공급자 및 에너지 사용자에게 예고하여야 하는가?

① 3일 ② 7일
③ 10일 ④ 15일

80 에너지이용 합리화법에서 정한 에너지다소비사업자의 에너지관리기준이란?

① 에너지를 효율적으로 관리하기 위하여 필요한 기준
② 에너지관리 현황 조사에 대한 필요한 기준
③ 에너지 사용량 및 제품 생산량에 맞게 에너지를 소비하도록 만든 기준
④ 에너지관리 진단 결과 손실요인을 줄이기 위하여 필요한 기준

제5과목 열설비설계

81 다음 그림과 같은 V형 용접이음의 인장응력(σ)을 구하는 식은?

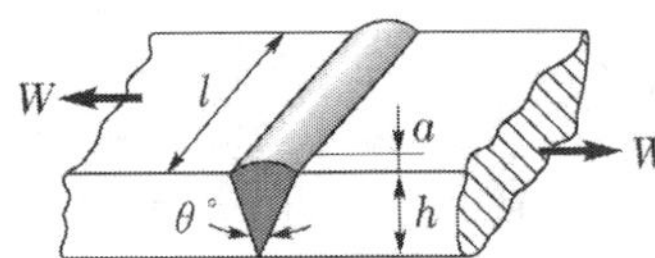

① $\sigma = \frac{W}{hl}$ ② $\sigma = \frac{2W}{hl}$

③ $\sigma = \frac{W}{ha}$ ④ $\sigma = \frac{W}{2hl}$

82 압력이 2MPa, 건도가 95%인 습포화증기를 시간당 5ton 발생시키는 보일러에서 급수온도가 50℃라면 상당증발량은? (단, 2MPa의 포화수와 건포화증기의 비엔탈피는 각각 903.42kJ/kg, 2798.34kJ/kg이다.)

① 4,198kg/h
② 5,345kg/h
③ 10,258kg/h
④ 12,573kg/h

83 내경 2,000mm, 사용압력 100N/cm^{2}의 보일러 강판의 두께는 몇 mm로 해야 하는가? (단, 강판의 인장강도 4,000N/mm^2, 안전율 5, 이음효율 η=70%, 부식여유 2mm를 가산한다.)

① 16mm
② 18mm
③ 20mm
④ 24mm

84 보일러의 부속장치 중 여열장치가 아닌 것은?

① 공기예열기
② 송풍기
③ 재열기
④ 절탄기

85 두께 20cm의 벽돌의 내측에 10mm의 모르타르와 5mm의 플라스터 마무리를 시행하고, 외측은 두께 15mm의 모르타르 마무리를 시공한 다층벽의 열관류율은? (단, 실내측벽 표면의 열전달률 α_i=8W/m^{2}K, 실외측벽 표면의 열전달률은 α_o=20W/m^{2}K, 플라스터의 열전도율은 λ_1=0.5W/mK, 모르타르의 열전도율은 λ_2=1.3W/mK, 벽돌의 열전달률은 λ_3=0.65W/mK이다.)

① 1.9W/m^{2}K
② 4.5W/m^{2}K
③ 8.7W/m^{2}K
④ 12.1W/m^{2}K

86 관 스테이의 최소 단면적을 구하려고 한다. 이때 적용하는 설계 계산식은? [단, S: 관 스테이의 최소 단면적(mm^2), A: 1개의 관 스테이가 지지하는 면적(cm^2), a: A 중에서 관 구멍의 합계면적(cm^2), P: 최고 사용 압력(N/cm^2)이다.]

① $S=\frac{(A-a)P}{5}$ ② $S=\frac{(A-a)P}{10}$

③ $S=\frac{15P}{(A-a)}$ ④ $S=\frac{10P}{(A-a)}$

87 보일러의 과열방지대책으로 가장 거리가 먼 것은?

① 보일러의 수위를 너무 높게 하지 말 것
② 고열부분에 스케일 슬러지를 부착시키지 말 것
③ 보일러 수를 농축하지 말 것
④ 보일러 수의 순환을 좋게 할 것

88 다음 중 보일러 역화(back fire)의 원인으로 가장 옳은 것은?

① 점화 시 착화가 너무 빠르다.
② 연료보다 공기의 공급이 비교적 빠르다.
③ 흡입 통풍이 과대하다.
④ 연료가 불완전연소 및 미연소된다.

89 증기로 공기를 가열하는 열교환기에서 가열원으로 150℃의 증기가 열교환기 내부에서 포화상태를 유지하고 이때 유입 공기의 입출구 온도는 20℃와 70℃이다. 열교환기에서의 전열량이 3,090kJ/h, 전열면적이 $12m^2$라고 할 때 교환기의 총괄열전달계수는?

① $2.5kJ/m^2h℃$　② $2.9kJ/m^2h℃$
③ $3.1kJ/m^2h℃$　④ $3.5kJ/m^2h℃$

90 구조상 고압에 적당하여 배압이 높아도 작동하며, 드레인 배출온도를 변화시킬 수 있고 증기 누출이 없는 트랩의 종류는?

① 디스크(disk)식
② 플로트(float)식
③ 상향 버킷(bucket)식
④ 바이메탈(bimetal)식

91 고온부식의 방지대책이 아닌 것은?

① 중유 중의 황 성분을 제거한다.
② 연소가스의 온도를 낮게 한다.
③ 고온의 전열면에 내식재료를 사용한다.
④ 연료에 첨가제를 사용하여 바나듐의 융점을 높인다.

92 다음 중 보일러수를 pH 10.5~11.5의 약알칼리로 유지하는 주된 이유는?

① 첨가된 염산이 강재를 보호하기 때문에
② 보일러수 중에 적당량의 수산화나트륨을 포함시켜 보일러의 부식 및 스케일 부착을 방지하기 위하여
③ 과잉 알칼리성이 더 좋으나 약품이 많이 소요되므로 원가를 절약하기 위하여
④ 표면에 딱딱한 스케일이 생성되어 부식을 방지하기 때문에

93 물을 사용하는 설비에서 부식을 초래하는 인자로 가장 거리가 먼 것은?

① 용존산소　② 용존탄산가스
③ pH　④ 실리카(SiO_2)

94 보일러의 만수보존법에 대한 설명으로 틀린 것은?

① 밀폐 보존방식이다.
② 겨울철 동결에 주의하여야 한다.
③ 2~3개월의 단기보존에 사용된다.
④ 보일러수는 pH가 6 정도로 유지되도록 한다.

95 보일러의 효율을 입·출열법에 의하여 계산하려고 할 때, 입열항목에 속하지 않는 것은?

① 연료의 현열
② 연소가스의 현열
③ 공기의 현열
④ 연료의 발열량

96 강제순환식 수관 보일러는?

① 라몬트(Lamont) 보일러
② 타쿠마(Takuma) 보일러
③ 슐저(Sulzer) 보일러
④ 벤슨(Benson) 보일러

97 연료 1kg이 연소하여 발생하는 증기량의 비를 무엇이라고 하는가?

① 열발생률
② 환산증발배수
③ 전열면 증발률
④ 증기량 발생률

98 증기 및 온수보일러를 포함한 주철제 보일러의 최고사용압력이 0.43MPa 이하일 경우의 수압시험 압력은?

① 0.2MPa로 한다.
② 최고사용압력의 2배의 압력으로 한다.
③ 최고사용압력의 2.5배의 압력으로 한다.
④ 최고사용압력의 1.3배에 0.3MPa을 더한 압력으로 한다.

99 노통연관식 보일러의 특징에 대한 설명으로 옳은 것은?

① 보유수량이 적어 파열 시 피해가 적다.
② 내부 청소가 간단하므로 급수처리가 필요없다.
③ 보일러 크기에 비해 전열면적이 크고 효율이 좋다.
④ 보유수량이 적어 부하변동에 쉽게 대응할 수 있다.

100 다음 무차원 수에 대한 설명으로 틀린 것은?

① Nusselt 수는 열전달계수와 관계가 있다.
② Prandtl 수는 동점성계수와 관계가 있다.
③ Reynolds 수는 층류 및 난류와 관계가 있다.
④ Stanton 수는 확산계수와 관계가 있다.

정답 및 해설

01	02	03	04	05	06	07	08	09	10
②	②	①	①	③	①	③	④	④	②
11	12	13	14	15	16	17	18	19	20
②	③	③	①	④	③	②	①	②	④
21	22	23	24	25	26	27	28	29	30
③	③	④	①	③	①	②	②	②	③
31	32	33	34	35	36	37	38	39	40
②	②	④	①	①	②	①	①	④	②
41	42	43	44	45	46	47	48	49	50
④	③	②	④	②	③	④	③	④	②
51	52	53	54	55	56	57	58	59	60
①	①	①	②	③	③	①	④	①	②
61	62	63	64	65	66	67	68	69	70
④	①	①	②	③	④	④	①	②	③
71	72	73	74	75	76	77	78	79	80
③	③	④	④	①	③	③	④	②	①
81	82	83	84	85	86	87	88	89	90
①	①	③	②	①	①	①	④	①	④
91	92	93	94	95	96	97	98	99	100
①	②	④	④	②	①	②	②	③	④

01 연소 온도에 영향을 많이 미치는 인자

공기비$(m)=\frac{\text{실제공기량}(A)}{\text{이론공기량}(A_o)}$

02 공기(질소 79%, 산소 21%) → 화실 → 배기가스(질소, 탄산가스, 산소, 아황산가스)

03 연료소비량=500L/h×0.96kg/L=480kg

공기비$(m)=\frac{CO_{2max}}{CO_2}=\frac{15.5}{12.5}=1.24$

실제소요공기량(A)=이론공기량×공기비(Nm^3/kg)

∴ 전체 연소공기량(A)

$=480\times(10.5\times1.24)$

$=6249.6Nm^3/h=\frac{6249.6}{60}$

$=105Nm^3/min$

04 공기 중 산소량 21%, 공기 중 질소량 79%, 탄소(C)분자량(12), 산소(O_2)분자량(32), 질소(N_2)분자량(28), 황(S)분자량(32)

㉠ 탄소(C)의 산소요구량

$=\frac{22.4Nm^3}{12kg}=1.867Nm^3/kg$

㉡ 황(S)의 산소요구량 $=\frac{22.4}{32}=0.7Nm^3/kg$

㉢ 질소(N_2) 배출량 $=\frac{22.4}{28}=0.8Nm^3/kg$

∴ $(CO_2)_{max}=\frac{0.867C+0.7S}{G}\times100\%$

05 탄소(C) 완전연소반응식

$C+O_2 \rightarrow CO_2$

㉠ 이론산소요구량$(O_o)=\frac{22.4}{12}=1.87Nm^3/kg$

㉡ 이론공기량$(A_o)=\frac{1.87}{0.21}=8.89Nm^3/kg$

06 질소산화물(NO_x) 제거법에서 사용되는 건식법 환원제

㉠ 암모니아

㉡ 탄화수소

㉢ 일산화탄소

07 탄소(C) 완전연소반응식

$C+O_2 \rightarrow CO_2$

$A_o=\frac{O_o}{0.21}=\frac{1.81}{0.21}=8.89Nm^3/kg$

08 메탄(CH_4) 이론공기량(A_o)

$=\frac{O_o}{0.21}=\frac{2}{0.21}=9.52Nm^3/Nm^3$

공기비$=\frac{N_2}{N_2-3.76[(O_2)-0.5(CO)]}$

$=\frac{86.36}{86.36-3.76(5.02-0.5\times0.41)}=1.268$

∴ CH_4의 실제공기량(A)

=공기비(m)×이론공기량(A_o)

$=1.268\times9.52=12.1$kg·mol

09 가스연소방법 중 예혼합 연소방식은 역화(back fire)의 위험이 있다.

10 유압분무식 버너

노즐을 통해서 5~20kg/cm²(0.5~2MPa)의 압력으로 가압된 연료를 연소실 내부로 분무시키는 연소장치 버너를 말한다.

• 장점

㉠ 대용량 버너 제작이 용이함

㉡ 구조가 간단하고 유지 및 보수가 용이

㉢ 연료분사 범위(15~2,000L/h)

㉣ 약 40~90° 정도의 넓은 연료유 분사각도를 가짐

• 단점

유량조절 범위가 좁아 부하변동에 대한 적응성이 낮다(환류식 1 : 3, 비환류식 1 : 2).

11 이론건연소가스량(G_{od})

$G_{od}=(1-0.21)A_o+1,867C+0.7S+0.8N$

$=8.89C+21.07\left(H-\frac{O}{8}\right)+3.33S+0.8N$

$=8.89\times1.2+21.07\left(0.31-\frac{0.2}{8}\right)+3.33\times0.2$

$+0.8\times0.17=17.5Nm^3/kg$

12 연소효율$(\eta_c)=\frac{\text{실제연소에 필요한 열량}}{\text{공급한 연료의 발열량}}\times100\%$

※ 실제연소에 의한 열량 계산 시 필요한 요소

㉠ 연소가스 유출 단면적

㉡ 연소가스 밀도(비질량)

㉢ 연소가스 비열

13 액체연료에 가장 적합한 연소방법은 버너(burner)연소이다.

㉠ 확산연소: 기체연료

㉡ 회격자연소, 스토커연소: 고체연료

14 $H_L = 8,100C + 28,800\left(H - \frac{O}{8}\right) + 2,500S$

$-600(w-9H)$

$= 8,100 \times 0.815 + 28,800\left(0.045 - \frac{0.08}{8}\right)$

$+2,500 \times 0.02 - 600(0.04 + 9 \times 0.045)$

$= 7392.5\text{kcal/kg}$

$\eta = \frac{860\text{kW}}{H_L \times G_f} \times 100\%$

$= \frac{860 \times 3,000}{7392.5 \times 1,400} \times 100\% \fallingdotseq 25\%$

15 기체연료의 연소방법에 해당하는 연소는 확산연소이다.

16 $C_3H_8 + 5O_2 \rightarrow 3CO_2 + 4H_2O$

1Nm^3 3Nm^3

이론건연소가스량$(G_{od}) = 3 \times 5 = 15\text{Nm}^3$

※ 이론공기량(A_o)이 아니고 이론산소량(O_o)만으로 연소시키는 경우이며 이론건연소가스량이 생성된 CO_2만 고려한다.

17 $\frac{100}{L} = \frac{V_1}{L_1} + \frac{V_2}{L_2} + \frac{V_3}{L_3} = \frac{50}{5} + \frac{25}{3} + \frac{25}{2.1} = 30.238$

$\therefore L = \frac{100}{30.238} \fallingdotseq 3.3$

18 ㉠ 통풍력 증가요인

- 외기온도가 낮으면 증가
- 배기가스온도가 높으면 증가
- 연돌높이가 높으면 증가

㉡ 통풍력 감소요인

- 공기습도가 높을수록
- 연도벽과 마찰
- 연도의 급격한 단면적 감소
- 벽돌 연도 시 크랙에 의한 외기 침입 시 감소

19 열정산의 목적

㉠ 열손실의 파악

㉡ 열설비 성능 파악

㉢ 조업방법을 개선할 수 있다.

㉣ 열의 행방을 파악할 수 있다.

20 중유(Heavy oil)의 인화점은 약 60~150℃ 정도이다.

① 점도에 따라 A급, B급, C급으로 구분한다.

② 탄화수소비(C/H)가 큰 순서
중유>경유>등유>가솔린
탄화수소비가 작을수록(탄소가 적을수록) 연소가 잘 된다.

③ 비중은 0.85~0.99 정도이다.

21 교축과정(throttling process)

㉠ 압력 강하$(P_1 > P_2)$

㉡ 온도 강하$(T_1 > T_2)$

㉢ 엔탈피 일정(등엔탈피)$(h_1 = h_2)$

㉣ 엔트로피 증가$(\Delta S > 0)$

㉤ 비체적 증가$(v > 0)$

22 열펌프 성적계수$(\text{COP})_{\text{H.P}}$

$= \frac{\text{고온부방출열량(응축부하)}}{\text{압축기 소비일량}}$

23 열역학 제2법칙(entropy 증가법칙=비가역법칙)
열은 저온부에서 고온부로 이동(전달)이 불가능하다.

24 중량성(extensive quantity of state) 상태량
질량에 비례하는 상태량(무게, 체적, 질량, 엔트로피, 엔탈피, 내부에너지 등)

25 $\eta_B = \frac{3,600\text{kW}}{H_L \times m_f} \times 100\%$

$= \frac{3,600 \times 50}{42,000 \times 10} \times 100\% = 43\%$

※ $1\text{kW} = 860\text{kcal/h} = 3,600\text{kJ/h}$

26 증발잠열은 온도가 일정할 때 상태만 변화시키는 열량이다.

27 재생 사이클(regenerative cycle)은 터빈에서 증기의 일부를 추기(추출)하여 급수가열기를 이용하여 공급열량을 될 수 있는 한 작게 함으로써 열효율을 개선하고자 고안된 사이클이다.

28 $\frac{P_m}{P_1} = \frac{P_2}{P_m}$

$P_m = \sqrt{P_1 P_2} = \sqrt{1 \times 9} = 3$기압

29 $V = \frac{mRT}{P} = \frac{49 \times 0.287 \times (52 + 273)}{850} = 5.38\text{m}^3$

$m_2 = \frac{PV}{RT} = \frac{415 \times 5.38}{0.287 \times (27 + 273)} = 25.93$

$\therefore$ 누출된 기체량(Δm)

$= m_1 - m_2 = 49 - 25.93 \fallingdotseq 23.1\text{kg}$

30 가역단열변화($\delta Q=0$)인 경우 계의 전체 엔트로피는 변하지 않는다($\Delta S=0$).

31 폴리트로픽 지수(n)와 상태변화의 관계식
$PV^n=\text{C}$
㉠ $n=0$, $P=\text{C}$(등압변화)
㉡ $n=1$, $T=\text{C}$(등온변화)
㉢ $n=k$(가역단열변화)
㉣ $n=\infty$, $V=\text{C}$ (등적변화)

32 냉매 몰리에르선도는 종축에 절대압력(P)을 횡축에 비엔탈피(h)를 취한 선도로 냉동기의 운전특성을 잘 나타내고 있으므로 냉동사이클을 도시하여 냉동기의 성적계수$(\text{COP})_R$를 구할 수 있다.

33 출구 증기속도(V_2)
$=44.72\sqrt{(h_1-h_2)}=44.72\sqrt{3,140-3,010}$
$\fallingdotseq 510\text{m/s}$

34 $\eta_c=1-\dfrac{T_L}{T_H}$
$=1-\dfrac{20+273}{800+273}$
$=0.727(72.7\%)$

35 ㉠ 열역학 제0법칙: 열평형의 법칙
㉡ 열역학 제1법칙: 에너지보존의 법칙
㉢ 열역학 제2법칙: 엔트로피 증가법칙=비가역법칙
㉣ 열역학 제3법칙: 엔트로피 절댓값을 정의한 법칙

36 $S_x=S'+x(S''-S')$
건조도$(x)=\dfrac{S_x-S'}{S''-S'}=\dfrac{4-0.703}{8.07-0.703}\times 100\%$
$\fallingdotseq 44.8\%$

37 $Pv=RT$, $v=\dfrac{1}{\rho}$ 이므로
$\therefore\ \rho=\dfrac{P}{RT}=\dfrac{101.325}{0.287\times 273}=1.293\text{kg/m}^3$

38 냉동기 성능계수$(\varepsilon_R)=\dfrac{Qe}{Wc}$ 이므로
$\therefore\ Wc=\dfrac{Qe}{\varepsilon_R}=\dfrac{1}{4.8}\fallingdotseq 0.21$

39 프레온11은 메탄(CH_4)계 냉매로, 화학식(CCl_3F)에서 대기오염물질인 염소(Cl)가 3개이며 주어진 냉매 중 오존파괴지수가 가장 크다.

40 $\eta=\dfrac{3,600\text{kW}}{H_L\times m_f}\times 100\%$
$\text{kW}=\dfrac{\eta\times H_L\times m_f}{3,600}=\dfrac{1\times 40,000\times 20}{3,600}=222.22\text{kW}$

41 온·오프동작(on-off)=2위치 동작
편차의 정(+), 부(−)에 의해서 조작신호가 최대, 최소가 되는 제어동작은 불연속제어다.

42 서미스터 저항체 온도계의 특징
㉠ 응답이 빠르고 감도가 높다.
㉡ 도선저항에 오차(error)를 작게 할 수 있다.
㉢ 흡습 등으로 인한 열화가 쉽다.
㉣ 재질은 Ni, CO, Mn, Fe, Cu 등이 있다.

43 로터미터(rotameter)는 면적(float: 부자식) 유량계다.
차압식(ΔP) 유량계
㉠ 오리피스
㉡ 벤투리관
㉢ 플로 노즐(flow nozzle)

44 단자의 ⊕와 보상도선의 ⊕, 단자의 ⊖와 보상도선의 ⊖를 결선해야 한다.

45 가스 크로마토그래피법(gas chromatography method)에서 사용하는 검출기
• 열전도도검출기(TCD)
• 수소이온검출기(FID)
• 전자포획형 검출기(ECD)

46 캐스케이드 제어(cascade control)
2개의 제어계를 조합하여 1차 제어장치의 제어량을 측정하여 제어명령을 발하고, 2차 제어장치의 목표치로 설정하는 제어방식이다.

47 ㉠ 오버슈트(overshoot): 최대편차량(제어량이 목푯값을 초과하여 최초로 나타내는 최댓값이다)
㉡ 오버슈트$=\dfrac{\text{최대초과량}}{\text{최종목표값}}\times 100\%$

48 통풍형 건습구 습도계
휴대용이며 상온에서 비교적 정도가 좋은 것은 아스만 습도계이다.

49 백금-백금·로듐(PR온도계)
정도가 높고 내열성은 강하다. 환원성 분위기나 금속증기 중에는 약하다. 측정온도 범위 0~1,600℃ 정도의 접촉식 온도계이다.

50 부르동 게이지(유체 압력 측정)
탄성식 압력계(2차 압력계)로, 측정범위는 0.5~1,600 kgf/cm^2이다.

51 760 : 101.325=700 : P
$$P = \frac{700}{760} \times 101.325 = 93.33\text{kPa}$$

52 접촉식 온도계의 종류
㉠ 제게르콘
㉡ 수은온도계
㉢ 백금저항온도계
㉣ 열전(대)온도계
㉤ (전기)저항식 온도계
㉥ 바이메탈온도계
㉦ 압력식 온도계(액체 팽창식, 기체 팽창식)
※ 방사온도계는 물체로부터 방출되는 열복사에너지를 측정하여 그 물체의 온도를 재는 비접촉식 온도계로, 1,500℃ 이상, 2,000℃ 이상을 측정할 수 있는 고온계이다.

53

54 방사온도계의 특징
㉠ 이동물체에 대한 온도측정이 가능하다(신속하게 표면온도 측정이 가능하다).
㉡ 응답속도가 빠르다.
㉢ 방사율에 대한 보정량이 크다.
㉣ -20~315℃까지 폭넓은 온도 측정에 대응한다.
㉤ 측정한 온도 지시값이 자동적으로 홀드(고정)된다.

55 피토관(pitot in tube)에서의
유속(V)= $\sqrt{2g\Delta h}$ [m/s]
$\therefore\ V \propto \sqrt{\Delta h}$

56 피토관 유량계의 피토관 단면적은 관 단면적의 10% 이하여야 한다.

57 적외선법은 2원자분자를 제외한 CO_2, CO, CH_4 등의 가스를 분석할 수 있으며 선택성이 우수하고 저농도의 분석에 적합한 가스 분석법이다.

58 SI 기본단위(7개)
㉠ 질량(kg)
㉡ 길이(m)
㉢ 시간(sec)
㉣ 절대온도(K)
㉤ 전류(A)
㉥ 광도(cd)
㉦ 물질의 양(mol)

59 순간치를 측정하는 유량계는 차압식 유량계로 벤투리, 오리피스, 플로 노즐 유량계가 있다. 오벌 유량계는 용적식 유량계의 일종으로 설치가 간단하고, 내구력이 우수하다. 액체만 측정 가능하고, 기체유량 측정은 불가능하다.

60 차압식 유량계는 구조가 간단하고 가동부가 거의 없으므로 견고하고 내구성이 크며 고온·고압 과부하에 견디고 압력손실도 적다. 정밀도도 매우 높고 측정범위가 넓다.

61 펄라이트(pearlite) 무기질 보온재의 특성
㉠ 재질: 진주암, 흑석 등을 소성 팽창
㉡ 석면 함유량: 3~15%
㉢ 고온용 무기질 보온재

62 버스팅(bursting)이란 크롬벽돌이나 크롬-마그벽돌이 고온에서 산화철을 흡수하여 표면이 부풀어 오르고 떨어져 나가는 현상이다.

63 에너지법 제2조(정의)
"열사용기자재"란 연료 및 열을 사용하는 기기, 축열식 전기기기와 단열성 자재로서 산업통상자원부령으로 정하는 것이다.

64 검사에 불합격된 검사대상기기를 사용자 벌칙사항은 1년 이하의 징역 또는 1천만원 이하의 벌금이다.

65 반연속 요(가마)
㉠ 등요(오름가마)
㉡ 셔틀가마(대차식 가마)
연속가열로
㉠ 푸셔(pusher)식
㉡ 워킹-빔(working beam)식
㉢ 회전로상식

66 검사대상기기 조종자 선임, 해임 신고기간: 30일 이내(신고 사유 발생일로부터)

67 원형관 열전도 열손실(Q)

$$= \frac{2\pi L(t_1 - t_2)}{\frac{1}{k}\ln\left(\frac{r_2}{r_1}\right)} = \frac{2\pi \times 10(260-30)}{\frac{1}{0.079}\ln\left(\frac{88}{38}\right)} = 1,360\text{W}$$

68 에너지이용 합리화법에 의한 에너지관리자 등의 기본 교육과정의 교육기간은 1일이다.

69 에너지다소비사업자는 에너지사용기자재의 현황을 시장, 도지사 등에게 매년 1월 31일까지 신고하여야 한다.
※ 에너지다소비사업자: 연간 2,000티오이(TOE, 석유환산톤) 이상 사용자

70 관리대행기관으로 지정을 받기 위해 산업통상자원부장관에게 제출하여야 하는 서류
㉠ 장비 명세서
㉡ 기술인력 명세서
㉢ 향후 1년간의 안전관리대행 사업계획서
㉣ 변경사항을 증명할 수 있는 서류

71 에너지의 안정적 공급은 국가에서 하는 정책사업이다.

72 에너지다소비사업자의 신고사항
㉠ 전년도의 분기별 에너지사용량, 제품생산량
㉡ 해당 연도의 에너지사용예정량, 제품생산예정량
㉢ 에너지사용 기자재의 현황
㉣ 전년도 에너지이용 합리화 실적 및 해당 연도 계획
㉤ 제1호부터 제4호까지의 사항에 관한 업무를 담당하는 자(에너지관리자)의 현황
※ 매년 1월 31일까지 그 에너지사용시설이 있는 지역을 관할하는 시·도지사에게 신고해야 한다.

73 내화물의 구비조건
㉠ 내화도가 높을 것(융점 및 연화점이 높을 것)
㉡ 고온에서도 내압력을 가질 것(팽창과 수축이 적을 것)
㉢ 내마모성이 클 것(화학적으로 침식되지 않을 것)
㉣ 상온 및 사용온도에서도 압축강도가 클 것
※ 내화물이란 고온에서 사용되는 불연성·난연성 재료로, 용융온도(제게르콘시험) SK26(1,580℃) 이상의 내화도를 가진 비금속 무기재료를 말한다.

74 최저소비효율기준에 미달된 효율관리기자재를 생산 또는 판매금지 명령을 위반한 자는 2천만원 이하의 벌금에 처한다.

75 에너지다소비업자 신고
에너지이용 합리화법에 따라 에너지사용량이 대통령령이 정하는 기준량 이상이 되는 에너지다소비업자는 전년도의 분기별 에너지 사용량, 제품생산량 등의 사항을 산업통상자원부령으로 정하는 바에 따라 매년 1월 31일까지 에너지사용시설이 있는 지역을 관할하는 시·도지사에게 신고하여야 한다.

76 에너지법에서 정의하는 에너지(energy)는 연료, 열, 전기이다. 원자력은 에너지가 아니다.

77 관의 늘음량(λ)
$= L\alpha\Delta t$
$= 7,000 \times 0.000013 \times 340$
$= 30.94\text{mm}$

78 에너지이용 합리화법에 따라 냉난방온도의 제한 대상 건물에 해당하는 것은 연간 에너지사용량이 2천 TOE 이상인 건물이다.

79 에너지수급 안정을 위해 에너지 공급을 제한하고자 할 경우 산업통상자원부장관은 조정 예정일 7일 전에 에너지 공급자 및 에너지 사용자에게 예고하여야 한다.

80 에너지다소비사업자의 에너지관리기준이란 에너지를 효율적으로 관리하기 위하여 필요한 기준이다.

81 인장응력(σ)$= \frac{W}{A} = \frac{W}{hl}$[MPa = N/mm^2]

82 $m_e = \frac{m_a(h_2-h_1)}{2257} = \frac{5000(2798.34-903.42)}{2257}$

$= 4197.87 (≒ 4198\text{kg/h})$

83 $\sigma_a = \frac{\sigma_u}{S} = \frac{40}{5} = 8\text{kgf/mm}^2$

$t = \frac{PD}{200\sigma_a\eta} + C = \frac{10\times 2,000}{200\times 8\times 0.7} + 2 ≒ 20\text{mm}$

84 배기가스(여열장치)=폐가스를 이용한 보일러 부속 장치

㉠ 재열기

㉡ 절탄기

㉢ 공기예열기

85 열관류율$(K) = \frac{1}{R} = \frac{1}{\frac{1}{\alpha_i} + \sum_{i=1}^{n}\frac{\ell_i}{\lambda_i} + \frac{1}{\alpha_o}}$

$= \frac{1}{\frac{1}{8} + \frac{0.2}{0.65} + \frac{0.01}{1.3} + \frac{0.005}{0.5} + \frac{1}{20}}$

$= 1.9\text{W/m}^2\text{K}$

86 관 스테이의 최소단면적(S) 계산

$S = \frac{(A-a)P}{5}[\text{mm}^2]$

87 보일러 수위를 높게 하면 습증기 유발 및 보일러 시동 부하가 커지고 수격작용을 유발하는 원인이 된다.

88 보일러 화실 내에 연료가 불완전연소 및 미연소가스가 충만 시에 점화하면 역화가 발생한다.

89 $Q = KF(LMTD)[\text{kJ/h}]$

$LMTD = \frac{\Delta t_1 - \Delta t_2}{\ln\left(\frac{\Delta t_1}{\Delta t_2}\right)} = \frac{130-80}{\ln\left(\frac{130}{80}\right)} = 103℃$

$\therefore K = \frac{Q}{F(LMTD)} = \frac{3,090}{12\times 103} = 2.5\text{kJ/m}^2\text{h}℃$

90 • 바이메탈형, 벨로스형: 온도조절식 증기트랩

• 바이메탈형: 고압용, 배압이 높아도 작동이 가능하고, 드레인 배출온도를 변화시킬 수 있다. 증기 누출이 없다.

91 $S + O_2 \rightarrow SO_2 + 334,880\text{kJ/kmol}$

황(S)성분은 저온부식의 원인이 된다(절탄기, 공기예열기).

92 보일러수를 수소이온농도(pH) 10.5~11.5 약알칼리로 유지하는 주된 이유는 적당량의 수산화나트륨(NaOH)을 포함시켜 보일러의 부식 및 스케일(scale, 물때) 부착을 방지하기 위함이다.

93 흡수제(건조제)의 종류

㉠ 실리카겔, 염화칼슘($CaCl_2$)

㉡ 오산화인(P_2O_5)

㉢ 생석회(CaO)

㉣ 활성알루미나(Al_2O_3)

94 보일러수는 pH 7.5~8.2(염기성) 정도로 유지되도록 한다.

95 열정산 입열항목(피열물이 가지고 들어오는 열량)

㉠ 연료의 현열

㉡ 연료의 (저위)발열량

㉢ 공기의 현열(연소용 공기의 현열)

㉣ 노내 분입 증기의 보유열

96 ㉠ 강제순환식 수관 보일러: 라몬트(Lamont) 보일러와 베록스 보일러

㉡ 자연순환식 수관 보일러: 바브콕, 타쿠마(Takuma), 쓰네기치, 2동 D형 보일러

㉢ 관류보일러: 슐저(Sulzer) 보일러, 람진 보일러, 엣모스 보일러, 벤슨(Benson) 보일러

97 ㉠ 환산(상당)증발배수 $= \frac{\text{상당증발량}(G_e)}{\text{연료소비량}(G_f)}$

㉡ 실제증발배수 $= \frac{\text{실제증기발생량}(G_a)}{\text{연료소비량}(G_f)}$

㉢ 전열면 증발률 $= \frac{\text{시간당 증기발생량}(G)}{\text{전열면적}(A)}$

98 증기 및 온수보일러를 포함한 주철제 보일러의 최고사용압력이 0.43MPa 이하일 경우 수압시험 압력은 최고사용압력의 2배 압력으로 한다.

99 노통연관식 보일러의 특징

㉠ 보유수량이 많아서 보일러 파열사고 시 피해가 크다.

㉡ 구조가 복잡하여 내부 청소가 곤란하며 증기 발생 속도가 빨라서 급수처리가 필요하다.

㉢ 보일러의 크기에 비해 전열면적이 크고 효율이 좋다.

㉣ 동일 용량의 수관식 보일러에 비해 보유수량이 많아서 부하변동에 쉽게 대응할 수 있다.

100 스탠톤수(Stanton Number)

$=\text{NUu/Re.Pr}=\dfrac{\text{열전달률}(\alpha)}{C_p\rho u}$

여기서, C_p : 정압비열(kJ/kg·K)

ρ : 유체밀도(kg/m^3)

u : 유체유속(m/s)

제4회 CBT 실전 모의고사

[정답 및 해설 ⇨ p.63]

제1과목 연소공학

01 프로판(propane)가스 1kg을 완전연소시킬 때 필요한 이론공기량은 약 몇 Nm^3인가?

① 37.09　② 23.81
③ 15.67　④ 12.12

02 착화열에 대한 설명으로 옳은 것은?

① 연료가 착화해서 발생하는 전 열량
② 외부로부터의 점화에 의하지 않고 스스로 연소하여 발생하는 열량
③ 연료 1kg이 착화하여 연소할 때 발생하는 총열량
④ 연료를 최초의 온도부터 착화 온도까지 가열하는 데 사용된 열량

03 연소 시 배기가스량을 구하는 식으로 옳은 것은? (단, G: 배기가스량, G_0: 이론배기가스량, A_0: 이론공기량, m: 공기비이다.)

① $G=G_0+(m-1)A_0$
② $G=G_0+(m+1)A_0$
③ $G=G_0-(m+1)A_0$
④ $G=G_0+(1-m)A_0$

04 과잉공기가 너무 많을 때 발생하는 현상으로 옳은 것은?

① 이산화탄소 비율이 많아진다.
② 연소 온도가 높아진다.
③ 보일러 효율이 높아진다.
④ 배기가스의 열손실이 많아진다.

05 다음의 무게조성을 가진 중유의 저위발열량은?

C: 84%, H: 13%, O: 0.5%, S: 2%, W: 0.5%

① 35,000kJ/kg
② 44,150kJ/kg
③ 56,955kJ/kg
④ 73,698kJ/kg

06 가연성 액체에서 발생한 증기의 공기 중 농도가 연소범위 내에 있을 경우 불꽃을 접근시키면 불이 붙는데 이때 필요한 최저온도를 무엇이라고 하는가?

① 기화온도　② 인화온도
③ 착화온도　④ 임계온도

07 어떤 중유 연소보일러의 연소 배기가스의 조성이 CO_2(SO_2 포함)=11.6%, CO=0%, O_2=6.0%, N_2=82.4%였다. 중유의 분석 결과는 중량단위로 탄소 84.6%, 수소 12.9%, 황 1.6%, 산소 0.9%로서 비중은 0.924이었다. 연소할 때 사용된 공기의 공기비는?

① 1.08　② 1.18
③ 1.28　④ 1.38

08 다음과 같은 조성의 석탄가스를 연소시켰을 때의 이론습연소가스량(Nm^3/Nm^3)은?

성분	CO	CO_2	H_2	CH_4	N_2
부피(%)	8	1	50	37	4

① 5.61　② 4.61
③ 3.94　④ 2.94

09 중유에 대한 일반적인 설명으로 틀린 것은?

① A 중유는 C 중유보다 점성이 적다.
② A 중유는 C 중유보다 수분 함유량이 적다.
③ 중유는 점도에 따라 A급, B급, C급으로 나뉜다.
④ C 중유는 소형 디젤기관 및 소형 보일러에 사용된다.

10 어떤 연료를 분석한 결과 탄소(C), 수소(H), 산소(O), 황(S) 등으로 나타낼 때 이 연료를 연소시키는 데 필요한 이론 산소량을 구하는 계산식은? (단, 각 원소의 원자량은 산소 16, 수소 1, 탄소 12, 황 32이다.)

① $1.867C+5.6\left(H+\frac{O}{8}\right)+0.7S(Nm^3/kg)$
② $1.867C+5.6\left(H-\frac{O}{8}\right)+0.7S(Nm^3/kg)$
③ $1.867C+11.2\left(H+\frac{O}{8}\right)+0.7S(Nm^3/kg)$
④ $1.867C+11.2\left(H-\frac{O}{8}\right)+0.7S(Nm^3/kg)$

11 공기비(m)에 대한 식으로 옳은 것은?

① $\frac{\text{실제공기량}}{\text{이론공기량}}$ ② $\frac{\text{이론공기량}}{\text{실제공기량}}$
③ $1-\frac{\text{과잉공기량}}{\text{이론공기량}}$ ④ $\frac{\text{실제공기량}}{\text{과잉공기량}}-1$

12 탄소(C) 80%, 수소(H) 20%의 중유를 완전연소시켰을 때 $(CO_2)_{max}$[%]는?

① 13.2 ② 17.2
③ 19.1 ④ 21.1

13 온도가 293K인 이상기체를 단열 압축하여 체적을 1/6로 하였을 때 가스의 온도는 약 몇 K인가? (단, 가스의 정적비열[C_v]은 0.7kJ/kg·K, 정압비열[C_p]은 0.98kJ/kg·K이다)

① 393 ② 493
③ 558 ④ 600

14 연료 중에 회분이 많을 경우 연소에 미치는 영향으로 옳은 것은?

① 발열량이 증가한다.
② 연소상태가 고르게 된다.
③ 클링커의 발생으로 통풍을 방해한다.
④ 완전연소되어 잔류물을 남기지 않는다.

15 화염온도를 높이려고 할 때 조작방법으로 틀린 것은?

① 공기를 예열한다.
② 과잉공기를 사용한다.
③ 연료를 완전연소시킨다.
④ 노 벽 등의 열손실을 막는다.

16 고체연료의 연료비를 식으로 바르게 나타낸 것은?

① $\frac{\text{고정탄소}(\%)}{\text{휘발분}(\%)}$
② $\frac{\text{회분}(\%)}{\text{휘발분}(\%)}$
③ $\frac{\text{고정탄소}(\%)}{\text{회분}(\%)}$
④ $\frac{\text{가연성성분 중 탄소}(\%)}{\text{유리수소}(\%)}$

17 고체연료의 연소방식으로 옳은 것은?

① 포트식 연소
② 화격자 연소
③ 심지식 연소
④ 증발식 연소

18 보일러의 열정산 시 출열에 해당하지 않는 것은?

① 연소배가스 중 수증기의 보유열
② 불완전연소에 의한 손실열
③ 건연소배가스의 현열
④ 급수의 현열

19 연소장치의 연소효율(E_c)식이 아래와 같을 때 H_2는 무엇을 의미하는가? (단, H_c : 연료의 발열량, H_1 : 연재 중의 미연탄소에 의한 손실이다.)

$$E_c = \frac{H_c - H_1 - H_2}{H_c}$$

① 전열손실
② 현열손실
③ 연료의 저발열량
④ 불완전연소에 따른 손실

20 $(CO_2)_{max}$가 24.0%, (CO_2)가 14.2%, (CO)가 3.0%라면 연소가스 중의 산소는 약 몇 %인가?

① 3.8　② 5.0
③ 7.1　④ 10.1

제2과목 열역학

21 용적 0.02m^{3}의 실린더 속에 압력 1MPa, 온도 25℃의 공기가 들어 있다. 이 공기가 일정 온도하에서 압력 200kPa까지 팽창하였을 경우 공기가 행한 일의 양은 약 몇 kJ인가? (단, 공기는 이상기체이다.)

① 2.3　② 3.2
③ 23.1　④ 32.2

22 임의의 가역사이클에서 성립되는 Clausius의 적분은 어떻게 표현되는가?

① $\oint \frac{dQ}{T} > 0$
② $\oint \frac{dQ}{T} < 0$
③ $\oint \frac{dQ}{T} = 0$
④ $\oint \frac{dQ}{T} \geq 0$

23 물을 20℃에서 50℃까지 가열하는 데 사용된 열의 대부분은 무엇으로 변환되었는가?

① 물의 내부에너지
② 물의 운동에너지
③ 물의 유동에너지
④ 물의 위치에너지

24 일정한 압력 300kPa로 체적 0.5m^{3}의 공기가 외부로부터 160kJ의 열을 받아 그 체적이 0.8m^{3}로 팽창하였다. 내부에너지의 증가는 얼마인가?

① 30kJ
② 70kJ
③ 90kJ
④ 160kJ

25 체적 500L인 탱크가 300℃로 보온되었고, 이 탱크 속에는 25kg의 습증기가 들어 있다. 이 증기의 건도를 구한 값은? (단, 증기표의 값은 300℃인 온도 기준일 때 $v' =$ 0.0014036m^3/kg, $v'' =$0.02163m^3/ kg이다.)

① 62%　② 72%
③ 82%　④ 92%

26 냉동사이클에서 냉매의 구비조건으로 가장 거리가 먼 것은?

① 임계온도가 높을 것
② 증발열이 클 것
③ 인화 및 폭발의 위험성이 낮을 것
④ 저온, 저압에서 응축이 되지 않을 것

27 다음의 열역학 선도 중 수증기 몰리에르 선도(Mollier chart)를 나타낸 것은?

① $P-v$
② $T-S$
③ $p-h$
④ $h-s$

28 그림은 디젤 사이클의 $P-V$선도이다. 단절비(cut-off ratio)에 해당하는 것은? (단, P는 압력, V는 체적이다.)

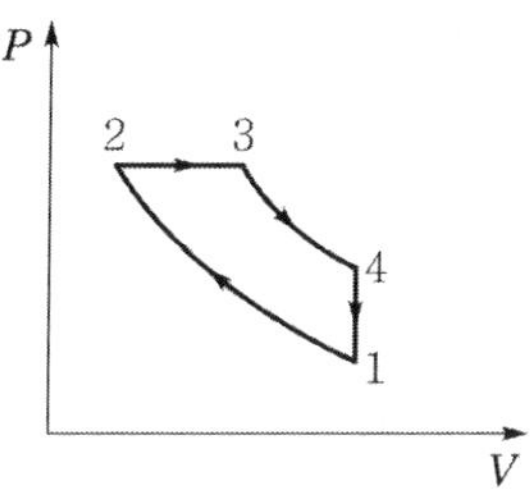

① V_1/V_2 ② V_3/V_2
③ V_4/V_3 ④ V_4/V_2

29 동일한 압력하에서 포화수, 건포화증기의 비체적을 각각 v', v''으로 하고, 건도 x의 습증기의 비체적을 v_x로 할 때 건도 x는 어떻게 표시되는가?

① $x=\dfrac{v''-v'}{v_x+v'}$

② $x=\dfrac{v_x+v'}{v''-v'}$

③ $x=\dfrac{v''-v'}{v_x-v'}$

④ $x=\dfrac{v_x-v'}{v''-v'}$

30 랭킨 사이클로 작동되는 발전소의 효율을 높이려고 할 때 증기터빈의 초압과 배압은 어떻게 하여야 하는가?

① 초압과 배압 모두 올림
② 초압을 올리고 배압을 낮춤
③ 초압은 낮추고 배압을 올림
④ 초압과 배압 모두 낮춤

31 냉동기의 냉매로서 갖추어야 할 요구조건으로 적당하지 않은 것은?

① 불활성이고 안정해야 한다.
② 비체적이 커야 한다.
③ 증발온도에서 높은 잠열을 가져야 한다.
④ 열전도율이 커야 한다.

32 엔트로피에 대한 설명으로 틀린 것은?

① 엔트로피는 상태함수이다.
② 엔트로피 분자들의 무질서도 척도가 된다.
③ 우주의 모든 현상은 총엔트로피가 증가하는 방향으로 진행되고 있다.
④ 자유팽창, 종류가 다른 가스의 혼합, 액체 내의 분자의 확산 등의 과정에서 엔트로피가 변하지 않는다.

33 저열원 10℃, 고열원 600℃ 사이에 작용하는 카르노사이클에서 사이클당 방열량이 3.5kJ이면 사이클당 실제 일의 양은 약 몇 kJ인가?

① 3.5 ② 5.7
③ 6.8 ④ 7.3

34 냉동사이클의 성능계수와 동일한 온도 사이에서 작동하는 역Carnot 사이클의 성능계수에 관계되는 사항으로서 옳은 것은? (단, T_H: 고온부, T_L: 저온부의 절대온도이다)

① 냉동사이클의 성능계수가 역Carnot 사이클의 성능계수보다 높다.
② 냉동사이클의 성능계수는 냉동사이클에 공급한 일을 냉동효과로 나눈 것이다.
③ 역Carnot 사이클의 성능계수는 $\dfrac{T_L}{T_H-T_L}$로 표시할 수 있다.
④ 냉동사이클의 성능계수는 $\dfrac{T_H}{T_H-T_L}$로 표시할 수 있다.

35 0℃의 물 1,000kg을 24시간 동안에 0℃의 얼음으로 냉각하는 냉동 능력은 몇 kW인가? (단, 얼음의 융해열은 335kJ/kg이다.)

① 2.15
② 3.88
③ 14
④ 14,000

36 최저 온도, 압축비 및 공급 열량이 같을 경우 사이클의 효율이 큰 것부터 작은 순서대로 옳게 나타낸 것은?

① 오토사이클 > 디젤사이클 > 사바테사이클
② 사바테사이클 > 오토사이클 > 디젤사이클
③ 디젤사이클 > 오토사이클 > 사바테사이클
④ 오토사이클 > 사바테사이클 > 디젤사이클

37 압력이 200kPa로 일정한 상태로 유지되는 실린더 내의 이상기체가 체적 $0.3m^3$에서 $0.4m^3$로 팽창될 때 이상기체가 한 일의 양은 몇 kJ인가?

① 20 ② 40
③ 60 ④ 80

38 랭킨 사이클의 순서를 차례대로 옳게 나열한 것은?

① 단열압축 → 정압가열 → 단열팽창 → 정압냉각
② 단열압축 → 등온가열 → 단열팽창 → 정적냉각
③ 단열압축 → 등적가열 → 등압팽창 → 정압냉각
④ 단열압축 → 정압가열 → 단열팽창 → 정적냉각

39 역카르노 사이클로 작동하는 냉동 사이클이 있다. 저온부가 −10℃로 유지되고, 고온부가 40℃로 유지되는 상태를 A상태라고 하고, 저온부가 0℃, 고온부가 50℃로 유지되는 상태를 B상태라 할 때, 성능계수는 어느 상태의 냉동사이클이 얼마나 높은가?

① A상태의 사이클이 약 0.8만큼 높다.
② A상태의 사이클이 약 0.2만큼 높다.
③ B상태의 사이클이 약 0.8만큼 높다.
④ B상태의 사이클이 약 0.2만큼 높다.

40 다음 중 이상적인 교축과정(throttling process)은?

① 등온과정 ② 등엔트로피 과정
③ 등엔탈피 과정 ④ 정압과정

제3과목 계측방법

41 오르자트식 가스분석계에서 CO_2 측정을 위해 일반적으로 사용하는 흡수제는?

① 수산화칼륨 수용액
② 암모니아성 염화제1구리 용액
③ 알칼리성 피로갈롤 용액
④ 발연 황산액

42 탄성체의 탄성변형을 이용하는 압력계가 아닌 것은?

① 단관식
② 부르동관식
③ 벨로스식
④ 다이어프램식

43 다음 중 액체의 온도 팽창을 이용한 온도계는?

① 저항 온도계
② 색 온도계
③ 유리제 온도계
④ 광학 온도계

44 세라믹식 O_2계의 특징에 대한 설명으로 틀린 것은?

① 측정가스의 유량이나 설치장소 주위의 온도변화에 의한 영향이 적다.
② 연속측정이 가능하며, 측정범위가 넓다.
③ 측정부의 온도 유지를 위해 온도조절용 전기로가 필요하다.
④ 저농도 가연성 가스의 분석에 적합하고 대기오염관리 등에서 사용된다.

45 출력측의 신호를 입력측에 되돌려 비교하는 제어방법은?

① 인터록(inter lock)
② 시퀀스(sequence)
③ 피드백(feed back)
④ 리셋(reset)

46 시료 가스 중의 CO_2, 탄화수소, 산소, CO 및 질소 성분을 분석할 수 있는 방법으로 흡수법 및 연소법의 조합인 분석법은?

① 분젠-실링(Bunsen Schiling)법
② 헴펠(Hempel)식 분석법
③ 정커스(Junkers)식 분석법
④ 오르자트(Orsat) 분석법

47 연속동작으로 잔류편차(off-set) 현상이 발생하는 제어동작은?

① 온-오프(on-off) 2위치 동작
② 비례동작(P동작)
③ 비례적분동작(PI동작)
④ 비례적분미분동작(PID동작)

48 산소의 농도를 측정할 때 기전력을 이용하여 분석, 계측하는 분석계는?

① 자기식 O_2계
② 세라믹식 O_2계
③ 연소식 O_2계
④ 밀도식 O_2계

49 다음 중 압전 저항효과를 이용한 압력계는?

① 액주형 압력계
② 아네로이드 압력계
③ 박막식 압력계
④ 스트레인 게이지식 압력계

50 저항온도계에 활용되는 측온저항체의 종류에 해당되는 것은?

① 서미스터(thermistor) 저항온도계
② 철-콘스탄탄(IC) 저항온도계
③ 크로멜(chromel) 저항온도계
④ 알루멜(alumel) 저항온도계

51 보일러의 자동제어에서 인터록 제어의 종류가 아닌 것은?

① 압력초과　② 저연소
③ 고온도　④ 불착화

52 오르자트(Orsat) 분석기에서 CO_2의 흡수액은?

① 산성 염화 제1구리 용액
② 알칼리성 염화 제1구리 용액
③ 염화암모늄 용액
④ 수산화칼륨 용액

53 비접촉식 온도측정 방법 중 가장 정확한 측정을 할 수 있으나 기록, 경보, 자동제어가 불가능한 온도계는?

① 압력식 온도계　② 방사온도계
③ 열전온도계　④ 광고온계

54 하겐 푸아죄유 방정식의 원리를 이용한 점도계는?

① 낙구식 점도계
② 모세관 점도계
③ 회전식 점도계
④ 오스트발트 점도계

55 액주식 압력계에 사용되는 액체의 구비조건으로 틀린 것은?

① 온도 변화에 의한 밀도 변화가 커야 한다.
② 액면은 항상 수평이 되어야 한다.
③ 점도와 팽창계수가 작아야 한다.
④ 모세관 현상이 적어야 한다.

56 제어시스템에서 응답이 계단변화가 도입된 후에 얻게 될 최종적인 값을 얼마나 초과하게 되는지를 나타내는 척도는?

① 오프셋　② 쇠퇴비
③ 오버슈트　④ 응답시간

57 국제단위계(SI)에서 길이단위의 설명으로 틀린 것은?

① 기본단위이다.
② 기호는 K이다.
③ 명칭은 미터이다.
④ 빛이 진공에서 1/229,792,458초 동안 진행한 경로의 길이이다.

58 램, 실린더, 기름탱크, 가압펌프 등으로 구성되어 있으며 탄성식 압력계의 일반교정용으로 주로 사용되는 압력계는?

① 분동식 압력계
② 격막식 압력계
③ 침종식 압력계
④ 벨로즈식 압력계

59 측정하고자 하는 상태량과 독립적 크기를 조정할 수 있는 기준량과 비교하여 측정, 계측하는 방법은?

① 보상법
② 편위법
③ 치환법
④ 영위법

60 다음 중 열전대 온도계에서 사용되지 않는 것은?

① 동-콘스탄탄
② 크로멜-알루멜
③ 철-콘스탄탄
④ 알루미늄-철

제4과목 열설비재료 및 관계법규

61 유체의 역류를 방지하기 위한 것으로 밸브의 무게와 밸브의 양면 간 압력차를 이용하여 밸브를 자동으로 작동시켜 유체가 한쪽 방향으로만 흐르도록 한 밸브는?

① 슬루스밸브
② 회전밸브
③ 체크밸브
④ 버터플라이밸브

62 에너지이용 합리화법의 목적이 아닌 것은?

① 에너지의 합리적인 이용 증진
② 국민경제의 건전한 발전에 이바지
③ 지구온난화의 최소화에 이바지
④ 에너지자원의 보전 및 관리와 에너지수급 안정

63 사용연료를 변경함으로써 검사대상이 아닌 보일러가 검사대상으로 되었을 경우 해당되는 검사는?

① 구조검사
② 설치검사
③ 개조검사
④ 재사용검사

64 에너지사용계획에 대한 검토 결과 공공사업주관자가 조치요청을 받은 경우, 이를 이행하기 위하여 제출하는 이행계획에 포함되어야 할 내용이 아닌 것은?

① 이행 주체
② 이행 방법
③ 이행 장소
④ 이행 시기

65 제조업자 등이 광고매체를 이용하여 효율관리기자재의 광고를 하는 경우에 그 광고내용에 포함시켜야 할 사항인 것은?

① 에너지 최저효율
② 에너지 사용량
③ 에너지 소비효율
④ 에너지 평균소비량

66 에너지사용계획을 수립하여 산업통상자원부장관에게 제출하여야 하는 공공사업주관자에 해당하는 시설 규모는?

① 연간 1천 티오이 이상의 연료 및 열을 사용하는 시설
② 연간 2천 티오이 이상의 연료 및 열을 사용하는 시설
③ 연간 2천5백 티오이 이상의 연료 및 열을 사용하는 시설
④ 연간 1만 티오이 이상의 연료 및 열을 사용하는 시설

67 에너지이용 합리화법에 의거하여 산업통상자원부장관이 에너지저장의무를 부과할 수 있는 자로 가장 거리가 먼 것은?

① 석탄사업법에 의한 석탄가공업자
② 석유사업법에 의한 석유판매업자
③ 집단에너지사업법에 의한 집단에너지사업자
④ 연간 2만 석유환산톤 이상의 에너지를 사용하는 자

68 산업통상자원부장관은 에너지이용 합리화를 위하여 필요하다고 인정하는 경우 효율관리기자재를 정하여 고시할 수 있다. 이에 따른 효율관리기자재에 해당하지 않는 것은?

① 전기냉장고
② 조명기기
③ 개인용 PC
④ 자동차

69 에너지법상 연료에 해당되지 않는 것은?

① 석유
② 원유가스
③ 천연가스
④ 제품 원료로 사용되는 석탄

70 에너지이용 합리화법에 따라 검사대상기기의 계속사용검사 신청은 검사 유효기간 만료의 며칠 전까지 하여야 하는가?

① 3일　　② 10일
③ 15일　　④ 30일

71 에너지이용 합리화법에 따라 검사대상기기 설치자의 변경신고는 변경일로부터 15일 이내에 누구에게 하여야 하는가?

① 한국에너지공단이사장
② 산업통상자원부장관
③ 지방자치단체장
④ 관할소방서장

72 에너지절약전문기업의 등록이 취소된 에너지절약전문기업은 원칙적으로 등록취소일로부터 최소 얼마의 기간이 지나면 다시 등록할 수 있는가?

① 1년　　② 2년
③ 3년　　④ 5년

73 에너지이용 합리화법에 따라 검사대상기기 검사 중 개조검사의 적용 대상이 아닌 것은?

① 온수보일러를 증기보일러로 개조하는 경우
② 보일러 섹션의 증감에 의하여 용량을 변경하는 경우
③ 동체, 경판, 관판, 관모음 또는 스테이의 변경으로서 산업통상자원부장관이 정하여 고시하는 대수리의 경우
④ 연료 또는 연소방법을 변경하는 경우

74 에너지이용 합리화법에 따라 국가에너지절약 추진위원회의 당연직 위원에 해당되지 않는 자는?

① 한국전력공사 사장
② 국무조정실 국무2차장
③ 고용노동부차관
④ 한국에너지공단 이사장

75 에너지법에 따라 국가에너지 기본계획 및 에너지 관련 시책의 효과적인 수립·시행을 위한 에너지 총조사는 몇 년을 주기로 하여 실시하는가?

① 1년마다　　② 2년마다
③ 3년마다　　④ 5년마다

76 에너지이용 합리화법에 따라 에너지사용계획을 수립하여 산업통상자원부장관에게 제출하여야 하는 민간사업주관자의 기준은?

① 연간 5백만 킬로와트시 이상의 전력을 사용하는 시설을 설치하려는 자
② 연간 1천만 킬로와트시 이상의 전력을 사용하는 시설을 설치하려는 자

③ 연간 1천5백만 킬로와트시 이상의 전력을 사용하는 시설을 설치하려는 자
④ 연간 2천만 킬로와트시 이상의 전력을 사용하는 시설을 설치하려는 자

77 에너지이용 합리화법상의 "목표에너지원단위"란?

① 열사용기기당 단위시간에 사용할 열의 사용목표량
② 각 회사마다 단위기간 동안 사용할 열의 사용목표량
③ 에너지를 사용하여 만드는 제품의 단위당 에너지사용목표량
④ 보일러에서 증기 1톤을 발생할 때 사용할 연료의 사용목표량

78 에너지이용 합리화법에 따라 산업통상자원부장관은 에너지이용 합리화에 관한 기본계획을 몇 년마다 수립하여야 하는가?

① 3년
② 5년
③ 7년
④ 10년

79 다음 중 에너지이용 합리화법에 따라 에너지관리산업기사의 자격을 가진 자가 조종할 수 없는 보일러는?

① 용량이 10t/h인 보일러
② 용량이 20t/h인 보일러
③ 용량이 581.5kW인 온수 발생 보일러
④ 용량이 40t/h인 보일러

80 에너지이용 합리화법에 따라 에너지다소비사업자는 연료·열 및 전력의 연간 사용량의 합계가 얼마 이상인 자를 나타내는가?

① 1천 티오이 이상인 자
② 2천 티오이 이상인 자
③ 3천 티오이 이상인 자
④ 5천 티오이 이상인 자

제5과목 열설비설계

81 급수펌프 중 원심펌프는 어느 것인가?

① 워싱턴 펌프　② 웨어 펌프
③ 벌류트 펌프　④ 플랜저 펌프

82 다음 [보기]에서 설명하는 증기트랩은?

- 가동 시 공기 배출이 필요 없다.
- 작동이 빈번하여 내구성이 낮다.
- 작동확률이 높고 소형이며 워터해머에 강하다.
- 고압용에는 부적당하나 과열증기 사용에는 적합하다.

① 디스크식 트랩(disc type trap)
② 버킷형 트랩(bucket type trap)
③ 플로트식 트랩(float type trap)
④ 바이메탈식 트랩(bimetal type trap)

83 원통형 보일러의 노통이 편심으로 설치되어 관수의 순환작용을 촉진시켜 줄 수 있는 보일러는?

① 코르니시 보일러
② 라몬트 보일러
③ 케와니 보일러
④ 기관차 보일러

84 다음 중 보일러의 탈산소제로 사용되지 않는 것은?

① 아황산나트륨　② 히드라진
③ 탄닌　④ 수산화나트륨

85 보일러 연소 시 그을음의 발생 원인이 아닌 것은?

① 통풍력이 부족한 경우
② 연소실의 온도가 낮은 경우
③ 연소장치가 불량인 경우
④ 연소실의 면적이 큰 경우

86 압력용기의 설치상태에 대한 설명으로 틀린 것은?

① 압력용기는 1개소 이상 접지되어야 한다.
② 압력용기의 화상 위험이 있는 고온배관은 보온되어야 한다.
③ 압력용기의 기초는 약하여 내려앉거나 갈라짐이 없어야 한다.
④ 압력용기의 본체는 바닥에서 30mm 이상 높이에 설치되어야 한다.

87 지름이 5cm인 강관(50W/mK) 내에 온도 98K의 온수가 0.3m/s로 흐를 때, 온수의 열전달계수(W/m^2K)는? [단, 온수의 열전도도는 0.68W/mK이고, Nu수(Nusselt Number)는 160이다.]

① 1,238 ② 2,176
③ 3,184 ④ 4,232

88 보일러 연소량을 일정하게 하고 저부하 시 잉여증기를 축적시켰다가 갑작스런 부하변동이나 과부하 등에 대처하기 위해 사용되는 장치는?

① 탈기기 ② 인젝터
③ 재열기 ④ 어큐뮬레이터

89 고체연료의 연소방식이 아닌 것은?

① 화격자 연소방식
② 확산 연소방식
③ 미분탄 연소방식
④ 유동층 연소방식

90 압력용기에 대한 수압시험 압력의 기준으로 옳은 것은?

① 최고 사용압력이 0.1MPa 이상인 주철제 압력용기는 최고 사용압력의 3배이다.
② 비철금속제 압력용기는 최고 사용압력의 1.5배의 압력에 온도를 보정한 압력이다.
③ 최고 사용압력이 1MPa 이하인 주철제 압력용기는 0.1MPa이다.
④ 법랑 또는 유리 라이닝한 압력용기는 최고 사용압력의 1.5배의 압력이다.

91 다음 [보기]에서 설명하는 보일러 보존방법은?

> [보기]
> - 보존기간이 6개월 이상인 경우 적용한다.
> - 1년 이상 보존할 경우 방청도료를 도포한다.
> - 약품의 상태는 1~2주마다 점검하여야 한다.
> - 동 내부의 산소 제거는 숯불 등을 이용한다.

① 건조보존법
② 만수보존법
③ 질소보존법
④ 특수보존법

92 다음 중 pH 조정제가 아닌 것은?

① 수산화나트륨
② 탄닌
③ 암모니아
④ 인산소다

93 3×1.5×0.1인 탄소강판의 열전도계수가 40.7W/m·K, 아래 면의 표면온도는 40℃로 단열되고, 위 표면온도는 30℃일 때, 주위 공기 온도를 20℃라 하면 아래 표면에서 위 표면으로 강판을 통한 전열량은? (단, 기타 외기온도에 의한 열량은 무시한다.)

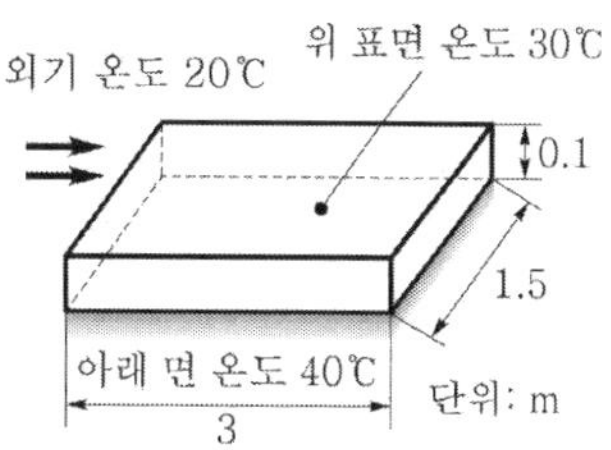

① 53,372kJ/h
② 57,558kJ/h
③ 61,744kJ/h
④ 65,952kJ/h

94 육용강제 보일러에서 동체의 최소 두께에 대한 설명으로 틀린 것은?

① 안지름이 900mm 이하인 것은 6mm(단, 스테이를 부착한 경우)
② 안지름이 900mm 초과 1,350mm 이하인 것은 8mm
③ 안지름이 1,350mm 초과 1,850mm 이하인 것은 10mm
④ 안지름이 1,850mm 초과하는 것은 12mm

95 보일러 급수처리 중 사용목적에 따른 청관제의 연결로 틀린 것은?

① pH 조정제: 암모니아
② 연화제: 인산소다
③ 탈산소제: 히드라진
④ 가성취화방지제: 아황산소다

96 그림과 같이 가로×세로×높이가 3×1.5×0.03m인 탄소 강판이 놓여 있다. 열전도계수(K)가 43W/m·K이며, 표면온도는 20℃였다. 이때 탄소강판 아래 면에 열유속($q''=q/A$) 698W/m^{2}를 가할 경우, 탄소 강판에 대한 표면온도 상승($\triangle T$[℃])은?

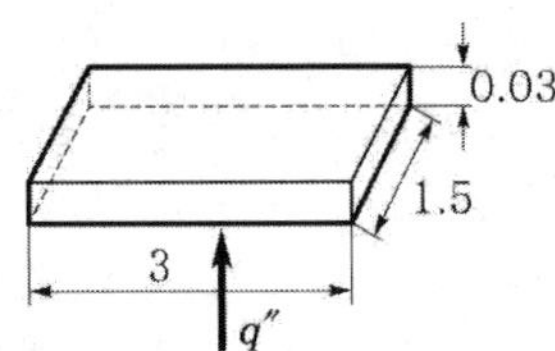

① 0.243℃　② 0.264℃
③ 0.487℃　④ 1.973℃

97 유체의 압력손실은 배관 설계 시 중요한 인자이다. 압력손실과의 관계로 틀린 것은?

① 압력손실은 관마찰계수에 비례한다.
② 압력손실은 유속의 제곱에 비례한다.
③ 압력손실은 관의 길이에 반비례한다.
④ 압력손실은 관의 내경에 반비례한다.

98 보일러의 열정산 시 출열 항목이 아닌 것은?

① 배기가스에 의한 손실열
② 발생증기 보유열
③ 불완전연소에 의한 손실열
④ 공기의 현열

99 보일러의 일상점검 계획에 해당하지 않는 것은?

① 급수배관 점검
② 압력계 상태 점검
③ 자동제어장치 점검
④ 연료의 수요량 점검

100 노통보일러에서 갤로웨이관(Galloway tube)을 설치하는 이유가 아닌 것은?

① 전열면적의 증가
② 물의 순환 증가
③ 노통의 보강
④ 유동저항 감소

정답 및 해설

01	02	03	04	05	06	07	08	09	10
④	④	①	④	②	②	④	①	④	②
11	12	13	14	15	16	17	18	19	20
①	①	④	③	②	①	②	④	④	③
21	22	23	24	25	26	27	28	29	30
④	③	①	②	④	④	④	②	④	②
31	32	33	34	35	36	37	38	39	40
②	④	④	③	②	④	①	①	④	③
41	42	43	44	45	46	47	48	49	50
①	①	③	④	③	②	②	②	④	①
51	52	53	54	55	56	57	58	59	60
③	④	④	④	①	③	②	①	④	④
61	62	63	64	65	66	67	68	69	70
③	④	②	③	③	③	②	③	④	②
71	72	73	74	75	76	77	78	79	80
①	②	①	③	③	④	③	②	④	②
81	82	83	84	85	86	87	88	89	90
③	①	①	④	④	④	②	④	②	②
91	92	93	94	95	96	97	98	99	100
①	②	④	①	④	③	③	④	④	④

01 $C_3H_8 + 5O_2 \rightarrow 3CO_2 + 4H_2O$

1kmol 5kmol

44kg $5 \times 22.4\text{Nm}^3$

$$\text{이론공기량}(A_o) = \frac{O_o}{0.21} = \frac{\left(\frac{112}{44}\right)}{0.21} = 12.12\text{Nm}^3/\text{kg}\cdot(\text{fuel})$$

02 ㉠ 착화점

외부로부터의 점화에 의하지 않고 연료가 주위 산화열에 의해 스스로 발화하여 연소를 시작하는 최저 온도

㉡ 착화열

연료를 최초의 온도부터 착화 온도까지, 즉 불이 붙거나 타기 시작하는 온도까지 가열하는 데 사용된 열량

03 연소 시 실제 배기가스량

$G = G_0 + (m-1)A_0$

04 과잉공기=(실제공기량−이론공기량)이 너무 많으면 배기가스에 의한 열손실이 많아진다.

05 고체, 액체 저위발열량(H_L)

$$= 8,100\text{C} + 28,600\left(\text{H} - \frac{\text{O}}{8}\right) + 2,500S - 600(9H + W)$$

$$= 8,100\text{C} + 28,600\text{H} - 4,270\text{O} + 2,500\text{S} - 600\text{W} + 2,500\text{S} - 600\text{W}$$

$$= 8,100 \times 0.84 + 28,600 \times 0.13 - 4,270 \times 0.005 + 2,500 \times 0.02 - 600 \times 0.005$$

$$\fallingdotseq 10,547\text{kcal/kg}(44,150\text{kJ/kg})$$

※ 1kcal=4.186kJ

06 인화점(인화온도)

가연성 액체에서 발생한 증기의 공기 중 농도가 연소범위 내에 있을 경우 불꽃을 접근시키면 불이 붙는데 이때 필요한 최저 온도

07 공기비$(m)=\dfrac{N_2}{N_2-3.76[(O_2)-0.5(CO)]}$
$=\dfrac{82.4}{82.4-3.76(6-0.5\times0)}=1.38$

08 이론습연소가스량(G_{ow})
$=(1-0.21)A_o+CO+CO_2+H_2+CH_4+N_2$
$=(1-0.21)\times(0.5\times0.08)+\dfrac{(0.5\times0.5)+(2\times0.37)}{0.21}$
$+1\times0.08+1\times0.01+1\times0.5+3\times0.37+1\times0.04$
$=5.61Nm^3/Nm^3$

09 C 중유는 대형 디젤기관 및 대형 보일러에 사용된다.

10 고체, 액체연료의 이론 산소량(O_o)
$O_o=1,867C+5.6\left(H-\dfrac{O}{8}\right)+0.7S[Nm^3/kg]$

11 공기비$(m)=\dfrac{\text{실제공기량}}{\text{이론공기량}}>1$

12 이론건연소가스량(G_{od})
=공기 중의 질소량$(0.79\times A_o)$+연소생성가스(CO_2, SO_2)
$=0.79A_o+1.867C+0.7S$
$=0.79\times\dfrac{O_o}{0.21}+1.867C+0.7S$
$=0.79\left(\dfrac{1.867C+5.6H}{0.21}\right)+1.867C+0.7S$
$=0.79\left(\dfrac{1.867\times0.8+5.6\times0.2}{0.21}\right)+1.867\times0.8+0$
$\fallingdotseq 11.326[\fallingdotseq 11.33Nm^3/lg(\text{연료})]$
$\therefore (CO_2)_{max}=\dfrac{1.867C+0.7S}{G_{od}}$
$=\dfrac{1.867\times0.8+0}{11.33}\times100\%\fallingdotseq 13.2\%$
※ $(CO_2)_{max}$은 이론공기량(A_o)으로 연소했을 경우를 말한다.

13 가스비열비$(k)=\dfrac{C_p}{C_v}=\dfrac{0.98}{0.7}=1.4$
$\dfrac{T_2}{T_1}=\left(\dfrac{V_1}{V_2}\right)^{k-1}$
$\therefore T_2=T_1\left(\dfrac{V_1}{V_2}\right)^{k-1}=293(6)^{1.4-1}\fallingdotseq 600K$

14 연료 중에 회분(ash, 재)이 많을 경우 클링커의 발생으로 통풍을 방해한다.

15 화염온도를 높이려고 할 때 조작방법
㉠ 공기를 예열(pre−heating)한다.
㉡ 연료를 완전연소시킨다.
㉢ 노(furnace)벽 등의 열손실을 막는다.

16 고체연료의 연료비$=\dfrac{\text{고정탄소}(\%)}{\text{휘발분}(\%)}$
- 연료비 7 이상: 무연탄
- 연료비 1~7: 유연탄
- 연료비 1 이하: 갈탄

17 ㉠ 고체연료의 연소방식
- 화격자연소
- 미분탄연소
- 유동층연소

㉡ 액체연료의 연소방식
- 증발연소
- 무화연소
- 심지연소

㉢ 기체연료의 연소방식
- 확산연소
- 혼합연소

18 ㉠ 열정산 시 입열항목
- 연료의 연소열
- 연료의 현열
- 공기의 현열
- 노 내 분압의 증기보유 열량

㉡ 열정산 시 출열
- 방사손실열
- 불완전열손실
- 미연분에 의한 열
- 배기가스 보유열
- 발생증기 보유열

19 연소장치연소효율$(E_c)=\dfrac{H_c-H_1-H_2}{H_c}$
$=\dfrac{\text{발열량}-(\text{미분탄에 의한 열손실}+\text{불완전 연소에 의한 열손실})}{\text{발열량}}$
여기서, H_c: 연료발열량
H_1: 연재 중의 미분탄연소에 의한 손실
H_2: 불완전연소에 따른 손실

20 공기비$(m)=\dfrac{(CO_2)_{max}}{CO_2}=\dfrac{21}{21-O_2}$ 에서

$O_2=21-\dfrac{21CO_2}{(CO_2)_{max}}=21-\dfrac{21\times14.2}{24}$

$=8.58-0.5CO=8.58-0.5\times3 \doteqdot 7.1\%$

21 ${}_1W_2=P_1V_1\ln\dfrac{P_1}{P_2}=1\times10^3\times0.02\times\ln\left(\dfrac{1,000}{200}\right)$

$=32.2\text{kJ}$

22 가역사이클인 경우 Clausius의 순환적분(폐적분)값은 항상 0이다.

$\oint\dfrac{dQ}{T}=0$

※ 비가역사이클인 경우의 Clausius의 순환적분값은 0보다 작다.

$\oint\dfrac{dQ}{T}<0$

23 물의 가열량은 체적의 변화가 거의 없으므로 물의 내부에너지로 보존된다.

24 $Q=(U_2-U_1)+{}_1W_2[\text{kJ}]$

$(U_2-U_1)=Q-{}_1W_2=Q-P(V_2-V_1)$

$=160-300(0.8-0.5)$

$=70\text{kJ}$

25 $v_x=v'+x(v''-v')$

$x=\dfrac{v_x-v'}{(v''-v')}=\dfrac{\left(\dfrac{V}{G}\right)-v'}{(v''-v')}=\dfrac{\left(\dfrac{0.5}{25}\right)-0.0014036}{0.02163-0.0014036}$

$\doteqdot 0.92(92\%)$

26 냉매구비조건

㉠ 임계온도가 높을 것

㉡ 증발열이 클 것

㉢ 인화 및 폭발의 위험성이 없을 것

㉣ 증발압력과 온도가 높을 것

27 ㉠ $P-v$ 선도(일량선도)

㉡ $T-S$ 선도(열량선도)

㉢ $p-h$ 선도(냉매 Mollier 선도)

㉣ $h-s$ 선도(수증기 Mollier 선도)

28 단절비=체절비(cut-off ratio)

$\sigma=\dfrac{V_3}{V_2}$

29 $v_x=v'+x(v''-v')$

건도$(x)=\dfrac{v_x-v'}{v''-v'}=\dfrac{\left(\dfrac{V}{G}\right)-v'}{v''-v'}$

30 랭킨 사이클의 (발전소) 효율을 높이려면 초압을 높이거나 복수기 압력(배압)을 낮출수록 열효율은 증가한다.

31 냉매는 비체적(v)이 작아야 한다.

32 자유팽창, 종류가 다른 가스의 혼합, 액체 내 분자의 확산 등의 과정은 비가역과정으로 엔트로피(entropy)는 증가한다.

33 $\eta_c=1-\dfrac{T_2}{T_1}=1-\dfrac{10+273}{800+273}=0.675$

$Q_1=\dfrac{Q_2}{1-\eta_c}=\dfrac{3.5}{1-0.675}=10.77\text{kJ}$

$\therefore\ W_{net}=\eta_cQ_1=0.675\times10.77\doteqdot7.3\text{kJ}$

34 역카르노 사이클은 냉동사이클의 이상사이클이다.

$\therefore$ 냉동기성적계수$(COP)_R=\dfrac{T_L}{T_H-T_L}$

35 $Q_e=m\gamma\div24\text{hr}=1,000\times335\div24\text{hr}$

$=13958.33\text{kJ/h}$

$\therefore\ \text{kW}=\dfrac{Q_e}{3,600}=\dfrac{13958.33}{3,600}=3.88\text{kW}$

36 초온, 초압 압축비 및 공급열량 일정 시 열효율 비교(크기 순서)

$\eta_{tho}>\eta_{ths}>\eta_{thd}$

37 ${}_1W_2=\int_1^2PdV$

$=P(V_2-V_1)$

$=200(0.4-0.3)$

$=20\text{kJ}$

38 랭킨 사이클(Rankine cycle) 순서
단열압축(급수펌프) → 정압가열(보일러 & 과열기) → 단열팽창(터빈) → 정압냉각(복수기)

39 A상태$(\varepsilon_R)=\dfrac{T_2}{T_1-T_2}=\dfrac{263}{313-263}=5.26$

B상태$(\varepsilon_R)=\dfrac{T_2}{T_1-T_2}=\dfrac{273}{323-273}=5.46$

∴ B상태의 냉동 사이클 성능계수가 A상태의 냉동 사이클 성능계수(ε_R)보다 약 0.2만큼 높다.

40 이상적인 교축과정(throteling process)은 엔탈피가 일정(등엔탈피 과정)한 과정이다. 비가역과정으로 엔트로피는 증가한다($\Delta S>0$).

41 오르자트식 가스분석계에서 CO_2 측정을 위해 일반적으로 사용하는 흡수제는 수산화칼륨 수용액이다.
㉠ CO_2 측정액
㉡ CO 측정액
㉢ O_2 측정액
㉣ $N_2=100-(CO_2+CO+O_2)$[%]

42 탄성변형을 이용한 압력계
㉠ 벨로스식(주름통식)
㉡ 부르동관식
㉢ 다이어프램(diaphram)식

43 액체의 온도팽창을 이용한 온도계는 유리제 온도계이다.
㉠ 알코올 온도계
㉡ 수은 온도계
㉢ 베크만 온도계

44 세라믹(O_2)계(지르코니아식 산소계)
ZrO_2를 주원료로 한 산소농담전지를 형성하고 기전력을 통해 O_2를 측정한다. 측정가스에 가연성 가스가 있으면 사용이 불가능하다.

45 피드백(feed back) 제어
출력측의 신호를 입력측에 되돌려 비교하는 제어 방법

46 헴펠식 가스 분석법(화학적 방법)
흡수법 및 연소법의 조합으로 분석순서는 CO_2, 중탄화수소, 산소, CO가스, 질소성분 가스분석계이다.

47 연속동작에서 비례(P)동작은 잔류편차(off-set)가 발생하고 적분(I)제어동작에서는 잔류편차를 제거시켜준다.

48 세라믹(ceramic) 산소계
산소 농도 측정 시 기전력을 이용한 가스분석계. 주원료는 지르코니아(ZrO_2)이다. 응답이 빠르고 연속 측정이 가능하고 측정 범위가 넓다. 단, 측정가스 중 가연성 가스가 있으면 사용이 불가하다.

49 스트레인 게이지(strain gauge) 압력계
압전, 저항 효과를 이용한 압력계이다(자기변형 압력계). 즉 물체에 압력을 가하면 발생한 전기량은 압력에 비례한다. 응답이 빨라서 백만분의 일 초 정도이며 급격한 압력변화를 측정한다.

50 서미스터(thermistor)는 저항온도계에 활용되는 측온저항체(RTD, Resistance Temperature Detector)다.

51 보일러 인터록(boiler interlock) 제어의 종류
㉠ 압력 초과　㉡ 저연소
㉢ 불착화　㉣ 프리퍼지
㉤ 저수위 인터록 등

52 오르자트(Orsat) 분석기에서 CO_2 흡수액은 수산화칼륨(KOH) 용액을 사용한다.

53 광고온도계(optical pyrometer)의 특징
㉠ 광고온도계는 비접촉식 온도계로 온도계 중에서 가장 높은 온도(700~3,000℃)를 측정할 수 있으며 정도가 가장 높다.
㉡ 저온의 물체 온도 측정(700℃ 이하)은 곤란하다.
㉢ 광고온도계는 수동 측정이므로 측정시간의 지연이 있다(기록 · 정보 · 자동제어가 곤란하다).

54 하겐 푸아죄유 방정식의 원리를 이용한 점도계는 세이볼트 점도계와 오스트발트 점토계다. 낙구식 점도계는 스톡스 법칙의 원리를 이용한 점도계다. 회전식 점도계, 모세관 점도계는 뉴턴의 점성법칙의 원리를 이용한 점도계다.

55 액주식 압력계에 사용되는 액체의 구비조건
㉠ 온도 변화에 의한 밀도 변화가 적어야 한다.
㉡ 액면은 항상 수평이 되어야 한다.
㉢ 점도와 팽창계수가 작아야 한다.
㉣ 모세관 현상이 적어야 한다.

56 오버슈트(over shoot)란 제어시스템에서 계단 변화가 도입 전후에 얻게 될 최종적인 값을 얼마나 초과하게 되는지를 나타내는 척도이다.

57 국제단위계(SI)에서 길이단위는 m이며, 절대온도단위는 K(Kelvin)이다.

58 분동식 압력계는 분동에 의해 압력을 측정하는 형식으로, 탄성압력계의 일반교정용 및 피검정용 압력계의 검사를 행하는 데 주로 사용되며 램(ram), 실린더(cylinder), 기름탱크(oil tank), 가압펌프 등으로 구성되어 있다.

59 측정하고자 하는 상태량과 독립적 크기를 조정할 수 있는 기준량과 비교하여 측정, 계측하는 방법은 영위법이다.

① 보상법: 크기가 거의 같은, 미리 알고 있는 양의 분동을 준비하여 분동과 측정량의 차이로부터 측정량을 구하는 방법으로, 천칭을 이용하여 물체의 질량을 측정할 때 불평형 정도는 지침의 눈금값으로 읽어 물체의 질량을 알 수 있다.

② 편위법: 측정하려는 양의 작용에 의하여 계측기의 지침에 편위를 일으켜 이 편위를 눈금과 비교함으로써 측정을 행하는 방식(다이얼 게이지, 지시전기계기, 부르동관 압력계)이다.

③ 치환법: 이미 알고 있는 양으로부터 측정량을 아는 방법으로, 다이얼 게이지를 이용하여 길이 측정 시 블록게이지를 올려놓고 측정한 다음 피측정물을 바꾸어 넣었을 때 지시의 차를 읽고 사용한 블록게이지 높이를 알면 피측정물의 높이를 구할 수 있다.

60 열전쌍(열전대) 온도계의 종류

㉠ 백금-백금로듐
㉡ 크로멜-알로멜
㉢ 동(Cu)-콘스탄탄
㉣ 철-콘스탄탄

61 유체가 한쪽 방향으로만 흐르도록 한 밸브는 체크(check)밸브이다(역류방지용 밸브).

62 에너지이용 합리화법 제1조(목적)에 따른 에너지이용 합리화법의 목적은 에너지의 합리적인 이용 증진, 국민경제의 건전한 발전에 이바지, 지구온난화의 최소화에 이바지, 에너지소비로 인한 환경피해 저감이 있다.

63 사용연료 변경으로 미검사대상 기기가 검사대상기기로 변경되면 설치검사를 받아야 한다(신설보일러도 설치검사 대상).

64 에너지사용계획에 대한 검토 결과 공공사업 주관자가 에너지사용계획의 이행계획에 포함할 내용은 ㉠ 이행 주체, ㉡ 이행 방법, ㉢ 이행 시기 등이다.

65 효율관리기자재 광고내용 표시사항

㉠ 에너지 최저효율
㉡ 에너지 사용량
㉢ 에너지 평균소비량

66 공공사업주관자가 산업통상자원부장관에게 제출해야 할 시설 규모

㉠ 연간 2천5백 티오이(TOE) 이상의 연료 및 열을 사용하는 시설
㉡ 연간 1천만 kW-h 이상 전력을 사용하는 시설

67 시행령 제12조에 의거하여 ②항에서는 전기사업법에 의거, 전기사업자가 해당된다.

68 시행규칙 제7조에 의거하여 ①, ②, ④ 외에 전기냉방기, 전기세탁기, 삼상유도 전동기 등이다.

69 에너지법상 연료는 ㉠ 석유, ㉡ 원유가스, ㉢ 천연가스(LNG)이다.
석탄 등은 연료이나, 제품원료로 사용되는 석탄은 연료에 해당되지 않는다.

70 검사대상기기의 계속사용(안전, 성능검사) 신청은 한국에너지공단에 검사유효기간 만료 10일 전까지 신청한다.

71 설치자 변경신고
설치자가 변경된 날로부터 15일 이내에 한국에너지공단이사장에게 신고하여야 한다.

72 에너지절약전문기업의 등록 제한
등록이 취소된 에너지절약전문기업은 등록 취소일로부터 2년이 지나지 아니하면 등록을 할 수 없다(2년이 경과하면 재등록할 수 있다).

73 개조검사의 적용 대상
(다음 중 어느 하나에 해당하는 경우 실시 하는 검사)
㉠ 증기보일러를 온수보일러로 개조하는 경우
㉡ 보일러 섹션(section)의 증감으로 용량을 변경하는 경우
㉢ 동체 · 돔 · 노통연소실 · 경판 · 관판 · 관모음 또는 스테이의 변경으로서 산업통상자원부장관이 정하여 고시(산업통상자원부 고시 2023.1.2 제 2023-1호 발령 시행)하는 대수리인 경우
㉣ 연료 또는 연소방법을 변경하는 경우
㉤ 철금속가열로로서 열사용 기자재 및 검사면제에 관한 기준에서 정하는 수리에 해당하는 경우

74 국가에너지절약 추진위원회의 당연직 위원
㉠ 한국전력공사 사장
㉡ 국무조정실 국무2차장
㉢ 한국에너지공단 이사장

75 에너지법에 따라 국가에너지 기본계획 및 에너지 관련 시책의 효과적인 수립시행을 위한 에너지 총조사는 3년을 주기로 실시한다.

76 에너지이용 합리화법에 따라 에너지사용계획을 수립하여 산업통산자원부장관에게 제출하여야 하는 민간사업주관자의 기준은 연간 2천만 킬로와트시(kWh) 이상의 전력을 사용하는 시설을 설치하려는 자.

77 에너지이용 합리화법상의 목표에너지단위란 에너지를 사용하여 만드는 제품의 단위당 에너지사용목표량을 말한다.

78 에너지이용 합리화법에 따라 산업통상자원부장관은 에너지이용 합리화법에 관한 기본계획을 5년마다 수립하여야 한다.

79 용량이 30t/h를 초과하는 보일러는 보일러기능장 또는 에너지관리기사에게 조종자의 자격이 있다.
※ 에너지관리산업기사는 용량이 10ton/h를 초과하고 30ton/h 이하인 보일러를 조종할 수 있다. (용량이 10ton/h 이하인 보일러를 조종할 수 있다.)

80 에너지관리공단은 개정된 에너지이용 합리화법령이 시행됨에 따라 연간 에너지소비량이 2,000TOE(석유환산톤) 이상인 에너지다소비업자는 5년마다 의무적으로 에너지 진단 의무화를 실시한다(에너지 진단제도는 사업장이 진단전문기관으로부터 진단을 받음으로써 사업장의 에너지 이용 현황 파악, 손실요인 발굴 및 에너지 절감을 위한 최적의 개선안을 도출하는 컨설팅의 일종이다).

81 펌프의 종류
㉠ 원심펌프: 벌류트(volute) 펌프, 터빈(turbine) 펌프
㉡ 왕복동식 펌프: 피스톤 펌프, 플랜저 펌프, 워싱턴 펌프, 웨어 펌프

82 디스크식 증기트랩(disc type steam trap)
- 기동 시 공기 배출이 필요 없다.
- 고압용에는 부적당하나 과열증기 사용에는 적합하다.
- 수격작용(워터해머)에 강하다.
- 내구성이 낮으며 소형이다.

83 원통형 보일러의 노통이 편심되어 관수의 순환작용을 촉진시켜 줄 수 있는 보일러에는 코르니시 보일러(노통이 1개)와 랭카셔 보일러(노통이 2개)가 있다.

84 보일러 탈산소제
㉠ 아황산나트륨
㉡ 히드라진
㉢ 탄닌
※ 수산화나트륨(NaOH)(=가성소다)는 pH(수소이온 농도) 조정제다.

85 연소실의 면적이 큰 경우는 완전연소로 인한 그을음의 방지책이다.

86 압력용기의 본체는 바닥에서 10cm(100mm) 이상 높이에 설치한다.

87 ㉠ 강관 열전도계수: 50W/mK
㉡ 온수의 열전도계수: 0.68W/mK
㉢ 강관의 표면적: $\pi dl(3.14\times0.05\times1=0.157\text{m}^2)$
㉣ 열전도율 단위: W/mK, 열관류율 단위: $\text{W/m}^2\text{K}$
㉤ 열전달계수: $\text{W/m}^2\text{K}$
㉥ $Nu=0.53(G_r\cdot P_r)^{\frac{1}{4}}$
㉦ 열전달계수$(a)=N\dfrac{K}{D}$

$$=160\times\frac{0.68}{0.05}$$
$$=2{,}176\text{W/m}^2\text{K}$$

88 어큐뮬레이터(accumulator)는 송기장치로서 보일러 저부하 시 잉여증기를 축적하였다가 부하변동 시 과부하 등에 잉여증기를 온수나 증기로 공급하는 장치이다(축압기라고도 한다).

89 고체연료의 연소방식
㉠ 화격자 연소
㉡ 미분탄 연소
㉢ 유동층 연소
※ 확산 연소방식은 기체연료 연소방식이다.

90 압력용기에 대한 수압시험 압력의 기준
㉠ 최고 사용압력이 0.1MPa 이상인 주철제 압력용기는 최고 사용압력의 2배이다.
㉡ 비철금속제 압력용기는 최고 사용압력의 1.5배의 압력에 온도를 보정한 압력이다.
㉢ 최고 사용압력이 1MPa 이하인 주철제 압력용기는 0.2MPa이다.

91 ㉠ 보일러 장기보존법(6개월 이상 보존): 밀폐건조보존법
㉡ 보일러 단기보존법(6개월 미만 보존): 만수보존법(약품첨가법, 방청도료 도표, 생석회 건조재 사용)

92 pH 조정제: 가성소다(NaOH)=수산화나트륨, 암모니아(NH_3), 인산소다(인산나트륨)
※ 탄닌, 전분, 리그닌 등은 슬러지 조정제이다.

93 $Q_c = \lambda A \dfrac{t_1 - t_2}{L} = 40.7 \times (3 \times 1.5) \times \dfrac{(40-30)}{0.1}$
$= 18{,}315\,\text{W} \fallingdotseq 18.32\,\text{kW}(65{,}952\,\text{kJ/h})$

94 육용강제 보일러 동체의 최소 두께 안지름이 90mm 이하인 것은 8mm(단, 스테이를 부착한 경우)이다.

95 급수내처리(청관제)의 종류
㉠ pH 조정제: 암모니아(NH_3)
㉡ 연화제: 인산소다
㉢ 탈산소제: 아황산소다, 히드라진(N_2H_4)
㉣ 가성취화방지제(억지제): 인산나트륨, 탄닌, 리그닌, 질산나트륨 등

96 열유속(heat flux)

$q''\left(=\dfrac{q}{A}\right) = 698\,\text{W/m}^2$

$q'' = K\dfrac{\Delta T}{L}$

$\therefore\ \Delta T = \dfrac{q''L}{K} = \dfrac{698 \times 0.03}{43} \fallingdotseq 0.487℃$

97 Darcy－Weisbach Equation

$\Delta p = \gamma h_L = f\dfrac{L}{d}\dfrac{\gamma V^2}{2g}\,[\text{kPa}]$

압력강하에 의한 직관(pipe) 손실은 관의 길이에 비례한다.

98 공기의 현열은 보일러 열정산 시 입열 항목에 속한다.

99 보일러 일상점검 계획
㉠ 급수배관 점검
㉡ 압력계 상태 점검
㉢ 자동제어 점검

100 갤로웨이관(Galloway tube)의 설치목적(이유)
㉠ 전열면적의 증가
㉡ 보일러수(물)의 순환 증대
㉢ 노통의 보강
※ 갤로웨이관은 노통 상하부를 약 30° 정도로 관통시킨 원추형 관(tube)이다.

제5회 CBT 실전 모의고사

[정답 및 해설 ⇨ p.81]

제1과목 연소공학

01 배기가스 중 O_2의 계측값이 3%일 때 공기비는? (단, 완전연소로 가정한다.)

① 1.07 ② 1.11
③ 1.17 ④ 1.24

02 CH_4 가스 $1Nm^3$를 30% 과잉공기로 연소시킬 때 연소가스량은?

① $2.38Nm^3/kg$
② $13.38Nm^3/kg$
③ $23.1Nm^3/kg$
④ $82.31Nm^3/kg$

03 탄소(C) 80%, 수소(H) 20%의 중유를 완전연소시켰을 때 CO_2 max[%]는?

① 13.2 ② 17.2
③ 19.1 ④ 21.1

04 연소가스 부피조성이 CO_2 13%, O_2 8%, N_2 79%일 때 공기과잉계수(공기비)는?

① 1.2 ② 1.4
③ 1.6 ④ 1.8

05 고체연료를 사용하는 어느 열기관의 출력이 3,000kW이고 연료소비율이 매시간 1,400kg일 때, 이 열기관의 열효율은? (단, 고체연료의 중량비는 C=81.5%, H=4.5%, O=8%, S=2%, W=4%이다)

① 25% ② 28%
③ 30% ④ 32%

06 연소 배기가스 중의 O_2나 CO_2 함유량을 측정하는 경제적인 이유로 가장 적당한 것은?

① 연소 배가스량 계산을 위하여
② 공기비를 조절하여 열효율을 높이고 연료소비량을 줄이기 위해서
③ 환원염의 판정을 위하여
④ 완전연소가 되는지 확인하기 위해서

07 프로판(C_3H_8) $5Nm^3$를 이론산소량으로 완전연소시켰을 때의 건연소가스량은 몇 Nm^3인가?

① 5 ② 10
③ 15 ④ 20

08 메탄 50V%, 에탄 25V%, 프로판 25V%가 섞여 있는 혼합 기체의 공기 중에서의 연소하한계는 약 몇 %인가? (단, 메탄, 에탄, 프로판의 연소하한계는 각각 5V%, 3V%, 2.1V%이다.)

① 2.3 ② 3.3
③ 4.3 ④ 5.3

09 연돌의 통풍력은 외기온도에 따라 변화한다. 만일 다른 조건이 일정하게 유지되고 외기온도만 높아진다면 통풍력은 어떻게 되겠는가?

① 통풍력은 감소한다.
② 통풍력은 증가한다.
③ 통풍력은 변화하지 않는다.
④ 통풍력은 증가하다 감소한다.

10 다음의 혼합 가스 $1Nm^3$의 이론공기량(Nm^3/Nm^3)은? (단, C_3H_8: 70%, C_4H_{10}: 30%이다.)

① 24 ② 26
③ 28 ④ 30

11 다음 중 연소온도에 직접적인 영향을 주는 요소로 가장 거리가 먼 것은?

① 공기 중의 산소농도
② 연료의 저위발열량
③ 연소실 크기
④ 공기비

12 다음 연소반응식 중 옳은 것은?

① $C_2H_6+3O_2 \rightarrow 2CO_2+4H_2O$
② $C_3H_8+5O_2 \rightarrow 2CO_2+6H_2O$
③ $C_4H_{10}+6O_2 \rightarrow 4CO_2+5H_2O$
④ $CH_4+2O_2 \rightarrow CO_2+2H_2O$

13 연돌에서 배출되는 연기의 농도를 1시간 동안 측정한 결과가 다음과 같을 때 매연의 농도율은 몇 %인가?

[측정결과]
- 농도 4도: 10분
- 농도 3도: 15분
- 농도 2도: 15분
- 농도 1도: 20분

① 25 ② 35
③ 45 ④ 55

14 다음 중 매연의 발생 원인으로 가장 거리가 먼 것은?

① 연소실 온도가 높을 때
② 연소장치가 불량할 때
③ 연료의 질이 나쁠 때
④ 통풍력이 부족할 때

15 프로판(propane)가스 2kg을 완전연소시킬 때 필요한 이론공기량은 약 몇 Nm^3인가?

① 6 ② 8
③ 16 ④ 24

16 과잉공기량이 연소에 미치는 영향으로 가장 거리가 먼 것은?

① 열효율
② CO 배출량
③ 노 내 온도
④ 연소 시 와류 형성

17 순수한 CH_4를 건조공기로 연소시키고 난 기체화합물을 응축기로 보내 수증기를 제거시킨 다음, 나머지 기체를 Orsat법으로 분석한 결과, 부피비로 CO_2가 8.21%, CO가 0.41%, O_2가 5.02%, N_2가 86.36%이었다. CH_4 1kg-mol당 약 몇 kg-mol의 건조공기가 필요한가?

① 7.3 ② 8.5
③ 10.3 ④ 12.1

18 다음 기체연료에 대한 설명 중 틀린 것은?

① 고온연소에 의한 국부가열의 염려가 크다.
② 연소조절 및 점화, 소화가 용이하다.
③ 연료의 예열이 쉽고 전열효율이 좋다.
④ 적은 공기로 완전 연소시킬 수 있으며 연소효율이 높다.

19 목탄이나 코크스 등 휘발분이 없는 고체연료에서 일어나는 일반적인 연소형태는?

① 표면연소
② 분해연소
③ 증발연소
④ 확산연소

20 질량 기준으로 C 85%, H 12%, S 3%의 조성으로 되어 있는 중유를 공기비 1.1로 연소할 때 건연소가스량은 약 몇 Nm^3/kg인가?

① 9.7 ② 10.5
③ 11.3 ④ 12.1

제2과목 열역학

21 증기 동력 사이클 중 이상적인 랭킨(Rankine) 사이클에서 등엔트로피 과정이 일어나는 곳은?

① 펌프, 터빈 ② 응축기, 보일러
③ 터빈, 응축기 ④ 응축기, 펌프

22 이상기체의 상태변화와 관련하여 폴리트로픽(Polytropic) 지수 n에 대한 설명 중 옳은 것은?

① $n=0$이면 단열변화
② $n=1$이면 등온변화
③ $n=$비열비이면 정적변화
④ $n=\infty$이면 등압변화

23 다음 중 냉동 사이클의 운전특성을 잘 나타내고, 사이클의 해석을 하는 데 가장 많이 사용되는 선도는?

① 온도-체적 선도
② 압력-비엔탈피 선도
③ 압력-체적 선도
④ 압력-온도 선도

24 온도 250℃, 질량 50kg인 금속을 20℃의 물속에 놓았다. 최종 평형 상태에서의 온도가 30℃이면 물의 양은 약 몇 kg인가? (단, 열손실은 없으며, 금속의 비열은 0.5kJ/kg·K, 물의 비열은 4.18kJ/kg·K이다.)

① 108.3 ② 131.6
③ 167.7 ④ 182.3

25 실린더 내에 있는 온도 300K의 공기 1kg을 등온 압축할 때 냉각된 열량이 114kJ이다. 공기의 초기 체적이 V라면 최종 체적은 약 얼마가 되는가? (단, 이 과정은 이상기체의 가역과정이며, 공기의 기체상수는 0.287kJ/kg·K이다.)

① $0.27V$ ② $0.38V$
③ $0.46V$ ④ $0.59V$

26 물체 A와 B가 각각 물체 C와 열평형을 이루었다면 A와 B도 서로 열평형을 이룬다는 열역학 법칙은?

① 제0법칙 ② 제1법칙
③ 제2법칙 ④ 제3법칙

27 이상적인 증기압축식 냉동장치에서 압축기 입구를 1, 응축기 입구를 2, 팽창밸브 입구를 3, 증발기 입구를 4로 나타낼 때 온도(T)-엔트로피(S) 선도(수직축 T, 수평축 S)에서 수직선으로 나타나는 과정은?

① 1-2 과정 ② 2-3 과정
③ 3-4 과정 ④ 4-1 과정

28 초기조건이 100kPa, 60℃인 공기를 정적과정을 통해 가열한 후 정압에서 냉각과정을 통하여 500kPa, 60℃로 냉각할 때 이 과정에서 전체 열량의 변화는 약 몇 kJ/kmol인가? (단, 정적비열은 20kJ/kmol·K, 정압비열은 28kJ/kmol·K이며, 이상기체로 가정한다.)

① -964 ② -1,964
③ -10,656 ④ -20,656

29 압력 1MPa, 온도 400℃의 이상기체 2kg이 가역단열과정으로 팽창하여 압력이 500kPa로 변화한다. 이 기체의 최종온도는 약 몇 ℃인가? (단, 이 기체의 정적비열은 3.12kJ/kg·K, 정압비열은 5.21kJ/kg·K이다.)

① 237 ② 279
③ 510 ④ 622

30 오존층 파괴와 지구 온난화 문제로 인해 냉동장치에 사용하는 냉매의 선택에 있어서 주의를 요한다. 이와 관련하여 다음 중 오존파괴지수가 가장 큰 냉매는?

① R-134a ② R-123
③ 암모니아 ④ R-11

31 저위발열량 40,000kJ/kg인 연료를 쓰고 있는 열기관에서 이 열이 전부 일로 바꾸어지고, 연료소비량이 20kg/h이라면 발생되는 동력은 약 몇 kW인가?

① 110 ② 222
③ 316 ④ 820

32 압력이 100kPa인 공기를 정적과정에서 200kPa의 압력이 되었다. 그 후 정압과정으로 비체적이 $1m^3/kg$에서 $2m^3/kg$으로 변하였다고 할 때 이 과정 동안의 총 엔트로피의 변화량은 약 몇 kJ/kg·K인가? (단, 공기의 정적비열은 0.7kJ/kg·K, 정압비열은 1.0kJ/kg·K이다.)

① 0.31 ② 0.52
③ 1.04 ④ 1.18

33 다음 엔트로피에 관한 설명으로 옳은 것은?

① 비가역 사이클에서 클라우지우스(Clausius)의 적분은 영(0)이다.
② 두 상태 사이의 엔트로피 변화는 경로에는 무관하다.
③ 여러 종류의 기체가 서로 확산되어 혼합하는 과정은 엔트로피가 감소한다고 볼 수 있다.
④ 우주 전체의 엔트로피는 궁극적으로 감소되는 방향으로 변화한다.

34 처음 온도, 압축비, 공급열량이 같을 경우 열효율의 크기를 옳게 나열한 것은?

① Otto cycle > Sabathe cycle > Diesel cycle
② Sabathe cycle > Diesel cycle > Otto cycle
③ Diesel cycle > Sabathe cycle > Otto cycle
④ Sabathe cycle > Otto cycle > Diesel cycle

35 다음 공기 표준사이클(air standard cycle) 중 두 개의 등온과정과 두 개의 정압과정으로 구성된 사이클은?

① 디젤(diesel) 사이클
② 사바테(sabathe) 사이클
③ 에릭슨(ericsson) 사이클
④ 스터링(stirling) 사이클

36 실린더 속에 100g의 기체가 있다. 이 기체가 피스톤의 압축에 따라서 2kJ의 일을 받고 외부로 3kJ의 열을 방출했다. 이 기체의 단위 kg당 내부에너지는 어떻게 변화하는가?

① 1kJ/kg 증가한다.
② 1kJ/kg 감소한다.
③ 10kJ/kg 증가한다.
④ 10kJ/kg 감소한다.

37 0℃, 1기압(101.3kPa)하에 공기 $10m^3$가 있다. 이를 정압조건으로 80℃까지 가열하는데 필요한 열량은 약 몇 kJ인가? (단, 공기의 정압비열은 1.0kJ/kg·K이고, 정적비열은 0.71kJ/kg·K이며 공기의 분자량은 28.96kg/kmol이다.)

① 238
② 546
③ 1,033
④ 2,320

38 다음 중 냉매가 구비해야 할 조건으로 옳지 않은 것은?

① 비체적이 클 것
② 비열비가 작을 것
③ 임계점(critical point)이 높을 것
④ 액화하기가 쉬울 것

39 어떤 열기관이 역카르노 사이클로 운전하는 열펌프와 냉동기로 작동될 수 있다. 동일한 고온열원과 저온열원 사이에서 작동될 때, 열펌프와 냉동기의 성능계수(COP)는 다음과 같은 관계식으로 표시될 수 있는데, ( ) 안에 알맞은 값은?

$$COP_{열펌프} = COP_{냉동기} + (\quad)$$

① 0 ② 1
③ 1.5 ④ 2

40 $40m^3$의 실내에 있는 공기의 질량은 약 몇 kg인가? (단, 공기의 압력은 100kPa, 온도는 27℃이며, 공기의 기체상수는 0.287kJ/kg·K이다.)

① 93 ② 46
③ 10 ④ 2

제3과목 계측방법

41 진동, 충격의 영향이 적고, 미소 차압의 측정이 가능하며 저압가스의 유량을 측정하는 데 주로 사용되는 압력계는?

① 압전식 압력계
② 분동식 압력계
③ 침종식 압력계
④ 다이어프램 압력계

42 다음은 증기 압력제어의 병렬 제어방식의 구성을 나타낸 것이다. ( ) 안에 알맞은 용어를 바르게 나열한 것은?

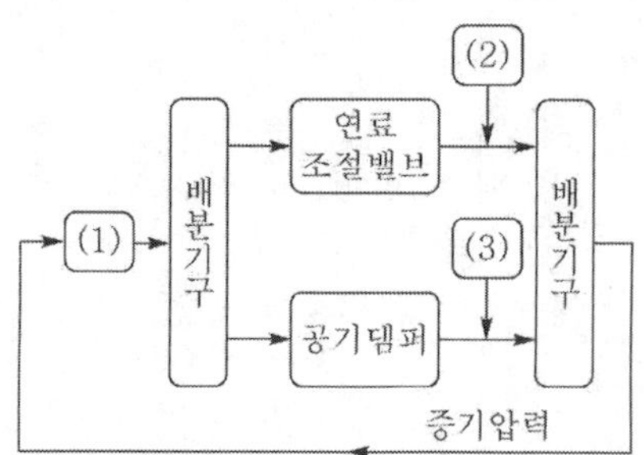

① (1) 동작신호, (2) 목표치, (3) 제어량
② (1) 조작량, (2) 설정신호, (3) 공기량
③ (1) 압력조절기, (2) 연료공급량, (3) 공기량
④ (1) 압력조절기, (2) 공기량, (3) 연료공급량

43 다음 중 접촉식 온도계가 아닌 것은?

① 방사온도계
② 제겔콘
③ 수은온도계
④ 백금저항온도계

44 비접촉식 온도계 중 색온도계의 특징에 대한 설명으로 틀린 것은?

① 방사율의 영향이 작다.
② 휴대와 취급이 간편하다.
③ 고온측정이 가능하며 기록조절용으로 사용된다.
④ 주변 빛의 반사에 영향을 받지 않는다.

45 다음 중 고온의 노 내 온도측정을 위해 사용되는 온도계로 가장 부적절한 것은?

① 제겔콘(seger cone)온도계
② 백금저항온도계
③ 방사온도계
④ 광고온계

46 광고온계의 특징에 대한 설명으로 옳은 것은?

① 비접촉식 온도측정법 중 가장 정도가 높다.
② 넓은 측정온도(0~3,000℃) 범위를 갖는다.
③ 측정이 자동적으로 이루어져 개인오차가 발생하지 않는다.
④ 방사온도계에 비하여 방사율에 대한 보정량이 크다.

47 지름 400mm인 관속을 5kg/s로 공기가 흐르고 있다. 관속의 압력은 200kPa, 온도는 23℃, 공기의 기체상수 R이 287J/kg·K라 할 때 공기의 평균 속도는 약 몇 m/s인가?

① 2.4 ② 7.7
③ 16.9 ④ 24.1

48 차압식 유량계의 종류가 아닌 것은?

① 벤투리 ② 오리피스
③ 터빈유량계 ④ 플로우노즐

49 다음 중 접촉식 온도계가 아닌 것은?

① 저항온도계 ② 방사온도계
③ 열전온도계 ④ 유리온도계

50 보일러의 자동제어 중에서 A.C.C.가 나타내는 것은 무엇인가?

① 연소제어 ② 급수제어
③ 온도제어 ④ 유압제어

51 차압식 유량계에 대한 설명으로 옳지 않은 것은?

① 관로에 오리피스, 플로우 노즐 등이 설치되어 있다.
② 정도(精度)가 좋으나, 측정범위가 좁다.
③ 유량은 압력차의 평방근에 비례한다.
④ 레이놀즈수가 105 이상에서 유량계수가 유지된다.

52 2.2kΩ의 저항에 220V의 전압이 사용되었다면 1초당 발생한 열량은 몇 W인가?

① 12 ② 22
③ 32 ④ 42

53 불연속 제어동작으로 편차의 정(+), 부(−)에 의해서 조작신호가 최대, 최소가 되는 제어동작은?

① 미분 동작 ② 적분 동작
③ 비례 동작 ④ 온−오프 동작

54 피드백 제어에 대한 설명으로 틀린 것은?

① 폐회로 방식이다.
② 다른 제어계보다 정확도가 증가한다.
③ 보일러 점화 및 소화 시 제어한다.
④ 다른 제어계보다 제어폭이 증가한다.

55 다음 중 용적식 유량계에 해당하는 것은?

① 오리피스미터 ② 습식 가스미터
③ 로터미터 ④ 피토관

56 다음 중 가스의 열전도율이 가장 큰 것은?

① 공기 ② 메탄
③ 수소 ④ 이산화탄소

57 차압식 유량계에서 교축 상류 및 하류에서의 압력이 P_1, P_2일 때 체적 유량이 Q_1이라면, 압력이 각각 처음보다 2배만큼씩 증가했을 때의 Q_2는 얼마인가?

① $Q_2 = 2Q_1$ ② $Q_2 = \frac{1}{2}Q_1$
③ $Q_2 = \sqrt{2}\,Q_1$ ④ $Q_2 = \frac{1}{\sqrt{2}}Q_1$

58 피토관으로 측정한 동압이 10mmH₂O일 때 유속이 15m/s이었다면 동압이 20mmH₂O일 때의 유속은 약 몇 m/s인가? (단, 중력가속도는 9.8m/s^{2}이다.)

① 18 ② 21.2
③ 30 ④ 40.2

59 단요소식 수위제어에 대한 설명으로 옳은 것은?

① 발전용 고압 대용량 보일러의 수위제어에 사용되는 방식이다.
② 보일러의 수위만을 검출하여 급수량을 조절하는 방식이다.
③ 부하변동에 의한 수위변화 폭이 대단히 적다.
④ 수위조절기의 제어동작은 PID동작이다.

60 응답이 빠르고 감도가 높으며, 도선저항에 의한 오차를 작게 할 수 있으나, 재현성이 없고 흡습 등으로 열화되기 쉬운 특징을 가진 온도계는?

① 광고온계
② 열전대 온도계
③ 서미스터 저항체 온도계
④ 금속 측온 저항체 온도계

제4과목 열설비재료 및 관계법규

61 에너지이용 합리화법에 따라 검사대상기기 조종자의 업무 관리대행기관으로 지정을 받기 위하여 산업통상자원부장관에게 제출하여야 하는 서류가 아닌 것은?

① 장비명세서
② 기술인력 명세서
③ 기술인력 고용계약서 사본
④ 향후 1년간의 안전관리대행 사업계획서

62 에너지이용 합리화 기본계획은 산업통상자원부장관이 몇 년마다 수립하여야 하는가?

① 3년
② 4년
③ 5년
④ 10년

63 에너지이용합리화법에 따라 인정검사대상기기 조정자의 교육을 이수한 사람의 조종범위는 증기보일러로서 최고사용 압력이 1MPa 이하이고 전열면적이 얼마 이하일 때 가능한가?

① $1m^2$　② $2m^2$
③ $5m^2$　④ $10m^2$

64 에너지이용 합리화법에 따라 시공업의 기술인력 및 검사대상기기 조종자에 대한 교육과정과 그 기간으로 틀린 것은?

① 난방시공업 제1종기술자 과정: 1일
② 난방시공업 제2종기술자 과정: 1일
③ 소형 보일러, 압력용기조종자 과정: 1일
④ 중·대형 보일러 조종자 과정: 2일

65 에너지법에서 정의하는 에너지가 아닌 것은?

① 연료　② 열
③ 원자력　④ 전기

66 에너지이용 합리화법에 따라 규정된 검사의 종류와 적용대상의 연결로 틀린 것은?

① 용접검사: 동체·경판 및 이와 유사한 부분을 용접으로 제조하는 경우의 검사
② 구조검사: 강판, 관 또는 주물류를 용접, 확대, 조립, 주조 등에 따라 제조하는 경우의 검사
③ 개조검사: 증기보일러를 온수보일러로 개조하는 경우의 검사
④ 재사용검사: 사용 중 연속 재사용하고자 하는 경우의 검사

67 에너지이용 합리화법에 따라 최대 1천만원 이하의 벌금에 처할 대상자에 해당되지 않는 자는?

① 검사대상기기조종자를 정당한 사유 없이 선임하지 아니한 자
② 검사대상기기의 검사를 정당한 사유 없이 받지 아니한 자
③ 검사에 불합격한 검사대상기기를 임의로 사용한 자
④ 최저소비효율기준에 미달된 효율관리기자재를 생산한 자

68 에너지이용 합리화법에 따라 에너지사용계획을 수립하여 산업통상자원부장관에게 제출하여야 하는 민간사업주관자의 기준은?

① 연간 5백만 킬로와트시 이상의 전력을 사용하는 시설을 설치하려는 자
② 연간 1천만 킬로와트시 이상의 전력을 사용하는 시설을 설치하려는 자
③ 연간 1천5백만 킬로와트시 이상의 전력을 사용하는 시설을 설치하려는 자
④ 연간 2천만 킬로와트시 이상의 전력을 사용하는 시설을 설치하려는 자

69 다음 보온재 중 최고안전사용온도가 가장 높은 것은?

① 석면
② 펄라이트
③ 폼글라스
④ 탄화마그네슘

70 다음 중 에너지이용 합리화법에 따라 에너지관리산업기사의 자격을 가진 자가 조종할 수 없는 보일러는?

① 용량이 10t/h인 보일러
② 용량이 20t/h인 보일러
③ 용량이 581.5kW인 온수 발생 보일러
④ 용량이 40t/h인 보일러

71 에너지이용 합리화법에서 정한 에너지다소비 사업자의 에너지관리기준이란?

① 에너지를 효율적으로 관리하기 위하여 필요한 기준
② 에너지관리 현황 조사에 대한 필요한 기준
③ 에너지 사용량 및 제품 생산량에 맞게 에너지를 소비하도록 만든 기준
④ 에너지관리 진단 결과 손실요인을 줄이기 위하여 필요한 기준

72 내화물의 스폴링(spalling) 시험방법에 대한 설명으로 틀린 것은?

① 시험체는 표준형 벽돌을 110±5℃에서 건조하여 사용한다.
② 전 기공률 45% 이상 내화벽돌은 공랭법에 의한다.
③ 시험편을 노 내에 삽입 후 소정의 시험온도에 도달하고 나서 약 15분간 가열한다.
④ 수냉법의 경우 노 내에서 시험편을 꺼내어 재빠르게 가열면 측을 눈금의 위치까지 물에 잠기게 하여 약 10분간 냉각한다.

73 에너지이용 합리화법에 따라 대통령령으로 정하는 일정 규모 이상의 에너지를 사용하는 사업을 실시하거나 시설을 설치하려는 경우 에너지 사용계획을 수립하여, 사업 실시 전 누구에게 제출하여야 하는가?

① 대통령
② 시 · 도지사
③ 산업통상자원부장관
④ 에너지 경제연구원장

74 에너지이용 합리화법에 따라 에너지 사용 안정을 위한 에너지저장의무 부과대상자에 해당되지 않는 사업자는?

① 전기사업법에 따른 전기사업자
② 석탄산업법에 따른 석탄가공업자
③ 집단에너지사업법에 따른 집단에너지사업자
④ 액화석유가스사업법에 따른 액화석유가스사업자

75 연속가마, 반연속가마, 불연속가마의 구분방식은 어떤 것인가?

① 온도상승속도 ② 사용목적
③ 조업방식 ④ 전열방식

76 에너지이용 합리화법에 따라 인정검사 대상기기 조종자의 교육을 이수한 자의 조종범위에 해당하지 않는 것은?

① 용량이 3t/h인 노통 연관식 보일러
② 압력용기
③ 온수를 발생하는 보일러로서 용량이 300kW인 것
④ 증기보일러로서 최고 사용압력이 0.5MPa이고 전열면적이 $9m^2$인 것

77 에너지이용 합리화법에 따라 에너지사용계획을 수립하여 산업통상자원부장관에게 제출하여야 하는 사업주관자가 실시하려는 사업의 종류가 아닌 것은?

① 도시개발사업
② 항만건설사업
③ 관광단지개발사업
④ 박람회 조경사업

78 에너지이용 합리화법에 따라 에너지공급자의 수요관리투자계획에 대한 설명으로 틀린 것은?

① 한국지역난방공사는 수요관리투자계획 수립대상이 되는 에너지공급자이다.
② 연차별 수요관리투자계획은 해당 연도 개시 2개월 전까지 제출하여야 한다.
③ 제출된 수요관리투자계획을 변경하는 경우에는 그 변경한 날부터 15일 이내에 변경사항을 제출하여야 한다.
④ 수요관리투자계획 시행 결과는 다음 연도 6월 말일까지 산업통상자원부장관에게 제출하여야 한다.

79 다음 보온재 중 최고 안전 사용온도가 가장 낮은 것은?

① 석면 ② 규조토
③ 우레탄 폼 ④ 펄라이트

80 에너지이용 합리화법의 목적이 아닌 것은?

① 에너지의 합리적인 이용을 증진
② 국민경제의 건전한 발전에 이바지
③ 지구온난화의 최소화에 이바지
④ 신재생에너지의 기술개발에 이바지

제5과목 열설비설계

81 저위발열량이 41,860kJ/kg인 연료를 사용하고 있는 실제 증발량이 4,000kg/h인 보일러에서 급수온도 40℃, 발생증기의 엔탈피가 2,721kJ/kg, 급수 엔탈피가 168kJ/kg일 때 연료 소비량은? (단, 보일러의 효율은 85%이다.)

① 251kg/h
② 287kg/h
③ 361kg/h
④ 397kg/h

82 고온부식의 방지대책이 아닌 것은?

① 중유 중의 황 성분을 제거한다.
② 연소가스의 온도를 낮게 한다.
③ 고온의 전열면에 내식재료를 사용한다.
④ 연료에 첨가제를 사용하여 바나듐의 융점을 높인다.

83 흑체로부터의 복사 전열량은 절대온도(T)의 몇 제곱에 비례하는가?

① $\sqrt{2}$ ② 2
③ 3 ④ 4

84 물을 사용하는 설비에서 부식을 초래하는 인자로 가장 거리가 먼 것은?

① 용존산소 ② 용존 탄산가스
③ pH ④ 실리카(SiO_2)

85 육용강제 보일러에서 동체의 최소 두께에 대한 설명으로 틀린 것은?

① 안지름이 900mm 이하인 것은 6mm(단, 스테이를 부착한 경우)
② 안지름이 900mm 초과 1,350mm 이하인 것은 8mm
③ 안지름이 1,350mm 초과 1,850mm 이하인 것은 10mm
④ 안지름이 1,850mm 초과하는 것은 12mm

86 보일러의 효율을 입·출열법에 의하여 계산하려고 할 때, 입열항목에 속하지 않는 것은?

① 연료의 현열
② 연소가스의 현열
③ 공기의 현열
④ 연료의 발열량

87 강제순환식 수관 보일러는?

① 라몬트(Lamont) 보일러
② 타쿠마(Takuma) 보일러
③ 슐저(Sulzer) 보일러
④ 벤슨(Benson) 보일러

88 동일 조건에서 열교환기의 온도효율이 높은 순서대로 나열한 것은?

① 향류 > 직교류 > 병류
② 병류 > 직교류 > 향류
③ 직교류 > 향류 > 병류
④ 직교류 > 병류 > 향류

89 노통 보일러의 수면계 최저 수위 부착 기준으로 옳은 것은?

① 노통 최고부 위 50mm
② 노통 최고부 위 100mm
③ 연관의 최고부 위 10mm
④ 연소실 천정판 최고부 위 연관길이의 1/3

90 보일러 수의 분출 목적이 아닌 것은?

① 물의 순환을 촉진한다.
② 가성취화를 방지한다.
③ 프라이밍 및 포밍을 촉진한다.
④ 관수의 pH를 조절한다.

91 프라이밍 및 포밍이 발생한 경우 조치 방법으로 틀린 것은?

① 압력을 규정압력으로 유지한다.
② 보일러수의 일부를 분출하고 새로운 물을 넣는다.
③ 증기밸브를 열고 수면계의 수위 안정을 기다린다.
④ 안전밸브, 수면계의 시험과 압력계 연락관을 취출하여 본다.

92 노통보일러에서 갤로웨이관(Galloway tube)을 설치하는 이유가 아닌 것은?

① 전열면적의 증가
② 물의 순환 증가
③ 노통의 보강
④ 유동저항 감소

93 보일러에서 용접 후에 풀림처리를 하는 주된 이유는?

① 용접부의 열응력을 제거하기 위해
② 용접부의 균열을 제거하기 위해
③ 용접부의 연신률을 증가시키기 위해
④ 용접부의 강도를 증가시키기 위해

94 태양열 보일러가 800W/m^2의 비율로 열을 흡수한다. 열효율이 9%인 장치로 12kW의 동력을 얻으려면 전열면적(m^2)의 최소 크기는 얼마이어야 하는가?

① 0.17 ② 1.35
③ 107.8 ④ 166.7

95 맞대기용접은 용접방법에 따라 그루브를 만들어야 한다. 판 두께 10mm에 할 수 있는 그루브의 형상이 아닌 것은?

① V형 ② R형
③ H형 ④ J형

96 다음 [보기]에서 설명하는 보일러 보존방법은?

> [보기]
> • 보존기간이 6개월 이상인 경우 적용한다.
> • 1년 이상 보존할 경우 방청도료를 도포한다.
> • 약품의 상태는 1~2주마다 점검하여야 한다.
> • 동 내부의 산소 제거는 숯불 등을 이용한다.

① 석회밀폐 건조보존법
② 만수보존법
③ 질소가스 봉입보존법
④ 가열건조법

97 연소실에서 연도까지 배치된 보일러 부속 설비의 순서를 바르게 나타낸 것은?

① 과열기 → 절탄기 → 공기예열기
② 절탄기 → 과열기 → 공기예열기
③ 공기예열기 → 과열기 → 절탄기
④ 과열기 → 공기예열기 → 절탄기

98 [그림]과 같이 폭 150mm, 두께 10mm의 맞대기 용접이음에 작용하는 인장응력은?

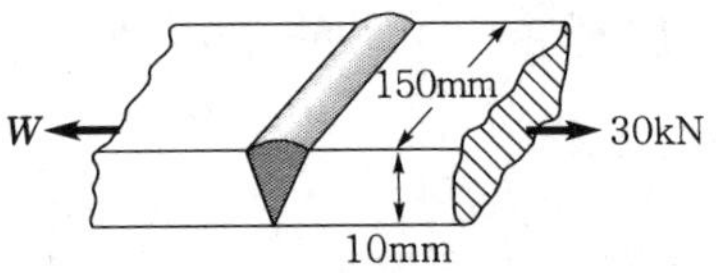

① 2MPa ② 15MPa
③ 10MPa ④ 20MPa

99 육용 강재 보일러의 구조에 있어서 동체의 최소 두께 기준으로 틀린 것은?

① 안지름이 900mm 이하의 것은 4mm
② 안지름이 900mm 초과 1,350mm 이하의 것은 8mm
③ 안지름이 1,350mm 초과 1,850mm 이하의 것은 10mm
④ 안지름이 1,850mm 초과하는 것은 12mm

100 보일러 수처리의 약제로서 pH를 조정하여 스케일을 방지하는 데 주로 사용되는 것은?

① 리그닌
② 인산나트륨
③ 아황산나트륨
④ 탄닌

정답 및 해설

01	02	03	04	05	06	07	08	09	10
③	②	①	③	①	②	③	②	①	②
11	12	13	14	15	16	17	18	19	20
③	④	③	①	④	④	④	①	①	③
21	22	23	24	25	26	27	28	29	30
①	②	②	②	①	①	①	③	①	④
31	32	33	34	35	36	37	38	39	40
②	④	②	①	③	④	③	①	②	②
41	42	43	44	45	46	47	48	49	50
③	③	①	④	②	①	③	③	②	①
51	52	53	54	55	56	57	58	59	60
②	②	④	③	②	③	③	②	②	③
61	62	63	64	65	66	67	68	69	70
③	③	④	④	③	④	④	④	②	④
71	72	73	74	75	76	77	78	79	80
①	④	③	④	③	①	④	④	③	④
81	82	83	84	85	86	87	88	89	90
②	①	④	④	①	②	①	①	②	③
91	92	93	94	95	96	97	98	99	100
③	④	①	④	③	①	①	④	①	②

01 공기비$(m)=\dfrac{21}{21-O_2}=\dfrac{21}{21-3}=1.17$

02 ㉠ 연소반응식($CH_4+2O_2 \rightarrow CO_2+2H_2O$)

㉡ 실제 연소가스량(G_w)

$=(m-0.21)A_o+CO_2+H_2O$

$=(1.3-0.21)\times\dfrac{2}{0.21}+1+2=13.38\text{Nm}^3/\text{kg}$

03 이론건연소가스량(G_{od})

=공기 중의 질소량($0.79\times A_o$)+연소생성가스(CO_2, SO_2)

$=0.79A_o+1.867C+0.7S$

$=0.79\times\dfrac{O_o}{0.21}+1.867C+0.7S$

$=0.79\left(\dfrac{1.867C+5.6H}{0.21}\right)+1.867C+0.7S$

$=0.79\left(\dfrac{1.867\times0.8+5.6\times0.2}{0.21}\right)+1.867\times0.8+0$

$\fallingdotseq 11.326$($\fallingdotseq 11.33\text{Nm}^3/\text{kg}$(연료))

$\therefore\ (CO_2)_{max}=\dfrac{1.867C+0.7S}{G_{od}}$

$=\dfrac{1.867\times0.8+0}{11.33}\times100\% \fallingdotseq 13.2\%$

⊙ $(CO_2)_{max}$는 이론공기량(A_o)으로 연소했을 경우를 말한다.

04 공기과잉계수(공기비)

$=\dfrac{N_2}{N_2-3.76(O_2-0.5CO)}$

$=\dfrac{79}{79-3.76\times8}=1.61$

⊙ $N_2=100-(CO_2+O_2+CO)$

05 $H_L=8{,}100C+28{,}800\left(H-\dfrac{O}{8}\right)+2{,}500S-600(w-9H)$

$=8{,}100\times0.815+28{,}800\left(0.045-\dfrac{0.08}{8}\right)+2{,}500\times0.02-600(0.04+9\times0.045)$

$=7{,}392.5\text{kcal/kg}\fallingdotseq 30{,}945\text{kJ/kg}$

$$\eta = \frac{860\text{kW}}{H_L \times G_f} \times 100\% = \frac{860 \times 3{,}000}{7{,}392.5 \times 1{,}400} \times 100\%$$
$\fallingdotseq 25\%$

※ $$\eta = \frac{3{,}600\text{kW}}{H_L \times m_f} \times 100\% = \frac{3{,}600 \times 3{,}000}{30{,}945 \times 1{,}400} \times 100\%$$
$\fallingdotseq 25\%$

06 연소 배기가스 중의 O_2나 CO_2 함유량을 측정하는 경제적인 이유는 공기비를 조절하여 열효율을 높이고 연료소비량을 감소시키기(줄이기) 위함이다.

07 $C_3H_8 + 5O_2 \rightarrow 3CO_2 + 4H_2O$
1Nm^3 3Nm^3
이론건연소가스량(G_{od})=3×5=15Nm^3
⊙ 이론공기량(A_o)이 아니고 이론산소량(O_o)만으로 연소시키는 경우이며 이론건연소가스량이 생성된 CO_2만 고려한다.

08 $$\frac{100}{L} = \frac{V_1}{L_1} + \frac{V_2}{L_2} + \frac{V_3}{L_3} = \frac{50}{5} + \frac{25}{3} + \frac{25}{2.1} = 30.238$$
$$\therefore L = \frac{100}{30.238} \fallingdotseq 3.3$$

09 ㉠ 통풍력 증가요인
- 외기온도가 낮으면 증가
- 배기가스온도가 높으면 증가
- 연돌높이가 높으면 증가

㉡ 통풍력 감소요인
- 공기습도가 높을수록
- 연도벽과 마찰
- 연도의 급격한 단면적 감소
- 벽돌 연도 시 크랙에 의한 외기 침입 시 감소

10 $$\text{이론공기량}(A_o) = \frac{5 \times 0.7 + 6.5 \times 0.3}{0.21} \fallingdotseq 26\text{Nm}^3/\text{Nm}^3$$

11 연소온도에 직접적인 영향을 주는 요소
㉠ 공기 중의 산소농도
㉡ 연료의 저위발열량
㉢ 공기비(과잉공기량)

12 에탄(C_2H_6)+3.5O_2 → 2CO_2+3H_2O
프로판(C_3H_8)+5O_2 → 3CO_2+4H_2O
부탄(C_4H_{10})+6.5O_2 → 4CO_2+5H_2O
메탄(CH_4)+2O_2 → CO_2+2H_2O
※ 탄화수소계 완전연소반응식
$$C_mH_n + \left(m + \frac{n}{4}\right)O_2 \rightarrow mCO_2 + \frac{n}{2}H_2O$$

13 링겔만 매연농도표
No. 0(깨끗함)~No. 5(더러움)
- 매연농도율
=20×총매연농도치/측정시간(분)
=20×(4×10+3×15+2×15+1×20)÷60=45%
- 매연농도치=농도표 번호(No.)×측정시간(분)

14 매연 발생 원인
㉠ 연소실 온도가 낮을 때
㉡ 연료의 질이 나쁠 때
㉢ 연소장치가 불량할 때
㉣ 통풍력이 부족할 때

15 $C_3H_8 + 5O_2 \rightarrow 3CO_2 + 4H_2O$
1kmol 5kmol
44kg 5×22.4Nm^3
$$\text{이론산소량}(O_0) = \frac{5 \times 22.4}{44} = 2.545\text{Nm}^3/\text{kg}$$
$$\text{이론공기량}(A_0) = \frac{O_0}{0.21} = \frac{2.545}{0.21} \fallingdotseq 12.12\text{Nm}^3/\text{kg}$$
∴ 프로판 가스 2kg을 완전연소시킬 때 필요한 이론공기량은 $12.12\text{Nm}^3/\text{kg} \times 2\text{kg} = 24.24\text{Nm}^3$이므로 약 24$\text{Nm}^3$이다.

16 과잉공기량이 연소에 미치는 영향
㉠ 열효율
㉡ CO 배출량
㉢ 노(furnace) 내 온도

17 $CH_4 + 2O_2 \rightarrow CO_2 + 2H_2O$
$$A_d = \frac{O_o}{0.232} = \frac{2 \times 22.4}{0.232 \times 16} \fallingdotseq 12.1\text{kg/kmol}$$

18 최대 역화수의 위험이 크며 고온연소(연소온도가 높기) 때문에 국부가열을 일으키기 쉽다(염려가 크다)는 것은 액체연료의 단점이다.

19 표면연소(suface reaction)
목탄이나 코크스, 숯, 금속분 등 휘발분이 없는 고체연료에서 열분해나 증발하지 않고 표면에서 산소와 급격히 산화반응하여 연소하는 현상. 불꽃이 없는 것(무염연소)이 특징이고 연쇄 반응이 없다.
② 분해연소: 석탄, 목재, 종이, 섬유, 플라스틱, 합성수지(고분자)
③ 증발연소: 에테르, 이황화탄소, 알코올류 아세톤 휘발유, 경유 등
④ 확산연소: LNG, LPG, 아세틸렌(C_2H_2) 등의 가연성 기체

20 이론공기량(A_o)

$= 8.89C + 26.67\left(H - \dfrac{O}{8}\right) + 3.33S$

$= 8.89 \times 0.85 + 26.67(0.12) + 3.33 \times 0.03$

$= 10.8568 Nm^3/kg$

건연료가스량(G_{od})

$= 0.79A_o + 1.8678C + 0.7S$

$= 0.79 \times 10.86 + 1.867 \times 0.85 + 0.7 \times 0.03$

$\fallingdotseq 10.19 Nm^3/kg$

∴ 실제 건연소가스량(G_d)

$= G_{od} + (m-1)A_o = 10.19 + (1.1-1) \times 10.86$

$= 11.27 Nm^3/kg$

21 증기원동소 이상사이클인 랭킨 사이클에서 단열과정(등엔트로피과정)은 펌프(단열압축과정), 터빈(단열팽창과정)이다.

22 폴리트로픽 지수(n)와 상태변화의 관계식

$PV^n = C$

㉠ $n=0$, $P=C$(등압변화)

㉡ $n=1$, $T=C$(등온변화)

㉢ $n=k$(가역단열변화)

㉣ $n=\infty$, $V=C$ (등적변화)

23 냉매 몰리에르선도는 종축에 절대압력(P)을 횡축에 비엔탈피(h)를 취한 선도로 냉동기의 운전특성을 잘 나타내고 있으므로 냉동사이클을 도시하여 냉동기의 성적계수$(COP)_R$를 구할 수 있다.

24 열평형의 법칙(열역학 제0법칙 적용)

금속의 방열량 = 물의 흡열량

$m_1C_1(t_1 - t_m) = m_2C_2(t_m - t_2)$

$\therefore m_2 = \dfrac{m_1C_1(t_1 - t_m)}{C_2(t_m - t_2)}$

$= \dfrac{50 \times 0.5(250-30)}{4.18(30-20)}$

$\fallingdotseq 131.6kg$

25 $Q = mRT\ln\dfrac{V}{V_2}$ [kJ] $(y = \ln x \rightarrow x = e^y)$

$\ln\dfrac{V}{V'} = \dfrac{Q}{mRT}$

$\dfrac{V}{V'} = e^{\frac{Q}{mRT}}$

$\therefore V' = \dfrac{V}{e^{\frac{Q}{mRT}}} = \dfrac{V}{e^{\frac{114}{1 \times 0.287 \times 300}}} = \dfrac{V}{e^{1.324}} = 0.27V$

26 ㉠ 열역학 제0법칙: 열평형의 법칙

㉡ 열역학 제1법칙: 에너지보존의 법칙

㉢ 열역학 제2법칙: 엔트로피 증가법칙=비가역법칙

㉣ 열역학 제3법칙: 엔트로피 절댓값을 정의한 법칙

27

T
②
③
①
④
S

① → ② 압축기

② → ③ 응축기

③ → ④ 팽창밸브

④ → ① 증발기

28 $q_t = (C_v - C_p)T_1\left(\dfrac{P_2}{P_1} - 1\right)$

$= (20-28) \times 333 \times \left(\dfrac{500}{100} - 1\right)$

$= -10,656 kJ/kmol$

29 $k = \dfrac{C_p}{C_v} = \dfrac{5.21}{3.12} = 1.67$

$\dfrac{T_2}{T_1} = \left(\dfrac{P_2}{P_1}\right)^{\frac{k-1}{k}}$

$T_2 = T_1\left(\dfrac{P_2}{P_1}\right)^{\frac{k-1}{k}} = (400+273) \times \left(\dfrac{500}{1,000}\right)^{\frac{1.67-1}{1.67}}$

$\fallingdotseq 510K - 273K = 237℃$

30 프레온11은 메탄(CH_4)계 냉매로 화학식(CCl_3F)에서 대기오염물질인 염소(Cl)가 3개로, 주어진 냉매 중 오존파괴지수가 가장 큰 냉매다.

31 $\eta = \dfrac{3,600kW}{H_L \times m_f} \times 100(\%)$

$kW = \dfrac{\eta \times H_L \times m_f}{3,600} = \dfrac{1 \times 40,000 \times 20}{3,600} = 222.22kW$

32 $(\Delta S)_{total} = \Delta S_1 + \Delta S_2 = C_v \ln\dfrac{P_2}{P_1} + C_p \ln\dfrac{v_2}{v_1}$

$= 0.7\ln\dfrac{200}{100} + 1.0\ln\dfrac{2}{1} = 1.18 kJ/kg \cdot K$

33 엔트로피(ΔS)는 상태함수이므로 경로와는 관계없으며 두 상태에 따라 값을 구할 수 있는 열량적 상태량이다.

34 처음 온도, 압축비, 공급열량이 같을 때 열효율 크기 순서
$\eta_{tho} > \eta_{ths} > \eta_{thd}$

35 등온변화 2개와 정압변화 2개로 구성된 사이클은 에릭슨 사이클(ericsson cycle)이다.

36 $U_2 - U_1 = Q - W = -3 + 2 = -1\text{kJ}$
$\therefore\ u_2 - u_1 = \dfrac{U_2 - U_1}{m} = \dfrac{-1}{0.1} = -10\text{kJ/kg}$

37 $PV = mRT$
$m = \dfrac{PV}{RT} = \dfrac{101.3 \times 10}{\dfrac{8.314}{28.96} \times 273.15} = 12.92\text{kg}$
$Q = mC_p(t_2 - t_1) = 12.92 \times 1.0 \times (80 - 0)$
$= 1{,}033\text{kJ}$

38 냉매는 비체적(v)이 작아야 한다.

39 $\text{COP}_{열펌프} = \dfrac{Q_1}{W_c} = \dfrac{W_c + Q_2}{W_c} = 1 + \text{COP}_{냉동기}$

40 $PV = mRT$에서
$m = \dfrac{PV}{RT} = \dfrac{100 \times 40}{0.287 \times (27 + 273)} = 46.46\text{kg}$

41 침종식 압력계(단종식, 복종식)의 특성
㉠ 진동이나 충격의 영향이 적다.
㉡ 미소 차압의 측정이 가능하다(저압가스 유량측정).
㉢ 측정범위: 단종식 100mmAq 이하, 복종식 5~30mmAq 이하

42 증기 압력제어의 병렬 제어방식이란 증기압력에 따라 (1) 압력조절기가 제어동작을 향하여 2출력신호를 배분기구에 의하여 연료조절밸브 및 공기댐퍼(Air damper)에 분배하여 양자의 개도를 동시에 조절함으로써 (2) 연료공급량 및 (3) 연소용공기량을 조절하는 방식이다.
※ 공기댐퍼(Damper): 연료의 무화에 필요한 공기를 조절하는 댐퍼다(버너입구에 설치).

43 접촉식 온도계의 종류
㉠ 제겔콘 ㉡ 수은온도계
㉢ 백금저항온도계 ㉣ 열전(대)온도계
㉤ (전기)저항식온도계 ㉥ 바이메탈온도계
㉦ 압력식온도계(액체 팽창식 기체팽창식)
※ 방사온도계는 물체로부터 방출되는 열복사에너지를 측정하여 그 물체의 온도를 재는 비접촉식 온도계로, 1,500℃ 이상, 2,000℃ 이상을 측정할 수 있는 고온계이다.

45 고온의 노(furnace) 내 온도측정 시 사용하는 온도계의 종류
㉠ 방사온도계
㉡ 광고온도계
㉢ 제겔콘(seger cone)온도계

46 광고온도계(optical pyrometer)는 측정물의 휘도를 표준램프의 휘도와 비교하여 온도를 측정하는 것으로 비접촉식 온도측정 방법 중 가장 정도가 높다.

47 $\rho = \dfrac{P}{RT} = \dfrac{200}{0.287 \times (23 + 273)}$
$= 2.35\text{kg/m}^3$
$\dot{m} = \rho A V[\text{kg/s}]$에서
$V = \dfrac{\dot{m}}{\rho A} = \dfrac{5}{2.35 \times \dfrac{\pi(0.4)^2}{4}} = \dfrac{4 \times 5}{2.35 \times \pi \times (0.4)^2}$
$= 16.94\text{m/s}$

48 차압식(Δp) 유량계는 벤투리(Venturi), 오리피스(orifice), 플로우노즐(flow nozzle) 등이 있다.

49 ㉠ 접촉식 온도계
- 저항온도계
- 열전온도계
- 유리온도계

㉡ 비접촉식 온도계
- 방사온도계

50
- 연소제어(Automatic Combustion Control: A.C.C.)
- 급수제어(Feed Water Control: F.W.C.)

51 차압식 유량계는 구조가 간단하고 가동부가 거의 없으므로 견고하고 내구성이 크며 고온·고압 과부하에 견디고 압력손실도 적다. 정밀도도 매우 높고 측정범위가 넓다.

52 $Q = VI = (IR)I = I^2R = \left(\frac{V}{R}\right)^2 R$

$\frac{V^2}{R} = \frac{220^2}{2.2 \times 10^3} = 22\text{W}$

53 2위치제어(On-Off)는 불연속 제어의 대표적 제어이다.

54 보일러의 점화 및 소화 시 제어는 시퀀스 제어(순차적 제어)이다.

55 습식 가스미터는 용적식 유량계이다.

56 ㉠ 수소(H_2)는 열전도율이 크다(180.5W/m·K).
㉡ 질소(N_2)의 열전도율은 25.83W/m·K이다.
㉢ 산소(O_2)의 열전도율은 26.58W/m·K이다.
㉣ 이산화탄소(CO_2)의 열전도율은 0.015W/m·K이다.

57 차압식 유량계 유량(Q)

$Q = A\sqrt{2g\frac{\Delta P}{r}} = A\sqrt{\frac{2\Delta P}{\rho}}\ [\text{m}^3/\text{s}]$

$Q \propto \sqrt{\Delta P}$

$\frac{Q_2}{Q_1} = \sqrt{\frac{\Delta P_2}{\Delta P_1}} = \sqrt{2}$

$\therefore\ Q_2 = \sqrt{2}\, Q_1\ [\text{m}^3/\text{s}]$

58 $V = \sqrt{2g\Delta h}\ [\text{m/s}]$

$\frac{V_2}{V_1} = \left(\frac{\Delta h_2}{\Delta h_1}\right)^{\frac{1}{2}} = \sqrt{\frac{\Delta h_2}{\Delta h_1}}$

$\therefore\ V_2 = V_1\sqrt{\frac{20}{10}} = 15 \times 1.4142 = 21.21\text{m/s}$

59 수위제어 방식
㉠ 단요소식(1요소식): 보일러의 수위만을 검출하여 급수량을 조절하는 방식이다.
㉡ 2요소식 : 수위와 증기유량을 동시에 검출하는 방식이다.
㉢ 3요소식 : 수위, 증기유량, 급수유량을 동시에 검출하는 방식이다.

60 서미스터 저항체 온도계는 응답이 빠르고 감도가 높으며 도선저항에 대한 오차(error)를 작게 할 수 있으나 재현성이 없고 흡습 등으로 열화되기 쉬운 특징을 가진 온도계다.

61 관리대행기관으로 지정을 받기 위해 산업통상자원부장관에게 제출하여야 하는 서류
㉠ 장비명세서
㉡ 기술인력 명세서
㉢ 향후 1년간의 안전관리대행 사업계획서
㉣ 변경사항을 증명할 수 있는 서류

62 산업통상부장관은 에너지이용 합리화 기본계획을 5년마다 수립해야 한다.

65 에너지법에서 에너지(Energy)의 정의는 연료, 열, 전기 3가지이고 원자력은 에너지가 아니다.

66 계속사용검사 중 재사용검사는 사용중지 후 재사용하고자 하는 경우의 검사를 말한다.

67 최저소비효율기준에 미달된 효율관리기자재를 생산 또는 판매금지 명령을 위반한 자는 2천만원 이하의 벌금에 처한다.

68 에너지이용 합리화법에 따라 에너지사용계획을 수립하여 산업통산자원부장관에게 제출하여야 하는 민간사업주관자의 기준은 연간 2천만 킬로와트시(kWh) 이상의 전력을 사용하는 시설을 설치하려는 자이다.

69 ① 석면: 450℃ 이하
② 펄라이트: 650℃ 정도
③ 폼글라스: 120℃ 이하
④ 탄화마그네슘: 250℃ 이하

70 용량이 30t/h를 초과하는 보일러는 보일러기능장 또는 에너지관리기사에게 조종자의 자격이 있다.
※ 에너지관리산업기사는 용량이 10ton/h를 초과하고 30ton/h 이하인 보일러를 조종할 수 있다.
(용량이 10ton/h 이하인 보일러를 조종할 수 있다.)

71 에너지다소비업자의 에너지관리기준이란 에너지를 효율적으로 관리하기 위하여 필요한 기준이다.

73 에너지이용 합리화법에 따라 대통령령으로 정하는 일정규모 이상의 에너지를 사용하는 사업을 실시하거나 시설을 설치하려는 경우 에너지 사업계획을 수립하여 사업 실시 전 산업통상자원부장관에게 제출하여야 한다.

74 에너지 사용 안정을 위한 에너지저장의무 부과대상자에 해당되는 사업자

㉠ 전기사업법에 따른 전기사업자
㉡ 석탄산업법에 의한 석탄가공업자
㉢ 집단에너지사업법에 따른 집단에너지사업자

75 가마는 조업방식에 따라 연속가마, 반연속가마, 불연속가마로 구분한다.

76 인정검사 대상기기(조종자 교육을 이수한 자의 조정범위)

㉠ 증기보일러로서 최고 사용압력이 1MPa 이하이고 전열면적이 $10m^2$ 이하인 것
㉡ 온수 발생 또는 열매체를 가열하는 보일러로서 출력이 0.58MW(50만kcal/h 이하인 것)
㉢ 압력용기

77 에너지사용계획을 수립하여 산업통상자원부장관에게 제출해야 하는 사업주관자가 실시하려는 사업의 종류

㉠ 도시개발사업
㉡ 항만건설사업
㉢ 관광단지개발사업
㉣ 철도건설사업
㉤ 산업단지개발사업
㉥ 개발촉진지구 개발사업
㉦ 에너지개발사업
㉧ 지역종합개발사업
㉨ 공항건설사업

78 에너지공급자의 수요관리투자계획(사업시행결과 제출)

에너지공급자는 투자사업 시행결과보고서를 산업통상자원부장관에게 매년 2월말까지 결과보고서를 제출해야 한다.

79 최고 안전 사용온도

㉠ 우레탄 폼류: 80℃
㉡ 석면: 450℃
㉢ 규조토: 500℃
㉣ 펄라이트: 650℃

80 에너지이용 합리화법의 목적

㉠ 에너지의 합리적인 이용을 증진
㉡ 국민경제의 건전한 발전 및 국민복지의 증진
㉢ 에너지소비로 인한 환경피해를 줄임
㉣ 지구온난화의 최소화에 이바지함

81 $\eta_B = \dfrac{m_a(h_2-h_1)}{H_L \times m_f} \times 100\%$

$$m_f = \frac{m_a(h_2-h_1)}{H_L \times \eta_B} = \frac{4{,}000(2{,}721-168)}{41{,}860 \times 0.85} = 287\text{kg/h}$$

82 $S+O_2 \rightarrow SO_2+80{,}000\text{kcal/kmol}$

황(S) 성분은 저온부식의 원인이 된다(절탄기, 공기예열기).

83 복사 전열량$(q_R) = \varepsilon\sigma A T^4$[W]

스테판–볼쯔만 상수$(\sigma) = 5.67 \times 10^{-8}\text{W/m}^2\text{K}^4$

$q_R \propto T^4$(흑체표면 절대온도의 4제곱에 비례한다)

ε: 복사율$(0 < \varepsilon < 1)$

A: 전열면적(m^2)

84 흡수제(건조제)의 종류

㉠ 실리카겔, 염화칼슘($CaCl_2$)
㉡ 오산화인(P_2O_5)
㉢ 생석회(CaO)
㉣ 활성알루미나(Al_2O_3)

85 육용강제 보일러 동체의 최소 두께 안지름이 900mm 이하인 것은 8mm(단, 스테이를 부착한 경우)이다.

86 열정산 입열항목(피열물이 가지고 들어오는 열량)

㉠ 연료의 현열
㉡ 연료의 (저위)발열량
㉢ 공기의 현열(연소용 공기의 현열)
㉣ 노내 분입 증기의 보유열

87

- 강제순환식 수관 보일러: 라몬트(Lamont) 보일러와 베록스 보일러
- 자연순환식 수관 보일러: 바브콕, 타쿠마(Takuma), 쓰네기찌, 2동 D형 보일러
- 관류보일러: 슐저(Sulzer) 보일러, 람진 보일러, 엣모스 보일러, 벤슨(Benson) 보일러

88 동일 조건에서 열교환기(Heat Exchanger)의 온도효율 크기 순서는 향류(대향류) > 직교류 > 병류(평행류) 순이다.

89 수면계 부착위치

- 노통보일러 노통 최고부(플랜지부 제외) 위 100mm
- 노통연관보일러 연관의 최고부 위 75mm

90 보일러 수의 분출 목적
㉠ 프라이밍 및 포밍의 발생 방지
㉡ 관수의 pH(수소이온농도) 조절 및 고수위 방지
㉢ 가성취화 방지
㉣ 불순물의 농도를 한계치 이하로 유지(부식발생 방지)
㉤ 슬러지(sludge)를 배출하여 스케일 생성 방지

91 안전밸브를 개방하여 압력을 낮추면 프라이밍(비수현상) 및 포밍(거품)현상이 오히려 더욱 일어나게 되므로 주증기밸브(main steam valve)를 잠가서 압력을 증가시켜 주어야 한다.

92 갤로웨이관(Galloway tube)의 설치목적(이유)
㉠ 전열면적의 증가
㉡ 보일러수(물)의 순환 증대
㉢ 노통의 보강
※ 갤로웨이관은 노통 상하부를 약 30° 정도로 관통시킨 원추형 관(tube)이다.

93 보일러에서 용접 후 풀림(어닐링)을 하는 주된 이유는 용접부의 열응력(내부응력)을 제거하기 위해서이다.

94 $전열면적(A) = \dfrac{동력(kW)}{열유속(heat\ flux) \times 열효율(\eta)}$

$= \dfrac{12,000}{800 \times 0.09}$

$= 166.67\text{m}^2$

95 맞대기 용접이음

판의 두께(mm)	끝벌림의 형상(그루브)
1~5	I형
6~16 이하	V형(R형 또는 J형)
12~38	X형(또는 U형, K형, 양면 J형)
19 이상	H형

96 보일러 보존방법 중 석회밀폐 건조보존법
㉠ 보존기간이 6개월 이상인 경우 적용한다.
㉡ 1년 이상 보존할 경우 방청도료(paint)를 도포한다.
㉢ 약품의 상태는 1~2주마다 점검한다.
㉣ 동(Drum) 내부의 산소 제거는 숯 등을 이용한다.

97 연소실에서 연도까지 배치된 보일러의 부속설비순서
과열기(super heater) → 절탄기(economizer) → 공기예열기

98 $\sigma_t = \dfrac{P_t}{A} = \dfrac{30 \times 10^3}{hL} = \dfrac{30 \times 10^3}{10 \times 150} = 20\text{MPa}(\text{N/mm}^2)$

99 육용 강제 보일러의 구조에 있어서 동체의 최소 두께 기준 안지름이 900mm 이하인 것은 6mm(스테이를 부착한 경우는 8mm)로 한다.

100 인산나트륨은 보일러 수처리 약제로 수소이온농도(pH)를 pH 11 이상의 강알칼리성으로 조정하여 부식 및 스케일을 방지하는 데 사용된다.

제6회 CBT 실전 모의고사

[정답 및 해설 ⇨ p.99]

제1과목 연소공학

01 상당 증발량이 50kg/min인 보일러에서 24,280 kJ/kg의 석탄을 태우고자 한다. 보일러의 효율이 87%라 할 때 필요한 화상 면적은? (단, 무연탄의 화상 연소율은 73kg/m^{2}h이다.)

① 2.3m^2 ② 4.4m^2
③ 6.7m^2 ④ 10.9m^2

02 분자식이 C_mH_n인 탄화수소가스 1Nm^{3}를 완전연소시키는 데 필요한 이론 공기량(Nm^3)은? (단, C_mH_n의 m, n은 상수이다.)

① $4.76m+1.19n$ ② $1.19m+4.7n$
③ $m+\frac{n}{4}$ ④ $4m+0.5n$

03 보일러 등의 연소장치에서 질소산화물(NO_x)의 생성을 억제할 수 있는 연소 방법이 아닌 것은?

① 2단 연소
② 저산소(저공기비)연소
③ 배기의 재순환 연소
④ 연소용 공기의 고온 예열

04 온도가 293K인 이상기체를 단열 압축하여 체적을 1/6로 하였을 때 가스의 온도는 약 몇 K인가? (단, 가스의 정적비열[C_v]은 0.7 kJ/kg · K, 정압비열[C_p]은 0.98kJ/kg · K이다)

① 393 ② 493
③ 558 ④ 600

05 화염검출기와 가장 거리가 먼 것은?

① 플레임 아이 ② 플레임 로드
③ 스태빌라이저 ④ 스택 스위치

06 어떤 중유연소 가열로의 발생가스를 분석했을 때 체적비로 CO_2 12.0%, O_2 8.0%, N_2 80%의 결과를 얻었다. 이 경우의 공기비는? (단, 연료 중에는 질소가 포함되어 있지 않다.)

① 1.2 ② 1.4
③ 1.6 ④ 1.8

07 고체연료의 연료비를 식으로 바르게 나타낸 것은?

① $\frac{\text{고정탄소(\%)}}{\text{휘발분(\%)}}$
② $\frac{\text{회분(\%)}}{\text{휘발분(\%)}}$
③ $\frac{\text{고정탄소(\%)}}{\text{회분(\%)}}$
④ $\frac{\text{가연성 성분 중 탄소(\%)}}{\text{유리 수소(\%)}}$

08 CO_{2max}는 19.0%, CO_2는 10.0%, O_2는 3.0%일 때 과잉공기계수(m)는 얼마인가?

① 1.25 ② 1.35
③ 1.46 ④ 1.90

09 보일러의 열정산 시 출열에 해당하지 않는 것은?

① 연소배가스 중 수증기의 보유열
② 불완전연소에 의한 손실열
③ 건연소배가스의 현열
④ 급수의 현열

10 다음 중 분젠식 가스버너가 아닌 것은?

① 링버너 ② 슬릿버너
③ 적외선버너 ④ 블라스트버너

11 탄화수소계 연료(C_xH_y)를 연소시켜 얻은 연소생성물을 분석한 결과 CO_2 9%, CO 1%, O_2 8%, N_2 82%의 체적비를 얻었다. y/x의 값은 얼마인가?

① 1.52 ② 1.72
③ 1.92 ④ 2.12

12 중량비로 탄소 84%, 수소 13%, 유황 2%의 조성으로 되어 있는 경유의 이론공기량은 약 몇 Nm^3/kg인가?

① 5 ② 7
③ 9 ④ 11

13 연소관리에 있어 연소 배기가스를 분석하는 가장 직접적인 목적은?

① 공기비 계산
② 노내압 조절
③ 연소열량 계산
④ 매연농도 산출

14 고체연료의 공업분석에서 고정탄소를 산출하는 식은?

① 100−[수분(%)+회분(%)+질소(%)]
② 100−[수분(%)+회분(%)+황분(%)]
③ 100−[수분(%)+황분(%)+휘발분(%)]
④ 100−[수분(%)+회분(%)+휘발분(%)]

15 최소착화에너지(MIE)의 특징에 대한 설명으로 옳은 것은?

① 질소농도의 증가는 최소착화에너지를 감소시킨다.
② 산소농도가 많아지면 최소착화에너지는 증가한다.
③ 최소착화에너지는 압력증가에 따라 감소한다.
④ 일반적으로 분진의 최소착화에너지는 가연성가스보다 작다.

16 다음 중 습식집진장치의 종류가 아닌 것은?

① 멀티클론(multiclone)
② 제트 스크러버(jet scrubber)
③ 사이클론 스크러버(cyclone scrubber)
④ 벤투리 스크러버(venturi scrubber)

17 탄소 1kg의 연소에 소요되는 공기량은 약 몇 Nm^3인가?

① 5.0 ② 7.0
③ 9.0 ④ 11.0

18 로터리 버너를 장시간 사용하였더니 노벽에 카본이 많이 붙어 있었다. 다음 중 주된 원인은?

① 공기비가 너무 컸다.
② 화염이 닿는 곳이 있었다.
③ 연소실 온도가 너무 높았다.
④ 중유의 예열 온도가 너무 높았다.

19 댐퍼를 설치하는 목적으로 가장 거리가 먼 것은?

① 통풍력을 조절한다.
② 가스의 흐름을 조절한다.
③ 가스가 새어나가는 것을 방지한다.
④ 덕트 내 흐르는 공기 등의 양을 제어한다.

20 배기가스와 외기의 평균온도가 220℃와 25℃이고, 1기압에서 배기가스와 대기의 밀도는 각각 $0.770kg/m^3$와 $1.186kg/m^3$일 때 연돌의 높이는 약 몇 m인가? (단, 연돌의 통풍력 Z=52.85mmH_2O이다.)

① 60 ② 80
③ 100 ④ 120

제2과목 열역학

21 다음 중 경로에 의존하는 값은?

① 엔트로피 ② 위치에너지
③ 엔탈피 ④ 일

22 피스톤과 실린더로 구성된 밀폐된 용기 내에 일정한 질량의 이상기체가 차 있다. 초기 상태의 압력은 2bar, 체적은 $0.5m^3$이다. 이 시스템의 온도가 일정하게 유지되면서 팽창하여 압력이 1bar가 되었다. 이 과정 동안에 시스템이 한 일은 몇 kJ인가?

① 64 ② 70
③ 79 ④ 83

23 엔탈피가 3,140kJ/kg인 과열증기가 단열 노즐에 저속상태로 들어와 출구에서 엔탈피가 3,010kJ/kg인 상태로 나갈 때 출구에서의 증기 속도(m/s)는?

① 8 ② 25
③ 160 ④ 510

24 저열원 10℃, 고열원 600℃ 사이에 작용하는 카르노사이클에서 사이클당 방열량이 3.5kJ이면 사이클당 실제 일의 양은 약 몇 kJ인가?

① 3.5 ② 5.7
③ 6.8 ④ 7.3

25 냉동사이클의 성능계수와 동일한 온도 사이에서 작동하는 역 carnot 사이클의 성능계수에 관계되는 사항으로서 옳은 것은? (단, T_H: 고온부, T_L: 저온부의 절대온도이다)

① 냉동사이클의 성능계수가 역 carnot 사이클의 성능계수보다 높다.
② 냉동사이클의 성능계수는 냉동사이클에 공급한 일을 냉동효과로 나눈 것이다.
③ 역 carnot 사이클의 성능계수는 $\frac{T_L}{T_H - T_L}$로 표시할 수 있다.
④ 냉동사이클의 성능계수는 $\frac{T_H}{T_H - T_L}$로 표시할 수 있다.

26 carnot 사이클로 작동하는 가역기관이 800℃의 고온열원으로부터 5,000kW의 열을 받고 30℃의 저온열원에 열을 배출할 때 동력은 약 몇 kW인가?

① 440 ② 1,600
③ 3,590 ④ 4,560

27 공기의 기체상수가 0.287kJ/kg·K일 때 표준상태(0℃, 1기압)에서 밀도는 약 몇 kg/m^3인가?

① 1.29 ② 1.87
③ 2.14 ④ 2.48

28 압력이 200kPa로 일정한 상태로 유지되는 실린더 내의 이상기체가 체적 $0.3m^3$에서 $0.4m^3$로 팽창될 때 이상기체가 한 일의 양은 몇 kJ인가?

① 20 ② 40
③ 60 ④ 80

29 랭킨 사이클의 순서를 차례대로 옳게 나열한 것은?

① 단열압축 → 정압가열 → 단열팽창 → 정압냉각
② 단열압축 → 등온가열 → 단열팽창 → 정적냉각
③ 단열압축 → 등적가열 → 등압팽창 → 정압냉각
④ 단열압축 → 정압가열 → 단열팽창 → 정적냉각

30 다음 중 이상적인 교축 과정(throttling process)은?

① 등온 과정 ② 등엔트로피 과정
③ 등엔탈피 과정 ④ 정압 과정

31 이상적인 카르노(Carnot) 사이클의 구성에 대한 설명으로 옳은 것은?

① 2개의 등온과정과 2개의 단열과정으로 구성된 가역 사이클이다.
② 2개의 등온과정과 2개의 정압과정으로 구성된 가역 사이클이다.
③ 2개의 등온과정과 2개의 단열과정으로 구성된 비가역 사이클이다.
④ 2개의 등온과정과 2개의 정압과정으로 구성된 비가역 사이클이다.

32 비가역 사이클에 대한 클라우지우스(Clausius) 적분에 대하여 옳은 것은? (단, Q는 열량, T는 온도이다.)

① $\oint \frac{\delta Q}{T} > 0$ ② $\oint \frac{\delta Q}{T} \geq 0$
③ $\oint \frac{\delta Q}{T} = 0$ ④ $\oint \frac{\delta Q}{T} < 0$

33 다음 설명과 가장 관계되는 열역학적 법칙은?

- 열은 그 자신만으로는 저온의 물체로부터 고온의 물체로 이동할 수 없다.
- 외부에 어떠한 영향을 남기지 않고 한 사이클 동안에 계가 열원으로부터 받은 열을 모두 일로 바꾸는 것은 불가능하다.

① 열역학 제0법칙 ② 열역학 제1법칙
③ 열역학 제2법칙 ④ 열역학 제3법칙

34 온도 30℃, 압력 350kPa에서 비체적이 0.449 m^3/kg인 이상기체의 기체상수는 몇 kJ/kg·K인가?

① 0.143 ② 0.287
③ 0.518 ④ 0.842

35 압력 200kPa, 체적 1.66m^3의 상태에 있는 기체가 정압조건에서 초기 체적의 $\frac{1}{2}$로 줄었을 때 이 기체가 행한 일은 약 몇 kJ인가?

① −166 ② −198.5
③ −236 ④ −245.5

36 그림과 같은 카르노 냉동 사이클에서 성적계수는 약 얼마인가? (단, 각 사이클에서의 엔탈피(h)는 $h_1 \simeq h_4 = 98$kJ/kg, $h_2 = 231$kJ/kg, $h_3 = 282$kJ/kg이다.)

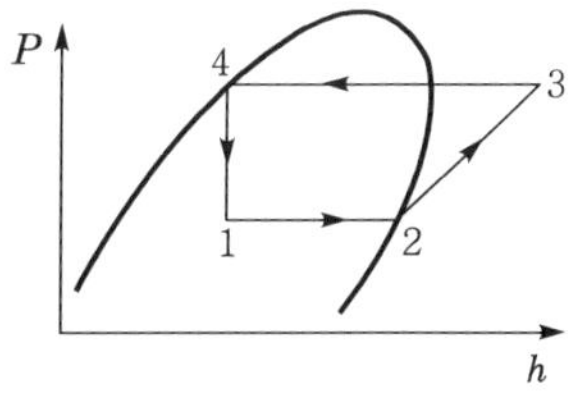

① 1.9 ② 2.3
③ 2.6 ④ 3.3

37 제1종 영구기관이 실현 불가능한 것과 관계있는 열역학 법칙은?

① 열역학 제0법칙
② 열역학 제1법칙
③ 열역학 제2법칙
④ 열역학 제3법칙

38 카르노사이클에서 온도 T의 고열원으로부터 열량 Q를 흡수하고, 온도 T_0의 저열원으로 열량 Q_0를 방출할 때, 방출열량 Q_0에 대한 식으로 옳은 것은? (단, η_c는 카르노사이클의 열효율이다.)

① $\left(1-\frac{T_0}{T}\right)Q$
② $(1+\eta_c)Q$
③ $(1-\eta_c)Q$
④ $\left(1+\frac{T_0}{T}\right)Q$

39 −50℃의 탄산가스가 있다. 이 가스가 정압 과정으로 0℃가 되었을 때 변경 후의 체적은 변경 전의 체적 대비 약 몇 배가 되는가? (단, 탄산가스는 이상기체로 간주한다.)

① 1.094배 ② 1.224배
③ 1.375배 ④ 1.512배

40 다음 중 용량성 상태량(extensive property)에 해당하는 것은?

① 엔탈피 ② 비체적
③ 압력 ④ 절대온도

제3과목 계측방법

41 절대압력 700mmHg는 약 몇 kPa인가?

① 93kPa ② 103kPa
③ 113kPa ④ 123kPa

42 차압식 유량계의 측정에 대한 설명으로 틀린 것은?

① 연속의 법칙에 의한다.
② 플로트 형상에 따른다.
③ 차압기구는 오리피스이다.
④ 베르누이의 정리를 이용한다.

43 다음 블록선도에서 출력을 바르게 나타낸 것은?

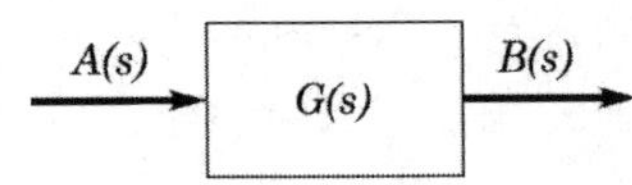

① $B(s) = G(s)A(s)$
② $B(s) = \dfrac{G(s)}{A(s)}$
③ $B(s) = \dfrac{A(s)}{B(s)}$
④ $B(s) = \dfrac{1}{G(s)A(s)}$

44 보일러 냉각기의 진공도가 700mmHg일 때 절대압은 몇 kPa(a)인가?

① 2 ② 4
③ 6 ④ 8

45 내경 10cm의 관에 물이 흐를 때 피토관에 의해 측정된 유속이 5m/s이라면 질량유량은?

① 19kg/s ② 29kg/s
③ 39kg/s ④ 49kg/s

46 다음 [보기]의 특징을 가지는 가스분석계는?

> [보기]
> • 가동부분이 없고 구조도 비교적 간단하며, 취급이 용이하다.
> • 가스의 유량, 압력, 점성의 변화에 대하여 지시오차가 거의 발생하지 않는다.
> • 열선은 유리로 피복되어 있어 측정가스 중의 가연성 가스에 대한 백금의 촉매작용을 막아 준다.

① 연소식 O_2계
② 적외선 가스분석계
③ 자기식 O_2계
④ 밀도식 CO_2계

47 오르자트식 가스분석계로 측정하기 어려운 것은?

① O_2 ② CO_2
③ CH_4 ④ CO

48 국제단위계(SI)에서 길이단위의 설명으로 틀린 것은?

① 기본단위이다.
② 기호는 K이다.
③ 명칭은 미터이다.
④ 빛이 진공에서 1/229,792,458초 동안 진행한 경로의 길이이다.

49 가스크로마토그래피의 특징에 대한 설명으로 틀린 것은?

① 미량성분의 분석이 가능하다.
② 분리성능이 좋고 선택성이 우수하다.
③ 1대의 장치로는 여러 가지 가스를 분석할 수 없다.
④ 응답속도가 다소 느리고 동일한 가스의 연속측정이 불가능하다.

50 측정하고자 하는 상태량과 독립적 크기를 조정할 수 있는 기준량과 비교하여 측정, 계측하는 방법은?

① 보상법 ② 편위법
③ 치환법 ④ 영위법

51 다음 중 열전대 온도계에서 사용되지 않는 것은?

① 동-콘스탄탄 ② 크로멜-알루멜
③ 철-콘스탄탄 ④ 알루미늄-철

52 미리 정해진 순서에 따라 순차적으로 진행하는 제어방식은?

① 시퀀스 제어 ② 피드백 제어
③ 피드포워드 제어 ④ 적분 제어

53 내경이 50mm인 원관에 20℃ 물이 흐르고 있다. 층류로 흐를 수 있는 최대 유량은 약 몇 m^3/s인가? [단, 임계 레이놀즈수(R_e)는 2,320이고, 20℃일 때 동점성계수(ν)=$1.0064\times10^{-6}m^2/s$이다.]

① 5.33×10^{-5} ② 7.36×10^{-5}
③ 9.16×10^{-5} ④ 15.23×10^{-5}

54 자동제어에서 전달함수의 블록선도를 그림과 같이 등가변환시킨 것으로 적합한 것은?

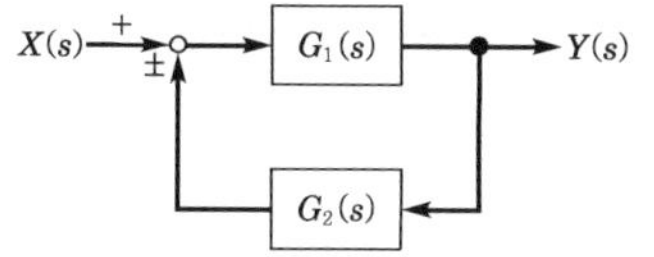

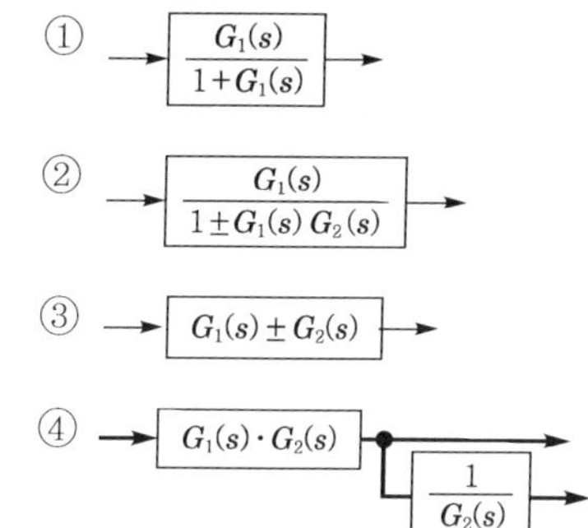

55 다음 중 비접촉식 온도계는?

① 색온도계 ② 저항온도계
③ 압력식 온도계 ④ 유리온도계

56 다음 집진장치 중 코트렐식과 관계가 있는 방식으로 코로나 방전을 일으키는 것과 관련 있는 집진기로 가장 적절한 것은?

① 전기식 집진기 ② 세정식 집진기
③ 원심식 집진기 ④ 사이클론 집진기

57 시즈(sheath) 열전대의 특징이 아닌 것은?

① 응답속도가 빠르다.
② 국부적인 온도측정에 적합하다.
③ 피측온체의 온도저하 없이 측정할 수 있다.
④ 매우 가늘어서 진동이 심한 곳에는 사용할 수 없다.

58 다음 제어방식 중 잔류편차(off set)를 제거하여 응답시간이 가장 빠르며 진동이 제거되는 제어방식은?

① P ② I
③ PI ④ PID

59 Thermister(서미스터)의 특징이 아닌 것은?

① 소형이며 응답이 빠르다.
② 온도계수가 금속에 비하여 매우 작다.
③ 흡습 등에 의하여 열화되기 쉽다.
④ 전기저항체 온도계이다.

60 지름이 10cm되는 관 속을 흐르는 유체의 유속이 16m/s이었다면 유량은 약 몇 m^3/s인가?

① 0.125
② 0.525
③ 1.605
④ 1.725

제4과목 열설비재료 및 관계법규

61 다음 중 MgO-SiO_2계 내화물은?

① 마그네시아질 내화물
② 돌로마이트질 내화물
③ 마그네시아-크롬질 내화물
④ 포스테라이트질 내화물

62 에너지이용 합리화법에 따라 검사대상기기 설치자의 변경신고는 변경일로부터 15일 이내에 누구에게 하여야 하는가?

① 한국에너지공단이사장
② 산업통상자원부장관
③ 지방자치단체장
④ 관할소방서장

63 에너지절약전문기업의 등록이 취소된 에너지절약전문기업은 원칙적으로 등록취소일로부터 최소 얼마의 기간이 지나면 다시 등록할 수 있는가?

① 1년　② 2년
③ 3년　④ 5년

64 보온면의 방산열량 1,100kJ/m^2, 나면의 방산열량 1,600kJ/m^2일 때 보온재의 보온 효율은?

① 25%　② 31%
③ 45%　④ 69%

65 에너지이용 합리화법에 따라 국가에너지절약 추진위원회의 당연직 위원에 해당되지 않는 자는?

① 한국전력공사 사장
② 국무조정실 국무2차장
③ 고용노동부차관
④ 한국에너지공단 이사장

66 민간사업 주관자 중 에너지 사용 계획을 수립하여 산업통상자원부장관에게 제출하여야 하는 사업자의 기준은?

① 연간 연료 및 열을 2천TOE 이상 사용하거나 전력을 5백만kWh 이상 사용하는 시설을 설치하고자 하는 자
② 연간 연료 및 열을 3천TOE 이상 사용하거나 전력을 1천만kWh 이상 사용하는 시설을 설치하고자 하는 자
③ 연간 연료 및 열을 5천TOE 이상 사용하거나 전력을 2천만kWh 이상 사용하는 시설을 설치하고자 하는 자
④ 연간 연료 및 열을 1만TOE 이상 사용하거나 전력을 4천만kWh 이상 사용하는 시설을 설치하고자 하는 자

67 길이 7m, 외경 200mm, 내경 190mm의 탄소강관에 360℃ 과열증기를 통과시키면 이때 늘어나는 관의 길이는 몇 mm인가? (단, 주위온도는 20℃이고, 관의 선팽창계수는 0.000013mm/mm・℃이다.)

① 21.15　② 25.71
③ 30.94　④ 36.48

68 에너지이용 합리화법에 따라 산업통상자원부장관은 에너지를 합리적으로 이용하게 하기 위하여 몇 년마다 에너지이용 합리화에 관한 기본계획을 수립하여야 하는가?

① 2년　② 3년
③ 5년　④ 10년

69 에너지이용 합리화법에 따라 검사대상기기 조종자의 신고사유가 발생한 경우 발생한 날로부터 며칠 이내에 신고해야 하는가?

① 7일 ② 15일
③ 30일 ④ 60일

70 에너지이용 합리화법에 따라 검사를 받아야 하는 검사대상기기 중 소형온수보일러의 적용범위 기준은?

① 가스사용량이 10kg/h를 초과하는 보일러
② 가스사용량이 17kg/h를 초과하는 보일러
③ 가스사용량이 21kg/h를 초과하는 보일러
④ 가스사용량이 25kg/h를 초과하는 보일러

71 터널가마(tunnel kiln)의 장점이 아닌 것은?

① 소성이 균일하여 제품의 품질이 좋다.
② 온도조절의 자동화가 쉽다.
③ 열효율이 좋아 연료비가 절감된다.
④ 사용연료의 제한을 받지 않고 전력소비가 적다.

72 에너지이용 합리화법에 따라 산업통상자원부 장관이 국내외 에너지 사정의 변동으로 에너지 수급에 중대한 차질이 발생될 경우 수급안정을 위해 취할 수 있는 조치 사항이 아닌 것은?

① 에너지의 배급
② 에너지의 비축과 저장
③ 에너지의 양도·양수의 제한 또는 금지
④ 에너지 수급의 안정을 위하여 산업통상자원부령으로 정하는 사항

73 에너지이용 합리화법에 따라 용접검사가 면제되는 대상범위에 해당되지 않는 것은?

① 주철제 보일러
② 강철제 보일러 중 전열면적이 5m^2 이하이고, 최고사용압력이 0.35MPa 이하인 것
③ 압력용기 중 동체의 두께가 6mm 미만인 것으로서 최고사용압력(MPa)과 내부 부피(m^3)를 곱한 수치가 0.02 이하인 것
④ 온수보일러로서 전열면적이 20m^2 이하이고, 최고사용압력이 0.3MPa 이하인 것

74 에너지이용 합리화법에 따른 특정열사용 기자재 품목에 해당하지 않는 것은?

① 강철제 보일러
② 구멍탄용 온수보일러
③ 태양열 집열기
④ 태양광 발전기

75 다음 중 중성내화물에 속하는 것은?

① 납석질 내화물
② 고알루미나질 내화물
③ 반규석질 내화물
④ 샤모트질 내화물

76 에너지이용 합리화법에 따라 검사대상기기 조종자의 해임신고는 신고 사유가 발생한 날로부터 며칠 이내에 하여야 하는가?

① 15일 ② 20일
③ 30일 ④ 60일

77 에너지이용 합리화법에 따라 가스를 사용하는 소형온수보일러인 경우 검사대상기기의 적용 기준은?

① 가스사용량이 시간당 17kg을 초과하는 것
② 가스사용량이 시간당 20kg을 초과하는 것
③ 가스사용량이 시간당 27kg을 초과하는 것
④ 가스사용량이 시간당 30kg을 초과하는 것

78 도염식 요는 조업방법에 의해 분류할 경우 어떤 형식에 속하는가?

① 불연속식
② 반연속식
③ 연속식
④ 불연속식과 연속식의 절충형식

79 에너지이용 합리화법에 따라 효율관리기자재의 제조업자가 광고매체를 이용하여 효율관리기자재의 광고를 하는 경우에 그 광고내용에 포함시켜야 할 사항은?

① 에너지 최고효율
② 에너지 사용량
③ 에너지 소비효율
④ 에너지 평균소비량

80 에너지이용 합리화법에 따른 한국에너지공단의 사업이 아닌 것은?

① 에너지의 안정적 공급
② 열사용기자재의 안전관리
③ 신에너지 및 재생에너지 개발사업의 촉진
④ 집단에너지 사업의 촉진을 위한 지원 및 관리

제5과목 열설비설계

81 대향류 열교환기에서 가열유체는 260℃에서 120℃로 나오고 수열유체는 70℃에서 110℃로 가열될 때 전열면적은? (단, 열관류율은 125W/m^2℃이고, 총열부하는 160,000W이다.)

① 7.24m^2
② 14.06m^2
③ 16.04m^2
④ 23.32m^2

82 다음 [보기]에서 설명하는 보일러 보존방법은?

[보기]
- 보존기간이 6개월 이상인 경우 적용한다.
- 1년 이상 보존할 경우 방청도료를 도포한다.
- 약품의 상태는 1~2주마다 점검하여야 한다.
- 동 내부의 산소 제거는 숯불 등을 이용한다.

① 건조보존법 ② 만수보존법
③ 질소보존법 ④ 특수보존법

83 다음 중 보일러수를 pH 10.5~11.5의 약알칼리로 유지하는 주된 이유는?

① 첨가된 염산이 강재를 보호하기 때문에
② 보일러수 중에 적당량의 수산화나트륨을 포함시켜 보일러의 부식 및 스케일 부착을 방지하기 위하여
③ 과잉 알칼리성이 더 좋으나 약품이 많이 소요되므로 원가를 절약하기 위하여
④ 표면에 딱딱한 스케일이 생성되어 부식을 방지하기 때문에

84 두께 4mm강의 평판에서 고온측 면의 온도가 100℃이고 저온측 면의 온도가 80℃이며 단위면적당 매분 30,000kJ의 전열을 한다고 하면 이 강판의 열전도율은?

① 5W/mK ② 100W/mK
③ 150W/mK ④ 200W/mK

85 최고 사용압력이 0.7MPa인 증기용 강제보일러의 수압시험 압력은 얼마로 하여야 하는가?

① 1.01MPa ② 1.13MPa
③ 1.21MPa ④ 1.31MPa

86 보일러 급수처리 중 사용목적에 따른 청관제의 연결로 틀린 것은?

① pH 조정제: 암모니아
② 연화제: 인산소다
③ 탈산소제: 히드라진
④ 가성취화방지제: 아황산소다

87 보일러 송풍장치의 회전수 변환을 통한 급기 풍량 제어를 위하여 2극 유도전동기에 인버터를 설치하였다. 주파수가 55Hz일 때 유도전동기의 회전수는?

① 1,650RPM
② 1,800RPM
③ 3,300RPM
④ 3,600RPM

88 노통식 보일러에서 파형부의 길이가 230mm 미만인 파형노통의 최소 두께(t)를 결정하는 식은? (단, P는 최고 사용압력(MPa), D는 노통의 파형부에서의 최대 내경과 최소 내경의 평균치(mm), C는 노통의 종류에 따른 상수이다.)

① $10PD$ ② $\frac{10P}{D}$
③ $\frac{C}{10PD}$ ④ $\frac{10PD}{C}$

89 순환식(자연 또는 강제) 보일러가 아닌 것은?

① 타쿠마 보일러
② 야로우 보일러
③ 벤손 보일러
④ 라몬트 보일러

90 10MPa의 압력하에 2,000kg/h로 증발하고 있는 보일러의 급수온도가 20℃일 때 환산증발량은? (단, 발생증기의 비엔탈피는 2,512kJ/kg이다.)

① 2,153kg/h
② 3,124kg/h
③ 4,562kg/h
④ 5,260kg/h

91 유량 7m^3/s의 주철제 도수관의 지름(mm)은? (단, 평균유속(V)은 3m/s이다.)

① 680 ② 1,312
③ 1,723 ④ 2,163

92 보일러수의 분출시기가 아닌 것은?

① 보일러 가동 전 관수가 정지되었을 때
② 연속운전일 경우 부하가 가벼울 때
③ 수위가 지나치게 낮아졌을 때
④ 프라이밍 및 포밍이 발생할 때

93 보일러 운전 시 유지해야 할 최저 수위에 관한 설명으로 틀린 것은?

① 노통연관보일러에서 노통이 높은 경우에는 노통 상면보다 75mm 상부(플랜지 제외)
② 노통연관보일러에서 연관이 높은 경우에는 연관 최상위보다 75mm 상부
③ 횡연관 보일러에서 연관 최상위보다 75mm 상부
④ 입형 보일러에서 연소실 천장판 최고부보다 75mm 상부(플랜지 제외)

94 과열증기의 특징에 대한 설명으로 옳은 것은?

① 관내 마찰저항이 증가한다.
② 응축수로 되기 어렵다.
③ 표면에 고온부식이 발생하지 않는다.
④ 표면의 온도를 일정하게 유지한다.

95 보일러의 증발량이 20ton/h이고, 보일러 본체의 전열면적이 450m^{2}일 때, 보일러의 증발률(kg/m^2 · h)은?

① 24 ② 34
③ 44 ④ 54

96 지름이 5cm인 강관(50W/m · K) 내에 98K의 온수가 0.3m/s로 흐를 때, 온수의 열전달계수(W/m^2 · K)는? (단, 온수의 열전도도는 0.68W/m · K이고, Nu수(Nusselt number)는 160이다.)

① 1,238 ② 2,176
③ 3,184 ④ 4,232

97 열의 이동에 대한 설명으로 틀린 것은?

① 전도란 정지하고 있는 물체 속을 열이 이동하는 현상을 말한다.
② 대류란 유동 물체가 고온 부분에서 저온 부분으로 이동하는 현상을 말한다.
③ 복사란 전자파의 에너지 형태로 열이 고온 물체에서 저온 물체로 이동하는 현상을 말한다.
④ 열관류란 유체가 열을 받으면 밀도가 작아져서 부력이 생기기 때문에 상승현상이 일어나는 것을 말한다.

98 판형 열교환기의 일반적인 특징에 대한 설명으로 틀린 것은?

① 구조상 압력손실이 적고 내압성은 크다.
② 다수의 파형이나 반구형의 돌기를 프레스 성형하여 판을 조합한다.
③ 전열면의 청소나 조립이 간단하고, 고점도에도 적용할 수 있다.
④ 판의 매수 조절이 가능하여 전열면적 증감이 용이하다.

99 강판의 두께가 20mm이고, 리벳의 직경이 28.2mm이며, 피치 50.1mm의 1줄 겹치기 리벳조인트가 있다. 이 강판의 효율은?

① 34.7% ② 43.7%
③ 53.7% ④ 63.7%

100 강제순환식 보일러의 특징에 대한 설명으로 틀린 것은?

① 증기발생 소요시간이 매우 짧다.
② 자유로운 구조의 선택이 가능하다.
③ 고압보일러에 대해서도 효율이 좋다.
④ 동력소비가 적어 유지비가 비교적 적게 든다.

정답 및 해설

01	02	03	04	05	06	07	08	09	10
②	①	④	④	③	③	①	④	④	④
11	12	13	14	15	16	17	18	19	20
②	④	①	④	③	①	③	②	③	②
21	22	23	24	25	26	27	28	29	30
④	②	④	④	③	③	①	①	①	③
31	32	33	34	35	36	37	38	39	40
①	④	③	③	①	③	②	③	②	①
41	42	43	44	45	46	47	48	49	50
①	②	①	④	③	③	③	②	③	④
51	52	53	54	55	56	57	58	59	60
④	①	③	②	①	①	④	④	②	①
61	62	63	64	65	66	67	68	69	70
④	①	②	②	③	③	③	③	③	②
71	72	73	74	75	76	77	78	79	80
④	④	④	④	②	③	①	①	③	①
81	82	83	84	85	86	87	88	89	90
②	①	②	②	③	④	③	④	③	①
91	92	93	94	95	96	97	98	99	100
③	③	①	②	③	②	④	①	②	④

01 $\eta_B = \dfrac{m_e \times 2,256}{H_L \times m_f} \times 100\%$

$m_f = \dfrac{m_e \times 2,256}{H_L \times \eta_B} = \dfrac{50 \times 60 \times 2,256}{24,280 \times 0.87} = 320.4\text{kg/h}$

$\therefore$ 화상면적$(A) = \dfrac{m_f}{\text{화상연소율}} = \dfrac{320.4}{73}$

$\fallingdotseq 4.39\text{m}^2 \fallingdotseq 4.4\text{m}^2$

02 $C_mH_n + \left(m + \dfrac{n}{4}\right)O_2 \rightarrow mCO_2 + \dfrac{n}{2} + H_2O$

이론공기량$(A_o) = \dfrac{O_o}{0.21} = \dfrac{m + \dfrac{n}{4}}{0.21}$

$= 4.76m + 1.19n(\text{Nm}^3)$

03 질소산화물(NO_x)의 생성을 억제하기 위해서는 연소실 내의 온도를 저온으로 해주어야 한다(저온도 연소법: 공기온도조절).

04 가스비열비$(k) = \dfrac{C_p}{C_v} = \dfrac{0.98}{0.7} = 1.4$

$\dfrac{T_2}{T_1} = \left(\dfrac{V_1}{V_2}\right)^{k-1}$

$\therefore T_2 = T_1\left(\dfrac{V_1}{V_2}\right)^{k-1} = 293(6)^{1.4-1} \fallingdotseq 600\text{K}$

05 화염검출기와 관계 있는 것은 다음과 같다.

㉠ 플레임 아이
㉡ 플레임 로드
㉢ 스택 스위치

06 $N_2(\%) = 100 - (CO_2 + O_2) = 100\% - (12+8) = 80\%$

공기비$(m) = \dfrac{N_2}{N_2(\%) - 3.76O_2(\%)}$

$= \dfrac{80}{80 - (3.76 \times 8)} = 1.6$

07 고체연료의 연료비 $= \dfrac{\text{고정탄소}(\%)}{\text{휘발분}(\%)}$

연료비 7 이상: 무연탄
연료비 1~7: 유연탄
연료비 1 이하: 갈탄

08 과잉공기계수$(m) = \dfrac{CO_{2\max}(\%)}{CO_2(\%)} = \dfrac{19}{10} = 1.9$

09 ㉠ 열정산 시 입열
- 연료의 연소열
- 연료의 현열
- 공기의 현열
- 노 내 분압의 증기보유 열량

㉡ 열정산 시 출열
- 방사손실열
- 불완전열손실
- 미연분에 의한 열
- 배기가스 보유열
- 발생증기 보유열

10 분젠식 가스버너의 종류
㉠ 링버너
㉡ 슬릿버너
㉢ 적외선버너
※ 블라스트버너는 강제예혼합버너다.

11 기체연료의 연소반응식

$C_xH_y + m\left(O_2 + \dfrac{79}{21}N_2\right)$

$\rightarrow 9CO_2 + 1CO + 8O_2 + nH_2O + 82N_2$

반응 전후의 원자수는 일치해야 하므로

C: $x = 9 + 1 = 10$

N: $2 \times \dfrac{79}{21} \times m = 2 \times 82$이므로, $m \fallingdotseq 21.8$

O: $2m = (2\times9) + 1 + (2\times8) + n$이므로,
$m \fallingdotseq 21.8$을 대입하면 $n = 8.6$

H: $y = 2n$이므로, $n = 8.6$을 대입하면 $y = 17.2$

$\therefore \dfrac{y}{x} = \dfrac{17.2}{10} = 1.72$

12 이론산소량(O_o)

$= 1.867C + 5.6\left(H - \dfrac{O}{8}\right) + 0.7S\,(Nm^3/kg)$

$= 1.867 \times 0.84 + 5.6 \times 0.13 + 0.7 \times 0.02$

$= 2.31\,Nm^3/kg$

$\therefore$ 이론공기량$(A_a) = \dfrac{2.31}{0.21} = 11\,Nm^3/kg$

13 연소 배기가스를 분석하는 가장 직접적인 목적은 공기비(과잉공기량)를 계산하는 데 있다.

14 고정탄소(%)=100−[수분(%)+회분(%)+휘발분(%)]

15 압력의 증가에 따라 질소농도가 증가하면 최소착화에너지(MIE, Minimum Ignition Energy)는 감소한다.

16 습식집진장치
㉠ 벤투리 스크러버
㉡ 사이클론 스크러버
㉢ 제트 스크러버

17
C	+	O_2	→	CO_2
12kg(1)		32kg(1)		22.4Nm^3(1)

1kmol=22.4Nm^3

$A_o = \dfrac{O_o}{0.21} = \dfrac{\frac{22.4}{12}}{0.21} = \dfrac{1.87}{0.21} = 8.89Nm^3 \fallingdotseq 9Nm^3$

18 카본이 노벽에 많이 붙는 주된 이유는 화염(flame)이 닿는 곳에서 주로 발생되기 때문이다.

19 댐퍼(damper)의 설치목적
㉠ 통풍력을 조절한다.
㉡ 가스의 흐름을 교체한다(주연도와 부연도에서).
㉢ 가스의 흐름을 차단한다.

20 $H = \dfrac{Z}{273\left(\dfrac{\gamma_a}{t_a + 273} - \dfrac{\gamma_g}{t_g + 273}\right)}$

$= \dfrac{52.85}{273\left(\dfrac{1.186}{25 + 273} - \dfrac{0.770}{220 + 273}\right)}$

$= 80.06\,m$

21 일과 열은 경로함수(path function)이다(과정함수).

22 ◉ 1bar=10^5Pa=100kPa

등온변화 시 절대일량$({}_1W_2)$

$= mRT\ln\left(\dfrac{P_1}{P_2}\right) = P_1V_1\ln\left(\dfrac{P_1}{P_2}\right) = 200 \times 0.5\ln\left(\dfrac{2}{1}\right)$

$= 70kJ$

23 출구 증기속도(V_2)
$=44.72\sqrt{(h_1-h_2)}=44.72\sqrt{3,140-3,010}$
$\fallingdotseq 510\text{m/s}$

24 $\eta_c=1-\dfrac{T_2}{T_1}=1-\dfrac{10+273}{600+273}=0.675$

$Q_1=\dfrac{Q_2}{1-\eta_c}=\dfrac{3.5}{1-0.675}=10.77\text{kJ}$

$\therefore W_{net}=\eta_c Q_1=0.675\times 10.77 \fallingdotseq 7.3\text{kJ}$

25 역 카르노 사이클은 냉동사이클의 이상사이클이다.
$\therefore$ 냉동기성적계수$(COP)_R=\dfrac{T_L}{T_H-T_L}$

26 $\eta_c=\dfrac{W_{net}}{Q_H}=1-\dfrac{T_L}{T_H}$

$\therefore W_{net}=\eta_c Q_H=\left(1-\dfrac{T_L}{T_H}\right)Q_H$

$=\left(1-\dfrac{30+273}{800+273}\right)\times 5,000 \fallingdotseq 3,590\text{kW}$

27 $Pv=RT,\ v=\dfrac{1}{\rho}$ 이므로

$\therefore\ \rho=\dfrac{P}{RT}=\dfrac{101.325}{0.287\times 273}=1.293\text{kg/m}^3$

28 ${}_1W_2=\int_1^2 PdV=P(V_2-V_1)=200(0.4-0.3)$
$=20\text{kJ}$

29 랭킨 사이클(Rankine cycle) 순서
단열압축(급수펌프) → 정압가열(보일러 & 과열기) → 단열팽창(터빈) → 정압냉각(복수기)

30 이상적인 교축 과정(throteling process)은 엔탈피가 일정(등엔탈피 과정)한 과정이다. 비가역 과정으로 엔트로피는 증가한다($\Delta S>0$).

31 카르노 사이클(Carnot cycle)은 2개의 등온과정과 2개의 단열과정으로 구성된 가역 사이클이다.

32 클라우지우스(Clausius)의 폐적분값은 가역사이클이면 등호(=), 비가역사이클이면 부등호(<)다.
$\oint \dfrac{\delta Q}{T}\le 0$

33 열역학 제2법칙=엔트로피 증가법칙($\Delta S>0$)
=비가역법칙
㉠ 열은 그 자신만으로는 저온물체에서 고온물체로 이동할 수 없다.
㉡ 외부에 어떠한 영향을 남기지 않고 한 사이클 동안에 계가 열원으로부터 받은 열을 모두 일로 바꾸는 것은 불가능하다(열효율이 100%인 열기관은 있을 수 없다).

34 $Pv=RT$ 에서
$R=\dfrac{Pv}{T}=\dfrac{350\times 0.449}{30+273}=0.518\text{kJ/kg}\cdot\text{K}$

35 ${}_1W_2=\int_1^2 pdV=p(V_2-V_1)$

$=200\left(\dfrac{1.66}{2}-1.66\right)=-166\text{kJ}$

36 $(\text{COP})_\text{R}=\dfrac{q_2}{w_c}=\dfrac{(h_2-h_1)}{(h_3-h_2)}=\dfrac{231-98}{282-231}\fallingdotseq 2.61$

37 열역학 제1법칙(에너지 보존의 법칙)=제1종 영구운동기관을 부정하는 법칙

38 $\eta_c=1-\dfrac{Q_0}{Q}=1-\dfrac{T_0}{T}$

$\dfrac{Q_0}{Q}=1-\eta_c$

$\therefore\ Q_0=(1-\eta_c)Q[\text{kJ}]$

39 $P=C,\ \dfrac{V_1}{T_1}=\dfrac{V_2}{T_2}$

$\dfrac{V_2}{V_1}=\dfrac{T_2}{T_1}=\dfrac{273}{273-50}=\dfrac{273}{223}=1.224$

40 강도성 상태량(intensive property)은 물질의 양과 무관한 상태량으로 비체적, 압력, 온도 등이 있다.

41 760 : 101.325=700 : P

$P=\dfrac{700}{760}\times 101.325=93.33\text{kPa}$

42 플로트(float) 형상에 따른 유량계는 면적식 유량계이다.

43 $B(s) = A(s)G(s)$

$\therefore \frac{출력}{입력} = \frac{B(s)}{A(s)} = G(s)$

44 절대압력 = 대기압 - 진공압 = 760-700 = 60mmHg

$\therefore$760 : 101.325 = 60 : Pa

$P_a = \frac{60}{760} \times 101.325 \fallingdotseq 8\text{kPa(a)}$

45 $\dot{m} = \rho A V = 1{,}000 \times \frac{\pi}{4}(0.1)^2 \times 5 = 39.25\text{kg/s}$

46 자기식 O_2계 가스분석계의 특징

㉠ 가동부분이 없고 구조도 비교적 간단하며 취급이 쉽다(용이하다)

㉡ 가스의 유량 압력・점성의 변화에 대해 지시오차가 거의 발생하지 않는다.

㉢ 열선(hot wire)은 유리로 피복되어 있어 측정가스 중의 가연성 가스에 대한 백금(Pt)의 촉매작용을 막아준다.

47 오르자트식 가스분석계: CO_2, O_2, CO

48 국제단위계(SI)에서 길이단위는 m(미터)이며, 절대온도 단위는 K(Kelvin)이다.

49 가스크로마토그래피는 활성탄의 흡착제를 채운 세관(가스다단관)을 통과하는 가스의 이동속도차를 이용하여 시료가스를 분석하는 방식으로, 1대의 장치로 산소(O_2)와 이산화질소(NO_2)를 제외한 여러 성분의 가스를 분석할 수 있다.

50 측정하고자 하는 상태량과 독립적 크기를 조정할 수 있는 기준량과 비교하여 측정, 계측하는 방법은 영위법이다.

① 보상법은 크기가 거의 같은 미리 알고있는 양의 분동을 준비하여 분동과 측정량의 차이로부터 측정량을 구하는 방법으로 천평을 이용하여 물체의 질량을 측정할 때 불평형 정도는 지침의 눈금값으로 읽어 물체의 질량을 알 수 있다.

② 편위법은 측정하려는 양의 작용에 의하여 계측기의 지침에 편위를 일으켜 이 편위를 눈금과 비교함으로써 측정을 행하는 방식(다이얼게이지, 지시전기계기, 부르동관 압력계)이다.

③ 치환법은 이미 알고 있는 양으로부터 측정량을 아는 방법으로 다이얼게이지를 이용하여 길이를 측정 시 블록게이지를 올려놓고 측정한 다음 피측정물을 바꾸어 넣었을 때 지시의 차를 읽고 사용한 블록게이지 높이를 알면 피측정물의 높이를 구할 수 있다.

51 열전상(열전대) 온도계의 종류

㉠ 백금-백금로듐

㉡ 크로멜-알루멜

㉢ 동(Cu)-콘스탄탄

㉣ 철-콘스탄탄

52 시퀀스 제어(개회로제어)란 미리 정해진 순서에 따라 순차적으로 진행하는 제어방식이다.

53 $V = \frac{R_e \nu}{d} = \frac{2{,}320 \times 1.0064 \times 10^{-6}}{0.05} = 0.047\text{m/s}$

$\therefore \ Q = AV = \frac{\pi(0.05)^2}{4} \times 0.047 = 9.16 \times 10^{-5}\text{m}^3/\text{s}$

54 $Y(s) = X(s)G_1(s) \pm G_1(s)G_2(s)Y(s)$

$Y(s)[1 \mp G_1(s)G_2(s)] = X(s)G_1(s)$

$\therefore \ \frac{Y(s)}{X(s)} = \frac{G_1(s)}{1 \mp G_1(s)G_2(s)}$

55 비접촉식 온도계

㉠ 색(color)온도계

㉡ 방사온도계

㉢ 적외선 온도계

㉣ 광고온도계

㉤ 광전관식 온도계

56 코트렐식 집진기는 건식과 습식이 있으며 전기식 집진기로 효율이 가장 좋다.

57 시즈형 열전대(sheath type thermo couple)의 경우 외경이 가늘어서 작은 측정물의 측정이 가능하며 시즈형의 구조로 되어 있어 고온・고압에 강하며 −200~2,600℃까지 폭넓은 온도 범위에 측정 가능하다(진동이 심한 경우뿐만 아니라 어떤 환경에서든 사용 가능하다). 또한, 내구성이 뛰어나고 수명이 길다.

58 비례적분미분(PID)동작은 잔류편차(off set)를 제거하여 응답시간이 가장 빠르며 진동이 제거되는 제어방식이다.

59 서미스터는 열에 민감한 저항체라는 의미로 온도변화에 따라 저항값이 극단적으로 크게 변화하는 감온반도체이다. 온도계수가 금속에 비해 매우 크다.

60 $Q = AV = \frac{\pi d^2}{4}V = \frac{\pi(0.1)^2}{4} \times 16$

$= 0.125\text{m}^3/\text{s}$

61 포스테라이트(forsterite)질 염기성 내화물은 주 원료가 포스테라이트(Mg_2SiO_2)와 듀나이트(dunite) 및 사문석(serpentine)이다.

62 설치자 변경신고
설치자가 변경된 날로부터 15일 이내에 한국에너지공단이사장에게 신고하여야 한다.

64 보온재 보온효율(η)

$= \left[1 - \frac{\text{보온면의 방산열량}(Q_2)}{\text{나면의 방산열량}(Q_1)}\right] \times 100\%$

$= \left(1 - \frac{1,100}{1,600}\right) \times 100\% = 31.25\%$

65 국가에너지절약 추진위원회의 당연직 위원
㉠ 한국전력공사 사장
㉡ 국무조정실 국무2차장
㉢ 한국에너지공단 이사장

66 민간산업 주관자 중 에너지 사용 계획을 수립하여 산업통상자원부 장관에게 제출하여야 하는 사업자의 기준은 연간 연료 및 열을 5천 TOE 이상 사용하거나 전력을 2천만kWh 이상 사용하는 시설을 설치하는 자이다.

67 관의 늘음량(λ)

$= L\alpha\Delta t = 7,000 \times 0.000013 \times 340$

$= 30.94\text{mm}$

68 에너지이용 합리화법에 따라 산업통상자원부장관은 에너지는 합리적으로 이용하기 위해 5년마다 에너지이용 합리화에 대한 기본계획을 수립하여야 한다.

69 에너지이용 합리화법에 따라 검사대상기기 조종자의 신고사유가 발생한 경우 발생된 날로부터 30일 이내에 신고해야 한다.

70 검사대상기기 중 소형온수보일러의 적용범위 기준은 가스사용량이 17kg/h를 초과하는 보일러다.

71 터널가마(tunnel kiln)는 대량생산에 적합한 연속제조용 가마이다.
장점
㉠ 소성이 균일하여 제품의 품질이 좋다.
㉡ 온도조절의 자동화가 쉽다.
㉢ 소성서냉시간이 짧다.
㉣ 소성가스의 온도, 산화 환원 소성의 조절이 쉽다.
㉤ 효율이 좋아 연료비가 절감된다(열손실이 적어 단독가마의 절반밖에 들지 않는다).
㉥ 가마의 바닥면적이 생산량에 비해서 작으며 노무비가 절약된다.
※ 가마(kiln, 요)란 소성·용융 등의 열처리 공정을 수행하기 위해 사용하는 장치로서 도자기, 벽돌, 시멘트 등의 요업제조공정에 사용된다.

72 비상시 에너지 수급계획 수립(수급안정을 위해 취할 조치 사항)
㉠ 에너지의 배급
㉡ 에너지의 비축과 저장
㉢ 에너지 양도양수 제한금지
㉣ 비상시 에너지 소비절감 대책
㉤ 비상시 수급안정을 위한 국제협력대책
㉥ 비상계획의 효율적 시행을 위한 행정계획
⊙ 산업통상자원부장관은 국내외 에너지 사정의 변동에 따라 에너지 수급 차질에 대비하기 위해 에너지 사용을 제한하는 등 관계법령에서 정하는 바에 따라 필요한 조치를 할 수 있다.

73 온수보일러 전열면적 18m^2 이하이고 최고사용압력이 0.35MPa 이하인 것은 용접검사 면제 대상범위에 해당된다.

74 특정열사용 기자재(기관)
㉠ 강철제 보일러
㉡ 주철제 보일러
㉢ 구멍탄용 온수보일러
㉣ 태양열 집열기
㉤ 온수보일러
㉥ 축열식 전기보일러

75 • 산성내화물: 납석질, 규석질, 반규석질, 샤모트질
• 중성내화물: 고알루미나질, 크롬질, 탄화규소질, 탄소질

76 검사대상기기조종자의 선·해임신고는 신고사유가 발생한 날로부터 30일 이내에 한국에너지공단이사장에게 신고하여야 한다.

77 소형온수보일러(0.35MPa 이하, 전열면적 14m^2 이하)
㉠ 가스사용량이 17kg/h를 초과하는 보일러
㉡ 도시가스사용량이 232.6kW(20만kcal/h)를 초과하는 보일러

78 불연속요
㉠ 승염식 요(오름 불꽃)
㉡ 횡염식 요(옆 불꽃)
㉢ 도염식 요(꺾임 불꽃)
반연속요
㉠ 등요(오름가마)
㉡ 셔틀요
연속요
㉠ 윤요
㉡ 연속식 가마
㉢ 터널요

79 효율관리기자재 제조업자가 광고매체를 이용하여 효율관리기자재의 광고를 하는 경우 광고내용에 포함시켜야 할 사항은 에너지(Energy) 소비효율이다.

80 한국에너지공단의 사업
㉠ 열사용기자재의 안정적 공급
㉡ 신에너지 및 재생에너지 개발사업 및 촉진
㉢ 집단에너지 사업의 촉진을 위한 자원 및 관리

81

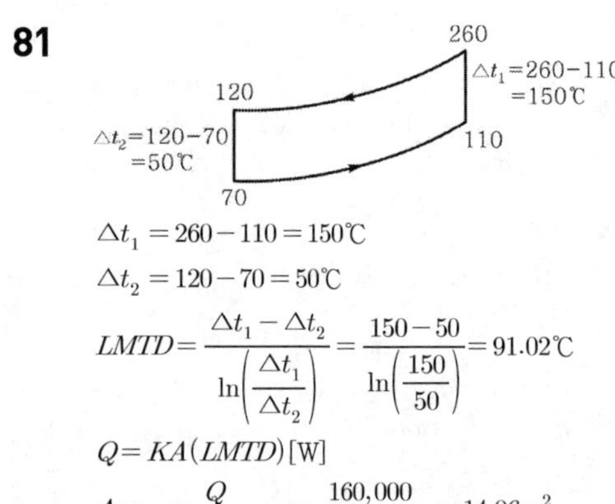

$\Delta t_1 = 260 - 110 = 150℃$

$\Delta t_2 = 120 - 70 = 50℃$

$$LMTD = \frac{\Delta t_1 - \Delta t_2}{\ln\left(\frac{\Delta t_1}{\Delta t_2}\right)} = \frac{150-50}{\ln\left(\frac{150}{50}\right)} = 91.02℃$$

$Q = KA(LMTD)$[W]

$$A = \frac{Q}{K(LMTD)} = \frac{160{,}000}{125\times 91.02} = 14.06\text{m}^2$$

82 ㉠ 보일러 장기보존법(6개월 이상 보존): 밀폐건조보존법
㉡ 보일러 단기보존법(6개월 미만 보존): 만수보존법 (약품첨가법, 방청도료 도표, 생석회 건조재 사용)

83 보일러수를 수소이온농도(pH) 10.5~11.5 약알칼리로 유지하는 주된 이유는 적당량의 수산화나트륨(NaOH)을 포함시켜 보일러의 부식 및 스케일(scale: 물때) 부착을 방지하기 위함이다.

84 $q_c = \frac{Q_c}{A} = \lambda\frac{(t_1 - t_2)}{L}$ [W/m^2]

$$\text{열전도율}(\lambda) = \frac{q_c \cdot L}{(t_1 - t_2)} = \frac{\left(\frac{30{,}000\times 10^3}{60}\right)\times 0.004}{20}$$

$= 100\text{W/mK[W/m℃]}$

85 최고사용압력이 0.7MPa인 증기용 강제보일러의 수압시험
최고사용압력×1.3+0.3=1.21MPa
※ 강철제 보일러의 압력
㉠ 저압보일러 0.43MPa 이하: 최고사용압력×2배 (시험압력이 0.2MPa 미만인 경우는 0.2MPa)
㉡ 중압보일러(0.43MPa 초과~1.5MPa 이하): 최고사용압력×1.3배+0.3MPa
㉢ 고압보일러 1.5MPa 초과: 최고사용압력×1.5배

86 급수내처리(청관제)의 종류
㉠ pH 조정제: 암모니아(NH_3)
㉡ 연화제: 인산소다
㉢ 탈산소제: 아황산소다, 히드라진(N_2H_4)
㉣ 가성취화방지제(억지제): 인산나트륨, 탄닌, 리그린, 질산나트륨 등

87 $$\text{유도전동기의 회전수}(N) = \frac{120f(\text{주파수})}{\text{극수}(p)} = \frac{120\times 55}{2} = 3{,}300\text{rpm}$$

88 파형노통의 최소두께$(t) = \frac{PD}{C}$[mm]

여기서, P의 단위가 kgf/cm^{2}이므로 P의 단위가 MPa(N/mm^2)로 주어지는 경우 1MPa=10kgf/cm^{2}이므로

$\therefore\ t = \frac{10PD}{C}$[mm]

⊙ 단위에 주의해야 한다.

89 • 자연순환식 수관보일러: 타쿠마, 하이네, 2동D형, 쯔네기치
• 순환식 수관보일러: 라몬트, 베목스 보일러
• 관류보일러: 벤손, 슐처, 람진, 엣모스, 소형관류보일러

90 $m_e = \dfrac{m_a(h_2 - h_1)}{2,256} = \dfrac{2,000 \times (2,512 - 83.72)}{2,256}$
$\fallingdotseq 2,152.73\text{kg/h}(\fallingdotseq 2,153\text{kg/h})$

91 $Q = AV = \dfrac{\pi d^2}{4} V[\text{m}^3/\text{s}]$에서
$d = \sqrt{\dfrac{4Q}{\pi V}} = \sqrt{\dfrac{4 \times 7}{\pi \times 3}} = 1.723\text{m}$

92 안전수위 이하가 되지 않도록 한다(분출작업 중 가장 중요시 해야 할 사항이다).
보일러수의 분출시기
㉠ 보일러 기동 전 관수가 정지되었을 때
㉡ 연속운전일 경우 부하가 가벼울 때
㉢ 보일러수면에 부유물이 많을 때
㉣ 프라이밍(비수현상) 및 포밍(거품)이 발생할 때
㉤ 보일러 수저에 슬러지가 퇴적되었을 때
㉥ 단속운전 보일러는 다음날 보일러 가동 전에 실시한다(불순물이 완전히 침전되었을 때).

93 노통연관보일러에서 노통이 높을 경우 노통 상면보다 100mm 상부(플랜지 제외)

94 ㉠ 과열증기는 온도가 높아서 복수기에서만 응축수로 변환이 용이하다.
㉡ 과열증기는 수분이 없어서 관내 마찰저항이 적다.
㉢ 표면에 바나듐(V)이 500℃ 이상에서 용융하여 고온부식이 발생하며 표면의 온도가 일정하지 못하다.

95 $\text{보일러증발률} = \dfrac{\text{보일러증발량}}{\text{보일러본체 전열면적}}$
$= \dfrac{20 \times 10^3}{450} = 44.44\,\text{kg/m}^2 \cdot \text{h}$

96 $\text{Nu} = \dfrac{\alpha D}{\lambda}$에서
$\alpha(\text{열전달계수}) = \dfrac{\text{Nu}\,\lambda}{D} = \dfrac{160 \times 0.68}{0.05} = 2,176\text{W/m}^2 \cdot \text{K}$

97 열관류율(overall heat transmission)이란 열량은 전열면적, 시간, 두 유체의 온도차에 비례했을 경우 비례정수를 열관류율(K)이라고 한다$\left(K = \dfrac{1}{R}[\text{W/m}^2 \cdot \text{K}]\right)$.

98 판형 열교환기(plate heat exchanger) 특징
㉠ 열전달계수가 높다.
㉡ 열회수를 최대한으로 할 수 있다.
㉢ 액체함량이 적다.
㉣ 콤팩트한 구성(소형/경량화 설계)
㉤ 제품혼합의 방지
㉥ 융통성이 있다(오염도가 적다).
㉦ 유지보수가 쉽다.
㉧ 고온고압(+22℃ ,3MPa), 저온(−160℃)에서 사용가능하다.

99 $\eta_t = \left(1 - \dfrac{d}{p}\right) \times 100\% = \left(1 - \dfrac{28.2}{50.1}\right) \times 100\% = 43.7\%$

100 강제순환식 보일러는 동력소비(소비전력)가 크고, 보일러수 순환펌프 설치에 따른 배관 등 관련설비에 따른 유지 및 정비비용이 많이 들고 유지보수도 어렵다(기동 및 정지 절차와 운전이 비교적 복잡하다).

저자 소개 허원회

한양대학교 대학원(공학석사)
한국항공대학교 대학원(공학박사 수료)
현, 하이클래스 군무원 기계공학 대표교수
열공on 기계공학 대표교수
㈜금새인터랙티브 기술이사

• **주요 저서**
알기 쉬운 재료역학, 알기 쉬운 열역학, 알기 쉬운 유체역학, 7개년 에너지관리기사[필기], 에너지관리기사[실기], 7개년 과년도 일반기계기사[필기], 공조냉동기계기사[필기], 공조냉동기계기사[실기], 공조냉동기산업기사[필기]

• **동영상 강의**
알기 쉬운 재료역학, 알기 쉬운 열역학, 알기 쉬운 유체역학, 에너지관리기사[필기], 에너지관리기사 실기[필답형], 일반기계기사[필기], 일반기계기사 실기[필답형], 공조냉동기계기사[필기], 공조냉동기계기사 실기[필답형], 공조냉동기계산업기사[필기]

• **자격증**
공조냉동기계기사, 에너지관리기사, 일반기계기사, 건설기계설비기사, 소방설비기사(기계분야), 소방설비기사(전기분야) 외 다수

에너지관리기사 필기

2018. 1. 15. 초 판 1쇄 발행
2025. 5. 7. 개정증보 7판 2쇄 발행

지은이 | 허원회
펴낸이 | 이종춘
펴낸곳 | BM ㈜도서출판 성안당
주소 | 04032 서울시 마포구 양화로 127 첨단빌딩 3층(출판기획 R&D 센터)
10881 경기도 파주시 문발로 112 파주 출판 문화도시(제작 및 물류)
전화 | 02) 3142-0036
031) 950-6300
팩스 | 031) 955-0510
등록 | 1973. 2. 1. 제406-2005-000046호
출판사 홈페이지 | **www.cyber.co.kr**
ISBN | 978-89-315-1177-2 (13530)
정가 | 39,000원

이 책을 만든 사람들
기획 | 최옥현
진행 | 이희영
교정·교열 | 류지은
전산편집 | 이지연
표지 디자인 | 박원석
홍보 | 김계향, 임진성, 김주승, 최정민
국제부 | 이선민, 조혜란
마케팅 | 구본철, 차정욱, 오영일, 나진호, 강호묵
마케팅 지원 | 장상범
제작 | 김유석